Introduction to JavaScript Programming with XML and PHP

JavaScript程序设计

基础・PHP・XML

（美） Elizabeth Drake 著

阮文江 译

图书在版编目（CIP）数据

JavaScript 程序设计：基础 · PHP · XML /（美）德雷克（Drake，E）著；阮文江译．—北京：机械工业出版社，2015.1

（华章程序员书库）

书名原文：Introduction to JavaScript Programming with XML and PHP

ISBN 978-7-111-49013-5

I. J… II. ①德… ②阮… III. JAVA 语言－程序设计 IV. TP312

中国版本图书馆 CIP 数据核字（2014）第 303526 号

本书版权登记号：图字：01-2013-3387

JavaScript 程序设计：基础 · PHP · XML

出版发行：机械工业出版社（北京市西城区百万庄大街 22 号　邮政编码：100037）

责任编辑：盛思源　　责任校对：殷　虹

印　　刷：北京瑞德印刷有限公司　　版　　次：2015 年 3 月第 1 版第 1 次印刷

开　　本：186mm×240mm　1/16　　印　　张：47.75

书　　号：ISBN 978-7-111-49013-5　　定　　价：139.00 元

凡购本书，如有缺页、倒页、脱页，由本社发行部调换

客服热线：（010）88378991　88361066　　投稿热线：（010）88379604

购书热线：（010）68326294　88379649　68995259　　读者信箱：hzjsj@hzbook.com

The Translator's Words 译者序

JavaScript 是 Web 上的一种功能强大的编程语言，用于开发交互式网页。它不仅可以直接应用于 HTML 文档以获得交互效果或其他动态效果，而且还可以运行于服务器端来替代传统的 CGI 程序。此外，JavaScript 符合 ECMAScript 语言标准，支持多种程序设计风格。

本书是一本面向入门级 Web 程序员的教材。书中内容由浅入深，既包含 JavaScript 的基本编程技术，也涵盖 JavaScript 与 XML、PHP、MySQL 的协同编程方法。与国内同类书籍相比，本书具有以下特点：

1）笔法细腻、循序渐进。本书详细讲解了程序设计的基本概念（如变量、选择语句和循环语句等），并且几乎对每个示例程序和代码都有详细的注释和讲解，从而使本书适用于从来没有或者略有编程经验的学生。

2）示例丰富、贯穿始终。本书几乎为每个新知识点都配有相应的例子，并且两个完整的案例（一个游戏网站和一个教学网站）贯穿全书各章正文和练习，从而增强趣味性和实用性。

3）立足基础、兼顾全局。本书主要讲解基于 JavaScript 的 Web 客户端编程技术，此外也简单介绍了 Web 服务器端开发技术 PHP 和 MySQL，使学生能够很自然地使用 JavaScript 并且理解与服务器端技术的交互性。

本书可用作高等院校本、专科各专业 JavaScript 程序设计、Web 程序设计和动态网页制作等课程的教材。

由于译者水平有限，译文中疏漏和错误难免，恳请读者批评指正。

译者

于中山大学

前　言 Preface

欢迎阅读本书。作者创作本书的动机是为两年期"因特网服务程序设计"学习过程中的"因特网程序设计Ⅰ"课程提供适当的学习资料。在完成两年 Web 开发课程之后，学生必须熟悉客户端和服务器端脚本语言。尽管有许多很好的关于静态网页开发技术（HTML、XHTML、HTML5和 CSS）的书籍，但涉及 JavaScript 的书籍要么过于繁琐要么远超出两年期学习计划。因此本书设计成满足入门级程序员的需求，使他们能够很自然地使用 JavaScript 并且理解它与服务器端技术的交互性。

本书可用于为已了解 HTML 和 CSS 知识的学生开设的一学期"JavaScript 程序设计"课程。本书程序设计基础部分强调把程序设计概念应用于 JavaScript 和 PHP 中，适用于从来没有或者略有编程经验的学生。每个概念都通过简短的例子来帮助读者加深对概念的理解，短例后面紧跟着面向实际环境的较长例子。

两个案例研究贯穿全书：一个游戏网站和一个教学网站。每章都有一节为这两个案例研究增加内容和功能，并且学生可以在每章末尾的编程挑战中补充内容。另外两个网站（一个是园艺公司网站，另一个是珠宝公司网站）也可以从零开始建立，并且学生可以在编程挑战中增强它们的功能。老师可以根据要求调整这些内容。

本书假定学生已经学过 HTML 和 CSS，并且是创建静态网页的好手。然而，不要求学生有编程经验，也不要求学生具备数学、财务或其他学科的特殊知识。当最后一章使用 SQL 命令时，不要求学生已经接触过 SQL 或数据库。

本书组织

本书从第 0 章[⊖]计算机基础开始，随后第 1 章着眼于 JavaScript 程序设计入门的一般概念。第 1 章介绍贯穿全书的案例研究，但本书各章的案例研究是相互独立的，可以单独使用。第 2 章介

⊖ 第 0 章作为教辅资源放在华章网站（www.hzbook.com）上，有需要者可下载。——编辑注

绍变量、操作符和数据类型。对于那些从来没有学习过程序设计课程和熟悉程序设计概念的学生来说，这几章是非常重要的。理解网页和 JavaScript 代码之间的交互性是 JavaScript 最基本的重要特征之一。

第 3 ~ 5 章学习 JavaScript 基本控制结构，即顺序、选择和重复。没有编程经验的学生将学习这些语句结构一般是如何工作的，特别是在 JavaScript 中。有编程经验的学生可以快速阅读这几章。

第 6 和 7 章是 JavaScript 独有的，包含表单、函数和外部 JavaScript 文件。由于大多数学生已经在静态网页中使用过表单，所以这里以与 JavaScript 程序对接的方法讨论表单。

第 8 和 9 章包含数组和几种高级搜索与排序技术，这两章连同后面的三章最适合具有牢固编程基础的学生。

第 10 章讨论文档对象模型并介绍 XML，第 11 和 12 章介绍 PHP。学完这三章后，学生将能够开发使用数据库处理数据的网站。学生可以使用免费程序 XAMPP 在计算机上建立一个含有 MySQL 和 PHP 软件的 Apache 服务器。本书将详细介绍这个软件的操作方法。不需要具备 MySQL 或数据库知识，学生可以借助给出的 MySQL 命令建立使用数据库、服务器和 PHP 的实际环境，从而创建一个动态网站。

每章都有很多例子。自始至终，**例子**、**检查点**和**练习**的难度依次从最基本的概念理解提高到非常有挑战性的实际应用。每章包含一节**操作实践**，在此开发**案例研究**网站 Greg's Gambits 和 Carla's Classroom。在每章末尾的**编程挑战**部分，要求学生对这些**案例研究**进行补充。如果从本书开始学习到结束，开发的这些**案例研究**将建成健壮的网站。**编程挑战**还包含另外两个**案例研究**，即 Lee's Landscape 和 Jackie's Jewelry 网站，学生将完全靠自己建立这两个网站。本书在**编程挑战**部分为 Greg's Gambits 和 Carla's Classroom 项目提供了很多帮助，而为 Lee's Landscape 和 Jackie's Jewelry 项目只提供了很少的帮助。老师可以决定学生完成这些项目的独立程度。

练习部分包含填空题、判断题和简答题，而在**编程挑战**部分学生能够使用相应章节学习的知识创建自己的网页。

各章简介

格式说明

本书通过使用不同的字体来区分程序代码，变量和数组名是粗体。有时某些代码必须单行录入，但是限于纸张大小不可能完整地把这些代码显示在一行，因此使用符号↵表示下一行代码应该是上一行的一部分，这个符号不应该包含在内。如果没有符号↵，那么下列样例代码应该录入在同一行。注意，其中的变量 **dinner** 是粗体：

```
var dinner = prompt("What do you want for dinner? Choose ↵
            P for pizza or S for salad:" , " ");
```

第 1 章 本章介绍程序设计和 JavaScript，讨论程序设计的一般问题解决策略以及程序的基本结构和 3 种控制结构，讨论用伪代码和流程图规划程序以及数据类型，引导学生在网页中创建 JavaScript 脚本，讨论对象、点标记以及几个重要的 JavaScript 方法和事件，介绍 Greg's Gambits 和 Carla's Classroom 网站并使用 JavaScript 为这些网站创建交互页面。

第 2 章 本章着眼于变量、JavaScript 数据类型和操作符（包括算术、关系和逻辑操作符），解释类似 JavaScript 的弱类型语言和强类型语言的区别，讨论连接操作符的使用和 JavaScript 对用户输入数字的处理方法，讨论条件操作符从而使学生在不会使用选择结构的情况下创建有趣的页面，讨论操作符优先级和 ASCII 码。学生要为 Greg's Gambits 网站创建填字游戏并为 Carla's Classroom 网站创建拼写课。

第 3 章 本章讨论判断（选择）结构（包含单路、二路和多路分支结构）。介绍 switch 语句、验证方法和 Math 对象，使用嵌套选择结构和复合条件开发程序。学生可以使用 Math.random() 方法创建有趣的程序，要为 Greg's Gambits 创建幸运预言程序并且为 Carla's Classroom 创建一门算术课。

第 4 章 本章从重复结构开始，着眼于基本的循环结构：前测、后测循环，哨兵控制循环，计数器控制循环以及用于数据输入和数据验证的循环。循环语句包括 while 循环、do...while 循环和 for 循环。学生要为 Greg's Gambits 创建一个信息编码器并且为第 3 章创建的 Carla's Classroom 算术课增加很多功能和深度。

第 5 章 本章进一步探讨第 3 章和第 4 章涉及的重复结构和选择结构，通过使用 Math 对象的一些方法介绍总数和平均数的计算方法，深入探讨嵌套结构（包括循环中的选择结构、循环中的循环和选择结构中的循环）以及台式检查。介绍提前退出循环的各种方法。学生要为 Greg's Gambits 创建一个战斗游戏（石头 - 纸 - 剪刀游戏的变种）并且为 Carla's Classroom 创建语法课。

第 6 章 大多数学过网页制作课程的学生已经处理过表单，然而本章的目的是让学生熟悉用 JavaScript 处理表单。由于网页制作课程已经讨论过基本的表单控件（单选按钮、复选框、文本框、文本区框、选择列表）以及隐藏字段和特殊控件（密码元素、提交和重置按钮），因此本章着眼于把表单数据返回给 JavaScript 程序，然后这个程序可以使用这些数据并且把其他信息返回给网页或者通过电子邮件把信息发送给用户。学生要为 Greg's Gambits 网站用户创建一个物品目录页面，并且为 Carla's Classroom 网站的 Carla 生成一份将发送给学生父母的学习进度报告。

第 7 章 本章包含函数、对象和 JavaScript 源文件，讨论内置和自定义函数，包含变量作用域、使用实参和形参、值参数和引用参数、按引用传递与按值传递，介绍新的对象（Boolean 对象和 Date 对象）并且提供 Math 对象的更多信息，介绍创建和使用外部 JavaScript 源文件。学生要为 Greg's Gambits 创建一个悬吊人猜字游戏，并且为 Carla's Classroom 创建阅读理解课。

第 8 章 本章是着眼于数组的两章中的一章，讨论作为 JavaScript 对象的数组概念（包含一维数组、二维数组和平行数组），讨论装载数组的不同方法以及几个添加和删除数组元素的 JavaScript 数组方法。学生要为 Greg's Gambits 创建一个数字拼图游戏 15，并且为 Carla's Classroom 创建一个幻灯片放映。

第 9 章 本章基于第 8 章，讲解排序和搜索数组，讨论 JavaScript 的 sort() 和 reverse() 方法。为了维护平行数组的完整性，开发其他搜索和排序方法，包括两个排序算法（冒泡排序和选择排序）、两个搜索算法（线性搜索和二分搜索）以及一些实施搜索的 JavaScript 方法。学生要为 Greg's Gambits 创建一个拼字游戏并且为 Carla's Classroom 创建因数分解课。

第 10 章 本章从 JavaScript 转到相关主题，讨论文档对象模型（DOM）和 XML，讨论 DOM 节点和树的概念以及网页的父子模型，讨论用 DOM 技术创建、插入、删除和替换元素以及使用 DOM 方法创建定时器。本章还介绍了 XML、XSL、命名空间和模式。在为 Greg's Gambits 创建页面时，结合使用 XML 和 JavaScript 是显示数据的另一种替代方法，结合使用 XML 和 JavaScript 为 Carla's Classroom 创建拼写课。

第 11 章 这是两章 PHP 相关内容的一章。要使用 PHP，学生必须能够访问服务器。本章向学生介绍 XAMPP 的安装和使用方法，它是一个包含 Apache 服务器、PHP 和 MySQL 的免费程序，并且能够安装在任何个人计算机或笔记本电脑上。本章讨论 PHP 基本知识，包括 PHP 文件名、如何访问 Apache 服务器的文件、PHP 数据类型、PHP 操作符和 PHP 关键字，介绍 PHP 的基本程序结构（包括顺序、选择和重复）与 PHP 数组和字符串，强调在服务器上为网站创建适当的文件夹结构。学生要使用 PHP 为 Greg's Gambits 创建欢迎页面，并且通过使用 ajax_post() 函数让用户向服务器发送和返回数据。学生还要使用 PHP 为 Carla's Classroom 创建一个页面，让用户输入部分名字然后程序显示一个大数组中的所有条目或者以那些字符开头的列表（也就是说，程序为用户提供可用选项并最终能够用于自动完成用户录入）。

第 12 章 本章在第 11 章介绍 PHP 的基础上示范如何完成两个特别而又重要的任务，讨论创建和读取 Cookie，指引学生使用 phpMyAdmin 控制台创建数据库（它是 XAMPP 安装的一部分）。然后，使用 PHP 方法填充数据库。因为本书不包括 MySQL 的学习并且不要求学生具备数据库管理和 MySQL 知识，所以本章给出开发程序所需要的所有 MySQL 命令和语句，并且给出解释。这样，学生就能够为想要成为 Greg's Gambits 游戏网站成员的玩家创建和验证账户。学生也要为 Carla's Classroom 创建一个数据库，并且从数据库中提取信息从而向学生父母发送一封电子邮件报告。

附录 A 列出可打印和不可打印的 ASCII 字符，每个字符有对应的十进制数和十六进制数编码。

附录 B 列出算术操作符、关系操作符和逻辑操作符（如本书所用）以及操作符优先级表。

附录 C 列出最常见的 HTML 实体，包含表示 HTML 保留字的实体。

附录 D 列出下列对象的属性和方法：Array、Boolean、Date、Math、Number、String 和 RegExp，并列出 JavaScript 全局属性和函数。

附录 E 解释 jQuery 概念、如何在网页中包含它、在哪里获取它、如何存储它以及 jQuery 函数的一个简短样例。

附录 F 列出最常用的 DOM 属性、方法和事件以及 3 个重要的节点属性。

附录 G 列出 PHP 保留字和关键字以及 PHP 预定义常量。

附录 H 列出包含本书使用的常用 PHP MySQL 函数。

附录 I 列出本书检查点的答案。

本书特色

例子

本书有超过 235 个已编号的可运行**例子**。所有程序代码行都标注了行号，并且通过引用行号详细解释每个例子的代码。展示的所有代码已经测试过，如果学生复制和运行这些例子，程序将正常运行。截屏展示相应的运行结果。

检查点

在每节末尾有 5 ~ 10 题**检查点**练习，以强化最重要的概念和编码技能。**检查点**的答案在附录 I 中。

操作实践

每章的最后有一节是**操作实践**，用于开发和扩展两个网站。Greg's Gambits 是一个游戏网站，学生将在每章为这个网站逐步创建新的游戏或特征。Carla's Classroom 是为一位小学老师开发的网站，学生将在每章为这个网站逐步创建老师可以在课堂中使用的课程或特色。本书为这两个网站开发了完整代码，并且在**复习与练习**中扩展这些网站的内容。在**复习与练习**的**编程挑战**一节包含一些练习，要求学生为 Greg's Gambits 创建新游戏或者为 Carla's Classroom 创建新课程。这些任务是**操作实践**工作的延续，但是可能有新的要求。在**编程挑战**中，为 Greg's Gambits 引入的概念将用于 Carla's Classroom 的新项目，Greg's Gambits 的新项目将利用 Carla's Classroom 的概念和技能。因此，如果指导老师从本书开始到结束跟随开发其中的一个网站，那么将能够帮助学生创建一个包含所有重要概念和技能的实际项目，也就是创建一个健壮的实用网站。

操作实践一节按如下方式组织：学生可以使用提供的代码实施项目，并且在**编程挑战**中自己创建类似而又有所扩展的代码来扩展知识和技能。

在 Student Data Files 中包含这些项目需要的所有文件，如图像、文本文件等。

练习

每章包含从简单到复杂的 40 多道练习题，这些练习题分为以下几类。

- 每节末尾的**检查点**测试学生对这一节内容的理解程度。
- 每章末尾的**练习**包括：
  - 填空题
  - 判断题
  - 简答题
- **编程挑战**：
  - 使用本章概念创建简短网页。
  - 扩展**操作实践**创建的网页，或者为 Greg's Gambits 和 Carla's Classroom 增加新内容。
  - 从零开始建立两个公司网站 Lee's Landscape 和 Jackie's Jewelry 中的一个，每章增加一点内容。

检查点的答案放在附录 I 和网站 www.pearsonhighered.com/irc 中。Student Data Files 提供**复习与练习**中奇数编号的答案，包括**编程挑战**中的参考答案并提供完整的必要代码。在 Student Data Files 中包含要完成任何项目需要的所有文件，包括图像、JavaScript 源文件和文本文件等。

辅助资料

学生支持网站

学生可以从本书英文版的配套网站（www.pearsonhighered.com/drake）下载以下多种可用的资料：

- 每章的幻灯片讲稿。
- 所有**检查点**的答案。
- 所有原版书奇数编号**练习**的答案。
- **视频课件**。
- 所有**例子**、**操作实践**和**练习**需要的图像、文本文件和其他外部文件。

教师辅助资料

Pearson 教师资源中心为有资格的老师提供多种辅助资料，包括：

- 每章的幻灯片讲稿。
- 所有**检查点**的答案。
- 所有**练习**的答案，包括奇数编号和偶数编号。

- 一些**编程挑战**的解决方案。
- 各章所有的**例子**、**练习**和**检查点**需要的 HTML、JavaScript、XML 和 PHP 程序。
- **视频课件**。
- 所有**例子**、**操作实践**和**练习**需要的图像、文本文件和其他外部文件。
- 各章试题库。

要获取这些资料，可以访问网站 www.pearsonhighered.com/irc 或者与 Pearson Education 销售代理联系[⊖]。

致谢

正如没有最恰当的方法教程序设计一样，也没有最恰当的方法写程序设计的书。在写作本书时，我很幸运得到了以下经验丰富的老师提供的不同观点和很多有帮助的建议：

Brenda Terry，富勒顿学院

Leong Lee，奥斯汀佩伊州立大学

Dave Wilson，帕克兰学院

Tony Pittarese，东田纳西州立大学

Dave Sciuto，马萨诸塞大学卢维尔分校

Janos T. Fustos，丹佛大都会州立大学

Sam Sultan，纽约大学

Nancy McCurdy，圣达菲学院

特别感谢专业软件 /Web 开发师 Anton Drake 在为第 10 ~ 12 章开发 Greg's Gambits 和 Carla's Classroom 网站方面提供的无价帮助。Anton 的贡献在于充当 XML、PHP 和 MySQL 内容的顾问并且协助编写了这几章的代码。

我非常荣幸与如此可爱的 Pearson 支持团队合作。Matt GolDstein 为本书的出版提供机会，我将永远感谢他。Kathy Cantwell 精炼了本书文字。Marilyn Lloyd 和 Scott Disanno 一直支持我写作。Greg Dulles 和 Kayla Smith-Tarbox 帮我寻找图像，从而使网站具有活力。Jenah Blitz-Stoehr 亲自回答我的所有普通问题。Pearson 的每个人都是友好亲切、乐于助人和鼓舞人心的，作者提出的要求都会一一满足。

我也要感谢 Anton 和宠物的耐心让我长时间敲打键盘，感谢全家对我的爱和鼓励让我花费大量时间做我热爱的事情——写作。

——Elizabeth Drake

⊖ 关于本书教辅资源，用书教师可向培生教育出版集团北京代表处申请，电话：010-57355169/57355171，电子邮件：service.cn@pearson.com。——编辑注

Contents 目录

⊖ 参见华章网站（www.hzbook.com）。——编辑注

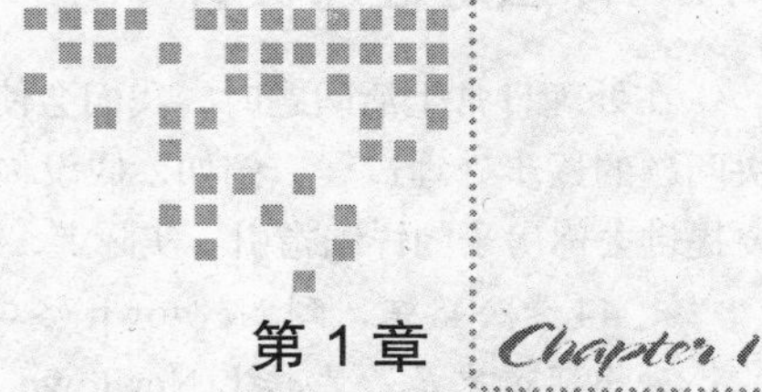

第 1 章 Chapter 1

JavaScript 程序设计基础

本章目标

在这一章中，我们直接开始 JavaScript 程序设计。当然，你还不能设计精彩的游戏或网上互动课程，但是你将学习构造所有程序的 3 种基本流程控制结构、解决程序设计问题的通用问题解决策略以及程序开发周期，你也将学习 JavaScript 的数据类型以及对各种不同类型数据的操作方法。此外，本章会介绍对象以及如何使用点标记访问网页上的不同对象，讨论几个重要而基本的 JavaScript 方法以及如何放置 JavaScript 代码，还会介绍 JavaScript 事件和函数以及从网页获取用户输入的方法。

阅读本章后，你将能够做以下事情：

- 描述用于解决程序设计问题的通用策略。
- 描述基本的程序开发周期，并使用伪代码和流程图制订编程计划。
- 理解输入 – 处理 – 输出模型。
- 描述 3 种控制结构：顺序、选择和重复。
- 理解数字型和字符串型数据的不同。
- 理解变量及其如何命名。
- 理解如何使用点标记访问网页上的文档对象。
- 学会使用下列方法：write()、getElementById()、open() 和 close()。
- 理解在网页 <body> 中使用 JavaScript 与使用 <script></script> 标签将 JavaScript 放入网页 <head> 区域的不同。
- 理解自定义和预定义函数以及如何使用参数。
- 理解 JavaScript 事件并且使用 onclick 和 onload 事件。
- 使用 prompt() 方法在网页上获得用户输入。
- 使用 innerHTML 属性在网页上显示信息。

1.1 什么是程序设计

在处理日常生活问题时，我们会使用有条理的行动计划处理遇到的问题，通常这个计划包括解决问题的逐步处理过程。例如，假设你邀请一位外地朋友到你的新房子，为了帮助他顺利旅行，你要提供去你房子的详细指引。实际上，你是编制了一个由你朋友执行的程序，这样的程序可能如下：

走 44 号公路东，到 Newtown 路口出。

驶出匝道末尾，左转上 Newtown 公路。

在 Newtown 公路上走 3 英里，右转上 Cedar 巷。

沿 Cedar 巷走 4 个街区，然后在 Duck Pond Terrace 左转。

沿 Duck Pond Terrace 走 1/4 英里。

我的房子是 Duck Pond Terrace 68 号，是左边的灰色房子。

1.1.1 通用问题解决策略

要为解决特定问题（类似提供指引或创建计算机程序）制定适当的计划，通常应用以下通用的**问题解决策略**：

1）尽可能完全理解问题。如果没有完全理解问题，那么要制定切实可行的计划是很困难的，甚至是不可能的。

2）设计解决问题的行动计划，并且提供精确的逐步操作指南。

3）实行计划。

4）检讨结果。计划是否可行？是否解决了给定的问题？

当然，在这个过程的任何阶段，你可能注意到某个执行步骤存在缺陷而不得不返回到以前的步骤再评估或修正。

现在，我们把这个问题解决策略应用于相对简单的程序设计问题。假如你的朋友要求你编写一个简单程序为她玩彩票挑选数字。当我们还没有准备好实际编写 JavaScript 程序时，我们可以使用通用问题解决策略讨论这个问题的基本解决方法。

1）理解问题。首先，你需要知道一些事情：要选择多少个数？每个数的范围是什么？你要向你的朋友询问这些问题。针对这个例子，假定彩票需要 6 个数，每个数的范围是 1 ~ 40，并且每个数都是整数。

2）设计行动计划。你的程序需要选择 6 个数并且每个数不小于 1 和不超过 40。此时，计算机（也就是程序）的指令包括下列事情：

- 挑选一个 1 ~ 40 之间的整数。
- 重复 5 次。

3）实行计划。在这个例子中，可以编写程序表示第 2 步的计划，从而选出 6 个 1 ~ 40 之间的整数。

4）检讨结果。然而在检查时，程序可能生成以下整数序列：21、36、9、9、9、8，显然需要修正第 2 步以确保不出现重复的数。新的第 2 步可能如下所示。

5）设计行动计划（修正）。

- 挑选一个 1 ~ 40 之间的整数。

- 挑选另一个 1 ～ 40 之间的整数。
- 检查确定新的数与前面的数不同。
  - 如果这两个数相同，选择另一个数。
- 重复执行，直到选择 6 个不同的整数。

现在，你必须重复第 3 和 4 步。在设计行动计划期间，你可能发现你没有足够的信息，导致你不能完全理解问题。要么在实行计划步骤时要么在检讨结果步骤时，你就会发现不得不修改计划。当应用这种问题解决策略时，针对前面步骤的修正几乎是不可避免的。这种问题解决的过程是一个**循环过程**，因为在达到满意的解决效果之前经常要回到开始或者重做前面的工作。

1.1.2　程序开发周期

创建计算机程序的一般过程模仿前面概略说明的通用问题解决策略：理解问题、设计计划、执行计划和检讨结果。当使用计算机程序解决问题时，这个策略采取下列形式。

1）**分析问题**。确定给你什么信息、需要得出什么结果以及为获得这些结果可能需要什么信息，也就是大体上来说：如何对已知数据进行处理得到需要的结果。

2）**设计解决问题的程序**。这是程序开发过程的核心步骤。依赖于问题的难度或复杂度，可能需要一个人数小时或者一个大的程序员团队好几个月才能实现这一步骤。

3）**编写程序**。以特定的计算机语言编写语句（程序代码）来实现第 2 步制订的设计方案，这一步的结果是程序。

4）**测试程序**。运行程序查看是否实际解决了问题。

这个分析、设计、编码和测试过程构成**程序开发周期**的核心部分。与通用的问题解决过程类似，当在后续步骤发现缺陷时我们通常必须返回到前面的步骤，因此上述 4 个步骤构成一个周期。

强调第 4 步：大量地测试程序

当收到老师反馈说程序没有正确运行时，学生通常会觉得惊讶和难过，因为这个程序可能在学生的计算机上运行得很好。通常，这是不充分测试的结果。当编写程序需要用户输入或者使用其他程序产生的数据时，应该想象程序可能遇到所有可能的输入类型。需要程序输出 6 个随机数的彩票例子第一次可能正确地运行，生成 6 个不同的数，然而由于初始解决方案没有考虑重复数的情况，所以这个程序不能正确执行。

例如，如果编写的程序是为用户输入的数计算平均值，那么要测试输入不是数字的情况。如果编写的程序要求用户输入名字，那么要测试以下输入情况：包含数字的名字、包含特殊字符（如连字号或标点符号）的名字或非常长的名字（如 Throckmortonsteinbrunner）。在花费几个小时编写、调试和修改程序后，直到为程序能够工作而欢呼，这是一件极具诱惑力的事情。但是为了避免令人为难的情形或者更糟糕的情况（如指针丢失），在程序开发周期的测试阶段多花点时间是很重要的。

1.1 节检查点

1.1　列出本节描述的通用问题解决策略的步骤。

1.2　提供从你学校去你家的精确指引。

1.3 列出程序开发周期的步骤。

1.4 假定要编写一个程序，要求用户输入一个含有 4 ~ 8 个字符的密码，密码可以包括数字、大小写字母，但不许使用标点符号和空格。作为程序员，列出编写程序之后要测试的 4 件事情。

1.2 程序的结构

1.2.1 输入 – 处理 – 输出

计算机以非常简单的**输入 – 处理 – 输出**模型工作，而且每个计算机程序也使用相同的模型。计算机需要输入，然后对输入进行处理。之后计算机不一定需要更进一步工作，然而如果不能看到处理的结果，用户会感到迷惑，因此计算机必须产生某种输出。

1.2.1.1 输入

输入有许多形式，可以使用鼠标或键盘输入信息，也可以通过调制解调器、WiFi 连接或通过 USB 端口连接的各种外围设备（如照相机、智能电话或计算器）将信息输入到计算机。程序可以从程序的其他部分、文件或其他网页接收输入。

通常，程序通过**提示**接收用户的输入。在 JavaScript 中，一个称为**提示对话框**的弹出对话框显示用户要输入的信息（见例 1.1）。然后，无论用户输入什么内容都存储在变量中。变量将在第 2 章详细介绍，这里只需知道变量保存用户在提示对话框中输入的值即可。

例 1.1 使用输入提示 下列 JavaScript 代码示范如何创建一个提示：

```
1.  <html>
2.  <head>
3.  <title>Example 1.1</title>
4.  <script type="text/javascript">
5.       var name = prompt("Please enter your name"," ");
6.  </script>
7.  </<head>>
8.  <body>
9.  </body>
10. </html>
```

在这个例子中，第 5 行是一条 JavaScript 语句。变量 name 在左边声明。右边创建一个含有文本“Please enter your name”的提示对话框，其中的逗号“,”用于分隔将在提示对话框显示的值和程序员希望显示的默认值。这里，我们希望用户键入的文本区为空白，因此把这个值设定为一个空格（" "）。无论用户键入什么值都将成为变量 name 的值。注意在提示对话框右括号后面有一个分号，与大多数程序设计语言的语句一样，所有 JavaScript 语句必须以一个分号结束。

这个程序的初始输出将显示一个提示对话框，其中含有键入的名字，如 Fiona：

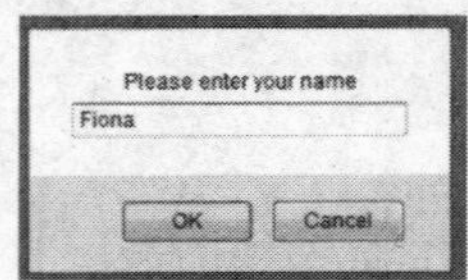

名字 Fiona 将存储在一个名为 name 的变量中，可以在以后的处理或输入程序中使用它。

取决于使用的浏览器和版本，提示对话框的外观可能略有不同，但是提示对话框的功能是相同的。

通过提示对话框获取用户输入是很常用的，不过也可以通过其他方法将数据输入程序。在一些程序中，用户通过单击或移动鼠标输入数据。输入的另一种常用形式不涉及用户交互，也就是要传递给程序的数据可能来自数据文件、其他网页或程序的其他部分。

1.2.1.2　处理

在例 1.1 中，提示让用户输入一个人的名字。之后做什么呢？程序必须对获取的信息做些事情，这就是**处理**阶段。程序可以通过程序员编写的代码处理接收的输入。对于接收的数据，程序可能对数据执行数学操作，或者与其他信息一起生成新的信息，或者计算机能做的任何其他事情。例 1.2 展示一个程序如何从提示对话框获取输入的人名，然后与其他文本连接生成一条问候语。

例 1.2　处理输入　下列 JavaScript 代码示范如何从提示框录入的人名生成一条问候语：

```
1.  <html>
2.  <head>
3.  <title>Example 1.1</title>
4.  <script type="text/javascript">
5.      var name = prompt("Please enter your name"," ");
6.      var greeting = "Hello there, " + name + "!";
7.  </script>
8.  </<head>>
9.  <body>
10. </body>
11. </html>
```

此时，屏幕不显示新的内容。然而，第 6 行定义了一个新变量 greeting。如果用户在提示时输入 Fiona，那么 greeting 将保存以下的值：

```
Hello there, Fiona!
```

而如果用户在提示时输入 Horatio，那么 greeting 则保存以下的值：

```
Hello there, Horatio!
```

1.2.1.3　输出

通常，程序只是在内部处理。然而，用户最终想要见到一些结果。程序**输出**是指程序将数据发送到显示器、打印机或其他目的地，如文件、电子邮件链接或另一个网站。输出通常包含程序的处理结果。

在下面的简短例子中，输出是屏幕显示生成的问候语，例 1.3 示范了这种方法。

例 1.3　产生输出　下列 JavaScript 代码示范如何显示通过处理从提示中录入的人名而生成的问候语：

```
<html>
<head>
<title>Example 1.1</title>
<script type="text/javascript">
    var name = prompt("Please enter your name"," ");
    var greeting = "Hello there, " + name + "!";
    document.write(greeting);
</script>
</<head>>
<body>
</body>
</html>
```

第 7 行指令读取变量 greeting 的值，并且在用户的屏幕上显示。如果用户在提示时键入 Fiona，屏幕的显示效果如下图所示。

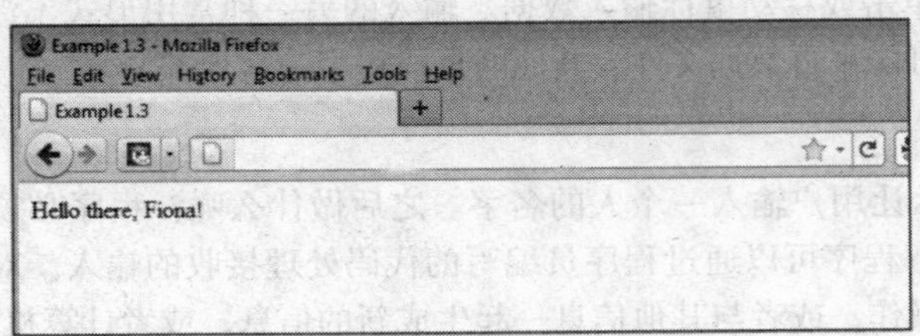

在 Firefox 上的屏幕显示效果

1.2.2 控制结构

所有程序都是使用一系列适当组织的语句（称为**控制结构**）创建的。事实上，在 20 世纪 60 年代，计算机科学家已经证明只需要 3 个基本的控制结构（或构件）就能够生成任何程序或算法。真奇怪，正确吗？ 3 个基本的控制结构是：

1）串行（顺序）结构。

2）判断（或选择）结构。

3）循环（或重复）结构。

1.2.2.1 顺序结构

顺序结构包含一系列连续的语句，按出现的次序运行。换言之，在这种结构中没有语句引起分支（即在执行流程中跳至程序模块的另一部分）。下面是顺序结构的一般形式：

语句

语句

.

.

.

语句

例 1.1、例 1.2 和例 1.3 是顺序结构的例子，每行按它在代码中的出现次序执行。

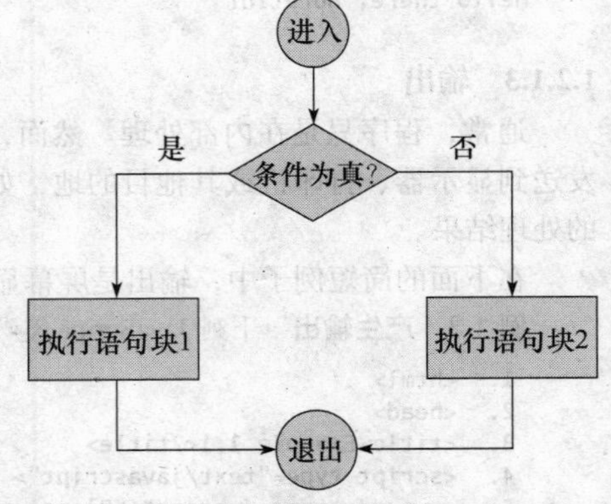

图 1-1 典型判断结构的流程图

1.2.2.2 判断（或选择）结构

与顺序结构不同，这种结构包含引起分支出现的分支点或语句。在**判断结构**（也称为**选择结构**）中，某些点有正向分支，导致部分程序被跳过。因此，依赖分支点的给定条件，将执行某块语句，而跳过另一块。图 1-1 解释了选择结构的工作流程，这种表示称为**流程图**，程序员通常使用它来展示程序的执行过程，1.4 节将详细讨论流程图和流程图符号。

1.2.2.3　循环（或重复）结构

循环结构（也称为**重复结构**）包含一个反向到程序模块中以前语句的分支，使得一块语句能够执行多次，而重复的次数依赖于循环结构的条件（如“计算结果仍然比 0 大吗”），图 1-2 显示了典型循环结构的流程图。注意菱形判断符号用于指示分支点，如果菱形中的条件为真，则沿着是箭头执行；如果为假，则沿着否箭头执行。

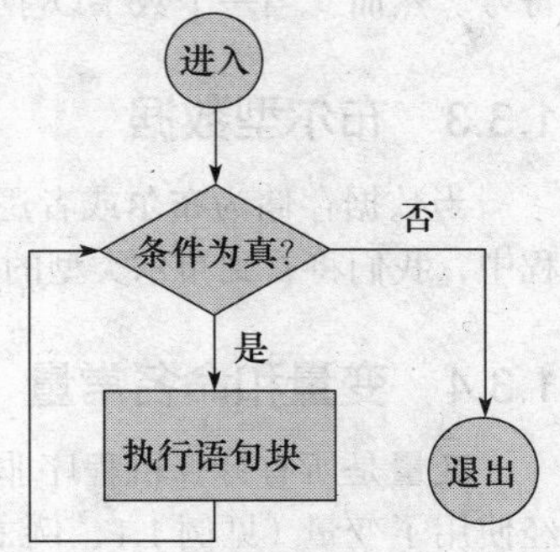

图 1-2　典型循环结构的流程图

1.2 节检查点

1.5　列出计算机程序接收输入的 3 种方式。

1.6　列出计算机程序产生输出的 3 种方式。

1.7　3 种控制结构是什么？

1.8　描述选择结构和重复结构之间的不同。

1.3　数据类型和对数据的操作

当数据进入任何程序时，它必须存储在计算机内存中。然而，当存储数据时不是所有的数据占有相同的存储空间。对于某项数据，需要多少空间来存储以及允许程序对这项数据进行什么操作取决于数据类型。例如，你能够计算一个数的平方根，但不能计算一个人名的平方根。对于某个指定存储单元（Storage Location）上的数据，计算机根据它的**数据类型**就知道能够做什么和不能做什么。

JavaScript 使用以下 3 种主要的数据类型。

- 数字型：包括整数（如 13、–456、0）和浮点数（指有小数部分的数，如 3.141 59、–7.89、12.00）。
- 逻辑（布尔）型：其值为 true 或 false。
- 字符串型：含有一个或多个字符，如 "Lizzie"、"y" 或 "Pleased to meet you!"。

JavaScript 与其他类似 C++ 或 Java 语言的一个区别在于，JavaScript 不区分不同类型的数字值，也不区分字符串和单个字符。本节讨论数字型数据和字符串型数据的不同，以后再讨论其他数据类型。

1.3.1　数字型数据

数字是能被处理和计算的值。许多语言严格区分整数和浮点数，这意味着这样的数据从输入到所有处理过程中均保持其数字类型。然而，在 JavaScript 中，当一个数字存储在变量中时，它最初存储为浮点型。JavaScript 中的所有数字最初都存储为数字类型。另外，当一个数字录入到提示对话框时最初存储为文本值，这意味着它不能用于计算。该值必须转换成数字值，如稍后例子所示。

1.3.2　字符串型数据

字符串是括在引号中的一系列字母、数字和其他键盘字符。JavaScript 直接使用字面字符串，不对它们进行处理。

字符串可以含有单词、短语、句子甚至整个段落，也可能是单个字符，如字母、数字或标点符号。然而，当一个数字以字符串形式存储时，它不能用于数字计算或处理。

1.3.3 布尔型数据

当数据存储为**布尔**或者逻辑值时，它只能有两个可能的值之一：true 或 false。在学习本书过程中，我们将看到布尔类型的许多用法。

1.3.4 变量和命名常量

变量是所有计算机程序非常重要的部分，若不使用变量则不可能描述一个样例程序。我们已经使用了变量（见例 1.1、例 1.2 和例 1.3），因此已经知道了变量的一些事情！现在我们较为深入地讨论变量：变量是什么、如何使用变量以及如何命名变量。第 2 章将介绍变量的更多使用方法。

例 1.4 展示了一个没有使用变量的有效 JavaScript 程序。

例 1.4　两件毛衣的费用　下列 JavaScript 代码计算两件毛衣在网上商店的费用。其中，一件毛衣的价格是 $43.00，另一件毛衣的价格是 $58.00，销售税率是 6.5%。

```
1.  <html>
2.  <head>
3.      <title>Example 1.4</title>
4.      <script type="text/javascript">
5.      document.write("<p> The first sweater costs $ 43.00. </p>");
6.      document.write("<p> The second sweater costs $ 58.00. </p>");
7.      document.write("<p> The sales tax is 6.5%. </p>");
8.      document.write("<p> The total cost is: ");
9.      document.write((43.00 + 58.00) * 1.065 + ".</p>");
10. </script>
11. </head>>
12. <body>
13. </body>
14. </html>
```

这个程序的输出看起来像这样：

```
The first sweater costs $ 43.00.
The second sweater costs $ 58.00.
The sales tax is 6.5%.
The total cost is: 107.565.
```

例 1.4 的程序能够正确地计算这两件毛衣的费用，然而这个程序本质上是无用的，除非这个程序只用于只有两件毛衣的网站，而且价格保持为 $43.00 和 $58.00。事实上，我们使用计算器也能够完成计算机做的这项任务，也就是将程序第 9 行给出的数字输入到计算器从而得到结果。但是，这不是程序设计的全部，编写的计算机程序应该能够让用户避免重复操作。我们将编写一个程序，能够在考虑税率变动的情况下计算任何价格的商品售价，这时就要使用变量而不是实际值。

在多数情况下编写程序时不知道实际的数字或者用户将会在程序执行时输入的其他数据，因此我们将输入数据赋值给一个程序变量。变量之所以称为变量是因为变量是可以改变的，在程序执行期间可以任意次更改变量的值。在后续的程序语句中，只需使用**变量名**就可引用变量存储的数据。这时，变量的值（数字或变量表示的其他数据）将在语句中使用。

现在重写这个程序，让用户输入两件商品的价格，从而基于它们的和与销售税计算销售总价。以后再考虑为程序添加更多的特性，如让用户输入商品数目、运费、折扣券代码、销售优惠等。这里将使用两个表示商品的变量，分别命名为 item1 和 item2。它们是输入变量，用于存储用户录入的值。

我们将使用第 3 个名为 TAX 的变量，用于存放销售税的值。在任何交易中，销售税率不会改变，这种类型的变量称为**命名常量**，它在程序的执行期间不会改变。不过以后销售税率可能改变，程序员也能够很快地更改这个程序，做法是通过简单地更改一次 TAX 的初始值，这个变量的所有引用都将使用这个更新值。按照约定，命名常量的名字使用大写字母，并且使用下划线分隔多个单词，如 SALES_TAX 或 PERCENT_INCREASE。

第 4 个变量 total 存放两件商品的总费用。例 1.5 展示了更新后的程序。

例 1.5　两件商品的费用　下列 JavaScript 代码计算两件商品在网上商店的费用。其中，用户输入每件商品的价格，而销售税率是 6.5%。

```
1.  <html>
2.  <head>
3.      <title>Example 1.5</title>
4.      <script type="text/javascript">
5.      var item1 = parseFloat(prompt("Enter the cost of 1 item:"));
6.      var item2 = parseFloat(prompt("Enter the cost of 1 item:"));
7.      var TAX = 0.065;
8.      var total = item1 + item2;
9.      document.write("<p> The total cost, including tax, is: $ ");
10.     document.write(total + (total) * TAX);
11. </script>
12. </<head>>
13. <body>
14. </body>
15. </html>
```

如果用户在第一个提示中录入 43.00，在第二个提示中录入 58.00，那么这个程序的输出看起来像这样：

```
The total cost, including tax, is: $ 107.565
```

这个程序的一些代码可能看起来令人费解，以后再深入讨论的关键字 var 指示计算机为变量分配一些存储空间来存放变量的值。在第 2 章讨论的 parseFloat() 函数保证无论用户在提示时录入什么值都会存储为数字。若没有 parseFloat()，则将提示框中的录入存储为字符串且不能够用于计算。

1.3.5　赋值语句

变量是计算机内存中一个存储单元的名字。例如，如果一个变量命名为 price，那么计算机用 price 标识的存储单元将存放一个商品的价格值。告知计算机变量值是什么的方法有多种，例 1.5 演示了 3 种方法。

一种方法是程序员在声明变量的同时将值赋给变量，其中的关键字 var 告诉计算机创建一个新变量。声明变量同时赋值的语句格式如下：

```
var variableName = variableValue;
```

在例 1.5 的第 7 行声明了一个变量 TAX，并且设置它的值为 0.065。

然而，声明变量时不一定都需要赋值，可以只是简单地使用关键字 var 和紧接着的变量名：

```
var variableName;
```

这时，这个变量是未定义的。这通常被误解为变量没有值，而实际上这意味着变量没有赋值。然而，由于程序员不能控制这个变量有或者没有什么值，所以要记住在将一个值赋予变量之前程序不能对这个变量进行计算或其他处理。

变量也可能赋值为用户通过提示录入的值或程序计算或处理的结果值。例 1.5 的第 5 和 6 行说明如何从输入提示为变量赋值，第 8 行说明如何为变量赋予其他两个变量相加的值。

第 2 章将深入讨论变量的命名、赋值和其他操作。

1.3.6 对数据的操作

程序设计需要程序以某种方式处理数据以产生一些输出，对输入的数据可以进行算术处理或者与其他输入结合。本章只是简短地提到几种操作，更深入的讨论放在后面的章节。

指示乘法的符号 * 是算术操作符的一个例子，JavaScript 使用 5 个算术操作符：加、减、乘、除和模运算。其他算术处理使用函数实现，如求一个数的平方根或幂等，这些将在后面介绍。

将一个或多个变量、表达式或输入的值赋予另一个变量也是程序设计的重要内容，JavaScript 有 6 个赋值操作符。

能够将文本字符串与其他字符串或用户输入进行连接也是很重要的，这需要字符串操作符。

1.3.6.1 算术操作符

算术操作符用于执行变量和值之间的算术操作（见例 1.6），这个表达式的左边必须是变量，右边可能是一个变量、一个常量、变量的组合或其他表达式。JavaScript 算术操作符如表 1-1 所示。

表 1-1 算术操作符，以 y=3 为例

操作符	说　明	示　例	计算结果（假定 y = 3）
+	加	x = y + 2	x = 5
-	减	x = y – 2	x = 1
*	乘	x = y * 2	x = 6
/	除	x = y / 2	x = 1.5
%	模	x = y % 2	x = 1

例 1.6 使用算术操作符 给定下列变量：

```
gameCost = 49.95, songCost = 2.00, TAX = .05
```

a）计税之前，一场游戏和一首歌的费用（cost）是多少？

```
→ cost = gameCost + songCost;
```

这两个变量的值相加并存储在新变量 cost 中，因此；

```
cost = 51.95;
```

b）计税之后，一场游戏和一首歌的总费用（totalCost）是多少？

```
➔ totalCost = cost + (cost * TAX);
```

cost*TAX 的值是（51.95*.05) 或 2.5975，这个数加上 51.95 的结果是：

```
totalCost = 54.5475;
```

c）如果消费者将一个 $20 折扣券应用到 b）的结果上，那么 totalCost 是多少？

```
➔ totalCost = totalCost - 20;
```

用户现在必须支付的总费用是 totalCost = 34.5475；

在本书的后面，我们将学习如何截断数字，使之只包含两个小数位。

1.3.6.2 赋值操作符

赋值操作符用于为变量赋值（见例 1.7），这个表达式的左边必须是变量，右边可以是变量、常量、变量的组合或其他表达式。JavaScript 赋值操作符如表 1-2 所示。

表 1-2 赋值操作符，以 x = 20 和 y = 5 为例

操作符	示　例	等价于	计算结果
=	x = y		x = 5
+=	x += y	x = x + y	x = 25
−=	x −= y	x = x − y	x = 15
*=	x *= y	x = x * y	x = 100
/=	x /= y	x = x / y	x = 4
%=	x %= y	x = x % y	x = 0

例 1.7　使用赋值操作符　给定下列变量：

```
gameCost = 49.95, songCost = 2.00, TAX = .05, raise = 5
```

a）如果卖方涨价 $5.00，那么游戏的新费用是多少？

```
➔ gameCost += raise;
```

这条语句等同于以下较长的语句：

```
gameCost = gameCost + raise;
```

而且这两种情况下的结果都是

```
gameCost = 54.95;
```

b）在计税之前，4 首歌的费用是多么？

```
➔ songCost *= 4;
```

这条语句等同于以下较长的语句：

```
songCost = songCost * 4;
```

而且这两种情况下的结果都是

```
songCost = 8.00;
```

c）在计税情况下，按来自 a）的新价格计费的一场游戏和来自 b）的 4 首歌的总费用是多少？

```
→ totalCost = (gameCost + songCost)* (1 + TAX);
```

通过 gameCost 与 songCost 的和乘以 1 加税率（TAX），可以跳过例 1.6 中 b）所做的计算。gameCost + songCost 的值是（54.95 + 8.00）或 62.95，乘以 1.05 得出的结果是：

```
totalCost = 66.0975;
```

d）如果消费者现在使用 $7.50 的贷款，则 c）的总费用是多少？

```
→ totalCost -= 7.50;
```

这条语句等同于以下较长的语句：

```
totalCost = totalCost - 7.50;
```

而且这两种情况下的结果都是

```
totalCost = 58.5975;
```

1.3.6.3 用于字符串的连接操作符（+）

如例 1.8 所示，**连接操作符**使用符号“+”。当它用于把字符串变量或者文本值加在一起时，符号“+”不是做算术操作符所指的加操作。例如，如果变量 greeting 有值 "Hello,"，而变量 yourName 有值 "Jane"，那么下列语句把两个字符串连接在一起赋予第三个变量 welcome：

```
welcome = greeting + yourName;
```

在执行这条语句之后，变量 welcome 包含 "Hello,Jane"。

例 1.8 使用连接操作符 给定下列变量：

```
username = "Kim", cost = 127.87, welcome = "Welcome back,"
```

a）greeting 将显示的是什么？

```
→ greeting = welcome + username;
```

变量 greeting 现在有以下的值：

Welcome back,Kim!

b）如何在 a）的逗号和名字之间加一个空格？在名字后面加一个感叹号？你可以用字符串变量连接以下文本：

```
→ greeting = welcome + " " + username + "!";
```

变量 greeting 现在有以下值：

Welcome back, Kim!

c）如何告诉 Kim 她还没有为她在这个网站的订单付款？全文信息将存储在变量 result 中：

```
→ result = username + ", your total cost is $ " + cost;
```

变量 result 现在有以下值：

Kim, your total cost is $127.87

1.3 节检查点

1.9 判断题：

a）布尔变量只能有两个值之一。

b）一个字符串变量可以有数字，但是不能对这样的数字进行计算。

1.10 写一条赋值语句，将存储在变量 myNumber 中的数字加上 3 赋给变量 calculation。

1.11 给定以下变量，分别按以下要求各写一条赋值语句并将结果存储在变量 result 中。

```
x = 15, y = 7, z = 2, result = 34,
```

a）将 result 乘以 z

b）把 x 加入 result

c）使用 y 和 z 计算 result 除以 14 的结果

1.12 给定以下变量，分别按以下要求编写赋值语句并将结果存储在变量 greeting 中。使用连接操作符，并且确保包括需要的标点符号和空格。

```
price = 135, shipping = 7,
name = "Mortimer", hello = "Hi there"
```

a）显示一条欢迎信息 "Hi there,Mortimer!Glad you're here."

b）显示一条信息告诉 Mortimer 运费是多少。

c）显示一条信息说明包括 price 和 shipping 的购买总费用。要创建一个新变量存储两个数相加的结果（如 total = price + shipping ;）。

1.4 解决问题：逻辑思考的重要性

要编制确实能够运行的程序需要做很多事情，程序应当在所有情况下运行而不仅仅是在理想情况下，并且必须清晰地、合乎逻辑地且有效地编写。事实上，如果重读 1.1 节，你会看到第 3 步编写程序代码的过程分为 4 步：

1）分析问题。

2）设计解决问题的程序。

3）编写程序。

4）测试程序。

分析和设计阶段应该总是在编程阶段之前，一旦仔细设计程序后，编程就是一件相对容易的任务。不幸的是，许多性急的新手在没有经过充分分析和设计之前就想要编写代码。同样，在编完程序且实际执行之后，学生通常很兴奋以致跳过最后的测试阶段或者没有彻底地测试程序。然而，本节关心程序的分析和设计。帮助程序员创建复杂程序的两个基本工具是：伪代码和流程图。

有些程序员只喜欢其中一个工具，而回避另一个。但是好的程序员认识到伪代码和流程图都是有用的，只不过在某些情况下其中一个会比另一个更好。规划程序通常需要使用伪代码和流程图，本节将讨论这两个工具。

1.4.1 伪代码

解决特定问题的好方法是先从设计程序开始，以便识别出程序要完成的主要任务。在设计程序时，每个任务是一个**程序模块**，然后根据需要可以将这些基本的“高层”任务分解为子任务，后者称为原来或父模块的**子模块**。有些子模块可能又被分解为自己的子模块，而且这个分解过程可以一直继续下去直到满足解决问题的需要。这种将问题分解为越来越简单子问题的过程称为自顶向下设计。在程序设计中识别任务和各种不同子任务称为**模块化程序设计**。

一旦识别出程序需要完成的各种不同任务，就必须制订程序设计的细节。对于每个模块，必须提供执行任务的特定指令，此时可以使用**伪代码**。

如例 1.9 所示，伪代码使用短的、类似英语的短语描述程序的大纲。它不是任何特定程序设计语言的实际代码，但是有时与实际代码非常相似。基于自顶向下程序设计思想，我们通常先为每个模块提供一个粗略的伪代码大纲，然后细化伪代码以提供越来越多的细节。依赖程序模块的复杂度，有时对最初的伪代码很少或不需细化，但有时需要细化几个版本，每次添加一些细节直到能够将它明确地转换为实际的代码。

例 1.9 使用伪代码设计程序 想要编写一个计算客户购买费用的程序，这个商店为所有商品提供 20% 的折扣率，支付 6.5% 销售税，而且当销售额低于 $100.00 时要支付运费 $5.00，若高于 $100.00 则免除运费。

程序似乎需要多个模块。一个模块计算所有购买商品的费用，应用 20% 的折扣率；一个模块是如果购买总额少于 $100.00 则要加上运费 $5.00，否则不计运费；一个模块计算销售税并加入之前计算的费用；最后，应该输出结果。

我们将在后面学习如何编制这个程序，现在只使用伪代码就能够立刻设计这个程序，类似于如下所示：

```
Input module
    Request customer's purchase cost
    Save that amount in a variable named purchase
Discount module
                discountPrice = purchase - purchase * .2
Shipping cost module
    if discountPrice is less than or equal to 100:
        shipping = 5.00
    if discountPrice is greater than 100:
        shipping = 0.00
Tax module
    tax = discountPrice * 0.065
Total cost module
    totalCost = discountPrice + tax + shipping
Output results module
    Display a message that says "Your total cost for this
    merchandise, including a 20% discount, sales tax and
    shipping is: $ " + totalCost
```

当然，你写的伪代码可能不同于这个伪代码。但是不管你具体是如何写的，程序的逻辑和必需的计算应该是相同的。

1.4.2 流程图

另一个通用的程序设计工具是流程图，它使用一些特殊符号来显示程序或程序模块的执行流程。流程图不仅用于开发计算机程序，也用于许多其他领域。商业活动使用流程图说明制造工序和其他行业操作，各行业使用流程图的共同点是帮助人们可视化处理过程或者发现其缺陷。通过流程图，我们可以简单明了地查看各种程序控制结构有哪些代码片段，而且能够直观地描述程序的实际执行流程。

可以使用从办公用品商店购买的廉价塑料模板绘制表示各种处理的适当形状，或者简单地直接用手绘制这些形状，也有许多应用软件用于在计算机上制作流程图。事实上，微软的 Word 处理软件就含有嵌入的流程图模板。

绘制流程图时要使用一些特殊的标准符号，能够使了解程序设计的人读懂并遵循流程图。一个典型的流程图包括如图 1-3 所示的一些或所有符号。

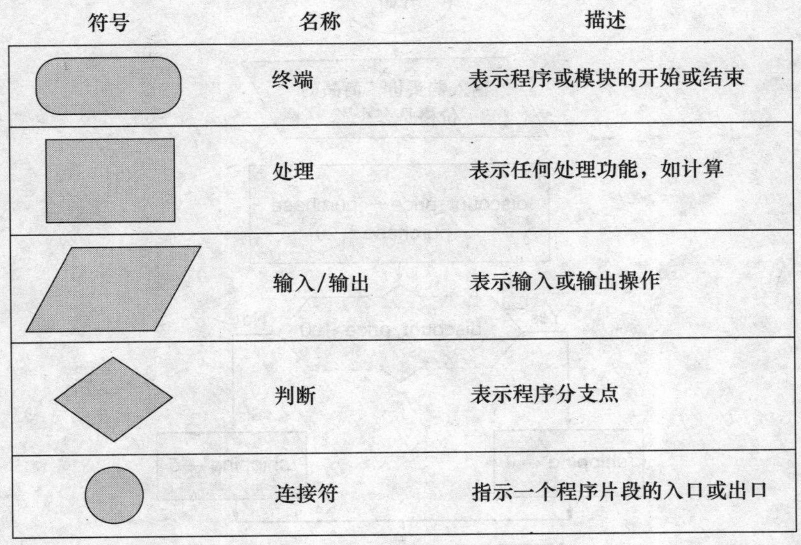

符号	名称	描述
	终端	表示程序或模块的开始或结束
	处理	表示任何处理功能，如计算
	输入/输出	表示输入或输出操作
	判断	表示程序分支点
	连接符	指示一个程序片段的入口或出口

图 1-3　基本的流程图符号

流程图符号

- 椭圆或者圆角矩形表示开始和结束，通常包含文字“开始”、“结束”或者其他指示程序片段开始或结束的短语。
- 箭头表示控制流方向，即从一个符号到另一个符号的箭头表示将控制传递给箭点指向的符号。
- 矩形表示处理步骤。例如，例 1.9 所示的类似计算一个商品的销售价、销售税、运费或总计新价都是处理步骤。
- 平行四边形表示输入 / 输出步骤。输出步骤的例子如例 1.9 所示，它显示计算的结果，包括项目名称、销售价格、税、运费和新价格。
- 菱形表示条件（或判断或选择）片段，通常包含 Yes/No 询问或 True/False 测试。这个符号引出两个箭头，一个箭头指向当问题回答是 Yes 或 True 时要执行的程序部分，另一个箭头指向当问题回答是 No 或 False 时要执行的程序部分，并且每个箭头都应该有标记。在例 1.9 中，当计算运费时要测试一个 True/False 问题，如果客户的购买额少于 $100.00，运费将是某个数，否则免运费。

■ 圆形表示连接符，用于将一个程序片段连接到另外一个片段。

还有其他不常使用的符号，然而对于所有基本的程序设计来说，上面列出的符号已足够了。前面已经有如何使用流程图的两个例子，即图 1-1 和图 1-2 展示了判断和重复结构的一般流程。例 1.10 展示如何使用流程图设计程序。

例 1.10　使用流程图设计程序　下面显示的流程图创建与例 1.9 相同的程序，该图有助于程序员查看程序的流程。

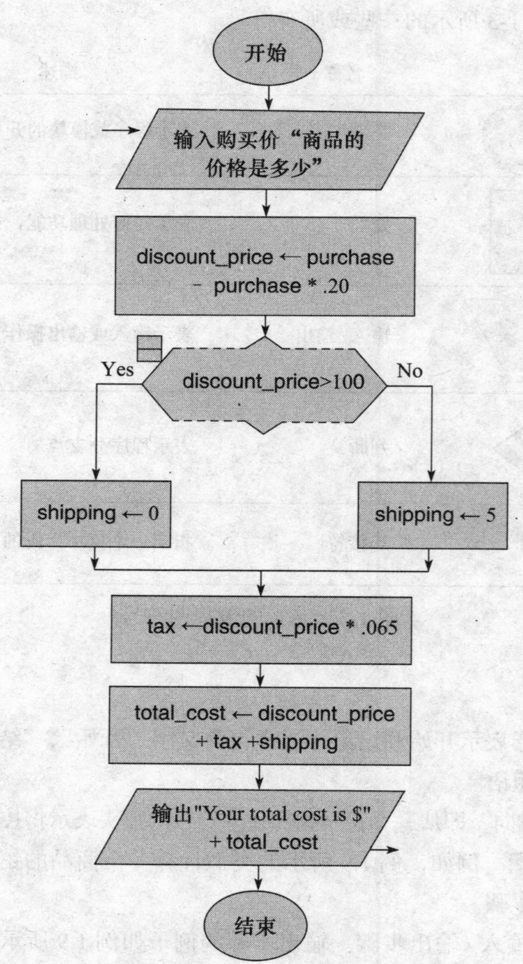

1.4 节检查点

1.13　什么是模块化程序设计？

1.14　什么是伪代码？设计程序时为什么要使用它？

1.15　当程序要在两个选项之间做出判断时使用哪个流程图符号？

1.16　使用伪代码和流程图设计下列程序：程序获取学生的 3 次考试成绩，然后输出这个学生的平均考试成绩。

1.5　网页中的 JavaScript

网页有两个主要的区域：<head> 区域和 <body> 区域。在 <head> 区域中的语句是针对浏览器的指令，在网页中不显示。网页的内容通常包含在 <body> 区域中。使用 CSS（层叠样式表）可以格式化网页，其样式放在以下 3 个地方中：在 <head> 区域链接的外部文件中的外部样式、在 <head> 区域编写的嵌入样式或者在 <body> 区域编写的内置样式。对 JavaScript 代码的处理方法也一样，可以在 <head> 区域链接创建的外部 JavaScript 文件、在 <head> 区域编写 JavaScript 代码或者在 <body> 区域编写内置的 JavaScript 代码。

1.5.1　<script></script> 标签对

<script></script> **标签**对用来定义客户端脚本，如 JavaScript。

脚本语句放在开始和结束标签之间。然而，由于 JavaScript 不是唯一使用的脚本语言，所以要指定脚本的类型，如 JavaScript。语法如下：

```
<script type="text/javascript">
     JavaScript statements go here;
</script>
```

通常，这些标签放在 <head> 区域内。另外，HTML5 默认脚本类型是 JavaScript，可以省略不写。然而，本书强烈建议要遵循好的程序设计习惯，要在 <script></script> 标签对内指定脚本类型。

1.5.2　<noscript></noscript> 标签对

<noscript></noscript> **标签**对用来为已经禁用脚本的浏览器或者不支持客户端脚本的浏览器提供替代的内容，<noscript> 元素能够包含正常 HTML 网页 <body> 元素内的所有元素。在 <noscript> 内的内容只在浏览器不支持脚本或者禁用脚本时才显示，其语法如下：

```
<script type="text/javascript">
     JavaScript statements go here;
</script>
<noscript>
     Sorry, your browser doesn't support JavaScript.
</noscript>
```

如果浏览器已禁用脚本，那么就不执行 <script></script> 标签对内的脚本，而是简单地显示以下文本：

```
Sorry, your browser doesn't support JavaScript.
```

1.5.3　在网页 <body> 中的 JavaScript

你可能在不了解脚本的情况下就已经在网页的 <body> 中使用了 JavaScript。如果你创建了一个按钮，那么就可能已使用了内置的 JavaScript。首先，我们看看如何通过按钮使用 JavaScript，如例 1.11 所示。

例 1.11 通过按钮使用内置的 JavaScript 为网页添加一个按钮的代码如下：

```
<input type="button" id="myButton" value="Hi there!" />
```

这个按钮看起来像这样：

Hi there!

然而，如果单击它，它将没有反应。这条代码简单地用一个标识符（myButton）和按钮要显示的本文（Hi there!）建立了一个按钮（它的类型是 button）。我们需要使用 JavaScript 告诉浏览器当单击按钮时要做什么。可以为按钮添加各种不同的指令，但是对于这个例子，我们只添加一个 onclick 事件（本章后面解释），其代码如下：

```
<input type="button" id="myButton" value="Hi there!" ↵
     onclick="alert('Well, hello my friend.');" />
```

当用户单击这个按钮时，将弹出一个警示对话框显示信息“Well, hello my friend.”。

在网页中也可以使用一些 JavaScript 函数，然而一般情况下最好避免使用内置 JavaScript。这基于几个理由，一是使用内置 JavaScript 会使 HTML 代码变得很大；二是 HTML 代码永远不会缓存，这意味着用户每次访问每个网页时浏览器必须装载其 HTML 代码；三是内置 JavaScript 会使代码更难维护。这是使用 JavaScript 文件代替内置 JavaScript 的最重要理由。当一个学生或初学者正在独自工作而创建小脚本时代码维护问题似乎不是很重要，但是在将来要参与建设大型网站时它却是非常重要的。Web 开发者和程序员都认为集中放置代码优于将代码片断散布于一个网站的各个文件中。

1.5.4 在文档 <head> 区域中的 JavaScript

本书前几章的大部分 JavaScript 代码将会放在网页的 <head> 区域，并且封装在 <script></script> 标签对内。在 <head> 区域也可以包括网页标题、对外部 CSS 文件的链接、嵌入样式和元标签等其他元素，这些元素可以放在 <head> 区域的任何位置。

通常，装载网页时将显示一些内容，而当用户与页面元素互动时将执行 JavaScript。此外，有些 JavaScript 也可能在显示任何 HTML 内容之前就立即执行。例 1.12 展示了一个页面，该页先装载然后当用户单击一个按钮时将调用在 <head> 区域中的一个 JavaScript 函数。

例 1.12 调用 <head> 区域的 JavaScript 代码

```
<html>
<head>
    <title>Example 1.12</title>
    <script>
    function welcome()
    {
        alert("Hi there, friend!");
    }
    </script>
</<head>>
```

```
11.  <body>
12.  <h1>A New Web Page</h1>
13.  <h3>Click the button! </h3>
14.  <p><input type="button" id="myButton" value="Hi there!" ↵
                 onclick="welcome();" /></p>
15.  </body>
16.  </html>
```

装载时这个页面看起来像这样：

当用户单击按钮时，将调用名为 welcome() 的 JavaScript 函数，这个函数定义在 <head> 区域的第 5 ~ 8 行。该函数极其简单，只做一件事，就是弹出一个警示对话框显示信息“Hi there,friend!”。在单击按钮之后这个页面看起来像这样：

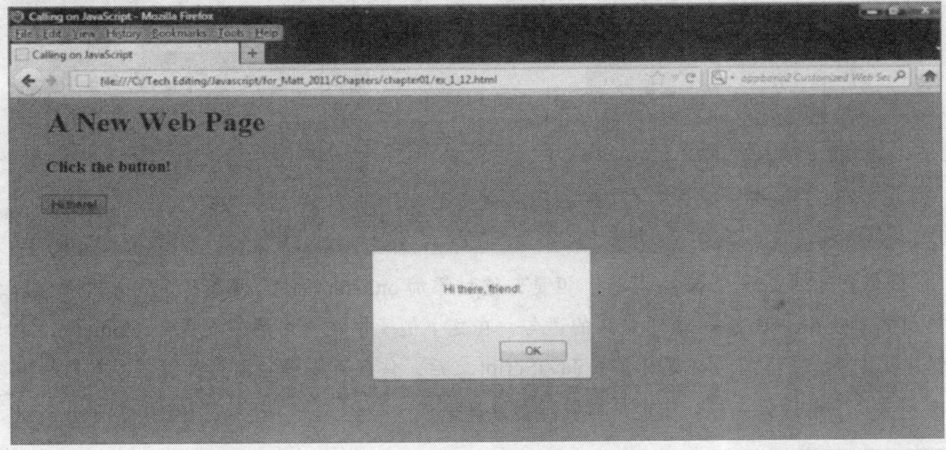

1.5.5 <body> 的 onload 事件

有时希望在用户看到页面之前就执行一些 JavaScript 代码，为此可以使用 onload 事件。onload 事件的作用是：一旦页面或图像装载完成，就执行一些 JavaScript 代码。例如，如果想要在页面显示之前为用户提供一些信息，就可以使用这个事件。例 1.13 就是这样，它将显示一个警示对话框提醒用户这个网站很有趣。

例 1.13　使用 onload 事件

```
<html>
<head>
<title>Example 1.13</title>
<script>
function welcome()
{
        alert("Warning: This site is a lot of fun!");
}
 </script>
```

```
10.  </<head>>
11.  <body onload="welcome()">
12.  <h1>More fun than you ever dreamed of...</h1>
13.  <h3>This site is nothing but...</h3>
14.  <h3>    fun...</h3>
15.  <h3>      fun...</h3>
16.  <h3>       fun...</h3>
17.  </body>
18.  </html>
```

装载时这个页面看起来像这样：

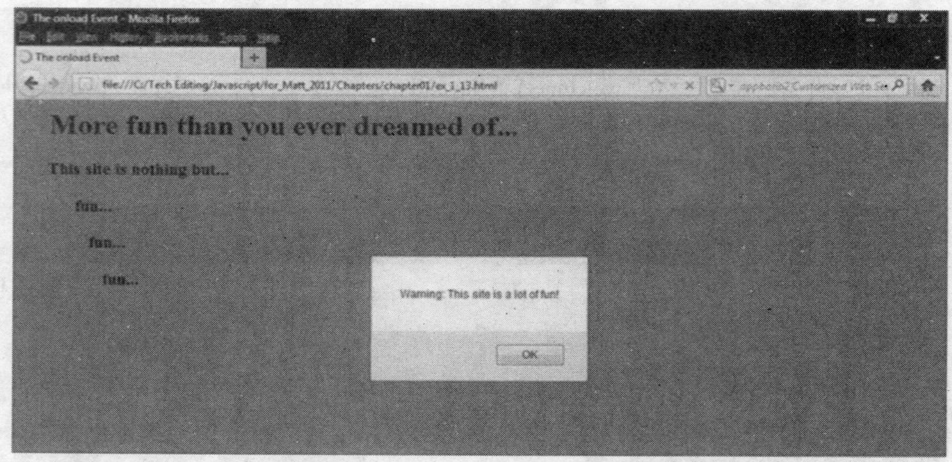

第 11 行是打开网页的 <body> 标签。但是，通过添加 onload 事件，浏览器在载入页面内容之后立刻执行被调用函数在 <head> 区域所定义的语句。在这个例子中被调用的函数是 welcome( )，它只做一件事：就是产生一个警示框。在熟练掌握 JavaScript 之后，你就可以编制出更加精细、有趣的函数。

在用户单击 OK 按钮之后，这个页面看起来像这样：

1.5 节检查点

1.17 在 <script> 标签对之内必须包括什么信息？

1.18 为什么要使用 <noscript></noscript> 标签对？

1.19 如果用户单击如下编码的按钮，将会发生什么事？

```
<input type = "button" value = "Click me" />
```

1.20 如果用户单击如下编码的按钮，将会发生什么事？

```
<input type = "button" value = "Click me" onclick = "alert('Boo!');" />
```

1.21 给出以下代码，在用户单击按钮之后将会发生什么事？

```
<html>
<head>
<title>A New Page</title>
<script>
      function ouch()
      {
            alert("Ouch! Be gentle, friend!");
      }
</script>
</<head>>
<body>
<p><input type="button" value="Punch me!" onclick="ouch();" /></p>
</body>
</html>
```

1.22 什么时候使用 onload 事件？

1.6 对象简介

截至 20 世纪 80 年代中期，程序设计语言还是**过程化的**。这意味着程序的每一步都是按照顺序一步步执行的。当然，通过使用分支，一些步骤可能跳过或者重复，但是程序基本上是强调要执行的动作，这种方法通常称为自顶向下的模块方法。现在使用的新方法是**面向对象程序设计**，强调的是程序中的对象，而不是要执行的动作。

这种方法适用于实现大任务的程序设计，使用可被大量任务使用和重用的对象，易于开发支持图形用户接口（GUI）的程序。

想象设计一个要求玩家与 10 个不同怪物搏斗的游戏。在过程化程序中，要编写代码描述第 1 种怪物（如使用棍棒作为武器的食人魔，要在地面上使用腿攻击它）和与之战斗的方法，然后编写代码描述第 2 种怪物（如使用鸟嘴作为武器的猛禽，要在天空使用飞行能力攻击它）和与之战斗的方法。如此这般，对于每种新怪物都要编写这类代码。但是，如果编写的代码是针对拥有某种武器（稍后定义）和某种攻击方法（稍后定义）的一般怪物，那么就可以为 2 个、10 个或者任何数目的怪物重复使用这个代码。面向对象程序设计的基本思想是：创建的对象含有某些属性和方法，这些属性能够被对象的不同实例改变，而对象的方法（即对象能够做的事情和能够对对象做的事情）也能够被对象的不同实例改变。

1.6.1 对象是什么

可以把对象视为名词——一个物件。例如，椅子是对象。含有属性和函数的任何东西都是**对象**，属性是特定事物（或对象）共同具有的特征、特点或特色，而函数是对或被对象执行的处理或操作。对象无所不在，如椅子、书和洗衣机都是对象。

以洗衣机为例，它无疑有属性：利用金属做成的，有浴盆、马达和齿轮箱，而且有特定的尺寸。在写出一长串属性之后，我们可能知道一台洗衣机看起来像什么，但是仍然还没有足够的信息定义它。我们也必须考虑它的函数，也就是它实现的洗衣过程：开机、注水、搅动、排水、清洗、快速旋转和关机。最后，我们需要知道对象的用途，如本例的洗衣机对象通常用于洗涤衣服、手巾和毛毯等。综合考虑属性、函数和用途，我们就能够完全描述一个有用的对象。

以下是一台洗衣机（也适于任何有用的对象）的重要特征：

- 你不一定要知道它的内部工作原理。
- 如果一个对象已被某个人创建好并且可用来购买（或者免费使用），那么你就不一定要自己建造它。

在程序设计中，包含属性（数据）和函数（处理）的对象为我们提供解决问题的封装方法。

当你在一个文字处理程序（如微软 Word）中写一份文档时，通过单击“Save As”命令第一次保存文档后，将打开一个窗口。这个窗口的顶端标题栏通常显示为“Save As”，而左边显示文件夹，右边显示文件和文件夹，并且在窗口的底部有一个文本框可用于录入文件名。当你再次打开 Word 并且想要打开一份新文档时，单击“Open”命令将出现一个非常相似的窗口。其顶端标题栏现在显示“Open”，左边仍然显示文件夹目录，右边列出文件和文件夹，并且在窗口的底部还是有一个文本框用于录入文件名。这个弹出的对话框已经被微软程序员编码为一个对象，通过改变不同的属性（如在顶端上的文本）和函数（如保存指定文件或打开选择的文件），使得相同的对象能为不同的任务重复使用。

在学习 JavaScript 程序设计的过程中，你将会了解到网页的各种不同部分都被处理为对象，也可以定义自己的对象来创建复杂的程序。然而，本书主要强调现有对象的使用，而不是创建自己的对象。

1.6.2 属性和方法

在计算机桌面上或许有许多图标。其中一些图标是操作系统的一部分，如 PC 上的 Recycle Bin（回收站）图标或者 Mac 机上的 trash can（垃圾桶）图标。许多其他图标是已安装程序的快捷方式，如 Google Chrome 浏览器或文字处理软件 Microsoft Word。如果右击一个图标，将显示一个弹出的菜单。其中一个选项是 Properties（属性），这些属性通常是对程序的描述，如大小、创建日期、应用程序的类型等。其他选项可能包括打开应用程序、发送至计算机的其他地方、删除它等。**属性**描述对象，而其他选项是它能做的或者你能对它做的函数，这些是**方法**。能够单击的任何东西都是对象，而所有对象都有属性和方法。

属性和函数

有时特性称为**属性**，而且有时方法称为**函数**。在本书中，特性与属性、方法与函数没有区别，只是使用的单词不同而已。这些术语在本书中都会使用，并且在特定位置的使用通常没有特殊的理由，只是让句子变得更易读而已。

因为所有对象都有描述它们的东西（属性或特性）和它能做的或你能对它做的东西（方法或函数），所以我们需要访问这些东西的方法。JavaScript 使用点标记做这件事，本节稍后会描述它。

1.6.3　document（文档）对象

HTML 文档是对象，它使用**文档对象模型**（DOM），该模型是 HTML 页的浏览器视图。浏览器把网页视为一个对象层次，起始于浏览器窗口自身，并且深入于页面之内，包括页面中的所有元素及其属性。图 1-4 是把网页视为 HTML 文档对象模型的简化版本。

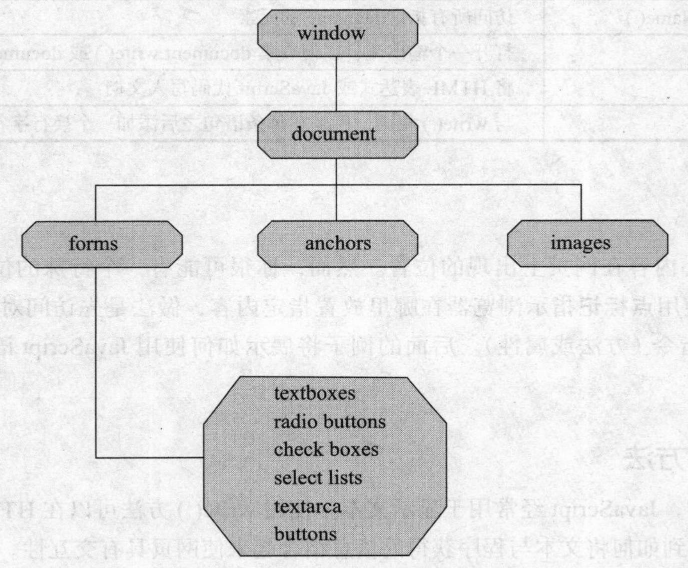

图 1-4　HTML 文档对象模型

顶层对象是 window，而 document（文档）对象是 window 对象的**子对象**。除了 window 对象之外，每个对象都是另一个对象的子对象，而每个对象都可以有自己的子对象。例如，form 是 document 对象的子对象，而 textbox 是 form 对象的子对象，如图 1-4 所示。我们也可以说 document 对象是 form 对象的**父对象**，而 form 对象是 textbox 对象的父对象。

每个载入浏览器窗口的 HTML 文档成为一个 document 对象，在脚本中可以通过 document 对象访问网页的所有 HTML 元素。表 1-3 和表 1-4 列出了 document 对象的属性和方法，随着对 JavaScript 的深入学习，你将使用这些属性和方法。

表 1-3　document 对象属性

属　　性	描　　述
cookie	返回文档中所有 Cookie 的名字 / 值对
documentMode	返回浏览器用于显示文档的模式
domain	返回装载文档所在的服务器域名
lastModified	返回文档的最后修改日期和时间
readyState	返回文档的载入状态
referrer	返回装载当前文档的文档 URL
title	设置或者返回文档的标题
URL	返回文档的完整网址

表 1-4　document 对象方法

方　　法	描　　述
close( )	关闭以前用 document.open( ) 打开的输出流
getElementById( )	访问第一个有指定 id 的元素
getElementsByName( )	访问所有指定 name 的元素
getElementsByTagName( )	访问所有指定 tagname 的元素
open( )	打开一个输出流，以便收集 document.write( ) 或 document.writeln( ) 的输出
write( )	将 HTML 表达式或 JavaScript 代码写入文档
writeln( )	与 write( ) 相同，但是在每条语句之后添加一个换行字符

1.6.4　点标记

你可能不关心内容在网页上出现的位置。然而，你很可能有一个特殊的位置用于放置指定的内容。你可以使用**点标记**指示浏览器在哪里放置指定内容，做法是先访问对象，然后一个点，然后是进一步的指令（方法或属性）。后面的例子将展示如何使用 JavaScript 语句和点标记显示 HTML 文本。

1.6.5　write( ) 方法

在众多用途中，JavaScript 经常用于显示文本。使用 write( ) 方法可以在 HTML 页面上显示文本。以后你将会看到如何将文本与程序获得的信息结合起来使网页具有交互性。

我们现在只学习显示简单的文本。首先，如前所述使用点标记访问 write( ) 方法。要将文本放置在网页文档上，先指定 document 对象，然后写一个点，再写 write( ) 方法，并将要显示的文本放入圆括号内。

然而，你不能只是录入文本。write( ) 方法只是告诉浏览器要包含的文本，浏览器也需要知道如何显示这个文本。因此，还必须指定描述文本如何格式化的 HTML 代码。如果不指定任何格式，浏览器将会使用它的默认值。例 1.14 说明如何在网页文档上简单地显示一行文本，注意要显示的文本必须在圆括号里用引号括起。

例 1.14　使用 JavaScript 生成欢迎页面　这个例子展示如何使用 JavaScript 和点标记在网页上显示未格式化的文本。

```
<html>
<head>
<title>Example 1.14</title>
<script type="text/javascript">
    document.write("Welcome to my first JavaScript page!");
</script>
</<head>>
<body>
</body>
</html>
```

注意：访问 document 对象时使用一个点和 write( ) 方法，而要显示的文本括在引号中。其输出看起来像这样：

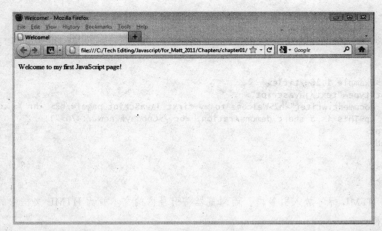

然而，如果想要将文本显示为标题，如 < h1 > 或 < h3 >，则需要在圆括号里包括标题标签，如例 1.15 所示。

例 1.15　使用格式化的 HTML 生成欢迎页面　这个例子展示如何使用 JavaScript 和点标记在网页上将文本显示为 1 级标题。

```
<html>
<head>
<title>Example 1.15</title>
<script type="text/javascript">
        document.write("<h1>Welcome to my first JavaScript page!</h1>");
</script>
</<head>>
<body>
</body>
</html>
```

注意，标题标签 < h1 > < /h1 > 放入引号内，浏览器将把引号内的文本视为 HTML 文档中的代码解释。其输出看起来像这样：

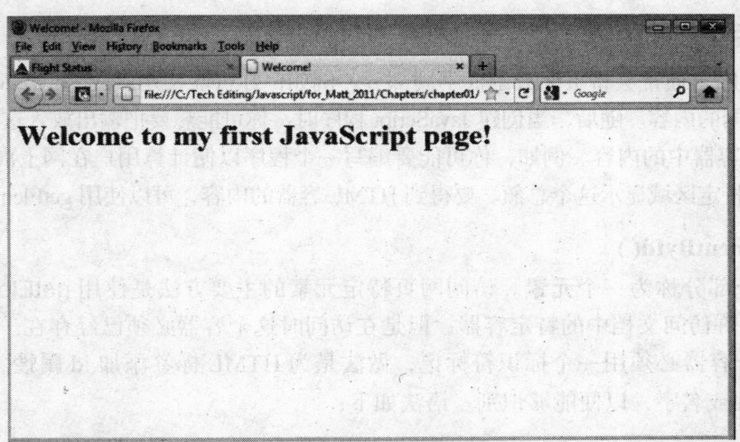

write( ) 方法允许放置任意多的 HTML 代码。例 1.16 展示如何使用 write( ) 方法显示多行文本，而每行的格式不同。

例 1.16 扩展使用 write( ) 方法 这个例子展示如何显示不同格式的文本，包括一个标题、一条水平线、一些段落和一个强制换行。

```
<html>
<head>
<title>Example 1.16</title>
<script type="text/javascript">
        document.write("<h2>Welcome to my first JavaScript page!</h2> <hr /> ↵
        <p>This is a short demonstration. <br />Goodbye now...</p>");
</script>
</<head>>
<body>
</body>
</html>
```

注意：所有 HTML 标签放入引号内，而浏览器将引号内的文本视为 HTML 文档中的代码解释。其输出看起来像这样：

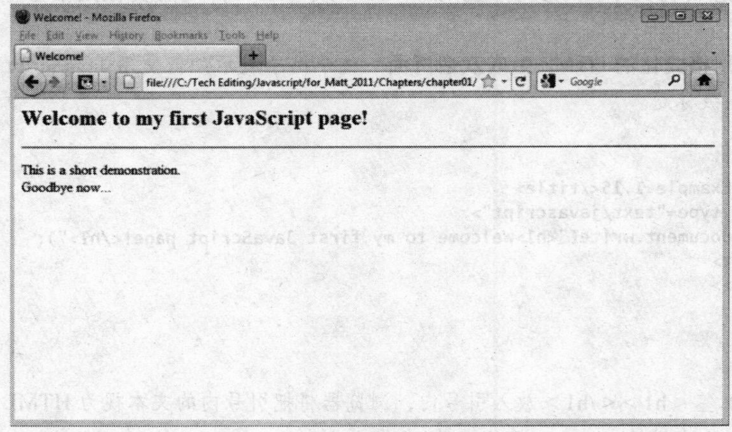

1.6.6 getElementById( ) 方法和 innerHTML 属性

当制作网页时，通常会将页面分割成不同部分。例如，你可能使用多对 <div></div> 标签生成多个容器以放置不同的内容。随后，当创建 JavaScript 程序时，你可能想要把输出放入这些容器之一，或者使用其中某个容器中的内容。例如，你可能要编写一个程序以便计算用户在网上商店的购买总额，而且想要在一个特定区域显示这个总额。要得到 HTML 容器的内容，可以使用 getElementById( ) 方法。

1.6.6.1 getElementById( )

网页的每个部分称为一个**元素**。访问网页特定元素的主要方法是使用 getElementById( ) 方法，这种方法允许访问文档中的特定容器，但是在访问时这个容器必须已经存在。

因此，每个容器必须用一个标识符标记，做法是为 HTML 标签添加 id **属性**。在网页中，每个容器必须有 id 或名字，以便能够识别。语法如下：

```
<div id = "myContainer">  或者你想要的任何名字
```

注意容器的名字括在引号中。

假定一个容器的 id="puppy" 并且包含一种狗的名字，那么在程序中就可以通过这个 id 访问这个容器的内容并且随后使用。做法是将一个变量（有关变量详见第 2 章）赋值为通过 getElementById( ) 方法访问的容器的内容。语法如下：

```
var dog = document.getElementById("puppy");
```

这条语句的基本含义是告诉浏览器："找在文档中命名为 puppy 的容器，并且将它的内容存储到名为 dog 的变量中"，以后就能以多种方式使用变量 dog。然而，首先要做的是访问存储在 dog 中的 HTML 内容。做法是为这个变量附加新的属性，就是 innerHTML 属性。

1.6.6.2 innerHTML

如上语法所示，变量 dog 被赋值为容器 puppy 的内容。其 innerHTML 属性设置或者返回元素的内部 HTML 代码。要显示存储在 dog 中容器的 HTML 内容，可以使用它的 innerHTML 属性访问这个内容。做法是使用点标记将 innerHTML 属性附加在变量 dog 之后。显示 dog 的 HTML 值的语法如下：

```
document.write(dog.innerHTML);
```

例 1.17 使用 getElementById( ) 获取容器的内容，然后使用 write( ) 方法显示容器的内容。

例 1.17 使用 getElementById( )、write( ) 和 innerHTML 这个例子展示如何访问网页上的内容，然后使用它显示一条新信息。

```
<html>
<head>
<title>Example 1.17</title>
<script type="text/javascript">
function getValue()
{
	var dog=document.getElementById("puppy");
	document.write("Your dog is not a terrier <br />");
	document.write("It is a ");
	document.write(dog.innerHTML);
}
</script>
</head>
<body>
<h1 id="puppy" onclick="getValue()">Poodle</h1>
</body>
</html>
```

该页面最初看起来像这样：

然而，当用户单击文字 Poodle 时，将调用 JavaScript 函数 getValue( )（见第 15 行），然后控制执行第 5 行。第 7 行的指令告诉浏览器查找网页中标识符（id）为 "puppy" 的容器，并且将该容器的内容存储在变量 dog 中。第 8 行和第 9 行使用 write( ) 方法在屏幕上显示新的文本。然而第 10 行做得更多，使用 write( ) 方法在屏幕上显示存储在 dog 中的内容，它使用 innerHTML 属性访问 "puppy" 容器中的 HTML 代码（这里只是文字 Poodle）。

在单击文字 Poodle 之后，屏幕现在看起来像这样：

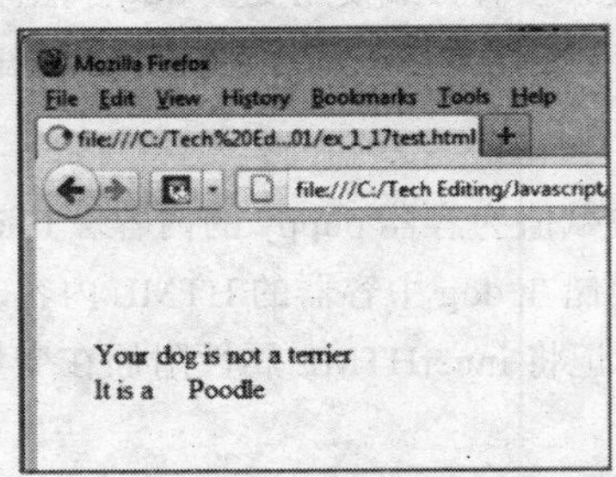

在这个例子中，为简单没有为用户给出单击文字 Poodle 的提示，但是在真实的程序中必须添加这种提示或者可能做得更多。此外，后面将学习更多的函数编写、调用和使用方法及其他特性。然而，在开始的时候，只是简单地复制别人的代码并且亲自试一试通常是有价值的，即使并不理解每一条语句。

1.6.7 open() 和 close() 方法

网页几乎总是包含到网站中其他页面的链接。然而，你有时可能不想用户离开当前页面而又想要用户看到新页面的内容。当单击链接时，你可以使用 JavaScript 打开新的窗口，从而使用户能够在新页面和原页之间切换。同样，你可以使用 JavaScript 关闭窗口。打开窗口的语法看起来有一点复杂，有很多选项：

```
打开新窗口：window.open(URL,name,specs,replace)
关闭已打开的窗口：window.close()
```

对于 open( ) 方法，第一个参数是 URL，它指定要打开页面的网址。如果没有指定 URL，那么浏览器将打开空白页面。

参数 name 是可选择的，它指定窗口的目标属性或名字。支持下列值：

- _blank：将 URL 指定的页面载入一个新窗口，这是默认值。
- _parent：将 URL 指定的页面载入父框架。
- _self：将 URL 指定的页面替换当前页。
- _top：将 URL 指定的页面替换任何可能被装载的框架集。
- name：为新建窗口指定名字。

参数 specs 提供许多选项，可以使用这些选项定义新窗口的大小或位置。例如，可以将新窗口指定为一个小窗口、有一个滚动条或许多其他选项。表 1-5 列出了很多能够被大多数浏览器支持的选项。

表 1-5　window.open( ) 的可选规格（以逗号分隔相邻项目）

height = pixels	窗口的高度（最小值是 100）
left = pixels	窗口的左边位置
location = yes 或 no	是否显示地址栏；默认值是 yes
menubar = yes 或 no	是否显示菜单栏；默认值是 yes
resizable = yes 或 no	窗口是否是大小可变的；默认值是 yes
scrollbars = yes 或 no	是否显示滚动条；默认值是 yes
status = yes 或 no	是否显示状态栏；默认值是 yes
titlebar = yes 或 no	是否显示标题栏；默认值是 yes
toolbar = yes 或 no	是否显示浏览器工具栏；默认值是 yes
width = pixels	窗口的宽度（最小值是 100）

最后，参数 replace 是可选的，它指定 URL 是否应该在历史列表中建立一个新条目或者替换当前条目。如果它设置为 true，则 URL 将替换历史列表中的当前文档；如果它设置为 false，则 URL 将建立一个新条目。close( ) 方法用来关闭窗口，你可能将它与一个按钮关联以允许用户关闭一个已打开的窗口。例 1.18 混合使用了 window.open( ) 和 window.close( ) 方法。

例 1.18　使用 window.open( ) 和 window.close( )　这个例子使用 window.open( ) 方法打开一个显示一些文本的小窗口，其中的按钮用来让用户打开或者关闭这个新窗口。

```
<html>
<head>
<title>Example 1.18</title>
<script type="text/javascript">
function openWin()
{
        smallWindow = window.open("","", "width=300, height=200");
        smallWindow.document.write("<p>Hi again, old friend!<br /> ↵
                Glad to see you today</p>");
}
function closeWin()
{
        smallWindow.close();
}
</script>
</head>
<body>
<input type="button" value="Open a small window" onclick="openWin()" />
<input type="button" value="Close the small window" onclick="closeWin()" />
</body>
</html>
```

在最初装载时，页面看起来像这样：

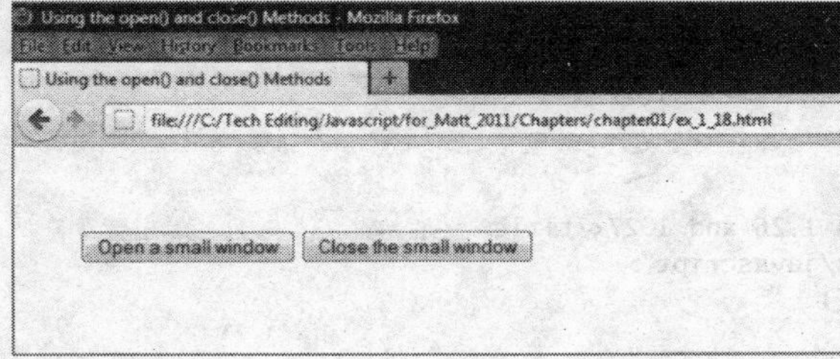

当用户单击“Opena small window”按钮时，第 17 行的指令调用 <head> 区域起始于第 5 行的函数 openWin( )，创建变量 smallWindow，其值是通过 window.open( ) 方法定义的新窗口。第 1 个参数 URL 没有定义，即赋值为空串（""），意味着没有 URL。如果在引号内放置了 URL，那么新窗口将显示这个网址的页面。第 2 个参数 name 也是空的，意味着这个新窗口没有标识的名字。第 3 个参数为新窗口列出规格，即创建一个 300 个像素宽和 200 个像素高的小窗口，这只是表 1-5 所列的一些规格。最后，没有给出可选参数 replace，因为这个窗口不需要在浏览器历史中替换任何东西。

第 8 行定义新窗口的内容，注意点标记用来标识在哪里放置内容。smallWindow.document.write( ) 描述在哪里写新内容，即在新窗口（smallWindow）的文档中。内容本身放置在 write( ) 方法的圆括号内，并且用引号括起来。注意也可以包括任何 HTML 格式。在这个例子中，内容包含在 <p></p> 标签对内，并且包括强制换行（
）。在单击“Open a small window”按钮之后，屏幕看起来像这样：

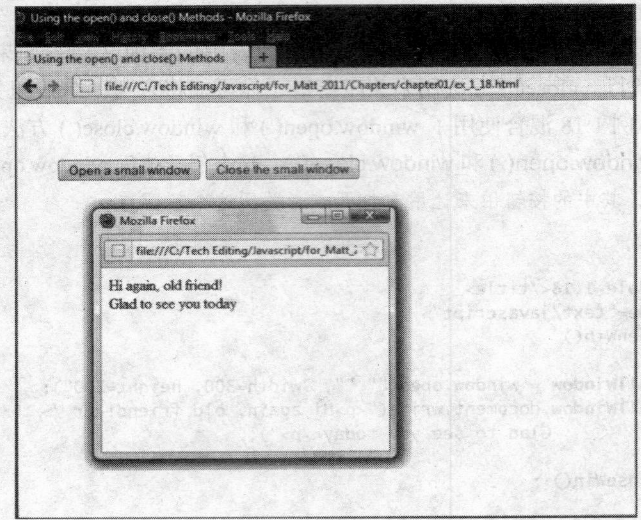

当用户单击第二个按钮“Close the small window”时，第 18 行调用第 10 行的函数 closeWin( )，它使用 close( ) 方法简单地关闭 smallWindow。

1.6 节检查点

1.23 填空题：所有对象有 ________ 和 ________。

1.24 哪个 JavaScript 方法让你在一个网页上显示文本？

1.25 写一条 JavaScript 语句，当调用时将以 2 级标题格式显示一条欢迎信息，显示 "Welcome to my world!"。

以下代码用于检查点 1.26 和 1.27。

```
<html>
<head>
<title>Checkpoints 1.26 and 1.27</title>
<script type="text/javascript">
function getValue()
{
```

```
        fill in the blank for Checkpoint 1.26
        document.write("Your car is a <br />");
        fill in the blank for Checkpoint 1.27
    }
    </script>
    </head>
    <body>
    <h3 id="cars" onclick="getValue()">Lamborghini</h3>
    </body>
    </html>
```

1.26 写一条 JavaScript 语句，它使用 getElementById( ) 方法访问其 id="cars" 的容器的内容，并且将变量命名为 auto。

1.27 写一条 JavaScript 语句，显示 "cars" 容器的内容。

1.28 写一条按下列规格打开新窗口的 JavaScript 语句：窗口的高度是 600 个像素，宽度是 400 个像素，并且为新窗口指定名字 "extraInfo"。

1.7 JavaScript 函数和事件

作为初学者，学习 JavaScript 最困难的事情之一是 JavaScript 执行时必须与很多机制一起运作。在使用类似 C++ 或 Java 的程序设计语言时，你可以在不使用任何先进语言特性的情况下编写一个显示简单文本的程序。但是使用 JavaScript 做相同的事情则需要调用函数或使用事件，如前面的例子所示。到现在为止，本章例子已经使用了这些特性，但是没有解释它们是什么和为什么使用，而只是展示粗略的使用方式。现在我们进一步解释这些概念，并且在本书后面深入探究函数和事件的使用方法。

1.7.1 JavaScript 函数

函数用于隔离一组语句，以便程序的其他部分能够使用这些代码。函数通常是方法的同义词，这两个术语可以交换使用。它们之间有些不同，但其区别在本书中不重要。JavaScript 使用两类函数：一类是已定义好的函数，另一类是自己定义的函数。

要定义自己的函数，需要输入 function **关键字**，后跟函数名和开始、结束圆括号。函数中的语句包含在花括号（{}）内。下面是定义函数的语法：

```
function name()
{
    JavaScript statements...;
}
```

要使用一个预定义的 JavaScript 函数，只需要使用函数名，后跟开始和结束圆括号。例如，本章前面已经使用了 write( ) 方法、getElementById( ) 方法、open( ) 方法和 close( ) 方法，这些都是 JavaScript 函数的例子。

例 1.18 使用了自定义函数和预定义函数。为了方便，例 1.19 再次使用了这些代码，并讨论每类函数的不同特征。

例 1.19 两类函数

```
1.  <html>
2.  <head>
3.  <title>Example 1.19</title>
4.  <script type="text/javascript">
5.  function openWin()
6.  {
7.          smallWindow = window.open("" , "" , "width=300, height=200");
8.          smallWindow.document.write("<p>Hi again, old friend!<br /> ↵
                    Glad to see you today</p>");
9.  }
10. function closeWin()
11. {
12.         smallWindow.close();
13. }
14. </script>
15. </head>
16. <body>
17. <input type="button" value="Open a small window" onclick="openWin()" />
18. <input type="button" value="Close the small window" onclick="closeWin()" />
19. </body>
20. </html>
```

我们从函数（或方法）的角度讨论这个例子。第 17 行通过代码 onclick="openWin( )" 调用第一个函数，即用户定义的函数 openWin( )。控制流跳至第 5 行，即定义函数 openWin( ) 的位置。当 openWin( ) 被调用时将执行两条语句，它们分别在第 6 行和第 9 行花括号之间的第 7 行和第 8 行。第 7 行的第 1 条语句调用预定义 JavaScript 函数 open( )，在圆括号里的内容定义将传递给函数 open( ) 的参数（本节稍后将更详细地讨论参数）。函数 open( ) 收集的信息存储在变量 smallWindow 中，以便可以在程序的其他地方使用。第 8 行的第 2 条语句调用预定义 JavaScript 函数 write( )，其圆括号里有一些内容。write( ) 函数（或方法）包含程序员不需要看到的指令，这些指令告诉计算机显示在圆括号里的任何内容。这些信息成为函数 open( ) 创建的新窗口内容。

在这两条语句执行之后，函数 openWin( ) 就完成了任务。控制流现在返回到调用函数 openWin( ) 的地方，也就是第 17 行。由于它是第 17 行的末尾，因此控制流现在前往第 18 行。

当单击第二个按钮时，执行第 18 行。此时将调用自定义函数 closeWin( )，控制流前往定义函数 closeWin( ) 的第 10 行。该函数只有一条语句，即调用函数 close( ) 简单地关闭这个小窗口。

JavaScript 的预定义函数非常多，这里难以全部列出。随着本书的进展，我们将使用更多的预定义函数，此外也会学习如何定义自己的函数。Web 设计者与 Web 程序员的主要不同在于：Web 设计者可以使用预定义的 JavaScript 函数，而 Web 程序员要实际编写自己的函数代码！

1.7.1.1 参数

如果从未编写过任何程序，那么你会对函数名字后面的圆括号感到奇怪。圆括号起什么作用呢？应当放入什么？为什么一些函数在圆括号内有东西，而另一些没有？放入圆括号内的“东西”称为**参数**。这里对这些问题的回答是一般化的，以后要编写更复杂的函数时再深入讨论参数。

一般来说，参数是传递给函数的值。函数会做某些事情，可能是做简单的事情（如例 1.19 所示的一条关闭窗口的语句），也可能是做许多事情。例如，我们可能编写一个函数，为用户的购物车商品计算销售税。在这种情况下，这个函数可能将购买总额乘以用户所在州的销售税率。这个函数将对购买了 $25.67 商品且所在州销售税率为 4.25% 的用户和购买了 $1348.97 商品且所在州销售税率为 7.5% 的用户做相同的事情。当然最后的结果会非常不同，但是使用的程序代码完全相同。不同在于购买总额和使用的销售税率。在伪代码中，这样一个函数可能看起来像这样：

```
function calculateTotal(amountPurchased, salesTaxRate)
{
    tax = amountPurchased * salesTaxRate;
    total = amountPurchased + tax;
    document.write(total);
}
```

注意这些只是最基本的代码，实际的程序将输出货币格式并显示说明。但是重点在于只要知道购买额和销售税率，这个函数就能计算出正确的结果。当程序调用这个函数时，它有两个参数，分别表示用户的购买额和所在州的销售税率。在调用这个函数的语句中，程序员必须把两个值放入圆括号内。

当调用函数时不仅要包含参数值，还要按正确的次序包含参数值。在这个伪代码例子中，第一个值必须是购买额，第二个值必须是税率。如果按错误的次序传递参数值，那么函数仍然会工作但结果将是不正确的，如例1.20所示。

例1.20 含参数的函数

```
1.  <html>
2.  <head>
3.  <title>Example 1.20</title>
4.  <script type="text/javascript">
5.  function calculateTotal(purchaseAmt, taxRate)
6.  {
7.          tax = purchaseAmt * taxRate;
8.          total = purchaseAmt + tax;
9.          document.write("Your total is $ " + total);
10. }
14. </script>
15. </head>
16. <body>
17. <p>Amount purchased is $100.00, Tax rate is 0.065</p>
18. <p>Click Button 1 to calculate the total, passing in 100.00, 0.065</p>
19. <input type="button" value="Button 1" onclick="calculateTotal(100, .065)" />
20. <p>Click Button 2 to calculate the total, passing in 0.065, 100.00<p>
21. <input type="button" value="Button 2" onclick="calculateTotal(0.065, 100)" />
22. </body>
23. </html>
```

当执行这个程序时，输出看起来像这样：

Amount purchased is $100.00, Tax rate is 0.065

Click Button 1 to calculate the total, passing in 100.00, 0.065

Button 1

Click Button 2 to calculate the total, passing in 0.065, 100.00

Button 2

这个用户的实际购买总额应该是$100.00*1.065，即$106.50。当按下“Button 1”按钮时，传递给函数的第1个值是100，第2个值是0.065。这个100将存储在这个函数的变量purchaseAmt中，而0.065存储在变量taxRate中。第7行计算销售税，将100（purchaseAmt）乘以0.065（taxRate）得到tax = 6.5。第8行计算总额，把6.5（tax）加上100（purchaseAmt）得到total = 106.5。结果是

Your total is $ 106.5

然而，当按下“Button 2”按钮时，传递给函数的第 1 个值是 0.065，第 2 个值是 100。这个 0.065 将存储在这个函数的变量 purchaseAmt 中，100 存储在变量 taxRate 中。第 7 行计算销售税，将 0.065（purchaseAmt）乘以 100（taxRate）得到 tax = 6.5。但是第 8 行计算总额时，把 6.5（tax）加上 0.065（purchaseAmt）得到 total = 6.565。结果是

Your total is $ 6.565

这个例子演示了参数的两个特性，一是使用参数能够使函数更为通用，二是为函数传递多个参数时必须按照正确的次序。例 1.20 也展示了函数的无效调用方式，它只能计算 $100.00 购买额在 6.5% 税率情况下的总计费用。若想要这个函数计算任何购买额在任何税率情况下的总计费用，其中一种做法是使用非常有用的 JavaScript 预定义函数 prompt( )。

1.7.1.2 prompt( ) 函数

prompt( ) **方法**（或函数）提示用户录入程序员可以任意处理的值。它显示一个对话框提示访客录入，然后返回 string 类型的值。这意味着如果用户录入一个数字，那么这个数字首先存储为文本。第 2 章将学习如何确保用户能够录入适于计算的数字。现在，我们使用 prompt( ) 函数得到用户输入的文本。prompt( ) 函数的语法如下：

```
prompt(message,default text if desired)
```

参数 message 是程序员想要在对话框中显示的任何信息，而第 2 个参数是可选的。这个方法执行时将要求用户输入回答。例如，可能要求用户输入他的名字，从而提示信息可能是 "Please enter your name"，并且可能将默认文本区域设置为空白或者 "John Doe"。例 1.21 使用 prompt( ) 函数获得一些用户信息。

例 1.21 使用 prompt( ) 方法 下面将结合之前所学的知识，使用 prompt( ) 方法让用户输入一种喜爱的食物，并且据此在网页上显示一条新信息。

```
1.  <html>
2.  <head><title>Example 1.21</title>
3.  <script type="text/javascript">
4.  function showPrompt()
5.  {
6.          var food = prompt("What's your favorite food?", "carrots and celery");
7.          document.write("It's your lucky day! " + food + " is on today's ↵
                    lunch menu!");
8.  }
9.  </script>
10. </head>
11. <body>
12. <input type="button" onclick="showPrompt()"value="push me" />
13. </body>
14. </html>
```

当用户按下按钮（第 12 行）时，将调用自定义函数 showPrompt( )。然后控制前往定义函数 showPrompt( ) 的第 4 行，而第 6 行调用函数 prompt( )。该提示对话框上的信息是“What's your favorite food?”，并且包含默认答案“carrots and celery”。然而，当用户输入新的喜爱食物时，将存储在变量

food 中。第 7 行通过使用 document 对象、一个点和 write( ) 方法在网页上显示新信息。新信息的内容是文本和变量值的组合。开始时这个页面看起来像这样：

然后在按下按钮之后，提示如下：

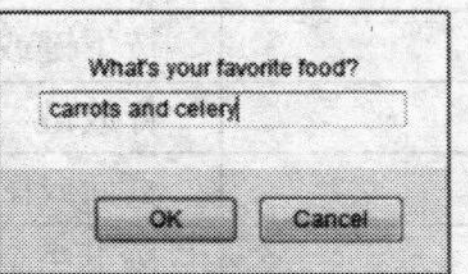

如果用户在提示中录入 pizza，页面将会显示

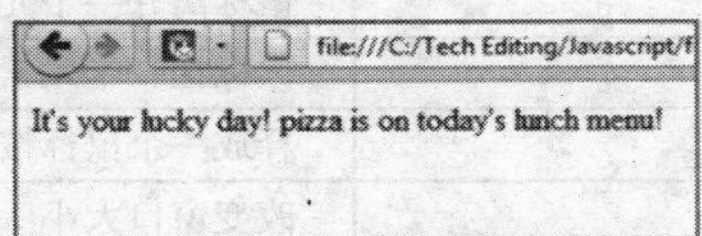

但是如果用户录入 cake，页面将会显示

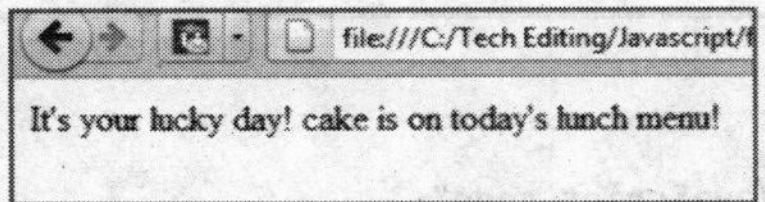

1.7.2　JavaScript 事件

每个网页由对象和元素组成。一些常见的元素是按钮、链接、复选框、单选按钮和表单的其他部分。每种元素有一些能触发 JavaScript 的事件，而**事件**是 JavaScript 能够检测的动作。前面例子已经使用过两个事件：onclick **事件**和 onload **事件**。

事件驱动程序设计

因为事件在网页中出现，所以我们定义事件出现后会发生什么事情。实际上就是“当这个事件出现时就处理它”。有时因事件而发生的事情很简单，但有时事件可能引起一些复杂的程序设计。通常事件与函数结合，也就是当一个事件发生时，将调用一个函数。在事件发生之前，这个函数永远不会执行，这称为**事件驱动程序设计**。

事件被看做是元素的属性，用于定义该元素出现这个事件后会发生什么事情。下面是常见的事件：

- 单击鼠标
- 网页或图像载入
- 滚动鼠标滑过网页上的链接、图像或其他热点
- 在表单上选择一个元素或字段

表 1-6 列出了一些常见事件及其触发动作。

表 1-6 常见事件及其触发动作

事性属性	什么时候出现这个事件
onblur	元素失去焦点
onchange	改变字段的内容
onclick	鼠标单击某个东西
ondblclick	鼠标双击某个东西
onerror	载入图像或文档时出现错误
onfocus	元素获得焦点
onkeypress	按下键或保持按下
onkeyup	释放键
onload	页面或图像完成载入
onmousedown	按下一个鼠标按钮
onmousemove	移动鼠标
onmouseout	鼠标离开一个元素
onmouseover	鼠标在一个元素上移动
onmouseup	释放一个鼠标按钮
onresize	改变窗口大小
onselect	选择一些文本
onunload	页面退出

使用事件的一般语法如下：

```
<element eventName = "some JavaScript code">
```

例 1.22 示范了一个引起事件发生的触发动作（即用户单击一个按钮）的使用，它显示一个提示对话框。

例 1.22 使用提示对话框和事件问候用户 下列代码提示用户输入一个名字，然后在网页上改变问候文本以便包含用户的名字。

```
<html>
<head>
<title>Example 1.22</title>
<script type="text/javascript">
function greet()
{
        var name = prompt("Please enter your name"," ");
        document.write("<h2>Hello " + name + "! <br />How are you today?</h2>");
}
</script>
</head>
<body>
<h2 id ="hello">Who are you?</h2>
<button type="button" onclick="greet()">Enter your ↵
                name</button>
</body>
</html>
```

最初，这个页面有一行文字和一个按钮，看起来像这样：

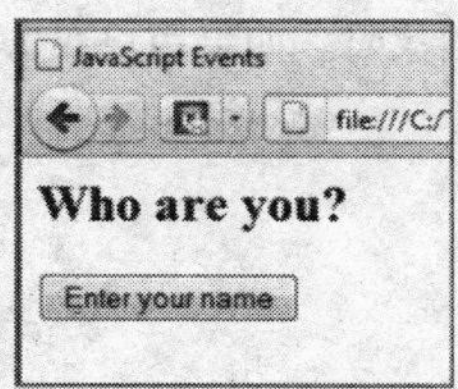

当单击这个按钮时，第 14 行调用起始于第 5 行的函数 greet( )，这个函数创建变量 name 并将它赋值为一个提示对话框（第 7 行）的内容。然后，第 8 行使用 write( ) 方法在网页上显示一条新信息，注意点标记用于将信息放置在网页文档上。稍后我们将会学习如何把内容放在网页的其他区域，而现在只使用最一般的区域，即 document 对象。注意显示的内容有文本和变量的值，其第一块文本“Hello”放在引号内。任何 HTML 格式的代码也放在引号内。对于这个例子，我们想要这个文本成为二级标题，因此包括开始标签 <h2>。加号（+）意味着这个文本后面跟有变量 name 的值，然后通过使用另一个加号并用另一对引号括起的文本添加这个文本的其他部分“!How are you today?”。我们也把强制换行（
）放入引号内。因为一个开始标签 <h2> 需要一个结束标签，所以结束标签 </h2> 放在第二块文本的末端，并且仍然在引号内。

如果用户单击该按钮，在提示中输入 Helmut Lindstrom，然后单击 OK 按钮，那么页面将会看起来像这样：

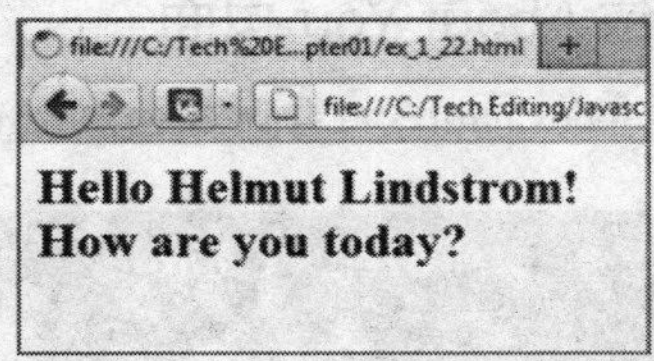

1.7 节检查点

1.29　函数是什么？

1.30　定义一个函数 warning( )，将下面一行文本以 3 级标题格式显示到网页的 document 对象中。

```
Don't go there! You have been warned.
```

1.31　参数是什么？

1.32　识别出以下代码中的参数：

```
<head>
<script type="text/javascript">
function showInfo(first, last)
{
    username = first + last;
    document.write("Your username is " + username);
}
</script>
</head>
<body>
<p>pick a username:</p>
<input type="button" value="duck" onclick = 'showInfo("Big", "Quacker")' />
<input type="button" value="dog" onclick = 'showInfo("Big", "Barker")' />
<input type="button" value="cat" onclick = 'showInfo("Little", "Meow")' />
</body>
```

1.33 通过添加一个新事件改写例 1.22 的代码。如果用户双击按钮，生成下列信息：

```
Don't be so pushy!
One click is enough.
```

1.8 操作实践

本书每章都包括一节“操作实践”。在学习本书之后，如果完成了这部分任务并且解决了“复习与练习”中描述的问题，那么你将开发出两个大型网站：一个是游戏网站（Greg's Gambits），另一个是适用于小学生的教学网站（Carla's Classroom）。“复习与练习”也包含一些为这两个网站补充更多内容的项目，并且还创建两个商务网站：一个是园林公司网站（Lee's Landscape），另一个是珠宝公司网站（Jackie's Jewelry）。

本章将为 Greg's Gambits 和 Carla's Classroom 网站开发信息页面，其中的代码、图像和其他材料包含在本书配备的电子资源 Student Data Files 中。随着应用本书介绍的技术，你将能够逐渐制作一些实用的交互性网页。

1.8.1 Greg's Gambits：创建 About You 页面

打开 Student Data Files 中的文件 index.html，将看到 Greg's Gambits 网站的首页。它看起来像这样：

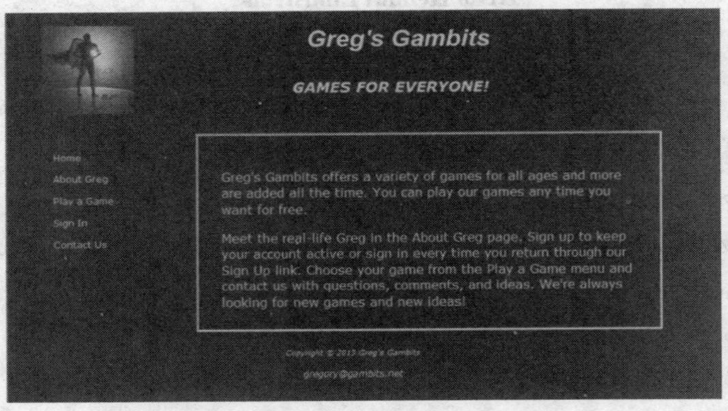

现在，你可以编辑这个页面，例如用你自己的电子邮件地址或一个假的电子邮件地址替换在底部的默认电子邮件地址。做法是：在 index.html 页面的底部找到电子邮件地址，然后改变这个地址。你也应该在页面左边的导航栏中添加一个链接，指向将要创建的页面。该页面将提示用户录入一些个人信息，因此使用“ Tell Greg About You ”作为链接的文本。这个新页面将命名为 aboutyou.html，并且存储在与 index.html 相同的文件夹中，因此这个链接应该是一个相对链接。这个链接的代码如下：

```
<a href = "aboutyou.html">Tell Greg About You</a>
```

你的页面如下所示，其中在页面底部你的电子邮件地址代替了 Greg 的地址：

现在，我们创建“Tell Greg About You”页面。

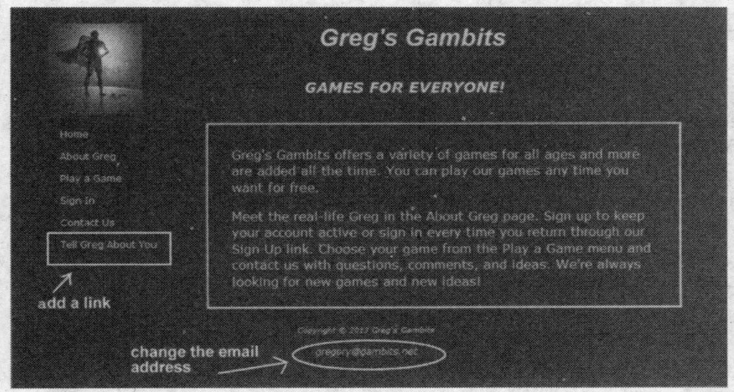

1.8.1.1 开发 About You 页面

我们要求用户录入 3 项信息，不过你也可以使用已经学会的技能添加更多的信息。现在，我们将使用函数、方法和事件从在 Greg's Gambits 网站玩游戏的每个人获得下列信息：玩家的名字、玩家选择的用户名和头像。

首先，要保证这个站点的每个页面使用相同的样式。index.html 页面使用了外部样式表 greg.css，这个文件可以在 Student Data Files 中找到。一定要把这个站点的所有文件保存在你的计算机或闪存上的一个文件夹中，创建这个文件夹并命名为 greg。将任何网页使用的所有图像保存在文件夹 images 中也是一个好习惯，因此在 greg 文件夹中创建这个文件夹。你也应该将 index.html 页面使用的所有图像复制到你的 image 文件夹中。

可以将 index.html 页面用做一个模板。新页面的内容将放入 id="content" 的 <div> 容器中，因此可以删除在 <div></div> 标签对之间的所有内容。也应该将页面的副标题由“GAMES FOR EVERYONE!”改为“TELL GREG ABOUT YOU”，添加页标题“Greg's Gambits | About You”。现在，这个新页面看起来像这样：

1.8.1.2 编写代码

这个页面将提示用户输入一个真实的名字和一个用户名，并且为玩家提供 5 个头像选择。已为你提供了 5 个头像图像，不过也可以使用其他图像。我们将使用 open( ) 方法打开一个新窗口，显示 5 个头像让玩家选择。

（1）提示输入玩家的名字

为获得玩家的名字，我们把一个按钮加入页面的内容区域。当单击这个按钮时将调用一个 JavaScript 函数，该函数声明一个变量 name 并赋值为提示玩家输入名字的提示对话框的结果值，然后在页面上显示这个值。以下展示有关代码并给出详细解释。

```
1.  ...doctype and other information goes here
2.  <head>
3.  <title>Greg's Gambits | About You</title>
4.  <link href="greg.css" rel="stylesheet" type="text/css" />
5.  <script>
6.  function getName()
7.  {
8.        var name = prompt("Please enter your name"," ");
9.        document.getElementById('myname').innerHTML = name;
10. }
11. </script>
12. </head>
13.  <body>
14. <div id="container">
15.       ... other code goes here
16.       <div id="content">
17.           <p><button type="button" onclick="getName()">Enter your name ↵
                 </button>
18.           Hi there, <span  id = "myname" >Greg</span> </p>
19.           <p> </p>
20.       </div>
21.       ... footer code goes here
22. </div>
23. </body>
```

注意第 9 行，它使用 getElementById( ) 方法的 innerHTML 属性获取网页信息。这行说明用变量 name 的值为其 id="myname" 的元素的内部 HTML 代码赋值。

第 17 行添加一个按钮 “ Enter your name”，并使用 onclick 事件调用起始于第 6 行的函数 getName( )。第 18 行也添加了一些 HTML 代码，其中 <span></span> 元素的 id="myname"，从而可以在函数 getName( ) 中确定在哪里显示玩家的名字。

函数 getName( ) 做 3 件事情。首先，第 8 行使用 prompt( ) 请求用户输入他的名字；其次，第 8 行也声明一个变量 name，并且赋值为 prompt( ) 方法的结果，此时 name 包含玩家的名字；最后，第 9 行将玩家的名字显示在网页上，做法是使用 innerHTML 属性。第 9 行编码如下：

```
document.getElementById('myname').innerHTML = name;
```

这意味着将 name 的值替换其 id="myname" 的容器元素内的任何代码。其中，getElementById( ) 方法用于获取其 id="myname" 的元素，而 innerHTML 属性用于将 name 的值替换这个元素内的任何代码。

如果把这些代码加入你正在制作的页面，这个页面最初看起来像这样：

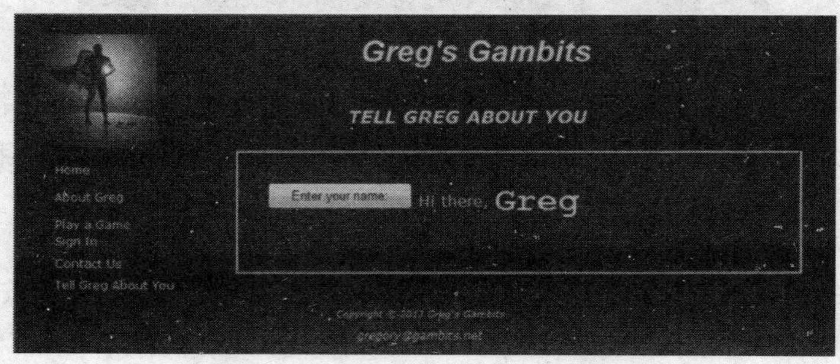

在单击这个按钮并且在提示时录入名字 Montrose 之后，页面看起来像这样：

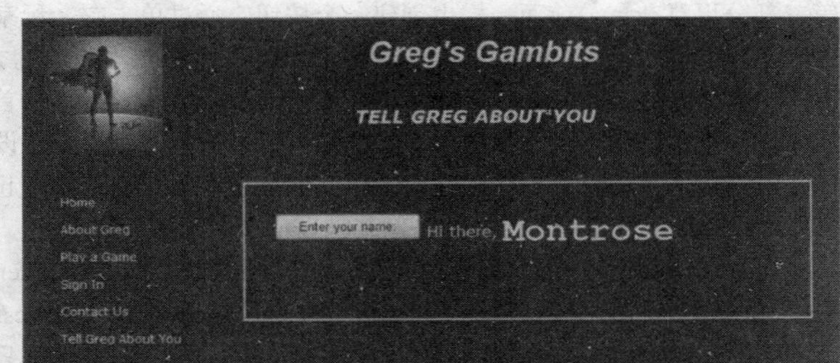

（2）提示输入玩家的用户名

为了获得玩家的用户名，几乎可以再次使用相同的代码，也就是简单地添加第二个按钮和第二个函数。表示第二个按钮的代码可以直接放在第一个按钮行的后面，而第二个函数的代码放在函数 getName() 后面。可以将这个新函数命名为 getUsername( )。

表示第二个按钮的代码是

```
<p><button type="button" onclick="getUsername()">Enter a username </button>
Username: <span  id = "myusername">KingGreg</span> </p>
```

注意以下几点变化：将 onclick 事件改变为调用新函数 getUsername( )；改变了显示的文本，并且将 <span> 的 id 改变为 "myusername"。

新函数几乎与第一个函数相同，其代码是

```
function getUsername()
{
    var username = prompt("What do you want for your username?"," ");
    document.getElementById('myusername').innerHTML=username;
}
```

在添加这些代码之后，如果用户为名字录入 Montrose，并且为用户名录入 Troll King，该页看起来像这样：

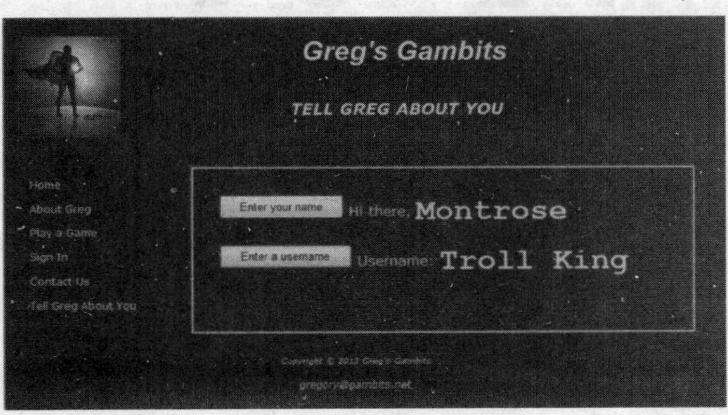

（3）选择一个头像

这个页面的第三部分更复杂。与前面一样也创建一个按钮，通过单击它，玩家可以选择一个头像。现在我们还没有太多的 JavaScript 工具做这件事，因此只使用相当简单的方法选择头像。当玩家单击按钮选择一个头像时，该按钮将调用一个函数 getAvatar( ) 做这件事。首先，它打开一个含有新网页的新窗口，这个页面包含头像选项。将来你可以与图像艺术家合作设计页面，从而为玩家提供更多的头像选项，并让玩家自己创建新图像。但是现在，我们从小做起。在查看提供的选项之后，玩家可以通过单击按钮录入选择的头像并且显示这个选择。

在将代码加入主页之前，我们先创建为玩家显示头像选项的新页面。在 Student Data Files 中有很多小图像文件，可以从中选择 5 个，如 bunny.jpg、elf.jpg、ghost.jpg、princess.jpg 和 wizard.jpg。这个页面文件命名为 avatars.html，页标题为 Greg's Gambits|Avatars。该页将只包含主要的指令和图像，该页代码如下所示：

```
<html>
<head>
    <title>Greg's Gambits | Avatars</title>
</head>
<body>
<hr />
<h2> Here are your avatar options: </h2>
<h3><hr />
     <img src="images/bunny.jpg" />Bunny
     <img src="images/elf.jpg" />Elf
     <img src="images/ghost.jpg" />Ghost
     <img src="images/princess.jpg" />Princess
     <img src="images/wizard.jpg" />Wizard
<hr /></h3>
<h3>You will enter your selection on the previous page.</h3>
</body>
</html>
```

如果使用 Student Data Files 中的图像，则制作的页面看起来像这样：

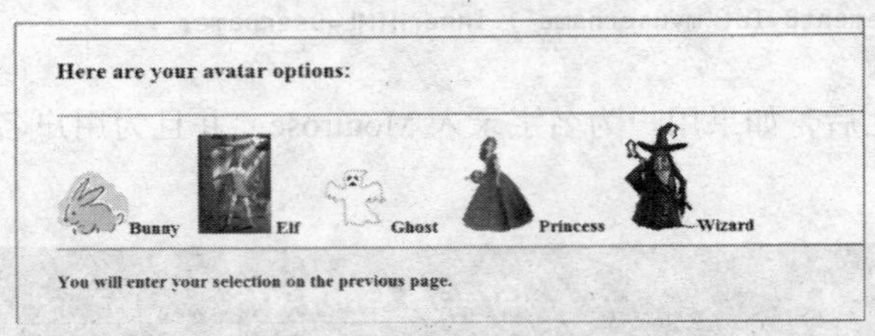

类似前面两个按钮，现在我们创建一个按钮，玩家单击它时可以选择头像。将以下代码放在用户名按钮代码的后面：

```
<p><button type="button" onclick="getAvatar()">See the avatar choices</button>
```

当单击这个按钮时，调用函数 getAvatar( )，该函数将在一个新窗口中打开 avatars.html 文件。这个函数的代码应该放在函数 get_username( ) 之下，看起来像这样：

```
function getAvatar()
{
    window.open('avatars.html');
}
```

最后一个按钮允许用户选择头像，其代码类似于获取用户名和名字的函数代码，看起来像这样：

```
<p><button type="button" onclick="pickAvatar()">Select your avatar ↵
        </button><br />
The avatar you selected is: <span  id = "myavatar"> kitty</span> </p>
```

最后，我们定义函数 pickAvatar( )。当单击这个按钮时将调用这个函数，它将以玩家的选择替换 myavatar 元素的默认内容。把下列函数代码放在函数 getAvatar( ) 之后：

```
function pickAvatar()
{
     var avatar = prompt("Enter the avatar you want","Bunny");
     document.getElementById('myavatar').innerHTML = avatar;
}
```

这个函数提示玩家选择头像，并且在页面上显示。如果将这个页面发布在真实的网站上，应当包括有关如何选择头像的说明，或者也许要提供一个弹出菜单以方便选择。但是，作为初学者，我们假定玩家将正确地录入被选头像的名字。在默认选项下，完成的 aboutyou.html 页面看起来像这样：

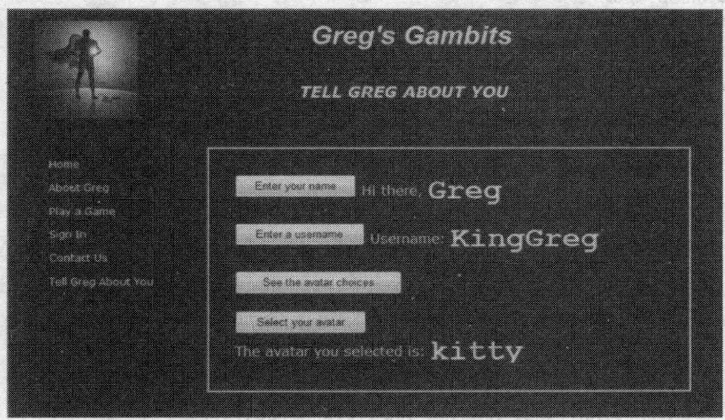

（4）完成代码

现在，我们可以将以上设计结果放在一起。下面给出这个页面的最终代码，并且带有行号以便于阅读。当然，当编制自己的页面时，不必包括行号。

```
<!DOCTYPE html PUBLIC "-//W3C//DTD XHTML 1.0 Transitional//EN" ↵
"http://www.w3.org/TR/xhtml1/DTD/xhtml1-transitional.dtd">
<html xmlns="http://www.w3.org/1999/xhtml" lang="en" xml:lang="en">
<head>
<title>Greg's Gambits | About You</title>
<link href="greg.css" rel="stylesheet" type="text/css" />
<meta http-equiv="Content-Type" content="text/html;
 charset=utf-8" />
<script>
function getName()
{
        var name=prompt("Please enter your name"," ");
        document.getElementById('myname').innerHTML = name;
}
function getUsername()
{
```

```
     var username = prompt("What do you want for your username?"," ");
    document.getElementById('myusername').innerHTML = username;
}
function getAvatar()
{
    window.open('avatars.html');
}
function pickAvatar()
{
     var avatar = prompt("Enter the avatar you want","Bunny");
     document.getElementById('myavatar').innerHTML = avatar;
}
</script>
</head>
<body>
<div id="container">
    <img src="images/superhero.jpg" width="120" height="120" ↵
        class="floatleft" />
    <h1 id="logo"><em>Greg's Gambits </em></h1>
    <h2 align="center"><em> TELL GREG ABOUT YOU</em></h2>
    <p> </p>
    div id="nav">
       <p><a href="index.html">Home</a>
       <a href="greg.html">About Greg</a>
       <a href="play_games.html">Play a Game</a>
       <a href="sign.html">Sign In</a>
       <a href="contact.html">Contact Us</a>
       <a href="aboutyou.html">Tell Greg About You</a></p>
    </div>
    <div id="content">
        <p><button type="button" onclick="getName()"> ↵
                  Enter your name </button>
        Hi there, <span  id = "myname" >Greg</span> </p>
        <p><button type="button" onclick="getUsername()"> ↵
                  Enter a username </button>
        Username: <span  id = "myusername">KingGreg</span>
        </p>
        <p><button type="button" onclick="getAvatar()"> ↵
                  See the avatar choices</button>
        <p><button type="button" onclick="pickAvatar()"> ↵
                  Select your avatar</button><br />
        The avatar you selected is: <span  id = "myavatar"> ↵
                  kitty</span> </p>
        <p> </p>
     </div>
     <p> </p>
     <div id="footer">
         <div align="center">Copyright &copy; 2013 Greg's Gambits<br />
           <a href="mailto:gregory@gambits.net"> gregory@gambits.net</a>
         </div>
     </div>
 </div>
 </body>
 </html>
```

这里是一个在给定输入情况下的输出样例：

输入：

```
name = "Francis", username = "bigbug", avatar = "Wizard"
```

输出：

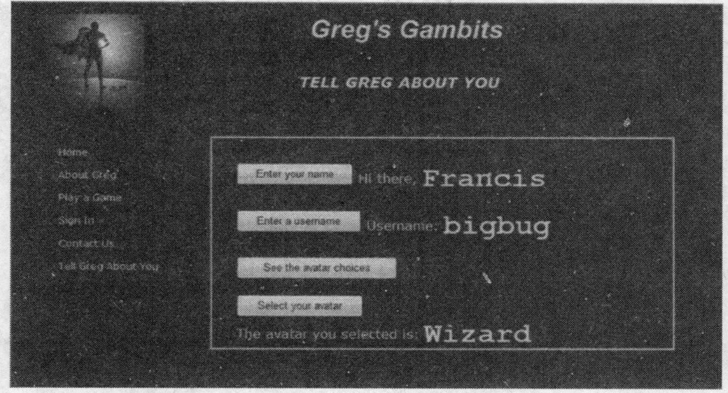

1.8.2 Carla's Classroom：创建 About You 页面

Carla 是一位小学老师，她委托你为她的班级编制练习网站。此时，即使你的 JavaScript 程序设计技能还很有限，你仍然能够为小孩子们开发一些非常好的练习。如果打开 Student Data Files 中的文件 index.html，将看到 Carla's Classroom 的首页。它看起来像这样：

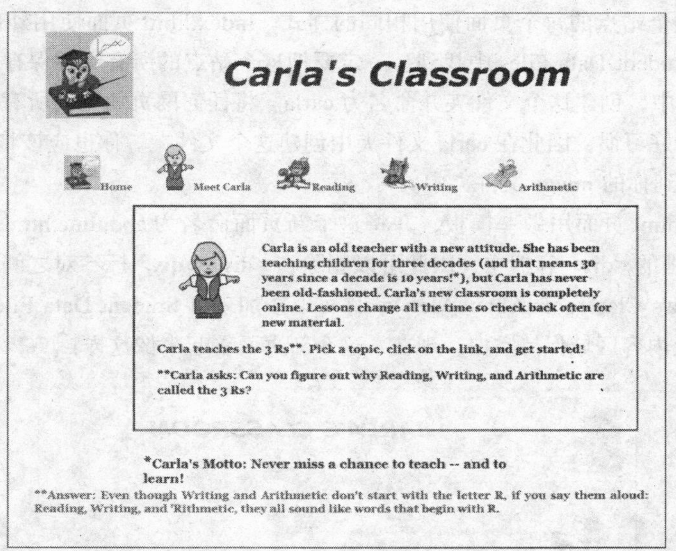

现在，你可以编辑这个页面以便添加一条到新建页面的链接。因为这个新页面允许孩子录入个人信息，所以将它命名为 aboutme.html。在页面的顶部添加新的导航链接，其链接文本是“About Me!”。你可以使用 Student Data Files 中的一个图像或者自己找到的图像。把新页面存储在与 index.html 相同的文件夹中，并把图像放入 images 文件夹中。这个链接的代码如下：

```
<a href = "aboutme.html"><img src="images/carla_kids.jpg" />About Me!</a>
```

这个页面现在看起来像这样：

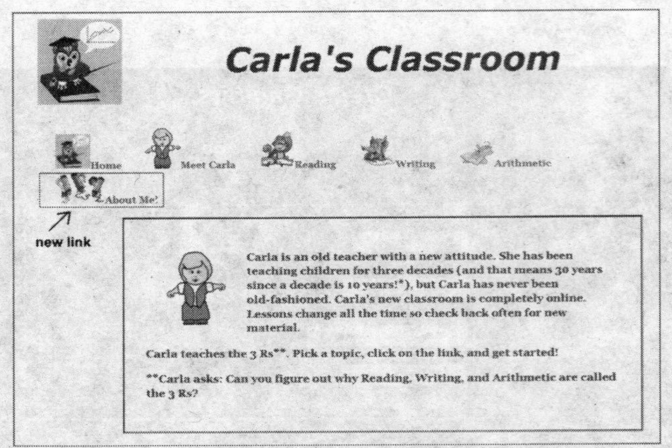

现在，我们将创建“About Me!”页面。

1.8.2.1 开发 About Me! 页面

在这个页面上，学生将录入 4 种信息，你也可能会添加更多的信息。我们将要求学生录入他的名字、年龄、喜欢的科目和喜爱的老师。为了让页面更有趣一点儿，我们将添加代码使得不管学生录入什么，喜爱的老师总是 Carla。

我们要确保这个站点的每个页面使用相同的样式。index.html 页面使用外部样式表 carla.css，这个文件可以在 Student Data Files 中找到。一定要把这个站点的所有文件保存在你的计算机或闪存上的一个文件夹中，创建这个文件夹并命名为 carla。将任何网页使用的所有图像保存在文件夹 images 中也是一个好习惯，因此在 carla 文件夹中创建这个文件夹。你也应该将 index.html 页面使用的所有图像复制到你的 image 文件夹中。

可以将 index.html 页面用做一模板，并将这个新页面命名为 aboutme.html。新页面的内容将放入其 id="content" 的 <div> 容器中，因此可以删除在 <div></div> 标签对之间的所有内容，并且添加页标题“Carla's Classroom|About Me!”。你可以添加来自 Student Data Files 中的图像 girl.jpg 和 boy.jpg，或者让内容区域保持空白。现在，这个新页面看起来像这样：

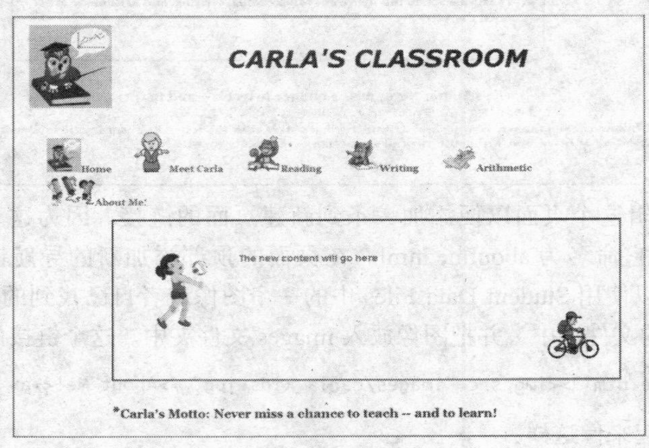

1.8.2.2 编写代码

这个页面提示孩子输入名字、年龄、喜爱的科目和喜爱的老师。前 3 项使用的编码技术与 Greg's Gambits 网站相同。当完成这 3 件事情之后，主要工作是提示输入喜爱的老师并且添加一点儿额外的代码。

（1）提示输入孩子的名字、年龄和喜欢的科目

要从孩子获得这些信息，可以将 3 个按钮加入页面的内容区域。单击每个按钮时将分别调用一个 JavaScript 函数，该函数声明一个变量并且赋值为提示对话框的结果，而每个提示对话框将请求不同的信息。然后，函数在页面上显示这个值。以下显示有关代码并给出详细解释。

```
1.  ...doctype and other information goes here
2.  <head>
3.  <title>Carla's Classroom | About Me!</title>
4.  <link href="carla.css" rel="stylesheet" type="text/css" />
5.  <script>
6.  function getName()
7.  {
8.         var name = prompt("What's your name?"," ");
9.         document.getElementById('myname').innerHTML = name;
10. }
11. function getAge()
12. {
13.        var age = prompt("How old are you?"," ");
14.        document.getElementById('myage').innerHTML = age;
15. }
16. function getSubject()
17. {
18.       var subject = prompt("What do you like best in school?"," ");
19.       document.getElementById('mysubject').innerHTML = subject;}
20. </script>
21. </head>
22. <body>
23. <div id="container">
24.        ... other code goes here
25.        <div id="content">
26.          <p><img src="images/girl.jpg" class="floatleft" /></p>
27.          <p><button type="button" onclick="getName()">Enter your name ↵
                      </button>
28.          Hi there, <span  id="myname" >Little Fella</span></p>
29.          <p><button type="button" onclick="getAge()">Enter your age ↵
                      </button>
30.          You're <span id = "myage" > ??? </span>  years old? Wow!</p>
31.          <p><button type="button" onclick="getSubject()">Enter your favorite ↵
                      subject </button>
32.          You like <span  id = "mysubject" > ??? </span>  best. ↵
                      We'll do a lot of that here.</p>
33.          <p><img src="images/boy.jpg" class="floatright" /></p>
34.        </div>
35.        ... footer code goes here
36.        </div>
37. </body>
38. </html>
```

这个页面的代码类似于 Greg's Gambits 站点的 aboutyou.html 页。第 27、29 和 31 行添加 3 个按钮，分别是 “Enter your name”、“Enter your age” 和 “Enter your favorite subject”。它们使用

onclick 事件调用 3 个函数：getName( )、getAge( ) 和 getSubject( )，这些函数代码放在 <head> 区域。第 28、30 和 32 行也添加了一些 HTML 代码。<span></span> 区域的元素指定了 id 属性。其中，"myname" 标识放置函数 getName( ) 结果的区域，"myage" 标识放置函数 getAge( ) 结果的区域，"mysubject" 标识放置函数 getSubject( ) 结果的区域。

函数 getName( ) 起始于第 6 行。在第 7 行的左花括号之后，第 8 行使用 prompt( ) 要求孩子输入名字。同一行还声明一个变量 name，并且赋值为 prompt( ) 的结果。此时，name 包含孩子的名字。然后，第 9 行将名字显示在网页上，做法是使用 innerHTML 属性。第 9 行如下：

```
document.getElementById('myname').innerHTML = name;
```

这行指令指示取出 name 的值，并且替换 myname 容器中的任何内容。其中，getElementById( ) 方法用于获取其 id="myname" 的元素，而 innerHTML 属性用于将 name 的值替换这个元素内的任何代码。

第 11 ~ 15 行的函数 getAge() 和第 16 ~ 19 行的函数 getSubject( ) 的代码几乎与这个函数相同，只是将对孩子名字的所有引用分别用孩子的年龄和喜爱的科目替换。

如果将这些代码加入到你正在创建的页面，这个页面最初看起来像这样：

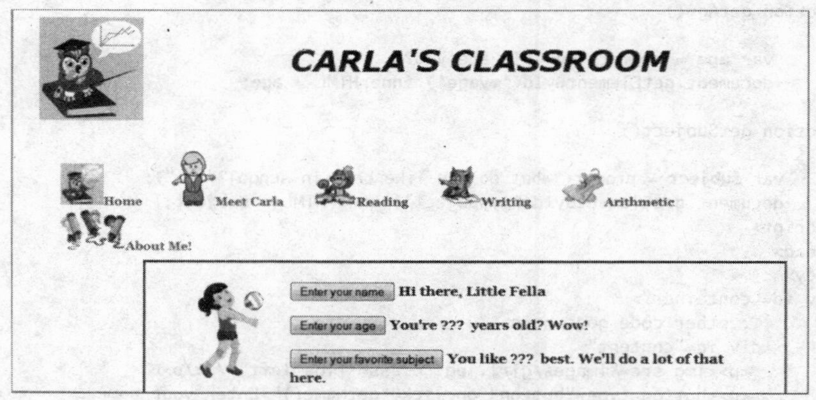

如果为名字录入 Lulu，为年龄录入 7 并为科目录入 music，该页将看起来像这样：

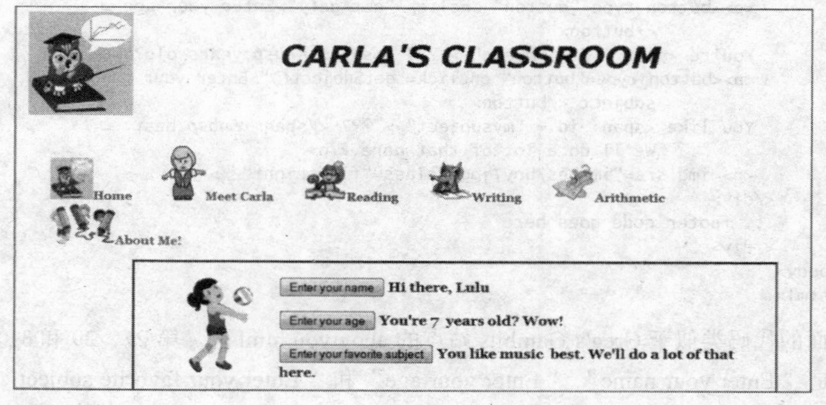

（2）提示输入孩子喜爱的老师

为了让孩子录入他喜爱的老师，我们使用与前面 3 个按钮和函数相同的代码。然而作为一个小笑话，这次将添加一行代码强迫输出 Carla 是喜爱的老师，而不管孩子录入的是什么。

为创建孩子将单击的按钮和存放结果的 <span> 容器，编写如下代码：

```
<p><button type="button" onclick="getTeacher()">Who's your favorite teacher? ↵
      </button>
<span  id = "myteacher" > ??? </span>   is the best!</p>
```

函数 getTeacher() 应该放在 <head> 区域的函数 getSubject() 之后，并且包括一个额外的行。

```
function getTeacher()
{
    var teacher=prompt("Who's your favorite teacher?"," ");
    var favorite = "CARLA";
    document.getElementById('myteacher').innerHTML = favorite;
}
```

这段代码让孩子在提示时可以录入任何东西，并且存储到变量 teacher 中。然而，下一行声明了一个新变量 favorite，并且赋值为 "CARLA"。由于传递给 myteacher 容器的内容是 favorite 的值而不是 teacher 的值，所以不管孩子喜爱的老师是谁将总是显示 CARLA，而这正好是 Carla 想要的结果！完成的 aboutme.html 页面在任何孩子使用它之前看起来像这样：

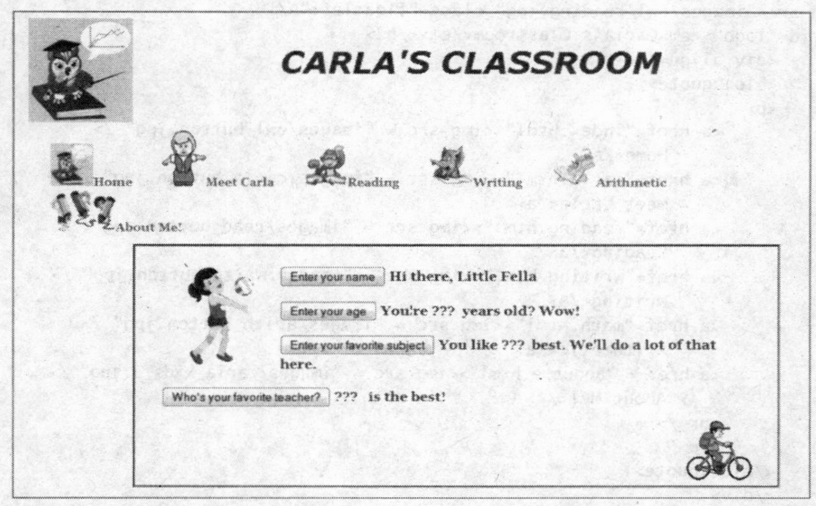

（3）完成代码

现在，我们可以将以上设计结果放在一起。下面给出这个页面的最终代码，并且带有行号以便于阅读。当然，在编制自己的页面时，不必包括行号。

```
<!DOCTYPE html PUBLIC "-//W3C//DTD XHTML 1.0 Transitional//EN" ↵
   "http://www.w3.org/TR/xhtml1/DTD/xhtml1-transitional.dtd">
<html xmlns="http://www.w3.org/1999/xhtml" lang="en" xml:lang="en">
<meta http-equiv="Content-Type" content="text/html;charset=utf-8" />
<head>
<title>Carla's Classroom | About Me!</title>
<link href="carla.css" rel="stylesheet" type="text/css" />
<script>
```

```
function getName()
{
        var name = prompt("What's your name?"," ");
        document.getElementById('myname').innerHTML = name;
}
function getAge()
{
        var age = prompt("How old are you?"," ");
        document.getElementById('myage').innerHTML = age;
}
function getSubject()
{
        var subject = prompt("What do you like best in school?"," ");
        document.getElementById('mysubject').innerHTML = subject;
}
function getTeacher()
{
        var teacher=prompt("Who's your favorite teacher?"," ");
        var favorite = "CARLA";
        document.getElementById('myteacher').innerHTML = favorite;
}
</script>
</head>
<body>
<div id="container">
<img src="images/owl_reading.jpg" class="floatleft" />
<h2 id="logo"><em>Carla's Classroom</em></h2>
        <div align="left">
        <blockquote>
        <p>
              <a href="index.html"><img src = "images/owl_button.jpg" /> ↵
                    Home</a>
              <a href="carla.html"><img src = "images/carla_button.jpg" /> ↵
                    Meet Carla</a>
              <a href="reading.html"><img src = "images/read_button.jpg" /> ↵
                    Reading</a>
              <a href="writing.html"><img src = "images/write_button.jpg" /> ↵
                    Writing</a>
              <a href="math.html"><img src = "images/arith_button.jpg" />↵
                    Arithmetic</a>
              <a href = "aboutme.html"><img src = "images/carla_kids_3.jpg" /> ↵
                    About Me!</a>
              <br />
              </p>
        </blockquote>
        </div>
        <div id="content">
              <p>
              <img src="images/girl.jpg" class="floatleft" /></p>
              <p><button type="button" onclick="getName()">Enter your name ↵
                    </button>
              Hi there,<span  id="myname">Little Fella</span></p>
              <p><button type="button" onclick="getAge()">Enter your age ↵
                    </button>
              You're <span  id = "myage" > ??? </span>   years old? Wow!</p>
              <p><button type="button" onclick="getSubject()"> Enter your ↵
                    favorite subject </button>
              You like <span  id = "mysubject" > ??? </span>   best. ↵
                    We'll do a lot of that here.</p>
```

```
                <p><button type="button" onclick="getTeacher()"> Who's your ↵
                    favorite teacher? </button>
                <span  id = "myteacher" > ??? </span>   is the best!</p> ↵
                <p>
                <img src="images/boy.jpg" class="floatright" /></p>
            </div>
            <div id="footer">
            <h3>*Carla's Motto: Never miss a chance to teach -- and to learn!</h3>
    <span class="specialh4">**Answer: Even though Writing and Arithmetic don't ↵
            start with the letter R, if you say them aloud: Reading, Writing, ↵
            and 'Rithmetic, they all sound like words that begin with R. </span>
            </div>
    </div>
    </body>
    </html>
```

这里是一个在给定输入情况下的输出样例：

输入：

name = "Harvey", **age** = "8",**subject** = "gym class",**teacher** = "Mr. Smith"

输出：

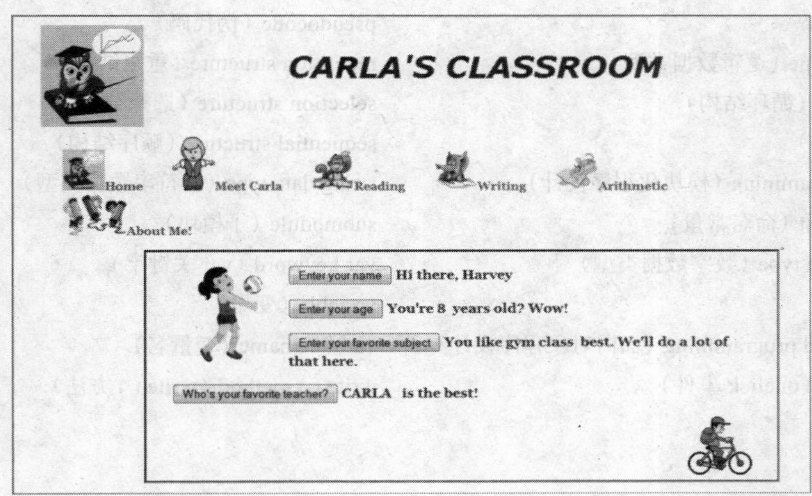

1.9 复习与练习

主要术语

<noscri pt></noscri pt> tags（<noscript></noscript> 标签）
<scri pt></scri pt> tags（<script></script> 标签）
arithmetic operator（算术操作符）
assignment operator（赋值操作符）
attribute（属性）
Boolean data type（布尔型数据类型）
child object（子对象）
close ( ) method（close ( ) 方法）
concatenation operator（连接操作符）
control structure（控制结构）

cyclic process（循环过程）
data type（数据类型）
decision structure（判断结构）
Document Object Model（DOM，文档对象模型）
dot notation（点标记）
element（元素）
event（事件）
event-driven programming（事件驱动程序设计）
flowchart（流程图）
function keyword（function 关键字）
function（函数）
id attribute（id 属性）
input（输入）
input-processing-output model（输入－处理－输出模型）
logical data type（逻辑数据类型）
loop structure（循环结构）
method（方法）
modular programming（模块化程序设计）
named constant（命名常量）
numerical data type（数字数据类型）
object（对象）
object-oriented programming（面向对象程序设计）
onclick event（onclick 事件）
onload event（onload 事件）
open ( ) method（open ( ) 方法）
output（输出）
parameter（参数）
parent object（父对象）
problem-solving strategy（问题解决策略）
procedural programming（过程化程序设计）
processing（处理）
program development cycle（程序开发周期）
program module（程序模块）
prompt box（提示对话框）
prompt () method（prompt () 方法）
prompt（提示）
property（特性）
pseudocode（伪代码）
repetition structure（重复结构）
selection structure（选择结构）
sequential structure（顺序结构）
string data type（字符串数据类型）
submodule（子模块）
var keyword（var 关键字）
variable（变量）
variable name（变量名）
write ( ) method（write ( ) 方法）

练习

填空题

1. 解决程序设计问题的步骤是________、________、________。
2. 计算机需要________才能处理问题。
3. 计算机科学家已证明只需要 3 个基本的________就能编制程序或算法。
4. 存储为________数据类型的数据只能有两个可能值之一。
5. ________是表示计算机内存中存储单元的名字。

判断题

6. 顺序控制结构有一个特殊位置，依赖于程序发生的情况会跳过一部分程序。
7. 如果将一辆汽车视为一个对象，那么它的颜色是它的属性之一。
8. 如果将一辆汽车视为一个对象，那么它的制造商和型号（如一辆两门的福特私家轿车）是它的两个方法。

9. 程序的输入一定由用户录入。
10. 程序的输出一定显示在屏幕上。
11. 重复结构允许一块语句重复执行。
12. 如果数据存储为字符串型，那么它不能用于数字计算。
13. 以数字数据类型录入的数据一定要用引号括起来。
14. 将一个问题分解为较简单子程序的过程称为自顶向下设计。
15. 伪代码很少被程序员使用，因为它是错误的代码。

简答题

16. 假定你已经编制了一个程序，它让用户输入的电子邮件地址格式是：

```
username@domain.extension
```

现在要求其中的 extension 部分必须是 3 个字母（既不是数字也不是其他字符），则列出你要测试的 4 种输入错误。

17. 编写一行 JavaScript 语句，它将提示用户输入一个电话号码并且存储在变量 phone 中。
18. 编写一行 JavaScript 语句显示练习 17 输入的电话号码。例如，如果输入的电话号码是 123-555-6789，则显示：

```
Your phone number is 123-555-6789.
```

19. 以下伪代码使用哪种控制结构？

```
If it snows, wear your boots.
Otherwise, wear your running shoes.
```

20. 以下 JavaScript 语句属于输入 – 处理 – 输出模型中的哪个部分？

```
totalApples = myApples + yourApples;
```

21. 如果你正在编写程序，那么将把以下哪些项目视为命名常量？
    a）一加仑汽油的价格
    b）开车的公里数
    c）π 的值
    d）用户的年龄
    e）每周的天数
    f）用户的名字
22. 如果 firstName 表示用户的名，lastName 表示用户的姓，那么写一条赋值语句将用户的整个名字存储到变量 fullName 中，并且在名和姓之间包含一个空格。
23. 如果 firstName 表示用户的名，lastName 表示用户的姓，那么写一条赋值语句为用户生成一个电子邮件地址并赋值给变量 email，其格式如下：

```
first.last@goodmail.com
```

24. 在下列语句中，指出其中的赋值操作符和算术操作符：

```
netPay = grossPay * 0.80 - medIns;
```

对于下面的练习 25 ~ 28，根据要求使用连接操作符并且要包括额外的标点符号和空格，在答案中要尽可能使用变量。以下是给出的变量和值：

```
pet = "dog"        color = "brown"        name = "Spike"
    age = 2            years = 4
```

25. 显示一条信息：Spike is a great dog!
26. 定义一个变量 newAge，并且赋值为 age 与 years 的和。
27. 显示一条信息：In 4 years Spike will be 6 years old。
28. 创建一个提示让用户录入一个新的宠物名，并且保存在变量 newPet 中，然后显示下列信息：

```
Your dog, Spike, is brown. Your new pet will also be brown.
```

使用下列符号回答练习 29 ~ 32：

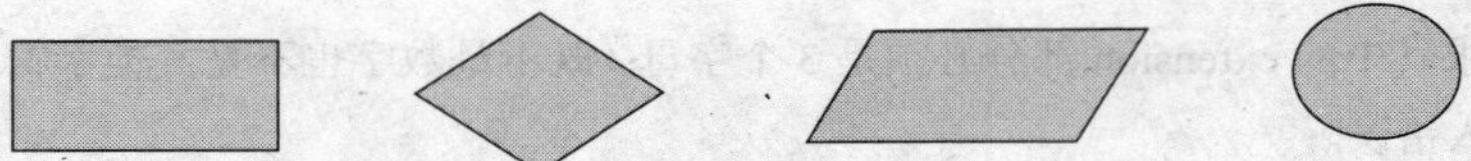

29. 哪个符号表示判断？
30. 哪个符号表示处理？
31. 哪个符号表示输入？
32. 哪个符号表示输出？
33. 假定一支铅笔是一个对象，那么为这个铅笔对象列出 3 个属性和 3 个方法。
34. 网页的顶层对象是什么？
35. 使用 write( ) 方法在 HTML 文档中显示下列语句，该文本格式化为一个 3 级标题，并且后跟一条水平线：

```
Lions, and tigers, and bears... oh my!
```

36. 给出下列 HTML 代码，在 JavaScript 函数中填写缺失的语句将 Siamese 替换为 Beagle：

```
HTML:     <h2 id = "cat" onclick="getDog()" > Siamese </h2>
JavaScript function:      function getDog()
                          {
                              这里填入代码
                              这里填入代码
                          }
```

37. 在下面的函数 openWindow() 中填写缺失的语句，实现打开一个 200 个像素高和 200 个像素宽的新空白窗口。

```
function openWindow()
{
 这里填入代码
}
```

38. 修改练习 37 的结果，实现打开一个小的新窗口，它包含显示为 3 级标题的下列信息：

```
Welcome, friends, to my small window!
```

（注意：或许需要两行代码。）

以下代码用于练习 39 ~ 40：

```
function finalExam(time, place)
{
    document.write("<p>The exam is at " + time + " o'clock.</p>");
    document.write("<p>It is in room " + place + ".</p>");
}
```

39. 创建一个按钮，单击它时显示下列信息：

```
The exam is at 9 o'clock.
It is in room 3.
```

40. 创建一个按钮，单击它时显示下列信息：

```
The exam is at 3 o'clock.
It is in room 9.
```

编程挑战

独立完成以下操作。

1. 为实现下列任务的程序编写伪代码：

    一个雇主想要你编写一个程序，该程序可以录入每个雇员的名字、时薪、每周工作小时数、加班费率、薪资扣除（类似医疗保险、储蓄等）和税率。程序应该输出每个雇员的每周应发工资（在税和扣除额之前）和实发工资（在税和扣除额之后）。

2. 编制一个网页，显示下面所示的有关用户车辆的默认信息，然后提示用户录入自己的信息来替换默认值。初始页面看起来像这里显示的效果，并且为每个元素指定 id 属性。

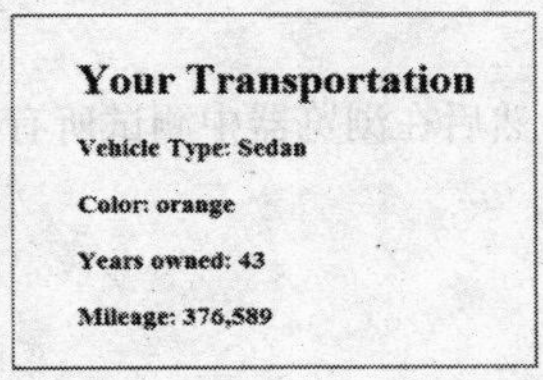

3. 编制一个网页，通过使用 onload 事件使页面装载时执行 JavaScript 脚本，该脚本显示以下信息：

```
JavaScript rules!
```

4. 编制两个网页。第一页问用户是否想要看一些照片，当用户回应想看照片时将打开一个新窗口显示一些图像。你可以使用 Student Data Files 中的任何图像或者使用自己的图像。

5. 编制一个包含两个按钮的网页。当单击第一个按钮时，将依次提示录入用户的名和姓，然后使用一个点将输入的名和姓连接为一个用户名。第二个按钮提示用户输入别名。其中的按钮和输出显示如下：

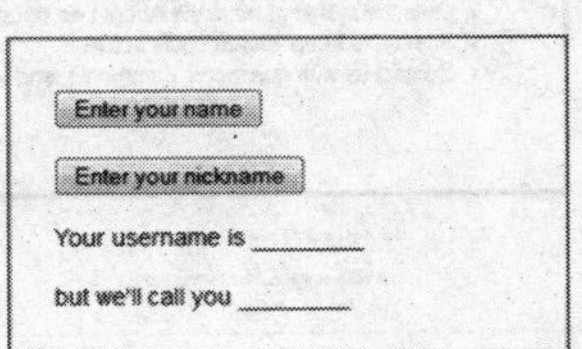

案例研究

Greg's Gambits

现在你可以为本章前面制作的“About You”页面添加新内容，做法是打开 aboutyou.html 页并且添加下列内容：

- 制作一个新页面，它含有一些可用做头像的图像。这些图像可以来自 Student Data Files 提供的图像，也可以是你自己找到的图像。把这个文件保存为 homes.html。
- 把一个按钮加入 aboutyou.html 页的内容区域，该按钮让玩家查看可用做头像的图像。当单击这个按钮时，将打开 homes.html 页。
- 再添加一个按钮，它让玩家选择一个图像作为他的头像，并且将这个信息显示在 aboutyou.html 页面上。

将这个页面另存为 greg_aboutyou.html，然后在浏览器中测试所有按钮和选项。最后，按照老师要求提交你的工作成果。

Carla's Classroom

现在你可以为本章前面制作的“About Me”页面添加新内容，做法是打开 aboutme.html 页面并且添加下列内容：

- 制作一个新页面，它含有表示各种不同活动的一些图像。这些图像可以来自 Student Data Files 提供的图像，也可以是你自己找到的图像。把这个文件保存为 activities.html。
- 把一个按钮加入 aboutme.html 页面的内容区域，该按钮让孩子查看各种不同的活动。当单击这个按钮时，将打开 activities.html 页面。
- 再添加两个按钮，以便允许孩子选择第一和第二喜爱的活动，并且将这个信息显示在 aboutme.html 页面上。

将这个页面另存为 aboutme.html，然后在浏览器中测试所有按钮和选项。最后，按照老师要求提交你的工作成果。

Lee's Landscape

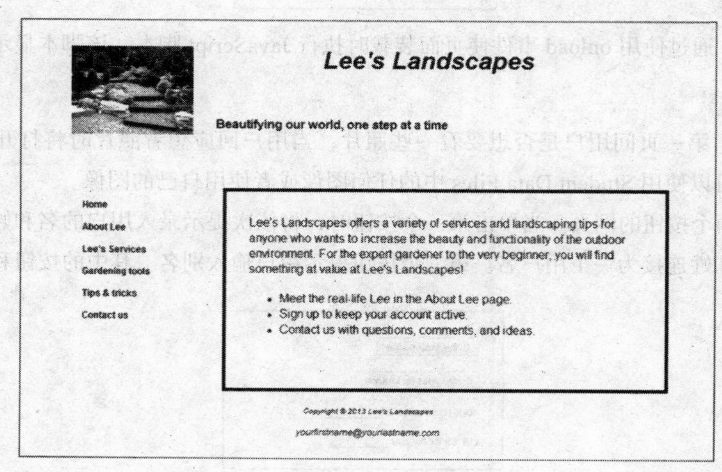

如果坚持完成每章“案例研究”中的任务，你将能够从头到尾开发 Lee's Landscape 网站。这个站点的一个简单 index.html 页面已包含在 Student Data Files 的 lee 文件夹中，这个文件夹中也含有 lee.css 和 lee_landscape.jpg 文件。你可以使用这些文件作为你的制作基础。现在，打开这个 index.html 文件以便熟悉它的 HTML 结构。然后，使用 index.html 作为模板制作一个新页面。这个页面将让用户录入一些个人信息，将新页面命名为 lee_aboutuser.html 并且将页标题设置为“ Lee's Landscapes|About You”。通过本章学习的按钮用法、提示、属性和事件等技术，可以在这个页面中向用户询问并显示以下信息：

- 添加一个按钮，单击时将提示用户录入他的名字、园艺专业水平（新手、中等或专家）和特殊爱好：草地维护、景观美化、种植蔬菜或种花。
- 把用户对提示的回答信息显示在页面上，并且在完成所有输入后，网站将提供景观美化的所有项目信息。
- 为这个新页面添加一个到 Lee's Landscape 首页的链接。

将这个页面另存为 Lee_aboutuser.html，然后在浏览器中测试所有按钮和选项。最后，按照老师要求提交你的工作成果。

Jackie's Jewelry

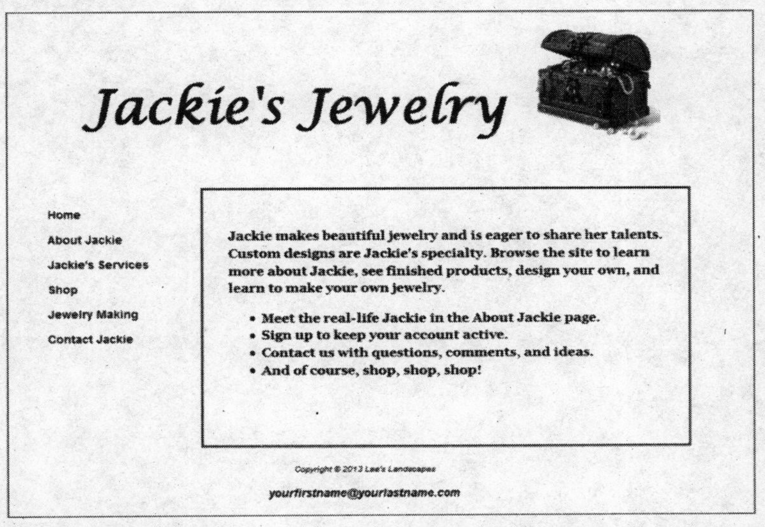

如果坚持完成每章“案例研究”中的任务，你将能够从头到尾开发 Jackie's Jewelry 网站。这个站点的一个简单 index.html 页面已包含在 Student Data Files 的 jackie 文件夹中，这个文件夹中也含有一个 jackie.css 文件。你可以使用这些文件作为你的制作基础。现在，打开这个 index.html 文件以熟悉它的 HTML 结构。然后，使用 index.html 作为模板制作一个新页面。这个页面将让用户录入一些个人信息，将新页面命名为 jackie_aboutuser.html 并且将页标题设置为“ Jackie's Jewelry|About You”。通过本章学习的按钮用法、提示、属性和事件等技术，你可以在这个页面中向用户询问并显示以下信息：

- 添加一个按钮，单击时将提示用户录入他的名字、年龄和特殊兴趣：购买 Jackie 的珠宝、为 Jackie 设计珠宝或学习珠宝制作。应该为兴趣选项创建 3 个按钮，并且用户应该对每个问题录入 yes 或 no。
- 应该把提示的回答结果显示在页面上。如果用户为这 3 个兴趣之一录入 yes，那么将显示一条信息感谢用户输入他的兴趣。如果用户没有录入，那么就不显示任何信息。当你学习了更多的 JavaScript 技术后，你就能够处理更多的回答类型。现在，我们假定用户将至少录入一次 yes。
- 为这个新页面添加一个到 Jackie's Jewelry 首页的链接。

将这个页面另存为 Jackie_aboutuser.html，然后在浏览器中测试所有按钮和选项。最后，按照老师要求提交你的工作成果。

第 2 章 Chapter 2

编程基石：变量和操作符

本章目标

本章介绍程序代码的基石，即变量和操作符。没有变量，则只能编写简单的计算机程序。程序经常要比较和处理信息，而信息存储在变量中。使用一些操作符（算术、关系和逻辑）可以比较和处理数据。通过把信息存储在变量中并在程序中使用，我们能够编写可以重复使用的程序，并且每次使用不同的变量值可以得到不同的运行结果。

变量是什么呢？简单而言，变量是计算机内存某个地方的名字。操作符是什么呢？简单而言，操作符是程序员用来改变和比较值的工具。本章详细解答这些问题。

阅读本章后，你将能够做以下事情：

- 描述变量，并且解释为什么变量是程序代码的必要基石。
- 理解变量在内存中如何存储和在哪里存储。
- 创建适当的变量名。
- 了解数据类型的特性：整数、浮点数、字符、字符串和命名常量。
- 理解计算机在数学和逻辑运算中如何使用操作优先级。
- 根据需要，使用函数 parseInt() 和 parseFloat() 将用户输入转换为数字值。
- 区别 JavaScript 的连接和加操作符。
- 使用关系操作符比较数字、字符和字符串。
- 使用逻辑操作符。
- 使用条件操作符。
- 混合多种操作符生成复合条件。
- 使用函数 charAt()。

2.1 变量是什么

变量是在计算机内存中存储值的某个内存单元的名字。当程序使用变量时，计算机就知道在哪个内存单元访问这个变量的值，从而程序中的任何指令都可以使用这个值。一旦理解了变量的工作原理，你就能明白对变量的访问操作确实是这么简单。然而，在能够适当地使用变量之前，你必须理解当变量创建和赋值时计算机和程序代码的内部发生了什么事情。

2.1.1 内存单元

技术上，程序变量是计算机内存中某个存储单元的名字，而变量的值是那个内存单元的内容。可以把存储单元看作邮箱，从而每个变量可以看做是印在邮箱上的名字，并且变量的值可以看作邮箱的内容。这些“邮箱”的大小和位置可能不同，并且有些类型的变量可以存储在小的邮箱中，而有些变量需要大的邮箱。计算机操作系统影响这些邮箱的大小。

当在程序中声明（创建）一个变量时，将为这个变量分配一个内存单元以便存储这个变量的值。因此，你必须了解如何创建一个变量。

2.1.2 变量名

作为程序员，要为变量挑选名字。但这不意味着可以取任何名字，你要遵循有关的命名规则和约定。必须理解什么样的名字是可接受的，而什么样的名字是不可接受的。如果违反了命名规则，程序将不能工作。以下是 JavaScript 变量的命名规则：

- 变量名不能够从一个数字开始。例如，6game 或 4thofjuly 是非法的变量名。然而，JavaScript 变量名里可以有数字，如 game_6 或 july4th 是有效的变量名。
- 在变量名中不能使用数学、关系或逻辑操作符（本章后面讨论数学、关系或逻辑操作符）。例如，game*4 是非法的变量名，这是由于星号 * 是表示乘法的数学符号。类似地，由于斜线 / 是表示除法的数学符号，所以 july/4 是非法的变量名。
- 在变量名中不能使用标点符号，但下划线是例外。例如，game:4 是非法的（冒号是标点符号），但是 game_4 是好的变量名。类似地，july,4 是非法的（逗点是标点符号），但是 july_4 是好的变量名。下划线可用于 JavaScript 变量名的开始、中间或最后。下列变量名是合法的：_4thofjuly、game_6 和 happy_。
- JavaScript 变量名永远不能包含空格。
- 不能将 JavaScript 关键字用做变量名。**关键字**被程序设计语言保留，用于特殊用途。程序设计语言有许多关键字，JavaScript 关键字的例子有 window、open 和 this 等。如果你不能肯定想要使用的变量名是否是一个关键字，那么可以对这个单词适当改变一点。例如，如果想把 window 用作变量名，则可以对单词 window 适当改变一点，如 my_window 或 wndow。
- JavaScript 变量名是区分大小写的。如果一个变量名中的每个字母都是小写字母，那么将其中任何一个字母改为大写字母都可以产生一个新的变量名。这意味着下列名字表示 4 个不同的 JavaScript 变量：bluebird、Bluebird、BlueBird 和 blueBird。在编写程序时要记住这一点，一个将大写字母输入成小写字母这样简单的错误可能导致需要花费大量时间排除这个错误。

- 当命名变量时，不同的程序员会使用不同的约定。有些人偏爱变量名起始于变量数据类型的缩写。例如，intAge 指示一个整型变量，而 strName 指示一个字符串变量。有些程序员使用下划线分开多个单词，如 my_age 或 first_name。其他人使用**驼峰记号**，要求变量名中的第二个单词的第一个字母写成大写字体，如 myAge 和 firstName 是使用驼峰记号的变量例子。作为约定，本书使用驼峰记号为变量命名。不过，你仍然可以选择其他方式。

例 2.1 列出一些错误的变量名及其适当改正的名字。

例 2.1　有什么命名问题

变量	错误	更正的名字
5thstudent	起始于数字	Student_5
last+name	包含一个数学操作符	lastName
first.name	包含一个标点符号	firstName
my dog	包含一个空格	myDog
floatAge	包含关键字 float	fltAge

2.1.3　命名建议

当命名变量时记得以下建议：

- 变量名可以很长，事实上 JavaScript 变量名可以有 500 个字符或更多。但是要记住，你将不得不在整个程序中输入这么长的变量名。如果变量名过于冗长或者复杂，犯错的机会就大。显然，player6 比 the_name_of_the_sixth_player_in_this_game 更容易记住。
- 许多程序员使用大写字母区分在同一个变量名中的相邻单词。例如，MilesTraveled 与 Miles_Traveled 效果相同，但前者比较容易输入。
- 变量名应该是有意义的。如果将变量命名为 variableNumber_l、variableNumber_2、variableNumber_3 等，那么这些变量名尽管完全合法，但你要花费时间记住这些变量的含义。

最好将变量命名为尽可能简短的、有意义的名字，并且与这里陈述的命名规则不冲突。例 2.2 列出一些含有错误的变量名及其适当改正的名字。

例 2.2　可以更好地命名变量

变量名	错误	更正的名字
customers_order_before_tax	没有错误，但是太长	preTax
sale1item	没有错误，但是难以理解	sale_1_item
usersscore	没有错误，但是难以理解	usersScore
variable1	没有错误，但是没有意义	num1

2.1.4　声明变量

在了解如何命名变量之后，需要了解在 JavaScript 中如何创建变量，这称为**声明变量**。在

JavaScript 中声明变量的规则比其他面向对象程序设计语言较为宽松。在许多语言中在创建和命名变量时，也要立刻定义它的数据类型。对于数据类型，将在第 2.2 节中介绍。幸运地，在 JavaScript 中声明一个变量时不需要指定数据类型，只需要简单地使用关键字 var。

例 2.3 说明在 JavaScript 中如何创建变量，注意每条变量声明语句用一个分号结束。如果要声明一个以上的相同类型的变量，那么可以在一条语句中声明，并且在变量名之间用逗点分隔，在声明结束时使用分号。

例 2.3　声明变量

a）下列语句创建一个名为 car 的变量：

```
var car;
```

b）下列两条语句创建两个变量，命名为 cat 和 dog：

```
var cat;
var dog;
```

c）下列语句在同一行创建 3 个变量，分别命名为 burger、chips 和 soda。其中，变量名之间用逗点分隔，并且在变量列表之后添加一个分号表示语句结束。在多变量声明语句中，通常要求列表中的所有变量具有相同的类型（见 2.2 节）。

```
var burger, chips, soda;
```

2.1 节检查点

2.1　变量的值存储在哪里？

2.2　谁为程序中的变量选择名字？

2.3　列出创建变量名时要遵循的 5 条规则。

2.4　下列每个变量有什么错误？

a）Shipping Cost　　b）1_number

c）JackAndJillWentUpTheHillForWater　　d）oneName

e）thisName　　f）Bob,Joe,and Mike

2.2　数据类型

在 2.1 节，你知道变量的值存储在计算机的内存中。变量的名字类似于邮箱上的名字，当程序访问一个变量时，变量名告诉计算机（或者邮递员）在哪里存储变量的值（或者邮件）以及在哪里取回那个值（或者收检邮件）。此外，一个变量可以存储许多不同类型的值。例如，可以存储邮政区码。一个邮政区码是含有 5 个数字的整数，从 00 000~99 999。对计算机而言，数 99 999 是一个小数目。计算机既能处理比这个数大得多的数，也能处理比 0 小的数。无疑，你可以想到有很多不限于存储**整数**的内存单元。例如，当购买商品时，支付总额有元有分。在计算机程序中，含有小数部分的数称为**浮点数**，它与整数很不相同。

通常，计算机程序将单个字符存储在变量中。例如，当询问 yes/no 问题时，可以录入

‘y’表示 yes，而‘n’表示 no。就计算机存储器而言，存储单个字符与存储长的**字符串**是很不同的。

与存储整个句子相比，计算机将使用较小的内存单元存储一个字符。类似地，计算机需要比浮点数较小的空间存储一个整数。基于这个理由，程序员不仅需要为变量给出一个名字，也要为变量指定要存储什么类型的数据。**数据类型**告诉计算机变量需要哪一种类型的内存单元，也告诉计算机可以对这个数据执行什么类型的**操作**。我们可以乘两个数，但是不能乘两个字符。

JavaScript 不像其他一些语言那样严格定义数据类型，但是在使用变量时识别变量的数据类型仍然非常重要。

2.2.1　弱类型语言

许多程序设计语言（如 C++ 和 Java）在创建变量时要求程序员声明变量的**类型**。这意味着，一旦变量声明为一种类型，那么它将拥有这种类型的所有特性并且在程序中不能改变，除非特殊处理之外。这种类型的语言称为**强类型语言**，它要求分配或检查变量的数据类型。这些语言使用**静态类型**，程序编译时要进行类型检查。这样，由于程序在运行之前编译器要检查整个程序的一致性，所以一个变量声明为某种类型之后要在整个程序中保持这种类型的特性。

类似 JavaScript 的其他语言称为**弱类型语言**，PHP、Python 和 Lisp 也是弱类型语言的例子。在这些语言中，类型检查是在运行期间完成。也就是说，在程序运行时才检查变量的类型。这些语言使用**动态类型**，变量在声明之后其数据类型可以改变。

熟悉强类型语言的程序员有时很少使用 JavaScript 的这种动态类型的特性。但是，为了简化代码，本书使用这种动态特性。

2.2.2　数字

许多程序设计语言有两种或者更多种完全不同的数据类型表示整数和浮点数，而 JavaScript 的所有数字都表示为浮点值。JavaScript 使用 IEEE 754 标准定义的 64 位浮点数格式表示数字。JavaScript 能表示的最大数是 $\pm 1.797\,693\,134\,862\,315\,7 \times 10^{308}$，而最小数是 $\pm 5 \times 10^{-324}$。这些是非常大和非常小的数，你使用的数没有必要超过这个范围！整数能表示的范围是在 –9 007 199 254 740 992~9 007 199 254 740 992 之间。

JavaScript 的动态类型意味着最初为一个变量赋予整数之后，你可以把这个变量当做一个浮点数使用。这种动态性在为你提供一些自由的同时，也可能在有些情况下引起无法预料的结果。这时，你可以只需要知道变量是 **numeric 数据类型**就可以。在本章的后面，你将学习一些内置函数，它们允许将整数转换成浮点数，反之亦然。同时，也允许将文本值（字符串）转换成数字值。

上面已说明如何声明一个变量。在声明变量的同时，也可以为它给出一个初值。如果这个值是一个数字，变量就成为一个 numeric 数据类型的变量。例 2.4 显示的语句创建一个含有初值的 numeric 类型变量。

例 2.4　声明 numeric 类型变量

a）var myAge = 23;　　　　b）var myScore = 86;

c）var myCost = 6.78;　　　　d）var myAnswer = –45.879;

2.2.3 字符串和字符

字符串是包括字母、数字和标点符号等键盘字符的序列。string 数据类型是 JavaScript 表示文本的数据类型。如果变量的值用引号括起来，那么这个变量就被识别为 string 类型。与许多程序设计语言不同，JavaScript 允许字符串变量的值既可以用双引号（" "）也可以用单引号（' '）括起来。例 2.5 示范了这个特性。

许多程序设计语言区分字符和字符串。字符数据类型表示单个字符的值（如 y、B 等），而字符串数据类型表示一长串字符，不过 JavaScript 对此没有区分。键盘字符的任何组合是字符串值。例 2.5 说明如何声明并给出初值的几个 string 类型的变量。

例 2.5 声明 string 类型变量

a）var myName = "Georgie";　　b）var myCar = 'red Mini Cooper';

c）var myChoice = "B";　　d）var myUserName = "sun&rain#345";

注意字符串可以包含空格、大写字母和小写字母、特殊字符和数字的混合。

如果想要 string 变量保存包含引号的值，那么会发生什么事呢？例如，可能想要变量值是" Joe said, "Go, team!" "，然而 string 变量已经使用了括起文本值的引号。我们已经知道 JavaScript 允许使用单引号或者双引号括起 string 变量的值。记住：一旦遇到起始引号，从此开始直至遇到另一个引号，程序就认定这两个引号之间的每个字符都是字符串的一部分。注意 JavaScript 也把单引号和双引号视为两个完全不同的字符，因此我们可以在 string 变量值中使用引号，做法是使用一种引号括起含有另一种引号的字符串。例 2.6 显示的语句创建一个含有引用文本的 string 变量。

例 2.6 正确地使用引号

部分（a）

```
var Joe = 'Joe says, "Go team!" ';
```

当在网页中显示变量 Joe 时，显示的本文是：

```
Joe says, "Go team!"
```

部分（b）

```
var Joe = "Joe says, 'Go team!' ";
```

当在网页中显示变量 Joe 时，显示的本文是：

```
Joe says, 'Go team!'
```

注意部分（a）和部分（b）显示例子的不同。两个例子都是正确的，但显示略有不同。在部分（a）中，指示变量值开始和结束的外层引号是单引号，而内部的双引号是字符串值的一部分，因此双引号在网页中显示。在部分（b）中，外层引号是双引号，而内部的引号是单引号，因此单引号在网页中显示。下面部分（c）是引号的错误用法：

部分（c）

```
var Joe = "Joe says, "Go team!" ";
```

当在网页中显示变量 Joe 时，显示的本文是：

```
Joe says,
```

并且程序很可能会以一个错误结束。在（c）中，使用双引号指示字符串值的开始和结束是不正确的，这是因为它与在字符串值中括起引用信息的引号一样。JavaScript 把看到的第一个双引号视为变量值的开始，一旦它遇到另一个双引号（在逗点之后），它就认为这是变量值的结束。然后，它查看这条语句的剩余部分（即 Go team!" ";），由于它在 JavaScript 中是无意义的，所以程序很可能将会停止。

2.2.4 命名常量

一般而言，**命名常量**是为一个在整个程序中不改变的值给出一个描述性名字。JavaScript 没有严格意义上的命名常量，而是用特定的值声明一个变量，然后在程序各处使用它。例如，如果编写一个购物车程序，不管客户购买什么或者住在哪里，都要求每个客户付运费 $5.00，那么就可以声明一个表示 $5.00 的命名常量：

```
var SHIPPING = 5.00;
```

当编写一个经常使用某个特定值的程序时，这是一个有用的工具。按照约定，用做命名常量的变量名使用大写字母，并且用下划线分隔多个单词。

使用命名常量的好处在于：当以后需要改变这个常量值时，可以很容易更新这个值。例如，如果一个提供平邮服务的公司决定将运费提高至 $6.00，那么程序员只需简单地找到这个常量声明的代码行并且修改它。这样修改之后，这个新值将出现在程序中所有引用这个常量的地方。

2.2 节检查点

2.5 解释弱类型语言和强类型语言之间的不同。JavaScript 属于哪一种？

2.6 对于下列每种情况，选择一个适当的变量名并且写出变量声明，若需要则给出可能的初值：

a）存储用户输入密码的尝试次数的变量

b）存储全部购买额的销售税值的变量

c）存储数学计算结果的变量

2.7 对于下列每种情况，选择一个适当的变量名并且写出变量声明，若需要则给出可能的初值：

a）在网上游戏中存储玩家用户名的变量。

b）存储菜单选择的变量，假定选项有 A、B、C 或 D。

c）存储当用户进入网站时要显示的问候语的变量。

2.8 假定你正在编写一个购物车程序。创建一个命名常量表示值为 20% 的折扣率，该折扣率适用于其总额超过 $100.00 的所有订单。

2.3 算术操作符和一些重要的函数

用于指示乘法运算的符号 * 是**算术操作符**。几乎所有程序设计语言至少使用 4 个基本的算术操作符：加、减、乘和除。有些语言包含其他算术操作符，如幂运算（即求一个数的幂）和模运算。在 JavaScript 中，一个独立的方法 pow() 用于求幂运算，而 JavaScript 确实有一个模操作符。由于你可能对模操作符不熟悉，所以下面讨论它的使用方法。

2.3.1 模操作符

初次看到模操作符（也称为 mod 操作符）可能似乎有些奇怪，但是在编写程序时会经常使用它。**模操作符**返回一个数除以另一个数之后的余数。在 JavaScript 中，指示模操作符的符号是百分号（%）。例 2.7 是说明模操作符的例子。

例 2.7 使用模操作符

a）15%2 等于什么？

15 除以 2=7，余数 1，因此 15%2 = 1。

这个运算读做“15 模 2 等于 1”。

b）39%4 等于什么？

39 除以 4=9，余数 3，因此 39%4 = 3。

这个运算读做“39 模 4 等于 3”。

c）21%7 等于什么？

21 除以 7 是 3，没有余数，因此 21%7 = 0。

这个运算读做“21 模 7 等于 0”。

2.3.2 操作优先级

表 2-1 展示在 JavaScript 中使用的 5 个算术操作符的例子。

表 2-1 算术操作符

操作符	计算机符号	示例
加	+	2 + 3 = 5
减	–	7 – 3 = 4
乘	*	5 * 4 = 20
除	/	12 / 3 = 4
模	%	14 % 4 = 2

但是在理解这些基本操作之外，还需要理解更多的知识来完成这些算术操作。计算机遵循与计算器相同的计算规则，并且按照特定的次序执行这些操作。我们把这些规则称为**操作优先级**或**操作次序**。程序员必须理解这些规则，据此编写适当的代码，否则后果可能是灾难性的。例如，假定你要计算一个商品的折扣，然后加上运费，例 2.8 说明可能发生的事情。

例 2.8 当忽略了规则时 假定一个客户想要买一件毛衣，原价 \$100.00，优惠 \$30.00。店主想要清空存货，因此决定提供额外的 40% 折扣。这样，\$100.00 的商品优惠 \$30.00 后的费用是 \$70.00，再优惠 40% 的费用是 \$70.00 减去 \$70.00 的 40% 或者是 \$70.00 的 60%。数学上，这个计算可以表示成：

```
0.6 * 100 - 30 = ?
```

当程序运行或者把这个公式录入计算器时，这件毛衣按 \$30.00 售卖。然而，\$70.00 的 60% 实际上是 %42.00。在忽略控制操作次序的运算规则情况下，店主将损失很多钱！为什么？

上面的语句漏掉一对圆括号。假如程序员改为以下代码：

```
0.6 * (100 - 30)
```

其结果将是准确的。

算术操作的下列规则指定算术操作符的执行次序（也就是操作优先级）：

1）执行圆括号中的运算（从里到外，如果在圆括号里又有圆括号）。

2）执行乘、除和模运算（从左到右，如果有多个）。

3）执行加和减运算（从左到右，如果有多个）。

除非指定不同的东西，否则计算机将把这个操作优先级应用于程序中的任何数学表达式。编写数学表达式的最好方法是用圆括号括起来你想要一起计算的表达式部分。在不需要的地方使用一对圆括号不会使表达式出错，但是忽略必须包含的圆括号将会使程序得出不正确的结果。例2.9和例2.10说明圆括号的使用与否将引起程序结果的很大不同，即使只是解决一个最简单的数学问题。

例2.9　使用操作优先级　给定以下算术表达式：6 + 8 / 2 * 4，

a）不使用圆括号求值：

```
6 + 8/2 * 4    = 6 + 4 * 4
               = 6 + 16
               = 22
```

b）使用圆括号求值：

```
6 + 8/(2 * 4)  = 6 + 8/8
               = 6 + 1
               = 7
```

c）使用不同的圆括号求值：

```
(6 + 8)/2 * 4  = 14/2 * 4
               = 7 * 4
               = 28
```

d）使用两对圆括号求值：

```
(6 + 8)/(2 * 4) = 14/8
                = 1 6/8
                = 1.75
```

很明显，圆括号的不同使用会产生不同的结果！

例2.10　再次使用操作优先级　给定以下算术表达式：20% 3 + 5 * 4 – 3，

a）不使用圆括号求值：

```
20 % 3 + 5 * 4 - 3          = 2 + 20 - 3
                            = 19
```

b）使用圆括号求值：

```
20 % (3 + 5) * 4 - 3        = 20 % 8 * 4 - 3
                            = 4 * 4 - 3
                            = 16 - 3
                            = 13
```

c）使用三对圆括号求值：

```
(20 % 3) + (5 * (4 - 3)) = 2 + (5 * 1)
                         = 2 + 5
                         = 7
```

2.3.3 连接操作符

你已经学习了 JavaScript 使用的 5 个数学操作符。其中的 + 操作符有两种用途，一种是用于数字加运算，另外也用于连接两个字符串。当用于字符串时，操作符 + 称为**连接操作符**。例如，如果有两个变量，分别存储用户的名和姓，那么使用连接操作符可以在网页显示这个人的全名，如例 2.11 所示。

例 2.11　使用连接操作符　以下小程序提示用户输入名、中间名和姓，并且分别存储到 3 个变量中。使用 HTML 的连接操作符显示用户的全名，名字中各个部分之间有一个点。这是为网站创建用户名或电子邮件地址的一种方法。

```
1.  <html>
2.  <head>
3.      <title>Example 2.11</title>
4.  <script type="text/javascript">
5.      var first = prompt("Enter your first name:", " ");
6.      var middle = prompt("Enter your middle initial:", " ");
7.      var last = prompt("Enter your last name:", " ");
8.      document.write(first + "." + middle + "." + last + "<br />");
9.      document.write(first + " " + middle + ". " + last);
10. </script>
11. </head>
```

当执行时，如果用户在第一个提示中录入 Joe，第二个提示中录入 M，第三个提示中录入 Harrison，那么将显示以下信息：

```
Joe.M.Harrison
Joe M. Harrison
```

第 8 行使用的连接操作符连接以下文本：first、一个点、middle、另一个点和 last。注意输出的第 1 行没有显示空格。如果想要变量之间有空格（如输出的第 2 行所示），那么必须将它们按 HTML 代码录入，如第 9 行所示。

2.3.4 分析整数和浮点数

JavaScript 和许多其他程序设计语言的一个不同之处是 JavaScript 在声明变量时不区分整数和浮点数。当用户在网页提示中录入数字时，JavaScript 将把这个数字处理为文本。当要对这个数字执行计算或数学运算时，必须告诉 JavaScript 它是数字。要做这件事，可以使用两个重要的内置函数：parseInt() 和 parseFloat()。当把一个变量名放入这些函数的圆括号内时，这个变量将转换为一个整数或浮点数。例 2.12 展示这些函数的用法。

例 2.12　使用 parseInt()　以下程序提示用户录入一个整数，并且存储在变量 num 中，然后显示 3 个数：

```
<html>
<head>
    <title>Example 2.12</title>
<script type="text/javascript">
    var num = prompt("Enter a number:", 0);
    document.write(num + 2 + "<br />" );
    document.write((parseInt(num) + 2) + "<br />") ;
    document.write((num * 3) + "<br />");
```

```
 9.  </script>
10.  </head>
```

当运行时，若用户在提示时录入 7，则显示：

```
72
9
21
```

这些显示是可以解释的。第 5 行提示用户录入一个数字，录入的 7 作为文本存储在变量 num 中。这样，当运行第 6 行时，显示 num 的文本值（7），然后与 2 连接，然后是一个强制分行，最终显示 72。

然而，第 7 行的函数 parseInt() 用于将 num 的数据类型转换为整数。既然 num 是整数，那么操作符 + 就成为加操作符，从而 2 加上 num 的值，其结果是 9。

既然 num 已经是一个整数，那么它就能在第 8 行用做数字，乘以 3，得到数字结果 21。

例 2.12 使用操作符 + 的两种功能，即加操作符和连接操作符。很明显，当用于连接文本变量时，没有冲突。JavaScript 简单地把 + 用做连接操作符，从而一个接一个地显示变量的值。然而，当需要把 + 用做加操作符时，必须保证把操作的数字处理为数字类型，做法是使用 parseInt() 和 parseFloat()，并把操作的数字放入在圆括号内。

最后，由于 JavaScript 不区分整数和浮点数，所以 parseInt() 和 parseFloat() 有什么不同呢？

假定 str 是 string 变量，那么：

- parseInt(str) 在字符串（str）中找到第一个整数，将它转换为一个整数值并作为返回值。它只返回在字符串中找到的第一个整数。
- parseFloat(str) 在字符串（str）中找到第一个浮点数，将它转换为一个浮点值并作为返回值。与 parseInt() 不同，它也识别小数部分。

如果字符串的第一个字符不是一个数字，那么这两个函数都返回一个非数字值 NaN。例 2.13 说明 parseInt() 和 parseFloat() 之间的不同。

例 2.13　parseInt() 或 parseFloat()

```
<html>
<head>
<title>Example 2.13</title>
<script type="text/javascript">
    var num = prompt("Enter a number:", 0);
    document.write("parseInt(): " + parseInt(num)+ "<br />");
    document.write("parseFloat(): " + (parseFloat(num)) + "<br />");
</script>
</head>
```

当运行时，若用户在提示中录入 7，则显示：

```
parseInt(): 7
parseFloat(): 7
```

然而，若用户录入 7.893，则显示：

```
parseInt(): 7
parseFloat(): 7.893
```

若用户录入 7.893Hello!，则忽略最后一个数字后面的文本，并且显示：

```
parseInt(): 7
parseFloat(): 7.893
```

最后，若用户录入 Heno!7.893Heno!，则由于第一个字符不是数字，所以显示：

```
parseInt(): NaN
parseFloat(): NaN
```

如果要求用户输入数字，并且能够确信输入的数字值必须是整数值，那么就使用函数 parseInt()。然而，这个函数将截除用户输入的小数部分。如果需要小数部分，那么就使用 parseFloat()。

2.3 节检查点

2.9 求下列每个表达式的值：

a）14 % 3　　b）7 % 6　　c）(5 + (11 % 11)) * 5　　d）8 + 25 % 3

2.10 若 X = 2 和 Y = 3，则给出下列每个表达式的值：

a）(2 * X – 1) % 2 + Y　　b）X * Y + 10 * X / (7 – Y)

c）(4 + (12 % Y)) * (X + 1) / Y　　d）4*Y/X*2

2.11 以下代码段将显示下列哪个信息？（注：假定 document.write () 语句能够显示单词之间的空格。）

```
var name = "Morris"
var beastie = "cat"
document.write(name + "is a" + beastie + ".");
```

a）Morrisis acat.　　b）Morris is a cat.

2.12 描述符号 + 在 JavaScript 中的两种用途。

2.13 parseInt() 和 parseFloat() 之间的主要不同是什么？

2.14 假定你正在为一个网上商店编写脚本，计算商品的销售价。编写一个脚本，让用户录入折扣百分比，并且将百分比转换为一个小数。然后，在要求用户录入商品价格之后，计算它的销售价并且显示它。

2.4 关系操作符

如果要在一个学校的所有学生目录中查找你的朋友 Marguerita Gonzalez 的地址，你会立刻翻到 G 页。但是计算机不能这样做，而是将要找的那个名字与目录中的每个名字逐个字母进行比较，以期找到匹配的条目。换言之，就是把 Gonzalez 与目录中的每个名字进行比较。若要比较两个名字，程序员需要使用与 ASCII 码密切相关的关系操作符。**关系操作符**让计算机程序比较两个值、变量或表达式，但是计算机只能比较两个东西中哪个比较大、比较小或者两者相同。要按字母表顺序比较文本和其他键盘符号，计算机要使用 **ASCII 码**将文本转换为数字，从而比较这些数字的值。

2.4.1 ASCII 码

所有数据，包括文本和其他特殊字符，都是以二进制形式存储在计算机内存中。这些二进制表示（0、1 序列）能够翻译成十进制数。因此，为了利用 string 变量，必须设计一种方案，将每个字符映射到一个数字。美国信息交换标准代码（ASCII 码）为一个基本集的 128 个字符给出映射的数字。缩写 ASCII 发音为“askey”。

在这个编码方案中，每个字符对应于一个从 0 ~ 127 的数字。例如，大写字母的编码从 65（“A”）~ 90（“Z”），数字编码从 48（“0”）~ 57（“9”），而空格是 32。表 2-2 列出 ASCII 码从 32 ~ 127 所对应的字符，而没有在这里显示的编码 0 ~ 31 表示特殊符号或动作，如发出哗哗声（ASCII 码是 7）或者回车（ASCII 码是 13）。

表 2-2　从 32 ~ 127 的 ASCII 码

代码	字符	代码	字符	代码	字符
32	[空格]	64	@	96	`
33	!	65	A	97	a
34	"	66	B	98	b
35	#	67	C	99	c
36	$	68	D	100	d
37	%	69	E	101	e
38	&	70	F	102	f
39	'	71	G	103	g
40	(	72	H	104	h
41	)	73	I	105	i
42	*	74	J	106	j
43	+	75	K	107	k
44	,	76	L	108	l
45	–	77	M	109	m
46	.	78	N	110	n
47	/	79	O	111	o
48	0	80	P	112	p
49	1	81	Q	113	q
50	2	82	R	114	r
51	3	83	S	115	s
52	4	84	T	116	t
53	5	85	U	117	u
54	6	86	V	118	v
55	7	87	W	119	w
56	8	88	X	120	x
57	9	89	Y	121	y
58	:	90	Z	122	z
59	;	91	[	123	{
60	<	92	\	124	|
61	=	93	]	125	}
62	>	94	^	126	~
63	?	95	_	127	[删除]

因此，字符串在计算机内存中存储为它的每个字符的 ASCII 码。例如，当执行以下程序代码时：

```
var name = "Sam"
```

S、a 和 m 的 ASCII 码（分别是 83、97 和 109）存储在连续的内存单元中。

考虑字符串“31.5”和实数 31.5，这两个式子看起来类似，但是从程序设计的观点来看，它们大不相同：

- 数字 31.5 在内存中存储为 31.5 的二进制表示。此外，因为它是一个数字，所以它可以与另一个数字进行加、减、乘或除运算。
- 内存中存储的字符串“31.5”把 3、1、. 和 5 的 ASCII 码放置在连续的内存单元中。

2.4.2 关系操作符

有时发现一个问题的答案不像提出正确问题那样重要。如果要编写从一个长的名单中查找匹配 Marguerita Gonzalez 的程序，你会检查列表中的每个名字并且询问 true/false 问题：“这个名字与 Marguerita Gonzalez 相同吗？”这个程序能够运行，但是极其没有效率和耗时。然而，如果从列表中间挑选一个名字，并且询问“通过比较两个名字中每个字符的 ASCII 码表示，Marguerita Gonzalez 是否比这个名字大？”那么对这个问题的回答将立刻减少查找工作的一半。如果这个问题的答案是 true，那么可以除去名单中的前半部分；如果这个问题的答案是 false，那么可以除去名单中的后半部分。要询问这种类型的问题，可以使用关系操作符。

有 6 个关系操作符，如表 2-3 所列。有的操作符是清楚的、简单的，而有的操作符要么比较特殊，要么使用不熟悉的记号。你很可能从数学课中了解了**大于**符号（>）和**小于**符号（<），但是其他符号有必要讨论一下。

表 2-3　关系操作符

关系操作符	定　义	关系操作符	定　义
<	小于	>=	大于或等于
<=	小于或等于	==	等于（与……相同）
>	大于	!=	不等于

键盘上没有单一符号表示**小于或等于**和**大于或等于**的概念。这些概念通过组合以下符号表示：<= 表示**小于或等于**，而 >= 表示**大于或等于**。

类似地，没有单一符号表示**不等于**的概念，它也使用了两个符号。在 JavaScript 中，符号组合 != 表示**不等于**操作符。

最后，需要特别注意等号。在程序设计中，以下两件事情是有区别的：一是把一个东西设置为与另一个东西的值相同，二是询问这样一个问题“这个东西是否与另一个东西有相同的值？”当将一个值赋给一个变量时使用等号（=），此时等号用做**赋值操作符**；而当比较两个东西的值时，意指“左边东西的值与右边东西的值是否相同？”此时称为**比较操作符**。在 JavaScript 中，符号 ==（两个等号）用于比较一个变量的值和另一个变量、值或表达式。

当在语句中使用数学操作符时，其结果是一个新值。例如，3 + 5 等于 8 和 JavaScript 语句 myNum = 3 + 5，将把值 8 放入变量 myNum 中。而关系操作符有所不同，关系操作符意指询问一个问题而且其唯一可能的答案是 yes 或 no（即计算机术语 true 或 false）。例 2.14 说明关系操作符的使用。

例 2.14　使用关系操作符

a）5 < 3 的值为 false，因为 5 不小于 3。

b）7 > 6 的值为 true，因为 7 大于 6。

c）9 >= 9 的值为 true，因为 >= 询问问题“左边的东西是否大于或等于右边的东西?”而 9 等于 9，不大于 9。

d）18 ! = 6 的值为 true，因为 18 与 6 不同。

e）18 ! = 18 的值为 false，因为 18 与 18 相同，因此语句“18 与 18 不同”是错误的陈述。

f）12 == 12 的值为 true，因为 12 与 12 相同。

g）12 == 45 的值为 false，因为 12 与 45 不同。

关系操作符可以和其他操作符结合起来产生更复杂的条件和问题。例 2.15 示范如何使用变量混合关系和数学操作符表示值的例子。

例 2.15　和变量一起使用关系操作符　对于这个例子，其中的变量有下列值：

```
W = 2          X = 6          Y = 3          Z = 0
```

a）W < (X + Y) 的值为 true，因为 2 小于 (6 + 3)。

b）(Y * W) > X 的值为 false，因为 (3 * 2) 是 6，而 6 不大于 6。

c）(Y + Z) >= (W – Z) 的值为 true，因为 (3 + 0) 大于 (2 – 0)。

d）X != (W * Y) 的值为 false，因为 6 与 (2 * 3) 相同，所以说这两个东西不相同是错误的。

e）(Z/X) ! = Y 的值为 true，因为 (0/6) 与 3 不同。

f）(X – (W * Y)) == Z 的值为 true，因为 (6 – (2 * 3)) 与 0 相同。

g）X == (X * Z) 的值为 false，因为 6 与 (6 * 0) 不同。

例 2.16 展示的程序说明赋值操作符和比较操作符之间的不同。

例 2.16　比较操作，不是赋值

```
<html>
<head>
<title>Example 2.16</title>
<script type="text/javascript">
     var yourNumber = 8;
     var myNumber = 7;
     var answer = myNumber + yourNumber;
     document.write("the value of 'answer' is: " + answer + "<br />");
     document.write("the value of 'answer > mynumber' is: " ↵
            + (answer>myNumber) + "<br />");
</script>
</head>
<body>
</body>
</html>
```

执行时，显示以下信息：

```
The value of 'answer' is 15
The value of 'answer > mynumber' is: true
```

例 2.17　使用关系操作符处理字符　对于这个例子，其中的变量有下列值：

```
R = "R"      highA = "A"      lowa = "a"      star = "*"      x = "x"
```

a）R ≤ highA 的值为 false，因为大写字母 R 的 ASCII 码是 82，大写字母 A 的 ASCII 码是 65，而 82 不小于 65。

b）lowa > highA 的值为 true，因为小写字母 a 的 ASCII 码是 97，大写字母 A 的 ASCII 码是 65，而 97 大于 65。

c）x >= star 的值为 true，因为小写字母 x 的 ASCII 码是 120，星号（*）的 ASCII 码是 42，而 120 大于 42。

d）highA != lowa 的值为 true，因为大写字母 A（65）的 ASCII 码值与小写字母 a（97）不相同。

e）R != R 的值为 false，因为大写字母 R 的 ASCII 码值是 82，所以 82 与 82 不同是错误的。

例 2.18 说明如何使用关系操作符处理字符串。

例 2.18　使用关系操作符处理字符串　对于这个例子，其中的变量有下列值：

```
kangaroo = "joey"      car = "sedan"      food = "pie"
tree = "oak"           boy = "Joey"       girl = "Joan"
```

a）car < food 的值为 false，因为 car 的第一个字母是小写字母 s，其 ASCII 码是 115，而 food 的第一个字母是小写字母 p，其 ASCII 码是 112。

b）car > tree 的值为 true，因为 car 的第一个字母是小写字母 s，其 ASCII 码是 115，而 tree 的第一个字母是小字字母 o，其 ASCII 码是 111。

c）girl < boy 的值为 true，因为 girl 的第一个字母是大写字母 J，其 ASCII 码是 74，与 boy 的第一个字母完全相同。当表达式左边字符串第一个字符匹配于右边字符串的第一个字符时，就检测下一个字符。在这种情况下，girl 和 boy 的第二个字母也相同，都是小写字母 o。然后再检测下一个字母，这时就可找到答案了。girl 的第三个字母是小写字母 a（ASCII 码是 97），而 boy 的第三个字母是 e（ASCII 码是 101）。因为 97 小于 101，所以这个表达式的值是 true。

d）car <= car 的值为 true，因为如果左边的值小于右边的值或者两个值是相同的，那么这个关系操作符返回 true。

e）kangaroo !=boy 的值为 true。尽管两个字符串对应位置上的每个字母都相同，但是 kangaroo 的第一个字母是小写字母 j（ASCII 码是 106），boy 的第一个字母是大写字母 J（ASCII 码是 74），而 106 与 74 不同，因此这两个变量持有的值不同。

f）tree ! =tree 的值为 false，因为两个变量的值相同，所以说它们不同是错误的。

2.4 节检查点

2.15　找出下列每个字符的 ASCII 码值：

a）Q　　b）q　　c）/　　d）4　　e）&

2.16　如果 X = 2、Y = 3 和 Z = 9，给出下列每个表达式的值：

a）X > Y　　b）Y <= Z　　c）Y *Y != Z　　d）X == Y

2.17　如果 K = 4、M = 7 和 P = 2，给出下列每个表达式的值：

a）K > M *P　　　　b）(K * K)/P >= M

c）K + 2 ! = K + P　　　　d）M * M == M * (K + 3)

2.18 描述赋值操作符（=）和比较操作符（==）之间的不同。

2.19 如果 B = "B"、b = "b"、F = "+"、G = "9" 和 H = "b"，给出下列每个表达式的值：

a）B >b　　b）F <= G　　c）B != G　　d）b ==H

2.20 如果 red = " red"、green = " green"、gold = " gold" 和 jewel = " golden"，给出下列每个表达式的值：

a）red > green　　　　b）green <= gold

c）gold ! = jewel　　　　d）jewel == green

2.5 逻辑操作符和条件操作符

逻辑操作符用于从给定的简单条件创建复合条件（也称为复杂条件）。**复合条件**让我们一次测试多个东西。例如，如果你想要编制一个游戏，要求用户猜测一个在 1 ~ 100 之间的数字，那么你要检查录入的数字是大于或等于 1，同时检查这个数小于或等于 100。在这种情况下，只有这两个条件都是 true，录入的数才是有效的。另一个例子是冒险游戏，如果玩家积聚了 100 分或者拥有金色刀剑，才能进入更高级游戏。在这种情况下，只要两个条件之一为 true，游戏才能继续进行。在这两个例子中，要使用逻辑操作符才能建立这些复合条件，或者更复杂的条件。

计算机程序员和计算机工程师会使用很多逻辑操作符。然而，作为本章目标，我们只讨论 3 个基本的逻辑操作符：AND、OR 和 NOT。

AND 操作符用于建立这样的复合条件，若结果为 true，则两个条件都必须是 true，如那个猜测数字游戏的例子要求录入的数字必须是在 1 ~ 100 之间。

OR 操作符用于建立这样的复合条件，若结果为 true，则只需两个条件之一是 true，如那个冒险游戏的例子有两种方法进入下一级游戏。

与 OR 和 AND 不同，NOT 操作符只作用于单个给定条件。使用 NOT 形成的结果条件为 true 当且仅当给定的条件是 false。例如，若 A 不小于 6，则 NOT (A < 6) 为 true；若 A 小于或等于 6，则这个条件式为 false。因此，NOT (A < 6) 等价于条件 A >= 6。初看起来，这个使用 NOT 的例子似乎有点愚蠢，但是在程序设计中很多时候使用 NOT 操作符是非常有用的。

2.5.1 逻辑操作符

正如加号（+）和星号（*）表示数学操作符，并且有很多符号表示关系操作符，在 JavaScript 中逻辑操作符也用符号表示，如下所示：

- && 表示 AND 操作符（两个 & 符号，其间没有空格）。
- || 表示 OR 操作符（两个通过在键盘上同时按下 SHIFT 和 \ 键输入的竖线符号，并且其间没有空格）。
- ! 表示 NOT 操作符。

AND、OR 和 NOT 操作符的真值表

通过逻辑操作符连接的任何复合条件的结果要么为 true 要么为 false。包含 AND 操作符的复合条件的结果都为 false，除了两个条件都为 true 之外。包含 OR 操作符的复合条件的结果都为 true，除了两个条件都为 false 之外。对于包含 NOT 操作符的条件，若原来的条件为 true，则结果为 false；若原来的条件为 false，则结果为 true。

通过使用**真值表**可以概述操作符 || (OR)、&& (AND) 和！(NOT) 的行为。假定 X 和 Y 表示简单的条件，然后在表 2-4 中前两栏给出 X 和 Y 的值，而 X || Y、X && Y 和 !X 的结果值分别在第 3、4、5 栏列出。

表 2-4　逻辑操作符真值表

X	Y	X || Y	X && Y	!X
true	true	true	true	false
true	false	true	false	false
false	true	true	false	true
false	false	false	false	true

2.5.2　布尔逻辑和布尔操作符

由于计算机使用二进制系统（只有 0、1），所以所有计算机程序必须以某种方式利用这个系统执行极其复杂的任务。在计算机中，通常 0 等同于 false，而 1 等同于 true。**布尔逻辑**是代数学的子集，用于创建 true/false 语句。因此，只返回 true 或 false 的操作符（类似 AND、OR 和 NOT 操作符）称为**布尔操作符**。通过将多个二进制（或布尔）语句连接在一起，计算机程序可以执行复杂的计算。

例 2.19 说明这些操作符如何工作。

例 2.19　使用逻辑操作符　对于这个例子，假定 num = 1，判断以下每个表达式是 true 还是 false？

a）((2 * num) + 1 == 3) && (num > 2)　　　　b）((2 * num) + 1 == 3) || (num > 2)

c）!(2 * num == 0)

- 在 a）中，因为 (2*1 + 1) 与 3 相同，所以第一个简单条件是 true，而第二个条件是 false（num 不大于 2）。因此，这个复合的 AND 条件是 false。
- 在 b）中，其结果为 true，即使如 a）所示的一个条件是 true，而另一个 false。然而，OR 操作符在对整个表达式求值时，只要发现两个条件之一为 true 就可以返回 true。
- 在 c）中，由于 2* num = 2，即 2* num 不等于 0，所以条件 2* num = 0 是 false，而整个条件是 true。

例 2.20 说明这些操作符如何工作。

例 2.20　再次使用逻辑操作符　对于这个例子，假定 N = 6、P = 4 和 S = 18，判断以下每个表达式是 true 还是 false？

a）(N * P) >S && S > (P + N)　　　　b）(S / N != 3) || (N * P < S)

c）!(2 *N + P == S – 2)

- 在 a）中，两个简单条件是 true（6*4 大于 18，而 18 大于 6 + 4）。当两个条件是 true 时，AND 操作符求值为 true。
- 在 b）中，结果是 false，因为两个简单条件都是 false（18/6 等于 3，因此说它不等于 3 是 false，而且 6*4 不小于 18）。对于 OR 操作符，当两个条件之一是 true 时求值为 true，而当两个条件都是 false 时求值为 false。
- 在 c）中，由于 2*6 + 4 = 16 和 18 – 2 = 16，所以表达式 2 * N + P == S – 2 是 true。NOT 操作符对结果取反，因此 NOT true 是 false。也就是说这个表达式 !(2 * N + P == S – 2)，值为 false。

2.5.3 逻辑操作符的操作次序

正如对算术操作符的执行次序有控制规则，对逻辑操作符的执行次序也有控制规则。而对于每个关系操作符，则没有先后次序之分。

如果表达式有一个以上的逻辑操作符，那么 NOT 操作符最先执行，然后是 AND 操作符，最后是 OR 操作符。在一个混合有算术、关系和逻辑操作符的表达式中，如果有圆括号，就最先执行圆括号里的操作。如果没有圆括号，就首先执行算术操作，然后是关系操作，最后是依次执行 NOT、AND 和 OR。表 2-5 总结了这个操作优先级。

表 2-5 操作优先级

描 述	符 号
首先，算术操作符按以下次序求值	
第 1：圆括号	()
第 2：幂	^
第 3：乘 / 除 / 模	*、/、%
第 4：加 / 减	+、–
其次，关系操作符求值并且所有关系操作符有相同的优先级	
小于	<
小于或等于	<=
大于	>
大于或等于	>=
等于	==
不等于	!=
最后，逻辑操作符按以下次序求值	
第 1：NOT	!
第 2：AND	&&
第 3：OR	||

逻辑操作符允许程序的判断式使用一个以上的单个条件，**复杂表达式**是一个组合两个或更多可能条件的表达式。例如，一个商店可能送出一个促销折扣码，可用于购买额超过 $50.00 的客户。因此，使用折扣要满足两个条件：一是客户录入的折扣码要匹配商店送出的折扣码，二是购买额超过 $50.00。对应的表达式“折扣码正确 AND 购买额超过 $50.00?”就是一种复杂表达式。其他商店可能为客户提供免运费或者购买额 10% 折扣的优惠，对应的表达式“想要免运费 OR 想

要 10% 折扣？”是另一种类型的复杂表达式。

例 2.21 展示在复杂表达式中如何使用操作优先级。

例 2.21　在复杂表达式中使用操作优先级　假定 Q = 3 和 R = 5，以下表达式是 true 还是 false？

```
!Q > 3 || R < 3 && Q - R < 0
```

根据操作优先级，特别是逻辑操作符的操作次序（最先执行 !，然后是 &&，最后是 ||），可以为这个表达式插入一些圆括号以明确指出各个操作的执行次序：

```
(!(Q > 3)) || ((R < 3) && ((Q - R) < 0))
```

对此先求简单的条件，知道 Q > 3 是 false，R < 3 是 false，而 (Q – R) < 0 是 true。然后，通过将这些值（true 或 false）替换到给定的表达式，再执行逻辑操作，我们就能够求得答案。这个求值过程如下图表所示。

给定：(!(Q >3)) || ((R < 3) && ((Q – R) < 0))
步 1：(!(false)) || ((false) && (true))
步 2：true || false
步 3：true

这个表达式求值为 true。

2.5.4 条件操作符

JavaScript 也包含另一个操作符，它相当于将第 3 章讨论的一条语句的缩写。**条件操作符**根据某个条件将一个值赋给一个变量，它使用两个符号而且有 3 个操作数。与其他操作符相比，条件操作符比较特殊，因此本节单独讨论。

操作数是指操作符操作的对象。到现在为止，所有操作符都有两个操作数，除了 NOT 之外。例如：

- 5 + 3：操作符是 +，而操作数是 5 和 3。
- 16 >= 10：操作符是 >=，而操作数是 16 和 10。
- True && false：操作符是 &&，而操作数是 true 和 false。
- !true：操作符是 !，而单个操作数是 true。

条件操作符写成如下形式：

```
variableName = (condition) ? value1 : value2
```

为了便于理解它，我们举一个例子。假定你想要测试游戏中某个人是否有足够的分数赢得一场战斗。如果这个人至少有 100 分，那么将变量 battle 设置为“win”；但是如果这个人的分数少于 100 分，那么将变量 battle 设置为“lose”。假定这个人的分数存储在变量 points 中，那么可以如下使用条件操作符：

```
battle = (points >= 100) ? "win" : "lose";
```

这个语句是说：如果 points 的值大于或等于 100，那么设置 battle 为“win”；但是如果 points 小于 100，那么将 battle 设置为“lose”。

因此，条件操作符这样工作：要测试的条件在问号？之前的圆括号内，问号？之后的值将在条件为 true 时存储到左边的变量中。一个冒号（：）分隔两个值，第二个值将在条件为 false 时存储到左边的变量中。

例 2.22 说明如何使用条件操作符。

例 2.22　使用条件操作符　假定你正在为一个网上商店编写程序，它为特殊客户提供一个免运费访问密码，从而程序要检查用户是否录入正确的密码（FREESHIP）。如果正确录入了密码，那么显示一条告诉用户免运费的信息；否则显示信息“invalid code”。这个 JavaScript 程序代码片段如下：

```
1.  <html>
2.  <head>
3.  <title>Example 2.22</title>
4.  <script type="text/javascript">
5.        var shipCode = prompt("Enter your access code:", " ");
6.        var message = " ";
7.        message = (shipCode == "FREESHIP")?"You are eligible ↵
                    for free shipping!":"invalid code";
8.        document.write(message);
9.  </script>
10. </head>
11. <body>
12. </body>
13. </html>
```

条件操作符在第 7 行使用。测试条件是判断 shipCode 存储的代码是否与 FREESHIP 完全相同，如果检测条件是 true，那么存储在 message 的值将是“ You are eligible for free shipping!”；如果是 false，那么存储在 message 的值将是“invalid code”。

2.5 节检查点

2.21　使用后面单词之一填空：算术、关系或逻辑。

a）<= 是________操作符。　　b）+ 是________操作符。

c）&& 是________操作符。

2.22　假定 X = 1 和 Y = 2。指出下列每个表达式是 true 还是 false。

a）X >= X || Y >= X　　b）X > X && Y > X

c）X > Y || X > 0 && Y < 0　　d）!(! X == 0 && ! Y == 0)

2.23　描述条件操作符每个部分的作用：

```
variableName = (condition) ? value1 : value2
```

2.24　如果 K = 4、M = 7 和 P = 2，那么将把什么存储在 result 中？

```
result = (K > 12)? M : P;
```

2.25　如果 myName =“ Lizzie” 和 yourName =“ Jimmy”，那么当用户在提示时录入 Jimmy 时，变量 message 存储的值是什么？

```
var name = prompt("Enter your name:", " ");
var message = " ";
message = (name == "Jimmy")? myName : yourName;
```

2.6 操作实践

至此，我们将开始开发本书早先讨论的两个网站。Greg's Gambits 是一个游戏网站，这里将为这个网站开发一个游戏，而且你将在本章末尾的练习中创建自己的游戏。Carla's Classroom 是一个为小孩子开发的教学网站，这里将为网站开发一个教学单元，而且你将在本章末尾的练习中创建你自己的单元。

2.6.1 Greg's Gambits：创建填字游戏

作为小孩或成人，你很可能玩过 Mad Libs 填字游戏。这个游戏要求玩家想出可以插入故事中的单词，并且大声朗读时可能非常好笑。玩家输入的单词可以是名词、动词、形容词、副词、专有名词等。这里将创建一个非常类似的游戏，称为 Greg's Tales。

2.6.1.1 开发程序

作为开始，我们将编造一个故事（我们的故事），然后找出要用户以自己的单词代替的单词。在做练习时你可以编造你自己的故事，但是现在使用以下故事：

```
Once upon a time, about XXXXX (number) years ago, there was a XXXXX (boy/girl)
named XXXXX (name). XXXXX (name) lived in a small cabin in the woods just
outside XXXXX (city) limits. XXXXX (name) enjoyed walking in the woods every
day until . . . One day XXXXX (he/she) came upon a XXXXX (monster) sitting on
a log eating a XXXXX (food). The XXXXX (monster) jumped up, spilling his XXXXX
(drink). XXXXX (name) ran home as fast as XXXXX (he/she) could but the XXXXX
(monster) followed and . . . XXXXX (ending).
```

要编制这个游戏，我们必须决定要使用哪些变量和获得最终目标要采取的步骤。对此，我们使用非常一般的伪代码描述如下：

- 声明变量
- 识别每个变量的词性（即如何向玩家描述这个单词）
- 为变量请求输入
- 输出故事

在逐渐完善这个描述之前，我们先从需要的变量及其描述开始。

变量名	变量类型	描　述
numYears	numeric	录入一个大于 0 的数
gender	string	这个人是男孩还是女孩
name	string	专有名词
city	string	城市名字
pronoun	string	这个代词依赖于性别，用户不必录入
monster	string	怪物类型
food	string	食物类型
drink	string	饮料类型

在编造这个故事时，我们可以设想以下几种可能的结局：

- 结局 1："The ××××× (monster) and ××××× (name) became best friends and lived in ×××××

(name's) house happily ever after."

- 结局 2："The ××××× (monster) overpowered ××××× (name) and gobbled down all the ××××× (food) and ××××× (drink) in ××××× (name's) refrigerator."
- 结局 3："××××× (name) screamed mean things at the ××××× (monster), causing the ××××× (monster) to turn and run back to the woods, never to be seen again."

2.6.1.2　编写代码

这个网页将成为 Greg's Gambits 网站的一部分，以后我们也将为每个游戏创建一个新网页。现在，我们从一个简单网页开始，声明必需的变量，显示游戏标题及其说明。这个网页的对应文件称为 gregs_tales.html，并且可以在 Student Data Files 中找到。

```
1.  <!DOCTYPE html PUBLIC "-//W3C//DTD XHTML 1.0 Transitional//EN" ↵
    "http://www.w3.org/TR/xhtml1/DTD/xhtml1-transitional.dtd">
2.  <html xmlns="http://www.w3.org/1999/xhtml" lang="en" xml:lang="en">
3.  <head>
4.  <title>Greg's Gambits | Greg's Tales</title>
5.  <link href="greg.css" rel="stylesheet" type="text/css" />
6.  <script type="text/javascript">
7.  function startGame()
8.  {
9.       var gender = "boy";
10.      var city = " ";
11.      var monster = " ";
12.      var food = " ";
13.      var drink = " ";
14. }
15. </script>
16. </head>
17. <body>
18. <div id="container">
19. <img src="../images/superhero.jpg" class="floatleft" />
20. <h1><em>Greg's Tales</em></h1>
21. <h3>For this game, you will create a story by entering words as prompted. ↵
      The story will change each time you run this game, as you enter ↵
      different words.</h3>
22. <div id="nav">
23. <p><a href="index.html">Home</a>
24. <a href="greg.html">About Greg</a>
25. <a href="play_games.html">Play a Game</a>
26. <a href="sign.html">Sign In</a>
27. <a href="contact.html">Contact Us</a></p>
28. </div>
29. <div id="content">
30. <input type="button" value = "click to begin" onclick="startGame()" />
31. </div>
32. <div id="footer">Copyright &copy; 2013 Greg's Gambits<br />↵
       <a href="mailto:yourfirstname@yourlastname.com">↵
       yourfirstname@yourlastname.com</a></div>
33. </div>
34. </body>
35. </html>
```

这里列出的 JavaScript 和 HTML 代码只是显示游戏的开始页面，网页本身应当有一种方法让用户开始游戏。注意第 30 行的按钮显示在页面的内容区域，当用户单击这个按钮时，应当发生一些事情。在这种情况下，按钮的标题是它的值（“click to begin”），并且当用户单击时将调用 JavaScript 函数 startGame()。这是编写 JavaScript 程序的重要方式，以使实现程序代码和网页之间的通信。一旦单击了这个按钮，程序控制就跳至第 7 行的函数 startGame()，执行花括号内（即第 8 ~ 14 行）的代码。当然，这个函数现在只是初始化变量的值。我们将为这个函数添加代码，当然你也可以将下面的代码添加到 gregs_tales.html 文件中。

网页现在看起来像这样：

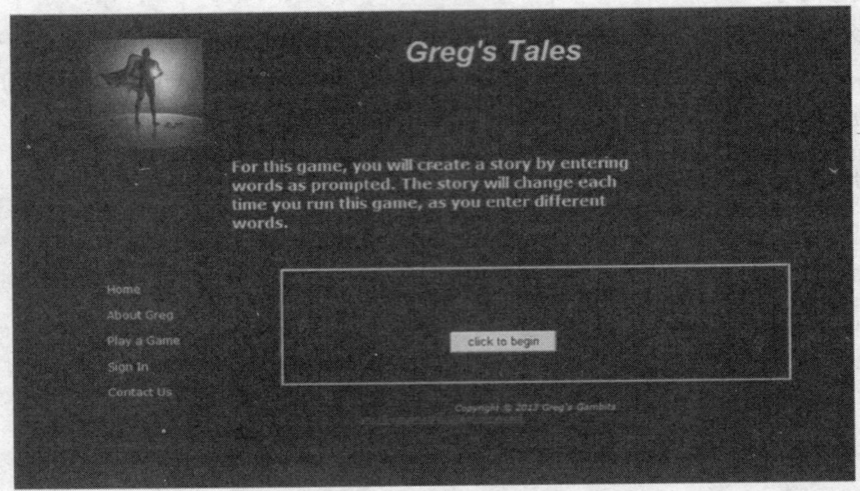

然后添加提示，将这些代码放在第 8 行之后。其中，变量 pronoun 取决于变量 gender：

```
numYears = prompt("Enter a number greater than 0: ");
gender = prompt("Is the story about a boy or a girl? ");
name = prompt("Enter the hero's name: ");
city = prompt("Enter the name of a city: ");
monster = prompt("Enter a type of monster: ");
food = prompt("Enter a food you like: ");
drink = prompt("Enter a drink you like: ");
```

现在，我们处理变量 gender。需要考虑用户可能录入 Boy、BOY、boy 或其他可能，或者甚至是拼错的单词，对于 girl 也一样。要关心的一件事情是：如果玩家想要故事的英雄是男孩，那么录入的第一个字符将是 b 或 B；如果用户想要英雄是女孩，那么第一个字符是 g 或 G。本书后面将学习处理所有可能的输入，但是现在假定玩家录入的字符串起始于 b 或 g。另外，若玩家选择男孩，则变量 pronoun 应该设置为“he”；若玩家选择女孩，变量 pronoun 应该设置为“she”。对于这种情况，可以使用条件操作符，并且这个测试 gender 输入的语句要放在提示输入 gender 的语句之后。如果 gender 内容的第一个字符是 b 或 B，那么 gender 设置为“boy”并且 pronoun 设置为“he”；如果 gender 内容的第一个字符是 g 或 G，那么 gender 设置为“girl”并且 pronoun 设置为“she”。

2.6.1.3 charAt() 函数

要做的第一件事情是判断 gender 的第一个字符是 b 还是 g，我们可以使用一个内置 JavaScript 函数做这件事。函数 charAt() 返回字符串中任何指定位置的字符，而现在想要返回第一个位置上的字符。这个函数的语法如下所示：

```
string.charAt(index)
```

现在要访问的字符串是 gender；index 指的是要访问字符的位置，而现在要访问字符串的第一个字符，其位置是 0。我们需要一个变量保存这个函数的返回值，因此使用一个新变量 letter。也就是，把函数 charAt() 的结果存储到 letter 中。然后使用条件操作符，根据 letter 的值将 gender 设置为“boy”或“girl”。其代码看起来像这样：

```
var letter = gender.charAt(0);
gender = (letter == "b" || letter == "B")? "boy" : "girl";
```

然后，使用条件操作符，根据 gender 的状态将变量 pronoun 设置为“he”或“she”，如下所示：

```
pronoun = (gender == "boy")? "he" : "she";
```

2.6.1.4　完成代码

通过添加代码，我们可以使用玩家录入的单词和 3 个可能的结局完整地显示这个故事。这个代码将在最后一个提示之后，并且在函数 start_game() 的结束花括号之前：

```
document.getElementById("content").innerHTML = ("Once upon a time, about " ↵
    + numYears + " years ago, there was a " + gender + " named " + name + ". ↵
    " + name + " lived in a small cabin in the woods just outside " + city + ↵
    " limits.</p><p>." + name + " enjoyed walking in the woods every day ↵
    until...One day " + pronoun + " came upon a " + monster + " sitting ↵
    on a log eating a " + food + ".</p><p>The " + monster + " jumped up, ↵
    spilling his " + drink + ". " + name + " ran home as fast as " + ↵
    pronoun + " could but the " + monster + " followed and...</p><h3>What ↵
    happened? You decide!</h3><p>Ending 1: The " + monster + " and " + name + ↵
    " became best friends and lived in " + name + "'s house happily ever ↵
    after.</p><p>Ending 2: The " + monster + " overpowered " + name + ↵
    " and gobbled down all the " + food + " and " + drink + " in " + name + ↵
    "'s refrigerator.</p> <p>Ending 3: " + name + " screamed mean things at ↵
    the " + monster + ", causing the " + monster + " to turn and run back to ↵
    the woods, never to be seen again.</p>");
```

现在我们将所有的相关代码放在一起：

```
<!DOCTYPE html PUBLIC "-//W3C//DTD XHTML 1.0 Transitional//EN" ↵
    "http://www.w3.org/TR/xhtml1/DTD/xhtml1-transitional.dtd">
<html xmlns="http://www.w3.org/1999/xhtml" lang="en" xml:lang="en">
<head>
<title>Greg's Gambits | Greg's Tales</title>
<link href="greg.css" rel="stylesheet" type="text/css" />
<script type="text/javascript">
function startGame()
{
    var gender = "boy";
    var city = " ";
    var monster = " ";
    var food = " ";
    var drink = " ";
    numYears = prompt("Enter a number greater than 0: ");
    gender = prompt("Is the story about a boy or a girl? ");
    letter = gender.charAt(0);
```

```
        gender = (letter == "b" || letter == "B")?"boy":"girl";
        pronoun = (gender == "boy")?"he":"she";
        name = prompt("Enter the hero's name: ");
        city = prompt("Enter the name of a city: ");
        monster = prompt("Enter a type of monster: ");
        food = prompt("Enter a food you like: ");
        drink = prompt("Enter a drink you like: ");
        document.getElementById("content").innerHTML = ("Once upon a time, ↵
            about " + numYears + " years ago, there was a " + gender + ↵
            " named " + name + ". " + name + " lived in a small cabin in ↵
            the woods just outside " + city + " limits.</p> <p>" + name + ↵
            " enjoyed walking in the woods every day until...One day " ↵
            + pronoun + " came upon a " + monster + " sitting on a log ↵
            eating a " + food + ".</p> <p>The " + monster + " jumped up, ↵
            spilling his " + drink + ". " + name + " ran home as fast as " ↵
            + pronoun + " could but the " + monster + " followed and...</p> ↵
            <h3>What happened? You decide! </h3> <p>Ending 1: The " + ↵
            monster + " and " + name + " became best friends and lived in " ↵
            + name + "'s house happily ever after.</p> <p>Ending 2: The "↵
            + monster + " overpowered " + name + " and gobbled down all the " ↵
            + food + " and " + drink + " in " + name + "'s refrigerator.</p> ↵
            <p>Ending 3: " + name + " screamed mean things at the " + monster ↵
            + ", causing the " + monster + " to turn and run back to the ↵
            woods, never to be seen again.</p>");
    }
    </script>
    </head>
    <body>
    <div id="container">
    <img src="../images/superhero.jpg" class="floatleft" />
    <h1><em>Greg's Tales</em></h1>
    <h3>For this game, you will create a story by entering words as prompted. ↵
        The story will change each time you run this game, as you enter ↵
        different words.</h3>
    <div id="nav">
        <p><a href="index.html">Home</a>
        <a href="greg.html">About Greg</a>
        <a href="play_games.html">Play a Game</a>
        <a href="sign.html">Sign In</a>
        <a href="contact.html">Contact Us</a></p>
    </div>
    <div id="content">
        <p> </p>
        <input type="button" value = "click to begin" onclick="startGame()" />
    </div>
    <div id="footer">Copyright &copy; 2013 Greg's Gambits<br />
    <a href="mailto:yourfirstname@yourlastname.com"> ↵
            yourfirstname@yourlastname.com</a>
    </div>
    </div>
    </body>
    </html>
```

这里是一些在给定输入情况下的输出样例：

输入：

numYears = 100, **gender** = boy, **name** = Joey, **city** = Paris, **monster** = troll, **food** = lasagna, **drink** = iced tea

输出：

Once upon a time, about 100 years ago, there was a boy named Joey. Joey lived in a small cabin in the woods just outside Paris limits.

Joey enjoyed walking in the woods every day until... One day he came upon a troll sitting on a log eating a lasagna.

The troll jumped up, spilling his iced tea. Joey ran home as fast as he could but the troll followed and ...

What happened? You decide!

Ending 1: The troll and Joey became best friends and lived in Joey's house happily ever after.

Ending 2: The troll overpowered Joey and gobbled down all the lasagna and iced tea in Joey's refrigerator.

Ending 3: Joey screamed mean things at the troll, causing the troll to turn and run back to the woods, never to be seen again.

输入：

numYears = 500, **gender** = girl, **name** = Pamela, **city** = Chicago, **monster** = dragon, **food** = sushi, **drink** = lemonade

输出：

Once upon a time, about 500 years ago, there was a girl named Pamela. Pamela lived in a small cabin in the woods just outside Chicago limits.

Pamela enjoyed walking in the woods every day until... One day she came upon a dragon sitting on a log eating a sushi.

The dragon jumped up, spilling his lemonade. Pamela ran home as fast as she could but the dragon followed and ...

What happened? You decide!

Ending 1: The dragon and Pamela became best friends and lived in Pamela's house happily ever after.

Ending 2: The dragon overpowered Pamela and gobbled down all the sushi and lemonade in Pamela's refrigerator.

Ending 3: Pamela screamed mean things at the dragon, causing the dragon to turn and run back to the woods, never to be seen again.

2.6.2　Carla's Classroom：拼写课

Carla 是一位小学老师，她委托你为她的班级编制练习网站。此时，即使你的程序设计技能还很有限，你仍然能够为小孩子们开发一些非常好的练习。在本章中，你将用一个指定的单词列表创建一个拼写测试。在本书后面，你将改进这个测试，让 Carla 使用她想要的任何拼写单词。我们将这个练习称为 An Appetite for Spelling。

2.6.2.1　开发程序

我们要创建一个网页，为学生提供简单的拼写测试。在开始编写 JavaScript 代码之前，应该先设计页面。也就是说，为页面给出一个标题和简短的说明，要求学生拼写一些单词。但是，由于要求学生拼写单词时不能直接显示这个单词，所以需要为每个单词显示一个图像。为此，我们使用 5 个食物照片表示 5 个单词（以后，你可以添加更多的单词，或者使用循环程序提供 Carla 想要数目的单词）。可能的食物单词是 avocado（梨）、bananas（香蕉）、celery（芹菜）、lemonade（柠檬水）和 onions（洋葱）。这些食物图像已存在于 Student Data Files 中，当然你也可以使用自己的图像。

为了编写这个程序，我们应当决定如何在网页上显示这些图像、问题和结果，使用什么变量，以及采取什么步骤来实现我们的最终目标。这个程序的一般伪代码如下：

1）说明程序的目的。

2）声明变量。

3）展示一个食物照片。

4）要求输入这个食物的拼写字母。

5）检查拼写的单词是否正确。

6）输出结果（正确或不正确）。

7）为所有单词重复步骤 3 ～ 6。

随着进一步的处理，我们将细化这些步骤。首先，决定需要什么变量和如何向玩家描述这些变量。

变量名	变量类型	描　述
word1	string	食物的名字
result1	string	拼写是正确的还是不正确的

我们需要显示一个食物图像，要求学生录入这个食物的名字，然后显示信息指出学生录入的名字是否拼写正确。要完成这件事，可以使用一个按钮，当学生单击它时将录入答案；再使用另一个按钮，当单击它时将显示录入的答案是否正确。

我们从网页开始。下列 HTML 代码只是简单显示含有第一种食物和第一个问题的网页。你可以在 Student Data Files 中找到这个页面，并且随着后续讲解添加相关代码，从而可以看到这个页面的实际显示效果。

```
<!DOCTYPE html PUBLIC "-//W3C//DTD XHTML 1.0 Transitional//EN" ↵
   "http://www.w3.org/TR/xhtml1/DTD/xhtml1-transitional.dtd">
<html xmlns="http://www.w3.org/1999/xhtml" lang="en" xml:lang="en">
<head>
<title>Carla's Classroom | An Appetite for Spelling</title>
<link href="carla.css" rel="stylesheet" type="text/css" />
</head>
<body>
<div id="container">
    <img src="../images/write2.JPG" class="floatleft" />
    <h1><em>An Appetite for Spelling </em></h1>
    <p> </p>
```

```
<div align="left">
    <blockquote>
        <p><a href="index.html"><img src =
            "../images/owl_button.jpg"/>Home</a>
        <a href="carla.html"><img src = ↵
            "../images/carla_button.jpg"/>Meet Carla</a>
        <a href="reading.html"><img src = ↵
            "../images/read_button.jpg"/>Reading</a>
        <a href="writing.html"><img src =↵
            "../images/write_button.jpg"/>Writing</a>
        <a href="math.html"><img src = ↵
            "../images/arith_button.jpg" />Arithmetic</a><br />
        </p>
</blockquote>
</div>
<div id="content">
<p>For this exercise you will be shown some pictures and, for each ↵
    picture you will be asked to spell the word that describes ↵
    the picture. Type your answers in all lowercase letters.</p>
<p>Question 1: What is this? <img src="../images/avocado.jpg"/></p>
</div>
<div id="footer">
    <h3>*Carla's Motto:Never miss a chance to teach -- and to learn!</h3>
</div>
</div>
</body>
</html>
```

这个页面的输出看起来像这样：

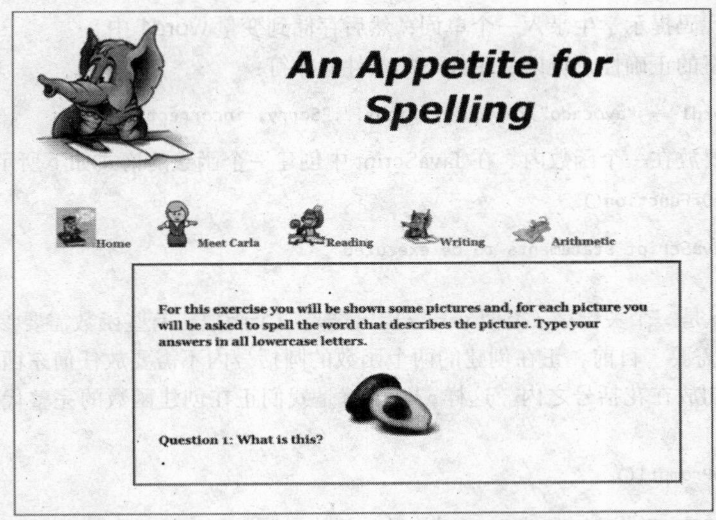

我们需要添加一个按钮让学生录入答案，再添加另外一个按钮让学生检查这个答案是否正确。为这两个按钮可以编写以下简单的代码：

```
<input type="button" onclick = " " value="answer Question 1" />
<input type="button" onclick = " " value="check answer" />
```

value 属性给出在按钮上显示的文本。然而，这些按钮实际上不做任何事情。我们想要单击第一个按钮时显示一个提示对话框让学生录入答案，而单击第二个按钮时显示答案是否正确的信息。为了实现这些事情，我们将使用一个函数。

2.6.2.2 函数

函数在任何程序设计语言中都扮演着重要的角色。在不同于 JavaScript 的语言中，不使用自己创建的函数也有可能编写一些非常复杂的程序。然而基于 JavaScript 的性质，你现在就需要使用函数。对于函数的全面理解及其复杂使用方法，以后再学习（即第 7 章专门讨论函数）。

大体上，之所以要使用函数是因为网页要调用 JavaScript 代码，而 JavaScript 代码要将信息传回网页。JavaScript 代码通常放在 <script></script> 标签对之间的函数内，而网页使用函数名指定要执行哪个部分的 JavaScript 代码。Greg's Tales 页使用了这个概念，它调用函数 startGame()。

在这种情况下，当学生单击按钮回答问题时将调用 JavaScript 代码提示学生录入答案。在录入一个答案之后，学生可能单击第二个按钮检查答案是否正确。当学生单击任一按钮时，对应的 onclick 事件将调用我们编写的 JavaScript 函数。对于第一个按钮，对应的函数将提示学生录入单词并且检查学生录入的单词是否拼写正确。对于第二个按钮，其 onclick 事件将调用一个函数显示学生的回答是否正确。

2.6.2.3 showPrompt1() 和 showResult1() 函数

第一个函数命名为 showPrompt1()，当调用这个函数时将发生两件事情：一是提示学生录入一个答案，二是检查答案的正确性。为这些事件编写代码是不难的：

```
word1 = prompt("Enter your answer");
```

这行简单的代码提示学生录入一个单词，然后存储到变量 word1 中。

为了检查答案的正确性，可以使用如下的条件操作符：

```
result1 = (word1 == "avocado")? "You're right!":"Sorry, incorrect";
```

这个代码需要放在一个函数内。在 JavaScript 中创建一个函数的格式如下所示：

```
function nameOfFunction()
    {
        JavaScript statements to be executed
    }
```

单词 function 是一个关键字（类似 var），指出这是一个函数。有些函数需要参数（值放在圆括号内），而有些不需要。目前，正在创建的两个函数的圆括号内不需要放任何东西。当函数调用时要执行的所有语句放在花括号之内。这样，以下就是我们正在创建函数的完整代码，能够获取答案并且检查它：

```
function showPrompt1()
{
    word1 = prompt("Enter your answer");
    result = (word1 == "avocado") ? "You're right!" : "Sorry, that's incorrect";
}
```

一旦创建了一个函数，就可以使用它的名字调用这个函数。我们把这个函数调用添加到前面创建的按钮的 onclick 事件中：

```
<input type="button" onclick = "showPrompt1()" value="answer Q. 1" />
```

网页上的第二个按钮告诉学生单击它可查看答案是否正确，因此一旦单击这个按钮就调用一个函数显示拼写结果。这个结果由前面调用的函数 showPrompt1() 决定，并且已经存储在变量 Resultl 中。可以创建一个函数 showResult1()，使用警示对话框显示这个结果，该函数代码如下：

```
function showResult1()
{
     alert(result);
}
```

通过为相应按钮的 onclick 事件插入它的名字，可以调用这个函数：

```
<input type="button" onclick="showResult1()" value="check answer"/>
```

2.6.2.4　将所有代码放在一起

如下所示，这些 JavaScript 代码放在 <head> 区域之内。下面也显示了按钮代码，它放在页面的 <body> 之内，正好在 Question 的下面。

```
<!DOCTYPE html PUBLIC "-//W3C//DTD XHTML 1.0 Transitional//EN" ↵
  "http://www.w3.org/TR/xhtml1/DTD/xhtml1-transitional.dtd">
<html xmlns="http://www.w3.org/1999/xhtml" lang="en" xml:lang="en">
<head>
<title>Carla's Classroom | An Appetite for Spelling</title>
<link href="carla.css" rel="stylesheet" type="text/css" />
  <script type="text/javascript">
  //declare and initialize variables
  var word1 = "avocado";
  var result = " ";
  // function to prompt for answer to Question 1
  function showPrompt1()
  {
       word1 = prompt("Enter your answer");
       result = (word1 == "avocado") ? "You're right!" : ↵
            "Sorry, that's incorrect";
  }
  //function to show result of answer
  function showResult1()
  {
       alert(result);
  }
  </script>
  . . . the rest of the head section code goes here
  </head>
  <body>
  <h2> An Appetite for Spelling </h2>
  . . . other HTML script goes here
  <p>For this exercise you will be shown some pictures and, for each ↵
       picture you will be asked to spell the word that described the ↵
       picture. Type your answers in all lowercase letters.</p>
  <p>Question 1: What is this? <img src="../images/avocado.jpg"/> </p>
  <input type="button" onclick="showPrompt1()" value="answer Q. 1" />
  <input type="button" onclick="showResult1()" value="check answer" />
  </div>
  . . . etc.
  </body>
  </html>
```

现在，这个页面看起来像这样：

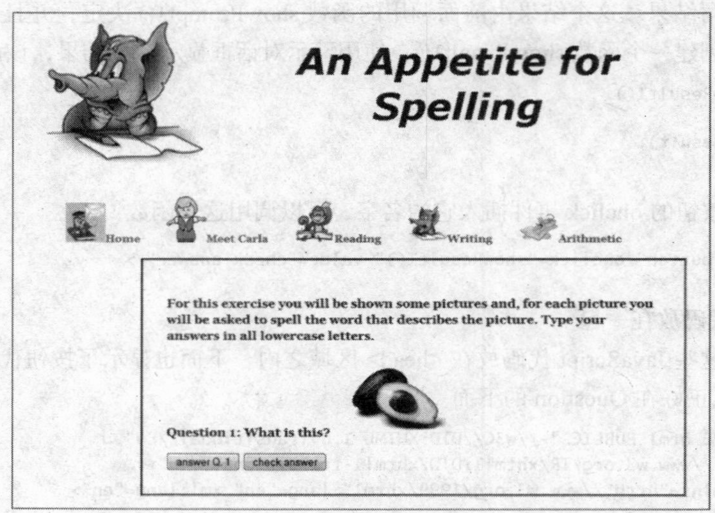

2.6.2.5 完成

到现在为止，网站只测试一个单词拼写。然而，添加另外 4 个单词或者甚至 40 多个单词是非常简单的事情。以后通过使用重复结构，我们可以更有效地编写这段代码，但是现在我们只是简单地复制和粘贴用于拼写单词的代码，其次数取决于我们想要检测的拼写单词个数。要记住的是，已命名的变量和函数的名字末端带有数字 1。通过将 1 改为 2、3、4 或 5，我们就可以重新使用复制的代码。下面给出测试所有 5 个拼写单词的完整网页代码：

```
<!DOCTYPE html PUBLIC "-//W3C//DTD XHTML 1.0 Transitional//EN" ↵
    "http://www.w3.org/TR/xhtml1/DTD/xhtml1-transitional.dtd">
<html xmlns="http://www.w3.org/1999/xhtml" lang="en" xml:lang="en">
<head>
<title>Carla's Classroom | An Appetite for Spelling</title>
<link href="carla.css" rel="stylesheet" type="text/css" />
<script type="text/javascript">
//declare and initialize variables
var word1 = "avocado";
var word2 = "bananas";
var word3 = "celery";
var word4 = "lemonade";
var word5 = "onions";
var result = " ";
// Question 1
function showPrompt1()
{
     word1 = prompt("Enter your answer");
     result = (word1 == "avocado")? "You're right!" : ↵
          "Sorry, that's incorrect";
}
function showResult1()
{
     alert(result);
}
//Question 2
```

```
function showPrompt2()
{
     word2 = prompt("Enter your answer");
     result = (word2 == "bananas")? "You're right!" :↵
           "Sorry, that's incorrect";
}
function showResult2()
{
     alert(result);
}
//Question 3
function showPrompt3()
{
     word3 = prompt("Enter your answer");
     result = (word3 == "celery")? "You're right!" : ↵
          "Sorry, that's incorrect";
}
function showResult3()
{
     alert(result);
}
//Question 4
function showPrompt4()
{
     word4 = prompt("Enter your answer");
     result = (word4 == "lemonade")? "You're right!" :↵
          "Sorry, that's incorrect";
}
function showResult4()
{
     alert(result);
}
//Question 5
function showPrompt5()
{
     word5 = prompt("Enter your answer");
     result = (word5 == "onions")? "You're right!" :↵
          "Sorry, that's incorrect";
}
function showResult5()
{
     alert(result);
}
</script>
</head>
<body>
<div id="container">
<img src="../images/write2.JPG" class="floatleft" />
<h1><em>An Appetite for Spelling </em></h1>
<div align="left">
<blockquote>
     <p><a href="index.html"><img src = ↵
          "../images/owl_button.jpg"/>Home</a>
     <a href="carla.html"> <img src = ↵
          "../images/carla_button.jpg"/>Meet Carla</a>
     <a href="reading.html"><img src = ↵
        "../images/read_button.jpg"/>Reading</a>
     <a href="writing.html"> <img src =↵
        "../images/write_button.jpg"/>Writing</a>
```

```
        <a href="math.html"><img src = ↵
            "../images/arith_button.jpg" />Arithmetic</a><br />
        </p>
</blockquote>
</div>
<div id="content">
<p>For this exercise you will be shown some pictures and, for each ↵
        picture you will be asked to spell the word that describes ↵
        the picture. Type your answers in all lowercase letters.</p>
<p>Question 1: What is this? <img src="../images/avocado.jpg"/> </p>
<input type="button" onclick="showPrompt1()" value="answer Q. 1" />
<input type="button" onclick="showResult1()" value="check answer" />
<p>Question 2: What's this? <img src="../images/bananas.jpg" /></p>
<input type="button" onclick="showPrompt2()" value="answer Q. 2" />
<input type="button" onclick="showResult2()" value="check answer" />
<p>Question 3: What's this? <img src="../images/celery.jpg" /></p>
<input type="button" onclick="showPrompt3()" value="answer Q. 3" />
<input type="button" onclick="showResult3()" value="check answer" />
<p>Question 4: What's this? <img src="../images/lemonade.jpg" /></p>
<input type="button" onclick="showPrompt4()" value="answer Q. 4" />
<input type="button" onclick="showResult4()" value="check answer" />
<p>Question 5: What's this? <img src="../images/onions.jpg" /></p>
<input type="button" onclick="showPrompt5()" value="answer Q. 5" />
<input type="button" onclick="showResult5()" value="check answer" />
</div>
<div id="footer">
<h3>*Carla's Motto: Never miss a chance to teach -- and to learn!</h3>
</div>
</div>
</body>
</html>
```

这里是一些在给定输入情况下的输出样例：

输入：

单击 answer Q.1 按钮，录入 avacada，单击 OK 按钮，然后单击 check answer 按钮。

输出：

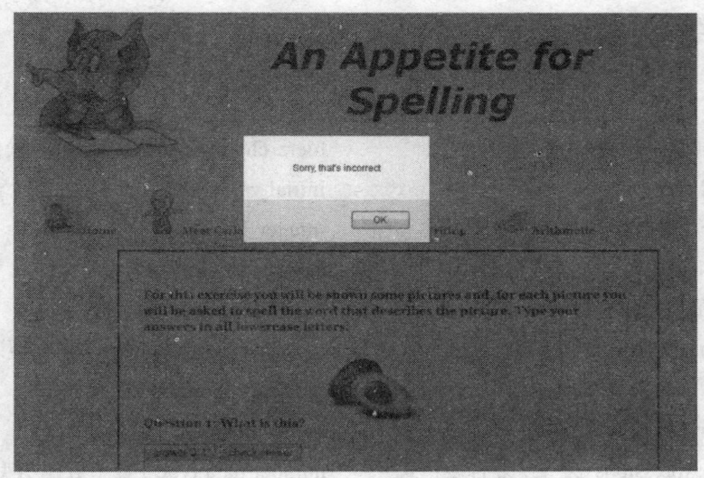

输入：

单击 answer Q.3 按钮，录入 celery，单击 OK 按钮，然后单击 check answer 按钮。

输出：

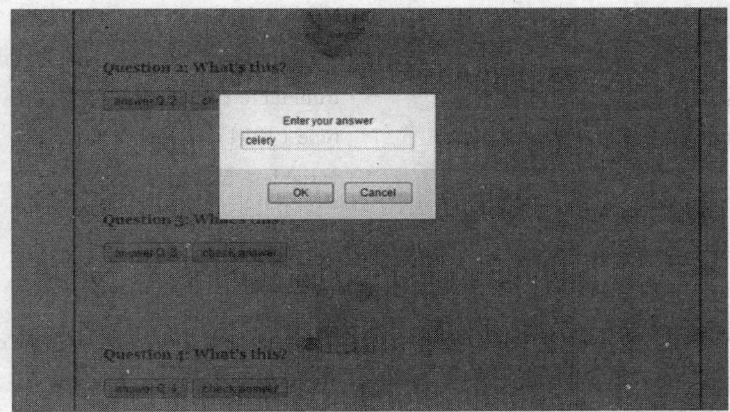

2.7 复习与练习

主要术语

arithmetic operator（算术操作符）
ASCII code（ASCII 码）
assignment operator（赋值操作符）
boolean logic（布尔逻辑）
boolean operator（布尔操作符）
CamelBack notation（驼峰记号）
character（字符）
comparison operator（比较操作符）
complex/compound expressions（复杂 / 复合表达式）
compound condition（复合条件）
concatenation operator（连接操作符）
conditional operator（条件操作符）
data type（数据类型）
declaring (variable)（声明（变量））
dynamic typing（动态类型）
floating point number（浮点数）
function（函数）
hierarchy/order of operation（操作优先级 / 次序）
initial value（初值）
integer（整数）
keyword（关键字）
logical operator（逻辑操作符）
loosely typed language（弱类型语言）
modulus operator（模操作符）
named constant（命名常量）
number data type（数字数据类型）
operation（操作）
relational operator（关系操作符）
static typing（静态类型）
string（字符串）
strongly typed language（强类型语言）
truth table（真值表）
type（类型）
variable（变量）

练习

填空题

1. 变量实际上是计算机内存中________的名字。
2. 在 JavaScript 中要声明一个变量，使用关键字________。
3. 在运行期间检查变量类型的语言使用________类型。
4. ________操作符能够连接字符串或字符。
5. 要基于一个特定条件为变量赋值，可以使用________操作符。

判断题

6. 变量名可以起始于一个数字。
7. 如果有一个以上相同类型的变量，那么可以在一条语句中同时声明它们。
8. JavaScript 允许使用一对双引号或单引号括起字符串变量中的文本值。
9. 数学操作必须遵循操作优先级规则，而逻辑操作符没有这样的规则。
10. 关系操作符可以用于按字母顺序排列名单。
11. 给定 X = 0，确定以下每个表达式是 true 还是 false。

  a）X >= 0　　　　b）2 * X + 1 != 1

12. 若 boy = "Adam"，确定以下每个表达式是 true 还是 false。

a）boy == "adam"　　b）boy != "Adam"

c）boy < "Ann"　　d）boy >= "Adalaide"

13. 若 num1 = 1 和 num2 = 2，确定以下每个表达式是 true 还是 false。

a）(num1 ==1) || (num2 == 2) && (num1 == num2)

b）((num1 == 1) || (num2 == 2)) && (num1 == num2)

c）!(num1 == 1) && !(num2 == 2)

d）!(num1 == 1) || !(num2 == 2)

14. 使用 ASCII 码表确定以下表达式是 true 还是 false：

```
"**?" < "***"
```

15. 使用 ASCII 码表确定以下表达式是 true 还是 false：

```
"** " < "***"
```

简答题

16. 写出以下每个字符的 ASCII 码：

a）"&"　　b）"2"　　c）" "

17. N 是一个数字变量，在不使用 NOT 操作符的情况下为以下每个表达式写出等价的表达式：

a）!(N > 0)　　b）!((N >= 0) && (N <= 5))

18. X 是一个数字变量，使用单个关系操作符为以下每个表达式写出等价的表达式：

a）(X > 1) && (X > 5)　　b）(X = 1) || (X > 1)

19. 以下每个变量名是否有错？若有错，则错在哪里？

a）PlayerName　　b）2ndPlayer

c）window_l　　d）little_doggie_in_the_doghouse

e）joe.e.brown　　f）player_choice

20. 创建一个 string 类型的变量 greeting，包含下列文本：

Mandy said, "Good morning!"

21. 给出下列操作的结果。

a）38 % 7　　b）14 % 4

c）3 % 3　　d）15 % 14

22. 对于下列情形，编写变量声明，包括可能的初值：

a）在一个网上游戏中，要求玩家决定是否再次玩游戏。变量应该保存玩家的选择值。

b）一个数学测试要求学生录入一个除法问题的答案，变量保存问题的答案。

c）一个网上商店网站需要一个变量保存可应用于订单的销售税百分比的值。

练习 23 ~ 30 假定已存在所有必需的 HTML 标签，而且 JavaScript 代码已正确地放在网页的 <head></head> 区域内。

23. 给定下列 JavaScript 代码，在执行 document.write() 语句后在网页上将显示什么？

```
var num1 = 15;
var num2 = 3;
```

```
var answer = num1 / num2;
document.write("answer is " + answer) ;
```

24. 给定下列 JavaScript 代码，在执行 document.write() 语句后在网页上将显示什么？

```
var firstName = "Batman";
var secondName = "Robin";
document.write(firstName + " and " + secondName);
```

25. 给定下列 JavaScript 代码，在执行 document.write() 语句后在网页上将显示什么？

```
var name = "Amanda";
var num1 = "12";
var num2 = "34";
document.write("Your ID is: " + name + num1 + num2);
```

26. 给定下列 JavaScript 代码，在执行 document.write() 语句后在网页上将显示什么？

```
var num1 = "5";
var num2 = "3";
var num3 = num1 + num2;
document.write("Your ID is: " + num3);
```

27. 给定下列 JavaScript 代码，如果用户在提示时录入 8，那么在执行 document.write() 语句后在网页上将显示什么？

```
var num = prompt("Enter a number:", 0);
document.write(num + 4 + "<br />" );
document.write((parseInt(num) + 4)+ "<br />") ;
document.write(num * 4);
```

28. 给定下列 JavaScript 代码，如果用户在提示时录入 8.25，那么在执行 document.write() 语句后在网页上将显示什么？

```
var num = prompt("Enter a number:", 0);
document.write(parseInt(num) + "<br />" );
document.write(parseFloat(num));
```

29. 给定下列 JavaScript 代码，如果用户在提示时录入 BFF2，那么在执行 document.write() 语句后在网页上将显示什么？

```
var num = prompt("Enter a number:", 0);
document.write(parseInt(num) + "<br />" );
document.write(parseFloat(num));
```

30. 给定下列 JavaScript 代码，如果用户在提示时录入 BFF2，那么在执行 document.write() 语句后在网页上将显示什么？

```
var result = "Yes!";
var num = prompt("What is 5 * 6?", 0);
result = (parseInt(num) == 30)? "Yes!":"Sorry, ↵
        wrong answer . . .";
document.write(result);
```

编程挑战

独立完成以下操作。

1. 制作一个网页，它让用户创建一个用户名。该网页将提示用户录入他的名、姓和学校名，而程序将自动生成一个由用户全名的缩写和学校名的第一个单词组成的用户名。例如，如果 Hector Lopez 进入 Universal Community College，那么他的用户名是 HLUniversal。将这个网页以文件名 username_XXX.html 保存，其中 XXX 是你的全名缩写。此外，页面要包含适当的页标题。

2. 制作一个网页，它能够告知用户一个人是否年龄够大可以投票。该网页能够提示用户录入那个人的年龄，若年龄是 18 岁或以上，则输出"You can vote."；若那个人小于 18 岁，则输出"You are too young to vote."。在你的 JavaScript 程序中要使用条件操作符。将这个网页以文件名 voting_XXX.html 保存，其中 XXX 是你的全名缩写。此外，页面要包含适当的页标题。
3. 制作一个网页，它为客户显示电影票的价格。用户通过提示输入客户的年龄，据此输出基于下列收费标准计算的票价：
   - 5 岁以下免费。
   - 在 5 ~ 12 岁之间（含 5 岁和 12 岁）的儿童票价是 $5.00。
   - 12 岁以上的成人票价是 $9.00。

   将这个网页以文件名 tickets_XXX.html 保存，其中 XXX 是你的全名缩写。此外，页面要包含适当的页标题。
4. 制作一个网页，它依字母顺序排列两个名字。用户通过提示录入两个名字，程序将检查哪个名字依字母表次序在前，或者两个名字相同。其输出将依字母表次序列出这两个名字，或者若名字相同，则显示信息说两个名字是一样的。将这个网页以文件名 names_XXX.html 保存，其中 XXX 是你的全名缩写。此外，页面要包含适当的页标题。
5. 制作一个网页，检查用户录入的数字是否在给定的范围内。在编写的程序中，要使用两种不同方法测试一个数字是否在 1 ~ 50 之间。一种方法使用 OR 操作符（||），另一种方法使用 AND 操作符（&&）。网页要显示这两个等价的表达式。将这个网页以文件名 expressions_XXX.html 保存，其中 XXX 是你的全名缩写。此外，页面要包含适当的页标题。

   提示：X < 5 意指包含所有小于 5 的数，但是不包含 5。因此，5 >= X 等价于 X < 5 或 X=5。
6. 制作一个网页，它判断一些表达式是 true 还是 false。该页显示下列表达式，在每个表达式之下有一个按钮，单击时可以查看每个表达式的左边是否等同于右边。若相同，则其值为 true；若不同，则其值为 false。
   - (X > 5) && (X < 10) == !(X <= 5) || !(X >= 10)
   - ![(X > Y) && (Y < Z)] == !(X > Y) || !(Y < Z)
   - (X == Y) || (X > Y) == (X == Y) && (X < Y)
   - ![(Z < X) || (Z < Y)] == !(Z < X) && !(Z < Y)

   在你的 JavaScript 程序中为 X、Y 和 Z 使用下列值：

   X = 8, Y = 3 和 Z = 5

   将这个网页以文件名 true_false_XXX.html 保存，其中 XXX 是你的全名缩写。此外，页面要包含适当的页标题。
7. 制作一个网页，它包含一个简单的数学测试。该页有下列算术问题，在每个问题之下添加两个按钮，单击第一个按钮时将提示用户录入答案，而单击第二个按钮时将检查用户的答案是否正确，其输出使用一个警示对话框显示"correct"或"incorrect"。

1. 5 + 9 = ??
2. 4 * 6 = ??
3. 25 – 14 = ??
4. 48 / 3 = ??
5. 26 % 6 = ??

将这个网页以文件名 math_XXX.html 保存，其中 XXX 是你的全名缩写。此外，页面要包含适当的页标题。

案例研究

Greg's Gambits

现在可以补充本章创建的游戏。另外，你将创建第二个短故事，通过使用变量让玩家编造这个故事的不同版本。

打开 Greg's Gambits 的 index.html 页面，在 Play A Game 链接下面添加一个到页面 Greg's Tales 的链接。

打开 greg_tales.html 文件，在本章前面创建代码的基础上添加你自己的代码，从而编造第二个故事。通过提示录入各种不同的单词和数字，玩家可以改编这个故事。你的故事应该至少包含以下变量：

- 一个表示数字的 numeric 变量
- 一个表示专有名词（名字）的 string 变量
- 一个表示动词的 string 变量
- 一个表示代词的 string 变量
- 一个表示形容词的 string 变量

将这个页面另存为 greg_tales2. html，然后在浏览器中测试你的故事。最后，按照老师要求提交你的工作成果。

Carla's Classroom

现在你可以补充本章前面创建的拼写课网页，另外你将创建一组新词。

打开 Carla's Classroom 网站的 index. html 页面，在 Writing 下面添加到页面 Carla's Classroom ｜ An Appetite For Spelling 的链接。

打开 carla_spelling.html 文件，在本章前面创建代码的基础上添加你自己的代码。选择以下一种类别，然后搜索因特网或者你自己的图像用于拼写测试。为这个页面添加代码，测试学生至少 5 个单词：

- 车辆
- 动物
- 花和植物
- 家具

将这个页面另存为 carla_spelling2.html，然后在浏览器中测试这个页面，一定要为每个单词测试正确和不正确的两种拼写情况。最后，按照老师要求提交你的工作成果。

Lee's Landscape

为 Lee's Landscape 网站添加注册页面，该页面将提示用户录入下列信息并且在页面中显示：

- 名字
- 街道地址
- 城市、州和邮政区码
- 白天联系电话号码
- 备用电话号码
- 电子邮件地址

要检查录入的电子邮件地址，即提示用户再次录入电子邮件地址并且检查第二次录入是否与第一次相同。如果不同，就输出相关信息；否则，就没有输出。在以后的章节中，你将为这个特性添加更多的功能，以确保用户录入正确的电子邮件地址。

一定要为这个网页给出适当的页标题，建议使用 Lee's Landscape || Signup。使用文件名 lee_signup.html 保存这个文件。为这个新页面添加一个到 Lee's Landscape 主页的链接。

Jackie's Jewelry

为 Jackie's Jewelry 网站添加注册页面，该页面将提示用户录入下列信息并且在页面中显示：

- 名字
- 街道地址
- 城市、州和邮政区码
- 白天联系电话号码
- 备用电话号码
- 电子邮件地址

要检查录入的电子邮件地址，即提示用户再次录入电子邮件地址并且检查第二次录入是否与第一次相同。如果不同，就输出相关信息；否则，就没有输出。在以后的章节中，你将为这个特性添加更多的功能，以确保用户录入正确的电子邮件地址。

一定要为这个网页给出适当的页标题，建议使用 Jackie's Jewelry || Signup。使用文件名 jackie_signup.html 保存这个文件。为这个新页面添加一个到 Jackie's Jewelry 主页的链接。

注意：本章为 Lee's Landscape 和 Jackie's Jewelry 网站编写的赋值语句是一样的。然而，这种情况将在后面的章节中会有所不同。

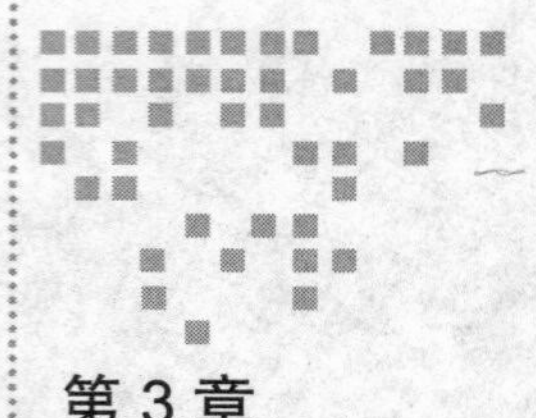

Chapter 3 第 3 章

做出判断：选择结构

本章目标

假定访问一个网站，它问你是否要买一件毛衣。如果说是，那么你将进入一个付款页面：商品是一件 4 号红色羊毛衣，费用是 $125.00 并且加上运费 $8.00，使用你的信用卡支付；如果说否，则不发生事情。如果不能查看其他商品、不能联系这个公司等，那么这个网站将是无用的，除非某个人刚好想要一件 4 号红色羊毛衣而且不关心费用。如果程序没有判断能力，计算机程序将每次只能做一件事。在这个例子中，买一件蓝色毛衣将需要一个完全不同的网页，并且买一件 12 号红色毛衣也需要一个新网页。幸运的是，我们可以编写程序控制计算机做出判断，因此我们在计算机上进行购物、游戏和可以做的其他每件事情都是可以变化的并且是有效果的。在本章中，你将学习选择结构，让程序选择执行几个候选语句块中的一个。这些语句块连同判断条件一起，组成选择（或判断）控制结构。

阅读本章后，你将能够做以下事情：

- 理解单路、二路和多路选择结构。
- 在 JavaScript 程序中使用 if 语句。
- 在 JavaScript 程序中使用 if...else 语句。
- 使用嵌套选择结构。
- 在 JavaScript 程序中使用 if...else if 语句。
- 在 JavaScript 程序中使用 switch 语句。

3.1 选择结构类型

选择结构由一个测试条件和一组或多组（或块）语句组成，测试结果决定执行其中的哪一块。选择结构有以下 3 种类型。

1）**单路选择**（或 if ...）**结构**只包含一块语句。如果满足测试条件，就执行这块语句；如果不满足测试条件，就跳过这块语句。

2）**二路选择**（或 if ... else）**结构**包含两块语句。如果满足测试条件，就执行第一个语句块，而跳过第二块语句；如果不满足测试条件，就跳过第一块语句，而执行第二块语句。

3）**多路选择结构**（或 if ... else ... if ... 或 switch **语句**）包含两个以上的语句块。如果满足某个测试条件，就执行伴随这个测试条件的语句块，而跳过所有其他的语句块。

图 3-1、图 3-2 和图 3-3 分别展示 3 种选择结构的执行流程。

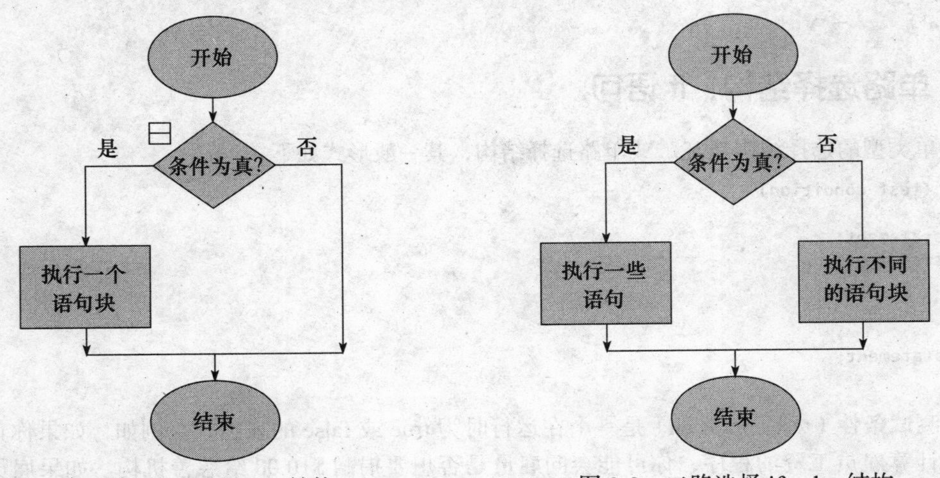

图 3-1　单路选择 if... 结构

图 3-2　二路选择 if...else 结构

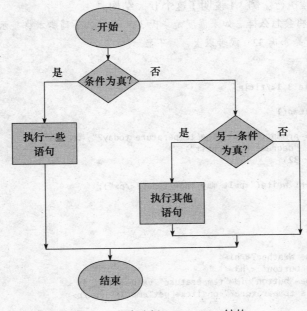

图 3-3　多路选择 if...else if... 结构

3.1 节检查点

3.1 定义术语“选择结构”。

3.2 单路选择结构和二路选择结构之间的主要不同是什么？

3.3 二路选择结构和多路选择结构之间的主要不同是什么？

3.4 举出一个需要单路选择结构程序的例子。

3.5 举出一个需要二路选择结构程序的例子。

3.6 举出一个需要多路选择结构程序的例子。

3.2 单路选择结构：if 语句

简单类型的选择结构是 if ... 或单路选择结构，其一般形式如下：

```
if (test condition)
{
  statement;
  statement;
      .
      .
      .
  statement;
}
```

其中，**测试条件**（test condition）是一个在运行时为 true 或 false 的表达式。例如，如果你正在编写一个计算雇员工资的程序，你可能会问雇员是否想要捐赠 $10.00 给慈善机构。如果雇员回答 yes，就从工资中扣除 $10.00；否则，不扣除，也就是跳过扣除 $10.00 的程序代码，但工资计算的其他部分仍然会继续执行。例 3.1 说明了这个 if ... 结构。

例 3.1 如果……将会怎么样 如果温度是华氏 32° 以下，下列脚本将显示问候语“It may snow today!”；但是如果温度是华氏 32° 或者以上，则不显示。

```
<html>
<head>
<title>Example 3.1</title>
<script>
function getTemp()
{
   var temp = prompt("What's the temperature today?", ↵
              "degrees Fahrenheit");
   if (temp < 32)
   {
       document.write("<p>It may snow today!</p>");
   }
}
</script>
</<head>
<body>
<h1>What's the Weather?</h1>
<h3>Click the button! </h3>
<p><input type="button" id="temperature" value="What is ↵
       today's temperature?" onclick="getTemp();" /></p>
</body>
</html>
```

当用户单击这个按钮时，将调用函数 getTemp()，提示用户录入温度。如果用户录入的数字小于 32，就显示这个信息。但是，如果用户录入的数字等于或大于 32，就不显示这个信息。测试条件在第 8 行，如果满足测试条件，就执行括在花括号中的语句。在这个例子中，只有一条语句。当条件满足时只要执行一条语句，花括号不是必需的，但也没有害处。然而，当满足测试条件时要执行两条语句，花括号就是必需的。通过复制这个代码，不要行号，你自己可以试一试。

3.2.1 关于测试条件的说明

再看看例 3.1。如果温度是在 32° 以下，那么将显示这个信息。但是如果比这个温度高，就不会显示。但是如果刚好是 32° ，那么将会怎么样呢？在这种情况下不会显示这个信息，因为测试条件指出只有在温度小于 32° 时才显示这个信息。然而，在 32° 时是可能下雪的。因此，如果想要在温度刚好是 32° 时显示这个信息，那么需要略微修改这个测试条件。在这种情况下，可以写成：if (temp <= 32)。总之，当编写测试条件代码时，一定要小心考虑所有的可能性：比测试条件大、比测试条件小和完全与测试条件相同。

3.2.2 关于花括号的说明

何时以及哪里使用**花括号**（{ }）是重要的问题。漏掉花括号可能导致程序崩溃、一点不运行或者以预想不到的结果运行（可能是最糟糕的情况）。当遗漏开始或结束花括号时，由于你的程序将不会运行或者返回错误，所以你很可能就会知道这个错误。然而，如果遗漏一组需要的花括号，那么直到运行这个程序并且得不到预期结果时，你才能意识到存在这个问题。例 3.2 将为前面的例子添加一条语句，说明花括号什么时候一定要有和什么时候是可选的。

例 3.2 有没有花括号是不同的 在这个例子中，我们将把另一行代码加入 if 语句。部分（a）使用花括号括起两条输出语句使之成为当满足第 8 行测试条件时要执行的语句部分。

部分（a）

```
1.  <html>
2.  <head>
3.  <title>Example 3.2, Part (a)</title>
4.  <script>
5.  function getTemp()
6.  {
7.      var temp = prompt("What's the temperature today?", ↵
                   "degrees Fahrenheit");
8.      if (temp < 32)
9.      {
10.         document.write("<p>It may snow today!</p>");
11.         document.write("<p>"Be sure to wear your boots ↵
                      and mittens.</p>");
12.     }
13. }
14. </script>
15. </<head>
16. <body>
17. <h1>What's the Weather?</h1>
18. <h3>Click the button! </h3>
19. <p><input type="button" id="temperature" value="What is ↵
        today's temperature?" onclick="getTemp();" /></p>
```

```
20.  </body>
21.  </html>
```

最初的页面看起来像这样：

What's the Weather?

What is today's temperature?

当用户为温度录入 15 时，输出看起来像这样：

It may snow today!

Be sure to wear your mittens and boots.

但是，如果用户为温度录入 45，则不发生事情。

部分（b）不使用花括号，其后果将在输出中显示出来。

部分（b）

```
 1.  <html>
 2.  <head>
 3.  <title>Example 3.2 Part(b)</title>
 4.  <script>
 5.  function getTemp()
 6.  {
 7.     var temp = prompt("What's the temperature today?", ↵
                    "degrees Fahrenheit");
 8.     if (temp < 32)
 9.          document.write("<p>It may snow today!</p>");
10.          document.write("<p>"Be sure to wear your boots ↵
                              and mittens.</p>");
11.  }
12.  </script>
13.  </<head>
14.  <body>
15.  <h1>What's the Weather?</h1>
16.  <h3>Click the button! </h3>
17.  <p><input type="button" id="temperature" value="What is ↵
          today's temperature?" onclick="getTemp();" /></p>
18.  </body>
19.  </html>
```

当用户为温度录入 15 时，输出看起来与部分（a）一样。然而，如果用户为温度录入 45 时，输出是：

Be sure to wear your mittens and boots.

发生了什么事？花括号应该括起满足测试条件时要执行的所有语句。在部分（a）中这意味着如果用户录入的温度低于 32，那么将执行部分（a）的第 10 和 11 行（即两条 document.write() 语句）。然而，当除去花括号（如部分（b）所示）时，如果用户录入的温度低于 32，那么程序将执行部分（b）的第 9 行，即第一条 document.write() 语句。然后，前往执行下一行（即第 10 行）代码，即第二条 document.write()

语句。如果录入的温度低于 32，那么这个程序执行正确。然而当用户录入一个较高温度时，那么将跳过这条 if 子句。若没有花括号，将假定 if 子句只有一条语句，因此跳过第 9 行。然而，第 10 行不是 if 子句的一部分，而是下一条要执行的语句。这就是为什么不管录入什么温度，总是要执行第二条 document.write() 语句的原因。

如果你不能确定是否要用花括号括起语句，那么你最好宁愿犯过于谨慎的错误。在 if 语句中使用花括号括起一条语句不会导致程序代码出错，但是遗漏花括号却能引起不想要的结果。

3.2 节检查点

3.7　定义 if... 子句的测试条件。

3.8　测试条件的可能值是什么？

3.9　如果把下列代码片断放入一个程序中并运行，而 age 的值是 10，那么将显示什么？

```
if (age > 16)
     document.write("<p>You are " + age + " years old.</p>");
     document.write("<p>You are eligible for a learner's permit.</p>");
```

3.10　修改检查点 3.9 的代码，使得如果孩子不超过 16 岁，就不显示任何信息。

3.11　修改检查点 3.9 的代码，使得年龄等于或大于 16 岁的孩子能够获得一张驾驶学习执照。

3.3　二路选择结构：if ... else 语句

有时候要编写这样的代码，如果一件事情发生就执行它，如果不发生就不执行。例如，如果你正在创建一个游戏，可能想要玩家在积满 20 分或更多分时就能获得一份奖赏；如果分数不够，就不发生什么事情，并且游戏继续。然而，如同满足条件一样，你也经常希望如果条件不满足时也要发生一些事情。在例 3.1 中，如果录入的温度不小于 32，就不做任何事情。在这种情况下，如果用户重复地单击按钮并且每次录入从不小于 32，那么每次都不发生任何事情，这样将导致用户可能认为程序没有正常工作。为了避免这种情况，你可以增加如果测试条件不满足时要执行的 else 子句。这种选择结构的一般形式如下：

```
if(test condition)
{
  statement;
  statement;
     .
     .
     .
  statement;
}
else
{
  statement;
  statement;
     .
     .
     .
}
```

注意，在 if 子句和 else 子句中的多条语句都要用花括号括起。例 3.3 把第二个选项加入例 3.2 的代码中，显示当温度是 32° 或更高时要显示的信息。

例 3.3　使用 if...else 结构　这个例子显示一组当温度小于 32° 时要执行的语句和另一组当温度等于或大于 32° 时要执行的语句。

```
<html>
<head>
<title>Example 3.3</title>
<script>
function getTemp()
{
    var temp = prompt("What's the temperature today?" , ↵
            "degrees Fahrenheit");
    if (temp < 32)
    {
        document.write("<p>It may snow today!</p>");
        document.write("<p>Be sure to wear your boots and mittens.</p>");
    }
    else
    {
        document.write("<p>It's too warm to snow today.</p>");
        document.write("<p>Boots are optional.</p>");
    }
}
</script>
</head>
<body>
<h1>What's the Weather?</h1>
<h3>Click the button! </h3>
<p><input type="button" id="temperature" value="What is today's ↵
        temperature?" onclick="getTemp();" /></p>
</body>
</html>
```

在这个例子中，如果用户录入小于 32 的温度，那么显示将与例 3.2 相同。

It may snow today!

Be sure to wear your mittens and boots.

但是，如果用户录入 32 或者任何更大的数字，显示将会如下图所示。

It's too warm to snow today.

Boots are optional.

例 3.4 使用 if ... else 结构，并且包括不管条件是否满足最后都要执行的语句。

例 3.4　额外加分　这个例子将显示学生的考试成绩。考试有 21 道题，基本分数基于前 20 道题，每答对一题给 5 分。最后一题是加分题，分值是 6 ~ 10 分。另一种加分方式是学生在考试时上交了与考试相关的学习指南，就加 5 分。首先，教师将会录入学生的基本考试得分，然后录入额外加分。程序将计算并且显示学生的最后考试成绩。

```
1.  <html>
2.  <head>
3.  <title>Example 3.4</title>
4.  <script>
5.  function getScore()
6.  {
7.     var basicScore = parseInt(prompt("What was the student's ↵
                         initial score?"," "));
8.     var extraQuestion = prompt("Did the student do Q. 21 ↵
                             (yes or no)?"," ");
9.     if (extraQuestion == "yes")
10.        var points = parseInt(prompt("How many points did the student ↵
                         earn on Q. 21?"," "));
11.    else
12.        var points = parseInt(prompt("How many points did the student ↵
                         earn for a study guide?"," "));
13.    var score = basicScore + points;
14.    document.write("<p>The student's score, with any extra credit, ↵
                    is " + score + "%.</p>");
15. }
16. </script>
17. </<head>
18. <body>
19. <h1>Student Score</h1>
20. <p><input type="button" id="score" value="Enter the exam score?" ↵
                onclick="getScore();" /></p>
21. </body>
22. </html>
```

这个例子说明了以下几件事情：

- 第 7 和 12 行使用函数 parseInt() 保证将教师的录入处理为数字。
- 没有使用花括号括起 if 子句和 else 子句中的语句，因为这两个子句都只包含一条语句。可以添加花括号，但是这里不是必需的。
- 因为每个子句只包含一条可执行语句，所以不管执行哪个子句，总是要执行第 13 和 14 行。

如果你录入这些代码，最初的页面看起来像这样：

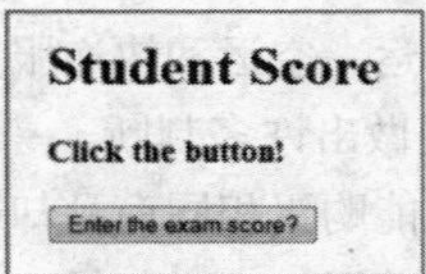

如果一个学生得到基本考试分数的 83%，并且从第 21 题获得 8 分，那么输出将会看起来像这样：

The student's score, with any extra credit, is 91%.

如果一个学生得到基本考试分数的 83%，没有回答第 21 题，但提交了学习指南，那么输出将会看起来像这样：

The student's score, with any extra credit, is 88%.

如果一个学生得到基本考试分数的 83%，没有回答第 21 题，也没有提交学习指南，那么输出将会看起来像这样：

The student's score, with any extra credit, is 83%.

然而，如果一个学生既回答了第 21 题又提交了学习指南，那会怎么样呢？我们将在本章后面讨论复合条件时处理这个问题。

3.3 节检查点

3.12 if 和 else 子句什么时候需要花括号？

3.13 修改下列代码片断并且增加代码，使得如果孩子太年轻而无法得到驾驶学习执照时，将显示第二条信息。

```
if (age > 16)
    document.write("<p>You are " + age + " years old.</p>");
    document.write("<p>You are eligible for a learner's ↵
                permit.</p>");
```

3.14 编写一个函数，让用户录入两个数，然后问用户是否想要加或乘这两个数。使用 if ... else 结构加或乘这两个数。如果用户不想将这两个数相加，程序将会将它们相乘。

3.15 为检查点 3.14 的程序添加代码，使用不在 if ...else 结构中的一条语句显示计算结果。再添加第二条语句，告知用户这两个数是什么以及是使用加运算还是乘运算（提示：使用第二种选择结构）。

3.4 嵌套选择结构

选择结构让你有可能处理许多选择性的问题。例如，如果你正在创建一个商务网站，你就可能要基于几种可能计算运费。如果消费者的购买额超过一定数量或者输入某个优惠代码，那么送货可能是免费的。运费选项可能包括陆运、空运和快递服务。运费也可能取决于包裹的运送距离和包裹的重量。对于这种情况，你需要做出许多判断。一个客户可能购买了价值 $150.00 的商品而要求免除陆运费，而另外一个客户可能购买相同商品却愿意支付快递费。因此一旦确定了商品的费用，还要做出许多判断。一个住在美国的客户与另一个住在欧洲的客户，尽管购买的商品一样，但运费很可能是不同的。要编写依赖前面判断结果的判断代码，我们可以使用**嵌套选择结构**。图 3-4 展示了计算运费例子所需要的一部分判断。

多路选择结构的一般语法如下：

```
if (test condition1)
{
    if (test condition2)
    {
        block of statements to be executed if both condition1 and
        condition2 are true;
    }
    else
    {
```

```
            block of statements to be executed if condition1 is true
            but condition2 is not true;
        }
}
else
{
            block of statements to be executed if condition1 is false;
}
```

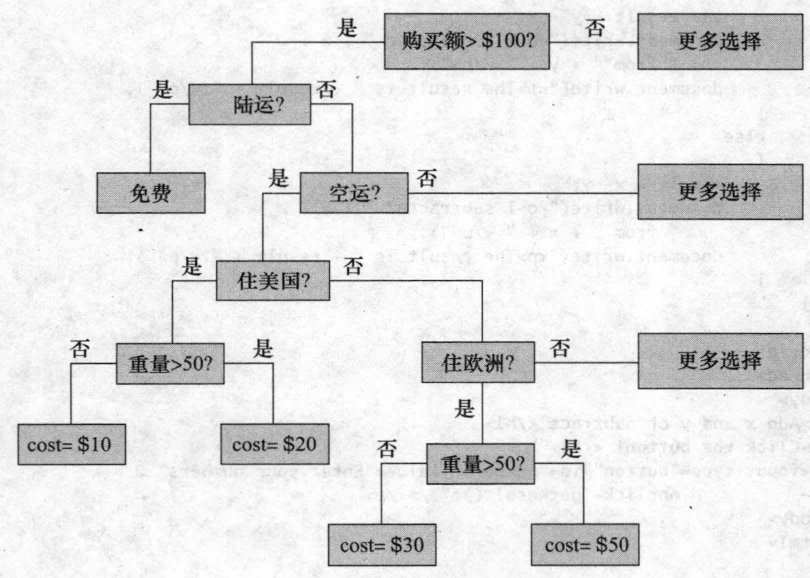

图 3-4 嵌套选择结构

可以嵌套任意多的 if... 结构或者 if...else 结构，然而嵌套结构太多会令人费解。我们将学习其他有效方法处理需要许多判断的程序。在有些情况下，嵌套结构是有意义的，例 3.5 就展示了这样一种情形。

例 3.5 嵌套选择结构 在这个例子中，询问用户是否对两个数进行加或者减运算。如果用户决定进行加法运算，就将这两个数相加。由于在做加法时不管哪一个数在前其结果都是一样的，所以不需要进一步的判断。但是如果要对两个数进行减法运算，其答案就取决于哪一个数作为减数。因此，第二个选择结构嵌套在第一个选择结构的 else 子句中。

```
<head>
<title>Example 3.5</title>
<script>
function getResult()
{
    var x = parseInt(prompt("Enter x"," "));
    var y = parseInt(prompt("Enter y"," "));
    var add = prompt("Do you want to add the numbers (yes or no)?"," ");
    if (add == "yes")
    {
        var result = x + y;
        document.write("<p>I added the numbers " + x + ↲
```

```
                " and " + y + ".</p>");
        document.write("<p>The result is " + result + ".</p>");
    }
    else
    {
        var subtracty = prompt("Do you want to subtract x ↵
                from y (yes or no)?"," ");
        if (subtracty == "yes")
        {
            var result = y - x;
            document.write("<p>I subtracted " + x + ↵
                " from " + y + ".</p>");
            document.write("<p>The result is " + result + ".</p>");
        }
        else
        {
            result = x- y;
            document.write("<p>I subtracted " + y + ↵
                " from " + x + ".</p>");
            document.write("<p>The result is " + result + ".</p>");
        }
    }
}
</script>
</<head>
<body>
<h1>Add x and y or Subtract </h1>
<h3>Click the button! </h3>
<p><input type="button" id="numbers" value="Enter your numbers" ↵
            onclick="getResult();" /></p>
</body>
</html>
```

3.4 节检查点

3.16 举出一个可能在程序中使用嵌套选择结构的例子，要求这个例子在本节没有使用过。

3.17 根据需要为下列函数添加一个选择结构：如果用户刚好 16 岁，就继续问今天是否是他的生日，如果是就将信息“Happy Birthday!”连同关于驾驶学习执照资格的信息一起显示。

```
function getAge()
{
    var age = prompt("How old are you?"," ");
    if (age< 16)
    {
        document.write("<p>You are " + age + " years old.</p>");
        document.write("<p>You are not eligible for a ↵
                learner's permit.</p>");
    }
    else
    {
        这里编写你的代码
        document.write("<p>You are " + age + " years old.</p>");
        document.write("<p>You are eligible for a learner's ↵
                permit.</p>");
    }
}
```

3.18　编写一个函数，让用户录入两个数。然后问用户是否想要对这两个数进行相乘或者相除。如果用户选择除法运算，就要包括一个嵌套的 if 结构提示用户哪一个是除数和被除数。如果用户选择乘法运算，程序就乘这两个数。然后，程序将显示这两个数的商或乘积。注意：在表达式 a ÷ b = c 中，a 是被除数，b 是除数，而 c 是商。在表达式 a × b = c 中，c 是乘积。

3.19　修改下列代码，使得当用户答错时就显示信息 “Your answer is incorrect”。

```
var answer = parseInt(prompt("What is 3 plus 5?"," "));
if (answer == 8)
      document.write("Correct!</p>");
else
{
      if (answer == 15)
      {
           document.write("<p>Looks like you multiplied ↵
                  instead of added</p>");
           document.write("<p>Your answer is incorrect</p>");
      }
}
```

3.5　复合条件

选择结构的测试条件只能有两个可能的结果之一：条件要么是 true，要么是 false，并且总是这样。然而，你可能已经注意到这种情况会限制用户做出判断。看看图 3-4，你能够看到需要使用许多嵌套选择结构来处理所有可能的送货选项。不过，有更好的方法做这件事！一种方法是使用将在 3.6 节中学习的多路选择结构。不过还有另一种方法，即通过把几个选项结合在一个问题中来减少选择数目，做法是通过第 2 章讨论的关系和逻辑操作符构建**复合条件**。

3.5.1　组合关系和逻辑操作符

通过进一步考察图 3-4，我们再次讨论运费计算问题。第一个要做出的程序判断是客户是否已经购买超过 \$100.00 的商品。如果这是真的，那么下一个判断是客户是否需要陆运。如果购买额不超过 \$100.00，那么程序将进行其他选择。如果购买额是 \$100.00 或者更多，并且客户住在美国而且愿意使用陆运，那么送货是免费的。但是，如果客户偏爱空运，那么就要回答其他一些问题。如果客户的包裹重量超过 50 磅，那么运费取决于客户是否住在美国。运费变化取决于商品的重量和送货目的地，图 3-5 说明了如何使用复合条件来简化类似于这种情况的判断结构数目。

3.5.1.1　逻辑操作符回顾

如第 2 章所讨论的那样，尽管有许多可用的逻辑操作符，但我们只需要使用其中的 3 个。也就是用两个 & 符号（&&）表示的 AND 操作符，用两个竖线（||）表示的 OR 操作符，以及用感叹号（!）表示的 NOT 操作符。

一个使用 AND 操作符的复合条件是 true，当且仅当通过 && 连接的两个条件都是 true。一个使用 OR 操作符的复合条件是 true，除非通过 || 连接的两个条件都是 false。NOT 操作符简单地意味着：如果表达式是 true，那么 !（表达式）是 false；而且如果表达式是 false，那么 !（表达式）是 true。

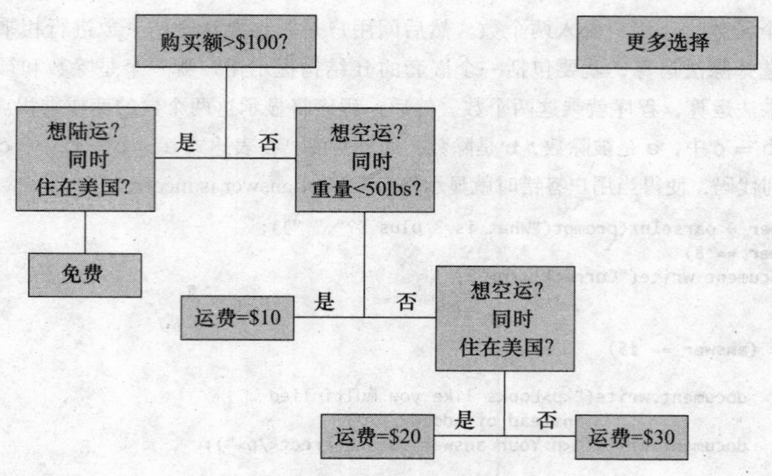

图 3-5　使用复合条件

为了说明逻辑操作符和复合条件的使用，我们编写了一个工资程序，为在一周内工作超过 40 小时并且每小时收入少于 $20.00 的雇员支付加班费。其代码在例 3.6 中显示。

例 3.6　加班费　这个例子计算雇员的每周工资。如果雇员的工作时间少于 40 小时，那么工资只是把工作小时数与雇员的时薪相乘。有些雇员有资格获取超出 40 小时之外工作时间的加班费。然而，如果雇员的时薪超过 $20.00，那么他没有资格获取加班费。这也许不是在所有的州都是合法的，但是它可用于举例说明复合条件的使用。如果一个雇员有资格获取加班费，那么它将按常规时薪的 1.5 倍计算。

```
<html>
<head>
<title>Example 3.6</title>
<script>
function paycheck()
{
    var rate = parseInt(prompt("What is the employee's pay rate?"," "));
    var hours = parseInt(prompt("How many hours did the employee ↵
        work this week?"," "));
    if (hours > 40 && rate < 20)
    {
        var overtime = rate * 1.5 * (hours - 40);
        var regular = rate * 40;
        var pay = overtime + regular;
    }
    else
        var pay = rate * hours;
    document.write("<p>Your paycheck this week will be $ " + pay + ".</p>");
}
</script>
</head>
<body>
<h1>Calculating the Paycheck</h1>
<h3>Click the button to calculate a paycheck with a compound condition</h3>
<p><input type="button" id="paycheck" value="calculate the paycheck" ↵
    onclick="paycheck();" /></p>
</body>
</html>
```

第 9 行展示了复合条件，它代替嵌套的 if ...else 结构并且使程序容易运行和简单化。

例 3.7 提供逻辑操作符和复合条件的另一个样例。

例 3.7　计算运费　在这个例子中，我们编写运费计算程序。图 3-5 展示购买额超过 $100.00 商品的客户的各种选择，但是公司可能根据其他数量收取不同的运费。在下面的例子中，我们使用复合条件为总额 $1.00 ~ $24.99、$25.00 ~ $49.99、$50.00 ~ $74.99 和 $75.00 ~ $99.99 的商品分别赋予不同的运费。在这个例子中，假定客户住在美国而且选择陆运。类似代码可用于许多其他选择。

```
1.  <html>
2.  <head>
3.  <title>Example 3.7</title>
4.  <script>
5.  function shipCost()
6.  {
7.     var price = parseInt(prompt("What is your merchandise total?"," "));
8.     if (price > 1.00 && price < 25.00)
9.        var ship = 5.00;
10.    if (price >= 25.00 && price < 50.00)
11.       var ship = 7.00;
12.    if (price >= 50.00 && price < 75.00)
13.       var ship = 9.00;
14.    if (price >= 75.00 && price < 100.00)
15.       var ship = 10.00;
16.    if (price >= 100.00)
17.       var ship = 0.00;
18.    document.write("<p>Your shipping cost will be $ " + ship + ".</p>");
19. }
20. </script>
21. </head>
22. <body>
23. <h1>Calculating Shipping Costs</h1>
24. <h3>Click the button to calculate your shipping cost</h3>
25. <p><input type="button" id="ship" value="calculate your shipping ↵
            charge" onclick="shipCost();" /></p>
26. </body>
27. </html>
```

这个程序运行得很好，然而是否有更好的方法来编写包括许多选项的程序代码呢？有。我们将在 3.6 节讨论处理这类结构的问题。

复合条件的最后一个例子将使用 OR 操作符。在例 3.7 所示代码的基础上，例 3.8 为有特殊优惠码的客户增加一项免运费选项。

例 3.8　增加免运费选项　为例 3-7 添加代码，从而为录入特殊优惠码 FREESHIP 的客户提供免运费服务。这里只重复例 3.7 在第 5 ~ 19 行上的函数 shipCost()。通过在第 6 行之后增加一行代码并且在第 16 行包括一个含有 OR 操作符的复合条件，可以为使用 FREESHIP 码的客户提供免运费服务。

```
5.  function shipCost()
6.  {
    new line: var coupon = (prompt("Enter any code you have:", " ");
7.        var price = parseInt(prompt("What is your merchandise ↵
                 total?"," "));
8.     if (price > 1.00 && price < 25.00)
9.        var ship = 5.00;
10.    if (price >= 25.00 && price < 50.00)
11.       var ship = 7.00;
```

```
12.     if (price >= 50.00 && price < 75.00)
13.         var ship = 9.00;
14.     if (price >= 75.00 && price < 100.00)
15.         var ship = 10.00;
16.     if (price >= 100.00 || coupon == "FREESHIP")
17.         var ship = 0.00;
18.     document.write("<p>Your shipping cost will be $ " + ↵
                    ship + ".</p>");
19. }
```

第 16 行让购买额超过 $100.00 商品或者录入正确优惠码的客户免除运费。因为计算机按顺序执行命令，所以当到达第 17 行时不管 ship 的值是什么，如果在第 16 行上的复合条件是 true，那么 ship 的值就是 0.00，而不管客户是录入了正确的免运费码还是购买商品额超过 $100.00。

3.5.1.2 关于语法的说明

关于编写 if 语句的复合条件有以下一点说明。语法如下：

```
if (condition 1 && condition 2)
```

每次必须写一个完整的条件。例如，不能写成这样：

```
if (price > 5 && < 12)
```

也不能写成这样：

```
if (price > 5) && (price < 12)
```

正确的语法如下：

```
if (price > 5 && price < 12)
```

这个完整的复合条件必须用圆括号括起来，包括其中的每个条件、变量、操作符和操作数。

3.5.1.3 使用 AND 和 OR

学生经常想知道是否有关于何时使用 AND 操作符和何时使用 OR 操作符的特殊规则。在大多数情况下，只要小心编写那么无论使用哪一个操作符都能够正常工作。例如，若要把一个用户的选择限制在整数 6、7、8 和 9，你可以使用 AND 操作符指定任何比 5 大而又比 10 小的数是可接受的。在 JavaScript 中，可以写成这样：

```
(num > 5 && num < 10)
```

只有当 num 是 6、7、8 或 9 时，这个条件才是 true。然而，你也可以把这个条件说成：任何小于或等于 5，或者大于或等于 10 的整数是 false。在 JavaScript 中，这种描述将使用 NOT 和 OR 操作符写成这样：

```
!(num <= 5 || num >= 10)
```

这两种方法都会产生相同的结果。使用其中一种方法而不使用另一种方法的理由取决于程序的其他元素。例 3.9 在一种情况下使用 AND 操作符而在另一种情况下使用 OR 操作符将产生相同的结果。

例 3.9 在复合条件中使用逻辑操作符 下列程序与例 3.6 显示的程序做相同的事情，但是它使用另一个复合条件。这里的程序以注释形式再次写出例 3.6 使用的选择语句，以便于比较这两个选择语句的区别：

```
<html>
<head>
<title>Example 3.9</title>
<script>
function paycheck()
{
   var rate = parseInt(prompt("What is the employee's pay rate?"," "));
   var hours = parseInt(prompt("How many hours did the employee ↵
            work this week?"," "));
   //if (hours > 40 && rate < 20)
   //{
   //      var overtime = rate * 1.5 * (hours - 40);
   //      var regular = rate * 40;
   //      var pay = overtime + regular;
   //}
   //else
   //      var pay = rate * hours;
   if (hours <= 40 || rate>= 20)
         var pay = rate * hours;
   else
   {
         var overtime = rate * 1.5 * (hours - 40);

         var regular = rate * 40;
         var pay = overtime + regular;
   }
   document.write("<p>Your paycheck this week will be $ " + pay + ".</p>");
}
</script>
</head>
<body>
<h1>Calculating the Paycheck</h1>
<h3>Click the button to calculate a paycheck with a compound condition</h3>
<p><input type="button" id="paycheck" value="calculate the paycheck" ↵
               onclick="paycheck();" /></p>
</body>
</html>
```

通常，下面两条语句生成相同的结果：

```
1. if A is true AND B is true then do C
   else do D
2. if A is not true OR B is not true then do D
   else do C
```

3.5 节检查点

3.20　要使下列条件为 true，则要求 num 具有什么整数值？

(num > 3) && (num < 8)

3.21　要使下列条件为 true，则要求 num 具有什么值？

(num < 12) || (num > 8)

3.22　假定变量 num = 4，以下每个表达式是 true 还是 false？

a）((2 * num) + 1 == 3) && (num > 2)　　　b）!(2 * num ==0) || (num + 1 == 5)

3.23 编写程序，它将告诉用户天气是否足够冷需要穿夹克。程序提示用户录入一个温度，如果录入的温度低于 50，程序将显示 Yes；如果录入的温度高于 70，则显示 No；而如果录入的温度在 50 ~ 70 之间，则显示 Maybe。程序应该使用一个复合条件。

3.6 多路选择结构

if ... else（二路选择）结构基于测试条件的值，选择执行两块语句中的一块。然而，程序有时要在 2 个以上的选择中做出判断。在这种情况下，可以使用多路选择结构。你将会看到，这个结构可以通过多种不同的方法实现。为了对比这些不同，我们将使用每种方法解决相同的问题（见例 3.10 和例 3.15）。

3.6.1 if ... else if ... 结构

这种结构取决于计算机程序的顺序执行性质和判断结构的执行方式：如果测试条件为 true 就执行某些语句，否则跳过这些语句。这种结构的一般语法如下：

```
if (test condition 1)
{
  statements to be executed;
}
else if (test condition 2)
{
  statements to be executed;
}
else
{
  statements to be executed if neither condition 1 nor
                condition 2 are true;
}
```

注意，每个子句（if 子句、else if 子句和最后的 else 子句）要使用花括号括起当该子句的相关条件为 true 时要执行的语句。如果你小心地安排花括号，那么程序排错就非常容易。正如前面的例子，一个漏掉的花括号可能引起使人沮丧的逻辑错误！

不需要在使用一个 else if 子句后就结束这条语句。在 if ... else if ... 结构中，你可以嵌套与你想要一样多的 else if 子句。不过，嵌套子句太多将变得难以处理。我们将会介绍另一种方法，使得程序可能以较简单的方式从许多选项中选择。

例 3.10　在评级系统中使用 if…else if 结构　作为 Web 程序员，你想要向用户提供一个方法来评价你的网站。为用户提供的方法是使用一个 1 ~ 10 的数字评价你的网站，不过这个数字等级要转换为一个字母分数。因此，要创建一个程序，将用户录入的数字等级转换为字母分数。数字等级将按以下规则映射为字母分数：

- 若得分是 10，则等级是“A”。
- 若得分是 7、8 或 9，则等级是“B”。
- 若得分是 4、5 或 6，则等级是“C”。
- 若得分低于 4，则等级是“D”。

以下程序使用 if ... else if 语句将数字等级转换为字母分数。

```
<html>
<head>
<title>Example 3.10</title>
<script>
function rateIt()
{
   var rate = parseInt(prompt("Rate the site from 1 to 10, ↵
            with 10 as the best"," "));
   var grade = " "
   if (rate == 10)
      grade = "A";
   else if (rate >= 7 && rate <= 9)
      grade = "B";
   else if (rate >= 4 && rate < 7)
      grade = "C";
   else
      grade = "D";
   document.write("<p>You gave the site a rating of " + ↵
                grade + ".</p>");
}
</script>
</<head>
<body>
<h1>Rate the Site</h1>
<h3>Rate the site from 1 to 10, with 10 as the best ever and ↵
                        1 as one of the worst</h3>
<p><input type="button" id="rating" value="Enter your rating ↵
                        now" onclick="rateIt();" /></p>
</body>
</html>
```

因为每个子句只有一条执行语句，所以可以除去花括号。但是在函数 rateIt() 的开始和结束之处仍然需要花括号。

3.6.2 错误检查：只是开始

到现在为止，我们在例子中还没有讨论过这样的问题：如果用户没有录入指定的选项之一，那么会发生什么事。我们已经假定用户将会录入正确的选项。当正在学习新的概念和语法时，这样的假定是好的。但是，检查错误（用户的错误和程序运行期间产生的错误）是程序设计过程的一个重要组成部分。在例 3.10 中，如果用户录入的数字超出 1 ~ 10 的范围，那么会发生什么事呢？或者录入一个字母代替数字？试一试，你将会看到除非录入数字 4、5、6、7、8、9 或 10，输出将总是“You gave the site a rating of D.”。这是因为，如果不满足前 3 个条件，程序将默认地执行第 4 种情况。在这种情况下，要修正这个问题，我们可以在语句末尾添加处理在 1 ~ 10 之外的所有情况。检查错误的技术有很多，在继续学习本书的过程中，你将会学习其中一些技术。例 3.11 展示了一个函数，其添加的代码将在录入有误时显示一条错误信息。

例 3.11　为错误使用默认条件

```
function rateIt()
{
   var rate = parseInt(prompt("Rate the site from 1 to 10, with ↵
```

```
                    10 as the best"," "));
    var grade = " "
    if (rate == 10)
    {
        grade = "A";
        document.write("<p>You gave the site a rating of " + grade + ".</p>");
    }
    else if (rate >= 7 && rate <= 9)
    {
        grade = "B";
        document.write("<p>You gave the site a rating of " + grade + ".</p>");
    }
    else if (rate >= 4 && rate < 7)
    {
        grade = "C";
        document.write("<p>You gave the site a rating of " + grade + ".</p>");
    }
    else if (rate >= 1 && rate < 4)
    {
        grade = "D";
        document.write("<p>You gave the site a rating of " + grade + ".</p>");
    }
    else
        document.write("<p>Invalid entry</p>");
}
```

现在，我们就能确定一个无效录入将不能得到结果 D 等级。在第 4 章中，我们将使用循环结构修正这个错误。

在继续讨论下一个主题之前，我们将呈现另外一个使用 if...else if 结构的例子。例 3.12 展示如何为一个游戏玩家和一个在线对手之间的一场战斗编写结局代码。

例 3.12　在一场虚拟战斗中使用 if...else if...　对于这个例子，想象你正在为一个在线冒险游戏编写代码。在某个地方，玩家会遇到一个对手，如一个巨人。两人搏斗后获胜者由以下规则决定：若玩家获得的分数超过巨人，则玩家赢；若玩家获得的分数低于巨人，但是玩家已经在游戏中获得一把枪或者一把剑，则玩家也赢；若玩家和巨人的分数相同，则战斗不分胜负。如果玩家不能赢，但有翅膀或者已经获得飞尘而且飞走，则战斗也不分胜负。在所有其他情况中，玩家输。程序已经为巨人赋值 50 分。为了修饰输出，这个例子也添加了一些东西。

```
<html>
<head>
<title>Example 3.12</title>
<script>
function fightTroll()
{
    var trollPoints = 50;
    var points = parseInt(prompt("How many points do you have?" , " "));
    if (points < trollPoints)
    {
        var gun = prompt("Do you have a gun? (y/n)" , " ");
        if (gun == "n")
            var sword = prompt("Do you have a sword? (y/n)" , " ");
        if (gun == "n" && sword == "n")
            var wings = prompt("Do you have wings? (y/n)" , " ");
        if (wings == "n" && sword == "n" && gun == "n")
            var dust = prompt("Do you have flying dust? (y/n)" , " ");
```

```
18.         if (wings == "n" && sword == "n" && gun == "n" && dust == "n")
19.         {
20.             document.write("<h3>You lose...so sad</h3>");
21.             document.write("<img src = 'troll.jpg' />");
22.         }
23.         else if (gun == 'y' || sword == 'y')
24.         {
25.             document.write("<h3>You are the winner!</h3>");
26.             document.write("<img src = 'victor.jpg' />");
27.         }
28.         else if (dust == 'y' || wings == 'y')
29.         {
30.             document.write("<h3>You can fly away. The battle ↵
                               is a tie.</h3>");
31.             document.write("<img src = 'flyaway.jpg' />");
32.         }
33.     }
34.     else
35.     {
36.         if (points == trollPoints)
37.         {
38.             document.write("<h3>It's a tie.</h3>");
39.             document.write("<img src = 'victor.jpg' />");
40.             document.write("<img src = 'troll.jpg' />");
41.         }
42.         else
43.         {
44.             document.write("<h3>You are the winner!</h3>");
45.             document.write("<img src = 'victor.jpg' />");
46.         }
47.     }
48. }
49. </script>
50. </head>
51. <body>
52. <h1>Battle with the Troll!</h1>
53. <p><input type="button" id="battle" value="Push here to begin the battle" ↵
                               onclick="fightTroll();" /></p>
54. </body>
55. </html>
```

这个程序有几个方面值得一些解释。第 11 行提示玩家是否有一把枪。顺便一提，使用（y/n）作为回答“yes”或“no”的提示是方便的，可以使用户少一点犯打字错误。

只有当玩家的分数少于巨人时，才执行第 9 ~ 33 行上的 if 子句。如果玩家的分数大于或等于巨人的分数，就执行第 34 ~ 47 行上的 else 子句以决定是玩家赢还是不分胜负。

然而，如果玩家不能根据分数赢或者不分胜负，那么第 9 ~ 33 行上的 if 子句决定结果。当玩家没有枪时，第 12 行使用一个简单的 if 子句提示玩家是否有剑。玩家可能有枪也有剑，这种情况在这个游戏中没有特殊的意义。只有当玩家没有枪也没有剑时，第 14 行才问玩家是否有翅膀。只有当玩家不能凭借武器赢而且没有翅膀时，才执行起始于第 16 行的 if 子句。一旦确定玩家不能赢而且不能靠飞走获得平局，第 18 ~ 22 行就显示输的情况。如果玩家不能凭借分数自动赢或平局而且还没有输，那么第 23 ~ 27 行确定玩家凭借持有武器而获胜，或者没有武器但凭借持有飞行能力而不分胜负（第 28 ~ 32 行）。

带有图像的文本显示可以使输出非常有趣。如果你要试一试这个例子，那么这些图像包含在 Student Data Files 中。这个例子的初始显示和 3 个可能的结果显示在下面。

3.6.3 switch 语句

为了更容易编写多路选择结构，JavaScript 提供了一条明确为这个目的而设计的 switch 语句。这条语句包含一个单一测试表达式，以判断要执行哪一块代码。典型的 switch 语句看起来如下所示：

```
switch(test expression)
{
case 1:
     execute code block 1
     break;
case 2:
     execute code block 2
     break;
     .
     ...all other cases and code to be executed
     .
case n:
     execute code block n
     break;
default:
     code to be executed is nothing matches the test condition
}
```

switch 语句这样工作：先对测试表达式求值，然后将它的值与第一个 case 比较，如果匹配，就执行第一块语句，然后退出这个结构，其中 break 关键字强迫程序跳到这个结束花括号后面的代码行。如果在第一个 case 中不匹配，那么就将测试表达式的值与第二个 case 进行比较，如果这里匹配就执行第二块语句，然后退出这个结构。这个过程继续直到发现测试表达式值的一个匹配或者直到所有的 case 结束。程序员可以写一条默认语句（即如果测试表达式不匹配任何 case 时要做的事情）或者不做任何动作。在默认情形或所有 case 结束之后，这个语句结构退出。

switch 语句适合于许多情形，如经常用来创建菜单。在一个有许多选项的程序中，它提供的代码比使用许多 if ... else 语句更简洁。事实上，使用它能够更容易编写例 3.10 创建的评价网站程序，本节后面将重做这个例子。

以下例子展示当测试条件是一串文本、单个字符或一个数字时如何使用 switch 语句。例 3.13 使用 switch 语句让用户改变网页的背景颜色。

例 3.13 使用 switch 语句处理页面颜色

```
1.  <html>
2.  <head>
3.  <title>Example 3.13</title>
4.  <script>
5.  function pageColor()
6.  {
7.       var color = prompt("enter a new background color:", " ");
8.       switch (color)
9.       {
10.           case "green":
11.                document.body.bgColor="green";
12.                break;
13.           case "blue":
14.                document.body.bgColor="blue";
15.                break;
16.           case "yellow":
17.                document.body.bgColor="yellow";
18.                break;
19.           case "lavender":
20.                document.body.bgColor="lavender";
21.                break;
22.           default:
23.                document.write("Invalid entry");
24.      }
25.  }
26.  </script>
27.  </head>
28.  <body>
29.  <h1>Change the page color</h1>
30.  <p>Select from blue, green, yellow, or lavender.</p>
31.  <p><input type="button" id="color" value="Enter a color" ↵
                    onclick="pageColor();" /></p>
32.  </body>
33.  </html>
```

这个程序提示用户录入一种颜色，并将这个值存储在变量 color 中。然后 color 用于 switch 语句中每个 case 的测试表达式。当找到一个匹配时，就执行相应的语句从而改变网页的背景颜色，而且 break 语句导致程序执行跳到第 25 行。可以看到，与使用 if...else if 语句相比，读这个代码是多么容易。此外，如果你想要包括其他颜色，那么为这个语句增加更多的选项也是非常容易的。

当为用户给出一个选择菜单时，经常会使用 switch 语句。例如，用户可能在以下选项中挑选一项：再玩游戏、恢复游戏、退出游戏、选择新游戏等。或者，如例 3.14 所示，用户可能选择执行几类计算中的一种。以下程序使用 switch 语句让用户得到某个已选形状的面积。

例 3.14 使用 switch 语句得到一个形状的面积

```
<html>
<head>
<title>Example 3.14</title>
<script>
function shapeShift()
{
```

```
    var area = 0;
    var PI = 3.14159;
    var shape = prompt("Select a shape by entering the
            corresponding letter", " ");
    switch (shape)
    {
    case "c":
        var radius = parseInt(prompt("What is the radius of ↵
            the circle?", " "));
        area = PI * radius * radius;
        document.write("<p>The area of a circle with radius " ↵
            + radius + " is " + area +"</p>");
        break;
     case "s":
        var side = parseInt(prompt("What is the length of ↵
            one side of the square?", " "));
        area = side * side;
        document.write("<p>The area of a square with a side ↵
            of  " + side + " is " + area +"</p>");
        break;
     case "t":
        var base = parseInt(prompt("What is the length of ↵
            the base of this triangle?", " "));
        var height = parseInt(prompt("What is the height of ↵
            this triangle?", " "));
        area = 0.5 * base * height;
        document.write("<p>The area of a triangle with a base ↵
            of " + base + " and a height of " + height + ↵
            " is " + area +"</p>");
        break;
     default:
     document.write("Invalid entry");
     }
}
</script>
</head>
<body>
<h1>Find the area of a shape</h1>
<ul>
    <li> For a circle, enter c</li>
    <li> For a square, enter s</li>
    <li> For a triangle, enter t</li>
</ul>
<p><input type="button" id="shape" value="Begin calculation" ↵
            onclick="shapeShift();" /></p>
</body>
</html>
```

注意，在每个 case 选项中可以有与你想要的一样多的语句。

在 JavaScript 中，switch 语句的每个 case 一次只能测试一件事情。换句话说，if 子句能够测试比 5 大的任何数字（即，if (x > 5)），而 switch 语句必须分开测试每个比 5 大的数字。然而，有很多方法处理这种问题。例 3.15 展示的程序使用 switch 语句替换例 3.10 展示的 if...else if 语句。

例 3.15　使用 switch 语句评价一个网页

```
<html>
<head>
<title>Example 3.15</title>
<script>
```

```
5.  function rateIt()
6.  {
7.      var rate = parseInt(prompt("Rate the site from 1 to 10, ↵
              with 10 as the best"," "));
8.      var grade = " "
9.      switch (rate)
10.     {
11.     case 10:
12.         grade = "A";
13.         document.write("<p>You gave the site a rating of " ↵
                + grade + ".</p>");
14.         break;
15.     case 9:
16.     case 8:
17.     case 7:
18.          grade = "B";
19.         document.write("<p>You gave the site a rating of " ↵
                + grade + ".</p>");
20.         break;
21.     case 6:
22.     case 5:
23.     case 4:
24.         grade = "C";
25.         document.write("<p>You gave the site a rating of ↵
                " + grade + ".</p>");
26.         break;
27.     case 3:
28.     case 2:
29.     case 1:
30.         grade = "D";
31.         document.write("<p>You gave the site a rating of " ↵
            + grade + ".</p>");
32.          break;
33.     default:
34.             document.write("<p>Invalid entry</p>");
35.     }
36. }
37. </script>
38. </head>
39. <body>
40. <h1>Rate the Site</h1>
41. <h3>Rate the site from 1 to 10, with 10 as the best ever and ↵
          1 as one of the worst</h3>
42. <p><input type="button" id="rating" value="Enter your rating now" ↵
          onclick="rateIt();" /></p>
43. </body>
44. </html>
```

通过简单地除去在 case 9: 和 case 8: 语句之后的 break 语句，使得当用户录入 8 或 9 时程序将自动执行下一条可执行语句（即 case 7: 语句）并且执行这个 case 中的语句，直到第 20 行的 break 语句。如果用户录入 5 或 6，将发生同样的事情，要执行的下一条语句是在第 24 和 25 行，并且结束于第 26 行的 break 语句。如果用户录入 3 或 2，那么将出现类似的情形。

当面对需要多个判断的情形时，可以选择是否使用 switch、if ... else 或者 if ... else if 结构，评估哪一种结构能够提供最清楚、最简单的解决方案。有时候，这个选择只是个人偏爱而已。但是，通过学习所有可用的技术，你将成为一个更好的程序员。

3.6 节检查点

3.24 假定你要为教授编写程序，将为学生给出的字母成绩重新转换为数字成绩，转换规则是：A = 95, B = 85, C = 75, D = 65, F = 50。你会为这个程序使用哪一类判断结构？

3.25 使用 if...else if 结构编写检查点 3.24 描述的程序。

3.26 使用 switch 语句重新编写检查点 3.24 描述的程序。

3.27 为例 3.13 创建的程序添加代码，让用户录入几种其他颜色，包括红色、黑色和你要的任何其他颜色。

3.28 为在检查点 3.27 创建的程序添加代码，让用户改变网页的文本颜色。

3.7 操作实践

现在我们将结合已经学习的所有知识为 Greg's Gambits 创建一个新游戏，为 Carla's Classroom 创建一门算术课。你也将有机会在本章练习中创建两个网站。

3.7.1 Greg's Gambits：Vadoma 夫人知道所有事情

Vadoma 夫人知道所有事情！事实上，名字 Vadoma 是吉普赛人名，意指“知道所有”。她在 Greg's Gambits 网站上有一个页面，用于回答玩家问的任何问题。我们现在将创建这个页面，从而获知 Vadoma 夫人技能的秘密。在这个程序中，玩家可以键入一个问题，而 Vadoma 夫人将回答它。在本章练习中，你将有机会创建第二个页面让 Vadoma 夫人为玩家提供一个预言：他的命运是什么。

大体上，这个程序将有一个玩家可以单击开始的按钮。有一个提示要求玩家键入一个问题，而 Vadoma 夫人将会显示答案。Vadoma 夫人的成功秘密在于她的知识（也是你的）：Math.random() 方法。现在将讨论这个方法，但是首先要学习 JavaScript 的 Math 对象。

3.7.1.1 Math 对象

JavaScript 的 Math 对象让你容易地执行许多数学任务。有的任务可以由你自己编程实现，但有的任务很复杂，你更乐意 JavaScript 为你实现。

例如，在例 3.14 中声明了一个称为 PI 的常量，设置为 3.14159。然而，JavaScript 已经有一个更精确地表示 π 值的常量，并且可以通过 Math 对象访问：Math.PI。如果要在一个类似找到圆面积这样的计算中使用这个值，那么可以把一个变量设置为等于 Math.PI，然后在计算中使用这个变量：

```
var pie = Math.PI;
var area = pie * radius * radius;
```

JavaScript 通过 Math 对象提供 8 个数学常量：E、PI、2 的平方根、1/2 的平方根、2 的自然对数、10 的自然对数、以 2 为底 e 的对数和以 10 为底 e 的对数。这些常量的大部分很可能不在我们的任何程序中使用。

然而，Math 对象也有很多可用的方法。表 3-1 提供了使用 Math 对象的方法。

表 3-1　Math 对象的方法

方　法	描　述
abs(x)	返回 x 的绝对值
acos(x)	返回 x 的反余弦值，以弧度为单位
asin(x)	返回 x 的反正弦值，以弧度为单位
atan(x)	返回 x 的反正切值，是在 –PI/2 ~ PI/2 之间的数字值
atan2(y,x)	返回 y/x 的反正切值
ceil(x)	返回大于或等于 x 的最小整数
cox(x)	返回 x 的余弦值（x 以弧度为单位）
exp(x)	返回 E^x 的值
floor(x)	返回小于或等于 x 的最大整数
log(x)	返回 x 的自然对数
max(x,y,z,..,n)	返回给出的数字中的最大值
min(x,y,z,..,n)	返回给出的数字中的最小值
pow(x,y)	返回 x 值的 y 次幂
random()	返回 0 ~ 1 之间的随机数
round(x)	返回与 x 最接近的整数
sin(x)	返回 x 的正弦值（x 以弧度为单位）
sqrt(x)	返回 x 的平方根
tan(x)	返回 x 的正切值（x 以弧度为单位）

你现在可能难以理解上面的大部分方法，但是当熟悉它们后，你会发现这些方法是很有用的。pow(x,y) 可以求任何数的任何次幂，据此可以改写计算圆面积的代码，即使用 Math.pow(radius,2) 替换 radius * radius 可以求 $radius^2$。在这个特殊情况中，使用这个方法没有真正节省时间。但是想象要计算一个数的 5 次或 6 次幂，那么使用 Math.pow(num,6) 显然比使用 num * num * num * num * num 更为方便！下面使用这个方法来计算当半径＝ radius 时的圆面积：

```
var pie = Math.PI;
var area = pie * Math.pow(radius,2);
```

对于 Vadoma 夫人的页面，我们只需要使用两个方法：Math.random() 和 Math.floor()。

3.7.1.2　Math.random() 和 Math.floor() 方法

Math.random() 方法返回一个 0 ~ 1 之间的数，它在程序中的使用语法如下：

```
var num = Math.random();
```

不必多猜，Vadoma 夫人不是一个真正的预言者。她将从我们已经创建的答案中选择问题的答案。借助 Math.random() 方法，她将挑选一个随机答案。

当程序遇到表达式 Math.random() 时，它将生成一个从 0.0 ~ 1.0 的随机数，包括 0.0 但不包括 1.0。最初，这似乎没有什么用。毕竟，有多少情况需要使用类似 0.5024994240225955 或 0.843290654721918 这样的随机数呢？在随机生成这样一些神秘数字的同时，更为常见的是需要在一个特定范围内的随机整数。例如，在模拟抛掷一个骰子时，可能的结果点数是 1、2、3、4、5 和 6。因此，我们通常把随机生成的小数转换为某个范围内的整数，这可能采取几个步骤。

为了便于解释，我们把生成的随机数表示为只有 4 位小数位（在 JavaScript 中，这个方法生成的实际数字有更多的小数位），例如 Math.random() 可能生成 0.3792 或 0.0578。如果用 10 乘以这个随机数，那么生成的数就在 0 ~ 9.9999 之间，如下所示：

- 如果 Math, random() = 0.3234，那么 Math, random() *10 = 3.2340。
- 如果 Math, random() = 0.0894，那么 Math.random() *10 = 0.8940。
- 如果 Math.random() = 0.1737，那么 Math.random() * 10 = 1.7370。
- 如果 Math.random() = 0.9999，那么 Math.random() * 10 = 9.9990。

我们把范围提高到从 0.000 ~ 10，但不包括 10。然而，我们仍然没有整数值。但是我们可以使用 Math.floor() 方法把它下舍入到最近的整数。因此，如果把 floor() 应用于任何随机数，那么将简单地除去小数部分，如下所示：

- 如果 Math.random() = 0.3234，那么 Math.floor(Math.random() *10) = 3。
- 如果 Math.random() = 0.0894，那么 Math.floor(Math.random() * 10) = 8。
- 如果 Math.random() = 0.1737，那么 Math.floor(Math.random() * 10) = 1。
- 如果 Math.random() = 0.9999，那么 Math.floor(Math.random() * 10) = 9。

现在，生成的随机数在 0 ~ 9 之间。最后，如果想要生成一个在 1 ~ 10 之间的随机数，我们可以简单地为这个表达式加 1，得到以下各项：

- 如果 Math.random() = 0.3234，那么 (Math.floor(Math.random() * 10)) + 1 = 4。
- 如果 Math.random() = 0.0894，那么 (Math.floor(Math.random() * 10)) + 1 = 9。
- 如果 Math.random() = 0.1737，那么 (Math.floor(Math.random() * 10)) + 1 = 2。
- 如果 Math.random() = 0.9999，那么 (Math.floor(Math.random() * 10)) + 1 = 10。

要在程序中使用这个随机数生成公式，可以把它的值赋予一个整数变量。为了生成需要的任何范围内的随机数，可以根据需要改变公式中的乘数与 / 或加数。例 3.16 示范了这种做法。

例 3.16 生成给定范围中的随机数 如果 newNum 是整数变量，那么有以下效果：

- newNum = (Math.floor(Math.random() * 10)) + 1 将生成一个 1 ~ 10（含 10）之间的随机数。
- newNum = (Math.floor(Math.random() * 100)) + 1 将生成一个 1 ~ 100（含 100）之间的随机数。
- newNum = (Math.floor(Math.random() * 10)) + 4 将生成一个 4 ~ 13（含 13）之间的随机数。
- newNum = (Math.floor(Math.random() * 2)) 的结果要么是 0，要么是 1。
- newNum = (Math.floor(Math.random() * 2)) + 1 的结果要么是 1，要么是 2。
- newNum = (Math.floor(Math.random() * 6)) + 7 将生成一个 7 ~ 12（含 12）之间的随机数。

在检查这些例子之后，我们能推断出：要生成 N ~ M 的随机整数，可以使用以下公式：

```
Math.floor(Math.random() * N) + M
```

3.7.1.3 开发程序

首先，我们创建 Vadoma 夫人在玩家提出一个问题之后将会显示的可能答案。现在，我们创建 10 个可能的答案，当然你也可以提供自己的答案。我们将使用以下答案：

1）Absolutely!

2）No way!

3）Probably...

4）Doubtful...

5）Could be...

6）Madame Vadoma cannot answer such a question.

7）You must find the answer within yourself.

8）Yes, of course!

9）You don't really believe this works, do you?

10）Madame Vadoma wonders about that too.

接下来，我们将创建一个页面。它有一个按钮让用户开始这个游戏，然后提示问题。这个程序将生成一个从 1 ~ 10 之间的随机数，并且通过 switch 语句显示对应于已生成随机数的那个回答。

3.7.1.4　编写代码

这个页面将成为我们一直在开发的 Greg's Gambits 网站的一部分。首先，我们将在 play_games.html 页面上添加一个到这个页面的链接。它应该看起来像这样：

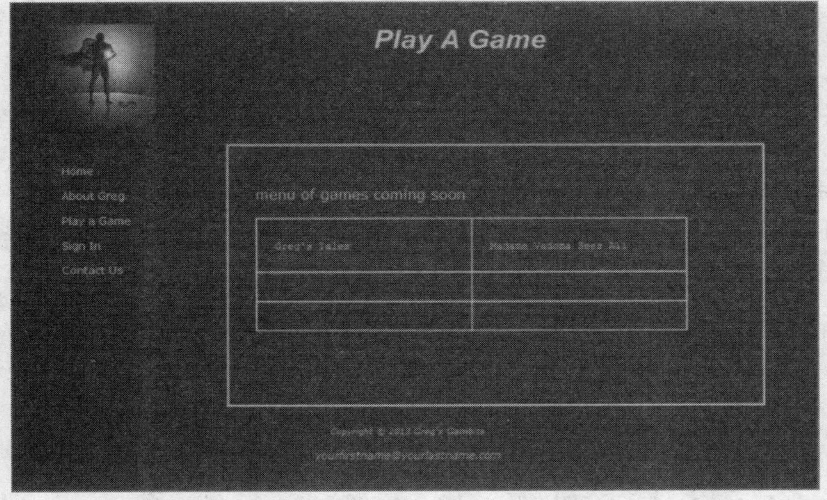

接下来，我们将使用下面的代码创建一个页面。在 Student Data Files 中有一个文件 gregs_fortune.html，你可以为这个文件添加必需的代码。

首先，添加以下标题内容：

Madame Vadoma Sees All!

Ask Madame Vadoma Anything That You Are Worried About

接下来，添加 Vadoma 夫人的图像（madame.jpg）、她的名字和一个让玩家单击开始的按钮。其代码如下：

```
<div id="content">
    <p class="floatright">Madame Vadoma<br /><br />
    <img src ="images/madame.jpg" /></p>
    <p> </p>
```

```
        <p><input type="button" value = "Ask your question" ↵
        onclick="startFortune();" /></p>
        <p> </p>
</div>
```

把这个代码放入页面的内容区，你的页面现在看起来像这样：

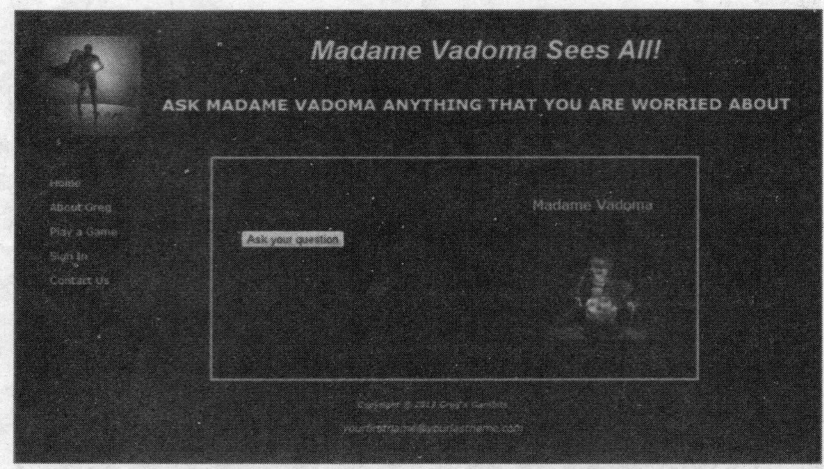

现在，我们编写一个名为 startFortune() 的函数，它生成一个随机数（1 ~ 10），然后提示玩家输入一个问题并且使用生成的随机数显示一个答案。我们将使用 switch 语句决定显示哪一个答案，代码如下：

```
<script type="text/javascript">
function startFortune()
{
   var num = 0;
   var question = " ";
   var fortune1 = "Absolutely ";
   var fortune2 = "No way ";
   var fortune3 = "Probably...";
   var fortune4 = "Doubtful...";
   var fortune5 = "Could be...";
   var fortune6 = "Madame Vadoma cannot answer such a question. ";
   var fortune7 = "You must find the answer within yourself. ";
   var fortune8 = "Yes, of course! ";
   var fortune9 = "You don't really believe this works, do you? ";
   var fortune10 = "Madame Vadoma wonders about that too. ";
   num = (Math.floor(Math.random() * 10)) + 1;
   question = prompt("What is your question? ", " ");
   switch(num)
   {
      case 1:
           document.getElementById("content").innerHTML = fortune1;
           break;
      case 2:
           document.getElementById("content").innerHTML = fortune2;
           break;
      case 3:
           document.getElementById("content").innerHTML = fortune3;
           break;
```

```
        case 4:
            document.getElementById("content").innerHTML = fortune4;
            break;
        case 5:
            document.getElementById("content").innerHTML = fortune5;
            break;
        case 6:
            document.getElementById("content").innerHTML = fortune6;
            break;
        case 7:
            document.getElementById("content").innerHTML = fortune7;
            break;
        case 8:
            document.getElementById("content").innerHTML = fortune8;
            break;
        case 9:
            document.getElementById("content").innerHTML = fortune9;
            break;
        case 10:
            document.getElementById("content").innerHTML = fortune10;
            break;
    }
}
</script>
```

注意，使用 getElementById() 方法把回答结果放在页面的内容区。如果玩家问“Will I get an A in this class?”而且生成的随机数是 10，那么显示将会看起来像这样：

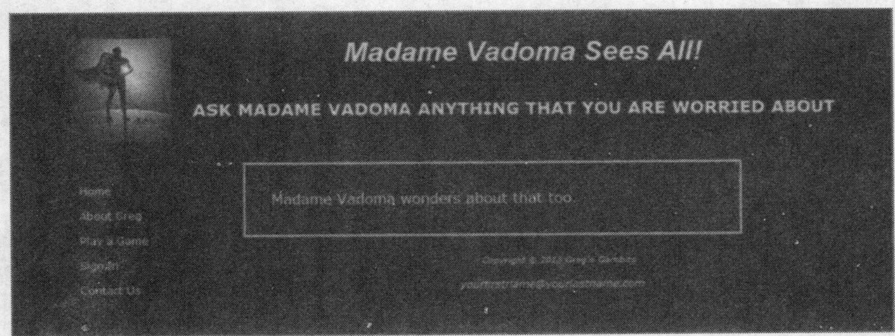

3.7.1.5　将所有代码放在一起

以下程序将所有代码放在一起：

```
<!DOCTYPE html PUBLIC "-//W3C//DTD XHTML 1.0 Transitional//EN" ↵
 "http://www.w3.org/TR/xhtml1/DTD/xhtml1-transitional.dtd">
<html xmlns="http://www.w3.org/1999/xhtml" lang="en" xml:lang="en">
<meta http-equiv="Content-Type" content="text/html; charset=utf-8" />
<head>
<title>Greg's Gambits | Madame Vadoma Sees All</title>
<link href="greg.css" rel="stylesheet" type="text/css" />
<script type="text/javascript">
function startFortune()
{
    var num = 0;
    var question = " ";
    var fortune1 = "Absolutely ";
    var fortune2 = "No way ";
```

```
    var fortune3 = "Probably...";
    var fortune4 = "Doubtful...";
    var fortune5 = "Could be...";
    var fortune6 = "Madame Vadoma cannot answer such a question. ";
    var fortune7 = "You must find the answer within yourself. ";
    var fortune8 = "Yes, of course! ";
    var fortune9 = "You don't really believe this works, do you? ";
    var fortune10 = "Madame Vadoma wonders about that too. ";
    num = (Math.floor(Math.random() * 10)) + 1;
    question = prompt("What is your question? ", " ");
    switch(num)
    {
        case 1:
            document.getElementById("content").innerHTML = fortune1;
            break;
        case 2:
            document.getElementById("content").innerHTML = fortune2;
            break;
        case 3:
            document.getElementById("content").innerHTML = fortune3;
            break;
        case 4:
            document.getElementById("content").innerHTML = fortune4;
            break;
        case 5:
            document.getElementById("content").innerHTML = fortune5;
            break;
        case 6:
            document.getElementById("content").innerHTML = fortune6;
            break;
        case 7:
            document.getElementById("content").innerHTML = fortune7;
            break;
        case 8:
            document.getElementById("content").innerHTML = fortune8;
            break;
        case 9:
            document.getElementById("content").innerHTML = fortune9;
            break;
        case 10:
            document.getElementById("content").innerHTML = fortune10;
            break;
    }
}
</script>
</head>
<body>
<div id="container">
        <img src="../images/superhero.jpg" width="120" height="120" ↵
            class="floatleft" />
        <h1 id="logo"><em>Madame Vadoma Sees All!</em></h1>
        <h2 align="center">Ask Madame Vadoma anything that you are ↵
            worried about </h2>
        <p> </p>
        <div id="nav">
            <p><a href="index.html">Home</a>
             <a href="greg.html">About Greg</a>
             <a href="play_games.html">Play a Game</a>
             <a href="sign.html">Sign In</a>
             <a href="contact.html">Contact Us</a></p>
```

```
            </div>
            <div id="content">
                <input type="button" value = "Ask your question" ↵
                    onclick="startFortune();" />
                <p> </p>
            </div>
            <div id = "footer">Copyright &copy; 2013 Greg's Gambits <br />
                <a href="mailto:yourfirstname@yourlastname.com"> ↵
                    yourfirstname@yourlastname.com</a>
            </div>
    </div>
    </body>
    </html>
```

3.7.1.6　完成

这里是一些样例问题和可能的结果。

输入：

Will I buy a new car this year?

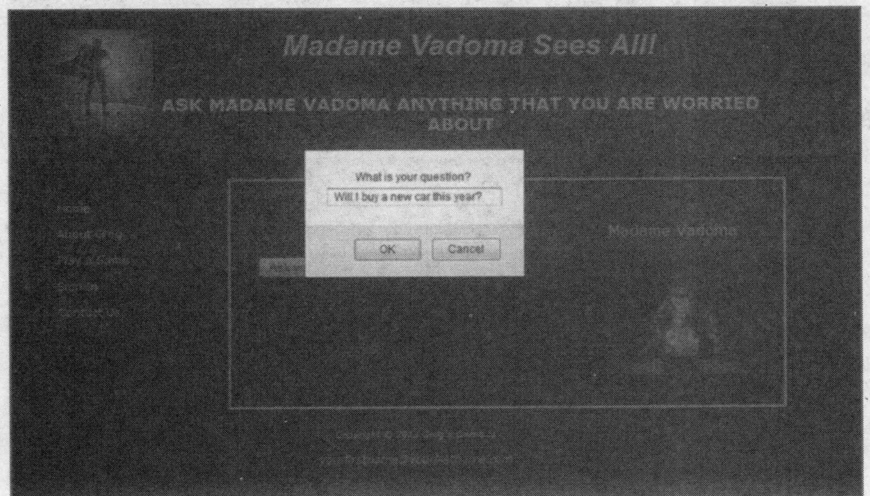

可能的输出：

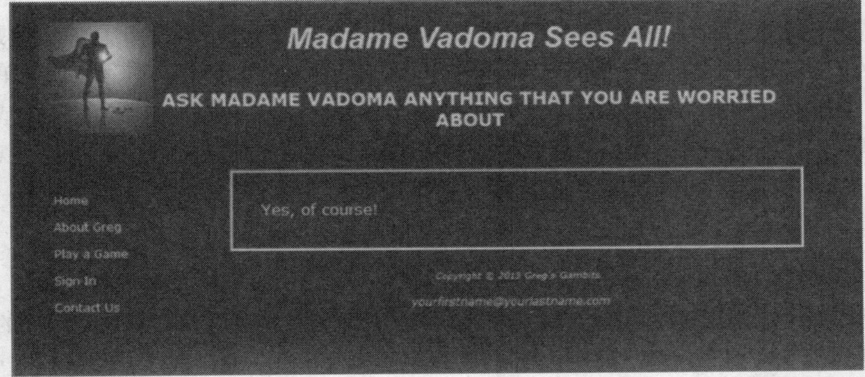

输入：

Will I ever travel to Mars?

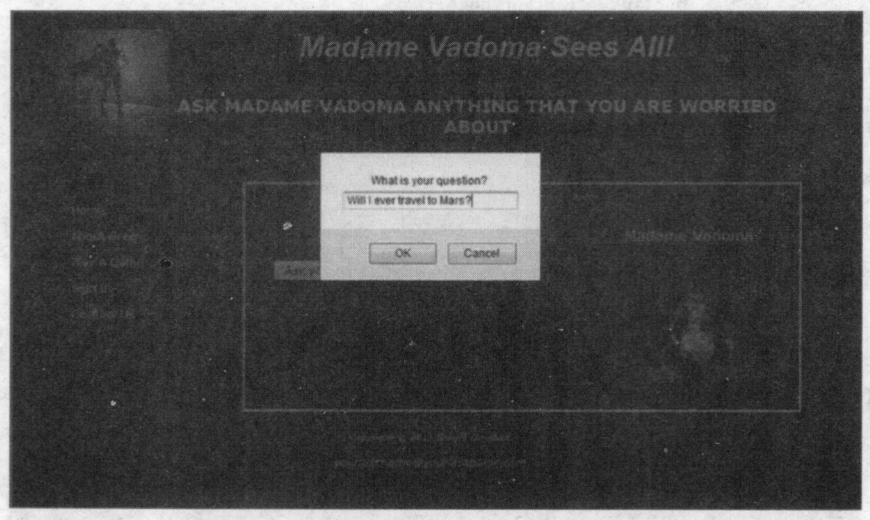

可能的输出：

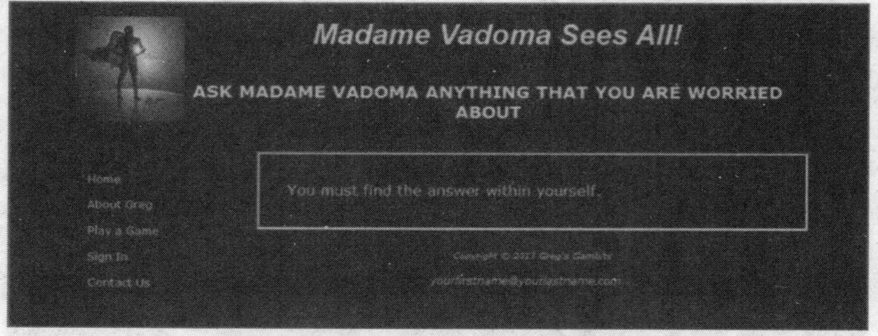

3.7.2 Carla's Classroom：算术课

我们能够使用已经学习的技能为 Carla's Classroom 网站创建一个适合小孩能力的数学练习。本节只开发要求学生做整数加法的练习部分。一旦完成这个程序，你将会看到增加简单的数学运算（减法、乘法和除法）甚至复杂的数学计算是多么容易。在这个程序中，学生将尝试解决容易的加法问题。一旦学生正确完成了一定数量的问题，程序将会增加难度级别。目前，现在我们将每级加法问题的数量限制在 5 题以节省空间。在第 4 章，你将学习如何改进这个程序，以便学生能够做数学问题的数目没有限制。我们把这个练习称为 It All Adds Up。

3.7.2.1 开发程序

这个程序有一点儿复杂，因此在编码之前，我们将创建一些伪代码详细制定程序的流程。我们将按三级难度编写程序：第一级（容易）、第二级（中等）和第三级（高级）。

我们将使用 Math.random() 方法生成一些随机整数，并且使用这些数向学生提问每个加法问题。对于第一级，学生将加两个在 1 ~ 10 之间的数（包含 1、10）；第二级将提高难度，给出使用两个在 1 ~ 99 之间的数（包含 1、99）的加法问题；第三级将要求学生加 3 个在 1 ~ 99 之间的数（包含 1、99）。

3.7.2.2　return 语句

return 语句让你在执行所有代码之前退出函数。在每一级中，如果学生正确回答了 3 个问题，或者已回答这个级别中的所有问题，那么学生将退出这一级，因此我们需要使用这条语句。这条语句的语法是很简单的：

```
return;
```

3.7.2.3　计数器

计数器常用于程序设计的许多目的。计数器在后续章节中起着重要作用，尤其是当我们开始使用循环和重复结构时。对于这个程序，我们需要一个计数器记录学生在每个级别录入正确答案的次数。计数器一定是整数变量，并且在整个或者部分程序中增加或减少。要使计数器加 1，我们把 1 加到计数器的现值。假定把我们的计数器命名为 count，那么计数器加 1 的语法如下：

```
count = count + 1;
```

如果你正好学过代数，那么这可能看起来很奇怪（某个东西如何能够等于它本身加上 1 呢）。但是在程序设计方面，这条语句意味着取出表达式右边（count+1）的值，然后存储在左边变量（count）中。用这种方法，我们按 1 递增 count 的值。

3.7.2.4　编写代码

首先，我们让学生通过单击网页内容区的一个按钮开始这个数学练习。你可以使用 Student Data Files 中的模板在内容区包括以下代码：

```
<p>This arithmetic test will increase in difficulty as you prove you are ready
for harder problems. As soon as you get 3 problems correct in Level One, you will
progress to Level Two and then to Level Three.</p>
<p><input type="button" onclick="addIt()" value="begin the test" /></p>
```

你的页面现在将会看起来像这样：

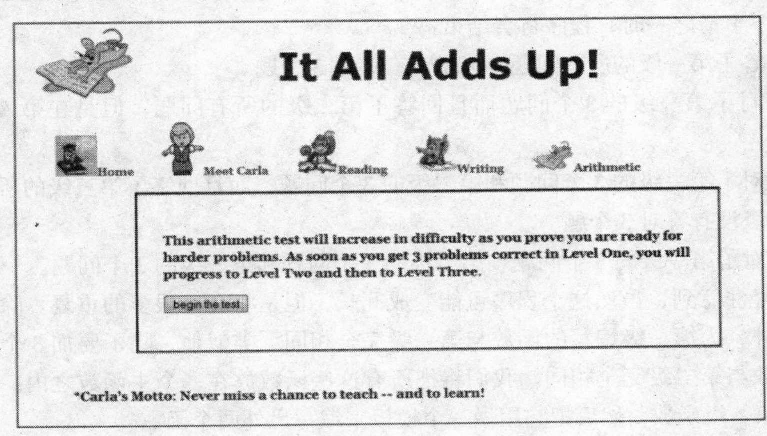

用文件名 carla_adding.html 保存这个页面，并且在 math.html 页面中添加一个到这个页面的链接。math.html 页面现在将会看起来像这样：

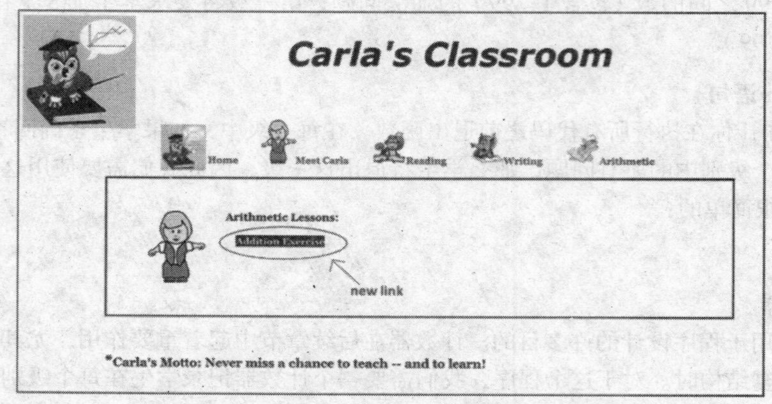

3.7.2.5 计划

当学生单击这个按钮时将启动一个函数，该函数将产生简单的加法问题。对于每个加法问题，我们要生成两个随机数（在 1 ~ 10 之间），然后提示学生把这些数加起来。学生的回答将与正确的答案比较，如果回答不正确，那么将出现警示对话框显示这个信息，生成下一个问题并展示给学生。但是，如果回答是正确的，我们就要记录它，在正确回答 3 个问题之后程序跳到下一级。为了实现这个效果，我们需要一个计数器。

计数器将记录正确回答的次数，每次学生正确回答问题时计数器就加 1。在每个问题之后，我们查看计数器是否到达 3。当发生这种情况时，程序就跳过函数中的任何语句，并且移到下一级。

如果学生答对了 3 个问题，就调用为第二级编写的函数。现在，我们生成两个在 1 ~ 99 之间的随机数，而且重复第一级使用的处理过程：要求学生将这些数加起来，测试答案是否正确，如果答对了就递增计数器，查看计数器是否已经到达 3，等等。

当到达第三级时，就生成三个在 1 ~ 99 之间的随机数，其他事情与第一级完全相同。

当发生以下事情之一时，程序将会结束：

- 学生回答了第一级的所有问题，但是没有答对 3 个题。
- 学生答对了第一级的 3 个问题而且回答了第二级的所有问题，但是在第二级没有答对 3 个题。
- 学生答对了第一级的 3 个问题和第二级的 3 个问题，而且回答了第三级的所有问题，但是在第三级没有答对 3 个题。
- 学生答对了第一级的 3 个问题、第二级的 3 个问题和第三级的 3 个问题。

你可能已经注意到，虽然这个程序可能变成冗长，但是将会有很多的重复。除了生成随机数的代码不同之外，为第一级编写的函数与第二级完全相同。类似地，除了要加 3 个随机数不同之外，第三级函数与第二级完全相同。我们将把所有这些函数放在一个主函数之内。我们将根据以下伪代码编写第一级函数，然后把它用做一个模板来编写另外两个函数。

```
1.  Begin function levelOne()
2.   declare a counter variable = 0
3.   for each addition problem
4.        declare variable num1a = random number between 1 and 10
5.        declare variable num1b = random number between 1 and 10
6.        declare variable sum1 = num1a + num1b
7.        declare variable response = integer value of student's
                                 response to a prompt
8.        if the response is correct
9.             increase the counter by one
10.            tell student the answer is correct
11.       else if response is not correct
12.            tell student the answer is wrong
13.       if the counter = 3
14.            call the next level
15.            use a return statement to exit the program
```

一旦编写了符合这个伪代码的 JavaScript 代码，我们就能够重复第 4 ~ 15 行的代码，并且重复的次数可以和我们想要的一样多。每次重复将生成新的加法问题，要求学生解答。

3.7.2.6　代码片段

第一级代码　在本节末尾，通过多次重复每个级别的问题，我们将把整个程序放在一起。然而，为了节省空间，这里只展示重复的第一个问题。符合上面展示的伪代码的代码如下：

```
function levelOne()
{
       //problem 1
       var num1a = (Math.floor(Math.random() * 10)) + 1;
       var num1b = (Math.floor(Math.random() * 10)) + 1;
       var sum1 = num1a + num1b;
       var response = parseInt(prompt("What is the sum of " + num1a ↵
                      + " and " + num1b + " ?"));
       if (response == sum1)
       {
            count1 = count1 + 1;
            result = "correct!";
            alert(result);
       }
       else
       {
            result = "incorrect";
            alert(result);
       }
       if (count1 == 3)
       {
            levelTwo();
            return;
       }
       // insert code for more problems here
} //this bracket closes the levelOne() function after all the ↵
            problems have been included
```

在这个程序中，表示随机数、计数器和总数的变量在命名时为变量名附加了一个“1”，这样命名的好处是在以后更容易识别哪个变量是属于哪个级别的。我们将在函数 levelTwo() 中命名变量 num2a、num2b、sum2 和 count2，并且在函数 levelThree() 中使用相似的名字。因为许多代码将会重复使用，所以找到容易识别不同元素的方法是有益的，以备调试需要。

最后，在最后一个问题结束时，如果学生仍然还没有答对 3 个题，将显示一条信息告诉学生需要多多练习。为此编写的代码应该放在最后一个 if 子句（查看计数器是否已经到达 3）的后面，如下所示：

```
else
{
   alert("You need more practice at this level.");
   return;
}
```

第二级代码 第一级和第二级的主要不同在于要编写一条新语句为每个加法问题生成随机数。我们现在想要的数是在 1 ~ 99 之间，在第二级生成一个加法问题的代码如下：

```
function levelTwo()
{
     var count2 = 0;
     alert("you're at level 2");
     //problem 1
     var num2a = (Math.floor(Math.random() * 100)) + 1;
     var num2b = (Math.floor(Math.random() * 100)) + 1;
     var sum2 = num2a + num2b;
     var response = parseInt(prompt("What is the sum of " + num2a ↵
                    + " and " + num2b + " ?"));
     if (response == sum2)
     {
           count2 = count2 + 1;
           result = "correct!";
           alert(result);
     }
     else
     {
           result = "incorrect";
           alert(result);
     }
     if (count2 == 3)
     {
           levelThree();
           return;
     }
```

注意，这里需要使用一个新的计数器。否则，若要在这个函数中重新使用相同的变量，必须把这个计数器在新函数的顶端设置为 0。记住：一个学生将到达第二级的唯一方法是函数 levelOne() 的计数器到达 3。除非这个计数器重新设定为 0，否则由于这个计数器的值没有改变，还是 3，表示已答对了 3 题，所以这个学生很有可能在第二级没有回答任何问题就直接进入第三级！

这个函数的其他改变是基于个人偏爱重新命名变量，以及当新的 count2 到达 3 时调用函数 levelThree()。

正如第一级一样，在最后一个问题结束时，如果学生没有答对 3 个题，将显示一条信息告诉学生需要多多练习。其代码将与第一级完全相同。

第三级代码　对于第三级，要添加少量代码告知学生已经成功完成了这几关。除此之外，这个代码与第二级的主要不同是增加的第 3 个变量保存第 3 个在 1 ~ 99 之间的随机数，然后提示学生把 3 个数而不是 2 个数加起来。所有其他程序逻辑与前两级保持一样。

```
function levelThree()
{
    var count3 = 0;
    alert("you're at level 3");
    //problem 1
    var num3a = (Math.floor(Math.random() * 100)) + 1;
    var num3b = (Math.floor(Math.random() * 100)) + 1;
    var num3c = (Math.floor(Math.random() * 100)) + 1;
    var sum3 = num3a + num3b + num3c;
    var response = parseInt(prompt("What is the sum of " + num3a ↵
                   + ", " + num3b + ", and " + num3c + " ?"));
    if (response == sum3)
    {
        count3 = count3 + 1;
        result = "correct!";
        alert(result);
    }
    else
    {
        result = "incorrect";
        alert(result);
    }
    if (count3 == 3)
    {
        alert("That's all, folks! Proceed to multiplication ↵
                    now!");
        return;
    }
```

这个时候，如果学生回答了第三级的所有问题而且没有答对 3 个题，那么程序将会结束而且给出信息。在第三级的最后问题之后添加如下代码：

```
else
{
    alert("That's all, folks! But you need more practice ↵
               at this level.");
    return;
}
```

关于检查计数器的注释　由于学生在只回答一个或两个问题之后不可能答对 3 题，所以你会奇怪程序为什么要在前两个问题时检查这个计数器。如果愿意，你可以除去这个检查。然而，通过使用重复结构可以有更容易和更有效的方法处理这个程序。我们将会在第 4 章学习这种技术，从而改进这个程序。使用重复结构，能够更简单地为每个重复结构编写相同的代码。为了处理问题“计数器是否等于 3”，计算机要花费极短的额外时间，但是通过在所有问题中包括这个检测可以使其他代码更为清晰。

3.7.2.7　将所有代码放在一起

现在我们将整个程序与 HTML 代码放在一起。在本章练习中，你可以修改这个代码来创建用于减法、乘法和除法的数学练习，或者为加法增加难度级别。

```
<!DOCTYPE html PUBLIC "-//W3C//DTD XHTML 1.0 Transitional//EN" ↵
"http://www.w3.org/TR/xhtml1/DTD/xhtml1-transitional.dtd">
<html xmlns="http://www.w3.org/1999/xhtml" lang="en" xml:lang="en">
<head>
<title>Carla's Classroom | It All Adds Up</title>
<link href="carla.css" rel="stylesheet" type="text/css" />
<script type="text/javascript">
function addIt()
{
    var num1a = 0;
    var num1b = 0;
    var sum1 = 0;
    var count1 = 0;
    var response = " ";
    var result = " ";
    levelOne();
function levelOne()
{
//problem 1
    var num1a = (Math.floor(Math.random() * 10)) + 1;
    var num1b = (Math.floor(Math.random() * 10)) + 1;
    var sum1 = num1a + num1b;
    var response = parseInt(prompt("What is the sum of " + num1a ↵
                  + " and " + num1b + " ?"));
    if (response == sum1)
    {
          count1 = count1 + 1;
          result = "correct!";
          alert(result);
    }
    else
    {
          result = "incorrect";
          alert(result);
    }
    if (count1 == 3)
    {
          levelTwo();
          return;
    }
//problem 2
    var num1a = (Math.floor(Math.random() * 10)) + 1;
    var num1b = (Math.floor(Math.random() * 10)) + 1;
    var sum1 = num1a + num1b;
    var response = parseInt(prompt("What is the sum of " + num1a ↵
                  + " and " + num1b + " ?"));
    if (response == sum1)
    {
          count1 = count1 + 1;
          result = "correct!";
          alert(result);
    }
    else
    {
          result = "incorrect";
          alert(result);
    }
    if (count1 == 3)
    {
```

```
            levelTwo();
            return;
        }
            .
            .
//add as many Level One problems as you want here
            .
            .
//last Level One problem
    var num1a = (Math.floor(Math.random() * 10)) + 1;
    var num1b = (Math.floor(Math.random() * 10)) + 1;
    var sum1 = num1a + num1b;
    var response = parseInt(prompt("What is the sum of " + num1a ↵
                + " and " + num1b + " ?"));
    if (response == sum1)
    {
        count1 = count1 + 1;
        result = "correct!";
        alert(result);
    }
    else
    {
        result = "incorrect";
        alert(result);
    }
    if (count1 == 3)
    {
        levelTwo();
        return;
    }
    else
    {
        alert("You need more practice at this level.");
        return;
    }
}
function levelTwo()
{
    var count2 = 0;
    alert("you're at level 2");
//problem 1
    var num2a = (Math.floor(Math.random() * 100)) + 1;
    var num2b = (Math.floor(Math.random() * 100)) + 1;
    var sum2 = num2a + num2b;
    var response = parseInt(prompt("What is the sum of " + num2a ↵
                + " and " + num2b + " ?"));
    if (response == sum2)
    {
        count2 = count2 + 1;
        result = "correct!";
        alert(result);
    }
    else
    {
        result = "incorrect";
        alert(result);
    }
    if (count2 == 3)
    {
```

```
            levelThree();
            return;
        }
    //problem 2
        var num2a = (Math.floor(Math.random() * 100)) + 1;
        var num2b = (Math.floor(Math.random() * 100)) + 1;
        var sum2 = num2a + num2b;
        var response = parseInt(prompt("What is the sum of " + num2a ↵
                            + " and " + num2b + " ?"));
        if (response == sum2)
        {
            count2 = count2 + 1;
            result = "correct!";
            alert(result);
        }
        else
        {
            result = "incorrect";
            alert(result);
        }
        if (count2 == 3)
        {
            levelThree();
            return;
        }
            .
            .
    //add as many Level Two problems as you want here
            .
            .
    //last Level Two problem
        var num2a = (Math.floor(Math.random() * 100)) + 1;
        var num2b = (Math.floor(Math.random() * 100)) + 1;
        var sum2 = num2a + num2b;
        var response = parseInt(prompt("What is the sum of " + num2a ↵
                            + " and " + num2b + " ?"));
        if (response == sum2)
        {
            count2 = count2 + 1;
            result = "correct!";
            alert(result);
        }
        else
        {
            result = "incorrect";
            alert(result);
        }
        if (count2 == 3)
        {
            levelThree();
            return;
        }
        else
        {
            alert("You need more practice at this level.");
            return;
        }
    }
    function levelThree()
```

```
{
    var count3 = 0;
    alert("you're at level 3");
//problem 1
    var num3a = (Math.floor(Math.random() * 100)) + 1;
    var num3b = (Math.floor(Math.random() * 100)) + 1;
    var num3c = (Math.floor(Math.random() * 100)) + 1;
    var sum3 = num3a + num3b + num3c;
    var response = parseInt(prompt("What is the sum of " + num3a ↵
                    + ", " + num3b + ", and " + num3c + " ?"));
    if (response == sum3)
    {
          count3 = count3 + 1;
          result = "correct!";
          alert(result);
    }
    else
    {
          result = "incorrect";
          alert(result);
    }
    if (count3 == 3)
    {
          alert("That's all, folks! Proceed to multiplication now!");
          return;
    }
//problem 2
    var num3a = (Math.floor(Math.random() * 100)) + 1;
    var num3b = (Math.floor(Math.random() * 100)) + 1;
    var num3c = (Math.floor(Math.random() * 100)) + 1;
    var sum3 = num3a + num3b + num3c;
    var response = parseInt(prompt("What is the sum of " + num3a ↵
                    + ", " + num3b + ", and " + num3c + " ?"));
    if (response == sum3)
    {
          count3 = count3 + 1;
          result = "correct!";
          alert(result);
    }
    else
    {
          result = "incorrect";
          alert(result);
    }
    if (count3 == 3)
    {
          alert("That's all, folks! Proceed to multiplication now!");
          return;
    }
          .
          .
//add as many Level Three problems as you want here
          .
          .
//last Level Three problem
    var num3a = (Math.floor(Math.random() * 100)) + 1;
    var num3b = (Math.floor(Math.random() * 100)) + 1;
    var num3c = (Math.floor(Math.random() * 100)) + 1;
    var sum3 = num3a + num3b + num3c;
```

```
    var response = parseInt(prompt("What is the sum of " + num3a ↵
                + ", " + num3b + ", and " + num3c + " ?"));
    if (response == sum3)
    {
         count3 = count3 + 1;
         result = "correct!";
         alert(result);
    }
    else
    {
         result = "incorrect";
         alert(result);
    }
    if (count3 == 3)
    {
         alert("That's all, folks! Proceed to multiplication now!");
         return;
    }
    else
    {
         alert("That's all, folks! But you need more practice at ↵
                        this level.");
         return;
    }
}
}
</script>
</head>
<body>
<div id="container">
    <img src="../images/writing_big.jpg" class="floatleft" />
    <h1 id="logo">It All Adds Up!</h1>
    <div align="left">
    <blockquote>
    <p><a href="index.html"><img src="images/owl_button.jpg" ↵
              width="50" height="50" />Home</a>
    <a href="carla.html"><img src="images/carla_button.jpg" ↵
              width="50" height="65" />Meet Carla </a>
    <a href="reading.html"><img src="images/read_button.jpg" /> Reading</a>
    <a href="writing.html"><img src="images/write_button.jpg" ↵
              width="50" height="50" />Writing</a>
    <a href="math.html"><img src="images/arith_button.jpg" /> ↵
              Arithmetic</a>
    <br /></p></blockquote>
    </div>
    <div id="content">
    <p>This arithmetic test will increase in difficulty as you ↵
         prove you are ready for harder problems. As soon as ↵
         you get 3 problems correct in Level One, you will ↵
         progress to Level Two and then to Level Three.</p>
    <p><input type="button" onclick="addIt()" value="begin the test" /></p>
    </div>
</div>
<div id="footer"><h3>*Carla's Motto: Never miss a chance to ↵
         teach -- and to learn!</h3>
</div>
</body>
</html>
```

3.7.2.8　完成

这里是学生使用这个页面后的一些可能的结果。

输出：

学生以答对 3 题的成绩完成了第一级并且开始第二级。

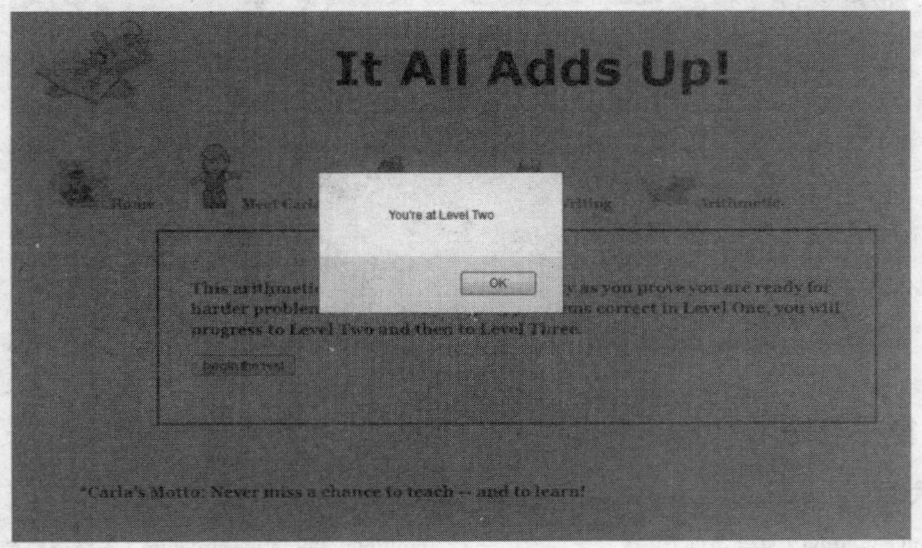

输出：

学生以答对 3 题的成绩完成了第一级，但是在第二级没有答对 3 题。

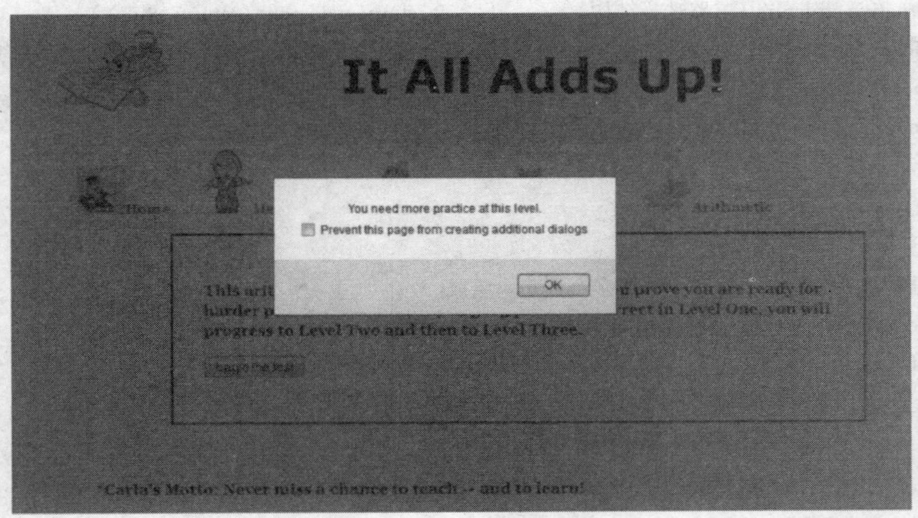

输出：

学生成功完成了所有三级问题（也就是，在每级都答对了 3 题）。

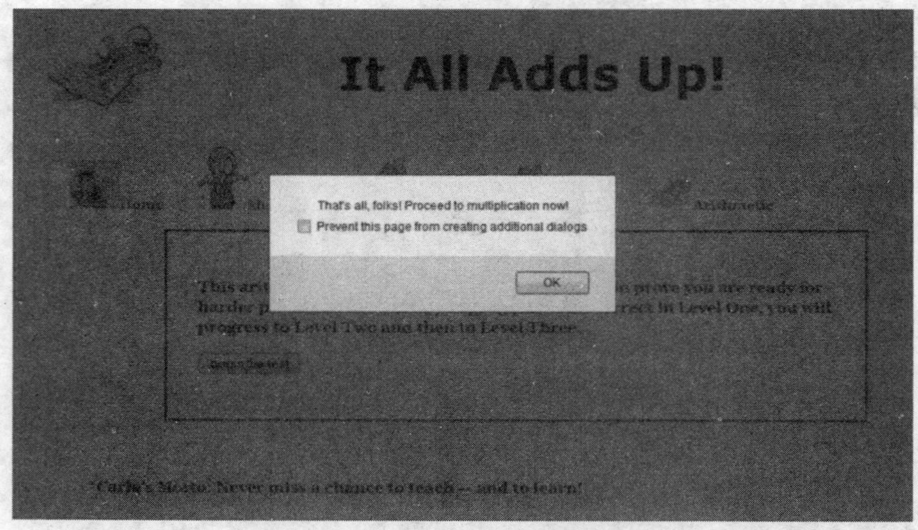

3.8 复习与练习

主要术语

compound condition（复合条件）

counter（计数器）

curly brackets ({}，花括号）

dual-alternative structure（二路选择结构）

Math object（Math 对象）

Math. floor () method（Math.floor() 方法）

Math. random() method（Math.random() 方法）

multiple-alternative structure（多路选择结构）

nested selection structure（嵌套选择结构）

selection structure（选择结构）

return; statement（return; 语句）

single-alternative structure（单路选择结构）

switch statement（switch 语句）

test condition（测试条件）

练习

填空题

1. 选择结构由一个________和一个或多个语句块组成。
2. if...else 语句是________选择结构的例子。
3. 如果 if ... 子句只包含________，那么这个子句不需要花括号。
4. ________语句能够经常用来代替多个 if...else if... 结构。
5. ________用于记录某件事情在程序中发生了多少次。

判断题

6. if ... else 结构只需要一个测试条件。
7. 多路选择结构只需要一个测试条件。
8. 一个测试条件的可能值只是 true 和 false。

9. 一定要使用花括号括起 if... 子句中的语句，即使只有一条语句。

10. return; 语句将中止一个选择结构语句的执行。

11. if...else 结构不能嵌套在另一个 if...else 结构中。

12. else... 子句的测试条件必须与 if ... 子句的测试条件一样。

13. 在 switch 语句中的所有 case 部分必须包括 break; 语句。

14. 如果 if... 子句的测试条件是 false，那么将跳过在这个子句中的语句。

15. 测试条件不能包含复合条件。

简答题

16. 给定 x=4，以下语句的结果是什么？

```
if(x == 5)
```

17. 给定 Jody = 18，在运行以下代码片断之后将显示什么？

```
if(Jody > 18)
   document.write("You can vote");
if(Jody < 18)
   document.write("You're too young");
document.write("Bye bye");
```

18. 给定 Jody = 18，在运行以下代码片断之后将显示什么？

```
if(Jody > 18)
   document.write("You can vote");
else if(Jody < 18)
   document.write("You're too young");
document.write("Bye bye");
```

19. 给定 rain = “yes”，在运行以下代码片断之后将显示什么？

```
if(rain == "yes")
   document.write("Bring your umbrella");
else
{
   document.write("No umbrella needed");
   document.write("Bye bye");
}
```

20. 给定 rain = “yes”，在运行以下代码片断之后将显示什么？

```
if(rain == "yes")
   document.write("Bring your umbrella");
else
   document.write("No umbrella needed");
   document.write("Bye bye");
```

21. switch 语句经常用来代替以下哪条语句？

a）多条 if... 语句

b）单条 if... else if... 语句

c）多条 if... else if... 语句

d）只有 a）和 c）

e）下列任何一个：a)、b）或 c）

22. 在以下代码片断中最先测试哪个值？

```
switch(points)
{
     case 20:
          document.write("twenty");
          break;
     case 20:
          document.write("twenty");
          break;
     default:
          document.write("invalid entry");
}
```

23. 假定你想要用户录入一个在 10 ~ 20 之间（包含 10 和 20）的数。在以下 if... 子句中编写一个使用 AND 操作符的复合表达式，测试这个数是否在这个范围内。

```
var num = parseInt(prompt("enter a number between 10 and 20"," "));
if(____________________)
   document.write("good number");
else
   document.write("invalid number");
```

24. 假定你想要用户录入一个在 10 ~ 20 之间（包含 10 和 20）的数。在以下 if... 子句中编写一个使用 OR 操作符的复合表达式，测试这个数是否在这个范围内。

```
var num = parseInt(prompt("enter a number between 10 and 20"," "));
if(____________________)
   document.write("invalid number");
else
   document.write("good number");
```

25. 假定你想要用户录入一个在 10 ~ 20 之间（包含 10 和 20）的数。在以下 if... 子句中编写一个使用 OR 和 NOT 操作符的复合表达式，测试这个数是否在这个范围内。

```
var num = parseInt(prompt("enter a number between 10 and 20"," "));
if(____________________)
   document.write("good number");
else
   document.write("invalid number");
```

26. 如果以下代码片断运行时，用户在提示中录入 apple，那么将显示什么？

```
var fruit = prompt("What do you want to eat? ", " ");
   switch (fruit)
   {
     case "apple":
       document.write("An apple a day is good for you.<br />");
     case "banana":
       document.write("Bananas are delicious.<br />");
     case "grapes":
       document.write("Who doesn't like grapes!<br />");
     default:
       document.write("You need to eat more fruit.<br />");
   }
```

27. 修正练习 26 的代码，以便只显示符合用户录入的回答。

28. 为练习 27 修正的程序片段增加一条 if ... 子句，以便当用户录入 apple 时，程序将提示用户录入一种苹果（如 Granny Smith 或 McIntosh），并且使用这种苹果使输出为 “A________apple is good for you.”。

练习 29 和 30 引用以下代码：

```
var vacation = prompt("What do you want to do during Spring Break? ↵
        Type S for skiing, F for fishing, H for hiking,8
        J for learning JavaScript.", " ");
if (vacation == 'S')
   document.write("You should go to Aspen.<br />");
if (vacation == 'H')
   document.write("Be sure to buy good hiking boots.<br />");
if (vacation == 'F')
   document.write("Worms make good bait.<br />");
if (vacation == 'J')
   document.write("You're gonna have soooo much fun!<br />");
```

29. 使用一系列 if...else if... 结构重写上述代码。

30. 使用 switch 语句重写上述代码。

编程挑战

独立完成以下操作。

1. 编制一个充当温度转换器的网页。用户可以选择录入华氏温度，然后程序将这个温度转换为摄氏温度。另一种选择是，用户可以录入摄氏温度，然后程序将这个温度转换为华氏温度。将这个页面保存为 temp.html，并且页面要包含适当的页标题。转换公式如下：
   - Celsius = 5/9 * (Fahrenheit – 32)
   - Fahrenheit = (Celsius * 5/9) + 32
2. 编制一个新网页，或者为你在编程挑战 1 创建的页面添加新内容，这个页面将充当天气预报员。用户将录入一个摄氏温度或者华氏温度（根据你的选择），然后程序根据温度显示下列信息之一：
   - 若温度低于 0 ℉或 –18℃，则显示："Bundle up! It's really freezing out there!"。
   - 若温度在 0 ~ 32 ℉或 –18 ~ 0℃之间则显示："Pretty cold with a chance of snow."。
   - 若温度在 33 ~ 59 ℉或 –17 ~ 15℃之间则显示："Don't forget your jacket. It's still chilly outside."。
   - 若温度在 60 ~ 80 ℉或 16 ~ 27℃之间则显示："Perfect lovely weather...unless it rains."。
   - 若温度在 81 ~ 95 ℉或 28 ~ 35℃之间则显示："Nice and warm. Go for a swim."。
   - 若温度高于 95 ℉或 35℃，则显示："It's really hot! Probably best to stay in an air conditioned spot."。

   以文件名 forecast.html 保存这个页面，并且页面要包含适当的页标题。
3. 编制一个网页，它将学生的课程平均成绩转换成字母成绩。以文件名 grades.html 保存这个页面，并且页面要包含适当的页标题。转换规则如下：
   - 小于 60：F
   - 60 ~ 69.5：D
   - 69.6 ~ 79.5：C
   - 79.6 ~ 89.5：B
   - 大于 89.5：A
4. 编制一个计算雇员实发工资的网页。程序应该提示输入雇员的时薪、每周工作小时数和家属人数。如果雇员在一个星期内工作超过 40 小时，那么加班工资按常规时薪的 1.5 倍计算。然后从应发工资中按如下所示扣税：

- 没有家属：税率是 28%
- 1 ~ 3 位家属：税率是 25%
- 4 ~ 6 位家属：税率是 15%
- 超过 6 位家属：税率是 10%

以文件名 paychecks.html 保存这个页面，并且页面要包含适当的页标题。

5. 编制一个类似编程挑战 4 的网页。然而，这个程序将按以下复合条件计税：
   - 没有家属且应发工资大于 $1000.00：税率是 33%
   - 没有家属且应发工资小于或等于 $1000.00：税率是 28%
   - 1 ~ 3 位家属且应发工资大于 $1000.00：税率是 25%
   - 1 ~ 3 位家属且应发工资小于或等于 $1000.00：税率是 22%
   - 4 ~ 6 位家属且应发工资大于 $1000.00：税率是 22%
   - 4 ~ 6 位家属且应发工资是小于或等于 $1000.00：税率是 15%
   - 6 位以上家属且应发工资大于 $1000.00：税率是 15%
   - 6 位以上家属且应发工资小于或等于 $1000.00：税率是 10%

   以文件名 paychecks2.html 保存这个页面，并且页面要包含适当的页标题。
6. 为一个游戏网站创建一个网页，让玩家使用持有的分数“购买”各种物品。应该为玩家提示录入玩家持有的分数，然后选择购买的物品。如果玩家有足够的分数来购买这个物品，那么将显示一条信息告知玩家这个物品已加入他的购物清单。如果玩家没有足够的分数来购买这个物品，那么将显示一条信息说购买不成功。要购买的物品将包括以下东西（你也可以增加你自己的东西）：剑、可装 1 加仑水的水皮袋、让用户消失 5 分钟的魔法和移动电话。

   以文件名 points.html 保存这个页面，并且页面要包含适当的页标题。
7. 编制一个网页，让用户通过为页面选择一种背景颜色（如例 3.13 所示）来定制一个网页，也让用户为文本选择一种颜色和字体。以下函数为你展示如何改变字体颜色和字体系列。你的页面应该为用户提供比这里显示的更多的选项。

```
<head>
<script type="text/javascript">
function customize()
{
    document.getElementById("p1").style.color="red";
    document.getElementById("p1").style.fontFamily="Arial";
}
</script>
</head>
<body>
<p id="p1">Hi there!</p>
<input type="button" onclick="customize()" value="customize" />
</body>
```

以文件名 customize.html 保存这个页面，并且页面要包含适当的页标题。

案例研究

Greg's Gambits

现在，你将补充 Vadoma 夫人的命运预知能力。在这个新页面中，Vadoma 夫人将会告诉玩家的命运。

打开 play_games.html 页面，在 Madame Vadoma Sees All! 下面添加一个到这个新页面的链接。新页面标题应该是 Madame Vadoma Can Tell Your Fortune，而文件名是 gregs_fortune2.html。

用文件名 gregs_fortune2.html 创建这个新页面。你可以使用本章前面创建的页面作为模板，页标题是 Madame Vadoma Can Tell Your Fortune，而且它也应该是这个页面的一级标题。

在 content（内容）区放置一个按钮，当用户想预知一个命运时单击这个按钮。

然后，创建至少 10 种命运。你也可以创建与想要的一样多的命运，但至少有 10 个。你可以从以下一些样例命运开始：

- 你将很快遇到心仪的配偶。
- 如果努力工作，你可以在这门课程获得一个 A。
- 你将来会有个好工作。
- 没有人喜欢爱卖弄的人。
- 不要相信你读到的每件事情。

现在，创建当玩家单击这个按钮时将要运行的 JavaScript 程序。使用 Math.random() 方法创建一个在 1 ~ 10 之间（或者 1 至你已经创建的命运数目）的随机数，使用 switch 语句显示对应于生成随机数的命运。

在至少两个不同的浏览器中测试你的网页，最后按照老师的要求提交你的工作成果。

Carla's Classroom

现在你将补充本章前面创建的加法练习，并且使用以下一个或更多算术练习创建页面：

- 为加法测试增加两级难度：加浮点数（有小数部分的数字）和加分数。这个页面命名为 adv_addition.html。
- 创建三级乘法问题：乘两个 1 位整数（从 1 ~ 10）、乘两个 2 位整数（从 1 ~ 99）和乘两个 2 位浮点数。这个页面命名为 multiply.html。
- 使用如同乘法描述的三级难度，创建三级除法问题，要保证不发生除 0 错误。这个页面命名为 divide.html。

你创建的每个页面应该提示学生解决一个算术问题，每级应该至少有 5（最好 10）个问题，而每个问题应该通过生成两个随机数来创建。应该把正确答案与学生的答案进行比较，如果回答是正确的，那么应该递增计数器。在任何级别，当学生正确回答了 3 个问题时，程序将进入下一级。如果学生完成了某个级别的所有问题，但是答对不到 3 次，那么程序应该停止并且显示一条信息告诉学生在这一级需要多多练习。如果学生成功完成所有的级别，那么应该显示信息告诉学生转至下一个练习。

打开 math.html 文件，并且在 Addition Exercises 下面添加一个或者更多链接（取决于你编制了多少页面），这些链接将前往你创建的新页面。

在为 Carla's Classroom 创建这些新的算术练习页面时，可以把本章前面创建的 carla_adding.html 页作为模板。在第 4 章中，我们将学习在不重复代码的情况下如何生成与想要的一样多的问题，从而不局制于 5、6、10 或任何指定数目的问题。

在至少两个不同的浏览器中测试你的页面，保证测试在每个级别上答对和答错的所有可能组合。最后，按照老师要求提交你的工作成果。

Lee's Landscape

为 Lee's Landscape 网站添加一个页面，它计算各种服务的费用。这个页面将显示下面展示的服务和价格，然后它将提示用户选择一个服务以及显示的选项之一，再计算费用。如果用户选择签订 6 个月服务的合同，就有 10% 的折扣优惠；若选择 1 年合同，则有 15% 的优惠；若选择 2 年合同，则有 20% 的优惠。

Service	Options	
Lawn maintenance	Weekly：$15/service Twice a month：$25/service Monthly：$40/service	
Pest control	Monthly：$35/service Twice a year：$75/service Yearly：$150/service	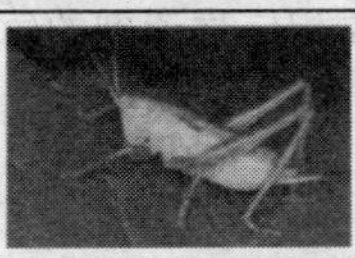
Tree and hedge trimming	Monthly：$25/service Twice a year：$75/service Yearly：$150/service	

这里使用的图像已放在 Student Data Files 中，但是你也可以使用自己的图像。要为这个网页给出适当的页标题，如 Lee's Landscape | Our Services。使用文件名 lee_service.html 保存这个文件。为这个新页面添加一个到 Lee's Landscape 主页的链接。在至少两个不同的浏览器中测试你的页面，保证测试每个服务和合同的所有可能组合。最后，按照老师要求提交你的工作成果。

Jackie's Jewelry

为 Jackie's Jewelry 网站添加一个新页面，它依据下面给出的费率计算购买项目的运费。该页应该提示用户录入购买的数量和将货物送往的国家。如果用户有一个称为 FREEJACKIE 的促销代码，那么也允许免运费。

- 用户有 FREEJACKIE 促销代码：免运费
- 购买额大于或等于 $100 并且用户居住在美国：免运费

- 购买额大于或等于 $150 并且用户居住在加拿大或墨西哥：免运费
- 用户居住在美国：
  - 购买额在 $50.00 ~ $99.99 之间：运费是 $10.00
  - 购买额在 $20.00 ~ $49.99 之间：运费是 $8.00
  - 购买额小于 $20.00：运费是 $5.00
- 用户居住在加拿大或墨西哥：
  - 购买额在 $50.00 ~ $99.99 之间：运费是 $15.00
  - 购买额在 $20.00 ~ $49.99 之间：运费是 $12.00
  - 购买额小于 $20.00：运费是 $10.00
- 用户住在美国、加拿大和墨西哥之外：
  - 购买额在 $50.00 ~ $99.99 之间：运费是 $25.00
  - 购买额在 $20.00 ~ $49.99 之间：运费是 $20.00
  - 购买额小于 $20.00：运费是 $15.00

要为这个网页给出适当的页标题，如 Jackie's Jewelry | Shipping。使用文件名 jackie_shipping.html 保存这个文件。为这个新页面添加一个到 Jackie's Jewelry 主页的链接。在至少两个不同的浏览器中测试你的页面，保证测试购买额、地址和促销代码的所有可能的组合。最后，按照老师要求提交你的工作成果。

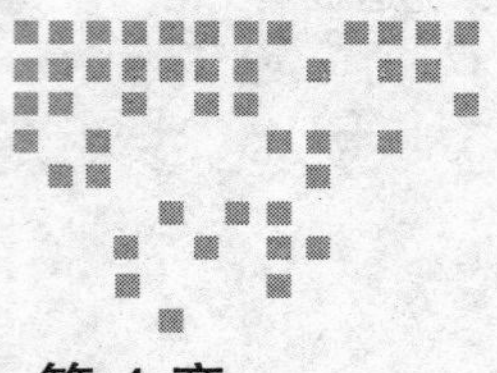

Chapter 4 第 4 章

周而复始：重复结构

本章目标

在第 3 章中要求你想象访问一个网站，它只提供一件商品：4 号红色羊毛衣，费用是 $125.00 并且加上运费 $8.00。如果你不想要这个商品，那么什么事都不会发生。现在把这个网站想象成这样：你可以选择毛衣的大小、颜色和织物成分，但是只能订购一件商品。那么，不仅网上购物会成为一件烦人的事情，而且生意也无法获利。同样的结果也出现在以下情形：在文档中只能对文本加粗一次、计算机游戏只能玩一次或者不能重复我们通常期待计算机做的任何事情。事实上我们能够重玩游戏、在网站上查看任意多个地方的天气预报或者购买任意多件商品，其原因在于程序员理解和使用了重复结构。

重复结构经常称为循环，而且能够可互换地使用这两个术语。在本章中，你将会学习这个重复结构，让程序按需要的次数重复一块语句。重复的次数有时由程序员设定，有时由用户设定，有时依赖外部因素。但是，有一点是确切无疑的：重复结构（或循环）让代码块反复不断地执行，而不必多次重复写相同的代码。我们将讨论各种不同类型的循环，重点研究这种结构的一个主要用途：验证输入。在第 5 章中，我们将继续讨论重复结构但是重点放在一些高级概念和使用方法。

阅读本章后，你将能够做以下事情：

- 理解循环的基本概念。
- 理解如何写测试条件。
- 理解前测循环和后测循环之间的不同。
- 能够创建前测 while 循环。
- 能够创建后测 do...while 循环。
- 理解和创建哨兵控制循环。

- 使用 toLowerCase()、toUpperCase() 和 toFixed() 方法格式化输出。
- 理解和创建计数器控制的循环。
- 使用快捷操作符递增和递减变量。
- 理解 for 循环和创建初始条件、测试条件与极限值。
- 使用循环实现数据验证。
- 使用 isNaN() 和 charAt() 方法。
- 使用 length 属性。
- 理解 ASCII 和 Unicode 标准代码。
- 使用 charCodeAt() 和 String.fromCode() 方法。

4.1　计算机不厌烦重复

所有计算机程序用 3 种基本的结构创建：顺序、判断和重复，本章讨论最重要的重复结构。我们很幸运计算机不厌烦重复。

重复相同动作的能力是程序设计中最基本的需求。当访问允许购物、玩游戏或搜索信息的任何网页时，你希望在网站上无论做什么事都能够做多次。现在，我们将考察如何编写允许重复任务的 JavaScript 程序。

4.1.1　循环基本概念

所有程序设计语言都提供创建**循环**的语句。循环是**重复结构**的基本成分，这个结构包含一块在某些条件下将会重复执行的代码。在本节中，我们将会介绍这些结构的一些基本概念。首先，我们使用伪代码简单说明一个循环，如例 4.1 所示。

例 4.1　周而复始　一个循环的一般形式如下：

- 开始循环。
- 测试看看是否满足某个条件。
- 如果满足这个条件：
- { 在花括号之间只包括当满足这个条件时要执行的操作
  - 做一些事情。
  - 做一些改变测试状态的事情。
  - 返回第二行并且再次开始。
- }
- 如果条件不再满足，执行下一行。

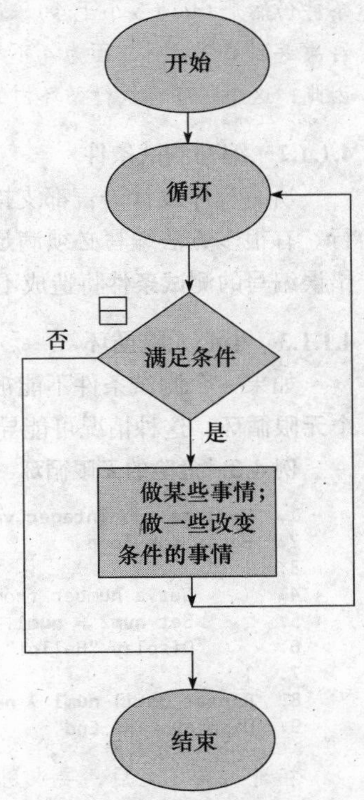

图 4-1　描述循环结构的最通用流程图

图 4-1 展示重复结构的流程图表示。这是最通用的一类循环，我们将会在后面的章节中讨论其他类型的循环。

4.1.1.1 迭代

前面说过循环是重复结构的基本成分。虽然任务的重复次数总是任何重复结构的重要部分，但是程序员必须知道循环将会重复多少次以确保这个循环正确执行任务。在计算机术语中，对循环的单次遍历称为一次循环**迭代**，因此一个执行 3 次的循环执行 3 次迭代。例 4.2 使用伪代码说明一个产生 3 次迭代的循环。

例 4.2　循环三次

```
1.  Set a variable equal to 1
2.  Begin the loop
3.  Test to see if the variable is less than 4.
4.  If the variable is less than 4:
5.  {
6.     Do some stuff.
7.     Increase the value of the variable by 1.
8.     Go back to line 3 and start again.
9.  }
10. If the condition is no longer true, go to the next line.
```

程序第一次到达第 3 行时，因为变量等于 1 满足小于 4，所以这个测试条件是 true，因此执行第 5 ~ 9 行。第 7 行将变量的值改变为 2，但是因为 2 仍然是小于 4，所以循环将进入另外一次迭代（第二次迭代）。当它第二次到达第 7 行时，变量将会再次加 1，使之等于 3。当程序返回第 3 行时，这个条件仍然是 true（3 小于 4）。从而循环开始它的第三次迭代，现在第 7 行把变量的值增加到 4。当程序再次返回第 3 行时，因为 4 不小于 4，所以这个条件不再是 true。然后，执行跳至第 10 行之后的语句。因此，这个程序将执行循环内的语句 3 次。

4.1.1.2 编写测试条件

所有程序设计语言都支持创建包含一块代码的循环语句，在某些条件下这些语句将会重复执行。有很多方法编写必须满足的条件，不过我们也需要考虑一些基本的概念。通常，考虑不周或错误编写的**测试条件**将造成不想要的结果（最好）或损失惨重的结果（最坏）。

4.1.1.3 小心无限循环

如果一个测试条件不能被循环中发生的任何事满足，那么循环将会无限期地继续。这称为一个**无限循环**，这种情况可能导致灾难。例 4.3 是将引起一个无限循环的伪代码例子。

例 4.3　危险的无限循环　在这个例子中，测试条件不可能满足。

```
1. Declare two integer variables, num1 and num2
2. Begin the loop
3. {
4.     Get a number from the user and store it in num1
5.     Set num2 = num1 + 1
6.     Display "Hello!"
7. }
8. Repeat until num1 > num2
9. Display "The End"
```

在进入循环之后，要求用户在第 4 行上录入一个数字，并且存储在变量 num1 中。第 5 行设定 num2 等于 num1 的值加 1。第 6 行显示字 Hello。在这个例子中，条件是在循环（第 8 行）的末端测试。测试说：循环应该一次又一次地重复，直至 num1 大于 num2。然而，因为不管用户在每次迭代时为 num1 录入什么值，第 5 行总是设定 num2 等于这个值加 1，从而使循环将会永远地继续重复，所以永远不能满足这个条件。那么，这个程序什么时候结束呢？答案是：永不结束。单词“The End”永远不会显示，但是“Hello!”将会不断地在屏幕上重复显示。

4.1.1.4 不要让用户在循环中陷入困境

如果在循环中需要用户输入，那么要确保用户知道如何离开循环。例如，如果希望当用户录入一个特定的数字或者单词时就结束循环，那么就一定要清楚地告知用户。例 4.4 的伪代码示范了一个循环如何可能永远地困住用户，以及如何简单地避免这种情形。

例 4.4 陷入循环 在这个例子中，如果你知道它是什么，那么测试条件很容易满足！

```
1.  Declare a string variable, name
2.  Set the initial value of name to " "
3.  Begin the loop: test if name == "done"
4.  {
5.      Ask the user: "Enter your friend's name:"
6.      Store the entry in name
7.      Display name
8.  }
9.  Display "The End"
```

除非用户碰巧有一位朋友的名字叫 done，否则这个循环将会永远地困住用户。每次，他录入一个朋友名字时，将会显示这个名字并且提示用户输入另一个名字。使用这个程序将令人非常沮丧！

当然，这很容易通过简单地告诉用户该如何离开循环来修改这个程序。做法是将第 5 行修改成：

```
Ask the user: "Enter your friend's name or enter 'done' to quit:"
```

在例 4.3 和例 4.4 使用的这类循环中，循环一直继续，直至用户结束它，而其他类型的循环结束不需要用户输入。不管哪一种类型的循环，你总是要避免循环不能结束的可能性。因此，你一定要确保测试条件能被满足。并且如果结束循环要求用户必须录入一些特别的东西，那么就一定要清楚地告知用户。

4.1 节检查点

4.1 重复结构的基本成分是什么？

4.2 定义术语**迭代**。

4.3 定义术语**测试条件**。

4.4 下列伪代码有什么逻辑错误？

```
Set an integer variable named myage equal to 12
Set an integer variable named yourage equal to 14
Start a loop and test to see if myage < yourage
{
    Write to the screen "You are older than I am"
    Set yourage = myage + 1
}
End the loop
```

4.5 下列伪代码有什么逻辑错误？

```
Set an integer variable named mynum equal to 2
Start a loop and test to see if mynum != 0
{
     Write to the screen "Enter any number"
     Save the number entered in mynum
}
End the loop
```

4.6 无限循环和例 4.5 展示的在循环内困住用户的循环之间有什么不同？

4.2 循环的类型

随着学习编写更多复杂的程序，你将会发现循环是最不可缺少的工具之一。你将会使用循环装载数据、处理数据、与用户互动等。事实上，难以想象在不使用循环的情况下能够编写处理重要事情的程序。正如在做饭时挑选配料、壶和平底锅要选择不同的尺寸，循环也分为不同的类型。一种类型的循环可能在某个特定程序中工作得很好，而另一种类型则适用于不同的程序设计。在本节中，你将学习几种类型的循环以及如何在特定情形中选用其中的一种。

4.2.1 前测循环和后测循环

所有重复结构可以分为两种基本类型：前测循环和后测循环。在前测循环中，测试条件是在进入循环之前测试；而在后测循环中，测试条件是在执行**循环体**（即在循环中的语句）之后测试。例 4.5 描述每类循环的流程图，而图 4-2 和图 4-3 展示这两类循环的流程图表示。

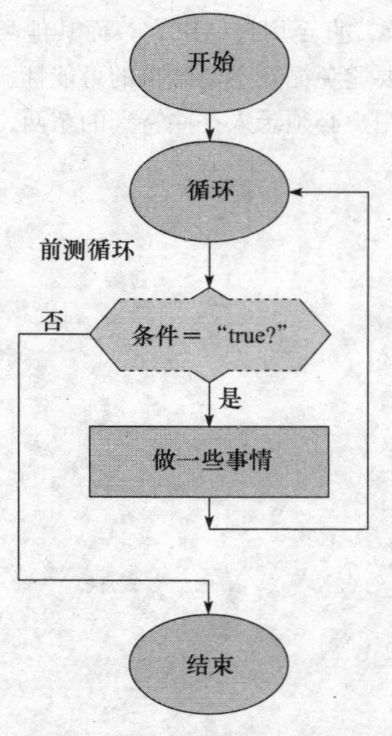

图 4-2 前测循环的一般流程图

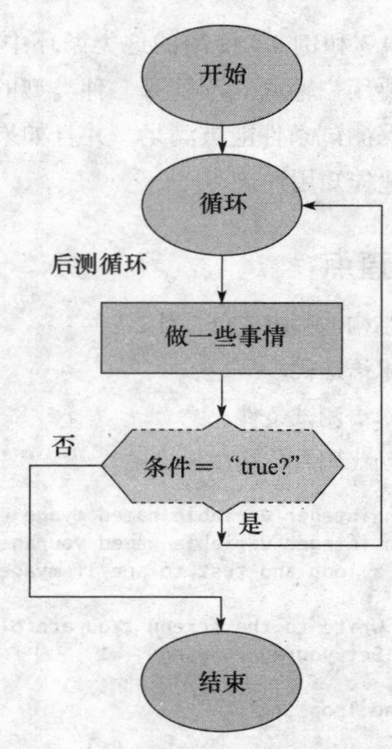

图 4-3 后测循环的一般流程图

例 4.5　前测循环和后测循环

a）前测循环的一般形式如下：

```
1.  Is some condition true? If yes, enter the loop: → Test here!
2.  {
3.       Do some stuff
4.  }
5.  Program continues
```

b）后测循环的一般形式如下：

```
1.  Enter the loop:
2.  {
3.       Do some stuff
4.  }
5.  Is some condition true? If yes, go back to line 1 → Test here!
6.  Program continues
```

这两类循环都有自己的用途。如果跟踪图 4-2 和图 4-3 展示的流程图执行流程，那么你会发现它们的主要不同：由于在任何测试之前进入循环，所以在后测循环中的循环体语句总是至少执行一次。然而，如果测试条件不是 true，那么在前测循环中的循环体语句永远不会执行。

一般而言，在 JavaScript 中有两种在进入循环之前测试条件的循环和一种在循环完成一次迭代之后测试条件的循环。两种前测循环是 while 循环和 for 循环，而后测循环称为 do...while 循环。我们将会在本章讨论每种循环类型。

4.2.2　前测 while 循环

while 循环的一般语法如下所示：

```
while (test condition)
{
  do some stuff
  change something about the test condition
}
```

编写测试条件

让我们谈谈关于测试条件的事情。与判断结构一样，循环中的测试条件一定是 true 或者 false 之一。测试条件可能测试一个值是否大于、小于、不等于或等于其他某个东西。这个值一定是一个变量，但是它可能与另一个变量、一个实际值（例如，23 或“yes”）或者一个表达式（类似 (x + 4) 或 (myAge – 3)）进行比较。也可以使用复合测试条件，但是我们现在将坚持使用单一条件，例 4.6 提供了一些样例。

例 4.6　哪些测试条件是有效的　以下是有效的测试条件吗？

a）如果 num1 是一个数字变量：　　num1 >= 100;

b）如果 myChoice 是一个字符串变量：　　myChoice < 3;

c）如果 num2 是一个数字变量：　　14 > num2;

d）如果 response 是一个字符串变量：　　response ! = “no”；

e）如果 num3 是一个数字变量：　　num3 = 15;

回答：

a）这是一个有效的测试条件。它问这个问题："num1 是大于或等于 100 吗？"且总是回答为 true 或 false。

b）这不是一个有效的测试条件。因为 myChoice 是字符串变量，它不可能小于整数 3。然而，myChoice < "3" 是有效的测试条件。

c）这不是一个有效的测试条件。条件的左边应当总是一个变量。

d）这是一个有效的测试条件。对问题"response 的值与字符串'no'不一样吗?"的回答将总是 true 或 false。

e）这也不是一个有效的测试条件。语句 num3 = 15; 不是问一个问题，而是一条赋值语句，它把值 15 赋予变量 num3。要让它成为一个有效的测试条件，必须使用比较操作符（==）。这时，num3 == 15 是有效的测试条件。

为了理解循环如何运作，我们将浏览一些例子。首先，我们将使用 while 循环在一个网页上创建一张表格，而且用一列名字填入这个表格。例 4.7 使用哨兵控制循环，我们将在本节后面详细讨论这类循环。

例 4.7　使用 while 循环创建并填充一个表格　在这个例子中，用户将录入游戏中所有玩家的名字和玩家累积的分数。计算机将在一个 HTML 表格中的一列显示玩家的名字，而每个玩家的分数显示在另一列。游戏裁判可能使用这个程序在计算机游戏中显示每个参赛者的信息。因为随着这个游戏获得因特网名声，玩家的人数可能改变，所以裁判需要程序能够循环直至裁判完成名字录入。在这种情况下，测试条件将是游戏裁判键入的某个东西。

```
<html>
<head>
<title>Example 4.7</title>
<script>
function getPlayers()
{
      var player = prompt("Enter the name of a player:"," ");
      var points = prompt("Enter the points this player has:"," ");
      document.write('<table width="40%" border="1">');
      while (player != "done")
      {
            document.write('<tr>');
            document.write('<td width="50">' + player + '</td>');
            document.write('<td width = "50">' + points + '</td>');
            document.write('</tr>');
            player = prompt("Enter the name of a player or enter 'done' ↵
                        when you're finished:"," ");
            points = prompt("Enter the points this player has or 0 if ↵
                        finished:"," ");
      }
      document.write('</table>');
}
</script>
</head>
<body>
<h1> </h1>
<h1>Today's Players</h1>
<h3>Click to enter players' names</h3>
```

```
27.  <p><input type="button" id="players" value="Enter today's players" ↵
                          onclick="getPlayers();" /></p>
28.  </body>
29.  </html>
```

我们将从第 5 行开始，逐行检查程序。我们已经知道当用户单击页面上的按钮（第 26 ~ 27 行）时，将调用函数 getPlayers()。第 6 行包含函数的开始花括号，并且结束于第 20 行。由于我们的程序变得更加复杂而且包含使用开始和结束花括号的结构，所以有必要借助排版确保开始花括号在正确的地方有对应的结束花括号。

第 7 和 8 行声明两个变量保存玩家的名字和分数，分别命名为 player 和 points。在这些行上的两个提示让用户录入第一个玩家的名字和他的分数。注意，我们不用麻烦将 points 转换为数字变量，即使要录入的是数字。这个程序将不对这些值做任何数学处理，因此不需要转换。第 9 行开始在网页上显示一个表格，这个程序产生一个小表格（窗口宽度的 40%），而且在单元格周围有边框。

这个循环从第 10 行开始，第 18 行结束。第 10 行检查 player 的值。除非是某个非常奇怪的巧合（第一个玩家的名字是 done），否则测试条件将是 true，也就是 player 的值与 done 不同。因为测试条件是 true，所以进入循环，控制交给第 11 行（开始花括号），然后执行第 12 行，第 12 行在表格中开始新的一行。第 13 行做一些事情，开始一个单元格（document.write('<td width="50">'...)）并且把它与存储在变量 player 中的第一个玩家的名字连接在一起，然后关闭单元格（... '</td>');）。第 14 行做相同的事情，但是把 points 的值放入这行的第二个单元格。第 15 行关闭这一行。

第 16 和 17 行提示用户录入另一个玩家的名字和分数。注意，以前存储在 player 中的名字现在消失了，points 原来的值也一样。这些提示包含其他一条非常重要的信息，即如何结束循环。在录入第 16 和 17 行另一个玩家的名字和分数之后，程序控制循环回到第 10 行。除非用户在第 16 行上的提示录入 done，否则测试条件将再次是 true。循环将为另一次迭代继续。每次迭代创建新的一行，创建第一个单元格放置 player 的值，创建第二个单元格放置 points 的值，然后结束这一行。最后，每次迭代也提示录入 player 和 points 的新值。当用户录入 done 并且控制循环回到第 10 行时，测试条件将成为 false，从而控制将跳到第 19 行。

你可能已经注意到，当完成录入名字时用户也被告知为 points 录入 0。但是，这个 0 在这个程序中不起任何作用。录入这个 0 是没有必要的，但是由于这个程序要求一起录入一个玩家的名字和分数，所以一定要录入某个东西。从心理上来说，当完成录入信息时用户会感觉录入 0 比录入其他数字更好。

一旦这个循环结束，控制执行第 19 行简单地关闭这个表格。在这个表格中行的数目严格取决于用户录入了多少个名字。你可以自己试一试，录入以下两个含有名字和分数的列表，并且检查你的显示看起来是否与下面的显示类似。

a）输入： `Joe, 20; Mary, 45; Pat, 62; done, 0`

Joe	20
Mary	45
Pat	62

b）输入：　Jane, 320; Mike, 456; Pamela, 167; Bobby, 88;
Frank, 981; Annie, 2345; done, 0

Jane	320
Mike	456
Pamela	167
Bobby	88
Frank	981
Annie	2345

例 4.8 也将提示用户录入信息而且使用 while 循环创建在网页上的一个表格，并且使用用户录入的数据填充表格。然而，在这种情况下，当循环应该结束时，循环将完成一个固定数目的迭代而不是让用户决定。这类循环称为计数器控制循环，本节将进一步讨论它。

例 4.8　使用 while 循环实现 10 次迭代　在这个例子中，想象一个冒险游戏已经开始。开始时让每个玩家捡取 10 个物品。这个程序将为玩家显示可用的选项，并且使用 while 循环提示玩家选择 10 次。通过使用例 4.7 中的技术创建一个 HTML 表格，在循环里每次一行，并且立即显示玩家每次选择的项目。一旦选择了 10 个，循环就结束。在这种情况下，测试条件在这个程序开始之前定义。

```
<html>
<head>
<title>Example 4.8</title>
<script>
function getStuff()
{
    document.write('<table width="40%" align = "center">');
    var num = 0;
    var item = " ";
    document.write('<h1> </h1>');
    while (num < 10)
    {
        item = prompt("What do you choose for item number " + (num + 1) ↵
                  + "?");
        document.write('<tr>');
        document.write('<td>item ' + (num + 1) + ' : ' + item + '</td>');
        document.write('</tr>');
        num = num + 1;
    }
    document.write('</table>');
}
</script>
</head>
<body>
<table align ="center" width ="70%"><tr><td colspan ="2">
<h1>Select Your Gear for the Game</h1>
<p>You are allowed to pick up to 10 items from the following list before the ↵
                    game begins:</p>
<table width = "60%">
<tr><td colspan="2"><h3>Supplies Available</h3></td></tr>
<tr><td>bag of food (1-day supply)</td><td>bottle of water (1-day supply) ↵
                    </td></tr>
<tr><td>sword</td><td>shield</td></tr>
<tr><td>kevlar vest</td><td>hunting knife</td></tr>
```

```
32.  <tr><td>bow with quiver of arrows</td><td>10 extra arrows</td></tr>
33.  <tr><td>backpack</td><td>slingshot</td></tr>
34.  <tr><td>box of 5 firestarters</td><td>pet goat</td></tr>
35.  <tr><td>falcon</td><td>falconer's gloves</td></tr>
36.  <tr><td>notebook</td><td>pen and pencil set</td></tr>
37.  <tr><td>walking stick</td><td>hammer</td></tr>
38.  <tr><td>shovel</td><td>1-person tent</td></tr>
39.  </table>
40.  <tr><td><p> </p>
41.  <p><input type="button" id="gear" value="Click to enter your selections" ↵
               onclick="getStuff();" /></p>
42.  </td></tr>
43.  </table></body>
44.  </html>
```

这个网页的主体（第 23 ~ 43 行）简单地列出玩家在游戏开始时可以从中挑选的所有物品，玩家可以从中挑选 10 个。在第 5 ~ 20 行 JavaScript 函数 getStuff() 是我们最感兴趣的。在这个 while 循环中，使用了一个计数器。决定计数器起始于什么数、在循环中如何改变计数器以及在每次迭代开始时如何测试是非常重要的事情，下面详细解释。

在这个例子中，第 9 行声明了一个字符串变量 item 并且给出一个空格初值。第 8 行声明了一个数字型变量 num，并且设定初值为 0。第 11 行的循环测试条件指出当 num 小于 10 时就继续循环，这意味着循环将有 10 次迭代：num = 0、1、2、3、4、5、6、7、8 和 9。当我们检查这段代码时，要记住这点。

第 12 行提示用户录入一个物品，这行代码是：

```
item = prompt("What do you choose for item number " + (num + 1) + "?");
```

因为计数器开始于 0，而第一项是 item number 1，所以我们编码提示时询问第（num+1）项。通过把这个表达式放入圆括号中，JavaScript 就知道这个符号 + 表示加法而不是字符串连接。在这种情况下，如果 num = 6，那么（num+1）将显示 7。这个提示将为：

```
What do you choose for item number 7?
```

如果我们除去这个圆括号（你可以试一试），显示将会为：

```
What do you choose for item number 61?
```

第 14、15 和 16 行创建在显示玩家信息表格中的下一行，并且用玩家的选择填写这一行。再一次，因为 num 的值比实际的项目编号小 1，所以我们要在显示中使用（num+1）解决这个问题。

第 17 行为 num 赋予一个新值，它为 num 的值加 1。然后将控制返回到 while 循环的顶端（第 11 行），测试 num 的新值。循环再继续 9 次，直至玩家录入第 10 项后 num 的值成为 10。此时由于 10 不小于 10，所以测试条件现在是 false。循环结束并且将控制下降到第 19 行，从而关闭这个表格。由于测试条件已经写好，所以这个表格中的行数永远不会大于 10 或者小于 10。你可以自己试试，录入以下列出的物品并且检查你的显示是否看起来像这里的显示效果。

输入： bag of food; sword; backpack; kevlar vest; bottle of water; box of 5 firestarters; slingshot; falcon; falconer's gloves; shield

```
item 1 : bag of food
item 2 : sword
item 3 : backpack
item 4 : kevlar vest
item 5 : bottle of water
item 6 : box of 5 firestarters
item 7 : slingshot
item 8 : falcon
item 9 : falconer's gloves
item 10 : shield
```

注意：这段代码没有包含检查玩家是否只录入了已给出列表中的物品，以及录入的物品名是否存在拼写错误的方法。这类错误检查是非常重要的，但是基于本节的目的，这个错误检查太高级了。随着本书进展，我们将增加错误检查。

4.2.3 后测 do...while 循环

do...while **循环**是 while 循环的变体。这个循环将至少执行这块代码一次，然后当指定条件是 true 时重复这个循环。do...while 循环和 while 循环的主要不同是：对于 while 循环，在循环开始之前必须满足其测试条件；对于 do...while 循环，因为条件是在最后测试，所以立即进入这个循环，执行这块语句，然后测试这个条件看看是否应该再次执行这块代码。

do...while 循环的一般语法如下：

```
do
{
  do some stuff
  change something about the test condition
}
while (test condition)
```

4.2.3.1 为什么使用一种循环而不使用另外一种循环

对于许多情形，任一类型的循环都将可以。在这些情况下，决定使用哪一种循环是由程序员决定的，而且只是偏爱的事情。然而，有许多情形要求一个循环应该只在一个给定条件为 true 时才执行。在这些情况下，应当使用前测循环。其他情形可能需要一些代码至少执行一次，从而在这些情况下必须使用后测循环。

考虑以下情形：你正在为一个网上商店编写代码。在用户访问的一个页面上，他能够为购物车选择商品。如果用户不想买某件东西，那么你就不会使用一个循环要求用户录入这个商品的数量然后显示其价格。向还没有决定购买商品的用户询问购买数量是一件令人沮丧的事情！在这种情况下，你将使用前测循环，其测试条件只有当用户对这样一个问题“Do you want to select an item to purchase?”回答“yes”时才为 true。

另一方面，如果你是雇主，要为你的雇员编写代码创建薪水支票，那么只有当你至少有一位需要薪水支票的雇员时，你才会运行这个程序。在这种情况下，你可以使用后测循环。你预期至少有一位雇员，因此需要这个循环至少遍历一次。在循环末端的测试条件可能问你是否想要录入另一个雇员的信息。

我们将在例 4.9 中创建这个程序。

例 4.9 使用 do...while 循环创建工资单 这里，我们将编写一个为小企业计算工资单的程序。对这个例子来说，我们将假定每个人有相同的税率 15%。作为一个检查点练习，要求你为这个例子添加代码，基于雇员的家属人数改变税率。这个程序将示范如何使用后测 do...while 循环，其测试条件将由雇主录入。直至在循环末端当提示录入雇员名字时雇主录入单词 done 后，程序才结束这个循环。

这个循环将产生一个表格，每列分别对应于雇员的名字、应发工资和实发工资。这个循环也嵌套了一个 if...else 结构。

```
<html>
<head>
<title>Example 4.9</title>
<script>
function getPay()
{
     document.write('<table width="40%" align = "center">');
     var name = " ";
     var hours = 0;
     var rate = 0;
     var grossPay = 0;
     var netPay = 0;
     document.write('<tr><td>name</td><td>gross pay</td><td>net pay</td> ↵
                    </tr>');
     name = prompt("Enter the first employee's name:");
     do
     {
          hours = parseFloat(prompt("How many hours did " + name + " work ↵
                    this week?"));
          rate = parseFloat(prompt("What is " + name + "'s hourly pay rate?"));
          if (hours > 40)
               grossPay = (40 * rate) + ((hours - 40)*1.5*rate);
          else
               grossPay = hours * rate;
          netPay = grossPay * .85;
          document.write('<tr><td>' + name + '</td><td>$ ' + grossPay + ↵
               '</td><td>$ ' + netPay + '</td></tr>');
          name = prompt("Enter another employee's name or enter 'done' ↵
                    when finished:");
     }
     while  (name != "done")
     document.write('</table>');
}
</script>
</head>
<body>
<table align ="center" width ="70%"><tr><td colspan ="2">
<h1>Calculate Employees Paychecks</h1>
<p>You can enter payroll information for all employees. Paychecks are ↵
                    calculated as shown:</p>
<table width = "70%">
<tr><td>Gross pay for first 40 hours:</td><td>hourly rate * hours worked ↵
                    </td></tr>
<tr><td>Overtime:</td><td>overtime hours * 1.5 * hourly rate</td></tr>
<tr><td>Tax rate for all employees: </td><td>15% of gross pay</td></tr>↵
</table>
```

```
41.   <p><input type="button" id="pay" value="Click to begin entering employees" ↵
                                onclick="getPay();" /></p>
42.   </td></tr></table>
43.   </body>
44.   </html>
```

这个网页的主体（第 32 ~ 43 行）向用户描述如何计算雇员税。我们最感兴趣的是通过单击按钮调用的 JavaScript 函数 getPay()。第 7 ~ 13 行建立显示输出的表格，并且初始化必需的变量。第 14 行在进入循环之前提示用户录入一个雇员的名字。在这个例子中，假定除非雇主想要计算某人的工资，否则这个按钮永远不会被单击，而且这个函数永远不会被调用。

第 17 和 18 行提示用户录入雇员的工作小时数和时薪。因为它们将用于计算，所以录入值被转换为数字值。第 19 ~ 22 行计算每位雇员的应发工资，并且使用 if...else 结构计算满足条件的加班费。如果雇员工作 40 小时以上，则进入 if 子句。grossPay 语句为前 40 个小时计算常规工资，并且为超过 40 小时之外的小时数按 1.5 倍时薪计算加班费。如果雇员的工作时间不超过 40 小时，那么 else 子句按工作的小时数乘以时薪计算 grossPay。

第 23 行计算实发工资。由于我们已经决定为每个人给出 15% 的税率，所以对我们的程序来说，实发工资只是应发工资的 85%。第 24 行把这些信息显示在前面建立表格中每个新行中的三列。

最后，第 25 行提示用户录入另一个雇员的名字或者指出没有更多的雇员。除非用户录入单词 done，否则该 while 语句中的测试条件（第 27 行）将是 true 并且程序控制将回到第 15 行的 do 语句。注意，在这个循环的下一次迭代中名字变量的值是在上一次迭代末端录入的名字。

试一试这个程序，录入以下信息并且检查你的显示看起来是否像这里的显示效果。

输入：

Employee's name	Hours Worked	Hourly Rate(dollar & cents)
Harvey Hardy	40	10.00
Louisa Lee	21	16.50
Elmer Erkenheimer	44	7.80
Millicent Murgatroyd	68	21.75

name	gross pay	net pay
Harvey Hardy	$400	$340
Louisa Lee	$346.5	$294.525
Elmer Erkenheimer	$358.8	$304.98
Millicent Murgatroyd	$1783.5	$1515.975

注意：这个代码不包含任何错误检查，当编写代码时你应该总是要包括错误检查。在这个例子中，我们很可能想要增加编码确保雇主不为小时数或时薪录入小于 0 的数字，这是因为在正常情况下没有人的工作小时数是负数或者获得负数酬金。同时，因为一周 7 天只有 168 小时，我们想要确保没有人的工作时间超过 168 小时！然而，当我们仍然正在学习概念的时候，可以假定录入的所有数据都是有效的。

有许多方法改进这个程序，你将在检查点练习中有机会为这个程序补充这两个特征。

4.2.3.2 格式化输出：toFixed() 方法

你可能不喜欢在我们的工资单例子中显示的值要么没有小数位，要么有 3 个小数位。如何改变显示使货币值显示为带有货币符号？有几种方法做这件事，但是最容易的一种方法是使用 toFixed() 方法。这个方法的一般形式如下：

```
num.toFixed(x)
```

这将格式化数字变量 num，使之含有 x 个小数位。通过把 .toFixed(2) 添加到例 4.9 的第 24 行上的变量 grossPay 和 netPay，其输出会看起来如下图所示。

name	gross pay	net pay
Harvey Hardy	$400.00	$340.00
Louisa Lee	$346.50	$294.52
Elmer Erkenheimer	$358.80	$304.98
Millicent Murgatroyd	$1783.50	$1515.97

4.2.4　哨兵控制循环

循环经常用于输入大量的数据。每次遍历一个循环，就把一项数据（或一组数据）录入程序。正在把纸质记录转换到云记录的店主可能使用一个循环把所有客户的名字录入一个数据库，并且为每个客户分配一个身份编号。这个信息可以用于问候访问网站的每个客户，并且用于以后链接每个客户的其他信息。用于这样一个循环的测试条件必须在录入所有数据后迫使这个循环退出。通常，迫使循环结束的最好方法是让用户录入一个特别的项目（**哨兵值**）充当输入已完成的标志。应该小心挑选哨兵项目（也可以称为**数据结束标记**），使它不可能被误认为是实际的输入数据。例如，以女人街网站为例，由于所有身份编号是正整数，所以哨兵值可以是数字 -9。由于没有客户会有一个负的身份编号，所以当遇到值 -9 时循环就结束。在本章一些例子中已经使用过**哨兵控制循环**，例 4.10 示范这类循环的另一种方法。

例 4.10　使用哨兵控制循环　想象你要编写一个程序，让一位教授为他班上的所有学生录入名字和学号。这个教授也想要使用这个信息为每位学生分配一个用户名，使得学生可以使用它来访问一个课程网站。然而，每个班有不同数目的学生，因此你决定使用一个哨兵控制循环。这样，当教授已经为每个班完成了数据录入时，他就可以录入这个哨兵值而不管这个班有 10 位学生还是 20 或 300。

在这个程序中，用户名是每个学生的名字和学号的连接。

```
<html>
<head>
<title>Example 4.10</title>
<script>
function getClass()
{
    document.write('<table width="40%" align = "center">');
    var fname = " ";
    var lname = " ";
    var id = " ";
    var username = 0;
    var course = " ";
    course = prompt("What is the name of this course?");
    document.write('<tr><td colspan =4 align = "center">' + course + ↵
        '</td></tr>');
```

```
    document.write('<tr><td>first name</td><td>last name</td> ↵
            <td>username</td></tr>');
    fname = prompt("Enter one student's first name:");
    lname = prompt("Enter the student's last name:");
    id = prompt("Enter the student's identification number:");
    do
    {
        username = fname + id;
        document.write('<tr><td>' + fname + '</td><td>' + lname ↵
            + '</td><td>' + id + '</td><td>' + username + '</td></tr>'); ↵
        fname = prompt("Enter another student's first name or enter 'X' ↵
            when finished:");
        lname = prompt("Enter another student's last name or enter 'X' ↵
            when finished:");
        id = prompt("Enter another student's identification number or ↵
            enter -9 when finished:");
    }
    while  (id != -9)
    document.write('</table>');
}
</script>
</head>
<body>
<table align ="center" width ="70%"><tr><td colspan ="2">
<h1>Create Usernames</h1>
<p>You can enter each student's name and ID number and <br /> this program ↵
        will create usernames for you</p>
<tr><td><p> </p>
<p><input type="button" id="username" value="Click to begin entering names" ↵
        onclick="getClass();" /></p>
</td></tr>
</table>
</body>
</html>
```

这个程序的哨兵是数字 -9，循环继续直至用户为学号录入 -9。然而要注意，它也提示为学生的名和姓录入 'X'，即使这些录入都没有用于在测试条件中求值。测试条件也可以容易地写成 (fname ! = 'X') 或 (lname ! = 'X')。我们必须包括所有的选项，因为当用户完成名字录入时必须在所有的 3 个提示中录入某个东西，而 'X' 只不过是一个占位符号而已。在本书后面，我们可以使用其他技术避免这种问题。

如果你试验这个程序并且录入以下提供的输入，你的输出应该看起来如下图所示。

输入：

Course Name: `Introduction to JavaScript`

Students:
```
Jacques Jolie, ID: 2345
Isabel Torres, ID: 6789
Kevin Patel, ID: 2037
Barbara Chen, ID: 6589
X X, ID:  -9
```

Introduction to JavaScript

first name	last name	ID number	username
Jacques	Jolie	2345	Jacques2345
Isabel	Torres	6789	Isabel6789
Kevin	Patel	2037	Kevin2037
Barbara	Chen	6589	Barbara6589

格式化输出：toLowerCase() 和 toUpperCase() 方法

例 4.10 是从输入生成用户名的好方法，然而用户名经常只使用小写字母。JavaScript 有两种方法分别将一个字符串中的所有文本转换成所有小写字母（toLowerCase() 方法）或所有大写字母（toUpperCase() 方法）。这些方法的一般形式如下：

- **stringVariable**.toLowerCase();
- **stringVariable**.toUpperCase();

作为一个检查点练习，要求你使用 toLowerCase() 方法。例 4.11 示范如何使用这两种方法。

例 4.11　使用 toLowerCase() 和 toUpperCase() 方法　下列代码示范 toLowerCase() 方法如何将所有文本转换成小写字母，不管它本来是否是所有大写字母、所有小写字母或它们的混合；以及 toUpperCase()）方法如何做相同的事情，但是把所有文本改变为大写字母。

```
<html>
<head>
<title>Example 4.11</title>
<script>
        var name = "MaryAnn";
        var greeting = "Welcome home, ";
        document.write('<p>' + greeting + name + '!</p>');
        document.write('<p>' + greeting.toUpperCase() + ↵name.toLowerCase()
                      + '!</p>');
        document.write('<p>' + greeting.toLowerCase() + name. toUpperCase() ↵
                      + '!</p>');
</script>
</head>
<body>
</body>
</html>
```

这段代码的输出如下图所示。

Welcome home, MaryAnn!

WELCOME HOME, maryann!

welcome home, MARYANN!

4.2.5　计数器控制循环

到现在为止，我们已经看到的许多循环都是在用户键入一个特定值时才结束。当然，在有些情况下你想要循环执行特定数目的次数，而不需用户的任何输入。构造这样一个循环的一种方法是使用一种称为**计数器控制循环**的特殊前测循环，它执行固定数目的次数，并且这个数目在第一次进入循环前就知道。

计数器控制循环包含一个变量（**计数器**），记录遍历循环的数目（即循环迭代的次数）。当计数器达到一个预置值时，循环就退出。为了让计算机执行一个指定次数的循环，一定要记录遍历循环的次数。

4.2.5.1 使用计数器

要使用一个计数器记录循环已经执行的次数，必须定义、初始化并且递增（向上计数）或递减（向下计数）这个计数器。起初像这样维持一个计数器的代码似乎有一点奇怪，但是你很快就会认识到它是有意义的。在 JavaScript 中，有些快捷方式常用于递增或者递减变量，从而使计数器易于使用。使用计数器的步骤描述如下。

1）**定义一个计数器**：计数器是一个变量。因为它计算循环体的执行次数，并且计算机不能做某件事情 1.25 次，所以计数器总是一个整数。计数器的变量名通常是 counter、count、i 或 j。在某些语言中，单词 count 或 counter 可能是关键字。最好把你的计数器命名得非常简单，类似 i 或 j。

2）**初始化计数器**：将计数器设定为初始值。虽然一个计数器可以开始于由程序其他因素决定的任何整数值，但是现在，我们通常将计数器设定为 0 或 1。

3）**递增（或递减）计数器**：计算机使用你在很小时候就会的方法进行计数。按 1 计数是指计算机获取已有的数并且加 1，因此计算机按 1 计数的代码看起来像 i + 1，其中 i 是一个整型变量。然后，把新值存储到旧值所在的位置。也就是语句 i = i + 1 的含义是取出 i 的旧值，加 1，然后把得到的新值存储在旧值所在的位置（即 i）。

4.2.5.2 快捷操作符

JavaScript 有一些快捷方式让你使用一个步骤就能递增或递减计数器，而不必写出完整的表达式。最普遍使用的快捷方式是按 1 递增一个变量，如 i++，它等同于表达式 i = i + 1。其他快捷方式如表 4-1 所示。

表 4-1 快捷操作符

j 的初值	递增 / 递减表达式	快捷方式	j 的终值
1	j = j + 1	j ++	2
1	j = j – 1	j --	0
5	j = j + 2	j += 2	7
5	j = j – 2	j -= 2	3
4	j = j * 3	j *= 3	12
4	j = j / 3	j /= 3	2
1	j = j + 1	++ j	2

当看到这个表格时，你可能想知道 j++ 和 ++j 之间的不同。在表格上的结果是相同的，其不同出现在编写代码的时候。++j 在使用它之前递增 j，j++ 在使用它之后递增 j。例 4.12 和例 4.13 示范这些操作符的使用方法和 j++ 与 ++j 之间的不同。

例 4.12 使用快捷方式 使用下列代码尝试表 4-1 展示的快捷操作符的变体。

```
<html>
<head>
<title>Example 4.12</title>
<script>
	var j = 1; j++;
	document.write("<h3> if j = 1, then j++ is " + j + "!</p>");
	j = 1; j--;
```

```
        document.write("<h3> if j = 1, then j-- is " + j + "!</p>");
        j = 5; j+=2;
        document.write("<h3> if j = 5, then j+=2 is " + j + "!</p>");
        j = 5; j-=2;
        document.write("<h3>if j = 5, then j-=2 is " + j + "!</p>");
        j = 4; j*=3;
        document.write("<h3> if j = 4, then j*=3 is " + j + "!</p>");
        j = 4; j/=2;
        document.write("<h3> if j = 4, then j/=2 is " + j + "!</p>");
        j = 1; ++j;
        document.write("<h3> if j = 1, then ++j is " + j + "</p>");
        j = 8; --j;
        document.write("<h3> if j = 8, then --j is " + j + "!</p>");
</script>
</head>
<body>
</body>
</html>
```

如果录入这个代码，那么输出应该看起来如下图所示。然而，通过改变 j 的初值并且通过改变递增、递减、被乘数等，你能看到这些快捷方式是如何操作的。

```
if j = 1, then j++ is 2
if j = 1, then j-- is 0
if j = 5, then j+=2 is 7
if j = 5, then j-=2 is 3
if j = 4, then j*=3 is 12
if j = 4, then j/=2 is 2
if j = 1, then ++j is 2
if j = 8, then --j is 7
```

例 4.13 示范把递增操作符放在变量之前或在变量之后的不同。

例 4.13　++counter 或 counter++

```
<html>
<head>
<title>Example 4.12</title>
<script>
        var counterA = 8;
        var counterB = 0;
        document.write("<h3> counterA = " + counterA + "</h3>");
        counterB = counterA++;
        document.write("<h3> counterB = counterA++ so counterB now = ↵
                  " + counterB + "</h3>");
        document.write("<h3> counterA++ = " + counterA + "</h3>");
        counterC = 8;
        counterD = 0;
        document.write("<h3> counterC = " + counterC + "</h3>");
        counterD = ++counterC;
        document.write("<h3> counterD = ++counterC so counterD now = ↵
                  " + counterD + "</h3>");
        document.write("<h3> ++counterC = " + counterC + "</h3>");
</script>
</head>
```

```
19. <body>
20. </body>
21. </html>
```

如果录入这个代码，输出应该看起来如下图所示。你将看到，虽然在变量之前使用 ++ 操作符与在变量之后使用 ++ 操作符将得到一样的结果值（也就是 j ++ == ++ j），但是在表达式中使用这些操作符时却有很大不同。第 8 行将 counterA++ 的值赋给 counterB，输出表示 counterB 包含 counterA 递增之前的值。但是第 14 行将 ++counterC 的值赋予 counterD，在这种情况下 counterD 得到 counterC 在递增之后的值。

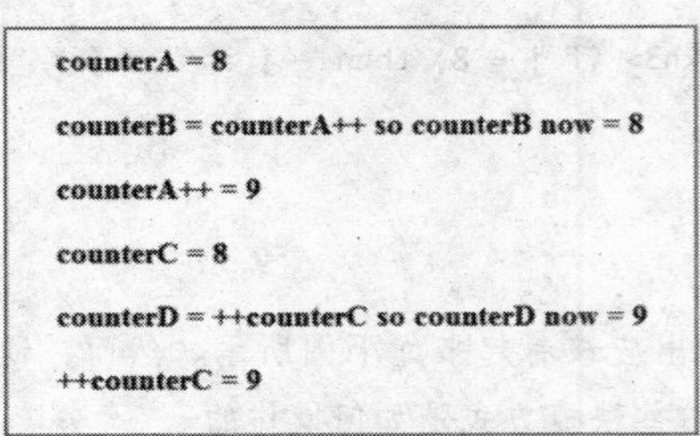

4.2 节检查点

4.7 为例 4.7 添加代码，为那个表格创建标题并且为每列增加列标题。表格标题是 Game Players，列标题应该是 Players 和 Points。

4.8 使用 do...while 后测循环结构重做例 4.8。

4.9 为例 4.9 添加代码，以便显示输出其他两列，一列是常规工资，另一列是加班费。

4.10 为例 4.9 添加代码，在计算每个雇员税时使用例子中的标准，但是税率要根据雇员家属人数而变化。你需要提示录入家属人数，并且使用下列税率：

0 位家属	税率 = 28%
1 ~ 3 位家属	税率 = 22%
4 ~ 6 位家属	税率 = 17%
6 位以上家属	税率 = 12%

提示：在循环内使用一条 switch 语句。

4.11 使用 toLowerCase() 方法和相关技术修改例 4.10 产生的用户名格式，使得这个名字都是小写字母并且在学生名和学号之间有一个下划线。例如，一个学生全名是 Ivan Prokopenskaya，学号是 8823，那么他的用户名应该是 ivan_8823。

4.12 使用快捷操作符改写下列表达式：

a）myCounter = myCounter + 1;　　b）countdown = countdown – 5;

c）multiply = multiply * 2;　　d）j = j + 3;

4.3 for 循环

大多数程序设计语言包含一条易于构造计数器控制循环的语句。为了创建一个内置的计数器控制循环，我们引入 for 循环。for 循环提供初始化计数器的简短方法，告诉计算机在每次遍历循环时增加或者减少计数器的数量，并告诉计算机什么时候停止。

4.3.1　for 语句

在 JavaScript 中，for 循环的一般形式如下：

```
for (counter = initialValue; test condition; increment/decrement)
{
     body of the loop;
}
```

在圆括号内的信息实际上是被分号分开的 3 条语句。这种 for 语句将重复地执行循环的循环体，这个循环开始时将计数器赋值为指定的初值，并且每次遍历循环后按某个指定值递增或递减计数器。在本节中，我们将详细讨论在 for 循环圆括号表达式中的 3 条语句。

4.3.2　初值

第一条语句将计数器设定为它的**初值**。初值可能是任何整型常数，如 1、0、23 或 –4。初值也可能是另一个数字变量。例如，如果一个变量 lowNumber 在进入 for 循环之前设定为一个整数，那么计数器可以初始化为 lowNumber 的值。然后，这个 for 循环的第一条语句会看起来像这样：counter = lowNumber。同样，计数器可能设定为等于一个包含数字变量和数字的表达式，如 counter = (lowNumber + 3)。计数器本身一定是一个变量，并且初始值一定是一个整数。

- counter = 5 是计数器的有效初始化。
- counter = newNumber 是计数器的有效初始化，如果 newNumber 是数字整型变量。
- counter = (newNumber * 2) 是计数器的有效初始化。
- counter = (5/2) 不是计数器的有效初始化，因为 5/2 不是一个整数。
- 23= counter 不是计数器的有效初始化。

4.3.3　测试条件

测试条件也许是这 3 条语句中最重要的语句，我们必须理解测试条件表示什么、测试条件放在哪里以及在测试条件之后会发生什么事。测试条件提出这样的问题："这个计数器是否在这个条件指定的范围之内？"例如，如果测试条件是 counter < 10，那么它问的问题是："计数器的值小于 10 吗？"如果对这个问题的回答是"yes"，那么循环再次执行；如果回答是"no"，那么循环退出。这意味着，当 counter 等于 10 时，循环将退出。然而，如果测试条件是 counter ≤ 10，那么问的问题是："计数器的值小于或等于 10 吗？"在这种情况下，直至 counter 至少是 11 循环才退出。

另一个关于测试条件的重要考虑是什么时候检查测试条件，这个问题涉及任何循环，包括 while、do...while 和 for 循环。如同我们已经见过的，测试条件是在后测循环中的循环末端和在前测循环中的开始检查。从那些循环的术语就很清楚这一点，但是对于 for 循环却不这么清楚。在 for 循环中，测试条件是在循环开始时检查。如果计数器的初值通过测试条件，那么进入循环一次。在循环体执行一次之后，计数器就递增或递减，然后再次检查测试条件。因此，在第一次执行循环之后，当完成循环的循环体后就检查测试条件一次。

测试条件也可能是一个数字、含有数字值的另一个变量或者包含变量和数字的表达式。例如：

- counter < 5 是一个有效的测试条件，并且带有这个条件的循环将一直执行，直至 counter 的值是 5 或更大。
- counter ≥ 6 是一个有效的测试条件，并且带有这个条件的循环将一直执行，直至 counter 的值是 5 或更小。
- counter ≥ newNumber 是一个有效的测试条件，并且带有这个条件的循环将一直执行，直至 counter 的值小于或等于 newNumber 的值。
- counter < (newNumber + 5) 是一个有效的测试条件。一个带有这个条件的循环将一直执行，直至 counter 的值大于或等于 newNumber+5 的值。

4.3.4 递增 / 递减语句

递增或递减语句使用表 4-1 列出的快捷记号，以下是一些有效递增和递减的例子：

- counter ++ 每次按 1 递增 counter。
- counter -- 每次按 1 递减 counter。
- counter += 2 每次按 2 递增 counter。例如，如果开始时 counter = 0，那么在下一次遍历循环时它等于 2，再下一次等于 4，等等。它与以下代码是一样的：counter = counter + 2。
- counter -= 3 每次按 3 递减 counter。例如，如果开始时 counter = 12，那么在下一次遍历循环时它等于 9，然后 6，然后 3，等等，甚至包括负数。在第 5 次时，counter 将等于 0，而且在第 6 次时等于 –3。如果你不想发生这种情况，那么小心编写你的测试条件！

一般而言，我们可以说：在每次遍历循环之后，

- counter += X 将按 X 的值递增 counter。
- counter -= X 将按 X 的值递减 counter。

4.3.5 谨慎的豆子计数器

在例 4-14 ~ 例 4-19 中，我们将练习使用 for 语句并且示范使用（或误用）计数器的许多方法。在程序中最常见的一种逻辑错误是没有正确地使用计数器。为计数器挑选初始值、递增或递减数量以及测试条件是程序员的责任。因为这些选择决定循环执行多少次，所以小心检查初值和测试条件以确保循环重复次数与你需要的一样多是非常重要的。考虑到这一点，我们将做一些计数豆子的事情。

对于即将到来的例子，你可能想要使用包含在 Student Data Files 中的果冻豆图像。作为选择，可以使用你自己的图像或者只是使用单词 BEAN 代替图像。

例 4.14　计数五粒豆子　这个例子和后面的 5 个例子示范如何使用计数器，以及如果没有小心选择初值和测试条件会发生什么事。在这个例子中，将显示 5 粒豆子。计数器起始于 0，并且这个循环将持续 5 个迭代。声明一个变量 beans 并且初始化为 4。因为我们想要显示 5 粒豆子并且计数器起始于

0，所以测试条件需要计数器继续递增直至它大于 4。

```
1.  <html>
2.  <head>
3.  <title>Example 4.14</title>
4.  <script>
5.  function countBeans()
6.  {
7.      var i = 0;
8.      var beans = 4;
9.      beanImage = ("<img src = 'blue_bean.jpg' >");
10.     document.write("<table align = 'center'><tr><td>");
11.     document.write("<h1> <br /> Here are your beans:</h1>");
12.     for (i = 0; i <= beans; i++)
13.         document.write(beanImage + "   ");
14.     document.write("</td></tr></table>");
15. }
16. </script>
17. </head>
18. <body>
19. <table align ="center" width ="70%"><tr><td>
20. <h1>Count Beans!</h1>
21. <p><input type="button" id="beans" value="Click to count beans" onclick= ↵
                            "countBeans();" /></p>
22. </td></tr></table>
23. </body>
24. </html>
```

因为这是第一个例子，所以展示了包括 HTML 主体的全部代码，而后面的 5 个例子将只展示 countBeans() 函数的修改。第 9 行声明一个变量 beanImage，它存储访问 blue_bean.jpg 图像的 HTML 代码。我们也可以在循环里写出这个 HTML 代码，但是使用这样一个变量可以使这个循环更简洁一点。

花括号：我们真的需要它们吗

注意 for 循环如何运作。因为这个循环中只有一条语句，所以花括号不是必需的。然而，如果循环体包含了不止一条语句，那么我们必须把循环体的所有语句括在花括号中。该语法要求用于所有循环和选择结构中。当一个结构只有一条语句时，花括号不是必需的。然而，多余的花括号不会伤害程序，却能够避免不必要的结果。除非已经非常熟悉程序设计，否则你可能想要总是使用花括号括起来在循环和选择结构中的一条或多条语句。

在第一次遍历中，第 12 行设定计数器（i）的初值为 0。尽管在声明这个变量时已初始化为 0，但是 for 循环需要在它的第一条语句中初始化计数器。下一条语句（i <= beans）是测试条件，其含义是指当 i 小于或等于 beans 时继续循环的循环体。变量 beans 初始化为 4，并且从不改变。在圆括号中的第 3 条语句直至在循环体完成一个迭代之后才执行。

第 13 行是循环的循环体，它显示一个豆子图像和两个空格。它完成之后，就执行 for 循环圆括号中的第 3 条语句，即计数器递增 1。

初始化语句只在第一次遍历循环之前执行一次，每次控制返回到第 12 行时就执行测试条件，在每次迭代时循环体结束就递增计数器。

因此，在循环体执行 5 次之后，计数器的值是 4。然后递增至 5，测试条件现在失败，从而控制跳到第 14 行关闭表格并结束程序。

如果你编写并运行这个程序，你的显示应该看起来像这样：

Here are your beans:

例 4.15　计数 5 粒豆子的另一个方法　这个例子也显示 5 粒豆子但是使用递减计数器的方法。在这种情况下，计数器最初设定为变量 beans 的值，并且在每个迭代之后递减。这个循环执行时，计数器依次遍历 4、3、2、1 和 0，但是一旦小于 0，循环就结束。因此，它执行 5 次，从而显示 5 粒豆子。

```
1.  function countBeans()
2.  {
3.        var beans = 4;
4.        beanImage = ("<img src = 'blue_bean.jpg' >");
5.        document.write("<table align = 'center'><tr><td>");
6.        document.write("<h1> <br /> Here are your beans:</h1>");
7.        for (var i = beans; i >= 0; i--)
8.             document.write(beanImage + "   ");
9.        document.write("</td></tr></table>");
10. }
```

这个例子与先前例子的另一个区别是这个计数器是在第 7 行的 for 循环中声明。在这些小程序中，任一方法都工作得很好。

如果你编写并运行这个程序，你的显示应该看起来与例 4.14 一样：

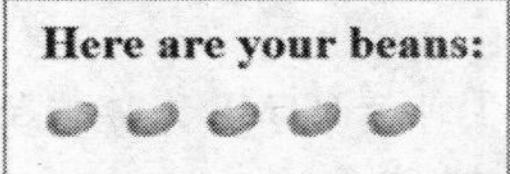

例 4.16　太多豆子　假设你需要显示 7 粒豆子。除非很小心，否则你可能不能获取你想要的结果。你能看出为什么下列代码显示的豆子超过 7 粒吗？

```
function countBeans()
{
      var i = 0;
      beanImage = ("<img src = 'blue_bean.jpg' >");
      document.write("<table align = 'center'><tr><td>");
      document.write("<h1> <br /> Here are your beans:</h1>");
      for (i = 0; i <= 7; i++)
           document.write(beanImage + "   ");
      document.write("</td></tr></table>");
}
```

如果你编写并运行这个程序，你的显示应该看起来像这样（注意有 8 粒豆子，而不是 7 粒）：

例 4.17　没有足够的豆子　如果没有正确地选择初始条件和测试条件，那么你可能遇到在这个例子中显示的情形。本例需要 7 粒豆子，你能看出为什么下列代码显示的豆子少于 7 粒吗？

```
function countBeans()
{
      var i = 0;
      beanImage = ("<img src = 'blue_bean.jpg' >");
```

```
        document.write("<table align = 'center'><tr><td>");
        document.write("<h1> <br /> Here are your beans:</h1>");
        for (i = 1; i < 7; i++)
            document.write(beanImage + "   ");
        document.write("</td></tr></table>");
}
```

如果你编写并运行这个程序，你的显示应该看起来像这样（注意只有 6 粒豆子，而不是 7 粒）：

Here are your beans:

例 4.18 在测试条件中使用表达式 这个例子将显示 6 粒豆子。在这种情况下，我们在测试条件中使用一个表达式代替指定值。

```
1.  function countBeans()
2.  {
3.      var i = 0;
4.      var beans = 12;
5.      beanImage = ("<img src = 'blue_bean.jpg' >");
6.      document.write("<table align = 'center'><tr><td>");
7.      document.write("<h1> <br /> Here are your beans:</h1>");
8.      for (i = 0; i < (beans - i); i++)
9.          document.write(beanImage + "   ");
10.     document.write("</td></tr></table>");
11. }
```

让我们看一看第 8 行。计数器 i 初始化为 0。测试条件是指当 i 的值比（beans – i）的值小时就执行循环体。beans 的值是 12（第 4 行），并且从来不改变。然而，在第 1 次遍历循环时，（beans – i）是（12 – 0）即 12；在第 2 次遍历时，i 已经递增为 1，因此（beans – i）现在是 11；在第 3 次遍历时，i 现在是 2 而（beans – i）现在是 10。这样继续循环直至在第 6 次遍历时 i 递增为 6，而（beans – i）的值是（12 – 6），即 6，因此这是最后一次遍历。在这次遍历结束时，i 递增为 7，因此（beans – i）的值是（12 – 7），即 5。这时，由于 5 小于 i 的值（7），所以循环结束。显示的 6 粒豆子像这样：

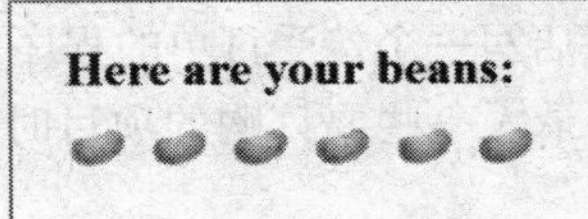

例 4.19 上升与下降 这个例子是例 4.18 的一个变体。这里，计数器递增，同时另一个变量递减。这些值的变化用于测试条件。

```
function countBeans()
{
    var i = 0;
    var beans = 12;
    beanImage = ("<img src = 'blue_bean.jpg' >");
    document.write("<table align = 'center'><tr><td>");
    document.write("<h1> <br /> Here are your beans:</h1>");
    for (i = 0; i != beans; i++)
    {
        document.write(beanImage + "   ");
        beans--;
    }
    document.write("</td></tr></table>");
}
```

在这个例子中，测试条件指出只要计数器 i 与变量 beans 的值不同就继续循环。beans 的值在每次迭代时递减 1（第 10 行），而计数器在每次迭代后递增 1。由于 beans 起始于 12 并且持续下降，而 i 起始于 0 并且持续上升，因此最后这两个值将相遇。在第 6 个迭代后两个值相遇都是 6，并且循环结束。显示的 6 粒豆子像这样：

4.3 节检查点

4.13　修改例 4.8 的代码，使用 for 循环代替 while 循环。

4.14　使用快捷记号重写下列表达式：

a）age = age + 2;

b）counter = counter –1;

c）num = num * 3;

d）id = id + 5;

4.15　counter++ 和 ++counter 有什么区别？

4.16　修改例 4.16 中的代码，以便显示 7 粒豆子。

4.17　修改例 4.17 中的代码，以便显示 7 粒豆子。

4.4　数据验证

当提示输入时，确保用户录入有效数据是重要的。这意味着如果要求一个数字，那么就不能输入一个单词或一个字母。如果提示从一列选项中选择，那么我们需要确保用户没有选择不在列表中的某个东西。然而，到目前为止，我们已经编写的程序只是假定用户将录入称为**有效数据**的东西。既然知道该如何写 JavaScript 循环，我们就可以把**数据验证**加入程序。

例如，你可能为一个小型珠宝商店写一个接受订单的程序。要求客户录入要订购的串珠手链的数量为 1、2、100 或者甚至 0。当录入一些要订购的项目时，要确保用户不会录入一个负数，因此我们使用在例 4.20 展示的代码。

例 4.20　确保录入的数字是正数

```
var bracelets = parseInt(prompt("How many bracelets do you want?"," "));
while (bracelets < 0)
{
   bracelets = prompt("Please enter a positive number. How many bracelets ↵
            you want?"," ");
}
document.write("You are ordering " + bracelets + " bracelets. Thank you!");
```

循环将继续，直至用户录入一个正数。

然而，其他问题可能存在。用户可能录入一个类似‘A’或‘m’的字符，而不是一个数字。用户可能录入数字 4.67 或 9.5。如果用户录入 9.5，那么这是否意味着用户希望买 9 条半手链呢？或者用户打算键入 10 或 95？上面显示的程序代码将会把 9.5 截断成 9，而这个商人就会少销售一条手链或 86 条手链！我们需要增加编码确保用户录入一个正整数值。首先，我们考虑该如何测试一个不是数字的录入项。

4.4.1　isNaN() 方法

如果在圆括号内的表达式或变量不是一个数字，那么 **isNaN() 方法**将**返回** true。这需要一点解释，一个数字值是指任何正的或负的整数或者浮点数，因此 6 是一个数字，–5.692 也是一个数字。但是这个函数将返回 true 是什么意思呢？我们说过在选择结构中测试条件的可能答案只能是 true 或者 false，在循环中的测试条件也一样，不是 true 就是 false。但是一个条件不一定都是一个表达式（如 x > 9），它也可能是一个方法，就像这个，其返回值不是 true 就是 false。因此，你可以使用不是 true 就是 false 的值写条件。例 4.21 展示把 isNaN() 函数用作循环测试条件的语法。

例 4.21　确保录入的数字是一个数字

```
while (isNaN(bracelets))
{
   bracelets = prompt("Please enter a number."," ");
}
```

只要用户从不录入数字，这个代码就将继续提示用户录入数字。当 bracelets 不是数字时，测试条件 isNaN(bracelets) 继续为 true。

验证代码的最后一段是检测，确保用户录入一个整数。

例 4.22　确保录入的数字是一个正数

```
var bracelets = (prompt("How many bracelets do you want?"," "));
while (isNaN(bracelets) || (bracelets < 0))
{
   bracelets = prompt("Please enter a positive number. How many bracelets ↵
                do you want?"," ");
}
document.write("You are ordering " + bracelets + " bracelets. Thank you!");
```

这个代码使用复合条件，只要用户没有录入一个数字或者录入一个小于 0 的数字，这个条件将继续为 true。

这些验证最终引出如何检查确保用户录入整数值的问题，我们可以把这个条件加入前面如例 4.22 所示的确保录入正数的条件中。

4.4.2　检查整数

JavaScript 没有明确区别整数和浮点数。因此，作为程序员如果想要确保一个值确实是一个整数，我们就必须编写代码做这件事。另外，如果需要一个整数，那么 parseInt() 函数将截断数字的小数部分。如上面提到的问题，对于用户因意外而误将 95 录入成 9.5 的情形，parseInt() 函数是没有帮助的。

因此我们需要考虑整数和数学操作符的一些性质。我们知道一个整数除以 1 的结果与最初的整数相同。我们也知道求模操作符（%）的功能：它给出一个数除以另一个数后的余数。因此，16%3 = 1，因为 16 除以 3 等于 5，包括余数 1；同样，2.5% 1 等于 0.5，因为 2.5 除以 1 等于 2，包括余数 0.5；并且，6.2345692%1 等于 0.2345692，因为当一个含有小数部分的数字除以 1 时，余数都将是小数部分。然而，没有小数部分的任何数字（也就是整数）除以 1 的余数都是 0。

我们可以使用这一事实检查一个数字是否是一个整数，如例 4.23 所示。

例 4.23　确保录入的数字是一个整数

```
var bracelets = parseInt(prompt("How many bracelets do you want?", " "));
var check = bracelets % 1;
while (check !=0)
{
    bracelets = prompt("Please enter a whole number. How many bracelets ↵
            do you want?"," ");
var check = bracelets % 1;
}
document.write("You are ordering " + bracelets + " bracelets. Thank you!");
```

这里的测试条件是问这个数字除以 1 后的余数是否是 0。如果是，那么录入的数字就是一个整数；如果不是，那么继续循环提示用户录入一个有效整数。

4.4.3　使用复合条件进行数据验证

我们可以将这些条件放在一起作为单个测试的一个复合条件，以确保用户录入一个有效的正整数。例 4.24 显示这个完整的小程序。

例 4.24　验证录入的正整数　这个代码提示用户录入手链的数目，这或许是他想要订购的。它检查 3 件事情：用户录入一个数字吗？那个数字是整数吗？那个数字大于 0 吗？我们使用一个循环完成这个任务，其中的复合条件包括两个 OR 语句。

```
<html>
<head>
<title>Example 4.24</title>
<script>
function getBracelet()
{
     var bracelets = (prompt("How many bracelets do you want?"," "));
     var check = bracelets % 1;
     while ((isNaN(bracelets)) || (check != 0) || (bracelets < 0))
     {
          bracelets = prompt("Please enter a positive whole number. How many ↵
                bracelets do you want?"," ");
          var check = bracelets % 1;
     }
     document.getElementById("theOrder").innerHTML ="<h3>You are ordering " ↵
          + bracelets + " bracelets.<br /> Thank you.</h3>";
}
</script>
</head>
<body>
<table align ="center" width ="70%" >
<tr><td colspan ="2">
<h1>Order Your Bracelets Now!</h1>
<p><input type="button" id="bracelets" value="Order bracelets" onclick= ↵
     "getBracelet();" /></p>
</td></tr>
<tr><td id="theOrder"><p> </p></td></tr>
</table>
</body>
</html>
```

第 9 行是复合条件。由于使用 || 操作符，所以只要这个条件中的一部分是 true，那么就会再次进入这个循环。换句话说，如果用户为手链录入一个正数，那么 isNaN(bracelets) 将是 false 并且（bracelets < 0）也将是 false，但是（check != 0）将是 true，从而进入这个循环。

我们也应该简短地提及第 14 行上的 getElementById() 方法和 innerHTML 属性的用法，我们将在以后的程序中经常使用这个方法和属性。

第 24 行使用 id="theOrder" 标识 HTML 表格中的一个特殊单元格。第 14 行使用 getElementById() 方法访问这个单元格，它把要访问元素的 id 放进这个圆括号内。innerHTML 属性为获取的那个元素（这里是标识为 "theOrder" 的单元格）的新值设定为在表达式右边上的值。在这种情况下，我们想要把那个单元格的空内容替换为有关已经订购的手链数然后谢谢用户的信息。

在完成本节之前，我们将展示应该如何使用数据验证的另一个例子。用户访问网站时经常要求录入他们的电子邮件地址。此时，就计算机而言，将一封测试电子邮件发送到录入的地址然后等候一个回应查证那个地址的有效性是没有效率的。这就是在接受用户录入之后网站为什么经常要通过电子邮件要求用户确定站点注册。然而，计算机最初能查看所有电子邮件地址都有的特定元素是否包含在用户的录入中。因此，有可能确保用户录入的电子邮件地址具有正确的电子邮件地址格式。例 4.27 将示范该如何使用一个循环和我们已经学习的 JavaScript 编码技术验证电子邮件地址的格式。然而，首先我们需要讨论另一个 JavaScript 方法和另一个 JavaScript 属性，如例 4.25 和例 4.26 所示。

4.4.4　charAt() 方法

charAt() 方法返回字符串中指定索引的字符。字符串是一个单词或者一个短语或者任何通过引号括起定义的文本，字符串中的每个字符有一个**索引**编号。对于任何字符串的索引要记住两件重要的事情：

1）对每个字符计数，包括标点符号、空格和特殊的字符（如 '@' 或 '&'）。

2）**索引**起始于 0。例如，在字符串 cat 中，'c' 的索引 index = 0，'a' 的索引 index = 1，而 't' 的 index = 2。

因此，charAt() 方法可以用于定位字符串中的一个特定字符，如例 4.25 所示。

例 4.25　使用 charAt() 方法　给出以下字符串变量：

```
var myName = "Morty Mort, Jr."
var myAddress = "123 Duckwood Terrace";
```

（a）myNamc.charAt(0) = 'M';

（b）myName.charAt(3) = 't';

（c）myNamc.charAt(8) = 'r';

（d）myName.charAt(l0) = ',';

（e）myAddrcss.charAt(1) = '2';

（f）myAddress.charAt(3) = ' ';

（g）myAddress.charAt(8) = 'w';

（h）myAddress.charAt(14) = 'e'

如果你有一个数字变量：var j = 4;

（i）myName.charAt(j) = 'y';

（j）myName.charAt (j + 2) = 'M';

（k）myAddrcss.charAt(j – 3) = '2';

（k）myAddress.charAt(j * 2) = 'w';

4.4.5 length 属性

length 属性返回一串字符的长度。当对一个变量附加这个属性时，其结果是变量中字符的数目，包括所有标点符号、特殊字符和空格。

关于 length 属性，要记住两件重要的事情：

1）对每个字符计数，包括标点符号、空格和特殊的字符（如 '@' 或 '&'）。

2）任何字符串的长度就是在字符串中有多少字符。例如，字符串 "cat" 的长度 = 3，字符串 "Lee Clark owns a cat!" 的长度 = 21。

因此，length 属性可以用于告诉程序员在任何字符串中有多少字符。如果你想要检查整个字符串查看一个特定字符是否包含在那个字符串中，那么 length 属性将告诉你需要检查多少字符，也就是基于程序设计术语，一个循环需要迭代多少次才能检查每个字符。

例 4.26　使用 length 属性

a）若 myName = "Persephone"，则 myName.length = 10。

b）若 myName = "Amy Ames"，则 myName.length = 8。

c）若 myAddress = "New York, New York 10002"，则 myAddress.length = 24。

d）若 myAddress = "the big oak tree"，则 myAddress.length = 16。

在例 4.27 中，我们使用 charAt() 方法和 length 属性编写一个验证电子邮件地址的程序。

例 4.27　验证电子邮件地址　在这个例子中，将要求用户录入一个电子邮件地址，而程序将核实它是否使用了合适的电子邮件地址格式。所有电子邮件地址包括一个用户名，多达 64 个字符。用户名后跟 @ 符号，而域名跟随 @ 符号。虽然总有例外，不过一般而言，域名由两部分组成。第一个部分标识主机，并且有一个点分开这个部分和最后一个部分。最后部分通常是标识主机类型的三字符扩展名，例如，.com 扩展名通常把主机识别为商务网站，而 .edu 扩展名把主机识别为教育网站。对我们来说，如果在电子邮件地址中的某个地方有一个 @ 符号并且在最后 3 个字符之前有一个点，那么我们就把这样的电子邮件地址视为有效的。我们也要求第一个字符是除 @ 之外的某个字符。显然仍有错误的余地（例如，A. b@c 满足这些标准，但是它不是一个有效的电子邮件地址），这个例子示范一个验证用户输入的方法。

```
<html>
<head>
<title>Example 4.27</title>
<script>
function getEmail()
{
     var atSign = "@";
     email = prompt("Enter your email address", " ");
     numChars = email.length;
     okSign = 1;
     for( j = 1; j < numChars; j++)
     {
          if (email.charAt(j) == atSign)
          {
               okSign = 0;
          }
     }
     if (okSign == 0)
     {
```

```
20.             if (email.charAt(numChars - 4) != ".")
21.             {
22.                 document.getElementById("message").innerHTML = "<h3>You ↵
                        entered " + email + ". This is not a valid email ↵
                        address.</h3>";
23.             }
24.             else
25.             {
26.                 document.getElementById("message").innerHTML = "<h3>You ↵
                        entered " + email + ". This is a valid email ↵
                        address.</h3>";
27.             }
28.         }
29.         else
30.         {
31.             document.getElementById("message").innerHTML = "<h3>You entered " ↵
                        + email + ". This is not a valid email address.</h3>";
32.         }
33.     }
34.     </script>
35.     </head>
36.     <body>
37.     <table align ="center" width ="70%"><tr><td colspan ="2">
38.     <h1>Enter your contact information</h1>
39.     <tr><td><p> </p>
40.     <p><input type="button" id="email" value="Begin now" onclick= ↵
                        "getEmail();" /></p>
41.     </td></tr>
42.     <tr><td id ="message"><p> </p></td></tr>
43.     </table>
44.     </body>
45.     </html>
```

让我们详细地讨论这个程序。用户在第 8 行提示录入一个电子邮件地址，并且把这个字符串存储到变量 email 中。第 9 行使用 length 属性把 email 字符串中的字符数目存储到变量 numChars 中。第 10 行初始化变量 okSign 等于 1。我们现在设置一个条件，用于循环遍历字符串中的字符查看是否有一个字符是 @ 符号。

这个循环起始于第 11 行并在第 17 行结束。这里使用的是 for 循环，变量 j 的初值设定为 1，它将开始检查 email 字符串中的每个字符，直至找到这个 @ 符号。当继续循环迭代时，变量 j 将遍历字符串中每个字符的索引值。字符串中第一个字符的索引值是 0，但是我们不允许这个 @ 符号是第一个字符。这个程序假定第一个字符不是 @ 符号，但是你可以增加代码检查这个假定。在检查点练习中，将要求你这么做。

循环的测试条件是 j < numChars。这意味着如果 numChars 的值是 10，那么这个循环将继续 9 次迭代。因为字符串中的第一个字符索引是 0，因此含有 10 个字符的字符串的最后一个字符索引是 9。换句话说，最后一个字符的索引是 numChars – 1，并且这是为什么我们把测试条件设置为当 j 等于 numChars – 1 时就结束循环的原因。最后，每次迭代时按 1 递增 j。

在第 13 ~ 16 行上的 if 子句查看是否有一个字符是 @ 符号。如果有，那么 okSign 变量更改为 0。这个变量称为**标志变量**，它将用于后面程序查看在这个字符串中是否已找到一个 @ 符号。

在这个循环为查找 @ 符号检查完所有字符（除了第一个以外）后，开始执行第 18 行的 if...else 子句。如果已经找到这个 @ 符号（也就是，如果 okSign == 0），那么将进入这个子句。第 20 ~ 27 行使用一条嵌套的 if...else 子句查看倒数第 4 个字符是否是一个点。如果它不是一个点，那么这个电子邮件地址明显是无效的（第 22 行）。

然而，如果这个字符是一个点，那么由于我们已经判断出它包含了 @ 符号，所以这个电子邮件地址是有效的，第 26 行显示这个信息。

外层 if…else 结构的 else 子句是在第 29 ~ 32 行上。这是当 okSign 不等于 0 时的情形，这意味着我们不在乎一个点是否已经放在正确的地方。由于没有找到 @ 符号，所以这个电子邮件地址不是有效的，从而在第 31 行显示这个信息。

可以改进这个代码，以检查其他需求。例如，我们会检查确定在字符串中没有一个以上的 @ 符号。然而，本章目的是学习使用循环从而增加代码复杂度，因此对目前来说，这个程序达到了目的。

4.4 节检查点

4.18 若需要用户录入一个 1 ~ 20 之间的整数，则请列出要在程序中验证的事情。

4.19 下列程序片段将检查确定为 tShirts 录入的值是一个整数，请填写缺失的代码：

```
var tShirts = parseInt(prompt("How many tee shirts do you want?"," "));
var check = ___???___;
while (___????___)

{
        tShirts = prompt("Please enter a whole number. How many tee shirts ↵
                do you want?"," ");
        var ___????___;
}
document.write("You want " + tShirts + " tee shirts.");
```

4.20 给出以下变量，下列各项的值是什么？

```
username = "jordy_345"          address = "Fort Walton Beach, FL"
```

a）username.charAt(5)　　b）username.charAt(7)

c）address.charAt(4)　　d）address.charAt(17)

4.21 给出以下变量，下列各项的值是什么？

```
username = "jordy_345"          address = "Fort Walton Beach, FL"
```

a）username.length　　b）address.length

4.22 为例 4.27 添加代码，检查 email 字符串中的第一个字符不是 '@' 符号。

4.5 操作实践

在本节中，我们将为 Greg's Gambits 创建一个新游戏，并且改进和扩充我们在第 3 章中为 Carla's Classroom 开发的数学练习。你将在章尾练习中有机会创建这两个网站。

4.5.1 Greg's Gambits：编码秘密信息

我们将使用在本章学习的重复循环和 JavaScript 方法和属性，以及一些新素材和我们在前面章节中学习的技术创建一个页面，让玩家创建基于某种加密技术的秘密信息。

大体上，这个程序将让玩家录入一个加密的文本信息。玩家也可以选择显示或隐藏原始信息。注意，“文本”一词不是指信息只能包含字母字符，也允许数字、标点和在常规键盘上的其他键字符，但是该信息将存储为一个字符串变量。

4.5.1.1　什么是加密

加密是指使用一个算法将信息进行转换的处理过程，使之不能被其他人读取，但除了那些拥有特殊知识或**密钥**的人外。它的相反处理过程（再次使加密信息可读）称为**解密**。这里，我们将只加密信息；作为一个练习，是否为解密过程编码将由你决定。

4.5.1.2　charCodeAt() 和 String.fromCharCode() 方法

在本章中，我们已经使用了 charAt() 方法，这个方法返回文本字符串中的一个指定地方的字符，并且使用起始于 0 的索引编号识别文本字符串中的字符。因此，在一个含有 6 个字符的文本字符串中，如 kitten，‘k’的索引是 0，而‘n’的索引是 5。当我们使用 charCodeAt() 和 String.fromCharCode() 方法时，我们一定要记得这些事实。

Unicode 和 ASCII 代码　如果以前已经修读了程序设计语言课程，那么你很可能记得可以从常规键盘键入的每个字符都有一个数字表示，称为 ASCII 码。这个编码有 128 个字符，包括 95 个可见的字符（键盘字符）和 33 个控制字符。然而，网页通常使用 Unicode 码，它为每个字符提供唯一数字，而不管使用什么平台、什么程序和什么语言。**Unicode 标准**已经被主流业界采用，并且用于 XML、Java、JavaScript 和其他现代标准中。在网页中通常使用 Unicode，而 Unicode 包括所有的 ASCII 字符。当创建我们的编码器时，我们将利用这一事实。

charCodeAt() 方法　charCodeAt() 方法返回一个字符串的指定索引字符的 Unicode 值。例 4.28 展示应该如何使用这个方法获取一个文本字符串中每个字符的 Unicode 值。

例 4.28　获取一个测试字符串中的 Unicode 值　下列代码使用循环来获取一个字符串中每个字母的 Unicode 值。你可以把这个代码复制到一个网页并改变变量 **str** 的值来查看任何键盘字符的 Unicode 值。

```
<script>
var str = "Kitten";
document.write("for the string: " + str + "<br />");
for (j = 0; j < str.length; j++)
{
    document.write("Letter number " + (j+1) + " is " + str.charAt(j) + ". ");
    document.write(" The Unicode value is: " + str.charCodeAt(j) + "<br />");
}
</script>
```

如果你运行这个代码，输出将如下：

```
for the string: Kitten
Letter number 1 is K. The Unicode value is: 75
Letter number 2 is i. The Unicode value is: 105
Letter number 3 is t. The Unicode value is: 116
Letter number 4 is t. The Unicode value is: 116
Letter number 5 is e. The Unicode value is: 101
Letter number 6 is n. The Unicode value is: 110
```

String.fromCharCode() 方法　String.fromCharCode() **方法**将 Unicode 值转换为字符，其语法总是如下所示，并且不能用一个变量名替换其中的单词 String。这类方法称为**静态方法**。

```
String.fromCharCode(UnicodeVal_1, UnicodeVal_2,...UnicodeVal_n)
```

例 4.29 展示应该如何将一列 Unicode 值转换为它们的字符。你可以把这个代码复制到一个网页并改变 Unicode 值查看不同的单词或字符。

例 4.29　获取一个测试字符串中的 Unicode 值

```
<script>
	document.write(String.fromCharCode(72,69,76,76,79));
	document.write(", ");
	document.write(String.fromCharCode(66,79,82,73,83));
</script>
```

如果你运行这个代码，输出将如下：

```
HELLO, BORIS
```

既然有了编写程序所需要的工具，我们就可以开始开发计划。

4.5.1.3　开发程序

我们需要创建一个页面，让用户录入一个要编码的信息，然后程序将加密这个信息并显示加密的信息。开始的页面使用与我们过去为其他 Greg's Gambits 游戏使用的相同模板。当玩家准备录入一条信息时，他可以单击一个按钮。最难的部分将是开发加密算法。

尽管计算机已经开发出极其复杂的加密算法，但我们将使用最简单的。事实上，当你是一个孩子时，你可能就已经亲手做过这件事。我们将简单地用一个不同的字母替换字母表中的每个字母，一种方法是颠倒字母表的次序。换句话说，A 成为 Z，B 成为 Y，F（第 6 个字母）成为 U（倒数第 6 个字母）等。在这个加密代码中，单词 ANNA 将转换为 ZMMZ，而且 ZACK 将转换为 AZXP。我们将为数字和其他字符开发一个简单的编码方案。

可印刷 ASCII 码字符的 Unicode 值已在第 2 章中说明，并且可以在附录 A 中找到。你可以使用这个编码表检查你的程序是否正确地编码信息，并创建更复杂的编码算法。如果要完成在本章末尾的案例研究中描述的更高级程序，那么你将需要使用它。

这个网页将有一个按钮，玩家可以单击它开始，从而调用一个执行编码的 JavaScript 函数。它将提示玩家录入一个将被编码并且显示的信息，也将询问玩家是否显示原始信息。

我们需要把信息中的每个字母改变为一个新字符。为了做这件事情，我们需要开发几个算法。可以从 ASCII 码表看到，在字母表中大写字母的 Unicode 值是 65 ~ 90，小写字母的 Unicode 值是 97 ~ 122，10 个数字（0 ~ 9）的 Unicode 值是 48 ~ 57，所有其他键字符（包括标点符号和特殊字符）的 Unicode 值是 32 ~ 47、58 ~ 64 和 123 ~ 126。

首先，我们将开发算法转换 A 为 Z、B 为 Y、C 为 X 等。换句话说，我们想要写一个表达式将转换 65 为 90、66 为 89、67 为 88 等。可以看到 65 + 90 = 155、66 + 89 = 155、67 + 88 = 155 等，因此 155 - 65 = 90，这个结果才是我们想要的。事实上，对于在 65 ~ 90 之间的所有 Unicode 值，从 155 减去开始的 Unicode 值将得到新字符的 Unicode 值。因此，转换大写字母的第一个算法为：

```
newCode = 155 - oldCode
```

可以使用类似的推理开发一个转换小写字母的算法。对于这些字母，我们想要转换 Unicode 值 97 为 122、96 为 121、95 为 120 等。由于 122 + 97 = 219、96 + 121 = 219 等，所以第二个算法将是：

```
newCode = 219 - oldCode
```

最后，我们想要把数字和其他字符转换为其他东西。对于这个部分，我们将使用一个非常简单的算法。我们只是把 3 加到任何一个 Unicode 值上，这将导致 2（Unicode 值 50）成为 5（Unicode 值 53）、&（Unicode 值 38）成为一个结束圆括号)(Unicode 值 41）、问号？(Unicode 值 63）成为一个大写字母 A（Unicode 值 65）。对于这个页面，我们将忽略最后 4 个 Unicode 值（123、124、126 和 126），但是如果想要，你可以为这些值增加一个新算法。用于数字、标点和特殊字符的最后一个算法为：

```
newCode = oldCode + 3
```

现在我们需要开发实现这些算法的逻辑，在编写代码前我们以非正式的伪代码粗略地描述它：

- 首先，提示录入信息。
- 下一步声明变量。需要表示这个信息和新（加密后的）信息的字符串变量，需要保存常量（155、219 和 3）的数字变量以及一个保存新的 Unicode 值的变量。
- 将在一个循环中完成编码。循环将遍历与信息中的字符数目一样多的次数。对于每个字符，将检查它是否是大写字母、小写字母或另一个字符。根据它是哪类字符，我们将使用 3 个算法之一把它的 Unicode 值转换为新值。在每次循环结束时，新的字符将增加到新的（编码后的）信息中。
- 在循环结束时，新信息与旧信息有相同的长度，但是将包含全新的值。然后我们将在网页上显示它。
- 最后，我们将提示用户决定他是否想要显示原始信息。如果回答是 yes，那么将显示原始信息；如果不是，就什么也不做。

要完成这个任务，将使用我们已经知道的 JavaScript 方法和属性以及本节前面描述的新方法和属性。

4.5.1.4　编写代码

这个页面将是我们一直在前面章节中开发的 Greg's Gambits 网站的一部分。首先，在 play_games.html 页上增加一个到这个页面的链接。它应该看起来像这样：

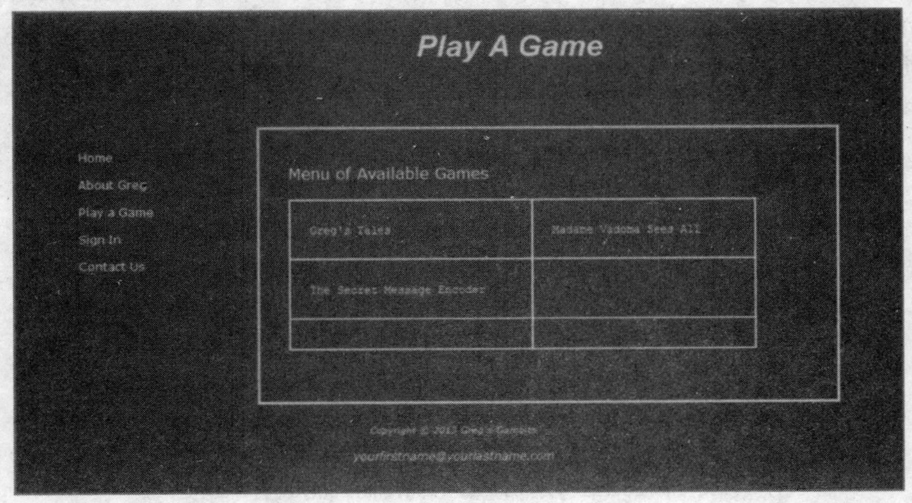

然后，使用下面的代码创建一个页面。你可以创建自己的代码或者把必要的代码加入可以在 Student Data Files 中找到的文件 gregs_encoder.html 中。

首先，用下列内容增加标题元素：

The Secret Message Encoder

把下列内容加入内容区 <div >，它包括一个开始游戏的按钮和一个将显示已编码信息和原始信息的小表格。这个部分的代码如下：

```
<div id="content">
<h2>Write A Message and Encode It</h1>
<p><input type="button" id="encode" value="Enter your message" onclick= ↵
      "encodeIt();" /></p>
<table cellpadding="2" width = "90%" align = "center" border="1">
<tr> <td align="center" id="secret"><p>encoded message</p></td> </tr>
<tr> <td align="center" id="message"> </td> </tr>
</table>
</div>
```

把这段代码放入页面上的内容区中，你的页面将如下所示。

现在我们将编写 encodeIt() 函数，它将获取玩家信息，然后对这些信息进行编码并且显示。我们将使用 getElementById()、charCodeAt() 和 String.fromCharCode() 方法和 innerHTML 和 length 属性。其代码如下：

```
<script type="text/javascript">
function encodeIt()
{
    document.getElementById("message").innerHTML = ("<h2> </h2>");
    var msg = prompt("Enter your message." , " ");
    var newmsg = " ";
    var upCaseCode = 155;
    var newCode = 0;
    var lowCaseCode = 219;
    var specialCode = 3;
//the loop encodes each letter in the message string
    for (var j = 0; j < msg.length; j++)
    {
    //check for upppercase letters and encode them
        if ((msg.charCodeAt(j)>=65) && (msg.charCodeAt(j)<=90))
```

```
            {
                newcode = (upCaseCode - msg.charCodeAt(j));
            }
            else
        //check for lowercase letters and encode them
                if ((msg.charCodeAt(j)>=97) && (msg.charCodeAt(j)<=122))
                {
                    newcode = (lowCaseCode - msg.charCodeAt(j));
                }
                else
        //check for numbers and special characters and encode them
                    if (((msg.charCodeAt(j) > 90) && ↵
                        (msg.charCodeAt(j) < 97)) || (msg.charCodeAt(j) < 65))
                    {
                        newcode = (msg.charCodeAt(j) + specialCode);
                    }
        //add each encoded character to the new message
            newmsg = newmsg + " " + String.fromCharCode(newcode);
        }
        //display the encoded message on the web page
        document.getElementById("secret").innerHTML = ("<h2>" + newmsg + "</h2>");
        //decide if original message should be shown
        var choice = prompt("Do you want the original message displayed? Yes ↵
                    or No?", " ");
        if ((choice.charAt(0) == 'y') || (choice.charAt(0) == 'Y'))
        {
            document.getElementById("message").innerHTML = ("<h2>" + msg + ↵
                    "</h2>");
        }
}
</script>
```

4.5.1.5 将所有代码放在一起

现在我们已经准备好将所有代码放在一起。

```
<!DOCTYPE html PUBLIC "-//W3C//DTD XHTML 1.0 Transitional//EN" ↵
"http://www.w3.org/TR/xhtml1/DTD/xhtml1-transitional.dtd">
<html xmlns="http://www.w3.org/1999/xhtml" lang="en" xml:lang="en">
<meta http-equiv="Content-Type" content="text/html;charset=utf-8"/>
<head>
<title>Greg's Gambits | Secret Message Encoder</title>
<link href="greg.css" rel="stylesheet" type="text/css" />
<script type="text/javascript">
function encodeIt()
{
        document.getElementById("message").innerHTML = ("<h2> </h2>");
        var msg = prompt("Enter your message." , " ");
        var newmsg = " ";
        var upCaseCode = 155;
        var newCode = 0;
        var lowCaseCode = 219;
        var specialCode = 3;
//the loop encodes each letter in the message string
        for (var j = 0; j < msg.length; j++)
        {
//check for upppercase letters and encode them
            if ((msg.charCodeAt(j)>=65) && (msg.charCodeAt(j)<=90))
            {
```

```
                  newcode = (upCaseCode - msg.charCodeAt(j));
            }
            else
//check for lowercase letters and encode them
            if ((msg.charCodeAt(j)>=97) && (msg.charCodeAt(j)<=122))
            {
                  newcode = (lowCaseCode - msg.charCodeAt(j));
            }
            else
//check for numbers and special characters and encode them
                  if (((msg.charCodeAt(j)>90) && (msg.charCodeAt(j)<97)) || ↵
                        (msg.charCodeAt(j)<65))
                  {
                        newcode = (msg.charCodeAt(j) + specialCode);
                  }
//add each encoded character to the new message
      newmsg = newmsg + " " + String.fromCharCode(newcode);
      }
//display the encoded message on the web page
      document.getElementById("secret").innerHTML = ("<h2>" + newmsg + "</h2>");
//decide if original message should be shown
      var choice = prompt("Do you want the original message displayed? ↵
                        Yes or No?", " ");
      if ((choice.charAt(0) == 'y') || (choice.charAt(0) == 'Y'))
      {
            document.getElementById("message").innerHTML  = ("<h2>" + msg + ↵
                        "</h2>");
      }
}
</script>
</head>
<body>
<div id="container">
      <img src="images/superhero.jpg" width="120" height="120" class= ↵
                        "floatleft" />
      <h1 id="logo"><em>The Secret Message Encoder</em></h1>
      <div id="nav">
            <p><a href="index.html">Home</a>
            <a href="greg.html">About Greg</a>
            <a href="play_games.html">Play a Game</a>
            <a href="sign.html">Sign In</a>
            <a href="contact.html">Contact Us</a></p>
      </div>
      <div id="content">
            <h2>Write A Message and Encode It</h1>
            <p><input type="button" id="encode" value="Enter your message" ↵
                        onclick="encodeIt();" /></p>
            <table cellpadding="2" width = "90%" align = "center" border="1">
            <tr><td align="center" id="secret"><p>encoded message </p></td></tr>
            <tr><td align="center" id="message"> </td></tr>
            </table>
      </div>
      <div id="footer">Copyright &copy; 2013 Greg's Gambits<br />
            <a href="mailto:yourfirstname@yourlastname.com"> ↵
                        yourfirstname@yourlastname.com</a>
      </div>
</div>
</body>
</html>
```

4.5.1.6　完成

这里是一些样例信息和显示：

输入：如果玩家录入信息 “Meet me at 9:00 at the oak tree!”（并且不想显示原始信息）：

输出：

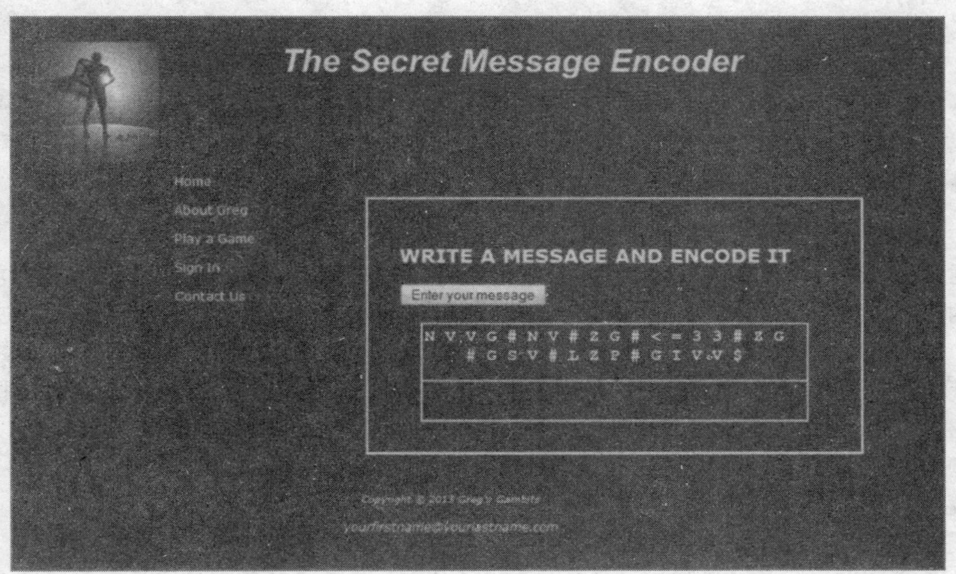

输入：如果玩家录入信息 “Need more time! Be there at 9:30.”（并且想要显示原始信息）：

输出：

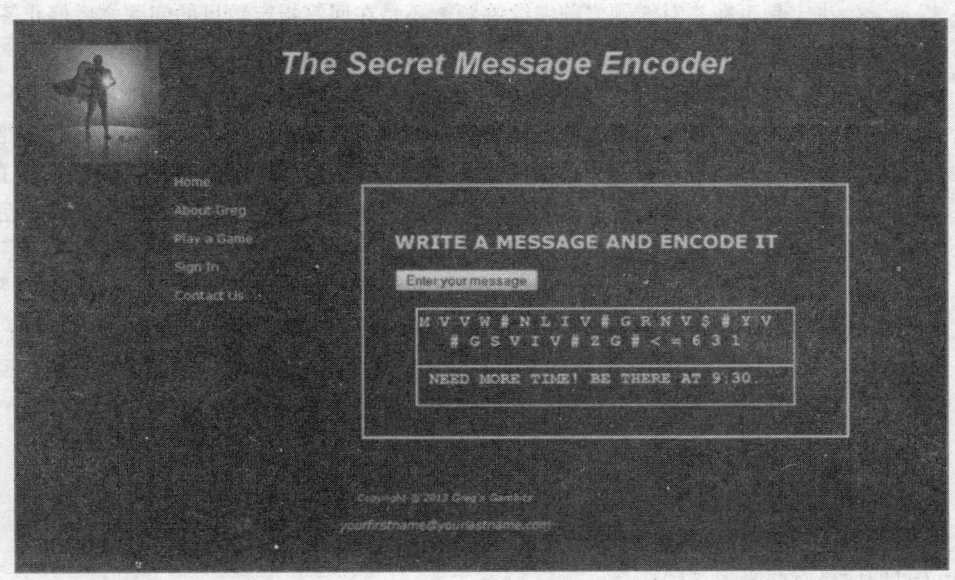

4.5.2 Carla's Classroom：高级算术课

在第 3 章中，我们开发了一个让学生通过三级加法问题的简单算术练习。然而，因为不知道应该如何使用循环，所以我们被限制在每级只能编写 5 个问题或者我们有耐性编写的次数。然而，现在可以创建一个程序测试与我们想要一样多的加法问题，事实上甚至是无限次。不仅如此，我们的代码将变得更简洁。

在本节中，我们将这样做。在第 3 章的案例研究中，你按要求把乘法和加法加入 Carla 的算术课。在本章的案例研究中，你可以改进那个代码，使用循环为 Carla 的学生创建完整的算术练习。我们将增加一个特性，让学生决定是否想要做与答对 5 题时所需要一样多的问题，或者想要在回答预先确定数目的问题之后停止。我们将这个练习称为“Become a Math Whiz!”。

4.5.2.1 开发程序

通常，创建描述程序流程的伪代码是很重要的。我们将使用第 3 章开发的许多代码。第 3 章中的程序包含 4 个函数。第一个函数 AddIt() 调用 levelOne() 函数，当一位学生成功通过第一级时，这个函数调用 levelTwo() 函数。当 levelTwo() 也被征服时，将调用 levelThree() 函数。我们将继续使用这个结构，但是现在，我们将设计 levelOne() 函数的逻辑结构。通过对算法和变量做必要的调整，我们可以重复使用其中大部分代码来创建函数 levelTwo() 和 levelThree() 以及减法问题的 3 个函数。因为需要考虑正数和负数，所以我们将花费一点额外时间来开发第一个减法函数。

大体上，第一级函数的伪代码如下：

- 创建变量，一个计数器用于计数 5 个正确答案，一个字符串变量用于保存要做多少题的选择，一个数字变量用于保存学生选择的问题数，而第二个计数器用于计数尝试的总题数。
- 提示学生决定是否在答对 5 题之前继续答题，还是在回答指定数目的问题之后停止答题。
- 如果学生想要选择问题的数量，那么提示学生录入多少题。
- 开始一个循环，直到答对 5 题结束或者已回答指定数目的问题。循环将使用 Math.random() 方法为每个加法问题生成随机整数。如果正确回答了一个问题，那么将递增一个计数器。不管答对与否，第二个计数器也将递增以保存学生的答题数目。如果选择了前一个选项，那么在学生正确回答 5 个问题之后，这一级将调用下一级；如果学生选择另一个选项，那么在学生回答指定数目的问题之后，将调用下一级。
- 我们也将增加代码显示一条信息，告诉学生已答的题数和答对的题数。

这个程序最困难的部分是构造 for 循环的条件。我们想要循环在以下两种条件下继续：如果学生选择的是默认选项（继续循环直至答对 5 题）或学生选择问题的数目（继续循环直到已回答那个数目的问题）。我们将首先看看这个代码，然后解释一些比较复杂的语句。

4.5.2.2 编写代码

这个页面将是我们一直在前面几章开发的 Carla's Classroom 网站的一部分。首先，在 math.html 页上添加一个到这个页面的链接。这个页面的文件名应该是 carla_math_whiz.html。你的 math.html 页面应该看起来像这样：

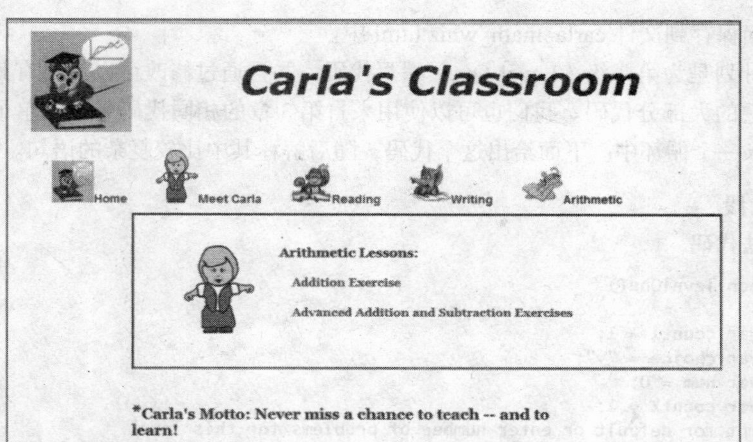

然后，我们将使用下面的代码创建一个页面。你可以创建自己的或者把必要的代码加入可以在 Student Data Files 中找到的名为 carla_math_whiz.html 的文件中。

首先，用下列内容增加标题元素：

Become a Math Whiz!

把下列内容加入其 id="content" 的 <div> 区域中。它包括一个开始加法问题的按钮和一个开始减法问题的按钮。同时，增加更多有关这个程序如何运作的说明。这个部分的代码如下：

```
<p> There are two parts to this arithmetic test: addition and subtraction. ↵
     Each part will increase in difficulty as you prove you are ready for ↵
     harder problems. You may choose whether you want to move to another ↵
     level after getting 5 questions correct or you may choose how many ↵
     problems you want to attempt at any level</p>
<p><input type="button" onclick="addIt()" value="begin the addition test" /> </p>
<p><input type="button" onclick="subIt()" value="begin the subtraction ↵
     test" /> </p>
```

你的页面现在将看起来像这样：

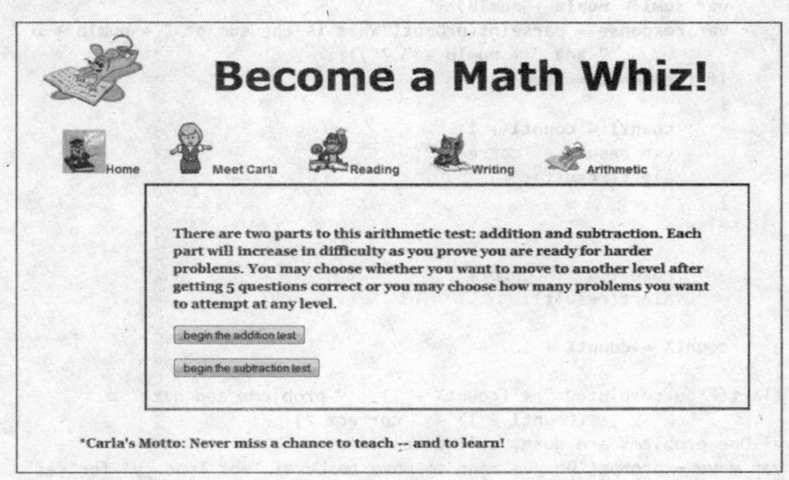

将这个页面保存到文件 carla_math_whiz.html 中。

这个开发计划是为第一级（Level One）编写代码，并且通过修改可以为所有其他级的加法和减法问题重用它的大部分代码。我们也可以使用来自第 3 章的相同代码来显示单个加法问题，但是现在把它放入一个循环中。下面给出这个代码，随后解释其中比较复杂的语句。

4.5.2.3 代码片段

第一级加法代码

```
function levelOne()
{
     var count1 = 1;
     var choice = "y";
     var num = 0;
     var countX = 1;
//Prompt for default or enter number of problems for this level
     var choice = prompt("Do you want to continue only until you ↵
          get 5 correct? Type 'y' for yes or 'n' for no:", " ");
//if student chooses default
     if ((choice == "y") || (choice == "Y"))          {
     {
          num = count1;
          choice = "y";
     }
     else
//if student chooses to enter a number
          if ((choice != "y")||(choice !="Y"))          {
          {
               num = parseInt(prompt("How many problems in total do you ↵
                    want to try?", " "));
               choice = "n";
          }
//loop to continue generating addition problems
     while (((choice == "y") && (count1 < 6)) || ((choice == "n") ↵
                    && (countX <= num)))
     {
          var num1a = (Math.floor(Math.random() * 10)) + 1;
          var num1b = (Math.floor(Math.random() * 10)) + 1;
          var sum1 = num1a + num1b;
          var response = parseInt(prompt("What is the sum of " + num1a + ↵
                    " and " + num1b + " ?"));
          if (response == sum1)
          {
               count1 = count1 + 1;
               var result = "correct!";
               alert(result);
          }
          else
          {
               result = "incorrect";
               alert(result);
          }
          countX = countX + 1
     }
     alert("You completed " + (countX - 1) + " problems and got " ↵
                    + (count1 - 1) + " correct.");
//Level One problems are done, call Level Two
     var move = prompt("Do you want to move to Level Two? Type 'y' for yes ↵
```

```
                or 'n' to end this session", " ");
45.     if ((move == "y") || (move == "Y"))
46.     {
47.         levelTwo();
48.     }
49.     else
50.         alert("This session is ended.");
51. }
```

让我们谈论这个代码。第 8 行提示学生给出一个决定。如果学生想要在答对 5 题之后不再答题，那么选择的值将是 "y" 或 "Y"。由于不能假定计算机用户理解计算机程序员知道大、小写字母之间存在很大区别，所以我们一定要考虑这两种可能情况。

如果没有选择在第 8 行上的默认值，那么在第 19 行上的变量 num 将保存学生需要的问题数目。然而，第 12 行只是把 count1 的值赋予 num。变量 count1 用于计数答对的题数。在这条 if 语句中，我们将 "y" 赋予 choice，以防学生键入一个大写字母。这样，以后能够更容易地编码条件。

同样，如果学生没有在第 8 行为回答提示而键入 "y" 或 "Y"，那么第二个选项默认为任何其他字母。我们可以增加一些代码，检查学生是否确实对这个问题回答 "no" 或者只是打错字。但是，我们只简单地假定不是 "y" 或 "Y" 的任何东西都意味着 "no"。为此，在第 20 行上将 choice 的值设定为 "n"。当为这个循环写条件时，我们将为 choice 指定明确的值。

这个程序的主要部分是起始于第 23 行并结束于第 41 行的循环。与我们在第 3 章所写的程序一样，用于随机数、计数器和总数的变量命名时变量名后面附加一个 "1"。这样命名的好处是在以后更容易识别哪个变量是属于哪个级别的。我们将在 levelTwo() 函数中命名变量 num2a、num2b、sum2 和 count2，并在 levelThree() 函数中使用相似的名字。因为许多代码将复制于前面的代码，所以找到容易识别不同元素的方法是有益的，以防调试需要。在第 24 ～ 39 行的代码用于产生一个加法问题、检查学生的回答并且显示是否正确，这些代码直接复制于第 3 章的程序。然而，在第 23 行上的 while 循环的条件需要一些解释。

这个循环应该继续产生加法问题的两个可能条件是：学生想要答对 5 题或者学生想要回答完预定数目的问题。第一个条件用一个需要 choice 是 "y" 并且答对题数小于 6（也就是，多达 5 题）的复合条件表示，如下所示：

```
((choice == "y") && (count1 < 6))
```

因为我们使用 && 操作符，所以只有当两个条件都是 true 时，循环才将继续。因为 choice 从不在循环中改变，所以有这样的效果：如果这部分条件是 true，那么是因为学生还没有答对 5 题。

我们还把一个变量声明为 countX，这个变量将计数为学生给出的所有问题。我们在这个循环条件中使用了它，并且以后使用它告诉学生已回答了多少问题。

第二种可能的情形是学生已经挑选回答问题的数目。在这种情况下，我们已经把 choice 定义为 "n"，并且循环应该继续直至已为学生给出指定数目的问题。这个条件写成：

```
((choice == "n") && (countX <= num))
```

因为这个循环能够在第一种情形或第二种情形下继续，所以我们使用一个 || 操作符结合这两个复合条件。开始时，只有两个复合条件之一（|| 操作符的左边或者右边）将是 true。当循环继续显示加法问题时，无论哪一边最初是 true 最后都将转换为 false。由于另一边已经是 false，所以两

个复合条件现在都将是 false，从而循环结束。

第 40 行递增 countX。不管学生是否想要做一组问题还是要答对 5 题，我们想要计数提出的问题数目。一旦循环结束，第 42 行向学生显示一条信息告知回答了多少问题和答对了多少问题。记住，count1 记录答对的问题数目，而 countX 记录提出的问题数目。因为在显示一个问题后就递增 count1 和 countX，所以在退出循环后，它们的值将是比已答对的题数和已提供的题数多 1 题。这就是为什么要在显示结果前必须从这两个变量减去 1 的原因。

最后，第 44 ~ 51 行为学生给出继续下一级或者结束的选项。

第二级和第三级加法代码 我们已经做完了最难的部分！下两个级别实际上使用相同的代码。其变化将是：

- 改变变量名（也就是，count1 转换为 count2，num1a 转换为 num2a 等）。
- 改变创建随机数的语句，将范围 1 ~ 100 代替 1 ~ 10。
- 把第三个数字加入第三级加法问题。
- 在结束时改变提示让学生从第二级前往第三级，而第三级之后就简单地结束程序。

减法 减法问题的大部分代码将与加法相同。然而，这是一个还不能理解负数的小学生使用的程序。因此，必须增加代码，确保提出的问题不会产生一个负数。为了做这件事情，我们将检查产生的第一个随机数是否大于或等于第二个随机数。如果是，那么减法算法就是第一个数字减第二个；如果第一个数字小于第二个，那么必须反转这个减法，也就是第二个数字减第一个。对于这个程序，将只有两级减法，并且这个代码能被第二级重用。然而，如果 Carla 想要教负数，我们可以创建不使用这个代码的第三级，从而测试含有负数的减法问题。所有其他程序设计逻辑与加法问题一样。这里是新的代码，将在 while 循环中插入产生两个随机数之后：

```
if (num1a >= num1b)
{
    var diff1 = num1a - num1b;
    var response = parseInt(prompt("How much is " + num1a + " minus " ↵
            + num1b + " ?"));
}
else
{
    var diff1 = num1b - num1a;
    var response = parseInt(prompt("How much is " + num1b +" minus " ↵
            + num1a + " ?"));
}
```

在减法代码中，我们将使用许多与加法问题相同的变量名。记住，因为在一个函数里使用的任何变量对其他函数都是不可用的，所以在减法问题中我们不需要关心加法问题中的任何值。在本书后面讨论全局和局部变量时，我们将更为详细地讨论这个概念。

为两个减法级别编写的所有代码应该放在一个称为 subIt() 的函数中，当学生点击这个减法按钮时将调用这个函数。为第一级减法问题编写的全部代码现在看起来像这样：

```
function subIt()
{
    levelOne()
    function levelOne()
    {
        var count1 = 1;
```

```
        var choice = "y";
        var num = 0;
        var countX = 1;
    //Prompt for default or enter number of problems for this level
        var choice = prompt("Do you want to continue only until you ↵
          get 5 correct? Type 'y' for yes or 'n' for no:", " ");
    //if student chooses default
        if ((choice == "y") || (choice == "Y"))
        {
            num = count1;
            choice = "y";
        }
        else
    //if student chooses to enter a number
            if ((choice != "y")||(choice !="Y"))
            {
                num = parseInt(prompt("How many problems in total do you ↵
                    want to try?", " "));
                choice = "n";
            }
    //loop to continue generating subtraction problems
        while (((choice == "y") && (count1 < 6)) || ↵
                ((choice == "n") && (countX <= num)))
        {
            var num1a = (Math.floor(Math.random() * 10)) + 1;
            var num1b = (Math.floor(Math.random() * 10)) + 1;
    //check if num1a <= num1b
            if (num1a >= num1b)
            {
                var diff1 = num1a - num1b;
                var response = parseInt(prompt("How much is " + num1a ↵
                        + " minus " + num1b + " ?"));
            }
            else
            {
                var diff1 = num1b - num1a;
                var response = parseInt(prompt("How much is " + num1b ↵
                        + " minus " + num1a + " ?"));
            }
            if (response == diff1)
            {
                count1 = count1 + 1;
                var result = "correct!";
                alert(result);
            }
            else
            {
                result = "incorrect";
                alert(result);
            }
            countX = countX + 1
        }
       alert("You completed " + (countX - 1) + " problems and got ↵
            " + (count1 - 1) + " correct.");
    //Level One problems are done, call Level Two
         var move = prompt("Do you want to move to Level Two? Type 'y' for ↵
              yes or 'n' to end this session", " ");
         if ((move == "y") || (move == "Y"))
         {
```

```
                levelTwo();
            }
            else
                alert("This session is ended.");
    }
}
```

4.5.2.4 将所有代码放在一起

现在我们将整个程序放在一起，包括3个加法级别、两个减法级别和HTML脚本。在复习与练习中，你将有机会修改这个代码用于为乘法和除法创建数学练习，或者增加加法和减法的难度级别。

关于代码的注释 这个程序非常长。幸运的是，计算机会忽略许多空白字符，这些字符只是用于让代码更容易阅读和调试。在这个版本的代码中，我们将除去许多额外空格。例如，当一个包含不止一条语句的if子句必须使用花括号括起这些语句时，计算机不需要每个花括号（甚至每条语句）单独放在一行。分号向计算机指出一条语句已经结束，而计算机不在乎这条语句所在的行是只有这条语句，还是有2条、3条或20条语句。只要每条语句以一个分号结束，它就将恰当地执行。这里显示的代码消除了许多分隔行以节省本书空间，并且可能看起来像富有经验的程序员编写的代码。

```
<!DOCTYPE html PUBLIC "-//W3C//DTD XHTML 1.0 Transitional//EN" ↵
   "http://www.w3.org/TR/xhtml1/DTD/xhtml1-transitional.dtd">
<html xmlns="http://www.w3.org/1999/xhtml" lang="en" xml:lang="en">
<head>
<title>Carla's Classroom | Become a Math Whiz!</title>
<link href="carla.css" rel="stylesheet" type="text/css" />
<script type="text/javascript">
function addIt()
{
   levelOne();
        function levelOne()
        {
            var count1 = 1; var choice = "y"; var num = 0; var countX = 1;
   //Prompt for default or enter number of problems for this level
            var choice = prompt("Do you want to continue only until you ↵
                get 5 correct? Type 'y' for yes or 'n' for no:", " ");
   //if student chooses default
            if ((choice == "y") || (choice == "Y"))
            {num = count1; choice = "y"; }
   //if student chooses to enter a number
            else if ((choice != "y")||(choice !="Y"))
               {num = parseInt(prompt("How many problems in total do you ↵
                  want to try?", " ")); choice = "n";}
   //loop to continue generating addition problems
            while (((choice == "y") && (count1 < 6)) || ↵
                  ((choice == "n") && (countX <= num)))
            {
               var num1a = (Math.floor(Math.random() * 10)) + 1;
               var num1b = (Math.floor(Math.random() * 10)) + 1;
               var sum1 = num1a + num1b;
               var response = parseInt(prompt("What is the sum of ↵
                  " + num1a + " and " + num1b + " ?"));
               if (response == sum1)
                  {count1 = count1 + 1;    var result = "correct!"; ↵
                      alert(result);}
               else
```

```
                { result = "incorrect"; alert(result); }
          countX = countX + 1
        }
        alert("You completed " + (countX - 1) + " problems and got ↵
             " + (count1 - 1) + " correct.");
//Level One problems are done, call Level Two
        var move = prompt("Do you want to move to Level Two? Type 'y' ↵
           for yes or 'n' to end this session", " ");
        if ((move == "y") || (move == "Y"))
           {levelTwo(); }
    else alert("This session is ended."); }
    function levelTwo()
    {
        var count2 = 1; var choice = "y"; var num = 0; ↵
            var countX = 1;
//Prompt for default or enter number of problems for this level
        var choice = prompt("Do you want to continue only until you ↵
            get 5 correct? Type 'y' for yes or 'n' for no:", " ");
//if student chooses default
        if ((choice == "y") || (choice == "Y"))
            { num = count2; choice = "y"; }
//if student chooses to enter a number
        else if ((choice != "y")||(choice !="Y"))
            { num = parseInt(prompt("How many problems in ↵
            total do you want to try?", " ")); choice = "n";}
//loop to continue generating addition problems
        while (((choice == "y") && (count2 < 6)) || ↵
            ((choice == "n") && (countX <= num)))
        {
            var num2a = (Math.floor(Math.random() * 100)) + 1;
            var num2b = (Math.floor(Math.random() * 100)) + 1;
            var sum2 = num2a + num2b;
            var response = parseInt(prompt("What is the sum of ↵
                " + num2a + " and " + num2b + " ?"));
            if (response == sum2)
                {count2 = count2 + 1; var result = "correct!"; ↵
                    alert(result); }
            else
                {result = "incorrect"; alert(result); }
            countX = countX + 1
        }
        alert("You completed " + (countX - 1) + " problems and got ↵
            " + (count2 -1) + " correct.");
//Level Two problems are done, call Level Three
       var move = prompt("Do you want to move to Level Three? Type 'y' ↵
        for yes or 'n' to end this session", " ");
        if ((move == "y") || (move == "Y"))
           { levelThree(); }
        else  alert("This session is ended.");
    }
    function levelThree()
    {
       var count3 = 1; var choice = "y"; var num = 0; var countX = 1;
//Prompt for default or enter number of problems for this level
       var choice = prompt("Do you want to continue only until you ↵
           get 5 correct? Type 'y' for yes or 'n' for no:", " ");
//if student chooses default
       if ((choice == "y") || (choice == "Y"))
          { num = count3; choice = "y"; }
```

```
//if student chooses to enter a number
          else if ((choice != "y")||(choice !="Y"))
              { num = parseInt(prompt("How many problems in total do you ↵
              want to try?", " "));choice = "n"; }
//loop to continue generating addition problems
          while (((choice == "y") && (count3 < 6)) || ((choice == "n") ↵
               && (countX <= num)))
          {
              var num3a = (Math.floor(Math.random() * 100)) + 1;
              var num3b = (Math.floor(Math.random() * 100)) + 1;
              var num3c = (Math.floor(Math.random() * 100)) + 1;
              var sum3 = num3a + num3b + num3c;
              var response = parseInt(prompt("What is the sum of " ↵
                   + num3a + ", " + num3b + ", and " + num3c + " ?"));
              if (response == sum3)
                   { count3 = count3 + 1; var result = "correct!"; ↵
                         alert(result); }
              else
                   { result = "incorrect"; alert(result); }
              countX = countX + 1
          }
          alert("You completed " + (countX - 1) + " problems and got " ↵
             + (count3 - 1) + " correct.");
//Level Two problems are done, end session or move to subtraction
          var move = prompt("Do you want to move to Subtraction? Type 'y' ↵
              for yes or 'n' to end this session", " ");
          if ((move == "y") || (move == "Y"))
              { alert("Click the Subtraction button to begin now"," "); }
          else alert("This session is ended.");
     }
}
function subIt()
{
     levelOne()
     function levelOne()
     {
          var count1 = 1; var choice = "y"; var num = 0; var countX = 1;
//Prompt for default or enter number of problems for this level
          var choice = prompt("Do you want to continue only ↵
               until you get 5 correct? Type 'y' for yes or ↵
               'n' for no:", " ");
          if ((choice == "y") || (choice == "Y"))
               { num = count1;  choice = "y"; }
          else if ((choice != "y")||(choice !="Y"))
               { num = parseInt(prompt("How many problems in total do ↵
               you want to try?", " ")); choice = "n"; }
//loop to continue generating subtraction problems
          while (((choice == "y") && (count1 < 6)) || ((choice == "n") ↵
               && (countX <= num)))
          {
               var num1a = (Math.floor(Math.random() * 10)) + 1;
               var num1b = (Math.floor(Math.random() * 10)) + 1;
               if (num1a >= num1b)
                    { var diff1 = num1a - num1b;
                    var response = parseInt(prompt("How much is " ↵
                    + num1a + " minus " + num1b + " ?")); }
               else
                    { var diff1 = num1b - num1a;
                    var response = parseInt(prompt("How much is " + ↵
```

```
                    num1b + " minus " + num1a + " ?")); }
                if (response == diff1)
                    { count1 = count1 + 1; var result = "correct!"; ↵
                        alert(result); }
                else
                    { result = "incorrect"; alert(result); }
                countX = countX + 1
            }
            alert("You completed " + (countX - 1) + " problems and got " ↵
                + (count1 - 1) + " correct.");
//Level One problems are done, call Level Two
            var move = prompt("Do you want to move to Level Two? ↵
                Type 'y' for yes or 'n' to end this session","");
            if ((move == "y") || (move == "Y"))
                { levelTwo(); }
            else alert("This session is ended.");
        }
        function levelTwo()
        {
            var count2 = 1; var choice = "y"; var num = 0; var countX = 1;
//Prompt for default or enter number of problems for this level
            var choice = prompt("Do you want to continue only until you ↵
                get 5 correct? Type 'y' for yes or 'n' for no:", " ");
            if ((choice == "y") || (choice == "Y"))
                { num = count2;  choice = "y"; }
            else if ((choice != "y")||(choice !="Y"))
                {num = parseInt(prompt("How many problems in ↵
                total do you want to try?", " "));choice = "n"; }
//loop to continue generating subtraction problems
            while (((choice == "y") && (count2 < 6)) || ((choice == "n") ↵
                && (countX <= num)))
            {
                var num2a = (Math.floor(Math.random() * 100)) + 1;
                var num2b = (Math.floor(Math.random() * 100)) + 1;
                if (num2a >= num2b)
                    { var diff2 = num2a - num2b;
                    var response = parseInt(prompt("How much is " ↵
                    + num2a + " minus " + num2b + " ?")); }
                else
                    { var diff2 = num2b - num2a;
                    var response = parseInt(prompt("How much is " ↵
                    + num2b + " minus " + num2a + " ?")); }
                if (response == diff2)
                    { count2 = count2 + 1; var result = "correct!"; ↵
                        alert(result); }
                else
                    { result = "incorrect"; alert(result); }
                countX = countX + 1
            }
            alert("You completed " + (countX - 1) + " problems and got " ↵
                + (count2 - 1) + " correct.");
//Level Two problems are done, call Level Two
            alert("Congratulations! You have completed both levels of ↵
                Subtraction. Your session is ended.");
        }
}
</script>
</head>
<body>
```

```
  <div id="container">
    <img src="images/writing_big.jpg" class="floatleft" />
    <h1 id="logo">Become a Math Whiz!</h1>
    <div align="left">
    <blockquote><p>
    <a href="index.html"><img src="images/owl_button.jpg"/> Home</a>
    <a href="carla.html"><img src="images/carla_button.jpg" /> ↵
                      Meet Carla </a>
    <a href="reading.html"><img src="images/read_button.jpg" /> Reading</a>
    <a href="writing.html"><img src="images/write_button.jpg" /> Writing</a>
    <a href="math.html"><img src="images/arith_button.jpg" /> ↵
                      Arithmetic</a><br /></p>
    </blockquote>
    </div>
    <div id="content">
    <p>There are two parts to this arithmetic test: addition and ↵
    subtraction. Each part will increase in difficulty as you prove you ↵
    are ready for harder problems. You may choose whether you want to ↵
    move to another level after getting 5 questions correct or you may ↵
    choose how many problems you ↵ want to attempt at any level.</p>
    <p><input type="button" onclick="addIt()" value="begin the addition ↵
               test" /> </p>
    <p><input type="button" onclick="subIt()" value="begin the subtraction ↵
               test" /> </p>
    </div>
</div>
<div id="footer"> <h3>*Carla's Motto: Never miss a chance to teach -- and ↵
               to learn!</h3>
</div>
</body> </html>
```

4.5.2.5 完成

这里是在学生使用这个页面之后一些可能的结果。

输出：

学生完成了第一级加法，回答 10 个问题并且答对 6 题。

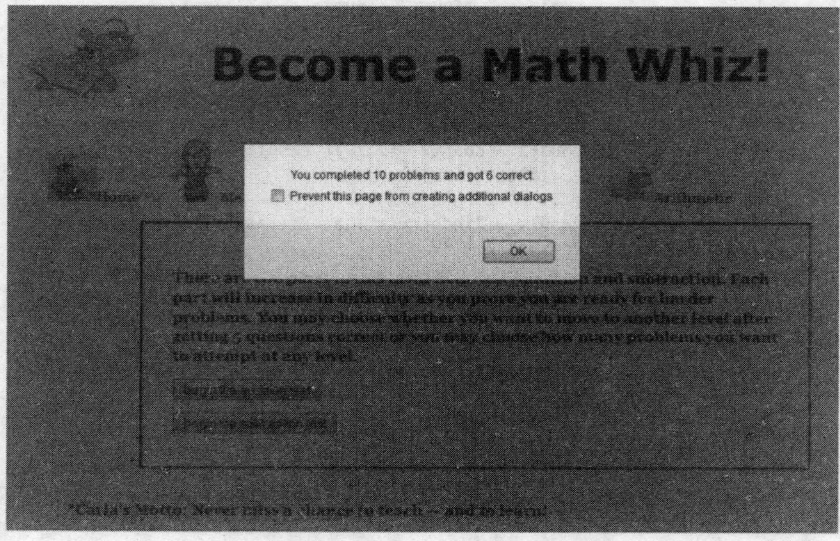

输出：

学生完成了第三级并且选择前往减法问题。

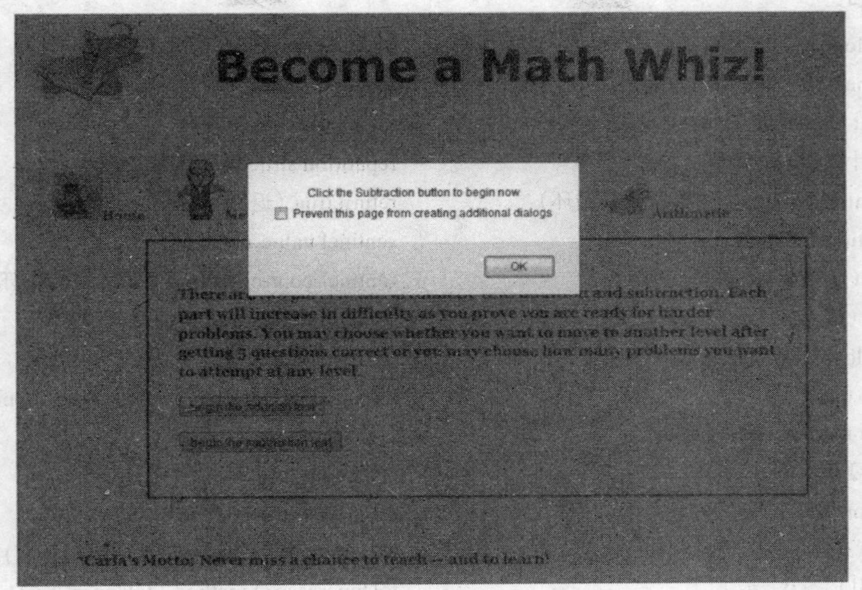

输出：

学生完成了两级减法。

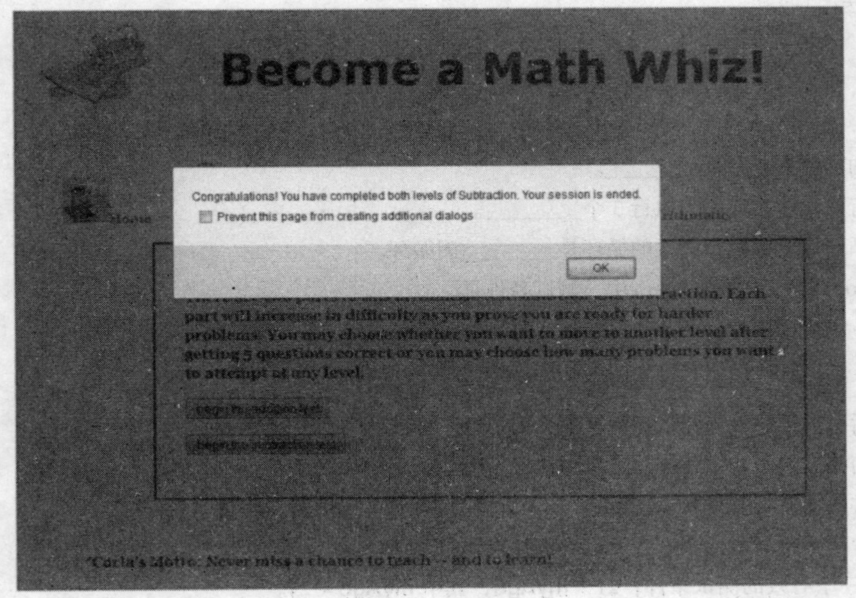

4.6 复习与练习

主要术语

body (of a loop)（循环体（循环中））
charAt () method（charAt() 方法）
charCodeAt () method（charCodeAt() 方法）
Counter（计数器）
counter-controlled loop（计数器控制循环）
data validation（数据验证）
decrement（递减）
decryption（解密）
do...whi1e loop（do...while 循环）
Encryption（加密）
end-of-data marker（数据结束标记）
flag（标志变量）
for loop（for 循环）
increment（递增）
index（索引）
infinite loop（无限循环）
initial value（初始值）
isNaN() method（isNaN() 方法）
iteration（迭代）
key (encryption)（密钥（加密））
length property（length 属性）
loop（循环）
repetition structure（重复结构）
return true（返回 true）
sentinel value（哨兵值）
sentinel-controlled loop（哨兵控制循环）
shortcut operators（快捷操作符）
static method（静态方法）
String.fromCharCode() method（String.fromCharCode() 方法）
test condition（测试条件）
toFixed(x) method（toFixed(x) 方法）
toLowerCase() method（toLowerCase() 方法）
toUppercase () method（toUpperCase() 方法）
Unicode Standard（Unicode 标准）
valid data（有效数据）
while loop（while 循环）

练习

填空题

1. 重复结构的基本成分是________。
2. 一个执行 3 次的循环称为执行 3 个________。
3. 一种其循环体至少执行一次的循环是________测循环。
4. 在语句 for (x = 1; x < 10; x++) 中，测试条件是________。
5. ________方法用于为一个数字设定指定数目的小数位。

判断题

6. 在一个后测循环中，当测试条件从不会满足时，将出现一个无限循环。
7. 在一个前测循环中，循环体总是至少执行一次。
8. 测试条件的值只可能是 true 或 false。
9. 复合条件能用于 if...else 结构，但是不能用于重复结构。
10. 以下是一个有效的测试条件：21 < myAge，其中 myAge = 23。

11. do...while 循环是一个后测循环。
12. 在一个哨兵控制循环中，哨兵值必须是一个整数。
13. 如果字符串中的任何字符最初以小写字母录入，那么不能使用 toLowerCase() 方法。
14. 计数器只能按 1 往上或往下计数。
15. 表达式 j += 2; 将把 2 加到变量 j。

简答题

16. 运行以下代码段将显示警示对话框多少次？

```
var x = 5;
var y = 1;
while (x < y)
{
   alert("Good morning!");
   x--;
}
```

a) 5　　b) 4　　c) 1　　d) 0

17. 运行以下代码段将显示警示对话框多少次？

```
var x = 1;
var y = 5;
while (x < y)
{
   alert("Good morning!");
   x++;
}
```

a) 5　　b) 4　　c) 1　　d) 0

18. 运行以下代码段将显示警示对话框多少次？

```
var x = 5;
var y = 1;
do
{
   alert("Good morning!");
   x--;
}
while (x < y)
```

a) 5　　b) 4　　c) 1　　d) 0

19. 运行以下代码段将显示警示对话框多少次？

```
var x = 1;
var y = 5;
do
{
   alert("Good morning!");
   x++;
}
while (x < y)
```

a) 5　　b) 4　　c) 1　　d) 0

20. 使用快捷操作符重写下列表达式。

a) w = w + 1　　b) x = x – 2　　c) y = y * 5　　d) z = z – 1

21. 给定 R = 8，执行下列语句后，R 和 S 的值是什么？

```
S = R++;
```

22. 给定 R = 8，执行下列语句后，R 和 S 的值是什么？

```
S = ++R;
```

23. 如果 city = "Los Angeles"，那么 myCity 的值是什么？

```
myCity = city.length;
```

24. 使用 for 循环重写下列代码：

```
m = 1;
while (m < 20)
{
   alert("Hi, friend!");
   m = m+=2;
}
```

25. 使用 for 循环重写下列代码：

```
p = 100;
while (p >= 0)
{
   alert("Counting down in..." + p + "seconds!");
   p-=5;
}
```

26. 在以下代码中，填写缺失的语句或表达式，检查以确保用户在提示时录入一个整数值：

```
var purchase = parseInt(prompt("How many do you want?"," "));
var check = __________;
while (__________)
{
   purchase = parseInt(prompt("Enter a whole number:", " "));
   ____________________;
}
```

27. 在以下代码中，填写缺失的语句或表达式，以检查用户在提示时是否录入一个奇数或偶数：

```
var myNumber = parseInt(prompt("Enter a whole number:"," "));
var check = __________;
if (__________)
   alert("Even number");
else
   alert("Odd number");
```

28. 在以下代码中，填写缺失的语句或表达式，以检查用户在提示时是否录入一个奇数或偶数：

```
var myNumber = parseInt(prompt("Enter a whole number:"," "));
var check = __________;
if (__________)
   alert("Odd number");
else
   alert("Even number");
```

29. 给定 MyName = "M. Nguyen III"，下列各项的值是什么？

a）myName.charAt(3)　　b）myName.charAt(10)

30. 为以下一个猜测数字游戏代码添加一个需要的条件，让玩家可以再猜一次。如果玩家上一次没有猜对，并且猜测总次数不到 10 次，那么允许再猜一次。

```
var secret = Math.floor(Math.random()*10));
var numGuess = 1;
var newGuess = parseInt(prompt("Take a guess: ", " "));
while (__________)
{
   alert("incorrect");
   newGuess = parseInt(prompt("Guess again: ", " "));
   numGuess++;
}
```

编程挑战

独立完成以下操作。

1. 创建一个网页，将为火箭发射显示一个倒计时。使用一个按钮开始倒计时。在网页上应该显示倒计时序列并且在最后显示“BLASTOFF！”。如果愿意，你可以增加一个火箭图像。将这个页面保存到文件 blastoff.html 中，并且确保包含合适的页标题。
2. 创建一个网页，要求用户录入一个密码。这个密码必须包含 8 个字符并且不能包括空格。允许使用所有的键盘字符。一个循环应该提示用户再录入另一个密码，直至这两个条件都满足。将你的页面保存到文件 password.html 中，并且确保包含合适的页标题。
3. 创建一个网页，让用户在各种旅行上计算他的汽车性能。允许用户录入与需要一样多的数据行。对于每行，要求录入以下信息：旅行的名字、驱车里程数和使用汽油的加仑数。输出应该放入一个 JavaScript 创建的表格中并且看起来像这样：

Trip Name	Miles Driven	Gallons Used	Miles per Gallon
Disney World	560	20	28 mpg
...	...	...	...
...	...	...	...
New York City	152	8	19 mpg

将你的页面保存到文件 mpg.html 中，并且确保包含合适的页标题。

4. 数字 N 的阶乘定义为：

```
N! = 1 * 2 * 3 * 4 *.....* N
```

例如，4!= 4 * 3 * 2 * 1 和 7!=7 * 6 * 5 * 4 * 3 * 2 * 1。

创建一个网页，让用户录入一个正整数且页面将显示那个数字的阶乘。提示：使用一个变量 factorial，初值为 1。然后使用一个循环用 factorial 乘以连续的整数直到用户录入的值。将你的页面保存到文件 factorial.html 中，并且确保包含合适的页标题。

5. 生物学家已测定出细菌通过给定天数培养后的大约数量可以按下列公式计算：

bacteria = initialBacteria * $2^{(days/10)}$

公式中，initialBacteria 是观察期开始时出现细菌的数目。让用户输入 initialBacteria 的值，然后计算并显示经 10 天培养之后细菌的数目。使用一个循环将输出显示在网页上的一个表格中，如下所示。

```
Initial Bacteria present:
Day        Bacteria
 1
 .
 .
 .
10
```

将你的页面保存到文件 bacteria.html 中，并且确保包含合适的页标题。

6. 创建一个网页，使用循环让老师录入一个班上所有学生的下列信息：学生的名字、期中考试成绩、期末考试成绩、作业成绩和考勤成绩。程序应该使用下列公式计算每位学生的总评成绩：

```
grade = (midterm*0.3)+(final*0.4)+(homework*0.2)+(attendance*0.1)
```

将结果显示在一个 JavaScript 创建的表格中，如下所示。

Name	Attendance	Homework	Midterm	Final	Course Grade
Bianca	90	85	78	92	86.2
.	.	.	.	.	.
.	.	.	.	.	.
.	.	.	.	.	.
Walter	70	50	83	74	71.5

将你的页面保存到文件 points.html 中，并且确保包含合适的页标题。

7. 创建一个网页，让玩家录入一条信息。当单击一个按钮时，网页上包括玩家信息的所有文本（除了在按钮上的文本以外）将按相反次序显示。例如，如果网页有一个标题“ Mirror Image”，那么在单击按钮后，该标题将是“ egamI rorriM”。玩家也应该能够把页面返回到正常状态。提示：如果你反转一个被反转的单词，会发生什么事？将你的页面保存到文件 mirror.html 中，并且确保包含合适的页标题。

案例研究

Greg's Gambits

这里你将补充本章前面创建的加密页面。本章已经编写的加密程序很容易让人理解，现在你将创建一个更复杂的加密算法。

打开 play_games.html 页面，并且在 The Secret Message Encoder 链接的下面添加一个到你将创建的新页面的链接。新页面应该以 Unbreakable Secret Message Encoder 为页标题，并且文件名应该是 gregs_encoder2.html。

你可以把在本章前面创建的页面当作一个模板来使用。页标题 Unbreakable Secret Message Encoder 也应该是页面上的一级标题。在内容区域放置一个按钮，当玩家准备好加密一条信息时就单击它。

在本章例子中，我们使用下列算法编码文本：

- 大写字母：newcode = (upCaseCode – msg.charCodeAt(j));
- 小写字母：newcode = (lowCaseCode – msg.charCodeAt(j));
- 数字和特殊字符：newcode = (msg.charCodeAt(j) + specialCode);

这里，newcode 是被编码信息中的新字符，msg 是用户录入的信息，j 是要访问字符的索引，upCaseCode = 155，lowCaseCode = 219，specialCode = 3。

现在，你将创建一个随机数用于决定 newcode 的值向上（或向下）移动的值。通过创建新的随机数来加密一条信息，将很难破译这个代码。在一个真实的加密程序中，这个数字将传送给加密信息的玩家和接收这条信息的人，即它将是密钥。但是，看到这个加密信息且没有这个密钥的其他任何人将不知道如何解密它。在页面上，我们将只是问玩家是否想查看这个已用于加密算法的数字。如果是，那么就显示这个加密算法所使用的那个数字。使用 Unicode 值表确保你创建的任何字符是在可接受的 ASCII 键盘字符范围之内。

例如，你可能使用以下事实来编码大写字母的值：在字母表中有 26 个字母，其中大写字母值的范围从 65 ~ 90，小写字母值的范围从 97 ~ 122。你可能决定把一个大写字母改变为它对应的小写字母值加上一个在 2 ~ 26 之间的随机数。如果这个随机数是 5，那么它会把字母 A 编码为 Unicode 值 97（小写字母 a）加上 5，也就是 Unicode 值为 102 的小写字母 f。使用这个方案，单词 CAT 将转换为 hfy。当然，你需要考虑对于大写字母 Z 会发生什么事？ Z 的 Unicode 值是 122，因此 122 + 5 = 127，它不在我们可以使用的 ASCII 值范围之内。你需要增加代码处理这种情形，具体怎么做由你自己决定。你可以简单地定义从 127 到指定字符的所有字符，或者可以改变算法将这种情况下的加法转换成减法。你可能想到另一个聪明的方法控制这种情形。

对于这个程序，你将创建新的算法处理大写字母、小写字母、数字和标点符号。在至少两个不同的浏览器中测试你的网页，最后按照老师要求提交你的工作成果。

Carla's Classroom

通过创建乘法和除法练习，现在你将补充在本章前面创建的加法和减法练习。

你创建的每个页面或练习应该提示学生回答一个算术问题。学生应该可以选择是在答对 5 题后还是在已回答指定数目的问题后停止答题。与在本章中创建的加法和减法练习相同，每个问题应该通过创建两个随机数来生成。正确的答案应该与学生的答案进行比较。应该有两个计数器：一个计数答对的题数，另一个计数已回答问题的数目。在每个级别结束时，学生应该接收一条信息提示回答了多少题和答对了多少题。在每个级别结束时，如果有下一个级别，应该提示学生是否继续下一个级别，否则结束程序。

打开 math.html 文件，并在 Advanced Addition and Subtraction Exercises 的下面增加一个或多个链接（取决于你为程序选择了多少选项），链接到你创建的一个或多个页面。

把在本章前面创建的 carla_math_whiz.html 页面当作一个模板使用，你可以创建下列一个或两个算术练习：

- 创建两级乘法。第一级应该乘以 1 ~ 10 之间的所有数字，而第二级应该乘以 10 ~ 100 的数字。你可以把这个代码加入本章前面创建的 carla_math_whiz.html 页面，或者只做这个部分并将这个页面命名为 adv_multiplication.html。
- 创建两级除法问题。第一级应该除以 1 ~ 100 之间的所有数字，但是只生成结果为整数商的除法问题；而第二级也应该包括 1 ~ 100 之间的整数，但是允许有小数位答案（也就是，11/2=5.5）。你需要确保代码检查以下问题：

- 对于第一级，被除数必须是大于或等于除数。也就是，在表达式 a ÷ b 中，a 必须大于（或等于）b。
- 对于第二级，要指示学生只保留两位小数，并且确保你自己的结果也只保留两位小数。

你可以把这个代码加入本章前面创建的 carla_math_whiz.html 页面中，或者只做这个部分并将这个页面命名为 adv_division.html。

在至少两个不同的浏览器中测试你的网页，保证测试在每个级别上答对和答错的所有可能组合。最后按照老师要求提交你的工作成果。

Lee's Landscape

在这个练习中，你将使用在第 3 章创建的 Lee's Landscape | Services 页面中的服务表格。在这个新页面上，客户将订购服务。该页面应该提示用户录入他想要花费的数量，然后客户可以订购服务表格（见下面复制于第 3 章的表格）中的服务。在每次录入后，程序应该保存客户已经花费的总额。如果客户订购超出已设置的开支限额，那么应该提醒客户这一情况，要从清单中删除订购的最后一个项目，并且提示客户是否有能力支付更多的订购或者停止订购。最后的输出应该是一个表格，列出客户已经订购的服务、价格和总计。

Service	Options	
Lawn maintenance	Weekly：$15/service Twice a month：$25/service Monthly：$40/service	
Pest control	Monthly：$35/service Twice a year：$75/service Yearly：$150/service	
Tree and hedge trimming	Monthly：$25/service Twice a year：$75/service Yearly：$150/service	

这里使用的图像可以在 Student Data Files 中找到。当然，如果愿意，可以替换为你自己的图像。确保为这个网页给出适当的页标题，建议使用 Lee's Landscape | Order Services。用文件名 1ee_order.html 保存这个文件。在 Lee's Landscape 首页（如果你在前一章中创建了这个页面）中添加一个到这个新页面的链接。在至少两个不同的浏览器中测试你的页面，确保测试每个服务和合同的所有可能组合。最后按照老师要求提交你的工作成果。

Jackie's Jewelry

为 Jackie's Jewelry 网站添加一个页面，允许客户选择免费样品。Jackie 提供 8 个可能的样品，客户可以从中挑选，按以下规则送出免费样品：

- 若购买额超过 $50.00（含 50），则送 1 个样品。
- 若购买额在 $50.01 ~ $100.00，则送 2 个样品。
- 若购买额超过 $100.00，则送 3 个样品。

在本书的后面，你将为 Jackie 创建一个购物车。然而，此时，你只能简单地提示客户录入购买的数量。然后程序应该告诉客户能够选择多少个样品，并要求客户从以下列表中挑选，然后程序应该显示客户将接收的样品。

Available Samples

two glass beads	two yards satin cord(pink)
velvet ring box	one yard leather cord
bracelet box	once clasp
package of assorted beads	pendant

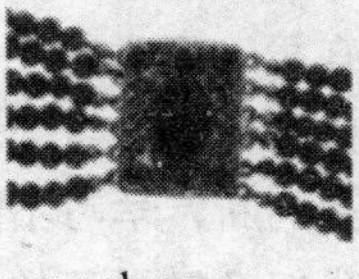

这里使用的图像可以在 Student Data Files 中找到。当然，如果愿意，可以替换为你自己的图像。确保为这个网页给出适当的页标题，建议使用 Jackie's Jewelry | Sample。用文件名 jackie_samples.html 保存这个文件，为 Jackie's Jewelry 首页添加一个到这个新页面的链接。在至少两个不同的浏览器中测试你的网页，最后按照老师要求提交你的工作成果。

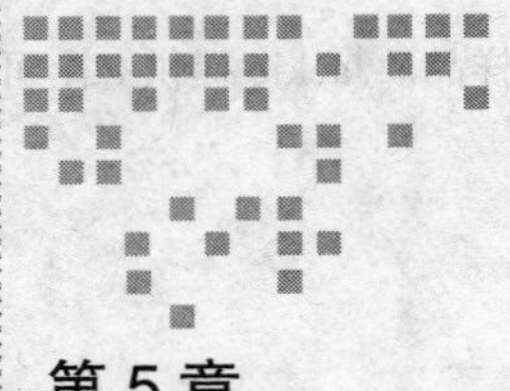

Chapter 5 第 5 章

高级判断和循环

本章目标

现在，你很可能已经理解了在程序中使用判断和循环的力量。你可能在想该如何让我们设计的程序更复杂、更有效率和更有趣。在本章中，我们将综合应用已经学习的技能来创建更高级的程序。

我们已经在第 1 章学习了程序设计的基础知识，但是我们还需要学习 JavaScript 提供的更多概念和技术。在进一步学习类似数组和函数的高级主题之前，我们将学习使用嵌套在其他循环和判断中的循环和判断，学习不限于数学问题的计算总数和平均数，学习强制退出循环等。这些概念完全建立于我们已经学习的概念，因此我们在这一章不学习新的基本概念，而是通过使用 3 个基本程序设计结构的较长例子，训练我们综合应用所学知识的能力。

阅读本章后，你将能够做以下事情：

- 使用循环计算总数和平均数。
- 理解如何使用循环找到奇数或偶数。
- 理解如何使用循环在一个列表中找最大值和最小值。
- 理解如何识别一个整数。
- 理解如何以及何时使用 break; 语句。
- 理解如何以及何时使用 continue; 语句。
- 创建嵌套的 for 循环。
- 使用前、后测循环创建嵌套循环。
- 嵌套循环和 if...else 结构。
- 使用 JavaScript 绘制形状和图案。
- 使用各种不同的鼠标事件。

5.1 一些简单的教学统计分析

在本节中，我们将回顾一些在本书前面已简略提及的 JavaScript 方法，这些方法在许多程序中是有用的。我们将学习如何通过求和与求平均来计算简单的统计问题，如何识别奇数和偶数从而使用它在一组数字中计算中间值，以及如何确定一个数字是整数还是浮点数。我们将在本章例子中使用这些技术。

5.1.1 把所有数加起来

通常，一个程序需要在循环继续迭代时保持一个运行总和。例如，一个购物车可能在客户添加商品时需要显示一个小计。一个游戏可能需要记录玩家的分数信息。一个想要程序计算学生平均分的老师需要累加分数来计算这个平均分数。

小学生学习加一组数字。例如，如果一个教授要结婚了，而他的学生想要捐款购买一个礼物，那么确定捐赠了多少钱的方法是累加所有捐款，如以下方法：

```
5.00 + 7.00 + 3.00 + 5.00 + 10.00 + 6.00 + 4.00 = 40
```

然而，这个方法在计算机程序中不是有效的。分别处理这 7 个数字的程序会为每个数字使用一个单独的变量。如果没有把每个数字分别存储在一个变量中，那么这个程序只可能使用一次，一个计算器就可以做这样的事情。实际上，如果第 8 个学生想要增加一个捐款，那么我们可以只把这个新数字加入那个总数中。在程序中，一旦写好代码，就没有方法接受任何新数字。但是，一个计算机程序应该编写成能够使用许多次，能够有足够的灵活性来允许 7 个数字或者 70 个数字。并且，我们无疑不会为每个数字使用单独的变量。要计算许多数字的总数，一个版本的 JavaScript 伪代码会看起来像这样：

```
Declare variables to hold a number and the sum
Initialize the variables to 0
Start a loop
    Prompt the user for a number and tell the user what to enter
    when done
    Store that number in a variable
    Create the sum: sum = old sum + new number
End the loop
```

sum 最初是 0。比如说用户录入的第一个数字是 5，那么在第一次遍历循环时，sum 等于 0 加上第一个数字值 5，然后循环遍历第二次迭代，比如说用户录入 7，那么 sum= 旧的 sum（5）加上新数字（7），得到总数是 12。如果用户在第 3 个提示时录入 3，sum 将是旧的总数（12）加上新数字（3），得到 sum = 15；等等。当计算总数时，随着程序运行持有总数的变量称为**累加器**，因为它累加所有的值。这就是计算机总计数字的方法，例 5.1 示范这种方法如何用于一个简单的程序。

例 5.1　加起来　下列程序将让 Henrietta Crabtree 教授为她的班录入每个学生在第一次考试时的所有分数。录入的所有分数将被加起来，直至 Henrietta 停止录入。当我们在下一个例子中学习计算平均值时，我们将补充这个程序。这个程序让 Henrietta 录入数字，直至她录入一个哨兵值。我们选择 –999 为哨兵，因为一位学生在一项考试上得到 –999 分实际上是不可能的。应该慎重选择哨兵值，以便它永远不会是有效输入的一部分。

```
1.  <html>
2.  <head>
3.  <title>Example 5.1</title>
4.  <script>
5.  function getSum()
6.  {
7.    var score = 0; var sum = 0;
8.    while (score != -999)
9.    {
10.        sum = sum + score;
11.        score = parseInt(prompt("Enter a score or enter -999 ↵
                 when you're finished:",""));
12.   }
13.   document.write("the sum of these scores is: " + sum + ".");
14. }
15. </script>
16. </head>
17. <body>
18. <h1>Exam 1 Scores</h1>
19. <h3>Click to enter students' scores</h3>
20. <p><input type="button" id="scores" value="Enter the scores" ↵
                onclick="getSum();" /></p>
21. </body> </html>
```

这个代码接受数字并且将继续直至录入的数字是 -999。在循环中，sum 连续把新值加入上一个总数。特别需要注意的一点是，不需要把 -999 加入这个总数。在这种情况下，通过把在第 10 行上对 sum 的计算放在提示录入的下一个数字之前，我们确保 -999 不会加入这个 sum 中。在最后两次迭代中，用户在第 11 行录入最后一个分数。让我们假设最后一位学生在测验中获得 85 分，当检查第 8 行的条件时，由于 85 != -999，所以循环继续。现在 85 加入上一个总数（第 10 行）。第 11 行再次提示用户录入另一个分数但这里录入 -999。现在，再次检查这个条件时，其值为 false，从而退出循环。在这种方式下，-999 不会包含在 sum 中。如果第 10 和 11 行互换，那么 -999 将包含在 sum 中。

到现在为止，除了当做一个加法器之外，这个代码还不能做任何事。我们将在下一个例子中补充代码，以便能够使用这些数据计算这次 Henrietta 考试的平均分数。

5.1.2 计算平均数

一旦你知道一组数字的总数，那么只要知道有多少个数字就可以简单地计算平均数。但是在程序设计方面，我们预先可能不知道在总数中有多少个数字。因此为了当用户录入一组数字时能够计算平均数，我们不仅需要累加这些数字，也要计数这些数字。我们以前已经在许多程序中把一个计数器用做一个测试条件。在例 5.2 中，我们将补充在例 5.1 中编写的代码，通过使用一个计数器记录 Henrietta 录入了多少分数，从而求得这次 Henrietta Crabtree 考试的平均分。

例 5.2　平均数　通过为例 5.1 添加几行代码，不管 Henrietta 是录入 3 个还是 300 个分数，我们都可以计算她录入的考试分数的平均分。我们使用一个新变量计数器，计数每次录入的分数。最后，这个计数器保存已录入分数的数目，因此平均数只是总数除以分数的数目。我们也增加一个变量保存这个平均数。以下只是求平均数的 JavaScript 代码，而这个页面的其他部分与上一个例子相同。

```
1.  <script>
2.  function getAverage()
3.  {
4.       var score = 0; var sum = 0; var count = 0; var average = 0;
5.       while (score != -999)
6.       {
7.            sum = sum + score;
8.            count++;
9.            score = parseInt(prompt("Enter a score or enter -999 ↵
                         when you're finished:"," "));
10.      }
11.      average = sum/(count - 1);
12.      document.write("<p>The sum of these scores is: " + sum ↵
                    +".</p>");
13.      document.write("<p>The average of these scores is: "↵
                         + average + ".</p>");
14. }
15. </script>
```

第4行增加两个数字变量count和average，并且两者都初始化为0。通过每次迭代时把1加入count的值，在第8行上的代码记录已经录入了分数的个数。要注意的重要事情是：如果Henrietta录入4个分数然后录入–999停止，那么当循环退出时，计数器的值将是5。当计算平均数时，我们需要考虑这种情况。由于最后一个录入–999将总是递增这个计数器使它比实际考试分数的数目多1个，所以在计算平均数（第11行）前要减去1。

通常，当写一个使用除法的程序时，我们将需要检查除0错误。这类错误会引起严重的问题，我们总是想要确保程序从来不会因除0而终止。然而，在这个程序中引起这种情形的唯一办法是用户在第一个提示时录入–999。后面几个例子仍然存在这个潜在的除零问题，解决方法是增加代码检查除数是0的可能性。

5.1.3 范围

现在，我们可以使用前面的程序并且增加一些代码，找出从最低到最高的值范围。这需要更多一点的程序设计技术，如例5.3所示。然后我们可以完成Crabtree教授的考试统计分析。

例5.3 最高值和最低值 在这个例子中，我们将增加代码找出录入的最低分数和最高分数，从而给出分数范围。增加另外两个变量，一个记录录入的最高分（high），另一个记录录入的最低分（low）。我们也将把平均数限制为一个整数。在这个例子中，需要改变一点代码，也就是在进入循环之前提示录入一个值，并且使用这个最早录入的分数初始化我们的最高和最低值。现在，由于我们从录入的数据生成了更多的信息，并且要显示一些统计数据，所以把这个函数重新命名为getStats()。HTML页面的唯一改变是按钮调用的函数现在是getStats()，代码如下：

```
<script>
function getStats()
{
     var score = 0; var sum = 0; var count = 1; var average = 0;
     var high = 0; var low = 0;
     score = parseInt(prompt("Enter a score or enter -999 ↵
               when you're finished:"," "));
     low = score;
```

```
8.       high = score;
9.       while (score != -999)
10.      {
11.           sum = sum + score;
12.           count++;
13.           score = parseInt(prompt("Enter a score or ↵
                  enter -999 when you're finished:"," "));
14.           if (score > high)
                  high = score;
15.               high = score;
16.           if ((score < low) && (score != -999))
17.               low = score;
18.      }
19.      average = parseInt(sum/(count - 1));
20.      document.write("<p>The number of scores entered is: " ↵
                   + (count - 1) + ".</p>");
21.      document.write("<p>The sum of these scores is: " ↵
                   + sum + ".</p>");
22.      document.write("<p>The average of these scores is: " ↵
                   + average + ".</p>");
23.      document.write("<p>The lowest score is: " + low + ".</p>");
24.      document.write("<p>The highest score is: " + high + ".</p>");
25. }
26. </script>
```

第 5 行声明了两个新变量 high 和 low。第 6 行提示用户录入第一个分数。现在有个特殊情况，Henrietta 可能录入 –999，从而循环永远不会执行。然而，在循环开始前录入一个值的主要原因是为 high 和 low 提供一个初始值。从现在开始，每次录入一个新分数就与 high（第 14 行）和 low（第 16 行）进行比较，如果新分数比第一个分数高，那么就把那个值代替 high 的当前值（第 15 行）；如果新分数比 low 低，那么就把这个较低的分数代替 low 的值（第 17 行）。一个例外情况是哨兵值，显然 –999 将低于任何考试分数，因此我们在第 16 行使用复合条件确保不允许哨兵值代替 low 的值。在循环末端，low 将保存最低的分数，而 high 将保存最高的分数。这就是这次考试的分数范围，并且在第 23 和 24 行显示这些值。

此时，如果程序运行，并且录入下列值，那么输出应该如下所示。

输入：93, 84, 72, 79, 62, 96, 77, 82, 98, 65, –999

输出：

```
The number of scores entered is: 10.
The sum of these scores is: 808.
The average of these scores is: 80.
The lowest score is 62.
The highest score is 98.
```

5.1.4 奇数和偶数

有许多情形需要你识别一个数字是奇数还是偶数。在第 9 章中，需要这个信息在一个数字列表中找出中间值。中间值定义为其中一半数字比那个数字大，而另一半比那个数字小。如果这个列表包含奇数个数字，那么中间值刚好是在正中间；但是如果这个列表包含偶数个数字，那么中间值是两个中间数字的平均数。这只是一个程序员需要识别一个数字是奇数还是偶数的一个实例。

例 5.4 提供一个实际的应用。

例 5.4 正确的或错误的？奇数或偶数 在我们为 Crabtree 教授做统计的例子中，我们将假设她已经举行了一次包含两类问题的考试。她有兴趣发现学生是否只是记住知识还是能够使用逻辑推理和严谨思考能力应用知识。因此，她把试卷设计成：所有奇数问题以书本知识为基础，已经记住这些知识的学生能够容易地回答这些问题；另一方面，偶数问题需要逻辑思考应用知识才能得到正确的答案。现在 Crabtree 教授想要找出学生答错了多少奇数问题和多少偶数问题，以便她使用这个信息鉴别学生的学习模式。

在这个例子中，我们将为单个学生的考试结果编写代码。在本章后面，你将补充这个例子，以便 Crabtree 教授能够为她的班汇集所有学生的奇数问题和偶数问题。

在这个例子中，假定考试有 20 个问题，并且我们将使用 for 循环。可以把下列代码插入前面例子的 getStats() 函数中，或者用做一个独立函数。因为 HTML 网页与前面的例子是一样的，所以不包括那个代码。

```
1.  <script>
2.  function getStats()
3.  {
4.  var question = " "; var count = 0;
5.  var oddCount = 0; var evenCount = 0;
6.  var name = " ";
7.  name = (prompt("What is this student's name?"," "));
8.  alert("At each prompt enter 'y' if the student got the ↵
                question correct or 'n' for incorrect");
9.  for (count = 1; count < 21; count++)
10. {
11.     question = (prompt("Question " + count + ": ", " "));
12.     if ((question == "n") && ((count % 2) == 0))
13.         evenCount++;
14.     if ((question == "n") && ((count % 2) != 0))
15.         oddCount++;
16. }
17.     document.write("<p>Results for " + name + ":</p>");
18.     document.write("<p>Out of the 20 questions on this ↵
                exam: </p>");
19.     document.write("<p>The number of odd questions missed is: "↵
                + oddCount);
20.     document.write("<p>The number of even questions missed is: "↵
                + evenCount);
21. }
22. </script>
```

在这个程序中，我们使用 5 个变量：question、oddCount、evenCount、count 和 name。学生的名字存储在 name 中。变量 question 保存一个字符，'y' 表示正确的回答，而 'n' 表示错误的回答。两个变量 oddCount 和 evenCount 分别记录答错多少奇数题和偶数题。

计数器 count 记录循环迭代的次数并且让循环提示回答 20 道试题，它也用于识别每次迭代指示的是哪一个问题并且用于区分奇数问题和偶数问题。它是这样工作：如果一个整数是偶数，那么它可以被 2 整除。因此，任何偶数除 2 的余数是 0。我们在第 12 和 14 行使用**模操作符**测试余数是否为 0。如果余数是 0，我们就知道这是一个偶数问题；但是如果余数不是 0，它就是一个奇数问题。注意任何整数除以 2 的余数总是 0 或 1，因此我们可以检测余数 1 而不检测 0。使用哪一种方法取决于程序员的偏爱。

在第 12 和 14 行上的复合条件确保只有当答错了偶数问题时递增 evenCount，只当答错了奇数问题时递增 oldCount。

此时，如果程序运行并且录入下列值，输出应该如下图所示。

输入： 学生的名字是 Sonny Nguyen

答错的问题：1,3,7,8,12,15,17,19

输出：

```
Results for Sonny Nguyen
Out of the 20 questions on this exam:
The number of odd questions missed is: 6
The number of even questions missed is: 2
```

5.1.5 整数准确性：Math 方法

我们为许多目的经常使用 parseInt() 方法。要把录入的字符串转换为数字时，这个方法是非常有用的。然而，它不是很精确。不管录入什么浮点数，parseInt() 方法只是简单地丢弃小数点之后的任何东西。因此，parseInt(89.001) 的结果是整数 89，parseInt(89.999) 的结果也是 89。对于一位正在迫切追求 A 级的学生来说，这似乎不公平。在第一种情况中，学生成绩只是比 89 多 1/1000 分，通常视为 B+ 级；而在第二种情况中，学生离 A 级只差 1/1000 分。尽管数学界对如何处理 89.5 会有一些争议，但是数学家确实同意一个大于 X.5 的数字可以上舍入到下一个整数，而任何一个小于 X.5 的数字可以下舍入到一个整数。

5.1.5.1 Math.round() 方法

JavaScript 允许我们通过使用 **Math.round() 方法**合理地将浮点数舍入到整数，其他两个方法 Math.floor() 和 Math.ceil() 也为我们提供更多的将浮点数转换成整数的控制。

Math.round() 方法将精确地舍入数字。Math.round(89.001) 的结果是 89，而 Math.round(89.999) 的结果是 90。Math.round() 将把任何等于或大于 0.5 的小数部分上舍入到下一个整数。因此，Math.round(89.5) 将成为 90，而 Math.round(89.499) 的结果是 89。

5.1.5.2 Math.floor() 和 Math.ceil() 方法

Math.floor() 方法接受任何浮点数并把它向下舍入。与 parseInt() 一样，Math.floor() 截断数字的小数部分。另一方面，**Math.ceil() 方法**将总是向上舍入。换句话说，Math.ceil(89.001) 和 Math.ceil(89.999) 两个结果都是 90。

当将一个浮点数转换为一个整数时，这 3 个方法让我们精确地决定想要完成的事。下列例子展示这 3 个方法如何工作，以及结果将如何不同，这取决于使用哪一个方法。

在例 5.5 中，我们只显示这个函数的代码。在例 5.6 中，我们将所有代码放在一起创建一个程序，以帮助 Crabtree 教授解决她的考试评级问题。

例 5.5 处理整数

```
<script>
function floatToInteger()
{
     var floatNum = 0; var newValue = 0;
     floatNum = prompt("Enter any number or enter -99 to ↵
                    quit:", "");
     while (floatNum != -99)
     {
          document.write("<p>You originally entered: " ↵
                    + floatNum + "</p>");
          newValue = parseInt(floatNum);
          document.write("<p>The result of parseInt(X) is: " ↵
                    + newValue + "</p>");
          newValue = Math.floor(floatNum);
          document.write("<p>The result of Math.floor(X) is : " ↵
                    + newValue + "</p>");
          newValue = Math.ceil(floatNum);
          document.write("<p>The result of Math.ceil(X) is : " ↵
                    + newValue + "</p>");
          newValue = Math.round(floatNum);
          document.write("<p>The result of Math.round(X) is : " ↵
                    + newValue + "</p>");
          floatNum = prompt("Enter any number or enter -99 ↵
                    to quit:", "");
     }
}
</script>
```

如果程序运行，并且录入下列值，输出应该如下所示。你自己可以用各种不同的值试试这个程序。

输入：3.467	输入：16.53
You originally entered: 3.467 The result of parseInt(X) is: 3 The result of Math.floor(X) is : 3 The result of Math.ceil(X) is : 4 The result of Math.round(X) is : 3	You originally entered: 16.53 The result of parseInt(X) is: 16 The result of Math.floor(X) is : 16 The result of Math.ceil(X) is : 17 The result of Math.round(X) is : 17
输入：79.01	**输入：79.88**
You originally entered: 79.01 The result of parseInt(X) is: 79 The result of Math.floor(X) is : 79 The result of Math.ceil(X) is : 80 The result of Math.round(X) is : 79	You originally entered: 79 The result of parseInt(X) is: 79 The result of Math.floor(X) is : 79 The result of Math.ceil(X) is : 80 The result of Math.round(X) is : 80

例 5.6 Crabtree 教授的考试结果 现在我们将结合例 5.1 ~ 例 5.5 的特点为 Crabtree 教授创建一个程序来分析她的考试结果。整个程序将做下列事情：

- 让 Crabtree 教授录入所有学生的分数。
- 使用 Math.round() 方法计算这个班的平均分数并取整。
- 找出分数范围。

■ 允许 Crabtree 教授每次选择一个学生，统计这个学生答错了多少奇数题（记忆性）和多少偶数题（逻辑推理性）。

整个程序如下：

```
<!DOCTYPE HTML PUBLIC "-//W3C//DTD HTML 4.0 Transitional//EN">
<html>
<head>
<title>Example 5.6</title>
<script>
function getStats()
{
     var score = 0; var sum = 0; var count = 1; var average = 0;
     var high = 0; var low = 0;
     score = parseInt(prompt("Enter a score or enter -999 ↵
                     when you're finished:"," "));
     low = score;
     high = score;
     while (score != -999)
     {
          sum = sum + score;
          count++;
          score = parseInt(prompt("Enter a score or enter ↵
                     -999 when you're finished:"," "));
          if (score > high)
               high = score;
          if ((score < low) && (score != -999))
               low = score;
     }
     average = Math.round(sum/(count - 1));
     document.write("<p>The number of scores entered is: " +↵
                     (count - 1) + ".</p>");
     document.write("<p>The average of these scores is: " + ↵
                     average + ".</p>");
     document.write("<p>The lowest score is: " + low + ".</p>");
     document.write("<p>The highest score is: " + high + ".</p>");
}
function getStudent()
{
     var question = " ";
     var name = " ";
     name = (prompt("What is this student's name?"," "));
     var oddCount = 0; var evenCount = 0; var count = 0;
     alert("At each prompt enter 'y' if the student got the ↵
                   question correct or 'n' for incorrect");
     for (count = 1; count < 21; count++)
     {
          question = (prompt("Question " + count + ": ", " "));
          if ((question == "n") && ((count % 2) == 0))
               evenCount++;
          if ((question == "n") && ((count % 2) != 0))
               oddCount++;
     }
     document.write("<p>Results for " + name + ":</p>");
     document.write("<p>Out of the 20 questions on this ↵
                         exam: </p>");
     document.write("<p>The number of odd questions missed is: " ↵
                         + oddCount);
     document.write("<p>The number of even questions missed is: " ↵
                         + evenCount);
```

```
}
</script>
</head>
<body>
<table align ="center" width ="70%"><tr><td colspan ="2">
<h1>Exam 1</h1>
<h3>Get a summary of exam results</h3>
<p><input type="button" id="scores" value="Class results" ↵
                                onclick="getStats();" /></p>
<h3>Get an individual student's results</h3>
<p><input type="button" id="studentscores" value="Student ↵
                                results" onclick="getStudent();" /></p>
</td></tr></table></body>
</html>
```

注意在这个程序中使用了两个按钮。一个调用函数 getStats() 为这个班计算考试统计数据，另一个调用函数 getStudent() 让 Crabtree 教授为选择的学生获取个别结果。注意：这些函数在页面的 <head> 区域中的次序没有关系。每个函数只有被网页的按钮调用时才激活。

只要 Crabtree 教授录入由提示和警示所解释的信息，这个程序就能运行好。但是如果她键入一个 'g' 代替 'y' 或 'n'，那么会怎样？如果她偶然键入一个字母代替数字，那么会怎样？这些问题必须由专业程序员来解决。在检查点练习中，将要求你为这个程序增加错误检查和数据验证。例 5.7 将为前面的例子加入一些数据验证，从而你可以据此完成相关的检查点练习。

例 5.7 验证 Crabtree 教授的输入 这个程序将在 getStats() 函数中检查确保教授录入有效的数字分数。这部分函数代码如下：

```
1.  function getStats()
2.  {
3.       var score = 0; var sum = 0; var count = 1; var average = 0;
4.       var high = 0; var low = 0;
5.       score = parseInt(prompt("Enter a score or enter -999 ↵
                  when you're finished:"," "));
6.       while (isNaN(score))
7.       {
8.           score = parseInt(prompt("Enter a valid score or ↵
                 enter -999 when you're finished:"," "));
9.       }
10.  ... The rest of the function remains the same...
.
.
.
last line    }
```

第 6 ~ 9 行是新的错误检查代码行。如果在圆括号内的值不是一个数字，那么 JavaScript isNaN() 方法是 true。因此，如果用户录入一个字符或者字符串，那么 while 语句中的条件将是 true 并且将重复提示用户，直至录入一个有效数字。一旦录入一个有效数字，那么 isNaN（score）成为 false，从而退出循环。

5.1 节检查点

5.1 编写一个函数，接收用户录入的 10 个数字，找出最大数和最小数，然后显示结果。

5.2 编写一个接收整数的函数，每次用户录入一个数时，就判断这个数是奇数还是偶数，并且为用户显示结果。其显示应该告诉用户录入了什么数并且它是奇数还是偶数。使用一个循环让用户做这件事，次数由用户决定。

5.3 编写一个函数让用户录入一个小数作为下舍入的界限。例如，用户可能想要所有比 0.3 大的小数部分上舍入到下一个整数。使用 Math.round() 方法，程序应该显示最初的数和舍入的数。在一个循环中做这件事，因此用户能够录入与需要一样多的数。

5.4 为例 5.6 程序补充错误检查，确保在 getStats() 函数中计算平均考试分数时不发生除零错误。

5.5 为 getStudent() 函数添加错误验证，确保用户在提示时只能录入 'y' 或 'n'。

5.6 为 getStudent() 函数添加错误验证，确保用户在提示时只能录入 'y' 或 'n' 的大写或小写字母形式。

5.2 继续或者不继续

我们已经知道当测试条件不再是 true 时，循环就结束。对于许多情形，这样很好。例如，如果你想要使用一个循环录入一个游戏的所有玩家名字，那么你可以在不需要录入更多名字时使用预定的哨兵值结束循环。或者，如果你想要使用一个循环让客户挑选 3 个样品，那么可以在 3 个迭代之后结束循环。但是，如果除非玩家的分数降至 100 以下，否则你想要使用一个循环让玩家做 10 次动作，那么会怎么样？如同我们过去做的那样，你可以使用一个复合条件要求循环直到动作数超过 10 或者分数小于 100 就结束。然而，有些时候你不愿意使用一个复合条件来中断循环。对于这些情形，JavaScript 提供了一个方法让你提前退出一个循环。

另一个可能的情形是你想要跳过一次迭代，但是不想结束整个循环，JavaScript 提供一条允许你跳过一次迭代但不完全退出循环的语句。在本节中，我们将讨论这两条语句：break 和 continue。

5.2.1 break 语句

当我们在第 3 章讨论 switch 结构时，我们使用了 break 语句。break 语句在 switch 结构中是非常重要的，例 5.8 回顾 break 在 switch 结构中的作用，但是在循环中是不同的。

例 5.8 在 switch 结构中使用 break 下列程序以两种形式显示，第一种形式在任何 case 中不包括 break 语句，而第二种包括 break 语句。

部分（a）

```
<html>
<head>
  <title>Example 5.8a</title>
<script>
function spellIt()
{
    var letter = prompt("Pick a letter between a and d", " ");
    switch (letter)
    {
    case "a":
         document.write("<p>" + letter + " is for aardvark.</p>");
    case "b":
          document.write("<p>" + letter + " is for baboon.</p>");
    case "c":
          document.write("<p>" + letter + " is for canary.</p>");
    case "d":
          document.write("<p>" + letter + " is for donkey.</p>");
```

```
        default:
            document.write("<p>" + letter + " is not an option. </p>");
        }
    }
    </script>
    </<head>
    <body>
    <h1>Learn your letters</h1>
    <p><input type="button" value="Begin" onclick="spellIt();" /></p>
    </body>
    </html>
```

以下展示在给定输入情况下的输出结果：

input= “a”	input= “b”	input= “c”
a is for aardvark	b is for baboon.	c is for canary.
a is for baboon.	b is for canary.	c is for donkey.
a is for canary.	b is for donkey.	c is not an option.
a is for donkey.	b is not an option.	
a is ont an option.	input= “d”	input= “ZZZ”
	d is for donkey.	ZZZ is not an option.
	d is not an option.	

部分（b）

```
<html>
<head>
  <title>Example 5.8b</title>
<script>
function spellIt()
{
    var letter = prompt("Pick a letter between a and d", " ");
    switch (letter)
    {
    case "a":
        document.write("<p>" + letter + " is for aardvark.</p>");
        break;
    case "b":
        document.write("<p>" + letter + " is for baboon.</p>");
        break;
    case "c":
        document.write("<p>" + letter + " is for canary.</p>");
        break;
    case "d":
        document.write("<p>" + letter + " is for donkey.</p>");
        break;
    default:
        document.write("<p>" + letter + " is not an option. </p>");
    }
}
</script>
</<head>
<body>
<h1>Learn your letters</h1>
<p><input type="button" value="Begin" onclick="spellIt();" /></p>
</body>
</html>
```

以下展示在给定输入情况下的输出结果：

input= “a”	input= “b”	input= “c”
a is for aardvark.	b is for baboon.	c is for canary.
	input= “d”	input= “ZZZ”
	d is for donkey.	ZZZ is not an option.

正如你可以从部分（a）看出，在没有 break 语句的情况下，一旦识别了一个适当的 case，那么程序将执行那个代码并且继续执行所有后续代码，而不管是否满足那个条件。而在部分（b）所示的 break 语句将在执行适当的代码片段之后，必须跳出这个 switch 结构。

显然，break 语句是很重要的，如上所示。它也能用于在循环中强制结束循环。然而，最好还是使用复合条件在任何可能的时候结束一个循环。它是简单较好的程序设计！但是如果发现你的条件变得太复杂，或者你要求结束循环的情形不能在复合条件中考虑，知道可以使用 break 语句作为一个选项是好的。例 5.9 示范该如何在一个循环中使用 break 语句。

例 5.9　你不能无限制地购物　在这个程序中，我们假设客户结账时对运费很惊讶，导致 Jackie's Jewelry 网站的许多客户有抱怨。Jackie 要求你修正允许客户订购商品的程序，以便当到达给定限额时，将结束接受新项目的循环并且向客户发送一条信息：下一个项目将提高运费。在到达那个限额之前，应该让客户继续订购商品。

下面的程序只是整个购物车程序的一部分。然而，这个程序示范了本章的一些重要概念，包括在循环中嵌套选择结构和使用 break 语句强制退出循环。注意我们已经通过在单行上放置多条语句来压缩一些代码行，例如，在第 8 行上声明并且初始化 3 个变量。

这个页面的主体包括 9 个销售项目，而用于这个页面（第 56 ~ 64 行）的图像可以在 Student Data Files 中找到。它们可用于重建这个页面和创建本章末尾的 Jackie's Jewelry 案例研究。

```
1.  <html>
2.  <head>
3.  <title>Example 5.9</title>
4.  <script>
5.  function getOrder()
6.  {
7.       document.write('<table width="60%" align = "center">');
8.       var count = 1; var num = 0; var cost = 0;
9.       var item = " ";
10.      document.write('<tr><td><img src="images/jewel_box1.jpg" /> ↵
               </td></tr>');
11.      while (item != "X")
12.      {
13.           item = prompt("Enter the letter of item number " + ↵
                    count + " or enter 'X' when finished."," ");
14.           num = parseInt(prompt("How many do you want (enter 0 ↵
                    if done)?", " "));
15.           document.write('<tr>');
16.           switch (item)
17.           {
18.                case "A":
19.           case "B":
20.                cost = cost + (num * 5.95);
21.                break;
22.           case "C":
23.                cost = cost + (num * 8.95);
```

```
                break;
            case "D":
                cost = cost + (num * 12.95);
                break;
            case "E":
                cost = cost + (num * 14.95);
                break;
            case "F":
                cost = cost + (num * 18.95);
                break;
            case "G":
                cost = cost + (num * 15.95);
                break;
            case "H":
            case "I":
                cost = cost + (num * 21.95);
                break;
            }
            count++;
            if ((item != "X") && (cost <= 100))    {
                document.write("<td>You ordered " + num + ↵
                    " of item " + item + " <br /> The total ↵
                    cost so far is $ " + cost.toFixed(2) ↵
                    + "</td>");
                document.write('</tr>');        }
            if (cost > 100)     {
                alert("Your purchase will put your order over ↵
                    $100 and shipping costs triple.");
                break;      }
        }
        document.write('</table>');
}
</script>
</<head>
<body>
<table align ="center" width ="70%" ><tr><td colspan ="3">
    <h1>Order Your Jewelry Now!</h1>
    <tr><td><img src = "ring1.jpg" alt ="ring1" /> <br /> ↵
            A: ring 1, cost: $ 5.95 </td>
    <td><img src = "ring2.jpg" alt ="ring2" /> <br /> ↵
            B: ring 2, cost: $ 5.95 </td>
    <td><img src = "ring3.jpg" alt ="ring3" /> <br /> ↵
            C: ring 3, cost: $ 8.95 </td></tr>
    <tr><td> <img src = "bracelet1.jpg" alt = "bracelet1" /> ↵
            <br /> D: bracelet 1, cost: $ 12.95 </td>
    <td> <img src = "bracelet2.jpg" alt = "bracelet2" /> ↵
            <br /> E: bracelet 2, cost: $ 14.95 </td>
    <td> <img src = "bracelet3.jpg" alt = "bracelet3" /> ↵
            <br /> F: bracelet 3, cost: $ 18.95 </td></tr>
    <tr><td><img src = "pendant1.jpg" alt ="pendant1" />
            <br /> G: pendant 1, cost: $ 15.95 </td>
    <td><img src = "pendant2.jpg" alt ="pendant2" /> ↵
            <br /> H: pendant 2, cost: $ 21.95 </td>
    <td><img src = "pendant3.jpg" alt ="pendant3" /> ↵
            <br /> I: pendant 3, cost: $ 21.95 </td></tr>
    <tr><td colspan="3"><p><br /><input type="button" id="order" ↵
        value="Place your order" onclick="getOrder();" />
    </p></td></tr>
</table> </body></html>
```

这个程序显得很长，而 getOrder() 函数可以浓缩为下列伪代码：

- 声明和初始化变量
- 开始 while 循环
  - 提示客户录入需要的商品和需要购买的数量
  - 使用 switch 结构识别商品的费用、计算订购这个商品订购数量的费用并保存总计费用的当前和。
  - 检查总计费用是否导致运费提高
  - 如果是 true，那么强制退出循环并告知客户另一个商品将 3 倍运费
  - 继续循环，直至客户完成购物

考虑到这一点，我们将讨论一些重要的语句。因为项目 A 和 B 的费用是相同的，如项目 I 与项目 H 的费用也是相同的，所以在选择 A 或 H 时，我们什么也不做。这让 switch 结构进入下一个 case。换句话说，为项目 A 和 B 使用相同的计算，为项目 H 和 I 也使用相同的计算。

在这个程序中，两个数字变量 num 和 count 用于不同的目的。第一个变量 num 保存客户想要的同一个商品的数量，第二个变量 count 保存客户已经购买的不同商品的数量。

在选择一个项目并且计算总计费用之后，第 43 行查看客户的订购是否已完成。如果订购总数迄今小于导致高运费的数量，第 44 行输出购买摘要和总计费用。如果此时订购总数超过 $100.00，那么就执行第 46 ~ 49 行的 if 子句。提醒客户最后一次的购买导致超过 $100.00 限额，然后结束订购。第 48 行使用 break 语句跳出循环，尽管客户还没有录入哨兵条件（X）。

在这个例子中，程序以两种方式之一结束：要么因为购买总额太接近较高运费客户必须停止购物，要么因为客户已经购买完毕。任一方式，结束都相当突然。我们把例 5.10 加入这个程序，以确保这个珠宝公司老板不会失去这个宁愿支付较高运费也想要继续购物的客户生意。由于现在知道这个程序迄今为止要做的大部分事情，所以你可以在下一个例子中主要关注附加的特征。

如果你录入例 5.9 展示的代码，并且使用在 Student Data Files 中的图像，那么你的初始页面应该看起来像这样：

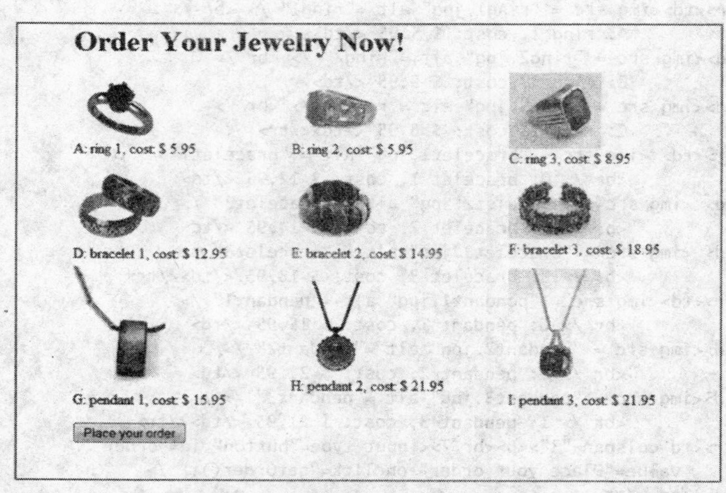

如果客户试着买 1 枚戒指（项目 C）和 8 个垂饰（项目 H），那么结果将如下所示。

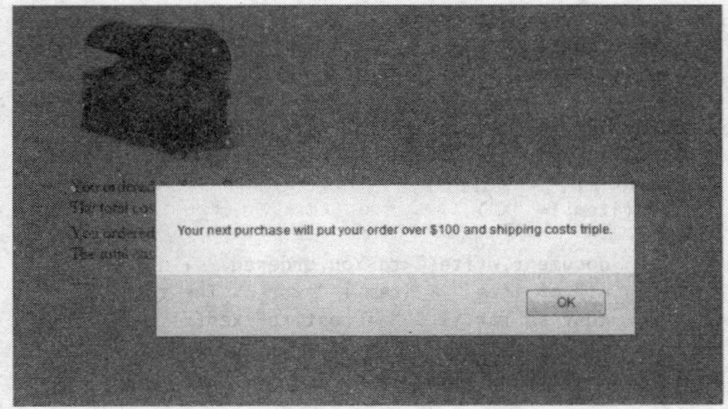

但是如果客户订购 1 枚戒指（项目 C）、3 个手镯（项目 D）和 2 个垂饰（项目 G），那么结果将如下所示。

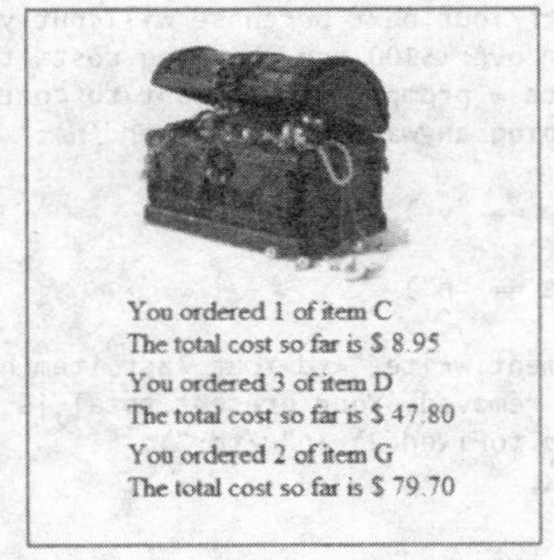

例 5.10 让客户购物 在这个例子中，我们将补充例 5.9 让客户继续购物，即使要支付额外的运费。这里的许多代码是例 5.9 的重复，因此为了节省空间，我们将不重复初始的网页行和 switch 结构的所有 case。

```
<html>
<head>
<title>Example 5.10</title>
<script>
function getOrder()
{
     document.write('<table width="60%" align = "center">');
     var count = 1; var num = 0; var cost = 0; var sub = 0;
     var item = " "; var choice = " ";
     document.write('<tr><td><img src="images/jewel_box1.jpg" /> ↵
                 </td></tr>');
     shop();
     function shop()
     {
          while (item != "X")
          {
               item = prompt("Enter the letter of item number " ↵
               + count + " or enter 'X' when finished.", " ");
               num = parseInt(prompt("How many do you want ↵
               (enter 0 if done)?", " "));
```

```
18.                 document.write('<tr>');
19.                 sub = cost;
20.                 switch (item)
21.                 {
22.         ...the contents of the switch are the same as Example 5.2
23.                 }
24.                 count++;
25.                 if (item != "X")
26.                 {
27.                      document.write("<td>You ordered " + num ↵
                         + " of item " + item + " <br /> The total ↵
                         cost so far is $ " + cost.toFixed(2) ↵
                         + "</td>");
28.                      document.write('</tr>');
29.                 }
30.                 else
31.                      break;
32.                 if ((cost > 100) && (choice == " "))
33.                 {
34.                      alert("Your next purchase will put your ↵
                         order over $100 and shipping costs triple.");
35.                      choice = prompt("Do you want to continue ↵
                         shopping anyway? Enter 'y' or 'n':" , " ");
36.                 }
36.                 if (choice == "y")
37.                      shop();
38.                 if (choice == "n")
39.                 {
40.                      document.write("<td>Your last item has ↵
                         been removed. Your present total is $ " ↵
                         + sub.toFixed(2) + "</td>");
41.                      break;
42.                 }
43.            }
44.            document.write('</table>');
45.       }
46. }
47. </script>
48. </<head>
49. <body>
50. <table align ="center" width ="70%" ><tr><td colspan ="3">
51. <h1>Order Your Jewelry Now!</h1>
52. ... the body of this page is the same as Example 5.2
53. </table></body></html>
```

这里我们将讨论为例 5.9 程序添加的每个补充部分，并且解释它如何运作。

在第 8 行，我们增加一个新数字变量 sub 并为它设定初值 0。这个变量的目的是保存购买的总计费用值，但不包括购买的最后一个商品。当要购买的最后一个商品导致购买总额超过 $100.00 时，可以为用户显示这个变量的值。因此，在每次迭代计算新费用之前，sub 保存 cost 的旧值（第 19 行）。在第 9 行，我们也增加新的字符变量 choice。在购买额达到 $100.00 之后，这个变量将让客户决定是否继续购物。

在这个新版本中，我们创建一个新函数 shop()。按钮调用的初始函数是 getOrder()，它再调用函数 shop()，这个函数完成一些至少做一次的购买任务。getOrder() 为输出建立一个表格，初始化变量，然后调用这个新函数 shop()。

这个新函数处理购物发生的事情。如例 5.9 所示，一个循环让客户选择与需要一样多的商品，并且维护一个当前总费用。在我们的新版本中，一旦客户为项目字母录入X，就结束循环（第30和31行）。这里我们使用break语句结束循环。

当客户订购的商品价值超过$100.00时，第32～42行处理发生的事情。当客户订购额第一次超过$100.00时，choice的值将是空格，这是它的初始值。因此，在第32行的复合条件将是true。在这个第一次之后，不管用户录入什么，由于choice已不是一个空格，所以这个复合条件将总是false。这样将保证只提醒客户一次有关订购额超过$100.00的信息，即使客户选择购买其他数百个商品。

第36和37行处理choice选项之一，即客户想要继续购物，这是新函数shop()开始运行的地方。如果选择是"y"，那么调用shop()并且控制回到这个循环继续提示用户录入商品、保存总费用并显示那个信息。从现在开始，用户可以停止购物的唯一方法是录入哨兵值X。

第38～42行处理choice的第二个选项，也就是客户选择结束购物。在这种情况下，告诉客户最后一个项目的费用已从现在的总数中减去。实际上，因为sub保存增加新项目之前的总数，所以程序不需要减去任何东西。然而，因为客户不知道代码正在发生什么事，所以需要向他保证最后一个项目不再是订购的一部分，也不收费。此时，再次使用break语句跳出这个循环，从而结束购物。

当装载这个页面时，它将看起来完全像例5.9的显示页面。如果客户最初试着买1枚戒指（项目C）和8个垂饰（项目H），显示结果也将与例5.9相同。然而，当客户在警示对话框单击OK按钮，然后在下一个提示中录入"y"，并在退出之前订购了2个手镯（项目E），那么输出将是如下所示。

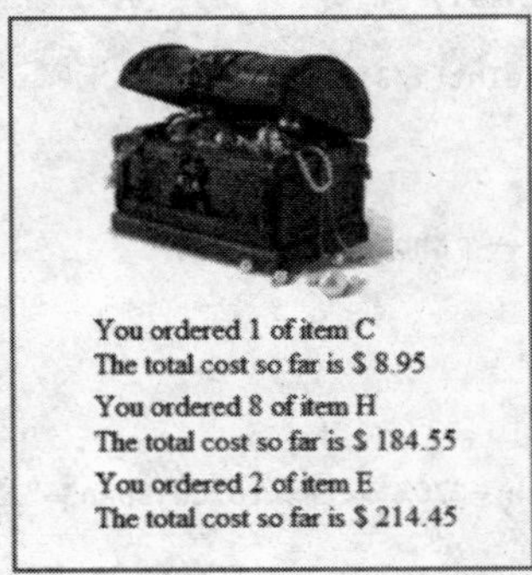

另一方面，如果客户最初试着买1枚戒指（项目B）、3个手镯（项目F），然后试着订购2个垂饰（项目H）但是选择不超过$100.00限额，那么最后结果将是如下所示。

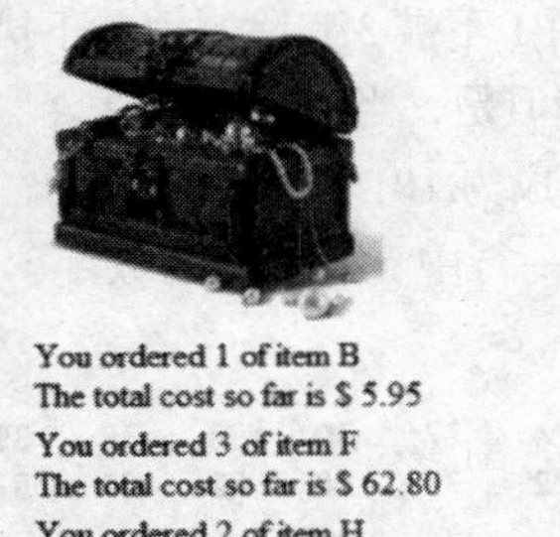

这个程序漏掉了一些东西，也就是没有数据验证。在本节的检查点练习中，你将有机会为这个程序补充数据验证。在编程挑战的案例研究中，你也将有机会为我们一直在建的 Jackie's Jewelry 网站提高和扩充这个程序。

5.2.2 continue 语句

continue 语句让你在一个循环中跳过一次迭代。当在循环中使用 break 语句时，将提前结束循环。但是，continue 语句让你跳过循环体一次（或者多次，取决于条件），但是返回循环并且继续完成其他迭代。例 5.11 展示它如何运作。

例 5.11　按 3 计数　这个例子通过一个简单 for 循环示范 continue 语句的使用方法，这个循环从 0 ~ 100 遍历 101 次迭代。它按 3 计数，换句话说，如果这个数字被 3 整除，就显示这个数字。如果这个数字不被 3 整除，就在循环中跳过这条显示语句。

```
1.  <html>
2.  <head>
3.  <title>Example 5.11</title>
4.  <script>
5.  function getThrees()
6.  {
7.       var i = 0;
8.       for (i = 0; i <= 100; i++)
9.       {
10.           if ((i/3) != parseInt(i/3))
11.           {
12.                continue;
13.           }
14.           document.write(i + "   ");
15.      }
16. }
17. </script>
18. </head>
19. <body>
20. <table align ="center" width ="70%"><tr><td colspan ="2">
21. <h1>Count By Threes</h1>
22. <p><input type="button" id="scores" value="Count by Threes from 0
      to 100" onclick="getThrees();" /></p>
23. </td></tr></table></body></html>
```

第 10 行测试查看一个数字是否被 3 整除。如果不是这种情况，就跳过循环语句中的其他部分，并且 i 递增到下一个值。第一次，i = 1 而 1 不被 3 整除，因此不执行第 14 行的 document.write 语句。在下一次迭代中，当 i = 2 时也一样。但是，当 i = 3 时，3 ÷ 3 = 1 是一个整数，因此执行第 14 行。这个处理过程将一直继续，直至 i 成为 101 从而结束循环。如果你编码这个程序，那么你的输出应该看起来像这样（虽然你可能在一行中看到更多的数字，但这取决于你的屏幕规格和默认文本大小）：

```
0   3   6   9   12  15  18  21  24  27  30  33  36  39  42  45
48  51  54  57  60  63  66  69  72  75  78  81  84  87  90  93
96  99
```

例 5.12 在更复杂的程序中使用 continue 语句。

例 5.12　重考组　Crabtree 教授对她的考试结果感到不满意，决定给学生第二次机会。然而，考得好的学生不必参加这次重考。这个程序使用 continue 语句让 Crabtree 教授录入每位学生的名字和考试分数。如果分数低于 95 分，那么学生必须重考，这个学生的名字将出现在名单上。如果学生的成绩是 95 分或者以上，那么将使用 continue 语句跳过把学生名字加入重考名单的语句。这个程序的代码如下：

```
<html>
<head>
<title>Example 5.12</title>
<script>
function getGroup()
{
     var i = 0; var score = 0; var name = " "; students = 0;
     document.write("<table width = '60%' align = 'center'> ↵
          <tr><td>Students who must retake the exam</td></tr>");
     students = parseInt(prompt("How many students took this ↵
          exam? ", " "));
     for (i = 0; i < students; i++)
     {
          name = prompt("Enter the student's name: "," ");
          score = parseInt(prompt("Enter the student's score: " ↵
               , " "));
          if (score >= 95)
               continue;
          document.write("<tr><td>" + name + "</td></tr>");
     }
     document.write("</table>");
}
</script>
</head>
<body>
<table align ="center" width ="70%"><tr><td colspan ="2">
<h1>Students who must do the retake</h1>
<p><input type="button" id="scores" value="Get List of Retake ↵
          Students" onclick="getGroup();" /></p>
</td></tr></table></body></html>
```

如果你创建并且以下列输入运行这个程序，那么输出应该如下所示。

输入：8 位学生参加考试

Student		Student	
Name	Score	Name	Score
Joe Jones	73	Mary Mead	84
Kim Kang	96	Tim Teague	63
Maria Montas	98	Pat Smith	70
Harvey Howe	95	Juan Vasquez	94

输出：

Students who must retake the exam

Joe Jones

Mary Mead

Tim Teague

Pat Smith

5.2 节检查点

5.7 为例 5.9 和例 5.10 补充代码，将 item 变量的所有录入转换为大写字母。

5.8 为例 5.9 和例 5.10 补充代码，为每个不在指定范围内（也就是 A ~ I）的录入给出解释（提示：使用 Unicode 值）。

5.9 为例 5.9 和例 5.10 补充代码，验证 choice 变量的录入是有效的。

5.10 重做例 5.11，使程序按 5 计数。

5.11 举出一个可能需要 break 语句的循环例子。

5.12 举出一个可能需要 continue 语句的循环例子。

5.3 循环嵌套

我们已经把一个循环嵌套到另一个循环内，并把一个选择结构嵌套到一个循环内。当我们谈论**嵌套循环**时，较大的循环称为**外循环**，而在它里面的循环称为**内循环**。有的时候，要跟踪嵌套循环的逻辑步骤是非常困难的。因此，我们将花费多一点的时间开发含有嵌套循环的短程序，并且小心逐步跟踪每个程序的每行代码。现在，能够跟踪（**台式检查**）程序在每个步骤上做什么是更加重要的，要经常使用笔和纸小心地记录每个变量的值和每个步骤的输出。

5.3.1 台式检查

亲手跟踪程序，检查程序运行结果是否与期望的一样总是重要的，它几乎成为处理含有嵌套循环的复杂程序必不可少的工作。这意味着你坐在计算机前，手中拿着笔和纸。当逐行跟踪程序时，你应该写下每行代码上的每个变量的值以及要显示的任何输出。例 5.13 和例 5.14 示范应该如何做这件事。

例 5.13 台式检查嵌套循环 这里是一个非常短的程序，理解它做什么事应该是简单的。然而，它不像看起来那样容易。下面详细示范如何对这个程序进行台式检查以确保输出看起来像它应该是的那样。

```
function getLoops()
{
     var x = 0; var y = 0; var z = 0;
     for (x = 1; x < 4; x++)
     {
          document.write("<h3>Pass " + x + "</h3>");
          for (y = 1; y < 10; y+=3)
          {
             z = x + y;
             document.write("<p>"+ x +" + "+ y +" = "+ z +"</p>");
          }
     }
}
```

遍　　历	x 的值	y 的值	z 的值	输　　出
外层遍历 1	1	0	0	
内层遍历 1	1	1	2	1 + 1 = 2

（续）

遍　　历	x 的值	y 的值	z 的值	输　　出
内层遍历 2	1	4	5	1 + 4 = 5
内层遍历 3	1	7	8	1 + 7 = 8
循环结束，测试失败	1	10	8	
外层遍历 2	2	10	8	
内层遍历 1	2	1	3	2 + 1 = 3
内层遍历 2	2	4	6	2 + 4 = 6
内层遍历 3	2	7	9	2 + 7 = 9
循环结束，测试失败	2	10	9	
外层遍历 3	3	10	9	
内层遍历 1	3	1	4	3 + 1 = 4
内层遍历 2	3	4	7	3 + 4 = 7
内层遍历 3	3	7	10	3 + 7 = 10
循环结束，测试失败	3	10	10	

注意这些变量的值，在每次内循环停止时变量保持它们的最后值。在下次内循环重新开始时，这些变量又被重新设定。如果运行这个程序，那么其显示应该看起来像这样：

Pass 1	Pass 2	Pass 3
1 + 1 = 2	2 + 1 = 3	3 + 1 = 4
1 + 4 = 5	2 + 4 = 6	3 + 4 = 7
1 + 7 = 8	2 + 7 = 9	3 + 7 = 10

例 5.14　台式检查嵌套的后测循环和前测循环　在这个例子中，我们把一个前测 while 循环嵌套在一个后测的 do...while 循环内部。这个程序可能看似简短，但是必须认真对待才能理解发生了什么事。我们将在这个程序的后面使用台式检查来解释输出结果。

```
function getLoops()
{
     var y = 3; var count1 = 1; var count2 = 1;
     do
     {
          var x = count1 + 1; count2 = 1;
          document.write("<h3>Pass Number: " + count1 + "</h3>");
          while(count2 <= y)
          {
               var z = y * x;
               document.write("<p> x = " + x + ", y = " + y + ↵
                              ", z = " + z + "</p>");
               x++;
               count2++;
          }
          count1++;
     }
     while(count1 < y)
}
```

遍　　历	x 的值	y 的值	z 的值	count1 的值	count2 的值	输出
第 7 行（外层遍历 1）	2	3	?	1	1	Pass Number 1
第 11 行（内层遍历 1）	2	3	6	1	1	x=2, y=3, z=6
第 14 行（结束内层遍历 1）	3	3	6	1	2	
第 11 行（内层遍历 2）	3	3	9	1	2	x=3, y=3, z=9
第 14 行（结束内层遍历 2）	4	3	9	1	3	
第 11 行（内层遍历 3）	4	3	12	1	3	x=4, y= 3, z=12
第 14 行（结束内层遍历 3）	5	3	12	1	4	
内层遍历测试条件失败，控制前去第 15 行						
第 15 行	5	3	12	2	4	
第 7 行（外层遍历 2）	3	3	12	2	1	Pass Number 2
第 11 行（内层遍历 1）	3	3	9	2	1	x=3, y=3, z=9
第 14 行（结束内层遍历 1）	4	3	9	2	2	
第 11 行（内层遍历 2）	4	3	12	2	2	x=4, y=3, z=12
第 14 行（结束内层遍历 2）	5	3	12	2	3	
第 11 行（内层遍历 3）	5	3	15	2	3	x=5, y= 3, z=15
第 14 行（结束内层遍历 3）	6	3	15	2	4	
内层遍历测试条件失败，控制前去第 15 行						
第 15 行	6	3	15	3	4	
外层遍历测试条件失败，程序结束						

如果运行这个程序，其显示应该看起来像这样：

Pass Number: 1

x = 2, y = 3, z = 6

x = 3, y = 3, z = 9

x = 4, y = 3, z = 12

Pass Number: 2

x = 3, y = 3, z = 9

x = 4, y = 3, z = 12

x = 5, y = 3, z = 15

5.3.2 嵌套循环的不同方法

例 5.15 很好地把嵌套循环用于一种商务情形。

例 5.15　使用嵌套循环计算小计　在这个例子中，一个公司老板想要录入几个星期的每天收据，并且需要计算每周小计。在这个程序中，我们只显示两个星期收据的结果，不过通过改变外循环的测试条件就可以处理任意周数的数据。代码如下：

```
<html>
<head>
<title>Example 5.15</title>
<script>
function getReceipts()
{
     var week = 0; var day = 0; var subtotal = 0;
     var count = 0; receipt = 0; total = 0;
     for (week = 1; week < 3; week++)
```

```
10.     {
11.           document.write("<h3>Week " + week + "</h3>");
12.           count = 1; subtotal = 0;
13.           for (day = 1; day < 8; day++)
14.           {
15.                receipt = parseFloat(prompt("Enter the receipts ↵
                          for day " + day + ": " , ""));
16.                document.write("amount for day " + count + ": $ " ↵
                          + receipt.toFixed(2) + "<br />");
17.                subtotal = subtotal + receipt;
18.                count++;
19.           }
20.           document.write("<p>Week " + week + " subtotal is $ " ↵
                          + subtotal.toFixed(2) + "</p>");
21.           total = total + subtotal;
22.     }
23.     document.write("<p>The total amount for these weeks is $ " ↵
                          + total.toFixed(2) + "</p>");
24. }
25. </script>
26. </<head>
27. <body>
28. <table align ="center" width ="70%"><tr><td>
29. <h1>Subtotals</h1>
30. <h3>Click to enter receipts</h3>
31. <p><input type="button" id="nesting" value="Enter receipts" ↵
                          onclick="getReceipts();" /></p></td></tr>
32. </table></body></html>
```

我们将详细检查提示公司老板录入数据、进行计算并且显示结果的函数（第5～24行）。

第7和8行声明并初始化必需的变量。变量week是一个计数器，控制外层for循环的次数与需要的周数一样多。变量day也是一个计数器，用于记录内部for循环的重复次数。变量subtotal用于保持每周7天收入的总数。变量total汇总所有小计。变量receipt保存公司老板的每次录入值，而变量count只在输出中用于标识每天的收据。

外循环起始于第9行，结束于第22行。它设定初始值（week = 1），控制循环重复的次数（week < 3），并在每次迭代结束的时候递增week（week++）。对于这个程序，因为week从1开始并且当week等于3时结束，所以它将只有两次迭代。然而，如果老板想要录入4个星期的数据，就可以容易地通过把测试条件改成week < 5来完成。同样，若要录入52个星期，则将测试条件改成week < 53。

对于外循环的每次迭代，显示一个标题（第11行）并且将count设定为1。这将保证每个星期将显示第1天、第2天……直至第7天的数据。

内循环起始于第13行，结束于第19行。这里，初始条件是day = 1。测试条件是day < 8，让循环重复7次，即一周每天一次。它做的第一件事情（第15行）是从用户得到那天的收入值，那个值存储在变量receipt中。然后，在标题下面显示这个值（第16行）。通过把每天的收入加入以前的subtotal来保持小计（第17行）。然后，计数器递增，输入、显示下一天的收入并加入这个小计。这个过程持续7次迭代，然后结束内循环。

第20行是外循环的下一部分，它显示那个星期的subtotal。通过把那个星期的小计加入total以前存储的值中，第21行为所有小计保存一个累计。此时，外循环计数器week递增，并且如果测试条件仍然有效，那么这个处理过程再次开始。

在第二次检测时，由于 week = 2，所以外循环再一次开始。显示一个新标题 week 2，第 12 行将变量 count 设回到 1。由于 count 只用于显示每次输入的是一周的哪一天，所以在每次进入内循环之前必须把它设回到 1。变量 subtotal 也被重新设定为 0，因此内循环是计算一个新的 subtotal，而不是加入前面的小计。现在内循环再次运行，获取其他 7 个值并显示它们，再找到新的小计。

当内循环第二次结束时，外循环再次开始，显示新的 subtotal 并把它加入上一个 total。在这个代码中，week 这次递增至 3，并使外循环测试条件失败，因此结束外循环。

然后，控制转到在这两个循环之外的第 23 行。这一行显示总计，然后结束程序。如果这两个星期的公司收入如下给出并运行这个程序，那么输出会看起来如下面所示。

第一周收入（以美元和美分为单位）：

234.67	543.32	665.89	1235.23	234.43	555.21	447.88

第二周收入（以美元和美分为单位）：

337.87	654.78	879.34	987.87	567.44	1145.63	653.49

Week 1

amount for day 1: $ 234.67

amount for day 2: $ 543.32

amount for day 3: $ 665.89

amount for day 4: $ 1235.23

amount for day 5: $ 234.43

amount for day 6: $ 555.21

amount for day 7: $ 447.88

Week 1 subtotal is $ 3916.63

Week 2

amount for day 1: $ 337.87

amount for day 2: $ 654.78

amount for day 3: $ 879.34

amount for day 4: $ 987.87 .

amount for day 5: $ 567.44

amount for day 6: $ 1145.63

amount for day 7: $ 653.49

Week 2 subtotal is $ 5226.42

The total amount for these weeks is $ 9143.05

嵌套循环应该使用哪一种方法

这个问题确实没有答案。你可以在一个后测循环内嵌套一个前测循环，或者在一个 while 循环内嵌套一个 for 循环，或者在一个 for 循环内嵌套多个 while 循环，或者任何其他的组合。你面对的程序设计问题经常决定你如何编写代码。如果没有明确的理由选择其中一种而不是另一种，那么如何选择就是你自己的事情。

例5.16用一个战斗游戏结束本节。

例5.16 战斗游戏 你小时候很可能玩过战斗纸牌游戏。在这个游戏中，每个玩家各出一张牌，牌点大的玩家将赢取对方出的一张牌。当一个玩家拥有所有纸牌时游戏就结束。这个游戏有许多变化，其中一种情况是平局导致游戏重新开始。这个游戏可以一直继续下去，但是我们的例子简化了这个游戏。当学习了更多的JavaScript技术时，你将能够补充更多的功能。但是现在我们的游戏将这样做：计算机将为每个玩家派发一张牌点从1～13的随机纸牌，因为一副牌有13种可能的牌点值。一副牌有52张纸牌，分为4种花色（红桃、黑桃、方块和梅花），而每种花色有13张牌。作为练习，你以后可以补充所有52张牌。另外，为了使代码简单，当某个玩家的分数达到10时，我们就认为这个玩家赢得这场比赛。这个简化的战斗游戏代码如下：

```
<html>
<head>
<title>Example 5.16</title>
<script>
function goToWar()
{
      var name1 = " "; var name2 = " ";
      name1 = prompt("Enter your name: ", " ");
      name2 = prompt("Enter your name: ", " ");
      var playerOne = 0; var playerTwo = 0; var oneCard = 0;
      var twoCard = 0; var count = 1;
      document.write("<table width = 40% align='center'> ↵
           <tr><td colspan = '2'><h3>The Game of War</h3> ↵
           </td></tr>");
      while ((playerOne < 10) && (playerTwo < 10))
      {
           oneCard = Math.floor(Math.random() * 13 + 1);
           twoCard = Math.floor(Math.random() * 13 + 1);
           if(oneCard > twoCard)
                playerOne++;
           else
                if(twoCard > oneCard)
                      playerTwo++;
           document.write("<tr><td colspan = '2'> </td></tr>↵
                      <tr><td colspan = '2'>Deal Number" + ↵
                      count + ": </td</tr>");
           document.write("<tr><td>" + name1 + "'s card: " ↵
                      + oneCard + " -- Score: " + playerOne ↵
                      + "</td>");
           document.write("<td>" + name2 + "'s card: " + twoCard ↵
                      + " -- Score: " + playerTwo + "</td></td>");
           count++;
      }
      if ((playerOne == 10) && (playerTwo != 10))
           document.write("<tr><td colspan = '2'><h3>The winner ↵
                      is " + name1 + "!</h3></td></tr>");
      if ((playerTwo == 10) && (playerOne != 10))
           document.write("<tr><td colspan = '2'><h3>The winner ↵
                      is " + name2 + "!</h3></td></tr>");
      document.write("</table>");
}
</script>
</head>
<body>
<table align ="center" width ="70%"><tr><td>
```

```
37.         <h1>Play a Card Game: War</h1>
38.         <h3>Click to begin the game</h3>
39.         <p><input type="button" id="war" value="begin the game" ↵
                        onclick="goToWar();" /></p></td></tr>
40.  </table></body></html>
```

在提示玩家录入他们的名字（第 8 和 9 行）并且声明变量及初始化（第 7、10 和 11 行）之后，建立输出表格（第 12 行）。然后，循环开始（第 13 行）并且继续直至一个玩家达到 10 分。复合条件使用一个 AND（&&）条件确保一旦其中一个玩家的分数是 10，循环条件就失败。

循环创建两个在 1 ~ 13 之间的随机数（第 15 和 16 行）并且分别赋给每个玩家。第一个玩家（namel）赋予 oneCard 的值，而第二个玩家（name2）赋予 twoCard 的值。然后，嵌套在循环里的 if 语句检查哪一张牌较大。这个程序中有 3 个计数器，第一个 playerOne 记录第一个玩家的分数，第二个 playerTwo 记录第二个玩家的分数，第三个 count 记录发了多少次牌。

如果 oneCard 比 twoCard 大，那么第一个玩家的分数递增（第 18 行）。如果 twoCard 比 oneCard 大，那么第二个玩家的分数递增。如果产生的两个随机数相同则导致平局，那么不递增任何人的分数。

第 23 和 24 行只是输出发牌的结果，然后递增 count。注意，因为 count 在第 11 行初始化为 1，所以执行第一次循环就表示第 1 次发牌。这个计数器在循环末端递增，以备下次发牌使用。

最后，当玩家之一达到 10 分时，结束循环决出赢家（第 27 或 29 行），并且显示赢家（第 28 或 30 行）。表格在第 31 行关闭，并且游戏结束。

5.3 节检查点

5.13 台式检查是什么并且为什么它是重要的？

5.14 下列嵌套循环有什么错误？

```
for(x = 1; x < 10; x++)
{
   for(x = 0; x < 5; x++)
   {
        document.write("Hi there!");
   }
}
```

5.15 下面说法是否正确，一个 do...while 循环不能够嵌套在一个 for 循环之内。

5.16 要让例 5.15 中公司老板找出全年营业收入的总额，还需要做什么事情？

5.17 创建一个投掷硬币的 JavaScript 程序，让用户投掷硬币，其次数与需要的一样多。0 表示正面，1 表示反面。应该显示每次投掷的结果。

5.4 用循环绘制形状和图案

在继续开发 Greg's Gambits 和 Carla's Classroom 网站之前，我们将做的最后一件事情是使用循环在一个网页上绘制形状和图案。这样能够用于装饰和创建信息，下列例子示范用 JavaScript 绘制图案的一些不同方法。

5.4.1　绘制形状

我们可以使用循环在网页上创建几何形状。这些形状可以用各种不同的键盘符号画出轮廓或者填充，而图像文件也可以通过循环重复显示来为一些文本创建好看的边框。例 5.17 示范应该如何绘制几何形状。

例 5.17　画一个正方形、一个长方形和一个直角三角形　下列程序让用户选择绘制以下 3 种形状之一：正方形、矩形或直角三角形。在这个程序中，用户也能选择用于绘制的符号。

```
<html>
<head>
<title>Example 5.17</title>
<script>
function getSquare()
{
     var side = 0; row = 1; col = 1; symbol = "* ";
     symbol = prompt("Pick a keyboard symbol for your square, ↵
                such as a * or # ", " ");
     side = prompt("How big is the side of your square? The ↵
                     value must be a positive number: "," ");
     side = parseInt(side);
     while (side < 1)
     {
          side = prompt("How big is the side of your square? The ↵
                     value must be a positive number: "," ");
          side = parseInt(side);
     }
     for (row = 1; row <= side; row++)
     {
          for (col = 1; col <= side; col++)
               document.write(symbol + " ");
          document.write("<br />");
     }
}
function getRectangle()
{
     var width = 0; var length = 0; row = 1;
     col = 1; symbol = "* ";
     symbol = prompt("Pick a keyboard symbol for your rectangle, ↵
                     such as a * or # ", " ");
     width = prompt("What is the width? The value must be a ↵
                     positive number: "," ");
     width = parseInt(width);
     while (width < 1)
     {
          width = prompt("What is the width? The value must be a ↵
                     positive number: "," ");
          width = parseInt(width);
     }
     length = prompt("What is the length? The value must be ↵
                     a positive number: "," ");
     length = parseInt(length);
     while (length < 1)
     {
          length = prompt("What is the length? The value must be ↵
                     a positive number: "," ");
          length = parseInt(length);
     }
```

```
42.         for (row = 1; row <= width; row++)
43.         {
44.             for (col = 1; col <= length; col++)
45.                 document.write(symbol + " ");
46.             document.write("<br />");
47.         }
48.     }
49.     function getTriangle()
50.     {
51.         var row = 1; var base = 1; var symbol = "* "; var col = 0;
52.         symbol = prompt("Pick a keyboard symbol for your triangle, ↵
                            such as a * or # ", " ");
53.         base = prompt("How big is the base of your triangle? The ↵
                            value must be a positive number: "," ");
54.         base = parseInt(base);
55.         while (base < 1)
56.         {
57.             base = prompt("How big is the base of your triangle? ↵
                            The value must be a positive number: "," ");
58.             base = parseInt(base);
59.         }
60.         for (row = 1; row <= base; row++)
61.         {
62.             for(col = 1; col <= row; col++)
63.                 document.write(symbol + " ");
64.             document.write("<br />");
65.         }
66.     }
67.     </script>
68.     </head>
69.     <body>
70.     <table align ="center" width ="70%"><tr><td colspan ="2">
71.     <h1>Shapes</h1>
72.     <h3>Pick a Shape</h3>
73.     <p><input type="button" id="square" value="Draw a square" ↵
                            onclick="getSquare();" />    
74.     <input type="button" id="triangle" value="Draw a triangle" ↵
                            onclick="getTriangle();" />    
75.     <input type="button" id="rectangle" value="Draw a rectangle" ↵
                            onclick="getRectangle();" /></p>
76.     </td></tr></table>
77.     </body></html>
```

在这个程序中，我们使用变量 row 识别水平方向重复的符号数目，而变量 col 表示垂直方向要重复的数目。对于正方形，因为长度和宽度是相同的，所以只需要一个变量（side）。绘制正方形的代码在第 5 ~ 22 行。在嵌套循环中，内循环用于每次显示一个符号和一个空格，其次数由 side 的值指定，从而显示一行符号；外循环的重复次数也由 side 的值指定，从而生成一个行数与列数相同的形状。矩形代码在第 23 ~ 48 行上，它几乎做相同的事情，不同之处在于变量 width 表示每行有多少符号，而变量 length 表示需要多少行。

画三角形比较巧妙一点，其代码在第 49 ~ 66 行上。这里我们只画一个直角三角形，但是你可以在本章“复习与练习”环节加以扩展。外循环设置三角形将有多高。在这种情况下，它意味着 base 保存三角形的底边值，但是也告知程序这个三角形将有多高。因此，外循环重复高度数值的次数。内循环在第一行画一个 symbol，在第二行画两个 symbol 等，直至在第 base 行画 base 个 symbol。

你可能注意到每次在验证输入是否是一个正数时几乎重复完全相同的代码，这个代码在用于正方形的第 10 ~ 15 行、用于矩形的第 29 ~ 34 行和用于直角三角形的第 54 ~ 59 行。在第 7 章，我们将学习该如何除去重复的代码。不要绝望，一旦学习了更多的程序设计技术，你就能够使用较少的代码行避免许多单调乏味的重复任务！

如果你录入并且运行这个代码，使用以下输入并使用 # 当做符号，那么你的显示应该看起来像在下面显示的那样：

输入：side = 4

```
####
####
####
####
```

输入：width = 4, length = 9

```
#########
#########
#########
#########
```

输入：base = 6

```
#
##
###
####
#####
######
```

5.4.2　使用循环创建图案

例 5.18 展示如何使用循环创建图案和边框，从而使网页更为有趣或者提高信息和信息的可观性。

例 5.18　把你自己放入一个框中　下列程序让用户录入一个名字并且在显示这个名字时用符号当做边框将它围起来。

```
1.  <html>
2.  <head>
3.  <title>Example 5.18</title>
4.  <script>
5.  function getName()
6.  {
7.       var name = " "; count = 0; symbol = "* ";
8.       symbol = prompt("Pick a keyboard symbol to border your ↵
                   name, such as a * or # ", " ");
9.       name = prompt("What is your name? "," ");
10.      for (count = 1; count <= (name.length + 4); count++)
11.           document.write(symbol + " ");
12.      document.write("<br />");
13.      document.write(symbol + " " + symbol + " " + name + " " ↵
                   + symbol + " " + symbol);
14.      document.write("<br />");
15.      for (count = 1; count <= (name.length + 4); count++)
16.           document.write(symbol + " ");
17. }
18. </script>
19. </<head>
20. <body>
21. <table align ="center" width ="70%"><tr><td colspan ="2">
22. <h1>Name in a Box</h1>
23. <p><input type="button" id="name" value="Put your name in ↵
                    a box" onclick="getName();" /> </p>
24. </td></tr></table>
25. </body></html>
```

这段代码使用循环显示与用户名字包含的字符（包括空格和标点）数一样多的符号。在第 10 行，我们使用 JavaScript 的 length 属性作为循环测试条件的一部分。循环继续直至 count 大于名字中字符的数目，但是我们把 4 加入那个数目，因为我们想要在名字的每边使用两个符号。在第 10 和 11 行通过第一次 for 循环显示一行符号之后，我们显示一个换行符（第 12 行）以及一行两边各有两个符号的用户名字（第 13 行），然后重复的那个 for 循环在用户名字下面显示一行符号。

名字周围的框经常是不完美的。这是因为不同的字符占据不同的空间，并且这个显示取决于用户计算机的默认字形和选择的符号。要在一个专业程序中使用这个框，将会补充更多的代码确保想要的显示。

如果你录入并运行这段代码，使用以下输入并使用 # 当做符号，那么你的显示应该看起来像下面显示的那样：

输入：name = Maura	输入：name = Howard. Q. Jones
#########	####################
## Maura ##	## Howard Q. Jones ##
#########	####################

例 5.19 是类似的，但是使用一个小图像文件作为边框包围名字。

例 5.19　较漂亮的边框　用图像边框括起名字的代码几乎与例 5.18 的代码相同。我们使用一个名为 border.jpg 的小图像文件，这个文件可以在 Student Data Files 中找到。因为网页与前面的例子是一样的，所以这里只给出函数代码：

```
function getName()
{
     var name = " "; count = 0;
     name = prompt("What is your name? "," ");
     for (count = 1; count <= (name.length + 4); count++)
          document.write("<img src = 'images/border.jpg' />  ");
     document.write("<br />");
     document.write("<h1> <img src = 'images/border.jpg' /> ↵
               "+ "<img src = 'images/border.jpg' /> " + ↵
               "  " + name + "  " + "<img src = ↵
               'images/border.jpg' />  " + "<img src = ↵
               'images/border.jpg' /> </h1> ");
     document.write("<br />");
     for (count = 1; count <= (name.length + 4); count++)
     document.write("<img src = 'images/border.jpg' />");
}
```

如果你录入这些代码并且把这个 border.jpg 文件保存在 images 文件夹中，然后运行时以名字 Lynne 作为你的输入，那么输出将看起来像这里的显示效果。注意你的边框可能离中央有一点偏离，你可以适当调整图像大小和字体大小从而获得一个完美的显示。

5.4.3　鼠标事件

在本书中，多数情况下我们要创建自己的 JavaScript 代码指导计算机做我们想要网页做的事情。然而，有的时候不需要我们编写代码，因为有人已经为我们编写好了。当网页上发生事件时就会执行已经编写好的 JavaScript 代码片断。事件可以是一些发生动作中的任何一个，用户可以向上或向下滚动、单击一个链接、把一个值录入一个表单框中，以及本节讨论的移动或单击鼠标。

JavaScript **事件**触发浏览器中的动作。在本书中，我们经常使用 onclick 事件。每个**事件属性**必须包括 JavaScript 指令。事件属性告诉浏览器可以做什么，而你可以为它描述应该做什么的特定方法。下列例子将示范一些**鼠标事件**，即当用户操纵鼠标时可能发生的事情。

在例 5.20 中，我们将在 HTML 页面使用 JavaScript 创建**翻转效果**。我们做这件事是为了准备做后面的例子和练习。

例 5.20　创建翻转效果　当用户在一个图像上滚动鼠标的时候，这个图像将转换成另一个图像。当鼠标离开这个图像时，第一个图像又出现了。

```
1.  <html>
2.  <head>
3.  <title>Example 5.20</title>
4.  </head>
5.  <body>
6.  <table align ="center" width ="70%"><tr><td colspan ="2">
7.  <h1>The Rollover</h1>
8.  <h3>To change the image, roll your mouse over it</h3>
9.  <table align="center" width = "70%"><tr><td id = "photo" name = "photo">
10. <a href = '#' onmouseover = "document.photo.src = 'troll.jpg';" ↵
              onmouseout = "document.photo.src = 'wizard.jpg';"> ↵
              <img src = "wizard.jpg" alt = "the winner" name = "photo" /></a>
11. <tr><td><h3>Change me!</h3></td></tr>
12. </table></body></html>
```

在这个例子中，JavaScript 代码在 HTML 页面中，而不是在 <head> 区域中。所有代码在第 10 行。第 9 行使用 id = "photo" 标识我们要修改的元素。从现在开始，这个图像将放在含有 id = "photo" 的单元格中。

因为你很可能知道，图像在网页上不是真的被插入，而是创建一个到那个图像的链接。所以，第 10 行起始于一个链接（<a href = ‘#’），这个 # 符号是一个虚拟链接源。在这个代码中的图像不是来自其他网站。接下来是 onmouseover 事件。当用户在初始图像上移动鼠标时将执行在双引号中的脚本，也就是为其 id="photo" 的元素指定新图像。在这种情况下，这个图像的来源（src）只是图像文件的名字。假如图像存储在其他地方（也就是，在一个 images 文件夹中），那么必须包括图像的精确路径。因为我们用双引号括起了语句，所以在语句中需要引号的任何东西必须用单引号括起来，从而这个图像的路径是在单引号中。此外，由于 document.photo.src = 'troll.jpg' 是一条 JavaScript 语句，所以它必须用分号结束。然后，用双引号关闭。这是翻转的第一部分。

下一部分告诉浏览器当鼠标离开图像时该做什么，这是 onmouseout 事件。在这种情况下，使用与 onmouseover 事件相同的 JavaScript 语句将图像文件名改变回原来的文件名，从而替换为原来的第一个图像。

最后，当第一次装载页面时我们需要显示初始图像的 HTML 代码。注意，</a> 标签在这里关闭。

如果你录入、运行这段代码，并且使用 Student Data Files 中的 troll.jpg 和 wizard.jpg 图像文件，那么你将首先看到以下内容：

如果移动鼠标经过这个巫师，那么你将看到下列内容：

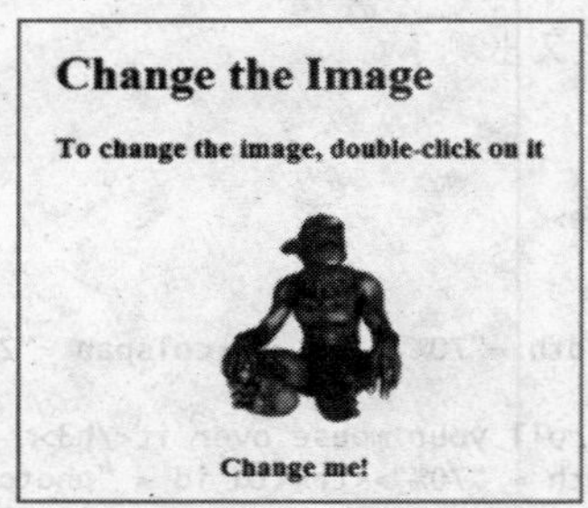

最后，如果将鼠标移出图像，你将看到下列内容：

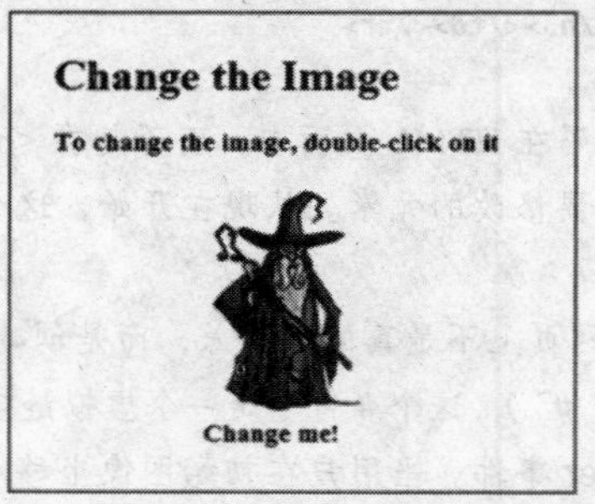

表 5-1 列出其他鼠标事件，它们可用于所有元素，但除了 base、bdo、br、frame、frameset、head、html、iframe、meta、param、script、style 和 title 以外。

表 5-1　JavaScript 鼠标事件

属性	值	描述：它做什么事
onclick	JavaScript 代码	当单击鼠标时发生的事情
ondblclick	JavaScript 代码	当鼠标双击时发生的事情
onmousedown	JavaScript 代码	当按下鼠标按钮时发生的事情
onmousemove	JavaScript 代码	当鼠标指针移动时发生的事情
onmouseout	JavaScript 代码	当鼠标指针离开一个元素时发生的事情
onmouseover	JavaScript 代码	当鼠标指针进入一个元素时发生的事情
onmouseup	JavaScript 代码	当释放鼠标按钮时发生的事情

在例 5.21 中，我们将使用 ondblclick 事件让用户改变一个图像。

例 5.21　改变图像　当用户双击鼠标时，将改变图像。

```
<head>
<title>Example 5.21</title>
</head>
<body>
<table align ="center" width ="70%"><tr><td colspan ="2">
<h1>Change the Image</h1>
<h3>To change the image, double-click on it</h3>
<table align="center" width = "70%"><tr><td id = "photo" ↵
          name = "photo">
<a href = '#' ondblclick = "document.photo.src = 'troll.jpg';"> ↵
          <img src = "wizard.jpg" alt = "the winner" ↵
          name = "photo" /></a>
</td></tr>
<tr><td><h3>Change me!</h3></td></tr>
</table></body></html>
```

如果你录入并运行这段代码，将首先看到以下内容：

如果双击巫师，那么你将看到下列内容：

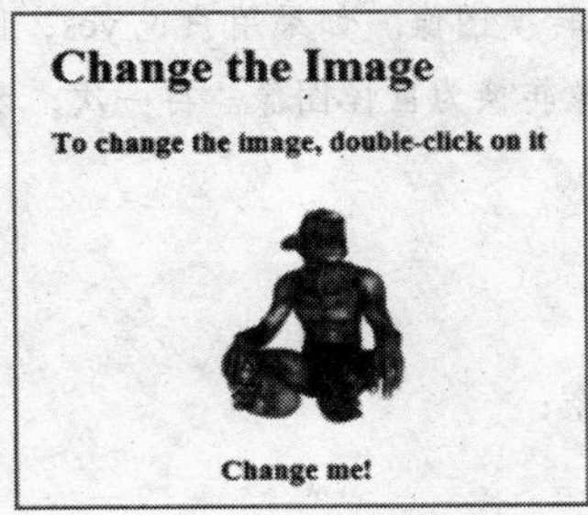

在例 5.22 中，我们将使用 JavaScript 代码对图像的显示和改变进行更多的控制。当我们为本章的 Greg's Gambits 网站设计游戏时，这段代码将是有价值的。

例 5.22　编写改变图像的代码　这段代码将巫师图像转换成巨怪，并通过在提示中回答一个问题允许用户重复地切换图像。

```
<html>
<head>
<title>Example 5.22</title>
```

```
<script>
function getSwap()
{
      var again = "y"; var pic = "troll";
      while (again == "y")
      {
            if (pic == "wizard")
            {
                  document.getElementById('photo').innerHTML = ↵
                        "<img src='troll.jpg' />";
                  pic = "troll";
                  var again = prompt("See new image? y/n?", " ");
            }
            if (pic == "troll")
            {
                  document.getElementById('photo').innerHTML = ↵
                        "<img src='wizard.jpg' />";
                  pic = "wizard";
                  var again = prompt("See new image? y/n?", " ");
            }
      }
}
</script>
</head>
<body>
<table align ="center" width ="70%"><tr><td colspan ="2">
<h1>Swapping Images</h1>
<p><input type="button" id="swap" value="Push me to change ↵
                  the image" onclick="getSwap();" /></p>
<table align="center" width = "70%">
<tr><td id = "photo" name = "photo">
<img src = "troll.jpg" alt = "troll" name = "myPhoto" />
</td></tr></table></body></html>
```

在这个例子中，页面开始显示巨怪图像。当单击按钮时，调用 <head> 区域中的函数 getSwap()。变量 pic 最初设定为 "troll"，因此执行对应的 if 子句。这个子句将图像转换成巫师的图像并将 pic 的值设定为 "wizard"。它也提示用户再次转换图像。如果用户说 yes，因为 pic 现在是 "wizard"，所以执行符合 pic = "wizard" 的 if 子句，而图像转换为巨怪图像。再一次，改变 pic 的值并提示用户决定是否再次转换。

5.4 节检查点

5.18 使用循环在网页上生成以下图案：

```
   *
  ***
 *****
*******
```

5.19 为例 5.17 补充代码，绘制一个与例 5.17 相反的三角形。

5.20 修改例 5.20，使用 onmousedown 事件改变网页上的图像。

5.21 为例 5.21 补充代码允许转换第三个图像，你可以使用在 Student Data Files 中的任何图像或者你自己的图像。

5.5　操作实践

现在我们将为 Greg's Gambits 创建一个新游戏，并且关注 Carla's Classroom 的语法课。

5.5.1　Greg's Gambits：巫师和巨怪之间的战斗

传统的剪刀、纸、石头游戏经常用于基础的程序设计课。我们将使用这个游戏的概念并结合我们在转换图像例子中学到的技术，为 Greg's Gambits 上演一场在玩家（我们的英雄：巫师）和邪恶的巨怪之间的战斗。在我们的游戏中，巨怪有一个秘密兵工厂生产武器。玩家被允许从 3 种武器中选择一种想要用来战斗的武器，而计算机将使用随机数为巨怪选择武器，通过比较这两种武器，程序将宣布一个赢家。以后，你可以增加更多的武器并且为你的玩家提供头像选择。

在开始写程序之前，我们将在 play_games.html 页面上添加一个到这个游戏的链接。这个新游戏的文件名是 greg_battle.html。在 play_games.html 页面上添加这个链接后，它看起来像这样：

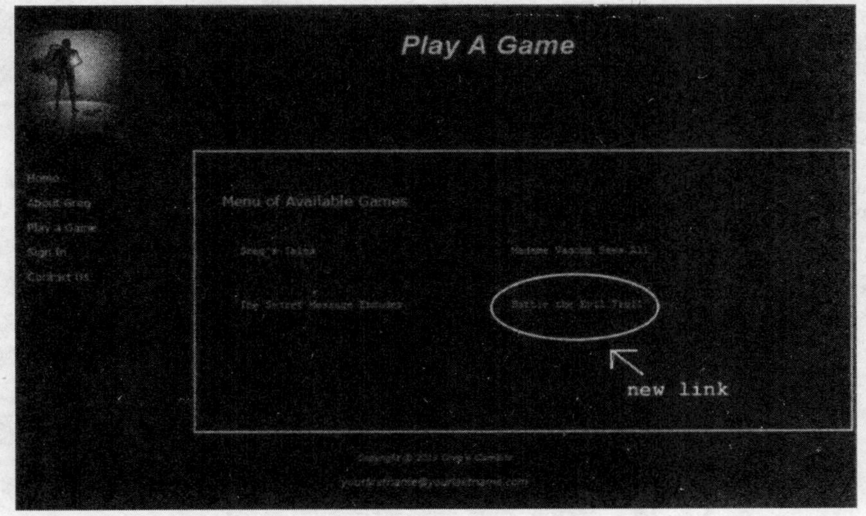

5.5.1.1　开发程序

对于这个游戏，我们需要两个页面，给出初始显示和游戏说明的页面；战斗本身的页面。第一个页面给出游戏说明、展现头像和显示武器，从这个页面玩家可以按一个按钮开始战斗。整个战斗将包含几个回合的打斗。在第二个页面上，每个回合提示用户选择一种武器。然后程序为巨怪随机选择一种武器，基于我们将要编写的规则确定赢家，并且显示赢家。为了给程序增加一点儿复杂度，我们将为每个参战者给定一个初始分数。每次宣布一个赢家时，失败者输给赢家 10 分。当一个玩家拥有所有分数而另一个没有分数时，游戏就结束。

我们也将使用一个按钮链接第二个页面，在第二个页面中有一个类似按钮链接回到开始页面。我们可以为这两个页面使用一个以前为 Greg's Gambits 其他游戏使用过的模板。

5.5.1.2　把按钮用做链接

使用下列代码可以把一个按钮转换为到另一个页面的链接：

```
<input type="button" id="whatever" value="This button will take you to another
web page" onclick = "location.href = 'URL_of_requested_page.html'"; />
```

例 5.23　把按钮用做链接　下列两个非常简短的网页将通过按钮链接。第一页面的文件名是 page_one.html，第二页面的文件名是 page_two.html。

第一页面：

```
<html>
<head>
<title>Example 5.23: Page One</title>
</head>
<body>
<h3>See what's on the next page...</h3>
<p><input type="button" id="pageOne" value="This button will take ↵
            you to the next page"
onclick = "location.href = 'page_two.html'"; /></p>
</body>
</html>
```

第二页面：

```
<html>
<head>
<title>Example 5.23: Page Two</title>
</head>
<body>
<h3>You can go back too...</h3>
<p><input type="button" id="pageTwo" value="This button will take ↵
            you back to the previous page"
onclick = "location.href = 'page_one.html'"; /></p>
</body>
</html>
```

如果你创建这两个页面，那么它们将看起来像下面显示的其中一个页面，而单击任一按钮将获取另一个页面：

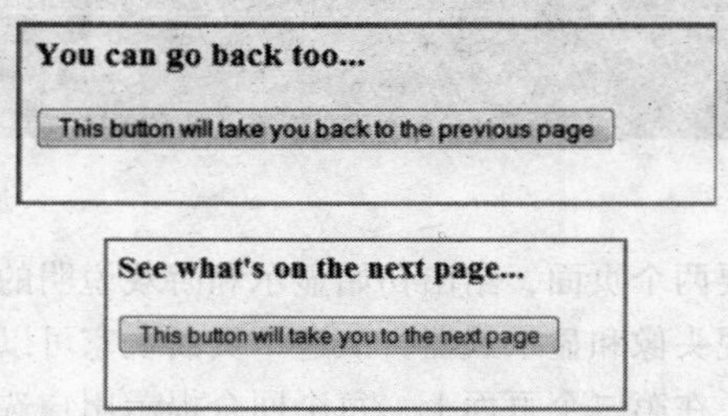

注意，这里的 onclick 事件是如何工作的。全部指令括在双引号中，而我们要链接页面的网址（URL）括在单引号中。

5.5.1.3　网页

我们需要额外关注将为这个程序使用的网页。因为这个游戏需要两个页面，因此我们将使用按钮链接这两个页面。

第一个页面向用户介绍这个战斗游戏的使用说明，并链接下一个发生实际战斗的页面。因此，第一个页面只是信息页面而且在 <head> 区域没有 JavaScript 程序。我们将把这个页面保存到文件 greg_battle.html 中，页面标题将是 Greg's Gambits ｜ Battle the Evil Troll。我们将为这个页面添加这个标题和操作说明，以及描述我们的英雄（即巫师玩家）、他的仇敌（邪恶的巨怪）和 3 种武器选项的图像。可用于参战双方的兵工厂将是一组魔石、剑和弓箭，这些图像可以在 Student Data Files 中找到。这个页面的代码如下：

```
<html>
<head>
<title>Greg's Gambits | Battle the Evil Troll</title>
<link href="greg.css" rel="stylesheet" type="text/css" />
<style type="text/css">
<!--
        .style1 {font-size: 18px}
-->
</style>
</head>
<body>
<div id="container">
        <img src="images/superhero.jpg" class = "floatleft" />
        <h1 align="center"><em>Battle the Evil Troll</em></h1>
        <div style ="clear:both;"></div>
        <div id="nav">
        <p><a href="index.html">Home</a>
        <a href="greg.html">About Greg</a>
        <a href="play_games.html">Play a Game</a>
        <a href="sign.html">Sign In</a>
        <a href="contact.html">Contact Us</a></p>
        </div>
        <div id="content">
        <table width = "85%" cellpadding="5" border = "0">
                <tr><td colspan = 4><span class="style1">In this game ↵
                        you will battle the evil troll. You can choose ↵
                        your  weapon from the three shown -- a set of ↵
                        magic rocks that are a lot stronger and heavier ↵
                        than they look, an extremely sharp sword, or a ↵
                        crossbow and arrow. Unfortunately, you do not know↵
                        ahead of time what weapon the troll will use. You↵
                        each begin with 100 points. For each round of the↵
                        battle, the winner takes 10 points from the loser.↵
                        When either of you reaches 200 points, the battle↵
                        is over and one of you will lie dead. The winner ↵
                        is determined by the list shown below. Push the ↵
                        button when you are ready to begin the battle and ↵
                        ... Good luck!</span></td></tr>
                <tr><td width = 20%><p><img src="images/wizard.jpg" />↵
                        </p> <p><span class="style1">Wizard</span></p></td>
                <td width=20%><p><img src="images/troll.jpg" /></p> ↵<p><span
                        class="style1">Troll</span></p></td>
                <td width = 10%> </td>
                <td width = 50%> <span class="style1"><p>Weapons</p> ↵
                        <p><img src="images/rock.jpg" width="100" ↵
                        height="70" /> magic rocks</p> <p><img src = ↵
                        "images/sword.jpg" width = "100" height = "70" /> ↵
                        sword</p> <p><img src = "images/arrow.jpg" width = ↵
                        "100" height = "70" /> bow & arrow</span> ↵
                        </p></td></tr>
                <tr><td colspan = 4><span class="style1">Note: <br /> ↵
                        The rocks can deflect the arrow.<br /> ↵
                        The sword beats the rocks. <br /> ↵
```

```
                 The arrow beats the sword.</span></td></tr>
31.         </table>
32.         <input type="button" id="battle" value="Begin the battle!" ↵
                 onclick = "location.href = 'battleground.html'"; />
33.         </div>
34.         <div id="footer">Copyright &copy; 2013 Greg's Gambits<br />
35.              <a href="mailto:yourfirstname@yourlastname.com">↵
                      yourfirstname@yourlastname.com</a>
36.         </div>
37.   </div></body></html>
```

注意，我们在 <head> 区域中添加了一个新样式以突出这个页面的文本。在第 32 行的新按钮用作到下一个页面的链接。这个页面现在应该看起来像这样：

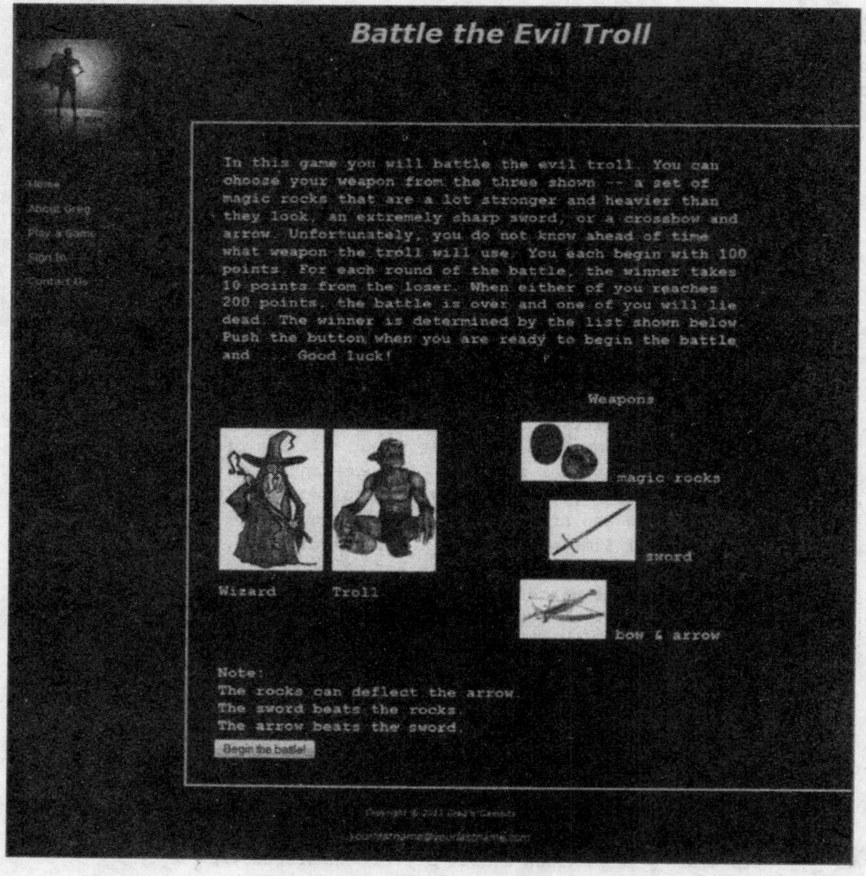

下一步，我们将创建实际的战斗。为此我们需要一个新页面，这个页面的文件名是 battleground.html，页面标题是 Greg's Gambits ｜ The Battleground。如果你想自己创建这个页面，那么你可以使用前面的页面作为模板。这个程序的 JavaScript 代码放在 <head> 区域，并且这个程序是在幕后执行的。但是，直至现在，我们在页面上只是显示两个结果。对于战斗，我们需要在战斗进行时显示一些东西。在战斗开始之前，页面将展示英雄（巫师）和对手（巨怪）的图像。在战斗继续时，它需要一个区域显示每个回合每个参战者的武器选择、每个回合的结果和总分。因为在程序执行时要显示这些项目，所以我们需要使用 getElementById() 和 innerHTML 属性识别、指定这些区域的内容。我们将把战场放入表格中，并且使用单元格的 id 标识相关区域。这个战场的 HTML 代码应该放入其 id="content" 的 <div> 区域中，如下所示。

```
<div id="content">
<table width = "85%" cellpadding="5" cellspacing="0" border = "0">
     <tr><td><img src="images/wizard.jpg" /></td>
     <td><img src="images/troll.jpg" /></td></tr>
     <tr><td><span class="style1">Wizard uses: </span></td>
     <td><span class="style1">Troll uses: </span></td></tr>
     <tr><td id = "playerWeapon" span class="style1">Weapon ↵
          goes here</span></td>
     <td id = "trollWeapon" span class="style1">Weapon ↵
          goes here</span></td></tr>
     <tr><td colspan = 2><span class="style1">The winner ↵
          is:</span></td></tr>
     <tr><td colspan = 2 id="winner" align = "center" class = ↵
          "style1">  </td></tr>
     <tr><td><span class="style1">Wizard points: </span></td>
     <td><span class="style1">Troll points:</span></td></tr>
     <tr><td class="style1" id = "heroPts">100</td>
     <td class="style1" id = "trollPts">100</td></tr>
     <tr><td><input type="button" id = "battle" value="Let the ↵
          battle begin!" onclick = "battleIt()"; /> </td>
     <td><input type="button" id="return" value="Return to ↵
          battle instructions" onclick = "location.href↵
          = 'greg_battle.html'"; />
     </td></tr></table>
</div>
```

在游戏开始之前，这个战场现在看起来像这样：

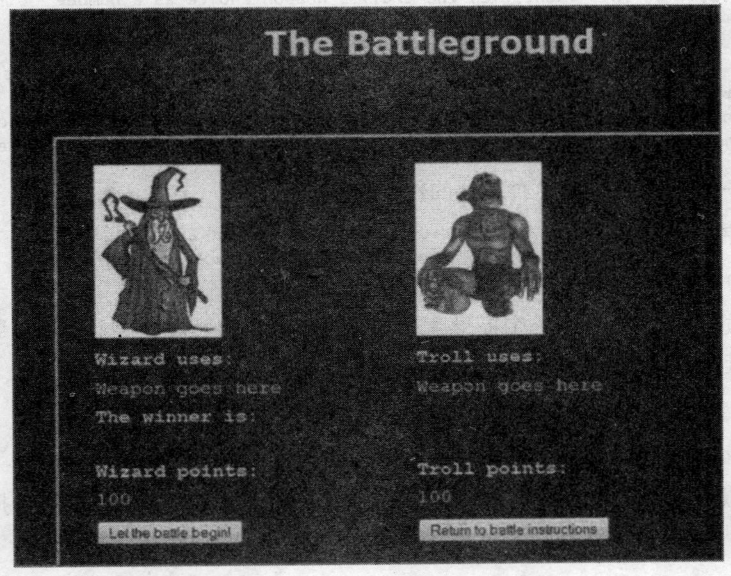

我们现在准备为这个战斗编写代码。

5.5.1.4 编写代码

战斗必须做几件事情。随着我们的程序变得越来越长、越来越复杂，在开始写代码之前小心设计就变得更加重要。当开发这个程序时，我们将从总体设计开始，然后补充它。

首先，我们必须把它们的默认值显示在网页的单元格中。由于已经键入了默认值，所以如果我们没有在战斗函数中包括这个设置，那么每次新战斗开始时，上一次战斗的结果将显示在屏幕上。我们用下列代码设定默认值：

```
document.getElementById("trollPts").innerHTML = (trollPts);
document.getElementById("heroPts").innerHTML = (heroPts);
document.getElementById("playerWeapon").innerHTML = ("Your weapon: ");
document.getElementById("trollWeapon").innerHTML = ("The troll's weapon: ");
document.getElementById("winner").innerHTML = (" ");
```

当我们创建这些变量时，trollPts 和 heroPts 已经设置了初值。

然后，我们必须创建一个将做以下事情的循环，直至巫师或巨怪赢得足够的打斗而赢得这场战斗：

- 玩家必须挑选一种武器，并且必须把那种武器显示在网页上。
- 巨怪必须挑选一种武器，并且必须把那种武器显示在网页上。
- 必须决定每个回合的赢家，并且把那个赢家显示在网页上。
- 必须调整和显示他们的分数。

当玩家或巨怪获取某个特定分数时，这场战斗（和循环）结束，并且显示赢家。

我们将分别完成这些事情。我们已经决定了调用函数 battleIt()。首先，让我们决定需要的变量，下面列出必需的变量及其初值：

```
var heroPlay = 0; This identifies the hero's weapon choice as a number
var heroPts = 100; The initial hero (player) points when player begins the battle
var trollPts = 100; The initial troll points when player begins the battle
var trollPlay = 0; This identifies the troll's weapon choice as a number
var rocks = "magic rocks"; This stores the description of one weapon (rocks)
var sword = "the sword"; This stores the description of one weapon (sword)
var arrow = "bow and arrow"; This stores the description of one weapon (cross-
bow & arrow)
var heroChoice = " "; This holds the description of the weapon the hero chooses
var trollChoice = " "; This holds the description of the weapon the troll chooses
```

让玩家选择一种武器并显示这种武器的代码如下：

```
heroPlay = parseInt(prompt("What weapon do you choose? Enter 1 for magic ↵
rocks (enter 1), 2 for the sword, or 3 for the bow and arrow: (Enter 4 to ↵
leave the game at any time)" , " "));
```

注意，我们也为玩家包含了一个提早离开游戏的选项。如果选择这个选项，那么下列代码将强制退出循环并且结束程序：

```
if (heroPlay == 4) break;
```

通过创建一个在 1 ~ 3 之间的随机数为巨怪选择一种武器，而每个数字对应一种武器。在为玩家选项显示的提示中，1 表示巨怪选择魔石，2 表示巨怪选择剑，3 表示巨怪选择弓箭。做这件事情的代码如下：

```
trollPlay = Math.floor(Math.random() * 3 + 1);
```

我们立刻就知道玩家只能选择 1、2 或 3，而巨怪也一样。然而，我们想要显示实际的武器而不是数字。以下代码将持有武器文本值的变量之一赋予玩家和巨怪选项：

```
if (trollPlay == 1)
    trollChoice = rocks;
if (trollPlay == 2)
    trollChoice = sword;
if (trollPlay == 3)
    trollChoice = arrow;
if (heroPlay == 1)
    heroChoice = rocks;
if (heroPlay == 2)
    heroChoice = sword;
if (heroPlay == 3)
    heroChoice = arrow;
```

现在，我们可以使用与相关信息对应的单元格 id 和以下代码把武器选项显示在网页中：

```
document.getElementById("playerWeapon").innerHTML = ("Your ↵
        weapon: " + heroChoice);
document.getElementById("trollWeapon").innerHTML = ("The ↵
        troll's weapon: " + trollChoice);
```

现在，我们要找出给定回合的赢家。前面含有操作指南的网页指出：魔石使箭偏斜、剑打败魔石以及箭打败剑。对我们来说，这意味着 1 打败 3、2 打败 1 和 3 打败 2。这些是决定赢家的所有组合。我们也假定如果玩家和巨怪有相同的武器，那么这个回合视为平局而且没有赢家。这也意味着在平局情况下不改变分数。

我们可以写出赢的各种可能性，每次一个。巨怪有 3 种情况赢，玩家也有 3 种情况赢，此外有 3 种情况是平局。对于每个得胜的组合，必须写几行代码显示赢家的图像、增加赢家的分数、减少失败者的分数并显示玩家和巨怪的新分数。每次我们几乎逐字重复这 5 行代码，那是大量字符的键入！然而，我们不需要那样做。我们可以使用复合条件减轻我们的负担。

我们知道以下是赢的组合情况。

对于英雄：英雄选择魔石（1），而巨怪选择弓箭（3）；
　　　　　英雄选择剑（2），而巨怪选择魔石（1）；
　　　　　英雄选择弓箭（3），而巨怪选择剑（2）。
对于巨怪：巨怪选择魔石（1），而英雄选择弓箭（3）；
　　　　　巨怪选择剑（2），而英雄选择魔石（1）；
　　　　　巨怪选择弓箭（3），而英雄选择剑（2）。
平局：　　巨怪选择魔石（1），并且英雄选择魔石（1）；
　　　　　巨怪选择剑（2），并且英雄选择剑（2）；
　　　　　巨怪选择弓箭（3），并且英雄选择弓箭（3）。

这意味着，如果英雄选择魔石 AND 巨怪选择箭 OR 英雄选择剑 AND 巨怪选择魔石 OR 英雄选择箭 AND 巨怪选择剑，那么英雄将赢。如果英雄赢，那么我们要在页面上的赢者区域显示英雄的图像，要按 10 递增英雄的分数并且按 10 减少巨怪的分数，并且要在页面上的 heroPts 和 trollPts 区域显示新的分数。通过使用一些复合条件在一条语句中为英雄写所有赢的条件，我们可以为自己节省许多时间和空间。为巨怪赢的 3 种情况而写的代码几乎是一样的，而为 3 个平局写的代码更简单。决定赢家并显示其结果的代码如下：

```
if (((trollPlay == 1) && (heroPlay == 3)) || ((trollPlay == 2) ↵
                && (heroPlay == 1)) || ((trollPlay == 3) ↵
                && (heroPlay == 2)))
{
     document.getElementById("winner").innerHTML = ("<img src = ↵
                'images/troll.jpg' />");
     trollPts = trollPts + 10;
     heroPts = heroPts - 10;
     document.getElementById("trollPts").innerHTML = (trollPts);
     document.getElementById("heroPts").innerHTML = (heroPts);
}
if (((heroPlay == 1) && (trollPlay == 3)) || ((heroPlay == 2) ↵
                && (trollPlay == 1)) || ((heroPlay == 3) ↵
                && (trollPlay == 2)))
{
     document.getElementById("winner").innerHTML = ("<img src = ↵
                'images/wizard.jpg' />");
     trollPts = trollPts - 10;
     heroPts = heroPts + 10;
     document.getElementById("trollPts").innerHTML = (trollPts);
     document.getElementById("heroPts").innerHTML = (heroPts);
}
if (((heroPlay == 1) && (trollPlay == 1)) || ((heroPlay == 2) ↵
                && (trollPlay == 2)) || ((heroPlay == 3) && ↵
                (trollPlay == 3)))
{
     document.getElementById("winner").innerHTML = ("This round ↵
                is a tie. New weapons must be chosen...");
}
```

我们现在几乎已经写出整个程序。在参战双方已经挑选了他们武器之后，我们将增加一个警示对话框来减慢代码的执行速度，以便玩家有机会看一看屏幕，了解面临的是什么武器。这个警示代码刚好插入在判定赢家之前，这条代码类似于：

```
alert("This round of the battle begins now!");
```

迄今为止，我们应该编写一个 while 循环，它将继续执行直至当提示录入选择武器时玩家通过录入 4 而强制退出，或者某个参战者的分数达到某个指定分数。我们已经随意选择 200 分作为赢家标准，而这个分数可以随时更改。这个 while 语句将看起来像这样：

```
while ((trollPts < 200) && (heroPts < 200))
```

最后，在退出循环之后，如果有赢家，我们就需要显示这个赢家；或者，如果玩家选择提早结束战斗，就显示再见信息。代码如下：

```
if (heroPlay == 4)
     document.getElementById("winner").innerHTML = ("It's true: ↵
                when you run, you live to fight another day. See ↵
                you again soon!");
if (trollPts >= 200)
     document.getElementById("winner").innerHTML = ("The battle ↵
                has been fought valiently but the troll has beaten ↵
                you. Go home and nurse your wounds.");
if (heroPts >= 200)
     document.getElementById("winner").innerHTML = ("The battle ↵
                has been fought valiently and you have prevailed! ↵
                Congratulations!");
```

5.5.1.5　将所有代码放在一起

现在我们已经准备好将所有代码放在一起，整个战斗的代码如下：

```
<html>
<head>
<title>Greg's Gambits | The Battleground</title>
<link href="greg.css" rel="stylesheet" type="text/css" />
<script type="text/javascript">
function battleIt()
{
      var heroPlay = 0; var trollPlay = 0;
      var heroPts = 100; var trollPts = 100;
      var rocks = "magic rocks"; var sword = "the sword";
      var arrow = "bow and arrow";
      var heroChoice = " "; var trollChoice = " ";
      document.getElementById("trollPts").innerHTML = (trollPts);
      document.getElementById("heroPts").innerHTML = (heroPts);
      document.getElementById("playerWeapon").innerHTML = ("Your weapon: ");
      document.getElementById("trollWeapon").innerHTML = ("The ↵
                           troll's weapon: ");
      document.getElementById("winner").innerHTML = (" ");
      //loop repeats until troll or player get 130 points
       while ((trollPts < 130) && (heroPts < 130))
      {
            // get player's weapon
            heroPlay = parseInt(prompt("What weapon do you choose? ↵
                           Enter 1 for magic rocks (enter 1), 2 ↵
                           for the sword, or 3 for the bow and ↵
                           arrow: (Enter 4 to leave the game at ↵
                           any time)" , " "));
            if (heroPlay == 4) break;
            // get troll's weapon
            trollPlay = Math.floor(Math.random() * 3 + 1);
            // assign weapon to player and troll
            if (trollPlay == 1)
                  trollChoice = rocks;
            if (trollPlay == 2)
                  trollChoice = sword;
            if (trollPlay == 3)
                  trollChoice = arrow;
            if (heroPlay == 1)
                  heroChoice = rocks;
            if (heroPlay == 2)
                  heroChoice = sword;
            if (heroPlay == 3)
                  heroChoice = arrow;
            //display weapon selections
            document.getElementById("playerWeapon").innerHTML =↵
                           ("Your weapon: " + heroChoice);
            document.getElementById("trollWeapon").innerHTML = ↵
                           ("The troll's weapon: " + trollChoice);
            alert("This round of the battle begins now!");
            //find the winner
            if (((trollPlay == 1)&&(heroPlay == 3)) || ((trollPlay↵
                           == 2)&&(heroPlay == 1)) || ((trollPlay↵
                           == 3)&&(heroPlay == 2)))
            {
                  document.getElementById("winner").innerHTML = ↵
                           ("<img src='images/troll.jpg' />");
```

```
            trollPts = trollPts + 10;
            heroPts = heroPts - 10;
            document.getElementById("trollPts").innerHTML = (trollPts);
            document.getElementById("heroPts").innerHTML = (heroPts);
        }
        if (((heroPlay == 1)&&(trollPlay == 3)) || ((heroPlay ↵
                    == 2)&&(trollPlay == 1)) || ((heroPlay ↵
                    == 3)&&(trollPlay == 2)))
        {
            document.getElementById("winner").innerHTML = ↵
                    ("<img src='images/wizard.jpg' />");
            trollPts = trollPts - 10;
            heroPts = heroPts + 10;
            document.getElementById("trollPts").innerHTML = (trollPts);
            document.getElementById("heroPts").innerHTML = (heroPts);
        }
        if (((heroPlay == 1)&&(trollPlay == 1)) || ((heroPlay ↵
                    == 2)&&(trollPlay == 2)) || ↵
                    ((heroPlay == 3)&&(trollPlay == 3)))
        {
            document.getElementById("winner").innerHTML =↵
                    ("This round is a tie. New weapons must↵
                    be chosen...");
        }
    }
    //display the final winner
    if (heroPlay == 4)
        document.getElementById("winner").innerHTML = ("It's ↵
                    true: when you run, you live to fight↵
                    another day. See you again soon!");
    if (trollPts >= 130)
        document.getElementById("winner").innerHTML = ("The ↵
                    battle has been fought valiently but ↵
                    the troll has beaten you. Go home and↵
                    nurse your wounds.");
    if (heroPts >= 130)
        document.getElementById("winner").innerHTML = ("The↵
                    battle has been fought valiently and ↵
                    you have prevailed! Congratulations!");
}
</script>
<style type="text/css">
<!--
.style1 {font-size: 18px}
-->
</style>
</head>
<body>
<div id="container">
<img src="images/superhero.jpg" width = "120" height = "120" ↵
                    class = "floatleft" />
<h1 align="center">The Battleground</h1>
<div style ="clear:both;"></div>
<div id="nav">
    <p><a href="index.html">Home</a>
    <a href="greg.html">About Greg</a>
    <a href="play_games.html">Play a Game</a>
    <a href="sign.html">Sign In</a>
    <a href="contact.html">Contact Us</a></p>
</div>
```

```
<div id="content">
     <table width = "85%" cellpadding = "5" border = "0">
     <tr><td><img src = "images/wizard.jpg" /></td>
     <td><img src = "images/troll.jpg" /></td></tr>
     <tr><td><span class="style1">Wizard uses: </span></td>
     <td><span class="style1">Troll uses: </span></td></tr>
     <tr><td id = "playerWeapon" span class = "style1">Weapon ↵
                   goes here</span></td>
     <td id = "trollWeapon" span class = "style1">Weapon goes ↵
                   here</span></td></tr>
     <tr><td colspan = 2><span class = "style1">The winner ↵
                   is:</span></td></tr>
     <tr><td colspan = 2 id = "winner" align = "center" class =↵
                    "style1"> </td></tr>
     <tr><td><span class = "style1">Wizard points: </span></td>
     <td><span class = "style1">Troll points:</span></td></tr>
     <tr><td class = "style1" id = "heroPts">100</td>
     <td class = "style1" id = "trollPts">100</td></tr>
     <tr><td><input type = "button" id = "battle" value = "Let ↵
                   the battle begin!" onclick = ↵
                   "battleIt()"; /> </td>
     <td><input type = "button" id = "return" value = "Return ↵
               to battle instructions" onclick = ↵
               "location.href = 'greg_battle.html'"; /></td>
     </table>
</div>
<div id="footer">Copyright &copy; 2013 Greg's Gambits<br />
     <a href = "mailto:yourfirstname@yourlastname.com"> ↵
               yourfirstname@yourlastname.com</a>
</div>
</div></body></html>
```

5.5.1.6　完成

这里是一些玩这个游戏时的样例显示：

输出：玩家和巨怪已经选择相同的武器，并且战斗正要开始（显示的巨怪武器来自上一回合，不是新回合的武器）。

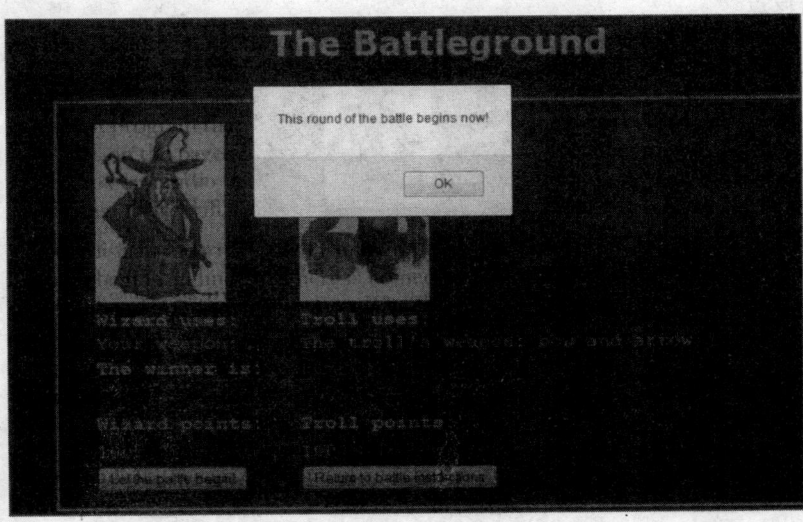

输出：玩家和巨怪已经选择相同的武器，从而宣布一个平局。

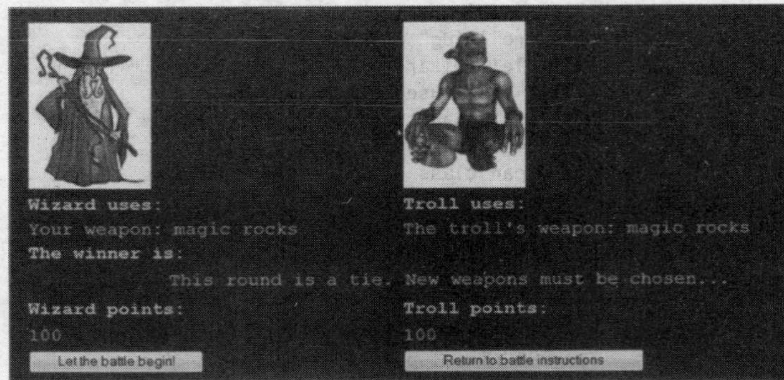

输出：玩家赢。

输出：巨怪赢。

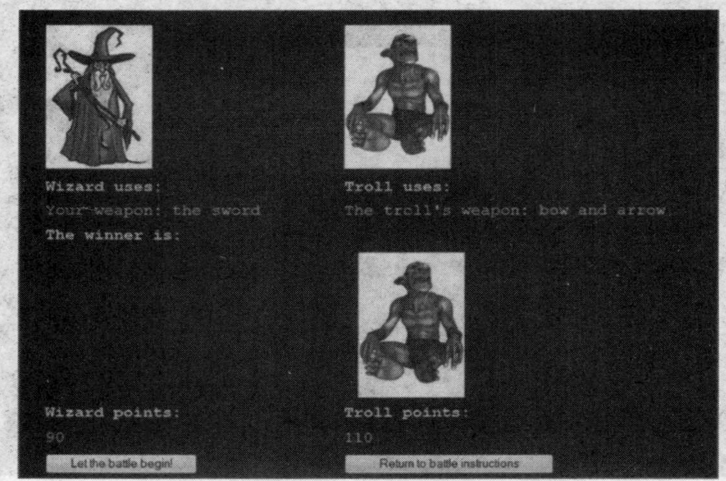

输出：当领先 20 分时，玩家选择了离开游戏。

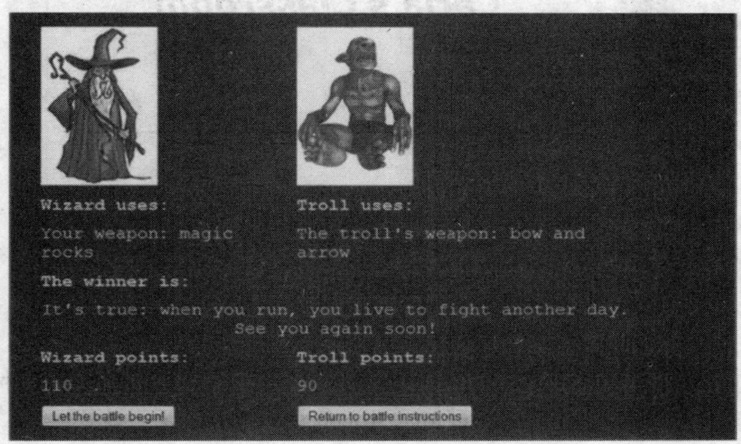

5.5.2 Carla's Classroom：语法课

这次，我们将开发一个帮助 Carla 的学生识别句子中各个部分的程序。我们将限制只识别句子中的主语、动词和宾语。以后当学习数组时，我们将回到这个项目以提高这个程序的难度。这个程序将作为 Reading 页面包含在 Carla's Classroom 网站中。在我们的程序中，将为学生给出 18 个单词，包括 6 个名词、6 个动词和 6 个能用做直接宾语的单词。将要求学生挑选一个主语、一个动词和一个宾语。如果学生为某类挑错了单词，那么将提示学生再次选择。一旦学生正确选择了 3 个单词（一个主语、一个动词和一个宾语），程序将显示从那些单词创建的一个句子。程序将让学生这样创建 6 个句子，最后将创建一个小故事显示在网页上。

5.5.2.1 开发程序

通常，创建一些伪代码详细安排程序的流程是很重要的。大体上，我们需要把一个表格加入初始网页并且把这 18 个单词填入这个表格。我们也需要一个按钮让学生开始练习，并且需要用一些 id 标识相关的单元格，以便用于以后指定每个句子要显示的地方。

程序本身将执行 6 次，每次一个句子。因此，一个大的外循环将重复 6 次迭代。对于每次迭代，将提示学生从页面上的单词选择一个主语、一个动词和一个宾语。一个内循环将进行检查确保学生为主语挑选了一个名词，为动词挑选了一个动词，等等。如果学生选择了一个不正确的单词，那么就提示学生挑选一个不同的单词。

一旦学生已经选择 3 个合适的单词，程序将用这些单词构造一个句子。然后将这个句子显示在网页上，并且重复循环，直至创建 6 个句子。

5.5.2.2 编写代码

这个页面将是我们在前几章一直在开发的 Carla's Classroom 网站的一部分。首先，在 reading.html 页面上增加一个到这个页面的链接。这个页面的文件名应该是 carla_grammar.html。你的 reading.html 页面应该看起来像这样：

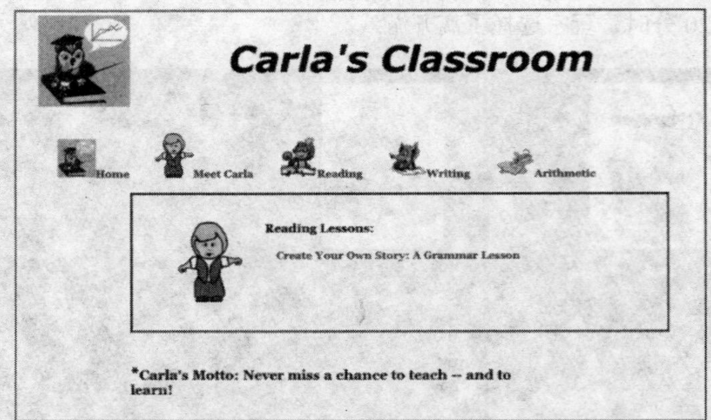

其次，我们将使用下面的代码创建一个页面。你可以创建自己的页面文件 carla_grammar.html，或者把必需的代码加入 Student Data Files 中的同名文件中。

首先，用下列内容添加标题元素：

Create Your Story

A Grammar Lesson

你可以把下列样式加入这个页面的 <head> 区域中：

```
<style type="text/css">
    <!--
    .style2 {font-size: 24px; font-style: italic; line-height: 80%; }
    -->
</style>
```

并且把下列 HTML 加入页面的顶端：

```
        <h2>Create Your Story </h2>
        <h2 class="style2">A Grammar Lesson</h2>
```

页面标题应该是 Carla's Classroom | Create Your Story。

把下列内容加入其 id="content" 的 <div> 区域中。它包括一个嵌套的表格（含有为学生提供的单词和一个开始练习的按钮）和用于输出的 6 个单元格。代码如下：

```
<div id="content">
<table width = "95%" align="center">
    <tr><td><table width= "60%" align = "center">
    <tr><td colspan = 6>Here are your words: </td></tr>
    <td>teacher</td><td>jumps</td><td>down</td><td>boy</td> ↵
                <td>flies</td><td>out</td></tr>
    <tr><td>dog</td><td>me</td><td>loves</td><td>girl</td> ↵
                <td>stands</td><td>underwater</td></tr>
    <tr><td>bike</td><td>rides</td><td>up</td><td>cat</td> ↵
                <td>swims</td><td>fast</td></tr>
    <tr><td colspan = 6> <input type="button" id="sentence" ↵
                value="begin" onclick="getSentence();" />
    </td></tr></table></tr></td>
<tr><td><p>My Story</p></td></tr>
<tr><td id = "sentence1">sentence 1</td></tr>
```

```
<tr><td id = "sentence2">sentence 2</td></tr>
<tr><td id = "sentence3">sentence 3</td></tr>
<tr><td id = "sentence4">sentence 4</td></tr>
<tr><td id = "sentence5">sentence 5</td></tr>
<tr><td id = "sentence6">sentence 6</td></tr>
</table>
</div>
```

你的页面现在将看起来像这样：

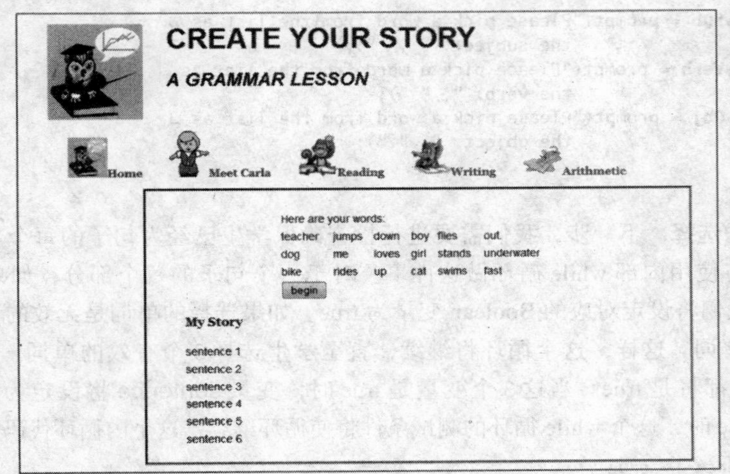

将这个页面保存到文件 carla_grammar.html 中。

当学生该单击该按钮时，程序将开始。我们先把代码分解为几个容易处理的片段，然后再将所有代码放在一起。

5.5.2.3　代码片段

函数和外循环　我们将调用函数 getSentence()。对于这个程序，我们需要下列变量：

变量名	变量类型	目的	初始值
mySub	String	保存学生的主语选择	" "
myVerb	String	保存学生的动词选择	" "
myObj	String	保存学生的宾语选择	" "
idNum	String	保存输出单元格的 id	" "
newSentence	String	保存创建的句子	" "
sentence	Boolean	true 当 3 个单词是正确的	false
subject	Boolean	true 当主语选择是正确的	false
verb	Boolean	true 当动词选择是正确的	false
object	Boolean	true 当宾语选择是正确的	false
i	numeric	计数器	0

当调用这个函数时，就声明并且初始化这些变量。然后外循环开始。我们知道学生将创建 6 个句子，因此我们知道这个循环必须重复 6 次。因此，我们将使用一个用 i 作为计数器的 for 循环。我们也需要提示学生选择主语、动词和宾语。这个函数的开始代码声明并初始化变量，然后

开始外循环，并给出第一个提示。代码如下所示：

```
function getSentence()
{
     var mySub = " "; var myVerb = " "; var myObj = " ";
     var sentence = false; var idNum = " ";
     var i = 0; var subject = false; var verb = false;
     var object = false; var newSentence = " ";
     for(i = 1; i < 7; i++)
     {
          mySub = prompt("Please pick a word from the list as ↵
                    the subject: ", " ");
          myVerb = prompt("Please pick a word from the list as ↵
                    the verb: ", " ");
          myObj = prompt("Please pick a word from the list as ↵
                    the object: ", " ");
     }
}
```

检查有效的选择 下一步，我们需要进行检查确保学生已经为句子的每个部分选择了正确的单词。我们将使用内部 while 循环做这件事。对于一个句子的每个部分，如果学生的选择是有效的，那么我们将设定对应的 Boolean 变量为 true。如果选择的单词是无效的，那么将提示学生选择另一个单词。这样，这个循环将继续，直至学生选择 3 个有效的单词。那时，3 个对应的 Boolean 变量都将是 true。当这 3 个变量是 true 时，变量 sentence 将设定为 true。因此，当 sentence 是 false 时，这个 while 循环的测试条件将使循环继续。这个内循环代码如下：

```
while(sentence != true)
{
      if((mySub=="teacher")||(mySub=="boy")||(mySub=="dog")|| ↵
                 (mySub=="girl")||(mySub=="bike")||(mySub=="cat"))
            { subject = true;  }
      else
            mySub = prompt("Please pick a different word for the ↵
                 subject: ", " ");
      if((myVerb=="jumps")||(myVerb=="rides")||(myVerb=="loves")|| ↵
                 (myVerb=="stands")||(myVerb=="flies")|| ↵
                 (myVerb=="swims"))
            {  verb = true;      }
      else
            myVerb = prompt("Please pick a different word for the verb: ", " ");
      if((myObj=="up")||(myObj=="out")||(myObj=="me")||(myObj=="underwater")|| ↵
                 (myObj=="down")|| (myObj == "fast"))
            {   object = true; }
      else
            myObj = prompt("Please pick a different word for the object: ", " ");
      sentence = true;
}
```

注意，每个 if...else 子句使用多次 OR 操作符（||），这是检查所有正确情况又长又乏味的方法。当学习使用数组时，我们将会看到如何使用更有效率、更健壮的方法。现在，我们限制为 6 个句子，因此，每部分各有 6 个单词。一旦学生已经正确选择了一个主语、一个动词和一个宾语，就把变量 sentence 设定为 true，从而使 while 循环的条件变成 false 并结束内循环。

显示故事 程序的最后一部分在外循环内部，但是在内循环结束之后执行。它将需要的变量重新设定为它们的初值，并在指定的单元格中显示一个句子。这部分代码在下面显示，并且随后进行解释。

```
1.  if((subject == true) && (verb == true) && (object == true))
2.  {
3.       newSentence = "The " + mySub + " " + myVerb + " " + ↵
                   myObj + ".";
4.       idNum = "sentence" + i;
5.       document.getElementById(idNum).innerHTML  = newSentence;
6.  }
7.  sentence = false; subject = false;
8.  verb = false; object = false;
```

我们将详细讨论其中一些代码。只有当学生已经为每部分选择了合适的单词时，才执行第一行的 if 语句。由于从内循环出来的唯一方法是这 3 个变量已经转换为 true，所以这个检查可能是多余的。但是它起着数据验证的作用，并且如果我们以后决定用另一种方法改进这个程序时就可以使用它。例如，我们可以把主语单词当作宾语使用或者为这个程序添加其他特性。

第 3 行通过把一些文本和 3 个变量 mySub、myVerb 和 myObj 的值连接起来创建一个新句子。因为用做句子主语的单词是名词（也就是非专有名词），所以把单词 "The" 加到句子前面是有意义的。我们也需要在单词之间加一个空格，并且在句子最后加一个标点符号。

第 4 行使用一个新特性。我们想要第一个句子显示在其 id = sentence1 的单元格中，第二个句子进入其 id = sentence2 的单元格，第三个句子进入其 id = sentence3 的单元格，等等，直到第六个句子进入其 id = sentence6 的单元格。因此这些单元格 id 之间的唯一不同在于 id 末端的数字。我们也看到这些数字对应于外循环的迭代。换句话说，在第一遍时 i（外循环计数器）是 1，在第二遍时 i 是 2……在最后一遍时 i 是 6。因此可以把文本和一个变量连接起来创建一个新字符串变量，这就是第 4 行做的事情。在第一遍时，idNum 的值是 sentence1 的值，在第二遍时 idNum 的值是 sentence2 的值……在第六遍时 idNum 的值将是 sentence6 的值。因为 idNum 将总是有适当单元格 id 的值，所以我们可以在第 5 行使用它识别显示新句子的单元格。

为了准备下一遍迭代，第 7 和 8 行将 4 个 Boolean 变量设回为它们的初值 false。

5.5.2.4　将所有代码放在一起

现在我们将整个程序放在一起。若愿意，则欢迎你改变选择的单词。

```
<html>
<head>
<title>Carla's Classroom | Create Your Story</title>
<link href="carla.css" rel="stylesheet" type="text/css" />
<style type="text/css">
<!--
.style2 {font-size: 24px; font-style: italic; line-height: 80%;  }
-->
</style>
<script>
function getSentence()
{
     var mySub = " "; var myVerb = " "; var myObj = " ";
     var sentence = false; var idNum = "";
     var i = 0; var subject = false; var verb = false;
     var object = false; var newSentence = " ";
     for(i = 1; i < 7; i++)
     {
```

```
            mySub = prompt("Please pick a word from the list as↵
                            the subject: ", " ");
            myVerb = prompt("Please pick a word from the list as↵
                            the verb: ", " ");
            myObj = prompt("Please pick a word from the list as↵
                            the object: ", " ");
            while(sentence != true)
            {
                 if((mySub == "teacher")|| (mySub == "boy") ||↵
                           (mySub == "dog") || (mySub == "girl")↵
                           || (mySub == "bike") || ↵
                           (mySub == "cat"))
                      {  subject = true;         }
                 else
                      mySub = prompt("Please pick a different↵
                           word for the subject: ", " ");
                 if((myVerb == "jumps") || (myVerb == "rides") ||↵
                           (myVerb == "loves") || (myVerb == ↵
                           "stands") || (myVerb == "flies") ||↵
                           (myVerb == "swims"))
                      {  verb = true;  }
                 else
                      myVerb = prompt("Please pick a different ↵
                           word for the verb: ", " ");
                 if((myObj == "up") || (myObj == "out") ↵
                           || (myObj == "me") || (myObj == ↵
                           "underwater") || (myObj == "down") ||↵
                           (myObj == "fast"))
                      {  object = true;   }
                 else
                      myObj = prompt("Please pick a different ↵
                           word for the object: ", " ");
                 sentence = true;
            }
            if((subject == true) && (verb == true) && (object == true))
            {
                 newSentence = "The " + mySub + " " + myVerb + " " + myObj + ".";
                 idNum = "sentence" + i;
                 document.getElementById(idNum).innerHTML  = newSentence;
            }
            sentence = false; subject = false;
            verb = false; object = false;
       }
}
</script>
</head>
<body>
<div id="container">
<img src="images/owl_reading.jpg" class="floatleft" />
<h2>Create Your Story </h2>
<h2 class="style2">  A Grammar Lesson</h2>
<div align="left"><blockquote>
      <p><a href="index.html"><img src="images/owl_button.jpg" ↵
                           width="50" height="50" />Home</a>
      <a href="carla.html"><img src="images/carla_button.jpg" ↵
                           width="50" height="65" />Meet Carla </a>
      <a href="reading.html"><img src="images/read_button.jpg" ↵
                           width="50" height="50" />Reading</a>
      <a href="writing.html"><img src="images/write_button.jpg" ↵
```

```
                        width="50" height="50" />Writing</a>
    <a href="math.html"><img src="images/arith_button.jpg" ↵
                        width="50" height="50" />Arithmetic</a>
    <br /></p></blockquote></div>
    <div id="content">
    <table width = "95%" align="center">
        <tr><td><table width= "60%" align = "center">
        <tr><td colspan = 6>Here are your words: </td></tr>
        <td>teacher</td><td>jumps</td><td>down</td><td>↵
                  boy</td><td>flies</td><td>out</td></tr>
        <tr><td>dog</td><td>me</td><td>loves</td><td>girl</td>↵
                  <td>stands </td><td>underwater</td></tr>
        <tr><td>bike</td><td>rides</td><td>up</td><td>cat</td> ↵
                  <td>swims</td><td>fast</td></tr>
        <tr><td colspan = 6> <input type="button" id = "sentence" ↵
                  value="begin"onclick="getSentence();" /><td></tr>
    </table></tr></td>
    <tr><td><p>My Story</p></td></tr>
    <tr><td id = "sentence1">sentence 1</td></tr>
    <tr><td id = "sentence2">sentence 2</td></tr>
    <tr><td id = "sentence3">sentence 3</td></tr>
    <tr><td id = "sentence4">sentence 4</td></tr>
    <tr><td id = "sentence5">sentence 5</td></tr>
    <tr><td id = "sentence6">sentence 6</td></tr>
    </table>
    </div>
    <div id="footer">
    <h3><span class="style1">*</span>Carla's Motto: Never miss ↵
                  a chance to teach -- and to learn!</h3>
    </div>
</div></body></html>
```

5.5.2.5　完成

这里是在一位学生使用这个页面之后的一些可能结果。

输出：整个页面如下所示。

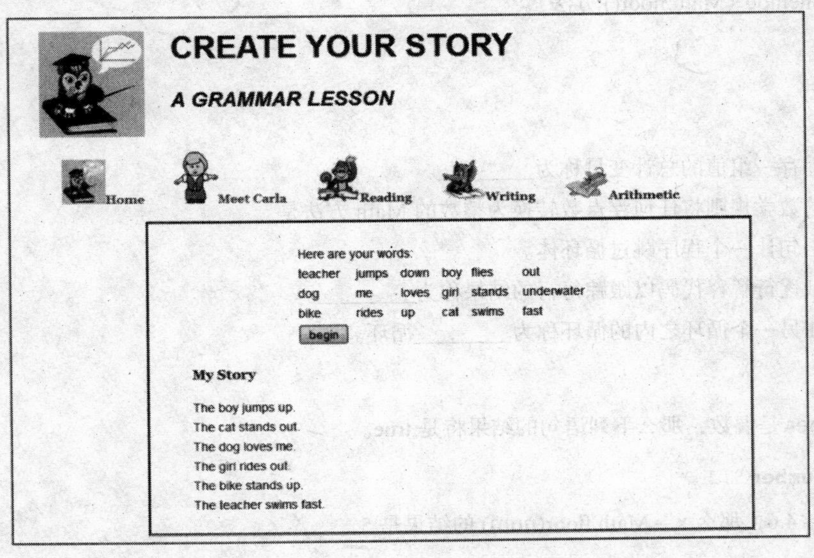

输出：
这里是另一个可能的故事。

My Story

The teacher stands up.
The boy rides fast.
The girl rides fast.
The cat loves me.
The dog loves me.
The bike stands up.

输出：
这里是第三个可能的故事。

My Story

The bike flies up.
The boy swims underwater.
The girl swims underwater.
The cat loves me.
The girl rides fast.
The boy jumps out.

5.6 复习与练习

主要术语

accumulator（累加器）
break statement（break 语句）
continue statement（continue 语句）
desk check（台式检查）
event attribute（事件属性）
inner loop（内循环）
isNaN() method（isNaN() 方法）
event（事件）
Math.ceil() method（Math.ceil() 方法）
Math.floor() method（Math.floor() 方法）
Math.round() method（Math.round() 方法）
modulus operator（模操作）
mouse event（鼠标事件）
nested loops（嵌套循环）
ondblclick event（ondblclick 事件）
onmouseout event（onmouseout 事件）
onmouseover event（onmouseover 事件）
outer loop（外循环）
rollover effect 翻转效果

练习

填空题

1. 在循环中保存一组值的总计变量称为________。
2. 按照常规的数学规则将任何浮点数转换为整数的 Math 方法是________。
3. ________语句让一个程序跳过循环体。
4. 使用笔和纸逐行解释代码以跟踪每行的结果称为________。
5. 一个嵌套在另一个循环之内的循环称为________循环。

判断题

6. 如果 number 是偶数，那么下列语句的结果将是 true。

```
number = number % 2
```

7. 如果 num = 4.6，那么 x = Math.floor(num) 的结果是 5。

8. 在循环中经常需要使用 break 语句，但很少用于 switch 结构。
9. 根据循环测试条件，continue 语句可以跳出循环体多次。
10. 除了另一个 for 循环以外，for 循环不能嵌套在任何循环内。
11. 在一个循环内选择嵌套哪一类循环是由解决特定程序设计问题的需要或者程序员的偏爱来决定的。
12. 如果一个按钮当作一个链接使用，那么它只能用于链接在相同网站中的页面。
13. 在浏览器中，JavaScript 事件能触发动作。
14. 当用户释放鼠标按钮时，触发 onmouseup 事件。
15. 在嵌套循环中，如果外循环使用一个计数器，那么内循环也必须使用一个计数器。

简答题

16. 写一个函数，累加从 1 ~ 10 的所有整数。
17. 写一个函数，找出用户录入的 6 个数字的平均数。
18. 写一个函数，判断用户录入的一个数字是偶数还是奇数。使用循环让用户录入与想要的一样多的数字，并且确保使用合适的哨兵值让用户结束程序。
19. 写一个函数，让用户录入任何实数。如果这个数大于或等于 0，那么输出应该包括正号；如果这个数小于 0，那么输出要包括负号。使用循环让用户录入与想要的一样多的数，并且确保使用合适的哨兵值让用户结束程序。
20. 写一个函数，按照将小于或等于 0.6 的小数部分下舍入为 0 的规则，使用 Math.round() 方法舍入任何数字。例如，使用这个程序时，3.6 的结果应该是 3，而 3.69 的结果应该是 4。使用循环让用户录入与想要的一样多的数，并且确保使用合适的哨兵值让用户结束程序。
21. 写一个函数，显示从 1 ~ 500 中每个能够被 7 整除的数。也就是，一个程序按 7 计数。
22. 下列程序将显示什么？

```
function loopIt()
{
    var i = 0; var j = 0; var x = 0;
    for (i = 0; i < 3; i++)
    {
        x = i;
        for (j = 1; j < 5; j++)
        {
            x = x * j;
            document.write(x + " ");
        }
        document.write("<br />");
    }
}
```

23. 下列程序将显示什么？

```
function loopIt()
{
    var k = 0; var m = 0; var p = 0;
    while (k < 6)
    {
        m = k;
        for (p = 0; p < 4; p++)
        {
```

```
                m = m + p;
                document.write(m + " ");
            }
            document.write("<br />");
            k = k + 2;
        }
    }
```

24. 使用 do...while 循环作为外循环，while 循环为内循环重写练习 5.22 中的循环。
25. 使用 for 循环作为外循环，while 循环为内循环重写练习 5.23 中的循环。
26. 以下嵌套循环有什么错误？

```
for (var i = 0; i < 6; i++)
{
    for (var i = 3; i < 12; i++)
    {
        document.write("Ooops! <br />");
    }
}
```

27. 在运行下列代码之后显示 "Hello there!" 多少次？

```
function loopIt()
{
    var x = 0; var y = 0;
    while (x < 3)
    {
        y = 1;
        while(y < 2)
        {
            document.write("Hello there <br /> ");
            y++;
        }
        x++;
    }
}
```

28. 写一个将在网页上绘制一个形状的函数，这个形状应该看起来像这样：

```
**********
*        *
**********
*        *
**********
```

29. 写一个将在网页上绘制一个形状的函数，这个形状应该看起来像这样：

```
*******
*  *  *
*  *  *
*  *  *
*  *  *
*  *  *
*******
```

30. 找出任意两个图像（你可以使用自己的图像或者在 Student Data Files 中的图像），然后在一个网页上创建翻转效果。

编程挑战

独立完成以下操作。

1. 当小数部分刚好是 0.5 时，如何舍入这样一个数？数学家的意见不统一。JavaScript 与许多其他程序设计语言一样，使用 Math.round() 方法上舍入这个数字。然而，一些数学家不同意，他们认为一个以 0.5 结束的数应该舍入到一个偶数。换句话说，4.5 将下舍入到 4，而 5.5 将上舍入到 6。这种方案的理由是若总是上舍入将产生一个上偏问题。这种解决方案的结果是一半时间上舍入，而另一半时间是下舍入，理论上可以避免偏斜问题。不管你是否同意这个理由或者甚至这种方法，对于这个程序来说，你要创建这样一个网页：如果一个数的整数部分是奇数，就上舍入这个数；如果一个数的整数部分是偶数，就下舍入这个数。这个代码应该使用循环让用户录入与想要的一样多的浮点数，并且显示应当包括最初的数和舍入的数。将你的页面保存到文件 roundit.htm，并且确保包括合适的页面标题。
2. 重写例 5.16 的战斗游戏，使这个牌更像真实的一副纸牌：红桃、方块、黑桃和梅花。每张牌由一个从 1 ~ 13 的随机数产生，而第二个从 1 ~ 4 的随机数为这张牌指定花色。同时，增加以下对显示的改进：1 应该显示为 Ace，11 为 Jack，12 为 Queeen，13 为 King。你的程序必须进行检查确定没有两张牌是完全一样的，并且出现平局是指两张牌的数字相同但是花色不同。将你的页面保存到文件 war_enhanced.htm，并且确保包括合适的页面标题。
3. 创建一个网页，显示 3 个图案而且让用户选择一个图案和进入这个图案中的信息。然后，提示用户录入用于产生那个图案的必要信息和那条信息。如果愿意，那么你可以限制用户信息中的字符数目，以便很好地显示那个图案。含有样本信息的图案显示在下面。将你的页面保存到文件 designs.htm，并且确保包括合适的页面标题。

4. 创建一个网页，让一个城镇足球俱乐部的教练录入今年报名足球的孩子年龄。只允许 4 ~ 15 岁的孩子报名足球，但是实际上关于每年报名的孩子数目和年龄是有许多变化的。最后，将孩子们编入 3 个队之一：初级、中级和高级。初级队接收 4 ~ 7 岁的孩子，中级队接收 8 ~ 11 岁的孩子，高级队接收 12 ~ 15 岁的孩子。教练想知道每个队有多少孩子。你的程序应该让教练录入与他想要的一样多的孩子年龄，并且应该记录每个队有多少人。最后的显示应该告诉教练有多少孩子报名以及每个队有多少人。将你的页面保存到文件 soccer.html，并且确保包括合适的页面标题。
5. 使用嵌套循环创建一个小的猜测数字游戏。应该让用户选择何时完成一轮游戏和是否开始另外一轮。内循环要创建一个 1 ~ 100 的随机数。让用户选择允许猜测多少次。对于每个数，显示用户的数是否大于、小于或等于这个随机数。如果用户猜对了，那么游戏应该显示赢家的状态并且给出是否玩另一轮的选择。如果猜错了，那么应该为用户给出一个提示。当用户已经用光了他所有的猜测次数或已经猜对的次数时，就结束游戏。如果用户已经用光了所有的猜测次数但是没有达到猜对次数时，那么程序应该显示猜对的次数。确保为每轮游戏创建新的随机数。将你的页面保存到文件 guess_it.html，并且确保包括合适的页面标题。

6. 创建一个网页，让用户投掷一个硬币，次数与想要的一样多。使用 Math.random() 函数决定结果，0 表示正面，1 表示反面。如果用户的猜测与计算机的投掷结果相同，那么用户赢。使用在 Student Data Files 中的硬币图像显示赢的结果。将你的页面保存到文件 coin_toss.html，并且确保包括合适的页面标题。

7. 创建一个网页，让用户录入与想要的一样多的数，并且将它们区分为偶数和奇数。然后，找出并显示所有偶数的总和与平均数以及所有奇数的总和与平均数。将你的页面保存到文件 odd_even.html，并且确保包括合适的页面标题。

案例研究

Greg's Gambits

为 Greg's Gambits 网站创建 21 点游戏。在真实的 21 点游戏中，庄家为每个玩家和庄家自己每人发两张牌，目标是在纸牌点数总和不超过 21 点的情况下获取尽可能接近 21 的点数。这个游戏是一个简单版本，只有两个玩家，即玩家和庄家。我们也假定庄家有与需要的一样多的牌，并且不担心重复（如两张红桃皇后或两张方块 3）。在这个游戏中，每个玩家从 0 分开始。计算机将为玩家生成两个在 2 ~ 11 之间的随机数（玩家的牌），并且也为计算机生成两个随机数（庄家的牌）。一张么点牌（ace）应该有 11 点值，因此没有 1 点值的牌。人头牌（J、Q、K）都有 10 点值。将向玩家显示他的两张牌，但是看不到庄家的牌。然后在循环中，询问玩家是否想要另一张牌。玩家的牌点值应该加起来，当玩家不再需要更多的牌时，玩家的牌点总数将与庄家两张牌的牌点总数比较。赢家获得的分数等于他的牌点总数，并且按以下规则确定每次比较的赢家：

- 如果一人总数大于 21，那么另一个玩家自动赢得这一回合。
- 如果两人都超过 21，那么没有人赢得这一回合。
- 如果没有人的总数超过 21，那么其总数更靠近 21 的玩家赢得这一回合。
- 如果两人都有相同的总数，那么平局，没有人赢得这一回合。

赢家的总数加入他的分数。当玩家或庄家至少有 200 分时，就结束游戏。

打开 play_games.html 页面，并为它添加一个到这个页面的链接。这个文件名应该是 game21.html，页标题应该是 Greg's Gambits ｜ Game of 21。在至少两个不同的浏览器中测试你的网页，最后按照老师要求提交你的工作成果。

Carla's Classroom

现在，你将补充本章前面创建的 Grammar Lesson 页面。通过在学生可以创建的句子中使用间接宾语，从而能够组合更有趣的故事。

在初始网页上显示一列单词。让学生选择一个单词并让学生决定那个单词是一个句子的以下哪部分：主语、动词、直接宾语或间接宾语。主语和间接宾语都是名词。检查确保选择的类别是那个单词所允许的。如果学生选择使一个名词成为主语，那么把 "the" 加在那个单词之前。如果学生选择以一个名词作为间接宾语，那么提示用户选择列出介词中的一个。然后把这个介词和 "the" 加入这个名词之前。现在它将是这个句子的间接宾语。当已经创建了一个完整句子（也就是，主语－动词－直接宾语或者主语－动词－间接宾语）时，就应该把这个句子显示在网页上。如果愿意，你可以把故事限制在 6 个句子（或者你需要的语句数）内或者让学生创建与想要的一样长的故事。

下列单词只是建议，你也可以创建自己的单词列表。确保在初始网页上打乱这些单词的次序。

在 Carla's Classroom 网站的 Reading 页面上的 Grammar Lesson 链接下面创建一个到这个页面的链接。这个页面的文件名应该是 grammar_extended.html，页标题应该是 Carla's Classroom ｜ An Advanced Grammar Lesson。在至少两个不同的浏览器中测试你的网页，最后按照老师要求提交你的工作成果。

名词		动词	直接宾语	介词
boy	pool	loves	me	in
girl	store	swims	up	on
cat	table	rides	out	to
dog	bed	eats	fast	with
teacher	book	runs	underwater	off
bike	cake	jumps	down	under
		reads		
		hides		

Lee's Landscape

为 Lee's Landscape 公司创建一个网页，让 Lee 计算每个月的工资支出和每周小计。Lee 应该录入他的 10 位雇员的名字和周薪（税前）。对于这个程序，假定每个月有 4 个星期。应该输出一个表格，先为第 1 周列出每个雇员的名字和周薪，然后是小计；然后是下一周，总共 4 周。最后，应该显示总数之和。这个表格看起来类似下面的表格。下面提供一些建议的雇员名字，或者你可以创建自己的名字列表。

	Employee Week 1	Salary
Week 1	1.Maria Montas	$ 456.78
	. . .	. . .
	10.Abe Abrams	
		subtotal： $ XXXX.XX
Week 2	1.Maria Montas	
	. . .	. . .
	10.Abe Abrams	
		subtotal： $ XXXX.XX
Week 3		and so on...
		Grand Total for month： $ XXXXXX.XX

可能的雇员名字：

Maria Montas	Pedro Perez	Kim Kang	Gregor Gorchevsky
Bob Barnaby	Charles Chan	Wanda Williams	Pammy Popper
Lucy Lacey	Abe Abrams		

这个页面的文件名应该是 month_payroll.html，页面标题应该是 Lee's Landscape ｜ Monthly Payroll。确保在至少两个浏览器中测试你的程序。最后按照老师要求提交你的工作成果。

Jackie's Jewelry

使用本章例 5.10 为 Jackie's Jewelry 网站创建新的页面。你的新页面应该包括一个基于客户购买总额的运费图表，下面给出这个图表。

Shipping Costs	
cost of items including tax	shipping
less than $50.00	$5.00
$50.01 ~ $100.00	$8.00
$100.01 ~ $150.00	$12.00
$150.01 ~ 200.00	$15.00
over $200.00	free

当客户继续订购商品时，应该把 6.5% 销售税加入每个小计。运费是基于全部购买费用，也就是包括销售税。换句话说，一个订购价值 $50.00 商品的客户仍然必须支付商品费用 $50.01 ~ $100.00 的运费，这是因为价值 $50.00 的商品将花费客户 $53.25（含税）。

当客户的购买费用达到任何一个较高运费的界限时，程序应该提醒客户这个情况并且问客户是否想要继续购物或者除去最后一个项目而停止。要提醒客户当订购超过 $200.00 时免除运费。

你可以使用 Student Data File 中的珠宝图像或者找到你自己的图像。记住，如果使用来自因特网的图像，那么你必须确保那个图像没有版权限制。将你的页面保存到文件 purchase.html，页面标题应该是 Jackie Jackie's Jewelry ｜ Shop。在至少两个不同的浏览器中测试你的网页，最后按照老师要求提交你的工作成果。

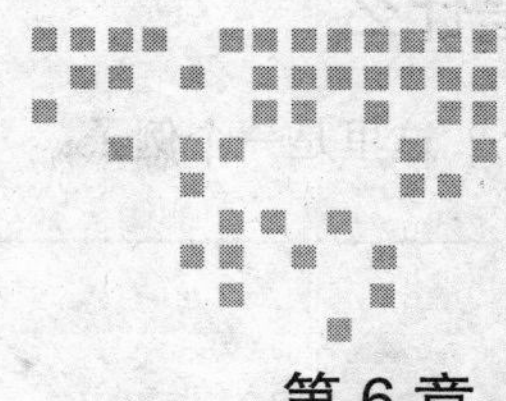

第 6 章 Chapter 6

表单和表单控件

本章目标

今天，使用因特网就像使用电冰箱保鲜食物或者使用汽车从一地到另一地旅行一样是我们日常生活的一部分。十多年前，大多数网页只是静态的信息页面。现在，大多数网站（特别是商务网站）支持用户与页面互动。创建这些网站的人想要知道哪些部分有效哪些部分无效，他们希望回访客户和消费者。有许多方法获取这些信息，但是最流行和最容易的一种方法是使用表单或者表单元素。Web 用户可以单击单选按钮、复选框或菜单项，可以用文本框发送信息。如果有必要可以在不用服务器的情况下通过使用 JavaScript 完成所有这些事情，但是这种方法不是必需的并且它忽视了许多安全问题，因此它只是一种补充方法。在本章中，我们将学习使用各种不同的表单元素，并且学习如何将信息返回到开发者（你）使用的网站而且不使用服务器。

阅读本章后，你将能够做以下事情：

- 创建表单。
- 理解 mailto 动作。
- 理解 CGI 脚本是什么以及它是如何工作的。
- 获取通过电子邮件返回的表单结果。
- 创建和使用下列表单元素：单选按钮、复选框、文本框和文本区框。
- 在表单上创建隐藏字段和密码。
- 创建并使用 <select></select> 和 <option></option> 标签对。
- 在 JavaScript 程序中使用表单的结果。
- 使用提交和重置按钮。
- 使用表单控件的高级属性。

6.1 表单是什么

表单是什么？这里是一个例子：

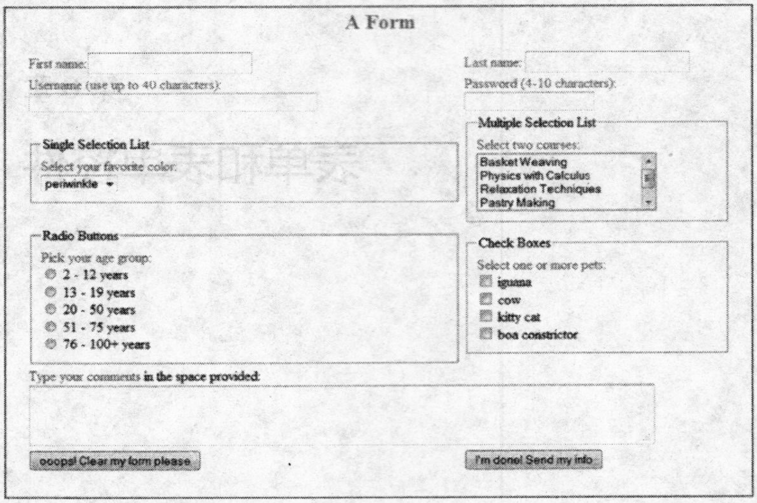

与创建 <div></div> 区域类似，HTML 表单也是一种围住页面某个区域的方法，含有一个名字并使用这个名字可以访问这个表单或表单中的元素。然而，对表单元素的处理方法与其他 HTML 元素不同。表单是在网页的 <body> 中创建，因此你可能觉得奇怪为什么可以在 JavaScript 代码中处理它们。你可能已经在 HTML 页面中创建并且使用过表单，这种类型的表单与用 JavaScript 加强的表单之间没有太多的区别。然而，JavaScript 表单依赖于一个或多个**事件处理程序**，如 onclick() 或 onsubmit()。当用户在表单中做一些事情（如单击一个按钮）时，会引起一些动作。事件处理程序与其他属性一起放置在 HTML<form></form> 标签中并且对不支持 JavaScript 的浏览器是不可见的。然而，我们将在 JavaScript 程序中使用表单结果。

表单经常用于获取用户信息并且把它返回给开发者，但是 JavaScript 程序也能够使用用户对表单的操作结果。在本章中，我们将为这两个目的使用表单。我们将回顾本书前面创建的一些程序，并且考察如何通过使用表单和表单元素使这些程序更具用户友好性。

6.1.1 最基本的表单

表单是一个 HTML 对象，这个对象是通过使用一个开始 <form> 标签和一个结束 </form> 标签来创建。通过表单对象可以使用这个对象的方法、事件、属性和特性，然而不管在什么情形中使用这个对象，最重要的东西是表单的名字。表单用于收集用户的输入，但是如果没有名字，就没有办法访问表单并且从中取出用户的输入。

一个网页可以包含多个表单，但是它们不能够彼此嵌套。通常，表单元素放在一个表单里。这些元素包括（但是不限于）单选按钮、复选框、菜单选择、文本框等。我们将在本章后面讨论这些元素。

6.1.1.1　<form></form> 标签对

每个表单通常包括一些将要详细讨论的其他属性。如果要将表单的结果提交给服务器或者通过电子邮件发给某人，那么可以通过开始 <form> 标签的属性 method 和 action 来指示。例 6.1 展示该如何创建一个空白表单。

例 6.1　创建一个表单　以下程序展示应该如何以及在哪里创建一个简单的空白表单。

```
<html>
<head>
<title>Example 6.1</title>
</head>
<body>
    <form name="myfirstform" action="mailto:liz@forms.net" ↵
              method="post" enctype="text/plain">
    form elements go here
        .
        .
        .
    </form>
</body></html>
```

在这个例子中，表单开始于页面的 <body>，结束于 </body> 标签之前。然而，一个表单可以开始和结束于网页中的任何位置。注意在这个例子中定义的如下属性。

- name 定义这个表单的名字并且将用于访问表单的信息。
- action 返回这个属性的值。在这个表单中，这个动作将是把一封电子邮件发送到下列假想的电子邮件地址：liz@forms.net。
- method 指定该如何发送结果。在这种情况下，表单结果将作为一个 HTTP post 协议包发送。
- enctype 指定表单数据在发送之前应该如何编码。在这种情况下，数据将使用纯文本。

6.1.1.2　提交和重置按钮

在例 6.1 中的表单指定当用户单击**提交按钮**时将把表单结果发送给一个电子邮件地址。如果表单用于把数据返回给服务器或者电子邮件地址，那么就需要一个提交按钮。每个表单应该包含的另一个按钮是**重置按钮**，这将让用户清除他的录入。显然，你不会创建一个用户不能修复错误或者改变主意的表单。

通过使用 type="submit" 或 type="reset" 将自动创建这两个按钮，例 6.2 展示这些按钮的创建方法。

例 6.2　提交与重置　以下代码展示如何创建提交和重置按钮：

```
<html>
<head>
<title>Example 6.2</title>
</head>
<body>
    <form name="myfirstform" action="mailto:liz@forms.net"
              method="post" enctype="text/plain">
    <h3>The contents of the form would go here</h3>
    <input type="reset" value="ooops! Clear my form please">
    <input type="submit" value ="I'm done! Send my info">
    </form>
</body></html>
```

注意第 8 和 9 行，"reset" 类型自动清除表单中的所有用户录入，"submit" 类型自动使用 <form> 标签定义的属性提交用户信息。这些按钮的 value **属性**让你定制用户在按钮上看到的信息，而单击这些按钮的结果将是清空表单（重置按钮）或者提交表单（提交按钮）的信息。如果创建这个空的表单，那么你的页面应该看起来像这样：

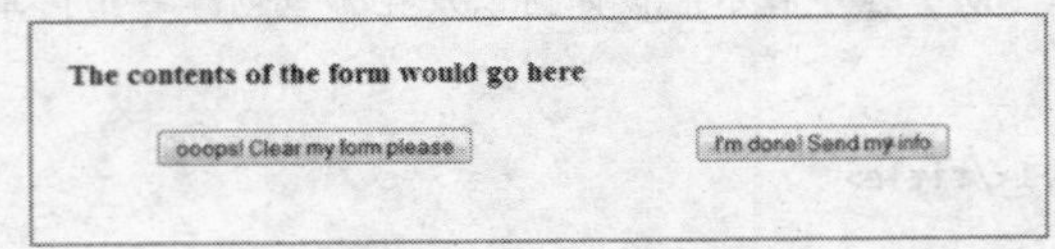

6.1.2 返回表单提交的信息

有 3 种基本的方法可把录入到表单的数据返回给开发者或程序员：可以把数据发送给服务器并存储在数据库中用于分析或其他处理；可以通过电子邮件把数据直接发送给表单标识的人；或者把数据返回给 JavaScript 程序。当涉及表单时，大多数 HTML 书籍讨论前两种方法。我们将主要讨论第三种方法。

6.1.2.1 公共网关接口

公共网关接口（Common Gateway Interface，CGI）是 Web 服务器软件使用的标准方法。它允许把网页当作可执行文件来创建，这些文件称为 **CGI 脚本**，它们通常是以一种脚本语言编写的程序。在服务器的基础目录树中通常有一个名为 cgi-bin 的文件夹，在这个文件夹中的所有可执行文件都被当作 CGI 脚本。如果把表单数据发送给 Web 服务器上的一个脚本，那么在开始 <form> 标签中的语法将如下所示（假定这个脚本命名为 data.php）：

```
<form name = "myform" method = "post" id = "myform" ↵
          action = "cgi-bin/data.php">
```

这段代码需要程序员访问 Web 服务器，表单数据将传递给使用某个特定环境变量的程序（这里是 data.php）。

因为不能确保所有学生都可以访问一个含有特定 CGI 脚本的服务器，所以我们在本章例子中不使用这种方法。然而，如果你正在为一个大公司创建网站，那么你将使用商业 Web 服务器返回你的表单数据，并且在那个时候你必须能够编写自己的 CGI 脚本从而精确地控制如何处理用户数据。

6.1.2.2 通过电子邮件返回表单数据

接收用户数据的第二种方法是通过电子邮件信息将提交内容返回给开发者。这种方法很简单并且任何有电子邮件账户的人都可以使用，然而它不是理想的方法。如果你预期有 100 个人使用你的表单，那么你将接收 100 封电子邮件，这无疑需要有比较好的方法来处理这么大量的信息！另一方面，你可能想要特别回应某类表单数据。例如，一个网站可能有一个投诉表单而且公司想要单独答复每个投诉，在这种情况下为这些表单创建电子邮件将是合适的。我们将在一些例子和本章末尾的案例研究中使用这种方法。

如果将表单数据发送给开发者（或者，例如客服经理），那么语法如下所示（假定客服经理名为 Liz Loverly，她的电子邮件是 liz.loverly@jackiejewels.net）：

```
<form name = "complaints" method = "post" id = "complaints" ↵
        action = "mailto:liz.loverly@jackiejewels.net">
```

这种方法创建一封电子邮件信息，将它从用户使用的任何一种电子邮件程序发送给 liz.loverly@jackiejewels.net。这种方法的一个好处是允许用户精确地查看已发送的内容。然而，公司可能想要自动发送这种电子邮件，而不必强迫用户手工发送。这就需要使用本书没有涉及的服务器端技术。

6.1.2.3　把表单数据返回给程序

在本章中，我们将在 JavaScript 程序中使用大部分表单数据。这意味着我们将在程序中使用用户在表单上做出的选择，而不必要求用户通过提示对话框键入选择。在这种情况下，我们不需要指定 method 或 action 属性。我们使用表单元素让用户录入信息，而不必担忧用户是否拼错了单词或者录入了无效的选择。

6.1 节检查点

6.1　一个网页可以有多个表单吗？

6.2　通常在所有表单上都包括的两个按钮是什么？

6.3　创建一个显示 "let me start over" 的重置按钮。

6.4　创建一个显示 "send it off!" 的提交按钮。

6.5　为一个名为 "problems" 的简单表单创建代码，它把表单数据发送给以下电子邮件地址：john.doe@nowhere.com。

6.6　CGI 脚本是什么？它驻留在哪里？

6.2　表单控件

你可能熟悉许多类型的表单控件。在本节中，我们将讨论单选按钮、复选框、文本框和文本区框。每种控件各自有特殊的用途，因此学会如何使用它们是很重要的。

这些控件都是对象，因此支持标准的属性和事件。我们最经常使用并且符合 W3C 的标准属性是 id 和 innerHTML，而标准事件是那些我们已经使用过的事件，包括鼠标事件和键盘事件。

6.2.1　单选按钮

单选按钮是 HTML 表单中的对象，这意味着它有属性和事件。表 6-1 展示单选按钮的特定属性。

表 6-1　单选按钮的属性

属　性	描　述	属　性	描　述
checked	设定或者返回按钮的选中状态	name	设定或者返回按钮的名字
defaultChecked	返回 checked 属性的默认值	type	返回表单元素的类型
disabled	设定或者返回按钮是否已禁用	value	设定或者返回按钮的值
form	返回按钮所在表单的引用		

关于**单选按钮**要记住的主要事情是：当面对一组单选按钮选项时，只能选择其中一个。这是与复选框的重要区别，在复选框中用户可以选择与想要的一样多的选项。我们将使用前面章节的例子展示每个控件的特殊使用方法。

每个单选按钮的语法如下：

```
<input type = "radio" name = "radio_button_name" id = "radio_button_id" ↵
        value = "radio_button_value">
```

例 6.3 示范如何使用单选按钮。

例 6.3 使用单选按钮 下列代码创建一个使用单选按钮的表单，让用户选择一种喜爱的颜色。其中，已经添加显示文本颜色的样式。

```
1.  <html>
2.  <head>
3.  <title>Exercise 6.3</title>
4.  <style type="text/css">
5.  <!--
6.       .style5 { color: #0000FF; font-weight: bold; }  // blue
7.       .style6 { color: #FF0000; font-weight: bold; }  // red
8.       .style7 { color: #00CC33; font-weight: bold; }  // green
9.       .style8 { color: #660066; font-weight: bold; }  // purple
10.      .style9 { color: #FF9900; font-weight: bold; }  // orange
11. -->
12. </style>
13. </head>
14. <body>
15. <form name="buttons" >
16       <h2>What color do you like best?</h2>
17.      <input type="radio" name="color" id="blue" value="blue">
18.      <span class="style5"> Blue</span><br />
19.      <input type="radio" name="color" id="red" value="red">
20.      <span class="style6">Red</span><br />
21.      <input type="radio" name="color" id="green" value="green">
22.      <span class="style7">Green</span><br />
23.      <input type="radio" name="color" id="purple" value="purple">
24.      <span class="style8">Purple</span><br />
25.      <input type="radio" name="color" id="orange" value="orange">
26.      <span class="style9">Orange</span>
27. </form></body></html>
```

如果看一看第 17、19、21、23 和 25 行，你将看到所有单选按钮的 name 属性是一样的，都是 "color"。这一点很重要，它定义一组按钮并且在任何时候只能选择其中一个。如果每个按钮有不同的 name，那么这个结论就不成立，因为每个按钮归属于不同的组，这些按钮可以同时被选择。然而，每个按钮的 id 是唯一的，value 也是唯一的。这些属性用于识别在这些名为 color 的按钮中选择了哪个按钮。

如果你编写并运行这个程序，那么输出会看起来像下面显示的效果。你应该测试一下，确保当选择第二个按钮时，就取消选择第一个选择的按钮。在这个例子中，用户已经选择了 Green。

What color do you like best?
Blue
Red
Green
Purple
Orange

在例 6.4 中，我们将改进上一章中一个例子的代码。那个例子让玩家选择他的头像，方法是让玩家先单击一个显示头像选择的按钮，然后提示玩家选择一个。这种做法要求玩家输入头像的名字。这可能会引起许多问题，玩家可能拼错头像名字或者录入一个不是选项的值。通过单选按钮，我们只需要使用一个步骤就能完成以上所有事情，同时能够避免错误。

例 6.4　使用单选按钮选择图像　在这个例子中，我们要求玩家从一组选项中选择一个头像。通过检查单选按钮可以确定用户的选择，并且这个页面使用样式表文件 greg.css。这个部分的代码如下：

```
1.  <html>
2.  <head>
3.  <title>Example 6.4</title>
4.  <link href="greg.css" rel="stylesheet" type="text/css" />
5.  <script>
6.  function pickAvatar(picked)
7.  {
8.       var avatar = document.getElementById(picked).value;
9.       document.getElementById('myavatar').innerHTML = avatar;
10. }
11. </script>
12. </head>
13. <body>
14. <div id="container">

15. <table width = "80%" align = "center">
16.      <tr><td colspan = "5" class="nobdr"><h1>Select Your ↵
               Avatar:</h1></td></tr>
17.      <td class="nobdr"> <img src="images/bunny_ch01.jpg" /></td>
18.      <td class="nobdr"> <img src="images/elf_ch01.jpg" /> </td>
19.      <td class="nobdr"> <img src="images/ghost_ch01.jpg" /></td>
20.      <td class="nobdr"><img src="images/princess_ch01.jpg" /></td>
21.      <td class="nobdr"><img src="images/wizard_ch01.jpg" /></td>
22.      </tr> <tr>
23.      <td class="nobdr"><input type="radio" name="avatar" id="bunny" ↵
              value="Bunny" onclick="pickAvatar('bunny')"/></td>
24.      <td class="nobdr"><input type="radio" name="avatar" id="elf" ↵
              value="Elf" onclick="pickAvatar('elf')"/></td>
25.      <td class="nobdr"><input type="radio" name="avatar" id="ghost" ↵
              value="Ghost" onclick="pickAvatar('ghost')"/> </td>
26.      <td class="nobdr"><input type="radio" name="avatar" id="princess" ↵
              value="Princess" onclick="pickAvatar('princess')"/></td>
27.      <td class="nobdr"><input type="radio" name="avatar" id="wizard" ↵
              value="Wizard" onclick="pickAvatar('wizard')"/> </td></tr>
28. </table>
29. <p>The avatar you selected is:<span id="myavatar">kitty</span></p>
30. </div></body></html>
```

在这个代码中要注意一些事情。首先，我们还没有创建表单。因为在这个 JavaScript 代码中只使用了一组单选按钮，所以我们不需要表单，只需要使用这类表单控件就可以。

为了简便起见，把这些信息放在表格中。因为我们正在基于本章一直使用的 greg.css 样式文件建立网页，所以在这个样式表中创建一个新类来除去围绕每个图像的无吸引力的边框。这个新类称为 nobdr，可以在这个网页的每个 <td></td> 标签对上看到它。

第 17 ~ 21 行在表格行上创建单元格，并且在每个单元格中放置一个头像。第 23 ~ 27 行创建一行单选按钮。每个按钮的属性 name="avatar"，从而创建一组按钮并限制玩家只能选择其中的一个。然而，每个按钮的 value 和 id 唯一地标识一个头像。由于使用了 onclick() 方法，所以一旦玩家单击一个按钮就调用相应的 JavaScript 函数 pickAvatar()。这里，我们做一些新的事情。迄今为止，我们已经调用过函数，但是从来没有向那些函数传递任何值，那些函数的工作完全与调用它们的方法无关。在这个例子中，当调用函数时我们将告诉函数一些信息。例如，如果玩家选择一个幽灵，那么当调用函数 pickAvatar() 时，把幽灵的 id（'ghost'）传递给这个函数。我们将在第 7 章详细讨论函数的参数传递和返回值的含义。目前，知道这点就够了：当 pickAvatar() 函数开始工作时，它知道它正在处理其 id="ghost" 的单选按钮。

这个函数起始于第 6 行，注意这个函数声明是 pickAvatar(picked)。在圆括号中的单词 picked 意味着，当调用这个函数时，将传递一个值而 picked 将保存那个值。如果玩家选择巫师（wizard)，那么这个函数调用将是 onclick=pickAvatar('wizard')，这时 picked 将保存值 'wizard'。而如果选择兔子，那么函数调用将是 onclick=pickAvatar('bunny')，现在 picked 将保存值 'bunny'。

第 8 行现在把其 id 已经传递给 picked 的按钮的值赋给变量 avatar。在这种情况下，id 是 "ghost"，值是 Ghost。现在第 9 行把这个值发送回给其 id="myavatar" 的元素。在这个例子中，那个元素在第 29 行。这时，用 avatar 的新值（即 Ghost）代替默认值 Bunny。

如果你录入这些代码并且运行它，那么最初显示将如下所示。下面的输出展示当选择小精灵时会显示什么东西。

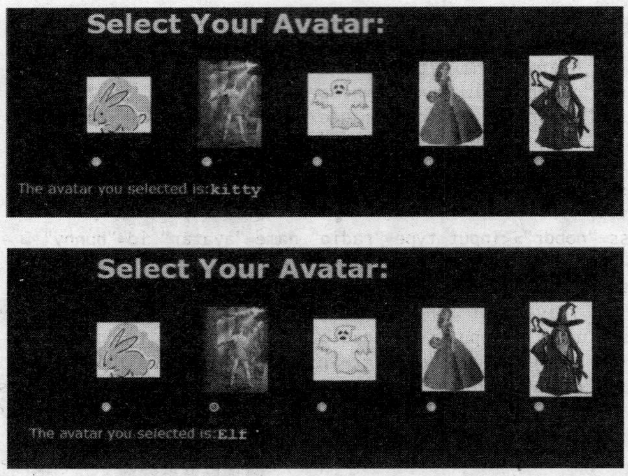

6.2.2 复选框

复选框也是 HTML 表单中的对象，它支持与单选按钮相同的属性和事件，如表 6-1 所示。然而，当用户看到一组复选框时，可以选中这些复选框中的多个选项。

每个复选框的语法如下：

```
<input type="checkbox" name = "box_name" id = "box_id" ↵
        value = "box_value">
```

checked 属性

经常需要识别已经选中了哪些复选框，或者可能想要一组复选框最初显示时已选中一个或多个复选框。checked 属性可以设定或返回复选框的选中状态，checked 属性的状态是 true 或者 false。

可以在函数中通过把 checked 属性设定为 true 从而把一个复选框设定为选中状态，并且用相同的逻辑可以不选中它。例 6.5 展示如何使用一组复选框的 checked 属性。

然而，checked 属性也用于把复选框的状态返回给函数，并在将来的例子中我们将使用这个属性识别一个或多个复选框。

例 6.5　使用 checked 属性

```
<html>
<head>
<title>Example 6.5</title>
<script>
      function checkIt()
      {     document.getElementById("tibet").checked = true     }
      function uncheckIt()
      {     document.getElementById("tibet").checked = false  }
</script>
</head>
<body>
<h2>Where do you live? </h2>
<input type="checkbox" name="country" id="argentina" value="Argentina" ↵
                        >Argentina<br />
<input type="checkbox" name="country" id="china" value="China">China<br />
<input type="checkbox" name="country" id="france" value="France">France<br/>
<input type="checkbox" name="country" id="italy" value="Italy">Italy<br />
<input type="checkbox" name="country" id="spain" value="Spain">Spain<br />
<input type="checkbox" name="country" id="tibet" value="Tibet">Tibet<br />
<input type="checkbox" name="country" id="usa" value="United States">United↵
                        States<br />
<p><button onclick="checkIt()">Check Tibet</button>
<button onclick="uncheckIt()">Uncheck Tibet</button></p>
</body></html>
```

如果你编码这个程序并且运行它，那么输出将如下所示。

例 6.6 示范如何使用复选框和 checked 属性识别多个选中的复选框。

例 6.6　使用复选框　在这个例子中，我们假定一家餐馆通过在线表单为食客提供预订晚餐服务。用户可以使用单选按钮选择一个主菜，然后通过检查复选框列表中的两个项目选择两个配菜。

```
<html>
<head>
<title>Example 6.6</title>
```

```
<script>
function pickEntree(picked)
{
    var entree = document.getElementById(picked).value;
    document.getElementById('main_dish').innerHTML = entree;
}
function pickSides()
{
    var flag = false;
    var i =0;
    var side1 = "";
    var side2 = "";
    for (i = 1; i <= 7; i++)
    {
        if ((document.getElementById(i).checked == true) && ↵
                            (flag == false))
        {
            side1 = document.getElementById(i).value;
            flag = true;
        }
        else if ((document.getElementById(i).checked == true) ↵
                            && (flag == true))
            side2 = document.getElementById(i).value;
    }
    document.getElementById('side_one').innerHTML = side1;
    document.getElementById('side_two').innerHTML = side2;
}
</script>
</head>
<body>
<table align = "center" width = "60%">
<form name="menu">
<tr><td colspan = "2"><h2><br />Select Your Meal</h2></td></tr>
<tr><td>Pick your main course:<br />
    <input type="radio" name="entree" id="steak" value="Rib-Eye Steak" ↵
            onclick="pickEntree('steak')">Rib-Eye Steak<br />
    <input type="radio" name="entree" id="chicken" value="Fried ↵
            Chicken" onclick="pickEntree('chicken')">Fried ↵
            Chicken<br />
    <input type="radio" name="entree" id="veggie" value="Veggie Platter" ↵
            onclick="pickEntree('veggie')">Vegetarian Fried Tofu<br />
    <input type="radio" name="entree" id="fish" value="Broiled Salmon" ↵
            onclick="pickEntree('fish')">Broiled Salmon<br /></td>
<td> Pick two side dishes<br />
    <input type="checkbox" name="sides" id="1" value="French Fries" ↵
            >French Fries<br />
    <input type="checkbox" name="sides" id="2" value="Baked ↵
            Potato">Baked Potato<br />
    <input type="checkbox" name="sides" id="3" value="Cole ↵
            Slaw">Cole Slaw<br />
    <input type="checkbox" name="sides" id="4" value="Garden ↵
            Salad">Garden Salad<br />
    <input type="checkbox" name="sides" id="5" value="Mixed ↵
            Vegetables">Mixed Vegetables<br />
    <input type="checkbox" name="sides" id="6" value="Macaroni ↵
            and Cheese">Macaroni and Cheese<br />
    <input type="checkbox" name="sides" id="7" value="Applesauce"> ↵
            Applesauce<br /></td></tr>
<tr><td><input type="reset" value="ooops! Let me change my ↵
```

```
                 selections"> </td>
49.  <td><input type ="button" onclick="pickSides()" value = "Enter my ↵
                 side dish selections" "></button></td></tr>
50.  <tr><td colspan = "2">
51.       <h2>Entree selected:<span id="main_dish"> </span></h2>
52.       <h2>First side dish:<span id="side_one"> </span> </h2>
53.       <h2>Second side dish: <span id="side_two"> </span> </h2>
54.  </td></tr>
55.  </table></form></body></html>
```

单选按钮是在第36～39行，而复选框起始于第41行。注意所有复选框的name属性相同，而id不同。对于这个程序，因为我们想要发现哪两个是最后选择的，所以这些id从1～7命名。当调用pickSides()函数时，你将看到这样做的好处。每个复选框也有将用于显示的值。

在客户选择配菜之后，第49行的按钮将调用JavaScript程序查找选中了哪两项，并且在页面上显示这两项。这个按钮是简单的按钮，它不是输入按钮、复选框或单选按钮。它的唯一目的是调用JavaScript函数pickSides()。我们把它称为**OK按钮**（确认按钮）。

因为它有一点儿复杂，所以我们现在讨论这个pickSides()函数。该函数起始于第10行，不需要向这个函数传递值，这一点与pickEntree()函数相同。该函数做的第一件事情是声明4个变量：i是我们非常熟悉的计数器；变量side1和side2将保存选择的两个配菜；第12行的flag是Boolean变量，将是true或false，最初是false，一旦识别出选择了一个配菜就将它设定为true。

在第16～25行的循环遍历7个复选框。第18行是选择结构的开始。如果由对应于i的当前值的id识别的复选框是选中的且flag仍然是false，那么意味着客户已经选中了一个特定配菜并且还没有标识出来。在这种情况下，我们把side1设定为那个复选框的值，然后把flag设定为true指出已经找到一个配菜。此后，由于flag为true，所以对于后续的任何复选框，都不会进入if子句，而是将控制传递给else...if子句。

现在程序（第23行）使用checked属性再次查看那个复选框是否已经选中，它也查看标志变量flag是否是true。如果flag是true，就意味着已经选中了前面一个复选框且已经赋值给side1，并且这是第二个选中的复选框。因此，第24行将sied2设定为这个复选框的值。

最后，第26和27行把side1和side2的值显示在网页合适的地方。

如果编码和运行这个程序，那么输出将看起来如下图所示，给出两个不同的晚餐选择。

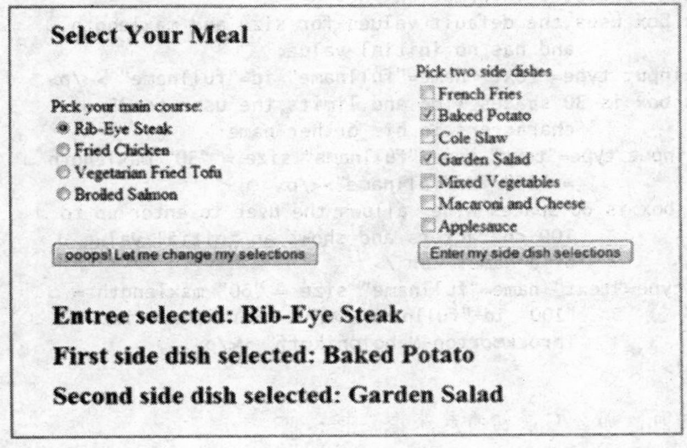

Select Your Meal
Pick your main course:
Rib-Eye Steak
Fried Chicken
Vegetarian Fried Tofu
Broiled Salmon
Pick two side dishes
French Fries
Baked Potato
Cole Slaw
Garden Salad
Mixed Vegetables
Macaroni and Cheese
Applesauce
ooops! Let me change my selections
Enter my side dish selections
Entree selected: Rib-Eye Steak
First side dish selected: Baked Potato
Second side dish selected: Garden Salad

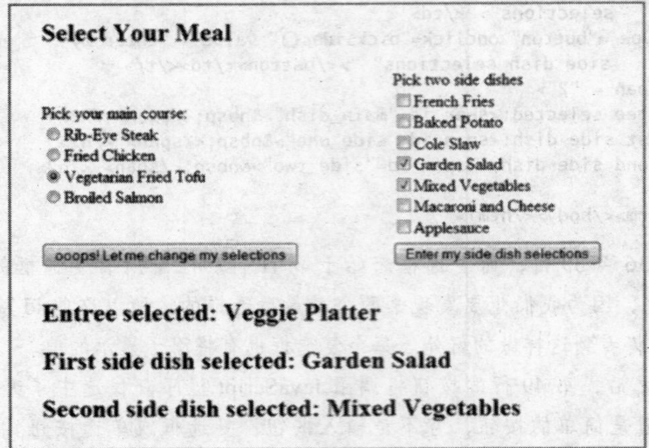

6.2.3 文本框

文本框是输入元素，它让 Web 开发者为用户显示一个可以录入信息的小区域。在程序中，我们可以使用录入的信息。文本框有一些不可用于单选按钮或复选框的性质。我们可以设定这个框的 size 属性（也就是它的宽度）和 maxlength 属性（也就是这个文本框可以接收字符的最大数目）。如果需要，我们也可以在文本框中放入一个初始值。文本框的语法如下：

```
<input type="text" name = "box_name" id = "box_id" size = "20" ↵
        maxlength = "25" value = "my box!">
```

例 6.7 展示如何配置各种不同的文本框来接受一个用户的全名。

例 6.7　一些文本框

```
<html>
<head>
<title>Example 6.7</title>
</head>
<body>
<h2> Enter the requested information</h2>
    <p>This box uses the default values for size and maxlength ↵
                 and has no initial value:
    <br /><input type="text" name="fullname" id="fullname" ></p>
    <p>This box is 30 spaces wide and limits the user to 25 ↵
                 characters in his or her name:
    <br /><input type="text" name="fullname" size = "30" maxlength ↵
                 = "25" id="fullname"></p>
    <p>This box is 60 spaces wide, allows the user to enter up to ↵
                 100 characters and shows an initial value ↵
                 of a name: <br />
    <input type="text" name="fullname" size = "60" maxlength = ↵
                 "100" id="fullname" value="Hermione Priscilla ↵
                 Throckmorton-Nabolonikoff" ></p>
</body></html>
```

如果你创建这个页面，那么它最初看起来像这样：

Enter the requested information

This box uses the default values for size and maxlength and has no initial value:

This box is 30 spaces wide and limits the user to 25 characters in his or her name:

This box is 60 spaces wide, allows the user to enter up to 100 characters and shows an initial value of a name:

Hermione Priscilla Throckmorton-Nabolonikoff

如果你录入非常长的名字，如 Hermione Priscilla Throckmorton-Nabolonikoff，那么在第一个框中，它将接受整个名字，但是只显示这个名字的最后部分。如果你在中间的文本框中录入相同的名字，那么在你录入前 25 个字符之后将截去后面的字符，如下图所示。

Enter the requested information

This box uses the default values for size and maxlength and has no initial value:

ockmorton-Nabolonikoff

This box is 30 spaces wide and limits the user to 25 characters in his or her name:

Hermione Priscilla Throck

This box is 60 spaces wide, allows the user to enter up to 100 characters and shows an initial value of a name:

Hermione Priscilla Throckmorton-Nabolonikoff

标签、字段组和图例元素

现在讨论 3 个表单控件，我们经常在一个表单中一起使用它们，从而使我们的表单看起来更简洁、更好看和更易于理解。这 3 个元素是**标签**、**字段组**和**图例**元素。

当创建文本框时，<label></label> **标签**让你为文本框加上标签。在例 6.7 中，我们使用一个句子描述在每个文本框中是什么。然而，我们很可能把标签放在文本框后面解释用户要录入什么。开始 <label> 标签刚好在需要的标签之前，而结束 </label> 标签在这个标签或者 <input> 语句之后。

如果一组表单控件括在 <fieldset></fieldset> **标签**之间，那么浏览器将放置一个边框围绕这些元素。添加 <legend></legend> **标签**将让浏览器为这个组包含一个标签。例 6.8 展示这些元素如何与文本框一起使用，以及 JavaScript 程序如何访问这些元素。

例 6.8　使用标签、字段组和图例　下列程序补充我们前面创建的菜单例子，现在要求客户录入名字并提供一个联系电话。我们为文本框添加标签，并且用含有图例的字段组（fieldset）标签围绕每一组。我们添加两个函数来显示在最后做出晚餐选择后这些文本框的结果。

```
<html>
<head>
<title>Example 6.8</title>
<script>
function pickEntree(picked)
{
     var entree = document.getElementById(picked).value;
     document.getElementById('main_dish').innerHTML = entree;
}
function customerInfo(cName)
{
     var dinerName = document.getElementById(cName).value;
     document.getElementById('cust_name').innerHTML = dinerName;
}
```

```
function customerPhone(cell)
{
      var phone = document.getElementById(cell).value;
      document.getElementById('cell_phone').innerHTML = phone;
}
function pickSides()
{
      var flag = false;
      var i =0;
      var side1 = "";        var side2 = "";
      for (i = 1; i <= 7; i++)
      {
            if ((document.getElementById(i).checked == true) ↵
                        && (flag == false))
            {
                  side1 = document.getElementById(i).value;
                  flag = true;
            }
            else if ((document.getElementById(i).checked == true) ↵
                        && (flag == true))
                  side2 = document.getElementById(i).value;
      }
      document.getElementById('side_one').innerHTML = side1;
      document.getElementById('side_two').innerHTML = side2;
}
</script>
</head>
<body>
<form name="menu">
<h2><br />Select Your Meal</h2>
<div style="width: 80%;">
<div style="width: 40%; float: left;">
<fieldset><legend>Your Information</legend>
      <h3>Enter the following information:</h3>
      <label>Your name:<br /></label>
      <input type="text" name="dinername" id="dinername" ↵
                  size = "30" value = ""/>
      <input type ="button" onclick="customerInfo('dinername')" ↵
                  value = "ok"></button>
      <p>We will call your cell phone when your order is ready.<br />
      <label>Phone:<br /> </label>
      <input type="text" name="phone" id="phone" size="30" ↵
                  value = ""/></label>
      <input type ="button" onclick="customerPhone('phone')" ↵
                  value = "ok"></button><br />
</fieldset>
</div>
<div style=" width: 30%; float: left;">
<fieldset><legend>Main Course</legend>
      <h3>Pick your main course:</h3>
      <input type="radio" name="entree" id="steak" value="Rib-Eye Steak" ↵
                  onclick="pickEntree('steak')"> Rib-Eye Steak<br />
      <input type="radio" name="entree" id="chicken" value="Fried Chicken" ↵
                  onclick="pickEntree('chicken')"> Fried Chicken<br />
      <input type="radio" name="entree" id="veggie" value="Veggie ↵
                  Platter" onclick="pickEntree('veggie')"> ↵
                  Vegetarian Fried Tofu<br />
      <input type="radio" name="entree" id="fish" value="Broiled ↵
                  Salmon" onclick="pickEntree('fish')"> ↵
```

```
                    Broiled Salmon<br /><br />
63.  </fieldset>
64.  </div>
65.  <div style="width: 30%; float: left;">
66.  <fieldset><legend>Side Dishes</legend>
67.       <h3>Pick two side dishes</h3>
68.       <input type="checkbox" name="sides" id="1" value="French ↵
                    Fries" >French Fries<br />
69.       <input type="checkbox" name="sides" id="2" value="Baked ↵
                    Potato">Baked Potato<br />
70.       <input type="checkbox" name="sides" id="3" value="Cole ↵
                    Slaw">Cole Slaw<br />
71.       <input type="checkbox" name="sides" id="4" value="Garden ↵
                    Salad">Garden Salad<br />
72.       <input type="checkbox" name="sides" id="5" value="Mixed ↵
                    Vegetables">Mixed Vegetables<br />
73.       <input type="checkbox" name="sides" id="6" value="Macaroni ↵
                    and Cheese">Macaroni and Cheese<br />
74.       <input type="checkbox" name="sides" id="7" value= ↵
                    "Applesauce">Applesauce<br />
75.       <input type ="button" onclick="pickSides()" value = "Enter ↵
                    my side dish selections" "></button>
76.  </fieldset>
77.  </div> </div> <div style="clear:both;"></div>
78.  <div ><input type="reset" value="ooops! I made a mistake. Let ↵
                    me start over."><br /></div>
79.  <div>
80.       <h3>Your meal:</h3>
81.       <h3>Your name: <span id = "cust_name"> </span></h3>
82.       <h3>Your contact phone: <span id = "cell_phone">   </span></h3>
83.       <h3>Entree selected: <span id = "main_dish">  </span></h3>
84.       <h3>First side dish selected: <span id = "side_one">   </span></h3>
85.       <h3>Second side dish selected: <span id = "side_two">   </span></h3>
86.  </div>
87.  </form></body></html>
```

这段代码的大部分是从例 6.6 复制而来的。然而，这段代码是使用 <div></div> 标签进行页面布局，而不是使用表格。有并列显示的三组表单元素。新加的一组使用两个文本框用于客户录入名字和电话号码，它们在第 45 ~ 54 行，也就是 <fieldset></fieldset> 标签对起始于第 45 行，结束于第 54 行。它创建一个边框围绕这个字段组包括的两个文本框和其他信息。<label></label> 标签为在边框里的字段组放置一个标题。

每个文本框后面跟着一个按钮，当单击它时调用一个 JavaScript 函数。这个 onclick() 方法将把文本框的 id 传递给这个函数（第 49 行和第 53 行），因此 customerInfo() 函数（第 10 ~ 14 行）和 customerPhone() 函数（第 15 ~ 19 行）知道该访问什么元素。例如，如果客户在文本框中录入名字 Louis Lin，那么在函数中 cName 的值标识那个文本框。第 12 行是：

```
var dinerName = document.getElementById(cName).value;
```

计算机将访问其 id='cName' 的元素并得到它的值，然后把这个值（即 Louis Lee）赋给变量 dinerName。

下一行，即第 13 行，是：

```
document.getElementById('cust_name').innerHTML = dinerName;
```

现在，计算机把 dinerName 的值放入其 id='cust_name' 的元素中。在程序中，这个元素是起始于第 79 行的 <div></div> 元素的一部分，它是显示客户名字的地方。

对电话号码的处理也一样。第 53 行调用一个函数，并且通过把 'phone' 赋值给 id 从而把这个电话号码的值传递给函数 customerPhone()（第 15 ~ 19 行）。然后，把这个电话号码文本框的值存储在变量 phone（第 17 行）中，并发送给网页（第 18 行）。

如果编写了这个程序并且运行，那么将产生下列输出。假定客户的名字是 JackieJackson，电话号码是 555-3455，Jackie 想吃鲑鱼，且配有一份凉拌卷心菜和一个烤马铃薯。

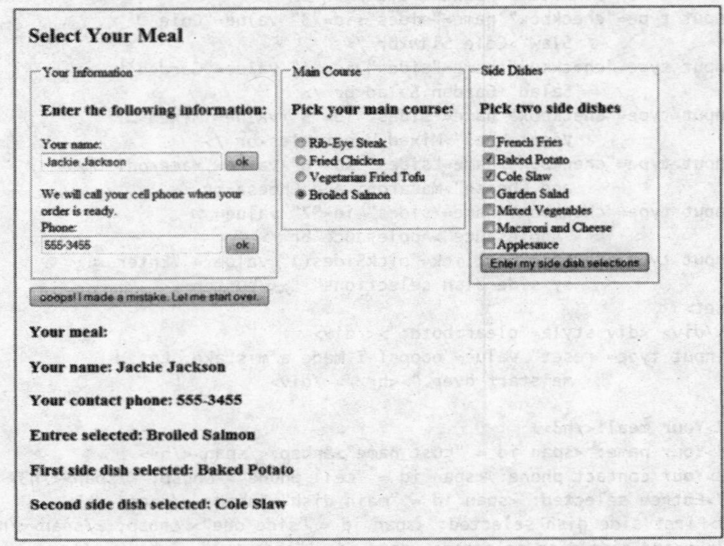

6.2.4 文本区框

通过**文本区框**，可以指定一片空间让用户录入大块文本。文本框只能指定宽度，而在文本区框中高度和宽度都可以指定。文本区标签是 <textarea></textarea>，cols 和 rows **属性**决定框的大小。这些框通常用于访客为网站提交评论或问题。文本区框的语法如下：

```
<textarea name = "box_name" id = "box_id" cols = "20" ↵
        rows = "5">Default text if desired</textarea>
```

当用户录入的文本超出已经创建的区域时，文本区框允许录入更多的文本并且显示一个滚动条。例 6.9 展示如何配置各种不同的文本区框来接收网站访客的评论。

例 6.9　文本区框

```
<html>
<head>
<title>Example 6.9</title>
</head>
<body>
<h2> Enter your comments or questions below</h2>
<p>This box uses the default values for rows and columns and ↵
                has no initial value: <br />
<textarea name = "the_box" id = "the_box"></textarea> </p>
 <p>This box is set to 3 rows and 15 columns and has text that ↵
```

```
             appears initially: <br />
<textarea name = "the_box" id = "the_box" rows = "3" cols = ↵
             "15">Hi!</textarea> </p>
<p>This box is set to 7 rows and 80 columns and has initial text: <br />
<textarea name = "the_box" id = "the_box" rows = "10" cols = "50">Enter ↵
             your comments or questions here</textarea> </p>
</body></html>
```

如果你创建这个页面，那么它最初看起来像这样：

Enter your comments or questions below

This box uses the default values for rows and columns and has no initial value:

This box is set to 3 rows and 15 columns and has text that appears initially:

Hi!

This box is set to 7 rows and 80 columns and has initial text:

Enter your comments or questions here

如果用户把下列文本录入所有 3 个文本区框中，那么当初始空间满时，前两个框中将出现滚动条。最终显示如下图所示。

输入文本：I have been extremely pleased with your products. Whenever I order from your company, the order is filled correctly and shipped to me in record time. If I do not want an item that I ordered, returns are easy and painless. It is wonderful that you offer free shipping and pay for shipping on returns. Congratulations on your customer service and excellent products!

Enter your comments or questions below

This box uses the default values for rows and columns and has no initial value:

service and excellent
products!

This box is set to 3 rows and 15 columns and has text that appears initially:

service and
excellent
products!

This box is set to 7 rows and 80 columns and has initial text:

I have been extremely pleased with your products.
Whenever I order from your company, the order is
filled correctly and shipped to me in record time.
If I do not want an item that I ordered, returns
are easy and painless. It is wonderful that you
offer free shipping and pay for shipping on
returns. Congratulations on your customer service
and excellent products!

邮件动作

迄今为止，我们使用来自表单控件的信息在 JavaScript 程序中将结果显示在网页上。然而，在某些情况下是生成电子邮件将结果发送给 Web 开发者或者专门处理含有用户信息网页的公司。正如我们以前提及的，**邮件动作**放在开始的 <form> 标签中。我们也可以把一个主题行加入创建的电子邮件中，并为另一个接收者发送一个副本。这些选项的语法如下。

这行代码将创建一封发送给 whoever@wherever.net 的电子邮件，主题行是 Whatever：

```
<form name="myform" method="post" enctype="text/plain" ↵
action ="mailto:whoever@wherever.net?Whatever">
```

这行代码将创建一封发送给 whoever@wherever.net 的电子邮件，主题行是 Whatever，并将副本发送给 whatshisname@whereisit.net：

```
<form name="myform" method="post" enctype="text/plain" action = ↵
"mailto:whoever@wherever.net?Whatever&cc=whatshisname@whereisit.net">
```

在例 6.10 中，我们将所有代码放在一起让客户通过电子邮件将晚餐订单以及任何注释或特殊要求一起发送给餐馆。这个例子将展示 name 和 value 属性为什么在每个表单控件中很重要。由于这里创建表单控件的许多 JavaScript 代码与例 6.8 一样，所以我们截去了一些代码以节省空间。

例 6.10　使用文本区框并发送信息　下列代码把一个用于注释的文本区框加入我们前面开发的菜单选择例子（例 6.6）中，并添加一个提交按钮和表单的 action 属性以包含餐馆经理的电子邮件地址。当单击这个提交按钮时，就调用这个表单的 action 属性指定的动作，从而创建将发送给餐馆的电子邮件。我们也把一个主题行加入这个将发送的电子邮件中。然后，如果这是一个真实的情况，那么当准备好时，餐馆人员将会打包这些膳食并打电话给客户。

```
<html>
<head>
<title>Example 6.10</title>
<script>
function pickEntree(picked)
    //{   the pickEntree() function code is here       }
function customerInfo(cName)
    //{   the customerInfo() function code is here      }
function customerPhone(cell)
    //{   the customerPhone() function code is here     }
function pickSides()
    //{   the pickSides() function code is here        }
</script>
</head>
<body>
<form name="order" method="post" id="dinner" enctype="text/plain" ↵
        action ="mailto:manager@mealstogo.net?Dinner Order">
<h2><br />Select Your Meal</h2>
<div style="width: 80%;">
<div style="width: 40%; float: left;">
<fieldset><legend>Your Information</legend>
<h3>Enter the following information:</h3>
<label>Your name:<br /></label> <input type="text" name = ↵
          "dinername" id="dinername" size = "30" value = ""/>
<input type ="button" onclick="customerInfo('dinername')" ↵
          value = "ok"></button>
<p>We will call your cell phone when your order is ready.<br />
<label>Phone:<br /> </label><input type="text" name="phone" ↵
          id="phone" size="30" value = ""/></label>
<input type ="button" onclick="customerPhone('phone')" value = ↵
          "ok"></button><br /></fieldset></div>
```

```
27.  <div style=" width: 30%; float: left;">
28.  <fieldset><legend>Main Course</legend>
29.  <h3>Pick your main course:</h3>
30.  <input type="radio" name="entree" id="steak" value="Rib-Eye Steak" ↲
             onclick="pickEntree('steak')">Rib-Eye Steak<br />
31.      //all the other radio buttons for entrees go here
32.  <div style="width: 30%; float: left;">
33.  <fieldset><legend>Side Dishes</legend>
34.  <h3>Pick two side dishes</h3>
35.  <input type="checkbox" name="sides" id="1" value="French Fries"> ↲
             French Fries<br />
36.      //all the other checkboxes for side dishes go here
37.  <input type ="button" onclick="pickSides()" value = "Enter my ↲
                 side dish selections" "></button>
38.  </fieldset></div>
39.  </div><div style="clear:both;"></div>
40.  <div><input type="reset" value="ooops! I made a mistake. Let ↲
             me start over."><br /></div>
41.  <div style="width: 40%; float: left;"><h3>Your meal:</h3>
42.  <p>Your name: <span id = "cust_name"> </span> <br />
43.      //all other results of selections are displayed here
44.  </div>
45.  <div style="width: 40%; float: left;">
46.  <h3>Comments or questions:</h3>
47.  <textarea name = "dinnerorder" id="dinner" rows="6" cols="40"> ↲
             Enter your comments or questions here</textarea>
48.  </div><div style="clear:both;"></div>
49.  <div>
50.  <input type = "submit" value="submit my order"><br />
51.  </div>
52.  </form></body></html>
```

包含一些新东西的第一行是第 16 行，就是把邮件动作（email action）加入 <form></form> 标签的地方。在这种情况下，电子邮件将发送给 manager@mealstogo.net。我们增加了一行来插入电子邮件的主题，即 Dinner Order。当单击在第 50 行的提交按钮时，将创建这封电子邮件。

第 47 行创建新的文本区框，它是 6 行长和 40 列宽，并且允许客户录入任何特殊的要求。因为客户能够就在文本框中编辑自己的注释，所以不需要在页面上再次显示那些内容。然而，那些注释将包含在电子邮件中。

如果客户的信息如下所示，那么生成的电子邮件将如下图所示。

一个名为 Howard Higgins（移动电话 555-6789）的客户订购了一份肋眼牛排，配以炸薯条和苹果酱。然而，他要求牛排是半生的并且想另外要些番茄酱。因此，为这个经理生成的电子邮件看起来像这样：

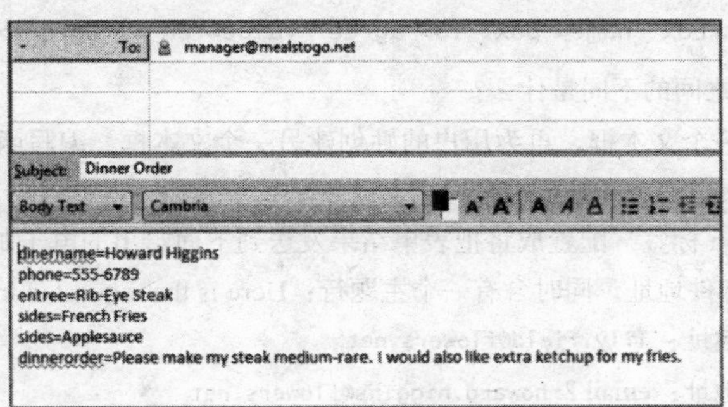

要特别注意，在电子邮件中通过 name 属性来识别每个控件。因此，在命名控件时要使用有一定意义的名字。然而，客户使用的菜单选择由表单控件的 value 属性值列出。

第二个客户名为 Lily Field（移动电话（200）555-4466），订购一份炸鸡配一份蔬菜沙拉和一个烤马铃薯。她想把炸鸡改为烤鸡，想把蔬菜沙拉改为沙拉酱，并且要求为她的马铃薯使用真正的奶油而非人造黄油。实际上，Lily 的注释远远超过为文本区框分配的空间，使得在网页上不能显示她的完整信息，然而这些信息将全部包含在为经理生成的电子邮件中，如下图所示。

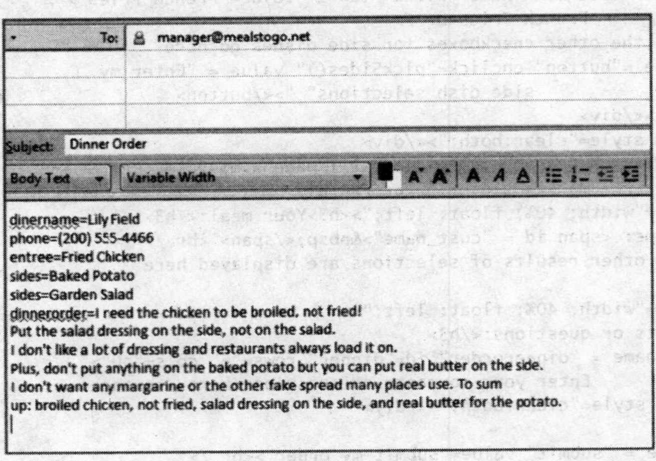

6.2 节检查点

6.7 创建一组 3 个单选按钮的以下代码有什么错误？

```
<fieldset><legend>Pick your major</legend>
        <input type="radio" name="math" id="math" value=↵
                            "Mathematics"> Mathematics<br />

        <input type="radio" name="history" id="history" value= ↵
                            "History"> History<br />
        <input type="radio" name="physics" id="physics" value ↵
                            ="Physics"> Physics<br />
</fieldset>
```

6.8 创建一个函数，将下列复选框设定为选中状态：

```
<input type="checkbox" name="box" id="agree" value="OK">I agree!>
```

6.9 文本框和文本区框之间的不同是什么？

6.10 为用户的名创建一个文本框，再为用户的姓创建另一个文本框。编写函数，当在 HTML 页面中调用它时，将把用户的名和姓显示在网页上。

6.11 创建一个开始 form 标签，配置成将把表单结果发送到下面给出的电子邮件地址，并且把副本抄送给第二个电子邮件地址，同时含有一个主题行：Here is the requested information。

第一个电子邮件地址：`lily.field@flowers.net`

第二个电子邮件地址：email 2: `howard.higgins@flowers.net`

6.12　如果要将表单结果通过电子邮件发送给 Web 开发者，那么要使用控件的哪些属性并且每个属性的作用是什么？

6.3　隐藏字段和密码

不管在哪里上网，如果你想要看网站上的信息、进入你的学院网站、网上购物或者有时没有明确的理由，那么网站都会要求你建立一个用户名和密码。在许多人心中密码是安全的同义字，而有的人会争辩**密码**真的安全吗？不管在这个议题上你的意见如何，密码在今天的世界里是不可避免的，而且你为任何公司或者学校创建的网站很有可能需要它们。关于密码有一件事情肯定是真的：一旦创建密码，那么当用户访问网站并录入密码时，不应该把密码显示出来。我们将学习该如何创建一个接受密码的表单元素，并且在用户键入时不会在屏幕上显示出来。

另一个可以创建并有用但是用户不能看见的表单控件是**隐藏对象**，这是用户不能看到的输入字段。然而，服务器和 JavaScript 程序可以访问这个字段。网站开发者有许多理由想要把信息存储在一个隐藏的输入字段中。在本节中，我们将涉及其中一些理由。

6.3.1　隐藏的表单元素

假设你正在开发一个商务网站。在一个页面上，客户以他的用户名登录，你可能想要在每个后续页面使用这个用户名。你可能把这个用户名存储在某个隐藏字段中，并一页一页传递。当要与服务器通信时，你也可以使用隐藏字段中的信息。隐藏对象的属性与我们以前已经使用的那些控件是相同的，即 name、type、id 和 value。隐藏字段的一般语法如下：

```
<input type = "hidden" name = "field_name" id = "field_id" ↵
        value = "field_value" />
```

要解释如何使用隐藏字段，我们将回到在例 6.10 中创建的菜单。在那个例子中，客户选择一个主菜和两个配菜，以及客户的名字、电话和注释，然后通过电子邮件把这些信息发送给经理。让我们现在假定餐馆有几种订餐表单分别用于选择早餐、午餐或晚餐。经理想要知道在电子邮件中的订单是指哪一餐。客户不需要看到这个信息，因此我们可以把它放入一个隐藏字段中，从而当把这个电子邮件发给经理时第一行将标识订购的是哪一餐。

因为所有代码与前面的例子是相同的，所以在例 6.11 中，我们将只显示一小部分代码。

例 6.11　使用一个隐藏的对象

```
<html>
<head>
<title>Example 6.11</title>
<script>
function customerInfo(cName)
{
    var dinerName = document.getElementById(cName).value;
    document.getElementById('cust_name').innerHTML = dinerName;
}
function customerPhone(cell)
{
    var phone = document.getElementById(cell).value;
```

```
13.     document.getElementById('cell_phone').innerHTML = phone;
14. }
15. //functions to pick the entrée and sides go here
16. </script>
17. </head>
18. <body>
19. <form name="order" method = "post" id = "dinner" ↵
        action="mailto:manager@mealstogo.net?subject=Dinner ↵
        Order" enctype="text/plain" >
20. <input type ="hidden" name ="meal" id ="dinner" value = "dinner choice" />
21. <h2><br />Select Your Meal</h2>
22. <div style="width: 80%;"><div style="width: 40%; float: left;">
23. <fieldset><legend>Your Information</legend>
24. <h3>Enter the following information:</h3>
25. <label>Your name:<br /></label>
26.     <input type="text" name="dinername" id="dinername" ↵
            size = "30" value = ""/>
27.     <input type ="button" onclick="customerInfo('dinername')" ↵
            value = "ok"></button>
28.     <p>We will call your cell phone when your order is ready.<br />
29. <label>Phone:<br /> </label>
30.     <input type="text" name="phone" id="phone" size="30" ↵
            value = ""/></label>
31.     <input type ="button" onclick="customerPhone('phone')" ↵
            value = "ok"></button><br /></fieldset></div>
32. the rest of the HTML page goes here
33. <div><input type = "submit" value="submit my order"><br />
34. </div></form></body></html>
```

隐藏字段在第 20 行上，其 id 标识为 "dinner"，并且当访问这个字段时将发送这个字段的 value 属性值，即 "dinner choice"。如果使用我们在前面例子中创建的整个页面并在表单描述之后增加第 20 行，那么客户看到的表单将一点也没改变。然而，如果一个名为 Robbie Roberts（移动电话 555-49589）的客户订购一份肋眼牛排，配以炸薯条和苹果酱，并且要求他的牛排煮熟一点，那么将生成并传送给经理的电子邮件的邮件内容将会看起来像这样：

```
meal=dinner choice
dinername=Robbie Roberts
phone=555-4958
entree=Rib-Eye Steak
sides=French Fries
sides=Applesauce
dinnerorder=Make my steak well done.
```

6.3.2 密码表单元素

密码表单元素是表单中的一个单行输入字段，这个字段的内容将是**隐蔽的**。这意味着，无论用户在这个字段键入什么字符，都将显示为一个星号或小点。密码对象使用的属性与我们已经讨论过的其他输入字段一样，但是也包含一些你可能想要使用的其他属性（见表 6-2）。

表 6-2　密码元素的属性

属　性	描　述	属　性	描　述
defaultValue	返回或设定密码字段的默认值	readOnly	设定或者返回字段是否是只读的
disabled	设定或者返回这个字段是否已禁用	type	返回表单元素的类型
form	返回这个字段所在的那个表单的引用	value	设定或者返回这个密码字段的值
name	设定或者返回密码字段的名字	size	设定或者返回字段的宽度（也就是，字符的数目）
maxLength	设定或者返回允许的字符的最大数目		

可以通过使用 document.getElementById() 访问密码字段，密码字段的一般语法如下：

```
<input type = "password" and then set desired properties />
```

例 6.12 展示如何创建密码框，以及返回这个字段允许的字符数目、用户录入的字符数目和实际的密码（非隐蔽的）。以后，可以使用这些信息来检查用户是否录入了一个有效密码，但是目前我们将简单地假定录入的密码是有效的。

例 6.12　密码框

```
1.  <html>
2.  <head>
3.  <title>Example 6.12</title>
4.  <script>
5.  function getPasswordInfo(pword)
6.  {
7.       var pwordSize = 0; var userWord = " "; var wordLength = 0;
8.       pwordSize = document.getElementById(pword).size;
9.       document.getElementById('field_size').innerHTML = pwordSize;
10.      userWord = document.getElementById(pword).value;
11.      document.getElementById('pword').innerHTML = userWord;
12.      wordLength = userWord.length;
13.      document.getElementById('word_size').innerHTML = wordLength;
14. }
15. </script>
16. </head>
17. <body>
18. <h2> Enter a password that is between 4 and 8 characters, using ↵
                  only digits (0 - 9) and letters. </h2>
19.      <p><input type="password" name="user_pwrd" id="passwrd" />
20.      <input type ="button" onclick="getPasswordInfo('passwrd')" ↵
                  value = "ok"></button></p>
21.      <p>Password information:<br />
22.      Number characters allowed: <span id = "field_size"> ↵
                    </span> <br />
23.      Number characters entered: <span id = "word_size"> ↵
                    </span><br />
24.      Password entered: <span id = "pword"> </span></p>
25. </body></html>
```

在这个例子中，密码框在第 19 行上定义。没有设定 size，但是这个框有一个 name 和一个 id。第

20 行是一个按钮，当单击它时，调用 JavaScript 函数 getPasswordInfo()。注意当我们调用这个函数时，我们传递这个密码框的 id。在这个例子中，这个函数做 3 件事情。首先，它查找这个框的 size。因为没有定义 size，所以第 8 行把默认大小存储在变量 pwordSize 中，并且在第 9 行传送回网页。其次，第 10 和 11 行获取用户录入的实际密码，并且把它存储在变量 userWord 中，在网页上显示它。最后，使用 length 属性获取密码中的字符数，存储在 wordLength 中（第 12 行），并在网页上显示（第 13 行）。如果用户为密码录入 angel888，那么这个页面将看起来像这样：

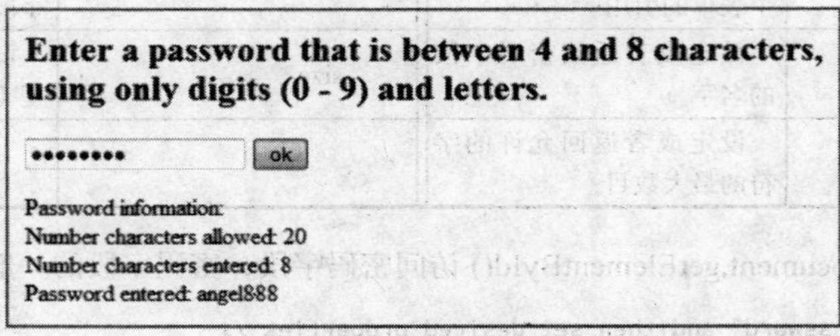

substr() 方法

substr() 方法将从一个字符串选取一些字符，起始于指定的字符，直到与你想要的一样多的字符。它返回新的**子字符串（或子串）**。该方法需要你在圆括号里录入两个用逗点分开的数字，第一个数字标识新子串开始的字符，第二个数字标识在新子串中有多少个字符。注意第一个字符被认为是字符 0。我们将在第 8 章讨论为什么会这样。

例如，如果你想要从一个包含 6 个字符的字符串中选取最后 4 个字符，那么在圆括号中录入的第一个数字是 2，而第二个数字是 4。

字符串	字符编号	字符串	字符编号
	0 1 2 3 4 5 … n	A table	A t a b l e
cat	c a t	Jones-Smith	J o n e s - … h

例 6.13 验证密码的有效性，并且继续提示用户直至录入一个正确的密码。

例 6.13　使用 substr() 方法　这个例子示范如何使用 substr() 方法从一个字符串选取第一个字符、最后一个字符和一些中间字符。

```
<html>
<head>
<title>Example 6.13</title>
<script>
function checkIt(phrase)
{
    var userWord = ""; var charOne = ""; var charEnd = "";
    var middle = ""; wordLength = 0;
    userWord = document.getElementById(phrase).value;
    document.getElementById('user_word').innerHTML = userWord;
    wordLength = userWord.length;
    document.getElementById('word_size').innerHTML = wordLength;
    charOne = userWord.substr(0,1);
    document.getElementById('first_char').innerHTML = charOne;
    charEnd = userWord.substr((wordLength - 1),1);
```

```
6.  {
7.      var userWord = ""; var charOne = ""; var charEnd = "";
8.      var middle = ""; wordLength = 0;
9.      userWord = document.getElementById(phrase).value;
10.     document.getElementById('user_word').innerHTML = userWord;
11.     wordLength = userWord.length;
12.     document.getElementById('word_size').innerHTML = wordLength;
13.     charOne = userWord.substr(0,1);
14.     document.getElementById('first_char').innerHTML = charOne;
15.     charEnd = userWord.substr((wordLength - 1),1);
16.     document.getElementById('last_char').innerHTML = charEnd;
17.     middle = userWord.substr(3,4);
18.     document.getElementById('the_middle').innerHTML = middle;
19. }
20. </script>
21. </head>
22. <body>
23. <h3> Enter a word or a phrase:</h3>
24.     <p><input type="text" name="user_word" id="the_word" />
25.     <input type ="button" onclick="checkIt('the_word')" ↵
                 value = "ok"></button></p>
26.     <p>Word/Phrase information:<br />
27.     You entered: <span  id = "user_word"> </span> <br />
28.     It has this many characters: <span  id = "word_size"> ↵
                   </span> <br />
29.     The first character is: <span id = "first_char">  ↵
                 </span> <br />
30.     The last character is: <span id = "last_char">  ↵
                 </span> <br />
31.     The 4th, 5th, 6th, and 7th characters are: <span id = ↵
                 "the_middle"> </span> <br /></p>
32. </body></html>
```

第 22 ~ 32 行是这个页面的主体。这是用户最初录入一个单词或者短语的地方，通过单击 OK 按钮（第 25 行）调用 JavaScript 函数 checkIt()。将包含这个单词或者短语的文本框的 id，也就是 'the_word' 传递给 checkIt() 函数。

checkIt() 函数做一些事情。它获取用户录入的文本并把它显示在网页上（第 9 和 10 行），然后确定这个单词的长度（也就是，这个单词或者短语包含多少个字符，包括标点符号、空格或特殊字符）并把这个信息存储在 wordLength 变量中（第 11 行）。第 12 行把这个信息传送回网页。

第 13 行使用 substr() 方法从字符串选取第一个字符。注意第一个字符被标识为在位置 0 的字符，而我们只想要一个字符，因此这个方法的第二个参数是 1。

要得到这个字符串中的最后一个字符，我们使用已存储在变量 wordLength 中的短语长度。第 15 行是指把这个字符存储到变量 charEnd 中。substr() 方法的第一个参数告诉程序从哪里开始选取字符。通过变量 wordLength，我们可以知道这个字符串中的字符数目。然而字符串中的字符从 0 开始编号，因此含有 5 个字符的字符串的最后一个字符编号是 4；在一个含有 187 个字符的字符串中，最后一个字符的编号是 186；换句话说，最后一个字符在字符串中的编号是字符数目减 1 或者在我们的代码中就是 wordLength–1。因此，它在选取用户录入最后一个字符的代码中成为第一个参数，而第二个参数 1 是指只选取一个字符。将这个字符串最后一个字符的值存储在变量 charEnd 中，然后下一行（即第 16 行）把这个信息传送回网页。

最后，在第 17 和 18 行上，我们选取这个字符串中的第 4、5、6 和 7 个字符。在 substr() 方法中的参数是 3（因为 3 标识字符串中的第 4 个字符并且这是我们想要开始选取字符的地方）和 4（因为我们想要选取起始于这个字符串第 4 个字符的 4 个字符）。这个短的子串值存储在变量 middle 中，并在第 18 行传送回网页。

如果用户在文本框中录入短语 “Life is good!”，那么输出将看起来像这样：

Enter a word or a phrase:

Life is good! [ok]

Word/Phrase information:
You entered: Life is good!
It has this many characters: 13
The first character is: L
The last character is: !
The 4th, 5th, 6th, and 7th characters are: e is

如果用户在文本框中录入名字 Hermione，那么输出将看起来像这样：

Enter a word or a phrase:

Hermione [ok]

Word/Phrase information:
You entered: Hermione
It has this many characters: 8
The first character is: H
The last character is: e
The 4th, 5th, 6th, and 7th characters are: mion

现在我们将在例 6.14 中把所有代码放在一起编写一个程序，让用户录入一个密码并对那个密码进行验证。

例 6.14　验证密码　在这个例子中，将使用程序设计技能处理密码框，从而要求用户密码符合我们的规范。这里，我们要求密码长度在 4 ~ 8 个字符之间、起始于字母、至少包括一个数字（不能是第一个字符）和至少包括下列特殊字符之一，并且不能包括其他特殊字符。换句话说，用户可以使用字母、10 个数字和以下特殊字符：$、* 或 #。以下给出整个代码，并且后面有详细解释。

```
<html>
<head>
<title>Example 6.14</title>
<script>
function checkPassword(pword)
{
     var userWord = ""; var char1 = ""; var wordLength = 0;
     var checkLength = false; var checkChar = false; var msg = "";
     var checkDigit = false; var checkSpecial = false;
     userWord = document.getElementById(pword).value;
     document.getElementById('show_word').innerHTML = userWord;
//check length of word
     while (checkLength == false)
     {
          if ((userWord.length < 4) || (userWord.length > 8))
          {
               msg = "The password must be between 4 and 8 ↵
                         characters. Try again";
```

```
                document.getElementById('error_msg').innerHTML = msg;
                userWord = document.getElementById(passwrd).value;
            }
            else
                checkLength = true;
        }
//check first character
    char1 = userWord.substr(0,1);
    while (checkChar== false)
    {
        if ((char1 < 65) || ((char1 > 90) && (char1 < 97)) || ↵
                        (char1 > 122))
        {
            msg = "The first character must be a letter of ↵
                        the alphabet. Try again";
            document.getElementById('error_msg').innerHTML = msg;
            userWord = document.getElementById(passwrd).value;
        }
        else
            checkChar = true;
    }
//check for digit
    wordLength = userWord.length;
    for (i = 1; i <= (wordLength - 1); i++)
    {
        if ((userWord.charCodeAt(i) >= 47) && ↵
                        (userWord.charCodeAt(i) <= 58))
        {
            checkDigit = true;
            break;
        }
    }
    if (checkDigit == false)
    {
        msg = "You must have at least one number in the ↵
                        password. Try again";
        document.getElementById('error_msg').innerHTML = msg;
        userWord = document.getElementById(passwrd).value;
    }
//check for special character
    for (i = 1; i <= (wordLength - 1); i++)
    {
        if ((userWord.charCodeAt(i) == 35) || ↵
                        (userWord.charCodeAt(i) == 36) || ↵
                        (userWord.charCodeAt(i) == 37))
        {
            checkSpecial = true;
            break;
        }
    }
    if (checkSpecial == false)
    {
        msg = "You must have one special character ($, %, or #) ↵
                        in the password. Try again";
        document.getElementById('error_msg').innerHTML = msg;
        userWord = document.getElementById(passwrd).value;
    }
    if ((checkLength == true) && (checkChar == true) && ↵
                        (checkDigit == true) && ↵
```

```
                    (checkSpecial == true))
69.      {
70.           msg = "Congratulations! You have successfully entered ↵
                        a valid password.";
71.           document.getElementById('error_msg').innerHTML = msg;
72.      }
73.  }
74.  </script>
75.  </head>
76.  <body>
77.  <h3> Enter a password in the box below. Your password must:</h3>
78.  <ul>
79.       <li>contain between 4 and 8 characters</li>
80.       <li>begin with a letter of the alphabet (upper or ↵
                lowercase)</li>
81.       <li>contain at least one digit (0 - 9)</li>
82.       <li>contain one of the following special characters: dollar ↵
                sign ($), percent sign (%), or pound sign (#)</li>
83.  </ul>
84.  <p><input type="password" name="user_pwrd" id="passwrd" size = ""/>
85.  <input type ="button" onclick="checkPassword('passwrd')" ↵
                value = "ok"></button></p>
86.  <p><span id="error_msg"> </span><br />
87.  <p>Password information:<br />
88.  Password entered: <span  id = "show_word"> </span> </p>
89.  </body></html>
```

这段代码相当长且复杂，因此我们将每次讨论一部分。页面的 <body> 起始于第 76 行。第 84 行定义一个密码框，其 id="passwrd"。从现在开始，当程序复查密码时，就用这个 id 识别。第 85 行是按钮，用户每次单击它时将录入新的密码。第 86 行定义一个空格，用于当验证密码时显示出错信息。在这个程序中，我们包括两行代码（第 87 和 88 行）来显示录入的非隐蔽密码。在真实的程序中，当我们确信程序能够正确工作后很可能要删除这些行，这两行的作用是查看录入的密码就是我们验证的密码。

现在我们将讨论这个 JavaScript 程序。在用户录入密码之后，当单击第 85 行的 OK 按钮时将访问函数 checkPassword()。当调用这个函数时，把这个密码框的 id（即 "passwrd"）传递给 checkPassword() 函数。在这个函数中第 7、8 和 9 行声明并初始化将要使用的变量，变量 userWord 存储已传递给函数的未测试密码，变量 msg 存储当验证密码时要为用户显示的任何信息，有 4 个 Boolean 变量（checkLength、checkChar、checkDigit 和 checkSpecial）用于告知这些选项的有效性。第 10 行从密码框得到用户录入的密码值，并存储到 userWord 中。第 11 行把用户录入的任何东西（非隐蔽的）显示在网页的 id="show_word" 的 <span> 区域中。当应用这个页面时，通常要注释掉或者删除这行代码。

第一个验证检查起始于第 13 行，结束于第 23 行。它查看密码中的字符数目是否在 4 ~ 8 个字符之间。标志变量 checkLength 最初是 false，起始于第 13 行的 while 循环将重复执行，直至 checkLength 设定为 true。如果密码比 4 个字符少或者多于 8 个字符（第 15 行），那么向用户显示一条信息要求录入新的密码（第 17 和 18 行）。第 19 行取回新密码，并且再次执行循环。当用户的录入最终在 4 ~ 8 个字符之间时，就跳过在第 15 ~ 20 行上的 if 子句，执行 else 子句。它把标志变量 checkLength 设定为 true，从而结束检查密码长度的 while 循环。这样，程序就准备检查下一个要求。

第 25 ~ 36 行查看密码的第一个字符是否是字母。在第 25 行上，使用 substr() 方法把变量 char1 设定为密码的第一个字符值。while 循环将继续它的迭代直至第二个标志变量 checkChar 转换为 true。在这个循环内，通过使用字符的 Unicode 值，第 28 行查看第一个字符是否在 A ~ Z 或 a ~ z 之间。如果第一个字符不是小写字母或者大写字母，那么显示一条信息并且要求用户录入一个新密码。如果第一个字符是字母，那么就跳过在第 28 ~ 33 行上的 if 子句，在第 34 ~ 35 行上的 else 子句把标志变量 checkChar 设定为 true。满足第二个条件之后，我们就准备检查第三个要求。

下一步，我们检查在密码中是否至少有一个字符是数字。这部分的标志变量是 checkDigit。在第 38 行上，使用 length 属性把变量 wordLength 设定为密码的字符数目。用一个 for 循环（第 39 ~ 46 行）检查密码中的每个字符，从第二个字符（第一个字符必须是字母！）开始，直至遍历到最后一个字符。因为字符 0 必须是一个字母，所以计数器 i 的开始值是 1；而终值是（wordLength–1）。因为简单而言若 length=9，那么最后一个字符是在 8 标识的地方。对于每个字符，if 子句查看它是否在 0 ~ 9 的 Unicode 值之间。一旦某个字符识别为数字，就把标志变量 checkDigit 设定为 true，从而结束循环，这通过在第 44 行上的 break 语句完成。如果循环继续遍历所有迭代找不到一个数字，那么 checkDigit 将保持 false 并将执行第 47 ~ 52 行上的 if 子句。这将提示用户再次录入一个至少包含一个数字的密码。但是，如果已经发现一个数字字符，那么 checkDigit 将是 true，从而跳过这个 if 子句，并且程序将为它的最后一个要求做好准备。

一个有效密码的最后一个条件是必须包括 3 个特殊字符之一，这些字符的 Unicode 值是 35、36 和 37。这个部分的标志变量是 checkSpecial，其逻辑几乎与上一部分相同。在第 54 ~ 61 行上的 for 循环从第二个字符遍历到最后一个检查每个字符。在第 56 行上的 if 语句查看每个特殊字符是否是 #、$ 或 %。一旦某个字符被识别为这些字符中的一个，就把标志变量 checkSpecial 设定为 true，并且结束循环。如果循环继续直到结束也没有找到特殊字符，那么就执行在第 62 ~ 67 行上的 if 子句，并提示用户录入新密码。

当用户已经遵从所有 4 个要求时，就结束这 4 个检查。当发生这种情况时，这 4 个标志变量（checkLength、checkChar、checkDigit 和 checkSpecial）就将都是 true。这样就创建了一个有效密码，并且第 70 行显示祝贺信息，然后程序结束！

如果用户录入 how（3 个字符）或者 howardhillsborough（超过 8 个字符），那么输出如下图所示。

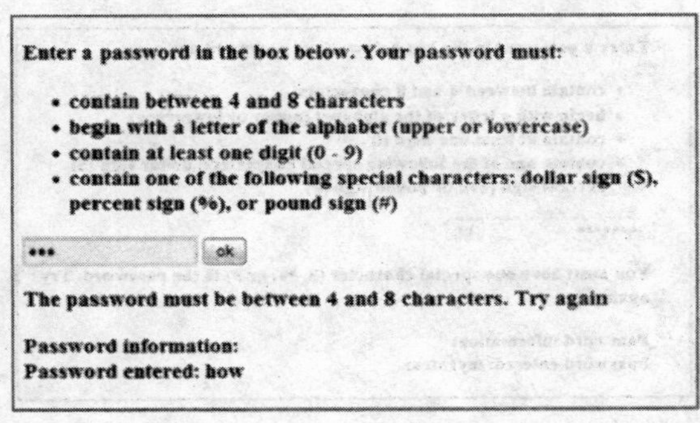

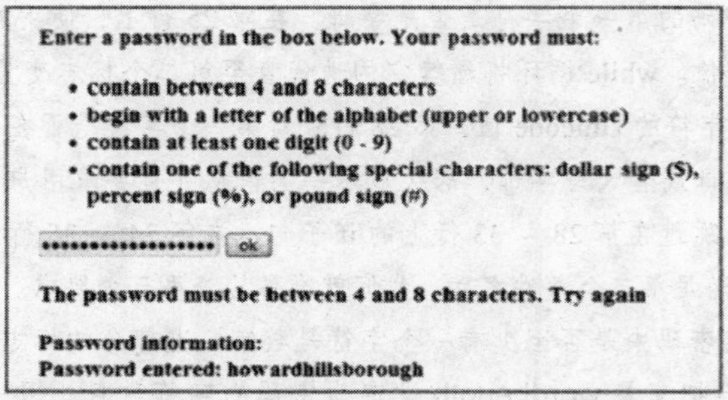

Enter a password in the box below. Your password must:

- **contain between 4 and 8 characters**
- **begin with a letter of the alphabet (upper or lowercase)**
- **contain at least one digit (0 - 9)**
- **contain one of the following special characters: dollar sign ($), percent sign (%), or pound sign (#)**

•••••••••••••••••• ok

The password must be between 4 and 8 characters. Try again

Password information:
Password entered: howardhilsborough

如果用户录入 4puppy$$（起始于一个数字）或者 cat#dog（没有数字），那么输出如下图所示。

Enter a password in the box below. Your password must:

- **contain between 4 and 8 characters**
- **begin with a letter of the alphabet (upper or lowercase)**
- **contain at least one digit (0 - 9)**
- **contain one of the following special characters: dollar sign ($), percent sign (%), or pound sign (#)**

•••••••• ok

The first character must be a letter of the alphabet. Try again

Password information:
Password entered: 4puppy$$

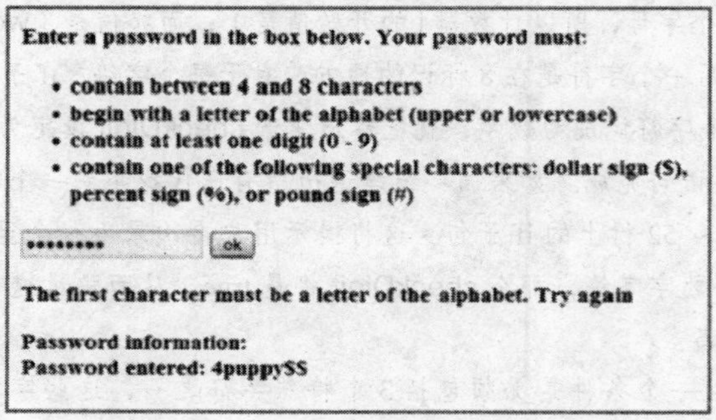

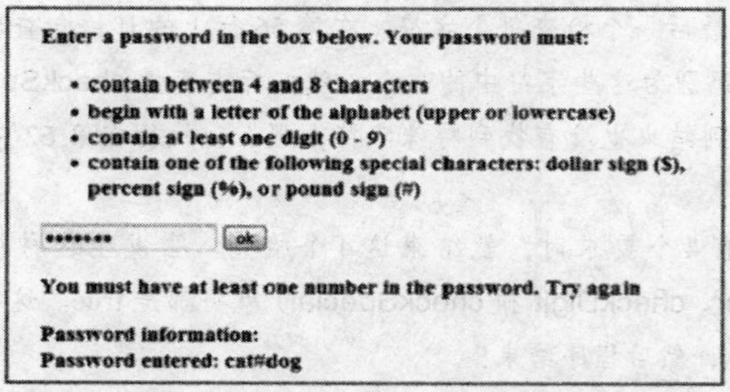

Enter a password in the box below. Your password must:

- **contain between 4 and 8 characters**
- **begin with a letter of the alphabet (upper or lowercase)**
- **contain at least one digit (0 - 9)**
- **contain one of the following special characters: dollar sign ($), percent sign (%), or pound sign (#)**

••••••• ok

You must have at least one number in the password. Try again

Password information:
Password entered: cat#dog

如果用户录入 my1stcar（没有特殊字符）或者 Bst2pw$d（一个有效的代码），那么输出如下图所示。

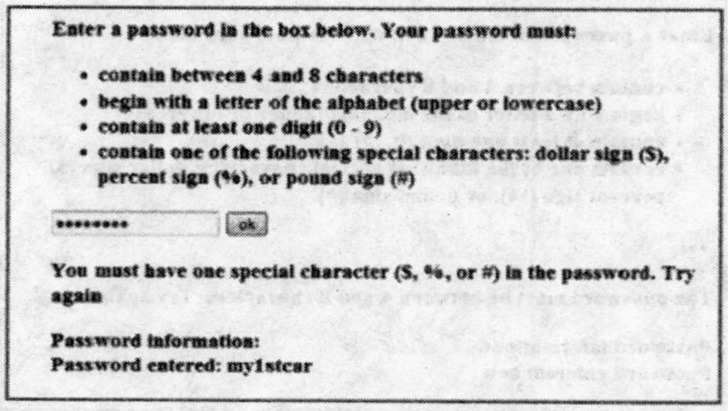

Enter a password in the box below. Your password must:

- **contain between 4 and 8 characters**
- **begin with a letter of the alphabet (upper or lowercase)**
- **contain at least one digit (0 - 9)**
- **contain one of the following special characters: dollar sign ($), percent sign (%), or pound sign (#)**

•••••••• ok

You must have one special character ($, %, or #) in the password. Try again

Password information:
Password entered: my1stcar

Enter a password in the box below. Your password must:

- contain between 4 and 8 characters
- begin with a letter of the alphabet (upper or lowercase)
- contain at least one digit (0 - 9)
- contain one of the following special characters: dollar sign ($), percent sign (%), or pound sign (#)

•••••••• ok

Congratulations! You have successfully entered a valid password.

Password information:
Password entered: Bst2pw$d

6.3 节检查点

6.13　举出一个在表单中需要使用隐藏字段的例子。

6.14　为例 6.11 菜单程序添加一个隐藏字段，它将与电子邮件一起发送给餐馆经理。这个字段的值应该是 "add lemon wedge with salmon,ketchup with fries, dressing with salad"。

6.15　写一行代码，从字符串变量 username 中选取第 5 和 6 个字符赋值给变量 middle。

6.16　编写代码，从字符串变量 username 中选取最后一个字符，然后把这个子串存储在名为 endChar 的变量中（提示：将使用 length 属性）。

6.17　编写代码，“不隐蔽”已存储在 pword 中的密码的第一个和最后一个字符。使用一个警示对话框向用户显示这个结果，该对话框应该说 “ Your password is X***...***Y”，其中 X 和 Y 是第一个和最后一个字符，而所有中间字符是 *。

6.18　编写代码，检查一个存储在变量 pword 中的密码是否包含字符 &（Unicode 值是 38）。

6.4　选择列表及其他

另一个经常使用的表单控件是选择列表，它让用户从一个列表或菜单中选择一个或多个选项。我们将在本节中讨论这个控件，并且讨论几个能够提高控件使用方式的属性。

6.4.1　选择列表

通过使用 <select></select> **容器标签**创建**选择列表**，其作用类似于 HTML 标签 <ul></ul>，用于定义一个将容纳选项的容器。然后，如同在 HTML 中的无序或有序列表那样包含列表项，只是现在不使用 <li></li> 标签，而是使用 <option></option> **标签**标记列表项目。选择列表的一般语法如下，其中 N 是某个数字：

```
<select size = "N" name = "list_name" id = "list_id">
    <option value ="option1 value">some text </option>
    <option value ="option2 value">some text </option>
              ......
              ......
    <option value ="optionN value">some text </option>
    </select>
```

<option> 标签可以包含 selected **属性**，当包含并且设定为 "selected" 时表示在标签中显示这个值。

例 6.15 示范一个看起来非常简单的选择列表。这个列表有 4 个项目，其中一项已指定为默认选项，而用户可以选择其他的项目。

例 6.15　一个简单的选择列表

```
<html>
<head>
<title>Example 6.15</title>
</head>
<body>
<h3>What color do you like best?</h3>
<select name="color" size = "5" id="color">
     <option value = "favorite color: periwinkle"> periwinkle ↵
                              </option>
     <option value = "favorite color: fawn"> fawn</option>
     <option value = "favorite color: melon" selected = "selected">↵
                              melon</option>
     <option value = "favorite color: mocha"> mocha</option>
     <option value = "favorite color: raspberry"> raspberry</option>
</select>
</body></html>
```

这个页面最初看起来像这样：

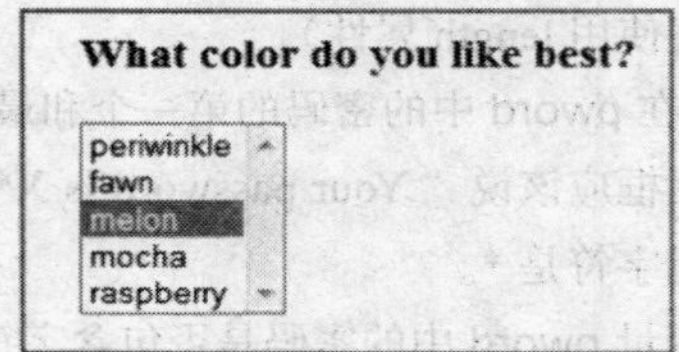

但是在选择 raspberry 之后，它看起来像这样：

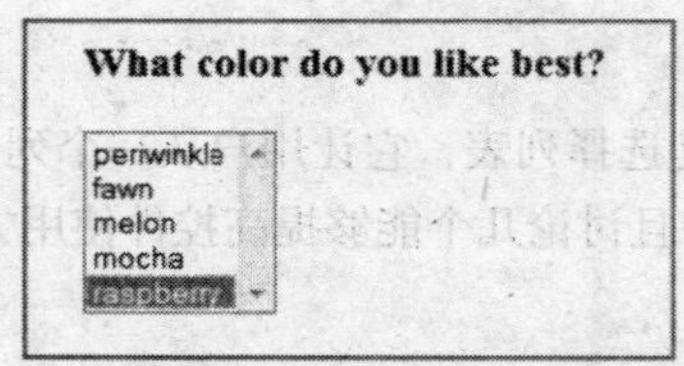

选择框可以配置成可以选择多个项目。它也可以配置成开始时只出现一个（或者与想要的一样多的）选项，然后展示一个包括所有选项的下拉框。当要求你从一个美国州列表选择你的州或者从一列语言中选择你的语言时，你就很可能已经在网站上看过这种类型的选择框。

6.4.1.1　size 属性

size 属性指定将有多少选项是可见的。如果把 size 设定为 1，那么将自动创建下拉列表显示所有的选项。如果把 size 设定为少于选项数目的数字，那么将自动增加滚动条让用户看到所有的选项。

例 6.16 创建两个选择列表示范 size 属性的各种不同的使用方法。为了节省空间，每行放置几个 <option> 选项。

例6.16 使用size属性

```
<html>
<head>
<title>Example 6.16</title>
</head>
<body>
<h3>Where do you live?</h3>
<select name="country" size = "1" id="country">
      <option>Australia</option> <option>Canada</option>
      <option>England</option> <option>France</option>
      <option>Germany</option> <option>Haiti</option>
      <option>India</option> <option>Japan</option>
      <option>Malaysia</option> <option>New Zealand</option>
      <option>Taiwan</option> <option>United States</option>
      <option>Venezuela</option> <option>Yugoslavia</option>
</select>
<h3>Where do you live?</h3>
<select name="country" size = "5" id="country">
      <option>Australia</option> <option>Canada</option>
      <option>England</option> <option>France</option>
      <option>Germany</option> <option>Haiti</option>
      <option>India</option> <option>Japan</option>
      <option>Malaysia</option> <option>New Zealand</option>
      <option>Taiwan</option> <option>United States</option>
      <option>Venezuela</option> <option>Yugoslavia</option>
</select>
<body></html>
```

这个页面最初看起来像这样：

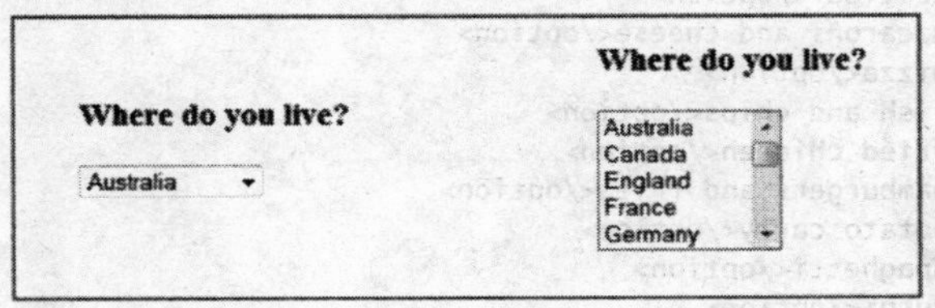

这个下拉菜单将显示所有的项目，并且通过滚动条显示最后5个项目从而可以滚动到这些项目的末端：

Where do you live?

New Zealand
Taiwan
United States
Venezuela
Yugoslavia

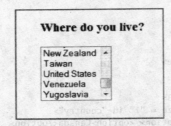

6.4.1.2 multiple 属性

默认情况下，当创建选择列表时，只允许用户选择一个项目。然而，multiple 属性允许你把一个选择框配置成用户可以选择多个选项。有的时候这个属性可能是有用的，然而用户必须按下一个特殊键才能选择多个项目，因此使用时可能会太复杂。

如例 6.17 所示，把 multiple 属性加入 <select> 标签让用户可以从选择列表中选择多个选项。然而，必须说明要同时按下哪一个按钮或键。

例 6.17　在选择列表中使用 multiple 属性

```
<html>
<head>
<title>Example 6.17</title>
</head>
<body>
<h3>Select three favorite foods:</h3>
<select multiple = "multiple" name="food" size = "10" id="food">
     <option>meatloaf</option>
     <option>macaroni and cheese</option>
     <option>pizza</option>
     <option>fish and chips</option>
     <option>fried chicken</option>
     <option>hamburgers and fries</option>
     <option>potato curry</option>
     <option>spaghetti</option>
     <option>sushi</option>
     <option>burritos</option>
</select>
<h3>You must hold down the CTRL key on a Windows computer <br />
or the Command button on a Mac to select multiple options.</h3>
</body></html>
```

如果选择 pizza、potato curry 和 sushi，那么这个页面将看起来像这样：

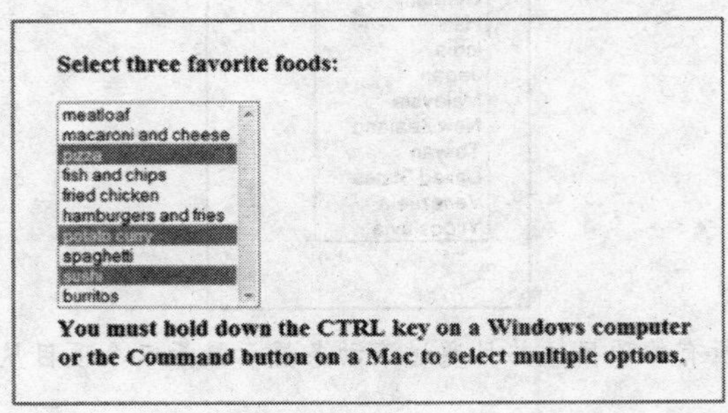

6.4.2 表单元素的高级属性

6.4.2.1 tabindex 属性

当页面包含一些表单控件时，使用 tab 键可以方便地从一个控件移至下一个控件。tab 键（|← →|）的默认动作是移到下一个表单控件。然而，如果想要改变 tab 顺序，那么可以使用 tabindex 属性做这件事情。通过为每个控件设定 tabindex 值，可以确保当用户使用 tab 键移动到下一个控件时，它将移到你已经选择的控件上，而不管它在表单上的哪个地方。如果两个表单控件有相同的索引值，那么首先访问在网页中先编码的那个控件。

索引值起始于 1（注意，在很多其他情形中，这样的值通常起始于 0）。大家可能难以想象这个属性的用途，然而在游戏页面上使用 tabindex 值实现玩家在两个控件之间反复来回地切换是很有趣的。

6.4.2.2 accesskey 属性

accesskey 属性让你把一个键盘字符指定为热键，从而使用户可以通过按下这个键立刻把光标移到特定的表单控件。使用 accesskey 属性也可以访问含有一个指定访问键的任何元素。以下是适用于任何元素的一般语法：

```
element.accesskey = key_you_choose;
```

一个类似于输入框的表单控件的语法如下：

```
<input type = "text" name = "box_name" id = "box_id accesskey = "b" />
```

然而，不是所有的浏览器都支持 accesskey 属性，这样就需要你补充指令。用户必须按下 ALT 键的同时按下指定的访问键。此外，要避免使用操作系统已经使用的组合键，如 ALT+f 将显示文件菜单。

6.4.2.3 onfocus 事件

当一个元素得到焦点时，就发生 onfocus 事件。如果这个元素是一个输入框，那么就意味着当光标单击这个框的内部时，它就得到焦点。当访问一个元素时，有可能发生许多事件。我们已经使用过其中一些事件。这里，我们将使用 onfocus 事件为表单增加一点趣味性。在 HTML 文档中使用 onfocus 事件的一般语法如下：

```
<element onfocus = "JavaScript code" >
```

在 JavaScript 中使用 onfocus 事件的一般语法如下：

```
object.onfocus = "JavaScript code";
```

6.4.2.4 this 关键字

this 关键字是最有力的 JavaScript 关键字之一，而且也许是最难定义的。this 关键字总是指函数或者你正在引用的元素。它出现于我们将要讨论的多种情形中，并且在后续章节中会经常用到。目前，我们将在例 6.18 中学习如何使用它，这个例子只是介绍 this 关键字的基本使用方法。this 关键字的语法如下：

```
<input type="text" name="box_name" id="box_id" onfocus = ↵
"setFunction(this.id)" />
```

在这种情况下，与 .id 组合的 this 关键字标识这个文本框的 id。我们也可以指定这个文本框的实际 id，但是在许多情形下使用 this 关键字更好。它让你对程序拥有更多的控制，并让函数或者事件用于不知道控件的实际 id（或者 this 关键字引用的任何一种属性）的情形。

下一个例子结合使用 onfocus 事件、this 关键字和 tabindex 属性创建一个有点可笑的表单，从而使表单更有趣一点儿。我们将在下一节和练习中使用一些高级属性。

例 6.18　为表单增加一点儿乐趣　这个例子创建一个表单，要求用户录入有关用户自己的一些信息。然而，通过使用 tabindex 属性，使用户无序地进入这些框。通过使用 onfocus 事件，使用户在某个框中开始输入时，那个框将改变颜色。一些样式已经加入 <head> 区域，为页面设置新的文本颜色并使表单元素居中。每个文本框需要一个不同的背景颜色设置函数，当一个框得到焦点时将调用这些颜色函数。我们需要把在焦点中的文本框的 id 传递给函数。我们已经用 this 关键字标识框的 id，从而避免为每个框的 id 分别编码。已经把短的函数和样式放在同一行，以节省空间。

```
<html>
<head>
<title>Example 6.18</title>
<script>
function setYellow(x)
{      document.getElementById(x).style.background="yellow";  }
function setKhaki(x)
{      document.getElementById(x).style.background="khaki";  }
function setGreen(x)
{      document.getElementById(x).style.background="green";   }
function setOrange(x)
{      document.getElementById(x).style.background="orange";  }
function setRed(x)
{      document.getElementById(x).style.background="red";     }
function setPurple(x)
{      document.getElementById(x).style.background="purple";  }
function getFname(firstname)
{
      var fName = document.getElementById(firstname).value;
      document.getElementById('first_name').innerHTML = fName;
}
function getLname(lastname)
{
      var lName = document.getElementById(lastname).value;
      document.getElementById('last_name').innerHTML = lName;
}
function getNname(nickname)
{
      var nName = document.getElementById(nickname).value;
      document.getElementById('nick_name').innerHTML = nName;
}
function getCar(car)
{
      var dreamCar = document.getElementById(car).value;
      document.getElementById('dream_car').innerHTML = dreamCar;
}
function getMeal(meal)
{
      var favMeal = document.getElementById(meal).value;
      document.getElementById('favorite_meal').innerHTML = favMeal;
}
function getVacation(vacation)
```

```
{
    var vacationSpot = document.getElementById(vacation).value;
    document.getElementById('vacation_spot').innerHTML = vacationSpot;
}
</script>
<style type="text/css">
    body        {    margin: 5%;        }
    p           {    font-weight: bold;     color: #006A9D;  }
    label       {    font-weight: bold;     color: #006A9D;  }
    h3          {    color: #006A9D;    }
</style>
</head>
<body>
<h3><br />Fun with the Form</h3>
<p>Enter your information in the boxes. After you are satisfied ↵
                with each entry, press the OK button to see the ↵
                information displayed below. Use the TAB key to ↵
                move from box to box and don't be surprised by ↵
                where the TABs take you.</p>
<div style="width: 90%;">
<div style="width: 33%; float: left;">
<fieldset><label>First name:<br /></label>
    <input type="text" name="firstname" id="firstname" size = ↵
                "30" value = "" tabindex = "1" onfocus = ↵
                "setYellow(this.id)" />
    <input type ="button" onclick="getFname('firstname')" value ↵
                = "ok" tabindex = "1" /></button><br /><br />
</fieldset></div>
<div style="width: 33%; float: left;">
<fieldset><label>Dream car:<br /></label>
    <input type="text" name="car" id="car" size = "30" value ↵
               = "" tabindex = "4" onfocus = "setKhaki(this.id)" />
    <input type ="button" onclick="getCar('car')" value = "ok" ↵
               tabindex = "4" /> </button><br /><br />
</fieldset></div>
<div style="width: 33%; float: left;">
<fieldset><label>Dream vacation:<br /></label>
    <input type="text" name="vacation" id="vacation" size = "30" ↵
               value = "" tabindex = "6" onfocus = ↵
               "setGreen(this.id)" />
    <input type = "button" onclick="getVacation('vacation')" value ↵
               = "ok" tabindex = "6" /></button><br /><br />
</fieldset></div>
<div style="width: 33%; float: left;">
<fieldset><label>Nickname:<br /></label>
    <input type="text" name="nickname" id="nickname" size = ↵
               "30" value = "" tabindex = "3" onfocus = ↵
               "setOrange(this.id)" />
    <input type ="button" onclick="getNname('nickname')" value ↵
               = "ok" tabindex = "3" /></button><br /><br />
</fieldset></div>
<div style="width: 33%; float: left;">
<fieldset><label>Favorite meal:<br /></label>
    <input type="text" name="meal" id="meal" size = "30" value ↵
               = "" tabindex = "5" onfocus = "setRed(this.id)" />
    <input type ="button" onclick="getMeal('meal')" value = ↵
               "ok" tabindex = "5" /></button><br /><br />
</fieldset></div>
<div style="width: 33%; float: left;">
<fieldset><label>Last name:<br /></label>
```

```
        <input type="text" name="lastname" id="lastname" size = ↵
                "30" value = "" tabindex = "2" onfocus = ↵
                "setPurple(this.id)" />
        <input type ="button" onclick="getLname('lastname')" value ↵
                = "ok" tabindex = "2" /></button><br /><br />
</fieldset></div>
<div style="clear:both;"></div>
<div> <input type="reset" value="ooops! I made a mistake. Let ↵
        me start over." /><br /></div>
<div>
<h3>Your information:</h3>
<p>First name: <span id = "first_name"> </span> <br />
Last name: <span id = "last_name"> </span> <br />
Nickname: <span id = "nick_name"> </span> <br />
Dream car: <span id = "dream_car"> </span> <br />
Favorite meal: <span id = "favorite_meal"> </span> <br />
Vacation desired: <span id = "vacation_spot"> </span>
</p></div>
</body></html>
```

如果你创建这个程序，那么输出最初将看起来像这样：

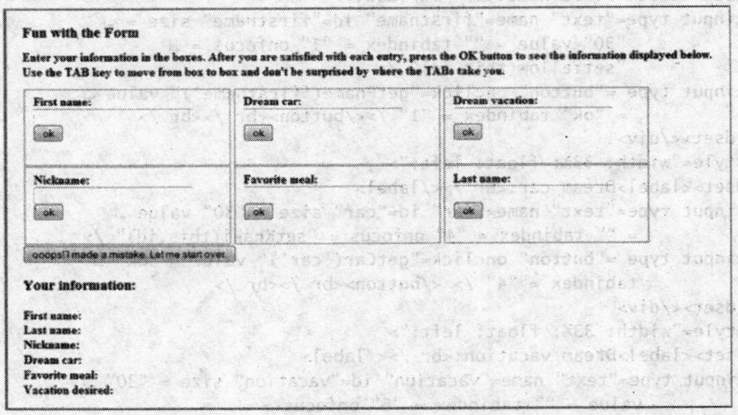
Fun with the Form
Enter your information in the boxes. After you are satisfied with each entry, press the OK button to see the information displayed below.
Use the TAB key to move from box to box and don't be surprised by where the TABs take you.
First name:
Dream car:
Dream vacation:
ok
Nickname:
Favorite meal:
Last name:
ooops! I made a mistake. Let me start over.
Your information:
First name:
Last name:
Nickname:
Dream car:
Favorite meal:
Vacation desired:

如果用户录入名字 Mortimer，按 OK 按钮，并按 tab 键进入下一个字段，那么这个页面将看起来像这样：

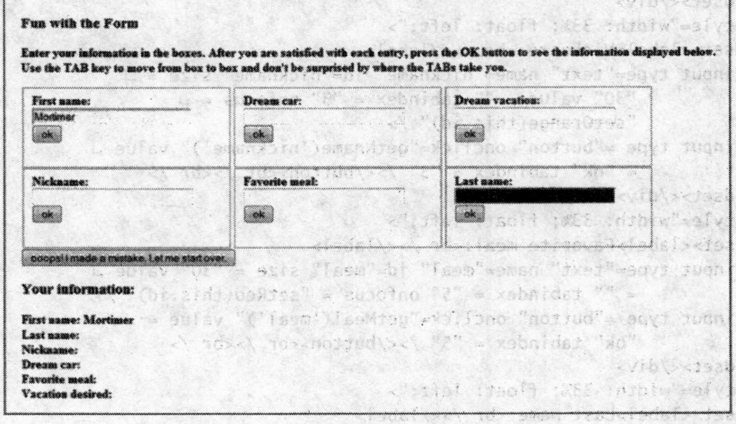
Fun with the Form
Enter your information in the boxes. After you are satisfied with each entry, press the OK button to see the information displayed below.
Use the TAB key to move from box to box and don't be surprised by where the TABs take you.
First name:
Mortimer
Dream car:
Dream vacation:
ok
Nickname:
Favorite meal:
Last name:
ooops! I made a mistake. Let me start over.
Your information:
First name: Mortimer
Last name:
Nickname:
Dream car:
Favorite meal:
Vacation desired:

注意，根据 tabindex 属性将焦点移至其 tabindex="2" 的框，即使它不是下一个框。另外，一旦用户单击 name 框就调用函数 SetYellow(this.id)。传递给这个函数的 id 是调用这个函数的框的 id。在这种情况下，this.id 引用碰巧是 "firstname" 名字框的 id。在用户单击 OK 按钮之后，就使用这个函数需要的框的实际 id 调用函数 getFname()。getfName() 函数把用户名显示在页面的底部。然后，当按 tab 键时，用户移到下一个框，并且因为 last name 框现在有焦点，所以 onfocus 事件将它的颜色转换成紫色。

最后，如果用户录入下列信息，并且在每次录入后单击 OK 按钮、再按 tab 键从而录入完成所有的文本框，那么这个页面将看起来如下图所示。

输入： Mortimer Mahoney, aka mortyma, loves macaroni and meatballs, wants to drive a Mustang, and dreams of vacationing in Madagascar

输出：

6.4.2.5 把图像用做 OK（确认）按钮

我们可以把另一个特征加入网页，使之更加有趣。当完成录入时，玩家不是单击默认的按钮，而是使用我们自己设计的按钮。为了做这件事情，我们创建一个图像，然后把它插入 <a href> 和 </a> 标签之间。不是链接另一个网页或网页的另一个地方，而是使用锚标签链接一个 JavaScript 程序。一般语法如下：

```
<a href="JavaScript:function_name()"> <img src = "image_name.gif"></a>
```

如果我们用下列代码替换例 6.18 中的默认 OK（确认）按钮，并且使用在 Student DataFiles 中的图像 ok.gif，那么这个程序的显示将改变为例 6.19 中的显示效果。当用户单击这个新图像时，将执行完全相同的函数。由于除了这些替换代码之外，这个例子的代码与例 6.18 一样，所以只展示第一个文本框的新代码。

例 6.19 把图像用作确认按钮

```
1. <fieldset>
2. <label>First name:<br /></label>
3. <input type="text" name="firstname" id="firstname" size = "30" value = "" ↵
        tabindex = "1" onfocus = "setYellow(this.id)" />
4. <a href = "JavaScript:getFname('firstname')"> <img src = "ok.gif"></a>
5. <br /><br /></fieldset>
```

第 4 行是把图像用做按钮的地方。如果这种替换用于所有的文本框，那么在用户录入前面两块信息之后，其输出将如下图所示。

Fun with the Form

Enter your information in the boxes. After you are satisfied with each entry, press the OK button to see the information displayed below.
Use the TAB key to move from box to box and don't be surprised by where the TABs take you.

First name: Mary Jane (OK)	Dream car: (OK)	Dream vacation: (OK)
Nickname: (OK)	Favorite meal: (OK)	Last name: (OK)

oops! I made a mistake. Let me start over.

Your information:

First name: Mary Jane
Last name: Morgenstern
Nickname:
Dream car:
Favorite meal:
Vacation desired:

6.4 节检查点

6.19 必须把哪个属性添加到 <select> 标签来创建一个含有 20 个项目但只显示 5 个项目的选择列表？

6.20 必须把哪个属性添加到 <select> 标签让用户从一个含有 20 个项目的选择列表选择 5 个项目？

6.21 如果想要把列表中的项目显示为一个下拉菜单，那么你要为选择列表中的 size 属性录入什么值？

6.22 举出一个例子说明，在含有一些控件的表单中使用 tabindex 属性是有益的。

6.23 举出一个例子说明，使用 accesskey 属性指定热键是有用的。

6.24 创建一个包含 6 类汽车的选择列表，但是最初只显示前两类，通过滚动条可以让用户看到列表中的其他项目。

6.5 操作实践

现在，我们将为 Greg'sGambits 网站创建一个登录页面让玩家创建用户简要表（user profile），并且为 Carla's Classroom 网站创建一个进度报告让 Carla 向她的学生父母发送学生评语。

6.5.1 Greg's Gambits：玩家信息和物品目录

通过 Greg 主页上的 Sign In 链接可以访问我们将创建的页面，这个页面将让玩家录入一些个人信息以及当玩家每次访问这个网站时要保存和更新的信息。以后，我们将学习如何随着游戏进展动态地更新这些信息，这需要使用我们将在第 11 和 12 章讨论的 PHP 技术。

现在，我们的页面将让玩家录入他的真实姓名、用户名、选择的头像和玩家物品目录中的项目（武器和补给）以及分数。我们将使用本章讨论的表单元素，并且使用 JavaScript 允许玩家改变以前的录入项。

页面标题应该是 Greg's Gambits ｜ Player Inventory，文件名是 signin.html。

6.5.1.1 开发程序

首先我们设计一个表单，其表单元素包括以下录入项目：

- 玩家的名字：一个文本框。
- 用户名：一个文本框。
- 头像：一些单选按钮（因为只能选择一个头像）。
- 玩家的分数：一个文本框。
- 武器：一些复选框（因为在物品目录中可能有一种以上的武器）。
- 补给：一些复选框（因为玩家通常有一些补给）。

网页设计 对于这个页面，我们将使用以前的一个页面作为模板。新内容将放入其 id="content" 的 <div> 区域中。我们将为玩家的名字、用户名和分数使用 3 个文本框。我们可以重新使用第 1 章的代码显示可能的头像，并且使用单选按钮让用户选择一个头像。但是在本章中，我们将使用一个 JavaScript 程序把选择的头像显示在物品目录显示区域中。我们也将使用复选框让用户选择 3 种武器和补给中的 5 个项目。这部分 HTML 代码如下（注意，还没有编写被调用的函数）：

```
<div id="content">
<h2><br />Tell Greg About You</h2>
<div><div><form name = "inventory">
<fieldset><h3>Enter the following information:</h3>
<p><label>Your name:<br /></label>
      <input type="text" id="realname" size = "40" value = ""/>
      <input type ="button" onclick="getRealName('realname')" ↵
                  value = "ok"> </button></p>
<p><label>Your username:<br /> </label>
      <input type="text" id="username" size="40" value = ""/>
      <input type ="button" onclick="getUsername('username')" ↵
                  value = "ok"> </button></p>
<p><label>Points to date:<br /></label>
      <input type="text" id="points" size = "10" value = ""/>
      <input type ="button" onclick="getPoints('points')" ↵
                  value = "ok"> </button></p>
</fieldset></div><div style="clear:both;"></div>
<div> <table width = "100%" border = "2"> <br />
      <tr><td colspan = "5" class = "nobdr"><h3>Your Avatar </h3></td></tr>
      <tr><td class="nobdr"><img src="images/bunny.jpg" /></td>
      <td class="nobdr"> <img src="images/elf.jpg" /> </td>
      <td class="nobdr"> <img src="images/ghost.jpg" /></td>
      <td class="nobdr"><img src="images/princess.jpg" /></td>
      <td class="nobdr"><img src="images/wizard.jpg" /></td></tr>
      <tr><td class="nobdr"><input type = "radio" name = "avatar" ↵
                  id = "bunny" value = "Bunny" onclick= ↵
                  "pickAvatar('bunny')"/></td>
      <td class="nobdr"><input type = "radio" name = "avatar" ↵
                  id = "elf" value = "Elf" ↵
                  onclick="pickAvatar('elf')"/></td>
      <td class="nobdr"><input type = "radio" name = "avatar"
                  id = "ghost" value = "Ghost" ↵
                  onclick="pickAvatar('ghost')"/> </td>
      <td class="nobdr"><input type = "radio" name = "avatar" ↵
                  id = "princess" value = "Princess" ↵
                  onclick="pickAvatar('princess')"/></td>
```

```
        <td class="nobdr"><input type = "radio" name = "avatar" ↵
                  id = "wizard" value = "Wizard" ↵
                  onclick="pickAvatar('wizard')"/> </td></tr>
        </table><div style="width: 50%; float: left;"><fieldset>
    <h3>Select three weapons to help you in your quest</h3>
        <input type="checkbox" name="weapons" id="w0" ↵
                  value="Sword" />Sword<br />
        <input type="checkbox" name="weapons" id="w1" ↵
                  value="Slingshot" />Slingshot<br />
        <input type="checkbox" name="weapons" id="w2" ↵
                  value="Shield" />Shield<br />
        <input type="checkbox" name="weapons" id="w3" value="Bow ↵
                  and 10 Arrows" />Bow and 10 Arrows<br />
        <input type="checkbox" name="weapons" id="w4" value="3 Magic ↵
                  Rocks" />3 Magic Rocks<br />
        <input type="checkbox" name="weapons" id="w5" value= ↵
                  "Knife" />Knife<br />
        <input type="checkbox" name="weapons" id="w6" ↵
                  value="Staff" />Staff<br />
        <input type="checkbox" name="weapons" id="w7" value="Wizard's ↵
                  Wand" />Wizard's Wand<br />
        <input type="checkbox" name="weapons" id="w8" value="Extra ↵
                  Arrows" />10 Extra Arrows<br />
        <input type="checkbox" name="weapons" id="w9" value="Cloak of ↵
                  Invisibility" />Cloak of Invisibility<br />
        <input type ="button" onclick="pickWeapons()" value = "Enter ↵
                  my selections" /></button></fieldset></div>
    <div style="width: 50%; float: left;"><fieldset>
    <h3>Select five items to carry with you on your journeys</h3>
        <input type="checkbox" name="supplies" id="s0" value="3-Day ↵
                  Food Supply" />3-Day Food Supply<br />
        <input type="checkbox" name="supplies" id="s1" value= ↵
                  "Backpack" />Backpack<br />
        <input type="checkbox" name="supplies" id="s2" value="Kevlar ↵
                  Vest" />Kevlar Vest<br />
        <input type="checkbox" name="supplies" id="s3" value="3-Day ↵
                  Water Bottle" />3-Day Supply of Water<br />
        <input type="checkbox" name="supplies" id="s4" value="Box of 5 ↵
                  Firestarters" />Box of 4 Firestarters<br />
        <input type="checkbox" name="supplies" id="s5" value= ↵
                  "Tent" />Tent<br />
        <input type="checkbox" name="supplies" id="s6" value="First ↵
                  Aid Kit" />First Aid Kit<br />
        <input type="checkbox" name="supplies" id="s7" value="Warm ↵
                  Jacket" />Warm Jacket<br />
        <input type="checkbox" name="supplies" id="s8" value="3 Pairs ↵
                  Extra Socks" />3 Pairs Extra Socks<br />
        <input type="checkbox" name="supplies" id="s9" value="Pen and ↵
                  Notebook" />Pen and Notebook<br />
        <input type ="button" onclick="pickSupplies()" value = "Enter ↵
                  my selections" /></button></fieldset></div>
    </div><div style="clear:both;"></div>
    <div ><br />
        <input type="reset" value="ooops! I made a mistake. Let me ↵
                  start over."><br />
    </div><div style="width: 90%; float: left;">
```

```
<h3>Your information<br />
Your name: <span  id = "real_name"> </span> <br /><br />
Username: <span  id = "user_name"> </span> <br /><br />
Player points: <span id = "user_points"> </span> <br /><br />
Avatar: <span  id = "myavatar"> </span> <span id = "avatar_img"> ↵
                     </span><br /> <br />
Weapons:<br />
     <span id = "weapon_one"> </span> <br />
     <span id = "weapon_two"> </span><br />
     <span id = "weapon_three"> </span> <br /><br />
Supplies:<br />
     <span id = "supply_one"> </span> <br />
     <span id = "supply_two"> </span><br />
     <span id = "supply_three"> </span> <br />
     <span id = "supply_four"> </span><br />
     <span id = "supply_five"> </span> </h3></div>
</div></form><div style="clear:both;"></div>
```

创建这个页面所需要的图像在 Student Data Files 中。注意每个头像图像已经特殊命名。这样做的原因是创建的函数要同时显示这个头像的文本值和它的图像。网页现在看起来像这样：

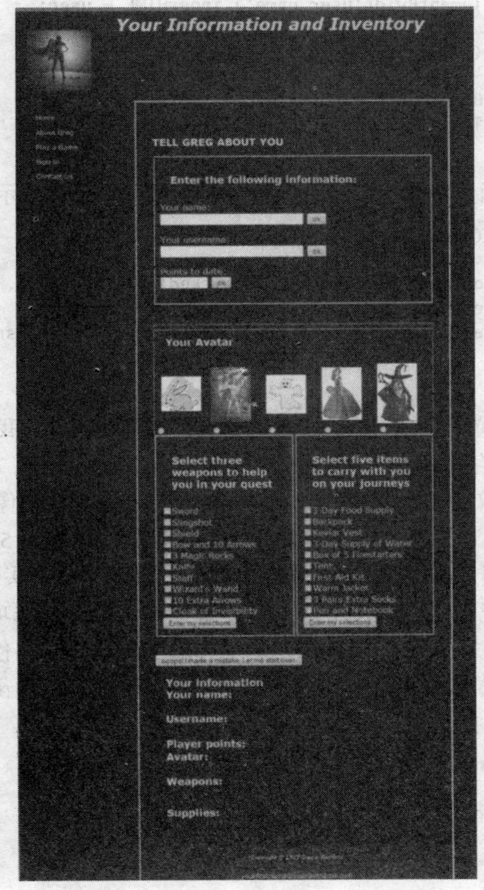

6.5.1.2 编写代码

现在，我们必须开始编写从表单控件中抽取数据并把它显示在页面底部的 JavaScript 程序。在第 12 章中，我们将学习该如何使用 PHP 抽取这些信息并把它存储在维护所有玩家信息的数据库中。

有些函数（即那些获取玩家名字、用户名和分数的函数）相对简单，并且几乎与那些我们在本章前面编写的订餐函数相同。对于指定头像的单选按钮是一样的，但是我们将增加代码，把头像图像和它的文本值放入物品目录区域。识别 3 种武器和 5 个补给项目的代码较为复杂，后面将详细解释。

文本框函数 这些函数获取玩家的名字、用户名和分数，代码如下：

```
function getRealName(realname)
{
    var real = document.getElementById(realname).value;
    document.getElementById('real_name').innerHTML = real;
}
function getUsername(username)
{
    var user = document.getElementById(username).value;
    document.getElementById('user_name').innerHTML = user;
}
function getPoints(points)
{
    var pts = document.getElementById(points).value;
    document.getElementById('user_points').innerHTML = pts;
}
```

单选按钮函数 这个函数获取玩家的头像并且与头像图像一起显示，代码如下：

```
1.  function pickAvatar(picked)
2.  {
3.      var avatar = document.getElementById(picked).value;
4.      document.getElementById('myavatar').innerHTML = avatar;
5.      document.getElementById('avatar_img').innerHTML = ("<img src ↵
                  = 'images/" + avatar + ".jpg' />");
6.  }
```

在这些代码中，我们感兴趣的是第 5 行。当保存头像图像时，我们要确保使用与这个头像含义完全相同的文件名保存。例如，兔子头像的文本表示是 bunny，然后把这个值存储在变量 avatar 中。这个兔子图像文件必须命名为 bunny.jpg。对于幽灵（图像名是 ghost.jpg）、公主（图像名是 princess.jpg）等头像也一样。因为这种情况下，我们可以在第 5 行把变量 avatar 的任何值与 .jpg 连接起来，并且使用 innerHTML 属性把由变量 avatar 指定的头像显示在网页上。

复选框函数 以前，我们创建了一个从一列复选框中选取两个选项的函数。现在，我们必须从可能的武器列表中选取 3 项，并且从补给列表中选取 5 项。我们将使用不同的逻辑实现这些事情。下面给出识别这 3 种武器的函数，并且附带解释。为补给编写的函数几乎是一样的，只是选择数量不同而已，也就是选择 5 项。

```
function pickWeapons()
{
    var i = 0; var j = 0; var k = 0;
    var weapon1 = ""; var weapon2 = ""; var weapon3 = "";
    for (i=0; i <= 9; i++)
```

```
6.      {
7.          if (document.getElementById('w'+ i).checked == true)
8.          {
9.              weapon1 = document.getElementById('w'+ i).value;
10.             document.getElementById('weapon_one').innerHTML = weapon1;
11.             break;
12.         }
13.     }
14.     for (j=(i+1); j <=9; j++)
15.     {
16.         if (document.getElementById('w'+ j).checked == true)
17.         {
18.             weapon2 = document.getElementById('w'+ j).value;
19.             document.getElementById('weapon_two').innerHTML = weapon2;
20.             break;
21.         }
22.     }
23.     for (k=(j+1); k <=9; k++)
24.     {
25.         if (document.getElementById('w'+ k).checked == true)
26.         {
27.             weapon3 = document.getElementById('w'+ k).value;
28.             document.getElementById('weapon_three').innerHTML = weapon3; ↵
                        break;
29.         }
30.     }
31. }
```

注意，在遍历复选框的循环中，每个框用它的 id 识别。这些框命名为 'w'(用于武器) 或 's'(用于补给) 后随一个数字，这些数字起始于 0，以便对应于一个起始于 0 的循环。在这个函数中，我们把字母 'w' 和在计数器（i 在第 7 行上）中的数字连接起来创建任何给定复选框的 id。

有一个问题：如果程序遍历所有复选框，那么一旦找到一个选中的复选框（在第 8 行上），就把那个框的值赋给变量 weapon1。现在我们需要查阅其他复选框确定 weapon2 和 weapon3。不像我们在菜单程序中所做的那样使用一个标志变量 flag，而是使用第二个循环并且这个循环起始于第一个循环的剩余部分。在第一个循环中，一旦识别出一个选中的框，就把第一种武器的值 value 存储在 weapon1 中（第 9 行）并把这个值放在网页上（第 10 行），然后，使用 break 语句结束这个循环。现在，第二个循环使用一个新计数器开始（第 14 行）。我们不想这个循环遍历以前检查的值，因此从第一个循环结束之后的值开始这个循环。在这种情况下，新循环从 i+1 开始。如果第一个选中的框是其 id=4 的框，那么第二个循环从其 id=5 的框开始。

第二个循环做的事情与第一个循环完全相同。然而，当它发现第二个选中的复选框时，它的值将被赋值给 weapon2 并且把这个值放在网页上，然后循环结束。例如，如果第二个选中的复选框的 id=7，那么我们只需要检查列表中最后两个复选框来查找第三种武器。

现在，我们开始第三个循环（第 23 行），它从刚好在 weapon2 标识的那个复选框之后的那个框开始。这个循环以 k 作为计数器，并且 k 从 j+1 开始。这里，这个列表的最后一个项目是选中的。当识别出选中的第三个复选框时，就把它的值赋给 weapon3（第 27 行）并且把这个值显示在网页上（第 28 行）。因为我们已经识别并显示了 3 种武器，所以强制退出这个循环并且结束函数。

在真实的程序中，我们会增加代码确保玩家没有选择 3 种以上的武器。然而，对于目前来说这已经足够了，不管玩家选中多少，我们显示前 3 种选中的武器。

识别并且显示选中补给的函数代码几乎是一样的。我们只需要增加另外两个循环，使用新的计数器识别出第四和第五个选中项。新计数器是 m 和 p，选择这两个字母的原因是因为小写字母 l 看起来非常像小写字母 i，而小写字母 o 很容易与 0 混淆。当然，你也可以使用任何感兴趣的计数器。

6.5.1.3 将所有代码放在一起

我们准备把所有代码放在一起。这个程序中，我们没有包括错误检查。如果你正在为一个实际网站编写程序，那么你就必须包括错误检查。错误检查应该考虑下列情形，当然你也可能想到其他情况。在第 7 章中，当我们讨论 JavaScript 源文件时，你将学习在不增加主程序大小和不重复代码的情况下包含错误检查。目前，考虑以下这些情形并且考虑如何检查错误：

- 名字或用户名超过预定长度（你想要用户有一个 4567 个字符的用户名吗）。
- 为分数录入的值不是数字，是负数或者超出你的游戏网站的适合范围。
- 从两个复选框字段中选择太多或太少的项目。

从现在开始，我们将假定玩家会录入有效的数据。因此，整个页面代码如下：

```
<html><head>
<title>Greg's Gambits | Player Inventory</title>
<link href="greg.css" rel="stylesheet" type="text/css" />
<script>
function pickAvatar(picked)
{
     var avatar = document.getElementById(picked).value;
     document.getElementById('myavatar').innerHTML = avatar;
     document.getElementById('avatar_img').innerHTML = ("<img src ↵
               = 'images/"+ avatar + ".jpg' />");
}
function getRealName(realname)
{
     var real = document.getElementById(realname).value;
     document.getElementById('real_name').innerHTML = real;
}
function getUsername(username)
{
     var user = document.getElementById(username).value;
     document.getElementById('user_name').innerHTML = user;
}
function getPoints(points)
{
     var pts = document.getElementById(points).value;
     document.getElementById('user_points').innerHTML = pts;
}
function pickWeapons()
{
     var i = 0; var j = 0; var k = 0;
     var weapon1 = ""; var weapon2 = ""; var weapon3 = "";
     for (i = 0; i <= 9; i++)
     {
          if (document.getElementById('w'+i).checked == true)
          {
               weapon1 = document.getElementById('w'+i).value;
```

```
                document.getElementById('weapon_one').innerHTML = weapon1;
                break;
            }
        }
        for (j = (i+1); j <=9; j++)
        {
            if (document.getElementById('w'+j).checked == true)
            {
                weapon2 = document.getElementById('w'+j).value;
                document.getElementById('weapon_two').innerHTML = weapon2;
                break;
            }
        }
        for (k = (j+1); k <=9; k++)
        {
            if (document.getElementById('w'+k).checked == true)
            {
                weapon3 = document.getElementById('w'+k).value;
                document.getElementById('weapon_three').innerHTML = weapon3; ↵
                        break;
            }
        }
    }
    function pickSupplies()
    {
        var i = 0; var j = 0; var k = 0; var m = 0; var p = 0;
        var supply1 = ""; var supply2 = ""; var supply3 = "";
        var supply4 = ""; var supply5 = "";
        for (i = 0; i <= 9; i++)
        {
            if (document.getElementById('s'+i).checked == true)
            {
                supply1 = document.getElementById('s'+i).value;
                document.getElementById('supply_one').innerHTML = supply1;
                break;
            }
        }
        for (j = (i+1); j <=9; j++)
        {
            if (document.getElementById('s'+j).checked == true)
            {
                supply2 = document.getElementById('s'+j).value;
                document.getElementById('supply_two').innerHTML = supply2;
                break;
            }
        }
        for (k = (j+1); k <=9; k++)
        {
            if (document.getElementById('s'+k).checked == true)
            {
                supply3 = document.getElementById('s'+k).value;
                document.getElementById('supply_three').innerHTML = supply3;
                break;
            }
        }
        for (m = (k+1); m <=9; m++)
        {
            if (document.getElementById('s'+m).checked == true)
```

```
            {
                supply4 = document.getElementById('s'+m).value;
                document.getElementById('supply_four').innerHTML = supply4;
                break;
            }
        }
        for (p = (m+1); p <=9; p++)
        {
            if (document.getElementById('s'+p).checked == true)
            {
                supply5 = document.getElementById('s'+p).value;
                document.getElementById('supply_five').innerHTML = supply5;↵
                        break;
            }
        }
}
</script></head>
<body>
<div id="container">
<img src="images/superhero.jpg" class="floatleft" />
<h1 align="center"><em>Your Information and Inventory</em></h1>
<div style ="clear:both;"></div>
<div id="nav">
    <p><a href="index.html">Home</a>
    <a href="greg.html">About Greg</a>
    <a href="play_games.html">Play a Game</a>
    <a href="sign.html">Sign In</a>
    <a href="contact.html">Contact Us</a></p>
    </div>
<div id="content">
<h2><br />Tell Greg About You</h2>
<div>
<div><form name = "inventory"><fieldset>
    <h3>Enter the following information:</h3>
    <p><label>Your name:<br /></label>
    <input type="text" id="realname" size = "40" value = ""/>
    <input type ="button" onclick="getRealName('realname')" value = "ok">↵
                    </button></p>
    <p><label>Your username:<br /> </label>
    <input type="text" id="username" size="40" value = ""/></label>
    <input type ="button" onclick="getUsername('username')" value = "ok"> ↵
                    </button></p>
    <p><label>Points to date:<br /></label>
    <input type="text" id="points" size = "10" value = ""/>
    <input type ="button" onclick="getPoints('points')" value = "ok"> ↵
                    </button></p>
    </fieldset></div><div style="clear:both;"></div>
    <div> <table width = "100%" border = "2"> <br />
    <tr><td colspan = "5" class = "nobdr"><h3>Your Avatar </h3></td></tr>
    <tr><td class="nobdr"><img src="images/bunny.jpg" /></td>
    <td class="nobdr"> <img src="images/elf.jpg" /> </td>
    <td class="nobdr"> <img src="images/ghost.jpg" /></td>
    <td class="nobdr"><img src="images/princess.jpg" /></td>
    <td class="nobdr"><img src="images/wizard.jpg" /></td></tr>
    <tr><td class="nobdr"><input type = "radio" name = "avatar" ↵
                    id = "bunny" value = "Bunny" ↵
                    onclick="pickAvatar('bunny')"/></td>
    <td class="nobdr"><input type = "radio" name = "avatar" ↵
                    id = "elf" value = "Elf" ↵
```

```
                onclick="pickAvatar('elf')"/></td>
      <td class="nobdr"><input type = "radio" name = "avatar" ↵
                id = "ghost" value = "Ghost" ↵
                onclick="pickAvatar('ghost')"/> </td>
      <td class="nobdr"><input type = "radio" name = "avatar" ↵
                id = "princess" value = "Princess" ↵
                onclick="pickAvatar('princess')"/></td>
      <td class="nobdr"><input type = "radio" name = "avatar" id =↵
                "wizard" value = "Wizard" onclick =↵
                "pickAvatar('wizard')"/></td></tr>
      </table>
<div style="width: 50%; float: left;"><fieldset>
      <h3>Select three weapons to help you in your quest</h3>
      <input type="checkbox" name = "weapons" id="w0" ↵
                value = "Sword" />Sword<br />
      <input type="checkbox" name = "weapons" id="w1" ↵
                value = "Slingshot" />Slingshot<br />
      <input type="checkbox" name = "weapons" id="w2" ↵
                value = "Shield" />Shield<br />
      <input type="checkbox" name = "weapons" id="w3" value = "Bow ↵
                and 10 Arrows" />Bow and 10 Arrows<br />
      <input type="checkbox" name = "weapons" id="w4" value = ↵
                "3 Magic Rocks" />3 Magic Rocks<br />
      <input type="checkbox" name = "weapons" id="w5" ↵
                value = "Knife" />Knife<br />
      <input type="checkbox" name = "weapons" id="w6" value = ↵
                "Staff" />Staff<br />
      <input type="checkbox" name = "weapons" id="w7" value = ↵
                "Wizard's Wand" />Wizard's Wand<br />
      <input type="checkbox" name = "weapons" id="w8" value = ↵
                "Extra Arrows" />10 Extra Arrows<br />
      <input type="checkbox" name = "weapons" id="w9" value = "Cloak of ↵
                Invisibility" /> Cloak of Invisibility<br />
      <input type ="button" onclick="pickWeapons()" value = "Enter my ↵
                selections" /></button>
</fieldset></div>
<div style="width: 50%; float: left;"><fieldset>
      <h3>Select five items to carry with you on your journeys</h3>
      <input type="checkbox" name="supplies" id="s0" value="3-Day ↵
                Food Supply" />3-Day Food Supply<br />
      <input type="checkbox" name="supplies" id="s1" value= ↵
                "Backpack" />Backpack<br />
      <input type="checkbox" name="supplies" id="s2" value= ↵
                "Kevlar Vest" />Kevlar Vest<br />
      <input type="checkbox" name="supplies" id="s3" value="3-Day ↵
                Water Supply" />3-Day Supply of Water<br />
      <input type="checkbox" name="supplies" id="s4" value= "Box of 5 ↵
                Firestarters" />Box of 5 Firestarters<br />
      <input type="checkbox" name="supplies" id="s5" value= "Tent" /> ↵
                Tent<br />
      <input type="checkbox" name="supplies" id="s6" value="First Aid Kit" /> ↵
                First Aid Kit<br />
      <input type="checkbox" name="supplies" id="s7" value="Warm Jacket" /> ↵
                Warm Jacket<br />
      <input type="checkbox" name="supplies" id="s8" value="3 Pairs ↵
                Extra Socks" />3 Pairs Extra Socks<br />
      <input type="checkbox" name="supplies" id="s9" value="Pen and ↵
                Notebook" />Pen and Notebook<br />
      <input type ="button" onclick="pickSupplies()" value = ↵
```

```
                                  "Enter my selections" /></button>
</fieldset></div>
</div><div style="clear:both;"></div>
<div> <br /><input type="reset" value="ooops! I made a mistake. ↵
                                  Let me start over."><br /></div></form>
<div style="width: 90%; float: left;">
     <h3>Your information<br />
     Your name: <span id = "real_name"> </span> <br /><br />
     Username: <span id = "user_name"> </span> <br /><br />
     Player points: <span id = "user_points"> </span><br />
     Avatar: <span  id = "myavatar"> </span> <span id = ↵
                                  "avatar_img"> </span><br /> <br />
     Weapons:<br />
     <span id = "weapon_one"> </span> <br />
     <span id = "weapon_two"> </span><br />
     <span id = "weapon_three"> </span> <br /><br />
     Supplies:<br />
     <span id = "supply_one"> </span> <br />
     <span id = "supply_two"> </span><br />
     <span id = "supply_three"> </span> <br />
     <span id = "supply_four"> </span><br />
     <span id = "supply_five"> </span> </h3></div>
</div><div style="clear:both;"></div>
<div id="footer">
     Copyright &copy; 2013 Greg's Gambits<br />
     <a href="mailto:yourfirstname@yourlastname.com"> ↵
                                  yourfirstname@yourlastname.com</a>
</div>
</div></body></html>
```

6.5.1.4 完成

这里是一些玩家录入不同信息的样例显示。

输入：一个名叫 Ken Kang 的玩家使用用户名 casper，因为他是一个幽灵并且有 4895 分。他选择魔石（Magic Rock）、一把刀（knife）和一件隐身衣（invisibility cloak）作为他的武器，并且想要携带食物（food）、水（water）、帐篷（tent）、打火石（firestarter）、笔（pen）和笔记本（notebook）伴随他的旅程。

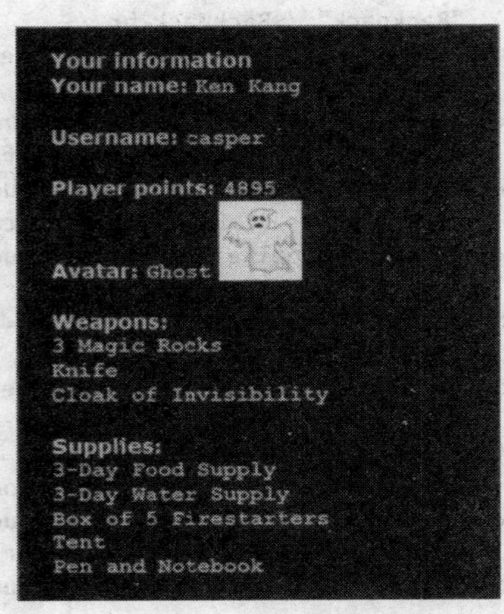

输入： Alicia Alba 选择用户名 PerkyPrincess 并且选择公主作为头像，她有 12 345 分。她选择的武器是一把剑（sword）、一个盾牌（shield）和一把弹弓（slingshot），并且选择食物（food）、水（water）、一件保暖夹克（warm jacket），一个急救包（first aid kit）和一个背包（backpack）伴随她的旅程。

输出：

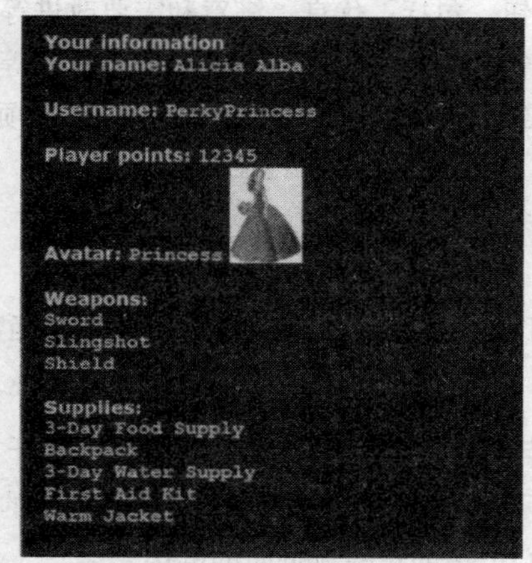

6.5.2　Carla's Classroom：Carla 的进度报告表单

在本节中，我们将开发一个表单，Carla 使用它将学生的学习进度报告发送给学生的父母或监护人。这个表单将创建一个发送给 Carla 的电子邮件信息，而她可以把它转发给学生的父母或者作为她自己的记录文件。

6.5.2.1　开发程序

开发这个程序包括 3 个步骤。首先，我们将根据 Carla 想要的报告类型设计页面；其次，我们决定每个选项最好使用哪种表单元素，并且设计包括这些元素的页面；最后，我们将编写 JavaScript 代码，取出这些数据并且在页面上显示，再通过一封电子邮件发送这些数据。

Carla 想要的信息种类　Carla 想要把下列信息发送给她学生的父母：

- 家庭作业平均分
- 考试平均分
- 考勤
- 算术进展
- 阅读进展
- 写作进展
- 综合成绩

她还需要包括学生的名字并且想要一个区域写她自己的评语。

页面设计　我们将为每个项目设计下列表单元素：

- 学生名字：一个文本框。
- 家庭作业平均分：一个文本框。
- 考试平均分：一个文本框。
- 考勤：一组单选按钮，包括：优良、满意和需要改进等选项。
- 算术进展：一组单选按钮，包括：优良、满意和需要改进等选项。
- 阅读进展：一组单选按钮，包括：优良、满意和需要改进等选项。
- 写作进展：一组单选按钮，包括：优良、满意和需要改进等选项。
- 综合成绩：一组单选按钮，包括：A、B、C、D 和 F 等选项。
- 评语：一个文本区框。
- 一个重置按钮。
- 一个提交按钮，将创建一封要发送给 Carla 的电子邮件。

在设计好这个页面之后，我们将编写从表单取出这些数据的函数。

6.5.2.2 创建表单

我们首先在 Carla 的主页上放置一个到这个页面的链接。打开文件 carla.html，然后替换内容区域中的默认代码，如下图所示。第 3 行提及你可以在本章末尾的“编程挑战”中创建的问卷调查页面，第 4 行创建一个到我们正在创建的新页面的链接。

```
1.  <div id="content">
2.  <p><img src="images/carla_pic.jpg" class="floatleft" /> Who is Carla? ↵
        Carla is a teacher who cares about her students!</p>
3.  <p>Help Carla improve! Take the Rate Carla survey now.</p>
4.  <p><a href= "carla_progress.html">Carla's Progress Report Form</a></p>
5.  </div>
```

新页面的文件名将是 carla_progress.html。此时，你的 carla.html 页面将看起来像这样：

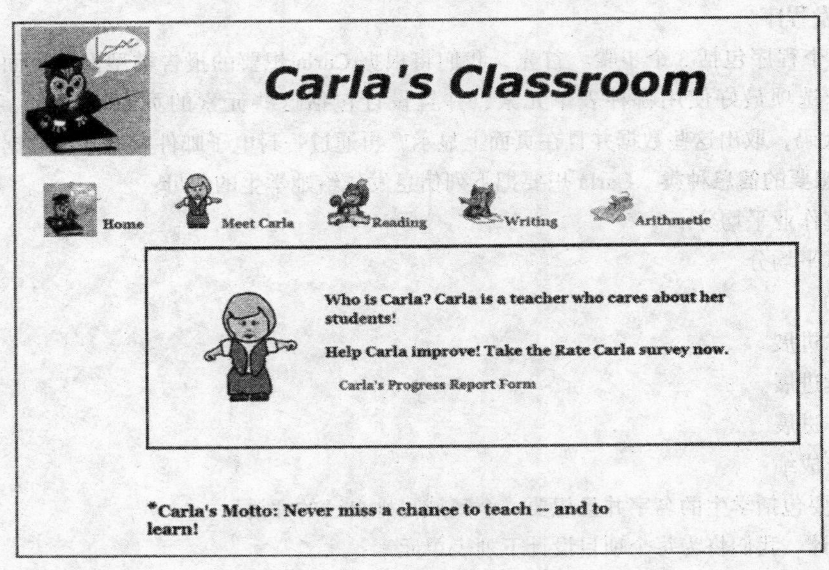

对于这个进度报告页面，我们将使用以前的一个页面作为一个模板。然而，因为尽管这个页面是 Carla's Classroom 网站的一部分，但是学生不会使用它链接课堂练习（classroom exercises）页面，所以我们可以省掉顶端的导航链接和内容区域中的 Carla 图像。这个表单将放入其 id="content" 的 <div> 区域中，我们将包括 3 个文本框用于录入学生的名字、家庭作业平均分和考试平均分。我们也将使用单选按钮组让 Carla 对学生在算术、阅读、写作和考勤方面的进展选择 3 个描述之一，可以把这 4 个单选按钮组整齐地放在一个表格中显示。我们也将使用单选按钮录入综合成绩，并且使用一个文本区框让 Carla 录入对每位学生的评语。这个页面标题应该是 Carla's Classroom ｜ Progress Report Form。这个 HTML 代码如下（注意，还没有编写被调用的函数）：

```
<html>
<head>
<title>Carla's Classroom | Progress Report Form</title>
<link href="carla.css" rel="stylesheet" type="text/css" />
</head>
<body>
<form>
<div id="container">
      <img src="images/owl_reading.jpg" class="floatleft" />
      <h2 id="logo"><em>Carla's Progress Report</em></h2>
</div><div style="clear:both;"></div>
<div id="content">
      <p><label>Student's name:</label>
      <input type="text" name = "Student Name: "id="stu_name" ↵
                  size = "40" value = ""/>
      <input type ="button" onclick="getName('stu_name')" ↵
                  value = "ok"></button></p>
      <p><label>Homework average:</label>
      <input type="text" name = "Homework Average: " id="hw_avg" ↵
                  size="8" value = ""/>
      <input type ="button" onclick="getHW('hw_avg')" value = "ok"> ↵
                  </button>     
      <label>Test average:</label>
      <input type="text" name = "Test Average:" id="test_avg" ↵
                  size="8" value = ""/>
      <input type ="button" onclick="getTest('test_avg')" value = ↵
                  "ok"></button></p>
<table width = "100%">
      <tr><td><h4>attendance</h4></td><td><h4>arithmetic</h4></td>
      <td><h4>reading</h4></td><td><h4>writing</h4></td></tr>
      <tr><td><input type = "radio" name = "Attendance: " id = "a1" ↵
                  value = "excellent" onclick = ↵
                  "getAttendance('a1')"/>Excellent</td>
      <td><input type = "radio" name = "Arithmetic: " id = "m1" ↵
                  value = "excellent" onclick = ↵
                  "getArithmetic('m1')"/>Excellent</td>
      <td><input type = "radio" name = "Reading: " id = "r1" ↵
                  value = "excellent" onclick = ↵
                  "getReading('r1')"/>Excellent</td>
      <td><input type = "radio" name = "Writing: " id = "w1" ↵
                  value = "excellent" onclick = ↵
                  "getWrite('w1')"/>Excellent</td></tr>
      <tr><td><input type = "radio" name = "Attendance: " id = "a2" ↵
```

```
                          value = "satisfactory" onclick = ↵
                          "getAttendance('a2')"/>Satisfactory</td>
     <td><input type = "radio" name = "Arithmetic: " id = "m2" ↵
                          value = "satisfactory" onclick = ↵
                          "getArithmetic('m2')"/>Satisfactory</td>
     <td><input type = "radio" name = "Reading: " id = "r2" ↵
                          value = "satisfactory" onclick = ↵
                          "getReading('r2')"/>Satisfactory</td>
     <td><input type = "radio" name = "Writing: " id = "w2" ↵
                          value = "satisfactory" onclick = ↵
                          "getWrite('w2')"/>Satisfactory</td></tr>
     <tr><td><input type = "radio" name = "Attendance: " id = "a3" ↵
                          value = "needs improvement" onclick = ↵
                          "getAttendance('a3')"/>Needs Improvement</td>
     <td><input type = "radio" name = "Arithmetic: " id = "m3" ↵
                          value = "needs improvement" onclick = ↵
                          "getArithmetic('m3')"/>Needs Improvement</td>
     <td><input type = "radio" name = "Reading: " id = "r3" ↵
                          value = "needs improvement" onclick = ↵
                          "getReading('r3')"/>Needs Improvement</td>
     <td><input type = "radio" name = "Writing: " id = "w3" ↵
                          value = "needs improvement" onclick = ↵
                          "getWrite('w3')"/>Needs Improvement</td></tr>
</table>
<p><label>Overall Semester Grade:</label>     
<input type = "radio" name = "grade" id = "A" value = "A" ↵
                          onclick="getGrade('A')"/> A   
<input type = "radio" name = "grade" id = "B" value = "B" ↵
                          onclick="getGrade('B')"/> B   
<input type = "radio" name = "grade" id = "C" value = "C" ↵
                          onclick="getGrade('C')"/> C   
<input type = "radio" name = "grade" id = "D" value = "D" ↵
                          onclick="getGrade('D')"/> D   
<input type = "radio" name = "grade" id = "F" value = "F" ↵
                          onclick="getGrade('F')"/> F   </p>
<p><textarea name="comments" id="comments" rows="5" cols="50"> ↵
                          Comments</textarea>
<input type ="button" onclick="getComments('comments')" ↵
                          value = "ok"></button></p>
<div><h3><u>Student Report</u><br />
     Student name: <span  id = "sName"> </span> <br />
     Homework Average: <span  id = "hw"> </span> <br />
     Test Average: <span  id = "test"> </span> <br />
     Attendance: <span id = "att"> </span><br />
     Arithmetic:<span id = "math"> </span> <br />
     Reading: <span id = "read"> </span><br />
     Writing: <span id = "writng"> </span> <br />
     Overall Semester Grade: <span id="overall"> </span><br />
     Comments: <span id = "mycomments"> </span><br />
</div><div style="clear:both;"></div>
<p><input type="reset" value="Start over">   
<input type = "submit" value ="Submit report"></p>
</form></div>
</div></body></html>
```

你的页面现在将看起来像这样：

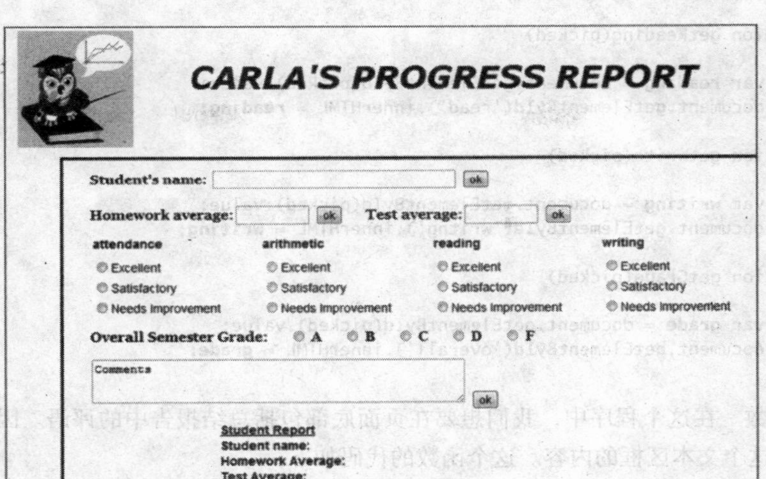

现在，我们将编写创建报告并且生成电子邮件的函数。

6.5.2.3 编写代码

文本框函数 这个函数获取学生的名字、家庭作业平均分和考试平均分，代码如下：

```
function getName(stu_name)
{
    var studentName = document.getElementById(stu_name).value;
    document.getElementById('sName').innerHTML = studentName;
}
function getHW(hw_avg)
{
    var hwAvg = document.getElementById(hw_avg).value;
    document.getElementById('hw').innerHTML = hwAvg;
}

function getTest(test_avg)
{
    var testAvg = document.getElementById(test_avg).value;
    document.getElementById('test').innerHTML = testAvg;
}
```

单选按钮函数 这个函数获取学生的考勤、算术、阅读和写作以及综合成绩，代码如下：

```
function getAttendance(picked)
{
    var attendance = document.getElementById(picked).value;
    document.getElementById('att').innerHTML = attendance;
}
function getArithmetic(picked)
{
    var arithmetic = document.getElementById(picked).value;
    document.getElementById('math').innerHTML = arithmetic;
}
```

```
function getReading(picked)
{
     var reading = document.getElementById(picked).value;
     document.getElementById('read').innerHTML = reading;
}
function getWrite(picked)
{
     var writing = document.getElementById(picked).value;
     document.getElementById('writng').innerHTML = writing;
}
function getGrade(picked)
{
     var grade = document.getElementById(picked).value;
     document.getElementById('overall').innerHTML = grade;
}
```

文本区函数 在这个程序中，我们想要在页面底部包括总结报告中的评语。因此，我们需要一个函数获取这个文本区框的内容。这个函数的代码如下：

```
function getComments(comments)
{
     var carlaComments = document.getElementById(comments).value;
     document.getElementById('mycomments').innerHTML = carlaComments;
}
```

生成电子邮件 我们把下列代码加入开始的 <form> 标签，以便当 Carla 单击这个提交按钮时，将生成一封可以发送给她自己的电子邮件。那个时候，她可以添加学生父母的电子邮件地址从而将这封电子邮件发给她自己和学生父母。注意，我们包含了一个字符串 "Student Progress Report" 作为主题行。

```
<form name="progress" action="mailto:carla@carlaschool.net?subject=
Student Progress Report" method="post" enctype="text/plain">
```

6.5.2.4 将所有代码放在一起

现在我们将整个程序放在一起。

```
<html>
<head>
<title>Carla's Classroom | Progress Report Form</title>
<link href="carla.css" rel="stylesheet" type="text/css" />
<script>
function getName(stu_name)
{
     var studentName = document.getElementById(stu_name).value;
     document.getElementById('sName').innerHTML = studentName;
}
function getHW(hw_avg)
{
     var hwAvg = document.getElementById(hw_avg).value;
     document.getElementById('hw').innerHTML = hwAvg;
}
function getTest(test_avg)
{
     var testAvg = document.getElementById(test_avg).value;
     document.getElementById('test').innerHTML = testAvg;
}
function getAttendance(picked)
```

```
{
    var attendance = document.getElementById(picked).value;
    document.getElementById('att').innerHTML = attendance;
}
function getArithmetic(picked)
{
    var arithmetic = document.getElementById(picked).value;
    document.getElementById('math').innerHTML = arithmetic;
}
function getReading(picked)
{
    var reading = document.getElementById(picked).value;
    document.getElementById('read').innerHTML = reading;
}
function getWrite(picked)
{
    var writing = document.getElementById(picked).value;
    document.getElementById('writng').innerHTML = writing;
}
function getGrade(picked)
{
    var grade = document.getElementById(picked).value;
    document.getElementById('overall').innerHTML = grade;
}
function getComments(comments)
{
    var carlaComments = document.getElementById(comments).value;
    document.getElementById('mycomments').innerHTML = carlaComments;
}
</script>
</head>
<body>
<form name = "progress" action = ↵
        "mailto:carla@carlaschool.net?subject=Student ↵
        Progress Report" method = "post" enctype = "text/plain">>
<div id="container">
    <img src="images/owl_reading.jpg" class="floatleft" />
    <h2 id="logo"><em>Carla's Progress Report</em></h2>
</div><div style="clear:both;"></div>
<div id="content">
    <p><label>Student's name:</label>
    <input type="text" name = "Student Name: "id="stu_name" ↵
            size = "40" value = ""/>
    <input type ="button" onclick="getName('stu_name')" ↵
            value = "ok"></button></p>
    <p><label>Homework average:</label>
    <input type="text" name = "Homework Average: " id="hw_avg" ↵
            size="8" value = ""/>
    <input type ="button" onclick="getHW('hw_avg')" value = "ok">↵
            </button>     
    <label>Test average:</label>
    <input type="text" name = "Test Average:" id="test_avg" ↵
            size="8" value = ""/>
    <input type ="button" onclick="getTest('test_avg')" value ="ok"> ↵
            </button></p>
<table width = "100%">
    <tr><td><h4>attendance</h4></td><td><h4>arithmetic</h4></td>
    <td><h4>reading</h4></td><td><h4>writing</h4></td></tr>
    <tr><td><input type = "radio" name = "Attendance: " id = "a1" ↵
```

```
                    value = "excellent" onclick = ↵
                    "getAttendance('a1')"/>Excellent</td>
        <td><input type = "radio" name = "Arithmetic: " id = "m1" ↵
                    value = "excellent" onclick = ↵
                    "getArithmetic('m1')"/>Excellent</td>
        <td><input type = "radio" name = "Reading: " id = "r1" ↵
                    value = "excellent" onclick = ↵
                    "getReading('r1')"/>Excellent</td>
        <td><input type = "radio" name = "Writing: " id = "w1" ↵
                    value = "excellent" onclick = ↵
                    "getWrite('w1')"/>Excellent</td></tr>
        <tr><td><input type = "radio" name = "Attendance: " id = "a2" ↵
                    value = "satisfactory" onclick = ↵
                    "getAttendance('a2')"/>Satisfactory</td>
        <td><input type = "radio" name = "Arithmetic: " id = "m2" ↵
                    value = "satisfactory" onclick = ↵
                    "getArithmetic('m2')"/>Satisfactory</td>
        <td><input type = "radio" name = "Reading: " id = "r2" ↵
                    value = "satisfactory" onclick = ↵
                    "getReading('r2')"/>Satisfactory</td>
        <td><input type = "radio" name = "Writing: " id = "w2" ↵
                    value = "satisfactory" onclick = ↵
                    "getWrite('w2')"/>Satisfactory</td></tr>
        <tr><td><input type = "radio" name = "Attendance: " id = "a3" ↵
                    value = "needs improvement" onclick = ↵
                    "getAttendance('a3')"/>Needs Improvement</td>
        <td><input type = "radio" name = "Arithmetic: " id = "m3" ↵
                    value = "needs improvement" onclick = ↵
                    "getArithmetic('m3')"/>Needs Improvement</td>
        <td><input type = "radio" name = "Reading: " id = "r3" ↵
                    value = "needs improvement" onclick = ↵
                    "getReading('r3')"/>Needs Improvement</td>
        <td><input type = "radio" name = "Writing: " id = "w3" ↵
                    value = "needs improvement" onclick = ↵
                    "getWrite('w3')"/>Needs Improvement</td></tr>
</table>
<p><label>Overall Semester Grade:</label>     
<input type = "radio" name = "grade" id ="A" value = "A" ↵
                    onclick="getGrade('A')"/> A   
<input type = "radio" name = "grade" id = "B" value = "B" ↵
                    onclick="getGrade('B')"/> B   
<input type = "radio" name = "grade" id = "C" value = "C" ↵
                    onclick="getGrade('C')"/> C   
<input type = "radio" name = "grade" id = "D" value = "D" ↵
                    onclick="getGrade('D')"/> D   
<input type = "radio" name = "grade" id = "F" value = "F" ↵
                    onclick="getGrade('F')"/> F   </p>
<p><textarea name="comments" id="comments" rows="5" cols="50"> ↵
                    Comments</textarea>
<input type ="button" onclick="getComments('comments')" ↵
                    value = "ok"></button></p>
<div><h3><u>Student Report</u><br />
        Student Name: <span  id = "sName"> </span> <br />
        Homework Average: <span  id = "hw"> </span> <br />
        Test Average: <span  id = "test"> </span> <br />
        Attendance: <span  id = "att"> </span><br />
        Arithmetic: <span id = "math"> </span> <br />
        Reading: <span id = "read"> </span><br />
        Writing: <span id = "writng"> </span> <br />
```

```
        Overall Semester Grade: <span id="overall"> </span><br />
        Comments: <span id = "mycomments"> </span><br />
    </div><div style="clear:both;"></div>
    <p><input type="reset" value="Start over">   
    <input type = "submit" value ="Submit report"></p>
    </form></div>
    </div></body></html>
```

6.5.2.5　完成

这里是 Carla 录入学生信息之后，两个样例总结报告（在网页的底部）和创建的相应电子邮件。

学生 1：

Student Report
Student Name: Jacob Jacobs
Homework Average: 78
Test Average: 74
Attendance: needs improvement
Arithmetic: satisfactory
Reading: satisfactory
Writing: needs improvement
Overall Semester Grade: C
Comments: Jacob has missed 9 days of school this quarter. Please contact me if he has any special health issues. Otherwise, he could be an excellent student if he applied himself.

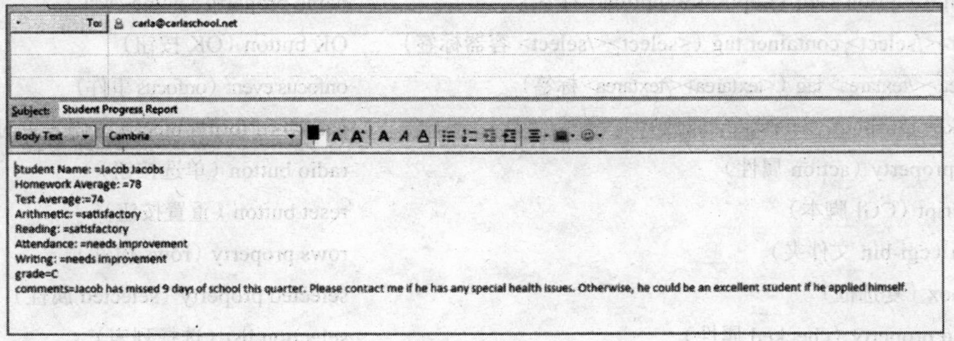
To: carla@carlaschool.net
Subject: Student Progress Report

Student Name: =Jacob Jacobs
Homework Average: =78
Test Average:=74
Arithmetic: =satisfactory
Reading: =satisfactory
Attendance: =needs improvement
Writing: =needs improvement
grade=C
comments=Jacob has missed 9 days of school this quarter. Please contact me if he has any special health issues. Otherwise, he could be an excellent student if he applied himself.

学生 2：

Student Report
Student Name: Nanette Nance
Homework Average: 42
Test Average: 96
Attendance: excellent
Arithmetic: excellent
Reading: excellent
Writing: satisfactory
Overall Semester Grade: B
Comments: Clearly, Nanette could be a superb student but she consistently does not do homework. Her test scores demonstrate that she has great ability. I hope you and I can work together to help her reach her potential by completing her homework.

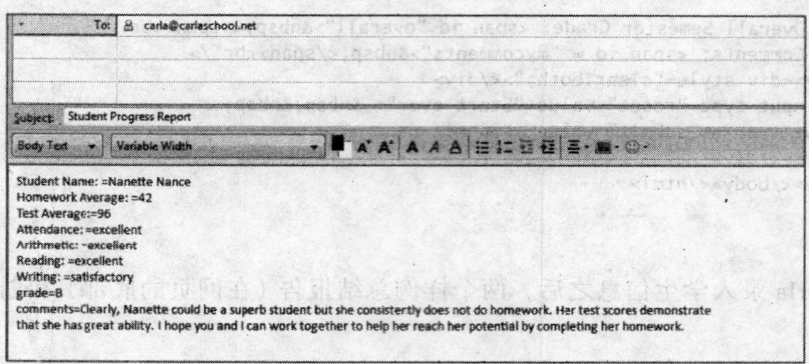

6.6 复习与练习

主要术语

<fieldset><fieldset>tag（<fieldset><fieldset> 标签）

<form></form> tag（<form></form> 标签）

<label></label> tag（<label></label> 标签）

<legend></legend> tag（<legend></legend> 标签）

<option></option> tag（<option></option> 标签）

<select></select> container tag（<select></select> 容器标签）

<textarea></textarea> tag（<textarea></textarea> 标签）

accesskey attribute（accesskey 属性）

action property（action 属性）

CGI script（CGI 脚本）

cgi-bin（cgi-bin 文件夹）

checkbox（复选框）

checked property（checked 属性）

cols property（cols 属性）

Common Gateway Interface（CGI，公共网关接口）

email action（邮件动作）

enctype property（enctype 属性）

event handler（事件处理程序）

fieldset element（字段组元素）

hidden object（隐藏对象）

label element（标签元素）

legend element（图例元素）

masked（隐蔽的）

maxlength property（maxlength 属性）

method property（method 属性）

multiple attribute（multiple 属性）

name property（name 属性）

OK button（OK 按钮）

onfocus event（onfocus 事件）

password form object（密码表单对象）

radio button（单选按钮）

reset button（重置按钮）

rows property（rows 属性）

selected property（selected 属性）

selection list（选择列表）

size property（size 属性）

submit button（提交按钮）

substr() method（substr() 方法）

substring（子串）

tabindex attribute（tabindex 属性）

textarea box（文本区框）

textbox（文本框）

this keyword（this 关键字）

value attribute（value 属性）

练习

填空题

1. <form></form>> 标签对放置在网页的________________（<head></head>/<body></body>）区域。
2. 用户只能挑选一项的表单控件类型是________________。
3. 将隐藏用户输入字符的 <input> 框类型是______________框。
4. __________方法用于从一个字符串选取特定的子串。
5. __________关键字用于引用用户提及的一个函数或元素。

判断题

6. CGI 脚本驻留在客户的服务器上。
7. 通过 JavaScript 程序可以把表单数据返回到网页。
8. 复选框和选择列表允许用户选择一个以上的选项。
9. 确保只能从一组单选按钮中选择一个单选按钮的属性是 id。
10. 如果选择列表的 size 属性设定为 "1"，那么只允许从这个列表中选择一个选项。
11. 如果没有指定 tabindex 属性，那么这个表单将不能工作。
12. 要从一个字符串变量 word 中选取第二个字符并且存储在变量 character 中，你将使用这个代码：character=word.substr(2, 1)。
13. substr() 方法只能用于从一个字符串选取字母，而忽略空格、数字和特殊字符。
14. unmask 属性把录入密码的字符显示为 * 号或其他符号。
15. <fieldset></fieldset> 标签用于在一组表单控件周围放置一个边框。

简答题

16. 为一个表单创建代码，使得打开表单时将把表单中的数据返回给下列电子邮件地址并且把副本抄送给第二个地址，这个邮件也将包含给定的主题行：

    电子邮件：janey.doe@ourconege.edu

    抄送副本：John.deer@ourcollege.edu

    主题行：Video Game Survey Results
17. 创建一个函数，它将把一个选中单选按钮的值放在网页上的某个区域中。这个单选按钮组的 name 属性值是 "cars"，而选中按钮的值是 "red Porsche" 并且这个按钮的 id 是 "Porsche"。在网页上接收这个信息的元素 id="mycar"。
18. 创建一个选择列表，允许用户从这个列表中挑选与需要的一样多的选项。这个列表应该要求用户为他下个学期挑选课程，并且应该包括下列课程：英语、微积分学、世界历史、心理学、社会学、西班牙语和计算机程序设计。
19. 创建练习 18 描述的选择列表，但是把列出的第一个项目设定为 "none"，并且最初只能看到前两个项目（即 "none" 和第一个科目）。
20. 把字符串 "We love JavaScript" 存储在一个变量 message 中，然后在一个函数中使用 substr() 方法从中选取子串 Java 并且存储在变量 coffee 中。

21. 为练习 20 补充代码，在网页上其 id="beverage" 的区域中显示下列句子：

    "I need a cup of java every morning."

    在你的语句中要使用变量 coffee 显示其中的单词 java，但要确保把第一个字符转换成小写字母。

22. 创建一个函数验证用户在其 id="pword" 的密码框中录入的密码，要求它必须刚好包含 8 个字符并且必须由一个数字开始。

23. 为练习 22 补充代码，确保最后 7 个字符（在第一个数字字符之后）是小写字母。

24. 创建一个含有 6 个文本框的网页。这些文本框可以包含你想要的任何信息，而下面显示的内容只是一个建议。通过使用 tabindex 属性，使用户录入这些文本框的默认顺序是从最后一个文本框开始，直至第一个文本框结束。

    为这 6 个框建议的信息如下：

    第 1 个框：favorite teacher　　第 2 个框：favorite book

    第 3 个框：favorite color　　第 4 个框：favorite song or music group

    第 5 个框：favorite movie　　第 6 个框：user's name

25. 为练习 24 补充代码，以便当任何文本框得到焦点时，改变这个文本框的颜色。

26. 为练习 24 补充代码，以便把用户的所有录入显示在网页上，其顺序是从第 6 个框的信息开始，直至第 1 个文本框的信息结束。

27. 创建一个函数，核实用户在一个文本框中按格式 (XXX)XXX-XXXX（X 是一个数字位置）录入一个含有 10 个数字的电话号码。

28. 创建一个函数，核实用户在其 id="zip" 的文本框中录入一个含有 5 个数字的邮政区码。

29. 创建一个函数，它获取一个用户的姓（存储在变量 lName 中）和名（存储在变量 fName 中）从而生成一个形式为 lastname*first_initial 的用户名并存储在变量 username 中。

30. 创建一个函数，它核实用户录入的城市、州和邮政区码。该录入应该具有以下格式：

```
MyCity, 2-character_code_for_state 5-digit_zip_code
```

    把这个地址录入在其 id="address" 的文本框中。这个函数应该核实下列各项：

- 城市名字后跟一个逗号。
- 州名是两个字符，并且两个都是大写字母。
- 邮政区码有 5 个数字。

编程挑战

独立完成以下操作。

1. 创建一个将获取用户音乐爱好的调查网页。列出 5 类音乐，并且每类有从 1 ~ 5 级的用户喜爱度（1 表示喜欢，而 5 表示最不喜欢）。包括用户年龄的选项（你可以使用年龄范围，如 20 以下、20 ~ 30 等）和性别选项。应该通过电子邮件把这个调查信息返回给你。这个页面保存为 music.html，并且确保包括合适的页面标题。

2. 为网站创建一个登录页面。该页面应该获得下列信息：用户的名和姓、街道地址、城市、州、邮政区码、电子邮件地址和电话号码。电话号码应该按格式 (XXX)XXX-XXXX（X 是一个数字位置）录入。验证录入的电话号码，确保用户录入了 10 个数字，其中区号在圆括号内并且通过一个连字号将前面的 3 位分机号与最后的 4 位数字分开。将你的页面保存到文件 sign_in2.html 中，并且确保包括合适的页面标题。
3. 为编程挑战 2 添加一个用户名和密码。用户名应该在 4 ~ 20 个字符之间。密码应该在 4 ~ 12 个字符之间，至少包含一个数字并且至少包含一个大写字母和一个小写字母字符。选择 4 个特殊字符并且需要密码至少包含其中之一。将你的页面保存到文件 sign_in3.html 中，并且确保包括合适的页面标题。
4. 为编程挑战 3 添加一个特性，当用户录入他的信息时，将改变相应文本框的颜色。将你的页面保存到文件 sign_in4.html 中，并且确保包括合适的页面标题。
5. 修改你在编程挑战 2 或者 3 创建的页面，使得用户可以通过一个选择列表录入用户居住的州，并且当询问商家是否可以通过电子邮件、电话或传统邮件联系用户时，用户可以通过单击单选按钮 "yes" 或 "no" 来回答。将你的页面保存在 sign_in5.html 中，并且确保包括合适的页面标题。
6. 创建一个类似例 6.11 菜单程序的网页，但是使用一个午餐菜单，包括选择三明治（至少 3 种）、配菜（至少 3 种）和饮料。将你的页面保存到文件 lunch.html 中，并且确保包括合适的页面标题。
7. 创建一个为用户提供两种颜色名下拉菜单的网页。当用户从一个菜单选择一种颜色时，这个页面的背景颜色就转换成那个颜色。当用户从另一个菜单选择一种颜色时，这个网页的文本颜色就转换成那个颜色。将你的页面保存在 colors.html 中，并且确保包括合适的页面标题。

案例研究

Greg's Gambits

使用表单元素创建可用于两个玩家的井字游戏。这个游戏应该称为 Tic Tac Toe，并且应该是 Greg's Gambits 网站的一部分。玩家可以录入 X 或 O。当单击 X 时这个框应该变成黄色，当单击 O 时这个框应该变成橘黄色。当然，你可以使用你想要的任何两种颜色。已经为你提供了一个可用做按钮的图像，或者你可以创建自己的图像。这个页面应该看起来类似下面显示的页面。

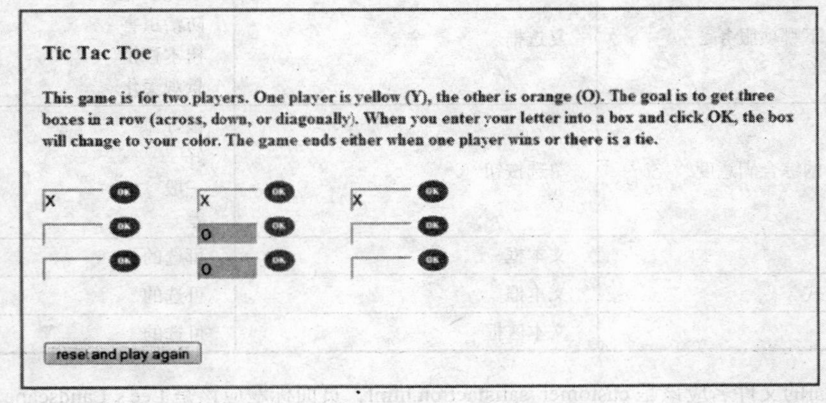

打开 play_games.html 页面，然后添加一个到这个页面的链接。这个页面的文件名应该是 tictactoe.html 并且页面标题应该是 Greg's Gambits ｜ Tic Tac Toe。在至少两个不同的浏览器中测试你的网页，最后按照老师要求提交你的工作成果。

Carla's Classroom

现在，你将为 carla.html 页面添加一个到你创建的 Rate Your Teacher 页面的链接。Carla 想要为她的学生提供一个评价她的机会，因此她要求你创建这个表单。在本章“操作实践”一节创建的 carla.html 页面的文本 "Help Carla improve! Take the Rate Carla survey now." 上放置一个到这个新页面的链接。新页面的文件名将是 rate_carla.html。

你的页面应该包括一个文本框，用于学生录入他的名字。应该为学生提供对 Carla 在算术、阅读和写作方面进行评价的地方。你可以使用单选按钮进行数字评分（也就是，1 ~ 5，或者类似 100%、90%、80% 等的数字成绩）或者类别评级（也就是，优秀、满意等，或者 A、B、C、D 和 F）。为每个类别设置一个文本区框用于可选的评语。

你也应该包括评价 Carla 的个性和教学方法，建议的一些选项是公正、愿意倾听、讲解清晰、测验方法等。使用你的创造力开发更多的评价种类和每类使用的表单元素。

应该通过电子邮件把这个表单提交给 Carla（其电子邮件地址是 carla@carlaschool.net），邮件主题是 Rate Carla。

这个页面的页标题应该是 Carla's Classroom ｜ Rate Carla，并且在这个网页上有一个合适的标题。在至少两个不同的浏览器中测试你的网页，最后按照老师要求提交你的工作成果。

Lee's Landscape

为 Lee's Landscape 商务网站创建一个客户满意度调查页面，这个调查应该包括下列信息：

请求的信息	表单元素类型	选　项
你已经使用了 Lee 的服务多少次	单选按钮	1 2 ~ 5 5 次以上
你使用过以下哪项服务	复选框	草坪护理 防治虫害 树木移植 景观美化
对所有服务的综合满意度	单选按钮	很好 好 一般 差
客户名	文本框	可选的
客户联系方式	文本框	可选的
评语	文本区框	可选的

这个页面的文件名应该是 customer_satisfaction.html，页面标题应该是 Lee's Landscape ｜ Customer

Satisfaction。确保在至少两个浏览器中测试你的程序，最后按照老师要求提交你的工作成果。

Jackie's Jewelry

为 Jackie's Jewelry 网站创建一个用户信息表单，这个表单应该包括下列信息：

请求的信息	表单元素类型	选　项
用户真名	文本框	最长 50 字符
用户地址	文本框	街道 城市 州 邮政区码
用户电子邮件地址	文本框	确保验证这个电子邮件地址包含一个 @ 符号、一个主机、一个点和扩展名
密码	文本框	验证：6 ~ 10 个字符，只能是大写字母、小写字母和数字（没有特殊字符）
用户年龄	单选按钮	创建年龄范围
用户兴趣：喜爱的珠宝材料类型	复选框	金 银 白金 木材 珍珠
用户兴趣：喜爱的珠宝类型	复选框	项链 手镯 戒指 脚镯 发饰

将你的页面保存在文件 customer_info.html 中，页面标题应该是 Jackie's Jewelry | Customer Information。在至少两个不同的浏览器中测试你的网页，最后按照老师要求提交你的工作成果。

Chapter 7 第 7 章

代码简洁化：函数和 JavaScript 源文件

本章目标

你可能会奇怪本章为什么讨论从本书开始就已经使用过的函数，这是因为要学习函数的更多特性！直至现在，我们使用函数时还不明白为什么要使用函数以及它们是如何工作的。在本章中，我们将学习有关函数创建和使用的更多知识。

你很可能知道在 HTML 页面中有 3 种方法创建样式：可以在网页中包括外部样式表；可以在 <head> 区域包含样式；或者可以在 HTML 脚本中写样式，这些方法称为链接（外部）样式、嵌入样式或内置样式。对于 JavaScript 也是一样。我们迄今为止编写的大部分代码是包含在 <head> 区域内，然而其他方法也是可用的。JavaScript 可以是一个独立（或外部）文件链接到网页，或者内嵌在 HTML 页面中。这个工具有助于编写更短、更简洁的代码。学习创建和使用 JavaScript 源文件是本章的主要目的。

阅读本章后，你将能够做以下事情：

- 理解实参和形参。
- 理解变量的作用域。
- 为函数传递实参。
- 理解按值传递的含义。
- 理解按引用传递的含义。
- 理解函数何时以及如何返回值。
- 理解 JavaScript 对象。
- 使用 Date 对象。
- 使用 setTimeout() 方法（函数）。
- 创建 JavaScript 源文件。

- 使用 new 关键字、visibility 属性和 replace() 方法（函数）。
- 在网页中和在 JavaScript 源文件中编写使用函数和对象的 JavaScript 代码。

7.1　函数

函数是被事件或者当调用它时执行的代码，我们已经在没有理解函数的情况下经常使用内置的 JavaScript 函数。函数也称为方法，每次我们创建一个程序通常至少创建一个函数。有两类函数，一类函数已成为 JavaScript 语言的一部分，而另一类函数是我们自己创建的。在本节中，我们将介绍这两类函数并且引入两个新概念：实参和形参。

7.1.1　内置函数

大多数程序设计语言通常提供很多种类的**内置函数**，这些函数通常组织成一个库。有人已经写好了这些做某件事情的代码，而我们通过调用这些函数可以直接受益而不必自己编写这些代码。例如，我们已经使用过 toUpperCase() 函数，它把一个给定字符串变量中的任何文本改变为所有大写字母。对此，我们能够很容易编写自己的实现代码，也就是把每个小写字母的 ASCII 码值转变为对应大写字母的 ASCII 码值。为这个函数编写的伪代码可能看起来像这样：

```
function upperCase()
    set a variable, x, to the length of the string
    in a loop that starts at 0 (the first letter of the string)
    and goes up to x - 1 (the last letter of the string)
        check if the letter is between unicode values 65 - 90
            if so, leave it as is (it is already uppercase)
            if not, replace with unicode value that is the (present unicode
            value - 32) (this corresponds to
            the same letter but uppercase)
    That's all
```

对于经验丰富的程序员来说，这个代码不是很难并且能够很快写出。但是，使用内置函数 toUpperCase() 能够节省时间，从而可以将精力用于解决更复杂的程序设计问题。

在本书中，你已经看到内置函数（或称为方法）的许多例子。下列函数（见表 7-1）是一些 JavaScript 全局函数，而**全局函数**能够与所有的内置 JavaScript 对象一起使用。

表 7-1　一些 JavaScript 全局函数

函　数	描　述
isFinite()	确定一个值是否是一个有限的、合法的数字
isNan()	确定一个值是否是一个无效的数字
parseFloat()	返回一个浮点数
parseInt()	返回一个整数
String()	把对象的值转换为字符串

可以把内置函数视为子程序，它包含一个或多个参数，并且至少返回（输出）一个值。我们将在下一节讨论参数和返回值。目前，只是把参数定义为在圆括号内的值。当调用一个内置函数

时，将把一个（为这个函数指定的类型）值赋给这个函数名。在程序中，通过把一个内置函数名放在允许这个函数类型常量出现的任何地方，可以调用这个内置函数。

例如，parseInt() 函数的类型是 integer，因此当调用这个函数时将把一个整数赋值给 parseInt()，并且在程序中可以在任何允许出现整型常量的地方调用 parseInt()。因此，下列各项对 parseInt() 函数的调用都是有效的（假定 num 是一个数值类型的变量）：

- `X = parseInt(10.76);`
- `document.write(parseInt(2*(num + 1));`
- `displayNumber(parseInt(num));`

7.1.2 用户自定义函数

直至现在，我们编写过的 JavaScript 函数实际上是一些小程序，如我们编写的玩游戏或者提供数学测试的函数。上面讨论的内置函数还没有做任何事，然而它们向程序返回一个值。例如，如果使用语句

```
age = parseInt(34.56);
```

那么在执行这条语句之后，age 将保存值 34。换言之，就是把这个变量的值设置为调用这个函数的结果。我们可以自己创建这种类型的函数。这类**用户自定义函数**是有价值的，因为在程序中可以使用它来获得一个值，而不必重写代码。例 7.1 展示该如何创建并使用一个名为 quotient() 的函数。

例 7.1　创建一个简单函数　下列函数获得两个数，然后第一个数除以第二个数，再把结果送回到在主程序中调用这个函数的那条语句。

```
<html>
<head>
<title>Example 7.1</title>
<script>
function quotient(x,y)
{
     illegal = "Illegal division operation";
     if (y != 0)
          return x/y;
     else
          return illegal;
}
function clickIt()
{
    document.write(quotient(60, 5));
}
</script>
</head>
<body>
<input type ="button" onclick="clickIt()" value = "How much ↵
                    is 60 divided by 5?"></button>
</body></html>
```

函数 quotient() 做一件简单的事情，它用一个数除以另外一个，然后把除的结果送回调用这个函数的地方。在这个例子中，传递两个常量值（60 和 5），不过我们也可以通过变量传递值。无论以什么形式传递值，第一个值会成为 x 的值，而第二个值会成为 y 的值。对于函数结果，除了把它显示在新页

面上外，也可以把它存储在新变量中然后在程序中使用。例 7.2 示范这个简单函数的其他用法。

例 7.2 使用一个简单的自定义函数 这个例子展示如何使用 innerHTML 属性把我们创建的函数 quotient() 的返回值显示在网页上。

```
1.  <html>
2.  <head>
3.  <title>Example 7.2</title>
4.  <script>
5.  function quotient(x,y)
6.  {
7.      illegal = "Illegal division operation";
8.      if (y != 0)
9.          return x/y;
10.     else
11.         return illegal;
12. }
13. function clickIt()
14. {
15.     var divTop = parseFloat(prompt("Enter the divisor:"));
16.     var divBottom = parseFloat(prompt("Enter the dividend:"));
17.     document.getElementById('division').innerHTML = (divTop + ↵
                                " divided by " + divBottom);
18.     var division;
19.     division = quotient(divTop, divBottom);
20.     if (isNaN(division))
21.         division = "illegal division operation";
22.     else
23.         division = division.toFixed(2);
24.     document.getElementById('result').innerHTML = division;
25. }
26. </script>
27. </head>
28. <body>
29.     <input type ="button" onclick="clickIt()" value = "Enter ↵
                a division problem"></button>
30.     <h2><span  id = "division"> </span></h2>
31.     <h2>The result is: <span id = "result"> </span></h2>
32. </body></html>
```

第 19 行通过为 quotient() 函数传递表示被除数和除数的两个数值得到两数相除的结果。函数 quotient() 接收 divTop 和 divBottom 的值，并且存储在函数中的变量 x 和 y 中，然后计算结果并返回到调用 quotient() 的函数。

如果用户在提示时录入 56 和 7，那么结果将看起来像这样：

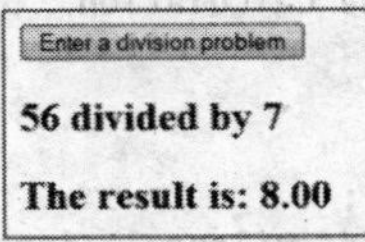

但是，如果用户在提示时录入 56 和 0，那么结果将如下图所示。

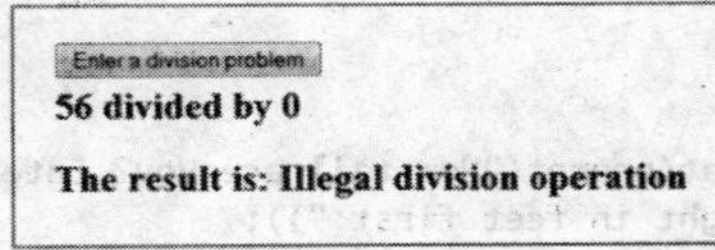

正如我们可以在任何需要整数或将值转换成大写字母的地方使用 parseInt() 函数或 toUpperCase() 函数，一旦创建了函数，就可以在程序的任何地方调用这个函数。例 7.3 在程序中以 3 种不同的方式使用 quotient() 函数。

例 7.3　基于不同目的的使用函数　下列程序在 3 个不同的小程序中使用 quotient() 函数。首先，它做一个除法问题，如例 7.1 所示；其次，它让用户找出在一次道路旅行中的每加仑英里数；最后，它让用户决定他的身体质量指数（Body Mass Index，BMI）。

```
<html>
<head>
<title>Example 7.3</title>
<script>
function quotient(x,y)
{
     illegal = "Illegal division operation";
     if (y != 0)
          return x/y;
     else
          return illegal;
}
function divideIt()
{
     var divTop = parseFloat(prompt("Enter the divisor:"));
     var divBottom = parseFloat(prompt("Enter the dividend:"));
     document.getElementById('division').innerHTML = (divTop + ↵
                           " divided by " + divBottom);
     var division = quotient(divTop, divBottom);
     if (isNaN(division))
          division = "illegal division operation";
     else
          division = division.toFixed(2);
     document.getElementById('result').innerHTML = division;
}
function getMileage()
{
     var miles = parseFloat(prompt("How many miles did you drive ↵
                     on this trip?"));
     var gallons = parseFloat(prompt("How many gallons of gas ↵
                     did you use?"));
     var trip = quotient(miles, gallons);
     if (isNaN(trip))
     {
          trip = "illegal division operation";
          document.getElementById('mileage').innerHTML = ("Cannot ↵
                     complete the calculation. " + trip);
     }
     else
     {
          trip = trip.toFixed(1);
          document.getElementById('mileage').innerHTML = ("Your ↵
                     mileage for this trip was " + trip + " mpg.");
     }
}
function getBMI()
{
     var feet = parseFloat(prompt("How tall are you? Enter your ↵
                     height in feet first:"));
```

```
        var inches = parseFloat(prompt("How many inches over " + feet ↵
                        + " feet are you?"));
        var height = (feet * 12 + inches);
        var hInches= height * height;
        var weight = parseFloat(prompt("What is your weight in pounds? ↵
                        You may include a partial pound, like 128.5 ↵
                        lbs, for example."));
        document.getElementById('height').innerHTML = ↵
                        (height.toFixed(2));
        document.getElementById('weight').innerHTML = ↵
                        (weight.toFixed(2));
        var bmi = (quotient(weight, hInches) * 703);
        if (isNaN(bmi))
        {
             bmi = "illegal division operation";
             document.getElementById('bmi').innerHTML = ("cannot ↵
                        complete the calculation. " + bmi);
        }
        else
        {
             bmi = bmi.toFixed(2);
             document.getElementById('bmi').innerHTML = (" " + bmi);
        }
   }
   </script>
   </head>
   <body>
        <h2>Using the quotient() function</h2>
        <div style="width: 80%;">
        <div style="width: 50%; float: left;">
             <fieldset><legend>Division Problem</legend>
             <input type ="button" onclick="divideIt()" value = ↵
                        "Enter a division problem" />
             <h2><span  id = "division"> </span></h2>
             <h2>The result is: <span id = "result"> </span></h2>
             </fieldset></div>
        <div style=" width: 50%; float: left;">
             <fieldset><legend>Gas Mileage</legend>
             <input type ="button" onclick="getMileage()" value ↵
                        = "Find the gas mileage" />
             <h2><span  id = "mileage"> </span></h2>
             </fieldset></div>
        <div style="clear:both;"></div></div> <br />
        <div style="width: 80%;">
             <fieldset><legend>BMI (Body Mass Index) Calculator ↵
                        </legend>
             <p>The formula to calculate your BMI is your weight in ↵
                        pounds (lbs) divided by your height in inches ↵
                        (in) squared and multiplied by a conversion ↵
                        factor of 703. But don't worry about doing ↵
                        the math! If you enter your weight (lbs) and ↵
                        height (in feet and inches), the program will ↵
                        calculate your BMI.</p>
             <input type ="button" onclick="getBMI()" value = ↵
                        "Calculate your BMI (Body Mass Index)" />
             <h3>Your height (in inches): <span id = "height"> ↵
                         </span></h3>
             <h3>Your weight (in pounds): <span id = "weight">   ↵
                        </span></h3>
```

```
86.            <h3>Your BMI: <span id = "bmi"> </span></h3>
87.            </fieldset></div>
88.   </body></html>
```

quotient() 函数被调用了 3 次，分别在第 18、29 和 50 行上。每次把不同的变量传递给这个函数，并且每次结果用于不同的目的。在本章后面，我们将更详细地讨论如何将值从程序传递给函数。

如果编写这个页面并且用下面显示的输入运行，那么显示将如下图所示。

输入：

除法问题（division problem）：录入的数字是 348 和 23。

里程问题（mileage problem）：旅途是 568 英里，并且用了 18 加仑汽油。

BMI 问题（BMI problem）：用户是 5'18" 高，而重 173.5 磅。

输出：

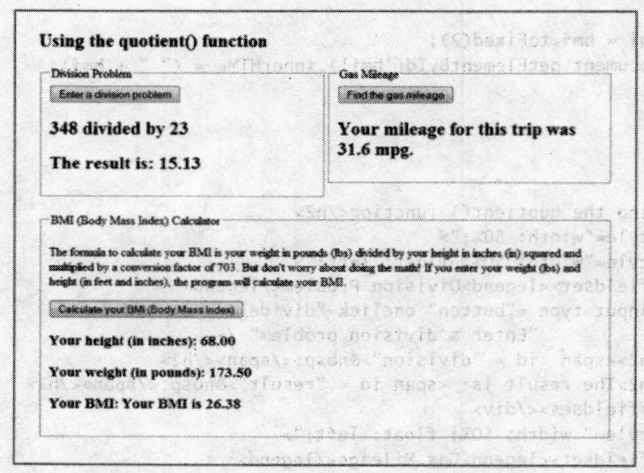

7.1 节检查点

7.1 列出 3 个全局 JavaScript 函数。

7.2 创建 docuemnt.write 语句输出以下浮点数：

a）6.83

b）(age−2.385)，其中 age 是一个数

c）提示用户回答的 score 值：score = prompt("What is your score?");

7.3 当调用内置函数时，这个函数名被赋值一个________。

7.4 给定的 num 是一个数字变量，下列对 parseInt() 函数的哪一项调用是无效的？

a）num = parseInt(43.67);　　b）num = parseInt(43);

c）document.write(parseInt(num−3));　　d）以上都是有效的调用

7.5 下列函数的功能是什么？

```
function product(a, b)
{
    return a * b;
}
```

7.2 变量作用域

在许多程序设计语言中，程序从一个**驱动程序**或**主程序**（或**主函数**）开始。这个驱动程序做的事情很少，通常只是调用需要的函数。然而，在我们已编写的大部分 JavaScript 程序中，是网页上的事件触发调用 JavaScript 函数。通常，基于某些原因，这个函数的代码会调用另一个 JavaScript 函数。在网页上的不同事件驱动执行相应的实际 JavaScript 代码，因此在 JavaScript 中经常没有主函数。为此，关于 JavaScript 变量作用域的讨论与其他语言有一点不同。

当输入、处理或输出变量时，我们就说**引用**了这个变量。一般而言，**变量作用域**是指可以引用这个变量的程序部分。如果一个变量是在所有函数之外定义的，那么这个变量将从那点开始存在直至程序结束，这样的变量就具有**全局作用域**。另一方面，在函数里定义的任何变量将只在这个函数运行时才存在，这样的变量就具有**局部作用域**。使用全局变量的后果可能是严重的，因此理解这两种作用域的区别并且知道你使用的变量作用域是很重要的。

7.2.1 全局变量

当一个变量是在一个函数外面声明，然后在这个函数内部引用这个变量时，将把这个变量的值带入这个函数内。初看起来，这种效果似乎使编写函数更容易，但是实际上，它是一种危险的情形。在下一节中，我们将学习一种更好的方法将信息传递给函数。

例 7.4 示范使用全局变量如何导致不好的结果。

例 7.4 小心全局变量 下列代码声明一个用于两个函数的变量 age。

```
<html>
<head>
<title>Example 7.4</title>
<script>
function getAges()
{
     var age = 0;
     age = parseInt(prompt("How old is your grandmother?"));
     pet();
    function pet()
    {
         age = parseInt(prompt("How old is your puppy?"));
         document.getElementById('puppy').innerHTML = (age + 10);
    }
         document.getElementById('granny').innerHTML = (age + 10);
}
</script>
</head>
<body>
    <input type ="button" onclick="getAges()" value = "Find the ↵
                    age in 10 years"></button><br />
    <h3>Your granny's age in 10 years: <span id = "granny"> ↵
```

```
             </span></h3>
22.     <h3>Your puppy's age in 10 years: <span id = "puppy"> ↵
             </span></h3>
23.     </body></html>
```

如果编写并且运行这个程序，为祖母年龄录入 105 并且为小狗年龄录入 5，那么输出会看起来像下面显示的效果。这是因为在第 8 行上 age 的值是 105，而在第 12 行上它的值改变为 5。由于在 getAges() 函数里 age 有全局作用域，所以在第 13 行显示它的值，然而会保留这个值甚至在 pet() 函数之后，这就是当执行第 15 行时显示的内容。

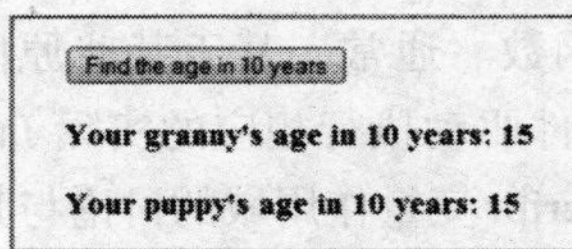

JavaScript 是一种弱类型语言，这意味着它经常允许做一些被强类型语言视为非法的事情。例如，变量可以在运行时创建，甚至不使用关键字 var 创建。在例 7.5 中，我们将展示如何完成这样的事情并且没有明显的后果。这意味着程序将运行，但这不是好的程序设计习惯。

例 7.5　危险：在运行时声明变量　在这个例子中，我们为前面的程序添加一行代码。在 pet() 函数内，以两种方式使用新的数字变量 num。因为没有改变 HTML 页面，所以为了节省空间，我们只展示新的代码：

部分 (a)

```
1.  function getAges()
2.  {
3.      var age = 0;
4.      age = parseInt(prompt("How old is your grandmother?"));
5.      pet();
6.      function pet()
7.      {
8.          age = parseInt(prompt("How old is your puppy?"));
9.          num = 2;
10. document.getElementById('puppy').innerHTML=(age+10+num);
11.     }
12. document.getElementById('granny').innerHTML=(age+10+num);
13. }
```

如果运行这个程序，使用与前面例子相同的输入，那么输出将会如下图所示。

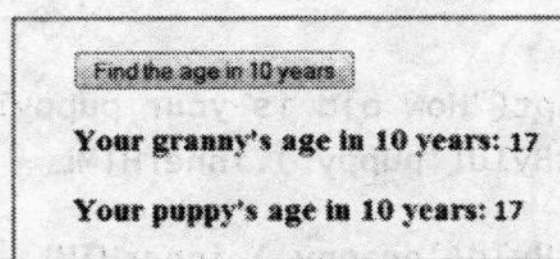

这是因为变量 num 是全局的。但是，如果当 num 在第 9 行上第一次初始化时使用关键字 var，那么它就成为一个局部变量。这意味着不能在创建它的函数 pet() 之外使用这个变量，并且新的输出不会显示奶奶的年龄。

部分 (b) 展示在函数内部定义 num 的函数代码：

```
1.  function getAges()
2.  {
3.          var age = 0;
4.          age = parseInt(prompt("How old is your grandmother?"));
5.          pet();
6.          function pet()
7.          {
8.                  age = parseInt(prompt("How old is your puppy?"));
9.                  var num = 2;
10.                 document.getElementById('puppy').innerHTML = (age + 10 ↵
                            + num);
11.         }
12.         document.getElementById('granny').innerHTML = (age + 10 + num);
13. }
```

输出如下图所示，如果使用 JavaScript 调试器，第 12 行将显示错误信息“num is not defined.”。

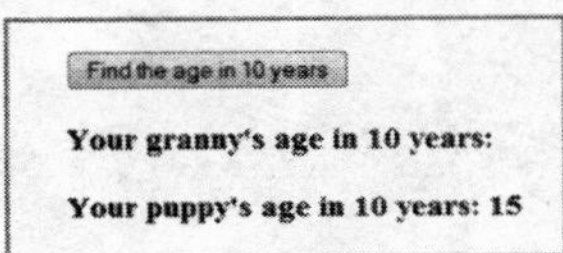

例 7.5（b）展示了这个代码，但是运行时不会产生预期的结果。在类似这样一个小程序中，这个问题很清楚并且立刻显现出来。但是，当编写含有多种可能输出的较长程序时，就不容易找出这样的错误。JavaScript 允许你在任何地方声明变量并且不需要指定数据类型的事实，不是意味着你就应该这样做。要避免这种情形，你应该总是用 var 关键字声明所有变量，并且知道每个变量的作用域。解决这个问题的最好方式是使所有变量具有局部作用域。

7.2.2　局部变量

当变量是在函数内部声明时，就只能在函数内部引用它的值。通过使所有变量局部化，能够避免例 7.4 和例 7.5 中的程序问题，如同例 7.6 所做的那样。

例 7.6　使用局部变量　这个例子只改变例 7.4 的一行代码，但是它大大改变了输出。因为没有改变 HTML 脚本，所以这里只给出这个 JavaScript 函数：

```
1.  function getAges()
2.  {
3.          var age = 0;
4.          age = parseInt(prompt("How old is your grandmother?"));
5.          pet();
6.          function pet()
7.          {
8.                  var age = parseInt(prompt("How old is your puppy?"));
9.                  document.getElementById('puppy').innerHTML = (age +10);
10.         }
11.         document.getElementById('granny').innerHTML = (age + 10);
12. }
```

这个例子的唯一改变在第 8 行。通过使用 var 关键字，变量 age 成为 pet() 函数内部的新变量。它的作用域是局部的。换言之，只能在 pet() 里面引用它的值。现在，在第 4 行上声明的变量 age 只能被 getAges() 函数引用。因此，如果编写并运行这个程序，输入的奶奶年龄是 105 而小狗年龄是 5，那么输出将会是期望的那样：

Find the age in 10 years

Your granny's age in 10 years: 115

Your puppy's age in 10 years: 15

在这个例子中，我们有两个命名为 age 的变量。然而，在不同的函数中为变量取相同的名字不是好的程序设计习惯。这个例子主要是起示范目的。一般而言，这条规则的唯一例外是在命名计数器的时候。人们经常把计数器命名为 i、j 或 count，并且因为在使用之前通常要为计数器设定初始值，所以在多个函数中使用相同的计数器名很少会出现问题。

7.2 节检查点

阅读下列代码回答检查点 7.6 ~ 7.12。

```
1.  function xx()
2.  {
3.   var one = 1;
4.   yy();
5.   function yy()
6.   {
7.      var two = 2;
8.      three = one + two;
9.      document.write("in function yy(), one = " + one + ↵
                        "<br />");
10.     document.write("in function yy(), two = " + two + ↵
                        "<br />");
11.     document.write("in function yy(), three = " + three + ↵
                       "<br />");
12.  }
13.  four = one + three;
14.  document.write("in function xx(), one = " + one + "<br />");
15.  document.write("in function xx(), three = " + three + ↵
                    "<br />");
16.  document.write("in function xx(), four = " + four + ↵
                    "<br />");
17. }
```

7.6　在执行第 9 行之后将显示什么？

7.7　在执行第 10 行之后将显示什么？

7.8　在执行第 11 行之后将显示什么？

7.9　在执行第 14 行之后将显示什么？

7.10　在执行第 15 行之后将显示什么？

7.11　在执行第 16 行之后将显示什么？

7.12　程序结束时，变量 one、three 和 four 的值是什么？

7.3　将信息传递给函数

当数据在函数之间传递时，程序设计语言使用实参和形参传送数据。假定我们在商务网站中有一个程序，它提示用户录入一个商品和它的价格，然后把这个商品的价格传递给一个计算折扣的函数。在这个例子中，假定费用超过 $100.00 的商品优惠 20%，费用在 $50.00 ~ $99.99 之间的商品优惠 15%，费用少于 $50.00 的商品优惠 10%。我们很可能有标识原始价格和折扣率的变量，如 originalPrice 和 discountRate，必须把这些值从一个函数传递给另外一个。

我们将调用进行实际计算的函数 salePrice()，这个函数将做简单的计算，即把 originalPrice 乘以（1 – discountRate）。然而，每个商品的原始价格是不同的，折扣率也不同。每次调用 salePrice() 函数时，将向这个函数传递这个计算所需要的值。我们把这些值放在圆括号内，这些值称为**实参**（argument）。

当创建 salePrice() 函数时，将列出一些变量来接收在调用这个函数时放在圆括号之间的值。在这个例子中，需要将两个数字值传递给 salePrice() 函数，因此这个函数名必须在它的圆括号中有两个数字变量，这些变量称为**形参**（parameter）。这些形参放在圆括号内，并且用逗号分开。在函数调用中，每个实参值将传递给函数名中的对应形参。

7.3.1　将实参传递给形参

在函数调用中列出的变量名不需要与在函数名中的变量名一样。实际上，在大多数情形下，它们不同反而比较好。然而，在函数调用语句中列出的变量名与在函数名中的变量名必须在变量数目、类型和给出的次序上保持一致。在这个普通例子中，我们发送（或者**传递**）两个值（存储在变量 originalPrice 和 discountRate 中），因此在函数名中必须列出两个变量。同时，如果在调用语句中的某个变量有某种类型，那么在函数名中的对应变量必须有相同的类型。在这种情况下，这两个变量都是数字类型，因此在这个函数名的圆括号内的变量也必须是数字类型。

假定为这个函数名使用下列代码：

```
function salePrice(oldPrice, rate)
```

这意味着当调用这个 salePrice() 函数时，必须向它传递两个数字类型的变量。向一个函数发送变量的次序是非常重要的。当调用这个函数时，必须类似以下调用：

```
salePrice(originalPrice, discountRate);
```

假如我们弄反了变量的次序，那么这个函数将使用 oldPrice 引用的 discountRate 变量的值，而 rate 引用 originalPrice 变量的值，那么结果将是完全错误的。我们将在例 7.7 中更详细地研究这个问题。

在调用语句中的实参可以是常量、变量或一般的表达式，但是在函数名中出现的形参必须是变量。这意味着一个函数可以把发送给它的数据当做变量、常量或者表达式。这些值将传递给在函数中列出的作为形参的变量。

我们以前已经使用过这些概念，但是还没有实际创建含有形参的函数。在调用函数时能够接收实参使得函数更有用，例 7.7 提供了一些例子。

例 7.7　验证　下列例子使用一个函数验证用户的输入。这个例子延续本节开始的一般讨论，要求用户录入一个商品和它的原始费用，然后用依赖商品费用的折扣率计算销售价。然而，在计算销售价格之前要调用一个函数确保用户没有为费用录入一个负数。函数 checkNum() 有一个是数字变量的形参，而调用这个函数时传递的一个实参也是数字变量。

```
1.  <html>
2.  <head>
3.  <title>Example 7.7</title>
4.  <script>
5.  function getDiscount()
6.  {
7.      var item = " "; var rate = 0; var salePrice = 0; var cost = 0;
8.      item = prompt("What is the item you want to buy?");
9.      cost = parseFloat(prompt("How much does this item cost?"));
10.     checkNum(cost);
11.     if (cost < 50)
12.     {
13.         rate = .10;
14.         salePrice = cost * (1 - rate);
15.     }
16.     else
17.         if (cost < 100)
18.         {
19.             rate = .15;
20.             salePrice = cost * (1 - rate);
21.         }
22.         else
23.         {
24.             rate = .20;
25.             salePrice = cost * (1 - rate);
26.         }
27.     document.getElementById('item').innerHTML = item;
28.     document.getElementById('orig_price').innerHTML = ("$ " + ↵
                              cost.toFixed(2));
29.     document.getElementById('discount').innerHTML = ((rate * 100) ↵
                              + "%");
30.     document.getElementById('result').innerHTML = ("$ " + ↵
                              salePrice.toFixed(2));
31. }
32. function checkNum(num)
33. {
34.     if (num < 0)
35.         alert("Invalid entry");
36. }
37. </script>
38. </head>
39. <body>
40.     <input type ="button" onclick="getDiscount()" value = "How ↵
                    much will you save? Find out now" /><br />
41.     <h3>You plan to purchase: <span id = "item"> </span></h3>
42.     <h3>The original cost is: <span id = "orig_price"> ↵
                     </span></h3>
43.     <h3>The discount rate is: <span id = "discount"> ↵
                     </span></h3>
44.     <h3>You pay: <span id = "result"> </span></h3>
45. </body></html>
```

在第 32 ~ 36 行上的函数检查录入的费用不小于 0。一旦用户录入商品的费用（第 9 行），就调用函数 checkNum()，并且把实参 cost 传递给这个函数，然后把这个值存储在形参 num 中。

这个程序运作良好。如果用户录入有效的输入，那么如下图所示输出样本，一切顺利。这个输出对应于为一件毛衣输入的原始费用是 $68.95。

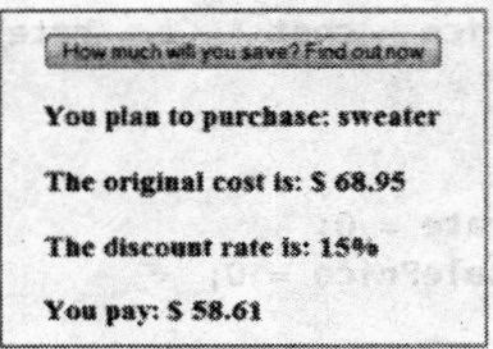

如果用户录入费用 -20，那么就出现这个警示对话框：

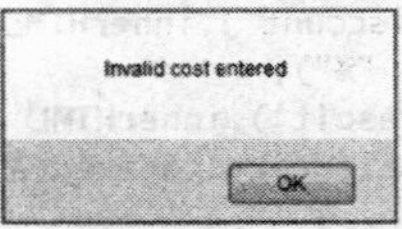

不幸地，在单击这个警示对话框上的 OK 按钮之后，仍然出现以下显示：

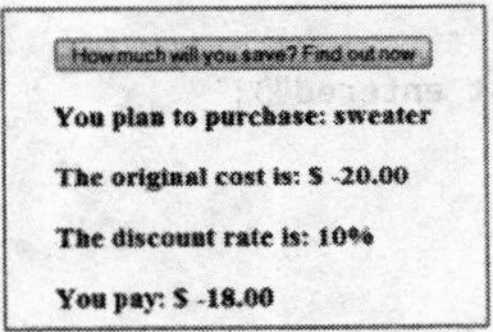

我们必须确保，如果录入是无效的，那么程序就不会继续计算。可以使用 return 语句完成这件事。

7.3.1.1　return 语句

return 语句让函数把一个值传送给调用这个函数的表达式或者语句。如果在函数中没有使用 return 语句，那么将返回一个 undefined 值。

return 语句只能返回单个值。例 7.8 为上一个例子的 checkNum() 函数添加一条 return 语句和一些处理因无效费用录入（也就是负数）而引起的输出问题的代码。

例 7.8　使用 return 语句　为了节省空间，我们只展示 JavaScript 代码，而 HTML 脚本与上一个例子一样。

```
<script>
function getDiscount()
{
     var item = " "; var rate = 0; var salePrice = 0; var cost = 0;
     item = prompt("What is the item you want to buy?");
     cost = parseFloat(prompt("How much does this item cost?"));
     cost = checkNum(cost);
     if (cost < 50 && cost > 0)
     {
           rate = .10;
           salePrice = cost * (1 - rate);
     }
           else if (cost >= 50 && cost < 100)
           {
                  rate = .15;
                  salePrice = cost * (1 - rate);
           }
                  else if (cost >= 100)
                  {
                       rate = .20;
```

```
21.                         salePrice = cost * (1 - rate);
22.                     }
23.                     else
24.                     {
25.                             rate = 0;
26.                             salePrice = 0;
27.                     }
28.         document.getElementById('item').innerHTML = item;
29.         document.getElementById('orig_price').innerHTML = ("$ " + ↲
                                 cost.toFixed(2));
30.         document.getElementById('discount').innerHTML = ((rate * 100) ↲
                                 + "%");
31.         document.getElementById('result').innerHTML = ("$ " + ↲
                                 salePrice.toFixed(2));
32.  }
33.  function checkNum(num)
34.  {
35.         if (num < 0)
36.         {
37.                 alert("Invalid cost entered");
38.                 num = 0;
39.         }
40.         return num;
41.  }
42.  </script>
```

我们为 checkNum() 函数添加了两个功能。如果 num 的值小于 0，那么第 38 行将 num 设置为 0；在第 40 行上的 return 语句把 num 的值传送给调用它的函数。在这种情况下，如果实参（cost）不小于 0，就不改变任何东西。例如，如果用户录入 43.89，那么 num 将等于 43.89，也就是大于 0。这样，就不会执行在第 35 ~ 39 行上的 if 子句，并且 return 语句将返回原来的值。然而，如果用户录入 -83.65，那么 if 子句将显示警示对话框并将 num 设置为 0，这个值将是返回到调用语句的值。

第 7 行是调用函数 checkNum() 的地方，并且把 cost 的值设置为 checkNum() 函数的返回值。因此，如果 cost 小于 0，那么在执行这条语句之后 cost 的值将是 checkNum() 函数的返回值，在这种情况下这个值是 0。如果 cost 的值大于或者等于 0，那么在执行第 7 行之后，cost 的值将不会改变。

添加的代码也具有这样的效果，如果 cost 等于 0，那么在检查这个值之后，显示结果将不计算那个商品的销售价格。现在如果用户试着以 $-68.95 买一件毛衣，那么将显示一个警示对话框 "Invalid cost entered"，并且输出将是：

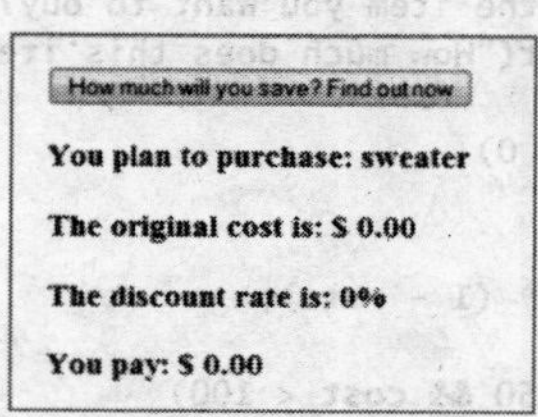

7.3.1.2 传递值：一个复杂的问题

此时，我们要搞清楚传递变量的概念。你知道当声明变量时就意味着它标识了计算机内存中的一个位置，当在程序中使用那个变量名时，计算机就到那个位置取出值。如果将值 12 赋值给变量 numMice，那么语句 docuemnt.write(numMice) 的结果是把 12 显示在网页上。

如果创建一个新变量 numDogs 并且把它设定为等于 numMice，那么 numDogs 有这个值 12。然而，在计算机中现在有两个区域保存这个值 12，一个是被 numMice 引用，而另一个被 numDogs 引用。换言之，我们为 numMice 生成了一个副本，并且为它给出一个新名字。我们对 numMice 做出的任何修改不会影响 numDogs 的值。实际上，这是当**按值传递**变量时发生的处理过程。接收变量的函数为这个变量生成一个新副本，然后处理这个新副本。这是在程序中传递变量的一种方法。

第二种方法称为按引用传递。当**按引用传递**变量时，发送给函数的东西实际上是这个变量在计算机内存中的位置。在函数中的变量很可能有一个与发送进来的变量不同的名字，但是这个新变量与原始变量指向相同的位置。从此以后，对新变量所做的任何修改都将改变在那个位置上的值，从而也改变原始变量。

变量如何传递给函数极度影响程序的运行效果，因此必须慎重处理这个问题。我们将在本节中讨论这两种方法。

- **值形参**有这个特性：在函数中改变它们的值不影响在函数调用中对应变量（实参）的值。这些形参只能用于导入数据。
- **引用形参**有这个特性：在函数中改变它们的值影响在函数调用中对应实参的值。它们可用于为函数**导入数据**并且从函数中**导出数据**。

当提及按引用或按值传递变量时，每种程序设计语言使用自己的规则和协议。与其他语言相比，JavaScript 变量传递更简单、也更复杂。

在 JavaScript 中，**原始类型**是按值处理，而引用类型是按引用处理。在 JavaScript 中，把数字类型、布尔类型和字符串类型视为原始类型。另一方面，把对象类型视为**引用类型**。数组（见第 8 章）和函数是特殊类型的对象，也是引用类型。

7.3.1.3　按值传递

当把数据按值传递给函数时，将生成这个值的副本，然后把这个值传递给被调用函数中对应的形参。真正理解按引用传递与按值传递之间区别的最好方法是通过例子。

当传递一个被视为原始类型的数字变量时，这个值是按值传递的。这意味着在函数中对那个变量的任何修改完全与在这个函数外部发生的事情无关，如例 7.9 所示。

例 7.9　按值传递数字变量

```
<html>
<head>
<title>Example 7.9</title>
<script>
function getValue()
{
     var numMice = 12;
     document.getElementById('first').innerHTML = (numMice);
    changeValue(numMice);
    document.getElementById('third').innerHTML = (numMice);
}
function changeValue(x)
{
    x = 5;
    document.getElementById('second').innerHTML = (x);
```

```
16. }
17. </script>
18. </head>
19. <body>
20.     <input type ="button" onclick="getValue()" value = "Can you ↵
                change the number? Try it"><br />
21.     <h3>The value of numMice is: <span id = "first">   ↵
                </span></h3>
22.     <h3>The value of x, in the changeValue() function is: <span ↵
                id = "second"> </span></h3>
23.     <h3>The value of numMice after calling the changeValue() ↵
                function is: <span id = "third"> ↵
                 </span></h3>
24. </body></html>
```

如果编写和运行这个程序，那么输出将是如下图所示。

Can you change the number? Try it

The value of numMice is: 12

The value of x, in the changeValue() function is: 5

The value of numMice after calling the changeValue() function is: 12

在这个程序中，第 7 行声明一个变量 numMice 并且设置它的初值为 12，然后显示这个值（第 8 行）。第 9 行调用 changeValue() 函数并且给它传送一个实参 numMice。在第 12 行上的形参 x 现在包含 numMice 的值，此时 x = 12。然而，第 14 行把 x 的值改为 5，并且第 15 行把这个值显示在网页上。然后，控制回到第 10 行。因为 numMice 按值传给 changeValue()，所以它保留它的初始值并且第 10 行在网页上显示这个值（12）。

按值传递好吗？如果想要在函数中处理一个变量但是需要它在主程序中保持不变，那么它当然好了。例如，如果你正在创建一个游戏，那么你可能想要对玩家的分数做一些计算并且向玩家发送一些有关各种不同情况结果的信息，但是想要把玩家的实际分数保持为与在主程序中的分数一样。你可以使用函数完成这些处理工作，当返回到主程序时玩家分数是保持安全的。但是当控制返回到主程序时，如果你想要使用在被调用函数中的一些处理结果，那么该怎么做呢？我们可以使用一条 return 语句完成这件事，如例 7.10 所示。

例 7.10　返回一个已更新的值　下列代码返回变量 numMice 在函数 changeValue() 中更新之后的新值。因为没有改变 HTML 脚本，所以下面只给出 JavaScript 代码。

```
<script>
function getValue()
{
    var numMice = 12;
    document.getElementById('first').innerHTML = (numMice);
    numMice = changeValue(numMice);
    document.getElementById('third').innerHTML = (numMice);
}
function changeValue(x)
{
    var x = 5;
    document.getElementById('second').innerHTML = (x);
    return x;
}
</script>
```

第 6 行把 numMice 的值设置为在 changeValue() 函数处理它之后的值。然而，需要在第 13 行上的 return 语句，它告诉函数把 x 的新值传送给最初的调用语句。在第 6 行之后，每次使用 numMice 时它的值将是新值 5，直至再次修改它。如果编写和运行这个程序，那么输出将是如下图所示。

Can you change the number? Try it

The value of numMice is: 12

The value of x, in the changeValue() function is: 5

The value of numMice after calling the changeValue() function is: 5

字符串不是原始值，不过 JavaScript 把字符串按值传递给函数，如例 7.11 所示。

例 7.11　按值传递字符串变量　这个小程序提示用户录入一个名字和一个电子邮件地址。函数 checkEmail() 有一个字符串变量的形参，要求把一个字符串变量的实参传递给这个函数。checkEmail() 函数只确保用户录入的值有一个点、@ 符号和处于末端的 3 个字符，当然它不确保用户键入一个实际有用的地址。在把有效的电子邮件地址返回给主函数之前，如果用户录入的值是无效的，那么这个函数就要求录入一个有效的电子邮件地址。

```
<html>
<head>
<title>Example 7.11</title>
<script>
function getInfo()
{
     var name = prompt("What's your name?");
     var email = prompt("What is your email address?");
     email = checkEmail(email);
     document.getElementById('first').innerHTML = name;
     document.getElementById('second').innerHTML = email;
}
function checkEmail(address)
{
     var flag = true; var atSign = "@"; var address; ↵
                         var okSign = true;
     while (flag)
     {
          var numChars = address.length;
          for( j = 1; j < (numChars -5); j++)
          {
               if (address.charAt(j) == atSign)
                    okSign = false;
          }
          if ((address.charAt(numChars-4)!=".") || (okSign==true))
          {
               alert("Not a valid email address");
               address = prompt('Enter a valid email address ↵
                         or enter "quit" to exit the program');
               if (address == "quit")
               {
                    address = "unavailable";
                    flag = false;
               }
          }
          else
```

```
35.                 flag = false;
36.         }
37.         return address;
38.  }
39.  </script>
40.  </head>
41.  <body>
42.         <input type ="button" onclick="getInfo()" value = "Enter ↲
                                    your information"><br />
43.         <h3>Your name is: <span id = "first"> </span></h3>
44.         <h3>Your email address is: <span id = "second">   ↲
                                    </span></h3>
45.  </body></html>
```

如果录入一个无效的电子邮件地址，那么 checkEmail() 函数（第 13 ~ 38 行）将继续提示用户录入有效的电子邮件地址。这个代码增加了一个功能，允许用户放弃录入电子邮件地址。无论用户选择哪一个选项（录入一个有效地址还是放弃），都会把那个值返回给调用程序。

如果编写了这个程序并且使用以下输入，输出将是如下图所示。

输入：Henry Higglesby，第一个电子邮件地址：henryh@mymail，第二个电子邮件地址：henryh@mymail.com。

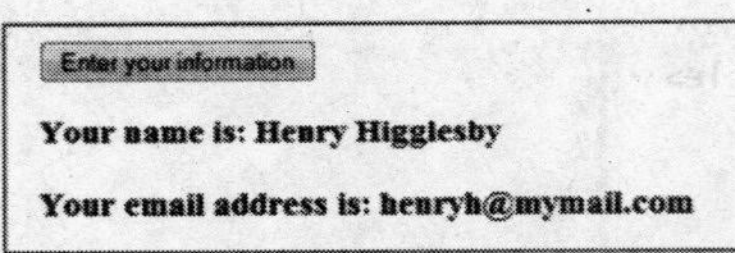

输入：Henry Higglesby，第一个电子邮件地址：henryh.com，第二个电子邮件地址：quit

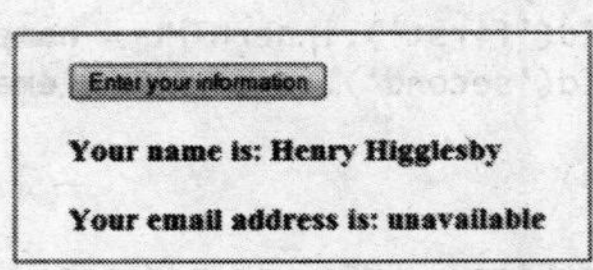

7.3 节检查点

7.13　给出下列代码片断，请指出实参和形参：

```
var x = checkIt(age);
function checkIt(num)
{
    var num;
    if (num > 0)
        return true;
}
```

使用下列函数回答检查点 7.14 ~ 7.16。

```
function addIt(a, b)
{
    return a+b;
}
```

7.14　如果有错误，那么以下函数调用有什么错误？

```
var z = addIt(z);
```

7.15　如果有错误，那么以下函数调用有什么错误？

```
var x = "car"; var y = 3;
var z = addIt(x,y);
```

7.16　如果有错误，那么以下函数调用有什么错误？

```
var z = addIt(6,8);
```

7.17　一个函数可以返回多少个值？

7.18　按值传递与按引用传递之间的区别是什么？

7.4　对象和面向对象概念

JavaScript 是一种面向对象语言，但是到目前为止我们在本书中还没有大量利用这个特性。在面向对象语言中，一个对象（或者更精确地说是生成对象的类）基本上是一块可重用的软件。在编写某种类似 C++ 的面向对象语言的程序中，程序员经常创建自己的类然后使用这些类的对象。不用很深入地研究，我们可以把**对象**想象为程序中包含属性和方法的某个东西。在 JavaScript 中，我们很少创建自己的对象，但是经常使用已经创建好的对象。从这个意义上讲，并且因为如果想要我们也可以创建类和新对象，所以 JavaScript 也可以视为**面向对象语言**。

7.4.1　Math 对象

考虑已经在本书中经常使用的 Math 对象，这个对象执行许多数学任务。表 7-2 展示这个对象的一些属性和方法。

表 7-2　Math 对象的属性和方法

Math 对象的一些属性	
属　性	**描　述**
LN10	返回 10 的自然对数（≈ 2.302）
PI	返回 π（≈ 3.14）
E	返回欧拉数（≈ 2.718）
SQRT2	返回$\sqrt{2}$（≈ 1.414）
SQRT1_2	返回$\sqrt{1/2}$（≈ 0.707）
Math 对象的一些方法	
方　法	**描　述**
abs(x)	返回 x 的绝对值
floor(x)	返回 x 的整数值，向下舍入
random()	返回一个在 0 ~ 1 之间的随机数
pow(x,y)	返回值 x^y
round(x)	将 x 舍入到最近的整数
sqrt(x)	返回 x 的平方根

7.4.2 其他 JavaScript 对象

表 7-3 列出了其他 JavaScript 对象。对于这些对象，我们已经使用了一些并且将在本书后面也将使用一些。当创建更高级的程序时，你可能使用其他对象。

表 7-3 一些 JavaScript 对象

JavaScript 对象	描　述
Array	把多个值存储在一个变量中
Boolean	将非布尔值转换成布尔值（true ｜ false）
Date	用于处理日期和时间
Math	执行数学任务
Number	用于原始数字值
String	处理和存储文本

你可以把对象看做一个新的变量类型。当把变量声明为数字类型时，我们就知道这个变量的一些性质。知道它必须是数字，它可能是负数或正数，它可能是整数或者有小数部分，这些是它的特性（或属性）。我们也知道可以对它做的一些事情和它能够做的事情，可以对这个数字变量进行加、减、乘和其他数学操作。因为这些方法可用于数字类型但不适用于字符串类型，所以我们不能对字符串变量做这件事情。

对于对象也是一样的。Math 对象可以使用 round() 方法舍入 6.57，但是 Boolean 对象不能使用 round() 方法。然而，Boolean 对象有它自己的方法。从这个意义上讲，我们可以把对象认为是一种变量类型。

对于数字或字符串类型，你不需要指定想要使用的哪一种方法或属性，它们是这个类型固有的。但是当使用对象时，你必须包括指定的方法或属性，例如 x = Math.round(46.7) 的结果与 x = Math.sqrt(46.7) 的结果是非常不同的。

7.4.2.1 按引用传递

当把一个值传递给对象时，它是按引用传递的，按引用传递有时可以提高程序的性能。函数只能返回单个值，因此如果你有一个要改变多个变量或对象值的函数，那么当一个值是按引用传递时，这个值将自动改变而不必使用 return 语句。然而，因为在被调用函数内部处理的值会在程序外面改变，所以按引用传递也是危险的。

我们一直在不怎么理解的情况下把值按引用传递给函数。当然，用对象的方法就是函数。现在，我们看一些使用 JavaScript 对象和按引用传递的例子。在本书后面学习数组后，我们将回顾对象和按引用传递的概念。

7.4.2.2 Boolean 对象

Boolean 类型的变量只有两个可能的值：true 或 false，Boolean 对象用于将非 Boolean 值转换成 Boolean 值。当把一个变量设定为 true（或 false）时，就创建了一个 Boolean 变量。然而，也可以为非 Boolean 值创建一个返回 true 或 false 的 **Boolean 对象**。有时，我们想返回 true 或 false 的值，或者想要判断一个值是否有一个等于 true 或 false 的 Boolean 值。

new 关键字 当创建一个 JavaScript 对象的新实例时，可以使用 new **关键字**。当创建对象的一个实例时，它就有这类对象的所有属性和方法。例如，当创建 Boolean 对象的一个新实例时，它就将只有两个可能的值：true 或 false。例 7.12 示范该如何创建 Boolean 对象的实例，以及在各种不同情形中返回什么结果。

例 7.12 创建对象和传递变量 这个例子创建 Boolean 对象的一些实例，并且把值转换为 Boolean 类型的值。然后，查看这些值的结果是两个可能的 Boolean 值中的哪一个：true 或 false。

```
1.  <html>
2.  <head>
3.  <title>Example 7.12</title>
4.  <script>
5.  function begin()
6.  {
7.       var one = 0; var two = 1; var three = "_"; var four = NaN;
8.       var bool1 = new Boolean(one);
9.       var bool2 = new Boolean(two);
10.      var bool3 = new Boolean(three);
11.      var bool4 = new Boolean(four);
12.       document.getElementById('1').innerHTML = (one + " results ↵
                                          in Boolean " + bool1);
13.       document.getElementById('2').innerHTML = (two + " results ↵
                                          in Boolean " + bool2);
14.       document.getElementById('3').innerHTML = (three + " results ↵
                                          in Boolean " + bool3);
15.       document.getElementById('4').innerHTML = (four + " results ↵
                                          in Boolean " + bool4);
16. }
17. </script>
18. </head>
19. <body>
20.       <input type ="button" onclick="begin()" value = "Check ↵
                                          Boolean values"><br />
21. <h3><span id = "1"> </span></h3>
22. <h3><span id = "2"> </span></h3>
23. <h3><span id = "3"> </span></h3>
24. <h3><span id = "4"> </span></h3>
25. </body></html>
```

这个程序用不同的值创建 4 个变量（one、two、three 和 four）。然后，在第 8 ~ 11 行上创建 Boolean 对象的 4 个实例。这 4 个变量的每个值传递给创建 Boolean 对象新实例的函数，这个对象就把那个值转换为 Boolean 值。但是，因为变量是按引用传递的，所以原始变量的值保持不变。例如，当 one 的值是 0 时，bool1 的值是将 one 转换为 Boolean 值的结果，也就是 false。第 12 行把 one 和 bool1 的值显示在网页上。如果编写和运行这个程序，那么输出将显示 one 仍然保持它的初值，而 Boolean 对象 bool1 的值是 false。这些输出也为我们展示 0 转换成 Boolean 值 false，1 转换成 Boolean 值 true，下划线转换成 Boolean 值 true，而 NaN 转换成 Boolean 值 false。

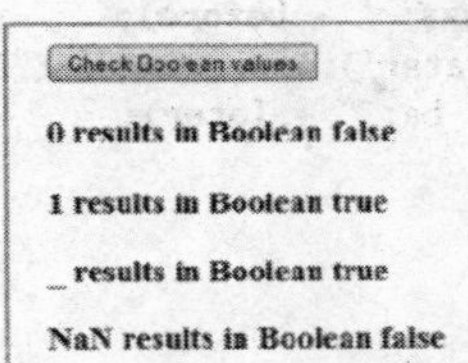

7.4.3 Date 对象

由于它有许多方法，所以作为用途最广泛的对象之一，Date 对象可用于许多不同的目的。通过 Date 对象，可以获得一个日期值中的年份、小时、分钟、秒甚至毫秒。我们可以设定日期的各个方面，可以处理时区并且把日期转换为易读的字符串形式。表 7-4 展示日期对象的一些方法。

表 7-4　Date 对象的一些方法

方　法	描　述
getDate()	返回一个月的某一天（从 1 ~ 31 的数字）
getDay()	返回一个星期的某一天（从 0 ~ 6）
getFullYear()	返回 4 位数字的年份
getHours()	返回小时（从 0 ~ 23）
getMinutes()	返回分钟（从 0 ~ 59）
getMonth()	返回月份（从 0 ~ 11）
getTime()	返回从 1970 年 1 月 1 日午夜以来经过的毫秒数
getTimezoneOffset()	返回本地时间和格林威治标准时间（GMT）之间的时差，以分钟为单位
setDate()	设定 Date 对象的某月天数
setFullYear()	使用 4 位数字设定 Date 对象的年份
setHours()	设定 Date 对象的小时数
setMonth()	设定 Date 对象的月份
setTime()	通过从 1970 年 1 月 1 日午夜开始所经过的毫秒数设定一个日期和时间
toString()	把 Date 对象转换为一个字符串
toTimeString()	把 Date 对象的时间部分转换为一个字符串

例 7.13 展示如何使用日期对象来了解现在是哪一天，并且将这个日期对象改变为过去某一天和未来某一天。

例 7.13　创建并使用 Date 对象

```
<html>
<head>
<title>Example 7.13</title>
<script>
function begin()
{
     var now = new Date(); var before = new Date();
     var later = new Date();
     before.setFullYear(1812, 2, 3);
     later.setFullYear(2095,6,15);
     document.getElementById('now').innerHTML = ("Today's date: " ↵
                                     + now);
     document.getElementById('before').innerHTML = ("In the past ↵
                                     it was: " + before);
     document.getElementById('later').innerHTML = ("One day it ↵
                                     will be: " + later);
}
</script>
</head>
<body>
```

```
18.       <input type ="button" onclick="begin()" value = "Does ↵
                              anyone know what day it is?"><br />
19.       <h3><span id = "now"> </span></h3>
20.       <h3><span id = "before"> </span></h3>
21.       <h3><span id = "later"> </span></h3>
22.   </body></html>
```

这个程序创建 Date 对象的 4 个实例。第 11 行显示今天的日期。但是因为你将在不同的日期运行这个程序，所以你的显示将是不同的。第二个实例存储在变量 before 中，并且将在下面显示。在传递给 Date 对象的 3 个实参中，1812 表示年份，2 表示月份，3 表示日。因为这个月份范围是从 0 到 11，因此月份 2 代表第 3 个月，即 3 月。然而，日范围是从 1 ~ 31，所以日 3 就是这个月的第 3 天。Date 对象的第 3 个实例存储在变量 later 中，而实参 2095 表示年份，6 表示月份（也就是第 7 个月或 7 月），而 15 表示日。因此，显示如下：

Does anyone know what day it is?

Today's date: Sat May 26 2012 18:34:51 GMT-0400 (Eastern Daylight Time)

In the past it was: Tue Mar 03 1812 18:34:51 GMT-0500 (Eastern Standard Time)

One day it will be: Fri Jul 15 2095 18:34:51 GMT-0400 (Eastern Daylight Time)

setTimeout() 函数

在 JavaScript 中很容易创建一个定时器。setTimeout() 函数获取两个实参：第一个是一条 JavaScript 语句，第二个是这个函数要等待的毫秒数。因此，一般语法如下：

```
var timer = setTimeout(expression, milliseconds);
```

timer（定时器）和 Date 对象有许多用法，我们将在例 7.14 中使用它们。

例 7.14 用 Date 对象创建一个时钟 这个程序将显示今天的日期并且开始一个计算秒数的时钟。有一个函数用两位数显示分钟数和秒数，也就是，如果分钟数是 6，那么将显示 06。它也包括一个定时器，每间隔半秒就显示一次时钟。

```
<html>
<head>
<title>Example 7.14</title>
<script>
function startClock()
{
    var today = new Date();
    var hour = today.getHours();
    var min = today.getMinutes(); var sec = today.getSeconds();
    var timer;
    min = checkTime(min);
    sec = checkTime(sec);
    document.getElementById('now').innerHTML = ("Today's date: " ↵
                                  + today);
    document.getElementById('clock').innerHTML = (hour + ":" + ↵
                                  min + ":" + sec);
    timer = setTimeout('startClock()',500);
}
function checkTime(i)
{
    if (i < 10)
```

```
20.             i = "0" + i;
21.     return i;
22. }
23. </script>
24. </head>
25. <body>
26.     <input type ="button" onclick="startClock()" value = "Does ↵
                anyone know what day it is?"><br />
27.     <h3><span id = "now"> </span></h3>
28.     <h3><span id = "clock"> </span></h3>
29. </body></html>
```

第 15 行使用 setTimeout() 函数迫使 startClock() 函数在下一次被调用之前等待半秒（500 毫秒）。通过反复调用 startClock()，显示的时间将每过 1 秒就变化一次，从而创建我们的时钟。

注意，checkTime() 函数接收一个实参 min 或 sec，以确保所有分钟数和秒数显示为两位数字。它举例说明了一个将实参传递给形参的重要特性。checkTime() 函数被调用了 2 次，不管传递的是 min 还是 sec，这个函数都能处理这两种情形。创建可重用函数的美妙之处在于：无论多么复杂的程序都能够用高效、优雅的代码编写。

如果你创建并且运行这个程序，那么输出将不同于下面的显示，但是当然应该是类似的，时钟将随着时间一秒一秒地滴答跳动。

Does anyone know what day it is?

Today's date: Sat May 26 2012 19:08:47 GMT-0400 (Eastern Daylight Time)

19:08:47

7.4 节检查点

7.19 JavaScript 对象基本上是一块________代码。

7.20 Math 对象做什么工作?

7.21 如何把值传递给一个对象变量，按值还是按引用?

7.22 在程序中编写代码把一个日期对象设定为 1852 年 5 月 27 日。

7.23 编写代码，使用定时器在网页上显示一个时钟，它从当前时间开始计时走过的秒数。

7.5 JavaScript 源文件

在网页中，样式用于创建表现方面：颜色、字体、元素位置等。如前所述，可以把样式包含在 HTML 代码中（内置样式），或者把样式放入 <head> 区域中的 <style></style> 标签对内部（嵌入样式）。当创建大型网站时，你希望所有页面具有一致的外观，因此你很可能会使用外部样式表，而在 <head> 区域包含一个到这个样式表的链接。样式表的扩展名是 .css 并且是一个纯文本文件。如果要求每个页面包含相同的标题格式、边框、字体类型和颜色，那么外部样式表是最有效的选择。这样，如果决定改变一个标签的格式，那么可以在外部样式表上改变它，从而在整个网站中起作用。

对于 JavaScript，也是类似的情形。有时把 JavaScript 内嵌在网页中，而在本书中最常用的做法是把 JavaScript 代码放在 <head> 区域的 <script></script> 标签对之间。此外，也可以创建含有 JavaScript 代码的外部文件，这个文件能够链接到网页的 <head> 区域并且可以链接与你想要一样多的页面。一个外部 JavaScript 文件称为 **JavaScript 源文件**，它是纯文本文件并且有扩展名 .js。

7.5.1　更聪明地工作，而不是更努力地工作

前面编写的许多程序已经除去了一些重要的代码。当用户输入一个值时，几乎总是需要验证它。如果要求用户录入他的年龄，那么录入的不仅是数字，也应该是一个有意义的数字，例如没有人能够有 2387 岁。如果要求用户录入他的名字，那么这个名字至多有 50 个字符。

你也可能已经注意到我们写的一些代码与为不同目的而编写的不同程序中的其他代码是类似的，但是这些代码的逻辑本质上可能是相同的。

我们也知道 JavaScript 对象基本上是一块可重用的代码。如果使用 Math 对象的 sqrt() 方法，那么实际上调用的是为计算任何有效数字的平方根而编写的代码。

我们也能够做这样的事！既然已理解了值是如何传递给函数的，那么就可以编写执行单一任务的函数，从而用于各种不同的目的。例如，可以编写一个验证数字范围的代码，从而可以确保一个游戏玩家的年龄是在 18 ~ 118 之间、老师录入的考试分数是在 0 ~ 100 之间或者客户的购买额大于 0 并且小于 1000 等。

如果小心编写可用于许多不同情形的函数，那么就可以在多个页面中重新使用这个代码。并且，如果把这些函数存储在一个文件中，那么就可以创建自己的函数库，这个文件通常使用 **.js 扩展名**。然后可以在所有网页的 <head> 区域链接这个文件，从而这个文件的所有函数可用于网页上的任何 JavaScript 代码。不必重新编写这些代码行，我们只需要用合适的实参调用这些函数。这就是外部 JavaScript 源文件（.js）的价值。

7.5.2　创建和访问 JavaScript 源文件

JavaScript 源文件是一个纯文本文件。在这个文件中编写代码时不使用标签或标题，并且浏览器会简单地忽略在这个文件中无效 JavaScript 代码的文本。尽管可以把对一个 .js 文件的链接放入 <head> 或者 <body> 区域，但是我们将遵循我们的约定并且把大多数 JavaScript 代码放在 <head> 区域。我们在 <head> 区域编写的任何代码将访问 .js 文件。

注意：在 .js 文件中不要使用 <script></script> 标签！

链接外部 JavaScript 源文件的语法如下：

```
<script type="text/javascript" src="filename.js"></script>
```

当然，如果 .js 文件在一个文件夹里，那么将在 src 属性包括对这个文件的整个路径。

你可以把一个网页的所有 JavaScript 代码放入一个源文件中。在这种情况下，如上所示链接这个 .js 文件就可以了。但是在本书中，我们计划使用源文件来补充我们的代码。我们将在源文件中创建多用途的函数并且总是包括这个源文件，以便我们不必在特殊情形中重新编写这些代码。但是，我们仍然把每个网页的特定 JavaScript 代码放入 <head> 区域中。换言之，我们将创建一个

最常使用的函数库，正如以前的程序员已经在最常见的语言中（包括 JavaScript）创建了各种库。

因此，我们仍然需要在 <head> 区域中使用第二组 <script></script> 标签放置为特定页面编写的代码。在这种情况下，<head> 区域的语法将会如下：

```
<html>
<head>
<title> Page Title </title>
<link href="filename.css" rel="stylesheet" type="text/css" />
<script type="text/javascript" src="filename.js"></script>
<script>
     JavaScript code goes here
</script>
</head>
```

例 7.15 展示该如何创建并使用一个包含单个函数的源文件。

例 7.15　一个检查拼字的源文件　这个例子创建一个名为 mySource.js 的源文件。它包含一个函数，检查一个单词是否正确拼写。在网页的 JavaScript 代码中，将把用户录入的单词和这个单词的正确拼写传递给在这个源文件中的函数。在这个源文件后面是网页中调用这个函数的代码。

源文件：mySource.js

```
function checkWord(x,y)
{
     var x; var y; var spell = true;
     if (x != y)
     spell = false;
     return spell;
}
```

网页文件：ex_7_15.html

```
1.  <html>
2.  <head>
3.  <title>Example 7.15</title>
4.  <script type="text/javascript" src="mySource.js"></script>
5.  <script>
6.   function shipIt()
7.  {
8.       var shipCode = "FREEBIE";
9.       var userCode = prompt("Enter your code:");
10.      if (checkWord(shipCode, userCode))
11.           document.getElementById('result').innerHTML = ↵
                                   ("Shipping is free!");
12.      else
13.           document.getElementById('result').innerHTML = ↵
                                   ("Sorry, your code is not valid");
14.  }
15.  </script>
16.  </head>
17.  <body>
18.      <input type ="button" onclick="shipIt()" value = "Enter ↵
                                   free shipping code"><br />
19.      <h3><span id = "result"> </span></h3>
20.  </body></html>
```

当单击按钮时，将调用 JavaScript 函数 shipIt()。它用免运费代码（"FREEBIE"）的值初始化一个变量，然后提示用户录入他的代码，再然后调用一个名为 checkWord() 的函数。在第 10 行上的 if 语句意味着，如果 checkWord() 函数返回 true，那么执行第 11 行；如果 checkWord() 返回 false，那么执行在第 13 行上的 else 语句。

当调用 checkWord() 时，计算机将在 <head> 区域查找名为 checkWord() 的函数。因为没有找到，所以就进入那个 .js 文件，从而找到那里的 checkWord()。然后，把变量 shipCode 和 userCode 传递给 checkWord() 的形参 x 和 y。这个函数查看 x 和 y 是否相同：若不同，则把变量 spell 改变为 false；若相同，则 spell 保持初始化时得到的值 true。然后，把 spell 的值返回到调用 shipIt() 函数的地方从而程序继续。

JavaScript 源文件层叠

样式层叠是指，如果你有一个内置样式、一个嵌入样式和一个外部样式，那么将使用离元素最近的样式。对于 JavaScript 也是一样的，最先使用内嵌代码。如果调用一个函数，那么计算机将首先在调用它的地方查找它。如果在 <head> 区域调用一个函数，那么计算机就在 <head> 区域查找具有这个名字的函数。如果没有找到，那么就进入链接的源文件查找这个函数。

这意味着，如果你知道在源文件中有一个 checkWord() 函数，但是你想要为这个函数编写做其他事情的代码，那么就可以写另一个 checkWord() 函数，把它放在 <head> 区域中，而且这个函数优先于在源文件中的同名函数。当然，较好的做法是为你的新函数取一个新名。

例 7.16 基于例 7.15 建立。假定雇用你写这个程序的公司老板知道在例 7.15 中发生的事情，并且想要为客户提供更多的机会录入正确代码。尽管在源文件中的 checkWord() 函数运行得很好，但它没有为客户提供一个改正拼错或打错单词的机会。你决定在 <head> 区域添加一个也命名为 checkWord() 的函数，从而可以增加雇主需要的新特性。在实际编程中要避免新函数与在源文件中的函数同名，但是这里我们只是因举例目的而取相同的函数名。当在 <head> 区域中你无意之中命名一个与源文件中的函数同名的一个函数时，你就能够知道在这种情况下发生了什么事。

例 7.16　两个函数使用同一个函数名会发生什么事　在这个例子中，来自前面例子的源文件没有变化，网页中的 HTML 代码也没有改变，因此只给出新的 JavaScript 代码：

```
<script type="text/javascript" src="mySource.js"></script>
<script>
function shipIt()
{
    var shipCode = "FREEBIE";
    var userCode = prompt("Enter your code:");
    if (checkWord(shipCode, userCode))
        document.getElementById('result').innerHTML = ↵
                    ("Shipping is free!");
    else
        document.getElementById('result').innerHTML = ↵
                    ("Sorry, your code is not valid");
}
function checkWord(one, two)
{
    var one; var two; var code = true; var i;
    for (i = 1; i < 4; i++)
    {
        code = true;
        if (one != two)
        {
```

```
                code = false;
                two = prompt("Invalid code but try again or ↵
                               enter Q to quit:");
            if (two == "Q")
                break;
        }
    }
    return code;
}
</script>
```

在这种情况下，当程序调用 checkWord() 函数时，计算机首先在 <head> 区域查找这个函数并且使用这个版本。如果客户第一次录入错误的代码，那么显示将是如下：

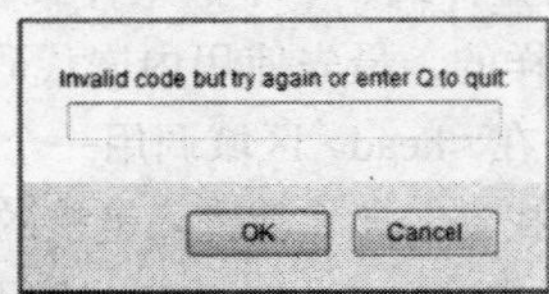

例 7.17 展示一个在外部源文件中更为复杂的函数，它可用于各种不同的情形。

例 7.17　构建一个表格　这个例子使用前面创建的相同源文件，并且增加一个新函数。在这个程序中将不使用仍然在源文件中的 checkWord() 函数，这是无关紧要的，保留它的目的是以备于未来之需。因为 JavaScript 源文件是一个纯文本文件，所以它使用很少的计算机内存空间，并且当访问一个网站时能够几乎不费什么时间就载入内存。

这个新函数 buildTable() 将交互式地建立一个表格，将提示用户录入表格的大小（行数和列数）和一些其他选项：在创建每个单元格时，单元格是否应该是空的、用随机数填充或者由用户填充。我们也将让用户录入一个样式表文件名，使这个表格按需要显示。如果需要，以后可以添加其他选项。目前，我们可以考虑为在 Greg's Gambits 中的一个游戏或为 Carla's Classroom 中的一项考试使用这个表格。

源文件：mySource.js

```
function checkWord(x,y)
{
    var x; var y; var spell = true;
    if (x != y)
        spell = false;
    return spell;
}
function buildTable(rows, cols, fill, style)
{
    var rows; var cols; var fill; var ranNum;
    var i; var j; var style;
    document.write("<link href='"+style+"' rel='stylesheet' ↵
                    type='text/css' />");
    document.write("<div id='content'><p> </p>");
    document.write("<table width = '60%' border='1' align='center' ↵
                    cellpadding='5' cellspacing='5'>");
    ranNum = (rows + 1) * (cols + 1);
    for (i = 0; i < rows; i++)
    {
        document.write("<tr>");
        for (j = 0; j < cols; j++)
        {
```

```
                if (fill == "empty")
                    document.write("<td width = '"+(1/cols)+"%'> ↵
                        <h1> <br /></h1></td>");
                if (fill == "random")
                {
                    entry = parseInt(Math.random()*ranNum)+1;
                    document.write("<td width = '"+(1/cols)+"%'> ↵
                        <h1>"+entry+"</h1></td>");
                }
                if (fill == "prompt")
                {
                    entry = prompt("Enter a value for the cell in ↵
                        row "+(i+1)+", column "+(j+1));
                    document.write("<td width='"+(1/cols)+"%'> ↵
                        <h2>"+entry+"</h2></td>");
                }
            }
            document.write("</tr>");
        }
        document.write("</table> </div>");
}
```

网页文件：ex_7_17 .html，使用 Greg's Gambits 样式的第一个例子。

```
<html>
<head>
<title>Example 7.17</title>
<link href="greg.css" rel="stylesheet" type="text/css" />
<script type="text/javascript" src="mySource.js"></script>
<script>
function buildIt()
{
        var numRows; var numCols; var table;
        var filler; var filename;
        numRows = parseInt(prompt("How many rows do you want in ↵
                                your table?"));
        numCols = parseInt(prompt("How many columns do you want in ↵
                                your table?"));
        filler = prompt("Do you want to leave the table cells empty? ↵
                                Type y for yes, n for no.");
        if (filler == "y")
            filler = "empty";
        else
        {
            filler = prompt("Do you want the cells filled with ↵
                                random numbers? Type y for yes, ↵
                                n for no");
            if (filler == "y")
                filler = "random";
            else
                filler = "prompt";
        }
        filename = prompt("Enter the filename of the style sheet ↵
                                to use with this table:");
        table = buildTable(numRows, numCols, filler, filename);
}
</script>
</head>
<body>
<div id="container">
```

```
31.         <img src="images/superhero.jpg" class="floatleft" />
32.         <h1 id="logo">Table Builder</h1>
33.         <p><input type ="button" onclick="buildIt()" value = ↵
                                   "Build a table"></p>
34.   </body></html>
```

我们先查看网页文件。在这个例子中，尽管使用了 Greg's Gambits 样式，但是通过在网页上插入第 33 行（调用这个函数的按钮）能够创建不同外观的页面。当单击这个按钮时，调用在页面 <head> 区域中的 buildIt() 函数。这里，用户要输入表格的重要属性：行和列的数目、是否由程序填充单元格（空的或随机数）或者由用户录入，以及这个包含表格的页面所使用的样式表文件名。这些处理发生在第 11 ～ 24 行上。

然后，第 25 行调用 buildTable()。传递给这个表格的实参是行数（numRows）、列数（numCols）、如何填充单元格（filler）和样式表的文件名（filename）。

然后，控制传递给有 4 个形参的源文件，即 numRows 的值传递给 rows、numCols 传递给 cols、filler 传递给 fill 以及 filename 传递给 style。对表格的构建起始于第 12 行，它使用存储样式表文件名的变量 style 建立一个到样式表的链接。第 13 行创建一个存放内容的 <div> 区域，而第 14 行开始一个新表格。

如果用户要求用随机数填充单元格，那么使用变量 ranNum 创建某个随机数范围。可以使用任何范围，但是这个程序选择使用 (rows + 1)*(cols + 1) 的乘积。

第 16 行开始一个将创建表格的循环。我们需要使用一个嵌套循环处理表格，外循环有与行数一样多的迭代。在开始内循环之前，在第 18 行上创建一个新行。对于每行，内循环有与列数一样多的迭代。内循环起始于第 19 行。

在第 21 行的第一条 if 语句查看用户是否选择让单元格是空的。如果是，那么第 22 行创建一个单元格并且放入一个空格。单元格的宽度是每行单元格数的一个百分比（也就是 1/cols）。如果有 5 列，那么为了让每个单元格是等宽的，每个单元格应该是表格宽度的 20% 或 1/5。如果有 10 列，那么每个单元格将是表格宽度的 10%（或 1/10）。

如果用户没有选择单元格留空，那么第 23 行查看用户是否想用随机数填充单元格。如果是，那么在第 25 行的变量 entry 创建一个从 1 ～ ranNum 的随机数。第 26 行创建一个新单元格，并且用这个随机数填充。

如果 fill 不等于 "random" 或 "empty"，那么用户将为每个创建的单元格录入值。在第 28 ～ 32 行上的子句完成这项工作。现在，在每次迭代（第 30 行）时将变量 entry 设定为用户录入的任何值，然后在第 31 行上用这个值创建这个单元格。

内循环在第 33 行结束。然后，结束这一行（第 34 行）并且再次执行外循环，创建新的一行并且填充那一行的所有单元格。当外循环完成所有迭代时，这个循环结束并且在第 36 行上关闭这个表格。这个函数结束并且将控制返回到网页的其他代码。在这种情况下，我们不做其他事。

如果用户想要创建一个页面，使用 Greg 的样式，有一个用随机数填充的 4×4 的表格，那么输出将看起来像这样：

3	3	14	5
25	16	21	6
24	12	22	1
11	21	15	10

但是，如果用户想要创建一个 3×5 的表格，使用 Carla 的样式并且用一个算术题填充每个单元格，那么输出将看起来像这样：

3+4	3+4	2+2	6+3	5+5
3+2	9+7	7+6	3+3	8+5
9-2	6-3	8-8	7-1	5-4

7.5.3　创建函数库

现在我们将为源文件添加以前使用过的或者将来可能使用的函数。因为这些函数可能有许多用途，所以将以最普通的形式编写它们。这些只是你可能想要放入你自己的 JavaScript 源文件中的样例函数，或者你可能想要创建一些按主题组织的源文件。通过简单地在 <head> 区域包含一个到这个文件的链接，可以随时使用这个文件中的函数。例 7.18 给出 4 个在程序中经常使用的函数，并且按通用方式编写。这些函数将添加到我们的 mySource.js 文件中，并且用于将来的例子和练习。

例 7.18　为源文件编写的一些函数

(a) 检查数字是否在给定范围内的函数：

```
function checkRange(x,low,high)
{
     var x; var low; var high;
     var result = true;
     if (x < low || x > high)
          result = false;
     return result;
}
```

(b) 检查一个字符是否在一个字符串特定位置的函数：

```
function charAtPlace(x, y, z)
{
     var x; var y; var z; var result = false;
     if (x.charAt(y-1) == z)
          result = true;
     return result;
}
```

(c) 检查一个字符是否在一个特定单词中的函数：

```
function checkForChar(x, y)
{
     var x; var y; var i; var lgth; var result = false;
     lgth = x.length;
     for (i=0; i < lgth; i++)
     {
          if (x.charAt(i) == y)
               result = true;
     }
     return result;
}
```

（d）获取一个数字百分比的函数：

```
function checkPercent(x, y, z)
{
    var x; var y; var z; var percent;
    percent = (y/100)*x;
    if (z == "y")
        return (x - percent);
    else
        return percent;
}
```

7.5 节检查点

7.24 描述在网页中包含 JavaScript 的 3 种方法。

7.25 如果网页在 <head> 区域有一个函数 checkIt() 并且在链接的源文件中也有一个 checkIt() 函数，那么在 <head> 区域 <script></script> 标签对之间调用函数 checkIt() 时将使用哪个版本？

7.26 如果 source.js 文件有以下代码，那么它有什么错误？

```
<script>
function addIt(x, y)
{
    var x; var y;
    return x + y;
}
</script>
```

7.27 在一个源文件中有以下函数：

```
function showName(a, b, c)
{
    var a; var b; var c;
    c = b + ", " + a;
    return c;
}
```

以下对这个函数的调用有什么错误？（这个调用在页面 <head> 区域的 <script></script> 标签对之内。）

```
fullName = showName("Jane","Jones");
```

7.6 操作实践

现在我们将为 Greg's Gambits 网站创建一个悬吊人猜字游戏，并且为 Carla's Classroom 网站创建一门阅读理解课。

7.6.1 Greg's Gambits：悬吊人猜字游戏

可以通过 Greg 主页上的 Play A Game 链接部分访问我们的新页面，这个页面是许多学生熟悉的悬吊人猜字游戏。在我们的游戏中，计算机将从 10 个单词中挑选并显示一个单词，不过在显示时将用下划线表示每个字母。玩家将猜测这个单词的每个字母，每次猜对时，将用这个字母替换对应的下划线；每次猜错时，将一笔一笔地绘制一幅连接悬吊人套索的简笔图。当玩家猜对了这个单词或者玩家猜错了足够次数而在绞架上完全悬挂那个男人时就结束这个游戏。如果玩家赢了，那么将显示一条信息并且用一幅图像代替悬吊人的绞架。

这个页面标题将是 Greg's Gambits | Hangman，文件名是 gregs_hangman.html。

7.6.1.1　开发程序

首先，在游戏菜单上放置一个到这个游戏的链接。在 play_games.html 上添加一个到这个游戏的链接，如果你已经完成了前面的“操作实践”练习，那么你的 play_games.html 页面将看起来像这样：

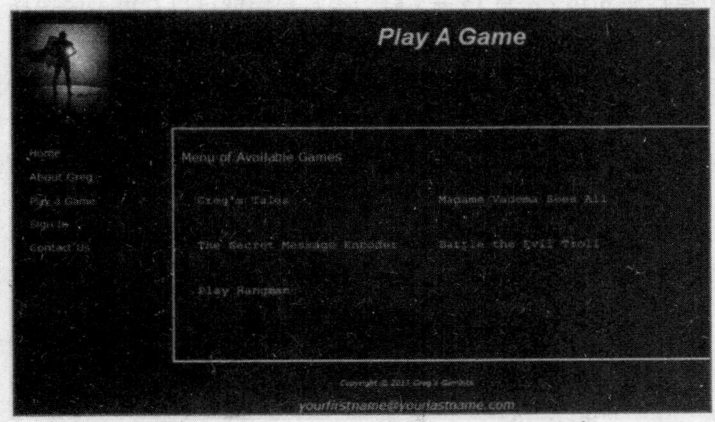

在套索中的男人　当玩家猜测隐藏单词的字母时，每次猜错将向悬挂在套索下的男人添加一点东西。因为计算机没有艺术能力，所以我们通过将一幅图像替换成另一幅图像来获得这个效果，并且每幅图像与前一幅图像几乎完全一样，只是添加了一点特征。已经为你创建了 11 幅图像并且可以在 Student Data Files 中找到。这些图像命名为 hangman0.gif、hangman1.gif、hangman2.gif 等，从而有可能使用文本部分和计数器变量部分来标识这些图像。开始图像将是一个空的套索，连同其他 10 幅图像看起来像这样：

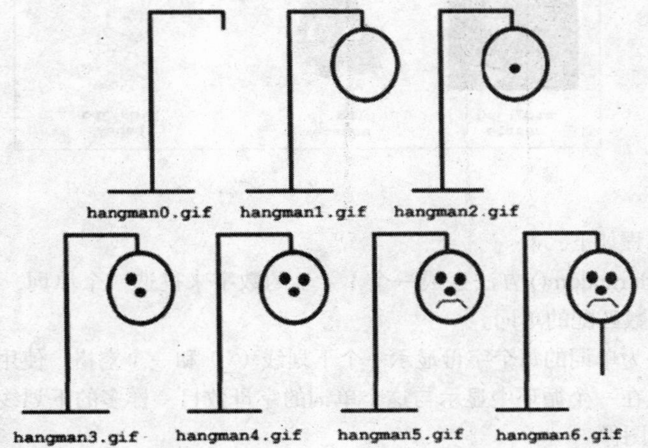

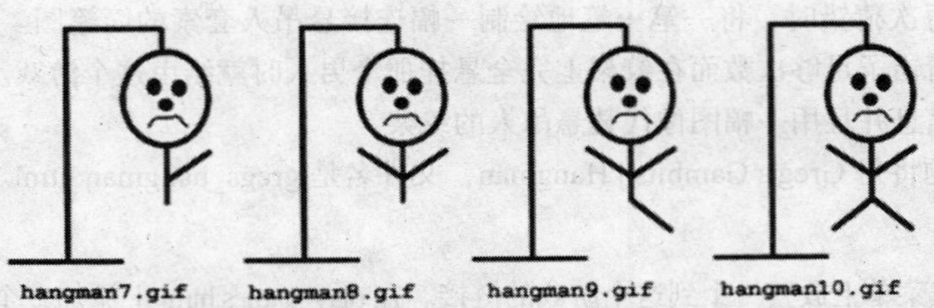

隐藏的单词 我们也需要一种方法创建隐藏的单词。当学会使用数组（在第 8 章）甚至更好的能从数据库获取信息的 PHP（在第 12 章）时，编写程序就可以有更多的选择。目前，我们将产生 9 个可能的单词。因为如果玩家猜对，我们就想要程序显示这个单词的图片，所以我们将为这个图像文件名与在游戏中的单词之间建立与悬吊人图像类似的关联性。在这种情况下，将生成一个在 1 ~ 9 之间的随机数。这个数字将标识使用哪一个单词，并且也标识对应于那个单词的图像。因此，所有图像将命名为 picX，其中 X 是一个在 1 ~ 9 之间的数字。这个程序使用的图像在 Student Data Files 中，如下图所示。

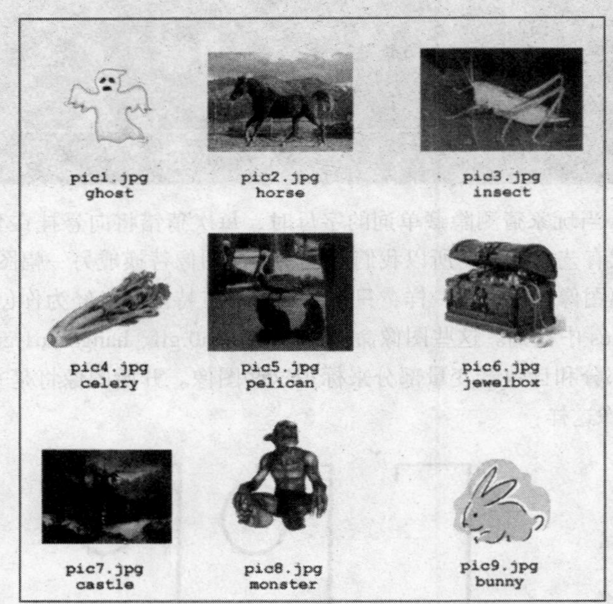

7.6.1.2 编写代码

游戏的一般流程如下：

通过使用 Math.random() 方法生成一个 1 ~ 9 的数字来挑选一个单词，我们将使用 switch 语句确定与这个随机数匹配的单词。

然后，我们将为单词的每个字母显示一个下划线（_）和一个空格，使用 length 属性找到这个单词的长度，并且在一个循环中显示与这个单词的字母数目一样多的下划线（_）。此时，我们也将显示一个空套索图像。

游戏将在一个 while 循环中执行。当玩家单击按钮开始游戏时，提示他录入一个字母，然后查看这个字母是否在那个单词中。如果它是，就调用一个函数用这个字母替换对应的下划线表示（若这个字母在单词中出现多次，则替换多次）。在替换这个字母之后，调用一个函数检查玩家猜测的单词与隐藏的单词是否匹配。

如果匹配，就用这个单词的对应图像替换这个套索，并且玩家将获得信息 "You win!"。如果不匹配，那么就用下一个包含更多笔画的套索图像代替这个套索图像，并且也显示一条信息 "not a winner yet"。

这个 while 循环将一直继续，直至猜出整个单词或者直至显示最后一个完整的悬吊人图像。由于这个代码在某些地方有一点复杂，所以我们分块讨论。

startHangman() 函数　这个主函数如下：

```
function startHangman()
{
      var nooseCount = 0;
      var wordNum = Math.floor((Math.random()*9)+1);
      var picture = "pic" + wordNum + ".jpg";
      switch(wordNum)
      {
            case 1:
                  word = "ghost"; break;
            case 2:
                  word = "horse"; break;
            case 3:
                  word = "insect"; break;
            case 4:
                  word = "celery"; break;
            case 5:
                  word = "pelican"; break;
            case 6:
                  word = "jewelbox"; break;
            case 7:
                  word = "castle"; break;
            case 8:
                  word = "monster"; break;
            case 9:
                  word = "bunny"; break;
      }
      var newWord = ""; var win = false;
      var lgth = word.length;
      var guessLetter; var goodGuess = false;
      for (var i = 0; i < lgth; i++)
            newWord = newWord + "_ ";
      document.getElementById("noose").innerHTML = ("<img src ↵
                  ='images/hangman0.gif' />");
      document.getElementById("game").innerHTML = newWord;
      while (win == false && nooseCount < 10)
      {
            goodGuess = false;
            guessLetter = prompt("Guess a letter");
            for (var j = 0; j < lgth; j++)
            {
                  if (guessLetter == word.charAt(j))
                  {
                        goodGuess = true;
```

```
43.                var offSet = 2*j;
44.                newWord = setCharAt(newWord, offSet, ↵
                       guessLetter);
45.            }
46.        }
47.        document.getElementById("game").innerHTML = newWord;
48.        win = checkWord(word, newWord);
49.        if (win == true)
50.        {
51.            document.getElementById("result").innerHTML = ↵
                       ("You win!");
52.            document.getElementById("noose").innerHTML = ↵
                       ("<img src = '" + picture + "' />");
53.        }
54.        else if (win == false)
55.        {
56.            document.getElementById("result").innerHTML = ↵
                       ("not a winner yet");
57.            if (goodGuess == false)
58.                nooseCount = nooseCount + 1;
59.                document.getElementById("noose").innerHTML = ↵
                       ("<img src ='images/hangman" + ↵
                       nooseCount + ".gif' />");
60.        }
61.    }
62. }
```

第 1 ~ 29 行是自明的，而其他代码值得探讨。第 30 和 31 行创建一个包含下划线和空格的字符串，而下划线的数目对应于已选单词的字符数。第 32 行显示初始的套索，而第 33 行显示刚刚创建的一列下划线和空格。

起始于第 34 行的 while 循环将继续，直到满足两个测试条件之一：或者变量 win 是 false（意味着猜测的字母还没有完全匹配隐藏的单词），或者 nooseCount 小于 10。有 9 个悬吊人图像，这些图像逐渐为可怜的悬挂男人添加四肢和脸部特征。当显示出整个男人时，nooseCount 将等于 9 并且将结束游戏。

第 37 行提示玩家录入一个字母。第 38 行开始一个循环，查看这个字母是否匹配隐藏单词中的一个字母。因此，这个循环的迭代次数与这个单词的字符数（第 28 行把这个数存储在变量 lgth 中）一样多。如果找到一个匹配，那么就知道它在哪里，这是因为 charAt() 方法使用的计数器 j 标识那个字符在这个单词中的索引值。Boolean 变量 goodGuess 最初设置为 false，但是现在被设置为 true，这个变量将稍后用于决定是否改变悬吊人的图像。如果玩家猜对单词中的一个字母，那么就不显示新的悬吊人图像。第 44 行调用新函数 setCharAt()，它用猜对的字母更换一对下划线和空格从而创建一个新字符串。setCharAt() 函数接收 3 个实参，而我们传递的是 newWord（隐蔽的单词）的值、offset 和猜测的字母 guessLetter，其中变量 offset 用于标识猜测的字母应该放在哪里。

这里展示 offset 的作用：假设隐藏的单词是 table。最初，屏幕显示如下：

_ _ _ _ _

如果玩家猜测 'b'，那么这个 b 必须代替第三个下划线。因为在 table 中，b 是 charAt(2) 的值，因此 'b' 的索引值是 2。但是在 newWord 中，因为每个字母用一个下划线和空格表示，所以这

个 'b' 实际上是在索引 4 的位置。这样，因为 j = 2，所以 offset = 2*2 或 4，从而 offset 可用于标识要替换字符的实际索引。

稍后我们将更深入地讨论 setCharAt() 函数。在为显示的单词（第 47 行）更换一个正确的猜测字母之后，startHangman() 函数要做的下一件事情是检查这个替换行为是否已经产生一个赢家。第 48 行调用 checkWord() 函数，这个函数类似于我们以前保存在源文件中的一个同名函数，但是增加了一个新特征。一旦检查了这个单词，win 要么是 true 要么是 false。如果是 true，那么第 49 ~ 53 行显示获胜信息并且将套索图像转换成表示隐藏单词的图像。

如果 win 是 false（第 54 ~ 60 行），那么向屏幕发送一条信息并且更新套索图像。因为猜错一次就表示减少一次允许的猜错次数，所以也要更新 nooseCount 变量。

setCharAt() 函数　这个函数用玩家猜对的字母替换隐藏的单词，代码如下：

```
1.  function setCharAt(str,index,chr)
2.  {
3.       if(index > str.length-1)
4.           return str;
5.       return str.substr(0,index) + chr + str.substr(index+1);
6.  }
```

这个函数有 3 个形参：str、index 和 chr，而 startHangman() 函数为它传递 3 个实参：newWord、offset 和 guessLetter。这个函数的第 3 和 4 行查看 index（表示要替换字符的索引值）是否大于单词的长度。如果是 true，那么这个字符不在单词中，并且返回没有改变的整个单词。然而，如果不是 true，那么需要在函数中用 chr 表示的猜测字符替换一个下划线，做法如下所述。

要返回的第一个部分 str.substr(0,index) 标识并选取起始于 0 的 index 个字符的子串。如果最初的单词是 jewelbox 并且猜测的字母是 'w'，那么 index 将是 offset 的值。因为 w 是第 3 个字母，所以当 j = 2 时找到它，从而 offset 是 2*2 或 4。在第一次调用这个函数时，str 的值是 "_ _ _ _ _ _ _ _"。str.substr(0,index) 选取的子串是字符从 0 开始的 4 个字符，即 "_ _"。

然后，这个子串连接 chr。在这个例子中 chr 是 'w'，从而得到字符串 "_ _w"。这条语句的最后部分连接最初 str 的剩余子串。这部分语句 str.substr(index+1) 选取从索引值为 5（index + 1）的空格字符开始直至末尾的子串。因此，返回的值是 "_ _ w _ _ _ _ _"。

下次再猜对一个字母时，newWord 的值是 "_ _ w _ _ _ _ _"。因此，如果录入 'b'，那么 offset 的新值将是 10（'b' 在 jewelbox 中的索引是 5，而 5*2=10）。这样，return 语句的第一个部分 str.substr(0,index) 将选取从字符 0 到字符 10 的子串（"_ _ w _ _"），连接 'b' 得到 "_ _ w _ _b"，然后连接剩余部分得到 "_ _ w _ _ b _ _"。这就是每次猜对一个字母时用这个字母替换一个下划线的方法。

replace() 方法和正则表达式　JavaScript 有一种方法搜索称为**正则表达式**的特殊值，然后返回一个已替换这个特殊值的新字符串。这个方法是 **replace() 方法**，并且用一个字符或字符串替换另一个字符或字符串的语法如下：

```
var newString = str.replace(/value_to_replace/g,new_value);
```

通过把原始的字符串放在斜线（//）之间并且包括一个 g，这个替换将是全局的。因此，在找到这个值的任何地方都将用这个新值替换它，并且原始的字符串保持不变。我们将使用这个方法清理经处理玩家猜对一个字母之后得到的单词。因为我们原本用一个空格和一个下划线表示隐藏单词的每个字母，所以每次替换一个字符时就会多出一个额外的空格。

在本章前面创建的 checkWord() 函数只是简单地比较两个单词，并且如果它们是相同的就返回 true。在这个程序中，在用户猜对之后，在可以把隐藏的单词与来自处理玩家猜测的结果单词进行比较之前，我们需要清理额外的空格，从而使用 replace() 方法清理这个单词。

修正的 checkWord() 函数 新的、改进的 checkWord() 函数代码如下：

```
1.  function checkWord(word, otherWord)
2.  {
3.      var cleanWord;
4.      cleanWord = otherWord;
5.      cleanWord = otherWord.replace(/ /g, "");
6.      if (word == cleanWord)
7.          return true;
8.      else
9.          return false;
10. }
```

在比较两个字符串之前，第 5 行替换传递过来的字符串中的任何空格。这样，就可以正确地比较这两个单词。

7.6.1.3 将所有代码放在一起

我们已准备好将所有代码放在一起，整个页面代码如下：

```
<html>
<head>
<title>Greg's Gambits | Hangman</title>
<link href="greg.css" rel="stylesheet" type="text/css" />
<script>
function startHangman()
{
    var nooseCount = 0;
    var wordNum = Math.floor((Math.random()*9)+1);
    var picture = "pic" + wordNum + ".jpg";
    switch(wordNum)
    {
        case 1:
            word = "ghost"; break;
        case 2:
            word = "horse"; break;
        case 3:
            word = "insect"; break;
        case 4:
            word = "celery"; break;
        case 5:
            word = "pelican"; break;
        case 6:
            word = "jewelbox"; break;
        case 7:
            word = "castle"; break;
        case 8:
            word = "monster"; break;
        case 9:
```

```
                word = "bunny"; break;
        }
        var newWord = ""; var win = false; var goodGuess = false;
        var lgth = word.length; var guessLetter;
        for (var i = 0; i < lgth; i++)
            newWord = newWord + "_ ";
        document.getElementById("noose").innerHTML = ("<img src ↵
                    ='images/hangman0.gif' />");
        document.getElementById("game").innerHTML = newWord;
        while (win == false && nooseCount < 10)
        {
            goodGuess = false;
            guessLetter = prompt("Guess a letter");
            for (var j = 0; j < lgth; j++)
            {
                if (guessLetter == word.charAt(j))
                {
                    goodGuess = true;
                    var offSet = 2*j;
                    newWord = setCharAt(newWord, offSet, ↵
                        guessLetter);
                }
            }
            document.getElementById("game").innerHTML = newWord;
            win = checkWord(word, newWord);
            if (win == true)
            {
                document.getElementById("result").innerHTML = ↵
                            ("You win!");
                document.getElementById("noose").innerHTML = ↵
                            ("<img src = '" + picture + "' />");
            }
            else if (win == false)
            {
                document.getElementById("result").innerHTML = ↵
                            ("not a winner yet");
                if (goodGuess == false)
                    nooseCount = nooseCount + 1;
                document.getElementById("noose").innerHTML = ↵
                  ("<img src ='images/hangman" + ↵
                  nooseCount + ".gif' />");
            }
        }
    }
    function checkWord(word, otherWord)
    {
        var cleanWord;
        cleanWord = otherWord;
        cleanWord = otherWord.replace(/ /g, "");
        if (word == cleanWord)
            return true;
        else
            return false;
    }
    function setCharAt(str,index,chr)
    {
        if(index > str.length-1)
            return str;
        return str.substr(0,index) + chr + str.substr(index+1);
```

```
}
</script>
</head>
<body>
    <div id="container">
        <img src="images/superhero.jpg" class="floatleft" />
        <h1 id="logo"><em>The Game of Hangman</em></h1>
        <h2 align="center">Greg Challenges You to a Game ↵
                    of Hangman</h2>
        <div id="nav">
            <p><a href="index.html">Home</a>
            <a href="greg.html">About Greg</a>
            <a href="play_games.html">Play a Game</a>
            <a href="sign.html">Sign In</a>
            <a href="contact.html">Contact Us</a></p>
        </div>
        <div id="content">
            <p><input type="button" value = "Start the ↵
                    game" onclick="startHangman();" /></p>
            <div id = "noose" class = "floatright">
                <img src ="images/hangman10.gif" />
            </div>
            <div id = "game"><p> </p></div>
            <div id = "result"><p> </p></div>
        </div>
        <div id="footer">
            Copyright &copy; 2013 Greg's Gambits<br />
            <a href="mailto:yourfirstname@yourlastname.com"> ↵
                    yourfirstname@yourlastname.com</a>
        </div>
    </div>
</body></html>
```

7.6.1.4 完成

如果录入这些代码，那么页面将首先看起来像这样：

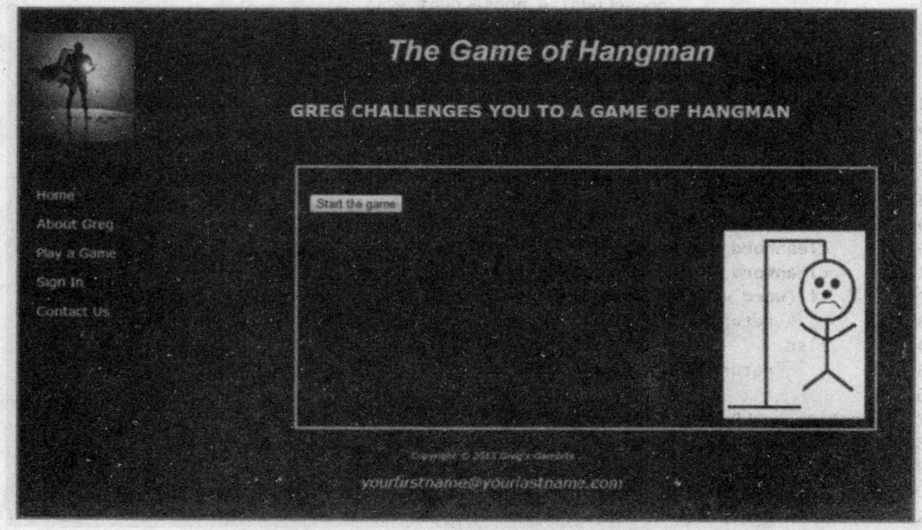

在单击 Start the game 按钮之后，将显示如下图所示。因为产生的单词可能是不同的，所以可能有不同数目的下划线和空格。

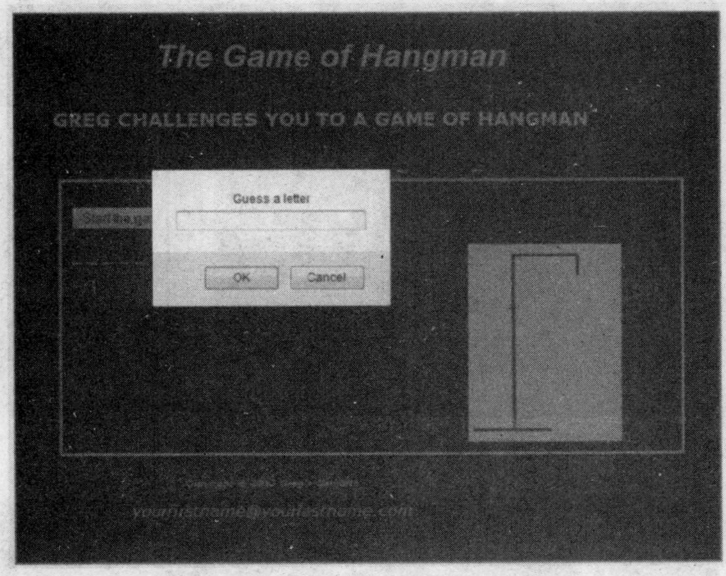

输入：在这种情况下，隐藏的单词是 insect。如果玩家猜测 n、g、f、s、k、m、r、t 和 c，那么输出将是如下图所示。

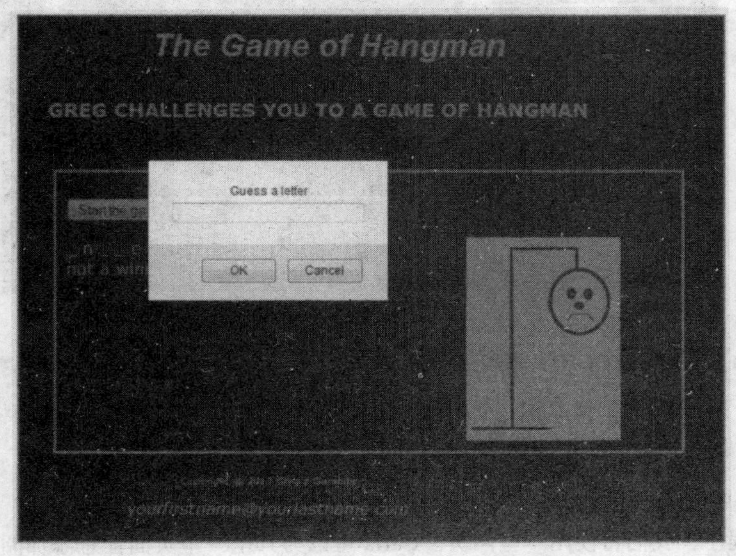

输入：如果玩家猜错的次数过多，那么完成的游戏将看起来像这样：

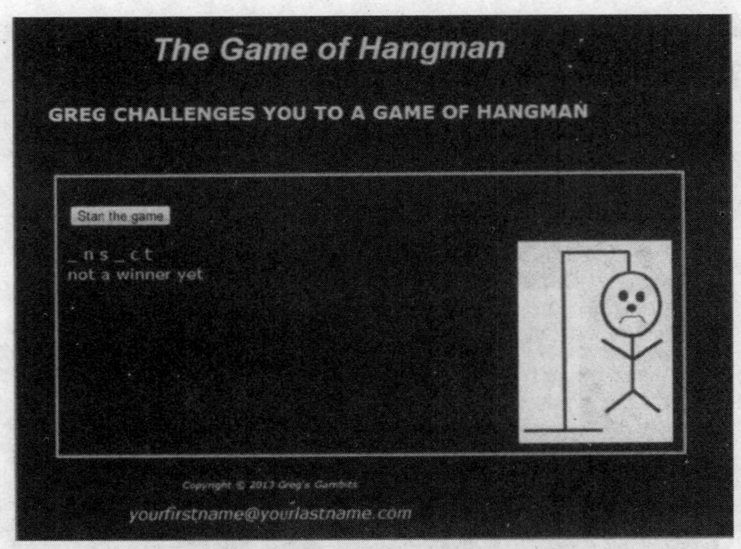

但是，如果玩家在另一轮游戏中输入正确的字母，那么屏幕将显示：

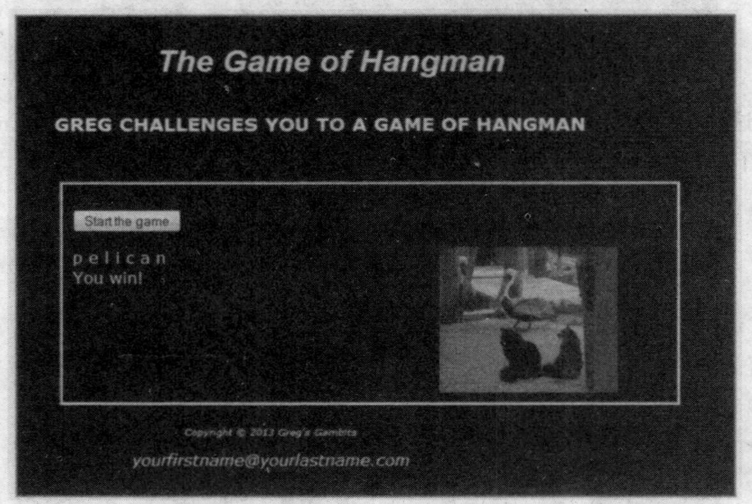

7.6.2 Carla's Classroom：阅读理解课

在本节中，将开发几个让 Carla 为她的学生布置阅读理解练习的页面。我们将创建一些页面，让 Carla 创建与她想要的一样多的阅读理解课。但是我们将只完整地创建一个。

7.6.2.1 开发程序

对于这个程序，我们将使用一些网页。Carla 可以为其中一个页面任意添加阅读材料，这个页面可以链接散文、短故事、教程或适合 Carla 开设课程的任何东西。在学生读完材料之后，将要求学生回答相关问题。当学生准备好时，他可以单击到这些问题的链接，从而进入我们编写的程序。这些问题将显示在 Carla 创建的页面上。我们将创建一个页面，让 Carla 创建适用于阅读材料的问题。作为一个编程挑战，后面将要求你创建一个让学生录入答案的页面。

7.6.2.2　创建第一个页面

在开始创建显示 Carla 想要她学生阅读的故事和散文的页面之前，我们在 Carla's Reading 页面放置一个到这个页面的链接。打开 Reading.html 文件，然后在以下 content（内容）区域中添加一个到这个 Reading Comprehension 页面的链接：

```
1.  <div id="content">
2.       <p><img src="images/carla_pic.jpg" class="floatleft" /> ↵
                Reading Lessons: </p>
3.       <p><a href = "carla_grammar.html">Create Your Own Story: ↵
                A Grammar Lesson</a></p>
4.       <p><a href = "carla_comprehension.html">Reading ↵
                Comprehension Exercises</a></p>
5.  </div>
```

如果你迄今为止一直创建本书的所有 Carla's Classroom 页面，那么唯一的新内容是在第 4 行上。此时，你的 Reading.html 页面将看起来像这样：

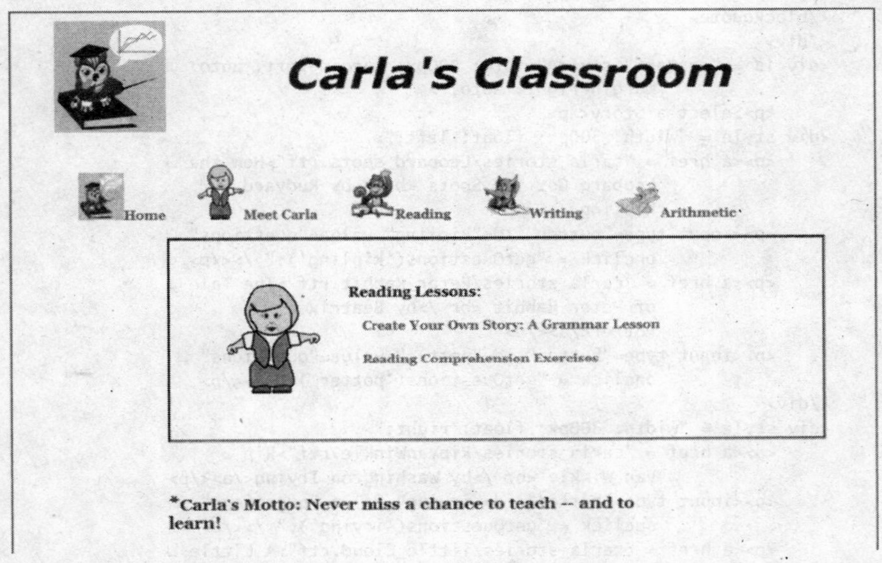

现在，我们将创建学生开始阅读理解练习的页面。你可以在 Student Data Files 中找到 4 个小的文本文件，每个文件是一个小故事。我们将只为其中一个故事创建页面内容，但是 Carla 可以使用我们设计的页面为所有这些故事创建页面内容，与她想做的许多其他事情一样。首先，我们将创建 carla_comprehension.html 页面，注意在 reading.html 页面已经有一个到这个页面的链接。然后，到每个故事的链接将是一个按钮，当学生准备回答某个故事的问题时就单击相应的按钮。我们也将创建一个密码保护的页面，只允许 Carla 访问。当她访问这个页面时，她能够录入关于特定故事的问题或者编辑已经录入的问题。使用任何 Carla's Classroom 页面作为模板创建这个页面，其初始 HTML 代码如下所示：

```
<html>
<head>
<title>Carla's Classroom | Reading Lessons</title>
<link href="carla.css" rel="stylesheet" type="text/css" />
</head>
<body>
<div id="container">
     <img src="images/owl_reading.jpg" class="floatleft" />
     <h1><em>Carla's Classroom</em></h1>
     <p> </p>
     <div align="left">
     <blockquote>
          <p><a href="index.html"><img src = ↵
                    "images/owl_button.jpg" />Home</a>
          <a href="carla.html"><img src = ↵
                    "images/carla_button.jpg" />Meet Carla </a>
          <a href="reading.html"><img src = ↵
                    "images/read_button.jpg" />Reading</a>
          <a href="writing.html"><img src = ↵
                    "images/write_button.jpg" />Writing</a>
          <a href="math.html"><img src = ↵
                    "images/arith_button.jpg" />Arithmetic</a> ↵
                    <br /></p>
     </blockquote>
     </div>
     <div id = "content" style="width: 700px; margin-left: auto; ↵
                    margin-right: auto;">
          <p>Select a Story</p>
     <div style = "width: 300px; float: left;">
          <p><a href = "carla_stories/Leopard_spots.rtf">How the ↵
                    Leopard Got its Spots <br />by Rudyard ↵
                    Kipling</a></p>
          <p><input type="button" id="kipling" value="questions" ↵
                    onclick = "getQuestions('kipling');" /></p>
          <p><a href = "carla_stories/Peter_Rabbit.rtf">The Tale ↵
                    of Peter Rabbit <br />by Beatrix ↵
                    Potter</a></p>
          <p><input type="button" id="potter" value="questions" ↵
                    onclick = "getQuestions('potter');" /></p>
     </div>
     <div style = "width: 300px; float: right;">
          <p><a href = "carla_stories/RipVanWinkle.rtf">Rip ↵
                    Van Winkle <br />by Washington Irving</a></p>
          <p><input type="button" id="irving" value="questions" ↵
                    onclick = "getQuestions('irving');" /></p>
          <p><a href = "carla_stories/little_Cloud.rtf">A Little ↵
                    Cloud<br />by James Joyce</a></p>
          <p><input type="button" id="joyce" value="questions" ↵
                    onclick = "getQuestions('joyce');" /></p>
     </div>
     <div style="clear:both;"></div>
     </div>
     <div id="footer">
          <h3>* Carla's Motto: Never miss a chance to teach -- ↵
          and to learn!</h3>
     </div>
</div>
</body></html>
```

你的页面现在将看起来像这样：

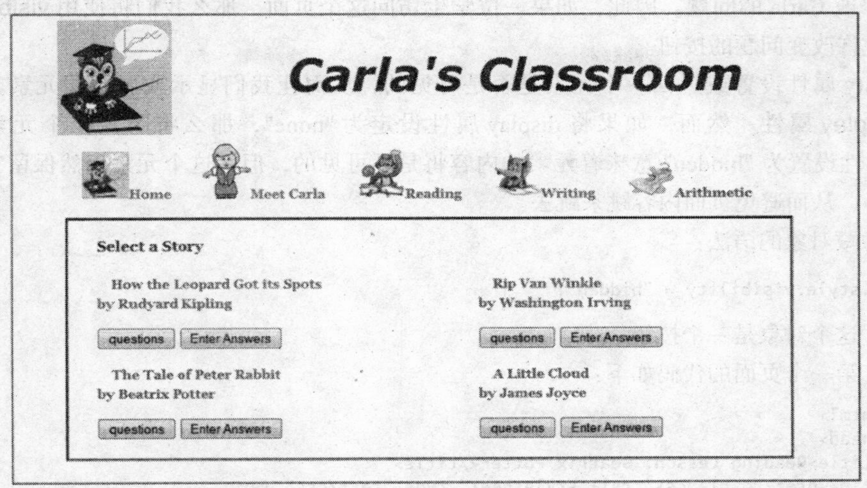

现在，我们将创建一个 Carla 可以用来为学生创建阅读理解页面的页面。我们将只使用 The Tale of Peter Rabbit 创建一个页面，但是你将会看到 Carla 如何能够使用我们的程序为每个故事或者她布置给学生的课文编制问题。

7.6.2.3　编写代码

我们将编写一个页面，让 Carla 录入她想要学生回答有关选定故事的问题。目前，我们将只为一个故事填写我们自己的问题。如果想要，你可以完成其他故事。在 Carla's Classroom 的案例研究中，你将创建能够让学生录入他们答案的第二个页面。

只有 Carla 才能为每个故事编辑含有相关问题的页面。然而，学生可以观看这些页面，因此我们使用 Carla 样式表并且把问题放入在其 id= "content" 的 <div> 区域中。

密码保护　Carla 的一些学生是计算机高手，因此我们为 Carla 用来创建问题的页面添加一个密码特性。我们不需要验证密码的有效性，Carla 可以指定任何密码。但是必须检查使用这个页面的人必须知道这个密码。此时，Carla 告诉我们她想把密码设定为 carlaIsTheBest，因此我们把这个密码直接写在这个页面中。在任何人可以录入问题之前，这个人必须录入这个密码。我们将使用在我们的源文件中的 checkWord() 函数检查录入的密码是否匹配这个密码。在 Carla 网站中，我们将使用本章建立的 mySource.js 源文件，但是要把它改名为 carlaSource.js。如果录入的单词匹配 Carla 的密码，那么这个网页就允许录入或修改问题。

第一个网页　我们将创建用于两个目的的页面。首先，Carla 将使用它录入某个故事的相关问题。对于这个例子，我们使用 The Tale of Peter Rabbit，但是通过编辑 HTML 文件的标题，这个页面可以重新用于任何故事。同时，如果 Carla 想要随时修改问题，那么她就能够调出这个页面简单地修改这个问题。这个页面将包括我们迄今为止还没有提及的一个特征：当需要时可以隐藏按钮。

使用 visibility 属性创建隐藏的按钮　可以在两种情形中看到我们创建的页面。首先，Carla 将使用它开发阅读理解问题的页面，并且学生也将使用它访问这些问题。我们通过请求并且确认她的密码来核实那个用户是否是 Carla。然后，如果确实是 Carla，那么她就能单击第二个按钮，进入可以录入问题的新页面。然而，如果已经创建了这个页面并且学生想看见这个问题，我们就不会允许他修改 Carla 的问题。因此，如果一位学生访问这个页面，那么我们将使用 visibility 属性隐藏这个允许改变问题的按钮。

visibility 属性设置或返回一个元素是否是可见的，从而让我们显示或者隐藏元素。类似的属性是 display 属性。然而，如果将 display 属性设定为 "none"，那么将隐藏整个元素。而将 visibility 属性设置为 "hidden" 意味着元素的内容将是不可见的，但是这个元素仍然保留它的最初位置和大小，从而避免页面内容跳来跳去。

这是隐藏对象的语法：

```
object.style.visibility = "hidden";
```

此时，这个对象是一个按钮。

因此，第一个页面的代码如下：

```
<html>
<head>
<title>Reading Lesson: Beatrix Potter</title>
<link href="carla.css" rel="stylesheet" type="text/css" />
<script type="text/javascript" src="carlaSource.js"></script>
<script>
function signIn()
{
     var carla; var entry; var password; var student; var status;
     var key1 = "carlaIsTheBest";
     var key2 = "ready";
     status = prompt("Are you a student? Type y or n");
     if (status == 'n')
     {
          password = prompt("Enter the password:");
          carla = checkWord(password, key1);
          if (carla)
               alert ("Click the button to begin entering ↵
                         questions.");
          else
               alert("Bye bye");
     }
     if (status != 'n')
     {
          document.getElementById("create").style.visibility = ↵
                         "hidden";
          entry = prompt("Are you ready for questions? Type ↵
                         'ready' or 'no'");
          student = checkWord(entry, key2)
          if (student)
               alert ("Click the button to view your questions.");
          else
               alert("Bye bye");
     }
}
</script>
</head>
<body>
<div id="container">
     <img src="images/owl_reading.jpg" class="floatleft" />
     <h2>Carla's Classroom <br />
```

```
39.         Reading Comprehension</h2>
40.         <div id = "content" style="width: 700px; margin-left: auto; ↵
                    margin-right: auto;">
41.             <p>The Tale of Peter Rabbit by Beatrix Potter</p>
42.             <div style = "width: 300px; float: left;">
43.                 <p><input type="button" id="potter" value="signin" ↵
                    onclick="signIn();" />
44.                 <p> <span id = "create"> <input type = "button" id ↵
                    = "create" value = "Enter the questions" ↵
                    onclick = "location.href = ↵
                    'questions_potter.html'"; /></span>
45.                 <span id = "view"> <input type = "button" id ↵
                    = "view" value = "View the questions" ↵
                    onclick="location.href = ↵
                    'questions_potter.html'"; /></span></p>
46.             </div>
47.         <div style="clear:both;"></div>
48.     </div>
49.         <div id="footer">
50.             <h3>* Carla's Motto: Never miss a chance to teach -- ↵
                    and to learn!</h3>
51.         </div>
52.     </div>
53.     </body></html>
```

在这些代码中有几行需要讨论一下。第 16 行使用关联的源文件 carlaSource.js 中的 checkWord() 函数。传递的实参是用户录入的密码（password）和 Carla 选择的密码（key1），这个函数返回 true 或 false。如果录入的密码是正确的，那么变量 carla 的值将是 true，这个测试在第 17 行。如果 carla 是 true，那么 Enter the questions 按钮将保持可见，从而提醒 Carla 可以录入她的问题。

然而，在 checkWord() 函数检查密码之后，如果 carla 的值是 false，那么将隐藏 Enter the questions 按钮（第 24 行）。这确保除 Carla 之外没有人能够改变她录入的问题。

可能发生这种情况，一位学生访问这个页面但是还没有准备好提交问题的答案。第 25 行提供这个选项，这里我们再次使用 checkWord() 函数，但只是检查学生是否预备好观看问题。

最后，无论 Carla 准备录入问题还是学生准备回答问题，这两个按钮都使用 location.href 属性将用户引入新的页面（第 44 和 45 行）。

如果录入这些代码，那么这个页面将看起来像这样：

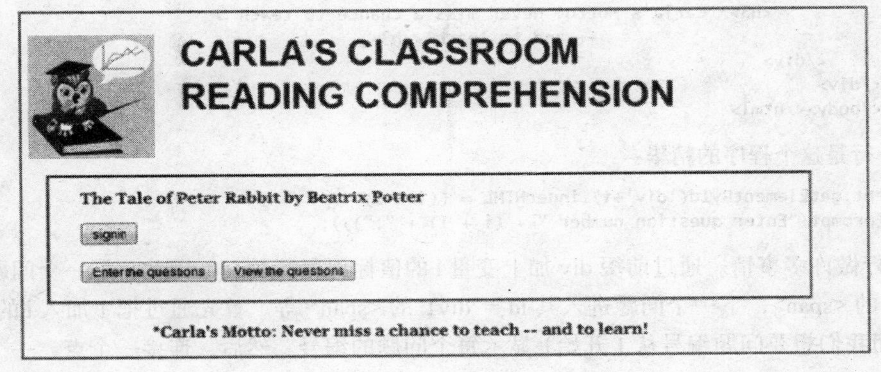

创建含有问题的页面 Carla 将录入问题的页面是很简单的。向她提示询问要录入多少题，要求至多 10 题。在一个循环中使用一条语句把她的问题填充到页面的某个区域。代码如下：

```
1.  <html>
2.  <head>
3.  <title>Reading Lesson Questions: Beatrix Potter</title>
4.  <link href="carla.css" rel="stylesheet" type="text/css" />
5.  <script>
6.  function startIt(story)
7.  {
8.       var numRows = parseInt(prompt("How many questions are there ↵
                   for this story?"));
9.       for (var i = 0; i < numRows; i++)
10.           document.getElementById('div'+i).innerHTML = ((i + 1) ↵
                        + ". " + (prompt("Enter question ↵
                        number " + (i + 1) + ":")));
11. }
12. </script>
13. </head>
14. <body>
15. <div id="container">
16.      <img src="images/owl_reading.jpg" class="floatleft" />
17.      <h2>Carla's Classroom<br /> Reading Comprehension</h2>
18.      <div id = "content" style="width: 700px; margin-left: auto; ↵
                   margin-right: auto;">
19.           <h3>The Tale of Peter Rabbit by Beatrix Potter</h3>
20.           <div style = "width: 300px; float: left;">
21.                <p><input type = "button" id = "potter" ↵
                     value = "questions" onclick = ↵
                     "startIt('potter');" />
22.                <p><span  id = "div0"> </span></p>
23.                <p><span  id = "div1"> </span></p>
24.                <p><span  id = "div2"> </span></p>
25.                <p><span  id = "div3"> </span></p>
26.                <p><span  id = "div4"> </span></p>
27.                <p><span  id = "div5"> </span></p>
28.                <p><span  id = "div6"> </span></p>
29.                <p><span  id = "div7"> </span></p>
30.                <p><span  id = "div8"> </span></p>
31.                <p><span  id = "div9"> </span></p>
32.           </div>
33.      <div style="clear:both;"></div>
34. </div>
35.      <div id="footer">
36.           <h3>* Carla's Motto: Never miss a chance to teach ↵
                     -- and to learn!</h3>
37.      </div>
38. </div>
29. </body></html>
```

第 10 行是这个程序的精华：

```
document.getElementById('div'+i).innerHTML = ((i + 1) + ". " +
     (prompt("Enter question number " + (i + 1) + ":")));
```

这一行做许多事情。通过前缀 div 加上变量 i 的值标识每行的 id。因此，第一个问题进入其 id = 'div0' 的 <span>，下一个问题进入其 id = 'div1' 的 <span> 等。首先通过把 1 加入 i 的值（i 从 0 开始，而我们想要问题编号从 1 开始）显示每个问题的编号。然后，连接一个点、一个空格和

Carla 在提示中录入的问题。在提示中使用的是比计数器大 1 的数，当 i = 0 时（i+1) 标识第 1 题，当 i = 1 时（i+1) 标识第 2 题等。

学生看到的东西　一旦 Carla 创建了她的问题，她将用文件名 questions_potter.html 保存这个文件。当单击 View the question 按钮时，学生将看到这个完成的页面。

7.6.2.4　将所有代码放在一起

在前面的每小节已展示全部的代码。这里是在各种不同情形下的显示效果。

当 Carla 打开 comprehension_begin.html 页面并且使用她的密码登录时，她将进入一个将录入问题的空页面：

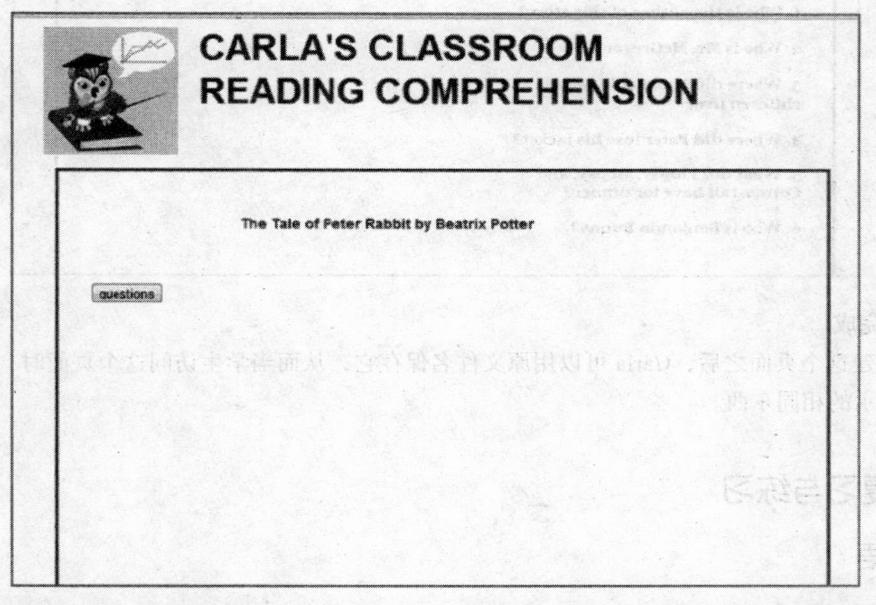

然后，提示 Carla 录入她想要录入问题的数目，这个数将用于一个循环语句的循环条件中。

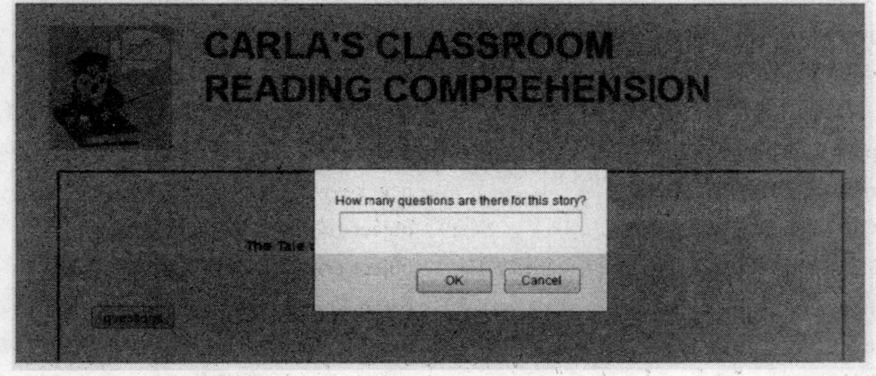

在录入 6 个问题之后，这个页面将看起来像这样：

CARLA'S CLASSROOM
READING COMPREHENSION

The Tale of Peter Rabbit by Beatrix Potter

questions

1. Who is the author of this story?

2. Who is Mr. McGregor?

3. Where did Mrs. Rabbit and her children live?

4. Where did Peter lose his jacket?

5. What did Flopsy, Mopsy, and Cotton-tail have for dinner?

6. Who is Benjamin Bunny?

7.6.2.5 完成

在创建这个页面之后，Carla 可以用原文件名保存它，从而当学生访问这个页面时，学生将看到上面显示的相同东西。

7.7 复习与练习

主要术语

.js extension（.js 扩展名）
argument（实参）
Boolean object（Boolean 对象）
built-in function（内置函数）
Date object（Date 对象）
display property（display 属性）
driver program（驱动程序）
embedded（嵌入的）
export data（from a function）（导出数据（从一个函数））
global function（全局函数）
global scope（全局作用域）
inline（内置的）
input data（from a function）（导入数据（从一个函数））
JavaScript source file（JavaScript 源文件）
library of function（函数库）
local scope（局部作用域）
location.href property（location.ref 属性）
main program (main function)（主程序（主函数））
Math object（Math 对象）
new keyword（new 关键字）
object（对象）
object-oriented（面向对象的）
parameter（形参）
pass by reference（按引用传递）
pass by value（按值传递）
passing value（传递值）

primitive type（原始类型）

reference parameter（引用形参）

reference type（引用类型）

referenced（引用的）

regular expression（正则表达式）

rep]ace() method（replace() 方法）

return statement（return 语句）

scope（of a variable)((变量的）作用域）

setTimeout() function（setTimeout 函数）

user-defined function（自定义函数）

value parameter（值形参）

visibility property（visibility 属性）

练习

填空题

1. ________是程序设计语言经常包含的内置函数集合。
2. 可以引用一个给定变量的程序部分称为变量的________。
3. 当创建函数时在函数名后面列出的变量是________。
4. 在函数调用中，实参可以是常量、________或表达式。
5. 当按________传递变量时，将创建这个变量的新副本。

判断题

6. 在程序中可以使用函数获取单个值，而不必重新编写代码。
7. 在所有函数之外创建并且初始化的变量是局部变量。
8. 在函数调用中的实参数目必须总是与这个函数定义中的形参数目相同。
9. 在函数调用中的实参名字必须总是与这个函数定义中的形参名字相同。
10. 形参可以是常量、变量或表达式，而实参只能是变量。
11. return 语句只能返回单个值。
12. 当把变量按值传递给函数时，在这个函数中修改这个值不会影响在调用它的函数中实参的值。
13. Number 类型和 Boolean 类型被视为原始类型。
14. 对象总是被视为原始类型。
15. 当两个变量名指向相同的内存单元时，将产生一个错误。

简答题

16. 以下哪一个函数调用是无效的？

    a）x = parseFloat(y);　　b）document.write(parseFloat(y));　　c）parseFloat(y) = x;

17. 创建一个名为 subtract() 的函数，它接收两个数字实参，然后返回第一个实参减去第二个实参的值。

为练习 18 和 19 使用下列代码：

```
function apples()
{
   var number = 0;
   number = parseInt(prompt("How many apples do you have?"));
   oranges();
   document.write("You have " + number + " apples <br />");
   function oranges()
   {
      number = parseInt(prompt("How many oranges do you have?"));
```

```
        document.write("You have " + number + " oranges <br />");
    }
}
```

18. 如果用户说他有 5 个苹果和 12 个橙子，那么输出将是什么？
19. 为了使输出正确，应该如何修改程序？
20. 要从一个函数中导入和导出数据可以使用哪类形参？可以是值形参或引用形参吗？

为练习 21 和 22 使用下列代码：

```
var sandwich = "tuna"; var drink = "iced tea";
var meal = menu(sandwich, drink)
document.write(meal);
function menu(a, b)
{
   menu = "Lunch is a " + a + " sandwich, " + b + ", and chips.";
   return menu;
}
```

21. 指出这个代码片断中的实参和形参。
22. 在把这个代码片断录入一个程序中并且运行之后，将显示什么？
23. 编写代码，创建一个其值是 Boolean 对象的变量 result。
24. 创建一个 Date 对象实例 longAgo，并且将它设定为日期：1725 年 4 月 23 日。
25. 在以下语句中，指定的时间长度是什么？

```
timer = setTimeout('startIt()', 3000);
```

26. 创建一个包含两个函数的 JavaScript 源文件，一个函数乘两个数字然后返回它们的乘积，另一个函数加两个数字然后返回它们的和。将文件保存为 arithmeticSource.js。
27. 创建一个含有时钟的网页，它每 5 秒更新一次时间。
28. 如果一个 .js 源文件包含以下文本，那么有什么错误？

```
<script>
function addItUp(r, s, t)
{
  return (r + s + t);
}
</script>
```

29. 例 7.18 创建了一个包含 4 个函数的 .js 文件，为这个文件添加以下两个函数：
    - 一个用或者不用一个空格或其他标点符号连接两个字符串的函数。
    - 一个设置定时器的函数，它接收两个参数：一个是当定时器开始时要执行的 JavaScript 指令，另一个是延迟的时间。
    - 从 Math 对象列表中选择一个 Math 对象的函数。
30. 在录入和运行下列代码之后，如果用户在第一个提示中录入 "9 am"，并且在第二个提示中录入 "N-215"，那么将显示什么？如果你认为这个代码有错，那么描述如何修正它。

```
function examTime()
{
     var time = prompt("What time is the exam?");
     var room = prompt("What room is the exam in?");
     showIt(time, room);
```

```
}
function showIt(a, b)
{
    document.write("Your exam is in room " + a + " at " + b);
}
```

编程挑战

独立完成以下操作。

1. 创建一个网页，其 JavaScript 代码将提示用户从 3 个选项中选择 1 个。该 JavaScript 代码应该包括 4 个函数。主函数描述各个选项，提示用户录入 2 个数，然后提示用户选择其中 1 个选项。取决于用户的选择，将调用下列 3 个函数之一：

a）求 x^y 的函数，其中 x 和 y 是用户输入的数字。

b）求直角三角形面积的函数。其中，直角三角形的面积公式如下：

```
Area = ½ base * height
```

用户输入的两个数字分别表示 base 和 height。

c）求两点距离的函数。假定第一点起始于原点，坐标为 (0,0)。用户输入的两个数字表示第二点的坐标。求两点距离的公式如下：

Distance = $\sqrt{a^2+b^2}$ ，其中 $a = (x_1 - x_2)$ 而 $b =(y_1 - y_2)$。

在这个程序中，$x_1 = 0$，$y_1 = 0$，而 x_2 和 y_2 是用户输入的数字。

将输出显示在网页上，类似以下语句：

```
The value of x^y is result.
The area of a right triangle with base = x and height = y is result
The distance from the origin to a point at coordinates (x, y) is result
```

将这个页面保存为 mathFacts.html，并且确保包括合适的页面标题。

2. 创建一个网页，其 JavaScript 代码有一个主函数和两个其他函数。主函数应该提示用户录入一个 1 ~ 20 之间的正整数（包含 1 和 20），并且要验证确保这个数是这个区间中的整数，然后把这个数传递给以下每个函数：

a）检查这个数是否是一个素数的函数。素数是一个只能被 1 和自身整除的数。这个函数应该返回 true（如果是素数）或者 false（如果不是素数）。

b）获取这个数的阶乘的函数。任何正整数的阶乘定义为 N!，计算如下：

```
N! = N * (N - 1) * (N - 2) * (N - 3) * ... *1
```

应该在网页上显示如下结果：

```
N is/is not a prime number.
N! = result
```

将你的页面保存到文件 moreMath.html 中，并且确保包括合适的页面标题。

3. 创建一个页面，让用户与计算机玩游戏。在这个游戏中，玩家将抛掷两粒骰子，而计算机也将抛掷两粒骰子。对于抛掷的每粒骰子，将使用 Math.random() 方法生成一个 1 ~ 6 的随机数。通过比较计算机抛掷的骰数与玩家抛掷的骰数，决定谁的骰数大谁就是这一轮的赢家，并且把这轮赢家的骰数累加到他的总分中。使用函数调用两粒骰子的每次抛掷、求和与记录分数，并且在玩一轮游戏之后允许玩家继续或者退出游戏。以下是游戏规则：

- 如果一个玩家抛掷的骰子成对（也就是，两个 4 或者两个 6 等）并且是这一轮的赢家，那么他得到两倍的分数。
- 如果一个玩家抛掷的骰子成对但不是赢家，那么就不特殊处理。
- 如果某轮两个骰数相同，那么没有人得到分数。
- 当某个玩家获得至少 100 分或者当用户玩家想要离开时，就结束游戏。

将你的页面保存到文件 dice.html 中，并且确保包括合适的页面标题。

4. 为编程挑战 3 创建的页面添加押注功能，允许玩家在每轮掷骰时选择押注多少钱。从而赢家不是累加两粒骰子的骰数，而是获取每轮的赌金。在玩家押注后，计算机应该使用一个随机数创建 3 个回应之一：计算机押注相同赌金、放弃（表示玩家赢，但若是第一次则没有赌金）或者提高赌金。如果计算机提高赌金，那么玩家可以追加相同的赌金、放弃（表示计算机赢，从而赢取玩家的已押赌金）或者继续提高赌金。在最后一种情形中，将重新开始这一过程。将你的页面保存在 wagers.html 中，并且确保包括合适的页面标题。
5. 创建一个网页，使用 JavaScript 产生一个 3 行 4 列的表格。每个单元格应该填充一个简单的数学问题。在创建一个单元格之后，将调用以下两个函数填充这个单元格：
   - 第一个函数应该创建一个 1 ~ 20 之间的随机数（包括 1 和 20）。应该调用这个函数两次，并且每次返回一个数字。
   - 第二个函数应该随机产生 4 个操作之一。使用的随机数范围为 1 ~ 4，其中 1 表示加、2 表示减、3 表示乘而 4 表示除。应该把结果返回给主函数。

   使用这 3 次调用的结果填充每个单元格：

```
cellContents = randomNumber1 + operation + randomNumber2;
```

   将你的页面保存到文件 math_ops.html 中，并且确保包括合适的页面标题。
6. 使用编程挑战 5 创建的页面，为学生提供方法以录入这些数学问题的答案。应该把这些答案显示在网页上编号为 1 ~ 12 的区域中。将你的页面保存到文件 math_answers.html 中，并且确保包括合适的页面标题。

案例研究

Greg's Gambits

为 Greg's Gambits 网站选做以下两件事情之一（或者做两件）：

1. 创建编程挑战 3 和 4 描述的掷骰游戏。在 play_games.html 页面上放置一个到这个页面的链接，这个页面的文件名应该是 betTheRoll.html，而页标题是 Greg's Gambits | Rolling Dice。在至少两个浏览器中测试你的页面，最后按照老师要求提交你的工作成果。
2. 重做本章操作实践中的悬吊人猜字游戏。然而，不是使用 JavaScript 代码在页面中显示和替换隐藏的单词，而是在开始时为隐藏单词的每个字母分别使用一个 HTML <div> 区域显示一个空格和一个下划线。然后，当玩家猜测各个字母时，编写的代码将猜对的字母替换对应的 <div> 区域。这个页面

的文件名应该是 hangman2.html，而页标题是 Greg's Gambits | Hangman 2。在至少两个浏览器中测试你的页面，最后按照老师要求提交你的工作成果。

Carla's Classroom

现在，为 carla_comprehension.html 页面添加一些链接，通过单击它们，学生可以进入为相应故事的问题录入答案的页面。我们已经创建了 Carla 用来录入问题的页面，并且从 carla_comprehension.html 页面链接了这个页面（参见操作实践）。现在，你将添加一个按钮（学生将在准备好回答故事问题时，可以单击它），然后创建这个页面。这个页面将提示学生录入每个问题的答案，并且在页面顶部包括一个文本框用于学生录入姓名。最后，这个 Reading Comprehension 页面应该看起来类似下面显示的效果，并且 Enter Answers 按钮将链接你创建的这个页面。为 The Tale of Peter Rabbit 故事完成这个页面，其文件名将是 potter_answers.html。

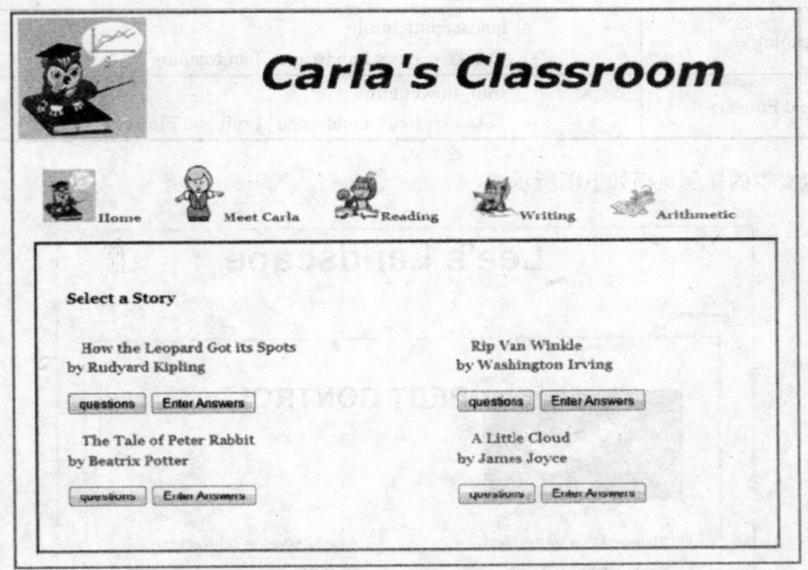

这个页面应该以 Carla's Classroom | Reading Comprehension Answers 为页标题并且在网页上有适当的标题。在至少两个浏览器中测试你的页面，最后按照老师要求提交你的工作成果。

Lee's Landscape

为 Lee's Landscape 网站创建新页面。Lee 想告知客户他可以帮助解决许多园艺问题，因此你将创建一些只允许 Lee 使用的页面，使他能够录入有关特定主题的信息。每页应该至少包括一个样例图像和让 Lee 录入文本的区域。有 4 个页面，每个页面包括一些对 JavaScript 源文件中的函数调用。当 Lee 完成信息录入后，他可以从他的主页链接这些页面。下面给出每个页面的一般框架。

应该有一个按钮，让 Lee 单击它时启动程序。这个按钮将调用一个函数，而这个函数将调用一个外部源文件中的 3 个函数。一个函数将提示 Lee 为页面录入一个标题（下面列出的标题之一）；另一个函数将提示 Lee 录入信息，第一次调用这个函数时 Lee 将录入问题信息，而第二次调用这个函数时 Lee 将录入有关如何处理这个问题的信息；第三个函数提示 Lee 录入将要在页面上显示的图像路径。最后，第 4 个函数将设置这个按钮的 visibility 属性，把它隐藏起来。

这 4 个题目是 Pest Control、Weeds、Landscaping 和 Fruit and Flowers。在 Student Data Files 中已提供了几个图像，然而你也可以查找自己的图像。注意版权问题并且保证你使用的任何图像是得到授权的。

下面展示其中一个页面的显示样例。你可能需要对这 4 个题目进行一些研究，以便能够创建与 Lee 的服务相关的信息。

源文件的文件名应该是 leeSource.js，并且每个页面应该命名如下：

Pest Control	pest.html 页标题：Lee's Landscape | Pest Control
Weeds	weeds.html 页标题：Lee's Landscape | Weeds
Landscaping	landscaping.html 页标题：Lee's Landscape | Landscaping
Fruit and Flowers	fruit_flower.html 页标题：Lee's Landscape | Fruit and Flowers

含有虚拟文本的样例页面如下图所示。

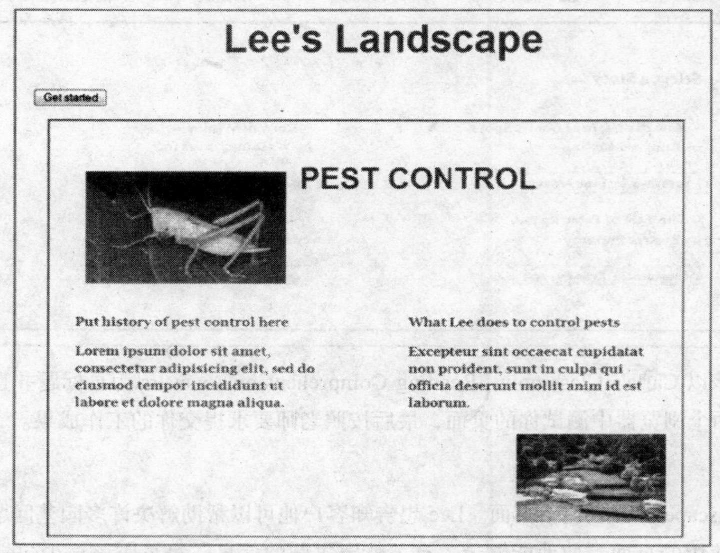

确保在至少两个浏览器中测试你的程序，最后按照老师要求提交你的工作成果。

Jackie's Jewelry

为 Jackie's Jewelry 商务网站创建新页面，这项工作类似于为 Lee's Landscaping 创建的页面。Jackie 想要提供一些她所卖珠宝的背景信息，并且也想要推广她的珠宝制作课，因此要创建一些允许 Jackie 录入各种不同珠饰信息的页面。其中，一个页面将介绍非洲珠饰和工艺，而另一个页面将介绍美国原住民珠饰和工艺，第三个页面将让 Jackie 录入课程计划表。关于珠饰的每个页面应该至少包括一个样例图像和让 Jackie 录入文本的区域。第三个页面应该让 Jackie 使用一个函数构建内容，而这个函数类似于本章前面呈现的 buildTable() 函数。这样，当课表改变时，Jackie 就能更新这些页面。当 Jackie 已经完成录入所有信息时，她可以从她的主页链接这些页面。每个页面也应该包括一个按钮，Jackie 可以单击它开始。一旦录入了 Jackie 满意的信息，一个函数将设置这个按钮的 visibility 属性使它隐藏起来。

下面展示其中一个页面的类似样例。你可能需要搜寻 Web 网站查找各种不同类型的珠饰。你需要使用的图像文件可能在 Student Data Files 中，或者你可以查找自己的图像。注意版权问题并且保证你使用的任何图像是得到授权的。这 3 个页面应该命名如下：

African Beads	african_beads.html 页标题：Jackie's Jewelry | African Beading
Native American Beads	native_am_beads. html 页标题：Jackie's Jewelry | Native American Beads
Class Schedule	classes. html 页标题：Jackie's Jewelry | Schedule of Classes

含有虚拟文本的样例页面如下图所示。

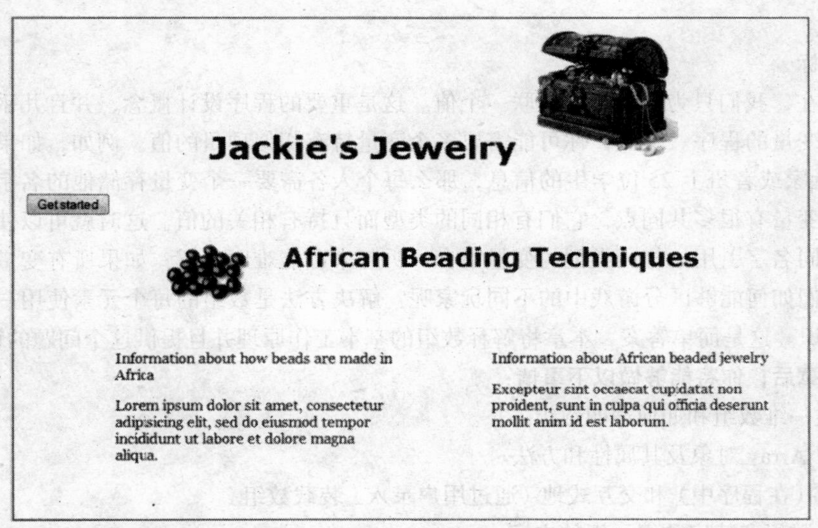

在至少两个浏览器中测试你的页面，最后按照老师要求提交你的工作成果。

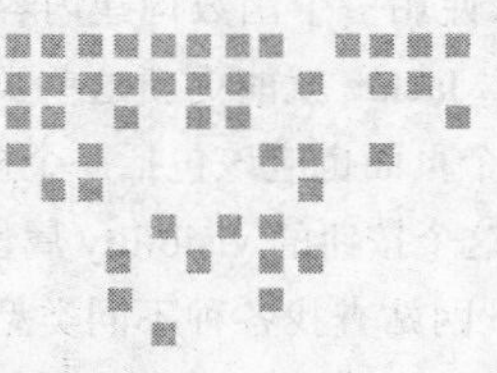

Chapter 8 第 8 章

数　　组

本章目标

直至现在，我们只为单个变量关联一个值。这是重要的程序设计概念，并且几乎不可能想象一个不使用变量的程序。然而，你可能需要多个变量持有相似项目的值。例如，如果需要存储游戏中 10 个玩家或者班上 25 位学生的信息，那么每个人各需要一个变量存储他的名字或信息。但是所有这些变量有很多共同点，它们有相同的类型而且持有相关的值。这时就可以使用数组，数组是通过相同名字引用的相同类型的变量集合。听起来可能难以理解？如果所有变量有相同的名字，那么我们如何能够区分游戏中的不同玩家呢？解决方法是数组的每个元素使用一个称为索引的编号来标识。这是简单答案，本章将解释数组的基本工作原理并且提供这个问题的详细答案。

阅读本章后，你将能够做以下事情：

- 描述一维数组和如何声明数组。
- 理解 Array 对象及其属性和方法。
- 直接（在程序中）和交互式地（通过用户录入）装载数组。
- 显示数组和特定数组元素的内容。
- 理解如何使用平行数组。
- 用 push() 方法添加数组元素。
- 用 concat() 方法连接两个数组。
- 理解和创建二维数组。

8.1　一维数组

一维数组是一组具有相同类型（例如，整数或字符串）的相关数据，并且通过带**索引编号**的单个变量名标识每个数据项。例如，如果在一个在线游戏中有一组玩家，那么可以分别用不同的变量名标识每个玩家，如下所示：

```
var player1 = "Marie";
var player2 = "Luis";
var player3 = "Winnie";
...
```

但是，如果每天有 200 个或更多的玩家参与这个游戏，那么你会怎么做呢？使用一个名为 players[] 的数组，用一个索引编号标识每个玩家，从而易于处理游戏中的玩家，包括添加、删除或搜索一个特定玩家。在本节中，我们将讨论如何建立和处理数组，并且展示使用数组的一些优点。

8.1.1　在 JavaScript 中创建数组

在 JavaScript 中，使用 var 关键字后跟数组名来创建数组。然而，在这个表达式的右边不是放置一个特定值，而是使用 JavaScript 关键字 new Array()。可以在圆括号内指定这个数组的元素数目，但这不是必需的。例如，要创建包含游戏中 200 个玩家的数组 players[]，语句如下：

```
var players = new Array(200);
```

因为数组在相同的变量名中存储多个数据，所以我们必须能够引用它包含的单个元素。每个元素是数组中的一个项目，并且有它自己的值。引用特定元素的方法是数组名后跟用括号括起来的一个索引编号。

理解数组存储元素的方法是很重要的。数组名类似于变量名，在上面展示的样例数组声明中，创建了一个数组 players[]，它将包含游戏中 200 个玩家的名字。因此，这个数组将有 200 个名字。每个名字是一个元素，并且当程序要引用其中的名字时必须指定引用哪一个元素。做法是使用放置在括号（[]）内的索引编号。数组的第一个元素用索引编号 0 引用，而含有 200 个元素的数组的索引编号为 0 ~ 199。当处理数组时，要特别注意这一点。

因为数组的第一个元素用索引值 0 引用，所以如果想要引用这个元素列表中的第 3 个名字（也就是，数组 players[] 的第 3 个元素），那么可以使用表达式 players[2]，其中 2 是引用这个数组第 3 个元素的下标或索引编号。我们把这个表达式读做“ players 下标 2”，并且这个值 2 称为这个数组元素的下标或索引编号。因为数组索引由 0 开始，所以数组 players[] 的第 1 个元素是 players[0]，第 2 个元素是 players[1]，第 3 个元素是 players[2]。

程序把类似 players[2] 的数组元素视为单个（或简单的）变量，并且可以按通常方式用于输入、赋值和输出语句中。因此，要显示第 2 个玩家的名字，可以使用下列语句：

```
document.write(players[1]);
```

有多种方法装载数组元素的值。例 8.1 示范了一种方法，我们将在本章后面学习其他方法。

例 8.1　创建数组　在 JavaScript 中创建一个数组，它含有 3 个元素，分别是 "coffee"、"tea" 和 "juice"：

```
<script type="text/javascript">
var beverages = new Array(3);
beverages [0] = "coffee";
beverages [1] = "tea";
```

```
5. beverages [2] = "juice";
6. </script>
```

注意，这个数组有 3 个元素。第 2 行把 numbers[] 声明为含有 3 个元素的数组，其中元素数目放在 Array 关键字后面的圆括号中。然而，这个数组元素的索引是 0、1 和 2。

在例 8.1 中，我们创建了含有 3 个元素的数组。然而，声明一个数组时不一定要指定这个数组将有多少个元素。设置为空圆括号，将不限制元素的数目。

在例 8.2 中，我们声明和初始化了一个含有 3 个元素的数组 numbers，然后添加一个变量 result 来示范可以像普通变量那样在表达式中处理数组元素。

例 8.2　处理数组元素

```
1.  <html>
2.  <head>
3.  <title>Example 8.2</title>
4.  <script type="text/javascript">
5.      var numbers = new Array(3);
6.      numbers[0] = 4;
7.      numbers[1] = 5;
8.      numbers[2] = 6;
9.      var result = 0;
10.     result = numbers[0] + numbers[1];
11.     document.write("a) result = " + result + "<br />");
12.     result = numbers[1] * numbers[2];
13.     document.write("b) result = " + result + "<br />");
14.     result = numbers[2] % numbers[0];
15.     document.write("c) result = " + result + "<br />");
16. </script>
17. </head>
18. <body>
19. </body></html>
```

第 10 行上的语句把 numbers[0] 和 numbers[1] 的值相加，然后将计算结果存储在变量 result 中。第 12 行上的语句将 numbers[1] 和 numbers[2] 相乘，然后将计算结果存储在变量 result 中。第 14 行上的语句求 numbers[2] 和 numbers[0] 的模，然后将计算结果存储在变量 result 中。因此，如果在网页中录入和运行这个程序，那么将显示如下：

a) result = 9
b) result = 30
c) result = 2

8.1.2　Array 对象

因为数组是对象，所以它们有相关的方法和属性。我们将在本书的其余部分使用其中一些方法和属性，而本节只对它们进行简单论述。

8.1.3　关于数组名的说明

通过数组名引用一个数组时，可以带或不带括号。例如，要引用例 8.2 创建的数组 numbers，可以使用 numbers[] 或者 numbers。如果不带括号，那么根据上下文可以清楚知道是引用一个变量名还是一个数组名。

8.1.3.1 length 属性

当创建数组时，不要求程序员限制数组的大小。在例 8.1 中，我们创建了一个含有 3 个元素的数组。然而，我们可以随时添加一个或多个元素。因为 JavaScript 数组的大小不是固定的，所以必须有一个属性让你随时检查数组的大小。这个属性就是 length 属性，其语法是简单的 array_name.length，例 8.3 示范如何使用这个属性。

例 8.3 使用 length 属性 下列代码创建一个含有两个元素的数组，检查数组的大小，然后添加另外两个元素并且检查新的大小。其输出展示在代码后面。

```
<html>
<head>
<title>Example 8.3</title>
<script type="text/javascript">
      var food = new Array();
      food[0] = "pizza";
      food[1] = "hamburger";
      document.write("Original length: " + food.length + "<br />");
      food[2] = "chips";
      food[3] = "cake";
      document.write("New length: " + food.length);
</script>
</head>
<body>
</body></html>
```

输出如下：

```
Original length: 2
New length: 4
```

8.1.3.2 Array（数组）对象的一些方法

有许多与 Array 对象相关的方法。表 8-1 描述了其中一些方法，我们将在本章更深入地探讨其中几个方法。

表 8-1 Array 对象的方法

方 法	描 述
concat()	连接两个或更多数组并且返回连接数组的副本
join()	将一个数组的所有元素连接成一个字符串
push()	将新元素添加到数组的末尾并且返回新的长度
reverse()	反转数组中元素的次序
shift()	除去数组的第一个元素并且返回那个元素
sort()	排序数组中的元素
splice()	为数组添加 / 除去元素
toString()	将数组转换成一个字符串并且返回这个结果
unshift()	把新元素添加到数组的开始位置并且返回新的长度

8.1 节检查点

8.1 数组中的所有元素________必须是相同的。

8.2 在 JavaScript 中创建新数组的语法是什么？

8.3 编写 JavaScript 代码创建一个数组 byFives()，它包含以下 5 个数组元素值序列：5、10、15、20、25。

8.4 为以下程序添加代码，以查看数组 mycars() 的长度：

```
<html>
<body>
<script type="text/javascript">
var mycars = new Array();
mycars[0] = "sedan";
mycars[1] = "pickup truck";
mycars[2] = "SUV";
????????????????
</script>
</body>
</html>
```

8.2 填充数组

我们已经学习了填充数组的一个简单方法：声明数组，然后为每个数组元素赋值。这种方法正是为具有相同数据类型的一长串变量赋值的方法。这个方法既耗费时间又单调乏味，因此不常使用。由于数组节省空间和时间，所以我们要使用更有效的填充数组的方法。

8.2.1 直接装载数组

我们已经看到如何分别装载数组的每个元素。数组的值是它使用单个名字（数组名）持有许多相关项目，并且用数组索引编号标识每个值。对于这样一组相关值，有各种不同使用方法。假设一个学院想要为每个学生分配一个 ID 号码，那么数组可以持有数百（或数千）个值。通常，创建这些 ID 号码时要确保每个号码只使用一次。例 8.4 示范如何用 200 个 ID 号码直接装载数组，这些 ID 起始于 ID2000 并结束于 ID2199。

例 8.4 用循环直接装载数组 要用连续数字装载 200 个数组元素，我们可以使用一个基于计数器的循环。这个计数器起两种作用，既当做计数器，又当做数组索引。

在这个例子中，要求我们用 ID 号码装载这个数组，而每个 ID 号码是字符串（ID）和数字（从 2000 ~ 2199）的组合。我们将用数字值连接这个字符串值，下列代码将做这件事。我们将在后面的例子中添加代码，显示这个结果。

```
<script type="text/javascript">
var idNums = new Array();
var i=0;
for (i=0; i<=199; i++)
{
    idNums[i] = ID + (2000 + i);
}
</script>
```

在这个 for 循环内部的一行代码分别装载 200 个元素！

也可以在单条语句中填充数组，这条语句既创建也填充这个数组。可以使用一条语句同时装载多个元素，而不必分别为每个元素赋值。当知道每个元素的值并且没有很多数组元素时，使用这种方法是方便的。例 8.5 示范了这种用法。

例 8.5　在一条语句中直接装载数组　假设你想要创建一个网页，允许用户通过选择一种颜色方案来设计页面，用户可以挑选一个背景颜色、文本颜色和类似边框颜色的其他事情。你可以使用数组存储 5 种颜色的名字。由于预先知道这些值并且没有必要为每个数组元素写一条独立的语句，所以可以在一条语句中声明这个数组并且装载这些值，如下所示：

```
<script type="text/javascript">
var colors = new Array("red","blue","yellow","green","pink");
</script>
```

在这条语句结束的时候，colors[] 数组包含下列值：

```
colors[0] = "red"        colors[1] = "blue"       colors[2] = "yellow"
colors[3] = "green"      colors[4] = "pink"
```

8.2.2　交互地装载数组

通常，程序员不知道存储在数组中的值。例如，存储一个班所有学生名字的数组将随着老师、班级和学期的不同而改变。用户必须录入这些值，我们可以容易地使用一个循环提示用户录入这些值。以下是一些可能的情况。

第一种情况，数组元素的数目是固定的。一个公司可能想要把一系列图像显示在网页上，但是想要根据季节或者提供的销售商品改变这些图像。公司老板可能想要不多不少循环显示 10 个图像，但是需要可以选择修改这些图像。在这种情况下，我们可以使用一个循环要求用户录入这些值，并且这个循环由预定的计数器值控制。

第二种情况，数组元素的数目是不定的。一位老师可能想要为每个班录入学生的名字，但是每个学期一个班的学生人数是变化的。在这种情况下，我们可以提示用户录入一个特定班级的学生人数，然后由等于这个值的计数器控制这个循环。

第三种情况，用户想要灵活地随时停止录入值。在这种情况下，我们可以使用一个循环提示用户录入并且使用一个哨兵值标识循环何时结束。

在例 8.6 中，用户（一个班的老师）把她的学生名字装入一个数组 names[]。因为每个班有不同的学生人数，所以必须提示她录入班上的学生人数。这个数目将用于计算需要多少个循环迭代。然而，我们必须记住 25 位学生的名字将存储在从 names[0] 到 names[24] 的数组元素中。下列代码的做法是把这个计数器的初值设定为 0，并且把这个循环测试条件结束于这个数组的元素数目减 1（也就是这个数组的最大索引值）。

例 8.6　交互地装载数组

```
<html>
<head>
<title>Example 8.6</title>
<script type="text/javascript">
    var names = new Array();
    var numStud = prompt("How many students are in the class: ");
    numStud = parseInt(numStud);
```

```
8.      var i = 0;
9.      for (i = 0; i <= numStud - 1; i++)
10.     {
11.           names[i]= prompt("Enter the student's name: ");
12.     }
13. </script>
14. </head>
15. <body>
16. </body></html>
```

看一看第 9 行，注意这个循环的测试条件设置为这个班的学生人数减 1。这是因为对于一个含有 20 个学生的数组，其数组元素的索引值是从 0 ~ 19。

8.2.3 显示数组

显示数组内容的最简单方法是为循环添加一条 docuemnt.write 语句，例 8.7 示范了这种做法。也可以只显示数组的一个或一些元素，就像显示一个变量的值一样，只不过这时要用数组名和索引标识特定的元素。在本章后面，我们将学习把一些图像存储在数组中，然后在网页上使用它创建幻灯片放映。目前，例 8.7 示范如何显示数组的内容。

例 8.7 显示数组 通过为例 8.6 的代码添加一条输出行，我们可以在老师录入学生名单之后看到这个数组的内容。添加的一行代码在第 12 行上，值得对它解释一下。我们想要显示每个学生的名字，第 1 个学生存储在 names[0] 中，而第 8 个学生存储在 names[7] 中。我们可以使用计数器变量 i 标识这个学生在列表中的位置和这个地方存储的值。重温一下，这个变量 i 起始于 0 并且结束于这个数组的学生人数减 1。因此，我们用 i + 1 标识老师录入的学生名字，而用 i 标识学生的索引。

```
1.  <html>
2.  <head>
3.  <title>Example 8.7</title>
4.  <script type="text/javascript">
5.      var names = new Array();
6.      var numStud = prompt("How many students are in the class? ");
7.      numStud = parseInt(numStud);
8.      var i = 0;
9.      for (i = 0; i <= numStud - 1; i++)
10.     {
11.          names[i]= prompt("Enter the student's name: ");
12.          document.write("Name of student " + (i + 1) + ": " + ↵
                         names[i] + "<br />");
13.     }
14. </script>
15. </head>
16. <body>
17. </body></html>
```

尝试在一个网页中录入这些代码。如果在提示时录入下列值，那么你的显示应该看起来像下面的显示效果。

输入：

班上的学生人数：5。

学生姓名：Andy Arnold、Davey Drew、Kim Kurtz、Sam Sanchez 和 Zack Zell。

输出：

Name of student 1: Andy Arnold
Name of student 2: Davey Drew
Name of student 3: Kim Kurtz
Name of student 4: Sam Sanchez
Name of student 5: Zack Zell

8.2 节检查点

8.5 直接装载数组和交互地装载数组有什么不同？

8.6 编写 JavaScript 代码创建和装载一个包含 5 个元素的数组 music[]，这些元素值是 "jazz"、"blues"、"classical"、"rap" 和 "opera"。

8.7 编写 JavaScript 代码创建和装载一个包含 20 个元素的数组 twos[]，这些元素值是按 2 递增的从 2 ~ 40 的数字。使用一个循环装载这个数组。

8.8 如下所示的数组 rain[] 包含某个州一年 12 个月以英寸为单位的降雨量，请使用一个循环显示这一年 12 个月的降雨量。

```
<script type="text/javascript">
var rain = new Array(3,4,3,5,6,7,8,2,9,3,4,5);
fill in the loop here
</script>
```

8.3 平行数组

在程序设计中，我们经常使用平行数组。这是一些大小相同的数组，具有相同下标的元素是相关的。例如，假设我们想要修改例 8.7 的程序以便老师记录每个学生的成绩。如果我们把每个学生的成绩存储在数组 grades[] 中，那么 names[] 和 grades[] 就被视为平行数组。对于每个 k，names[k] 和 grades[k] 会引用相同的学生，因此它们是相关的数据项。例 8.8 举例说明这个概念。

例 8.8 平行数组节省时间和工作 这个程序把一个班的学生名字和他们在某个学期的成绩录入到两个平行数组（names[] 和 grades[]）中，然后找出哪一个学生有最好的成绩（high）。

```
<html>
<head>
<title>Example 8.8</title>
<script type="text/javascript">
      var names = new Array();
      var grades = new Array();
      var high = 0; var index = 0; var k = 0;
      while (names[k] != "*")
      {
           names[k]= prompt("Enter the student's name or enter ↵
                     an asterisk (*) when you are done: ");
           if (names[k] == "*")
                break;
           grades[k]= prompt("Enter the student's grade: ");
           grades[k] = parseFloat(grades[k]);
           document.write("Name of student " + (k + 1) + ": " + ↵
```

```
                         names[k] + " grade: " + grades[k] + "<br />");
16.             if (grades[k] > high)
17.             {
18.                 index = k;
19.                 high = grades[index];
20.             }
21.             k = k + 1;
22.         }
23.         document.write("The highest grade in the class is: " + ↵
                         grades[index] + "<br />");
24.         document.write(names[index] + " is the high-achieving student! ↵
                         <br />");
25.     </script>
26.     </head>
27.     <body>
28.     </body></html>
```

这个程序包含本章引入的新特性，有的以前已经讨论过，解释这些特性是有益的。

程序同时做两件事情，它装载一个字符串数组（学生的名字）和一个数字数组（学生的成绩）。因为每个班有不同的学生人数，所以一个哨兵（星号 "*"）让用户决定什么时候完成这个数组。这个特性使这个程序可用于一个班或一组人。第 8 行判断测试条件（当已经录入一个星号时），从而当满足这个条件时在第 11 和 12 行上的 if 子句迫使循环结束。

因此，这个 while 循环体执行下列功能：

- 录入每个学生的名字并且存储在数组 names[] 中（第 10 行）。
- 在第 11 和 12 行查看用户是否完成录入。如果完成录入，那么就不需要录入成绩，从而在为 grades[] 数组请求录入另外一个值之前退出这个循环。
- 为学生录入成绩并且存储到 grades[] 数组的对应元素（第 13 行），从而建立一对平行数组。如果我们想要访问其名字是在 names[5] 中的学生记录，那么那个记录将是 grades[] 数组的一个平行元素（也就是 grades[5]）。在第 14 行，将当做成绩录入的值转换为数字值。因为这个程序查找最高的值，所以成绩必须是数字值以便于比较。
- 将每个学生的名字和成绩显示在屏幕上（第 15 行）。
- 现在程序开始检查最高的成绩。在第 7 行，声明几个数字变量并且初始化为 0。当程序运行时，变量 high 将保存暂时的高分。变量 index 将保存那个学生在 names[] 数组中所在地方的索引值，当然，在 grades[] 数组中的平行位置就是最高分的地方。第 16 ~ 20 行查找更高的分数，如果一个成绩比存储在 high 中的成绩更高，就把那个学生标识为高分者并且那个成绩成为 high 的新值。在循环的第一次遍历中，第一个学生无论有什么分数，它几乎总是将比其初值为 0 的 high 值要大。因此 high 的新值是第一个分数。例如，让我们假定第一个分数是 78。因为在第一次迭代时 k = 0，所以现在把这个索引值设定为 0，而 high = 78。对于后续的每次遍历，将把新的分数与 high 进行比较，如果新分数大于 78，那么 high 就取这个新值而 index 取 k 在那个时候的值。例如，如果后面 3 个分数是 65、72 和 88，而在第 4 次遍历时 k = 3，那么在执行第 16 ~ 20 行之后，high = 88 并且 index = 3。如果没有其他分数高过 88，那么在循环结束时，这些值就是 high 和 index 的值。
- 第 21 行只是递增计数器 k，而第 22 行结束循环。
- 第 23 行显示最高成绩，而第 24 行标识得到这个高分的学生。因为 index 标识含有这个高分的数组元素的下标，并且这个元素是在与这个学生 names 数组平行的数组中，所以程序可以使用这个 index 值标识学生的名字和成绩。

如果用下面显示的输入运行这个程序，那么输出将如下所示。

输入：(按以下次序录入)

学生名字	学生分数
Andy Arnold	67
Davey Drew	82
Kim Kurtz	96
Sam Sanchez	94
Zack Zell	77

输出：

Name of student 1: Andy Arnold grade: 67
Name of student 2: Davey Drew grade: 82
Name of student 3: Kim Kurtz grade: 96
Name of student 4: Sam Sanchez grade: 94
Name of student 5: Zack Zell grade: 77
The highest grade in the class is: 96
Kim Kurtz is the high-achieving student!

8.3.1 为什么使用数组

使用数组有很多好处。正如你已经看到的那样，因为可以使用单个数组代替一组简单变量来存储相关数据，所以数组能够减少程序需要的变量名数目。使用数组能够创建更有效的程序，一旦把数据录入数组，就能够多次处理而不必再次输入。例 8.9 举例说明这种情况。

例 8.9 数组减轻程序员的工作负荷 在这个例子中，我们假定一位老师把所有学生的分数录入一个数组中。现在，老师想要知道这个班的平均分并且判断有多少学生在平均分之上和有多少学生在平均分之下。如果没有数组，程序就需要录入所有分数并求平均分，然后将每个分数与这个平均分进行比较来查看这个分数是在平均分之上还是之下。然而，通过把分数存储在一个数组中，将改进这个程序，如下列程序所示：

```
<html>
<head>
<title>Example 8.9</title>
<script type="text/javascript">
   var scores = new Array();
   var sum = 0; var average = 0;
   var count1 = 0; var count2 = 0; var count = 0;
   while (scores[count1] != 999)
   {
      scores[count1]= prompt("Enter the student's grade ↵
             or enter 999 when you are done: ");
      scores[count1] = parseFloat(scores[count1]);
      if (scores[count1] == 999)
         break;
      sum = sum + scores[count1];
      count1 = count1 + 1;
   }
   average = sum / count1;
   for (count = 0; count < count1; count++)
   {
      if (scores[count] > average)
         count2 = count2 + 1;
   }
  document.write("The average is: " + average.toFixed(2) + "<br />");
  document.write("The number above the average is: " + count2 + "<br />");
  document.write("The number below the average is: " + (count1 - ↵
```

```
                    count2) + "<br />");
26.  </script>
27.  </head>
28.  <body>
29.  </body></html>
```

这个程序同时处理多个任务。

- 在第 8 ~ 16 行上的 while 循环做下列事情：
  - 第 10 行提示用户录入考试分数。因为分数的数目不是由程序决定，所以用户可以通过录入哨兵值 999 随时停止录入。一个计数器 count1 用作 scores[] 数组的索引，在循环结束后，count1 将保存这个数组的最大索引值。这意味着 count1 也保存这个数组的元素数目。因为数组索引从 0 至某个数字（假定是 X）而元素数目是 X+1，所以你可能想知道这个最大索引值为什么也是这个数组的元素数目？这是因为最后一个索引值（count1 的最后值）用于存储录入的哨兵值 999。我们需要注意这一点。
  - 因为提示录入的值被存储为文本，而这个程序需要处理数字，所以第 11 行把录入的每个分数值转换为数字值。
  - 第 12 和 13 行查看是否已经录入哨兵值。如果如此，循环结束。
  - 第 14 行记录所有分数的当前和，我们后面计算平均分时需要这个和。
  - 第 15 行递增 count1。
  - 第 17 行计算平均分。注意这个 sum 包括数组中所有值的总和，但除了 999 之外。这是因为在可能把这个哨兵值加入 sum 之前执行了 break 语句。另外要注意的是，count1 保存这个数组中所有元素的数目，但除了最后一个元素之外，因此 average 就是所有这些值的总和除以这个数组中的元素数目。
  - 下一个循环，即在第 18 ~ 22 行上的 for 循环，使用一个新计数器 count 再次遍历这个数组。这次，每个元素与 average 进行比较。注意，这个循环的测试条件使用 count1 的值限制这个循环的迭代数目。例如，假定 scores[] 保存 4 个元素（包括 999）分别是 30、40、50 和 999，那么这些元素存储如下：scores[0] = 30、scores[1] = 40、scores[2] = 50 和 scores[3] = 999。count1 的值是 3。但是我们只想比较前 3 个元素。当这个新计数器 count 等于 count1 减 1 时，这个 for 循环将结束，从而不会把 average 与这个数组的最后一个元素进行比较。
  - 在第 20 和 21 行上的 if 子句简单地查看每个元素是否比平均分大，如果是就递增第 3 个计数器 count2。因此，在循环结束后就检查数组的所有有效分数并且计数有多少分数在平均分之上。
- 第 23 行显示平均分。
- 第 24 行显示在平均分之上的人数（count2）。
- 第 25 行显示总数减去在平均分之上的人数之后剩余的数目。

可以添加简单的代码来检查一个分数是在平均分之下还是刚好与平均分完全相等，然而为了节省时间和空间，这个程序没有做这件事。检查点 8.12 将要求你添加这样的代码。

如果编写并且用下面给定的输入运行这个程序，那么输出将如下图所示。

输入：67、89、93、59、98、77、82、72、84、94、88、999。

输出：

```
The average is: 82.09
The number above the average is: 6
The number below the average is: 5
```

8.3 节检查点

8.9 怎样让两个数组平行？

8.10 假设你正在编写一个冒险游戏程序。描述一个可能使用平行数组的情形，并且描述每个数组将保存什么值。

8.11 将把下列哪对数组视为平行数组？简单解释你的理由。

a）一个保存 10 个不同颜色的数组 colors[] 和一个保存 10 个不同字体大小的 sizes[] 数组。

b）一个保存在医生办公室中病人名字的数组 patients[] 和一个保存每个病人的取药方数组 pahrmacies[]。

c）在网上商店中一个保存每位客户信用卡名字的数组 cards[] 和保存每个信用卡过期日期的数组 expires[]。

8.12 为例 8.9 添加代码，检查有多少个分数在平均分的一分范围内。例如，如果平均分是 86.5，那么要找出有多少分数在 86.0 ~ 87.0 之间。你必须修改比平均分数高的一些代码，并且考虑如何显示这个新信息。

8.4 使用 Array 方法

可以使用一些 JavaScript 方法，从而能够相对容易地处理数组。我们将在本节讨论其中 4 个：push() 方法将一个新项目或多个项目添加到数组的末端并返回数组的新长度；unshift() 方法将一个或多个新项目添加到数组的开始处并返回数组的新长度；concat() 方法用于连接两个数组；splice() 方法为数组添加 / 除去项目。

8.4.1 push() 方法

如果你拥有一个珠宝商店并且使用数组保存你的货品，那么当你设计了一个新款珠宝时，你将把它加入适当的数组（手镯、项链、耳环等）。如果你使用平行数组存储你班上学生的名字和成绩，那么把一个新学生登记到你的班级时，你将把那个学生添加到适当的数组。或者在装载数组时你可能遗忘了一个项目，使用 **push() 方法**可以轻松地将一个项目（或多个项目）加入数组。

如果有一个已填充 5 个名字的数组 myArray[]，那么添加另一个名字的语法如下：

```
myArray.push("newName");
```

添加多个名字的语法如下：

```
myArray.push("newName1", "newName2", "newName3", ...);
```

你可能认为只能将一个元素添加到数组末尾的方法是无用的。在物品目录中，可能按字母顺序列出项目；或者可能平行地按价格排序数组。在这种情况下，将一个元素添加数组的末尾（或者数据的开始）可能是适得其反的。然而，排序数组是容易的。在第 9 章中，我们将学习一些排序数组的方法。通常，数组发生任何变化后立刻调用一个排序例程。

8.4.2 length 属性可用于获取数组的长度

push() 方法将项目添加到数组的末端并且返回数组的新长度。然而，如果你想要知道这个新长度，那么你可以使用这个属性。使用 length 属性获取数组长度的语法为：

```
var x = myArray.length;
```

这条语句将把数组 myArray[] 中的元素数目赋值给变量 x。

在例 8.10 中，我们假设 Jackie 在 Jackie's Jewelry 网站销售悬挂在缎带下面手工雕刻的木质垂饰。当客户选择一个垂饰时，她提供并显示几种缎带颜色选择。直至最近她还是只能获得 5 种颜色的缎带，但是现在她的供应商提供另外两种颜色选择。她想要把这些选项加入数组并且使用如下列代码说明的 push() 方法。基于示范目的，此代码包括最初如何装载这个数组以及显示旧的数组元素、旧的数组长度、新的数组元素和新的数组长度。

例 8.10　把颜色选项添加到数组的末尾

```
<html>
<head>
<title>Example 8.10</title>
<script type="text/javascript">
function getColors()
{
    var ribbons = new Array("black", "white", "brown", "blue", "red");
    var r = ribbons.length; var i = 0;
    document.write("<table align = 'center'><tr><td>");
    document.write("<br /> Old colors:</td></tr><tr><td>");
    for (i = 0; i <= (r - 1); i++)
           document.write(ribbons[i] + " ");
    document.write("</td></tr><tr><td>Original length: " + r + ↵
                                        "</td></tr><tr><td>");
    ribbons.push("purple","green");
    r = ribbons.length;
    document.write("New colors:</td></tr><tr><td>");
    for (i = 0; i <= (r - 1); i++)
          document.write(ribbons[i] + " ");
    document.write("</td></tr><tr><td>New length: " + r + ↵
                                        "</td></tr>");
    document.write("</table>");
}
</script>
</head>
<body>
<button onclick="getColors()">See ribbon colors</button>
</body></html>
```

如果你录入这些代码，那么输出将看起来像这样：

```
Old colors:
black white brown blue red
Original length: 5
New colors:
black white brown blue red purple green
New length: 7
```

8.4.3 unshift() 方法

unshift() 方法把数组元素值插入数组的开始位置，而不是最后，它也返回已改变的数组的长度。然而，要注意这个方法不是在所有浏览器的所有版本中都能够正常工作。它能够插入这些值，但是 length 属性的返回值是不明确的。

例 8.11 做的事情与前面的例子完全相同，但是使用 unshift() 方法。将把两种新颜色（purple 和 green）添加到这个数组的开始位置。除了第 14 行有所改变之外，这里的代码与前面的例子相同。

例 8.11　把颜色选项添加到数组的开始位置

```
1.  <html>
2.  <head>
3.  <title>Example 8.11</title>
4.  <script type="text/javascript">
5.  function getColors()
6.  {
7.      var ribbons = new Array("black", "white", "brown", "blue", "red");
8.      var r = ribbons.length; var i = 0;
9.      document.write("<table align = 'center'><tr><td>");
10.     document.write("<br /> Old colors:</td></tr><tr><td>");
11.     for (i = 0; i <= (r - 1); i++)
12.         document.write(ribbons[i] + " ");
13.     document.write("</td></tr><tr><td>Original length: " + r + ↵
                                 "</td></tr><tr><td>");
14.     ribbons.unshift("purple","green");
15.     r = ribbons.length;
16.     document.write("New colors:</td></tr><tr><td>");
17.     for (i = 0; i <= (r - 1); i++)
18.         document.write(ribbons[i] + " ");
19.     document.write("</td></tr><tr><td>New length: " + r + "</td></tr>");
20.     document.write("</table>");
21. }
22. </script>
23. </head>
24. <body>
25. <button onclick="getColors() ">See ribbon colors</button>
26. </body></html>
```

如果你录入这些代码，那么输出将看起来像这样：

```
Old colors:
black white brown blue red
Original length: 5
New colors:
red purple green black white brown blue
New length: 7
```

8.4.4 splice() 方法

splice() 方法让你为数组插入或者删除一个或多个数组元素值。要做这件事情，你必须包括一些参数。你必须指定在什么位置增加或者除去一个或多个项目，这是 index 参数。如果是除去项目，那么你必须指定要移动的项目数。如果是增加项目，那么必须把这个参数设定为 0。最后，你需要包括增加的项目（如果有）。我们将用两个例子示范这种方法的用法，一个是添加项目，而另一个是删除项目。以下是使用 splice() 方法的一般语法：

```
arrayName.splice(index,howmany,newItem1,...,newItemX);
```

删除数组的前 3 个项目的语法如下：

```
arrayName.splice(0,3);
```

这个 0 是指从第一个元素（这个元素的索引值是 0）开始，而 3 是指删除 3 个项目（起始于其 index = 0 的项目）。

从第 5 个元素开始，把两个项目添加到数组中间的语法如下：

```
arrayName.splice(4,0,newItem1,newItem2);
```

这个 4 是指第 5 个元素（这个元素的索引值是 4），而 0 是指不删除任何项目。然而，将把 newItem1 和 newItem 2 添加到数组的第 5 和第 6 个位置，而原来的元素将向后移动。

例 8.12 使用 splice() 方法把 4 种颜色添加到缎带颜色数组。

例 8.12　把颜色选项添加到数组的中间位置　在这个例子中，我们将把新颜色放在原数组的白色和褐色之间，并且起始于 index = 2。

因为只改变了一行代码，所以为了节省空间，我们将只展示这一行。这些代码与前面的例子完全相同，但是第 14 行现在为：

```
14.  ribbons.splice(2,0,"mauve","teal","ecru","buttercup");
```

如果你录入这些代码，那么输出将看起来像这样：

```
Old colors:
black white brown blue red
Original length: 5
New colors:
black white mauve teal ecru buttercup brown blue red purple green
New length: 9
```

在例 8.13 中，我们将从上一个例子结尾的填充 9 个元素的数组开始，然后使用 splice() 方法删除这个列表中的白色和淡紫色。

例 8.13 删除数组中的颜色选项

```
<html>
<head>
<title>Example 8.13</title>
<script type="text/javascript">
function getColors()
{
    var ribbons = new Array("black", "white", "mauve", "teal", ↵
                "ecru", "buttercup", "brown", "blue", "red");
    var r = ribbons.length; var i = 0;
    document.write("<table align = 'center'><tr><td>");
    document.write("<br /> Old colors:</td></tr><tr><td>");
    for (i = 0; i <= (r - 1); i++)
        document.write(ribbons[i] + " ");
    document.write("</td></tr><tr><td>Original length: " + r + ↵
                "</td></tr><tr><td>");
    ribbons.splice(1,2);
    r = ribbons.length;
    document.write("New colors:</td></tr><tr><td>");
    for (i = 0; i <= (r - 1); i++)
        document.write(ribbons[i] + " ");
    document.write("</td></tr><tr><td>New length: " + r + "</td></tr>");
    document.write("</table>");
}
</script>
</head>
<body>
<button onclick="getColors()">See ribbon colors</button>
</body></html>
```

如果你录入这些代码，那么输出将看起来像这样：

```
Old colors:
black white mauve teal ecru buttercup brown blue red
Original length: 9
New colors:
black teal ecru buttercup brown blue red
New length: 7
```

我们将在例 8.14 中充分使用这些方法，为网上商店更新物品目录页面。

例 8.14 更新物品目录 这个程序让 Jackie 录入她的戒指、手镯和垂饰物品目录，也将允许她增加或者删除项目。首先，我们将只展示和解释用于戒指的代码。你可以在检查点 8.17 中添加用于手镯目录的代码，并且在章尾练习中添加用于垂饰目录的代码。

```
<html>
<head>
<title>Example 8.14</title>
<script type = "text/javascript">
function getRings()
{
```

```
    var rings = new Array();
    document.getElementById('ring_inventory').innerHTML = ("");
    var r = parseInt(prompt("How many rings are in the inventory now?"));
    var i = 0;
    for (i = 0; i <= (r - 1); i++)
        rings[i] = prompt("Enter ring # " + (i + 1) +":");
    displayRings(rings);
    addRings(rings);
    deleteRings(rings);
}
function displayRings(rings)
{
    var r = rings.length; var i = 0;
    for (i = 0; i <= (r - 1); i++)
        document.getElementById('ring_inventory').innerHTML = ↵
                        ("<h3>" + rings + "</h3>");
}
function addRings(rings)
{
    var r = rings.length; var i = 0;
    var numAdd = parseInt (prompt("If you want to add to the ↵
                    inventory, enter the number of rings ↵
                    you want to add (or enter 0):"));
    for (i = 0; i <= (numAdd - 1); i++)
    {
        if (numAdd == 0)
            break;
        var newRing = prompt("Enter a ring to add:");
        rings.push(newRing);
    }
    displayRings(rings);
}
function deleteRings(rings)
{
    var r = rings.length; var i = 0; var j = 0;
    var numSubt = parseInt(prompt("If you want to subtract from ↵
                the inventory, enter the number of rings you ↵
                want to subtract (or enter 0):"));
    for (i = 0; i <= (numSubt - 1); i++)
    {
        if (numSubt == 0)
            break;
        var oldRing = prompt("Enter a ring to delete:");
        for (j = 0; j <= (r - 1); j++)
        {
            if (rings[j] == oldRing)
                rings.splice(j,1);
        }
    }
    displayRings(rings);
}
</script>
<style type="text/css">
<!--
    body { margin: 20pt; padding: 5%; width: 80%; }
    .div_width { width: 33%; float: left; }
-->
</style>
</head>
```

```
61. <body>
62. <div id="container">
63.     <img src="images/jewel_box1.jpg" class="floatleft" />
64.     <h1 align="center">Jackie's Jewelry Inventory</h1>
65.     <div style ="clear:both;"></div>
66. <div = "content" width = "800">
67.     <div class="div_width" id="rings">
68.         <input type="button" value="Enter your inventory of ↵
                        rings" onclick="getRings()"; />
69.         <h2>Ring Inventory</h2>
70.         <div id = "ring_inventory"></div>
71.     </div>
72.     <div class="div_width" id="bracelets">
73.         FILL IN THIS CODE AS A CHECKPOINT EXERCISE
74.     </div>
75.     <div id="pendants" >
76.         FILL IN THIS CODE AS AN END OF CHAPTER EXERCISE
77.     </div>
78. </div>
79. </div>
80. </body></html>
```

第 61 ~ 80 行是页面的主体，它创建的按钮可用于 Jackie 处理她的物品目录。在这个页面中（只用于示范目的），按钮将提示 Jackie 录入她的初始物品目录。在本书后面，当我们学习使用 PHP 时可以从数据库中读取物品目录，而这个页面只用于编辑物品目录。目前，函数 getRings() 将首先提示 Jackie 录入物品目录。

函数 getRings() 声明一个新数组 rings，该函数提示 Jackie 录入这个物品目录的项目数（numRings）并且在第 11 和 12 行使用一个循环获取每个项目并存储在这个数组中，然后调用 displayRings() 函数。我们必须为它传递一个实参 rings，而函数 displayRings() 接收一个形参。在这个例子中，由于我们把数组 rings 从一个函数传递给另外一个函数，所以我们使用 rings 作为这个实参的名字和每个函数形参的名字。

函数 displayRings() 显示物品目录中的项目列表。首先，我们需要确定在数组中有多少元素。我们在第 19 行使用 length 属性获取这个数组的元素数目。因为在 Jackie 每次更新时就要调用这个函数显示数组，所以每次调用这个函数时这个值就会变化。第 20 和 21 行使用一个循环显示数组的值。如果数组有 10 个元素，那么这些元素的索引值是 0 ~ 9。这就是为什么这个循环起始于 i = 0 并且继续直至 i 等于元素数目减 1（即 r –1）。

一旦函数 displayRings() 完成了任务，控制就返回到函数 getRings() 中的第 14 行。现在是调用函数 addRings()。

这个函数也接收一个实参 rings。这里，在第 25 行上我们再次使用局部变量 r 确定数组的长度。现在提示 Jackie 是否想要为她的物品目录添加项目，她想要增加的项目数目存储在变量 numAdd 中。在第 27 ~ 33 行上的循环做两件事情，要么 Jackie 不为这个物品目录增加任何东西，从而跳到此代码的下一部分；要么为这个物品目录添加与 Jackie 想要的一样多的项目。因此，它将有与 Jackie 想要增加项目数目一样多的迭代。计数器 i 起始于 0，并且递增直到等于 numAdd 减 1。你可能会奇怪我们为什么不让计数器从 1 开始循环到 numAdd 的值。这是因为我们需要处理 Jackie 可能选择不添加任何东西。在这种情况下，numAdd = 0。第 29 和 30 行通过当 numAdd = 0 时退出这个循环来处理这种情况。然而，如果 numAdd 不是 0，那么第 31 行提示 Jackie 录入一个新项目并且存储在 newRing 中。然后，第 32 行使用 push() 方法把这个新值加入物品目录。只要 Jackie 愿意，就一直重复这个添加项目的过程。在添加所有新项目之后，再次调用这个 displayRings() 函数传递这个新数组，displayRings() 函数现在就用新数组重写原始数组。在 displayRings() 结束时，把控制交回到 addRings()。因为这是 addRings() 函数的末尾，所以现在把控制交回到调用函数 getRings()。

在 getRings() 中的下一行调用 deleteRings() 函数，并且传递最新版的 rings 数组。在第 36 ~ 52 行上的 deleteRings() 函数与 addRings() 函数类似，但复杂一点。第 38 行确定这个 rings 数组此时的长度，然后（第 39 行）提示 Jackie 录入想要从物品目录中删除多少项目。在第 40 ~ 50 行上循环做的事情与在 addRings() 函数中的循环相同，但是做多一点工作。首先，这个循环的迭代次数与 Jackie 想要删除的项目数一样多。如果她不想删除任何项目，那么 numSubt 值将是 0，并且在第 42 ~ 43 行上的 if 语句将强制退出循环，并且不改变这个数组。

然而，如果 Jackie 确实想要删除一个或者更多项目，那么我们需要找到这些项目。第 44 行提示 Jackie 录入想要删除的项目并且把这个值存储在 oldRing 中。在第 45 ~ 49 行上的内循环找出这个 rings 数组中的哪个项目符合这个值。通过从索引 0 遍历到最后一个索引（r – 1），这个循环检查这个数组中的每个项目。一旦发现一个匹配（第 47 ~ 48 行），就调用 splice() 方法删除那个项目。

内循环检查数组的每个项目以便找出 Jackie 想要删除的那个项目，外循环重复这个过程的次数等于 Jackie 想要删除的项目数。在完成这个过程之后，再次调用 displayRings() 函数从而使修改的物品目录替换旧的物品目录。控制从 displayRings() 转向调用它的函数，即 deleteRings()，从此再回到 getRings() 中程序结束的地方。

在这个程序中，我们没有包括任何数据验证，也没有创建漂亮的物品目录显示。当 JavaScript 显示数组时，每个项目显示为纯文本并在项目之间用一个逗点分隔。数据验证留给你作为章尾练习。然后，若愿意你可以创建一个比较令人喜爱的网页显示。

下列图像展示初始页面和为以下录入而发生的事情：

- **初始物品目录**：gold band、silver band、silver ring with turquoise inlay、gold with ruby stone。
- **添加的项目**：gold ring with silver etching、wood band。
- **删除的项目**：gold with ruby stone。

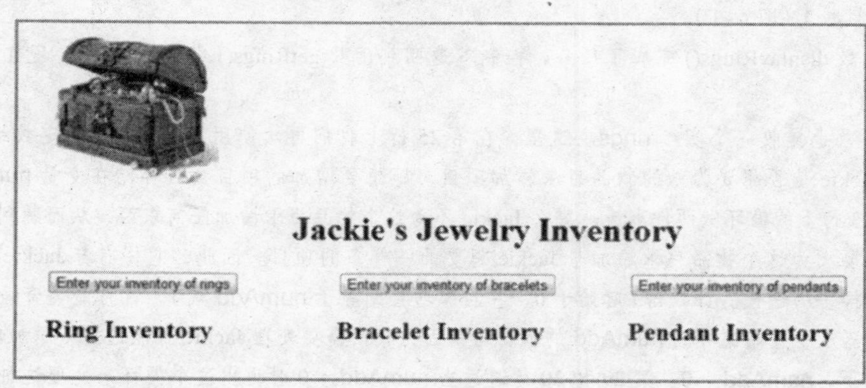

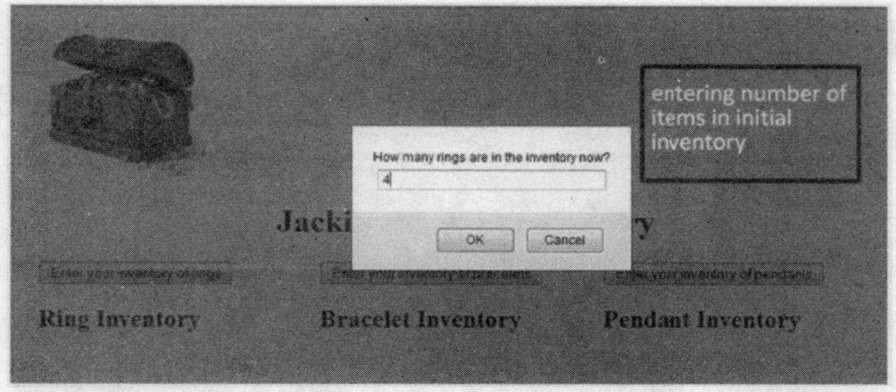
entering number of items in initial inventory
How many rings are in the inventory now?
4
OK
Cancel
Ring Inventory
Bracelet Inventory
Pendant Inventory

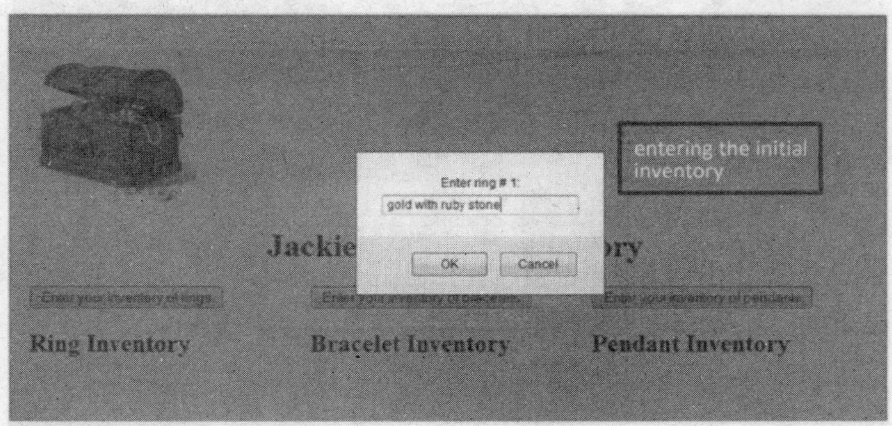
entering the initial inventory
Enter ring # 1:
gold with ruby stone
OK
Cancel
Ring Inventory
Bracelet Inventory
Pendant Inventory

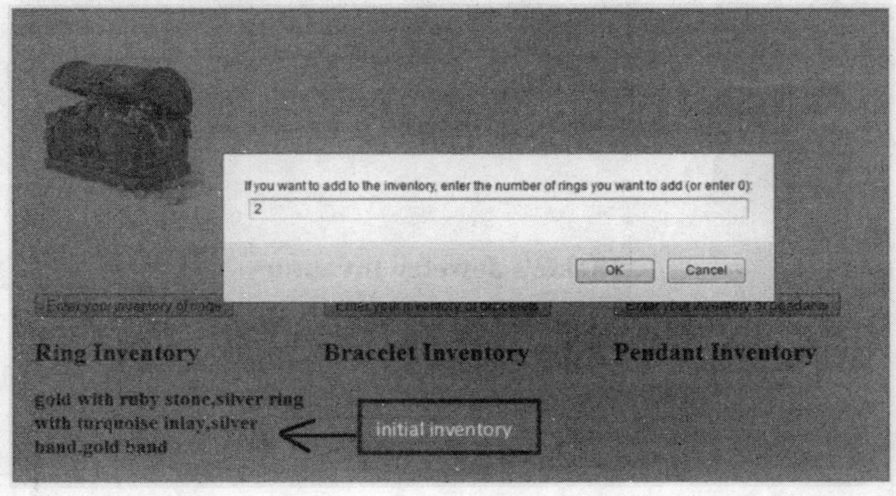
If you want to add to the inventory, enter the number of rings you want to add (or enter 0):
2
OK
Cancel
Ring Inventory
Bracelet Inventory
Pendant Inventory
gold with ruby stone,silver ring with turquoise inlay,silver band,gold band
initial inventory

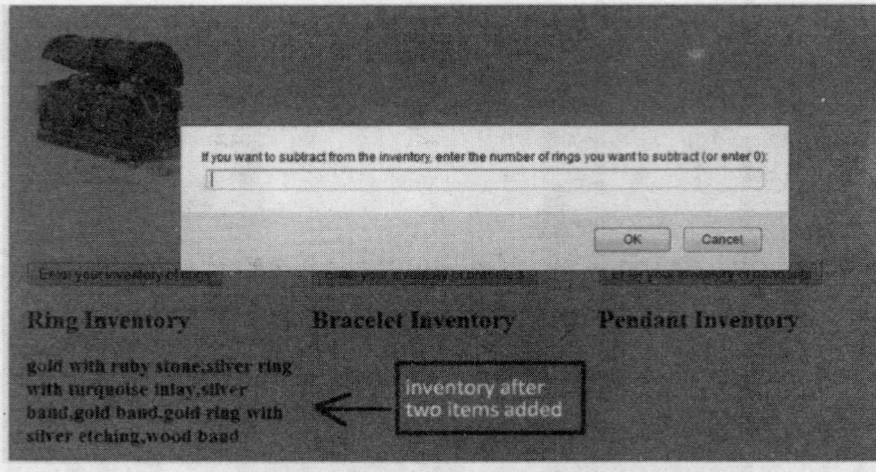
If you want to subtract from the inventory, enter the number of rings you want to subtract (or enter 0):
OK
Cancel
Ring Inventory
Bracelet Inventory
Pendant Inventory
gold with ruby stone,silver ring with turquoise inlay,silver band,gold band,gold ring with silver etching,wood band
inventory after two items added

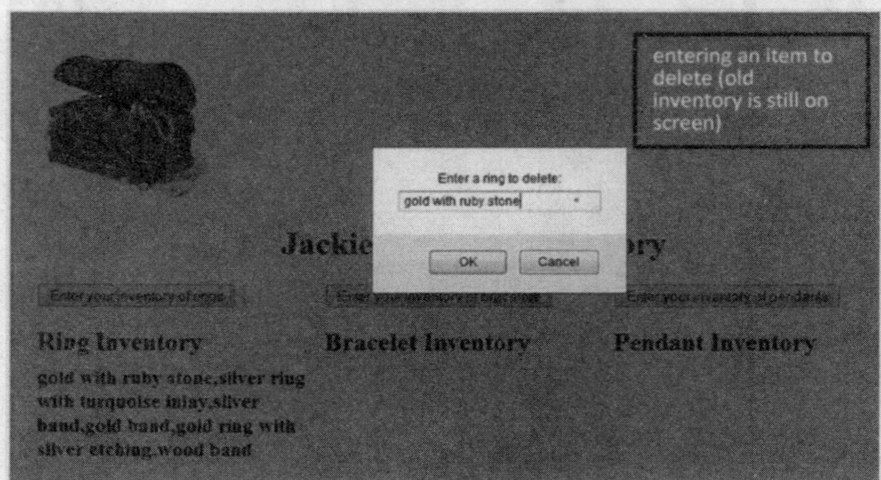
entering an item to delete (old inventory is still on screen)
Enter a ring to delete:
gold with ruby stone
OK
Cancel
Ring Inventory
Bracelet Inventory
Pendant Inventory
gold with ruby stone,silver ring with turquoise inlay,silver band,gold band,gold ring with silver etching,wood band

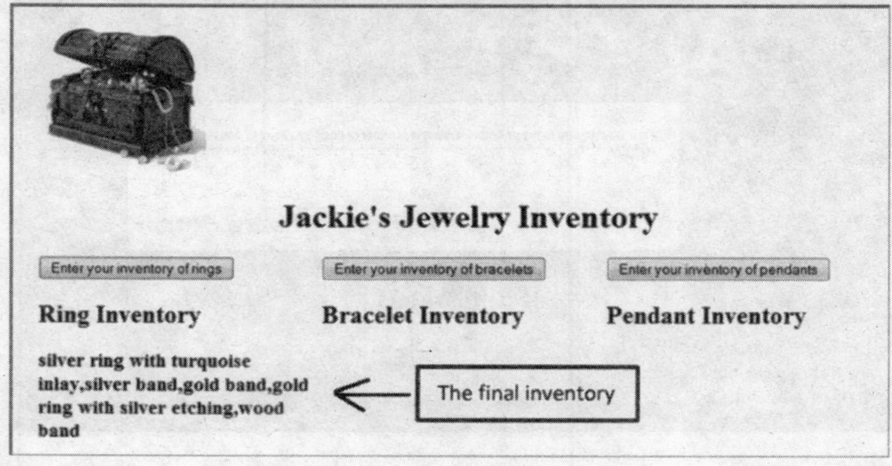
Jackie's Jewelry Inventory
Enter your inventory of rings
Enter your inventory of bracelets
Enter your inventory of pendants
Ring Inventory
Bracelet Inventory
Pendant Inventory
silver ring with turquoise inlay,silver band,gold band,gold ring with silver etching,wood band
The final inventory

8.4 节检查点

8.13 你将使用哪个方法删除数组的一个项目?

8.14 编写一条语句,将下列两个元素添加到数组 games 的末尾:"hangman" 和 "hide-and-seek"。

8.15 编写一条语句,将颜色 "magenta" 和 "lime" 添加到数组 colors 中。这两个项目应该放置在这个数组的第 4 和第 5 个位置。

8.16 为例 8.14 的函数 deleteRings() 添加代码,如果在物品目录中没有她想要删除的戒指,那么就提醒 Jackie。

8.17 为例 8.14 添加代码,允许 Jackie 录入她的手镯物品目录并且可以向这个物品目录增加或者删除项目。

8.5 多维数组

迄今为止,我们只依赖一个因素查看数组元素的值。例如,如果数组元素保存游戏玩家的分数,那么每个分数依赖于特定玩家。尽管平行数组有助于访问平行信息,但是有局限性。有时使用由两个或更多因素确定的数组是方便的。例如,我们可以为每个玩家提供多个游戏(因而有多个不同的分数)。在这种情况下要依赖两个因素(特定的人和特定的游戏)查找我们感兴趣的值。在这些情形中,我们使用**多维数组**。本书只涵盖二维数组,高级程序设计会考虑使用更多维的数组。

8.5.1 二维数组

二维数组是在连续内存单元中存储的具有相同类型的元素集合,并且通过使用两个下标的相同变量名引用其中的每个元素。在 JavaScript 中,二维数组是一个有用的工具,尤其当创建一些游戏时。然而,因为 JavaScript 数组是对象,所以二维数组实际上是一个数组的数组。因此每个下标有它自己的括号,并且与其他语言表示的二维数组稍微不同。这不影响我们对二维数组的使用,然而它确实影响我们如何把值赋予二维数组。一旦赋值后,我们就可以使用记号 myArray[下标 1][下标 2] 访问这个数组的任何元素。

假如我们想要把 30 个游戏玩家从 5 个不同游戏获得的分数输入程序中,我们可以建立一个二维数组 scores[][] 保存这些结果。scores[][] 的第一个下标引用特定的玩家,而第二个下标引用特定的游戏。例如,数组元素 scores[0][0] 包含第 1 个玩家在第 1 个游戏中的分数,而数组元素 scores[8][1] 包含第 9 个玩家在第 2 个游戏中的分数。

如果把这些数组元素绘制在按水平行和垂直列分布的矩形图案中,你就可能比较容易理解这种情形。第 1 行给出第 1 个玩家的分数,第 2 行给出第 2 个玩家的分数等。同样,第 1 列给出所有玩家在第 1 个游戏中的分数,第 2 列给出所有玩家在第 2 个游戏中的分数等(见图 8-1)。在这个框中给定行和列的交叉点处的条目表示对应数组元素的值。

- scores[1][4] 表示第 2 个玩家 DorianDragon 在第 5 个游戏中的分数,即 56。
- scores[2][1] 表示第 3 个玩家 puppypal 在第 2 个游戏中的分数,即 66。

玩家	游戏 1	游戏 2	游戏 3	游戏 4	游戏 5
EdEvil	235	29	333	486	0
DorianDragon	782	45	314	0	568
puppypal	398	66	327	517	462
. . .	. . .	. . .	. . .	. . .	. . .
crusher	441	0	388	452	609

图 8-1 二维数组 scores[][]

8.5.2 声明和填充二维数组

要声明一个二维数组，可以使用 new 关键字创建这个数组并指定有多少行，然后使用 new 关键字指定每行有多少列。JavaScript 允许我们创建一个每行元素数目不同的数组，这种数组确实有它的特殊用途。然而，对我们来说，我们将只使用每行列数相同的数组。因此，可以比较容易地使用 for 循环指定每行将有多少列。例 8.15 展示二维数组的两种声明方法。

例 8.15 创建二维数组

a）使用 new 关键字创建每行有不同列数的数组：

```
var myarray = new Array(3); //allocates 3 rows to the array
myarray[0] = new Array(4); //allocates 4 columns for 1st row
myarray[1] = new Array(2); //allocates 2 columns for 2nd row
myarray[2] = new Array(6); //allocates 6 columns for 3rd row
```

b）使用 for 循环创建每行列数相同的二维数组：

```
var myarray = new Array(25); //allocates 25 rows to the array
for (i = 0; i < 25; i++)
{
    myarray[i] = new Array(5); //allocates 5 columns each row
}
```

装载数组元素有多种方法，例 8.16 示范如何直接装载数组和提示用户输入装载数组。

例 8.16 填充二维数组

a）以下展示同时直接填充一个二维数组：

```
var myarray = [  [0, 1, 2, 3],        //fills the 1st row
                 [4, 5, 6, 7],        //fills the 2nd row
                 [8, 9, 10, 11] ];    //fills the 3rd row
```

该代码创建一个二维数组 myarray[]，它有 3 行 4 列。每行的列条目包含在括号（[]）内，而行中每个条目用逗点分隔。此外，整个数组也包含在一对外部括号中。

b）下列展示使用一个 for 循环用用户的输入装载一个二维数组。这个数组名为 myarray[]，包含 6 行 5 列。

```
var myarray = new Array(6); //allocates 6 rows to the array
for (i = 0; i < 6; i++)
{
    myarray[i] = new Array(5); //allocates 5 columns each row
}
for (i = 0; i < 6; i++)
{
    for (j = 0; j < 5; j++)
    {
```

```
        myarray[i][j] = prompt("Enter value for row " ↵
                + i + ", column " + j +":");
    }
}
```

我们将在下一节使用二维数组开发一个游戏。作为准备，例 8.17 示范如何创建二维数组并用用户的输入填充一个 HTML 表格的内容。

例 8.17 将数组元素显示在网页上 这个程序创建一个二维数组并初始化为保存网页上一个表格的每个单元格内容，然后将用户输入的值载入这些单元格。在这些代码的后面将解释重要的代码行。

```
<html>
<head>
<title>Example 8.17</title>
<script type="text/javascript">
function setup()
{
    cells = new Array([document.getElementById("cell00"), ↵
        document.getElementById("cell01"), ↵
        document.getElementById("cell02")], ↵
        [document.getElementById("cell10"), ↵
        document.getElementById("cell11"), ↵
        document.getElementById("cell12")], ↵
        [document.getElementById("cell20"), ↵
        document.getElementById("cell21"), ↵
        document.getElementById("cell22")] );
    placeValues();
}
function placeValues()
{
    for (var rows = 0; rows < 3; rows++)
    {
        for (var cols = 0; cols< 3; cols++)
            cells[rows][cols].innerHTML = prompt("Enter a value:");
    }
}
</script>
<style type="text/css">
<!--
table { border: solid #4f81bd; }
body { margin: 10ex; color: #4f81bd; font-weight: bold; }
td  {
    font-size: 18px; color: #4f81bd; font-weight: bold; margin: 10%;
    padding: 5px; line-height: 120%; width: 75pt; height: 25pt;
    text-align: center;
}
-->
</style>
</head>
<body onload ="setup()">
<h1>Loading a 2-Dimensional Array</h1>
<table id = "myTable" border = "1">
    <tr>
    <td> <span id = "cell00" />cell 00 </td>
    <td> <span id = "cell01" />cell 01 </td>
    <td> <span id = "cell02" /> cell 02 </td>
    </tr><tr>
    <td> <span id = "cell10" />cell 10 </td>
    <td> <span id = "cell11" />cell 11 </td>
```

```
41.         <td> <span id = "cell12" />cell 12 </td>
42.         </tr><tr>
43.         <td> <span id = "cell20" />cell 20 </td>
44.         <td> <span id = "cell21" />cell 21 </td>
45.         <td> <span id = "cell22" />cell 22 </td>
46.         </tr>
47.  </table>
48.  </body></html>
```

我们将从末尾开始分析这个程序。

- 第 33 ~ 47 行在网页上创建简单的 3×3 表格。为每个单元格分配一个 id，其值是单词 "cell" 后跟它的位置（即行号和列号）。当然，这个 id 可以是任何东西，但是用它的位置标识每个单元格是很有意义的。每个单元格的初始内容已经被简单地设置为它的位置，当然也可以设置为你需要的任何值。使用类似单元格位置的 id 值也有助于在将来的程序中把一个单元格 id 的首部与循环中的计数器变量连接起来生成相应单元格的 id。
- 一旦装载这个页面（第 31 行），就调用 setup() 函数。这个函数在第 5 ~ 9 行，它创建一个 3 行 3 列的二维数组 cells[][]，并且用 getElementById() 方法装载这个数组的每个元素。这个方法访问具有指定 id 的第一个元素。因此，语句

```
document.getElementById("cell00")
```

用其 id = "cell00" 的元素内容装载这个数组的第一个元素。在这种情况下，就是我们表格的第一个单元格。从现在开始，第一个数组元素（cells[0][0]）的内容将是这个表格第一个单元格中的内容。

- 第 8 行调用 placeValues() 函数，这个函数让用户把他想要的任何值放入这个表格的每个单元格。
- placeValues() 函数在第 10 ~ 17 行，这个函数使用嵌套循环把用户输入的数据填入这个表格。
- 第 15 行使用可设置或者返回元素内部 HTML 代码的 inner.HTML 属性。无论用户在提示中录入什么值，都将传递给相应的表格单元格。

这个页面最初看起来像这样：

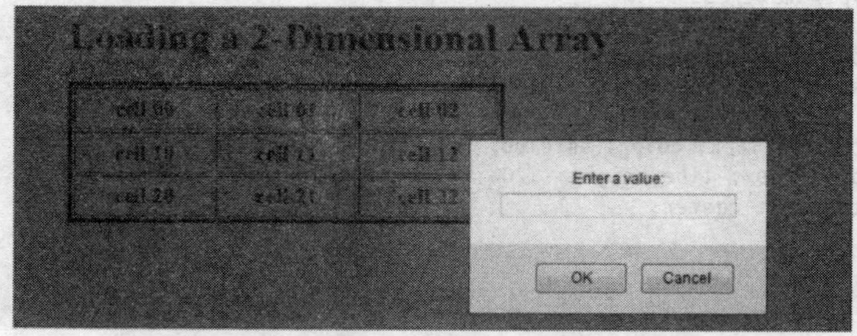

在录入下列值之后，该页面看起来像这样：

输入： A、B、C、D、E、F、G、H、I。

Loading a 2-Dimensional Array

A	B	C
D	E	F
G	H	I

8.5 节检查点

8.18 给出下列二维数组：

```
var tests = [ [95, 89, 72, 83], [94, 95, 86, 77],
              [88, 99, 100, 61], [76, 65, 78, 83] ];
```

下列元素的值是什么？

a）tests[0][3] b）tests[2][2] c）tests[3][1]

8.19 创建一个二维数组 mixedArray，它有 4 行，而每行有以下列数：第 1 行有 2 列，第 2 行有 5 列，第 3 行有 1 列，第 4 行有 8 列。

8.20 使用 for 循环创建一个 100 行 3 列的二维数组 myArray。用它的行值填充这个数组，也就是第 1 行的单元格都是 1，第 2 行的单元格都是 2 等。

8.21 装载检查点 8.20 创建的数组，并且用 X 填充第 1 列、用 Y 填充第 2 列、用 Z 填充第 3 列。

8.22 重做检查点 8.20，用用户输入装载这个数组。提示：先用 5 行（或者更小的值）编写这个程序，以便测试时不必录入 100 个值。

8.6 操作实践

在本节中，我们将为 Greg's Gambits 开发一个新游戏并且为 Carla's Classroom 添加写作课。

8.6.1 Greg's Gambits：数字拼图游戏 15

在这个游戏中，屏幕装载一个 4 × 4 表格。先用 1 ~ 15 的随机数填充每个单元格，并且保留一个单元格为空。然后，通过移动数字，玩家必须有序地放置这些数字。我们把这个游戏称为数字拼图游戏 15，图 8-2 展示开始和终止屏幕样例。

Beginning Screen					Winning Screen			
4	7	15	8		1	2	3	4
2		11	3		5	6	7	8
13	9	1	12		9	10	11	12
10	6	14	5		13	14	15	

图 8-2 数字拼图游戏 15

8.6.1.1 开发程序

这个程序有些复杂，但是我们已经在例 8.17 中做了一些工作。在那个例子中，我们创建了一个 3 × 3 表格并且用一个二维数组的值填充它。现在我们需要补充代码做以下事情：

- 将 3 × 3 表格转换成 4 × 4 表格。
- 将数组由 3 行 3 列修改为 4 行 4 列。
- 开始时用从 1 ~ 15 的随机数和一个空格填充这个表格单元格。
- 增加让玩家把一个单元格的内容移动到另外一个的功能。
- 增加验证功能，确保玩家的操作是合法的。
- 增加检测功能，指出玩家何时赢得游戏。

设置阶段 我们先从创建这个游戏的网页开始。我们将使用 Greg's Gambits 网站的模板，并且把一个表格放入中间框（其 id="content" 的 <div> 区域）。回顾例 8.17，为了处理表单中的单元格值，每个单元格必须有自己的 id。在创建这个页面时，我们将为每个单元格指定一个 id，并且增加有关如何玩游戏的说明。

```
<!DOCTYPE html PUBLIC "-//W3C//DTD XHTML 1.0 Transitional//EN" ↵
"http://www.w3.org/TR/xhtml1/DTD/xhtml1-transitional.dtd">
<html xmlns="http://www.w3.org/1999/xhtml" lang="en" xml:lang="en">
<head>
<title>Greg's Gambits | Greg's 15</title>
<link href = "greg.css" rel = "stylesheet" type = "text/css" />
</head>
<body>
<div id="container">
<img src="images/superhero.jpg" class="floatleft" />
<h1><em>Greg's 15</em></h1>
<p> </p>
<div id="nav">
<p><a href="index.html">Home</a>
<a href="greg.html">About Greg</a>
<a href="play_games.html">Play a Game</a>
<a href="sign.html">Sign In</a>
<a href="contact.html">Contact Us</a></p>
</div>
<div id="content">
<p>You can move any number into an empty spot by moving up, down, ↵
     right, or left. Diagonal moves are not allowed. The object is ↵
     to get all the numbers into correct order, from 1 through 15 ↵
     with the empty space at the end. </p>
<table width = "60%" align = "center" >
   <tr>
      <td height = "60"> <span id = "cell00" /> </td>
      <td> <span id = "cell01" /> </td>
      <td> <span id = "cell02" /> </td>
      <td> <span id = "cell03" /> </td>
   </tr> <tr>
      <td height = "60"> <span id = "cell10" /> </td>
      <td> <span id = "cell11" /> </td>
      <td> <span id = "cell12" /> </td>
      <td> <span id = "cell13" /> </td>
   </tr> <tr>
      <td height = "60"> <span id = "cell20" /> </td>
      <td> <span id = "cell21" /> </td>
      <td> <span id = "cell22" /> </td>
      <td> <span id = "cell23" /> </td>
   </tr> <tr>
      <td height = "60"> <span id = "cell30" /> </td>
      <td> <span id = "cell31" /> </td>
      <td> <span id = "cell32" /> </td>
      <td> <span id = "cell33" /> </td>
   </tr>
</table>
</div>
<div id="footer">Copyright &copy; 2013 Greg's Gambits<br /> ↵
            <a href="mailto:yourfirstname@yourlastname.com"> ↵
            yourfirstname@yourlastname.com</a></div>
</div>
</bodv></html>
```

网页现在看起来像这样：

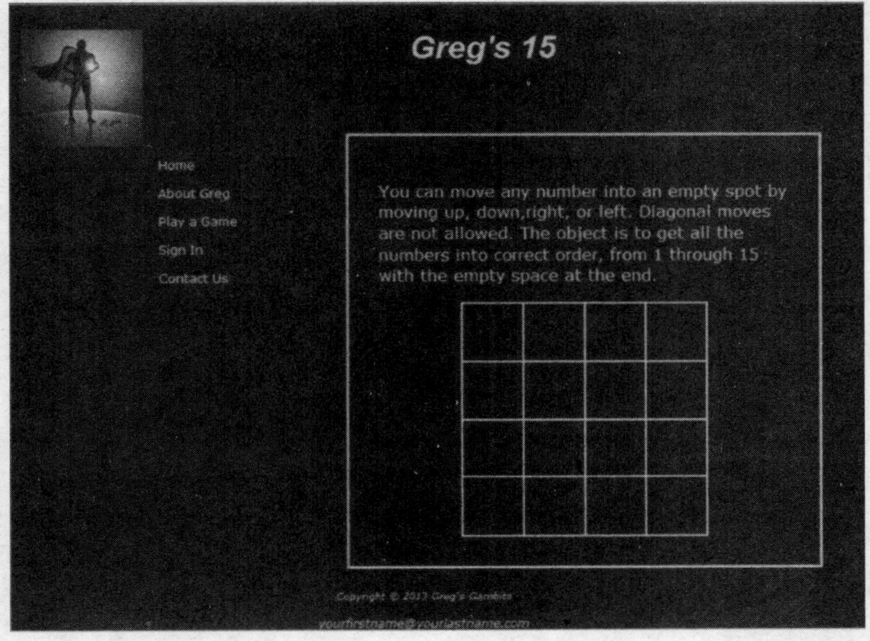

因为这个页面是我们一直在开发的 Greg's Gambits 网站的一部分，所以把它保存到文件 greg_game_15.html，并且在游戏页面的菜单上创建一个到这个页面的链接。如果你创建这个链接，那么这个菜单页面将看起来像这样：

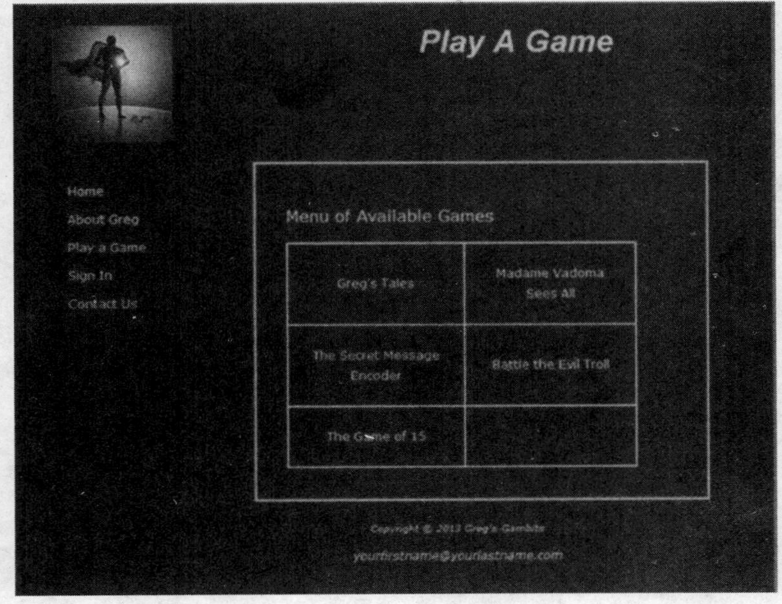

用 setup() 函数创建数组 现在我们将致力于创建游戏的 JavaScript 代码。首先，我们将使用例 8.17 的 setup() 函数创建这个二维数组，并且用 getElementById() 方法将这些元素链接到这个表格中的单元格。我们也可以使用已经创建的相同 placeValues() 函数，然而不是设置特定值，而是需要产生从 1 ~ 15 的随机值。我们也必须确保没有数字重复，并且留一个单元格为空。

该 setup() 函数看起来像这样：

```
function setup()
    {
        cells = new Array([document.getElementById("cell00"), ↵
        document.getElementById("cell01"), ↵
        document.getElementById("cell02"), ↵
        document.getElementById("cell03")], ↵
        [document.getElementById("cell10"), ↵
        document.getElementById("cell11"), ↵
        document.getElementById("cell12"), ↵
        document.getElementById("cell13")], ↵
        [document.getElementById("cell20"), ↵
        document.getElementById("cell21"), ↵
        document.getElementById("cell22"), ↵
        document.getElementById("cell23")], ↵
        [document.getElementById("cell30"), ↵
        document.getElementById("cell31"), ↵
        document.getElementById("cell32"), ↵
        document.getElementById("cell33")]);
  placeValues();
}
```

我们也需要在 <body> 标签中添加一个对 setup() 函数的调用：

```
<body onload = "setup()">
```

用 Math.random() 函数填充数组 placeValues() 函数将创建最初放置在表格中的随机数。以下给出这个函数的代码，代码后是有关如何运作的解释。

```
function placeValues()
{
      var numbers = new Array();
      var randomLoc;
      var temp;
      for (var i = 0; i < 16; i++)
           numbers[i] = i;
      for ( i= 0; i < 16; i++ )
      {
           randomLoc = Math.floor(Math.random() * 15 + 1 );
           temp = numbers[i];
           numbers[i] = numbers[randomLoc];
           numbers[randomLoc] = temp;
      }
      i = 0;
      for (var rows = 0; rows < 4; rows++)
      {
           for (var cols = 0; cols< 4; cols++)
           {
                if (numbers[i] != 0)
                   cells[rows][cols].innerHTML = numbers[i];
                else
                   cells[rows][cols].innerHTML = "";
```

```
24.                 ++i;
25.             }
26.         }
27. }
```

该函数首先创建一个新数组 numbers，然后在第 6 和 7 行上的 for 循环把 numbers 中的元素值初始化为 0 ~ 15 的数字。现在，我们有了一个其元素值将用于填充表格的数组。

特别有趣的是，在第 8 ~ 14 行上的 for 循环，它迭代 16 次。每次迭代时，它创建一个 0 ~ 15 之间的随机数。注意这些数字既是新数组（numbers）的下标，也是每个 numbers 元素的初始值。这样，每次产生一个随机数时，这个随机数下标标识的元素值将与其下标是计数器（i）的元素值交换。在该循环结束的时候，这 16 个数字是在某个随机次序中。你可能想知道，如果随机数产生器从来不生成一个 0 ~ 15 之间的某个数，那么会出现什么问题？这没有关系，可以简单地认为对应这个元素的单元格包含它的初始值，但是其他单元格将是不同的（除非是这种非常奇特的情况，否则生成的随机数序列是 0，1，2，3，...，15）。

下一个在第 16 ~ 26 行上的 for 循环把这些新值放在表格上，而第 15 行把 i 设置为 0。使用两个新变量：用于外循环的 rows 和内循环的 cols。对于每一行，在内循环中检查 4 个单元格。如果 numbers[i] 的值是 0，用空文本填充在 cells 数组中的元素和对应的表格单元格；如果不是，用 numbers[i] 的值填充在 cells 数组中的元素和对应的表格单元格。

交换单元格值的代码 在玩游戏时，玩家可以单击与这个空单元格相邻的上方、下方、左边或右边的数字，然后把这个单元格的内容移到这个空单元格，而被单击的那个单元格就成为空的。为了做这件事，我们创建一个无论什么时候单元格被单击时都将调用的函数（因此把它命名为 doClick()）。由于在这个表格的每个单元格都必须调用这个函数，所以我们必须把 doClick() 调用添加到 HTML 代码中。

假设你正在玩这个游戏并且单击一个单元格。例如，假定你单击第 3 行第 2 列的数字，这个单元格的 id = "cell21"。那么，doClick() 函数必须查看在这个单元格的上方、下方、左边或右边是否是一个空单元格。如果那些单元格没有一个是空的，那么就不能够交换并且向玩家发送一条信息说明这是一次无效动作。如果从 "cell21" 调用 doClick()，那么我们必须检查 "cell20"、"cell22"、"cell11"、"cell31" 的内容。

然而，如果你单击在 "cell00" 中的数字会怎么样呢？这个单元格的上方或左边没有任何东西，类似情形出现在第一行、最后一行、第一列和最后一列的所有单元格，我们需要判断选择单元格是否被完全围住。doClick() 函数将使用所有给定规则判断是否可以进行交换，如果可以交换，那么将调用另一个名为 swap() 的函数完成实际的交换。我们也将调用一个名为 checkWinner() 的函数查看交换后是否已经赢得游戏。

部分（a）

首先，我们在每个表格单元格中添加一个 doClick() 函数调用：

```
<table width = "60%" align = "center" >
    <tr>
        <td height = "60"> <span onclick = "doClick(0,0)" ↵
                id = "cell00" /> </td>
        <td> <span onclick = "doClick(0,1)" id = "cell01" /> </td>
        <td> <span onclick = "doClick(0,2)" id = "cell02" /> </td>
```

```
6.         <td> <span onclick = "doClick(0,3)" id = "cell03" /> </td>
7.      </tr> <tr>
8.         <td height = "60"> <span onclick = "doClick(1,0)" ↵
                              id = "cell10" /> </td>
9.         <td> <span onclick = "doClick(1,1)" id = "cell11" /> </td>
10.        <td> <span onclick = "doClick(1,2)" id = "cell12" /> </td>
11.        <td> <span onclick = "doClick(1,3)" id = "cell13" /> </td>
12.     </tr> <tr>
13.        <td height = "60"> <span onclick = "doClick(2,0)" ↵
                              id = "cell20" /> </td>
14.        <td> <span onclick = "doClick(2,1)" id = "cell21" /> </td>
15.        <td> <span onclick = "doClick(2,2)" id = "cell22" /> </td>
16.        <td> <span onclick = "doClick(2,3)" id = "cell23" /> </td>
17.     </tr> <tr>
18.        <td height = "60"> <span onclick = "doClick(3,0)" ↵
                              id = "cell30" /> </td>
19.        <td> <span onclick = "doClick(3,1)" id = "cell31" /> </td>
20.        <td> <span onclick = "doClick(3,2)" id = "cell32" /> </td>
21.        <td> <span onclick = "doClick(3,3)" id = "cell33" /> </td>
22.  </tr>
23.  </table>
```

注意 doClick() 函数接收两个参数：行号和列号。

部分（b）

这里是该函数代码，并给出解释：

```
1.  function doClick(row, col)
2.  {
3.      var top = row - 1;
4.      var bottom = row + 1;
5.      var left = col - 1;
6.      var right = col + 1;
7.      swapped = false;
8.      if (top != -1 && cells[top][col].innerHTML == "")
9.          swap(cells[row][col], cells[top][col]);
10.     else if (right != 4 && cells[row][right].innerHTML == "")
11.         swap(cells[row][col], cells[row][right]);
12.     else if (bottom != 4 && cells[bottom][col].innerHTML == "")
13.         swap(cells[row][col], cells[bottom][col]);
14.     else if (left != -1 && cells[row][left].innerHTML == "")
15.         swap(cells[row][col], cells[row][left]);
16.     else
17.         alert("Illegal move.");
18.     checkWinner();
19. }
```

每次玩家单击一个单元格时，就调用这个函数，并接收那个单元格的位置（将单元格的行号和列号传递给变量 row 和 col）。例如，如果玩家单击第 1 行和第 2 列的单元格，那么它的位置是（0,1），而这个函数调用是 doClick(0,1)（见部分（a）的第 4 行 HTML 代码）。

在部分（b）中的函数代码的第 3 行标识变量 top 等于 row – 1。这个变量用于检查单击的单元格是否在顶行。如果这个单元格是在表格的第 2、3 或 4 行，那么变量 row 将是 1、2 或 3，而 top 将是 0、1 或 2，它们都是有效的行号。然而，如果单元格是在表格的第 1 行，那么 top 等于 0–1 或 top = –1。这个事实用于识别顶行单元格，也用于识别直接在被单击单元格下面的行位置。

类似逻辑也用于识别底行、最左列和最右列。变量 bottom、left 和 right 用于指示一个单元格何时是一个边界单元格（第 4 ~ 6 行），这些变量也标识被单击单元格下方、左边和右边单元格的行和列值。

第 7 行把变量 swapped 设定为 false，后面将使用它查看一个单击是否发生一次交换。

从第 8 ~ 17 行检测是“无效操作”还是交换单元格内容。

第 8 行检测这个单元格不是顶行单元格（top != -1），并且该单元格的正上方单元格（cells[top][col]）是空的。如果这两个条件是 true，那么我们就知道被单击单元格上面的单元格是空的并且可以进行一次合法交换。于是调用 swap() 函数，这个函数的代码在下面展示。它接收两个实参，一个实参是被单击的单元格（用 cells[row][col] 标识），而第二个实参是空的单元格（即 cells[top][col]）。

如果这些条件之中任何一个是 false，那么程序转向下一个在第 10 ~ 11 行的 if 子句。现在程序查看是否 right != 4，如果被单击的单元格在表格的第 4 列（col = 3），那么 right 将等于 4。因此，如果 right = 4，那么单击的就是右边界单元格从而不能与它右边单元格交换。然而，如果 right != 4 并且它的右边单元格 cells[row][right] 是空的，那么就应该交换。调用 swap() 函数，发送两个实参，一个是被单击的单元格 cells[row][col]，另一个是它的右边单元格 cells[row][right]。

如果第 10 行的任何一个条件是 false，那么程序继续执行第 12 ~ 13 行检查被单击的单元格是不是底行单元格并且被单击单元格的正下方单元格是不是空的。如果可以进行合法的交换，那么就调用 swap() 函数。

但是，如果那些条件之中任何一个都是 false，那么程序就继续检查最后一个 if 子句，以类似其他条件的方法，检测被单击单元格是不是一个左边界单元格并且它的左边单元格是不是空的。如前所述，如果两个条件是 true（该单元格不是左边界单元格并且它的左边邻居是空的），就调用 swap() 函数。

在测试这 4 个条件之后，我们就检测了所有允许合法交换的可能情况：被单击单元格的上方、下方、左边或右边是在表格之内并且是空的。如果程序在第 15 行结束之前还没有做交换，那么就不能进行合法的交换，唯一的选择就是告诉玩家他正在尝试一次违法的动作（第 16 ~ 17 行）。

doClick() 函数的最后工作是查看那个单击操作是否已经完全有序地放置了表格中的数字，第 18 行调用 checkWinner() 函数（我们将在下面创建）查看这个操作是否已经产生一个赢家。

用于交换单元格值的函数 swap() 是简明扼要的。如上所述，它接收两个实参，包含要交换其值的单元格位置。该函数如下：

```
function swap (firstCell, secondCell)
{
	swapped = true;
	secondCell.innerHTML = firstCell.innerHTML;
	firstCell.innerHTML = "";
}
```

检查赢家的游戏代码 当表格单元格在第一行保存值 1、2、3 和 4，第二行保存值 5、6、7 和 8，在第三行保存值 9、10、11 和 12，第四行保存值 13、14 和 15 再加上空格时，玩家就赢得这场游戏。

因此，为了检测是否获胜，我们需要核实这些单元格的值是否匹配我们想要的结果。我们也可以容易地增加一个再玩一次的选项。以下给出这个函数的代码及其解释。

```
1.  function checkWinner()
2.  {
3.      var win = true;
4.      for (var i = 0; i < 4; i++)
5.      {
6.          for (var j = 0; j < 4; j++)
7.          {
8.              if (!(cells[i][j].innerHTML == i*4 + j + 1))
9.              if (!(i == 3 && j == 3))
10.             win = false;
11.         }
12.     }
13.     if (win)
14.     {
15.         alert("Congratulations! You won!");
16.         if (window.prompt("Play again?", "yes"))
17.             placeNumbers();
18.     }
19. }
```

这个函数的工作原理如下所述。

第 3 行将变量 win 初始化为 true，把它用做一个标志变量。在第 4 ～ 12 行检测期间的任何时候，如果发现一些单元格是无序的，就把 win 设为 false 指出这些单元格还没有调整好。

外部 for 循环有 4 次迭代，每行一次。变量 i 表示行。内部 for 循环也有 4 次迭代，每列一次。变量 j 表示列。if 子句使用算法（i * 4 + j + 1）检查每个单元格的值，图 8-3 展示这个算法对所有单元格的处理结果。然而，当 i = 3 和 j = 3 时没有检查，因为把第 16 个单元格假定为空的单元格。如果任何结果都不是 true，那么就将 win 设为 false，从而没有发现赢家。

如果 win 是 true，那么起始于第 13 行的 if 子句做两件事情。它给出一个祝贺警示；提示玩家是否再玩一次。如果玩家确实想要再玩一次，那么就调用 placeNumbers() 函数，重新设定游戏界面并且再次玩这个游戏。若不是，则程序结束。

1 = i * 4 + j + 1 1 = 0 * 4 + 0 + 1 = 1 ✓	2 = i * 4 + j + 1 2 = 0 * 4 + 1 + 1 = 2 ✓	3 = i * 4 + j + 1 3 = 0 * 4 + 2 + 1 = 3 ✓	4 = i * 4 + j + 1 4 = 0 * 4 + 3 + 1 ✓
5 = i * 4 + j + 1 5 = 1 * 4 + 0 + 1 = 5 ✓	6 = i * 4 + j + 1 6 = 1 * 4 + 1 + 1 = 6 ✓	7 = i * 4 + j + 1 7 = 1 * 4 + 2 + 1 = 7 ✓	8 = i * 4 + j + 1 8 = 1 * 4 + 3 + 1 = 8 ✓
9 = i * 4 + j + 1 9 = 2 * 4 + 0 + 1 = 9 ✓	10 = i * 4 + j + 1 10 = 2 * 4 + 1 + 1 = 10 ✓	11 = i * 4 + j + 1 11 = 2 * 4 + 2 + 1 = 11 ✓	12 = i * 4 + j + 1 12 = 2 * 4 + 3 + 1 = 12 ✓
13 = i * 4 + j + 1 13 = 3 * 4 + 0 + 1 = 13 ✓	14 = i * 4 + j + 1 14 = 3 * 4 + 1 + 1 = 14 ✓	15 = i * 4 + j + 1 15 = 3 * 4 + 2 + 1 = 15 ✓	no math when i = 3 and j = 3 ✓

图 8-3　为获胜结果检测单元格值的算法

8.6.1.2　将所有代码放在一起

我们现在将所有的代码放在一起。

```
<html>
<head>
<title>Greg's Gambits | Greg's 15</title>
<link href="greg.css" rel="stylesheet" type="text/css" />
<script type = "text/javascript">
    var cells;
    var swapped;
    function setup()
    {
      cells = new Array([document.getElementById("cell00"), ↵
            document.getElementById("cell01"), ↵
            document.getElementById("cell02"), ↵
            document.getElementById("cell03")], ↵
            [document.getElementById("cell10"), ↵
            document.getElementById("cell11"), ↵
            document.getElementById("cell12"), ↵
            document.getElementById("cell13")], ↵
            [document.getElementById("cell20"), ↵
            document.getElementById("cell21"), ↵
            document.getElementById("cell22"), ↵
            document.getElementById("cell23")], ↵
            [document.getElementById("cell30"), ↵
            document.getElementById("cell31"), ↵
            document.getElementById("cell32"), ↵
            document.getElementById("cell33")]);
      placeNumbers();
    }
    function placeNumbers()
    {
        var numbers = new Array();
        for (var i=0; i<16; i++)
            numbers[i] = i;
        var randomLoc;
        var temp;
        for (i= 0; i < 16 ; i++)
        {
            randomLoc = Math.floor(Math.random()* 15 + 1);
            temp = numbers[i];
            numbers[i] = numbers[randomLoc];
            numbers[randomLoc] = temp;
        }
        i = 0;
        for (var rows = 0; rows < 4; rows++)
        {
            for (var cols = 0; cols< 4; cols++)
            {
                if (numbers[i] != 0)
                  cells[rows][cols].innerHTML = numbers[i];
                else
                    cells[rows][cols].innerHTML = "";
                ++i;
            }
        }
    }
    function doClick(row, col)
    {
        var top = row - 1;
        var bottom = row + 1;
        var left = col - 1;
```

```
            var right = col + 1;
            swapped = false;
            if(top != -1 && cells[top][col].innerHTML == "")
                swap(cells[row][col], cells[top][col]);
            else if(right != 4 && cells[row][right].innerHTML == "")
                swap(cells[row][col], cells[row][right]);
            else if(bottom != 4 && cells[bottom][col].innerHTML == "")
                swap(cells[row][col], cells[bottom][col]);
            else if (left != -1 && cells[row][left].innerHTML == "")
                swap(cells[row][col], cells[row][left]);
            else
                alert("Illegal move.");
            checkWinner();
        }
        function swap(firstCell, secondCell)
        {
            swapped = true;
            secondCell.innerHTML = firstCell.innerHTML;
            firstCell.innerHTML = "";
        }
        function checkWinner()
        {
            var win = true;
            for (var i = 0; i < 4; i++)
            {
                for (var j = 0; j < 4; j++)
                {
                    if (!(cells[i][j].innerHTML == i*4 + j + 1))
                        if (!(i == 3 && j == 3))
                            win = false;
                }
            }
            if (win)
            {
                alert("Congratulations! You won!");
                if (window.prompt("Play again?", "yes"))
                placeNumbers();
            }
        }
    </script>
    </head>
    <body onload ="setup()">
    <div id="container">
        <img src="images/superhero.jpg" class="floatleft" />
        <h1 id="logo"><em>Greg's 15</em></h1>
        <div id="nav">
            <p><a href="index.html">Home</a>
            <a href="greg.html">About Greg</a>
            <a href="play_games.html">Play a Game</a>
            <a href="sign.html">Sign In</a>
            <a href="contact.html">Contact Us</a></p>
        </div>
        <div id="content">
        <p>You can move any number into an empty spot by moving up, down, ↵
            right, or left. Diagonal moves are not allowed. The object ↵
            is to get all the numbers into correct order, from 1 through ↵
            15 with the empty space at the end. </p>
        <table width = "60%" align = "center">
        <tr><td height = "60"><span onclick = "doClick(0,0)" id = ↵
```

```
                    "cell00" /> </td>
        <td><span onclick = "doClick(0,1)" id = "cell01" /> </td>
        <td><span onclick = "doClick(0,2)" id = "cell02" /> </td>
        <td><span onclick = "doClick(0,3)" id = "cell03" /> </td>
        </tr> <tr>
        <td height = "60"><span onclick = "doClick(1,0)" id = ↵
                    "cell10" /> </td>
        <td><span onclick = "doClick(1,1)" id = "cell11" /> </td>
        <td><span onclick = "doClick(1,2)" id = "cell12" /> </td>
        <td><span onclick = "doClick(1,3)" id = "cell13" /> </td>
        </tr> <tr>
        <td height = "60"><span onclick = "doClick(2,0)" id = ↵
                         "cell20" /> </td>
        <td><span onclick = "doClick(2,1)" id = "cell21" /> </td>
        <td><span onclick = "doClick(2,2)" id = "cell22" /> </td>
        <td><span onclick = "doClick(2,3)" id = "cell23" /> </td>
        </tr> <tr>
        <td height = "60"><span onclick = "doClick(3,0)" id = ↵
                         "cell30" /> </td>
        <td><span onclick = "doClick(3,1)" id = "cell31" /> </td>
        <td><span onclick = "doClick(3,2)" id = "cell32" /> </td>
        <td><span onclick = "doClick(3,3)" id = "cell33" /> </td>
        </tr></table>
        </div>
        <div id="footer">Copyright &copy; 2013 Greg's Gambits<br />
        <a href="mailto:yourfirstname@yourlastname.com"> ↵
                    yourfirstname@yourlastname.com</a></div>
    </div>
    </body></html>
```

如果以 Student Data Files 中的一个文件作为模板创建这些代码，并且将该文件保存为 greg_15.html，那么你的页面最初将看起来像这样，其中的随机数由运行时决定：

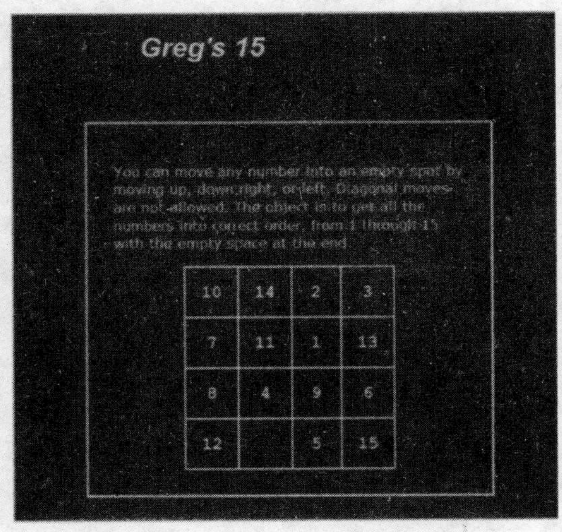

你应该能够自己玩一玩这个游戏。当有序地放置了所有数字时，你将首先看到下列警示对话框：

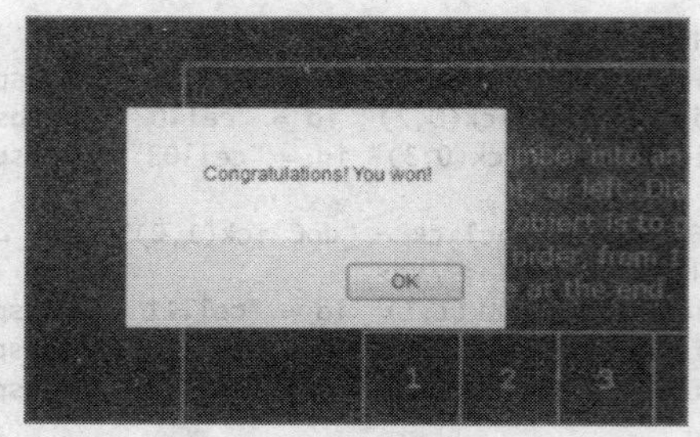

在单击 OK 按钮之后，将出现以下提示：

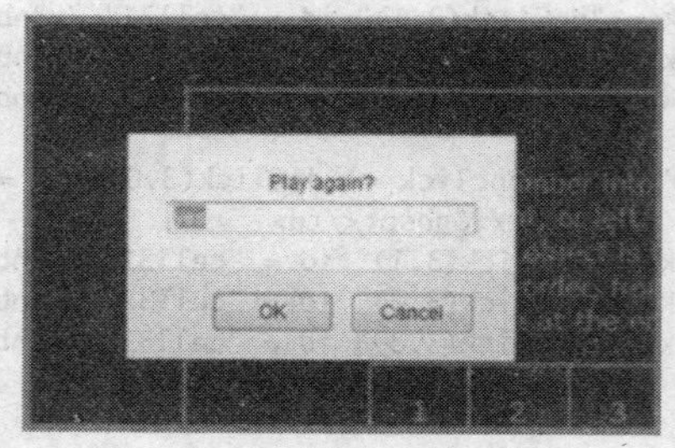

8.6.2 Carla's Classroom：图像和想象

Carla 想要她的学生学会“三个 R”，但是也鼓励创造力。孩子爱听故事，也爱讲故事。在本节中，我们将帮助 Carla 开发一个站点，它使用图像、表单元素和数组创建一个图片幻灯片放映并且让学生为每张图片写一个故事。我们把这门课程称为“图像和想象”。

8.6.2.1 开始工作

在 Carla 主页上创建一个到 Writing 页面的链接，你可以把在本书前面创建的 reading.html 页面用做模板创建这个 writing.html 页面。为这个页面展示的代码包括一个到我们将要创建的新页面的链接，这个新页面将命名为 carla_slideshow.html。

```
<html>
<head>
<title>Carla's Classroom | Writing Lessons</title>
<link href="carla.css" rel="stylesheet" type="text/css" />
</head>
<body>
<div id="container">
	<img src="images/writing_big.jpg" class="floatleft" />
	<h1 id="logo"><em>Carla's Classroom</em></h1>
	<div align="left">
	<blockquote><p>
		<a href="index.html"><img src="images/owl_button.jpg" />Home</a>
		<a href="carla.html"><img src="images/carla_button.jpg" ↵
				/>Meet Carla </a>
		<a href="reading.html"><img src="images/read_button.jpg" ↵
				/>Reading</a>
		<a href="writing.html"><img src="images/write_button.jpg" ↵
				/>Writing</a>
		<a href="math.html"><img src="images/arith_button.jpg" ↵
```

```
                    />Arithmetic</a>
        <br /></p></blockquote>
    </div>
    <div id="content">
        <p><img src="images/carla_pic.jpg" class="floatleft" /> ↵
                    Writing Lessons: </p>
        <p><a href = "carla_slideshow.html">What Happened? Create ↵
                    Your Own Story</a></p>
    </div>
    <div id="footer">
        <h3>* Carla's Motto: Never miss a chance to teach -- and ↵
                    to learn!</h3>
    </div>
</div></body></html>
```

这个页面将看起来像这样：

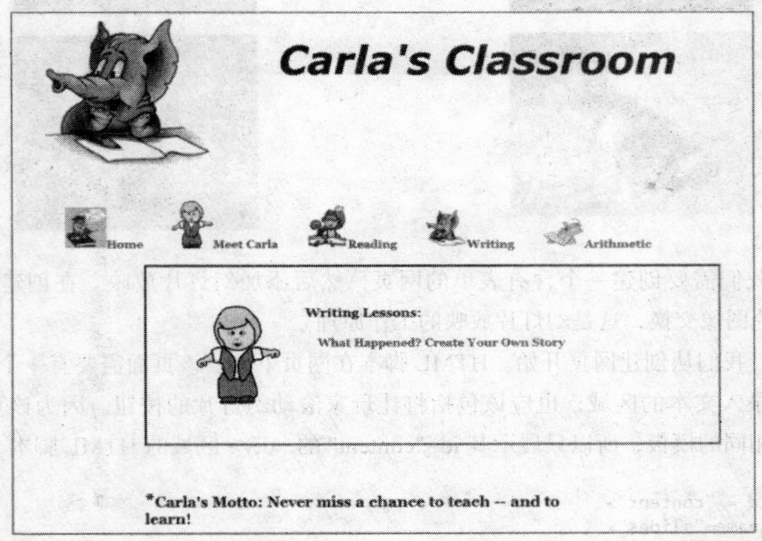

8.6.2.2 开发程序

现在，我们创建 carla_slideshow.html 页面，该页面包括一个图像幻灯片放映。在每个图像下面有一个文本框，在此学生可以录入他为那个图像写的故事。学生也应该能够通过单击按钮前往下一张图像或者返回上一张。

首先，我们必须选择一些图像。这些图像包含在 Student Data Files 中，当然你也可以用其他图像替换。

下一步，我们需要创建一个含有表单的网页，然后添加幻灯片放映。在创建幻灯片放映之前，我们将讨论图像交换，这是幻灯片放映的工作原理。

设置阶段 我们从创建网页开始。HTML 脚本在网页下面。该页面需要有一个显示图像的区域和一个学生录入文本的区域，也应该包括将让玩家滚动幻灯片的按钮。因为该页面与 writing.html 页面使用相同的模板，所以只展示其 id="content" 的 <div> 区域的 HTML 脚本。

```
<div id = "content">
<form name="slides">
<table width="95%" align="center" border="0">
<tr>
      <td><p> Use your imagination to tell the story behind each ↵
                  picture</p> </td>
</tr> <tr>
      <td>an image will go here </td>
      <p><textarea name ="story" rows ="20" cols ="65"> Enter your ↵
                  story here.</textarea><br />
      <input type="button" value ="Previous picture" />
      <input type ="button" value ="Next picture" />
      Picture Number: <input type ="text" value ="1" name = ↵
                  "theslide" size ="5" /></p> </td>
</tr></table>
</form>
<div>
```

我们创建一个便于 JavaScript 代码访问其内容区域的表单，该表单命名为 slides，并且把学生将用来录入故事的文本区块命名为 story。到目前为止，该页面看起来是空的：

图像交换　在页面中插入的图像是一个对象，因此它有属性和值，从而可以用 JavaScript 处理。使用鼠标可以在它上面滚动或离开它，也可以单击它。通过使用 JavaScript 事件 onmouseover 和 onmouseout，可以创建简单的图像交换效果。

要创建简单的**图像交换**效果，首先必须插入页面装载时要显示的图像。这个例子将使用一匹马的两个图像，一个是静止的马，而另一个是跑动的马：

```
<img src="horse1.jpg" alt="standing horse" name="horse" />
```

注意，已经为这个图像对象添加了一个新属性。现在，这个图像对象有一个名字 "horse"。当 JavaScript 调用或引用这个图像时，可以用这个名字标识它。

我们现在已准备好交换图像，下列代码应该直接包含 img 标签：

```
<a href= "#" onmouseover="document.horse.src='horse1.jpg';" ↵
    onmouseout="document.horse.src='horse2.jpg';"> ↵
    <img src="horse1.jpg" alt="standing horse" name="horse" /></a>
```

onmouseover 事件提醒浏览器当用户移动鼠标经过一些对象时，将发生一些事件。这里，这个对象是命名为 "horse" 的图像。后面的代码 src 告诉浏览器这个 horse 对象在哪里。这里，这个图像文件（horse1.jpg 或 horse2.jpg）位于与网页相同的文件夹中。假如图像位于一个名为 images 的子文件夹中，那么这个子文件夹名就必须包含在这个图像的路径中。

onmouseout 事件的编码也类似。因为全部代码放在一个锚标签中，并且锚标签需要 href 属性，所以包括 href = "#"。这里，因为没有要去的实际地址，所以 # 指出这个链接是一个虚链接。

实现图像交换　创建一个文件夹 image_swap，并且从 Student Data Files 中挑选两个图像复制到这个文件夹中。用页标题 JavaScript Image Swap 创建一个简单网页并且把这个页面保存到文件 swap.html 中。如果你选择两个马图像，那么你的页面将看起来像这样：

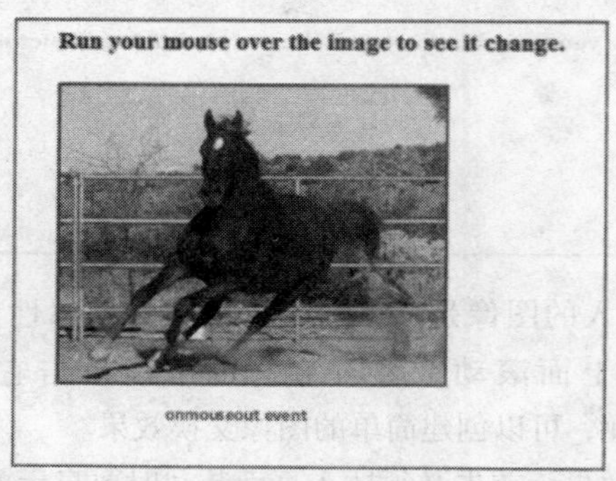

幻灯片放映 在逻辑上，如果可以交换两个图像，那么这个过程可以重复很多次。这是我们显示一系列图片的幻灯片放映的基础，从而学生可以在对应的文本区框中观看和写故事。

当创建这个幻灯片放映时，把一组图像预先载入一个数组，然后允许学生使用前进和返回按钮浏览新的图片。预载图像需要使用数组，而幻灯片放映需要使用函数。

我们将使用以前页面显示的 8 个图像，这些图像已经被调整成相同大小并且假定存储在 images 文件夹中。对于一组图像，我们不仅必须创建一个数组，还要告诉浏览器每个元素将包含一个图像。如下所示，创建这个数组并装载这些图像的代码将放入 <head> 区域的 <script> 标签对之内。

```
var pictures = new Array();
pictures[0] = new Image();
pictures[1] = new Image();
pictures[2] = new Image();
pictures[3] = new Image();
pictures[4] = new Image();
pictures[5] = new Image();
pictures[6] = new Image();
pictures[7] = new Image();
pictures[0].src ="images/tower.jpg";
pictures[1].src ="images/kitten.jpg";
pictures[2].src ="images/gator.jpg";
pictures[3].src ="images/sunset.jpg";
pictures[4].src ="images/horse1.jpg";
pictures[5].src ="images/tree_roots.jpg";
pictures[6].src ="images/pelican_kits.jpg";
pictures[7].src ="images/dog.jpg";
```

然后，我们将使用另一个数组保存学生将创建的故事。我们将用纯文本 "Enter your story here." 初始化这个数组的每个元素。

```
var theStories = new Array();
for (var i = 0; i < 8; i++)
     theStories[i] = "Enter your story here.";
```

现在，我们将创建展示这些图像的 JavaScript 函数，并且把它加入 HTML 脚本代码中。当学生单击 Next 或 Previous 幻灯片按钮时，此代码将装载一个图像。它跟踪图片的编号，从 1 ~ 8。这些代码放在 <head> 区域的数组声明后面。

```
1.  var picNum = 0;
2.  var totalSlides = pictures.length-1;
3.  function showPic(direction)
4.  {
5.       if (direction == "next")
6.            (picNum == totalSlides) ? picNum = 0 : picNum++;
7.       else
8.            (picNum  == 0) ? picNum  = totalSlides : picNum--;
9.       document.slides.picture.src = pictures[picNum].src;
10.      document.slides.story.value = theStories[picNum];
11.      document.slides.theslide.value = picNum+1;
12. }
```

在 HTML 脚本中必须把对这个函数的调用添加到这些按钮中：

```
<input type="button" value ="Previous picture" onclick ="showPic('previous');" />
<input type ="button" value ="Next picture" onclick ="showPic('next');" />
```

我们现在详细讨论这些代码。

第 1 行声明一个变量 picNum 并且把它初始化为 0。第 2 行把变量 totalSlides 初始化为保存这些图片的数组大小。length 属性用于返回 pictures 数组元素的数目。这里，pictures.length 的值是 8。然而，因为用下标 0 ~ 7 标识这些图像，所以 totalSlides 初始化为 pictures.length-1。

函数 showPic() 起始于第 3 行，它接收一个参数 direction。当调用 showPic() 时，取决于单击哪个按钮，它接收的值是 'next' 或者是 'previous'。

第 5 行开始一个 if ...else 子句。如果 direction 的值是 'next'，那么用户想要查看下一张幻灯片，从而执行第 6 行。如果不是，那么就是单击了 Previous slide 按钮，从而跳至第 7 行。

第 6 行使用条件操作符，检测 picNum 的值。如果 picNum 与 totalSlides 相同，那么就知道用户正在看这个数组的最后一个图片。故此，把 picNum 设为 0 返回这个数组的第一个图片。如果 picNum 不是最后一个图片，那么就要移到数组的下一个图片，因此 picNum 按 1 递增。

第 7 行开始 if...else 结构的 else 部分。如果学生按了 Previous Picture 按钮，那么第 8 行告诉计算机该做什么。在这种情况下，如果当前图片是数组的第一个图片，那么必须重新设定 picNum 的值。如果在屏幕上的图片是第一个，那么前面的图片实际上就是第 8 个图片（pcitrues[7]）。因此，这行是说“如果现在的图片是第一个，那么把 picNum 重新设定为 7；如果现在的图片是其他任何数字，那么按 1 递减 picNum”。

第 9 ~ 11 行在网页上简单地显示下一个图片，以及录入故事的对应区域和对应的图片编号。要开始幻灯片放映，我们将在以前含有文本 "an image will go here" 的地点添加一个链接第一个图像的 img 标签并且为这个 img 标签给出一个名字，从而当按下 Previous Picture 或 Next Picture 按钮时交换这个图像。名字是 "picture"，并且在 showPic() 函数的第 9 行被引用。该代码如下：

```
<img src="images/tower.jpg" name="picture" alt="slide show" />
```

8.6.2.3 将所有代码放在一起

以下是完成这个网站的全部代码：

```
<html>
<head>
<title>Carla's Classroom | Slideshow</title>
<link href = "carla.css" rel = "stylesheet" type = "text/css" />
<script>
    var pictures = new Array();
    pictures[0] = new Image(); pictures[1] = new Image();
    pictures[2] = new Image(); pictures[3] = new Image();
    pictures[4] = new Image(); pictures[5] = new Image();
    pictures[6] = new Image(); pictures[7] = new Image();
    pictures[0].src ="images/tower.jpg";
    pictures[1].src ="images/kitten.jpg";
    pictures[2].src ="images/gator.jpg";
    pictures[3].src ="images/sunset.jpg";
    pictures[4].src ="images/horse1.jpg";
    pictures[5].src ="images/tree_roots.jpg";
    pictures[6].src ="images/pelican_kits.jpg";
    pictures[7].src ="images/dog.jpg";
    var theStories = new Array();
    for (var i = 0; i < 8; i++)
        theStories[i] = "Enter your story here.";
    var picNum = 0;
    var totalSlides = pictures.length-1;
    function showPic(direction)
    {
        if (direction == "next")
            (picNum == totalSlides) ? picNum = 0 : picNum++;
        else
            (picNum == 0) ? picNum  = totalSlides : picNum--;
        document.slides.picture.src = pictures[picNum].src;
        document.slides.story.value = theStories[picNum];
        document.slides.theslide.value = picNum + 1;
    }
</script>
</head>
<body>
<div id="container">
    <img src="images/writing_big.jpg" class="floatleft" />
    <h2>Images and Imagination </h2>
    <div align = "left"><blockquote>
        <p><a href = "index.html"><img src = ↵
                    "images/owl_button.jpg" />Home</a>
        <a href = "carla.html"><img src = ↵
                    "images/carla_button.jpg" />Meet Carla </a>
        <a href = "reading.html"><img src = ↵
                    "images/read_button.jpg" />Reading</a>
        <a href = "writing.html"><img src = ↵
                    "images/write_button.jpg" />Writing</a>
        <a href = "math.html"><img src = ↵
                    "images/arith_button.jpg" />Arithmetic</a>
        <br /> </p> </blockquote> </div>
```

```
    <div style ="clear:both;"></div>
    <div id = "content">
    <form name="slides">
    <table width="95%" align="center" border="0">
    <tr><td>
        <p>Use your imagination to tell the story behind each ↵
                    picture</p>
    </td></tr> <tr><td>
        <img src = "images/tower.jpg" name = "picture" alt = ↵
                    "slide show" />
    </td></tr><tr><td>
        <p><textarea name ="story" rows = "5" cols = "65"> Enter ↵
                    your story here.</textarea><br />
        <input type = "button" value = "Previous picture" ↵
                    onclick ="showPic('previous');" />
        <input type = "button" value = "Next picture" onclick ↵
                    = "showPic('next');" />
        Picture Number: <input type = "text" value = "1" ↵
                    name = "theslide" size = "5" /></p>
    </td></tr></table>
</form>
<div id="footer">
    <h3>*Carla's Motto: Never miss a chance to teach -- and ↵
                    to learn!</h3>
</div>
</body></html>
```

这个页面打开时将看起来像这样：

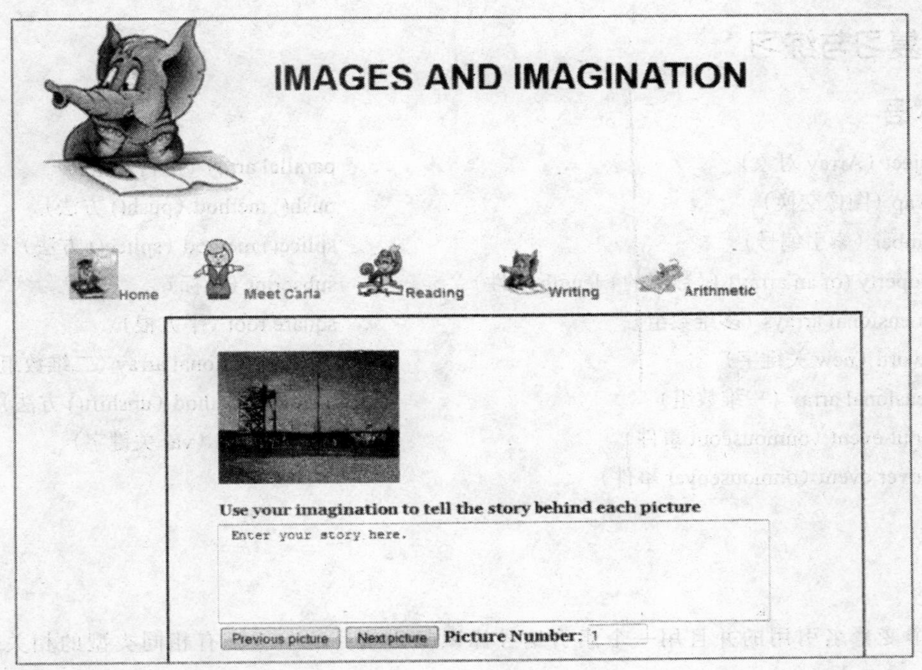

如果学生选择第 3 个图片并且写有关鳄鱼的故事，那么这个页面将看起来像这样：

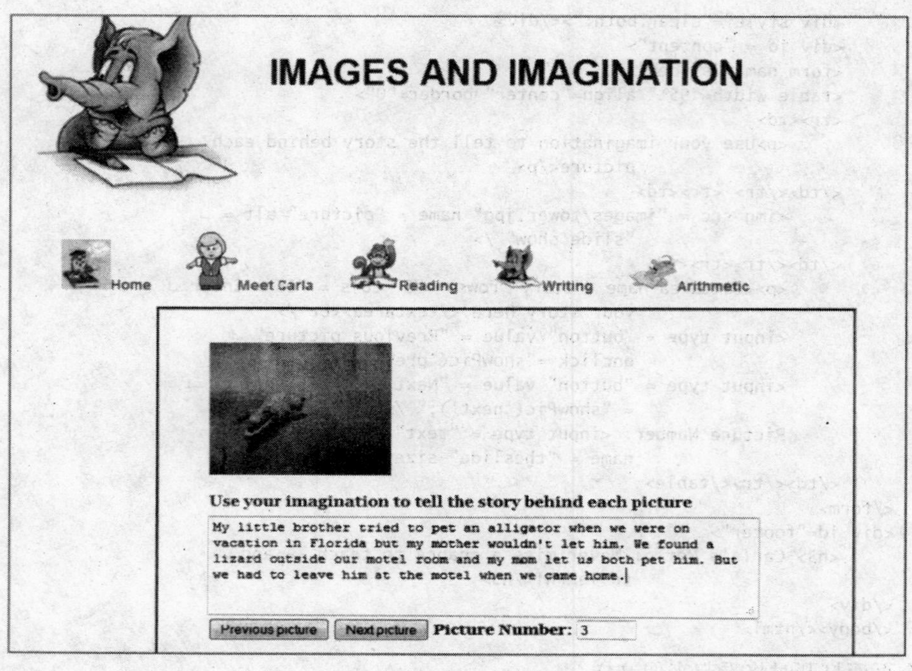

8.7 复习与练习

主要术语

Array object（Array 对象）
image swap（图像交换）
index number（索引编号）
length property (of an array)（（数组的）length 属性）
multi-dimensional arrays（多维数组）
new keyword（new 关键字）
one-dimensional array（一维数组）
onmouseout event（onmouseout 事件）
onmouseover event（onmouseover 事件）
parallel array（平行数组）
push() method（push() 方法）
splice() method（splice() 方法）
subscript（下标）
square root（平方根）
two-dimensional array（二维数组）
unshift() method（unshift() 方法）
var keyword（var 关键字）

练习

填空题

1. 用单个变量名引用的并且用一个索引编号标识每个项目的一组具有相同类型的相关数据称为________。
2. 在任何时候，使用 Array 对象的____________属性可以查看数组的大小。

3. 用________值标识数组的每个元素。

4. ________方法让你把多个项目添加到数组的末尾。

5. push() 和 unshift() 方法把元素加入数组并且返回已改变数组的________。

判断题

6. 由于数组与变量不同，所以当声明数组时不使用 var 关键字。

7. 存储在数组的值只能在创建数组时由用户录入。

8. 平行数组必须是大小相同的。

9. 把一个元素添加到数组 myArray[] 的开始位置的代码是：

```
myArray.push(0, 1, "new");
```

10. 当引用数组的一个特定元素时，索引的另一个术语是下标。

11. push() 方法让用户把一个项目添加到数组的开始位置。

12. splice() 方法用于为数组增加或者删除项目。

13. unshift() 方法把元素值插入数组的开始位置。

14. 二维数组有两个下标。

15. JavaScript 的二维数组实际上是一个数组的数组。

简答题

16. 如有下列数组，那么 colors[3] 的值是什么？

```
var colors = new Array("black", "white", "teal", "mauve");
```

17. 如有下列 JavaScript 代码，那么其中的 document.write() 语句将显示什么？

```
var chips = new Array("onion", "barbecue", "salt", "cheese");
document.write("There are " + chips.length + 1 + " types of chips");
```

18. 如有下列代码，根据要求写出相应的赋值语句：

```
var numbers = new Array(2, 3, 5, 7, 11);
```

a）使用这个数字数组中的元素创建一个变量 adding，使 adding = 19。

b）使用这个数字数组中的元素创建一个变量 divide，使 divide = 9。

19. 编写 JavaScript 代码，创建一个含有 5 个元素的数组 threes[]。使用一个循环填充这个数组，用以下数字序列：3、6、9、12、15。

20. 编写 JavaScript 代码，创建一个含有 100 个元素的数组 usernames[]，而每个元素包含一所学校为每个学生分配的用户名。每个用户名是这个学校名与一个数字的连接，而这个数字从 300 开始并且在 399 结束。

21. 编写 JavaScript 代码，让一个公司老板录入他雇员的名字和每位雇员在一周内的工作小时数。使用平行数组 employees[] 和 hours[] 以及一个哨兵值，以便老板能够录入所需要数目的雇员数据。

22. 给出一个数组 items[]，存放一个珠宝商店销售的各种商品的名字。列出 3 个可以当作平行数组的数组，用于存放与 items[] 每项对应的适当数据。

23. 给出数组 snow[]，它包含某个地区从 2000—2009 的 10 年间以英寸为单位的年降雪量。使用一个循环显示这些数量，输出应该在 10 条以上，每行格式如下：

```
Snowfall for the year XXXX is YY inches
```

其中，XXXX 表示年份，而 YY 是以英寸为单位的降雪量。

假定：var snow = new Array(6, 8, 8, 12, 21, 15, 7, 8, 10, 15);

24. 为练习 23 补充代码，找出并显示降雪量最高和最低的年份。
25. 为练习 24 补充代码，找出这 10 年的平均降雪量。
26. 为练习 25 补充代码，找出其降雪量超过平均降雪量的年份数目。
27. 为练习 26 补充代码，找出其降雪量在平均降雪量的两英寸范围内（高于或低于）的年份数目。
28. 为本章例 8.14 的 addRings() 函数添加代码，检查 Jackie 想要添加到物品目录中的值是否已经存在于物品目录中。
29. 为本章例 8.14 添加代码，将让 Jackie 录入她的垂饰目录并且允许为这个目录增加或删除项目。
30. 如有下列 JavaScript 代码，那么在 numbers[] 数组中的 8 个元素值是什么？

```
var numbers = new Array;
for (var i = 0; i < 8; i++)
     numbers[i] = (i * i) + 1;
```

编程挑战

独立完成以下操作。

1. 创建一个网页，显示对用户输入的一组数字的统计数字和标准偏差。网页的显示内容应该包括下列各项：
   - 用户录入的整个数组数字。
   - 这些数字的平均数。
   - 标准偏差。

   提示：假定命名以下变量，据此在这些变量后面列出你需要的公式：

数字数组：nums	两个总数：sum1 和 sum2
标准偏差：stdDev	平均数：mean
数组的元素数目：N	需要的计数器：count、i、j、k 等

   公式：

   若数组 nums 含有 N 个数字且其平均数是 mean，那么计算这组数字的标准偏差公式是计算以下式子的平方根：

   $$((nums[0] - mean)^2 + (nums[1] - mean)^2 + ... + (nums[N-1] - mean)^2)/(N-2)$$

   - 在计算平均数之前，先求这些数字的总和：sum1 = sum1 + nums[count]。
   - 计算平均数：mean = sum1/(N)。
   - 为了计算标准偏差的第一部分，先求每个数字 nums[count] 和 mean 的差，然后平方这些差的结果。首先，使用一个循环求每个差的平方：

   $$(nums[count] - mean)^2$$

然后在一个循环中累加这些平方值：

```
sum2 = sum2 + (nums[count] - mean)²
```

最后，使用 Math.sqrt() 方法计算这个标准偏差：

```
stdDev = Math.sqrt(sum2/(N - 1)
```

用文件名 std_dev.html 保存这个页面，并且按照老师要求提交你的工作成果。

2. 为例 8.14 补充代码，让 Jackie 创建垂饰物品目录并且可以为这个物品目录增加或者减少项目。用文件名 pendant.html 保存这个页面，并且按照老师要求提交你的工作成果。
3. 创建一个让用户定制页面的网页。应该提示用户录入将在新页面上显示的下列信息和用户选择的自定义项目。

   用户信息：名字、昵称、电子邮件地址、喜爱的电影、喜欢的书籍、喜爱的音乐类型。

   用户选定的自定义项目：页面背景颜色、文本颜色、文本大小。

   你也可以添加用户可用来定制不同效果的任何特性。将这个页面保存到文件 customize.html，并且按照老师要求提交你的工作成果。
4. 为一个商店创建一个网页。该页面应该包括一对平行数组，分别保存销售商品的名字和每个商品的对应价格。应该提示用户选择一个项目和数量，然后页面将显示其总计费用。你可以创建自己的或者使用以下建议的物品目录。将这个页面保存到文件 supplies.html，并且按照老师要求提交你的工作成果。

Item	Price（$）	Item	Price（$）
notebook	5.95	laptop case	29.99
pen	4.95	cell phone case	18.99
mechanical pencil	2.95	3-ring binder	6.95
lead refill pack	0.98	3-hole paper refill	2.00

5. 创建一个网页，让老师把学生的姓名和考试成绩录入到平行数组中。该页面将提示老师录入班上的学生数目和考试的次数。使用这些信息创建适当数目的平行数组，然后创建这些数组并提示老师录入填充这些数组的数据。把这些数据显示在网页上的一个表格中，并且显示每次考试的最高分、最低分和平均分。将这个页面保存到文件 class_parallel.html 中，并且按照老师要求提交你的工作成果。
6. 重做编程挑战 5，但是不使用平行数组，而是使用二维数组。用文件名 class_two_d.html 保存页面，并且按照老师要求提交你的工作成果。
7. 魔方是一个满足以下条件的二维正整数数组：
   - 行数等于列数。
   - 每行、每列和两条对角线的数字加起来的和都相同。

   创建一个网页，含有一个 4 行 4 列的表格。让用户为每个单元格录入值，然后把这些值存储到一个二维数组 magic 中，并且判断它是否是一个魔方。

   注意：如果创建一个数组 magic，那么两条对角线的和分别是：

```
diagonal1 = magic[0][0] + magic[1][1] + magic[2][2] + magic[3][3];
diagonal2 = magic[0][3] + magic[1][2] + magic[2][1] + magic[3][0];
```

用文件名 magic.html 保存这个页面，然后按照老师要求提交你的工作成果。

案例研究

Greg's Gambits

现在，你将为 Greg's Gambits 网站添加一个新游戏。这个游戏是一个迷宫，玩家必须在避免陷阱的同时探索前进，以拯救一个受害人。如果你完成了本章讨论的数字拼图游戏 15 和关于图像交换的一节内容，那么它将有助于你完成这项工作。

使用 Greg's Gambits 模板创建一个网页，把一个表格放入其 id="content" 的 <div> 区域。这个表格将保存一个迷宫，而玩家每步可以走一个单元格。你将为每个单元格填充一个图像文件，可以使用在 Student Data Files 中的图像或者找到你自己的图像。下面假定你使用提供的文件 myHero.jpg、saved.jpg 和 blue.jpg。

首先，创建一个小的 4 × 4 表格。在写好程序并且运行正常之后，你可以增加更多的行和列，以制作一个更具挑战性的游戏。下一步，编写 JavaScript 代码。

创建一个二维图像数组，并且开始时把图像 myHero.jpg 存储到元素 [0][0]、把图像 saved.jpg 存储到元素 [3][3]、而其他所有单元格应该包含图像 blue.jpg。

然后创建陷阱，做法是使用随机数产生器标识一些单元格。先使用 3 个陷阱，以后可以增加更多的陷阱。你应该为行和列产生一个随机值，以标识一个陷阱单元格。你也需要检查确保没有标识玩家开始的第一个单元格或者受害人等候的最后一个单元格，并且标识的单元格不会形成一个死路（例如，3 个标识的陷阱不能使玩家不能移动）。

允许玩家移动到上方、下方、左边或右边的单元格，但不能沿对角移动。

当玩家单击一个单元格（尝试移动）时，要检查以下要求：

- 这个单元格是一个陷阱吗？如果它是，那么将出现一个警示对话框告诉玩家这是一个陷阱，应该移动到其他单元格。如果愿意，你也可以创建结束游戏的“杀手”陷阱。
- 这个单元格是表格中的最后一个单元格吗？如果它包含图像 save.jpg，那么玩家就赢了，并且应该告知玩家，从而结束游戏。
- 如果选择的单元格不是陷阱，也不是获胜者，那么就交换单元格，并且游戏继续。

确保为玩家提供重新开始游戏的选项。

注意：你可以直接指定哪些单元格是陷阱。然而使用随机数创建陷阱可以使游戏更加有趣，并且能够比较容易地通过增加迷宫的大小提高游戏的难度。

将你的页面保存到文件 greg_maze.html 中。打开 Greg's Gambits 网站的 index.html 页面，然后在 Play A Game 链接的下面添加一个到这个名为 Greg's Maze 页面的新链接。最后按照老师要求提交你的工作成果。

Carla's Classroom

在这个练习中，你将完善本章创建的 Images and Imagination 页面。因此，你需要创建本书所讲的幻灯片放映页面。现在，为这个页面添加代码，提取学生为幻灯片放映中的某个图像而编写的故事。应该创建一个新页面，使学生能够保存选中的图像副本和他写的故事，允许学生为新页面选择背景颜色和文本颜色。提示学生录入他的名字和选择的颜色，使用存放颜色选项的数组并且检查确保学生没有为页面背景和文本选择相同的颜色。与本章一样，应该将这个页面保存在文件 carla_slideshow.html 中，最后按照老师要求提交你的工作成果。

Lee's Landscape

为 Lee's Landscape 网站添加一个页面，让客户选择一项服务并且查看那项服务的可用选项。通过使用一个 6 行 5 列的二维数组存储以下表格给出的信息，该页面将显示一组服务。当客户选择一项服务时，在网页上将显示这项服务的所有选项。

Services	Options			
lawn mowing	weekly	twice a month	monthly	by call
hedge trimming	weekly	twice a month	monthly	by call
mulch	buy per square yard	delivery	spreading	full yard discounts
pest control	monthly	twice a year	yearly	by call
weed control	weekly	twice a month	monthly	by call
extra services	sod installation	irrigation systems	yard cleanup	ponds, pools,& streams

确保为这个网页给出适当的页面标题，如 Lee's Landscape || Services。用文件名 lee_Services.html 保存这个文件，在 Lee's Landscape 主页上添加一个到这个新页面的链接。最后按照老师要求提交你的工作成果。

Jackie's Jewelry

为 Jackie's Jewelry 网站添加一个幻灯片放映页面。该页面展示 Jackie 的作品，每个图像应该有一个描述作品的标题。你可以使用 Student Data Files 中的图像，或者可以在网上找到你自己的图像。记住，如果使用一个网站的图像，那么你必须得到这个图像拥有人的许可。确保在创建幻灯片放映之前调整所有图像的大小，如果那些图像不是大小相同的，那么就将不能正确地显示你的幻灯片放映。

在开始创建这个幻灯片放映之前，复习本章讨论的 Images and Imagination 页面是有帮助的。

确保为这个网页给出适当的页面标题，如 Jackie's Jewelry || Gallery。用文件名 jackie_Gallery.html 保存这个文件，在 Jackie's Jewelry 主页上添加一个到这个新页面的链接。最后，按照老师要求提交你的工作成果。

Chapter 9 第 9 章

搜索和排序

本章目标

考察本书已经编写的程序，你将记得有许多次我们要求计算机用户从许多选项中选择一个。例如，我们在第 3 章为 Vadoma 夫人编写的一个程序，它创建了一组命运。我们为每个命运关联一个数字，并且通过一个长的 switch 语句将随机数匹配到特定的命运。这些命运的数目主要限制于我们厌烦在 switch 语句中写太多的选项。但是，如果把命运存储在数组中时，我们就可以有与想要的一样多的选项。使用已经学习的数组和循环，以及将要学习的搜索数组技术，我们可以使用非常少的代码就能够找到与随机数匹配的命运。在第 8 章中，我们学习了如何创建平行数组。例如，如果一位老师想要把每个学生的名字、作业平均分和考试平均分存储到平行数组中，那么通过对这些数组进行排序就可以让老师依字母顺序排列这些信息、按由高至低查看学生分数等。在数组中搜索和排序信息是经常使用的工具，本章讨论两种重要的搜索数据方法和两种排序数据的方法。

阅读本章后，你将能够做以下事情：

- 使用 sort() 和 reverse() 方法排序数组。
- 理解如何使用冒泡排序算法排序数组。
- 理解如何使用线性搜索算法查找数组中的一个值。
- 理解如何使用二分搜索算法查找数组中的一个值。
- 理解如何结合搜索和排序算法使用平行数组。
- 使用 Array 对象的其他方法，包括 indexOf()、lastIndexOf() 和 splice()。
- 用 setInterval() 和 clearInterval() 方法创建定时器。

9.1 排序数组

当编写程序时，我们经常要搜索一维数组找出一个给定项目或者按特定次序排序数组。因此，有许多**算法**可用于执行这些任务，有时我们把这些算法称为**例程**。在本节中，我们将呈现一些简单的数组排序技术。在下一节中，我们将讨论在数组中如何搜索给定的值。JavaScript 的 Array 对象提供几个便于排序数组的函数，我们首先讨论这些函数，然后示范其他两种排序方法。

9.1.1 sort() 方法

sort() 方法将排序一组字符串或数字。默认情况下，sort() 方法按字母顺序排序字符串，从 A ~ Z 升序。然而，回忆一下，字符串的每个字符是以其 ASCII 值存储在计算机中的。因此，sort() 方法将把 Apple 放在 aardvark 之前，因为大写字母 A 存储为它的 ASCII 值（65），而小写字母 a 存储为它的 ASCII 值（97）。例如，如果你有一组名字，可以使用 toUpperCase() 方法确保所有名字由大写字母开始，然后 sort() 方法简单地按字母顺序排序这组名字。

通过附加在数组名之后的点记号调用这个 sort() 方法，如 array_name.sort()。例 9.1 示范如何使用一个学生名数组的 sort() 方法。

例 9.1 使用 sort() 方法依字母顺序排序 假定有一个包含以下展示值的数组 names。

a）这是使用 sort() 方法的最简单方法：

```
<script>
var names = ["Joe", "Lola", "Anatole", "Zoey", "Ted", "Boris"];
document.write(names.sort());
</script>
```

输出如下：

```
Anatole,Boris,Joe,Lola,Ted,Zoey
```

b）现在我们将把输出放入一个循环中，以便用户录入这些名字，并且按照录入的顺序和排序后的顺序显示这些名字，每个名字用一个空格分开：

```
<script>
var names = new Array();
var count = 0;
for (count = 0; count < 6; count++)
    {
    names[count]= prompt("Enter a name: ");
    document.write(names[count] + "  ");
    }
names.sort();
document.write("<br />");
for (count = 0; count < 6; count++)
{
    document.write(names[count] + "  ");
}
</script>
```

输出如下：

```
Joe Lola Anatole Zoey Ted Boris
Anatole Boris Joe Lola Ted Zoey
```

9.1.2 用 sort() 方法排序数字

能够使用 sort() 方法排序数字，但是需要进一步地讨论。该方法比较数字的 ASCII 值，而不是它们的数值。对于从 0 ~ 9 的简单整数，sort() 方法将工作正常，因为 0 的 ASCII 值小于 1 的 ASCII 值，1 的 ASCII 值小于 2 的 ASCII 值等。但是在排序其他数字时，只使用 sort() 方法将不能正确地工作。

如果要排序数字 23、5 和 17，那么该 sort() 方法的结果是 17、23、5。这是因为 1 的 ASCII 值（49）小于 2 的 ASCII 值（50），而 5 的 ASCII 值（53）是最大的。我们仍然可以使用 sort() 方法排序一组数字，不过需要增加一个将比较数字而不是 ASCII 值的函数。以下函数用于比较数字：

```
function sortNumber(x,y)
{
    return x - y;
}
```

当按如下形式调用 sort() 函数时，我们将使用这个函数排序一组数字：

```
array_name.sort(sortNumber);
```

它如何工作呢？当调用 sort() 方法时，它遍历数组的每个元素并且与数组的所有值进行比较。我们将在关于冒泡排序的 9.2 节和关于选择排序的 9.3 节学习排序的具体做法。目前，能够这样理解就足够了：比较所有元素，然后最小的元素成为第一个，下一个最小元素成为第二个，等等。但是，如上所述，这个比较是基于数组元素的 ASCII 值。当在 sort() 方法内部调用这个 sortNumber() 函数时，对于每个比较，sort() 方法将把两个数组元素传递给 sortNumber() 函数。第一个元素传递给 x 而第二个传给 y，然后把 x 减去 y 的结果返回到 sort()。如果结果是一个正数，那么 x 应当比 y 大；如果是一个负数，那么 y 比 x 大。该 sort() 方法基于这个结果按升序排列前两个值。如例 9.2 所示，再传递后面的值，并且继续这个过程，直至排序好所有的数字。

注意：有必要把这个短小的 sortNumber() 函数放入一个 JavaScript 源文件！

例 9.2 升序和降序：排序数字 假定有一个包含以下展示值的数组 numbers。

a）在这个例子中，由小到大排序一组数字：

```
1.  <script>
2.  function sortNumber(x,y)
3.  {
4.      return x - y;
5.  }
6.  var numbers = [23, 15, 18, 27, 10, 20];
7.  document.write(numbers.sort(sortNumber));
8.  </script>
```

输出如下：

```
10,15,18,20,23,27
```

b）通过简单地改变在 sortNumber 函数的 return 语句中的变量（如第 4 行所示），可以很容易地把这个排序修改为由大到小的降序。现在，如果 y - x 的计算结果是正数，那么 y 是较大的数字而 x 较小。

```
1.  <script>
2.  function sortNumber(x,y)
3.  {
```

```
        return y - x;
}
var numbers = [23, 15, 18, 27, 10, 20];
document.write(numbers.sort(sortNumber));
</script>
```

输出如下：

```
27,23,20,18,15,10
```

在例 9.3 中，我们将把两个函数放入已经创建的 JavaScript 源文件中。一个让我们按升序排列，由小到大；而另一个按降序，由大到小。这样，我们就可以简化页面中的代码。

例 9.3　通过使用源文件改进代码

添加到 mySource.js 文件中的代码：

```
function sortNumberUp(x,y)
{
    return x - y;
}
function sortNumberDown(x,y)
{
    return y - x;
}
```

以下新代码先按升序排序一组数字，然后是降序：

```
<script>
var numbers = [23, 15, 18, 27, 10, 20];
document.write("Part a): " + numbers.sort(sortNumberUp));
document.write("<br />");
var numbers = [23, 15, 18, 27, 10, 20];
document.write("Part b): " + numbers.sort(sortNumberDown));
</script>
```

输出如下：

```
Part a): 10,15,18,20,23,27
Part b): 27,23,20,18,15,10
```

9.1.3　reverse() 方法

reverse() 方法反转给定数组元素的次序。第一个元素转换为最后一个，第二个元素转换为倒数第二个，等等，直至原来的最后一个元素转换为第一个。语法如下：

```
array_name.reverse()
```

例 9.4 示范当使用 reverse() 方法时会发生什么事情。在这个例子中，用户将录入游戏中 4 个玩家的名字，然后程序将按录入次序和反向次序显示这些名字。假定用户在提示时录入 "John"、"Mary"、"Bill" 和 "Sammy"。

例 9.4　用 reverse() 方法反转数组

```
<script>
var players = new Array();
var count = 0;
for (count = 0; count < 4; count++)
```

```
{
      players[count]= prompt("Enter the name of a player: ");
      document.write(players[count] + "  ");
}
players.reverse();
document.write("<br />");
for (count = 0; count < 4; count++)
{
      document.write(players[count] + "  ");
}
</script>
```

输出如下：

```
John Mary Bill Sammy
Sammy Bill Mary John
```

sort() 方法和 reverse() 方法是有价值的工具，但是要考虑包括平行数组的情形。假设珠宝设计者 Jackie 想要记录她的客户信息，她使用平行数组存储这些信息，一个数组存储客户的名字，另一个存储他们的电子邮件地址，而第三个存储每个客户的上一次购买额。Jackie 想要向所有购买额大于 $99.99 的客户赠送特殊的折扣券，但是如果她使用 sort() 方法从大至小排序 purchases 数组，那么她现在就不知道哪个客户的购买额最高。如果平行数组的前 5 项如表 9-1a 所示，那么在排序 purchases 数组之后它们将如表 9-1b 所示。

表 9-1　a）排序前的平行数组和 b）在排序一个数组之后的平行数组

排序前的平行数组			在排序 purchases 数组之后的平行数组		
names	emails	purchases	names	emails	purchases
Jane Jones	jane@mymail.com	62.89	Jane Jones	jane@mymail.com	283.45
Harry Hopper	harryh@mymail.com	22.95	Harry Hopper	harryh@mymail.com	125.53
Kim Kesler	kimmie@mymail.com	125.53	Kim Kesler	kimmie@mymail.com	62.89
Mike May	mmay@mymail.com	283.45	Mike May	mmay@mymail.com	22.95
Sally Snoop	snoop@mymail.com	15.26	Sally Snoop	snoop@mymail.com	15.26

如果我们只对 purchases 数组使用 sort() 方法，那么 Jane Jones 和 Harry Hopper 将获得特殊的折扣券，而实际上本应由 Kim Kesler 和 Mike May 获得。当排序平行数组中的一个数组时，我们需要找出一种方法使平行数组中的所有元素保持原来的对应关系。

sort() 方法使排序数组非常容易。作为程序员，你不仅必须知道如何使用内置的方法和函数，也必须理解如何和何时使用它们。有许多算法用于排序数据，并且不同的情形需要不同的解决方案。如果知道排序例程（方法）如何工作，就可以在任何情况下使用它。在使用将要讨论的排序例程时，我们将使用要移动元素的索引值。除了正在排序的元素以外，我们还使用它的索引值移动平行数组的所有对应元素。这样，当完成一个数组的排序时，在平行数组的所有对应元素也一起移动。

9.1 节检查点

9.1　用于特定目的的方法（类似于排序数组或者搜索数组中的特定项目）称为________或算法。

9.2　给出下列数组，该 document.write() 语句的输出结果是什么？

```
numArray = [23, 42, 18, 8];
document.write(numArray.sort());
```

9.3 如有下列函数，它将让用户按升序还是按降序排序？

```
function  sortNum(x, y)
{
    return (x - y);
}
```

9.4 改写检查点 9.3 中的函数，使它按降序排序。如果它已经是按降序排序，就说如此。

9.5 如有以下所示的数组，在执行 document.write() 语句之后将显示什么？

```
numArray = ["high","jumps","boy","The"];
document.write(numArray.sort());
```

9.6 编写代码，使用 sort() 方法排序下列名字：

```
Alex, Niral, Howard, Luis, Annie, Marcel
```

9.2 冒泡排序

在本章中，我们将讨论两种排序例程：冒泡排序和选择排序。首先讨论冒泡排序，只要排序的项目数比较少（如少于 100 个），那么**冒泡排序**算法就是一个比较快的简单排序方法。要应用这种技术，我们要扫描（或遍历）数据多次，并且在每次遍历时要比较所有相邻的一对数据项，而且如果相邻的一对数据项不是在合适的次序中，就要交换这对数据。我们要继续遍历，直至在整个遍历中不需要交换，也就是说已经排序了这些数据。

如果你在咖啡店买一杯咖啡，那么你会一手向咖啡师交钱而另一手接取咖啡。在这个活动中，你和咖啡师交换了东西。你用钱换取了咖啡，而咖啡师用咖啡换取了钱。然而在某个瞬间，其中一人持有两项东西，而另一人则没有任何东西。计算机不会做这种交换。在计算机中，每个值存储在内存中自己的位置上。如果你把咖啡放入之前保存钱的位置，那么钱将被咖啡替换并且这个钱将消失。因此在讨论冒泡排序算法之前，我们首先必须理解计算机如何交换两个项目的值。

9.2.1 交换值

如果每个框每次只能包含一个项目，那么你将如何交换两个框的内容呢？假定开始时在 Box1 中有值 Blue 并且在 Box2 中有值 White，我们想要在结束时在 Box1 中有值 White 并且在 Box2 中有值 Blue。但是，如果把 Blue 放入 Box2，那么将丢失 White 值，这是程序员要解决的问题。因此，如图 9-1 所示，当我们把

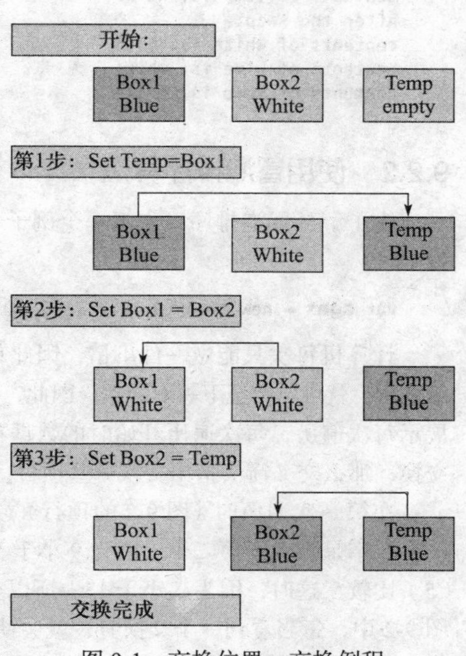

图 9-1 交换位置：交换例程

Box1 的值转换成 White 时，先创建一个空的临时存储空间保存 Box1 的内容。

例 9.5 展示 JavaScript 的**交换例程**。

例 9.5　交换值

```
<html>
<head>
<title>Example 9.5</title>
<script>
var white = "white";
var blue = "blue";
var temp = "hello!";
document.write("contents of white is: " + white + <br />");
document.write("contents of blue is: " + blue + <br />");
document.write("contents of temp is: " + temp + <br />");
temp = white;
white = blue;
blue = temp;
document.write("after the swap: <br />");
document.write("contents of white is: " + white + <br />");
document.write("contents of blue is: " + blue + <br />");
document.write("contents of temp is: " + temp + <br />");
</script>
</head>
<body></body>
</html>
```

输出看起来像这样：

```
contents of white is: white
contents of blue is: blue
contents of temp is: hello!
after the swap:
contents of white is: blue
contents of blue is: white
contents of temp is: white
```

9.2.2　使用冒泡排序算法

为了解释冒泡排序，先举一个例子。我们想要从小到大排序存储在数组 ages 中如下所示的数字：

```
var ages = new Array(9, 13, 5, 8, 6);
```

计算机每次只能做一件事情，因此首先必须比较两个数字从而判断是否需要交换位置。在判断之后，就可以移至下一对数据。因此，在这个例子中有 3 次遍历并且每次遍历有 4 个步骤。图 9-2 展示每次遍历，每次遍历开始时的数据在左边，而在后面 4 列是 4 次比较的结果。如果发生一个交换，那么交叉箭头指出交换哪些项目。

在第一次遍历时（图 9-2 的顶行），第一个数字（9）与下一个数字（13）进行比较以查看第一个数字是否大于第二个。因为 9 小于 13，所以不交换。然后，第二个数字（13）与第三个数字（5）比较。这时，因为 5 小于 13，所以交换这两个数字。记住，计算机每次只能做一件事情。在图 9-2 中，每当看到一个交换时，就会使用基于一个临时变量的交换例程。

更进一步地，计算机不会思考。因为你可能会想："5 也小于 9，所以我应该交换 5 和 9。" 不过计算机还不会做这件事，它只会在下一次遍历时才做。在交换 5 和 13 之后，在第三个位置（现在是 13）的数字将与在第四个位置的数字（8）比较。再一次，因为 8 小于 13，所以交换它们。现在 13 在第四个位置，然后 13 与在最后一个位置上的数字（6）比较。因为 13 大于 6，所以交换它们，从而完成第一次遍历。如果仔细观察图 9-2，那么你将发现在一次遍历结束的时候，最大的数字是在最后一个位置（若排序是降序，则情况刚好相反，即最小的数字是在最后一个位置）。

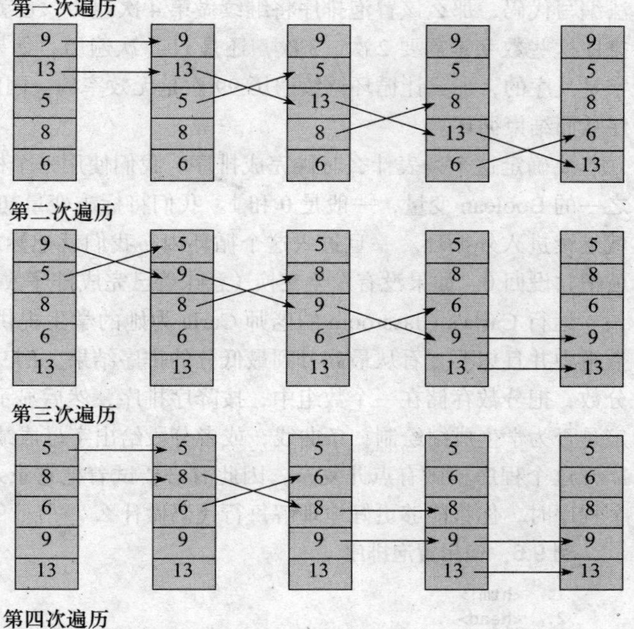

图 9-2 使用冒泡排序按升序排列 5 个数字

在第二次遍历中，我们返回到第一个数字。它仍然是 9，但是现在第二个数字是 5，因此当比较这两个数字时，把 5 移到第一个位置。现在这次遍历继续，与上一次一样。在第二次遍历结束的时候，第二大数字将被移到第四个位置。

冒泡排序的取名基于这样一个事实：较大的数字“下沉”到列表的底部（尾部），而较小的数字“冒泡”到顶端。在这个例子中，只需要 3 次遍历就可以排序这些数字，这是给出初始列表的简单结果。如果给出不同的列表，就可能需要 4 次以上的遍历才能完成排序。一般而言，若要排序 N 项，则至多需要遍历 N–1 次就能完成排序（并且，如我们所见，额外一次遍历是确定它们是否已完成排序）。

下列伪代码描述了按升序排序含有 N 个数字数组的冒泡排序算法。注意冒泡排序需要嵌套循环，其内循环将数组中的每个元素与其他所有元素进行比较。当执行第一次外循环时，在内循环所有迭代结束之后，最大的数字将下沉到底部；当执行第二次外循环时，在内循环结束之后，第二大的数字将下沉到倒数第二个位置。因此，冒泡排序实际上是从最后一个位置到第一个位置为数组填充正确的元素，这就是外循环要执行 N–1 次（N 是数组元素的数目）的原因。冒泡排序算法的伪代码如下：

```
while (the array items is not sorted)
{
   for (K = 0; K < N; K++)
   {
      if (items[K] > items[K + 1])
      {
         interchange items[K] and items[K + 1]
      }
   }
}
```

图 9-2 展示的例子实际上只需要 3 次遍历就能够排序这 5 个数字。然而，如果我们按这个算法编写代码，那么该冒泡排序将继续做第 4 次遍历，也就是，要做 N–1 次遍历。我们预先不知道排序这些数字是需要 2 次、3 次，还是 N–1 次遍历。如果我们要排序 100 个数字并且只有 2 个数字是乱序的，那么让循环继续遍历 99 次是无效率的。因此，我们应该包括某种方法指出数据已排序从而结束循环。

要确定这个列表什么时候完成排序，我们使用一个标志变量。**标志变量**是一个只能取两个值之一的 Boolean 变量，一般是 0 和 1。我们将标志变量初始化为 0，并且如果它的值保持 0，那么就继续进入外循环。一旦进入这个循环内，我们就把标志变量设置为 1，并且如果发生一个交换就把它设回 0。如果没有发生交换（意味着已完成排序数据），那么标志变量保持 1 从而退出循环。

运行 Carla's Classroom 的老师 Carla 为她的学生提供了一个新测试，她想要把成绩录入一个数组中并且想要查看从最高分到最低分的排序结果。例 9.6 的程序让 Carla 输入她想要的一样多的分数，把分数存储在一个数组中，按降序排序，然后显示结果。从而，Carla 可以使用这些结果决定是否为学生成绩绘制一条曲线，或者分段给出字母成绩。

这个程序稍微有点儿复杂，因此有必要试着把它录入网页中然后运行它。当一步一步跟踪这个程序时，你将能够更好地理解每行代码做什么。

例 9.6　使用冒泡排序

```
<html>
<head>
<title>Example 9.6</title>
<script>
function examScores()
{
     var scores = new Array();
     var count = 0; var flag = 0; var k = 0;
     var temp = 0; var oneScore = 0;
//loop to populate the array and find number of elements
     while (oneScore != 999)
     {
          oneScore = prompt("Enter a test score or enter 999 ↵
                   when you are done: ");
          if (oneScore == 999)
               break;
          scores[count] = parseFloat(oneScore);
          count++;
     }
//begin the bubble sort
     while (flag == 0)
     {
          flag = 1;
          for (k = 0; k <= (count - 2); k++)
          {
               if (scores[k] < scores[k + 1])
               {
                    temp = scores[k];
                    scores[k] = scores[k + 1];
                    scores[k + 1] = temp;
                    flag = 0;
               }
          }
```

```
33.     }
34.  //Display sorted scores
35.     document.write("Scores sorted from highest to ↵
                          lowest: <br />");
36.     for (k = 0; k <= (count - 1); k++)
37.         document.write(scores[k] + "<br />");
38.  }
39.  </script>
40.  </head>
41.  <body>
42.  <div id="container" style="width: 700px; margin-left: ↵
                          auto; margin-right: auto;">
43.     <h2>Enter Test Scores</h2>
44.     <p><input type="button" value = "Start" onclick = ↵
                          "examScores();" /></p>
45.  </div>
46.  </body></html>
```

第 11 ~ 18 行简单地用考试分数装载数组。一个哨兵值（999）用于指出什么时候已经录入了所有分数。在第 14 和 15 行上的 if 子句确保循环在计数器 count 递增之前退出。然而，由于 count 是在录入分数之后、在退出循环之前递增，所以 count 保存这些元素的数目。通过在 if 子句中使用 break 语句，我们确保这个数组不会包含 999。

冒泡排序起始于第 19 行并且结束于第 33 行。在上一个循环结束的时候，count 的值与录入数组中的分数的数目相同。然而，在程序的后面我们想要 count 记录数组中的元素索引值。例如，如果数组有 45 个元素，那么这些元素的下标（索引）是 0 ~ 44。当继续这个程序时，我们必须记住这一点。

变量 flag 已经初始化为 0，而外部 while 循环的测试条件是当 flag 保持 0 时，循环将继续。然而，一旦进入 while 循环就把 flag 的值修改为 1。在第 23 ~ 32 行上的内循环做排序工作，在这个循环的任何时候，如果 scores 数组的一个值与另一个值交换，那么 flag 将重新设置为 0。因此，程序就知道在这次遍历中，这些元素还没有完全排序好。flag 保持 1 的唯一方法是当遍历所有元素时没有发生交换，并且如果没有交换发生，就说明所有元素已经在正确的次序中。

注意 for 循环从第一个元素开始排序，此时 k = 0 并且 scores[k] 是第一个元素。它把第一个元素与满足测试条件 k <= (count – 2) 的每个后续元素进行比较。要记住，count 持有数组中元素的数目值，因此最大的数组下标是 (count – 1)。但是，如果 k 表示一个元素的索引，那么 (k+1) 表示要比较的下一个元素的索引。例如，如果数组有 4 个元素，那么 count = 4，但是最大索引值是 3(也就是 count – 1)。我们需要比较索引 0 与索引 1、索引 1 与索引 2 和索引 2 与索引 3。我们不能使用比 3 更大的索引，否则将出错。因此当 k = 2 时循环必须停止，这是最后一次比较（索引 2 与索引 3 比较）。因此，当 k 等于最大索引值减 1（即 (count – 1) – 1)）或者第 23 行指示的 (count – 2) 时，循环必须结束。

最后，第 35 ~ 37 行显示已排序数组的值。

如果录入下列考试分数，那么你的显示应该看起来像这样：

输　入	输　出
98	Scores sorted from highest to lowest:
75	98
67	92
84	84
92	75
999	67

有必要将这些代码中做实际冒泡排序工作的代码部分添加到你的外部源文件。通过编辑例 9.6 中的代码使之一般化从而可以用于多种情形，我们将把在例 9.7 中的下列函数加入 mySource.js 文件。来自例 9.6 的另外一段代码是填充数组的代码，我们将在许多不同程序中重新使用这些代码。因此，我们将创建一个填充数组的函数，并且把它也存储在 mySource.js 文件中。然后，我们将更新例 9.6 的代码，示范该如何极其简洁地、更优雅地编写程序代码。

9.2.3 传递数组

我们讨论过**按值传递**与**按引用传递**之间的不同。当按值传递变量时，将创建被传递变量的副本，因此改变这个副本不会影响原始变量的值。然而，当按引用传递时，实际向函数传递的是变量的存储地址。这样，因为变化发生在这个存储地址上，所以在函数中改变这个变量会影响原始变量。因为数组是 JavaScript 对象，所以当向函数传递数组时总是按引用传递。这通常是一件好事情，我们可以把一个数组 scores 传递给一个填充该数组的函数，然后返回主程序，再把该数组传递给对它排序的函数，并且不用担心返回值的问题。

例 9.7　把有用的函数添加到源文件　把下列两个函数添加到 mySource.js 文件中。记住，无论把这些函数放在文件中哪个位置都没有区别，放在源文件的顶部或底部都一样容易访问到。

```
function populateArray(arrayName)
{
    var count = 0; var oneElement = 0;
    while (oneElement != -9000)
    {
        oneElement = (prompt("Enter value number " + ↵
        (count + 1) + " or enter -9000 when ↵
        you are done: "));
        if (oneElement == -9000)
            break;
        arrayName[count] = parseFloat(oneElement);
        count++;
    }
}
function bubbleIt(lgth, arrayName)
{
    var flag = 0; var temp = 0;
    while (flag == 0)
    {
        flag = 1;
        for (k = 0; k <= (lgth - 2); k++)
        {
            if (arrayName[k] < arrayName[k + 1])
            {
                temp = arrayName[k];
                arrayName[k] = arrayName[k + 1];
                arrayName[k + 1] = temp;
                flag = 0;
            }
        }
    }
}
```

在这些函数中我们已经改变了一些变量名，使它们能够用于多种情形。通过使用在外部源文件中的函数，我们减少了主程序代码，代码如下：

```
function examScores()
{
     var scores = new Array();
     var count = 0; var flag = 0; var k = 0;
     populateArray(scores);
     count = scores.length;
     bubbleIt(count, scores);
     document.write("Scores sorted from highest to lowest: ↵
                        <br />");
     for (k = 0; k <= (count - 1); k++)
          document.write(scores[k] + "<br />");
}
```

例 9.7 从最高分到最低分（即降序）排序考试成绩。可以非常简单地把次序修改为升序，在冒泡排序代码中只需要修改一行：

把下列代码：　　`if (arrayName[k] < arrayName[k + 1])`

改为：　　`if (arrayName[k] > arrayName[k + 1])`

通过提供这两种排序方法，我们可以提高源文件的价值。一种做法是复制这个冒泡排序函数，然后把一个函数改名为 bubbleItUp()（按升序排序）而另一个改名为 bubbleItDown()（按降序排序）。然后，我们可以增加一个提示，确定用户想要哪种方法排序数据。例 9.8 展示这些变化。

例 9.8　按升序或降序排序的函数　通过稍微修改和复制 bubbleIt() 函数，使用户可以选择从最高到最低或从最低到最高进行排序。这两个函数如下所示：

```
function bubbleItUp(lgth, arrayName)
{
     var flag = 0; var temp = 0;
     while (flag == 0)
     {
          flag = 1;
          for (k = 0; k <= (lgth - 2); k++)
          {
               if (arrayName[k] > arrayName[k + 1])
               {
                    temp = arrayName[k];
                    arrayName[k] = arrayName[k + 1];
                    arrayName[k + 1] = temp;
                    flag = 0;
               }
          }
     }
}
function bubbleItDown(lgth, arrayName)
{
     var flag = 0; var temp = 0;
     while (flag == 0)
     {
          flag = 1;
          for (k = 0; k <= (lgth - 2); k++)
          {
               if (arrayName[k] < arrayName[k + 1])
               {
                    temp = arrayName[k];
                    arrayName[k] = arrayName[k + 1];
                    arrayName[k + 1] = temp;
                    flag = 0;
```

```
                }
            }
        }
}
```

然后，我们可以在主程序中刚好在调用排序例程之前增加一个提示，以确定是调用 bubbleItUp() 还是 bubbleItDown()。

```
function examScores()
{
        var scores = new Array();
        var count = 0; var flag = 0; var k = 0;
        populateArray(scores);
        count = scores.length;
        option = prompt("Sort highest to lowest? (y/n)");
        if(option == "y")
            bubbleItDown(count, scores);
        else
            bubbleItUp(count, scores);
        document.write("Scores sorted from highest to lowest:↵
                                    <br />");
        for (k = 0; k <= (count - 1); k++)
            document.write(scores[k] + "<br />");
}
```

9.2 节检查点

9.7 如果开始时 x = 3 和 y = 4，那么在执行以下代码后 x、y 和 temp 的值是什么？（假定 x、y 和 temp 是数字变量）

```
temp = x;
y = temp;
x = y;
```

9.8 如果开始时 x = 3 和 y = 4，那么在执行以下代码后 x、y 和 temp 的值是什么？（假定 x、y 和 temp 是数字变量）

```
temp = x;
y = x;
x = temp;
```

9.9 改写检查点 9.8 的代码，以便在执行后 x = 4 和 y = 3。

9.10 要排序一个含有 15 个元素的数组，则最多必须完成多少次遍历才能够确定已经完成这个数组的排序？

9.11 在冒泡排序中，标志变量的用途是什么？

9.3 选择排序

与冒泡排序相比，**选择排序**是一种对存储在数组中数据进行的更有效方法。选择排序的基本思想是非常简单的，这里介绍使用它从小到大按升序排序数组的方法。我们对数组进行多次遍历：

- 在第一次遍历中，找到最小的数组元素然后用第一个数组元素交换它。

- 在第二次遍历中，找到第二小的数组元素然后用第二个数组元素交换它。
- 在第三次遍历中，找到下一个最小元素然后用第三个数组元素交换它。
- 等等。如果数组包含 N 个元素，那么将在最多 N–1 次遍历之后完成排序。

要说明选择排序，我们先亲手做一个简单例子。图 9-3 示范一个排序一组数字 9、13、5、8 和 6 的处理过程。它在第一列（最左边）显示给定的数据，并且在后面 4 列显示对这些数据进行 4 次遍历的结果，其中箭头指出交换哪些数据值。

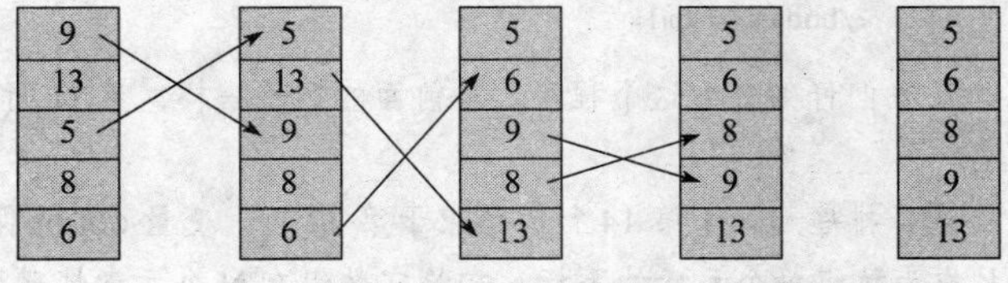

（第4次遍历不发生交换，这些数字已排序好）

图 9-3　9,13,5,8,6 进行选择排序

例 9.9 重复开发例 9.6 的程序，但使用选择排序代替冒泡排序。这个程序也让 Carla 把她班的考试分数录入一个数组中，但使用选择排序代替冒泡排序进行排序，然后显示分数。这次我们将按升序排序（从小到大）。

例 9.9　使用选择排序

```
<html>
<head>
<title>Example 9.9</title>
<script type="text/javascript" src="mySource.js"></script>
<script>
function examScores()
{
    var scores = new Array();
    var littlest = 0; var index = 0; var k = 0; var j = 0;
    var count = 0; var temp = 0;
    populateArray(scores);
    count = scores.length;
//begin the selection sort
    for(k = 0; k < (count - 1); k++)
    {
        littlest = scores[k];
        index = k;
        for (j = (k + 1); j <= (count - 1); j++)
        {
            if (scores[j] < littlest)
            {
                littlest = scores[j];
                index = j;
            }
        }
        if (k != index)
        {
            temp = scores[k];
            scores[k] = scores[index];
            scores[index] = temp;
        }
    }
    document.write("Scores sorted from lowest to highest: ↵
                        <br />");
    for (k = 0; k <= (count - 1); k++)
        document.write(scores[k] + "<br />");
```

```
36. }
37. </script>
38. </head>
39. <body>
40. <div id="container" style="width: 700px; margin-left:↵
                              auto; margin-right: auto;">
41.       <h2>Enter Test Scores</h2>
42.       <p><input type="button" value = "Start" onclick = ↵
                                  "examScores();" /></p>
43. </div>
44. </body></html>
```

让我们仔细查看这个程序。与前面的例子一样，第 11 行调用 populateArray() 函数用考试分数装载数组。

选择排序起始于第 14 行，结束于第 32 行。变量 count 保存录入数组的分数数目。外部 for 循环使用 k 作为数组每个元素的下标，在给定数组有 N 个元素情况下它将遍历 N–1 次。此时，我们可以把测试条件写成 k < (count – 1) 或者 k <= (count – 2)。

在第一次遍历中，index 最初被设定为 k。在程序执行期间，变量 index 将保存已发现的具有最小值的元素的下标。我们也将 littlest 设置为数组的第一个元素值，这只是开始值。在外循环第一次遍历结束的时候，把最小的值放在 scores[0] 中。如果 scores[0] 开始时就是最小值，那么它只是一个巧合。

内循环（第 18 ~ 25 行）将每个元素与 littlest 进行比较。如果某个元素比 littlest 小，那么那个值成为 littlest 的新值（第 22 行），并且那个元素的下标（j）成为 index 的新值。这样，我们就记住了数组的哪个元素保存最小的值。

在第一次遍历外循环期间，在内循环结束的时候我们就标识了数组中的最小值。现在第 26 行查看最小值是否处于与下标 k 相同的位置。在第一次遍历中 k = 0，因此第 26 行是问“最小值是在 scores[0] 吗？”如果不是，我们就把最小值移到数组的第一个位置。第 28 ~ 30 行将最小值（无论它在数组中的哪个地方）与第一个元素进行交换。因此，在外循环完成一次遍历后，最小元素将是数组中的第一个元素。

第二次遍历以数组的第二个元素为中心。现在 k = 1，并且再次开始这个过程。这次，我们把数组的第二个元素值（scores[1] 是 littlest 的新值）与其他每个元素进行比较。在这次遍历结束的时候，第二小元素现在在数组的第二个位置中。

这个过程继续处理数组中直到倒数第二个的所有元素。显然，到我们按升序填充除了最后一个之外所有元素的时候，最后一个元素一定是最大的。

如果录入下列考试分数，那么你的显示应该看起来像这样：

输　入	输　出
98	Scores sorted from lowest to highest:
75	67
67	75
84	84
92	92
999	98

开始时我们不知道将录入多少分数，因此这个数组包含 N+1 个元素。最高的索引值是 N，因此我们需要遍历 (N–1) 次循环完成选择排序。

这里是一个函数可以在各种不同情形中重复使用许多次的另一种情形。我们应该重写这个选择排序函数，使它一般化，从而可以放入函数库 mySource.js 文件中。然后，我们将从这个程序中调用它，从而大大简化我们的代码。例 9.10 做这件事。

例 9.10　把选择排序函数添加到源文件　把下列函数添加到 mySource.js 文件中。记住，无论把这些函数放在文件中哪个位置都没有区别，放在源文件的顶部或底部都一样容易访问到。

```
1.  function sortItUp(arrayName, num)
2.  {
3.       var littlest = 0; var index = 0; var temp = 0;
4.       for(var k = 0; k < (num - 1); k++)
5.       {
6.            littlest = arrayName[k];
7.            index = k;
8.            for (var j = (k + 1); j <= (num - 1); j++)
9.            {
10.                if (arrayName[j] < littlest)
11.                {
12.                     littlest = arrayName[j];
13.                     index = j;
14.                }
15.           }
16.           if (k != index)
17.           {
18.                temp = arrayName[k];
19.                arrayName[k] = arrayName[index];
20.                arrayName[index] = temp;
21.           }
22.      }
23. }
```

通过仅仅修改几行，就可以很容易地实现按降序排序。不使用变量 littlest 而是使用变量 largest，需要修改的唯一代码是第 10 行，变量 largest 将替换代码中的 littlest，而第 10 行改变为：

```
if (arrayName[j] > largest)
```

我们也为主程序添加一个选项，让用户选择是按升序排序还是降序排序，而主程序现在更短、更高效，如下所示：

```
<script>
function examScores()
{
     var scores = new Array();
     var choice = ""; var count = 0; var k = 0;
     populateArray(scores);
     count = scores.length;
     choice = prompt("Sort highest to lowest? Enter 'd'. ↵
                    Sort lowest to highest? Enter 'a'.");
     if (choice == 'a')
     {
          sortItUp(scores, count);
          document.write("Scores sorted from lowest ↵
                    to highest:<br />");
     }
```

```
    if (choice == 'd')
    {
            sortItDown(scores, count);
            document.write("Scores sorted from lowest ↵
                     to highest:<br />");
    }
    for (k = 0; k <= (count - 1); k++)
            document.write(scores[k] + "<br />");
}
</script>
```

你很可能注意到，冒泡排序和选择排序两个都需要交换值。在第 8 章中，Greg's Game of 15 也使用了一个交换函数。此时，这样做是一个好主意，也就是不仅把一个交换函数添加到我们的源文件中，也要修改冒泡排序和选择排序函数以便调用这个交换函数，从而避免在每个函数中包含相同的代码。据此，例 9.11 进一步简化了我们的源文件。

例 9.11　把交换函数添加到源文件　添加下列交换两个值的函数：

```
function swapIt(a, b)
{
     var temp = a;
     a = b;
     b = temp;
}
```

现在我们可以在源文件中修改选择排序例程，使之更简洁。它们现在将看起来像这样：

```
function sortItUp(arrayName, num)
{
     var littlest = 0; var index = 0;
     for(var k = 0; k < (num - 1); k++)
     {
          littlest = arrayName[k]; index = k;
          for (var j = (k + 1); j <= (num - 1); j++)
          {
               if (arrayName[j] < littlest)
               {
                    littlest = arrayName[j];
                    index = j;
               }
          }
          if (k != index)
               swapIt(arrayName[k], arrayName[index]);
     }
}
function sortItDown(arrayName, num)
{
     var largest = 0; var index = 0;
     for(var k = 0; k < (num - 1); k++)
     {
          largest = arrayName[k]; index = k;
          for (var j = (k + 1); j <= (num - 1); j++)
          {
               if (arrayName[j] > largest)
               {
                    largest = arrayName[j];
                    index = j;
               }
          }
```

```
            if (k != index)
                swapIt(arrayName[k], arrayName[index]);
        }
    }
```

现在，主程序更短并且提供更多的选项。该 JavaScript 代码现在看起来像这样：

```
function examScores()
{
    var scores = new Array();
    var choice = ""; var count = 0; var k = 0;
    populateArray(scores);
    count = scores.length;
    choice = prompt("Sort highest to lowest? Enter 'd'. ↵
                Sort lowest to highest? Enter 'a'.");
    if (choice == 'a')
    {
        sortItUp(scores, count);
        document.write("Scores sorted from lowest to highest:<br />");
    }
    if (choice == 'd')
    {
        sortItDown(scores, count);
        document.write("Scores sorted from lowest to highest:<br />");
    }
    for (k = 0; k <= (count - 1); k++)
        document.write(scores[k] + "<br />");
}
</script>
```

如果录入下列考试分数并且选择升序排序，那么你的显示应该看起来像这样：

输入	输出
98 75 67 84 92 –9000	Scores sorted from lowest to highest: 67 75 84 92 98

如果录入下列考试分数并且选择降序排序，那么你的显示应该看起来像这样：

输入	输出
98 75 67 84 92 –9000	Scores sorted from highest to lowest: 98 92 84 75 67

9.3 节检查点

9.12 使用选择排序方法时需要遍历数组多少次才能确保完全排序这个数组？假定数组有 N 个元素。

9.13 编写代码，使用选择排序方法按降序排序下列数字：53,82,93,75,86,97。

9.14 在选择排序方法中，如果你按降序排序一个数组，那么在第一次遍历后数组中的哪个元素将成为数组中的第一个元素？

9.15 在按升序排序的选择排序中，如例 9.11 所用的变量 littlest 在第二次遍历结束的时候保存什么值？

9.4 搜索数组：线性搜索

假如你正在参与一个多用户在线游戏，它把每个玩家的信息存储在类似下面显示的表格中。对于每个用户，该表格显示用户名、分数、上次玩的游戏和上次玩游戏的时间。你想要知道你的主要对手在做什么，你只知道他的用户名却不知道他的分数，因此要查阅这个表格。

用户名	分数	上次玩的游戏	上次访问时间
EvilEddy	385	Greg's Tales	4/25/2015, 04:15
DorianDragon	268	Greg's Maze	4/23/2015, 16:12
puppypal	516	Tic-tac-toe	4/20/2015, 23:10
crusher	372	Greg's Hangman	4/20/2015, 02:35
…	…	…	…
…	…	…	…

要找到对手的分数，你需要扫描第一列用户名，然后再找到的那行读取分数、上次玩的游戏和上次访问时间。

在计算机术语中，你执行了一个**表查找**（table lookup）。在数据处理术语中，你正在寻找的项目（即对手分数）称为**搜索键**。搜索键是在含有所有这类项目（如所有分数）的列表中的一个特定项目，我们把这个列表称为表格键。一般而言，在表格中的数据被称为表格值。在寻找一个想要的用户名或者按列出的次序检查所有数字的过程中，通常要进行一次**线性搜索**。

程序员有许多可用的算法搜索特定的值。本章将讨论其中的两种：线性搜索和二分搜索。我们从线性搜索开始。

9.4.1 线性搜索

线性搜索的概念相当简单：将给定数组的元素一个接一个地与搜索键（也就是要搜索的值）进行比较。在完成搜索后只有两种可能的结果，或者在数组中找到那个值或者找不到。然而，如果搜索的数组很大，那么当在数组的开始位置就可能结束搜索（即可能找到那个值）时检查每个元素是没有效率的。因此，我们使用一个标志变量标识什么时候已经搜索成功从而可以退出搜索。例 9.12 展示一个数组的简单搜索。

在这个程序中，我们假设一个销售 T 恤衫的公司想要确定客户想要哪种颜色。可用颜色存储在一个数组中，当提示时客户可以录入想要的颜色，而程序将搜索数组查看是否有那种颜色。取决于搜索结果，显示两个响应之一。

例 9.12 使用线性搜索

```
<html>
<head>
<title>Example 9.12</title>
<script>
function searchColor()
{
      var colors = new Array("blue","green","yellow","red", ↵
                  "orange", "purple", "black", "white", "*");
      var index = 0; var found = 0;
      var searchKey = prompt("What color shirt do you want?");
      while ((found == 0) && (colors[index] != "*"))
      {
            if (colors[index] == searchKey)
                  found = 1;
            index = index +1;
      }
      if (found == 1)
            document.getElementById('result').innerHTML = ↵
                  (colors[index - 1] + " has been found! ↵
                  <br /> Your shirt will be ordered in " ↵
                  + colors[index - 1]);
      else
            document.getElementById('result').innerHTML = ("The shirt ↵
                  is not available in " + searchKey + ".<br />");
}
</script>
</head>
<body>
<div id="container" style="width: 700px; margin-left: auto; ↵
                  margin-right: auto;">
      <h2>You want to order a tee-shirt... What color do you want?</h2>
      <p><input type="button" value = "Start" onclick = "searchColor();" /></p>
      <h3 id = "result">  </h3>
</div>
</body></html>
```

注意，当显示搜索到的值时，那个数组元素的索引是在退出 while 循环之后的 index 值减 1，这是因为这个程序的编写方法。作为练习，你可以重写这个程序使得在 while 循环结束时 index 值刚好是找到的那个元素的索引值。

数组的最后一个元素已经用 "*" 标记。习惯上，我们会在数组中使用一个在正常情况下不是数组元素的条目作为**数组结束标记**（类似哨兵值）以便告知程序在什么时候结束。

如果客户想要一件红色衬衫从而在提示时录入 "red"，那么显示将会如下图所示。

但是，如果客户想要一件淡紫色的衬衫从而在提示时录入 "mauve"，那么显示将会如下图所示。

You want to order a tee-shirt... What color do you want?

Enter color choice

The shirt is not available in mauve.

在例 9.13 中，我们假定运营 Greg's Gambits 的 Greg 已经通过调用 usernames() 把游戏玩家的用户名记录到数组中。一个玩家告诉 Greg 虽然他一直使用 DorianDragon 作为用户名，但是尝试登录时不会出现他的信息，因此 Greg 想要确定这个用户名是否在他的玩家列表中。他怀疑玩家打错了用户名。对于这个例子，我们将使用 10 个玩家的列表，但是实际上 Greg 的用户名单很可能会非常长。在 usernames() 中，Greg 用 "*" 标识最后一个元素。这里，我们将在这个函数中创建和装载这个数组，但是在实际程序中应当独立存储这个数组。

例 9.13　使用线性搜索查找一个名字

```
function checkName()
{
     var usernames = new Array("EvilEddy", "puppypal", "crusher", ↵
                     "DorienDragon", "lizard", "SmartCAR", "granny", ↵
                     "arachnid54",
     var index = 0; var found = 0;
     var searchKey = prompt("Enter the name to check");
     while ((found == 0) && (usernames[index] != "*"))
     {
          if (usernames[index] == searchKey)
               found = 1;
          index = index +1;
     }
     if (found == 1)
          document.getElementById('result').innerHTML = ↵
                     (usernames[index - 1] + " has been ↵
                     found!");
     else
          document.getElementById('result').innerHTML = ↵
                     (searchKey + " is not on the list.");
}
</script>
</head>
<body>
<div id="container">
     <img src="images/superhero.jpg" class="floatleft" />
     <h1>Check Usernames</h1>
     <div id="content" style="width: 600px; margin-left: ↵
                     auto; margin-right: auto;">
          <p><input type="button" value = "check a username" ↵
                     onclick="checkName();" /></p>
          <div id = "result"><p> </p></div>
     </div>
</div></body></html>
```

如果 Greg 在提示时录入 "DorianDragon"，那么显示将会如下图所示。

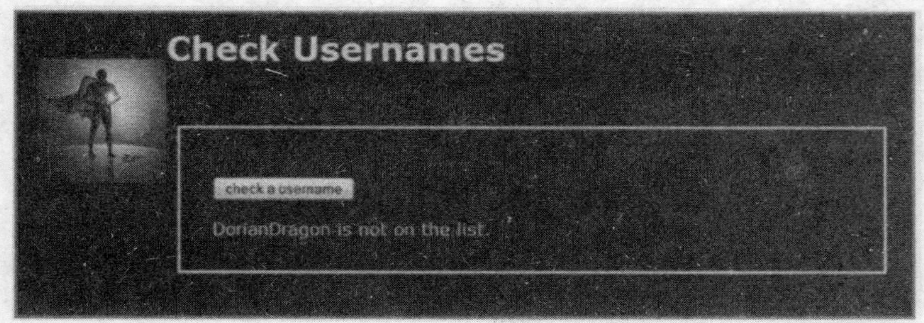

但是，如果 Greg 录入另一个用户，如 "arachnid54"，那么显示将会如下图所示。

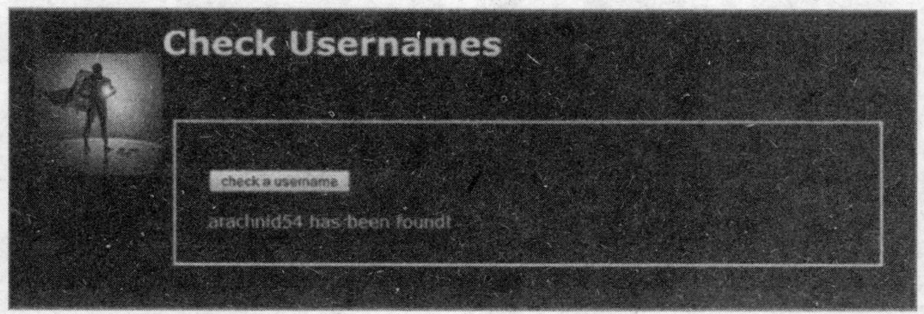

此时，Greg 可以告诉玩家要仔细地检查他的用户名拼写，或者编写更多程序代码以找出 DorianDragon 的近似匹配名字。不过这里，Greg 指出在名单中没有以 DorianDragon 为用户名的玩家。

9.4.2 线性搜索平行数组

如例 9.13 所示，搜索数组中特定项目的算法是很好的，但是搜索结果不是很有价值。我们在例 9.13 中获得的所有信息是：可以在用户名单中找到其用户名的某个人在某个时候玩了 Greg 的某个游戏。然而，我们往往想要更多的信息。如果在平行数组中存储不同类型的信息，我们就可以使用线性搜索找到一个信息并且使用那个元素的索引找到其他信息。

在例 9.14 中，我们为例 9.13 的程序添加几行代码，从而让我们显示一个玩家在 Greg's Gambits 网站上的所有信息。我们假定 Greg 已经把玩家的信息存储在平行数组 usernames()、points()、games() 和 playDates() 中。通常，应当在运行这个程序之前就预载这些数组，但是基于示范的目的，我们就在这里装载它们。

我们将创建新的源文件，这个文件不是存储函数库，而是存储数组。因为源文件是文本文件，所以 Greg 能够很容易地更新它，并且当我们更熟练时我们可以交互地更新它。我们把新文件命名为 gregPlayers.js，并且通过使用 .js 扩展名主程序也可以很容易地访问它。基于示范的目的，我们将用 10 个值（再加上一个文件结束标记）手工填充这 4 个数组。然后，我们将编写使用搜索技术的代码查找某个特定玩家的信息。

例 9.14 使用平行数组容易访问许多信息 应该把下列代码存储在独立的 gregPlayers.js 文件中：

```
function userArray()
{
```

```
    var usernames = new Array("EvilEddy","puppypal","crusher", ↵
        "DorienDragon","lizard","SmartCAR","granny", ↵
        "arachnid54","joneOfArk","lightfoot","*");
    return usernames;
}
function pointsArray()
{
    var points = new Array(234,345,567,678,890,1456,2387, ↵
        6743,221,584,-99);
    return points;
}
function gamesArray()
{
    var games = new Array("Hangman","Fortunes","Madlibs", ↵
        "Tictactoe","Hangman","15","Fortunes","15","Hangman", ↵
        "Battle","*");
    return games;
}
function datesArray()
{
    var playDates = new Array("Mar 01","Jan 24","Jun 16", ↵
        "Feb 28","Feb 12","Apr 04","Sep 11","Sep 19", ↵
        "Dec 02","Jan 15","*");
    return playDates;
}
```

现在，我们可以编写代码，将让 Greg 录入一个玩家的用户名，然后获取这个玩家的所有信息。那个页面将看起来像这样：

```
<html>
<head>
<title>Example 9.14</title>
<link href="greg.css" rel="stylesheet" type="text/css" />
<script type="text/javascript" src="gregPlayers.js"></script>
<script>
function getInfo()
{
    document.getElementById("name").innerHTML = " ";
    document.getElementById("pts").innerHTML = " ";
    document.getElementById("game").innerHTML = " ";
    document.getElementById("date").innerHTML = " ";
    document.getElementById("error").innerHTML = " ";
    usernames = userArray(); games = gamesArray();
    points = pointsArray(); dates = datesArray();
    var index = 0; var found = 0;
    var searchKey = prompt("Enter the name of the player to check:");
    var message = "Cannot find this player";
    while ((found == 0) && (usernames[index] != "*"))
    {
        if (usernames[index] == searchKey)
            found = 1;
        index = index +1;
    }
    if (found == 1)
    {
        document.getElementById("name").innerHTML = ("Player's ↵
                username: " + usernames[index-1]);
        document.getElementById("pts").innerHTML = ("Player's ↵
```

```
                      points to date: " + points[index-1]);
29.           document.getElementById("game").innerHTML = ("Last ↵
                      game played: " + games[index-1]);
30.           document.getElementById("date").innerHTML = ("Last ↵
                      login: " + dates[index-1]);
31.       }
32.       else
33.           document.getElementById("error").innerHTML = message;
34.  }
35.  </script>
36.  </head>
37.  <body>
38.  <div id="container">
39.       <img src="images/superhero.jpg" class="floatleft" />
40.       <h1>Check On a Player</h1>
41.       <div id="content" style="width: 600px; margin-left: ↵
                      auto; margin-right: auto;">
42.           <p><input type="button" value = "Get player's ↵
                      information" onclick="getInfo();" /></p>
43.           <div id = "name"><p> </div></p>
44.           <div id = "pts"><p> </div></p>
45.           <div id = "game"><p> </div></p>
46.           <div id = "date"><p> </div></p>
47.           <p><div id = "error"> </div></p>
48.       </div>
49.  </div>
50.  </body></html>
```

第 9 ~ 13 行清除上一次搜索的任何值。然后，在第 14 和 15 行通过调用源文件中的对应函数装载这些数组。在第 17 ~ 33 行的代码几乎与前面的例子相同，但是通过增加第 28 ~ 30 行，我们不仅找出一个玩家的用户名，也找出玩家的分数、上次玩的游戏和上次登录时间。这个程序举例说明在平行数组中存储信息的价值。一旦知道一个数组中某个项目的索引，我们就知道如何访问存储在所有并行数组中的信息。

如果 Greg 以用户名 crusher 搜索玩家，那么结果将看起来像这样：

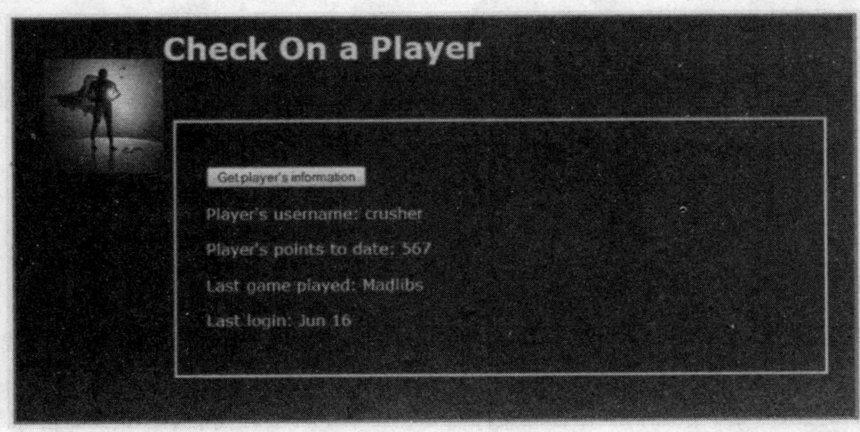

但是，如果 Greg 以用户名 kittyCat 搜索玩家，那么结果将看起来像这样：

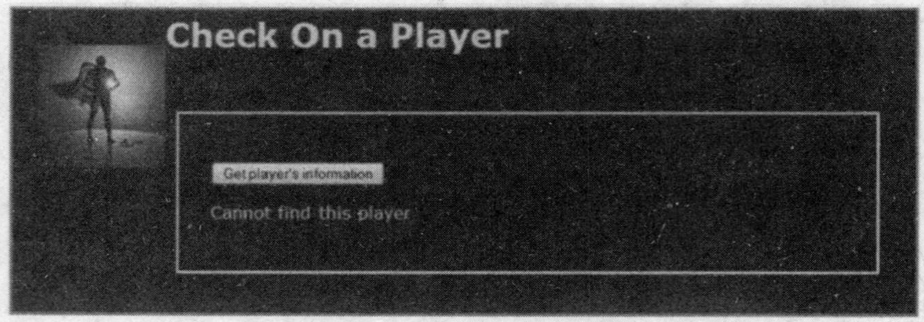

9.4 节检查点

9.16 在使用选择排序之前，数组元素是否需要已经排序？

使用下列代码回答检查点 9.17 ~ 9.20：

```
function userArray()
{
    var cars = new Array("van","convertible","hatchback", ↵
             "sedan","bus","matchbox","XYZ","*");
    var found = 0; var index = 0;
    var key = "sedan";
    while((found == 0) && (cars[index] != "XYZ"))
    {
        if(cars[index] == key)
            found = 1;
        index++;
        if(found == 1)
            document.write("You can buy a " + cars[index - 1]);
        else
            document.write("We do not have a " + cars[index - 1] ↵
                        + " to sell now.");
    }
}
```

9.17 这个数组的结束标记是什么？

9.18 在这个程序中什么变量表示一个标志变量？

9.19 在这个程序中 while 循环将遍历多少次迭代？

9.20 在（来自这个程序的）以下代码行中 index 的值是什么？

```
document.write("You can buy a " + cars[index - 1]);
```

9.5 搜索数组：二分搜索

二分搜索方法是一个从大量数据中搜索特定项目（称为搜索键）的好方法。它比线性搜索技术更有效率，但是需要被搜索的数组数据已经按数字或字母顺序排列。

为了解释二分搜索方法如何工作，假想你需要在一本字典中查找某个单词（即目标单词）。如果使用线性搜索查找，也就是从第一页开始然后一字一字地遍历字典，那么你可能花费几个小时或者几个月的时间。更合理的方法是在中间打开字典并且用目标单词检查那一页上的条目，以确定你翻页的页数是否太多或者不够多。如果翻页过多，就检查字典前半部分的中间页；如果翻页不够多，就检查字典后半部分的中间页。然后重复这些步骤，直至你找到目标单词。这个例子示范了二分搜索过程的基本思想。

9.5.1 二分搜索

要实现二分搜索，首先把搜索键（即**目标**）与给定数组的中间元素进行比较。因为数组数据是有序的，所以我们可以确定搜索键落在数组的哪一半。现在，我们把搜索键与这一半的中间元素进行比较，从而可以确定搜索键位于数组的哪个 1/4 部分。然后，我们查看在这个 1/4 部分中的中间条目，等等，继续这个过程直至找到搜索键。

在例 9.15 中，变量 low 和 high 表示正在考虑的数组部分中的最小和最大数组索引。回忆一下，最大的索引编号实际上等于数组元素数目减 1。如果数组的最大索引是 N，那么数组的元素数目是 N+1。

开始时，我们搜索整个数组，因此 low = 0 而 high = N。然而，在第一次尝试找到正在搜索的值（称为**键**）之后，我们或者搜索数组的前半部分或者后半部分。现在，我们或者移至前半部分（从索引值 0 到索引值 N/2）或者后半部分（从索引值 N/2 到索引值 N）。但是，如果 N 是奇数，那么 N/2 将不是整数。因此，我们需要强制使它是一个整数，从而使用 Math.round() 函数把这个数字舍入到最近的整数值。这样，由于 N/2 结果的小数部分总是 0.5，所以 Math.round(N/2) 将是上舍入。变量 index 表示正在考虑的数组部分的中间元素，因此 index 在开始时是 Math.round(N/2) 并且一般而言它是 low 和 high 的平均数：index = Math.round((low + high)/2)。当 N 是奇数时，index 将不是正中间，而是将比其数学中间值大 0.5。然而，这种情况不影响搜索。在检查整个数组的中间元素之后，我们将检查以下两半部分之一：或者将 low 设定为 0 且将 high 设定为 Math.round(N/2)；或者将 low 设定为 Math.round(N/2) 且将 high 设定为 N。

例 9.15 二分搜索学生数据 大多数学校保存学生的以往多年的记录，并且这些记录可能变得非常大。在这个程序中，我们示范如何搜索一个很大的按字母顺序存储的学生名字数组，以便查找一个名字。然后，由于学生数据存储在平行数组中，所以我们可以很容易地访问学生的全部记录。对于这个例子，我们假定存储的数据只是每个学生的名字（在数组 names() 中）、平均积分点（在数组 GPAs() 中）和电子邮件地址（在数组 emails() 中），并且假定这些数组存在且包含数据。我们也将假定有 20 个学生，因此 N 等于 20。

```
<html>
<head>
<title>Example 9.15</title>
<script>
var low = 0; var N = 20; var high = N;
var index = Math.round((N+1)/2);
var found = 0;
var key = prompt("Who are you looking for?");
while (found == 0 && low <= high)
{
    if (key == names[index])
        found = 1;
    if (key > names[index])
    {
        low = index + 1;
```

```
            index = Math.round((high + low)/2);
        }
        if (key < names[index])
        {
            high = index - 1;
            index = Math.round((high + low)/2);
        }
    }
    if (key != names[index])
        document.write("Student record not found. <br />");
    else
    {
        document.write("Student: " + names[index] + "<br />");
        document.write("Email: " + emails[index] + "<br />");
        document.write("GPA: " + GPAs[index] + "<br />");
    }
    </script>
    </head>
    <body>
    </body>
    </html>
```

在测试这个程序时，你可以在程序开始部分增加几行代码创建 3 个数组，并且使用一些虚构学生的名字、平均积分点和电子邮件地址填充这些数组。作为一个检查点练习，你可以做这件事并且为学生记录添加更多特性（使用更多平行数组）。

学生有时会感觉到老师知道很多他们的信息，这是因为每年有许多学生的老师经常花时间记录每个学生的细微事情。Carla 是一位对学生关怀备至的老师，她相信与学生父母的良好关系和与学生的良好关系一样重要。因此，每当要召开一次教师家长会，她就会尽可能多地准备每个学生的信息。她已经保留了连续多年的学生记录，当准备家长会时她就检查这些记录。她既查看学生的当前情况，也查看学生是否有哥哥或姐姐在她的往年班级中。她把往年的学生信息记录在平行数组中，包括每个学生的名字、学生父母的名字和她为每个学生记录的笔记信息（包括学生的特殊个人信息和家庭信息）。她也记录现在的学生及其学业进展情况。

但是，由于 Carla 已执教很多年，所以她的记录变得相当长。在这种情况下，程序要利用二分搜索最有效地获取她需要的信息。

例 9.16 让 Carla 快速找到一个学生的所有相关信息。对于这个例子，我们将使用一个外部源文件存放 4 个函数，这些函数分别用学生的姓（pastNames()）、往年学生的名字（pastStuNames()）、父母的名字（pastParentNames()）和关于那些学生的笔记（pastStuNotes()）装载到一个平行数组中。我们的例子将有 20 条记录，但是如果 Carla 是一位真实的老师并且这些数组要反映真实的记录，就很有可能有数以百计的记录。我们的外部文件命名为 carlaRecords.js。

Carla 将能够输入一个现在学生的姓，从而可以从这些往年信息中找出与这个学生相关的所有信息。在这个例子中，因为只使用 20 条记录，所以 N 将是 20。我们将使用二分搜索查找那个包含学生姓的数组，以找出 Carla 感兴趣的学生。因为二分搜索在开始搜索之前要求数组是已排序的，所以这个外部文件也包含一个将被主程序调用的冒泡排序函数，这个函数将在装载这个数组之后并且在调用这个搜索函数之前排序这个数组。这个外部文件在这个例子中展示。

例 9.16　使用二分搜索帮助 Carla

```
function pastNames()
{
      var pastNames = new Array("Morris" , "Kim" , "Arora" , ↵
            "Anderson" , "Jones" , "Thompson" , "Smith" , ↵
            "Bennett" , "Peterson" , "Rodriguez" , "Lopez" , ↵
            "Vargas" , "McKay" , "Norris" , "Clausen" , "Smolen" , ↵
            "Goldman" , "Stein" , "Franks" , "Chen","*");
      return pastNames;
}
function pastStudents()
{
      var pastStuNames = new Array("Janey" , "Jo" , "Sonia" , ↵
            "Tommy" , "Gene Junior" , "Anne and Joey" , "Howie, ↵
            Sammy, Margie" , "Summer" , "Cheyenne and Connor" , ↵
            "Eva, Gladys, and Mario" , "Carlos" , "Marisol" , "James" , ↵
            "Charlie" , "Andrew" , "Nick" , "Barbara" , "Rebecca and ↵
            Ruth" , "Morgan" , "Milton, Patricia, and Edward" , "*");
      return pastStuNames;
}
function pastParents()
{
      var pastParentNames = new Array("Joan and Jim Morris","Kate ↵
            and Chul Kim" , "Achir Arora" , "Janet Anderson" , ↵
            "Eugene and Deborah Jones" , "Trevor Thompson" , "Sue ↵
            and Jim Smith" , "Peter and Rona Bennett" , "Wendy ↵
            Peterson" , "Mike and Misty Rodriguez" , "Rosa Lopez" , ↵
            "Juan Vargas" , "David and Rachel McKay" , "Charles ↵
            Norris" , "Andy and Anna Clausen" , "Dmitri and Masha ↵
            Smolen" , "Herschel Goldman" , "Laura Stein" , "Karen ↵
            and Tom Franks" , "Lilly and Harold Chen" , "*");
      return pastParentNames;
}
function oldNotes()
{
      var pastStuNotes = new Array("concerned, caring", ↵
            "overanxious but sweet" , "single dad, super bright ↵
            daughter" , "single working mom, tired but helpful" , ↵
            "sensed tension between parents" , "stay-at-home ↵
            dad, disabled, good relationship with children" , ↵
            "very hard to contact, didn't seem to care about ↵
            school" , "artistic family" , "expectations for her ↵
            children too high" , "great people! no wonder kids are ↵
            so great" , "working single mom trying very hard" , ↵
            "language barrier -- no English" , "said grandparents ↵
            do most of the parenting" , "brought in live-in ↵
            girlfriend, seems unaware of son's schoolwork" , ↵
            "blamed each other for everything!" , "recently ↵
            arrived in US, little English but very concerned ↵
            couple" , "single dad, good support from grandparents" , ↵
            "overachieving mom wants same for daughters - may ↵
            not be possible with older child" , "high-powered ↵
            executives, childcare goes to nannies and household ↵
            help" , "can't they all be like the Chens?" , "*");
      return pastStuNotes;
}
function bubbleIt(lgth, arrayName1, arrayName2, arrayName3, arrayName4)
{
```

```
23.         var flag = 0; var temp1 = 0; var temp2 = 0;
24.         var temp3 = 0; var temp4 = 0;
25.         while (flag == 0)
26.         {
27.              flag = 1;
28.              for (var k = 0; k <= (lgth - 2); k++)
29.              {
30.                   if (arrayName1[k] > arrayName1[k + 1])
31.                   {
32.                        temp1 = arrayName1[k];
33.                        arrayName1[k] = arrayName1[k + 1];
34.                        arrayName1[k + 1] = temp1;
35.                        temp2 = arrayName2[k];
36.                        arrayName2[k] = arrayName2[k + 1];
37.                        arrayName2[k + 1] = temp2;
38.                        temp3 = arrayName3[k];
39.                        arrayName3[k] = arrayName3[k + 1];
40.                        arrayName3[k + 1] = temp3;
41.                        temp4 = arrayName4[k];
42.                        arrayName4[k] = arrayName4[k + 1];
43.                        arrayName4[k + 1] = temp4;
44.                        flag = 0;
45.                   }
46.              }
47.         }
48.    }
```

注意，冒泡排序函数（第 21 ~ 48 行）立刻排序这 4 个数组。一旦在第一数组中识别出要交换的元素，就为所有 4 个数组进行相同的交换。如果没有同时排序所有数组，那么结束时 Janey 的父母 Joan 和 Jim Morris 就可能变成 Peter 和 Rona Bennett。

下面给出这个程序的主要代码以及后面的解释：

```
<html>
<head>
<title>Example 9.16</title>
<link href="carla.css" rel="stylesheet" type="text/css" />
<script type="text/javascript" src="carlaRecords.js"></script>
<script>
function getInfo()
{
     document.getElementById("name").innerHTML = " ";
     document.getElementById("sibling").innerHTML = " ";
     document.getElementById("parents").innerHTML = " ";
     document.getElementById("notes").innerHTML = " ";
     document.getElementById("error").innerHTML = " ";
     var sibs = new Array(); var last = new Array();
     var parents = new Array(); var myNotes = new Array();
     var key = prompt("Enter the last name of the student to check:");
     last = pastNames(); sibs = pastStudents();
     parents = pastParents(); myNotes = oldNotes();
     var N = (last.length - 1);
     var low = 0; var high = N; var found = 0;
     bubbleIt(N, last, sibs, parents, myNotes);
     var index = Math.round((N+1)/2);
     var message = "<h3>No past information on " + key + "</h3>";
     while (found == 0 && low <= high)
     {
          if (key == last[index])
```

```
27.                 found = 1;
28.             if (key > last[index])
29.             {
30.                 low = index + 1;
31.                 index = Math.round((high + low)/2);
32.             }
33.             if (key < last[index])
34.             {
35.               high = index - 1;
36.               index = Math.round((high + low)/2);
37.             }
38.         }
39.         if (key != last[index])
40.             document.getElementById("error").innerHTML = message;
41.         else
42.         {
43.             document.getElementById("name").innerHTML = ↵
                        ("<h3>Student: "+last[index]+"</h3>");
44.             document.getElementById("sibling").innerHTML = ↵
                        ("<h3>Sibling(s): "+sibs[index]+"</h3>");
45.             document.getElementById("parents").innerHTML = ↵
                        ("<h3>Parents: "+parents[index]+"</h3>");
46.             document.getElementById("notes").innerHTML = ↵
                        ("<h3>Notes: "+myNotes[index]+"</h3>");
47.         }
48.     }
49.     </script>
50.     </head>
51.     <body>
52.     <div id="container">
53.         <h2>Prepare for Parent Conference</h2>
54.         <div id = "content" style="width: 700px; margin-left: ↵
                        auto; margin-right: auto;">
55.             <p><input type="button" value = "Get student's ↵
                        information" onclick="getInfo();" /></p>
56.             <div id = "name"><h3>  </h3></div>
57.             <div id = "sibling"><h3>  </h3></div>
58.             <div id = "parents"><h3>  </h3></div>
59.             <div id = "notes"><h3>  </h3></div>
60.             <div id = "error"><h3>  </h3></div>
61.         </div>
62.         <div style="clear:both;"></div>
63.     </div>
64.     </body></html>
```

函数的前5行（第9～13行）简单地清除将用来在网页上显示信息的<div>区域。第14和15行创建4个新的数组对象last()、sibs()、parents()和myNotes()。第17和18行调用外部文件中的函数填充这些数组。

第16行提示Carla录入她感兴趣学生的姓，第19和20行创建并且初始化这个程序需要的变量。第19行将N设置为数组的元素数目减1，因为每个数组的长度是20个元素加上一个文件结束标记，而我们不想在搜索中包含这个文件结束标记。现在，每当Carla把数据添加到这些数组时，这些代码仍然将正常工作。

第21行调用外部文件中的排序例程bubbleIt()，在执行这行后就排序了所有4个数组。第一个数组last是按字母顺序，同时排序了另外3个数组使其每个元素对应于正确的姓。第22行开始搜索Carla录入的学生信息。

二分搜索开始时将搜索的数组分成两半，较小的一半从元素 0 开始直到数组的中间。正如前面已提到，我们使用 Math.round() 方法处理含有偶数个元素的数组。标志变量 found 初始化为 0，并且只有当发现这个 key（被搜索的值）与某个数组元素匹配时才把它更改为 1。那时，这个元素的索引值是变量 index 的值。由于这些数组是平行的，所以通过使用 index 的值可以识别所有其他数组的正确元素。该搜索起始于 low = 0，high 等于数组中最高元素的索引，而中间索引等于 Math.round((N+1)/2)。

二分搜索首先用 key 与中间的数组元素进行比较。如果 key 匹配某个元素（第 26 行的测试），那么将 found 设为 1（第 27 行）并且搜索结束。如果 key 比中间值（last[index]）大，我们就知道将在数组的高半部分查找这个 key，因此修改边界值：low 的值现在等于旧的中间索引值加 1（第 30 行），而 high 保持不变。新的中间索引值是 low 与 high 之和的平均数，再舍入到一个整数（第 31 行）。在 while 循环的下一次遍历中，我们将把 key 与数组的高半部分的中间元素值进行比较。

然而，如果开始时 key 小于中间值，我们就知道正在寻找的值在数组的低半部分。现在，我们把 high 设置为开始的中间索引值减 1（第 35 行），而 low 保持不变。新的中间索引值是边界值（high 和 low）的平均数，并且舍入到一个整数（第 36 行）。在 while 循环的下一次遍历中，我们将把 key 与数组的低半部分的中间元素值进行比较。

该 while 循环结束于以下两个可能条件之一变为 false，或者 found 不再等于 0（当找到匹配时发生）或者 low 等于 high。第二个条件只有当已经检查了数组的所有元素并且没有匹配时才发生，因此当退出 while 循环时我们知道：如果 found = 1，我们就知道有一个匹配并且 index 的值指出与哪个元素匹配；如果 found = 0，我们就知道没有匹配，要查找的元素在这个数组中不存在。

因此，我们或者显示信息没有找到匹配的元素（第 39 ~ 40 行）或者显示请求的所有信息（第 43 ~ 46 行）。

如果 Carla 查找名为 Stein 的学生信息，那么显示将首先看起来像这样：

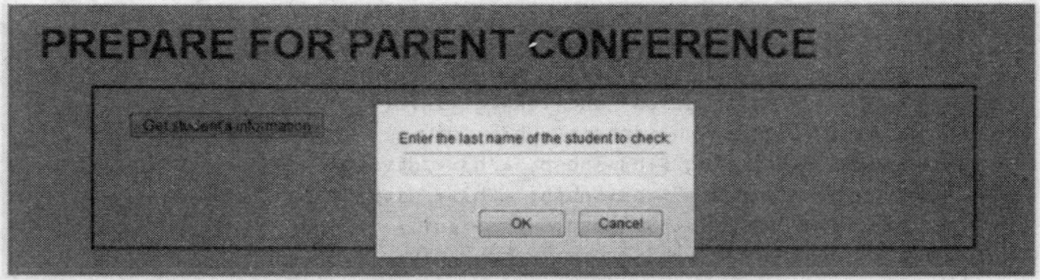

在单击 OK 按钮后，将出现以下信息：

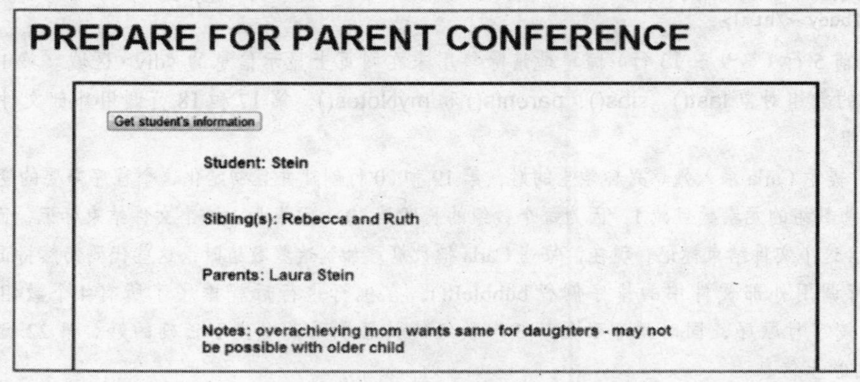

但是，如果 Carla 查找名为 Kruger 的学生信息，那么显示将看起来像这样：

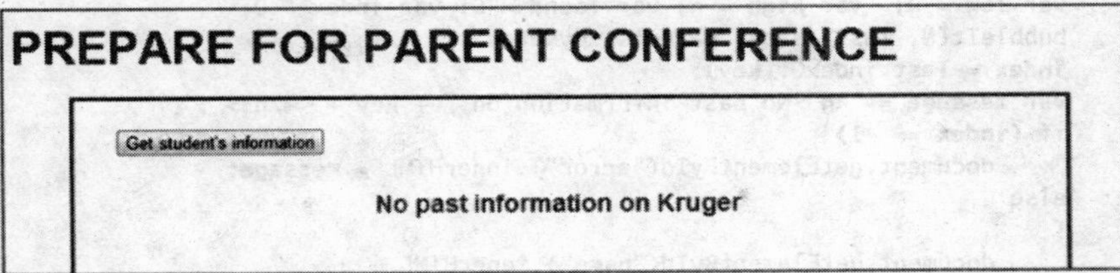

9.5.2 让编程更容易：indexOf() 方法

今天，人们似乎相信每件东西都有一个快捷方式。通常，这是真的。我们学习了排序数组的两个排序例程：选择排序和冒泡排序。然后，我们学习了在单条语句中使用已经编好的方法排序数组，sort() 方法将做这件事。不幸地，当我们想要使用平行数组时这个方法不是很有帮助，因此知道如何编写自己的排序代码是很重要的。

我们还学习了使用线性搜索或二分搜索算法编写搜索数组的代码。但是 JavaScript 有两种方法让我们用一条语句查找一个值。如例 9.16 所示，如果平行数组已排序，那么我们可以使用 indexOf() 方法或 lastIndexOf() 方法在数组中搜索期望的元素，并且根据返回的索引值访问平行数组中的所有对应元素。

9.5.2.1 indexOf() 方法

indexOf() 方法在数组中搜索一个指定项目并且返回这个项目在数组中的位置。这个位置是那个元素在数组中的索引值，使用这个方法的语法如下：

```
var veggies = new Array("lettuce", "carrots", "celery", "peppers");
var bestVeggie = veggies.indexOf("celery");
```

因为 veggies[2] 是 "celery"，所以这个代码的结果是 bestVeggie 等于 2。

如果没有找到搜索的项目，那么返回值将是 -1。indexOf() 方法也让你从指定的位置开始搜索数组，默认开始位置是 0，也就是第一个元素。因此这个方法的一般语法如下：

```
arrayName.indexOf(search_item, start_position)
```

在例 9.17 中，我们现在可以简化上一个例子的代码。新代码不包含二分搜索的代码，而是使用 indexOf() 方法的一条语句。以下只展示 getInfo() 函数。

例 9.17 使用二分搜索帮助 Carla

```
function getInfo()
{
     document.getElementById("name").innerHTML = " ";
     document.getElementById("sibling").innerHTML = " ";
     document.getElementById("parents").innerHTML = " ";
     document.getElementById("notes").innerHTML = " ";
     document.getElementById("error").innerHTML = " ";
     var sibs = new Array(); var last = new Array();
     var parents = new Array(); var myNotes = new Array();
     var key = prompt("Enter the last name of the student to check:");
     last = pastNames(); sibs = pastStudents();
```

```
        parents = pastParents(); myNotes = oldNotes();
        var N = (last.length - 1);
        var low = 0;  var high = N; var found = 0; var index = 0;
        bubbleIt(N, last, sibs, parents, myNotes);
        index = last.indexOf(key);
        var message = "<h3>No past information on " + key + "</h3>";
        if (index == -1)
            document.getElementById("error").innerHTML = message;
        else
        {
            document.getElementById("name").innerHTML = ↵
                  ("<h3>Student: " + last[index] + "</h3>");
            document.getElementById("sibling").innerHTML = ↵
                  ("<h3>Sibling(s): " + sibs[index] + "</h3>");
            document.getElementById("parents").innerHTML = ↵
                  ("<h3>Parents: " + parents[index] + "</h3>");
            document.getElementById("notes").innerHTML = ↵
                  ("<h3>Notes: " + myNotes[index] + "</h3>");
        }
}
```

9.5.2.2 lastIndexOf() 方法

类似于 indexOf()，lastIndexOf() **方法**在数组中搜索一个指定项目，但是如果没有指定开始位置，那么它将从末端开始搜索直至开始位置。如果没有找到那个项目，就返回 -1，与 indexOf() 方法相同。如果找到那个项目，该方法将返回那个项目在数组中的位置。使用这种方法的语法如下：

```
var colors = new Array("blue", "red", "yellow", "green", "orange");
var bestColor = color.lastIndexOf("green");
```

因为 colors[3] 的值是 "green"，所以这个代码的结果是 bestColor 等于 3。

lastIndexOf() 方法也让你从指定位置开始搜索数组，其默认起始位置是数组末端。因此，这个方法的一般语法如下：

```
arrayName.lastIndexOf(search_item, start_position)
```

9.5.2.3 定时器！使用 setInterval() 和 clearInterval() 方法

setInterval() **方法**将按给定的时间间隔每次执行一个函数，这个函数的语法如下：

```
setInterval(function_name, milliseconds);
```

你可以通过使用 clearInterval() **方法**停止执行在 setInterval() 函数中指定的函数，该函数接收的实参是从 setInterval() 返回的变量。下面展示使用这些方法的一个常规例子，在例 9.18 中，当用户单击 Start It 按钮时程序将每 2 秒更新一次时间，并且当用户单击 Stop It！按钮时将停止更新时间。

例 9.18　使用定时器

```
<html>
<head>
<title>Example 9.18</title>
</head>
<body>
<p>Start the timer or stop the timer:</p>
<button onclick="doSomething()">Start it</button>
<button onclick="stopIt()">Stop it!</button>
```

```
<script>
     var begin;
     function doSomething()
     {
          begin = setInterval(function(){timeIt()},2000);
     }
     function timeIt()
     {
          var day = new Date();
          var time = day.toLocaleTimeString();
          document.getElementById("result").innerHTML = time;
     }
     function stopIt()
     {
          clearInterval(begin);
     }
</script>
<p><div id = "result"> </div></p>
</body></html>
```

注意，在这个例子中为定时器编写的 JavaScript 代码放置在 HTML 主体中。如果愿意，你可以使用定时器改进我们为 Greg's Gambits 创建的一些游戏或者为 Carla's Classroom 网站制作的一些测试。

9.5 节检查点

9.21　在使用二分搜索之前必须排序数组元素吗？

9.22　如果数组有 250 个元素，那么在二分搜索中 low、high 和 index（如果 index 表示数组的中间元素）的初始值是什么？

9.23　在使用二分搜索中，确定中间值时为什么必须使用 Math.round() 方法？

为检查点 9.24 和 9.25 使用以下数组：

```
var nums = new Array(12, 14, 20, 22, 29, 32, 35, 35, 43);
```

9.24　要在二分搜索中找到值为 20 的数组元素的索引值需要多少次迭代？

9.25　在执行以下语句后，index 的值是什么？

```
var key = 20;
index = nums.indexOf(key);
```

9.6　操作实践

在本节中，我们将开发一个添加到 Greg's Gambits 的游戏和一门添加到 Carla's Classroom 的数学课。

9.6.1　Greg's Gambits：Greg 的拼字游戏

这个程序是拼字游戏的简化版本。在真实的拼字游戏中，玩家必须从排成正方形的 9 个任意选择的字母中生成尽可能多的单词。计算机能够模拟这个游戏，做法是产生随机字母并使用在线字典检查玩家构建的单词是否是真实的单词。对于这个例子，由于不是每个人都能够使用在线字典，所以我们不这样做。相反，我们将使用 5 组已挑选的字母，然后开发一个程序，显示一组字母并让玩家录入他能够从那些字母构造的所有单词。由于我们已经创建了所有可能的单词，所以只需要检查玩家构建的单词是否在包含所有可能单词的数组中。

9.6.1.1 开发程序

在文件 gregBoggle.js 中，定义了 5 个数组并且每个数组保存挑选的字母及其可能的单词。通过使用源文件，可以简化主程序并且更容易管理。此外，你可以随时向这个文件添加其他挑选的字母组以提高游戏难度。文件 gregBoggle.js 已存放在 Student Data Files 中。你可以从每组挑选的字母中找出比本书作者挑选的更多的单词，如果你发现一个不在数组中的单词，就简单地把它添加到列表中，从而改进这个程序并且不必修改其他地方。

9.6.1.2 设置阶段

开始时，我们创建包含这个游戏的网页并在 play_games.html 页面上放置一个链接。我们将这个拼字游戏页面命名为 greg_boggle.html，因此在 play_games.html 上放置一个到 greg_boggle.html 页面的链接。这个 play_games.html 页面现在将看起来像这样：

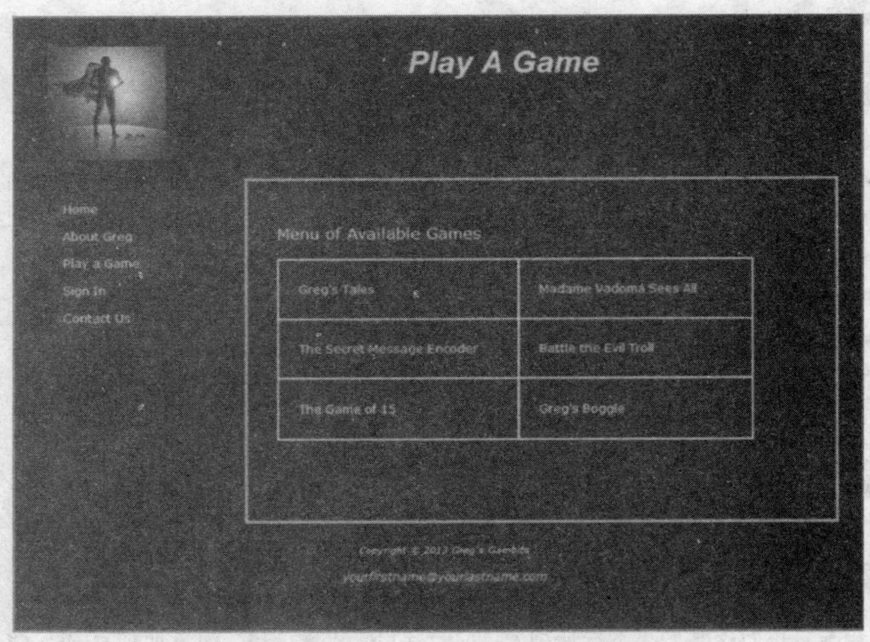

我们将使用 Greg's Gambits 网站的模板创建这个 Greg 拼字游戏页面。在这个页面上，我们需要一个用于显示挑选字母的区域、一个用于玩家创建单词的区域和一个用于显示结果（包括分数和其他相关信息）的区域。这个页面的 HTML 代码如下：

```
<body>
<div id="container">
    <img src="images/superhero.jpg" class="floatleft" />
    <h1><em>Greg's Game of Boggle</em></h1>
    <div id="nav">
        <p><a href="index.html">Home</a>
        <a href="greg.html">About Greg</a>
```

```
        <a href="play_games.html">Play a Game</a>
        <a href="sign.html">Sign In</a>
        <a href="contact.html">Contact Us</a></p>
    </div>
    <div id="content">
        <p>The object of the game is to create as many words as ↵
                  you can, in a given time limit, from the ↵
                  letters shown below. When you are ready to ↵
                  begin, click the button.</p>
        <p><input type="button" value = "begin the game" onclick = ↵
                  "boggle();" /></p>
        <h2><br /><br />Letters you can use:<br /><div id = ↵
                  "letters"> </div><br /></h2>
        <h2>Your words so far: <br /><div id = "entries">   ↵
                  </div><br /></h2>
        <h2>Results:<br /><div id = "result"> </div></h2>
    </div>
    <div id="footer">Copyright &copy; 2013 Greg's Gambits<br />
    <a href = "mailto:yourfirstname@yourlastname.com"> ↵
                  yourfirstname@yourlastname.com</a> </div>
</div>
</body></html>
```

如果你把在其 id="content" 的 <div> 区域中的 HTML 代码录入 Greg 网站中的某个页面，那么你的新网页应该看起来像这样：

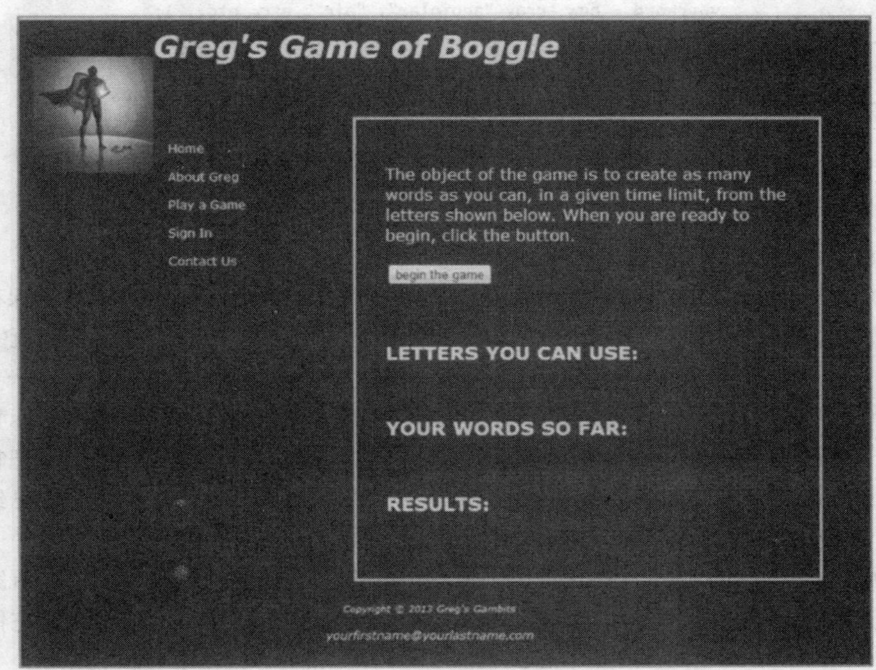

创建 boggle() 函数 现在，我们将致力于实现游戏的 JavaScript 代码。首先，我们把那个外部文件添加到 <head> 区域：

```
<script type="text/javascript" src="gregBoggle.js"></script>
```

目前，这个文件包含 5 个字符串数组。在每个数组中，第一项有一定数目的无特定次序的字母，而其他项是可以从这些字母创建的真实单词。玩家每次玩游戏时，主程序必须从这些数组选择一个。当调用外部文件中的这个函数时，我们将创建一个从 1 ~ 5 的随机数并且把这个数作为实参传递给这个函数。基于接收的数字，该函数将使用 switch 语句选择使用哪个数组。在外部文件中的代码看起来如下所示，但是为了节省空间只完整地给出第一个数组：

```
function words(x)
{
	switch (x)
	{
		case 1:
			var word = new Array("balte", "table", "hat", "tab",↵
					"belt", "lab", "eat", "tea", "ate", ↵
					"tale", "bale", "let", "bet", "teal", ↵
					"late", "beat");
			break;
		case 2:
			var word = new Array("atwre", "water", "wet", ↵
					"wear", "tear", "war", "rat", etc. etc...);
			break;
		case 3:
			var word = new Array("dclaen", "can", etc. etc...);
			break;
		case 4:
			var word = new Array("aepinlar", "air", etc. etc...);
			break;
		case 5:
			var word = new Array("redykboa", "keyboard", "key", ↵
					"board", "bored", "bore", etc. etc...);
			break;
	}
	return word;
}
```

现在我们将开发这个游戏。在声明一些必要的变量之后，我们需要产生一个从 1 ~ 5 的随机数，这个数将作为实参传递给函数 words()。我们也将创建几个新的 Array 对象，一个保存游戏进行时玩家创建的所有单词，另一个保存从 words() 函数返回的数组，第三个保存一组玩家构建的无效单词。

当在屏幕上显示挑选的字母时，游戏开始，提示玩家录入一个单词并且将继续提示直至他不能在挑选的字母中找出任何其他单词。每次玩家录入一个单词时，将使用 push() 方法把它添加到玩家录入的单词数组中。也将在屏幕上显示这个单词，以便玩家能够记录迄今为止他已经录入的单词。

一旦玩家完成了单词录入，我们就需要检查他的分数。对于这个游戏，分数只是玩家找出的有效单词的数目，因此我们需要找出不是有效单词的录入并且从计数中除去。通过把它们添加到无效录入数组，我们也可以记录这些信息。

要显示无效单词列表，我们将使用 Array 对象的另一种方法，即 toString() 方法。

toString() 方法　**toString() 方法**用于将数字转换成字符串，但是它也是 Array 对象的方法。当用于一个数字或者一个有数字值的变量时，它把那个值转换成一个字符串。当用于数组时，通过用逗点分隔每个元素，它把数组中的所有元素转换成一个字符串并且返回这个结果。当然，原始数组保持不变。例 9.19 展示使用 toString() 方法的结果，这个例子展示 toString() 方法的不同应用将如何产生不同的结果。

基数是数字系统的基础。我们的数字系统是十进制，因此我们数字系统的基数是 10。通过包含一个基数参数，toString() 方法将十进制数转换成任何基数（从 2 ~ 36）的数字。当然，我们很少对以 13 或 25 为基数的数字感兴趣，但是我们经常对数字的二进制或十六进制表示感兴趣。假定 x 是一个数字变量，将一个数字转换成不同基数的语法如下：

```
var newBase = x.toString(y);  where y represents the radix
```

toString() 方法也有其他相关用法，尤其是在我们现在开发的游戏中。它将数组的所有元素转换成一个字符串。例 9.19 示范 toString() 方法如何将十进制数转换成二进制和十六进制数，以及将数组转换成一个字符串。

例 9.19　使用 toString() 方法

```
<html>
<head>
<title>Example 9.19</title>
<script>
function use_toString()
{
      var names = new Array(" Janey", " Joey", " Joanie", " Jimmy", ↵
                     " Jessie", " Johnnie", " Jackie", " Jamie", ↵
                     " Jake", " Jocelyn");
      var num = 12345678;
      var namesString = names.toString();
      var numBase2 = num.toString(2);
      var numBase16 = num.toString(16);
      document.getElementById("number").innerHTML = num;
      document.getElementById("base2").innerHTML = numBase2;
      document.getElementById("base16").innerHTML = numBase16;
      document.getElementById("array_result").innerHTML = namesString;
}
</script>
</head>
<body>
<div id = "content" style="width: 700px; margin-left: auto; ↵
                     margin-right: auto;">
      <h2>Using the toString() Method</h2>
      <p><input type="button" value = "the toString() method" ↵
                     onclick="use_toString();" /></p>
      <h3>The original number is: <div id = "number">   ↵
                     </div></h3>
      <h3>The number in binary (base 2) is:<div id = "base2"> ↵
                       </div></h3>
      <h3>The number in hexadecimal (base 16) is:<div id = ↵
                     "base16">  </div></h3>
      <h3>The array consists of the following names:<div id = ↵
                     "array_result"> </div></h3>
</div>
</body></html>
```

如果运行这个程序，那么输出将会如下图所示。

Using the toString() Method

the toString() method

The original number is:
12345678

The number in binary (base 2) is:
101111000110000101001110

The number in hexadecimal (base 16) is:
bc614e

The array consists of the following names:
Janey, Joey, Joanie, Jimmy, Jessie, Johnnie, Jackie, Jamie, Jake, Jocelyn

现在，我们已经准备好编写运行 Greg 版本的拼字游戏的函数。

boggle() 函数　boggle() 函数的代码如下：

```
function boggle()
{
     var play = "";
     var score = 0; var flag = 0;
     var num = Math.floor(Math.random()*5) + 1;
     compWords = new Array(); notAword = new Array();
     playWords = new Array();
     compWords = words(num);
     yourWord = compWords[0];
     document.getElementById("letters").innerHTML = yourWord;
     //get player entries
     while (play != "Q")
     {
          play = prompt("enter a word or enter Q when done");
          playWords.push(play);
          if(play != "Q")
               document.getElementById("entries").innerHTML = ↵
                    playWords.toString();
     }
     //check winning score and list bad words
     var complgth = compWords.length;
     var playlgth = (playWords.length - 1);
     for (var i = 0; i < playlgth; i++)
     {
          flag = 0;
          for (var k = 0; k < complgth; k++)
          {
               if(playWords[i] == compWords[k])
               {
                    score++;
                    flag = 1;
               }
          }
          if (flag == 0)
               notAword.push(playWords[i]);
     }
     document.getElementById("result").innerHTML = ("Your score ↵
                         is " + score + ". The following entries ↵
                         are not valid words: <br />" + ↵
                         notAword.toString());
}
```

在这些代码中，第 3 和 4 行声明并且初始化变量。第 5 行生成一个可能是 1、2、3、4 或 5 的随机数。第 6 和 7 行创建需要的 3 个 Array 对象。第 8 行通过向外部文件中的函数传递生成的随机数（num）装载含有已选择字母的数组，并且将结果存储在 compWords() 数组中。通过使用 switch 语句，外部文件使用 num 的值从 5 个数组中挑选一个，然后把那个数组返回给主程序的 compWords()。

第 9 行把 compWords() 数组的第一个元素存储到变量 yourWord 中，接着把这个变量存储的已选择字母显示在网页上（第 10 行）。然后游戏开始。

玩家可以继续录入单词，直至他通过录入 "Q" 决定退出。每次玩家录入一个单词，就使用 push() 方法把它添加到 playWords() 数组中（第 15 行）。在第 16 和 17 行的 if 语句查看用户是否录入 "Q"。如果不是，就生成并且显示一个包含在 playWords() 数组中目前为止所有单词的字符串。然而，如果玩家录入 "Q"，就将不执行这个子句。这确保最后录入的 Q 不会显示为玩家的录入部分。在整个游戏过程中，每当玩家录入一个新单词，该网页就显示迄今为止录入的单词。

一旦玩家完成录入单词，程序就得到玩家的分数，也就是已创建的有效单词的数目，程序也区分无效单词并且在网页上显示。为了做这件事情，程序必须将录入的每个单词与 compWords() 数组中的有效单词进行比较。这两个数组的长度将很少是相同的（只有凑巧），因此第 20 和 21 行获取每个数组的长度。需要使用嵌套循环找出哪些单词是有效的和哪些是无效的。

外部 for 循环起始于第 22 行，它的迭代次数与玩家的 playWords() 数组中的单词数一样多。在这种情形下，第 24 行将 flag 设置为 0，它用于标识一个单词在什么时候是有效的。如果玩家的单词与 compWords() 数组的每个元素进行比较并且没有发现匹配，那么 flag 将保持 0 并且知道这次录入不是一个有效单词。

内循环起始于第 25 行，它从 playWords() 数组取出一个单词并把它与 compWords() 数组的每个元素进行比较。因此，它执行的次数与 compWords() 数组的元素数目一样多。如果发现一个匹配，就执行在第 27 ~ 31 行上的 if 子句，将玩家的分数按 1 递增并且把 flag 设定为 1。如果没有发现匹配，就执行在第 33 和 34 行上的 if 子句，使用 push() 方法把无效录入添加到第三个数组 notAword() 中。

在外循环的一次遍历结束时，内循环就把玩家的一个单词与计算机的每个单词进行比较，从而判断是否有一个匹配而增加分数，或者如果没有匹配，就把这个单词添加到无效单词列表中。

在外循环的所有遍历结束时，就处理完了玩家录入的每个单词，从而得到最终分数和所有无效单词的最终列表。该嵌套循环结束，第 36 行把这些结果显示在网页上。

9.6.1.3　将所有代码放在一起

我们现在将所有的代码放在一起，你可以试一试！

```
1.  <html>
2.  <head>
3.  <title>Greg's Gambits | Greg's Boggle</title>
4.  <link href="greg.css" rel="stylesheet" type="text/css" />
5.  <script type="text/javascript" src="gregBoggle.js"></script>
6.  <script>
7.  function boggle()
8.  {
9.       var play = "";
10.      var score = 0; var flag = 0;
11.      var num = Math.floor(Math.random()*5) + 1;
12.      compWords = new Array; notAword = new Array;
13.      playWords = new Array();
```

```
    compWords = words(num);
    yourWord = compWords[0];
    document.getElementById("letters").innerHTML = yourWord;
    //get player entries
    while (play != "Q")
    {
        play = prompt("enter a word or enter Q when done");
        playWords.push(play);
        if(play != "Q")
            document.getElementById("entries").innerHTML = ↵
                playWords.toString();
    }
    //check winning score and list bad words
    var complgth = compWords.length;
    var playlgth = (playWords.length - 1);
    for (var i = 0; i < playlgth; i++)
    {
        flag = 0;
        for (var k = 0; k < complgth; k++)
        {
            if(playWords[i] == compWords[k])
            {
                score++;
                flag = 1;
            }
        }
        if (flag == 0)
            notAword.push(playWords[i]);
    }
    document.getElementById("result").innerHTML = ("Your score ↵
                            is " + score + ". The following entries↵
                            are not valid words: <br />" +↵
                            notAword.toString());
}
</script>
</head>
<body>
<div id="container">
    <img src="images/superhero.jpg" class="floatleft" />
    <h1><em>Greg's Game of Boggle</em></h1>
    <div id="nav">
        <p><a href="index.html">Home</a>
        <a href="greg.html">About Greg</a>
        <a href="play_games.html">Play a Game</a>
        <a href="sign.html">Sign In</a>
        <a href="contact.html">Contact Us</a></p>
    </div>
    <div id="content">
        <p>The object of the game is to create as many words↵
                as you can, in a given time limit, from the↵
                letters shown below. When you are ready to ↵
                begin, click the button.</p>
        <p><input type="button" value = "begin the game" ↵
                onclick = "boggle();" /></p>
        <h2><br /><br />Letters you can use:<br /><div id = ↵
                "letters"> </div><br /></h2>
        <h2>Your words so far: <br /><div id = "entries"> ↵
                  </div><br /></h2>
        <h2>Results:<br /><div id = "result"> </div></h2>
```

```
        </div>
        <div id="footer">Copyright &copy; 2013 Greg's Gambits<br />
            <a href="mailto:yourfirstname@yourlastname.com"> ↲
                          yourfirstname@yourlastname.com</a></div>
</div>
</body></html>
```

如果你编写并且运行这个程序，那么这里是一些可能的输出。首先，显示选择的字母：

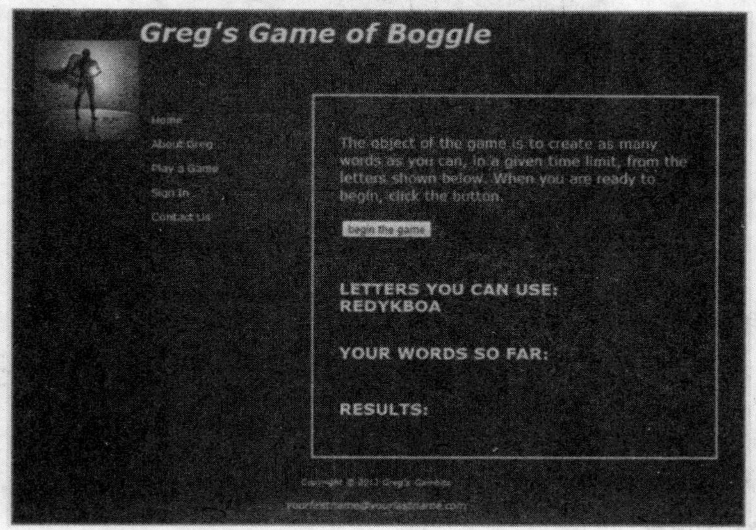

出现如下提示：

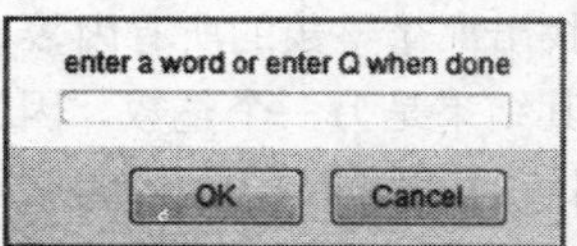

在录入7个单词之后，有两个是无效的，显示看起来像这样：

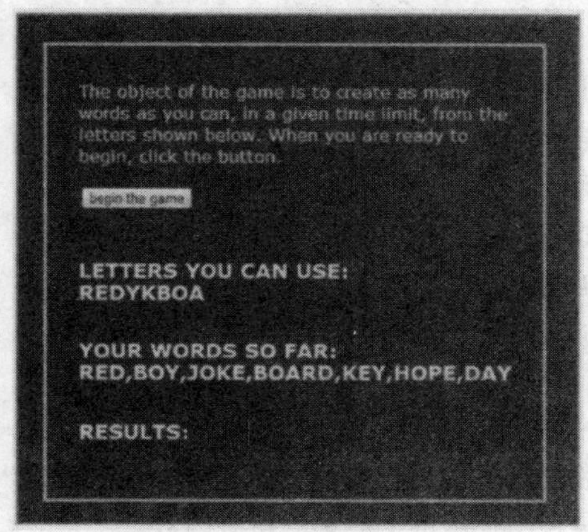

此时，如果玩家录入 Q，那么结果将是：

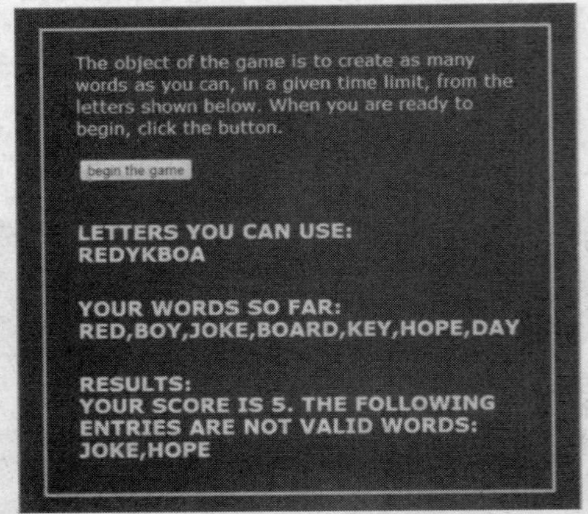

9.6.2 Carla's Classroom：因数分解课

通过创建一个也可以用作测验的练习，我们将把这门课添加到 Carla 的数学课程表中。这个课程先为学生呈现一个数字，然后要求学生录入那个数字的所有因数。因为这个程序相当复杂，所以我们只展示第一级难度。然而，一旦完成这一级，就可以很容易地增加一级或更多级难度，这将是你在本章末尾的编程挑战中的任务。

9.6.2.1 找出整数的因数

你很可能已经在代数课中学习过因数分解，但是 Carla 的学生还不能学习代数。这个程序将向学生显示一个整数，而学生必须找出那个整数的所有因数。一个整数的因数是满足以下条件的所有数字：当这个数除以因数时，其结果是另一个整数。因为 12 ÷ 3 = 4，所以 3 是 12 的一个因数；但是因为 12 ÷ 5 = 2.4，所以 5 不是 12 的因数。所有整数至少有两个因数：1 和这个数字本身。这样，由于 13 除以任何其他数不能得到另一个整数，所以 13 只有两个因数 1 和 13。只有这两个因数的数字称为素数。添加识别素数的能力将是本章末尾编程挑战中的任务。

9.6.2.2 开发程序

这个程序需要认真考虑以下任务：

- 找出一些可能要找其因数的整数。
- 找出那个整数的所有因数。
- 向学生展示那个整数。
- 提示录入那个整数的因数。
- 测试查看学生录入的数字是否是正确的因数。
  - 如果正确：
    - 必须显示这个因数。
    - 应该把这个因数存储在一个新数组中以避免学生重复录入。
    - 应该检查学生是否已找出这个数字的所有因数。

  - 如果不正确：
    - 必须显示不正确的录入项。
    - 必须把不正确的录入项存储在另一个数组中。
    - 必须更新不正确录入项的总数。
- 如果答错次数达到设置的数目，就应该向学生呈现一个新数字。
- 一旦找出所有因数：
  - 应该更新学生正确找出这个数字的因数的总次数。
  - 应该为学生呈现一个新数字或者提供结束的选项。
  - 如果学生已经为指定数量的数字正确找出了因数，学生就应该移到下一个难度级别或者结束程序。

我们将代码编写成多个小的、易于管理的片段。一旦完成，它就是一个包括我们迄今为止已经学习的大多数概念的健壮程序。但是，随着你实施这些步骤，你将看到如何从相对简单的概念构建最复杂的程序。

9.6.2.3　设置阶段

我们从创建这个网页开始。我们将用 carla_factoring.html 命名这个网页文件，并且该页面标题将是 Carla's Classroom | Fun With Factors，因此首先在 Carla 的 math.html 页面上添加一个到这个 Fun With Factors 页面的链接。该页面现在应该看起来像这样：

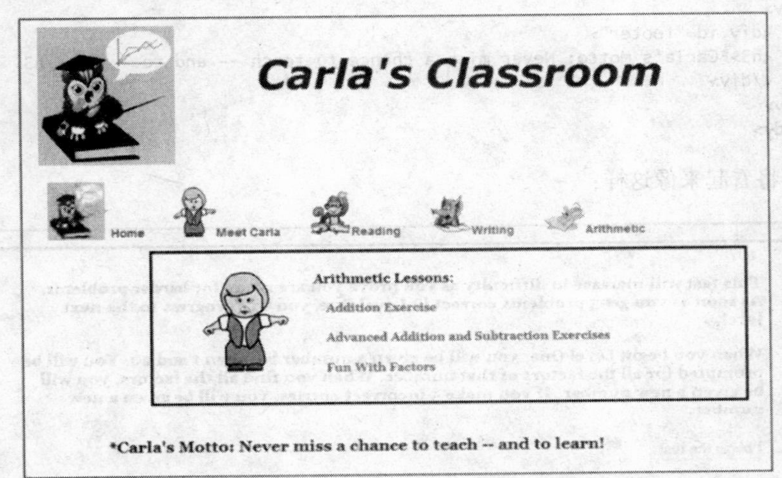

现在，我们将建立一个新网页。这个新页面的文件名是 carla_factoring.html，下面展示其 <body></body> 部分的 HTML 脚本。该页面需要有一些区域用于录入要找出其因数的数字、动态显示学生录入的正确因数、反馈答错或者学生已经找出所有因数，以及学生录入回答的区域。

```
<body>
<div id="container">
    <img src="images/owl_reading.JPG" class="floatleft" />
    <h1><em>Carla's Classroom</em></h1>
    <div align="left"><blockquote>
        <a href="index.html"><img src="images/owl_button.jpg" />Home</a>
```

```
        <a href="carla.html"><img src="images/carla_button.jpg" ↵
                    />Meet Carla </a>
        <a href="reading.html"><img src="images/read_button.jpg" ↵
                    />Reading</a>
        <a href="writing.html"><img src="images/write_button.jpg" ↵
                    />Writing</a>
        <a href="math.html"><img src="images/arith_button.jpg" ↵
                    />Arithmetic</a><br />
    </blockquote></div>
    <div id="content">
        <p>This test will increase in difficulty as you prove you are ready ↵
                    for harder problems. As soon as you get 3 problems ↵
                    correct in Level One, you will progress to the ↵
                    next level.</p>
        <p>When you begin Level One, you will be given a number ↵
                    between 1 and 20. You will be prompted for↵
                    all the factors of that number. When you ↵
                    find all the factors, you will be given a ↵
                    new number. If you make 5 incorrect ↵
                    entries, you will be given a new number.</p>
        <p><input type = "button" onclick = "factorIt()" value = ↵
                    "begin the test" />
        <div id = "done"> </div></p>
        <p>Number to factor: <div id = "factor_num"> </div></p>
        <p>Your factors so far: <div id = "user_factors">  </div></p>
        <p>Instant feedback: <div id = "result_1"> </div></p>
        <p>Next level:<br /><div id = "result_2"> </div></p>
    </div>
</div>
    <div id="footer">
    <h3>*Carla's Motto: Never miss a chance to teach -- and to learn!</h3>
    </div>
</div>
</body>
```

页面内容将看起来像这样：

This test will increase in difficulty as you prove you are ready for harder problems. As soon as you get 3 problems correct in Level One, you will progress to the next level.

When you begin Level One, you will be given a number between 1 and 20. You will be prompted for all the factors of that number. When you find all the factors, you will be given a new number. If you make 5 incorrect entries, you will be given a new number.

begin the test

Number to factor:

Your factors so far:

Instant feedback:

Next level:

9.6.2.4　代码片段

因为这个程序很复杂，所以我们将分块编写代码，最后再把所有代码放在一起。

外部文件　最好把这个程序需要的一些东西放在一个外部文件中。我们需要一个数组存放要学生找出其因数的整数，对于第一级，这个数组包含其值依次是数字 1 ~ 20 的元素。一旦选择一个数字，我们就必须找出它的因数并且把它们存储在一个新数组中。当检查学生是否回答一个正确因数和当检查学生是否找出所有因数时，我们就会使用这个因数数组与学生的回答进行比较。

通过把第一级的数字放入外部文件中，使得我们可以方便地添加新的级别或者改变这一级别的选项范围。我们把这个文件命名为 carlaFactors.js。

从 1 ~ 20 按顺序把这些整数装入一个数组是很容易的，但是我们如何找出任何整数的所有因数呢？我们知道，如果一个数是另一个数的因数，那么这个数除另一个数的结果将是一个整数。对于一个指定整数，我们可以使用 parseInt() 方法检查从 1 到这个整数之间的所有数，并且如果这个整数除以某个数的结果是一个整数，那么那个数就是这个整数的因数。换言之，如果 x/y == parseInt (x/y)，那么 y 是 x 的一个因数。

因此，这个外部文件包含下列函数：

```
1.  function One()
2.  {
3.        var levelOne = new Array()
4.        for (var i = 0; i < 20; i++)
5.              levelOne[i] = i+1;
6.        return levelOne;
7.  }
8.  function Two()
9.  {
10.       //can be added later
11.       return levelTwo;
12. }
13. function Three()
14. {
15.       //can be added later
16.       return levelThree;
17. }
18. function getFactors(index)
19. {
20.       var factors = new Array();
21.       for (i = 1; i <= index; i++)
22.       {
23.             if (index/i == parseInt(index/i))
24.                   factors.push(i);
25.       }
26.       return factors;
27. }
```

注意，第 24 行使用 push() 方法创建一个数组，它包含给定数字的所有因数。因为 for 循环从 1 到那个要找出其因数的数字，所以最后数组 factors() 中的因数是从最大到最小排序的。对于我们的程序来说，这没有关系。不过，通过使用 sort() 方法或 reverse() 方法的一行代码，也可以从最小到最大重新排序这个数组。

开始　因数分解测验起始于向学生呈现一个数字，结束于发生以下两件事情之一：或者学生正确地为 3 个数字找出了因数，或者学生选择结束练习。下列代码是函数 factorIt() 的初始版本：

```
<html>
<head>
<title>Carla's Classroom | Fun With Factors</title>
<link href="carla.css" rel="stylesheet" type="text/css" />
<script type="text/javascript" src="carlaFactors.js"></script>
<script>
function factorIt()
{
    var yourNum = 0; var total = 0; var test = 0;
    var choice = "y"; var factor = 0; var ranOne = 0;
    var complgth = 0; var studlgth = 0; var score = 0;
    var usedNums = new Array; var myFactors = new Array;
    var notAfactor = new Array; var easyNums = new Array;
    var allFactors = new Array;
    easyNums = One();
    easylgth = easyNums.length;
//outer loop goes until student gets 3 right or quits
    while (choice == "y")
    {
        stuff in here
    }
    function intermediate()
    {
        alert("nothing here so far");
    }
}
</script>
</head>
```

下面讨论这些变量和数组表示什么意思：

- yourNum 保存要找出其因数的整数。
- total 保存答错的次数。
- test 用于检查学生是否录入一个正确的因数。
- choice 保存学生是否继续的选择。
- factor 保存学生的回答次数。
- ranOne 保存在含有从 1 ~ 20 之间所有数字的整数数组中的某个索引，可以使用它指定将向学生询问其因数的那个数字。
- complgth 保存那个含有指定数字所有因数的数组长度。通过调用 getFactors() 函数可以得到那个数字的所有因数。
- studlgth 保存那个含有学生猜对因数的数组在任何时候的长度。使用它与 complgth 进行比较可以检查是否已经找出所有的因数。
- score 保存学生有多少次正确地找出一个数字的所有因数（当 score = 3 时，程序将移到下一级别）。
- usedNums() 是一个数组，保存学生给出的所有数字以避免重复。
- myFactors() 是一个数组，保存学生已找到的所有因数。
- notAfactor() 是一个数组，保存学生答错的所有数字。
- easyNums() 是一个数组，保存从外部文件中的函数 One() 返回的值。
- allFactors() 是一个数组，保存从外部文件中的函数 getFactors() 返回的值。

在这个页面链接外部文件（第5行）并且声明和初始化这些变量和数组之后，第15行将从外部文件获取一个数字数组并且把它存储到一个新数组easyNums()中。第16行获取这个数组的长度，并且把它存储在complgth中。

选择数字和一些内部任务 这个很长的外部while循环将继续，直至choice的值是除"y"之外的任何东西。这意味着，以后在程序中，当想要在学生选择之前强制结束循环时，我们可以为choice赋予其他任何值。我们也需要从网页中清除旧的录入值，并且找出一个要呈现给学生的数字。一旦从可用的数字中随机挑出一个数字，我们就需要检查确保在这次测试中以前没有使用过这个数字。

在挑选一个以前没有使用过的数字之后，我们把这个数字添加到保存已使用数字的数组，并且需要获得这个数字的所有因数。我们也要清空myFactors()数组，它可能保存上一轮的回答结果。

在这个while循环中，每次为学生提供一个新数字时要执行如下代码：

```
1.  while (choice == "y")
2.  {
3.       total = 0;
4.       document.getElementById("factor_num").innerHTML = (" ");
5.       document.getElementById("user_factors").innerHTML = (" ");
6.       document.getElementById("result_1").innerHTML = (" ");
7.       ranOne = Math.floor(Math.random()*20);
8.       yourNum = easyNums[ranOne];
9.       usedlgth = usedNums.length;
10.      easylgth = easyNums.length;
11.      incorrectlgth = notAfactor.length;
12.      notAfactor.splice(0, incorrectlgth);
13.      //check if number selected has been used
14.      var check = true;
15.      if (easylgth == usedlgth)
16.                intermediate();
17.      while (check == true)
18.      {
19.           check = false;
20.           for (var i = 0; i <= usedlgth; i++)
21.           {
22.                if (usedNums[i] == yourNum)
23.                {
24.                     ranOne = Math.floor(Math.random()*20);
25.                     yourNum = easyNums[ranOne];
26.                     check = true;
27.                }
28.           }
29.      }
30.      usedNums.push(yourNum);
31.      allFactors = getFactors(yourNum);
32.      myFactors.splice(0, studlgth);
33. //more code to follow
34. }
```

发生的第一件事情（第3行）是将total设置为0。在遍历一次循环之后，学生可能答错了几次。对于每个新数字，学生重新开始，因此第4、5和6行清除网页上显示的旧内容。

第7行第一次挑选一个要找出其因数的数字，我们想要从包含可用于第一级的数字数组中选择一个元素。由于可选的数字是从 1 ~ 20，所以那个数组有 20 个元素。把已选择的值存储在 ranOne 中，表示数组 easyNums() 中某个元素的索引。然后，把学生将要看到的那个数字 yourNum 设置为 easyNums[ranOne] 的值（第 8 行）。第 9 行获取包含所有已使用数字的数组长度。第 10 行获取包含可用于找出其因数的那些数字的数组长度。第 11 和 12 行获取包含答错因数的数组长度，并使用这个长度清除在那个数组（notAfactor()）中来自上一次迭代的旧值，我们使用将在后面讨论的 splice() 方法。

现在，我们需要检查学生是否使用了已选择的数字，第 14 ~ 29 行执行这项任务。将一个标志变量 check 设定为 true（第 14 行）。在第 15 和 16 行上的 if 语句检查已使用数字的数组长度是否与可选数字数组 easyNums() 的长度一样。如果它们的长度相同，那么学生就看过这一级的所有数字从而调用下一级。我们还没有为下一级编写任何代码，因此函数 intermediate() 将只是显示一个警示对话框告诉我们没有完成那一级。

然而，如果还没有为学生显示所有数字，我们就需要检查是否使用了第 8 行标识的特定数字。在第 17 ~ 29 行的 while 循环将继续，直至标志变量是 false。首先，将标志变量设定为 false（第 19 行）。如果在与每个已经使用的可能数字进行比较时没有为 yourNum 找到一个匹配，那么永远不会把 check 设定为 true，从而 while 循环结束并且知道 yourNum 的初值是一个有效数字。在第 20 ~ 28 行的 for 循环将 yourNum 与 usedNums() 数组的每个数字进行比较。如果在第 22 ~ 27 行上找到一个匹配，那么就选择一个新随机数作为 easyNums() 数组的新索引值，从而选择一个新数字并且把它赋值给 yourNum，再把 check 重新设定为 true。这个过程继续，直至找到一个有效、未使用过的数字。

一旦挑选出要找出其因数的数字，第 30 行就把这个数字添加到 usedNums() 数组。第 31 行调用 getFactors() 函数，传递要找出其因数的数字值（yourNum）。第 32 行使用一个我们迄今为止还没有用过的 Array 对象方法 splice() 方法。下面简单解释这个方法。

splice() 方法　**splice() 方法**将或者把元素添加到数组或者从数组除去元素，它返回一个新数组。其一般语法为：

```
arrayName.splice(index, num_to_remove,add_item1,...,add_itemX)
```

其中，index 参数是必需的，它标识 splice() 方法从哪里开始。num_to_remove 参数也是必需的。然而如果你想要使用这个方法为数组添加项目，那么这个值应该是 0，表示不移除任何项目。第三个参数是可选的，表示要添加的项目；如果省去就不增加项目。

在程序中，当学生开始为一个数字查找因数时，我们使用 splice() 方法清除包含以前答案的数组。在程序执行一次后，数组 myFactors() 将保存学生为第一个数字录入的所有因数。在开始下一轮测试前，第 32 行使用 splice() 方法清除已录入的所有项目。

第 32 行执行 myFactors.splice(0, studlgth);。这意味着从 index = 0 开始，该方法将除去数组中的所有项目。由于每个数字的因数数目是不同的，所以在每次遍历之后 myFactors() 将有新的长度。然而 studlgth 能够处理任何数目的因数。

获取学生答案　现在，我们介绍这部分程序：获取学生的回答并且加以处理。我们需要显示要找出其因数的数字，提示学生录入一个因数，并且在获取第二个因数之前检查几件事情。首先，我们想要知道这个回答是一个因数还是一个不正确的录入。如果是不正确的，我们就递增保存答错次数的变量。我们要把这个错误录入告知学生，并且把它添加到保存错误回答的数组以及相应的错误显示。

如果回答是正确的，就把这个值添加到显示已找到因数的地方，并且把它添加到学生为这个特定数字找到的因数数组。

然后，我们需要检查这个回答是否已经完成这个数字的全部因数。如果是，学生就获得 1 分，因为在这个级别的成功由变量 score **决定**。如果这个回答导致学生获得 3 分，我们就必须把选择重新设定为除 "y" 之外的某个东西，向学生祝贺完成了这个级别，并且移至下一级别。

但是，如果学生还没有完成这一级，我们就需要让他选择继续或者结束。如果学生想要继续，那么外部 while 循环重新开始。但是如果这是一个错误的回答导致累计有 5 次答错，我们就需要强制退出这个循环并且在外部 while 循环用一个新数字重新开始。

做这些事情的全部代码如下：

```
while (score < 3)
{
     document.getElementById("factor_num").innerHTML = yourNum;
     factor = prompt("enter a factor of " + yourNum);
     test = yourNum/factor;
     if (test != parseInt(yourNum / factor))
     {
          notAfactor.push(factor);
          document.getElementById("result_1").innerHTML = (factor +↵
                    " is not a factor of " + yourNum + ". Your ↵
                    incorrect entries so far are " + ↵
                    notAfactor.toString());
           total++;
           alert("total incorrect responses: " + total);
      }
      if (test == parseInt(yourNum / factor))
      {
           myFactors.push(factor);
           document.getElementById("user_factors").innerHTML = ↵
                     myFactors.toString();
      }
      complgth = allFactors.length;
      studlgth = myFactors.length;
      if(complgth == studlgth)
      {
           score++;
           alert("score =" +score);
           document.getElementById("result_1").innerHTML = ("All ↵
                     factors of " + yourNum + " have been identified");
           if (score < 3)
           {
                choice = prompt("Ready for another number? Type y ↵
                     for yes, n for no:");
           }
           break;
      }
      if (total == 5)
      {
           document.getElementById("result_1").innerHTML = ("You ↵
                     have had too many errors.");
```

```
34.         break;
35.     }
36. }
37. if (score == 3)
38. {
39.     document.getElementById("done").innerHTML = ("Congratulations! ↵
                            You can move to the next level.");
40.     choice = "n";
41.     intermediate();
42. }
```

在第 1 ~ 36 行上的 while 循环继续获取这个数字的因数，或者直至学生已找出所有因数，或者直至学生答错次数太多。在提示录入一个因数（第 4 行）之后，就检查输入的数字是否是正确的因数（第 5 行）。如果不是因数，就执行在第 6 ~ 12 行上的 if 子句，把这个回答放入答错数组中（第 8 行），告诉学生这个回答是错误的，把这个回答添加到答错显示列表中（第 9 行），递增答错总数（第 10 行）并且通过警示对话框显示迄今为止的答错次数（第 11 行）。注意 toString() 方法（第 9 行）将 notAfactor() 数组的所有元素转换成一个字符串，并且用逗点分隔相邻的值。

然而，如果学生的回答是一个有效因数，就执行第 13 ~ 17 行上的 if 子句。把这个回答添加到保存学生迄今为止答对的所有因数数组中（第 15 行），并且再次使用 toString() 方法显示所有答对的回答（第 16 行）。

一旦程序处理了学生的回答，代码就检查这个回答是否找出了数字的所有因数。它将用保存学生所有正确回答的数组 myFactors() 的长度与保存这个数字的所有因数的数组 factors() 的长度进行比较。如果长度一样，我们就知道已经找出这个数字的全部因数，在第 20 ~ 30 行的 if 子句处理这种情形。首先，递增学生的分数 score（第 22 行）并且显示一个警示对话框告诉学生的当前分数（第 23 行），第 24 行告知学生已经找出这个数字的所有因数。然后，检查下一个选项。

如果学生的分数 score 小于 3，那么在移到下一级之前必须找出另一个数字的因数，第 25 ~ 28 行检查这个选项。学生可以为 choice 指定继续或者结束测试。如果保存答错次数的 total 等于 5，就告诉学生这个信息并且程序跳至产生新数字的开始地方，这种情况发生在第 31 ~ 35 行。但是，如果在这次迭代中导致 score=3，就告知学生已经完成第一级，从而进入下一级（第 37 ~ 42 行）。

9.6.2.5 将所有代码放在一起

以下展示将所有代码块放在一起的代码，不过没有重复在外部文件 carlaFactors.js 中的代码。由于这些代码很长，所以包括一些额外注释。

```
<html>
<head>
<title>Carla's Classroom | Fun With Factors</title>
<link href="carla.css" rel="stylesheet" type="text/css" />
<script type="text/javascript" src="carlaFactors.js"></script>
<script>
function factorIt()
{
     var yourNum = 0; var total = 0; var test = 0;
```

```
    var choice = "y"; var factor = 0; var ranOne = 0;
    var complgth = 0; var studlgth = 0; var score = 0;
    var usedNums = new Array; var myFactors = new Array;
    var notAfactor = new Array; var easyNums = new Array;
    var allFactors = new Array;
    var easyNums = One();
    var easylgth = easyNums.length;
    var incorrectlgth = notAfactor.length;
    notAfactor.splice(0, incorrectlgth);
//outer loop goes until student score = 3 or quits
    while (choice == "y")
    {
        total = 0;
        document.getElementById("factor_num").innerHTML = ↵
                                    (" ");
        document.getElementById("user_factors").innerHTML =↵
                                    (" ");
        document.getElementById("result_1").innerHTML = (" ");
        ranOne = Math.floor(Math.random()*20); //pick num to factor
        yourNum = easyNums[ranOne];
        usedlgth = usedNums.length;
//check if number selected has been used
        var check = true;
        if (easylgth == usedlgth)
            intermediate();
            while (check == true)
            {
                check = false;
                for (var i = 0; i <= usedlgth; i++)
                {
                    if (usedNums[i] == yourNum)
                    {
                        ranOne = Math.floor(Math.random()*20);
                        yourNum = easyNums[ranOne];
                        check = true;
                    }
                }
            }
        usedNums.push(yourNum); //add number picked to used array
        allFactors = getFactors(yourNum); //get all factors of number
        myFactors.splice(0, studlgth); //clear out array
 //loop until 3 numbers have been correctly factored
        while (score < 3)
        {
            document.getElementById("factor_num").innerHTML = yourNum;
            factor = prompt("enter a factor of " + yourNum);
 //check to see if student response is a real factor
            test = yourNum/factor;
            if (test != parseInt(yourNum / factor))
            {
                notAfactor.push(factor);
                document.getElementById("result_1").innerHTML ↵
                        = (factor + " is not a factor of " ↵
                        + yourNum + ". Your incorrect entries↵
                        so far are " + notAfactor.toString());
                total++;
                alert("total incorrect responses: " + total);
            }
            if (test == parseInt(yourNum / factor))
```

```
                {
                    myFactors.push(factor);
                    document.getElementById("user_factors"). ↵
                        innerHTML= myFactors.toString();
                }
//check if number has been completely factored
            complgth = allFactors.length;
            studlgth = myFactors.length;
            if(complgth == studlgth)
            {
                score++;
                alert("score =" + score);
                document.getElementById("result_1").innerHTML ↵
                    = ("All factors of " + yourNum + ↵
                    " have been identified");
//check if ready for next level or too many errors
                if (score < 3)
                {
                    choice = prompt("Ready for another number?↵
                        Type y for yes, n for no:");
                }
                break;
            }
            if (total == 5)
            {
                document.getElementById("result_1").innerHTML ↵
                    = ("You have had too many errors.");
                break;
            }
        }
//if ready for next level
        if (score == 3)
        {
            document.getElementById("done").innerHTML = ↵
                    ("Congratulations! You can move to ↵
                    the next level.");
            choice = "n";
            intermediate();
        }
    }
    function intermediate()
    {
        alert("nothing here so far");
    }
}
</script>
</head>
<body>
<div id="container">
    <img src="images/owl_reading.JPG" class="floatleft" />
    <h1><em>Carla's Classroom</em></h1>
    <div align="left"><blockquote>
        <a href="index.html"><img src="images/owl_button.jpg" />Home</a>
        <a href="carla.html"><img src="images/carla_button.jpg"↵
                />Meet Carla </a>
        <a href="reading.html"><img src="images/read_button.jpg"↵
                />Reading</a>
        <a href="writing.html"><img src="images/write_button.jpg"↵
                />Writing</a>
```

```
            <a href="math.html"><img src="images/arith_button.jpg"↵
                                 />Arithmetic</a><br />
        </blockquote></div>
        <div id="content">
            <p>This test will increase in difficulty as you prove you↵
                                 are ready for harder problems. As↵
                                 soon as you get 3 problems correct↵
                                 in Level One, you will progress↵
                                 to the next level.</p>
            <p>When you begin Level One, you will be given a number ↵
                                 between 1 and 20. You will be ↵
                                 prompted for all the factors of ↵
                                 that number. When you find all the ↵
                                 factors, you will be given a new ↵
                                 number. If you make 5 incorrect ↵
                                 entries, you will be given a new ↵
                                 number. </p>
            <p><input type = "button" onclick = "factorIt()" ↵
                                 value = "begin the test" />
            <div id = "done"> </div></p>
            <p>Number to factor: <div id = "factor_num">  </div></p>
            <p>Your factors so far: <div id = "user_factors">   </div></p>
            <p>Instant feedback: <div id = "result_1"> </div></p>
            <p>Next level:<br /><div id = "result_2"> </div></p>
        </div>
    </div>
        <div id="footer">
            <h3>*Carla's Motto: Never miss a chance to teach -- and ↵
                                 to learn!</h3>
        </div>
    </div>
    </body></html>
```

如果录入和运行这些代码，那么在单击 begin the test 按钮之后，其显示应该看起来像这样：

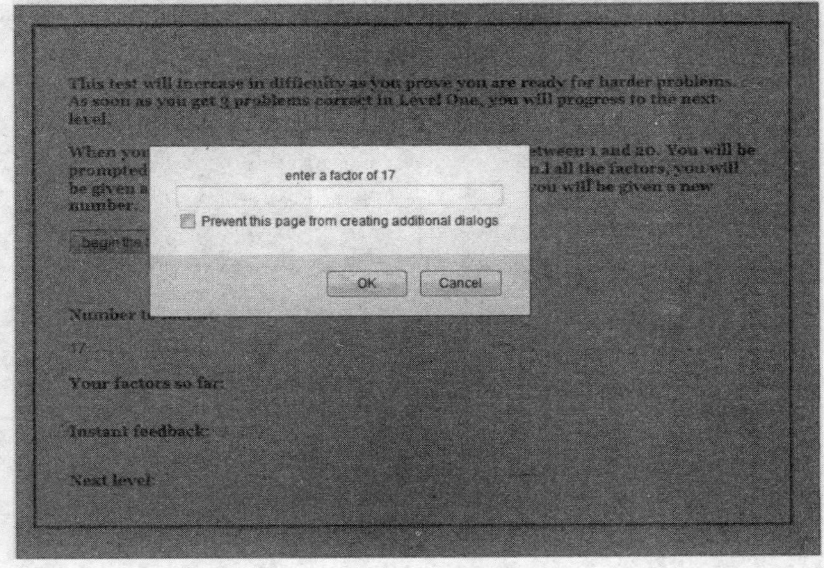

对于要找出其因数的数字 17，如果学生录入 1、3 和 6，那么显示应该看起来像这样：

This test will increase in difficulty as you prove you are ready for harder problems. As soon as you get 3 problems correct in Level One, you will progress to the next level.

total incorrect responses: 2

Prevent this page from creating additional dialogs

OK

Number to factor:

17

Your factors so far:

1

Instant feedback:

6 is not a factor of 17. Your incorrect entries so far are 3,6

Next level:

该显示展示要找出其因数的数字（17）、迄今为止答对的因数（1）和迄今为止答错的因数（3 和 6），以及迄今为止答错的总数。

如果学生在下一个提示中录入 17，那么屏幕将看起来像这样：

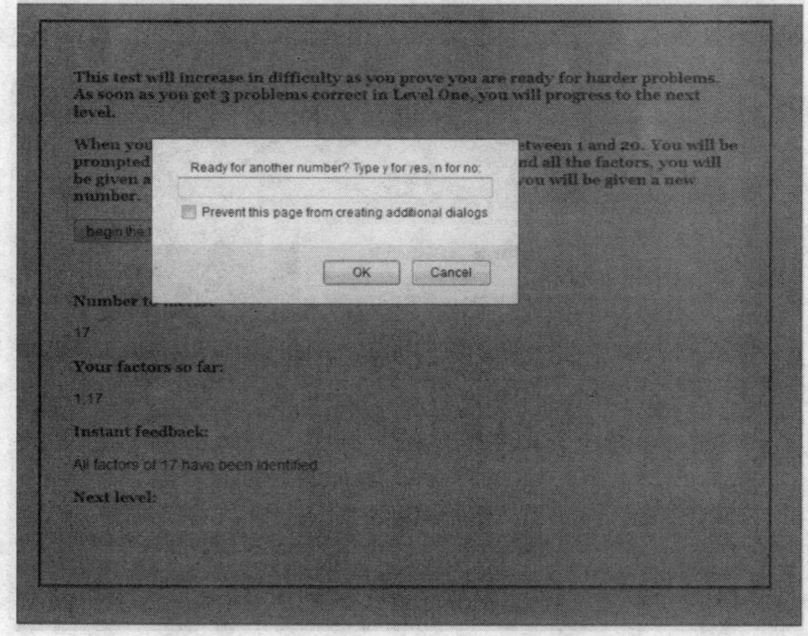

现在，即时反馈告诉学生已经找出所有因数并且列出那些因数。由于迄今为止学生还没有完成 3 个，所以提示学生尝试另一个数字。

在为下一个数字寻找因数时，如果学生录入 3 个正确的和 5 个错误的答案，那么屏幕将看起来像这样：

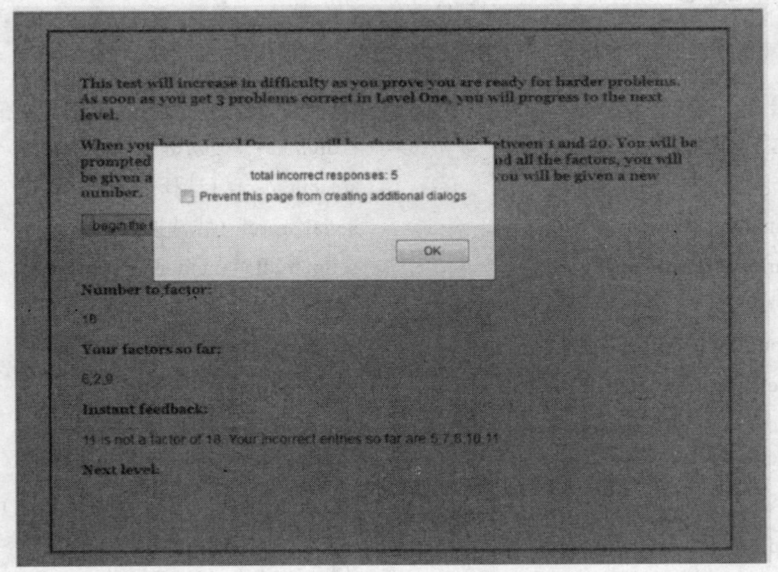

最后，如果学生为 3 个数字正确找出了所有因数，那么屏幕将看起来像这样：

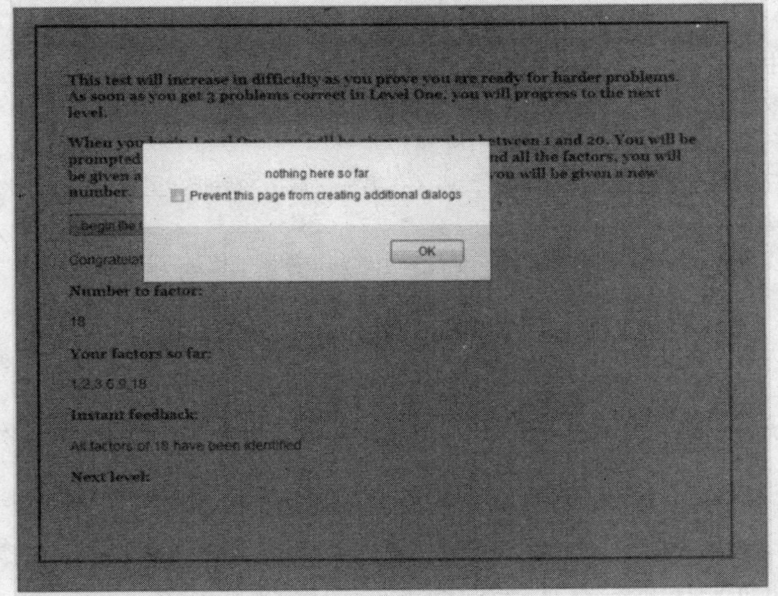

注意，应该出现一条祝贺信息。这条警示语句是暂时的，它将用编写完成的第二级替换。在本章末尾的 Carla's Classroom 案例研究中，你将有机会做那件事情。

9.7 复习与练习

主要术语

algorithm（算法）

binary search（二分搜索）

bubble sort（冒泡排序）

clearInterval () method（clearInterval() 方法）

end-of-array marker（数组结束标记）

flag（标志变量）

indexOf() method（indexOf()）方法）

lastIndexOf() method（lastIndexOf() 方法）

passing by reference（按引用传递）

passing by value（按值传递）

radix（基数）

reverse() method（reverse() 方法）

routine（例程）

search key（搜索键）

selection sort（选择排序）

serial search（线性搜索）

setInterval () method（setInterval() 方法）

sort() method（sort() 方法）

splice() method（splice() 方法）

swap routine（交换例程）

table lookup（表查找）

target（目标）

toString() method（toString() 方法）

练习

填空题

1. 要反转数组中的元素次序，可以使用________方法。
2. 要交换两个数组元素或两个变量的值，你必须使用一个________变量暂时保存一个元素或变量的值。
3. sort() 方法基于元素的________值排序一个数组。
4. 如果冒泡排序用于按升序排序一个数组，那么在第一次遍历之后把________(最大的 / 最小的）值放在最后一个地方。
5. 在________搜索中，将把数组中的元素一个接一个地与被搜索的值进行比较。

判断题

6. 在一个从最大到最小的冒泡排序中，在第一次遍历外循环结束时，数组的第一个元素值将是最小的数字。
7. 在一个从最大到最小的选择排序中，在第一次遍历外循环结束时，数组的第一个元素值将是最小的数字。
8. 选择排序只能用于数字数据。
9. 因为 sort() 方法使用 ASCII 值排序数组，因此它只能按从 A ~ Z 的字母顺序排序字符串。
10. 通常把 Boolean 变量用做标志变量指示排序例程是否已经完成值的排序。

11. 选择排序比冒泡排序更有效率。
12. 线性搜索的一个问题是它不能用于平行数组。
13. 二分搜索比线性搜索更有效率，但是需要被搜索的数组必须已经按字母顺序或数字次序完成排序。
14. 二分搜索慢的原因是它必须将搜索键与数组的每个元素进行比较。
15. 在二分搜索中，当找到要搜索元素的索引值时，可以使用这个索引值访问平行数组中的对应数据。

简答题

16. 编写代码，使用 sort() 方法按降序排序下列数字：53、82、93、75、86、97。
17. 编写代码，让用户把 5 个学生的名字录入到数组 sutdents()，然后使用 reverse() 方法按相反次序显示这些名字。
18. 在一所拥有 60 000 名学生的大学中，如果把所有学生的名字存储在一个数组中，那么查找学生名字时使哪一种搜索最好？解释你的答案。

对于练习 19 和 20，使用下列代码：

假定有一个数组 customers() 包含 150 个名字，还有一个平行数组 purchases() 保存每个客户在过去一年内在这个公司的购买额。以下代码按购买额从最小到最大排序这两个平行数组。

```
var littlest = 0; var index = 0; var k = 0; var j = 0;
var count = 0; var temp = 0;
count = purchases.length;
for (k = 0; k < (count - 1); k++)
{
        littlest = purchases[k];
        index = k;
        for (j = (k + 1); j <= (count - 1); j++)
        {

            if(purchases[j] < littlest)
            {
                littlest = purchases[j];
                index = j;
            }
        }
        if (k != index)
        {
            temp = purchases[k];
          purchases[k] = purchases[index];
          purchases[index] = temp;
    }
}
```

19. 下列变量表示什么？

a）littlest　　　　b）index　　　　c）count

20. 改写交换例程，使平行数组 customers() 在排序完成之后与 purchases() 数组匹配。

为练习 21 ～ 23 使用下列代码：

下列代码用于对含有 100 个名字的数组进行二分搜索。

```
var low = 0; var N = 100; var high = N;
var index = ???? (middle of the array)
var found = 0; var key = "Joe";
while (found == 0 && low <= high)
```

```
 5. {
 6.    if(key == names[index])
 7.         found = 1;
 8.    if(key > names[index])
 9.    {
10.         low = ????;
11.         index = ???
12.    }
13.    if(key < names[index])
14.    {
15.         high = ????;
16.         index = ???
17.    }
18. }
```

21. 下列变量表示什么？

a) low　　b) high　　c) N

d) index　　e) found

22. 在第 2 行写一个表达式为 index 创建适当的值。

23. 分别为 low（第 10 行）、high（第 15 行）和 index（第 11 和 16 行）填写一个表达式。

24. 在执行下列 JavaScript 代码之后，数组元素 ages[k] 和 ages[k +1] 的值是什么？

```
ages[k] = 12;
ages[k + 1] = 20;
ages[k] = ages[k + 1];
ages[k + 1] = ages[k];
```

25. 在执行下列 JavaScript 代码之后，数组元素 ages[k]、ages[k +1] 和 变量 temp 的值是什么？

```
ages[k] = 12;
ages[k + 1] = 20;
var temp = 15;
temp = ages[k];
ages[k] = ages[k + 1];
ages[k + 1] = temp;
```

26. 编写 JavaScript 代码，使用 sort() 方法按升序排序一个数字数组。回想一下，要使用这个方法排序一个数字数组，你必须包括一个比较数字值（不是 ASCII 值）的函数。这个数组如下：

```
var mynumbers = new Array(16, 8, 5, 25, 13, 7, 9, 3,15, 2);
```

27. 重复练习 26，但是按降序排序那些数字。

练习 28 ~ 30 引用下列按字母顺序排序一个名字数组的程序：

```
var names = new Array("Marie", "Jose", "Zack", "Patty", ↵
                      "Ivan", "Tasha");
var N = 5;
for (var k = 0; k <= N; k++)
{
  var min = names[k];
  var index = k;
  for (var j = (k + 1); j < N; j++)
  {
       if (names[j] < min)
       {
```

```
                min = names[j];
                index = j;
            }
        }
            if (k != index)
            {
                var temp = names[k];
                  names[k] = names[index];
                  names[index] = temp;
            }
    }
```

28. 外部 for 循环经过多少次遍历？
29. 在外循环第一次遍历之后，存储在 names[0] 的名字是什么？
30. 在内部 for 循环第一次遍历之后，index 的值是什么？

编程挑战

独立完成以下操作。

1. 创建一个模拟彩票的网页。JavaScript 程序将创建一组 6 个在 1 ~ 40 之间（包含）的数字，这些数字将随机产生。确保这个数组不含重复的数字，按升序排序这个数组。然后，让用户录入想象购买的奖券。如果需要，排序这些数字。使用下表列出的可能赢率，检查用户赢取了多少。

匹配数量	赢取金额（$）
3	5.00
4	50.00
5	100.00
6	100 000.00

   该页面应该显示获奖的数字、用户的数字、匹配的数目和赢取的金额。用文件名 lottery.html 保存这个页面，最后按照老师要求提交你的工作成果。

2. 创建一个网页，让一个小公司老板把雇员名字和薪水录入到平行数组 employees 和 salaries 中。该程序将按字母顺序排序名字，并且把排序的信息显示在网页上。确保对这两个数组一起排序，使每个雇员获取正确的薪水！用文件名 employees2.html 保存你的页面，最后按照老师要求提交你的工作成果。
3. 为编程挑战 2 创建的页面添加选项，让公司老板选择如何显示信息。应该允许下列选项：
   - 按雇员名的字母顺序排序信息
   - 按薪水从最高到最低排序信息
   - 按薪水从最低到最高排序信息

   用文件名 employees3.html 保存你的页面，最后按照老师要求提交你的工作成果。
4. 补充编程挑战 3 创建的页面。引用并行数组 rate 和 hours 分别存储每个雇员的时薪和在给定星期内的工作小时数，然后计算薪水（salaries[k] = rate[k] * hours[k]）并且把计算结果存储在对应的 salaries 数组中。该网页应该显示一个含有以下信息列的表格：

雇员名	时薪（$）	工作小时数	薪水（$）
Amanda Jones	10.00	34	340.00
.	.	.	.
.	.	.	.
.	.	.	.
Bobby Williams	8.50	10	85.00

用文件名 employees4.html 保存你的页面，最后按照老师要求提交你的工作成果。

5. 创建一个模拟投掷两粒骰子的网页。JavaScript 代码应该使用 Math.random() 投掷第一粒骰子（一个在 1 ~ 6 之间的随机数）和第二粒骰子（也是 1 ~ 6），然后将这两个值相加，其总数将是在 2 ~ 12 之间并且有 11 种可能的总数。你的程序应该模拟 10 000 次投掷两粒骰子并且每次求和。然后，你将显示每个总数出现多少次，并且检查那个总数是否合理。下列图表展示两粒骰子的 36 种可能的投掷结果和相应的总数。注意，有些总数能够比其他总数从更多的组合获得，第二个图表展示每个总数出现的可能性。因为有 6 种组合得到总数 7 而只有一种组合得到总数 2，所以有理由认为有非常大的可能性得到 7。在你的程序模拟 10 000 投掷之后，查看你的结果是否与下面显示的图表相符。使用一个数组记录每个总数出现的次数。

		第 1 粒骰子					
第 2 粒骰子		1	2	3	4	5	6
	1	2	3	4	5	6	7
	2	3	4	5	6	7	8
	3	4	5	6	7	8	9
	4	5	6	7	8	9	10
	5	6	7	8	9	10	11
	6	7	8	9	10	11	12

总数与投掷那个总数的可能性	
2 = 1/36 = 2.8%	8 = 5/36 = 13.9%
3 = 2/36 = 5.6%	9 = 4/36 = 11.1%
4 = 3/36 = 8.3%	10 = 3/36 = 8.3%
5 = 4/36 = 11.1%	11 = 2/36 = 5.6%
6 = 5/36 = 13.9%	12 = 1/36 = 2.8%
7 = 6/36 = 16.7%	

将这个页面保存到文件 dice.html 中，最后按照老师要求提交你的工作成果。

6. 为不动产代理人创建一个网页。代理人应该能够把许多房子的价格录入一个数组 homes 中，然后确定那些房子的中间价。一列 N 个数字的中间值定义如下：

- 如果 N 是奇数，那么中间值就是已排序列表的中间数字。
- 如果 N 是偶数，那么中间值就是已排序列表的中间两个数字的平均数。

用文件名 home.html 保存这个网页，最后按照老师要求提交你的工作成果。

7. 创建一个网页比较以下两个搜索算法的效率：线性搜索和二分搜索。创建一个至少有 50 个元素的数组。在 gregBoggle.js 文件中的一个数组有 42 个元素（在 case 4 中），你可以使用这个数组并且只需添加少量元素；或者你可以创建自己的数组。gregBoggle.js 文件存放在 Student Data Files 中，你可以把这个数组复制到你的新页面。你的程序应该调用一个使用线性搜索的函数查找用户输入的一个值，记录找到这个项目或者没有找到这个项目所需要的比较次数，显示这个信息。然后，调用一个使用二分搜索的函数查找相同的值并且记录比较的次数（确保在做二分搜索之前排序这个数组），显示那个信息。多尝试搜索几个值，包括在数组开始、在数组末尾和不在数组中的一些值。研究你的执行结果，然后在你的网页上注释你看到的东西。用文件名 compare.html 保存这个网页，最后按照老师要求提交你的工作成果。

案例研究

Greg's Gamnits

为我们在本章操作实践一节创建的 Greg's Boggle 拼字游戏添加一些特性。你可以依赖你的自觉性、创造力或者指导老师的要求实现以下一个、一些或所有特性：

- 为每轮游戏添加一个定时器。你可以把这个定时器预设为一个特定的时间或者让玩家设定这个时间，限制玩家只能在这个时间内完成每个单词的拼写。
- 允许两个玩家，并且在每轮游戏结束后比较两人的分数。
- 使用本章采用的相同方法为这个游戏添加更多的单词。
- 使用在线字典获取单词，你必须使用基于一组指定范围的字母及其组合而生成的单词。然后，你可以使用这个字典检查用户录入的单词是否有效。

将你的页面保存到文件 greg_boggle2.html，确保为这个页面给出合适的页面标题。打开 Greg's Gambits 网站的 index.html 页面，然后在 Play A Game 链接的下面添加一个到这个名为 Greg's Advance Boggle 页面的链接。最后按照老师要求提交你的工作成果。

Carla's Classroom

选做以下一个（或两个）练习。

1. 为我们在编程实践一节创建的因数分解课补充两个级别。第二级要求学生为从 101 ~ 1000 之间的数字找因数，第三级给出一个从 1 ~ 1000 之间的数字并且要求学生找出这个数字的所有素数因子。提示：素数是一个只有两个因数（它自己和 1）的数字。将你的页面保存到文件 carla_factoring2.html。打开 Carla's Classroom 网站的 math.html 页面，然后添加一个到这个名为 Carla's Classroom|Advanced Factoring 页面的链接。最后按照老师要求提交你的工作成果。
2. 创建一个页面，让 Carla 基于一些考试分数把学生分成 3 组。Carla 把这些组命名为 Blues、Reds 和 Greens 以避免任何“较高”或“较低”之类含有耻辱的术语。这个页面将被 Carla 的主页链接，它将做以下事情：
    - 让 Carla 按字母顺序录入学生的名字并且把名字存储到一数组 students 中。
    - 让 Carla 把学生的考试分数录入平行数组 scores 中。对于这个程序，要求每个录入项必须是整数。
    - 应该排序 scores 数组，要求保持平行数组 students 与 scores 的对应关系。排序次序是从最低分到最高分。
    - 然后，把结果分为 3 组。要做这件事你需要找出考试分数的范围，也就是最高分减去最低分。
    - 下一步，将这个范围除 3。如果结果不是整数，则舍入到最近的整数。将保存这个值的变量命名为 result。
    - 第一组 Blues 将包含其分数在从最低分到最低分加上前一步找到的数字（称为 result）之间的学生。
    - 第二组 Reds 将包含其分数在从 Blues 组最高分加 1 分到那个数字加上 result 的值之间的学生。
    - 第三组 Greens 将包含其分数在从 Reds 组最高分加 1 分到最高分之间的学生。
    - 该网页应该显示这 3 组信息，并且每组只显示学生的名字，不显示考试分数。
    - 将你的页面保存在文件 carla_group.html 中，在浏览器中测试你的页面。

打开 Carla's Classroom 网站的 index.html 页面，然后在 Meet Carla 链接的下面添加一个到这个名为 Carla's Classroom | Carla's Groups 页面的链接。最后按照老师要求提交你的工作成果。

Lee's Landscape

Lee 把他的客户信息记录在平行数组中。他与许多客户签订了草地维护、树木装饰、害虫防治等合同，并且每个月与客户结算一次。Lee 想要能够访问一个“客户概况”。在某些情形下，他可能想要一个以字母顺序排列的客户列表，并且连同在其他数组中的信息，或者他可能想要查看一个账户应收账款报告，或者他可能想要查看哪些客户已欠款及其欠款金额和时间。

尽管 Lee 还记录每个客户的其他信息，但在这个程序中我们只重点处理 4 个数组：保存客户名字的数组、保存每个客户每月费用的数组和保存每个客户欠款金额与欠款时间的数组。在 Student Data Files 中的文件 leeCustomers.js 已经为你提供了这些信息，使用这个文件创建一个页面，让 Lee 可以选择以下方式排序这些数组：

- 按客户名字以字母顺序（按姓）排序。
- 让 Lee 选择升序或降序，按每月费用进行排序。
- 让 Lee 选择升序或降序，按欠款金额进行排序。
- 让 Lee 选择升序或降序，按欠款天数进行排序。

应该以表格形式显示所有排序的结果。

确保为这个网页给出合适的页面标题，如 Lee's Landscape || Customer Records，用文件名 lee_billing.html 保存这个文件。在 Lee's Landscape 主页中添加一个到这个新页面的链接，最后按照老师要求提交你的工作成果。

Jackie's Jewelry

Jackie 把她的物品目录记录在平行数组中，有时她想要查看这个物品目录，有时她需要为这个物品目录添加或者删除项目。对于这个程序，我们将重点处理 3 个数组：一个保存珠宝项目名、一个保存每个项目的价格、一个保存每个项目目前在物品目录中的数量。在 Student Data Files 中的文件 jackieInventory.js 已经为你提供了这些信息，使用这个文件创建一个页面，让 Jackie 可以选择以下方式之一排序这些数组：

- 按类型排序：Jackie 销售 5 种类型的珠宝。她给每个项目取名时也标识项目的外形，并且在每个项目名后面附加一个标识符。戒指用 R 标识，手镯用 B，项链用 N，耳环用 E，脚镯用 A。例如，银戒指命名为 silver_R，银手镯命名为 silver_B。
- 按销售价格排序：让 Jackie 按价格以升序或降序排序。
- 按货品项目的数量排序：让 Jackie 按数量以升序或降序排序。

应该以表格形式显示所有排序的结果。

为这个网页给出适当的页面标题，如 Jackie's Jewelry || Inventory，用文件名 jackie_inventory.html 存这个文件。在 Jackie's Jewelry 主页中添加一个到这个新页面的链接，最后按照老师要求提交你的工作成果。

第 10 章 Chapter 10

文档对象模型和 XML

本章目标

我们已经知道网页实际上是一个对象，即包含其他对象的文档（document）对象。当浏览器打开网页时，它实际上根据 Web 开发者在 <html> </html> 标签给出的指令创建那些对象。文档对象是顶层对象，文档对象模型（DOM）定义可以包含在文档对象内的对象，DOM 按层次组织对象。在本书中，我们一直使用 JavaScript 访问、创建和更改这些对象。现在，我们将更深入地学习 DOM 如何使用节点和层次树进行工作。然后，我们可以使用 HTML 的扩展创建表示新对象（也称为元素或节点）的新标签，这个扩展称为 XML（可扩展标记语言）。通过理解这个模型如何工作和如何使用 XML，我们可以创建用户定制的网站，并且最终实现在网页和驻留在服务器的数据库之间的通信。在 JavaScript 中，通过使用这些新概念，我们可以创建更加动态和交互式的网页。

阅读本章后，你将能够做以下事情：

- 认识 DOM 节点和树。
- 为网页创建、增加、替换、插入和除去节点。
- 在 JavaScript 中使用 DOM 方法动态编辑页面。
- 使用 DOM 方法动态修改样式。
- 创建 XML 文件（.xml）。
- 理解如何使用父子模型创建 XML 元素。
- 理解 XML 语法分析器如何工作。
- 创建和使用 DTD，用 DOCTYPE 使用外部 DTD。
- 使用 XSL 文档把 XML 文档转换成 HTML 页面。
- 理解如何使用命名空间。
- 理解如何创建模式。

10.1 文档对象模型

文档对象模型（DOM）接口允许程序和脚本访问、更改文档的内容、样式和结构。它是平台无关的，意味着可以在任何计算机上使用它。它是语言无关的，意味着它能够交换客户机和服务器之间的信息，而不管任意一边使用什么语言。

DOM 是一个**应用编程接口**（API），定义文档的逻辑结构以及如何访问和处理文档。DOM 用于处理 HTML（和 HTML5）和 XML 文档。使用 DOM 可以访问、修改、删除或增加在 HTML 或 XML 文档中的任何东西，只有很少一些例外。

10.1.1 DOM 简史

JavaScript 在 1996 年首次发布时，检测用户产生事件的能力是相当有限的。这些能力就是传统的 DOM，允许表单验证和其他一些次要能力。一个称为中间 DOM 的更新版本在 20 世纪 90 年代后期被开发出来，让用户对网页做出更多的实时修改。不幸地，这些能力大都是依赖浏览器的，从而需要对不同的浏览器进行不同的处理。从那以后，一方面存在许多浏览器依赖问题，另一方面浏览器的不同版本对 Web 开发者来说也是一个问题。

在出现中间 DOM 之后，**万维网联盟**（World Wide Web Consortium，W3C）开始制订标准化的 DOM。1998 年，W3C 推荐了第一个 DOM 标准，称为 DOM 1，它提供了一个完整模型来修改 HTML 或 XML 文档的任何部分。

2000 年年末发布了 DOM 2，它包括许多重要的补充。如果没有这些补充，我们就不能做迄今为止本书已经做的大多数事情。DOM 2 引入 getElementById() 方法、事件模型并且支持 XML 命名空间。2004 年，发布了 DOM 的目前版本，即 DOM 3，这个版本增加了对许多任务的支持。至 2005 年，像 Internet Explorer、Opera、Safari 和 Firefox 等大多数流行的浏览器都支持 DOM 3。直至 2008 年才公开发布的 Chrome 也支持 DOM 3。

W3C 的目标是通过可用于许多不同环境和不同应用的 DOM 提供一个标准的编程接口。

10.1.2 DOM 节点和树

DOM 把 HTML（或 XML）文档视为一棵**树**或者一组树。这不是指我们可以把文档与一棵榆树或者一棵橡树进行比较，而是指它们的结构是类似的，也就是有一个顶层和多个构成子层的分支，并且每个子层又有分支和更多的子层。顶层是文档（document），而文档的**根元素**是 <html>。在这种情况下，根不是指树的地下部分，而是指原始来源。一个使用 DOM 的文档在逻辑结构中把元素处理为节点，通过使用浏览器可以查看这些节点。大多数浏览器允许你检查文档，但是，因为每个浏览器提供这种能力的访问方法不同，所以你要使用浏览器的帮助（Help）功能找出如何在浏览器中做这件事。例 10.1 展示一个小的 HTML 页面和在 Firefox 浏览器中使用 Firebug 功能看到的**树节点结构**。

例 10.1　简单 HTML 页面的节点树结构

```
<html>
<head>
 1.  <title>Example 10.1</title>
 2.  <link href="carla.css" rel="stylesheet" type="text/css" />
 3.  <script>
```

```
function doSomething()
{
    var x = 0; var y = 0; var sum = 0;
    x = parseFloat(document.getElementById("one_num").innerHTML);
    y = parseFloat(document.getElementById("two_num").innerHTML);
    sum = x + y;
    document.getElementById("result").innerHTML = sum;
}
</script>
</head>
<body>
<div id="container">
    <h3>Add the two numbers shown.</h3>
    <p><input type="button" value = "add it" onclick = ↵
                                "doSomething();" /></p>
    <p><div id = "one_num">81.45</div><br /></p>
    <p><div id = "two_num">63.92</div><br /></p>
    <p>Sum is:<div id = "result"> </div></p>
</div>
</body>
</html>
```

运行时，这个页面看起来像下面的图 a 显示的效果，而在单击按钮之后，它看起来像图 b 显示的效果。

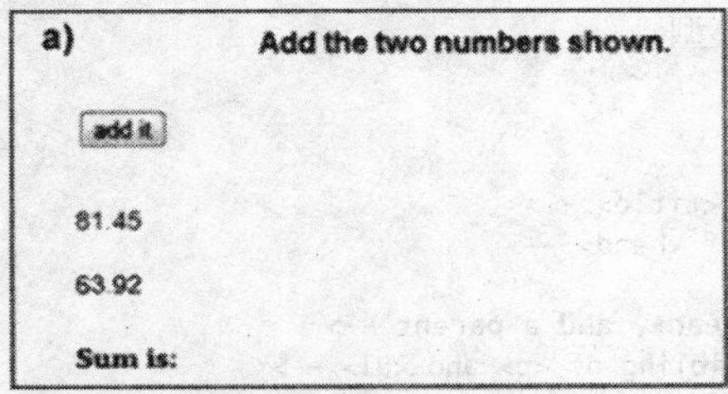

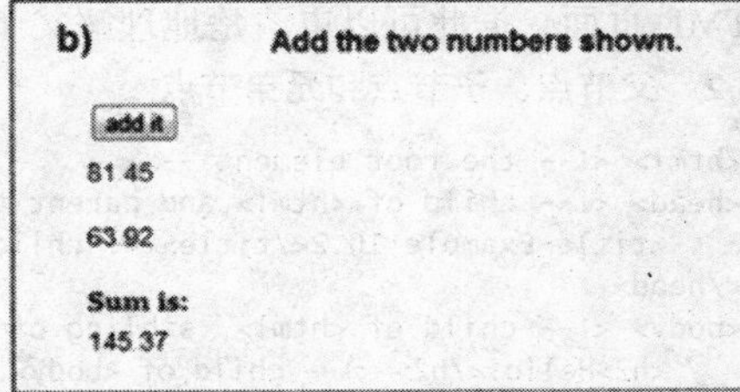

当检查这个文档时，它的 DOM 节点树如下所示。

```
Console  HTML  CSS  Script  DOM  Net  Cookies
Edit | body < html
<html>
  <head>
    <title>Example 10.1</title>
    <link type="text/css" rel="stylesheet" href="carla.css">
    <script>
  </head>
  <body>
    <div id="container">
      <h3>Add the two numbers shown.</h3>
      <p>
        <input type="button" onclick="doSomething();" value="add it">
      </p>
      <p></p>
      <div id="one_num">81.45</div>
      <br>
      <p></p>
      <p></p>
      <div id="two_num">63.92</div>
      <br>
      <p></p>
      <p>Sum is:</p>
      <div id="result">145.37</div>
      <p></p>
    </div>
  </body>
</html>
```

每个元素表示一个节点，其有一个带加号（+）或者减号（-）的小矩形。在这个文档中，顶层节点是 <html>。下一个节点是 <head> 区域，它有 3 个子层节点：<title>、<link> 和 <script>。<body> 节点与 <head> 节点处于相同的层。在 <body> 节点下面只有一个子层，就是其 id="container" 的 <div> 节点。这个节点有它自己的子节点，包括一个 <h3> 节以及几个 <p> 和 <div> 节点。现在，我们将更详细地讨论它们的含义。

10.1.3 家族：父子模型

当开始学习写 HTML 脚本时，你就学习了一点父子（parent-child）模型。有些标签不能嵌入其他标签，因为 DOM 把一些节点识别为**父节点**，而另一些是**子节点**。子节点能够嵌入父节点内，但反之不行。

顶层节点（即根节点）是顶层父节点，而所有其他节点都是根的子节点。然而，当一个节点在另一个节点内时，其外部节点也成为父节点。在例 10.1 中，<html> 是根节点，所以它是所有其他节点的父节点。因此，<body> 节点是 <html> 的子节点。然而，<body> 节点也是其 id="container" 的 <div> 节点的父节点，所以这个 <div> 节点是 <body> 的子节点并且也是它下面的 <h3> 节点的父节点。具有相同父节点并且处于同一层的节点称为**兄弟节点**。在例 10.1 中，<head> 和 <body> 节点是兄弟节点，因为它们都是根的子节点并且处于相同的层。例 10.2 是一个简单的 HTML 页面，据此可以更清楚地理解父子模型。

例 10.2　父节点、子节点和兄弟节点

```
<html> <!-- the root element -->
<head> <!-- child of <html> and parent to <title> -->
    <title>Example 10.2</title> <!-child of <head> -->
</head>
<body> <!-- child of <html>, sibling of <head>, and a parent -->
    <h2>Hello!</h2> <!-- child of <body>, sibling of <p> and <ul> -->
    <p>hello</p> <!-- child of <body>, sibling of <h2> and <ul> -->
    <ul> <!-- child of <body>, sibling of <p> and <h2>, parent -->
       <li>item 1</li><!-- child of <ul>, sibling of other <li>s -->
       <li>item 2</li><!-- child of <ul>, sibling of other <li>s -->
       <li>item 3</li><!-- child of <ul>, sibling of other <li>s -->
    </ul>
</body>
</html>
```

可以把 DOM 想象为网页的内部地图，不是所有道路都是可行的。有些节点不能嵌套在其他节点内。例如，如果把 <body> 标签放在其他 HTML 脚本之后，那么页面将不会显示为你想要的效果。当编写程序时，DOM 让你访问文档中的元素，正如我们一直用 JavaScript 所做的那样。在本节中，我们将学习如何动态处理节点，也就是当用户与网页互动时我们可以创建、插入、增加或除去节点。

表 10-1 列出了 DOM 属性和方法。表 10-2 展示能用于 HTML 元素和节点对象的方法。有些是我们熟悉的，有些是新的。当我们开发复杂的网站时，它们都是有用的。

表 10-1　DOM 节点对象的一些属性和方法

属　性	描　述
childNodes	返回节点的一组子节点
firstChild	返回节点的第一个子节点
lastChild	返回节点的最后一个子节点

（续）

属　　性	描　　述
nextSibling	返回与这个节点处于同一层的下一个节点
nodeName	返回节点的名字，取决于它的类型
nodeType	返回节点的类型
nodeValue	设定或者返回节点的值
ownerDocument	返回节点的根元素
parentNode	返回节点的父节点
previousSibling	返回与这个节点处于同一层的上一个节点
textContent	设定或者返回节点及其子节点的文本内容

表 10-2　一些可用于元素对象的节点对象方法

方　　法	描　　述
appendChild()	把一个新子节点添加到指定节点，成为最后的子节点
cloneNode()	创建节点的一个副本
compareDocumentPosition()	比较两个节点在文档中的位置
createElement()	创建一个指定类型的元素
hasAttributes()	如果节点有属性，则返回 true，否则返回 false
hasChildNodes()	如果节点有子节点，则返回 true，否则返回 false
insertBefore()	在现有的（指定的）节点之前插入一个新子节点
isEqualNode()	检查两个节点是否相等
isSameNode()	检查两个节点是否是相同的节点
isSupported()	如果支持指定的特征，则返回 true，否则返回 false
lookupNamespaceURI()	返回与指定前缀匹配的命名空间 URI
lookupPrefix()	返回匹配指定命名空间 URI 的前缀
normalize()	连接相邻的文本节点，并且除去空的文本节点
removeChild()	除去子节点
replaceChild()	替换子节点

10.1.4　创建和插入元素

通过使用有一个简单列表的网页，我们将开始处理节点。然后我们将创建一个元素，最后把这个新元素插入到这个列表。例 10.3 展示如何做这件事。

createTextNode() 方法

createTextNode() 方法将把一串文本插入到一个文本节点。我们将使用它把文本插入到一个通过附加或插入节点方法创建的节点。createTextNode() 方法的语法如下：

```
var theText = document.createTextNode("text goes here");
```

例如，如果想要插入一个含有内容“This is a new paragraph”的段落节点，我们就先创建这个段落元素并且把它存储在一个变量中，然后用这段文本创建一个文本节点。我们也将用 setAttribute() 方法标识这个段落节点的 id，然后使用 appendChild() 方法把它添加到页面。语法如下：

```
var newElement = document.createElement("p");
var elementId = "new_text";
newElement.setAttribute("id", elementId);
var theText = "This is a new paragraph";
newElement.appendChild(document.createTextNode(theText));
```

例 10.3 创建一个将插入到列表的新节点，并且示范 appendChild() 方法、createTextNode() 方法和 createElement() 方法。开始时，这个列表有两个列表项目。其 JavaScript 代码将创建一个新节点，并且把它插入到这个列表。

例 10.3　创建和插入节点

```
1.  <html>
2.  <head>
3.  <title>Example 10.3</title>
4.  <link href="carla.css" rel="stylesheet" type="text/css" />
5.  <script>
6.  function insertNode()
7.  {
8.     var newItem = document.createElement("LI");
9.     var nodeText = document.createTextNode("Labrador Retrievers");
10.    newItem.appendChild(nodeText);
11.    var list = document.getElementById("puppies");
12.    list.insertBefore(newItem,list.childNodes[0]);
13. }
14. </script>
15. </head>
16. <body>
17. <div id="container">
18.    <h3>Love those puppies!</h3>
19.    <p id="demo">Click the button to insert a puppy into the list</p>
20.    <button onclick="insertNode()">Try it!</button>
21.    <ul id="puppies">
22.          <li>Poodles</li>
23.          <li>Jack Russell Terriers</li>
24.    </ul>
25. </div>
26. </body>
27. </html>
```

开始时，这个页面看起来像这样：

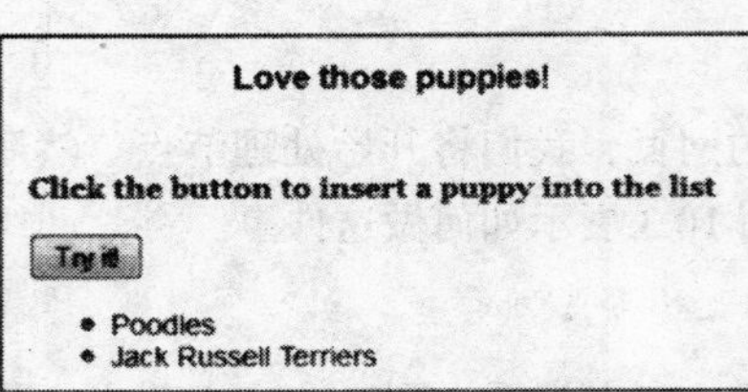

该 HTML 的 <body> 是我们所熟悉的。当单击按钮时，就执行函数 insertNode()。第 8 行使用 **createElement() 方法**创建一个新变量 **newItem**，用于创建一个列表项目元素，列表项目被指定为 "LI"（注意是大写字母）。然后，第 9 行使用 createTextNode() 方法创建一个文本节点，并且把它存储在变量 nodeText 中。第 10 行把 **nodeText**（现在是一个子节点）的值附加到新列表元素的 **newItem**。第 11 行把变量 **list** 设置为其 id="puppies" 的元素，它是 <ul> 元素。最后，第 12 行使用点标记和 **insertBefore() 方法**把"Labrador Retrievers"的新值当作第一项插入到列表中。变量 **list** 标识要插入某些东西的列表，而 insertBefore() 方法接收两个实参：插入什么（**newItem**）和在哪里插入。这里，我们想要把新的项目插入到这个列表的第一个位置，也就是 childNodes[0]。

Love those puppies!

Click the button to insert a puppy into the list

Try it!

- Labrador Retrievers
- Poodles
- Jack Russell Terriers

10.1.5　替换和除去元素

replaceChild() 方法把一个子节点替换为另一个，而 removeChild() 方法除去一个子节点。

10.1.5.1　removeChild() 方法

removeChild() **方法**需要指定父节点，要除去的节点是这个方法的必需参数，其语法如下：

```
elementNode.removeChild(node_to_remove)
```

该方法将或者返回除去的节点，或者若不可能则返回 NULL。

10.1.5.2　replaceChild() 方法

replaceChild() **方法**将把一个子节点替换为另一个节点，因此它有两个必需的参数，即新节点和要被替换的节点。语法如下：

```
elementNode.replaceChild(new_node, node_to_be_replaced)
```

该方法将或者返回被替换的节点，或者若不可能则返回 NULL。

例 10.4 示范这两个方法的使用。

10.1.5.3　childNodes 属性

childNodes **属性**返回包含选中节点的所有子节点的**节点列表**（NodeList）。如果选中节点没有任何子节点，那么返回的节点列表为空。使用这个属性的语法如下：

```
elementNode.childNodes[]
```

方括号包含你想要标识的节点索引值。在例 10.4 中，我们想要替换或者除去的节点没有子节点，因此在括号中放置 0。在这个例子中，我们从两个列表开始。第一个列表有 3 类交通工具，并且我们用另一个替换第一类交通工具。第二个列表表示一列 4 种颜色，而我们要除去其中一个。

例 10.4　除去和替换节点

```
<html>
<head>
<title>Example 10.4</title>
<link href="carla.css" rel="stylesheet" type="text/css" />
<script>
function replaceIt()
{
      var newCar = document.createTextNode("red sports car");
```

```
9.         var oldCar = document.getElementById("sedan");
10.        oldCar.replaceChild(newCar,oldCar.childNodes[0]);
11.  }
12.  function removeIt()
13.  {
14.        var oldColor = document.getElementById("purple");
15.        oldColor.removeChild(oldColor.childNodes[0]);
16.  }
17.  </script>
18.  </head>
19.  <body>
20.  <div id="container">
21.        <h3>Remove and Replace</h3>
22.        <hr />
23.        <p id="replace">Click the button to replace the sedan with ↵
                                another car</p>
24.        <button onclick="replaceIt()">Try it!</button>
25.        <p id = "sedan">4-door Sedan</p>
26.        <p id = "truck">Truck</p>
27.        <p id = "cycle">Motorcycle</p>
28.        <hr />
29.        <p id="remove">Click the button to remove the third color ↵
                               from the list</p>
30.        <button onclick="removeIt()">Try it!</button>
31.        <p id="red">red</p>
32.        <p id = "blue">blue</p>
33.        <p id = "purple">purple</p>
34.        <p id = "orange">orange</p>
35.        <p id = "green">green</p>
36.        <p id = "brown">brown</p>
37.        <hr />
38.  </div>
39.  </body>
40.  </html>
```

HTML<body>是我们所熟悉的。当单击第一个按钮时，就执行函数 replaceIt()。第 8 行使用 createTextNode() 方法创建一个新变量 newCar，为要替换的节点定义新的内容。变量 oldCar 使用 getElementById() 方法（第 9 行）获取要替换的节点。然后，第 10 行实施替换。replaceChild() 方法替换使用 childNodes 属性获得的子节点列表的第一个节点。

该页面开始时看起来像这样：

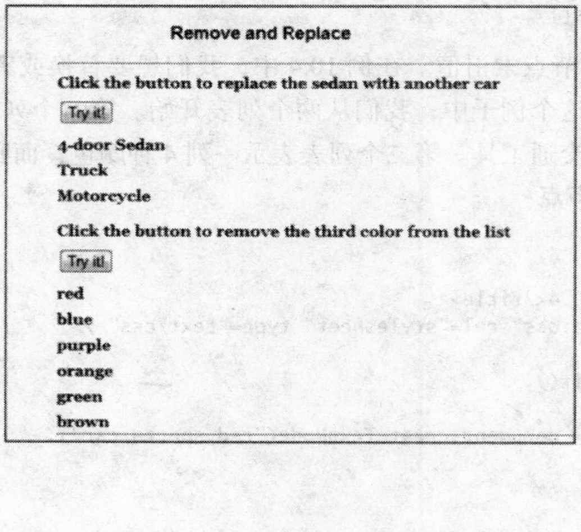

Remove and Replace

Click the button to replace the sedan with another car

Try it!

4-door Sedan
Truck
Motorcycle

Click the button to remove the third color from the list

Try it!

red
blue
purple
orange
green
brown

在单击两个按钮之后，4-door sedan 被 red sports car 替换，而颜色 purple 从颜色列表中除去：

Remove and Replace

Click the button to replace the sedan with another car

Try it!

red sports car
Truck
Motorcycle

Click the button to remove the third color from the list

Try it!

red
blue
orange
green
brown

我们已经学会足够的 JavaScript 技能，只使用 JavaScript 代码就能够做所有这些事情，因此你可能觉得奇怪为什么还需要 DOM 方法和属性。当我们学习更多的 DOM 和 XML 知识时，才会认识到使用这些新技能是显然的。

10.1 节检查点

10.1　HTML 文档对象的根元素是什么？

10.2　若有下列 HTML 脚本，请指出其中的根节点、父节点、子节点和兄弟节点：

```
<html>
    <head>
        <title>Checkpoint 10.2</title>
    </head>
    <body>
        <div id = "chk">
            <h1>Checkpoint 10.2</h1>
            <p id = "1">This is a web page</p>
            <p id = "2">There is nothing on this page yet</p>
        </div>
    </body>
</html>
```

10.3　getElementById() 是一个属性还是一个方法？

10.4　要为你正在创建的节点添加内容，可以使用________方法。

对于检查点 10.5 和检查点 10.6，使用以下代码：

```
<html>
  <head>
    <title>Checkpoints 10.5 and 10.6</title>
  <script>
    function replaceIt()
    {
      var newStuff = document.createTextNode("new stuff added!");
      var oldStuff = document.getElementById("node_stuff");
      //这里为检查点10.5添加你的代码
    }
    function removeIt()
    {
      var oldStuff = document.getElementById("node_stuff");
```

```
        //这里为检查点10.6添加你的代码
    }
  </script>
  </head>
  <body>
    <div id="container">
        <h3>Remove and Replace</h3>
        <p id="replace">Click the button to remove or replace</p>
        <button onclick="replaceIt()">Replace it!</button>
        <button onclick="removeIt()">Remove it!</button>
        <p id="node_stuff">this is the interesting stuff!</p>
        <p id = "node_2">some other stuff</p>
            <p id = "node_3">more other stuff</p>
        </div>
    </body>
</html>
```

10.5 写一条语句，用文本 "new stuff added! " 替换其 id="node_stuff" 的节点。

10.6 写一条语句，除去其 id="node_stuff" 的节点。

10.2 与定时器和样式一起使用 DOM 方法

我们可以使用 DOM 方法和属性在页面上创建更多令人兴奋的效果，可以使用定时器创建简单的动画，并且能够动态地修改样式。例如，回顾第 9 章创建的拼字游戏，我们可以使用 DOM 方法让一个时钟图像滴答滴答地计时，并且当达到时间限制时图像变得越来越大。或者在一个商务网站上，我们可以向客户询问问题并且依赖客户的回答显示不同的选项。一旦理解如何使用 DOM 方法和属性，你就可以为网页添加这样或那样的精彩特性。

10.2.1 setAttribute() 和 getAttribute() 方法

setAttribute() 方法将设定一个输入元素的某类属性，它为用户输入的值添加一个特定属性，并且给它指定的值。这个方法的语法如下：

```
element.setAttribute(name_of_attribute, value_for_attribute)
```

getAttribute() 方法将返回指定属性的值，它只接收一个参数，即指定的属性。这个方法的语法如下：

```
element.getAttribute(name_of_attribute)
```

例 10.5 示范如何使用这些方法。

例 10.5 修改属性

```
<html>
  <head>
      <title>Example 10.5</title>
      <link href="carla.css" rel="stylesheet" type="text/css" />
  <script>
      function buttonIt()
      {
          document.getElementsByTagName("INPUT")[0].setAttribute ↵
```

```
                    ("type", "button");
        document.getElementsByTagName("INPUT")[0].setAttribute ↵
                    ("id","who's_a_button?");
    }
    function getIt(idName)
    {
        document.getElementById(idName).innerHTML = ↵
                    document.getElementsByTagName("INPUT")[0]. ↵
                    getAttribute("id");
    }
</script>
</head>
<body>
    <div id="container">
        <h3>Get and Set Attributes</h3>
        <hr />
        <p id="get_it">See the button's id attribute</p>
        <p><button onclick="getIt('old')">Check the button's ↵
                id</button></p>
        <p>Button id attributes <span id = "old"> </span></p>
        <hr />
        <p id="set_it">Change your input into a button and change ↵
                the button's id</p>
        <p><button onclick="buttonIt()">Make it a button, change ↵
                its id</button></p>
        <p><input id = "a_button" value="type something here"></p>
        <hr />
        <p id="get_it">See the button's new id</p>
        <p><button onclick="getIt('new')">Check button attributes ↵
                </button></p>
        <p>Button's new id attribute: <span id = "new">  ↵
                </span></p>
        <hr />
    </div>
</body>
</html>
```

开始时，该页面看起来像这样：

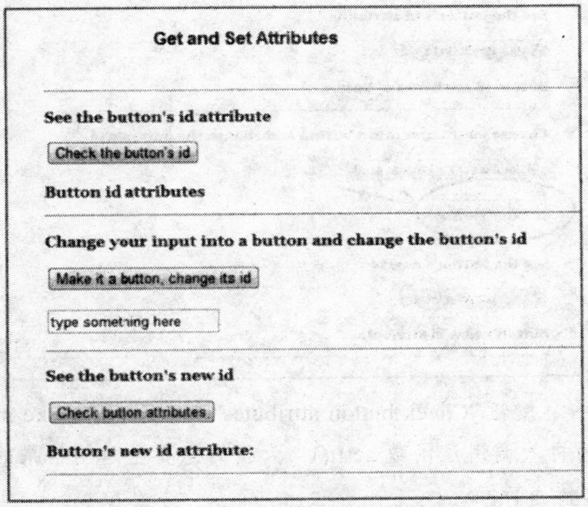

Get and Set Attributes

See the button's id attribute

Check the button's id

Button id attributes

Change your input into a button and change the button's id

Make it a button, change its id

type something here

See the button's new id

Check button attributes

Button's new id attribute:

如果单击最上面的按钮（也就是 "Check the button's id"），那么将调用函数 getIt()，为显示结果的 <span> 区域（也就是其 id="old" 的 <span> 区域）传递值。在第 11 ~ 14 行的函数 getIt() 把一个实参接收到形参 idName，此时 idName="old"。第 13 行做以下事情：获得由 getElementsByTagName（"INPUT"）[0] 标识的按钮 id 并把那个按钮的 id 放入其 id="old" 的 <span> 区域，这里的 "Make it a button,change its id" 按钮的 id 属性是 "a_button"。在单击最上面的按钮之后，显示如下：

如果用户在框中键入 "Help! Click me!"，然后单击 "Make it a button,change its id"，就调用函数 buttonIt()。这个函数在第 6 ~ 10 行上，将首先把这个输入框的属性设置为一个按钮（第 8 行），然后把该按钮的 id 属性设置为 "who's_a_button?"。下一个显示看起来像这样：

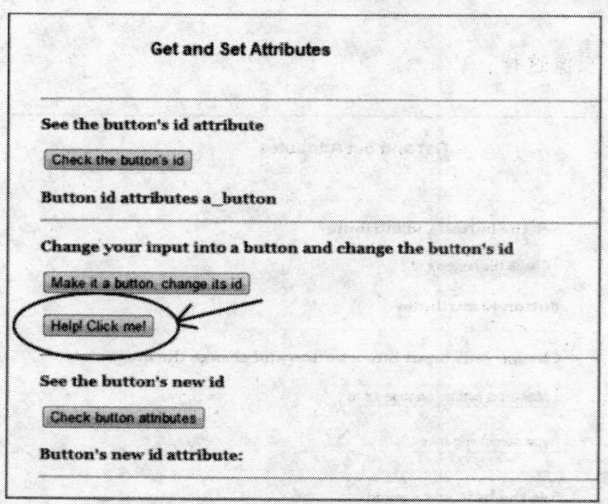

最后，当单击最后一个按钮 "Check button attributes" 时，显示 "Make it a button,change its id" 按钮的新 id 属性。这是因为再次调用了函数 getIt()，为我们想要显示新结果的 <span> 区域（也就是其 id="new" 的 <span> 区域）传递新值。

Get and Set Attributes

See the button's id attribute

Check the button's id

Button id attributes a_button

Change your input into a button and change the button's id

Make it a button, change its id

Help! Click me!

See the button's new id

Check button attributes

Button's new id attribute who's_a_button?

10.2.2　setInterval() 和 clearInterval() 方法

定时器能够为我们的游戏增加趣味性，并且用于实现许多有趣的效果。**setInterval() 方法**将启动一个定时器，它将一直执行直至满足一个条件或者用户单击一个停止按钮而调用 **clearInterval() 方法**。它们是 window 对象的方法，从而必须与 window 对象一起使用。

setInterval() 方法调用一个函数或者表达式，它将在程序员指定的时间间隔内执行。这个过程将继续，直到调用 clearInterval() 方法或者窗口关闭。调用 setInterval() 的函数或 JavaScript 表达式之间的时间间隔单位是毫秒（即 1/1000 秒），因此要使一个函数每 2 秒被调用一次，其时间间隔应该是 2000。setInterval() 方法的语法如下：

```
setInterval(function_or_expression_called, milliseconds)
```

clearInterval() 方法清除一个已经用 setInterval() 方法设定的定时器，它有一个参数，也就是标识 setInterval() 方法的标识符。其语法如下：

```
clearInterval(id_of_setInterval_method)
```

为了使用定时器，我们需要创建一个将成为 setInterval() 方法标识符的变量。如果这个标识符没有值（也就是有一个 NULL 值），该 setInterval() 方法将不会继续。

我们将在例 10.6 示范 setInterval() 和 clearInterval() 方法，其中使用了一首歌“99 Bottles of Beer On the Wall”。

例 10.6　使用 setInterval() 和 clearInterval() 计数姜麦酒瓶　该代码将每隔 1 秒从 99 ~ 1 倒数墙壁上的姜麦酒瓶。开始倒数的按钮调用函数 timeIt()，这个函数启动 setInterval 方法，它每隔 1 秒就重复调用函数 gingerAle()，直到从 99 ~ 1 倒数完姜麦酒的瓶数，然后 clearInterval() 方法停止倒数并且最后显示一条信息。

```
<html>
  <head>
     <title>Example 10.6</title>
        <link href="carla.css" rel="stylesheet" type="text/css" />
```

```
5.      <script>
6.          var count = 100;
7.          var interval = null;
8.          function gingerAle()
9.          {
10.             count = count - 1;
11.             if( count == 1)
12.             {
13.                 window.clearInterval(interval);
14,                 interval = null;
15.                 document.getElementById("end").innerHTML = ↵
                                ("That's it, folks!");
16.             }
17.             document.getElementById("bottles").innerHTML = count;
18.         }
19.         function timeIt()
20.         {
21.             interval = window.setInterval("gingerAle()", 1000);
22.         }
23.     </script>
24.   </head>
25.   <body>
26.      <div id="container">
27.          <h3>Ginger Ale Countdown</h3>
28.          <p><button onclick="timeIt()">Start the countdown ↵
                                </button></p>
29.          <p><span id = "bottles">100</span> bottles of ginger ↵
                                ale on the wall shelf...</p>
30.          <p><span id = "end"> </span></p>
31.      </div>
32.   </body>
33. </html>
```

这个程序示范了我们很少使用的全局变量。因为变量 count 和 interval 是在这两个函数的外面声明和初始化，所以它们的初始值可用于这两个函数。这样做的原因是我们想要在这两个函数的开始使用这些值并且确实想使局部（在函数内部）做出的修改影响使用相同变量的另一个函数。开始时，我们将 interval 设定为 null，意味着还没有值。

当用户单击按钮开始时，就调用函数 timeIt()。该函数起始于第 19 行，为 interval 给定一个值。它把间隔设定为 1 秒（1000 毫秒），并且告诉程序每隔 1 秒做什么，也就是调用函数 gingerAle()。

函数 gingerAle() 递减计数器并且查看是否倒计时已经结束。因为是从 99 倒数至 1，所以如果 count 是 1，就必须停止定时器。该检测从 if 语句（第 11 行）开始。第 13 行调用 clearInterval() 方法，将 interval 用做标识要停止的 setInterval() 方法的标识符。第 14 行把 interval 设定回 null，并且第 15 行在网页上显示结束信息。然而，如果 count 大于 1，那么把 count 的新值显示在网页上（第 17 行）。

当第一次装载这个页面时，它看起来像这样：

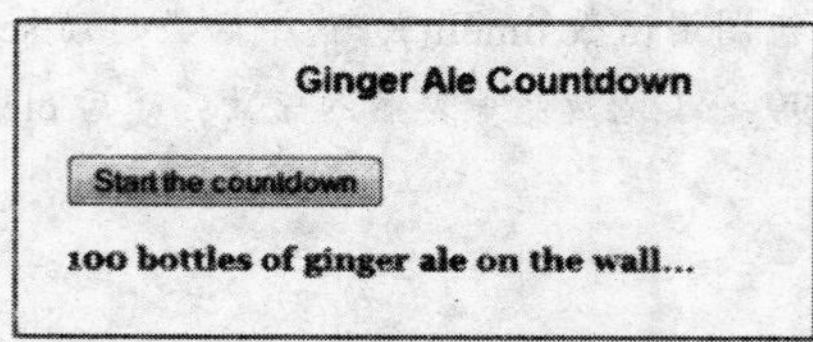

然后，在单击 Start the countdown 按钮并且经过 100 秒之后，该页面看起来像这样：

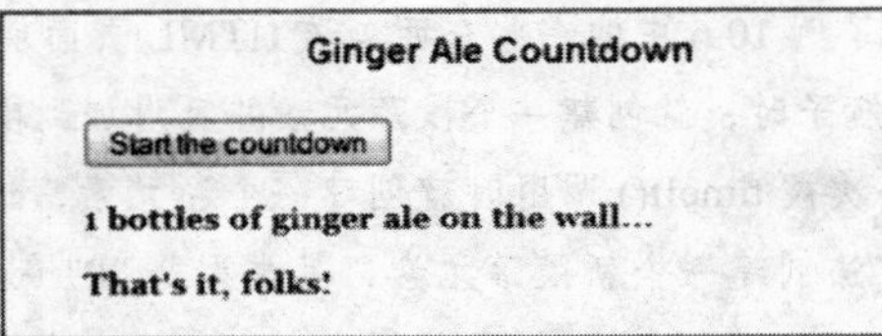

例 10.6 的代码用下一行替换显示的每一行。例 10.7 将 appendChild() 方法与 setInterval() 和 clearInterval() 方法结合使用，从而让我们看到添加的每一行。

例 10.7 结合使用 DOM 方法 该代码将按 1 秒间隔从给定的墙壁上的姜麦酒瓶数倒数至 1，但是也将显示每一行，这是因为我们持续创建新元素并且把每个新元素附加到网页中。基于示范的目的，我们将从 10 而不是 100 开始倒数。

```
<html>
  <head>
     <title>Example 10.7</title>
     <link href="carla.css" rel="stylesheet" type="text/css" />
     <script>
          var count = 10;
          var interval = null;
          function gingerAle()
          {
               count = count - 1;
               if( count == 1)
               {
                    window.clearInterval(interval);
                    interval = null;
                    document.getElementById("end").innerHTML = ↵
                              ("That's it, folks!");
               }
               var newBottle = document.createElement("P");
               var oneBottle = document.createTextNode(count + " ↵
                         bottles of ginger ale on the wall...");
               newBottle.appendChild(oneBottle);
               document.getElementById("count_bottles"). ↵
                         appendChild(newBottle);
          }
          function timeIt()
          {
               interval = window.setInterval("gingerAle()", 1000);
          }
     </script>
  </head>
  <body>
     <div id="container">
          <h3>Ginger Ale Countdown</h3>
          <p><button onclick="timeIt()">Start the countdown ↵
                    </button></p>
          <div id = "bottles"> </div>
          <p><span id = "bottles">10</span> bottles of ginger ↵
                    ale on the wall...</p>
          <p id = "count_bottles"> </p>
          <p><span id = "end"> </span></p>
     </div>
  </body>
</html>
```

在这个程序中，我们修改了例 10.6 中的一些东西。该 HTML 页面现在有一个其 id="count_bottles" 的 <p> 标签。每次计数一只新瓶子时，就创建一个段落元素并且附加到段落元素列表中。

现在，函数 gingerAle() 每次被 timeIt() 调用时就创建一个新元素，这种情况在第 17 ~ 20 行发生。第 17 行使用 createElement() 方法创建一个新段落元素，其类型是 "P"（注意是大写字母），标识一个段落元素。第 18 行使用 createTextNode() 方法为新段落创建内容。该内容是瓶子数目（count）与 "bottles of ginger ale on the wall..." 的连接。第 19 行把该内容（存储在 oneBottle 中）放入新的段落元素之内。每次调用这个函数时，就递减 count 的值，从而使该内容持续变化。最后，第 20 行把新元素附加到在网页上其 id="count_bottles" 的区域。

当第一次装载这个页面时，它看起来像这样：

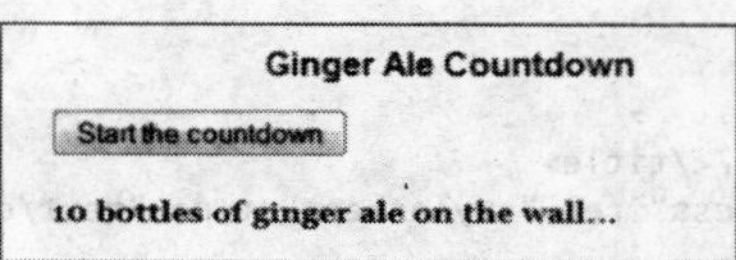

在单击 "Start the countdown" 按钮并且经过 4 秒后，该页面看起来像这样：

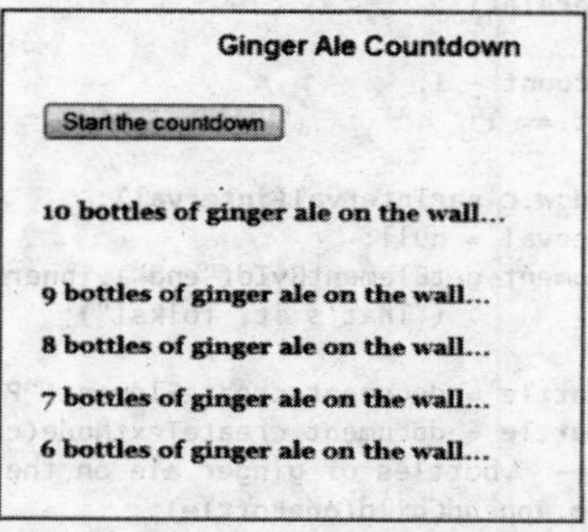

在该程序运行完成之后，其显示将看起来像这样：

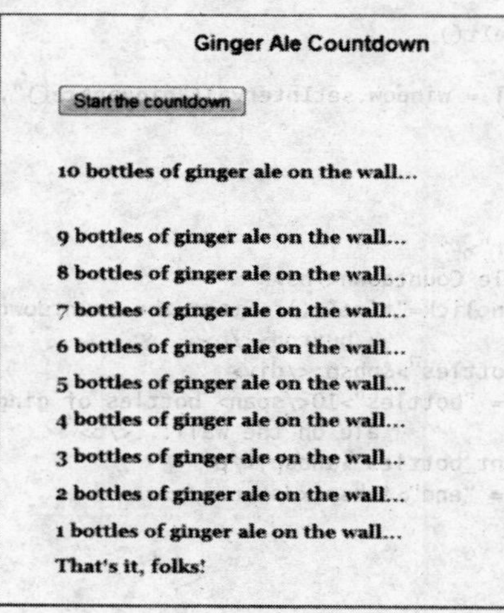

10.2 节检查点

10.7　setAttribute() 方法有多少个参数？ getAttribute() 方法有多少个参数？

使用下列语句回答检查点 10.8 和检查点 10.9。

```
document.getElementsByTagName("INPUT")[0].setAttribute("id", ↵
                    "love_the_button");
```

10.8　将设定什么属性？

10.9　该属性的值将是什么？

10.10　当使用 setInterval() 方法时必须包含哪两个参数？

10.11　给出下列语句：

```
window.clearInterval(greenies);
```

那么，该 setInterval() 方法要停止的标识符是什么？

10.12　给出下列语句：

```
interval = window.setInterval("jumpIt()", 5000);
```

那么，在调用函数 jumpIt() 之间的间隔是多长时间？

10.3　XML 基础

在学习 HTML 脚本以及与 CSS 结合使用它一段时间后，许多人就满足了。通过结合样式和 HTML 标签，我们几乎可以创建任何想要的网页。但是，XML 允许我们更进一步。现在，我们可以创建自己的标签并且为它赋予显示的默认值和我们想要的状态。更新版本的 HTML 和紧随标准的浏览器让我们更自由地创建呈现给用户的网页。这里所介绍的知识只是网页脚本所需要的一小部分，并且只是 XML 强大功能的冰山一角。

10.3.1　XML 是什么

XML 表示**可扩展标记语言**（eXtensible Markup Language），并且 XML 的美妙之处是它的**可扩展性**。通过创建自己的标签并且结合使用文档对象模型，你可以按许多方式处理元素。XML 不仅可以被人阅读，也可以被机器阅读。因此，XML 能够与数据库和许多其他应用程序接口一起使用。XML 被特别设计成用于传输和存储数据，注重数据是什么；而 HTML 被设计成主要显示数据，注重数据如何显示。因此，除了存储被传输的数据以外，XML 实际上不做任何事情。然而现在，它与 HTML 一样重要，是 Web 的基础。为了使用 XML，你需要深入理解 HTML 和 JavaScript。

10.3.2　为什么需要 XML

因为它包含一组允许我们定义和创建新语言的工具，所以 XML 适于开发在因特网中运行的程序。它让数据变得自描述的。HTML 标签预先为内容定义默认值并且在 DOM 中有预定义的状态，而 XML 允许我们定义自己的节点和元素标签。

作为开发者，你可以创建 **XML 元素**，以限制元素可以包含的数据类型。例如，考虑一个包含邮政区码的元素。通过限制其数据类型只能是整数（和一个用于扩展的短线），你将不需要验证每个用户录入的邮政区码。语法分析器（本节稍后讨论）不允许在那个元素中录入任何其他类型的数据。

基于你的需要或者你的雇主需要，你可以创建自定义的数据结构。XML 有一组丰富的工具，可用于链接并且可用于交换数据库和其他数据结构之间的数据。它包括强大的数据搜索能力，可用于任何需要搜索大量数据的网页。

回顾我们已经创建的搜索数组的 JavaScript 程序，它们查找游戏中的玩家、某班学生或者公司客户等信息。我们使用平行数组把相关数据显示在网页上。但是在真实环境中，数据很快变得很大难以在平行数组中存储，因此数据通常是存储在数据库中。假设你为大型药品连锁店工作，要把病人信息记录在数据库中，则需要包含名字、地址、联系方式、处方医师、下次处方标准、配药日期等。当再填一张处方时，将更新几个字段的信息，包括一个药品库存字段。在填写一张处方之前，一个药剂师可能需要检查两三个或更多的字段。在重新订货或者创建统计报告之前，商店可能需要检查这些字段。连同其他程序一起，XML 提供处理这些要求的能力。

当我们还不需要处理像一个大（或者甚至小）公司那样大量的数据时，我们将使用本书创建的网站示范如何创建和使用 XML。第 11 和 12 章在讨论 PHP 时将补充更多的功能。

10.3.3 XML 组件

创建 XML 文档时使用的标签非常类似于 HTML 标签。如同在 DOM 节讨论的那样，XML 文档创建一个树形结构，含有叶子节点和分支。然而，由于你使用树结构定义元素，所以必须指定哪个元素是父节点和哪个是子节点。这里讨论 XML 文档的各种组件。

10.3.3.1 XML 声明

类似 HTML 文档，XML 文档从根开始形成一个树结构。HTML 文档的根元素是 <html> 标签。对于 XML 文档，第一行必须总是 **XML 声明**，下一行是 XML 根元素。XML 声明看起来像这样：

```
<?xml version = "1.0" encoding = "UTF-8"?>
```

Version（版本）是必需指定的。W3C 在 1998 年最先推荐的是 XML 1.0，随后在 2000 年发布修正了许多初始漏洞的第 2 版，第 3 版修订了更多漏洞。我们将使用 XML 1.0。

encoding（编码）属性不是必需的，它描述文档使用的字符集。若没有定义，则默认字符集是 UTF-8。其他可能的字符集是“UTF-16”、“ISO-10646-UCS-2”或“ISO-8559-1”。

10.3.3.2 XML 元素

XML 元素是 XML 文档的核心。开始时没有任何东西，因为你必须创建自己的元素。每个 XML 元素包含 3 部分，并且可能包括第 4 部分：

- **开始标签**：元素的名字包含在 < 和 > 符号之间，如同 HTML 标签。
- **内容**：数据或其他元素，如同 HTML 标签。
- **结束标签**：如同 HTML 元素的结束标签，用一个 < 字符、一个 /（斜线）、元素名和一个 > 字符创建。
- **属性**：可选择的，它包含元素的附加信息，正如 HTML 元素可以有属性。

当你创建自己的元素时，XML 元素名必须遵从以下规则：

- 名字可以包含字母、数字和其他字符。
- 名字不能够从一个数字或一个标点字符开始。
- 名字不能够起始于任何形式的字母 x、m、l（大写字母、小写字母或任何组合）。
- 名字不能够包含空格。
- 标签名是区分大小写的。

如同在任何程序设计语言中的变量，应当遵循一些"好习惯"和**命名约定**。此外，与你自己的取名习惯保持一致也是一个好主意。例如，本书中的所有变量名保持一致地起始于小写字母，并且为包含两个单词的变量名使用驼峰记号。这意味着如果一个变量名包含单词 "player" 和 "score"，就使用 playerScore 作为这个变量名。其他开发者可能选择使用下划线来分隔变量名中的单词，如 player_score。它们都是好的变量名，但是最好坚持使用其中的一种约定。当你为 XML 元素命名时也是一样的。实际上，我们将在本书中使用下划线约定为 XML 元素命名，以便很快地把它们与变量名区分开来。

以下是一些**好习惯**（也就是被 Web 开发团体接受的习惯）：

- 名字应该是描述性的。尽管可以把元素命名为 <element_1>、<element_2>、<element_3> 等，但命名元素时最好有些描述性，如 <f_name>、<mid_initial>、<l_name> 等。
- 尽可能使用短名字。名字 <street_address> 比 <your_street_number_and_name> 更好。
- 避免字符"－"（短线或减号）。一些软件可能把类似 <zip-code> 的名字解释为将 code 从 zip 减去。
- 避免字符"."（点或句号）。一些软件可能把类似 <area.phone> 的名字解释为 phone 是对象 area 的属性。
- 如果知道你的 XML 文档将要使用的数据库取名规则，那么当命名你的 XML 元素时使用那些规则是一个好主意。

XML 文档的第二行包含**根元素**，这个元素定义 XML 文档表示的对象类型。所有其他元素将描述根元素的其他东西。例如，如果你的文档用于保存 Greg's Gambits 网站中的玩家信息，那么根元素可能是 <player>，而其他元素描述属于玩家的特征，如 <username>、<points>、<game_played>、<avatar> 等。

10.3.3.3 注释和文件名

XML 文件是一个文本文件，通常使用 **.xml 扩展名**。写 **XML 注释**的语法与 HTML 类似，注释开始于 <!-- 并且结束于 -->。例如，在 XML 中将被忽略的注释如下：

```
<!--This is a comment -->
```

在例 10.8 中，我们将建立一个简单的 XML 文档并在后面的例子中补充它。

例 10.8 第一个 XML 文档 我们的第一个 XML 文档将包含一个根元素和公司老板在将备忘录发送给雇员时可能要使用的元素，并用文件名 memo.xml 保存这个文件。

```
<?xml version = "1.0" encoding = "UTF-8" ?>
<!- Example 10.8 -->
<memo>
```

```
4.        <send_to>employee's name</send_to>
5.        <date>today's date</date>
6.        <from>boss's name</from>
7.        <subject>subject in question</subject>
8.        <memo_body>content of memo</memo_body>
9.        <shout_out>simple good-bye or good luck or whatever</shout_out>
10.   </memo>
```

这个备忘录是非常简单的。稍后，我们将创建与每个元素一起使用的样式，从而使不同元素有不同的外观。现在，如果你在一个 Web 浏览器中观看这个文件，它将看起来像这样：

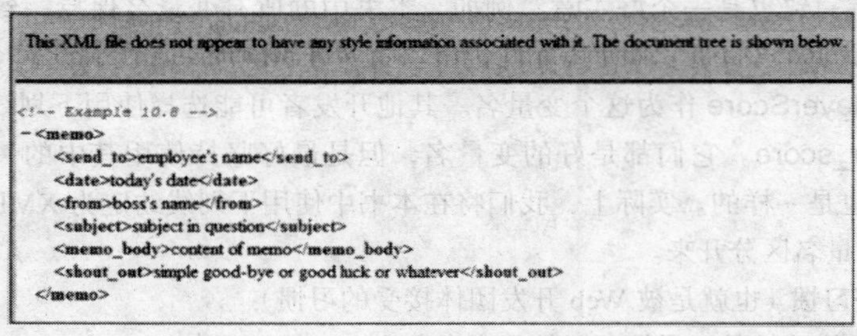

This XML file does not appear to have any style information associated with it. The document tree is shown below.

```
<!-- Example 10.8 -->
- <memo>
    <send_to>employee's name</send_to>
    <date>today's date</date>
    <from>boss's name</from>
    <subject>subject in question</subject>
    <memo_body>content of memo</memo_body>
    <shout_out>simple good-bye or good luck or whatever</shout_out>
  </memo>
```

因为还没有包含如何显示这些标签的任何信息，所以浏览器只显示**文档树**并在显示区顶部告知这一点。因此，除了没有显示第 1 行信息（XML 声明）外，该显示实际上与代码一样。

在学习如何把样式添加到元素之前，我们将讨论 XML 元素和页面的一些其他重要方面。

10.3.3.4 XML 属性

XML 元素**属性**的使用方式类似于 HTML 元素属性，它们描述或者标识 XML 元素。属性总是包含在元素的开始标签中，用于区分大小写并且需要一个值。因为每个属性必须有一个名字和值，所以它们称为**名字 - 值对**。如同 HTML 属性，属性的名字在等号的左边，而它的值在等号的右边，并且用单引号或双引号括起来。元素 <my_element> 的两个属性的一般语法如下：

```
<my_element attribute1 = "value one" attribute2 = "value two">
```

注意，除了空格之外，属性之间不需要任何东西分隔。你可以为一个元素定义与你想要一样多的属性（在合理范围内）。XML 属性更详细地描述元素的数据。然而，使用子元素描述你的数据可能更好。例 10.9 扩充前面的例子并且为创建的元素添加一些特定内容。部分（a）使用属性为一些元素添加细节，而部分（b）使用子元素。

例 10.9　是使用属性还是其他元素？由你决定　下列代码展示编写 XML 文件 memo.xml 的两种方法。下面是该文件在浏览器中的显示效果：

```
<!-- Example 10.9 Part a -->
- <memo>
    <send_to title="Princess" first="Leia"> Smith</send_to>
    <date weekday="Monday" month="July"> 23</date>
    <from>Big Bob</from>
    <subject>Performance review</subject>
    <memo_body>You're good at the job but slow</memo_body>
    <shout_out>Speed it up, Princess!</shout_out>
  </memo>
```

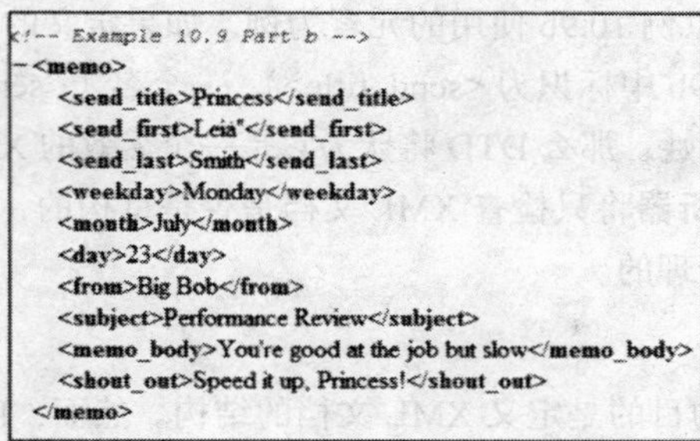

```
<!-- Example 10.9 Part b -->
- <memo>
    <send_title>Princess</send_title>
    <send_first>Leia'</send_first>
    <send_last>Smith</send_last>
    <weekday>Monday</weekday>
    <month>July</month>
    <day>23</day>
    <from>Big Bob</from>
    <subject>Performance Review</subject>
    <memo_body>You're good at the job but slow</memo_body>
    <shout_out>Speed it up, Princess!</shout_out>
  </memo>
```

可以使用属性为这个备忘录添加收件人和日期信息，不过使用子元素表示这些数据可能更好。

10.3.3.5 XML 实体

在 XML 中，一些字符有特殊的含义。因此，如果在元素内使用这些字符，那么将会出错。例如，由于 ">" 字符指示元素标签的结束，所以如果在元素名、属性名或者值中使用它，那么语法分析器将把它解释为一个结束字符。然而，如果需要使用 ">"，那么可以用它的**实体**引用替换这个字符，这与 HTML 的处理方式类似。在 XML 中，有 5 个预定义的**实体引用**，如表 10-3 所示。

表 10-3 XML 实体引用

实体引用	字 符	实体引用	字 符
<	<（小于符号）	'	'（单引号）
>	>（大于符号）	"	"（双引号）
&smp;	&（& 符号）		

空白字符

我们知道，当显示 HTML 页面时将忽略**空白字符**。然而，在 XML 中不忽略空白字符。

10.3.3.6 良构的 XML 文档

HTML 文档应该是良构的，并且 XML 文档也应当如此。**良构的 XML 文档**遵循下列语法规则：

- XML 文档必须有一个并且只有一个根元素。
- XML 元素必须有结束标签。
- XML 标签是区分大小写的。
- XML 元素必须使用父子模型适当地嵌套。
- 每个 XML 属性必须有一个值并且这个值必须在引号中。

10.3.4 XML 语法分析器和 DTD

XML **语法分析器**检查 XML 文档确保文档是良构的并且遵从规则。语法分析器通常内建于浏览器内，并且它就是那个指出我们的第一个 XML 文档没有任何样式信息的语法分析器（见例 10.8）。

有两种类型的语法分析器：验证型和非验证型。要理解它们的不同，我们必须首先理解 DTD 是什么。**DTD** 表示**文档类型定义**（Document Type Definition）。它是定义文档结构的**模式**，而模式本身是一个 XML 文档并且在使用 XML 时优于 DTD。我们将在本章后面讨论模式。目前知道以下事情就足够了，你可以为 XML 文档包含自己的 DTD，并且它将定义 XML 元素的结构。这是

验证型语法分析器。例如，以例 10.9b 使用的元素为例，如果定义的元素要求备忘录的每个收件人必须有一个标题（在例 10.9b 中标识为 <send_title>）、一个名（<send_first>）和一个姓（<send_last>），但是没有为收件人指定姓，那么 DTD 将认为它是一个无效的 XML 文档。

然而，**非验证型语法分析器**将只检查 XML 文档是否是良构的，但不检查它的结构（也就是包含的所有子元素）是否是合理的。

10.3.4.1 XML 的内部 DTD

DTD（文档类型定义）的目的是定义 XML 文档的结构。然而，DTD 的替代选择是将在本章后面更深入讨论的模式。你可以在 XML 文档的开始包含你的 DTD，这就是所谓的**内部 DTD**。

内部 DTD 必须包含文档使用的所有元素，它定义根元素及其包含的所有元素。定义那些元素的次序必须是它们出现的次序。每个元素必须与它的类型（它包含的数据类型）一起列出，并且必须有一个终止符。内部 DTD 的语法如下：

```
<!DOCTYPE root_element_name [
<!ELEMENT element_name          (child_element_A)>
<!ELEMENT child_element_A       (child_a, child_b,...child_x)>
<!ELEMENT child_a               (#TYPE_OF_DATA)>
<!ELEMENT child_b               (#TYPE_OF_DATA)>
...
]>
```

我们将要使用的数据类型是 PCDATA（表示字符数据，即文本）、EMPTY（空元素）和 ANY。例 10.10 把内部 DTD 添加到一个 XML 文档中。

例 10.10　一个含有内部 DTD 的 XML 文档　以下代码与前面的例子类似，但是增加了一个内部 DTD 并创建了两个父元素（<recipient> 和 <body>），每个父元素又有一些子元素。它示范当一些元素是其他元素的父元素时如何编写 DTD。

```
<?xml version = "1.0" standalone = "yes"?>
<!-- Example 10.10a -->
<!DOCTYPE memo [
     <!ELEMENT   memo      (recipient, date, from, subject, body)>
     <!ELEMENT   recipient   (title, first, last)>
     <!ELEMENT   title       (#PCDATA)>
     <!ELEMENT   first       (#PCDATA)>
     <!ELEMENT   last        (#PCDATA)>
     <!ELEMENT   date        EMPTY>
     <!ELEMENT   from        (#PCDATA)>
     <!ELEMENT   subject        ANY>
     <!ELEMENT   body        (greeting, grade, shout)>
     <!ELEMENT   greeting    (#PCDATA)>
     <!ELEMENT   grade       (#PCDATA)>
     <!ELEMENT   shout       (#PCDATA)>
]>
<memo>
     <recipient>
            <title>Princess</title>
            <first>Leia"</first>
            <last>Smith</last>
     </recipient>
     <date>Monday</date>
     <from>Big Bob</from>
     <subject>Performance Review</subject>
```

```
    <body>
        <greeting>Hi there!</greeting>
        <grade>You're good at the job but slow: grade = B</grade>
        <shout>Speed it up, Princess!</shout>
    </body>
</memo>
```

该 XML 声明增加一个 standalone **属性**，它设定为 "yes" 意味着浏览器将使用包含在这个文档中的 DTD。这个属性是可选的。

DTD 标识父元素和子元素。如果在浏览器中显示这个文件，那么它将看起来如下图所示，但是没有显示 DTD。

```
<!-- Example 10.10a -->
- <memo>
  - <recipient>
      <title>Princess</title>
      <first>Leia</first>
      <last>Smith</last>
    </recipient>
    <date>Monday</date>
    <from>Big Bob</from>
    <subject>Performance Review</subject>
  - <body>
      <greeting>Hi there!</greeting>
      <grade>You're good at the job but slow: grade = B</grade>
      <shout>Speed it up, Princess!</shout>
    </body>
  </memo>
```

然而，如果我们略微修改这个代码并把结束标签 </recipient> 移到最后一个子元素之前的地方，如下图所示，语法分析器将显示一个错误。新代码如下：

```
<?xml version = "1.0" standalone = "yes"?>
<!-- Example 10.10b -->
<!DOCTYPE        memo       [
    <!ELEMENT  memo       (recipient, date, from, subject, body) >
    <!ELEMENT  recipient  (title, first, last) >
    <!ELEMENT  title      (#PCDATA) >
    <!ELEMENT  first      (#PCDATA) >
    <!ELEMENT  last       (#PCDATA) >
    <!ELEMENT  date       EMPTY >
    <!ELEMENT  from       (#PCDATA) >
    <!ELEMENT  subject         ANY >
    <!ELEMENT  body       (greeting, grade, shout) >
    <!ELEMENT  greeting   (#PCDATA) >
    <!ELEMENT  grade      (#PCDATA) >
    <!ELEMENT  shout      (#PCDATA) >
]>
<memo>
    <recipient>
        <title>Princess</title>
        <first>Leia"</first>
    </recipient>
    <last>Smith</last>
    <date>Monday</date>
    <from>Big Bob</from>
    <subject>Performance Review</subject>
    <body>
```

```
            <greeting>Hi there!</greeting>
            <grade>You're good at the job but slow: grade = B</grade>
            <shout>Speed it up, Princess!</shout>
        </body>
    </memo>
```

DTD 声明 <recipient> 元素需要含有 <last> 的 3 个子元素，并且在 DTD 中没有定义父元素 <last>。现在浏览器将显示一个错误。

```
XML Parsing Error: mismatched tag. Expected: </recipient>.
Location: file:///C:/Users/Duck/Desktop/ex_10_10b_memo.xml
Line Number 32, Column 3:

</memo>
--^
```

10.3.4.2 XML 的外部、公用 DTD

如果愿意，你可以创建一个单独保存在文件中的 DTD，正如你可以创建外部 CSS 文件或者外部 JavaScript 文件一样。如果这样做，你必须告诉计算机到哪里找到这个外部文件并且正好在 XML 声明下面包含那一行。外部 DTD 文件通常有扩展名 .dtd，包含外部 DTD 文件的语法如下：

```
<!DOCTYPE element_name SYSTEM "path_to_dtd_filename.dtd" >
```

关键字 SYSTEM 指出这是一个私有 DTD。与样式表一样，你可以同时包含内部和外部 DTD。如果两个 DTD 引用相同的元素，那么最靠近元素的那个 DTD（也就是内部 DTD）覆盖另一个，就像嵌入样式覆盖在外部样式表中声明的样式一样。

10.3 节检查点

10.13 XML 文档实际上做什么？

10.14 至少列出需要 XML 的两个理由。

10.15 每个 XML 文档的第一行是什么？

10.16 下列 XML 元素名有什么错误？

a）<XmL_body>　　　　b）<sender name>

10.17 下列属性有什么错误？

```
<sender name = Joey>
```

10.18 以下是 XML 文档中的一行代码，找出其错误并修正它。

```
<num_range>Number must be < 20.</num_range>
```

10.19 DTD 的作用是什么？

10.4 添加样式和 XSL 转换

到如今，你很可能奇怪怎么可能使用看起来像例 10.10a 或者前面任何例子所示的页面。当访问网站时，你永远不会想让客户看到你的标记。因此，在继续学习加强 XML 文档可用性的模式和命名空间之前，我们将讨论如何为 XML 元素关联样式信息，因为语法分析器不知道这些信息（见前面的例子）。对我们而言，因为已经掌握了样式和样式表的概念，因此做这件事就相对容易些。现在，我们将使用为 HTML 创建样式的相同概念应用于 XML。

我们有多种选择。可以使用 CSS 文件标记创建的 XML 元素的样式，或者可以使用更高级的工具，也就是一个 XSL（可扩展样式表语言）或 XSLT（可扩展样式表语言转换）样式表。这两种方式我们都会经常使用。首先，我们只使用 CSS 改变 XML 文档的表现形式。

10.4.1 与 XML 文档一起使用层叠样式表

当与 XHTML 页面一起使用 CSS 时，CSS 把 HTML 标签的表现方面从默认值改变为我们想要的样子。例如，如果没有为 <p> 标签添加样式，那么它在任何浏览器中显示时将比 <h2> 或 <h1> 标签较小，是通常字体并且文本是黑色的。当然，不同浏览器显示标签时可能使用略微不同的字体或大小，但是通常有一个大多数浏览器遵循的默认值。如果想要所有段落文本变成绿色的，我们就必须为 <p> 标签添加一个样式。如果只想把一些段落文本变成绿色，我们就可以增加一个类并通过那个类标识要修改的文本。XML 文档由元素组成，就像 HTML 文档由元素组成一样。区别是 HTML 元素已经被预先定义，并且我们不能创建新的元素。在 XML 文档中，没有元素被预定义，我们要创建所有元素。因此必须为新元素创建默认值。

这就是我们用 CSS 文件要做的事情，使每个元素按照创建的样式显示。在 HTML 中将所有 <p> 元素的样式改变为蓝色、粗体文本的语法如下：

```
p {
     font-weight: bold;
     color: #0000FF;
}
```

为 XML 元素 <subject> 创建样式使该元素的所有文本显示为蓝色和粗体的语法是类似的：

```
subject {
          font-weight: bold;
          color: #0000FF;
 }
```

你可以使用可用于 HTML 样式表的所有样式属性，但是必须在 XML 页面中为所有元素定义样式。然后，可以将这个样式表链接到 XML 文档。创建这个链接的语法如下：

```
<?xml-stylesheet type = "text/css" href = "stylesheet_name.css" ?>
```

在例 10.11 中，我们将创建一个 XML 文档，珠宝商店老板 Jackie 将使用它发送她的最新珠宝制作培训课的相关信息。这个例子展示一个新的 XML 文档、对应的样式表和两者如何一起工作创建在浏览器中的显示。该 XML 文件创建一个宣传 Jackie 提供的一门新珠饰培训课的页面，而 CSS 文件格式化其显示。

例 10.11 为 XML 文档添加样式

```
<?xml version = "1.0" ?>
<?xml-stylesheet type = "text/css" href = "jackie.css" ?>
<!-- Example 10.11 XML document -->
```

```
4.  <courses>
5.        <salutation>Great news!</salutation>
6.        <subject>A new Beading Class!</subject>
7.        <course_info>
8.              <when>Monday evenings, 7 - 9 pm</when>
9.              <where>At Jackie's house: 123 Duckpond Lane</where>
10.             <cost>Only $8.00 per class or $25 for all 4 classes</cost>
11.       </course_info>
12.       <contact>Sign up now: send an email to jackie@jewels.net
                    </contact>
13. </courses>
```

这个文件将用类似 new_course.xml 的文件名保存。第 2 行引用的样式表看起来像这样：

```
1.  courses          {
2.                   margin: 5%;
3.                   padding: 5%;
4.                   display: block;
5.                   }
6.  salutation       {
7.                   font-family: Georgia,"Times New Roman",Times, serif;
8.                   font-weight: bold;
9.                   color: #333399;
10.                  font-size: 36px;
11.                  display: block;
12.                  }
13. subject          {
14                   font-family: Georgia, "Times New Roman", Times, serif;
15.                  font-size: 24px;
16.                  color: #333399;
17.                  display: block;
18.                  }
19. when, where, cost{
20.                  font-family: Geneva, Arial, Helvetica, sans-serif;
21.                  color: #333399;
22.                  font-weight: bold;
23.                  display: block;
24.                  }
25. contact          {
26.                  font-family: Geneva, Arial, Helvetica, sans-serif;
27.                  font-size: 16px;
28.                  font-weight: bold;
29.                  color: #FFFFFF;
30.                  background-color: #333399;
31.                  display: block;
32.                  }
```

注意，你可以为一些元素使用相同的样式（第 19 行）。样式 display:block 在元素之前和之后生成一个回车符从而产生换行。现在，这个 XML 页面的显示更令人喜爱：

Great news!
A new Beading Class!
Monday evenings, 7 - 9 pm
At Jackie's house: 123 Duckpond Lane
Only $8.00 per class or $25 for all 4 classes
Sign up now: send an email to jackie@jewels.net

元素的层次将应用于与 XML 一起使用的样式表。换言之，如果把某个样式赋予父元素，那么子元素将继承那些样式，除非被子元素中的特定样式覆盖。在前面的例子中，我们可以为 <course_info> 写一个样式而不用列出所有子元素（<when>、<where> 和 <cost>）。

总的来说，CSS 能够做以下事情：

- 更改标记中文本的字体大小、颜色、字体和字形。
- 定义元素的位置和大小。
- 修改元素的背景图像和颜色。
- 为在 Web 上显示的页面创建新的外观。

但是，CSS 不能够做以下事情：

- 修改元素在文档中的次序。
- 基于文档内容进行计算。
- 为文档添加内容。
- 将多个文档组合成一个文档。

如果想把一个文档转换成另外一个，那么 XSL 是一个强有力的工具。它为开发者提供创建数据然后把它转换成各种格式的能力。

10.4.2　可扩展样式表语言（XSL）

类似于 CSS 文档，XSL 文档指定如何表现 XML 文档中的数据。但是，它能够做更多的事情。XSL 代表**可扩展样式表语言**（eXtensible Stylesheet Language）并且实际上包括 3 种技术。

- XSL-FO（XSL 格式化对象）是用于指定格式的词汇。
- XPath（XML 路径语言）是一种用于定位 XML 文档的结构和数据的表达式语言。
- XSLT（XSL 转换）是用于把 XML 文档转换为其他文档的技术。

以下是 XSLT 能够做的一些事情：

- 将标准 XML 格式的数据转换为 SQL 语句、按 Tab 符分隔的文本文件或其他用于共享的数据库格式。
- 将 XSLT 样式表转换为新的样式表。
- 将（用 HTML 编写的）网页转换为用于手持式装置的格式。
- 将 CSS 样式表添加到 XML 文档以便在浏览器中观看。

对这些技术的深入探讨已超出本书范围，但是我们将解释与 XSLT 相关的概念。

使用 XSLT 转换 XML 文档需要两个树形结构。**源树**是将被转换的 XML 文档，而**结果树**是被创建的 XML 文档。例 10.12 示范如何能够将 XML 文档中的数据转换为 HTML 页面。

例 10.12　使用 XSL 转换 XML 文档　对于这个例子，我们实际上需要 3 个文件。XML 文档包含要显示的数据，它被认为是源树。XSL 文档将做转换工作，将 XML 数据转换为指定的格式。本例的指定格式是 HTML 页面，这个新页面是我们的结果树。第三个文件是描述如何显示新文件的 CSS 文件。

我们从 CSS 页面开始。由于 XML 页面将转换为 HTML 页面，所以现在需要的样式不是用于 XML 节点的样式，而是以后将被 XSL 文件使用的样式。这里使用的 CSS 可以使你能够在你的计算机上重复这个例子。

```
/* Example 10.12: stylesheet for Jackie's Jewelry Classes page */
th          {
            color: #FFFFFF;
            font-weight: bold;
            background-color: #006A9D;
            }
td, p       {
            color: #006A9D
            }
h2          {
            color: #006A9D;
            text-align: center;
            }
```

这个页面将用文件名 jackie.css 保存。

然后，我们将给出 XML 代码。这些代码类似前面例子中的代码，但是已经简化。为了避免陷入有很多父节点和子节点的困境，通过把这些信息压缩成只包括一个根元素、一个父元素和两个子元素，可以让你把重点放在主要的概念方面。

```
1.  <?xml version="1.0" encoding="ISO-8859-1"?>
2.  <?xml-stylesheet type = "text/xsl" href = "ex_10_12.xsl"?>
3.  <!-- Example 10.12: the XML file -->
4.  <jackie_classes>
5.       <course_info id = "Beading">
6.            <when>Mondays, 7 - 9 pm</when>
7.            <where>Room 2</where>
8.       </course_info>
9.       <course_info id = "Silver bracelets">
10.           <when>Tuesdays, 7 - 9 pm</when>
11.           <where>Room 4</where>
12.      </course_info>
13.      <course_info id ="Feathered earrings">
14.           <when>Wednesdays, 7 - 9 pm</when>
15.           <where>Room 2</where>
16.      </course_info>
17.      <course_info id = "Ceramic Beads">
18.           <when>Thursdays, 6 - 10 pm</when>
19.           <where>Room 2</where>
20.      </course_info>
21.      <course_info id = "Pendants">
22.           <when>Saturdays, 10am - noon</when>
23.           <where>Room 3</where>
24.      </course_info>
25. </jackie_classes>
```

这些代码的前 8 行是最重要的。第 1 行告诉计算机这是一个 XML 文档并指定版本和编码方案。第 2 行类似于例 10.11，它引用样式表。然而，注意它没有链接 CSS 样式表，而是链接 XSL 样式表。当在浏览器中打开这个 XML 文档时，浏览器将自动访问 ex_10_12.xsl 并使用这个 XSL 文档的指令完成页面的显示处理。此时，这个 XML 文档是源树。

第 4 行把元素 <jackie_classes> 定义为根元素。第 5 行把 <course_info> 定义为第一个（并且这里是唯一的）父元素，并且把 id 添加到这个元素。我们也可以创建类似 <course_name> 的子元素并在每个子节点中包括 id 信息，但这只是做相同事情的另一种方法而已，并为我们提供研究某些 XSL 特性的机会。

第 6 和 7 行定义 <course_info> 的两个子元素 <where> 和 <when>。父元素在第 8 行关闭，并且在第 9 ~ 12、13 ~ 16、17 ~ 20 和 21 ~ 24 行重复这个过程。第 25 行关闭根元素，从而文档结束。

最后，为 XSL 文件编写代码。这是精华之处，其代码如下：

```
1.  <?xml version="1.0"?>
2.  <!--Example 10.12 xsl file -->
3.        <xsl:stylesheet version="2.0" xmlns:xsl = ↵
                    "http://www.w3.org/1999/XSL/Transform">
4.        <xsl:output method = "html" doctype-system = "about:legacy- ↵
                     compat"/>
5.        <xsl:template match="/">
6.        <html>
7.        <head>
8.             <meta charset = "utf-8"/>
9.             <link rel = "stylesheet" type = "text/css" href = ↵
                    "jackie.css"/>
10.            <title>Jackie's Jewelry | Jewelry Making Classes</title>
11.       </head>
12.       <body>
13.            <h2>Jackie's Jewelry Making Classes</h2>
14.            <table border = "1" align = "center" width = "50%">
15.                 <tr bgcolor="blue">
16.                      <th>Course Name</th>
16.                      <th>Location</th>
17.                      <th>Days and Times</th>
18.                 </tr>
19. <!-- insert each course information into a table row -->
20.              <xsl:for-each select = "/jackie_classes/course_info">
21.                 <tr>
22.                      <td><xsl:value-of select = "@id"/></td>
23.                      <td><xsl:value-of select = "where"/></td>
24.                      <td><xsl:value-of select = "when"/></td>
25.                 </tr>
26.            </xsl:for-each>
27.                 <tr>
28.                      <td colspan = "3">Each class runs for 4 weeks.
                         The cost is $8.00 per class or $25.00 for each ↵
                              4-week session, payable in advance. </td>
29.                 </tr>
30.            </table>
31.       </body>
32. </html>
33. </xsl:template>
34. </xsl:stylesheet>
```

下面详细解释其中一些代码：

- 第 1 行定义将要使用的 XML 版本。
- 第 3 行用样式表开始标签开始 XSL 样式表。version 是属性，这里指定这个文档将遵照 XSLT 2.0。统一资源标识符（URI）http://www.w3 .org/1999/Transform 是一条使用 W3C XSLT 的指令。
- 第 4 行使用 **xsl:output 元素**指定输出（结果树）是 HTML 页面。doctype-system 是属性，并且当 HTML5 还没有完全支持时，通过使用值 "about:legacy-compat" 确保产生的页面是 HTML5 兼容的。
- 第 5 行有两个需要解释的事情。首先，XSLT 使用模板描述如何将源树转换为结果树，这意味着一个 template（模板）将应用于在 match 属性中指定的节点。match 属性是必需的。斜线（"/"）是一个指示根元素的 XPath 字符。因此，这里的 **match 属性**是指选择源树的根元素和它包含的所有元素，并且把它们添加到结果树。

- 第 6 行开始一个 HTML 文档。第 6 ~ 18 行你应该是熟悉的。<head> 区域给出页标题（第 10 行），包含编码方案（第 8 行）和对 CSS 样式表的链接（第 9 行）。<body> 添加一个标题（第 13 行）并开始一个表格（第 14 行）。表格第一行包含列标题，因此使用 <th></th> 标签并将应用为 <th> 标签给出的样式（见 CSS 样式表）。所有这些脚本将以普通方式显示在结果树中。
- 我们回到第 20 行的 XSL 代码，这行开始一个循环。也就是创建一个 XSL 元素 **<xsl:for-each...>** 并告诉它要搜索什么东西。**select 属性**是另一个指定将要搜索的节点集的 XPath 表达式。**节点集**是搜索属性使用的节点集合。在这个例子中，设定 search="/jackie_classes/course_info"。在 jackie_classes 和 course_info 之间的 / 意味着 course_info 是 jackie_class 的子节点，这意味着搜索将查找 jackie_classes 的子节点 course_info。在这个例子中，我们只有一个 jackie_classes 节点是根节点，但是这可能不是所有源树的情形。在找出所有 course_info 节点之后，将根据随后的代码处理它们。
- 第 22、23 和 24 行处理所有 course_info 节点的属性和子节点。第 22 行使用 XPath 符号 @ 指示 id 是 course_info 的一个属性节点。**value-of 属性**取出指定子节点的值并把它放在 <td> 中。对于第 22 行，意味着将把每个 course_info 节点的 id 值放在表格的第一列（即第一个 <td>）。对于第 23 和 24 行，将把 where 和 when 子节点的值放在第二和第三列（各在一个 <td> 单元格中）。由于 for-each 属性把这几行（第 22 ~ 24 行）放入循环中，所以将为 XML 文档中的每个 course_info 元素做这些事情。
- 第 26 行通过关闭 </xsl:for-each> 元素关闭这个循环。
- 第 27 行为页面添加一些其他 HTML 代码。
- 然后，第 29 ~ 32 行关闭打开的所有 HTML 标签。最后，打开的 XSL 元素标签也在第 33 和 34 行关闭。

如果你创建这 3 个文件并打开 XML 文件，那么结果应该看起来像这样：

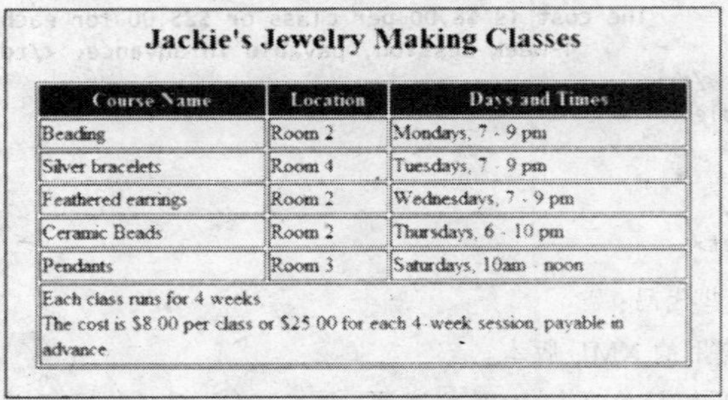

Jackie's Jewelry Making Classes

Course Name	Location	Days and Times
Beading	Room 2	Mondays, 7 - 9 pm
Silver bracelets	Room 4	Tuesdays, 7 - 9 pm
Feathered earrings	Room 2	Wednesdays, 7 - 9 pm
Ceramic Beads	Room 2	Thursdays, 6 - 10 pm
Pendants	Room 3	Saturdays, 10am - noon
Each class runs for 4 weeks The cost is $8.00 per class or $25.00 for each 4-week session, payable in advance		

重要说明

如果访问的 XML 文档不是来自 Web 服务器，那么有些 Web 浏览器将不执行转换。因此，如果想要尝试这个例子或者复习与练习中的例子，并且不能把你的页面放在服务器上，那么你可以尝试一些不同浏览器来查看最后的结果。这个转换例子在 Firefox 中创建并能够正常运行，不管这些文件是放在作者计算机的硬盘上还是作者的服务器上。

10.4 节检查点

10.20 在不转换的情况下显示 XML 页面，必须包含一个________文件。

10.21　在 XML 文档的样式表中使用哪个样式来创建换行？

10.22　XSL 文档是以下哪一个？

a）样式表　b）XML 文档　c）两者都是

10.23　当使用 XSL 文档将 XML 文档转换为网页时，哪个文档包含源树？

10.24　如果在服务器上有下列文件，那么为了观看新页面，在 URL 中包含什么文件？

a）landscape.xml　b）landscape.xsl　c）landscape.css

10.25　在 XSL 元素中使用哪个属性指定在 HTML 页面中使用的节点？

a）match　b）for-each　c）id　d）@

10.26　哪个属性取出指定节点的值？

a）match　b）select　c）value-of　d）for-each

10.5　XML 命名空间和模式

我们已经知道 XML 文档如何转换为网页，并且可以想象对这种能力的许多应用。例如，一家书店可能想要创建描述作品的各种页面。每本书有一些相同的东西，如书名、作者和出版商。但是，书店可能想要创建不同的表格按类别区分这些书籍，如宗教、科幻、言情、传记等。每类书籍的元素可能是一样的，并且有理由用元素名 <title>、<author> 和 <publisher> 命名表示每本书的书名、作者和出版商的元素。然而，在同一个文档中为 3 种不同类型的书使用 <title> 元素可能引起混淆。要将宗教类的书名与其他类别的书名区分开来，可以使用命名空间。XML 命名空间是元素和属性名的集合，使用它可使创建文档的人用相同的名字引用不同的元素，并且保证宗教书籍的 <title> 元素不会与言情小说的 <title> 元素混淆。本节首先讨论如何实现命名空间。

在本章的前面，我们学习了如何使用 DTD 描述 XML 文档的结构。然而，DTD 有一些限制。通过改为使用 XML 模式可以克服其中的一些限制。**XML 模式**包括两个部分。第一部分类似 DTD，用于描述 XML 文档的结构，指定在一个文档中哪些元素和属性是有效的，哪些是必需的以及哪些是可选的。第二部分指定什么数据类型可以用于元素中。我们将在 10.5.2 节讨论 XML 模式。

10.5.1　XML 命名空间

当两个元素有相同的名字但是引用不同的东西时，使用命名空间可以避免混淆或者命名冲突。如果一个 XML 文档与另外一个合并在一起，那么它是特别有帮助的。

在使用命名空间之前，必须先声明它。命名空间声明放在元素的开始标签内，并且适用于那个元素和它的**后代**（即它的子元素）。所有 XML 命名空间使用保留的关键字 **xmlns**，这个关键字实际上是元素的属性。每个命名空间前缀绑定一个称为**统一资源标识符**（Uniform Resource Indentifier，URI）的一串字符，它唯一地标识命名空间。Web 开发者（也就是你）创建 URI 和命名空间前缀。

10.5.1.1　统一资源标识符（URI）

XML 命名空间 URI 引用一个服务器（如服务器），但它不是一个能够访问的地址，其作用在于为命名空间提供一个唯一标识。如果 Jackie's Jewelry 商店的 Jackie 有一个域名 jackie.com，那么表示她命名空间的样例 URI 可能是“http://jackie.com/Namespace_name”。创建一个名为“beads”的命名空间的语法可能如下：

```
xmlns:beads="http://jackie.com/beads"
```

这很令人困惑。它看起来像一个 URL，但是如果你把它录入浏览器中，它不会去任何地方。使用自己域名定义一个命名空间的目的是确保它是唯一的字符串。

10.5.1.2 命名空间声明

命名空间声明有下列语法：

```
xmlns:prefix = "URI"
```

这里是为 Jackie's Jewelry 的网页声明命名空间的一些例子：

- xmlns:beads="http://jackie.com/beads"
- xmlns:bracelets="http://jackie.com/bracelets"
- xmlns:earrings="http://jackie.com/earrings"

通过例子可以比较容易地理解命名空间。假设你正在把信息添加到我们在前面列出的 Jackie 课程表例子中创建的页面。该页面已经包含 5 门课程：学习制作串珠饰品、学习制作羽式耳环、学习制作银手镯、学习制作陶瓷珠饰和学习制作垂饰。Jackie 没有为她的课程开高价，因此她不为学生提供材料，并且她想要让学生选择是否自带材料、使用贵的或便宜的材料等。因此，她想增加一个表格，列出每门课程需要的材料和她卖这些材料的价格。在例 10.13 中，我们将创建一个只使用两门课程的 XML 文档，以便可以把重点放在新的知识方面。该例展示一个 XML 文档，它包含的元素创建 Jackie 提供的两门课程（一门珠饰课程和一门银手镯课程）及其购买材料的两个选项。然而，即使每个元素有相同的名字，我们也要区分珠饰信息和手镯信息。通过为每个 <course> 元素指定命名空间，我们能够避免命名冲突。

例 10.13 使用命名空间避免混乱

```
<?xml version="1.0" encoding="ISO-8859-1"?>
<jackie_classes>
    <course xmlns:bead = "http://jackie.com/bead">
        <description>Beading classes</description>
        <when>Monday eve, 7-9</when>
        <where>Room 2</where>
        <package>Packet of multicolored beads</package>
        <pack_cost>$5.00</pack_cost>
        <singles>African trade beads</singles>
        <single_cost>$2.00 per bead</single_cost>
    </course>
    <course xmlns:bracelet = "http://jackie.com/bracelet">
        <description>Creating necklaces and pendants</description>
        <when>Tuesday eve, 7-9</when>
        <where>Room 4</where>
        <package>silver chain and choice of pendant</package>
        <pack_cost>$10.00</pack_cost>
        <singles>silver charms - hearts, animals, shapes</singles>
        <single_cost>$8.00 per charm</single_cost>
    </course>
</jackie_classes>
```

在这些代码中，我们为表示珠饰课程的 <course> 元素赋予一个命名空间，并为表示项链和垂饰课程的 <course> 元素赋予一个不同的命名空间。现在，每个命名空间也将用于它的子元素。

在 XSL 转换中我们也可以使用命名空间，如例 10.14 所示。这个例子展示 XSL 文件如何使用在上一个例子的 XML 文档中定义的命名空间。我们将为 Jackie 课表增加两门其他课程，每个都使用新的命名空间，从而展示命名空间不只是避免冲突，也可以让我们最小化转换的代码。

例 10.14　与 XSL 转换一起使用命名空间

```
1.  <?xml version="1.0" encoding="ISO-8859-1"?>
2.  <?xml-stylesheet type = "text/xsl" href = "ex_10_14.xsl"?>
3.  <!-- Example 10.14a: the XML file -->
4.  <jackie_classes>
5.       <course xmlns:bead = "http://jackie.com/bead">
6.            <description>Beading classes</description>
7.            <when>Monday eve, 7-9</when>
8.            <where>Room 2</where>
9.            <package>Packet of multicolored beads</package>
10.           <pack_cost>$5.00</pack_cost>
11.           <singles>African trade beads</singles>
12.           <single_cost>$2.00 per bead</single_cost>
13.      </course>
14.      <course xmlns:bracelet = "http://jackie.com/bracelet">
15.           <description>Creating necklaces and pendants</description>
16.           <when>Tuesday eve, 7-9</when>
17.           <where>Room 4</where>
18.           <package>silver chain and choice of pendant</package>
19.           <pack_cost>$10.00</pack_cost>
20.           <singles>silver charms - hearts, animals, shapes</singles>
21.           <single_cost>$8.00 per charm</single_cost>
22.      </course>
23.      <course xmlns:earrings = "http://jackie.com/earrings">
24.           <description>Creating earrings</description>
25.           <when>Thursday eve, 7-9</when>
26.           <where>Room 3</where>
27.           <package>feathers, beads, hoops, assorted</package>
28.           <pack_cost>$12.00</pack_cost>
29.           <singles>hoops or charms</singles>
30.           <single_cost>$10.00 per hoop or charm</single_cost>
31.      </course>
32.      <course xmlns:mixed = "http://jackie.com/mixed">
33.           <description>Create Your Own: all jewelry types</description>
34.           <when>Saturdays 9am-2pm</when>
35.           <where>Room 3</where>
36.           <package>select any package, one price</package>
37.           <pack_cost>$15.00</pack_cost>
38.           <singles>choose your own items</singles>
39.           <single_cost>prices will vary</single_cost>
40.      </course>
41. </jackie_classes>
```

注意，我们在第 2 行添加一个到 XSL 文档的链接。现在，每个 <course> 元素有各自的命名空间。这个 XSL 文档看起来几乎与我们为前面例子创建的文档完全相似，但是通过添加命名空间，它将创建一个含有 4 行的表格，每行表示不同的课程（由命名空间区分）。其代码如下：

```
1.  <?xml version="1.0"?>
2.  <!--Example 10.14 xsl file -->
3.      <xsl:stylesheet version="2.0" xmlns:xsl = ↵
                        "http://www.w3.org/1999/XSL/Transform">
4.      <xsl:output method = "html" doctype-system = "about:legacy- ↵
                    compat"/>
5.      <xsl:template match="/">
6.      <html>
7.      <head>
8.          <meta charset = "utf-8"/>
9.          <link rel = "stylesheet" type = "text/css" href = ↵
                    "jackie.css"/>
10.         <title>Jackie's Jewelry | Jewelry Making Classes</title>
11.     </head>
12.     <body>
13.         <h2>Jackie's Jewelry Making Classes</h2>
14.         <table border = "1" align = "center" width = "80%" ↵
                        cellpadding = "5">
15.             <tr bgcolor="blue">
16.                 <th>Course Name</th>
17.                 <th>Location</th>
18.                 <th>Days and Times</th>
19.                 <th>Supply Package</th>
20.                 <th>Package Cost</th>
21.                 <th>Single Items</th>
22.                 <th>Single Item Cost</th>
23.             </tr>
24.     <!-- insert each course information into a table row -->
25.         <xsl:for-each select = "/jackie_classes/course" ↵
                    xmlns:bead='http://jackie.com/bead' ↵
                    xmlns:bracelet='http//jackie.com/bracelet' ↵
                    xmlns:earrings='http//jackie.com/earrings' ↵
                    xmlns:mixed = 'http://jackie.com/mixed' >
26.             <tr>
27.                 <td><xsl:value-of select = "description" /></td>
28.                 <td><xsl:value-of select = "where" /></td>
29.                 <td><xsl:value-of select = "when" /></td>
30.                 <td><xsl:value-of select = "package" /></td>
31.                 <td><xsl:value-of select = "pack_cost" /></td>
32.                 <td><xsl:value-of select = "singles" /></td>
33.                 <td><xsl:value-of select = "single_cost" /></td>
34.             </tr>
35.         </xsl:for-each>
36.             <tr>
37.                 <td colspan = "7">Each class runs for 4 weeks. ↵
                        <br />The cost is $8.00 per class or ↵
                        $25.00 for each 4-week session, ↵
                        payable in advance. </td>
38.             </tr>
39.         </table>
40.     </body>
41. </html>
42. </xsl:template>
43. </xsl:stylesheet>
```

这些代码大部分与例 10.12 相同。然而，通过在第 25 行增加命名空间属性，for-each 循环将处理 4 次，每次在表格中创建一个新行并且每行用对应于那个命名空间的元素内容填充。如果你创建这两个文件并在浏览器中打开这个 XML 文档，那么将得到以下结果：

Jackie's Jewelry Making Classes

Course Name	Location	Days and Times	Supply Package	Package Cost	Single Items	Single Item Cost
Beading classes	Room 2	Monday eve, 7-9	Packet of multicolored beads	$5.00	African trade beads	$2.00 per bead
Creating necklaces and pendants	Room 4	Tuesday eve, 7-9	silver chain and choice of pendant	$10.00	silver charms - hearts, animals, shapes	$8.00 per charm
Creating earrings	Room 3	Thursday eve, 7-9	feathers, beads, hoops, assorted	$12.00	hoops or charms	$10.00 per hoop or charm
Create Your Own: all jewelry types	Room 3	Saturdays 9am-2pm	select any package, one price	$15.00	choose your own items	prices will vary
Each class runs for 4 weeks. The cost is $8.00 per class or $25.00 for each 4-week session, payable in advance.						

10.5.2 XML 模式

我们前面使用 DTD 定义 XML 文档的结构。XML 模式将做相同的事情，但是增加定义和限制元素内容的能力。为此，开发者通常更喜欢使用模式，而不是 DTD。当使用 XML 模式时，必须在 XML 文档和 XML 模式文档中都声明命名空间。为 XML 模式文档声明命名空间的方法是将 <schema> 元素作为每个 XML 模式的根元素，如下所示：

```
<xs:schema xmlns:xs = "http://www.w3.org/2001/XMLSchema"
targetNamespace = "http://www.w3schools.com" xmlns =
"http://www.w3schools.com" elementFormDefault = "qualified">
```

我们将解释这个声明的每个部分。

```
xmlns:xs="http://www.w3.org/2001/XMLSchema"
```

这行告诉我们在该模式中使用的元素和数据类型来自命名空间 "http://www.w3.org/2001/XMLSchema"，并且来自 "http://www.w3.org/2001/XMLSchema" 命名空间的元素和数据类型应该加上 xs 前缀。

```
targetNamespace="http://www.w3schools.com"
```

这行指出该模式定义的元素将来自 "http://w3schools.com" 命名空间。

```
xmlns="http://www.w3schools.com"
```

这行指出默认命名空间是 "http://w3schools.com"。

```
elementFormDefault="qualified"
```

这行确保用该模式声明的 XML 文档所使用的任何元素必须属于命名空间 qualified，这意味着来自目标命名空间的元素必须用该命名空间前缀限定，默认值是 "unqualified"。elementFormDefault 属性是可选的。

10.5.2.1 在 XML 文档中创建一个到模式的引用

要在 XML 文档中引用模式，使用的代码类似于：

```
<jackie_classes xmlns = "http://www.w3schools.com"
xmlns:xsi = "http://www.w3.org/2001/XMLSchema-instance"
xsi:schemaLocation = "http://jackie.com course_schema.xsd">
```

jackie_classes and xmlns="http://www.w3schools.com"

第一项 jackie_classes 是 XML 文档的根元素。下一部分（xmlns="http://www.w3schools.com"）指定默认命名空间声明，告诉模式验证程序这个文档的所有元素在 w3schools.com 命名空间中声明。

xmlns:xsi="http://www.w3.org/2001/XMLSchema-instance"

这是用于 XML 模式实例文档的命名空间。当 XML 文档使用 XML 模式定义它的有效格式时，就把它称为那个模式的**实例文档**。因此，这部分使 XML 模式实例命名空间是可用的。

xsi:schemaLocation="http://jackie.com course_schema.xsd"

这行指出模式文档驻留在哪里（也就是 schemaLocation）。这个位置有两部分，第一部分（http://jackie.com）是使用的命名空间；第二部分用一个空格与第一部分分隔，是模式文档的名字。

在这种情况下，我们假定模式文档命名为 course_schema.xsd，而 xsd 是模式文档的常规扩展名。

10.5.2.2 还有更多……

注意，XML 模式规范包含大量本书还没有涉及的组件，这里只是一个概况。

10.5.3 XML 模式数据类型

在 XML 模式规范中有很多内置的数据类型。Web 开发者也能够创建自己的数据类型。例如，你可能想要基于简单的 integer 数据类型创建一个包含 8 位整数学号的数据类型，或者基于 string 数据类型创建一个包含 2 个字符前缀和 6 个数字的公司客户编号的数据类型。表 10-4 列出了一些比较通用的内置数据类型。

表 10-4 XML 模式的内置数据类型

数据类型	语　法	描　述
integer	<xs:element name = "the_int" type = "xs:integer"/>	整数值
decimal	<xs:element name = "a_num" type = "xs:decimal"/>	数字值
string	<xs:element name = "my_str" type = "xs:string"/>	字符串
date	<xs:element name = "the_date" type = "xs:date"/>	指定一个日期
time	<xs:element name = "the_time" type = "xs:time"/>	格式为 hh:mm:ss 的时间
boolean	<xs:element name = "t_or_f" type = "xs:boolean"/>	true 或 false 值

10.5.4 创建 XML 模式

XML 模式文档被写成 XML 文档，使用的语法规则与 XML 完全一样，其常规文件扩展名是 .xsd。元素的模式定义或者是简单的类型或者是复杂的类型。**简单类型元素**是没有子元素的元素，它们在模式中写成空元素。**复杂元素**能够包含子元素和属性。例 10.15 示范一个包含所有简单类型的 XML 模式，而例 10.16 使用复杂元素。

例 10.15　使用简单类型元素的 XML 模式　第一个例子非常简单。我们有一个含有一个元素的 XML 文档，在该 XML 文档之后是 XSD 文档，为该文档给出模式。

XML 文档：

```
<?xml version="1.0" encoding="ISO-8859-1"?>
<!-- Example 10.15: XML document -->
<jackie_classes
     xmlns:xsi="http://www.w3.org/2001/XMLSchema-instance"
     xsi:schemaLocation="course_schema.xsd">
     Jackie offers several jewelry making courses at affordable rates.
</jackie_classes>
```

为该文档定义的模式保存在文件 course_schema.xsd 中，并且与 .xml 文件一起保存在服务器上的相同文件夹中。

XSD 文档：

```
1.  <?xml version="1.0" encoding="ISO-8859-1"?>
2.  <!-- Example 10.15: the schema document -->
3.  <xsd:schema xmlns:xsd="http://www.w3.org/2001/XMLSchema">
4.       <xsd:element name = "jackie_classes" type="xsd:string" />
5.  </xsd:schema>
```

该文档第 3 行是该文档根元素的命名空间声明 <xsd:schema>。第 4 行定义该 XML 文档根元素的格式。在该 XML 文档中根元素是 <jackie_classes>，因此属性名引用 "jackie_classes"，并且这个元素是空元素。因为 <jackie_classes> 的内容是 string 内容，所以 type 属性是 string。第 5 行结束这个 <xsd:schema> 元素。

例 10.16　使用复杂类型元素的 XML 模式　这里，XML 文档既有父元素也有子元素，因此需要在模式文档中包含复杂类型元素。我们增加一个元素表示使用 date 数据类型的日期，并且包含两个新属性：minOccurs 和 maxOccurs。在该 XML 文档之后是 XSD 文档，为该文档给出模式。

XML 文档：

```
<?xml version="1.0" encoding="ISO-8859-1"?>
<!-- Example 10.16: XML document -->
<jackie_classes
     xmlns:xsi="http://www.w3.org/2001/XMLSchema-instance"
     xsi:schemaLocation="jackie2_schema.xsd">
     <recipient>To: Pat Donnelly</recipient>
     <subject>A new Beading Class!</subject>
     <date_sent />
     <when>Monday evenings, 7 - 9 pm</when>
     <where>At Jackie's house: 123 Duckpond Lane</where>
</jackie_classes>
```

为该文档定义的模式保存在文件 jackie2_schema.xsd 中，并且与 .xml 文件一起保存在服务器上的相同文件夹中。

XSD 文档：

```
<?xml version="1.0" encoding="ISO-8859-1"?>
<!-- Example 10.16: the schema document -->
<xsd:schema xmlns:xsd="http://www.w3.org/2001/XMLSchema">
     <xsd:element name = "jackie_classes">
          <xsd:complexType>
```

```
 6.           <xsd:sequence>
 7.                <xsd:element: name = "recipient" type = ↵
                             "xsd:string" minOccurs = "1" ↵
                             maxOccurs = "unbounded"/>
 8.                <xsd:element: name = "subject" type = ↵
                             "xsd:string" minOccurs = "1"/>
 9.                <xsd:element: name = "date_sent" type = ↵
                             "xsd:date"/>
10.                <xsd:element: name = "when" type = "xsd:string"/>
11.                <xsd:element: name = "where" type = "xsd:string"/>
12.           </xsd:sequence>
13.           </xsd:complexType>
14.      </xsd:element>
15.  </xsd:schema>
```

对这些代码一行接一行解释如下：

- 第 1 和 3 行执行与前面例子相同的任务。第 1 行是 XML 声明，第 3 行是该文档根元素的命名空间声明 <xsd:schema>。
- 第 4 行定义 XML 文档的根元素 <jackie_classes>。因为它有子元素，所以该元素这次不是定义为一个空元素。因此，它必须在第 14 行关闭。
- 第 5 行把元素定义为 complexType 元素。
- 第 6 行的 <xsd:sequence> 声明让开发者控制元素在 XML 文档中出现的次序。
- 第 7、8、9 和 10 行定义子元素 <recipient>、<subject>、<date_sent>、<when> 和 <where>。它们都是空元素（也就是在打开的相同标签中关闭），并且都包含用于在 XML 文档中标识它们的 name 属性。其中一些属性值得解释。
- 第 7 行的 <recipient> 元素有两个我们还没有使用的属性。minOccurs 属性设置为 "1"，意思是这个元素必须至少出现一次。maxOccurs 属性设置为 "unbounded"，是指这个属性可以出现任意多次，从而可以使用这个文档把信息发送给与 Jackie 想要的一样多的人。
- 第 8 行的 <subject> 元素把 minOccurs 设置为 "1"，但是不包含 maxOccurs 属性。由于这个属性和 maxOccurs 的默认值已经是 "1"，所以这个属性不是必需的，但是这里使用的目的是展示它可以单独使用、与 maxOccurs 一起使用或者都不使用。
- 第 9 行的 <date_sent> 元素使用 date 数据类型，允许这里包含当天日期。
- 第 10 和 11 行为 <when> 和 <where> 元素包含 name 属性，并且把它们的数据类型设置为 string。
- 最后，在第 3、4、5 和 6 行上打开的所有元素在第 12、13、14 和 15 行上按照正确的次序关闭。

如果我们添加一些样式（通过 CSS 文件）并且在一个浏览器中打开这个页面，使用本例使用的信息，那么输出将是如下所示。

To: Pat Donnelly
A new Beading Class!
Monday evenings, 7 - 9 pm
At Jackie's house: 123 Duckpond Lane

10.5 节检查点

10.27 当两个或更多的________有相同的________时，使用 XML 命名空间可以避免命名冲突。

10.28　写出 XML 模式优于 DTD 的一个优点。

10.29　在命名空间声明中，URI 的作用是什么？

10.30　在以下命名空间声明中，其属性是什么？

```
xmlns:start = "http://leeland.com"
```

10.31　每个 XML 模式的根元素是什么？

10.32　在用于以下 XML 文档的 XML 模式中应该使用什么类型的元素？

```
<?xml version="1.0" encoding="ISO-8859-1"?>
    <lees_email
        xmlns:xsi="http://www.w3.org/2001/XMLSchema-instance"
        xsi:schemaLocation="lee_schema.xsd">
        <to>To: Bob Roberts</to>
        <subject>Lawn Maintenance</subject>
        <date_sent>August 3 </date_sent>
        <body>We will be out to mow your lawn this week</body>
        <closing>See you then! Warm regards, Lee</closing>
    </lees_email>
```

10.6　操作实践

我们将开发一个让玩家登录 Greg's Gambits 网站的页面和 Carla's Classroom 的一门拼字课。这两个网站都将使用本章介绍的 DOM、XML 和 XSL 概念。

10.6.1　Greg's Gambits：Greg 的头像

程序将使用 XML 和 XSL 技术创建页面，让玩家查看可用的各种头像选项。然后，使用 DOM 方法为页面添加元素，让玩家能够看到任何头像的更多细节。其初始页面将包括下列信息：

Greg's Gambits：The Avatars

Avatar	Special Powers	Home Base	Accessories	Partner
Bunny	hops up to 100 feet	rabbit warren	Easter basket	fox
Princess	mesmerizes anyone	castle	make-up case	knight
Ghost	invisibility	haunted house	sunglasses	vanpire
wizard	fire-maker	cave	magic wand	black cat
Elf	super hearing	inside an oak tree	bow and arrow	dragon

玩家也将能够查看每个头像的详细信息。只有当选择一个特定头像时，才出现这些信息。

10.6.1.1　开发程序

最后生成的网页实际上是 4 个文档的组合：一个 XML 页面，它保存开始显示的 5 个头像；一个 CSS 文件，它是表现样式；一个 XSL 页面，它将 XML 页面转换为 HTML 网页；一个外部 JavaScript 网页，它保存使用 DOM 方法创建和附加节点的代码以显示每个头像的详细信息，这些信息保存在 Student Data Files 的外部文件 gregAvatars.js 中。当然，如果愿意，你也可以修改这些描述。本例使用的图像也与 CSS 样式表一起保存在 Student Data Files 中。

10.6.1.2 设置阶段

我们从创建 XML 页面开始，它保存每个头像的初始信息。我们将页面的根元素命名为 <greg>。当查看上面的表格时它有 5 列，意味着每个头像将是包含 5 个子元素的父元素。我们把这个父元素命名为 <avatar>，并且把 5 个子元素命名为 <name>、<powers>、<home>、<carry> 和 <partner>。我们也使用 greg 的虚构域名 greg.com 为每个 <avatar> 元素分配命名空间。我们把这个文件命名为 greg_avatars.xml，并在 Greg 的 index.html 页面上放置一个到这个页面的链接。当新玩家注册时将使用这个页面选择一个头像。在第 1 章中，我们创建了登录页面，但是那个页面假定玩家以前创建了一个用户名。它让玩家选择一个头像，但是它处理得相当简单并且只展示头像图像。新页面让玩家在做出选择之前可以查看头像的更多信息。网站的新访客将使用这个页面，因此我们添加一个到 Greg 主页的链接。由于要使用那个页面，所以下面展示的代码含有一个到注册页面的新链接：

```
1.  <html>
2.  <head>
3.       <title>Greg's Gambits</title>
4.       <link href="greg.css" rel="stylesheet" type="text/css" />
5.  </head>
6.  <body>
7.  <div id="container">
8.       <img src="images/superhero.jpg" class="floatleft" />
9.       <h1><em>Greg's Gambits </em></h1>
10.      <h2 align="center"><em> Games for Everyone!</em></h2>
11.      <div style="clear:both;"></div>
12.      <div id="nav">
13.           <p><a href="index.html">Home</a>
14.           <a href="greg.html">About Greg</a>
15.           <a href="play_games.html">Play a Game</a>
16.           <a href="sign.html">Sign In</a>
17.           <a href="contact.html">Contact Us</a>
18.           <a href="aboutyou.html">Tell Greg About You</a>
19.           <a href="sign_up.html">Sign up Now!</a></p>
20.      </div>
21.      <div id="content">
22.           <p>Greg's Gambits offers a variety of games for all ages ↵
                   and more are added all the time. You can play ↵
                   our games any time you want for free.</p>
23.           <p>Meet the real-life Greg in the About Greg page. Sign ↵
                   up to keep your account active or sign in every ↵
                   time you return through our sign Up link. Choose ↵
                   your game from the play a Game menu and contact ↵
                   always looking for new games and new ideas!</p>
24.      </div>
25.      <div id="footer">
26.           Copyright &copy; 2013 Greg's Gambits<br /> ↵
                   <a href = "mailto:gregory@gambits.net"> ↵
                   gregory@gambits.net</a>
27.      </div>
28. </div>
29. </body>
30. </html>
```

新链接在第 19 行上，Greg's Gambits 主页现在看起来像这样：

现在创建简单的 sign_up.html 页面，让新玩家在注册时使用。现在，它只有一个到本节创建的 XML 文件的链接，然而以后当我们学习使用 PHP 时可以添加其他页面。该页面使用与其他页面相同的模板，代码如下：

```
1.  <html>
2.  <head>
3.       <title>Greg's Gambits | Sign Up Now!</title>
4.       <link href="greg.css" rel="stylesheet" type="text/css" />
5.  </head>
6.  <body>
7.  <div id="container">
8.       <img src="images/superhero.jpg" class="floatleft" />
9.       <h1 id="logo">Greg's Gambits </h1>
10.      <h2 align="center"><em> Games for Everyone!</em></h2>
11.      <div style="clear:both;"></div>
12.      <div id="nav">
13.           <p> ... navigation links go here... </p>
14.      </div>
15.      <div id="content">
16.           <p>Sign up now!</p>
17.           <p><a href="greg_avatars.xml">View information ↵
                      about avatars</a></p>
18.      </div>
19.      <div id="footer"> ... footer here ... </div>
20. </div>
21. </body>
22. </html>
```

注意，第 17 行链接到一个 XML 页面而不是 HTML 页面。该页面看起来像这样：

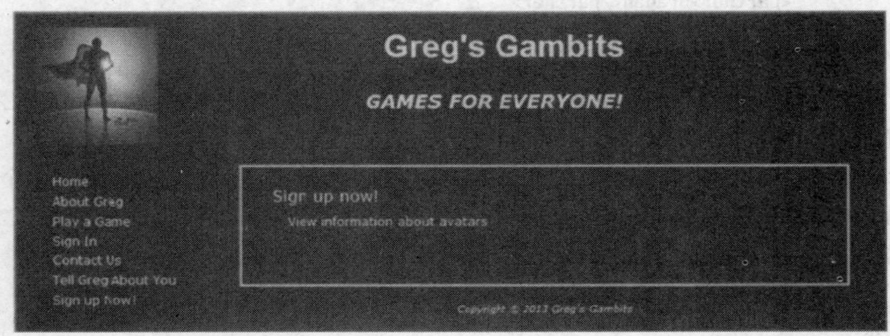

10.6.1.3 创建 XML、XSL 和 JavaScript 文件

为了使这个 Avatars（头像）页面运行，需要 4 个页面。其中的 CSS 样式表与本书一直使用的样式表一样。

创建 XML 页面 现在，我们创建 XML 文档。它有一个根元素、一个父元素和 5 个子元素（每个头像一组）。文件名是 greg_avatars.xml，代码如下：

```
1.  <?xml version="1.0" encoding="ISO-8859-1"?>
2.  <?xml-stylesheet type = "text/xsl" href = "greg_avatars.xsl"?>
3.  <!-- Greg's Gambits Avatars: the XML file -->
4.  <greg>
5.       <avatar xmlns:bunny = "http://greg.com/bunny">
6.            <name>Bunny</name>
7.            <powers>hops up to 100 feet</powers>
8.            <home>rabbit warren</home>
9.            <carry>Easter basket</carry>
10.           <partner>fox</partner>
11.      </avatar>
12.      <avatar xmlns:princess = "http://greg.com/princess">
13.           <name>Princess</name>
14.           <powers>mesmerizes anyone</powers>
15.           <home>castle</home>
16.           <carry>make-up case</carry>
17.           <partner>knight</partner>
18.      </avatar>
19.      <avatar xmlns:ghost = "http://greg.com/ghost">
20.           <name>Ghost</name>
21.           <powers>invisibility</powers>
22.           <home>haunted house</home>
23.           <carry>sunglasses</carry>
24.           <partner>vampire</partner>
25.      </avatar>
26.      <avatar xmlns:wizard = "http://greg.com/wizard">
27.           <name>Wizard</name>
28.           <powers>fire-maker</powers>
29.           <home>a cave</home>
30.           <carry>magic wand</carry>
31.           <partner>black cat</partner>
32.      </avatar>
33.      <avatar xmlns:elf = "http://greg.com/elf">
34.           <name>Elf</name>
35.           <powers>super hearing</powers>
36.           <home>inside an oak tree</home>
37.           <carry>bow and arrow</carry>
38.           <partner>dragon</partner>
39.      </avatar>
40. </greg>
```

注意，这个页面链接到我们下一步要创建的 XSL 页面（第 2 行）。此时，这个 XML 页面是访问 XSL 页面时发生转换的源树。

每个 <avatar> 元素有 5 个子元素，它们用本节开始的表格中展示的信息填充。每个父元素也包含一个命名空间，并且用假想的 greg.com 域名确保这些命名空间是唯一的。第 5、12、19、26 和 33 行包含 xmlns 属性，分别把一个命名空间赋予相应的 <avatar> 元素，并且通过继承传递给子元素后代。因为还没有添加 XML 样式，所以如果你此时在浏览器中打开这个页面，那么输出将是如下所示。

```
<!-- Greg's Gambits Avatars: the XML file -->
<greg>
    <avatar xmlns:bunny = "http://greg.com/bunny">
        <name>Bunny</name>
        <powers>hops up to 100 feet</powers>
        <home>rabbit warren</home>
        <carry>Easter basket</carry>
        <partner>fox</partner>
    </avatar>
    <avatar xmlns:princess = "http://greg.com/princess">
        <name>Princess</name>
        <powers>mesmerizes anyone</powers>
        <home>castle</home>
        <carry>make-up case</carry>
        <partner>knight</partner>
    </avatar>
    <avatar xmlns:ghost = "http://greg.com/ghost">
        <name>Ghost</name>
        <powers>invisibility</powers>
        <home>haunted house</home>
        <carry>sunglasses</carry>
        <partner>vampire</partner>
    </avatar>
    <avatar xmlns:wizard = "http://greg.com/wizard">
        <name>Wizard</name>
        <powers>fire-maker</powers>
        <home>a cave</home>
        <carry>magic wand</carry>
        <partner>black cat</partner>
    </avatar>
    <avatar xmlns:elf = "http://greg.com/elf">
        <name>Elf</name>
        <powers>super hearing</powers>
        <home>inside an oak tree</home>
        <carry>bow and arrow</carry>
        <partner>dragon</partner>
    </avatar>
</greg>
```

创建 XSL 页面　现在创建 XSL 页面，它把 XML 页面中的信息转换为一个新网页。我们想要把这些信息放入在其 id="content" 的 <div> 区域内表格中的 Greg's Gambits 模板中。以后，我们将添加一些 JavaScript 代码，让新玩家单击按钮查看任何头像的更详细信息。因此，我们在页面的开始和最后包含一些 HTML 脚本。在中间，我们使用 XSL 代码用 XML 信息填充这个表格。这个页面的文件名是 greg_avatars.xsi，并且需要存储在与 greg_avatars.xml 相同的文件夹中。这个页面的代码如下：

```
<?xml version="1.0"?>
<!--Example Greg Gambits Avatars: xsl file -->
<xsl:stylesheet version="2.0" xmlns:xsl = ↵
                        "http://www.w3.org/1999/XSL/Transform">
<xsl:output method = "html" doctype-system = "about:legacy-compat"/>
<xsl:template match="/">
<html>
<head>
     <meta charset = "utf-8"/>
     <link rel = "stylesheet" type = "text/css" href = "greg.css"/>
     <script type="text/javascript" src="gregAvatars.js"></script>
     <title>Greg's Gambits | The Avatars</title>
</head>
<body>
     <div id="container" style="width: 900px;">
```

```
            <img src="images/superhero.jpg" class="floatleft" />
            <h1 align="center">Avatar Options</h1>
            <div style ="clear:both;"></div>
            <div id="nav">
                <p><a href="index.html">Home</a>
                <a href="greg.html">About Greg</a>
                <a href="play_games.html">Play a Game</a>
                <a href="sign.html">Sign In</a>
                <a href="contact.html">Contact Us</a>
                <a href="sign_up.html">Sign up Now!</a></p>
            </div>
            <div id="content">
                <table border = "1" align = "center" width = "100%" ↵
                            cellpadding = "5">
                <tr>
                    <th>Avatar</th>
                    <th>Special Powers</th>
                    <th>Home Base</th>
                    <th>Accessories</th>
                    <th>Partner</th>
                </tr>
<!-- insert each avatar's information into a table row -->
            <xsl:for-each select = "/greg/avatar"
            xmlns:bunny = 'http://greg.com/bunny'
            xmlns:princess = 'http://greg.com/princess'
            xmlns:ghost = 'http://greg.com/ghost'
            xmlns:wizard = 'http://greg.com/wizard'
            xmlns:elf = 'http://greg.com/elf'>
                <tr>
                    <td><xsl:value-of select = "name" /></td>
                    <td><xsl:value-of select = "powers" /></td>
                    <td><xsl:value-of select = "home" /></td>
                    <td><xsl:value-of select = "carry" /></td>
                    <td><xsl:value-of select = "partner" /></td>
                </tr>
                </xsl:for-each>
                <tr>
                    <td colspan = "5">Select an avatar to view more ↵
                            details.</td>
                </tr>
                <tr>
                    <td align = "center"><img src = "bunny.jpg" /> ↵
                            <br /><input type = "button" id = ↵
                            "bunny" value = "Bunny Details" ↵
                            onclick = "getMore('bunny')" /></td>
                    <td align = "center"><img src = "princess.jpg" /> ↵
                            <br /><input type = "button" id = ↵
                            "princess" value = "Princess Details" ↵
                            onclick = "getMore('princess')" /></td>
                    <td align = "center"><img src = "ghost.jpg" /> ↵
                            <br /><input type = "button" id = ↵
                            "ghost" value = "Ghost Details" ↵
                            onclick = "getMore('ghost')" /></td>
                    <td align = "center"><img src = "wizard.jpg" /> ↵
                            <br /><input type = "button" id = ↵
                            "wizard" value = "Wizard Details" ↵
                            onclick = "getMore('wizard')" /></td>
                    <td align = "center"><img src = "elf.jpg" /> ↵
                            <br /><input type = "button" id = ↵
```

```
                            "elf" value = "Elf Details" ↵
                            "getMore('elf')" /></td>
59.                 </tr>
60.                 <tr>
61.                     <td id = "details" colspan = "5">Details</td>
62.                 </tr>
63.             </table>
64.         </div>
65.     </div>
66.     </body>
67.     </html>
68.     </xsl:template>
69.     </xsl:stylesheet>
```

10.5 节已详细描述了这些代码的前 8 行。第 9 行将该页面链接到 Greg 的 CSS 定义的样式。第 10 行链接到我们下一步将要创建的外部 JavaScript 文件。第 11 ~ 34 行是建立页面的 HTML 代码。其 id="content" 的 <div> 区域现在包含一个新表格，标题有 avater's name（头像名）、special name（特殊能力）、home（基地）、accessoies（装备）和 partner（同伙）。

XSL 起始于第 36 行。它启动一个循环用每个（<avatar>）元素中的内容填充这个表格，每次一行。第 37 ~ 41 行为每个 <avatar> 元素指定命名空间。第 43 ~ 47 行把每个子元素（<name>、<powers>、<home>、<carry> 和 <partner>）的值插入相应的单元格内。第 49 行指示循环结束，并且对于这个页面而言也是转换的结束。

第 50 行开始新行，提示用户如何查看头像的其他信息。下一行包含 5 个单元格，每个单元格有一个头像图片和一个按钮，当单击按钮时将调用 gregAvatars.js 页面中的一个函数。我们将创建这个页面，并且解释该函数如何使用 DOM 方法显示每个头像的其他信息。

这个页面自身不能够做任何事，但它用于转换另一个 XML 页面。因此，如果在浏览器中打开这个页面，将只显示它的文档树。

创建 JavaScript 页面及其 DOM 代码　此时，如果打开这个 XML 页面，它将转换为 HTML 页面并且看起来像下面显示的效果，但是单击按钮将什么也不做。

Avatar	Special Powers	Home Base	Accessories	Partner
Bunny	hops up to 100 feet	rabbit warren	Easter basket	fox
Princess	mesmerizes anyone	castle	make-up case	knight
Ghost	invisibility	haunted house	sunglasses	vampire
Wizard	fire-maker	a cave	magic wand	black cat
Elf	super hearing	inside an oak tree	bow and arrow	dragon
Select an avatar to view more details.				
Bunny Details	Princess Details	Ghost Details	Wizard Details	Elf Details
Details				

JavaScript 代码将显示用户选择头像的细节。我们使用 DOM 的 createElement()、createTextNode() 和 appendChild() 方法在 "details" 单元格中创建和显示信息，该代码使用类似下面的 switch 语句：

```
function getMore(x)
{
 switch (x)
 {
     case "bunny":
        var bunnyDetails = document.createElement("p");
        var bunnyInfo = document.createTextNode("The bunny can hop ↵
            to a height of 100 feet and span 100 feet at a time. ↵
            The Easter Basket is magical and holds anything put ↵
            into it, even a house (if you can lift it and move ↵
            it!). The basket comes pre-loaded with supplies like ↵
            chocolate eggs and a bag of life-sustaining jelly ↵
            beans. The bunny's partner is a clever fox who is sly ↵
            and quick-witted. Together with the bunny their ↵
            intelligence is unmatched. ");
        bunnyDetails.appendChild(bunnyInfo);
        document.getElementById("details").appendChild(bunnyDetails);
        break;
     case "princess":
        var prinDetails = document.createElement("p");
        var prinInfo = document.createTextNode("The princess is so ↵
            lovely that she mesmerizes anyone who looks at her, ↵
            man and woman alike. Her makeup case holds her own ↵
            makeup (although she rarely needs any, as lovely as ↵
            she already is) but also allows her to transform her ↵
            appearance to any human or animal form. The princess ↵
            can call her knight whenever she needs him. He will ↵
            always appear, garbed in his shining armor.");
        prinDetails.appendChild(prinInfo);
        document.getElementById("details").appendChild(prinDetails);
        break;
     case "ghost":
        var ghostDetails = document.createElement("p");
        var ghostInfo = document.createTextNode("The ghost can appear ↵
          n ghostly form or become invisible at will. His ↵
          sunglasses allow him to see through any barrier and ↵
          increase his sight to a range of 20 miles. The ghost ↵
          has no need for food, water, or sleep. While the ghost ↵
          cannot speak, the sunglasses can amplify any sound. To ↵
          alert a companion to danger, the ghost can tap the ↵
          sunglasses on any surface. The ghost's best friend is ↵
          a vampire who can walk among humans (at night, of ↵
          course) when necessary to aid the ghost.");
        ghostDetails.appendChild(ghostInfo);
        document.getElementById("details").appendChild(ghostDetails);
        break;
     case "wizard":
        var wizardDetails = document.createElement("p");
        var wizardInfo = document.createTextNode("The wizard is a ↵
          first-class magician. With his magic wand he can ↵
          weave spells that confound even the hardiest souls. ↵
          His magic is rivaled by no person or creature, save ↵
          the evil warlock, Dartmouth Dreadful. The wizard wears ↵
```

```
                 a cloak that has bottomless pockets, pre-loaded with a ↵
                 week's supply of food and water. The wizard's cat is ↵
                 very cuddly and provides the wizard with the love and ↵
                 companionship the solitary wizard often craves.");
26.           wizardDetails.appendChild(wizardInfo);
27.           document.getElementById("details").appendChild(wizardDetails);
28.           break;
29.        case "elf":
30.           var elfDetails = document.createElement("p");
31.           var elfInfo = document.createTextNode("The elf is the ↵
                 mischief-maker. With the ability to hear sounds as ↵
                 far as 20 miles off, the elf always knows what or ↵
                 who is approaching. The elf's bow and arrows shoot ↵
                 true, rarely missing their mark. The elf also climbs ↵
                 trees with the agility of a squirrel, climbs mountains ↵
                 like a mountain goat, and is as comfortable in water ↵
                 as an otter. The elf's quiver holds a dozen arrows ↵
                 which are automatically replenished after 11 are ↵
                 used.  The elf and dragon are rarely parted. The elf ↵
                 babysits the dragon's one young dragon-ette in a ↵
                 nursery deep within the elf's giant oak tree and the ↵
                 dragon provides transportation by air whenever the ↵
                 elf must travel long distances quickly.");
32.           elfDetails.appendChild(elfInfo);
33.           document.getElementById("details").appendChild(elfDetails);
34.           break;
35.     }
36.  }
```

当玩家单击一个按钮时，将把与请求头像匹配的 id 传递给 getMore() 函数。该 id 将是 "bunny"、"princess"、"ghost"、"wizard" 或者 "elf"。switch 语句使用这个 id 与一个 case 匹配。对于每个 case，发生以下事情：在第 6、12、18、24 和 30 行声明一个变量（bunnyDetails、prinDetails、ghostDetails、wizardDetails 或 elfDetails）并使用 createElement() DOM 方法设定新段落元素的值。

然后，第 7、13、19、25 和 31 行创建一个存储文本节点值的新变量。根据选中的头像，这些变量是 bunnyInfo、prinInfo、ghostInfo、wizardInfo 或 elfInfo。这个节点是使用 DOM 的 createTextNode() 方法创建的。每个头像的文本是关于那个头像的详细说明段落。

第 8、14、20、26 和 32 行使用 appendChild() 方法把文本值添加到段落元素。

最后，第 9、15、21、27 和 33 行把已创建的和已填充了文本的元素显示在网页上。getElementById() 方法指定新元素应该在其 id="details" 的元素中。appendChild() 方法使用新元素名作为实参（bunnyDetails、prinDetails、ghostDetails、wizardDetails 或 elfDetails），指出什么元素将附加到 "details" 区域。

10.6.1.4　将所有代码放在一起

除了 CSS 页面以外，本节已经给出每个页面的完整代码，因此没有必要在这里重复那些页面。以下是显示样例。

如果玩家想要查看幽灵的更多细节：

Avatar	Special Powers	Home Base	Accessories	Partner
Bunny	hops up to 100 feet	rabbit warren	Easter basket	fox
Princess	mesmerizes anyone	castle	make-up case	knight
Ghost	invisibility	haunted house	sunglasses	vampire
Wizard	fire-maker	a cave	magic wand	black cat
Elf	super hearing	inside an oak tree	bow and arrow	dragon
Select an avatar to view more details.				
Bunny Details	Princess Details	Ghost Details	Wizard Details	Elf Details
Details				

The ghost can appear in ghostly form or become invisible at will. His sunglasses allow him to see through any barrier and increase his sight to a range of 20 miles. The ghost has no need for food, water, or sleep. While the ghost cannot speak, the sunglasses can amplify any sound. To alert a companion to danger, the ghost can tap the sunglasses on any surface. The ghost's best friend is a vampire who can walk among humans (at night, of course) when necessary to aid the ghost.

但是，如果玩家对巫师感兴趣：

Avatar	Special Powers	Home Base	Accessories	Partner
Bunny	hops up to 100 feet	rabbit warren	Easter basket	fox
Princess	mesmerizes anyone	castle	make-up case	knight
Ghost	invisibility	haunted house	sunglasses	vampire
Wizard	fire-maker	a cave	magic wand	black cat
Elf	super hearing	inside an oak tree	bow and arrow	dragon
Select an avatar to view more details.				
Bunny Details	Princess Details	Ghost Details	Wizard Details	Elf Details
Details				

The ghost can appear in ghostly form or become invisible at will. His sunglasses allow him to see through any barrier and increase his sight to a range of 20 miles. The ghost has no need for food, water, or sleep. While the ghost cannot speak, the sunglasses can amplify any sound. To alert a companion to danger, the ghost can tap the sunglasses on any surface. The ghost's best friend is a vampire who can walk among humans (at night, of course) when necessary to aid the ghost.

如果玩家想要查看几个头像的细节，那么他能够单击多个按钮。如果玩家选择 bunny（兔子）、princess（公主）和 elf（小精灵），那么结果如下所示。

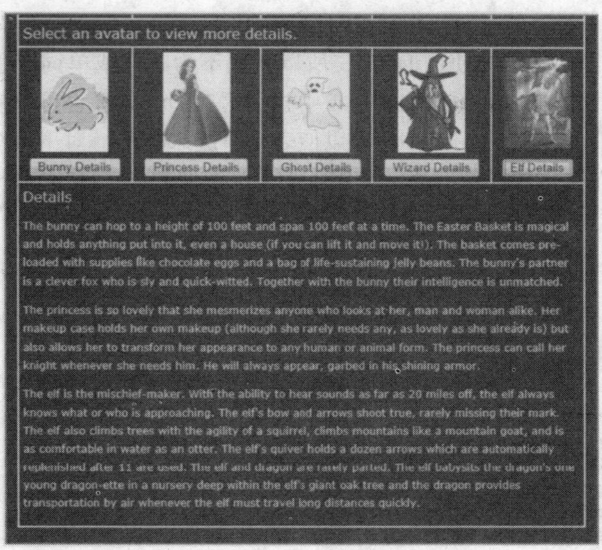

10.6.2　Carla's Classroom：拼写课

对于这门课，我们将通过创建拼字练习增加 Carla 的阅读目录。Carla 已经选择了一些有一定难度的拼写单词。我们将使用我们的程序设计技能为学生展示图像，而学生将选择与图片匹配的正确拼写的单词。我们将根据需要使用本章学习的 DOM 技术为页面添加一些元素。在本章末尾的编程挑战中，你可以增加更多的单词或者增加这个拼字练习的功能性。

10.6.2.1　开发程序

在开始开发这个程序之前，我们将在 Carla 的 reading.html 页面上添加一个到这个新页面的链接。把这个文件命名为 carla_spell_exercise.html，这样，在添加这个链接之后，reading.html 页面将看起来像这样：

通常，我们将把 Carla 的一个页面作为页面模板并将页标题设置为 Carla's Classroom | Spelling

Test。我们首先创建一个含有 12 个图像的表格和在它下面的另一个含有描述这些图像单词的表格。由于这个练习的目的是学习使用 DOM，所以我们不为图像或单词产生一个随机次序，而是我们自己创建次序。可以在 Student Data Files 中找到这些图像，你也可以使用自己的图像。如果使用你自己的图像，那么确保它们大小相同以使表格看起来整洁。对于每个图像，我们需要两个按钮，一个用于学生单击选定图像，另一个用于学生为图像选择正确拼写的单词。

10.6.2.2 设置阶段

JavaScript 程序将比较图像名的值和学生选择单词的值。当学生单击一个按钮时，将把其单元格 id 的值传递给一个 JavaScript 函数。因此，含有图像的单元格和含有正确拼写单词的对应单元格具有类似的 id 值。该页面的 <body> 代码看起来像这样：

```
<body>
<div id="container">
    <img src="images/owl_reading.JPG" class="floatleft" />
    <h1><em>Carla's Classroom</em></h1>
    <div align="left">
    <blockquote>
       <a href = "index.html"><img src = "images/owl_button.jpg" ↵
                    />Home</a>
       <a href = "carla.html"><img src = "images/carla_button.jpg" ↵
                    />Meet Carla </a>
       <a href = "reading.html"><img src = "images/read_button.jpg" ↵
                    />Reading</a>
       <a href = "writing.html"><img src = ↵
                    "images/write_button.jpg" />Writing</a>
       <a href = "math.html"><img src = "images/arith_button.jpg" ↵
                    />Arithmetic</a><br />
    </blockquote>
    </div>
    <div id="content">
          <h3>Match the picture with the correct spelling of its ↵
                    name.</h3>
          <div id ="pictures">
          <table align = "center" border = "1">
          <tr>
             <td colspan = "6">Click on the little button below ↵
                    a picture</td>
          </tr>
          <tr>
             <td id = "ibananas"><img src = "images/bananas.jpg"/> ↵
                    <button onclick = "getImage('ibananas')"/></td>
             <td id = "iwizard"><img src = "images/wizard.jpg"/> ↵
                    <button onclick = "getImage('iwizard')"/> </td>
             <td id = "isword"><img src = "images/sword.jpg" /> ↵
                    <button onclick = "getImage('isword')" /> </td>
             <td id = "ibracelet"><img src = "images/bracelet.jpg" /> ↵
                    <button onclick = "getImage('ibracelet')" /></td>
             <td id = "irocket"><img src = "images/rocket.jpg" /> ↵
                    <button onclick = "getImage('irocket')" /> </td>
             <td id = "ilawnmower"><img src = ↵
                    "images/lawnmower.jpg" /> <button onclick = ↵
                    "getImage('ilawnmower')" /></td>
          </tr>
          <tr>
             <td id = "ighost"><img src = "images/ghost.jpg" /> ↵
```

```
                    <button onclick = "getImage('ighost')" /> </td>
            <td id = "icastle"><img src = "images/castle.jpg" /> ↵
                    <button onclick = "getImage('icastle')" /> </td>
            <td id = "irabbit"><img src = "images/rabbit.jpg" /> ↵
                    <button onclick = "getImage('irabbit')" /></td>
            <td id = "inecklace"><img src = "images/necklace.jpg" ↵
                    /><button onclick = "getImage('inecklace')" /></td>
            <td id = "icelery"><img src = "images/celery.jpg" /> ↵
                    <button onclick = "getImage('icelery')" /> </td>
            <td id = "iflowers"><img src = "images/flowers.jpg" /> ↵
                    <button onclick = "getImage('iflowers')" /> </td>
        </tr>
        </table>
    </div>
    <div id = "spellings">
    <table align = "center" cellpadding = "10" border = "1">
    <tr>
        <td colspan = "6">Now click on the spelling that matches ↵
                the picture</td>
    </tr>
    <tr>
        <td id = "scelery">celery<button onclick = ↵
                "getSpell('scelery')" /></td>
        <td id = "slawnmower">lawnmower<button onclick = ↵
                "getSpell('slawnmower')" /></td>
        <td id = "scastle">castle<button onclick = ↵
                "getSpell('scastle')" /></td>
        <td id = "srocket">rocket<button onclick = ↵
                "getSpell('srocket')" /></td>
        <td id = "sbananas">bananas<button onclick = ↵
                "getSpell('sbananas')" /></td>
        <td id = "sflowers">flowers<button onclick = ↵
                "getSpell('sflowers')" /></td>
    </tr>
    <tr>
        <td id = "swizard">wizard<button onclick = ↵
                "getSpell('swizard')" /></td>
        <td id = "snecklace">necklace<button onclick = ↵
                "getSpell('snecklace')" /></td>
        <td id = "sbracelet">bracelet<button onclick = ↵
                "getSpell('sbracelet')" /></td>
        <td id = "sghost">ghost<button onclick = ↵
                "getSpell('sghost')" /></td>
        <td id = "srabbit">rabbit<button onclick = ↵
                "getSpell('srabbit')" /></td>
        <td id = "ssword">sword<button onclick = ↵
                "getSpell('ssword')" /></td>
    </tr>
    </table>
</div>
    <div id = "the_end"> </div>
</div>
</div>
    <div id="footer">  <h3>*Carla's Motto: Never miss a chance ↵
                to teach -- and to learn!</h3>
    </div>
</body>
```

注意，在 <div id="pictures"> 中的所有单元格 id 都起始于字符 "i"，然后包含描述图像的拼写单词。类似地，在 <div id="spellings"> 中的所有单元格 id 都起始于字符 "s"，然后附加拼写单词。我们可以在识别被选择单元格的函数中使用这些信息，从而比较它们的值。

在创建这个页面之后，它应该看起来像这样：

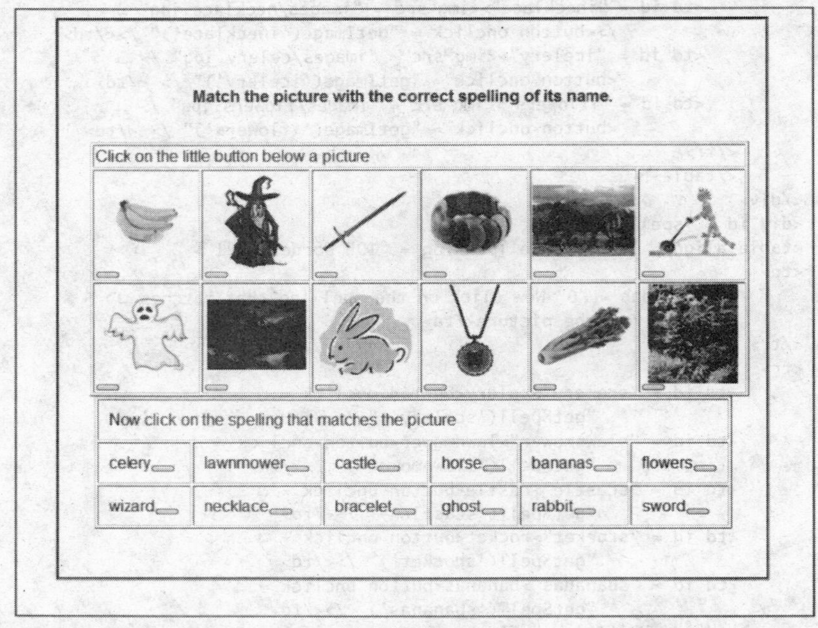

通过使用没有值的按钮，这些按钮显示为小矩形。

10.6.2.3 代码片段

这个程序的代码并不复杂。这里我们将使用一些全局变量。一个将保存对应于学生选择图像的拼写单词值。另外一个将保存对应于学生选择的拼写单词值。第三个变量是一个记录已找到的正确匹配数目的计数器，用于检测学生是否已经正确地匹配所有的图像单词。

我们使用一个函数从图像单元格 id 获取拼写单词，另一个函数从单词单元格 id 获取拼写单词，然后使用第三个函数比较这两个函数的结果，这是我们将这些变量声明为全局变量的原因。在比较这两个函数值之后，若匹配则使用 DOM 功能为单元格附加一个新元素；若不匹配则为学生显示警示信息。在发现任何匹配之后，将调用另一个函数检查这个匹配是否是最后一个匹配且所有图像已经匹配对应的拼写单词。当出现这种情况时，我们将再次使用 DOM 创建祝贺信息。

从选择的图像和拼写单词获取值的函数 这两个函数使用相同的逻辑并且是类似的，因此这里给出它们的代码。作为参数，每个函数接收被单击的单元格 id。记住，这些图像的 id 包含字符 "i" 以及后续描述图像的单词，拼写单词的 id 包含字符 "s" 和后续单词的正确拼写。要比较这些单词，我们需要从 id 选取除第一个字符之外的所有字符，可以使用 substr() 方法做这件事。首先，函数找出 id 的长度；然后创建一个新变量（imgCompare 或 spellCompare）获得该 id 中除去第一个字符之后的所有字符。这两个函数的代码如下：

```
function getImage(x)
{
    var iLgth = x.length;
    imgCompare = x.substr(1, iLgth -1);
}
function getSpell(x)
{
    var sLgth = x.length;
    spellCompare = x.substr(1, sLgth -1);
    compareThem(imgCompare, spellCompare);
}
```

注意，compareThem() 函数只在 getSpell() 函数之后调用，这是由于为了比较这两个值，学生必须先选择一个图像，然后再选择一个单词。

比较这两个值的函数 我们在这里使用 DOM 方法创建新元素并把它们添加到网页中。以下展示其代码并给出解释：

```
1.  function compareThem()
2.  {
3.      if (imgCompare == spellCompare)
4.      {
5.          var newStuff = document.createElement("P");
6.          var newMessage = document.createTextNode("CORRECT!");
7.          newStuff.appendChild(newMessage);
8.          document.getElementById("s" + ↵
                    spellCompare).appendChild(newStuff);
9.          count++;
10.         checkEnd();
11.     }
12.     else
13.         alert ("wrong... Try again");
14. }
```

尽管需要比较来自其他函数的变量值，但是 compareThem() 函数不接收任何参数，因为那些变量被声明为全局的。此时，变量 imgCompare 和 spellCompare 保存描述图像的单词值和学生为那个图像选择的拼写单词。如果两者不匹配，那么在第 13 行上的 alert 语句告知学生没有选对并且提示学生再次尝试。

然而，如果这两个变量匹配，那么我们将要创建一个新元素并把它插入被选单词的单元格中。

第 5 行创建一个存储在 newStuff 变量中的新段落元素。第 6 行创建一个含有文本值 "CORRECT!" 的新文本节点并存储在变量 newMessage 中。第 7 行使用 DOM 的 appendChild() 方法把这个文本节点附加到新段落元素中。然后，第 8 行把这个新元素放入正确的地方。我们使用 getElementById() 方法确定放置这个信息的单元格，并且第二次使用 appendChild() 方法把这个新元素添加到那个单元格中。

然后，递增计数器（第 9 行）。我们有 12 个图像和单词，因此当这个 if 子句已执行 12 次时，意味着学生已经正确匹配 12 个单词，从而成功完成这个练习。第 10 行调用下一个函数，它使用全局变量 count 的值检查是否完成这个练习。

检测成功的函数 最后一个函数查看是否已经使用拼写单词正确匹配所有图像，并且如果是这样，那么就创建一个新元素并添加到文档中。这个函数的代码如下：

```
function checkEnd()
{
    if (count == 12)
    {
        var endIt = document.createElement("H3");
        var endMessage = document.createTextNode("Congratulations! ↵
                         You are a great speller!");
        endIt.appendChild(endMessage);
        document.getElementById("the_end").appendChild(endIt);
    }
}
```

这次，创建的新元素是 3 级标题（"H3"）并包含 endMessage 文本节点中的文本。

10.6.2.4 将所有代码放在一起

以下给出完整的 JavaScript 代码。因为它很长并且与原来显示的完全相同，所以不再重复 <body> 代码。

```
<script>
var imgCompare = ""; var spellCompare = ""; var count = 0;
function getImage(x)
{
    var iLgth = x.length;
    imgCompare = x.substr(1, iLgth - 1);
}
function getSpell(x)
{
    var sLgth = x.length;
    spellCompare = x.substr(1, sLgth - 1);
    compareThem(imgCompare, spellCompare);
}
function compareThem()
{
    if (imgCompare == spellCompare)
    {
        var newStuff = document.createElement("P");
        var newMessage = document.createTextNode("CORRECT!");
        newStuff.appendChild(newMessage);
        document.getElementById("s" + ↵
                    spellCompare).appendChild(newStuff);
        count++;
        checkEnd();
    }
    else
        alert ("wrong... Try again");
}
function checkEnd()
{
    if (count == 12)
    {
        var endIt = document.createElement("H3");
        var endMessage = document.createTextNode("Congratulations! ↵
                          You are a great speller!");
        endIt.appendChild(endMessage);
```

```
            document.getElementById("the_end").appendChild(endIt);
        }
}
</script>
```

该页面开始看起来像早先显示的那样。在单击第一个图像（香蕉）并且单击一个错误的拼写之后，这个页面将看起来像这样：

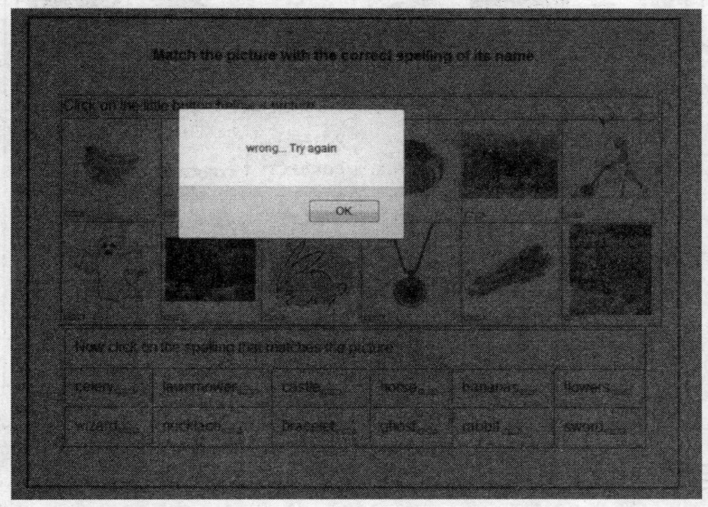

在正确识别出 lawnmover（割草机）、wizard（巫师）、rocket（火箭）和 rabbit（兔子）的拼写之后，这个页面将看起来像这样：

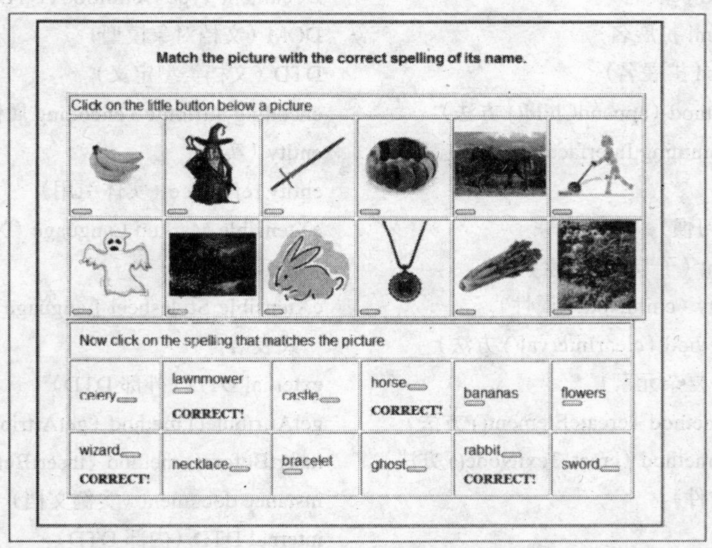

最后，当正确匹配所有图像和拼写单词时，显示将看起来像这样：

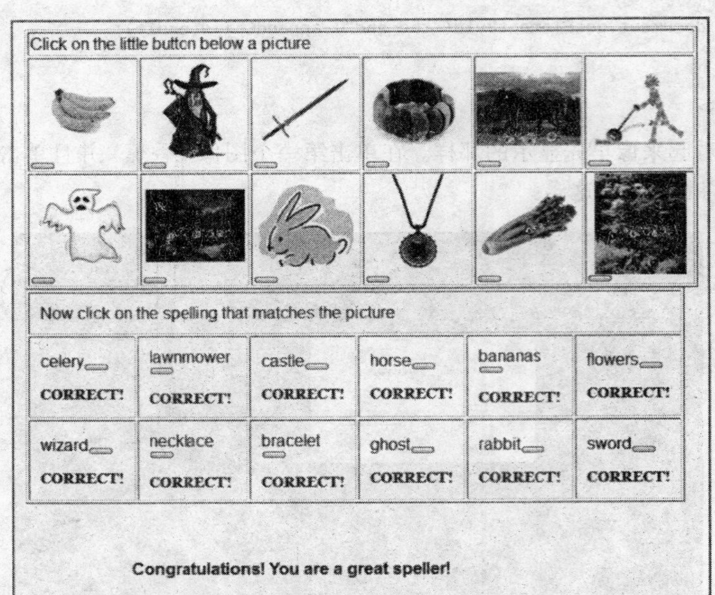

10.7 复习与练习

主要术语

.dtd extension（.dtd 扩展名）
.xml extension（.xml 扩展名）
.xsd extension（.xsd 扩展名）
appendChild () method（appendChild() 方法）
Application Programming Interface（ASP，应用程序设计接口）
best practices（好习惯）
child nodes/element（子节点 / 元素）
childNodes property（childNodes 属性）
cl earInterval () method（clearInterval() 方法）
complex element（复杂元素）
createEl ement () method（createElement() 方法）
createTextNode () method（createTextNode() 方法）
CSS page（CSS 文件）
descendant（后代）
Document Object Model（DOM，文档对象模型）
document tree（文档树）
Document Type Definition（DTD，文档类型定义）
DOM（文档对象模型）
DTD（文档类型定义）
encoding attribute（encoding 属性）
entity（实体）
entity reference（实体引用）
eXtensible Markup Language（XML，可扩展标记语言）
eXtensible Stylesheet Language（XSL，可扩展样式表语言）
external DTD（外部 DTD）
getAttribute() method（getAttribute() 方法）
insertBefore() method（insertBefore() 方法）
instance document（实例文档）
internal DTD（内部 DTD）
match attribute（match 属性）
max0ccurs attribute（maxOccurs 属性）

mi n0ccurs attribute（minOccurs 属性）
namespace declaration（命名空间声明）
name-value pairs（名字 – 值对）
naming conventions（命名约定）
node set（节点集）
nonvalidating parser（非验证型语法分析器）
parent nodes（父节点）
parser（语法分析器）
removeChild () method（removeChild() 方法）
replaceChild() method（replaceChild() 方法）
result tree（结果树）
root element（根元素）
schema（模式）
sclect attribute（select 属性）
setAttri bute() method（setAttribute() 方法）
setInterval() method（setInterval() 方法）
sibling nodes（兄弟节点）
simple type element（简单类型元素）
source tree（源树）
standalone property（standalone 属性）
SYSTEM keyword（SYSTEM 关键字）
tree（树）
tree-node structure（树节点结构）
Uniform Resource Identifier（URI，统一资源标识符）
validating parser（验证型语法分析器）
value-of attribute（value-of 属性）
World Wide Web Consortium（W3C，万维网联盟）
well-formed document（良构文档）
whitespace（空白字符）
World Wide Web Consortium（万维网联盟）
XML comment（XML 注释）
XML declaration（XML 声明）
XML document（XML 文档）
XML element（XML 元素）
XML schema（XML 模式）
xmlns keyword（xmlns 关键字）
XSD document（XSD 文档）
xsl :for-each attribute（xsl :for-each 属性）
xsl:output element（xsl :output 元素）
XSL document（XSL 文档）
XSL-FO（XSL Formatting Object，格式化对象）
XSLT（XSL Transformation，XSL 转换）

练习

填空题

1. DOM 把一个 XML 或者 HTML 文档视为一棵________或一组________。
2. 在 HTML 或 XML 文档中，所有节点的父节点是______。
3. ________方法用于为使用 DOM 的 createElement() 方法创建的新元素定义新内容。
4. XML 文档的第一行总是________。
5. ________语法分析器仅仅检查 XML 文档以确保它是良构的。

判断题

6. 能够使用 DOM 访问文档元素。
7. setAttribute() 方法设置输入元素的值属性。
8. setInterval() 和 clearInterval() 方法只能用于 window 对象。
9. 所有 XML 文档必须包括 <html> 作为根元素。
10. XML 声明必须包含 version 和 encoding 属性。

11. XML 元素的下列名字是有效的：<x_m_1_3>。
12. XML 元素的下列名字是无效的：<player score>。
13. 在 XML 文档中，属性必须包含在开始标签中。
14. DTD 的目的是定义 XML 文档的结构。
15. CSS 样式不能与 XML 一起使用。

简答题

对于练习 16 和 17，使用下列语句：

```
document.getElementsByTagName("INPUT")[0].setAttribute("id",
"this.id");
```

16. 将设置什么属性？

a）INPUT　　b）id　　c）this　　d）this.id

17. 该属性的值是什么？

a）INPUT　　b）id　　c）this　　d）this.id

对于练习 18 和 19，使用下列语句：

```
myInterval = window.setInterval("timeIt()", 100);
```

18. 每次执行这条语句时做什么事情？

a）不做任何事情　　b）调用 timeIt() 函数　　c）等待 1 秒　　d）出错

19. 这条语句设置的时间间隔是多少？

a）1 分钟　　b）100 秒　　c）1/10 秒　　d）1/100 秒

20. 如果有错，那么以下用于 XML 文档的下列元素名有什么错误？

```
<my_xmlElement>
```

a）不能包含 "xml"　　b）不允许使用大写字母

c）不能混合使用下划线和骆峰记号　　d）没有错误

对于练习 21 ~ 24，使用下列 HTML 代码：

```
<h3>Music Styles</h3>
<button onclick = "insertIt()">Click to insert an element</button>
<button onclick = "removeIt()">Click to remove an element</button>
<button onclick = "replaceIt()">Click to replace an element</button>
<ul id = "music">
    <li>rap</li>
    <li>country</li>
    <li>reggae</li>
    <li>jazz</li>
</ul>
```

21. 编写代码，为上面显示的列表创建一个新元素。该新元素应该包含文本 "classical"。
22. 编写代码，将第 21 题创建的元素插入列表顶端。使用 DOM 方法。
23. 编写代码，在上面的列表中用 "blues" 替换 "jazz" 列表项。使用 DOM 方法。
24. 编写代码，使用 DOM 方法从上面的列表中移除任何列表项目。
25. 编写一个函数 jump()，它每 3 秒调用一次 bunnyHop() 函数。

26. 创建一个 XML 文档，它包含一个根元素、一个父元素和两个子元素。该文档应该能够被餐馆用于列出一份主菜和两份配菜。填充你想要的任何内容。

27. 找出以下 XML 代码的错误并且修正它：

```
<? version "1.0" ?>
<my_root>
    <email>
        <to>Some person</to>
        <subject>Some subject</subject>
        <date>July 4, 1889</date>
    </email>
    <from>Your boss</from>
    <email>
        <to>Another person</to>
        <subject>New subject</subject>
    </email>
    <date>July 5 1889</date>
    <from>The boss's assistant</from>
</my_root>
```

28. 第 27 题使用 <email> 作为父元素。假定代码已经修正并且是良构的，那么为这个例子创建两个命名空间。一个命名空间应该是 "faculty"，另一个应该是 "students"。使用假想的域名 http://administration.edu。

29. URI 代表什么？

a）Uniform Resource Indent　　b）Uniform Result Identity

c）Uniform Resource Identifier　　d）Uniform Resource Identity

30. 与 DTD 相比，使用 XML 模式有什么好处？

编程挑战

独立完成以下操作。

1. 创建一个 XML 文档，餐馆老板可以使用它显示午餐菜单。当在浏览器中打开该 XML 页面时，显示的菜单应该如下图所示。

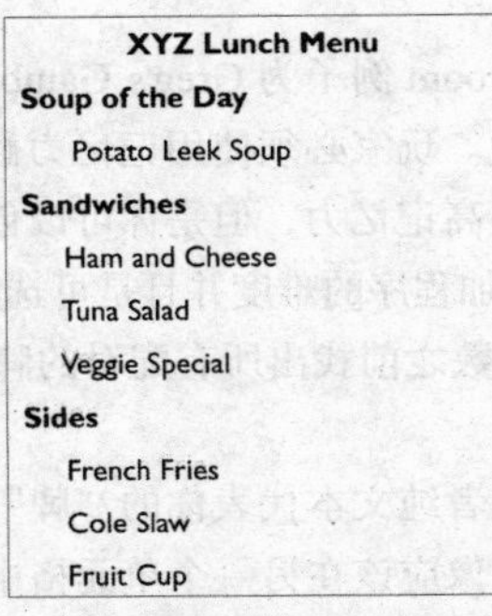

用文件名 menu.xml 保存这个页面，对应的样式表是 menu.css。最后按照老师要求提交你的工作成果。

2. 创建一个网页，提示用户回答问题 "Are you a new user?"。如果回答是 "no"，那么显示的元素（使用 DOM 方法）应该提示用户录入他的用户名和密码。如果回答是 "yes"，那么创建和显示一些元素，以允许用户创建新的用户名和密码或者挑选作为访客进入网站的选项。用文件名 users.html 保存你的页面，最后按照老师要求提交你的工作成果。

对于编程挑战 3、4 和 5，使用以下样例：

Dee's Deli Luncheon Menu		
Value Meals:Choose one from each column		
Sandwich	Side Dish	Beverage
Roast Beef	French Fries	Soda
Tuna Salad	Coleslaw	Iced Tea
Cheese and Tomato	Onion Rings	Lemonade
Italian Sub	Applesauce	Diet Soda

3. 创建一个 XML 文档，使用 CSS 文件显示上面的表格。用文件名 dee_menu.xml 和 dee.css 保存你的页面，最后按照老师要求提交你的工作成果。
4. 使用 XSL 转换代替 CSS 文件，为你在编程挑战 3 创建的 XML 文档创建网页。用文件名 dee_menu.xml、dee.css 和 dee.xsi 保存你的页面，最后按照老师要求提交你的工作成果。
5. 使用 Dee 的熟食店午餐菜单创建一个 XML 页面，其样式将使它显示以下所示的相似订餐清单。

```
Jane's lunch: tuna sandwich, onion rings, iced tea
Joe's lunch: Italian sub, french fries, soda
Jill's lunch: roast beef sandwich, coleslaw, lemonade
Jack's lunch: tuna salad sandwich, onion rings, soda
```

用文件名 lunches.xml 和 lunches.css 保存你的页面，最后按照老师要求提交你的工作成果。
6. 创建一个含有 XSL 转换的 XML 页面，它为雇主显示一个网页，列出 3 位雇员的以下信息：每周工作小时数、时薪、固定工资和加班费（按 1.5 倍时薪计算）。用文件名 emplyees.xml、employees.css 和 employees.xsi 保存你的页面，最后按照老师要求提交你的工作成果。

案例研究

Greg's Gambits

使用本章操作实践的 Carla's Classroom 例子为 Greg's Gambits 网站创建一个记忆力游戏。在游戏中，把包含图像对的一副牌面朝下放置。玩家必须使用记忆力翻开一张牌，然后试着找出它对应的另一张牌。设计这个游戏是为了测试和提高记忆力，但是你可以创建自己的方法获胜。你可能包括一个定时器并且建立一个截止时间，这将增加程序的难度并且是可选的。或者你可以限制翻错牌的次数（也就是，如果一个玩家在没有达到那个次数之前找出所有配对的牌，那么玩家获胜），这也将增加程序的难度并且也是可选的。

对于你的游戏，你可以使用图像或者纯文本代表你的"牌"并且使用一个表格，其中每个单元格表示一张牌。在一个单元格中的任何图像应该在另一个单元格中有一个匹配的图像。开始时，所有单元格将显示空白（或者是你用来模拟牌背面的任何东西），这可以通过使用空白图像、用白色文本填充单元格或者你自己的空白单元格技术来创建。然而，每个单元格应该有与它相关的一些内容（图像或者文本），并且另一个单元格也应该匹配这个内容。因此，如果你有一个含有 16 个单元格的 4 × 4 表格，那么你将有 8 个不同的图像，并且每个图像与两个单元格相关。玩家应该能够单击一个单元格，并且通过单击第二个单元格尝试找出与之匹配的图像。如果两个单元格匹配，那么显示其内容。如果不匹配，那么这两个单元格恢复为空白内容。

将你的页面保存到文件 greg_concentration.html 中，并且确保为它给出适当的页标题。打开 Greg's Gambits 的 index.html 页面并在 Play A Game 链接的下面添加一个链接，链接其页标题为 Greg's Gambits | Greg's Concentration 的页面。最后按照老师要求提交你的工作成果。

Carla's Classroom

选择做以下练习之一（或者，如果感兴趣或老师布置，那么两个都做）。

1. 为在操作实践一节创建的拼字练习创建第二个页面，以添加第二级难度。第二级应该与第一级类似。当学生成功完成第一级时，应该自动进入第二级。将你的页面保存到文件 carla_spell_exercise2a.html 中。打开 Carla's Classroom 的 reading.html 页面，然后添加一个到其页标题为 Carla's Classroom | Advanced Spelling,Part A 的链接。最后按照老师要求提交你的工作成果。
2. 修改在操作实践一节创建的页面，使每个图像有 3 个与之相关的拼写单词。学生必须选择正确的拼写单词。你可以只使用一个表格，或者使用练习中的两个表格。如果你只使用一个表格，那么第一个单元格可能看起来像这样：

将你的页面保存到文件 carla_spell_execise2b.html 中，并且在浏览器中测试你的页面。打开 Carla's Classroom 的 reading.html 页面，然后添加一个到其标题为 Carla's Classroom | Advanced Spelling,Part B 的链接。最后按照老师要求提交你的工作成果。

Lee's Landscape

使用 XML 文档、CSS 样式表和 XSL 转换创建一个网页，显示 Lee 的服务和费用。该 XML 文档应该有 3 个命名空间，并且使用 Lee 的假想域名："http://landscape.com"。这些命名空间应该是 "lawn"、"trees" 和 "pests"。该页面显示的信息为：

Lee's Services

Service	Frequency	Cost
lawn maintenance	monthly	$80
	weekly	$20 for 4 weeks
	as called	$30 per service

（续）

Service	Frequency	Cost
tree pruning	yearly	$150
	twice a year	$200 for 2 visits
	as called	$200 per service
pest control	monthly	$50.00
	twice a year	$200 per service
	as called	$250 per service

确保为这个页面给出适当的页标题，如 Lee's Landscape || Services Offered。为 Lee's Landscape 主页添加一个到这个新页面的链接。用文件名 lee_Services.xml、lee_Services.css 和 lee_Services.xsi 保存你的页面，最后按照老师要求提交你的工作成果。

Jackie's Jewelry

如本章例子讨论的那样，Jackie 提供几门珠宝制作培训课程。她想要记录每门课程的注册学员。首先，创建一个 XML 文档，当有新人注册她的课程班时 Jackie 能够更新这个文档。然后，创建一个用于表现页面的 CSS 文件和一个将该 XML 文档转换为网页的 XSL 文档。该 XML 文档应该包含下面显示的信息，并且必须为每门课程（"beads"、"any"、"necklace" 和 "earrings"）使用命名空间，以及使用 Jackie 的假想域名："http://jackie.com"。

- 每门课程 4 节课的基本费用是 $25.00，其他费用如下所示。
  - 珠饰制作：用品包 $5.00，特色珠饰 $2.00/ 个。
  - 项链制作：用品包 $10.00，吉祥物 $8.00/ 个。
  - 耳环制作：用品包 $12.00，箍圈（每组 2 个）或吉祥物 $10.00/ 个。
  - 各式珠宝制作：用品包 $15.00，吉祥物 $8.00/ 个，珠饰 $2.00/ 个，箍圈 $10.00/ 组。

确保为这个页面给出适当的页标题，如 Jackie's Jewelry || Students。为 Jackie's Jewelry 主页添加一个到这个新页面的链接。用文件名 jackie_students.xml、jackie_students.css 和 jackie_students.xsl 保存你的页面，最后按照老师要求提交你的工作成果。

	Name	Supplies Ordered	Total Cost	Amount Paid	Amount Due
Beading class	Ann Axelby	package	30.00	30.00	0
	Bob Bixby	none	25.00	25.00	0
	Zoey Zacks	package,3 beads	46.00	20.00	26.00
	Will Warren	package	30.00	10.00	20.00
Necklace making	Harriet Hart	2 charms	41.00	20.00	21.00
	Ira Ingram	package	35.00	15.00	20.00
	Pam Petrova	4 charms	57.00	25.00	27.00
	Oscar Osaka	package	35.00	35.00	0

（续）

	Name	Supplies Ordered	Total Cost	Amount Paid	Amount Due
Earrings	Jim Jones	package	37.00	10.00	27.00
	Katya Kendrick	2 hoops,1 charm	55.00	55.00	0
	Ned Nichols	package	37.00	30.00	7.00
	Maria Montas	none	25.00	0	25.00
Varied jewelry making	Tim Thompson	package	40.00	12.00	28.00
	Suzie Santos	none	25.00	25.00	0
	Ed Ellis	1 charm,2 beads	37.00	25.00	12.00
	Felicia Franks	package	40.00	20.00	20.00

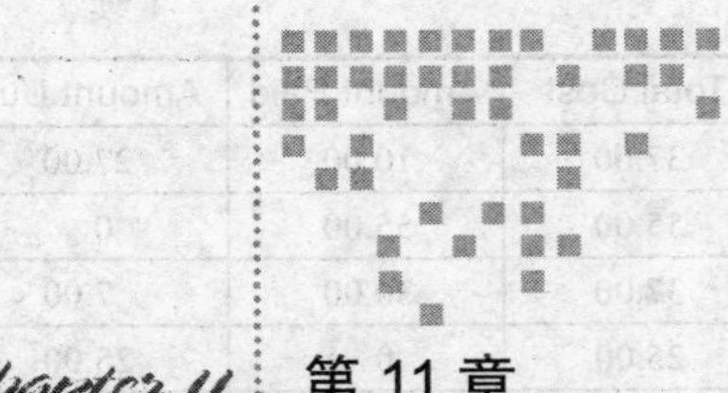

Chapter 11 第 11 章

PHP 概述

本章目标

如果你还没有听说过 PHP，那么表明你对 Web 开发技术了解还不深入。你可能在招聘广告中看到过它，也可能听过这个领域的人议论它。并且，如果你在因特网上搜索并询问“ PHP 是什么?”那么答案的第一段文字将几乎都是“ PHP 是一种服务器端脚本语言，用于创建动态网页”。然而，这是什么意思呢？毕竟，我们一直使用 JavaScript 创建动态网页。PHP 有什么不同？“服务器端”指什么？这是本章讨论的内容。我们将学习 PHP 是什么，如何在没有外部服务器的情况下用计算机实现它，以及如何使用它。PHP 是免费的，从而得到广泛使用，是类似微软 ASP 竞争者的高效替代产品。本书不能涵盖数据库主题，不过我们将学习与 PHP 一起使用的免费的 MySQL 数据库软件。

阅读本章后，你将能够做以下事情：

- 理解客户机和服务器之间的关系。
- 下载和安装免费的含有 MySQL 和 PHP 软件的 Apache 服务器。
- 理解数据库中记录和字段的概念。
- 理解如何创建 PHP 程序。
- 使用 settype() 和 gettype() 方法和类型转换来获取和修改变量的数据类型。
- 使用 PHP 的选择和重复结构语句。
- 处理 PHP 数组、字符串和字符串比较。
- 使用 preg_match() 和 preg_replace() 方法进行模式搜索。
- 创建 Ajax 管道实现客户机到服务器和服务器到客户机的通信。
- 使用多个服务器对象、方法和属性。

11.1　PHP 简史

个人主页工具（Personal Home Page Tool，PHP）是由 Rasmus Lerdorf 创建的。他开发这个语言是为了追踪客户访问他的网站，1995 年他发布了这个软件包。在重大改进之后，1997 年发布了 PHP3，这个版本包括内嵌数据库支持和表单处理能力，从而使 PHP 逐步流行起来。原来 PHP 表示 Personal Home Page Tools 的缩写，而现在 PHP 表示 Hypertext Preprocessor（超媒体预处理程序）。

在本书中，我们已经创建了使用数据的游戏和应用程序。我们把数据存储在变量中，更进一步把更多的数据存储在数组中。但是商务和大型网站需要把数据存储在比数组功能性更强的地方。假想你是一个公司老板并且想要保存客户记录，由于预先知道客户的名字，所以可以把客户信息存储在并行数组中从而能够很好地处理。但是，在真实环境中，既有新客户来，也有老客户离开或者在消失几年后又回来，因此公司的客户信息不适于存放在数组中。通常，公司使用数据库存储客户、库存、雇员等信息。PHP 能够支持用户在他的计算机（也就是客户机）上浏览的网页与驻留在其他地方（也就是服务器）的数据库之间进行通信，这就是 PHP 的能力所在。

可以将新信息从用户计算机上的表单录入数据库，这就是表单处理能力引人注目的原因。当在网站上创建账户时，你将把信息录入一个表单中，然后这个表单处理该信息并把它添加到适当的数据库中。换言之，它将把信息从客户机发送到服务器。这是 PHP 做的最重要事情之一。

PHP 也允许将信息向另一个方向传送，即从服务器到客户机。当你返回到你有一个账户的网站时，将从网站服务器上的数据库获取你的信息并返回给你（即客户机）。因此，网站能够用名字问候你、显示你的订购历史等。

目前，PHP 的版本是 5.4.X.（X 指示在编写本书和你阅读本书期间可能有一些小变化）。PHP 是开源代码，对每个人都是免费的，这是 PHP 的优势之一，并且大型 PHP 社区愿意分享代码。如果你正在寻找特定的脚本，那么很可能在 PHP 社区中已经有人创建了类似的东西并且可以共享使用。查看 http://php. net/，可以获取帮助和灵感。

11.1.1　服务器做什么

当用户单击链接时，把一个请求发送给**服务器**。然后服务器把请求的页面发送给**客户机**，也就是用户的计算机。这是一般用户知道和预期的事情，但是还有其他事情发生。网址告诉浏览器用户想要获取什么页面或者其他资源（影像、歌曲等），而服务器为浏览器提供可用的资源。我们已经知道网址各个部分的含义，在以下网址：

```
http://www.jackie.com/courses/beading.html
```

中，我们知道，http:// 指出将使用超文本传输协议（HyperText Transfer Protocol，HTTP），请求的网页驻留在 Web 服务器 www.jackie.com 上，有一个文件夹 courses 包含文件 beading.html，而这个文件就是请求的资源。一般而言，协议包括习惯和规则，通常与一些约定或规矩相关。**通信协议**是用于在计算机系统之间交换信息的数字信息格式和规则系统。http 是最常用的通信协议，其他的还包括 ftp、IP 和 TCP 等协议。主机名 www.jackie.com 实际上是由一系列数字组成的 IP 地址，这些数字已经被转换成文本，以方便我们键入。因特网域名系统（Domain Name System，DNS）维护一个主机名与 IP 地址对应关系的数据库，它自动将文本主机名翻译成它的 IP 地址。

HTTP get 和 post 请求类型

当用户搜索网站时，用户通常想要得到一些在网站服务器上的信息，并且经常想要将信息发送给服务器，例如登录一个网站或者作为公司老板想要更新驻留在公司服务器数据库中的信息。因此，get 和 post **请求类型**是两个最常见的 HTTP 请求类型。

get 请求将数据附加在网址后面，以指定想要获取的信息。请求的信息以表单数据形式发送，而服务器有能力处理表单数据。**post 请求**与之类似。在本章中，我们将学习使用这些请求，以实现从客户机到服务器的通信。

11.1.2 Apache HTTP 服务器、MySQL 和 PHP

要完成本章和下一章的例子、练习和项目，你需要访问一个 Web 服务器、一个数据库和 PHP 软件。我们将使用 Apache HTTP 服务器、MySQL 数据库和 PHP。

11.1.2.1 Apache HTTP 服务器

Apache Web 服务器（最常称为 Apache）是一个免费的开源 Web 服务器。它最初为 UNIX 创建，但是现在有在其他平台（如 Linux 和 Windows）上运行的版本。为了继续学习在客户机和服务器之间进行通信的方法，你必须在计算机上安装服务器软件，或者必须能够访问服务器。

11.1.2.2 MySQL 数据库

要使用 PHP 开发一个有价值的网站，我们需要使用数据库。学习使用数据库远超出本书的范围，但是本书假定你知道数据库是什么。一般而言，**数据库**是数据的集合。本章引用的数据库是**关系数据库**，在数据库中的信息存储在**表**中，而表包含一组称为**记录**的相关数据。

例如，一个公司可能存储客户的不同信息，如名字、联系方式、购买日期、购买类别、特殊爱好等。一个表可能保存客户的个人信息（名字、住址、联系方式、年龄、性别、婚姻状况等）。与一个客户相关的所有信息组成一条记录，在记录中的每个数据项称为**字段**。这时，字段将包括客户的名字、联系方式、年龄等。在这个样例数据库中，第二个表可能保存客户的购买历史（最近购买日期、上一次购买日期、购买项目等）。每条记录表示一个客户的数据，并且在这个表中的字段将保存特定的信息（购买日期、购买项目等）。第三个表可能持有公司的库存，每条记录可能是销售的项目，字段将包括类似编号、仓库位置、成本价和零售价的信息。

之所以称为关系数据库是因为用户可以从多个表中获取信息以发现数据之间的关系。例如，公司老板使用数据库查询能够找出有多少来自 Georgia 的客户购买了产品或者有多少女客户在一段特定时间内购买了小工具，并且能够组合来自个人信息表和购买历史表中的数据。具有存储大量数据和支持多种使用方法的能力使关系数据库对公司、政府组织和学术团体来说是无价的。

数据库能够保存许多不同类型的信息。同一个公司老板可能使用另一个数据表把每个雇员存储为一条记录。在这种情况下，其字段将不同于客户数据表，可能包括工作小时数、工资率、免税额等字段。公司老板可能维护的第三个数据表将包括库存信息，每条记录可能是销售项目的名字。例如，如果公司老板销售男装，那么一条记录可能是羊毛衣。在这种情况下，字段可能是大小、颜色、库存量、批发价、零售价等。总之，数据表由记录组成，而记录由字段组成。

数据库的美妙之处是能够以无数方式从中获取和组合信息。公司老板能够要求数据库找出有多少客户在 7 月份购买了绿色羊毛衣，或者有多少时薪超过 $15 的雇员要求在某段时间内加班 10 小时以上。在本书中，我们将使用简单的工具创建几个数据库。为了做这件事情，我们需要数据库软件。MySQL 是免费的开源关系数据库系统，尤其流行于 Web 应用。

11.1.2.3 PHP 和 XAMPP

最后，我们需要 PHP。PHP 是一种通用脚本语言，特别适合于 Web 开发并且能够嵌入 HTML 页面中。为了获得我们需要的每样东西（即 Apache、MySQL 和 PHP），我们可以安装免费软件 XAMPP：

- X：表示“交叉”，因为它是跨平台的（能够用于许多不同的平台）。
- Apache HTTP 服务器。
- MySQL。
- PHP 和 Perl（在本书中，我们不使用 Perl）。

该软件能够很容易安装在大多数机器中，它是一个软件包，包括 Apache HTTP 服务器、MySQL 数据库程序和 PHP 软件。下一节介绍如何安装这个软件。如果你已经可以访问一个使用 Apache、数据库和 PHP 的服务器，那么就不需要安装 XAMPP，本章和第 12 章假定你正在使用 XAMPP。

11.1 节检查点

11.1 Rasmus Lerdorf 是谁？

11.2 在以下网址中，哪部分表示 IP 地址？

```
http://www.leesland.com/services/mowing.html
```

11.3 如果 Lee's Landscape 公司的 Lee 维护一个数据库，该数据库包含一个与他所提供服务相关的表，而每个服务（如草地维护、景观美化和害虫防治）用一条记录表示，那么为每条记录列出 3 个可能的字段。

11.4 在术语 XAMPP 中，“X”代表什么，其含义是什么？

11.2 XAMPP

安装 XAMPP 是一件很容易的事情，你只需要下载它然后执行它的安装程序。如果想要卸载已安装的 XAMPP，那么只需简单地删除 XAMPP 目录就能够完全从你的系统中除去它。然而，如果使用的 XAMPP 是 Windows 安装程序版本，那么你要使用 Windows 的卸载功能，以便除去安装程序在注册表中生成的项目。

11.2.1 安装 XAMPP

在安装 XAMPP 之前，需要注意一些事情。你可以在 Web 上的许多地方获取 XAMPP，而本书将使用 Apache Friends 网站。

11.2.1.1 安全

Apache Friends 网站为开发者提供了易于安装的 XAMPP 发布版本，从而使他们能够进入 Apache 世界。这个版本将 XAMPP 配置为打开所有特性，这个默认配置可以被 Web 开发者用于开发环境中，但是对于产品环境来说是不够安全的。

11.2.1.2 许可证

XAMPP 是一款免费软件，可以在遵守 GNU 通用公共许可证条款的情况下复制和使用（见 http://www.gnu.org/licenses/）。如果你打算在学习本书例子和项目之外使用 XAMPP，那么请查看该产品的许可证以了解它的合法使用范围。

11.2.1.3 安装

访问 http://www.apachefriends.org/en/xampp.html，选择你的平台。阅读针对你的平台而提供的相关信息，然后开始下载。

提示：这是相当大的文件，不要希望只花一两分钟就能够下载它。依赖于你的因特网连接速度，下载可能需要 1 小时。然而，一旦下载了这个程序，安装它只需几分钟。

当出现提示时，建议你接受默认的安装设置。这个假定贯穿于本章和下一章。

对 Windows Vista 用户的提示：由于可能对 "C:\Program Files" 没有足够的写权限，所以建议你为 XAMPP 使用其他文件夹，你可以接受安装程序建议的文件夹（"C:\xampp"）或者创建你自己的文件夹。

11.2.2 开始使用

如果你选择的选项允许显示 XAMPP 控制面板，那么控制面板将看起来像这样：

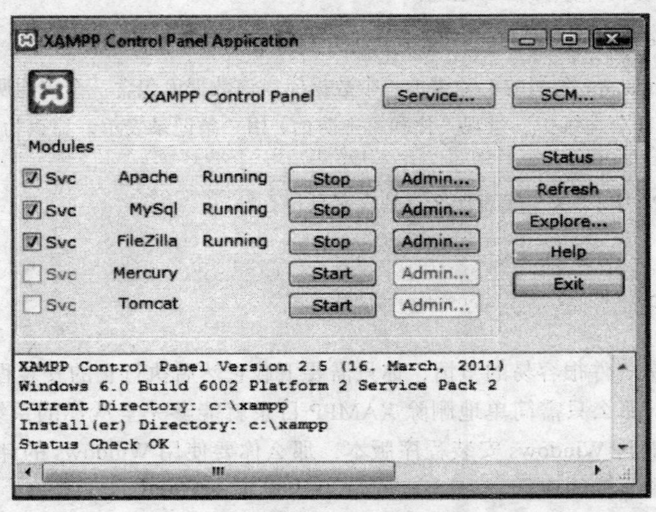

如果没有控制面板，那么打开存储 XAMPP 的文件夹并且单击 xampp-control.exe 文件。

Linux 用户：要启动 XAMPP，可以打开一个 shell 然后录入以下命令：

```
/opt/lamp/lamp start
```

要停止它，可以录入以下命令：

```
/opt/lamp/lamp stop
```

所有用户：要测试是否安装成功，可以打开浏览器并且录入以下网址：

```
http://localhost/
```

如果一切正常，那么你应该看到类似下面的显示：

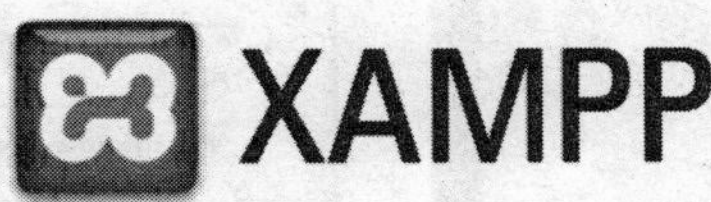

如果使用的是 Windows 平台并单击 English，那么你应该看到类似下面的屏幕显示：

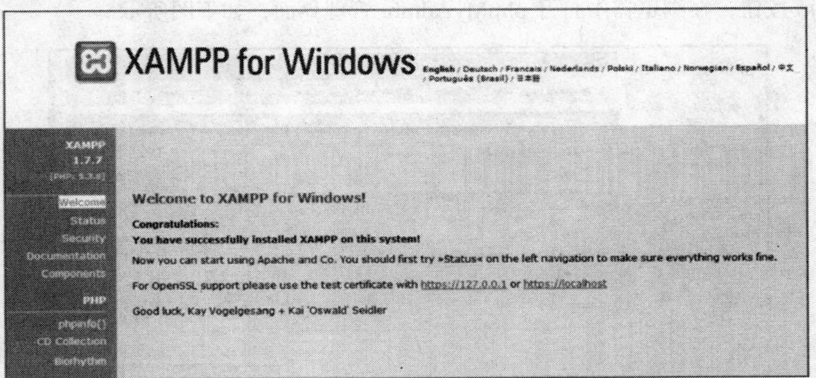

对 Windows Vista 用户的提示：你必须以 administrator（管理员）身份运行 XAMPP Control Panel（控制面板）。为了做这件事情，你可以在 Control Panel（控制面板）上单击 admin 按钮。然而，要使 XAMPP 每次都自动以 administrator（管理员）身份运行，需要做以下事情：

- 右击 XAMPP 图标查看你的选项（在下面显示）。
- 单击 Properties（在下面显示）。
- 检查 Run this program as an administrator 框（在下面显示）。
- 单击 Apply。

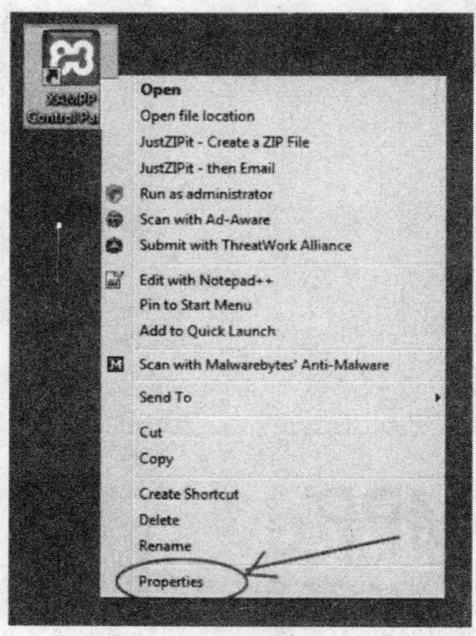

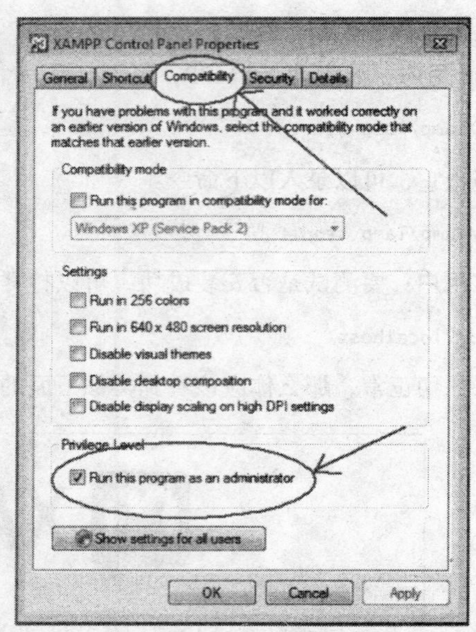

11.2.2.1 开始使用

在 Control Panel（控制面板）中，依次单击启动 Apache 和 MySQL 的 Start 按钮，从而使你的计算机成为服务器。下一步是启用 PHP，做法是在 Control Panel（控制面板）中单击在 MySQL 之后的 Admin 按钮，在浏览器中打开 phpMyAdmin 管理界面，如下图所示。

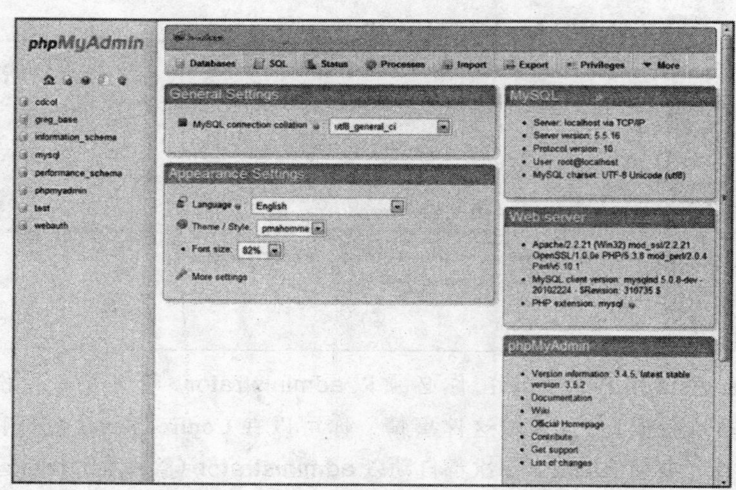

你可以保持默认设置不变。必须注意的是，在默认设置情况下没有密码，运行的服务器缺乏安全性。本书假定你只使用为学习和示范目的而创建的程序。

11.2.2.2 第一个 PHP 程序

PHP 代码通常嵌入文本文档中。现在，我们将把一些 PHP 插入一个 HTML 文件中，从中你可以了解它是如何工作的。简单的 HTML 文档由浏览器解释显示在屏幕上，而浏览器驻留在你的计算机上，这意味着 HTML 在客户端解释。然而，尽管 PHP 嵌入 HTML 文档中，但是在传送给你（客户机）之前由服务器解释。

PHP 脚本插入在 <?php 和 ?> 标签之间，所有 PHP 变量都开始于 $。例 11.1 将使用 PHP 在网页上显示一条欢迎信息。你可以创建这些代码，但是在保存和运行它之前，你应该读一读 11.3 节。

例 11.1　使用 PHP 创建一条欢迎 PHP 信息

```
1.  <!DOCTYPE html>
2.  <html>
3.  <?php
4.        $name = "Jackie";
5.  ?>
6.  <head>
7.  <title>Example 11.1</title>
8.  </head>
9.  <body>
10.       <h2>This is the first time PHP is used! <br />
11.       Hello there, <?php print("$name"); ?>!</h2>
12. </body>
13. </html>
```

显示将会如下所示。

This is the first time PHP is used!
Hello there, Jackie!

可以把 PHP 代码放入 HTML 标记内部的任何地方。在第 4 行中，变量 $name 把 Jackie 标识为一个名字。第 11 行使用 PHP 的 print() 函数访问这个变量的值，把它显示在屏幕上。如果查看这个页面的源代码，你将不能看到任何 PHP 代码。这是因为在把 HTML 文档发送给你的计算机之前，服务器将处理所有的 PHP 操作。

上述对例 11.1 代码讨论的最后一句话是最重要的，值得再次重复：在把 HTML 文档发送给你的计算机之前，服务器将处理所有的 PHP 操作。当你学习使用 PHP 时，认识这种区别是重要的。

11.2 节检查点

11.5　开发环境是什么意思?

11.6　如何测试安装的 XAMPP 是否能够正常工作?

11.7　什么类型的文档能够使用 PHP ?

11.8　可以把 PHP 代码放在 HTML 文档的什么地方?

11.9　当浏览器访问 .php 文档时，在哪里和何时处理 PHP 代码?

11.10　所有 PHP 变量名的第一个字符是什么?

11.3　PHP 基础

在本章中，我们将讨论一些熟悉的概念并学习 PHP 是如何使用这些概念的。在第 12 章中，我们将所有代码放在一起并创建应用 HTML、CSS、JavaScript、XML、XSL、PHP 和 MySQL 特性的一些完整程序。

11.3.1 PHP 文件名、htdocs 文件夹和浏览 PHP 页面

我们说过可以把 PHP 代码放在 HTML 页面中的任何地方。这意味着你可以把它放在 <head> 或 <body> 区域中的任何地方，正如 JavaScript 或 CSS 代码一样。不同之处在于，如果页面有任何 PHP 代码，那么该页面通常必须使用 .php 扩展名。

如果你尝试例 11.1 并且把文件命名为 hello.html，然后在浏览器中以通常方式打开，那么它将显示：

This is the first time PHP is used!
Hello there, !

浏览器将忽略难以理解的代码（这里是 PHP 语句）。然而，如果查看这个页面的源代码，那么你将看到未处理的 PHP 语句。你需要把这个页面命名为类似 hello.php 的文件名。

然后，如果在浏览器中以通常方式（即在地址栏中录入这个文件的路径名）打开这个 hello.php 页面，那么它将仍然显示：

This is the first time PHP is used!
Hello there, !

这是为什么呢？我们说过在浏览器解释这个页面之前，服务器将处理所有的 PHP 操作。如果你正在使用本地服务器（即你的计算机）的 XAMPP，那么测试的页面必须经过那个服务器。如果把这个 hello.php 文件存放在你的计算机上的文件夹 javascript_course 中，然后尝试从那个文件夹打开它，那么浏览器只是试着显示它理解的每个脚本（也就是 HTML 标记），而 PHP 代码将被再次忽略。当我们学习如何使用在本地服务器上的 PHP 时，我们将把创建的所有 PHP 代码存储在 **htdocs 文件夹**中。这个文件夹是在安装 XAMPP 时创建的，如下所示在 xampp 文件夹中列出的文件夹：

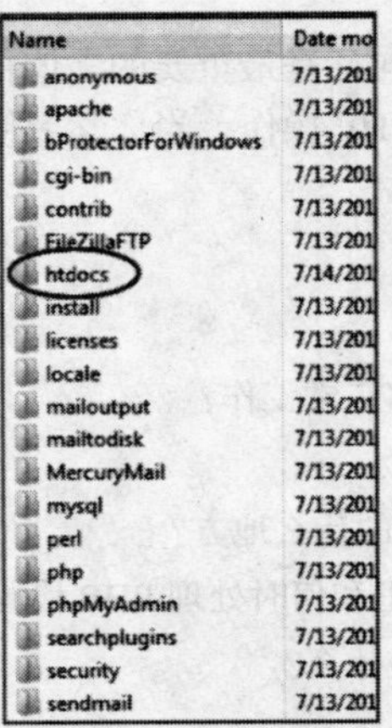

我们几乎已准备好观看 PHP 页面，但是还有另一件事情。要在你的计算机上打开这个页面并且在浏览器处理之前让服务器处理其中的 PHP 代码，我们不是直接为这个文件创建路径，而是告诉浏览器使用**本地主机**（即用 XAMPP 安装的 Apache 服务器）。因此，该路径为：

```
localhost/hello.php
```

通过在路径中使用 localhost，计算机知道这个服务器是在本地机器上并且知道查看 htdocs 文

件夹。现在，例 11.1 将显示预期的结果：

This is the first time PHP is used!
Hello there, Jackie!

11.3.2 变量和方法

PHP 变量名开始于 $，如我们已经在例 11.1 所看到的那样。类似于 JavaScript 变量，PHP 变量是**弱类型的**，这意味着一个变量可以在不同时间包含不同类型的数据。我们可能经常需要将变量从一种数据类型转换为另一种，方法是使用某个 PHP 函数。表 11-1 列出一组 PHP 数据类型。

这里是一些变量名声明和赋值的例子：

```
$username = 'puppypal'; // declares a string variable with the value
    puppypal
$points = 234; // declares an integer variable with the value 234
$cost = 45.87; // declares a float variable with the value 45.87
$response = true; // declares a Boolean variable with the value true
```

表 11-1 PHP 数据类型

PHP 数据类型	描　述
int，integer	整数，包括正整数、负整数或零
float，double，real	所有实数，也就是可以表示成 a/b 的数。浮点数必须包括小数部分，即使小数部分是 0，如 34.0
string	用单引号或双引号括起来的文本
bool，boolean	表示值 true 或 false
array	一组元素
resource	其变量保存数据或者对外部资源的引用
NULL	意味着没有为变量赋予任何值
object	一组相关的数据和方法

注意双斜线（//）指示单行注释。

11.3.2.1 用 settype() 和 gettype() 方法转换数据类型

正如 JavaScript 一样，一个变量的数据类型由赋值给它的值决定。在 JavaScript 中，你可以使用 parseInt() 方法将浮点数截断为整数。在 PHP 中，你可以使用 settype() 方法设置变量的数据类型，而 gettype() 方法将返回给定参数的数据类型。

settype() 方法有两个参数。第一个参数是要改变其类型的变量，而第二个参数是变量的新类型。settype() 的语法为：

```
settype($variableName, "new_datatype");
```

gettype() 方法只有一个参数，就是返回其类型的变量名。gettype() 的语法为：

```
gettype($variableName);
```

11.3.2.2　通过类型转换转换数据类型

settype() 方法实际上修改变量的类型。如果变量的开始类型是 float 型，然后用 settype() 把它的类型转换成 integer，那么这个变量这时就是整型变量。有时，这种做法是不方便的。你可能想要在网页上显示一个整数，但是稍后要使用这个变量的实际值。转换变量类型的另外一种方法是**转型**（也称**类型转换**）。当使用类型转换时，不是修改变量的值，而是在内存中创建变量值的临时副本。对变量进行类型转换的语法为：

```
(datatype_desired) $variableName;
```

例 11.2 将示范如何声明变量并使用这些方法设置、改变和获取变量的数据类型。

例 11.2　声明变量并且显示它的值

```
1.  <!DOCTYPE html>
2.  <html>
3.  <?php
4.       $name = "Jackie";
5.       $numStudents = 47;
6.       $costNecklaceA = 23.95;
7.       $studentID = "0001";
8.  ?>
9.  <head>
10.      <title>Example 11.2</title>
11. </head>
12. <body>
13.      <h2>This website is run by
14.      <?php print("$name"); ?>.</h2>
15.      <p>She has
16.      <?php print("$numStudents"); ?>
17.      students in her jewelry-making classes.</p>
18.      <p>Jackie will assign ID numbers to students beginning with
19.      <?php print("$studentID"); ?> .</p>
20.      <p>The cost of a silver necklace with a dove pendant is $
21.      <?php print("$costNecklaceA"); ?>.</p>
22.      <h3>Original variables and their values:</h3>
23.      <p>The value of the variable $name is
24.      <?php print("$name"); ?> .</p>
25.      <p>The value of the variable $studentID is
26.      <?php print("$studentID"); ?>.</p>
27.      <p>The value of the variable $numStudents is
28.      <?php print("$numStudents"); ?>.</p>
29.      <p>The value of the variable $costNecklaceA is
30.      <?php print("$costNecklaceA"); ?>.</p>
31. </body>
32. </html>
```

在以上 PHP 代码中，包含行号的目的是为了便于解释。第 3 和 8 行打开和关闭在文档 <head> 区域之前的 PHP 代码。第 4 ～ 7 行声明 4 个变量，而它们的数据类型由赋值确定。因此，开始时 $name 和 $studentID 是字符串，因为它们的值被引号括起来。$costNecklaceA 是 float 型（也称为 double 型），因为它的初始值是一个浮点数。最后一个变量 $numStudents 是 integer 型，因为它被赋予一个整数值。

第 13 ～ 21 行把这些变量的值与 HTML 脚本一起使用来显示一些信息。其中的相邻行代码是相关的，如第 15、16 和 17 行生成显示的文本“She has 47 students in her jewelry-making classes.”。

第 15 行通过打开一个段落标签开始 HTML 代码并包含文本 "She has"。第 16 行开始 PHP，它使用

PHP 的 print() 方法显示变量 $numStudents 的值。该变量是 print() 方法的实参，类似于 JavaScript 的 write() 方法，我们也可以将 HTML 脚本作为实参。分号结束这条 PHP 语句，然后用 ?> 关闭标签关闭 PHP 代码。第 17 行完成 <p></p> 元素的 HTML 文本。

如果用类似 example_2.php 的文件名把这个页面存储在 htdocs 文件夹中，并在浏览器中键入以下路径，那么其显示将如下图所示。

This website is run by Jackie.

She has 47 students in her jewelry-making classes.

Jackie will assign ID numbers to students beginning with 0001.

The cost of a silver necklace with a dove pendant is $ 23.95.

Original variables and their values:

The value of the variable $name is Jackie.

The value of the variable $studentID is 0001.

The value of the variable $numStudents is 47.

The value of the variable $costNecklaceA is 23.95.

我们可以在 print() 方法内包含 HTML 代码，而不必将每条语句分解成 3 部分（开始 HTML 标签；文本、PHP 代码；结束 HTML 标签），下面是第 13 ~ 21 行的替代版本：

```
lines 13-14  <h2><?php print("This website is run by $name."); ?></h2>
lines 15-17  <p><?php print("She has $numStudents students in her ↵
                          jewelry-making classes."); ?></p>
lines 18-19  <p><?php print("Jackie will assign ID numbers to students ↵
                          beginning with $studentID."); ?></p>
lines 20-21  <p><?php print ("The cost of a silver necklace with a
                          dove pendant is $ $costNecklaceA."); ?></p>
```

基于这个页面，我们将在例 11.3 中使用 settype() 和 gettype() 方法修改这些变量的数据类型并且获取它们的数据类型。

例 11.3　使用 settype() 和 gettype() 方法　以下代码使用 gettype() 方法获取变量的数据类型，使用 settype() 修改变量的类型，然后显示它的新值。再次使用 gettype() 方法展示变量的新数据类型。

```
<!DOCTYPE html>
<html>
<?php
      $name = "Jackie";
      $numStudents = 47;
      $costNecklaceA = 23.95;
      $studentID = "0001";
?>
<head>
      <title>Example 11.3</title>
</head>
<body>
      <h3>Original variables and their values:</h3>
      <p>The value of the variable $name is <?php print("$name"); ?>.</p>
      <p>The value of the variable $studentID is
      <?php print("$studentID"); ?>.</p>
      <p>The value of the variable $numStudents is
```

```
18.         <?php print("$numStudents"); ?>.</p>
19.         <p>The value of the variable $costNecklaceA is
20.         <?php print("$costNecklaceA"); ?>.</p>
21.         <h3>We can find out the data type of a variable:</h3>
22.         <p>The data type of the variable, $costNecklaceA is
23.         <?php print gettype($costNecklaceA); ?></p>
24.         <h3>But we can convert the values to other data types:</h3>
25.         <p>The value of the variable, $costNecklaceA, converted to an integer is
26.         <?php settype($costNecklaceA, "integer"); print($costNecklaceA); ?> </p>
27.         <p>So the data type of the variable, $costNecklaceA is now
28.         <?php print gettype($costNecklaceA); ?></p>
29.     </body>
30.     </html>
```

第 13 ~ 20 行显示变量的初始值。第 23 行使用 gettype() 方法获取 $costNecklaceA 的数据类型。此时，因为该变量开始时被赋予浮点值，所以它的数据类型是 double 并显示这个值。

第 26 行修改 $costNecklaceA 的数据类型并显示它的新值。语句 settype ($costNecklaceA, "integer") ; 指定要修改其类型的变量 ($costNecklaceA) 和它的新类型 ("integer")。注意新的数据类型是在引号中。

在第 26 行上的第二条 PHP 语句是 print ($costNecklaceA);，它显示这个变量的新值。

第 28 行再次使用 gettype() 方法显示 $costNecklaceA 的新数据类型。

如果把这个文件在 htdocs 文件夹中保存为 example_3.php，并且在浏览器地址栏中录入 localhost/example_3.php，那么输出将是如下图所示。

Original variables and their values:

The value of the variable $name is Jackie.

The value of the variable $studentID is 0001.

The value of the variable $numStudents is 47.

The value of the variable $costNecklaceA is 23.95.

We can find out the datatype of a variable:

The datatype of the variable, $costNecklaceA is double

But we can convert the values to other datatypes:

The value of the variable, $costNecklaceA, converted to an integer is 23

So the datatype of the variable, $costNecklaceA is now integer

注意 $costNecklaceA 开始时值为 23.95 并且其数据类型是 double。在把它的类型改变为 integer 之后，它的值为 23 并且它的数据类型是 integer。这样，如果 Jackie 决定将项链的价格由 double 类型改变为 integer，那么她将几乎损失 $1.00。在某些情况下，当使用 settype() 方法修改数据类型时这个损失可能是一个问题。我们可以使用另一种方法（也就是类型转换），可以在不丢失数据的情况下修改数据类型，如例 11.4 所示。

例 11.4　使用类型转换修改变量的数据类型　以下代码与前面的例子类似，但是使用类型转换替代 settype() 方法并保持变量的原始值不变。

```
<!DOCTYPE html>
<html>
<?php
      $name = "Jackie";
      $numStudents = 47;
      $costNecklaceA = 23.95;
      $studentID = "0001";
```

```
8.  ?>
9.  <head>
10.     <title>Example 11.4</title>
11. </head>
12. <body>
13.     <h3>Original variables and their values:</h3>
14.     <p>The value of the variable $name is <?php print("$name"); ?>.</p>
15.     <p>The value of the variable $studentID is
16.     <?php print("$studentID"); ?>.</p>
17.     <p>The value of the variable $numStudents is
18.     <?php print("$numStudents"); ?>.</p>
19.     <p>The value of the variable $costNecklaceA is
20.     <?php print("$costNecklaceA"); ?>.</p>
21.     <h3>We can find out the data type of a variable:</h3>
22.     <p>The data type of the variable, $costNecklaceA is
23.     <?php print gettype($costNecklaceA); ?></p>
24.     <h3>But we can convert the values to other data types:</h3>
25.     <p>The value of the variable, $costNecklaceA, converted to an integer is
26.     <?php settype($costNecklaceA, "integer"); print($costNecklaceA); ?> </p>
27.     <p>So the data type of the variable, $costNecklaceA is now
28.     <?php print gettype($costNecklaceA); ?></p>
29.     <h3>Using type casting instead of settype():</h3>
30.     <p>The value of the variable $studentID when cast as an integer is
31.     <?php print(integer) $studentID; ?></p>
32.     <p>The value of the variable, $studentID, still remains
33.     <?php print($studentID); ?></p>
34.     <p>The data type of the variable, $studentID is still
35.     <?php print gettype($studentID); ?></p>
36. </body>
37. </html>
```

在这个例子中，新代码是第 29 ~ 35 行。第 31 行把 $studentID 类型转换为 integer。注意，这里 print() 方法的实参是（integer）$studentID。开始时，$studentID 是 string 类型，因此它的值是 0001。然而，作为 integer 型的值是 1。但是第 33 行显示 $studentID 保存的实际值 0001。第 35 行说明它的类型仍然是 string。

如果把这个文件在 htdocs 文件夹中保存为 example_4.php，并且在浏览器地址栏中录入 localhost/example_4，那么输出将是如下图所示。

Original variables and their values:

The value of the variable $name is Jackie.

The value of the variable $studentID is 0001.

The value of the variable $numStudents is 47.

The value of the variable $costNecklaceA is 23.95.

We can find out the datatype of a variable:

The datatype of the variable, $costNecklaceA is double

But we can convert the values to other datatypes:

The value of the variable, $costNecklaceA, converted to an integer is 23

So the datatype of the variable, $costNecklaceA is now integer

Using type casting instead of settype():

The value of the variable $studentID when cast as an integer is 1

The value of the variable, $studentID, still remains 0001

The datatype of the variable, $studentID is still string

11.3.3 PHP 关键字

本书不介绍 PHP 的所有功能。然而，类似其他程序设计和脚本语言，每个关键字是被语言保留的。**关键字**（或**保留字**）是在语言中有特定意义的单词，这些单词不能用于命名函数、方法、类或命名空间，有时也不建议用于命名变量。因此，我们在表 11-2 中列出 **PHP 关键字**。

表 11-2 PHP 关键字

abstract	declare	endswitch	include	require
and	default	endwhile	include_once	require_once
array()	die()	eval()	instanceof	return
as	do	exit()	interface	static
break	echo	extends	isset()	throw
callable	else	final	list()	trait
case	elseif	for	new	try
catch	empty()	foreach	or	unset()
class	enddeclare	function	print	use
clone	endfor	global	private	var
const	endforeach	if	protected	while
continue	endif	implements	public	xor

11.3.4 操作符

操作符处理一个或多个值或表达式，然后生成一个新值。有许多类型的操作符，我们在 JavaScript 中讨论过算术操作符、关系操作符和逻辑操作符。同样，我们将讨论这些操作符如何在 PHP 中工作。操作符的另一种分类方法是根据操作数的数目，而 PHP 操作符可能接受 1 个、2 个或 3 个值。

11.3.4.1 单目操作符

处理单个值的操作符称为**单目操作符**（见例 11.5）。例如，NOT 操作符接受一个布尔值（true 或 false）并且返回相反值。如果 $idea 是一个值为 true 的布尔变量，那么当 NOT 操作符（如同 JavaScript、PHP 使用感叹号 ! 一样）处理 $idea 时，其结果是 false。其他单目操作符是递增（++）和递减（--）操作符。

例 11.5 单目操作符 给出下列变量及其初值：

如果 $choice=true; 那么 !$choice=false;

对于前置递增 / 递减和后置递增 / 递减操作，PHP 遵从与 JavaScript 一样的规则。因此，如果 $number=14;，那么

- ++$number 的结果是 15，因为先将该变量递增到 15。
- $number++ 的结果是 14，然后将该变量递增到 15。
- --$number 的结果是 13，因为先将该变量递减到 13。
- $number-- 的结果是 14，然后将该变量递减到 13。

11.3.4.2　双目操作符

大多数操作符是**双目操作符**。我们知道所有算术操作符都接受两个值。比较（或关系）操作符，如大于（>）、小于（<）等，都是双目操作符；逻辑操作符 AND(&&) 和 OR(||) 也是双目操作符。PHP 为许多操作符使用常规的符号，但是也有一些特殊的操作符。表 11-3 包含算术操作符、关系操作符和双目逻辑操作符。列出的其他操作符在本书中没有涉及，但是你可能将来会使用它们。

在表 11-3 中有两个特殊的操作符：严格相等（===）和严格不等于（!==），它们很少使用。表中的 && 与 and 或者 || 与 or 是类似的，这两对操作符的区别在于优先级不同，并且一般是使用 && 和 || 操作符。

表 11-3　PHP 双目操作符

操　作　符	描　述
算术操作符	
+	加
−	减
*	乘
/	除
%	模
比较操作符	
<	小于
>	大于
<=	小于或等于
>=	大于或等于
==	相等
!=	不等于
===	严格相等：如果两个值相同并且有相同的类型，那么就为 true
!==	严格不等于：如果两个值不同或者有不同的类型，那么就为 true
逻辑操作符	
&&	AND
||	OR
and	与 && 操作相同，但优先级低
or	与 || 操作相同，但优先级低
连接操作符	
.	连接两个字符串
.=	将右侧字符串附加到左侧字符串变量的末尾

操作符优先级　一般而言，PHP 操作符的**操作符优先级顺序**与 JavaScript 相同。算术操作符遵循常规顺序：圆括号→乘 / 除 / 模运算（从左到右顺序）→加 / 减运算（从左到右顺序）。比较操作符之间没有优先级。逻辑操作符之间是从左到右顺序。例 11.6 的 PHP 代码示范使用各种双目操作符的一些结果。

例 11.6　双目操作符

```
<!DOCTYPE html>
<html>
<?php
```

```
        $numX = 2; $numY = 9; $numZ = 6; $numW = 3;
?>
<head>
    <title>Example 11.6</title>
</head>
<body>
    <h3>Original variables and their values:</h3>
    <p>$numW: <?php print("$numW"); ?><br />
    $numX: <?php print("$numX"); ?><br />
    $numY: <?php print("$numY"); ?><br />
    $numZ: <?php print("$numZ"); ?></p>
    <p>The value of $numX + $numY * $numW is <?php $result = ↵
                    $numX + $numY * $numW; print($result); ?> ↵
                    <br />because multiplication is done ↵
                    before addition.</p>
    <p>The value of $numY / $numW * 3 + $numZ * $numX is <?php ↵
                    $result2 = $numY / $numW *3 + $numZ * $numX; ↵
                    print($result2); ?> <br />because multiplication ↵
                    and division are done in order from left<br />to ↵
                    right and addition and subtraction are done ↵
                    last.</p>
</body>
</html>
```

输出将看起来像这样：

Original variables and their values:

$numW: 3
$numX: 2
$numY: 9
$numZ: 6

The value of $numX + $numY * $numW is 29
because multiplication is done before addition.

The value of $numY / $numW * 3 + $numZ * $numX is 21
because multiplication and division are done in order from left
to right and addition and subtraction are done last.

为了示范比较操作符和逻辑操作符，我们需要使用下一节讨论的 PHP 条件语句。

11.3.4.3 三目操作符

与 JavaScript 一样，PHP 三目操作符接受 3 个值，它相当于条件语句并且要计算其中的条件是否是 true。该操作符写成 ?:，通常使用以下语法把表达式插入 ? 和 : 之间：

```
(expression_1) ? (expression_2) : (expression_3);
```

如果 expression_1 是 true，那么这个表达式的值是 expression_2 的结果。如果 expression_1 是 false，那么它的值是 expression_3 的结果。也可以省略中间的表达式，语法如下：

```
(expression_1) ?: (expression_3);
```

在这种情况下，如果 expression_1 是 true，那么它将返回 expression_1 的值。如果 expression_1 是

false，它将返回 expression_3 的结果。在例 11.7 中，PHP 代码示范使用三目条件操作符的一些结果。

例 11.7 使用三目操作符

```
<!DOCTYPE html>
<html>
<?php
    $numX = 2; $numY = 9; $numZ = 6; $numW = 3;
    $result_true = "This is true!"; $result_false = "Nope, not true!";
    $result = " ";
?>
<head>
    <title>Example 11.7</title>
</head>
<body>
    <h3>Original variables and their values:</h3>
    <p>$numW: <?php print("$numW"); ?><br />
    $numX: <?php print("$numX"); ?><br />
    $numY: <?php print("$numY"); ?><br />
    $numZ: <?php print("$numZ"); ?><br />
    $result_true: <?php print("$result_true"); ?><br />
    $result_false: <?php print("$result_false"); ?></p>
    <hr />
    <h3>Using the conditional operator:</h3>
    <p>Check to see if $numX and $numY are the same.<br /> If they ↵
            are, the output will be $result_true.<br /> If ↵
            not, the output will be $result_false. <br /> ↵
            (This tests to see if 2 = 9) And this is:
    <?php $result = ($numX == $numY) ? ($result_true) : ↵
            ($result_false); print($result); ?> </p>
    <p>Check to see if $numZ is the same as ($numX * $numW). <br /> ↵
            If they are, the output will be $result_true. ↵
            <br /> If not, the output will be ↵
            $result_false. <br />(This tests to see if ↵
            6 = 2 * 3) And this is:
    <?php $result = ($numZ == ($numX * $numW)) ? ($result_true) : ↵
            ($result_false); print($result); ?> </p>
</body>
</html>
```

输出将看起来像这样：

Original variables and their values:

$numW: 3
$numX: 2
$numY: 9
$numZ: 6
$result_true: This is true!
$result_false: Nope, not true!

Using the conditional operator:

Check to see if $numX and $numY are the same.
If they are, the output will be $result_true.
If not, the output will be $result_false.
(This tests to see if 2 = 9) And this is: Nope, not true!

Check to see if $numZ is the same as ($numX * $numW).
If they are, the output will be $result_true.
If not, the output will be $result_false.
(This tests to see if 6 = 2 * 3) And this is: This is true!

11.3.4.4 连接操作符

有两个**字符串操作符**：连接两个字符串的连接操作符和将右边字符串附加到左边变量的连接赋值操作符。

连接操作符是一个点（'.'），其语法如下：

```
argument1 . argument2;
```

连接赋值操作符是一个点和一个等号（".="），其语法如下：

```
argument1 .= argument2;
```

在这些操作符之前和之后的空格是可选的，并且只是偏爱而已。例 11.8 示范这两个连接操作符的使用。

例 11.8 字符串连接操作符

给定 $fName = "Jessie";$lName = "Jumper";

a）$fullname=$fName.$lName;

将得到结果 $fullName = "Jessie Jumper"。

该连接操作符把 $fName 和 $lName 的值连接到一个新变量 $fullName。

b）但是 $fName.= "Leaper";

将得到结果 $fName = "Jessie Leaper"。

该连接赋值操作符把 $fName 的初值和新文本 "Leaper" 连接到变量 $fName 中。

11.3 节检查点

11.11 为什么包含 PHP 的所有页面必须有 .php 扩展名？

11.12 为什么必须把在你的计算机中使用 XAMPP 运行的所有 PHP 页面放入 htdocs 文件夹内？

11.13 下列变量有什么不同？

```
$myVarA = "678";      $myVarB = 678;      $myVarC = 678.0;
```

为检查点 11.14 ~ 11.16 使用下列语句：

```
$oneNum = "765";
```

11.14 写一条 PHP 语句把这个变量的数据类型转换成 integer。

11.15 写一条 PHP 语句确定这个变量的数据类型。

11.16 写一条语句把这个变量强制类型转换为一个整数。

11.17 为以下各类操作符举出一个例子：单目、双目和三目。

11.18 给出以下变量：

```
$numA = 3;          $numB = 5;          $numC = 8;
$yes = "yes";       $no = "no";
```

使用给出的变量编写一条语句，它将检测 3 是否是 8 减去 5 的结果。如果是，那么就输出 "yes"，否则输出 "no"。

11.4 使用条件和循环语句

PHP 程序的逻辑结构与任何程序或脚本语言的逻辑结构是一样的。你可以创建判断语句（条件）、编写重复语句（循环）、使用数组、搜索和排序等。在本节中，我们将学习 PHP 如何处理这些基本的程序结构。

11.4.1 做出判断：if 结构

当做出判断时，PHP 使用与 JavaScript 相同的逻辑。if 结构先求一个表达式的值，然后如果它是 true，就发生一件事情；如果它不是 true，就发生其他事情或者不发生事情。也有 else 结构和 elseif 结构（或 else if），它们的工作方式与 JavaScript 一样。如上一节所讨论的那样，条件操作符 ?: 是执行选择语句的另一种方式，但是当有嵌套条件时一般不使用它。换言之，条件操作符对单个判断是有用的，但是如果有多个 elseif 条件，就要使用 if...elseif...else... 结构。

if 结构的语法如下：

```
if(condition):
    result if condition is true;
endif;
```

if...elseif 结构的语法如下：

```
if(condition):
    result if condition is true;
    elseif (condition):
        result if condition is true;
endif;
```

if... elseif... else 结构的语法如下：

```
if(condition):
    result if condition is true;
    elseif (condition):
        result if condition is true;
        else:
            result;
endif;
```

11.4.1.1 echo 结构

在继续创建更多的例子之前，我们将介绍 **echo 结构**。迄今为止，本章已经用 print() 方法把信息从 PHP 代码传递给网页，它类似于 JavaScript 的 document.write() 语句。echo 结构做同样的事情，不过它更简短、更方便，语法也是简单的：

```
<?php echo "Hi there!"; ?>
```

它输出文本 "Hi there!"。因为 print() 是一个函数，所以有时只适合使用 print()。从现在开始，依赖于上下文，我们将在例子中或者使用 print() 或者使用 echo 将数据输出到网页上。例 11.9 展示如何使用 if 结构、if ...elseif 结构和 if...elseif...else... 结构。

例 11.9　做出判断：if、if...else 和 if...elseif...

```
<!DOCTYPE html>
<html>
<?php
    $X = 2;        $Y = 9;   $Z = 9;
?>
<head>
   <title>Example 11.9</title>
</head>
<body>
   <p>The value of $X is <?php print("$X"); ?>.<br />
   The value of $Y is <?php print("$Y"); ?>.<br />
   The value of $Z is <?php print("$Z"); ?>.</p>
   <hr />
   <p>This PHP code uses the if structure to compare two variables. ↵
                <br /> If the result is true, it will display ↵
                that result. If the result <br /> is not true, ↵
                nothing will appear:</p>
   <h3><?php
        if($X > $Y):
             echo $X." is greater than ".$Y;
        endif;
   ?></h3>
   <hr />
   <p>This PHP code uses the if...elseif structure to compare two ↵
                variables. <br /> If the result is true, it will ↵
                display that result. If the result <br /> is not ↵
                true, a new message will appear:</p>
   <h3><?php
        if($X > $Y):
             echo $X." is greater than ".$Y;
             else:
                  echo $X." is not greater than ".$Y;
        endif;
   ?></h3>
   <hr />
   <p>This PHP code uses the if...elseif...else structure to ↵
                compare variables. <br/> If the first condition ↵
                is true, that message will display.<br /> If ↵
                that is not true, another test will be made. If ↵
                that <br /> is not true, a different message ↵
                will display:</p>
   <h3><?php
        if($Z > $Y):
             echo $Z." is greater than ".$Y;
             elseif($Z < $Y):
                  echo $Z." is less than ".$Y;
                  else:
                       echo $Y." and ".$Z." are equal";
        endif;
   ?></h3>
</body>
</html>
```

语法与 JavaScript 类似，但是在 if、elseif 和 else 语句的条件之后必须包含冒号。如果你创建并且运行这个程序，那么输出将如下图所示。注意由于比较条件为 false，所以不显示其中 if 语句的输出部分。

The value of $X is 2.
The value of $Y is 9.
The value of $Z is 9.

This PHP code uses the if structure to compare two variables.
If the result is true, it will display that result. If the result
is not true, nothing will appear:

This PHP code uses the if...elseif structure to compare two variables.
If the result is true, it will display that result. If the result
is not true, a new message will appear:

2 is not greater than 9

This PHP code uses the if...elseif...else structure to compare variables.
If the first condition is true, that message will display.
If that is not true, another test will be made. If that
is not true, a different message will display:

9 and 9 are equal

11.4.1.2 switch 语句

switch 语句的语法类似于 JavaScript。在 PHP switch 语句中的 case 表达式可以是任何求值为简单类型的表达式，包括整数、浮点数和字符串。该 PHP 语句的语法如下所示，并且当你想要退出 switch 语句时要使用 break; 语句。

```
switch ($variable)
{
     case (option_1):
          statements;
          break;
     case(option_2):
          statements;
          break;
     .
     .
     .
     case(option_N):
          statements;
          break;
     default:
          statements;
}
```

例 11.10 展示 switch 语句在 PHP 中的基本使用方式。与 JavaScript 一样，如果在某个 case 的末尾没有 break; 语句，那么将执行下一个 case 中的语句。

例 11.10 使用 PHP 的 switch 语句

```
<!DOCTYPE html>
<html>
<?php
     $grade = 4;
```

```
?>
<head>
     <title>Example 11.10</title>
</head>
<body>
<h3>Given that the value of $grade = 4, the student's grade is:
<?php
     switch ($grade)
     {
          case 5:
               print "A";
               break;
          case 4:
               print "B";
               break;
          case 3:
               print "C";
               break;
          default:
               print "No credit";
     }
?></h3>
</body>
</html>
```

这些代码将输出：

Given that the value of $grade = 4,the student's grade is:B

11.4.2 循环往复：重复和循环

PHP 使用与 JavaScript 一样的循环结构。因此，我们只是简单地介绍如何在 PHP 中使用这种结构。PHP 有 while、do...while 和 for 循环语句。

```
while (expression)
{
     statements to be executed
}
```

或：

```
while (expression):
     statements to be executed
endwhile;
```

注意你可以把循环体语句放在花括号之间，也可以把循环体放在 while() 之后的冒号（:）与 endwhile; 语句之间。

类似情形也存在于 for 循环中。我们最熟悉的 for 循环语法如下：

```
for ($variable = start_value; test_condition; increment)
{
     statements to be executed
}
```

并且，也有替代的语法：

```
for ($variable = start_value; test_condition; increment):
     statements to be executed
endfor;
```

注意，如果选择第二种语法，那么类似于 while 循环，必须用 endfor;（或 endwhile；）语句结束循环。

do...while 循环只有一种语法，如下所示：

```
do
{
    statements to be executed
} while (condition);
```

例 11.11 ~ 例 11.13 示范在 PHP 中如何使用这些循环结构。

例 11.11 PHP 的 while 循环结构 这个例子使用 while 循环语法进行按 2 计数。代码如下：

```
<!DOCTYPE html>
<html>
<?php
        $numX = 2; $num = 1;
?>
<head>
        <title>Example 11.11</title>
</head>
<body>
<div id="content" style="width: 600px;">
        <h3>Original variables and their values:</h3>
        <p>$num: <?php print("$num"); ?><br />
        $numX: <?php print("$numX"); ?><br />
        <hr />
        <h3>Using the while loop:</h3>
        <p>This loop will display the result of multiplying the ↵
                        numbers 1 through 5<br /> by the value of ↵
                        $numX using a while loop.<br />
        <?php
                while ($num < 6):
                        print($num * $numX)."<br/>";
                        $num++;
                endwhile;
        ?> </p>
        <hr />
</div>
</body>
</html>
```

输出应该看起来像这样：

Original variables and their values:

$num: 1
$numX: 2
$numY: 5

Using the while loop:

This loop will display the result of multiplying the numbers 1 through 5
by the value of $numX using a while loop.

2
4
6
8
10

例 11.12 PHP 的 do...while 循环结构 这个例子使用 do...while 循环语法进行按 5 计数。代码如下：

```
<!DOCTYPE html>
<html>
<?php
    $num = 1; $numY = 5;
?>
<head>
   <title>Example 11.12</title>
</head>
<body>
<div id="content" style="width: 600px;">
   <h3>Original variables and their values:</h3>
   <p>$num: <?php print("$num"); ?><br />
   $numY: <?php print("$numY"); ?></p>
   <hr />
   <h3>Using the do...while loop:</h3>
   <p>This loop will display the result of multiplying the numbers ↵
                  1 through 5 by the value of $numY using a ↵
                  do...while loop.<br />
   <?php
        do
        {
              print($num * $numY)."<br/>";
              $num++;
        }
        while($num < 6);
   ?> </p>
   <hr />
</div>
</body>
</html>
```

其输出应该看起来像这样：

Original variables and their values:

$num: 1
$numY: 5

Using the do...while loop:

This loop will display the result of multiplying the numbers 1 through 5 by the value of $numY using a do...while loop.
5
10
15
20
25

例 11.13 PHP 的 for 循环结构 这个例子使用 for 循环语法从 10 倒计数至 1，代码如下：

```
<!DOCTYPE html>
<html>
<?php
     $num = 10; $message = "BLAST OFF!";
```

```
?>
<head>
   <title>Example 11.13</title>
</head>
<body>
<div id="content" style="width: 600px;">
   <h3>Original variables and their values:</h3>
   <p>$num: <?php print("$num"); ?><br />
   $message: <?php print("$message"); ?></p>
   <hr />
   <h3>Using the for loop:</h3>
   <p>This loop will count down from 10 to 1 and display a message ↵
                    at the end. The for loop is used.</p>
   <h2><?php
        for ($num = 10; $num > 0; $num--)
        {
             print($num )."  ...<br/>";
        }
        print ($message);
   ?> </h2>
   <hr />
</div>
</body>
</html>
```

其输出应该看起来像这样：

Original variables and their values:

$num: 10
$message: BLAST OFF!

Using the for loop:

This loop will count down from 10 to 1 and display a message at the end.
The for loop is used.

10 ...
9 ...
8 ...
7 ...
6 ...
5 ...
4 ...
3 ...
2 ...
1 ...
BLAST OFF!

11.4 节检查点

11.19 以下哪个不是选择结构？

a）if...endif　　b）if...elseif...endif　　c）switch　　d）都是选择结构

11.20 以下哪个重复结构的循环体至少执行一次？

a）while　　b）do...while　　c）for　　d）都将至少执行一次

11.21　使用 echo 替代 print() 方法改写以下 PHP 语句：

```
print("$X is older than $Y");
```

11.22　改写以下程序，使用 else 语句替代其中的 3 条 if 语句：

```
<?php
	$age = 22;
	if ($age < 12)
	{	print ("Child tickets cost $8.00");		}
	if ($age >= 12 && $age < 65)
	{	print ("Adult tickets cost $15.00");	}
	if ($age >= 65)
	{	print ("Senior citizen tickets cost $9.00");	}
?>
```

11.23　使用 for 循环改写以下程序：

```
<?php
	$count = 0;
	while ($count < 5)
	{
		print ($count * 10);
		$count++;
	}
?>
```

11.5　数组和字符串

11.5.1　数组

正如 PHP 让你在变量中存储数据，PHP 也允许你把数据存储在数组中。数组元素相当于变量，并且可以按 JavaScript 和其他程序设计语言相同的方式使用数组，存储许多相关的数据。PHP 数组名起始于 $，并且通过使用数组名和方括号（[]）内的元素索引编号访问特定数组元素。

在 PHP 中，如果对一个数组元素进行赋值但是这个数组不存在，那么 PHP 将创建这个数组。如果数组确实存在但是没有指定索引，那么新数组元素将附加到这个数组的末尾。有多种方法初始化数组。使用 **array** 函数或者分别声明每个数组元素。例 11.14 和例 11.15 示范如何为数组设置初值，并且在创建和填充数组后使用循环显示数组中的值。

例 11.14　在 PHP 运行时创建数组　这个例子创建一个含有 5 个元素的数组，并且在创建每个元素时就赋予一个值。然后，使用 for 循环显示这个数组存储的值。代码如下：

```
<!DOCTYPE html>
<html>
<head>
	<title>Example 11.14</title>
</head>
<body>
<div id="content" style="width: 600px;">
	<h3>Creating and loading an array</h3>
	<p>This PHP code will create an array named $names and load ↵
				it with 5 names. The loop will then display ↵
				these names.</p>
	<h3><?php
```

```
11.           $names[0] = "Mary";
12.           $names[1] = "Howard";
13.           $names[2] = "Annabelle";
14.           $names[3] = "Marvin";
15.           $names[4] = "Pat";
16.           for ($num = 0; $num < 5; $num++)
17.           {
18.               print($names[$num]." <br />");
19.           }
20.       ?> </h3>
21.   </div>
22.   </body>
23.   </html>
```

注意，在初始化第一个元素之前还没有声明数组 $names。在第 11 行，PHP 自动创建 $names 数组。PHP 数组的下标从 0 开始，并且可以使用 PHP 变量表示索引值，如第 18 行所示。如果编写和打开这个页面，它将看起来像这样：

Creating and loading an array

This PHP code will create an array named $names and load it with 5 names.
The loop will then display these names.

Mary
Howard
Annabelle
Marvin
Pat

例 11.15　用 array 函数创建数组　这个例子创建两个数组，每个都含有 5 个元素。第一个数组是字符串数组，并且在创建这个数组时用 PHP 的 array 函数装载由程序员指定的值。第二个数组使用循环装载一个整型数组。然后，用循环语句显示它们的结果。代码如下：

```
<!DOCTYPE html>
<html>
<head>
        <title>Example 11.15</title>
</head>
<body>
<div id="content" style="width: 600px;">
        <h3>Creating and loading an array</h3>
        <p>This PHP code will create an array named $names and load ↵
                         it with 5 names. This code uses the array ↵
                         function. The loop will then display ↵
                         these names.</p>
        <h3><?php
           $names = array ("Mary", "Howard", "Annabelle", "Marvin", "Pat");
           for ($num = 0; $num < 5; $num++)
           {
                  print($names[$num]." <br />");
           }
        ?> </h3>
        <hr />
        <p>This PHP code will create an array named $byFours and load ↵
```

```
                it with 5 elements. A loop will be used to load ↵
                the array with numbers, beginning at 0 and ↵
                counting by fours up to 16. A second loop will ↵
                then display the array contents.</p>
19.         <h3><?php
20.             $byFours = array();
21.             for ($i = 0; $i < 5; $i++)
22.             {
23.                 $byFours[$i] = ($i * 4);
24.             }
25.             for ($num = 0; $num < 5; $num++)
26.             {
27.                 print($byFours[$num]." <br />");
28.             }
29.         ?> </h3>
30.     </div>
31.     </body>
32.     </html>
```

你可以观察数组元素的行为，每次创建的效果都与 JavaScript 相同。在这个程序中，第 11 行创建并且填充一个数组。第 20 行创建第二个数组，这次是空的数组，但是在第 21 ~ 24 行上的循环用 0、4、8、12 和 16 填充这个数组。如果编写并且打开这个页面，它将看起来像这样：

Creating and loading an array

This PHP code will create an array named $names and load it with 5 names.
This code uses the array function. The loop will then display these names.

Mary
Howard
Annabelle
Marvin
Pat

This PHP code will create an array named $byFours and load it with 5 elements.
A loop will be used to load the array with numbers, beginning at 0 and counting by fours up to 16.
A second loop will then display the array contents.

0
4
8
12
16

11.5.1.1 reset() 方法

reset() 方法将计算机内部的指针指向数组的第一个元素，其语法是 reset（$array_name）。在你遍历数组之后想要再次遍历这个数组时，使用这个方法是有用的。

11.5.1.2 使用 foreach 结构、as 关键字和 ==> 操作符

使用 foreach 结构可以方便地遍历数组，它只用于数组和对象。当使用 foreach 结构时，将自动把计算机内部的指针指向数组的第一个元素，不必使用 reset() 方法。foreach 结构的语法如下：

```
foreach($array_name as $element ==> $value)
{
    statements to be executed
}
```

foreach 结构使用 as **关键字**和 **==> 操作符**。在 ==> 操作符左边的变量将依次遍历数组中每个元素的索引，而在 ==> 操作符右边的变量将遍历相应元素的值。

11.5.1.3　key() 方法

key() 方法从当前内部指针位置返回元素键值，其语法是 key（$array_name）。

例 11.16 创建与例 11.15 一样的名字数组，但是使用 foreach 结构显示这些名字，而不是使用 while、do...while 或 for 循环。记住，foreach 结构只能用于数组或对象，不能代替其他类型的循环。

例 11.16　使用 foreach 结构

```
<!DOCTYPE html>
<html>
<head>
    <title>Example 11.16</title>
</head>
<body>
<div id="content" style="width: 600px;">
    <h3>Using the foreach construct</h3>
    <p>This PHP code will create an array named $names which ↵
                   contains 5 names. It will display the ↵
                   names using the foreach construct instead ↵
                   of a loop.</p>
    <h3><?php
        $names = array ("Mary", "Howard", "Annabelle", "Marvin", ↵
                    "Pat");
        foreach ($names as $element)
        {
            echo $element." <br />";
        }
    ?></h3>
</div>
</body>
</html>
```

如果编写并且打开这个页面，它将看起来像这样：

Using the foreach construct

This PHP code will create an array named $names which contains 5 names. It will display the names using the foreach construct instead of a loop.

Mary
Howard
Annabelle
Marvin
Pat

11.5.2　为什么要学习 PHP

迄今为止，我们还没有讨论过使用 PHP 的目的，并且我们已经看到 PHP 的许多语法类似于 JavaScript 和其他程序设计语言。但是我们不需要把 PHP 当作一种专门的程序设计语言来学习，它的编程方法与其他语言类似。在本章中，我们重点理解 PHP 代码的基本概念，以便于你可以把它用于实际项目。在第 12 章中，我们将把所有代码放在一起，涵盖我们在本书中学到的所有知识，以便创建一个实用网站。

你可以把实用网站想象为一栋有不同房间中的房子。在客厅中，你打开电灯、电视或收音机，而电力来自房间外面。在厨房中，你在洗涤槽打开水，而水抽自其他地方。在卧室中，你打开计算机或者通过智能电话听音乐，而因特网连接来自其他某个地方。通过室外部件，可以为你的家提供暖气或冷气。网站的行为也是类似的，一个网页可能要求你注册或登录，而你提供的信息将存储在网站服务器上的某个地方。一个“AboutUs”页面可能展示运营网站公司的有关信息，这些信息可以直接通过页面的 HTML 脚本提供。另外一个页面可能展示销售的商品，而这些商品可能存储在服务器的某个数据库中。当你把商品添加到购物车时，在实际购买任何东西之前你的购买信息很有可能来自网页或外部 JavaScript 文件中的 JavaScript 代码；一旦决定购买，你将接收一封由服务器端代码产生的确认电子邮件。

正如通过房子的排气口或管道输送热气、冷气或水，在浏览器和网站服务器之间通过各种不同脚本来传送信息。PHP 是最重要的脚本之一。通过 PHP，你可以访问在服务器上存储的大量数据，保存客户或用户信息，用户无论何时访问网站时都可以使用它等。

由于 PHP 经常用于访问和处理数据，并且这些数据经常表示为文本（而不是数字），所以 PHP 能够有特殊的方法处理字符串数据，以便程序员能够很容易处理这样的数据。

11.5.3 处理字符串

处理字符串数据的一种方法是使用**相等**和**比较操作符**。这些操作符能够检测两个字符串是否相同或者一个字符串按字母次序在另一个字符串之前或之后。此外，PHP 也经常需要做字符串比较之外的事情，我们可能需要用一个字符串替换另外一个字符串或者另一个字符串的一部分，可能需要选取字符串中的部分子串、搜索字符串或者排序字符串数据。通常，使用正则表达式处理这类问题。**正则表达式**提供匹配文本中字符串的方法，可以匹配特殊字符、单词或者字符串模式。这里将讨论字符串数据的各种处理方法。

11.5.3.1 比较字符串

关系操作符能够用于比较字符串，我们之前已经在 JavaScript 中做过这件事。我们可以在排序例程中使用这些操作符按字母顺序排序数据。然而，PHP 有许多排序函数，使我们不必编写自己的实现函数。例 11.17 使用比较操作符和 PHP 排序例程判断一个字符串是否与按字母顺序排序的数组中的第一个元素相同，或者应当在第一个元素之前或之后。

例 11.17　比较字符串数据

```
<!DOCTYPE html>
<html>
<head>
   <title>Example 11.17</title>
</head>
<body>
<div id="content" style="width: 600px;">
   <h3>The original array of usernames is:</h3>
   <h3><?php
      $usernames = array ("Puppypal", "EvilEd", "DorienDragon", ↵
                     "PammyPrincess", "PeterRabbit");
      foreach ($usernames as $element)
```

```
12.     {
13.          echo $element." <br />";
14.     }
15.     sort($usernames);
16.     echo "<p>Here are the names sorted: </p>";
17.     foreach ($usernames as $element)
18.     {
19.          echo $element." <br />";
20.     }
21.     $newName = "CoolCat";
22.     if ($newName < $usernames[0])
23.     {
24.          echo "<p>$newName belongs before $usernames[0]</p>";
25.     }
26.          else if ($newName == $usernames[0])
27.          {
28.               echo "<p>$newName is the same as $usernames[0] ↵
                         </p>";
29.          }
30.               else
31.               {
32.                    echo "<p>$newName should not be the first ↵
                         item in the list of names</p>";
33.               }
34.     ?></h3>
35. </div>
36. </body>
37. </html>
```

第 10 行初始化数组 $usernames，第 11 ~ 14 行的 foreach 语句输出未排序的数组。第 15 行使用 sort() 方法按字母顺序排序这些名字，然后再次显示（第 17 ~ 20 行）。第 21 行声明并且初始化一个新变量 $newName。第 22 和 26 行使用比较操作符查看 $newName 是否应当在按字母顺序列表的第一个元素之前、与第一个名字相同或者应当排序到列表的其他地方。如果编写并且打开这个页面，它应该看起来像显示的第一部分。通过把 $newName 的值改变为 DorienDragon，输出应该看起来像显示的第二部分。

The original array of usernames is:

Puppypal
EvilEd
DorienDragon
PammyPrincess
PeterRabbit

Here are the names sorted:

DorienDragon
EvilEd
PammyPrincess
PeterRabbit
Puppypal

CoolCat belongs before DorienDragon

Part 1

The original array of usernames is:

Puppypal
EvilEd
DorienDragon
PammyPrincess
PeterRabbit

Here are the names sorted:

DorienDragon
EvilEd
PammyPrincess
PeterRabbit
Puppypal

DorienDragon is the same as DorienDragon

Part 2

11.5.3.2　搜索表达式：preg_match() 和 preg_replace() 方法

使用比较操作符是搜索字符串表达式的简单方法，但通常不能够满足我们的需要。PHP 提供更多查找字符串的方法。

正则表达式是字符模式。我们经常需要在数组或数据库中查找匹配特殊字符的项目。例如，Carla 老师可能想要在数据库中查找这样的学生：其名字是 John、Johnny、Johnathan 和 Johnnie 但不是 Johanna 或 Johwann。此时，一个让她录入字符 "John" 的程序将会达到预期效果。或者 Greg's Gambits 网站的 Greg 可能想要为所有用户分配一个标识名，使用电子邮件地址的用户名部分但不包括 @ 及其后的任何东西。此时，具有以下功能的程序是有用的，也就是把电子邮件地址中的 @ 之前的所有东西添加到另一个字符模式之后。PHP 的 preg_match() 函数将用于这些情形。

这种方法的第一个参数是要搜索的正则表达式。对于 Carla 的情形，它将是 "John"。正则表达式也可以包含特殊字符和一些标识特定模式的特殊字符，如脱字符号（^）匹配字符串的开始，美元符号（$）匹配字符串的结束，并且点（.）匹配任何单个字符。例如：

- `preg_match("/^cat/", $string)` 搜索字符串是否起始于 "cat"。
- `preg_match("/cat$/", $string)` 搜索字符串是否结束于 "cat"。

你可以添加包含用方括号（[]）括起来的一组字符的**方括号表达式**，它可以包含单个字符、一组字符或者一个字符范围。在圆括号之前和之后的 \b 指示一个单词的开始或结束，意味着匹配整个单词。/i 指示匹配是大小写敏感的（要么是大写字母，要么是小写字母）。例如：

- `preg_match("/\b(cat[a-z]+\b/", $string)` 搜索匹配任何起始于模式 "cat" 的单词。
- `preg_match("/\b([a-z]*cat\b/i", $string)` 搜索匹配任何结束于模式 "cat" 的单词。

preg_match() 方法的第 3 个参数 $match 是可选的，是一个用于存储正则表达式所有匹配的数组。这个数组的第一个元素存储匹配整个模式的文本，第二个元素存储匹配第一个子模式的文本，使用循环可以显示这个数组的结果。例如：

```
preg_match("/\b(cat[a-z]+\b/", $string, $match);
print ("Word found that begins with c-a-t is: ".$match[1]);
```

这将显示匹配模式 "cat" 的第一个完整单词。

另一个可选参数是 offset。通常，搜索从字符串的第一个字符开始。然而，使用 offset 参数可以指定搜索的起始位置。

例 11.18 展示如何用各种参数使用 preg_match() 方法。

例 11.18　使用 preg_match() 和 preg_replace() 方法　这个例子使用 preg_match() 和 preg_replace() 方法。首先，它搜索一篇短篇故事查看这个故事的第一个单词或者最后一个单词是否是指定的单词。然后，它查找起始于或结束于一个特殊字符的所有单词。有些代码已经在前面解释过，有些代码在下面展示的代码之后解释⊖。

```
<!DOCTYPE html>
<html>
<head>
    <title>Example 11.18</title>
</head>
<body>
    <div id="content" style="width: 600px;">
    <h3>Using preg_match() to find words in a paragraph</h3>
    <?php
        $myStory = "Once when a Lion was asleep a little Mouse ↵
```

⊖ 这个寓言是伊索寓言中的一个故事，可以在 Page By Page Books 网站中阅读它（http://www.pagebypagebooks.com/Aesop/Aesops_Fables/The_Lion_and_the_Mouse_p1.html）。

```
               began running up and down upon him. This soon ↵
               wakened the Lion, who placed his huge paw upon ↵
               the mouse and opened his big jaws to swallow ↵
               him. 'Pardon, O King,' cried the little Mouse, ↵
               'forgive me this time and I shall never forget ↵
               it. Who knows but what I may be able to do you ↵
               a turn some of these days?' The Lion was so ↵
               tickled at the idea of the Mouse being able to ↵
               help him that he lifted up his paw and let him ↵
               go. Sometime after the Lion was caught in a ↵
               trap. The hunters who desired to carry him alive ↵
               to the King tied him to a tree while they went ↵
               in search of a waggon to carry him on. Just then ↵
               the little Mouse happened to pass by and, seeing ↵
               the sad plight in which the Lion was, went up to ↵
               him and soon gnawed away the ropes that bound ↵
               the  King of the Beasts. 'Was I not right?' said ↵
               the little Mouse.";
11.       print ("<h3>Little Friends May Prove to Be Great Friends
               </h3><p>".$myStory."</p>");
12.       print ("<h3>Is the first word 'Mouse'?</h3>");
13.       if (preg_match("/^Mouse/", $myStory))
14.           print ("<p>'Mouse' is the first word in this story</p>");
15.       else print ("<p>'Mouse' is not the first word in this story</p>");
16.       print ("<h3>Is the last word 'Mouse'?</h3>");
17.       if (preg_match("/Mouse.$/", $myStory))
18.           print ("<p>'Mouse' is the last word in this story</p>");
19.       else print ("<p>'Mouse' is not the last word in this story</p>");
20.       print ("<h3>What words in this story begin with the letter ↵
               'p', either upper or lower case?</h3>");
21.       while (preg_match("/\b(p[[:alpha:]]+)\b/", $myStory, $match))
22.       {
23.           print ($match[1]." ");
24.           $myStory = preg_replace("/".$match[1]."/", "", $myStory);
25.       }
26.       print ("<h3>What words in this story end with the letter 'p'?</h3>");
27.       while (preg_match("/\b([[:alpha:]]*p)\b/", $myStory, $match))
28.       {
29.           print ($match[1]." ");
30.           $myStory = preg_replace("/".$match[1]."/", " ", $myStory);
31.       }
32.     ?></h3>
33.   </div>
34.   </body>
35.   </html>
```

我们将讨论该段代码的特定行发生了什么事情。字符串变量 $myStory 保存完整的短故事，也就是一篇伊索寓言。第 13 行查看故事的第一个单词是否是 "Mouse"，普通的 if...else 结构分别为第一个单词是或者不是 "Mouse" 的两种情况输出一条信息，preg_match() 函数把要匹配的字符串当做第一个参数（此时，它是 "Mouse"），这些字符括在斜线 // 之间，在 Mouse 之前的 ^ 指示要在字符串的开始位置查找这个字符模式。第二个参数 $myStory 是被搜索的字符串。

第 17 行做的事情几乎与第 13 行完全一样，它在 // 内部的模式 "Mouse" 之后使用 $ 指示我们想知道这个模式是否在字符串 $myStory 的末尾。

第 21 行的情况有点复杂。这里我们想要找出起始于一个特殊字符的所有单词。然而 preg_match() 函数只是标识要查找项目的第一个实例。我们将讨论第 21 行的 while 循环的条件部分：

```
preg_match("/\b(p[[:alpha:]]+)\b/", $myStory, $match))
```

开始和结束的 // 标记要查找的模式。在这个区域的开始和结束之处的 \b 指示要查找整个单词。在嵌套的圆括号内，'p' 是指要查找开始于 'p' 的单词。PHP 有**字符类**，而 alpha 是其中一类。字符类用 [: 和 :] 界定，因此 [:alpha:] 是指要查找字母数字字符类。它被放在另一组方括号内，符号 + 是一个**量词**，是指查找一次或多次。表 11-4 展示可能的量词，而表 11-5 展示可能的字符类。

由于 preg_match() 查找这个字符（这里是 'p'）的第一个实例，而我们想要找出 'p' 开头的所有单词，所以我们必须把这个表达式放入一个循环中并且用不是起始于 'p' 的某个东西替换找到的第一个实例。第 23 行显示找到的第一个单词，第 24 行用空格替换那个单词。表达式

```
$myStory = preg_replace("/".$match[1]."/", " ", myStory);
```

将用一个空格替换存储在 $math[1] 中的第一个找到的单词。$myStory 的新值与原值包含相同的故事，但是现在前几个句子：

```
"Once when a Lion was asleep a little Mouse began running up and down upon
him. This soon wakened the Lion, who placed his huge paw upon the mouse
and opened his big jaws to swallow him. 'Pardon, O King,' cried the little
Mouse..."
```

将改为：

```
"Once when a Lion was asleep a little Mouse began running up and down upon
him. This soon wakened the Lion, who his huge paw upon the mouse and opened
his big jaws to swallow him..."
```

循环执行第二次时，这个句子将改为：

```
"Once when a Lion was asleep a little Mouse began running up and down upon
him. This soon wakened the Lion, who  his huge  upon the mouse and opened his
big jaws to swallow him..."
```

等等。第 27 ~ 31 行几乎做相同的事情，不过这里是搜索以字母 'p' 结束的单词。这时，第 27 行几乎与第 21 行一样，但是我们把要搜索的字符放在字符类和 * 之后指示要查找以 'p' 结束的所有单词。

如果在程序中录入这个例子并且运行，那么输出将如下图所示。

Using preg_match() to find words in a paragraph

Little Friends May Prove to Be Great Friends

Once when a Lion was asleep a little Mouse began running up and down upon him. This soon wakened the Lion, who placed his huge paw upon the mouse and opened his big jaws to swallow him. 'Pardon, O King,' cried the little Mouse, 'forgive me this time and I shall never forget it. Who knows but what I may be able to do you a turn some of these days?' The Lion was so tickled at the idea of the Mouse being able to help him that he lifted up his paw and let him go. Some time after the Lion was caught in a trap. The hunters who desired to carry him alive to the King tied him to a tree while they went in search of a waggon to carry him on. Just then the little Mouse happened to pass by and, seeing the sad plight in which the Lion was, went up to him and soon gnawed away the ropes that bound the King of the Beasts. 'Was I not right?' said the little Mouse.

Is the first word 'Mouse'?

'Mouse' is not the first word in this story

Is the last word 'Mouse'?

'Mouse' is the last word in this story

What words in this story begin with the letter 'p', either upper or lower case?

placed paw pass plight

What words in this story end with the letter 'p'?

asleep up help trap

表 11-4　PHP 量词

量　词	匹配的数目	量　词	匹配的数目
{n}	出现 n 次	+	一次或者更多次
{m,n}	出现次数在 m 和 n 之间	*	零次或者更多次
{n,}	n 次或者更多次	?	零次或一次

表 11-5　一些 PHP 正则表达式字符类

字 符 类	描　述
alnum	字母数字字符（也就是字母 [a ~ zA ~ Z] 或数字 [0 ~ 9]）
alpha	字母（也就是 [a ~ zA ~ Z]）
digit	数字
space	空白字符
lower	小写字母
upper	大写字母

11.5 节检查点

11.24　创建一个含有 10 个元素的数组，每个元素具有的值是它索引值的 6 倍。把这个数组命名为 $bySixes。

11.25　给出下列数组，使用 foreach() 方法显示每个数组元素的平方值：

```
$squares = array (0, 1, 2, 3, 4);
```

11.26　PHP 能够使用逻辑和关系操作符比较字符串数据，对吗？

11.27　使用 sort() 方法排序和显示下列数组，显示时使用 foreach() 方法。

```
$cars = array ("Ford", "Chevrolet", "Kia", "Rolls Royce", ↵
"Porsche", "Dodge", "Toyota", "Cadillac");
```

为检查点 28 ~ 31 使用下列语句：

```
preg_match("/\b(sedan[a-z]+)\b/", $carStyles, $match);
```

11.28　搜索的模式是什么？

11.29　搜索的字符串是什么？

11.30　第一个匹配存储在哪里？

11.31　如果搜索模式是 '4door'，那么需要修改什么以及如何修改？

11.6　操作实践

这里的输出将有点愚钝。然而，后端（我们将创建的部分）是复杂的，并且通过贯穿这个项目，你将了解许多 PHP 与 JavaScript 和 HTML，甚至与 Ajax 的通信方法。我们将为 Greg's Gambits 网站开发一个登录页面，使用 PHP 响应玩家的录入。并且为 Carla's Classroom 开发一个页面，用于 Carla 查找她的所有以前和现在的学生。我们已经使用 JavaScript 和 HTML 做过类似的事情，现在将使用自己的服务器执行这些使用 PHP 和服务器端技术的任务。

11.6.1 Greg's Gambits：PHP 欢迎信息

我们将创建一个网页让玩家录入他的名字，而程序回应的另一个含有这个名字信息的页面。同时，我们将学习如何通过组合各种文件来创建网站，一些文件可能用于网站的每个页面，而其他文件可能只用于特定的页面。一旦为 Greg's Gambits 创建新的（和改进的）模板，我们将增加更多的服务器端能力。我们将在本节和第 12 章使用 PHP 与用户进行通信。由于通过实际操作比通过阅读如何操作更容易学习这部分内容，所以我们现在开始做这件事。

11.6.1.1 为 Greg 页面开发一个新格式：组织网站

到如今，你很有可能已经观察到这个网站的每个页面在页面的顶部和底部包含相同的信息。中间是我们以前标识的其 id="container" 的 <div> 区域，用于每次创建新页面时放置新内容。我们可以把总是在每个页面顶部和底部显示的信息放入两个文件中，也就是一个页眉文件和一个页脚文件，正如可以包含 CSS 样式表一样，我们可以在每个页面中包含这两个文件。这样就可以避免每次录入相同的代码并且可以确保在每个页面上的这些信息总是相同的。此外，通过在页眉或页脚文件中修改任何内容，将保证在每个地方都得到修改。

在页眉文件中应该包含来自以前 Greg Gambits 页面的如下代码：

```
<img src="images/superhero.jpg" class="floatleft" />
<h1><em>Greg's Gambits</em></h1>
<h2 align="center"><em>Games for Everyone!</em></h2>
<p> </p>
<div id="nav">
     <p><a href="index.php">Home</a>
     <a href="greg.html">About Greg</a>
     <a href="play_games.html">Play a Game</a>
     <a href="sign.html">Sign In</a>
     <a href="contact.html">Contact Us</a>
     <a href="aboutyou.html">Tell Greg About You</a></p>
</div>
```

在页脚文件中的代码为：

```
<div id="footer">Copyright &copy; 2013 Greg's Gambits<br />
      <a href="mailto:gregory@gambits.net">gregory@gambits.net</a>
</div>
```

实际上，我们要创建的这两个新文件会有略微多一点儿的内容，但是基本上相同。一旦创建了这两个文件，每个网页将包含一条 PHP 语句指示浏览器在把请求页面显示在玩家计算机上前包含这些页面。

我们还需要链接一个 CSS 文件，并且如同以前所看到的那样，还经常链接一个外部 JavaScript 文件。一个网页经常是许多页面的汇集结果（对这个网页的指令将从一个页面传递给另一个页面，从客户机传送给服务器），而所有这一切对用户都是不可见的。

然后，我们需要使用组织策略来存储网站。直至现在，你很可能已经有一个文件夹 Gregs_Games 和其内部的 images 文件夹。让我们再添加一些其他文件夹。我们已经为整个网站使用了一个 CSS 文件，然而大型网站经常有多个不同的 CSS 文件，并且根据网页内容使用其中的一个或多个 CSS 文件，因此我们要有一个 css 文件夹。

我们还决定开发包含总是出现在每个网页顶部（页眉）和底部（页脚）内容的页面，由于它们被每个页面包含，所以把它们放入一个独立的文件夹中。而且其他 PHP 文件可能需要包含在某个页面中（当然，依赖于页面的内容），因此我们在网站中添加一个 include 文件夹来保存这些页面。

使用其他东西可能提高我们的页面。在这个项目中，我们将开发一个页面，它使用 Ajax 接受玩家录入的信息并且使用它回应玩家，因此我们把它放入另一个称为 assets 的文件夹中。我们可能需要的其他有用东西是 JavaScript 文件、XML 文档或者用其他脚本语言编写的脚本，因此我们将在文件夹 assets 中创建子文件夹 scripts。

在你继续本节之前，在 XAMPP 的 htdocs 文件夹中创建下列文件夹结构：

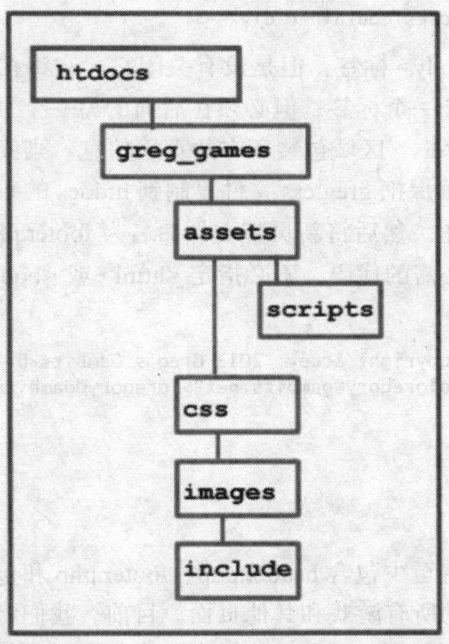

由于这些新文件的许多代码是陌生的，所以在代码中将包含很多注释并且在代码后面有解释。

11.6.1.2　页眉和页脚文件

我们的页眉文件开始时只包含 Greg's Gambits 网站中每个页面的顶部内容，意味着它应该包含开始的 <html> 标签、在 <head> 区域中的内容、导航链接、页标题和出现在页面上的标题。当开发 PHP 代码时，我们将补充这个文件。创建（或者复制和粘贴上一个页面）下列脚本并把这个文件命名为 header.php，把它存储在 htdocs 的 include 文件夹中。

```
<!DOCTYPE HTML PUBLIC "-//W3C//DTD HTML 4.01 ↵
        Transitional//EN""http://www.w3.org/TR/html4/loose.dtd">
<html>
    <head>
        <title>Greg's PHP Demo</title>
        <link href="css/greg.css" rel="stylesheet" type="text/css" />
        <script language="JavaScript" type="text/javascript">
    </head>
```

```
    <body>
    <!-- html to be inserted into calling page -->
        <div id = "header">
            <img src="images/superhero.jpg" class="floatleft" />
            <h1><em>Greg's Gambits</em></h1>
            <h2 align="center"><em>Games for Everyone!</em></h2>
            <div id="nav">
                <p><a href="index.php">Home</a>
                <a href="greg.html">About Greg</a>
                <a href="play_games.html">Play a Game</a>
                <a href="sign.html">Sign In</a>
                <a href="contact.html">Contact Us</a>
                <a href="aboutyou.html">Tell Greg About
                    You</a></p>
            </div>
        </div> <-- closes container div -->
```

注意这个页面只打开 <body> 标签，但是没有关闭它。它将在页脚文件中关闭。你可以在网页包含的任何页面中只是打开一个标签，但必须在后面的另一个页面中适当地关闭它。你也会看到我们用其 id = "header" 的 <div> 区域包装所有的页眉信息。当我们继续开发这个项目时，我们将把 PHP 添加到这个页面。确保把 greg.css 文件复制到 htdocs 的 css 文件夹中。

对页脚文件重复这个工作。然后将新页脚文件命名为 footer.php 并且保存到 htdocs 的 include 文件夹中。这个文件只包含必需的代码，不必指定 <html> 或 <body> 或者其他东西，因为它将与其他文件一起包含在主页面中。

```
    <div id="footer">Copyright &copy; 2013 Greg's Gambits<br />
        <a href="mailto:gregory@gambits.net"> gregory@gambits.net</a>
    </div>
</body>
</html>
```

11.6.1.3 设置阶段

从现在开始，所有页面将至少包含 header.php、footer.php 和包含内容的页面。如果愿意，你可以按此方法修改本书创建的所有游戏和其他页面。目前，我们将为新页面创建内容，它将包含在独立的 PHP 文件中并且开始于其 id="content" 的 <div> 区域。第一个 PHP 代码示范如何让玩家录入他的名字，并且使用存储在服务器上的名字回应玩家。这个页面的文件名应该是 phpDemo.php 并且存储在 htdocs 的 gregs_games 文件夹中，但必须在其子文件夹之外。代码如下：

```
<!-- The first statement, an include() statement, places the ↵
contents of the header.php file, located in the include folder, ↵
into this page -->
<?php include ('include/header.php'); ?>
    <div id = "content">
        <p class="phpH2">PHP DEMO</p>
        <table>
<!-- Re: the input elements: the id attributes identify user inputs ↵
which will be submitted to a JavaScript function (in this case ↵
ajax_post()) via the onclick() event of the input element. Follow ↵
the data (via the id names) in the ajax_post() which is located in ↵
the header.php file -->
            <tr>
            <td style="border: none;">First Name: </td>
            <td style="border: none;"><input id="firstName" ↵
```

```
                      name = "firstName" type = "text" /></td>
10.             </tr>
11.             <tr>
12.             <td style="border: none;">Last Name: </td>
13.             <td style="border: none;"><input id="lastName" ↵
                      name = "lastName" type = "text" /></td>
14.             </tr>
15.             <tr>
16.             <td style="border: none;"> </td>
17.             <td style="border: none;"><input name = "btnSubmit" ↵
                      type = "submit" value = "Submit" ↵
                      onclick = "javascript:ajax_post();" /></td>
18.             </tr>
19.         </table>
20.         <br />
21.         <div id = "status"></div>
22.     </div>
23.     <br /><br style = "clear: both;" />
24. <?php include ('include/footer.php'); ?>
```

你迄今为止还没有看过的东西（第 17 行）是当玩家单击 Submit 按钮时触发 onclick 事件的语法。对于其中的 JavaScript 函数 ajax_post()，我们将在下一节讨论。

注意，第 2 行调用 header.php 文件显示页眉脚本，然后显示本页内容，而第 24 行调用 footer.php 文件显示这个文件的内容。

此时，如果你为这 3 个文件录入了迄今为止列出的代码，并且按照前面说明的那样把它们保存在 htdocs 文件夹中并且在浏览器中录入以下链接地址，那么其显示效果应该如下图所示。然而，如果你键入名字，那么将不会发生任何事情。

```
localhost/gregs_games/phpDemo.php
```

11.6.1.4　ajax_post() 函数

在玩家单击 Submit 按钮之后，将发生什么事情呢？这是所有动作发生的地方。下一步处理是复杂的，通过在页面中的注释和后面的解释，你将开始理解 PHP 工作的客户机 / 服务器模型。

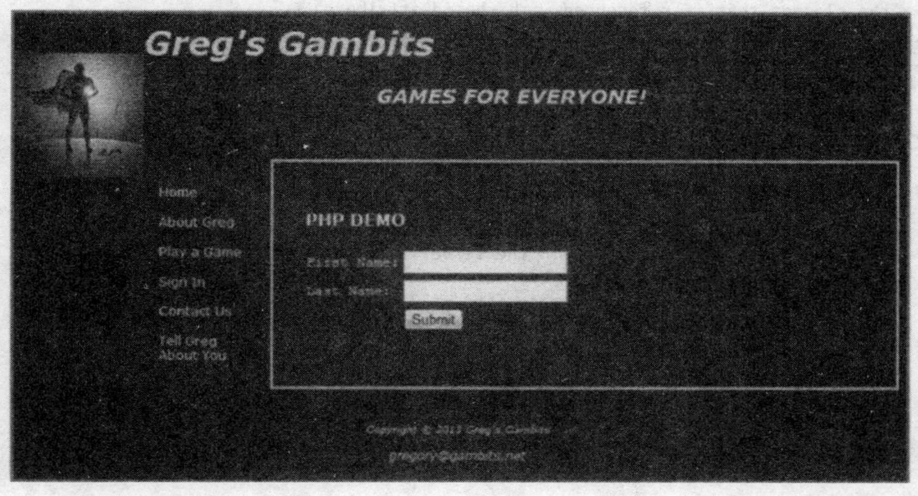

Ajax 是什么　在这个例子中，我们多次引用了 Ajax。那么 Ajax 是什么呢？**Ajax** 表示**异步 JavaScript 和 XML**（Asynchronous JavaScript and XML），是一种动态网页创建技术。通过在幕后交换少量数据，它能够快速异步地更新网页。在程序设计方面，**异步事件**是独立于主程序发生的事件，这意味着当主程序（这里就是指网页）继续执行时可以发生这些事件。通过使用 Ajax，我们可以在不装载整个页面的情况下更新网页的部分内容。然而，在不使用 Ajax 的页面中，每次修改页面内容就必须装载整个页面。在这个例子中，恰如其分地使用了一些 Ajax。

onclick = "javascript:ajax_post();" 事件　我们习惯于在网页的 <head> 区域或外部文件中查看函数。但是现在，前面代码创建的页面含有来自 header.php 文件的代码，并且那个文件有需要执行 ajax_post() 函数的 JavaScript 代码。下面是扩展的 header.php 文件中的代码，包含我们需要的 JavaScript 函数，它包含详细的注释解释 ajax_post() 函数的每次调用：

```
<!DOCTYPE HTML PUBLIC "-//W3C//DTD HTML 4.01 ↵
    Transitional//EN""http://www.w3.org/TR/html4/loose.dtd">
<html>
<head>
  <title>Greg's PHP Demo</title>
  <link href="css/greg.css" rel="stylesheet" type="text/css" />
  <script language="JavaScript" type="text/javascript">
    function ajax_post()
    {
// create HttpRequest object to allow communication with ↵
server. This object is an Application Programming Interface ↵
(api) that is used to transfer and manipulate XML data to and ↵
from a web server using HTTP. This object establishes an ↵
independent connection channel between our client-side web ↵
page and the server-side php script.
        var objHttpRequest = new XMLHttpRequest();
// location of our server-side Common Gateway Interface ↵
(cgi) script (our php script)
        var url = "assets/ajaxDataPipe.php";
// variable to hold data from user (the value associated ↵
with the element that is referenced with the id attribute)
        var fName = document.getElementById("firstName").value;
// variable to hold data from user (the value associated with ↵
the element that is referenced with the id attribute)
        var lName = document.getElementById("lastName").value;
// variable to hold field-value pairs that will be sent to ↵
server side script for processing. Note '&' is used to indicate ↵
a new field-value pair.
        var vars = "postFirstName = " + fName + ↵
            "&postLastName = " + lName;
// open(method,url,async) : method = POST: the method ↵
or way the request is being sent (this means that our ↵
field-value pair, currently held in our client-side javascript ↵
variable vars, will be stored in the server-side accessible ↵
Super Global Variable $_POST), url is the location of the ↵
server-side cgi script where processing will take place, ↵
asynch set to TRUE means that server-side script processing ↵
continues after the send() method, without waiting for ↵
a response.
        objHttpRequest.open("POST", url, true);
// Set content type header information for sending url encoded ↵
variables in the request. By defining 'Content-type' as ↵
"application/x-www-form-urlencoded" we are stating that the ↵
```

```
    kind of data contained in the body of the request will be ↵
    form data.
22.         objHttpRequest.setRequestHeader("Content-type", ↵
                "application/x-www-form-urlencoded");
23. // Access the onreadystatechange event for the XMLHttpRequest ↵
    object. The onreadystatechange event is triggered every time ↵
    the readyState changes.
24.         objHttpRequest.onreadystatechange = function()
25.         {
26. //checks if readyState is 4 (means request is finished and ↵
    response is ready) and status is 200 (the page is found). ↵
    If TRUE then response is ready.
27.                 if(objHttpRequest.readyState == 4 && ↵
                        objHttpRequest.status == 200)
28.                 {
29. // since request is finished and response is ready we can ↵
    access the server's response to the request. The ↵
    'responseText' property is used to retrieve the server's ↵
    response as a string (as opposed to XML)
30.                         var returnData = ↵
                                objHttpRequest.responseText;
31. // Set the html element's (whose id = status) value to the ↵
    server's string response
32.                         document.getElementById("status")↵
                                .innerHTML = returnData;
33.                 } // end if
34.         } // close function()
35. // Send the data to PHP now. Wait for response to update ↵
    the status <div>
36. // The next line executes the request
37.         objHttpRequest.send(vars);
38. // The following displays while server side php is processing vars
39.         document.getElementById("status").innerHTML = ↵
                        "doing work ...";
40.     } // end function ajax_post()
41.     </script>
42.     </head>
43.     <body>
44.       <div id = "header">
45. <!-- html to be inserted into calling page -->
46.         <img src="images/superhero.jpg" class="floatleft" />
47.         <h1><em>Greg's Gambits</em></h1>
48.         <h2 align="center"><em>Games for Everyone!</em></h2>
49.         <p> </p>
50.         <div id="nav">
51.                 <p><a href="index.php">Home</a>
52.                 <a href="greg.html">About Greg</a>
53.                 <a href="play_games.html">Play a Game</a>
54.                 <a href="sign.html">Sign In</a>
55.                 <a href="contact.html">Contact Us</a>
56.                 <a href="aboutyou.html">Tell Greg About ↵
                        You</a></p>
57.         </div>
58. <!-- close header div -->
59.       </div>
```

这些代码做什么事情呢？下面逐点进行解释。

首先，第 10 行创建一个类型为 HttpRequest() 的对象，用于传送和处理 XML 数据（我们使用

HTTP 在客户机和服务器之间传输的数据实际上是 XML 数据）。你不需要深入研究 **HttpRequest() 对象**，只需要知道可以使用它把用户录入的数据传送给服务器并且把服务器的回应信息返回到用户正在浏览的页面，因此我们在第 10 行创建这样的一个对象并且为它取名为 objHttpRequest。

我们还必须创建脚本告诉服务器在处理完接收数据之后向那个页面传送回什么东西。我们下一步将创建这个脚本，但是目前假定已经创建了它，并且把它存储在页面文件 ajaxDataPipe.php 中并且已放入 assets 文件夹中。因此，第 12 行创建一个保存这个文件路径的变量 url。

第 14 和 16 行是我们熟悉的代码。这里，创建两个 JavaScript 变量（fName 和 lName）保存玩家录入的名和姓。

字段 – 值对 第 18 行创建一个新变量，它保存玩家的全名。然而，与我们以前所做的那样简单地连接 fName 和 lName 不同，把这个变量标识为**字段 – 值对**。字段 – 值对包含字段（在数据库中广泛使用的术语）和它的值。以下一行

```
var vars = "postFirstName = " + fName + "&postLastName = " + lName;
```

包含两个字段 – 值对。第一对是在服务器端语句 "postFirstName=" 中的字段，其值为 fName 的值；第二对是在服务器端语句 "postLastName="（当在前面附有 "&" 时指出它是新的字段 – 值对）中的字段，其值是 lName 的值。当服务器接收变量 vars 时，它知道有两个字段 – 值对并且知道用哪个字段存储 fName 和 lName 的值。其中，"postFirstName=" 和 "postLastName=" 语句是服务器端指令。

现在，我们使用服务器的一些方法。在第 20 行上的 **open() 方法**表明 vars 保存的字段 – 值对将存储到服务器的**超级全局变量 $_POST** 中。注意，$ 指出它是一个 PHP 变量。超级全局变量是 PHP 的内置变量，可用于所有脚本，表 11-6 列出了一组超级全局变量。open() 方法的一般形式包含 3 个参数：open（method,url,async）。在第 20 行上语句的参数的含义如下：

- method：该方法是 POST。
- url：把处理数据的服务器端 cgi 脚本的位置存储在变量 url 中。
- asynch：如果设置为 true，那么在调用 send() 方法之后，将在不等待回应的情况下继续处理服务器端脚本。

第 22 行设置在请求中发送内容的类型。我们的数据来自一个表单，尽管是一个非常小的表单（只有两个文本框）。**setRequestHeader() 方法**接受两个参数：第一个是 "Content-type"，第二个是内容的类型。因为内容来自一个表单，所以使用 "application/x-www-form-urlencoded"。

表 11-6 PHP 超级全局变量

预定义的 PHP 超级全局变量	预定义的 PHP 超级全局变量
$GLOBALS	$_COOKIE
$_SERVER	$_SESSION
$_GET	$_REQUEST
$_POST	$_ENV
$_FILES	

深入描述下一个表达式（第 24 行）将超过本书的范围。大体而言，服务器需要知道这个

请求所处的“状态”，也就是它是否已经准备好继续？每次当 readyState 变化时就触发一次 **onreadystatechange 事件**，而 **readyState 属性**保存 XMLHttpRequest 的状态。在这个程序中，我们把这个属性设置为调用一个函数，这个函数做以下一些事情：

- 如果 readyState 已准备好继续（第 27 行），就执行第 30 行。
- 第 30 行表示已经发送这个请求，并且我们需要获取服务器对这个请求的回应。responseText 属性以字符串形式获取服务器的回应，这个字符串（我们将稍后创建）的值现在存储在变量 returnData 中。
- 第 32 行使用 JavaScript 代码把 returnData 的值显示在网页上。
- 第 33 行关闭 if 语句，第 34 行关闭这个函数。

第 37 行使用 **send() 方法**发送数据，并且如果在服务器处理玩家录入和回答时有任何延迟，那么第 38 行使用 JavaScript 显示一条信息。如果你编码这个页面并且仔细观察，你将看到信息 "doing work..." 在屏幕上闪现。

最后，第 40 行结束 ajax_post() 函数，JavaScript 脚本关闭，并且 HTML 脚本再次开始。

ajaxDataPipe.php 页面　这个文件是简明扼要的。它使用玩家录入的值和我们自己的文本创建一个字符串，这将是玩家录入他的名字并单击 Submit 按钮之后的结果。这个文件的文件名应该是 ajaxDataPipe.php 并且应该存储在 htdocs 中的 assets 文件夹中，其代码如下：

```
1.  ?php
2.  // creates a string (using the values stored in the Super Global ↵
    Variable $_POST, i.e., the value of the data that originated from ↵
    the user in the HTML input elements). This will be sent back to the ↵
    XMLHttpRequest object
3.      echo 'Thank you '. $_POST['postFirstName'] . ' ' . ↵
            $_POST['postLastName'] . ', says the PHP file. ↵
            You have sent your name to the server and for that, ↵
            Greg thanks you. Hope you enjoy this site and keep ↵
            playing our games. ';
4.  ?>
```

第 2 行解释这个文件做什么。第 3 行是 PHP 语句，描述在网页上会显示什么。

11.6.1.5　将所有代码放在一起

在本节中，我们不需要重复每个页面的代码，但是将回顾需要对这个网页进行的工作，包含文件、文件名和代码应该存储的位置。文件如下：

- 所有文件必须存放在计算机上 XAMPP 程序的 htdocs 文件夹中。
- 建议在 htdocs 中创建一个称为 gregs_games 的子文件夹，并且把本节涉及的所有文件放在这个文件夹中。当在第 12 章创建更高级的程序时，你可以增加文件。
- 在 greg_games 内，有下列子文件夹：

  □ assets 应该包含 ajaxDataPipe.php。

  □ css 应该包含 greg.css。

  □ images 应该包含 superHero.jpg。
- include 应该包含 header.php 和 footer.php。
- 在 gregs_games 文件夹中包含 phpDemo.php，但不放在它的任何子文件夹中。

如果你像这样建立了每样东西，并且使用下列网址：

```
localhost/gregs_games/phpDemo.php
```

那么其显示将看起来像这样：

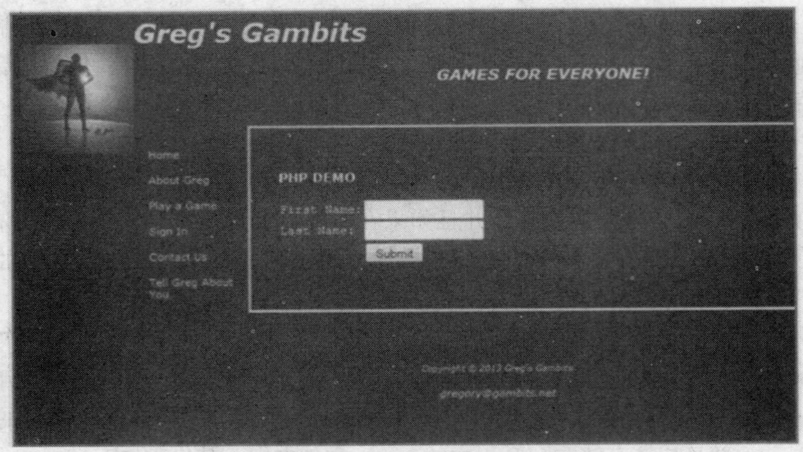

如果玩家录入名字 Michael Murphy 并且单击 Submit 按钮，那么显示将看起来像这样：

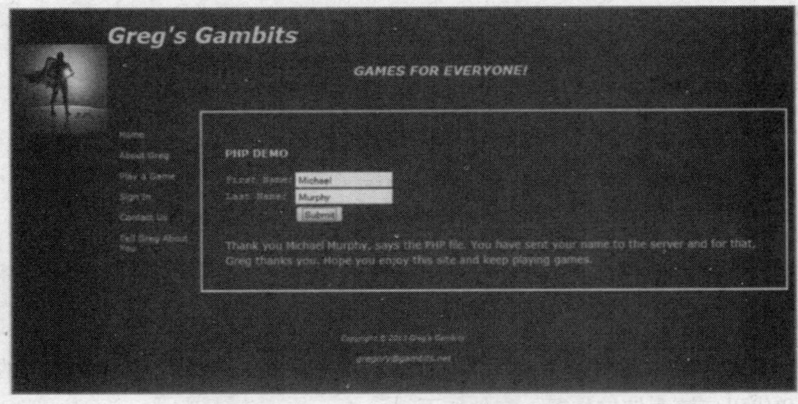

11.6.2 Carla's Classroom：使用 PHP 获取提示信息

在本节中，我们使用 PHP 帮助 Carla 搜索学生信息，这个程序只使用一个 PHP 文件和一个调用 PHP 代码的 HTML 文件。Carla 已经保存了她所有以前和现在的学生信息，我们假定学生的名字以及其他有价值的信息保存在一个数据库中。然而，因为她的班有很多学生及其兄弟姐妹，因此 Carla 不能记住每个学生的全名及其兄弟姐妹。因此，我们将创建程序，让 Carla 键入一个姓、姓的一部分，甚至姓的第一个字母，程序将显示与之匹配的所有条目。最后，Carla 将能够使用这些信息从数据库中获取指定学生的完整数据。显然，这个程序要求我们知道如何使用数据库命令、查询等。当查询数据库时，将从数据库中抽取必需的信息，并且暂时存储在数组中。因为我们还没有使用数据库，所以我们将只是创建和使用含有搜索信息的数组。

11.6.2.1 开发程序

因为只有 Carla 使用，所以这个页面不必链接到 Carla's Classroom 网站。然而为了一致性，我们使用与 Carla 所有页面相同的样式表。在 Student Data Files 中有一个文件 names.txt，你可以把这个文件的内容复制到我们创建的 PHP 页面，或者使用你自己的名字。这个文本文件包含 100 多个名字，因此你可以观察程序是如何工作的。

首先，如同为 Greg's Gambits 网站所做的那样，我们在 htdocs 中创建适当的文件夹结构并且分离出页眉和页脚。

文件夹 如同为 Greg's Gambits 网站所做的那样，在 XAMPP 的 htdocs 文件夹中创建下列文件夹。

- carlas_class 是顶层文件夹。
- 子文件夹是 assets、css、images 和 include。
- 把样式表 carlas.css 放入 css 文件夹中。
- 把下列图像放入 images 文件夹：arith_button.jpg、carla_button.jpg、carla_pic.jpg、owl_button.jpg、owl_reading.jpg、read_button.jpg 和 write_button.jpg。

header.php 文件 页眉文件需要包含应该出现在 <head> 区域中的所有信息、要放在 <head> 区域的任何 JavaScript 或 PHP 代码和所有 Carla 页面都保持不变的网页部分。然而目前将不包含 JavaScript，我们稍后开发它。下面是 Carla 的 header.php 文件中的代码，这个文件应该存储在 include 文件夹中。

```
<!DOCTYPE HTML PUBLIC "-//W3C//DTD HTML 4.01 ↵
      Transitional//EN""http://www.w3.org/TR/html4/loose.dtd">
<html>
<head>
      <title>Carla's Classroom | Find Students With PHP Hints</title>
      <link href="css/carla.css" rel="stylesheet" type="text/css" />
</head>
<body>
      <div id = "header">
            <img src="images/owl_reading.jpg" class="floatleft" />
            <h1><em>Carla's Classroom</em></h1>
            <h2 align="center">Making Learning Fun!</h2>
            <div align="left">
                  <blockquote>
                        <p><a href = "index.html"><img src = ↵
                              "images/owl_button.jpg" />Home</a>
                        <a href = "carla.html"><img src = ↵
                              "images/carla_button.jpg" />Meet Carla</a>
                        <a href = "reading.html"><img src = ↵
                              "images/read_button.jpg" />Reading</a>
                        <a href = "writing.html"><img src = ↵
                              "images/write_button.jpg" />Writing</a>
                        <a href = "math.html"><img src = ↵
                              "images/arith_button.jpg" />Arithmetic</a>
                        <br /></p>
                  </blockquote>
            </div>
      </div>
```

footer.php 文件 页脚文件只包含 Carla 在她所有页面中的箴言，并且关闭 <body> 和 <html>

标签。这个文件必须命名为 footer.php 并且存储在 htdocs 的 include 文件夹的 carlas_class 文件夹中，其代码如下：

```
        <div id="footer">
              <h3>*Carla's Motto: Never miss a chance to teach -- and ↵
                          to learn!</h3>
        </div>
        </div>
</body>
</html>
```

carla_phpDemo.php 文件　应当把这个文件保存在 htdocs 的 carlas_class 文件夹中，但不是在其他子文件夹中。它包含页面的内容。如果正在把 Carla's Classroom 开发成一个实际网站，那么你可能想要把前面所有页面修改成使用 header.php 文件和 footer.php 文件，并且为每个页面使用一个单独的含有中间内容的文件，这种做法能够确保整个网站的一致性并且更容易更新页面内容。

这个文件包含一个输入框，让 Carla 录入由 PHP 代码搜索的一个学生名和用空格分隔的多个名字。注意这个文件包含两条 PHP 语句：一条语句在顶部告诉浏览器首先包含 header.php 文件；在底部的一条语句告诉浏览器通过包含 footer.php 文件完成这个页面。其代码如下：

```
<?php include ('include/header.php'); ?>
<div id="content">
      <p><img src="images/carla_pic.jpg" class="floatleft" /></p>
      <h3>Forgot your student's full name? <br />
      Want to see other family members?<br />
      Start typing a name in the input box below:</h3>
      <form>
            <h3>First name: <input type = "text" onkeyup = ↵
                       "showHint(this.value)" size = "20" /></h3>
      </form>
      <h3>Suggestions: <span id="txtHint"></span></h3>
</div>
<?php include ('include/footer.php'); ?>
```

这个代码的新内容是 onkeyup 事件。当在键盘上释放一个键时，**onkeyup 事件**就执行一个 JavaScript 函数。因此，每次键入一个字母时，就执行 showHint() 函数。这是我们现在要创建的 JavaScript 函数，并放入 header.php 文件中，这个函数将向服务器发送一个请求，获取匹配 Carla 键入的所有学生名。然而，函数 showHint() 必须与服务器合作查找数组中的所有名字。我们将给出两部分代码，一部分是存放在 header.php 文件中的 JavaScript 函数 showHint()；另一部分是驻留在服务器上的代码，它包含 Carla 数组中的所有名字。首先，我们将编写 JavaScript 函数 showHint()，然后创建在服务器端处理这些数据的 getHint.php 页面。

showHint() 函数　以下代码应该放在 header.php 文件的 <head> 区域，也可以把它放在一个外部 JavaScript 文件中，只要你确保包含合适的路径并且在代码中包含对这个文件的链接。在代码中的注释和后面的文本对这些代码进行了解释。

```
<script language="JavaScript" type="text/javascript">
//str is passed to the function by the onkeyup event
      function showHint(str)
      {
//if nothing is typed, nothing is returned
            if (str.length==0)
```

```
7.          {
8.                document.getElementById("txtHint").innerHTML="";
9.                return;
10.         }
11.   //the if-else construct checks to see if the browser is older. Most ↵
      modern browsers can create an XMLHttpRequest() object but older ↵
      browsers use an ActiveXObject(). Either object establishes an ↵
      independent connection channel between our client-side web page ↵
      and the server-side php script.
12.         if (window.XMLHttpRequest) //for most modern browsers
13.         {
14.               var xmlhttp = new XMLHttpRequest();
15.         }
16.         else // code for older browsers
17.         {
18.               var xmlhttp = new ActiveXObject("Microsoft.XMLHTTP");
19.         }
20.   //The onreadystatechange event is triggered every time the ↵
      readyState changes.
21.         xmlhttp.onreadystatechange = function()
22.         {
23.   // checks if readyState is 4 (request is finished and response is ↵
      ready) and status is 200 (page is found). If TRUE then response is ↵
      ready.
24.               if (xmlhttp.readyState==4 && xmlhttp.status==200)
25.               {
26.   // The 'responseText' property is used to retrieve the server's ↵
      response as a string
27.   document.getElementById("txtHint").innerHTML = ↵
                                          xmlhttp.responseText;
28.               }
29.         }
30.   // open(method,url,async) has 3 arguments. Here the ↵
      method = GET. The second argument is the location of ↵
      server-side processing - gethint.php with an appended ↵
      parameter, q, equal to str which holds whatever was ↵
      typed into the input box. The asynch argument is set ↵
      to TRUE so that server-side script processing continues ↵
      after the send() method, without waiting for a response.
31.         xmlhttp.open("GET","gethint.php?q = "+str,true);
32.   //the send() method executes the request
33.         xmlhttp.send();
34.     }
35.   </script>
```

一旦在输入框中释放了一个键，就把框中的内容传递给这个函数（第3行）。第6 ~ 10行查看这个框是否为空，如果是就不返回任何东西。第12 ~ 19行的下一个if...else结构检测使用哪种浏览器。这是必需的，因为较旧的浏览器将使用ActiveXObject替代XMLHttpRequest对象。至此，我们打开了一个到服务器的通道。

第21行检查XMLRequestObject（现在由变量xmlhttp标识）的状态。第31行使用在Greg's Gambits项目讨论过的open()方法，不过这里使用GET方法替代POST方法。这两种方法非常相似，主要不同是GET方法将把使用的页面网址显示在浏览器的地址栏中。有时基于安全因素，这不是好方法。但是对于这个例子来说，这没有关系，也就是说GET和POST是几乎可以交换使用的。

然后，open() 方法使用 gethint.php 作为网址参数，这意味着将执行这个页面（我们还没有创建）的代码。这个网址有一个随其一起发送的参数 "q"，其值是存储在变量 str 中的值，也就是键入的值。最后，asynch 属性被设置为 true。在几乎所有情况下，asynch 都被设置为 true。最后，第 33 行发送请求。

此时，如果你把含有 JavaScript 代码的 header.php 页面保存在 htdocs 的 carlas_class 文件夹中，并且键入以下网址，那么你的页面将看起来如下图所示。然而，如果你把某个东西键入输入框，那么将不发生任何事情。

```
localhost/carlas_class/Carla_phpDemo.php
```

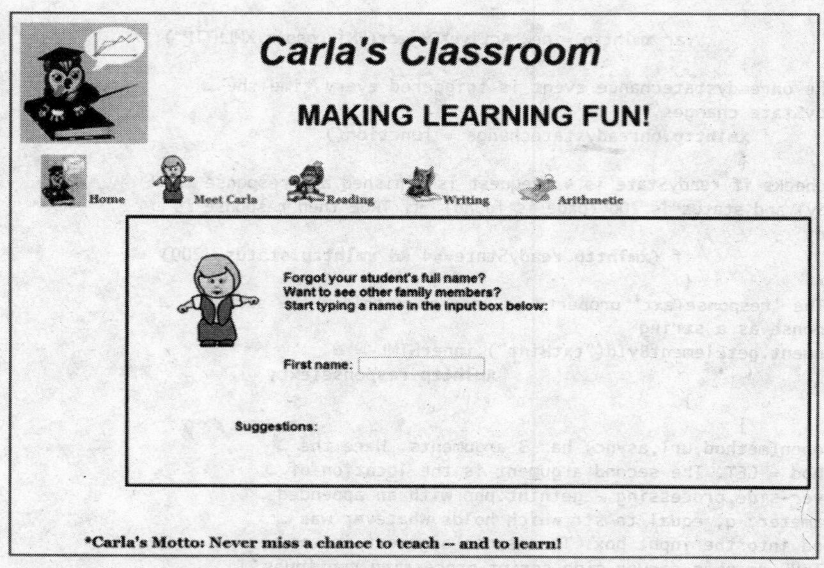

gethint.php 文件　gethint.php 页面代码简短，包含一个存放 Carla 学生名字的数组。在创建这个数组时，你可以使用来自 Student Data Files 中的 names.txt 文件，以避免自己键入这些名字。这个页面文件的代码如下所示。为了节省空间，没有展示数组中的所有名字。

```
<?php
// Fill array with names (sample names are shown)
	$a[]="Adams, Anna"; $a[]="Adams, Sam"; $a[]= "Adams, Brittany";
	$a[]="Blue, Chester"; $a[]="Blue, Charity";
	... all the rest of the array entries go here...
	$a[]="Chen, Karen"; $a[]="Lee, Michelle"; $a[]="Lee, Cooper";
	$a[]="Weare, James"; $a[]="Krantz, Otto"; $a[]="Schultz, Cheryl";
//identify the $q parameter
	$q = $_GET["q"];
//lookup all hints from array if length of $q > 0
	if (strlen($q) > 0)
	{
		$hint = "";
		for($i = 0; $i < count($a); $i++)
		{
			if (strtolower($q) == strtolower(substr($a[$i], ↵
```

```
                        0, strlen($q))))
17.             {
18.                 if ($hint == "")
19.                 {
20.                     $hint = $a[$i];
21.                 }
22.                 else
23.                 {
24.                     $hint = $hint." ; ".$a[$i];
25.                 }
26.             }
27.         }
28.     }
29. // Set output to "no suggestion" if no hint were found or to ↵
    the correct values
30.     if ($hint == "")
31.     {
32.         $response = "no names match";
33.     }
34.     else
35.     {
36.         $response = $hint;
37.     }
38. //output the response
39.     echo $response;
40. ?>
```

第 3 ~ 7 行包含一个名字数组 $a 的截断版本。第 9 行使用 $_GET 超级全局变量，它使用含有用户键入内容的参数 $q 搜索数组。如果有键入字符（strlen($q)>0），那么把 $hint 设置为空（第 13 行的 $hint=""）。

超级全局变量 $_GET 超级全局变量 $_GET 是通过 URL 参数传递给当前脚本的一个变量数组。在这个程序中，$_GET 获取用户按下的键值并且存储到 $q 中。

count() 方法 **count() 方法**是一个 PHP 方法，返回数组中所有元素的数目。因此，在这个程序中使用它作为循环的测试条件。

strtolower() 方法 **strtolower() 方法**返回在圆括号内的字符串，并且将所有字母字符转换为小写字母。

因此，一旦用户按下并且释放一个键，就发生以下事情：

- $hint 变量被重新设置为空串。
- 按下的一个或多个键字符存储在 $q 中。
- 循环语句将把数组的每个元素与按下的一个或多个键字符进行比较。

第 16 行进行比较查找，这一行是：

```
if (strtolower($q))== strtolower(substr($a[$i], 0, strlen($q))))
```

例如，如果用户按下 "Abc"，那么 strtolower（$q）的结果是 "abc"。这个字符串与数组元素 $i 中的前 3 个字符进行比较。注意，它使用 substr() 方法，操作的字符串是 $a[$i]，起始于字符位置 0，并且要比较的字符数目是 $q 的长度，也就是 strlen（$q）。

起始于第 14 行的循环搜索整个数组。如果有一个匹配并且 $hint 还是等于 ""，那么执行第 18 ~ 21 行并且 $hint 接受 $a[$i] 的值。因此，如果某人键入 "Ada"，那么在循环的第一次

遍历时 $hint 的值将是 "Adams,Anna"，在循环的第二次遍历时 "Ada" 将匹配 "Adams,Sam"。现在，由于 $hint 不为空，所以执行第 24 行，它连接 $hint 的原值和新名字，并且用一个分号分隔名字。如果在数组中没有起始于 "Ada" 的其他名字，那么当循环结束时，$hint 的值将是 "Adams,Anna;Adams,Sam"。

第 30 ~ 39 行输出结果。如果没有找到匹配项（第 30 ~ 33 行），就显示适当的信息。但是，如果找到匹配项（第 34 ~ 37 行），就把 $hint 的值存储在 $response 中，并且在第 39 行用 echo 语句显示它的值。

11.6.2.2 将所有代码放在一起

我们将不重复每个页面的代码，但是将回顾需要对这个网页进行的工作，包含文件、文件名和代码应该存储的位置。这些文件是：

- 所有文件必须存放在计算机上 XAMPP 程序的 htdocs 文件夹中。
- 建议在 htdocs 中创建一个名为 carlas_class 的子文件夹，并且把本节涉及的所有文件放在这个文件夹中。当在第 12 章创建更高级的程序时，你可以增加文件。
- 在 carlas_class 内，有下列子文件夹：
  - ☐ assets 应该包含 ajaxDataPipe.php。
  - ☐ css 应该包含 carla.css。
  - ☐ images 应该包含 Carla 页面涉及的所有图像。
  - ☐ include 应该包含 header.php 和 footer.php。
- 在 carlas_class 文件夹中包含 carla_phpDemo.php 和 gethint.php，但不是放在它的任何子文件夹中。

如果你像这样建立了每样东西，然后使用下列网址：

```
localhost/carlas_class/carla_phpDemo.php
```

并且输入 "s"，那么将显示如下图所示。

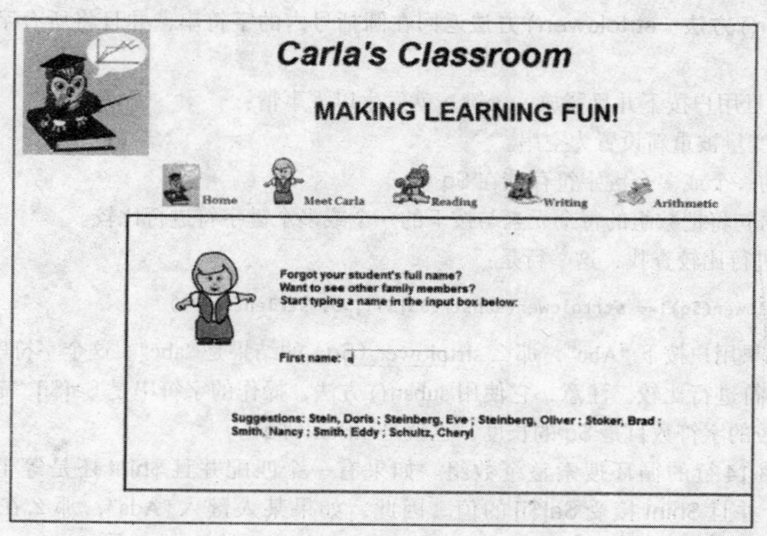

但是，如果你继续输入 "t"，则显示将如下图所示。

但是，如果你通过输入 "o" 缩小匹配范围，那么显示如下图所示。

最后，如果你输入 "m"，那么由于数组中没有以 stom 开头的名字，所以你将看到下列内容：

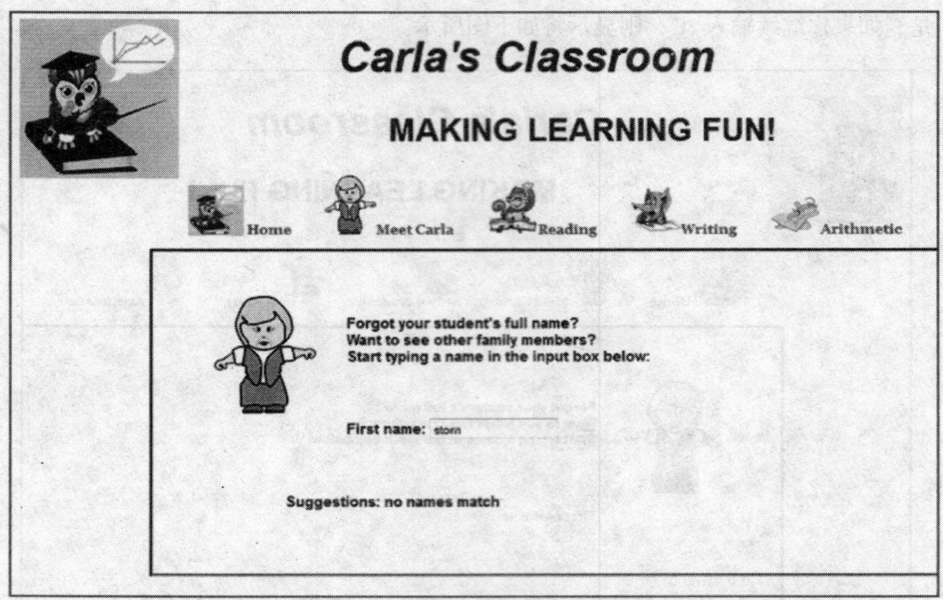

11.7 复习与练习

主要术语

$match() array（$match() 数组）

<?php and?>tag（<?php 和 ?> 标签）

==>operator（==> 操作符）

array function（array 函数）

as keyword（as 关键字）

asynchronous event（异步事件）

Asynchronous JavaScript and XML（异步 JavaScript 和 XML）

binary operator（双目操作符）

bracket expression（方括号表达式）

casting（转型）

character class（字符类）

client（客户机）

communications protocol（通信协议）

comparison operator（比较操作符）

concatenation assignment operator（连接赋值操作符）

concatenahon operator（连接操作符）

count() method（count() 方法）

database（数据库）

development environment（开发环境）

echo construct（echo 结构）

equality operator（相等操作符）

fields（字段）

field-value pairs（字段 – 值对）

foreach construct（foreach 结构）

get request（get 请求）

gettype() method（gettype() 方法）

htdocs folder（htdocs 文件夹）

HttpRequest() object（HttpRequest 对象）

key() method（key() 方法）

local host（本地主机）

loosely typed variable（弱类型变量）

offset parameter（offset 参数）
onkeyup event（onkeyup 事件）
onreadystatechange event（onreadystatechange 事件）
open() method（open() 方法）
operator（操作符）
order of precedence（优先级）
PHP code（PHP 代码）
PHP keywords（PHP 关键字）
post request（post 请求）
preg_match() method（preg_match() 方法）
preg_replace() method（preg_replace() 方法）
print() function（print() 函数）
quantifier（量词）
readyState property（readyState 属性）
record（记录）
regular expression（正则表达式）
relational database（关系数据库）
request type（请求类型）
reserved word（保留字）
reset() method（reset() 方法）
responseText property（responseText 属性）
send() method（send() 方法）
server（服务器）
setRequestHeader() method（setRequestHeader() 方法）
settype() method（settype() 方法）
sort() method（sort() 方法）
string operator（字符串操作符）
strtolower() method（strtolower() 方法）
Super Global variable（超级全局变量）
table（表）
ternary conditional operator（三目条件操作符）
type casting（类型转换）
unary operator（单目操作符）

练习

填空题

1. 两类通信________是 ftp 和 IP。
2. 两种最常用的 HTTP 请求类型是________和________。
3. 结束 PHP 标签是________。
4. 所有 PHP 操作发生在________端。（服务器 / 客户机）
5. ________方法获取变量的数据类型。

判断题

6. 在数据库中，一个字段包含有一条或多条记录。
7. 在以下网址中，http:// 表示 IP 地址。

```
http://www.jackiesjewels.com/junk/oldstuff.xml
```

8. 即使只包含一行 PHP 代码的文件也必须使用 .php 扩展名。
9. 所有 PHP 变量名都起始于 $。
10. 所有 PHP 代码必须放入 HTML 文档的 <head> 区域。
11. 在 PHP 程序中，PHP 变量可以在不同时间包含不同类型的数据。
12. settype() 方法只修改变量的数据类型，而类型转换（type casting）不是。
13. 语句 $myNum="4"; 创建一个 PHP 字符串变量。

14. 要用 PHP 在网页上显示文本，可以使用 rint() 函数或 echo 语句。
15. PHP 不使用任何单目操作符。

简答题

16. 一位教授想要在数据库中存储他的学生信息。为了帮助该教授掌握学生进展信息，请为每个学生列出至少 4 个适当的字段。
17. 如果一个 my_file.php 文件存储在你自己计算机的 Apache 服务器的 htdocs 文件夹中，那么你要在浏览器中录入什么网址才能打开这个文件？
18. 当你需要修改变量的数据类型时，settype() 方法和类型转换有什么不同？
19. 使用下列变量创建一条 PHP 语句输出 "My dog is named Spike.":

```
$pet = "dog";      $name = "Spike";
```

为练习 20 ~ 22 使用下列变量：

```
$A = 3;     $B = 5;     $C = 6;      $D = 30;
$yup = "true"; $nope = "false";
```

20. 在执行以下代码之后，将显示什么？

```
if ($D == $A * $B * 2)
{     echo $yup;     }
else
     {     echo $nope;     }
```

21. 在执行以下代码之后，将显示什么？

```
if ($C * $A < $D)
{     echo $yup;     }
else
     {     echo $nope;     }
```

22. 在执行以下代码之后，将显示什么？

```
echo ($C == ($A * $A)) ? $yup: $nope);
```

为练习 23 ~ 24 使用下列变量：

```
$G = "43.65";
```

23. 编写 PHP 语句做以下事情：
    a）检查 $G 的数据类型
    b）使用 settype() 方法将 $G 的数据类型转换为 double
    c）再次检查 $G 的数据类型
24. 编写 PHP 语句做以下事情：
    a）检查 $G 的数据类型　　b）将 $G 的值转换为 double
    c）再次检查 $G 的数据类型
25. 以下 PHP 程序将输出什么？

```
<?php
     $num = 2;  $age = 24;
```

```
        echo "<p>You are now " . $age . " years old.</p>"
        while ($num < 12)
        {
                echo "<p>In " . $num . " years you will be " . ($age ↵
                        + $num). " years old.</p>";
                $num = $num + 2;
        }
?>
```

26. 使用 for 循环改写练习 25 的代码。

27. 创建数组 $myNums 并且为它装载 20 个元素，要求每个元素的内容应该是这个元素索引的平方。例如：

```
$myNums[0] = 0, $myNums[1] = 1, $myNums[2] = 4
$myNums[3] = 9, $myNums[4] = 16 and so on
```

28. 按照以下输出的样例行，创建 PHP 代码显示练习 27 创建的数组结果。输出应该有 20 行，显示从 0 ~ 19 的平方：

The square of x is x^2

其中，x 是数组元素的索引，而 x^2 是那个元素的值。

为练习 29 ~ 30 使用下列语句：

```
preg_match("/\b(mauve[a-z]+\b/", $colors, $match);
```

29. a）搜索的模式是什么？　　b）搜索的字符串是什么？

30. 把该语句修改为搜索模式 "lavender"。

编程挑战

独立完成以下操作。

1. 创建 PHP 程序，为一家公司的质量控制页面显示可能的等级量表。显示应该如下所示：

5= 非常好

4= 好

3= 一般

2= 差

1= 非常差

将这个页面保存在文件 ratings.php 中，最后按照老师要求提交你的工作成果。

为编程挑战 2 和 3 使用以下伊索寓言故事（注意：这个故事已保存在 Student Data Files 中的文本文件 two_mice.txt 中，你可以使用它以避免键入这些文字）。

```
The Town Mouse and the Country Mouse

Now you must know that a Town Mouse once upon a time went on a visit to his
cousin in the country. He was rough and ready, this cousin, but he loved
his town friend and made him heartily welcome. Beans and bacon, cheese and
bread, were all he had to offer, but he offered them freely. The Town Mouse
rather turned up his long nose at this country fare, and said: "I cannot
understand, Cousin, how you can put up with such poor food as this, but of
```

```
course you cannot expect anything better in the country; come you with me
and I will show you how to live. When you have been in town a week you will
wonder how you could ever have stood a country life." No sooner said than
done: the two mice set off for the town and arrived at the Town Mouse's
residence late at night. "You will want some refreshment after our long
journey," said the polite Town Mouse, and took his friend into the grand
dining-room. There they found the remains of a fine feast, and soon the two
mice were eating up jellies and cakes and all that was nice. Suddenly they
heard growling and barking. "What is that?" said the Country Mouse. "It is
only the dogs of the house," answered the other. "Only!" said the Country
Mouse. "I do not like that music at my dinner." Just at that moment the door
flew open, in came two huge mastiffs, and the two mice had to scamper down
and run off. "Good-bye, Cousin," said the Country Mouse, "What! going so
soon?" said the other. "Yes," he replied; "Better beans and bacon in peace
than cakes and ale in fear."⊖
```

2. 创建程序，使用 preg_match() 和 preg_replace() 方法显示上面给出的伊索寓言（The Town Mouse and the Country Mouse）的下列信息：
   - 一列以 "A" 或 "a" 开头的单词
   - 一列以 "g" 结束的单词

   用文件名 fable_q2.php 保存你的页面，最后按照老师要求提交你的工作成果。
3. 使用上面给出的伊索寓言（The Town Mouse and the Country Mouse）创建一个程序，用单词 "Lion" 替换 "Mouse" 的所有实例，并且用单词 "metropolis" 替换 "town" 的所有实例。用文件名 fable_q3.php 保存你的页面，最后按照老师要求提交你的工作成果。
4. 使用 PHP 为一个商务网站创建一个页面，它要求用户把他的名字录入一个文本框中，并且使用这个用户名显示一条欢迎信息。用文件名 welcome.php 保存你的页面，并且确保包括任何必要的辅助文件，最后按照老师要求提交你的工作成果。
5. 对你在编程挑战 4 创建的页面进行补充，创建新的页面或者增加现有的页面，但是要使用 PHP 要求用户录入他想要购买夹克的颜色和大小。该程序应该返回下列信息：

   ```
   "Your order of a size X jacket in Y will be shipped to you today."
   ```

   其中，X 是用户录入的大小，而 Y 是颜色。用文件名 order.php 保存你的页面，并且确保包括必要的辅助文件，最后按照老师要求提交你的工作成果。
6. 创建一个页面，它包含一个至少有 20 部电影名或书名（根据你的选择）的数组。该页面应该有一个让用户录入名称的输入框，并且当用户持续键入时该页面应该显示所有可能的匹配条目（也就是提示）。可以参考操作实践一节中的 Carla's Classroom 项目，用文件名 title_hints.php 保存你的页面，并且确保包括任何必要的辅助文件，最后按照老师要求提交你的工作成果。
7. 通过合并编程挑战 4 和 6 的代码创建一个页面，它使用 PHP 允许用户录入一个用户名并且查找喜爱的电影或书。在用户录入用户名之后，该页面应该显示一条欢迎信息。该页面应该看起来有点像这样：

⊖ 这个寓言是伊索寓言中的一个故事，可以到 Page By Page Books 网站中阅读它（http://www.pagebypagebooks.com/Aesop/Aesops_Fables/）。

On Your Own
Program 7

enter username

Hello, username!

What is your favorite movie/book?

Did you mean ... Hints display here

用文件名 welcome_and_hints.php 保存你的页面，并且确保包括任何必要的辅助文件，最后按照老师要求提交你的工作成果。

案例研究

Greg's Gambits

参考本章操作实践中的 Carla's Classroom 项目，创建一个页面，它将帮助已经在 Greg's Gambits 网站注册的玩家在已经忘记其拼写的情况下获取他的用户名。不过，玩家应该能够键入他的用户名的第一个或前几个字母，而程序将显示起始于这几个字母的所有可能的用户名。在 Student Data Files 中的文件 greg_usernames.txt 含有一组用户名，或者你可以建立你自己的用户名。如果你想要使用这些名字，就可以简单地把这个文本文件中的用户名复制和粘贴到你的程序中。

将你的页面保存到文件 greg_hints.php 中。如果你一直在创建贯穿本书的 Greg's Gambits 网站或者已经完成本章操作实践中的 Greg's Gambits 项目，那么就可以使用 header.php、footer.php 和 greg_hints.php 文件。确保包括必要的辅助文件实现与服务器的通信，你可以用页标题 Greg's Gambits | Find Your Username 在 Greg 主页上的 Sign In 链接下面添加一个到这个页面的链接，最后按照老师要求提交你的工作成果。

Carla's Classroom

Carla 最终计划创建一个父母能够追踪孩子学习进展的网站。请为这个网站创建开始的登录页面，在这个页面中父母应该能够录入孩子的名和姓，并且得到以下信息：

```
"Welcome to Carla's Classroom! Let's talk about FirstName LastName now."
```

你可以在以后为这个页面补充高级功能，目前只显示欢迎信息就足够了。

将你的页面保存到文件 carlas_parents.php。如果你一直在创建贯穿本书的 Carla's Classroom 网站或者已经完成了操作实践一节的 Carla 项目，那么就可以使用 header.php、footer.php 和 carlas_parents.php 文件。确保包括与服务器进行通信的必要辅助文件，你可以在 Meet Carla 页面用页标题 Carla's Classroom | Parents Page 添加一个到这个页面的链接，最后按照老师要求提交你的工作成果。

Lee's Landscape

使用 PHP 创建一个网页，让客户录入他的名字、需要的服务和星期几便于服务。该页面应该用一个表格显示提供的服务和 Lee 履行这些服务的时间选择。当客户将信息录入文本框时，PHP 将产生一条信息确认其录入，如下图所示。以后你可以在此基础上生成一封由 Lee 发送给客户的电子邮件以确认这个合同。下面展示这个页面的信息和一个样本输出：

Lee's Services

Service	Days Available	Times Available
lawn maintenance	Monday	morning
	Monday	afternoon
	Thursday	morning
	Thursday	afternoon
tree pruning	Tuesday	morning
	Tuesday	afternoon
pest control	Wednesday	morning
	Wednesday	afternoon
	Friday	morning
	Friday	afternoon

Note:Morning services begin at 8 AM and Lee's Crew will be done before noon Afternoon services start at 1:30 PM and Lee's Crew will be done before 5:30 PM

如果 Lucy Lebowskaya 要求在星期三下午上害虫防治课，那么样例输出如下：

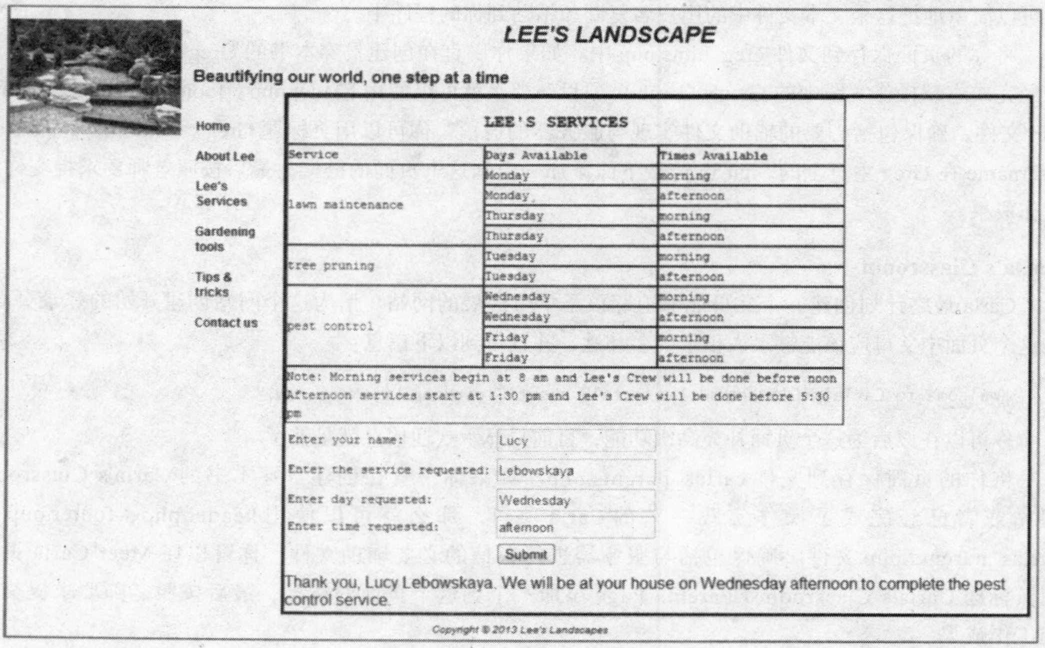

LEE'S LANDSCAPE

Beautifying our world, one step at a time

Home

About Lee

Lee's Services

Gardening tools

Tips & tricks

Contact us

LEE'S SERVICES

Service	Days Available	Times Available
lawn maintenance	Monday	morning
	Monday	afternoon
	Thursday	morning
	Thursday	afternoon
tree pruning	Tuesday	morning
	Tuesday	afternoon
pest control	Wednesday	morning
	Wednesday	afternoon
	Friday	morning
	Friday	afternoon

Note: Morning services begin at 8 am and Lee's Crew will be done before noon Afternoon services start at 1:30 pm and Lee's Crew will be done before 5:30 pm

Enter your name: Lucy

Enter the service requested: Lebowskaya

Enter day requested: Wednesday

Enter time requested: afternoon

Submit

Thank you, Lucy Lebowskaya. We will be at your house on Wednesday afternoon to complete the pest control service.

Copyright © 2013 Lee's Landscapes

确保为这个网页给出合适的页面标题，如 Lee's Landscape || Sign Up，为 Lee's Landscape 主页添加一个到这个新页面的链接。确保包括与服务器进行通信的必要辅助文件，用文件名 lee_Signup.php 保存你的页面，最后按照老师要求提交你的工作成果。

Jackie's Jewelry

Jackie 销售珠宝，并且也讲授珠宝制作课。我们现在将为不同目的使用在 Carla's Classroom 网站创建的程序，将使用它让客户查看各种选项。创建一个 PHP 文件，它用一个数组包含 Jackie 的产品和服务，并且当客户录入某个东西时显示所有选项。

在一个已创建的文本文件中，有一个含有大约 100 个元素的数组 $j，这个文件命名为 jackies_jewelry.txt 并且存放在 Student Data Files 中。这个数组的每个元素都起始于一个字母和下划线。起始于 t_ 的元素是 Jackie 教的班，r_ 表示她销售的戒指，b_ 表示手镯，p_ 表示垂饰，e_ 表示耳环，而 c_ 表示可以与其他珠宝一起使用的吉祥物。这个页面可能看起来像这样：

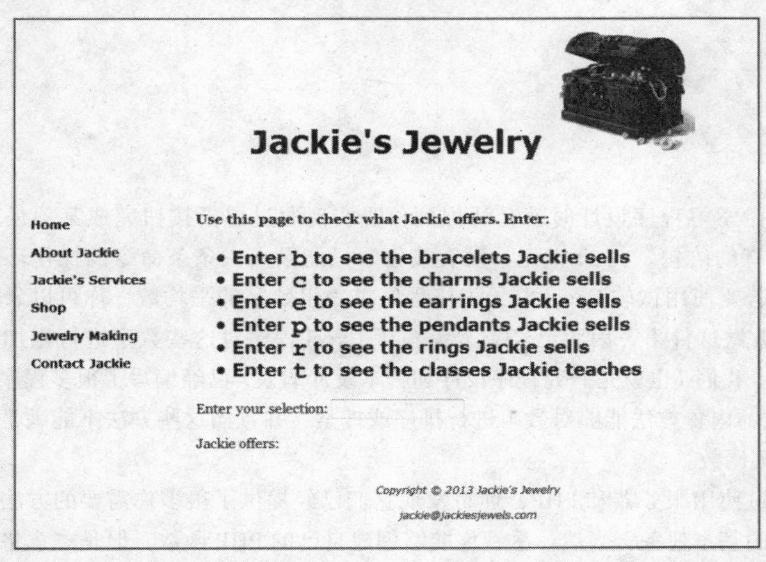

你的页面应该有一个输入框，可以在客户键入的同时给出提示信息。确保为这个网页给出合适的页标题，如 Jackie's Jewelry || Inventory for Customers，为 Jackie's Jewelry 主页添加一个到这个新页面的链接。确保包括与服务器进行通信的必要辅助文件，用文件名 jackie_inventry.php 保存这个页面，最后按照老师要求提交你的工作成果。

Chapter 12 第 12 章

与 Cookie 和 MySQL 一起使用 PHP

本章目标

当学生开始学习程序设计时就会认识到，要实现通过单击按钮完成某项任务，实际上通常需要编写所有的语句。在 21 世纪，没有按钮、只能录入一条条命令的操作环境中是难以想象的。例如，若要使用微软 Excel 电子表格程序求一组数字的平均数，你可以录入这些数字和 AVERAGE 函数做这件事，因为已经有人编写了 Excel 程序对这些数字进行累加、计数然后用总和除以计数。我们（也就是研究程序设计和脚本设计的人）已经编写了很多程序！你已经看到 JavaScript 提供的内置方法能够对数组进行排序或搜索，并且当这些方法不能满足要求时你可以创建自己的实现函数。

现在，通过使用服务器和 PHP，你将发现它们已经提供了很多你需要的方法，其中很多方法实现了网站的基本任务。当然，尽管你能够创建自己的 PHP 函数，但是本章将经常使用内置函数。

显然运行 MySQL（或者任何数据库）、PHP 和 Perl 的 Web 服务器能够完成的事情远远超出本章覆盖的范围，因此我们将专注于本书涉及的知识来完成一些重要的网站任务。我们学习如何在用户计算机上创建 Cookie，并且当用户回访网站时如何获取它们；我们学习通过表单访问数据库中的信息，并且学习如何从网站数据库中的数据来创建要发送给用户的电子邮件。

阅读本章后，你将能够做以下事情：

- 创建和读取 Cookie。
- 使用 Cookie 定制用户网站。
- 在 foreach 语句中使用 $_COOKIE as $key => $value。
- 使用 MySQL 创建数据库和管理数据库用户。
- 用适当的字段和属性在数据库中创建表。

- 使用 PHP 方法创建和关闭到 MySQL 数据库的连接。
- 使用 PHP 和 SQL 语句在 MySQL 数据库中创建新记录。
- 使用 PHP 方法查询 MySQL 数据库。
- 使用 PHP 方法读取数据库信息来创建电子邮件。
- 使用 PHP 和 SQL 验证在 MySQL 数据库中的记录。
- 理解会话是什么以及如何使用 $_SESSION 超级全局变量。

12.1　Cookie

几乎每个人都听说过 Cookie，即使那些不使用计算机的人也知道 Cookie 是什么意思。当然，你吃的那些饼干与我们正在谈论的 Cookie 没有任何关系。在因特网上，**Cookie** 是指驻留在用户计算机上的一个小文本文件，用于浏览器放置从网站服务器接收的一些信息。

Cookie 没有恶意，其主要作用是用于识别回访网站的用户，并且可能为网页准备一些定置信息。Cookie 不能传播病毒并且不能在用户计算机上安装恶意软件，但是有些 Cookie 可能用于跟踪用户的浏览历史，而用户不必对此过于担心。

虽然安全总是很重要的，但是 Cookie 通常很安全，这是因为存储在客户机上的 Cookie 信息只能被原来设置 Cookie 的服务器获取。Cookie 是有价值的，实际上有些 Cookie 功能是必要的。例如，**认证 Cookie** 让 Web 服务器知道用户是否已经登录以及登录的账号是什么。如果没有这样的信息，网站将不知道是否能够发送机密信息。想象这种情况，某人使用你的计算机访问你的银行信息！

12.1.1　Cookie 类型

Cookie 为网站提供一种可靠方法来记录用户在网站上的活动和偏爱信息。有很多不同类型的 Cookie，我们将在这里列出其中一些。

不同 Cookie 类型之间的一个重要区别是这个 Cookie 是会话 Cookie 还是永久 Cookie。**会话 Cookie** 只存在于用户正在访问一个特定网站时，当用户退出浏览器时通常要删除这个 Cookie。**永久 Cookie** 将在用户计算机上保留指定长度的时间，而不管用户是否离开网站、退出浏览器或者甚至关掉计算机。

其他类型的 Cookie 包括以下几种：

- **安全 Cookie：** 有一个 secure 属性并且只用于 HTTPS，确保加密从客户机向服务器传送的 Cookie。
- **只限 HTTP Cookie：** 被大多数现代浏览器支持，用于 HTTP 或 HTTPS 传输请求。这个特性只适用于会话 Cookie。
- **第三方 Cookie：** 是由不同于浏览器地址栏显示域名的域设置的 Cookie。这些 Cookie 通常由广告商设置，以获得用户已访问哪个网站的信息。与第三方 Cookie 不同，普通（第一方）Cookie 是用与正在访问网站相同的域设置 Cookie。

12.1.2 写 Cookie

setcookie() 函数用于定义一个 Cookie。脚本必须在任何输出之前设置 Cookie，这是协议要求的限制，这意味着 setcookie() 函数必须在任何输出（包括 <html> 和 <head> 标签）之前调用。一旦设置了 Cookie，就可以在下次访问这个页面时使用 $_COOKIE 超级全局变量或 $_REQUEST 装载这个 Cookie 中的信息。

setcookie() 函数接受 6 个参数。除了 $name 参数之外，其他参数都是可选的。这里给出这个函数的一般语法，以及每个参数的解释。

```
bool setcookie(string $name [, string $value [, int ↵
    $expire = 0 [, string $path [, string $domain [, bool ↵
    $secure = false [, bool $httponly = false ]]]]]] )
```

下面给出这个函数每个参数的解释：

- $name：指定 Cookie 的名字。
- $value：指定存储在客户计算机上的值，这个值以后可以被服务器读取。
- $expire：设置 Cookie 的过期时间，这个时间用自某个指定时间之后经过的秒数表示。因此，通过使用 time() 函数添加过期的秒数可以方便地进行设置。如果没有指定过期时间或者设置为 0，那么当关闭浏览器时这个 Cookie 就将过期。
- $path：指定该 Cookie 可用于服务器上的哪个路径。若设置为 '/'，则该 Cookie 将适用于整个域。
- $domain：指定该 Cookie 可用于哪个域（和子域）。例如，为 www.drake.jackiejewels.com 设置的 Cookie 不能用于 www.drake.leesland.com。
- $secure：设置一个布尔值，可以是 true 或 false。当设置为 true 时，则只当存在安全 HTTPS 连接时，才能传输这个 Cookie。
- $httponly：当该布尔属性设置为 true 时，只能通过 HTTP 协议才能访问这个 Cookie，这意味着不能使用类似 JavaScript 的脚本语言访问这个 Cookie。

如果想要忽略某个参数，那么可以为那个参数使用空串（""）或者不指定这个参数。由于 $expire 是整数，所以你必须要么忽略它要么录入 '0'。

如果在调用这个函数之前存在输出，那么 setcookie() 函数将失败并且返回 false。如果 setcookie() 函数成功执行，那么它将返回 true。这个返回值只是说这个函数是否成功运行，而不是说这个 Cookie 是否已被客户机接受。

12.1.2.1 time() 函数

time() 函数返回当前时间，这个时间是自 UNIX 时代以来经过的秒数，也就是从格林尼治标准时间（GMT）1970 年 1 月 1 日 00:00:00 以来经过的秒数。对我们来说，它的确切值是不重要的。在写作这本书的时候，time() 的值大约是

142 年 *365 天 / 年 *24 小时 / 天 *60 分钟 / 小时 *60 秒 / 分钟 = 4 478 112 000 秒

而且一天有 24 小时 / 天 *60 分钟 / 小时 *60 秒 / 分钟 = 86 400 秒

因此，在写作这本书的时候，明天的值将是 4 478 112 000 秒 + 86 400 秒，并且下个星期的值

将是 4 478 112 000 秒 + 86 400 秒 *7。

这个 time() 函数返回一个基础时间，然后我们为这个基础时间增加或者减去指定的秒数。因此，如果想要 Cookie 在 14 天后过期，你可以把 $expire 设置为 time() + (14*86 400)。

12.1.2.2　写第一个 Cookie

要创建 Cookie，我们需要使用上面描述的 setcookie() 函数，但是也需要一些要放入其中的信息。首先，我们需要得到那个信息；其次，我们需要把那个信息放入一个 Cookie 中；最后，我们必须检查是否已经正确存储了那个信息。这需要 3 个文件，我们将在例 12.1 和例 12.2 中每次创建一个。

例 12.1　写第一个 Cookie　这个例子将展示如何设置一个 Cookie。由于它使用 PHP 代码将信息发送给服务器，所以必须把所有文件存储在计算机上的 xampp 文件夹的 htdocs 文件夹中。要访问这些文件，你必须使用网址 localhost 和到这些文件的路径。

a) 获得信息：我们将使用表单让用户录入 3 项个人信息，然后用户将单击一个调用 setcookie() 函数的按钮，最后提交按钮告诉表单要提交这些信息。这是一个 HTML 页面，因此文件名应该有 .htm 或 .html 扩展名。我们把这个页面命名为 ex_12_1_data.html，第一个页面的输出将在以下代码后面显示。

```
<html>
<head>
     <title>Example 12.1: Get Cookie Data</title>
     <style type="text/css">
     <!--
          .style3    {
               color: #4f81bd;       font-weight: bold;
               font-family: Geneva, Arial, Helvetica, sans-serif;
               font-size: larger; text-indent: 20px;
               }
     -->
     </style>
</head>
<body>
     <form method = "post" action = "ex_12_1_set_cookie.php">
     <div style="width: 75%;" ><br />
          <h2>Welcome to the <span class="style3">Your Favorite ↵
                         Things!</span> Website</h2>
          <h2>Tell us a bit about yourself:</h2>
          <p><strong>Your name:    
          <input type="text" name="name" size = "30" value ↵
                         = ""/></p>
          <p>What month were you born?    
          <input type="text" name="month" size="20" value = ↵
                         ""/></p>
          <p>What do you most like to do in your free time? ↵
                            
          <input type="text" name="free_time" size="30" value = ↵
                         ""/></p>
          <p><input type = "submit" value = "send in my ↵
                         information"/></p>
     </div>
     </form>
</body></html>
```

这个页面看起来像这样：

Welcome to the Your Favorite Things! Website

Tell us a bit about yourself:

Your name:

What month were you born?

What do you most like to do in your free time?

send in my information

b) 设置 Cookie：现在已经收集了数据，从而可以编写创建 Cookie 的页面。基于演示的目的，我们也编写 HTML 脚本为用户显示已存储在客户机硬盘的 Cookie 信息。回顾第 11 章，由于这个页面包含一些 PHP 代码，所以这个文件名应该有 .php 扩展名。我们把这个页面命名为 ex_12_1_set_cookie.html，这个页面的代码如下所示。

```
<?php
     define("NEW_TIME", 60*60*24*7);
     $username = $_POST['name'];
     $usermonth = $_POST['month'];
     $userfreetime = $_POST['free_time'];
     setcookie("name", $username, time() + NEW_TIME);
     setcookie("month", $usermonth, time() + NEW_TIME);
     setcookie("free_time", $userfreetime, time() + NEW_TIME);
?>
<html>
<head>
     <title>Example 12.1: Set the Cookie</title>
     <style type="text/css">
     <!--
          .style3    {
               color: #4f81bd;  font-weight: bold;
               font-family: Geneva, Arial, Helvetica, sans-serif;
               font-size: larger;  text-indent: 20px;
                    }
     -->
     </style>
</head>
<body>
     <div style="width: 75%;" ><br />
          <h2>We set up a cookie on your hard drive!</h2>
          <h2>It contains:</h2>
          <p><strong>Who you are:
          <?php echo ($username) ?></p>
          <p>The month you were born:
          <?php echo ($usermonth) ?></p>
          <p>What you like to do in your free time:
          <?php echo($userfreetime) ?></p>
          <p>Want to read your cookie?
          <a href = "ex_12_2_read_cookie.php">Check it out.</a>
          </strong></p>
     </div>
</body>
</html>
```

让我们讨论其中的几行代码。首先，就像前面所说的那样，设置Cookie的代码必须出现在浏览器读取任何代码（包括<html>标签）之前。因此，我们的PHP代码从页面顶部开始设置Cookie。

define()方法　**define()方法**定义一个命名常量，并且接受两三个参数。其一般语法如下：

```
bool define(string $name, mixed $value[, bool $case_insensitive])
```

第一个参数是命名常量的名字，必须是字符串。第二个参数是那个常量的值并且可能是下列类型之一：integer、float、string或boolean。第三个参数$case_insensitive是可选的。如果没有指定，那么它的默认值是false，意味着这个命名常量的值将是大小写敏感的。

第2行使用define()方法定义一个表示Cookie过期时间的命名常量。这个Cookie必须基于time()方法加上或减去一些秒数来设置一个过期时间。这里，这个Cookie将设置为一周，一周转换成秒数是

24小时/天*60分钟/小时*60秒/分钟*7天/周

为了避免重复这个计算，我们设置命名常量NEW_TIME等于24*60*60*7或604 800秒。

setcookie()函数的第二个参数是要设置的值，这个值将通过超级全局变量$_POST从表单中获取。第3、4和5行创建3个PHP变量，每个变量等于一个HTML元素（也就是前一个页面中的输入框）的值。以下代码行：

```
$username = $_POST['name'];
```

把$username设置为在其id='name'的输入框中键入的值。对于$usermonth和$userfreetime的处理也类似。

第6、7和8行设置3个Cookie。每次设置的第一个参数是Cookie的名字，第二个参数是Cookie的值，第三个是过期时间。这个网页的主体（第23～37行）使用PHP显示这3个Cookie的值。

如果用户名字是Stephen Sandoval、出生于7月并且喜爱探索洞穴，那么他在第一个页面中录入这些信息，然后单击"send my information"按钮，输出将如下图所示。

We set up a cookie on your hard drive!

It contains:

Who you are: Stephen Sandoval

The month you were born: July

What you like to do in your free time: explore caves

Want to read your cookie? Check it out.

在创建Cookie时，我们需要做的最后一件事情是检查是否已经存储了那些信息。在这个页面上包括一个链接（第34行），它链接的文件将读取这个Cookie。例12.2展示如何做这件事。

例12.2　读取的第一个Cookie　读取Cookie的代码相当简单，记住只有设置这个Cookie的服务器才能读取这个Cookie。这是一个令人欣慰的做法，意味着没有网站能够访问你的计算机并且读取由其他网站设置的Cookie。这里是文件ex_12_2_read_cookie.php中的代码：

```
1.  <html>
2.  <head>
3.       <title>Example 12.2: Read the Cookie</title>
4.       <style type="text/css">
5.       <!--
6.            .style3       {
7.                 color: #4f81bd;  font-weight: bold;
8.                 font-family: Geneva, Arial, Helvetica, sans-serif;
9.                 font-size: larger;  text-indent: 20px;
10.                }
11.      -->
12.      </style>
13. </head>
14. <body>
15.      <div style="width: 75%;" ><br />
16.           <h2>This data was saved as a cookie on your ↵
                        computer:</h2>
17.           <?php
18.                foreach ($_COOKIE as $key => $value)
19.                     print("<p>$key; $value</p>");
20.           ?>
21.      </div>
22. </body>
23. </html>
```

第 18 和 19 行是读取 Cookie 的代码行。

- PHP foreach 语句遍历超级全局变量 $_COOKIE 中的每个值。
- $_COOKIE 实际上是数组变量，这个数组的每个元素包含以前设置的 Cookie 值。
- 在每次遍历时，表达式 $_COOKIE as $key => $value 把当前元素的键值赋值给 $key 变量，而那个键的值（即用户录入的内容）存储在 $value 中。因此，在每次迭代时，打开新的 <p> 标签，显示 $key 的值（这里是 "name"、"month" 或 "free_time"），显示键内容的实际值（即用户录入的内容），最后关闭 <p> 标签。由于我们设置了 3 个 Cookie，所以这个 foreach 语句将迭代 3 次。

如果 Morris Catts 使用这个页面，录入他的出生月是 11 月，并且说他的爱好是踢足球，那么显示将如下图所示。记住，要访问这个设置 Cookie 的页面并且让该页面读取 Cookie，这个页面的网址必须是：localhost/path_to_ex_12_1_data.htm。

This data was saved as a cookie on your computer:

name: Morris Catts

month: November

free_time: play soccer

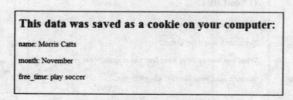

现在，我们做些更有趣的事情。在例 12.3 中，我们将让用户定制网页，允许选择背景色、文本色和用户名。

12.1.2.3 isset() 方法

isset() 方法用于检测是否已经为变量赋值。我们将在本章经常使用它，而现在是在例 12.3 中介绍它。这个方法返回一个布尔值，只有两个可能的结果，也就是 true 或 false。如果在圆括号内指定了参数并且不是 NULL，那么 isset() 将返回 true；否则，它将返回 false。其语法如下：

```
bool isset($var);
```

如果 $var 有值，那么该语句返回 true；但是如果 $var 还没有赋值，那么该语句返回 false。

例 12.3 用 Cookie 定制网页 当尝试这个例子时，确保将文件保存到 xampp 的 htdocs 文件夹的一个 PHP 文件中。以下代码让用户设置回访这个页面时的显示方式。

```
<?php
    if (isset($_POST['submitted']))
    {
        $newBgColor = $_POST['bgColor'];
        $newColor = $_POST['txtColor'];
        $newUsername = $_POST['username'];
        define("NEW_TIME", 60*60*24*7);
        setcookie("bgColor", $newBgColor, time() + NEW_TIME);
        setcookie("txtColor", $newColor, time() + NEW_TIME);
        setcookie("username", $newUsername, time() + NEW_TIME);
    }
    // for first-time users
    if ((!isset($_COOKIE['bgColor']) ) && ↵
                (!isset($_COOKIE['txtColor'])) ↵
                &&(!isset($_COOKIE['username']) ))
    {
        $bgColor = "White";
        $txtColor = "Black";
        $username = "Guest";
    }
    //if cookies are set then use them
    else
    {
        $bgColor = $_COOKIE['bgColor'];
        $txtColor = $_COOKIE['txtColor'];
        $username = $_COOKIE['username'];
    }
?>
<html>
<head>
    <title>Example 12.3</title>
</head>
    <body bgcolor = "<?php echo $bgColor ?>" text = "<?php ↵
                    echo $txtColor ?>">
    <form action = "<?php echo $_SERVER['PHP_SELF']; ?>" method ↵
                    = "POST">
    <div style="width: 80%; margin: 10%;">
        <h3>Hello, <?php echo ($username) ?></h3>
        <h2>Customize your page! Simply select the options you ↵
                prefer and the next time you visit ↵
                this page, it will look the way you ↵
                want it to look.</h2>
        <h3>What name do you want displayed on the page? ↵
                   
        <input type = "text" name = "username" size = "30" ↵
                value = "guest"/></h3>
        <h3>Select a background color for the page:</h3>
        <select name = "bgColor">
            <option value ="Red">Red</option>
            <option value ="Green">Green</option>
```

```
42.                 <option value ="Blue">Blue</option>
43.                 <option value ="Yellow">Yellow</option>
44.                 <option value ="Black" selected>Black</option>
45.                 <option value ="Brown">Brown</option>
46.                 <option value ="White">White</option>
47.             </select>
48.             <h3>Select a color for the text:</h3>
49.             <select name = "txtColor">
50.                 <option value ="Green">Green</option>
51.                 <option value ="Red">Red</option>
52.                 <option value ="Blue">Blue</option>
53.                 <option value ="Yellow">Yellow</option>
54.                 <option value ="Black">Black</option>
55.                 <option value ="Brown">Brown</option>
56.                 <option value = "White" selected>White</option>
57.             </select>
58.             <p><input type = "hidden" name = "submitted" value ↵
                                = "true"></br>
59.             <input type = "submit" value = "click here twice to ↵
                                check your settings"></p>
60.         </div>
61.         </form>
62.     </body>
63.     </html>
```

我们将按照事件的发生顺序展开讨论，而不是按照代码行的顺序（虽然它们有时可能是相同的）。该网页如下图所示。

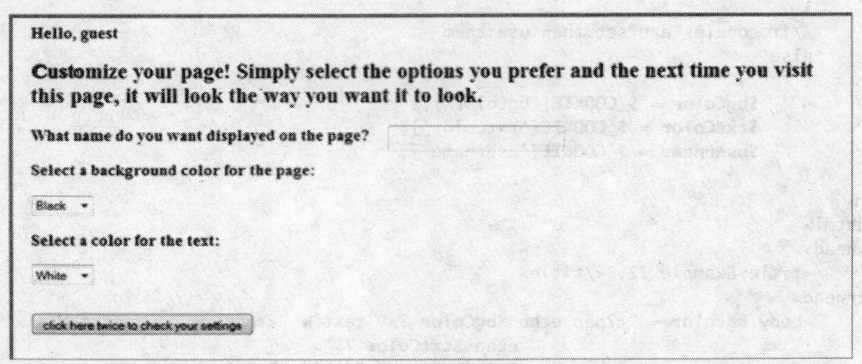

第 1 ~ 26 行的 PHP 代码检测第 58 行上 hidden（隐藏）按钮的值是否是 "true"。在用户单击 hubmit（提交）按钮（第 59 行）选择他定制之后将发生这件事。如果 hidden 按钮（其 name = "submit"）是 true，那么就设置这个 Cookie。这在第 4 ~ 10 行上发生，我们稍后讨论它。

对于首次访问的用户，第 13 ~ 18 行按默认设置显示，即背景颜色 $bgColor 是 "white"、文本颜色 $txtColor 是 "black"、用户名 $username 是 "guest"，这是开始时显示的样子。在第 31、32 和 34 行上的 PHP 代码为初始显示使用第 15、16 和 17 行设置的 PHP 变量值。

然后，用户选择来自输入框（第 36 ~ 37 行）中的用户名、来自第一个下拉菜单（第 39 ~ 47 行）的背景颜色和来自第二个下拉菜单（第 49 ~ 57 行）的文本颜色。在单击提交按钮（第 59 行）之后，将执行第 32 行上的表单动作，它使用 $_SERVER('PHP_SELF') 方法。

$_SERVER() 方法和 PHP_SELF $_SERVER 是超级全局变量，它是一个包含不同类型信息

（如标题、路径和脚本位置）的数组。PHP_SELF 是 $_SERVER 的一个可能索引，它是当前执行脚本的、相对于文档根的文件名。这里，如果假定我们的文件名是 ex_12_3.php 并且存储在 htdocs 的 ch12 文件夹中，那么 $_SERVER('PHP_SELF') 的值是 /ch12/ex_12_3.php。

在这种情况下，表单 action（动作）指向这个页面本身。因此，当单击 submit（提交）按钮时，将执行在页面顶部的 PHP 代码。现在第 2 行是 true，设置 Cookie。

与例 12.1 一样，从其 id = "bgColor"、id = "txtColor" 和 id = "username" 的输入框中获取用户选择的选项，第 4 ~ 6 行通过使用超级全局变量 $_POST 为变量 $newBgColor、$newColor 和 $newUsername 获取新的值。在这个例子中，我们将这些 Cookie 的过期时间设置为一周（第 7 行），并且在第 8 ~ 10 行设置这些 Cookie。如果用户名为 Tweety 的用户为背景颜色选择 "Blue" 并且为文本颜色选择 "White"，那么页面现在将看起来像这样：

下一次 Tweety 在一周内返回到这个网站时，将执行第 13 ~ 25 行上的 if...else 结构的 else 子句。由于以前设置了 Cookie，所以它们将被重新使用。第 22 行表示 $bgColor 应该是 $_COOKIE('bgColor') 的值，而在第 23 和 24 行上的 $txtColor 和 $username 也同样处理。因此，当 Tweety 在一周内每次返回时，将首先显示他开始时设置为 Cookie 的值。记住，要访问这个设置 Cookie 的页面，网址必须为：

```
localhost/path_to_ex_12_3.php
```

12.1 节检查点

12.1　谁能够从客户计算机获取 Cookie？

12.2　会话 Cookie 和永久 Cookie 之间有什么不同？

12.3　必须在什么时候调用 setcookie()？

12.4　setcookie() 函数能够接受什么参数？

12.5　如何创建过期时间让一个 Cookie 保留一天？

为检查点 12.6 ~ 12.8 使用下列语句：

```
$choice = "free";
setcookie('choice', $choice, time() + 60 * 5);
```

12.6　该 Cookie 的名字是什么？

12.7 该 Cookie 的值是什么？

12.8 该 Cookie 将保留多久？

12.2 数据库服务器：MySQL

正如你所知道的，今天的因特网极度依赖数据库。没有数据库，公司、组织、游戏网站等将不能为数以百万计的用户提供不同的服务。学习数据库工作原理及其处理方法已超出了本书范围，然而我们将介绍数据库概况、展示其基本使用方法，并且为你提供一个完成简单数据库任务的机会。幸运地，当安装了 XAMPP 时就已经安装了数据库服务器 MySQL。

12.2.1 MySQL 概述

作为开源的**关系数据库管理系统**（Relational Database Management System，RDBMS），MySQL 可能是世界上最流行的 RDBMS。它作为服务器运行，并且提供多个数据库的多用户访问。它是由在一家瑞典咨询公司 TcX 工作的 Michael Widenius 于 1994 年发布的，Widenius 是 MySQL 初始版本的主要研制人。我们将 MySQL 读作 "my sequel"，并且 SQL 代表**结构化查询语言**（Stuctured Query Language），MySQL 现在由 Oracle 公司拥有。

MySQL 有以下优势：

- MySQL 有许多针对不同操作系统平台的实现，包括 Windows、Mac、Linux 和 UNIX。
- 它能够处理大型数据库，可以包括含有数以百万条记录的数万个表。
- 它是可扩展的，并且能够嵌入应用程序中或者在数据仓库环境中使用。
- 它支持许多程序设计语言，意味着对它的访问是与程序设计语言无关的。它广泛支持应用程序的开发。
- 它提供许多安全特性以保护数据安全。本章例子不关心数据库的安全性，但是在开发实际 Web 网站时必须重视安全性的实现。
- 它包含许多自管理特性，这些特性不仅帮助数据库管理员工作，也让我们在还没有学习数据库管理技术之前使用 MySQL。

许可证

对我们来说，MySQL 是完全开源的。然而，有些商业应用必须获得商业许可证。如果使用 MySQL 的目的超出本章例子，那么请查看 www.mysql.com/about/legal。

12.2.2 建立 MySQL 用户账户

为了在本章例子中使用 MySQL，你需要创建和更改数据库。为了做这件事，你必须建立一个**用户账户**。我们将通过与 XAMPP 一起的 phpMyAdmin 软件管理 MySQL。要访问 phpMyAdmin，单击 XAMPP Control Panel（控制面板）中 MySQL 选项的 Admin 按钮：

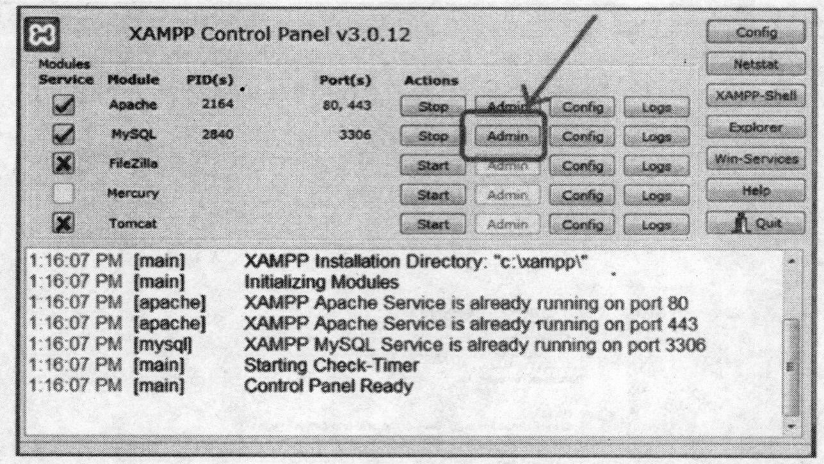

你将看到以下屏幕，使用 Users 选项卡创建新用户。

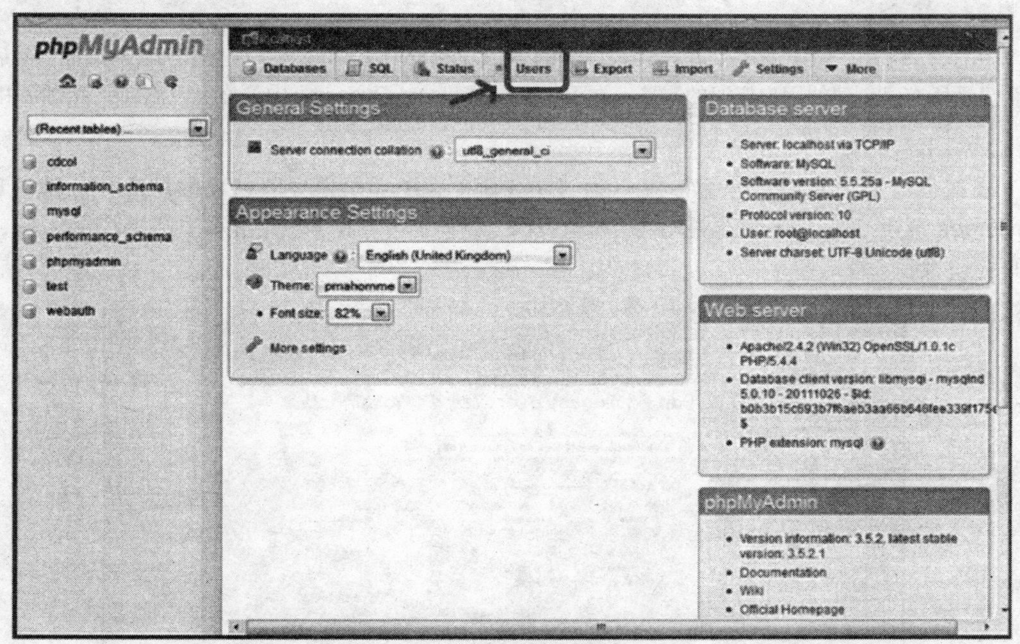

12.2.2.1　创建新用户

当第一次安装 XAMPP 时，就创建了一个普通用户。这个普通用户对能够访问这个主机的任何人有完全访问权。将来，你可以创建其他受限用户，例如那个用户只能查询但不能改变数据库。目前，你将创建一个有密码的用户（即你自己），这个用户能够不受限制地访问你的数据库。首先，单击如上图所示的 Users 选项卡。然后，单击屏幕中间的 Add user 链接。录入你想要使用的用户名和密码（录入两次），但是为 Host 下拉列表选择 Local。你的屏幕应该看起来如下图所示。

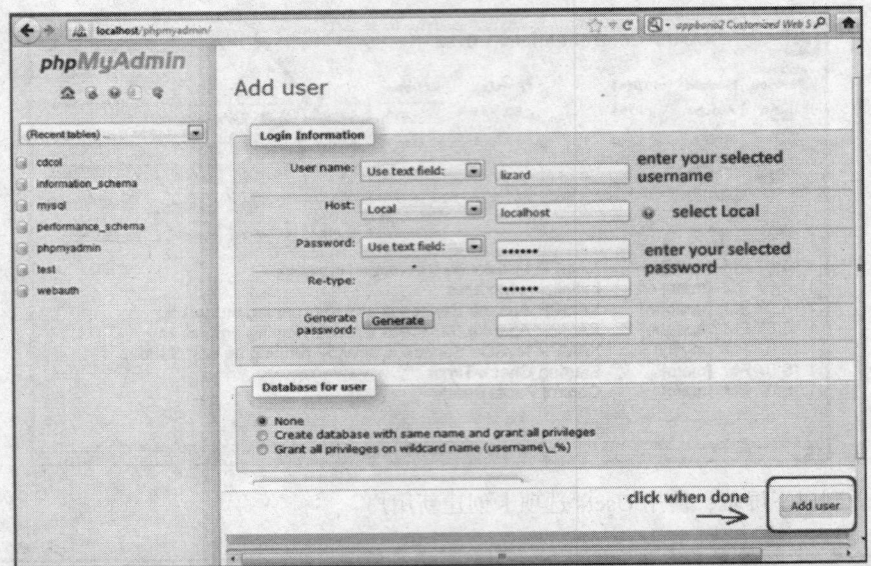

在你录入新用户信息之后，单击屏幕底部的 Add user 按钮。你应该看到一个确认对话框，然后是一个显示所有已创建的用户概况的屏幕。在下一个屏幕 Users Overview 中，你可以添加或者删除用户。

12.2.2.2 分配特权

现在你需要为新用户分配特权。（通过单击那个复选框）选择新创建的用户并且单击 Edit Privileges 链接[⊖]。我们将为新用户给出所有特权，因此你可以在下一个屏幕中选择 Check All，该屏幕应该看起来像这样：

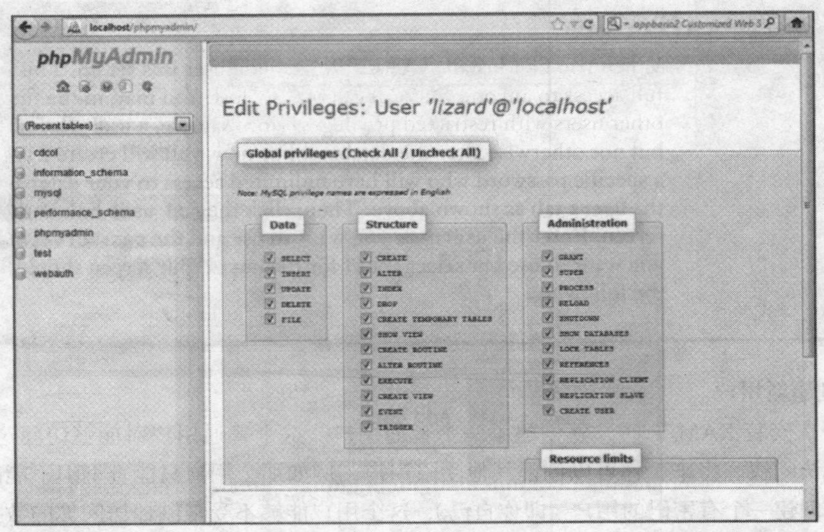

⊖ 提示：如果这个屏幕是部分隐藏的，那么可以把光标放在 Edit Privileges 窗口的左上角并且当出现四方向箭头时快速把鼠标移至左边。在这个窗口居中之前，你可能需要这样操作多次。

在这个屏幕的底部，有一个含有标题 Resource limits 的区域，通过向下滚动看到这个区域。在此，你可以限制用户查询、更新等的次数。目前，我们把它们保留为 0，使用户能够无限次修改。这部分屏幕应该看起来像这样：

Resource limits

Note: Setting these options to 0 (zero) removes the limit.

MAX QUERIES PER HOUR 0

MAX UPDATES PER HOUR 0

MAX CONNECTIONS PER HOUR 0

MAX USER_CONNECTIONS 0

恭喜！你已经创建了一个新用户。从现在开始，我们将把这里创建的用户称为 lizard。

要随时返回到含有所有选项的主屏，可以单击左边导航栏上的 Home 按钮：

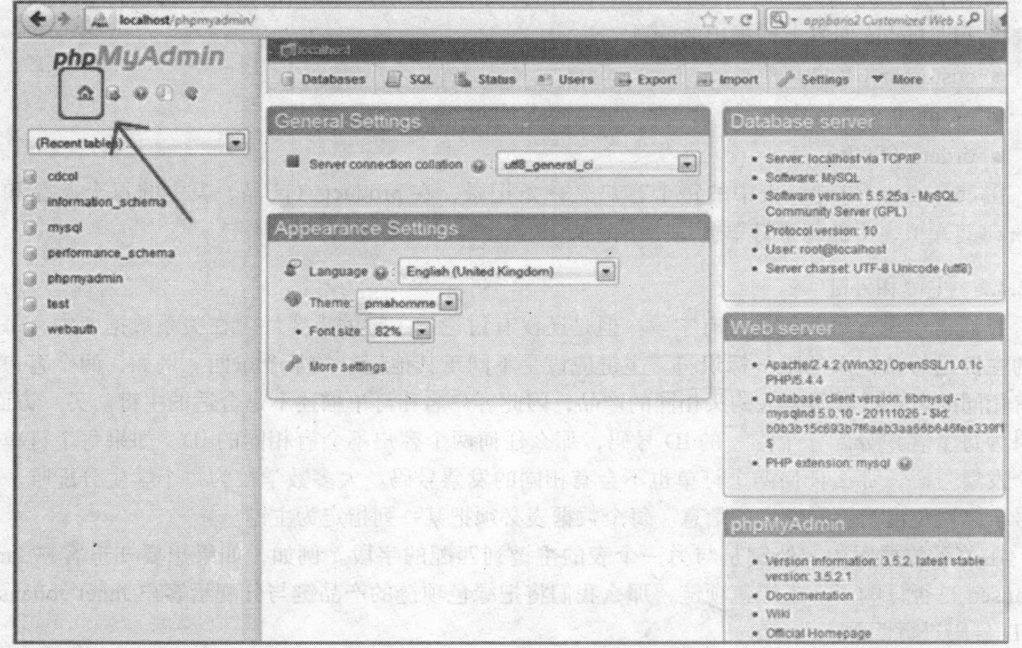

12.2.3 数据库结构

使用 phpMyAdmin 创建数据库是很简单的事情，但是在使用 phpMyAdmin 创建数据库之前，我们必须考虑数据库的用途和它的结构。数据库的一般用途是让你以许多不同方式处理大量数据。例如，一间药房有客户，而客户根据医生的处方购买药品。一个医生可能为许多人开相同的处方药品。有些人可能接受第二次治疗，而其他医生可能开不同的处方。另一个医生可能为其他病人开相同的处方，或者有些病人可能从多个医生获取不同的处方。药房可能需要知道何时订购某种药品。药房很有可能需要记录特定客户接受的药品组合，以避免危险的药物冲突。数据库让药剂师找出许多问题的答案。例如，药剂师可能需要知道某个医生为哪些客户开了某个处方药，或者某个医生在某段时间内开了哪些处方药，或者在给定年龄范围内有哪些客户接受某种药品。适当构造的数据库能够回答许多且变化的问题。

因此，在创建数据库之前，我们将考虑数据库要做什么。在这个例子中，我们的目标很少。通过使用更多的 PHP、JavaScript 和 HTML 技能，我们将在本章后面创建一个数据库。

12.2.4 构建小型商务数据库

我们将为 Jackie's Jewelry 网站创建一个数据库。Jackie 在网上销售她的定制珠宝。客户购买她的产品。因此，Jackie 需要记录她的客户（谁买她的东西）、物品目录（是否有足够的货品）和订购信息（谁买了什么）。这些问题为我们的样例数据库提供设计基础。

12.2.4.1 Jackie 的表

数据库是彼此相关的数据表的集合，因此称为**关系数据库**。我们的数据库将包含 3 个表，每个表将帮助 Jackie 回答上面提出的问题。

- customer（客户）表
- products（产品）表
- orders（订单）表

在 customer（客户）表中的每个客户是一条记录，在 products（产品）表中的每个产品和在 orders（订单）表中的每个订单也是一条记录。

12.2.4.2 主键和外键

我们已经说过每条**记录**含有**字段**。但是还没有讨论过主键的重要性。在关系数据库中，每个表的**主键**是每条记录的**唯一标识符**。主键应该是不同于其他记录的某个东西。例如，两个客户可能有相同的名字或者两个人购买相同的产品，因此客户名和订单描述不是合适的主键。另一方面，如果为每个客户分配一个唯一的 ID 号码，那么任何两个客户不会有相同的 ID。如果每个订单有一个发票号码，那么任何两个订单也不会有相同的发票号码。大多数学校为每个学生分配唯一的学号，以避免混淆不同学生的信息。每个数据表必须把某一列指定为主键。

在关系数据库中，**外键**是与另一个表的主键列匹配的字段。例如，如果想要知道客户 Janet Johansen 是否订购了一条绿色项链，那么我们将把绿色项链的产品键与分配给客户 Janet Johansen 的 ID 号码进行匹配。

12.2.4.3 表字段

让我们考虑 Jackie 数据库中的 3 个表，并且查看每个表需要什么信息，以确定每个表需要什么字段。记住我们大大简化了这个样例数据库，为大公司建立的真实数据库会有更多的表并且每条记录包含更多的字段。

customer 表字段：

- customerID——它在每个客户中是唯一的，因此它是主键。
- customerName——客户的全名。
- customerEmail——这个字段将用于发送订单确认或者广告发布。

也可能包括其他字段，如客户的送货地址、爱好和指定的付款方式。但是对于我们的样例数据库来说，有这 3 个 customer 表字段已足够了。

orders 表字段：

- orderInvoice——它在每个订单中是唯一的，因此它是主键。
- orderCustomer——这是下订单的客户名。
- orderProduct——这是订单的产品。
- orderQuantity——这是客户订购的数量。

products 表字段：

- productID——它在每种产品中是唯一的，因此它是主键。
- productName——这是对 Jackie 销售产品的描述。
- productQuantity——这是 Jackie 物品目录产品的数量。

12.2.4.4 字段属性

还要考虑其他东西。每个字段可以有某种属性，通过使用 phpMyAdmin，我们可以设置指定的值、使用默认值或者什么也不设置。下面列出我们将在创建数据库时看到的属性。有些属性用于特殊情形，我们将忽略它们。

- Name：给出字段的名字。例如，我们将在 customer 表中把客户的 ID 命名为 customerID 并且把电子邮件地址字段命名为 customerEmail。在数据库中最好使用一致的命名约定。由于在这个数据库中，命名字段时使用表名连同附加的起始于大写字母的描述性单词，所以在 products 表中把产品的 ID 命名为 productID，并且把物品目录中的产品数量命名为 productQuantity。你可以任意命名每个表和字段，但是应该保持一致。
- Type：指定存储在字段中信息的数据类型。数量可以是 INT，而名字可以是 TEXT。phpMyAdmin 为文本字段提供 TEXT 和 VARCHAR 两个选项，我们将使用较为节省空间的 VARCHAR。
- Length/Values：为字段分配字符数目。例如，你可能为名字分配 25 个字符，但只为整数分配 5、6 个字符。在数据库中大多数整数用于计数，而 5 个字符允许的最大整数是 99 999。
- Default：我们将让这个属性保留设置为 None。当创建或修改记录时，它将为我们给出当前时间戳。
- Collation：忽略这项。
- Attributes：我们可以在数字字段中设置数字值的类型。当设置整数时，我们可以把该属性设置为 UNSIGNED 或 UNSIGNED ZEROFILL。
- Null：保留为空。

- A_I：该属性表示自动递增并且用于类似 ID 的字段。每当为 customer 表增加一条记录时，我们想要为那个客户分配新的唯一 ID。通过使用这个特性，每个新客户的 ID 将是最后一个客户 ID 的下一个数。我们将为 3 个主键（customerID、productID 和 orderInvoice）勾选这个复选框。
- Comments：保留为空。
- MIME 类型：协助发送含有数据库信息的电子邮件，但是我们让它保留为空。
- Brower Transformation：保留为空。
- Transformation Options：保留为空。

12.2.5 用 phpMyAdmin 创建数据库

现在我们可以使用 phpMyAdmin 创建数据库。当你使用 phpMyAdmin 时，注意每次通过选中一个框或者单击一个按钮来执行一条命令时，对应的 SQL 指令将显示在屏幕顶部的绿色或粉红色栏中。通过使用 phpMyAdmin 的 GUI 软件，能够帮助你学习 SQL 命令。例如，创建一个样例数据库 'lizardtest' 然后删除。在 SQL 中删除数据库的命令是 DROP DATABASE 'databaseName';，其屏幕显示如下图所示。

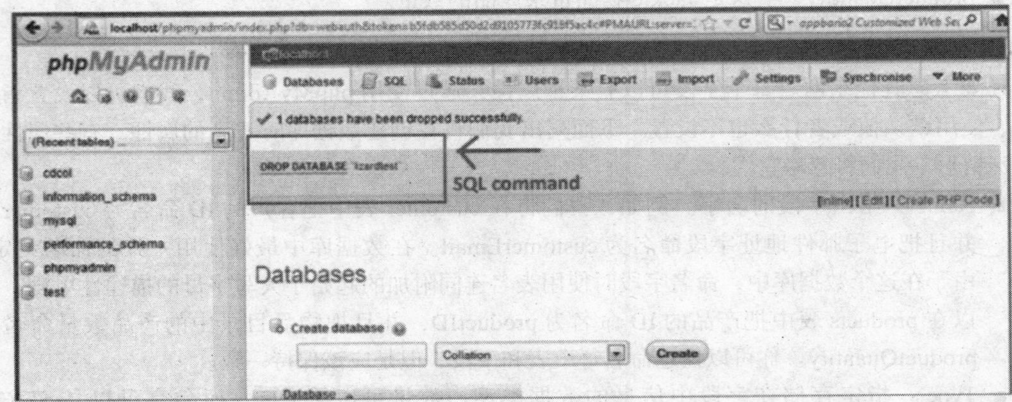

12.2.5.1 创建 jackiejewelry 数据库

在 phpMyAdmin 主屏幕中，单击 Databases 选项卡。在 Create database 框中键入数据库名。我们将把数据库命名为 jackiejewelry，然后单击 Create 按钮。

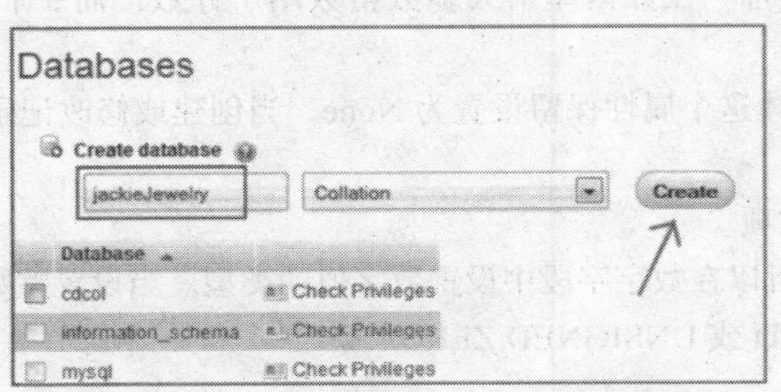

应该显示一个确认警示框指出已创建这个数据库，并且把它添加到 Databases 屏幕的数据库列表中。现在我们开始创建前面讨论的表。我们将逐屏讲解第一个表的创建过程，你可以自己创建第二个和第三个表。

当你单击 jackiejewelry 数据库时，屏幕将提示没有发现任何表。我们将创建 3 个表，第一个表 customer 将有 3 个字段，因此录入表名 customer 并且在 Number of columns 框中录入 3，然后单击 Go 按钮。

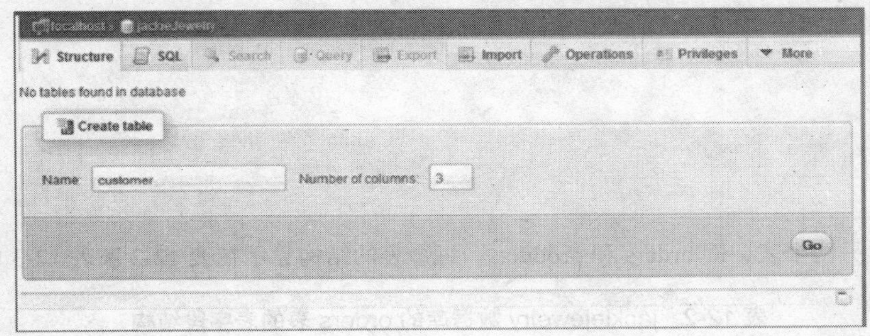

下一屏将提供 3 行，每个字段一行。以后你总是可以增加或者删除字段。现在为每个字段录入下列值（如表 12-1 所示）。表 12-1 显示了两行字段结构属性的列表，但是在 phpMyAdmin 中它们是在同一行上。

当你为这 3 个字段录入 Structure（结构）属性时，按 Save 按钮，将出现一个警示确认框指出已创建了那个表。这个表将使用 customerID 作为主键，每次把一个新客户录入数据库时将创建一个 ID 号码，它从编号 000001 开始并且自动按 1 递增。因此，第二个客户的 customerID = 000002，而第 435 个客户的 customerID = 000435。你看到的下一个屏幕将如下图所示。

表 12-1　jackiejewelry 数据库的 customer 表的表字段结构

customer 表的结构

Name	Type	Length/Values	Default	Collation	Attributes
customerID	INT	6	NONE		unsigned
customerName	VARCHAR	20	NONE		
customerName	VARCHAR	40	NONE		

customer 表的结构

Name	Null	Index	A_I	MIME type	Browser Transformation	Browser Options
customerID		PRIMARY	√			
customerName						
customerName						

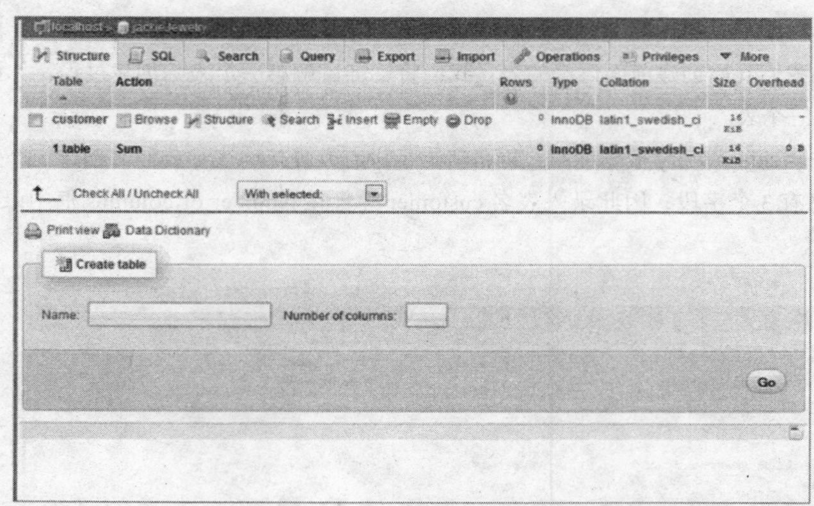

现在创建另两个表，即 orders 和 products。每个表的结构显示在表 12-2 和表 12-3 中。

表 12-2 jackiejewelry 数据库的 orders 表的表字段结构

orders 表的结构					
Name	Type	Length/Values	Default	Collation	Attributes
orderInvoice	INT	6	NONE		unsigned
orderCustomer	VARCHAR	20	NONE		
orderProduct	VARCHAR	30	NONE		
orderQuantity	INT	4	NONE		unsigned

orders 表的结构						
Name	Null	Index	A_I	MIME type	Browser Transformation	Browser Options
orderInvoice		PRIMARY	√			
orderCustomer						
orderProduct						
orderQuantity						

表 12-3 jackiejewelry 数据库的 products 表的表字段结构

products 表的结构					
Name	Type	Length/Values	Default	Collation	Attributes
productID	INT	6	NONE		unsigned
productName	VARCHAR	30	NONE		
productQuantity	INT	6	NONE		unsigned

（续）

products 表的结构						
Name	Null	Index	A_I	MIME type	Browser Transformation	Browser Options
productID		PRIMARY	√			
productName						
productQuantity						

当创建了这 3 个表时，你应该看到类似下面的屏幕显示：

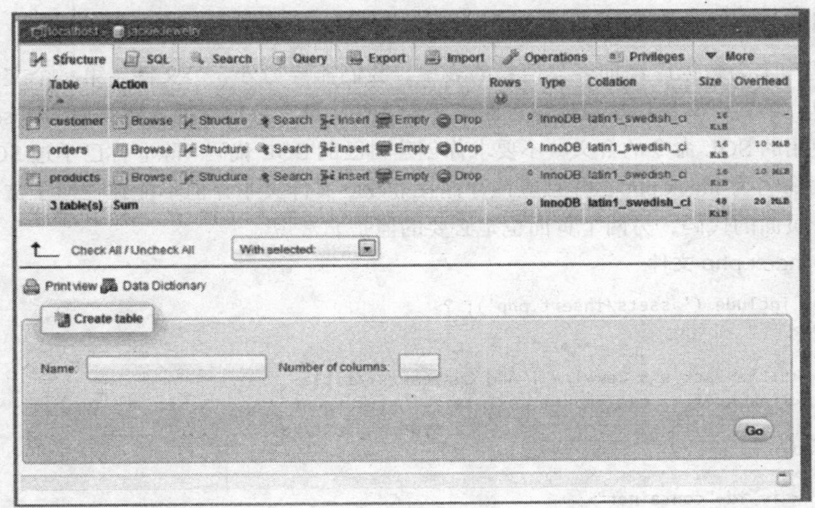

在下一节中，我们将学习如何把在网页表单中的信息填入这个数据库中。

12.2 节检查点

12.9　Michael Widenius 是谁？

12.10　请列出公司从众多数据库中选择 MySQL 的至少 3 个理由。

12.11　phpMyAdmin 有什么用？

12.12　如果你是数据库管理员，那么你为什么可能需要创建一些用户？

12.13　在数据库中，某个表包含网站的所有用户，那么每个用户是一条记录还是一个字段？

12.14　在一个包含以下字段的数据库表中，应该将哪个字段指定为主键？为什么？

字段：userName，userPhone，userSSN，userAge

12.3　通过 Web 填充数据库

在本节，我们将学习如何把记录添加到刚刚创建的数据库 jackiejewelry 中。尽管有很多填充数据库的方式，但是因为我们正在进行 Web 编程，所以最适当的方式是创建表单将用户录入的信息填充为数据库中的一条记录。这需要多个 PHP 文件和类似于我们在第 11 章为 Greg's Gambits 和 Carla's Classroom 网站创建的文件夹结构。为了跟着学习做这个例子，你要在已经安装 XAMPP 的 xampp 文件夹的 htdocs 文件夹中建立下列文件夹，其中的两个图像（jackie_logo.jpg 和 jackie_logo2.jpg）和一个样式表（jackie．css）文件可以在 Student Data Files 中找到。

```
jackie
    assets
    css (put jackie.css in this folder)
    images (put jackie_logo.jpg and jackie_logo2.jpg in this folder)
    include
```

12.3.1 网页表单

为了创建一个为数据库添加客户信息的表单，我们需要另外 3 个文件。第一个文件是录入客户信息的表单，第二个文件连接数据库，而第三个文件将把客户信息插入数据库的 customer 表中。我们将解释使用的 SQL 命令的含义，不要求你创建自己的 SQL 代码（除非你已学过 SQL 语言）。

把主页面命名为 index.php，并且应该存储在 jackie 文件夹中，但不能在任何子文件夹中。例 12.4 展示这个页面的代码，另两个页面也是必要的但是非常短。

例 12.4 index.php 文件

```
<?php include ('assets/insert.php'); ?>
<html>
<head>
    <title>Jackie's Jewelry | Add Customers</title>
    <link href = "css/jackie.css" rel = "stylesheet" ↵
                        type = "text/css" />
</head>
<body>
    <div id="container">
        <div align="center">
            <img src="images/jackie_logo.jpg" />
            <img src="images/jackie_logo2.jpg" /> </div>
            <div id="nav">
                <a href="index.html">Home</a>
                <a href="jackie.html">About Jackie</a>
                <a href="services.html">Jackie's Services</a>
                <a href="products.html">Shop</a>
                <a href="tips.html">Jewelry Making</a>
                <a href="contact.html">Contact Jackie</a>
            </div>
            <div id="content">
            <div style="width: 600px; float: right;">
            <div style="float: right; width: 500px; ↵
                        padding: 1px; margin-right: ↵
                        10px; margin-left: 10px;">
                <p>Add a new customer to Jackie's Jewelry ↵
                        database:</p>
                <form action = "<?php echo ↵
                        $_SERVER['PHP_SELF'];?>" ↵
                        method = "post">
                <table>
                <tr>
```

```
27.                 <td><hr />
28.                     Enter customer's full name:<br />
29.                     Last name, First name, Middle or ↵
                            other <br />
30.                     Examples:
31.                     <ul>
32.                         <li>Smith, John</li>
33.                         <li>Morrisey, Edward III</li>
34.                         <li>Chen, Kimmie X.</li>
35.                     </ul>
36.                 </td>
37.                 <td><input type = "text" name = ↵
                            "customerName" size = "35"/>
38.                 </td>
39.             </tr>
40.             <tr>
41.                 <td><hr />
42.                     Enter customer's email address:
43.                     <br />Include full address <br />
44.                     Examples:
45.                     <ul>
46.                         <li>john.smith@yahoo.com</li>
47.                         <li>EddieD@gbdmail.net</li>
48.                         <li>chen.kim@myschool.edu</li>
49.                     </ul>
50.                 </td>
51.                 <td><input type = "text" name = ↵
                            "customerEmail" size = "35" />
52.                 </td>
53.             </tr>
54.             <tr>
55.                 <td colspan = "2" style = ↵
                            "text-align:center;">
56.                 <input type="submit" name = ↵
                            "frmAddCustomer" />
57.                 </td>
58.             </tr>
59.             </table>
60.             </form>
61.         </div>
62.         </div>
63.     </div>
64.   </div>
65. </body>
66. </html>
```

有些行需要解释。第1行使用PHP包含一个文件，它将从这个页面获取信息、包含连接数据库的指令（通过另一个被包含文件）并且把新客户信息添加到customer表中。

第24行告诉计算机将向服务器传送这个表单中的信息（method = "post"），并且PHP代码使用超级全局变量 $_SERVER['PHP_SELF'] 指示将把该信息传送给这台计算机上的数据库服务器。

它收集两种信息：新客户的名字和电子邮件地址。为了简单起见，我们只为客户名使用一个字段。在真实的数据库中，可能把名字存储在三四个字段中，类似于一个名、姓、中间名和敬语（如Mr.、Ms、Dr. 等）。在两个输入框录入要收集的信息（第37和51行），这些输入框（customerName和customerEmail）的名字对应于数据库表中的字段。

如果你录入这些代码，那么页面将如下图所示。

Jackie's Jewelry

Home
About Jackie
Jackie's Services
Shop
Jewelry Making
Contact Jackie

Add a new customer to Jackie's Jewelry database:

Enter customer's full name:
Last name, First name, Middle or other
Examples:

- Smith, John
- Morrisey, Edward III
- Chen, Kimmie X.

Enter customer's email address:
Include full address
Examples:

- john.smith@yahoo.com
- EddieD@gbdmail.net
- chen.kim@myschool.edu

Submit

例 12.5 将创建 insert.php 页面。在展示这个例子之前，我们先解释几个要使用的方法。

12.3.1.1 die() 方法

虽然 die() **方法**的名字看起来相当具有戏剧性，但它只是一个 PHP 函数，可以替代 exit() 方法。它通常用于尝试连接数据库或者网站，并且接受一个参数指定当不能成功连接时要显示的文本。其语法如下：

```
die(message);
```

12.3.1.2 mysql_error() 方法

mysql_error() 方法将返回不能完成 MySQL 操作的出错描述。如果没有错误，则返回空字符串（""）；否则，出错信息描述发生了什么错误。例如，如果用户无权访问数据库，那么出错信息可能是 "Access denied for user 'whoever'@'whatever_host'"；或者如果指定的数据库不存在，那么 mysql_error() 方法就返回描述这种情形的信息。这种方法经常与 die() 方法一起使用。因此，如果不能连接，程序将停止并且生成适当的出错信息。其语法如下：

```
die(mysql_error());
```

12.3.1.3 mysql_query() 方法

mysql_query() 方法在 MySQL 数据库上执行一个查询。该方法接受两个参数：实际的查询和连接。连接参数是可选的，如果省略就使用上一个打开的连接。**查询**是我们从数据库获取信息或向数据库获取信息的方式。

这种方法的语法如下：

```
mysql_query(query, connection);
```

在例 12.5 中的页面将启动一个到数据库的连接，然后将来自 index.php 的信息发送给数据库成为一条新插入的记录。

例 12.5 insert.php 页面

```
1.  <?php
2.       include("include/connectDB.php");
3.  // variables from connectDB.php: $dbConn - connection object
4.       if(isset($_POST['frmAddCustomer']))
5.       {
6.            $sqlStatement="INSERT INTO customer (customerName, ↵
                            customerEmail) VALUES ↵
                            ('$_POST[customerName]', ↵
                            '$_POST[customerEmail]')"; ↵
7.            if (!mysql_query($sqlStatement,$dbConn))
8.            {
9.                 die('Error: '. mysql_error());
10.           }
11.           echo "<h2>RECORD ADDED</h2>";
12.           include("include/closeDB.php");
13.      }
14. ?>
```

现在详细讨论这些代码。第 2 行包含另一个用于连接数据库的文件 connectDB.php，这个文件现在还不存在，将在下一个例子中给出。目前，假定能够建立这个连接。第 3 行的注释告诉我们声明了一个变量 $dbConn，并且在 connectDB 中赋值。如果新的程序员编辑这些代码，他会认为它是一个未实例化的变量（第 7 行使用了它）。

第 4 行使用 isset() 方法检查来自 index.php 页面的信息。如果为 true，那么将执行第 6 ~ 12 行的语句。

第 6 行在 '=' 符号的右边包含一条 SQL 语句。因为我们在本书中没有学习 SQL 语言，所以你可以把这条语句理解为把客户的名字和电子邮件插入 jackiejewelry 数据库的 customer 表的 customerName 和 customerEmail 字段中。这些值来自 index.php 的 $_POST(customerName) 和 $_POST(customerEmail) 输入框。现在，这条语句的整个右边存储在 PHP 变量 $sqlStatement 中。

第 7 行检测查询是否有效。如果连接和第 6 行的 SQL 语句是有效的，那么这个表达式将是 true 并且 NOT 操作符将为这个条件给出 false 值。在这种情况下，将跳过 if 子句。另一方面，如果查询或者连接有问题，那么表达式 mysql_query($sqlStatement, $dbConn) 将是 false，而 NOT 操作符将把这个 if 条件的值改变为 true，从而用户将接收适当的信息并且结束代码。mysql_error() 方法将显示执行这条语句的出错信息。

如果没有执行第 7 ~ 10 行，就建立一个到数据库的连接，并且把字段值录入 customer 表中。第 11 行在网页上显示已增加一条记录的信息。

第 12 行包含第四个文件 closeDB.php，我们将在下一个例子中创建这个文件，它将关闭对数据库的连接。

在逐屏展示其显示之前，我们将创建 connectDB.php 和 closeDB.php 文件。通过使用这两个文件，将改变前面例子的页面显示。

12.3.1.4 mysql_connect() 方法

PHP 方法 mysql_connect() 打开一个到 MySQL 数据库的连接。如果成功，它就返回这个连接；但是如果不成功，它就返回 false。该函数接受 5 个参数（都是可选的）：

- server：指定一个服务器或端口。若不指定，则默认值是 localhost:3306。
- user：指定一个用户名，或者在默认情况下它是拥有服务器进程的用户名。
- pwd：若留空，则默认值是 ""。
- newlink：返回已打开连接的标识符。
- clientflag：用于指定需要的某些常量。

这种方法的语法为：

```
mysql_connect(server, user, pwd, newlink, clientflag);
```

12.3.1.5　mysql_select_db() 方法

这种 PHP 方法选择要使用的数据库，为连接设置活动的 MySQL 数据库。mysql_select_db() 方法接受两个参数：

- database：这是必需的，指定选择的数据库。
- connection：这是可选的，若不指定，则使用 mysql_connect() 打开的最后一个连接。

这种方法的语法为：

```
mysql_select_db(database, connection);
```

例 12.6　创建和关闭到 jackiejewelry 数据库的连接

connectDB.php 文件：下列代码创建连接。

```
1.  <?php
2.        $dbConn = mysql_connect('localhost', 'lizard2', 'lizard');
3.        if (!$dbConn)
4.        {
5.              die('Could not connect: ' . mysql_error());
6.        }
7.  //jackieJewelry is the name of the db
8.        $dbObj = mysql_select_db('jackiejewelry', $dbConn);
9.  ?>
```

第 2 行创建一个新变量 $dbConn，它将接受 mysql_connect() 函数的值。这里指定了服务器（localhost）、用户名（lizard2）和密码（lizard），注意这些参数是可选的。

第 3 行检测 $dbConn 是否有效。若无效，则使用 die() 方法显示信息 "Could not connect:" 和来自 mysql_error() 函数的适当解释。

如果建立了连接，那么第 8 行创建变量 $dbObj 接受表达式 mysql_select_db('jackiejewelry', $dbConn) 的值。在这种情况下，从前面建立的连接中选择 jackiejewelry 数据库。现在，这些信息可用于 insert.php 页面。

closeDB.php 文件：以下代码关闭数据库连接。

```
<?php
      mysql_close($dbConn);
?>
```

这两个文件应当存储在 htdocs 的 include 文件夹中。

现在，如果打开 index.php 文件，你将可以为 jackiejewelry 数据库添加记录。确保你已经把所有文件存放在计算机上的 xampp/htdocs/jackie 文件夹中。然后使用以下网址：

```
localhost/jackie/index.php
```

如果你录入一个名为 Victor Vanderoff Jr. 其 email 地址是 vv2@myschool.edu 的用户，那么你将看到如下显示：

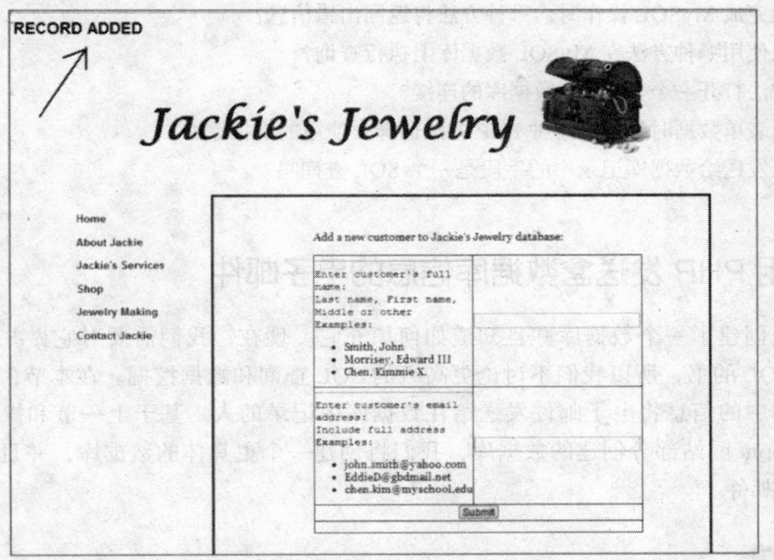

现在，每当想要把一条记录添加到 jackiejewelry 数据库的 customer 表时，你就可以使用这个页面。在本章的练习中，将要求你创建填充 orders 和 products 表的表单。

若要查看增加的记录，可以在 phpMyAdmin 中单击 jackiejewelry 数据库，然后单击 customer 表，你将看到增加的客户记录。以下截屏展示有 4 个客户的列表。由于删除了 customerID 为 1、2、4、5、6、7 和 8 的以前客户，所以列出的客户 ID 不是连续的。

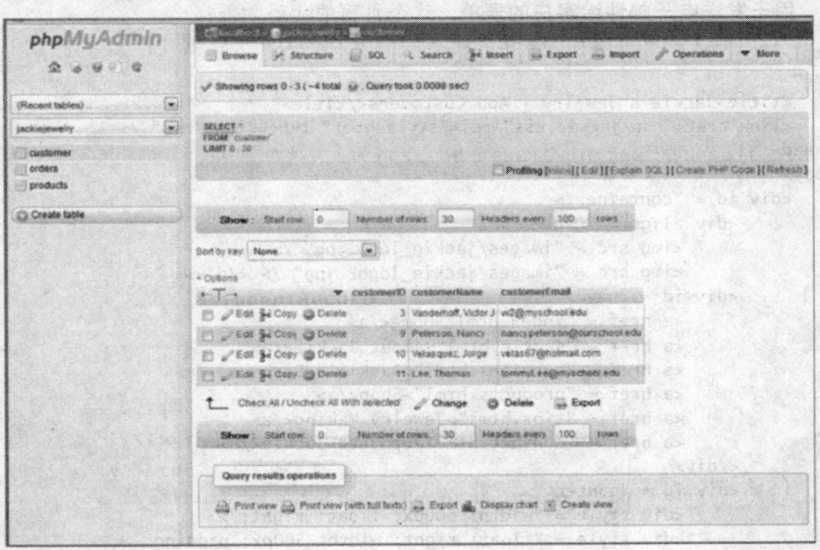

12.3 节检查点

12.15 哪个超级全局变量用于将表单数据传送给服务器？

12.16 什么方法能够替代 exit()?

12.17 当不能完成 MySQL 操作时，哪种方法将返回出错信息？

12.18 你可以使用哪种方法在 MySQL 数据库上执行查询？

12.19 哪种方法打开一个 MySQL 数据库的连接？

12.20 在发送表单数据时，使用哪种 PHP 方法选择要使用的数据库？

12.21 将信息发送给数据库记录中的字段是一个 SQL 查询吗？

12.4 使用 PHP 发送含数据库信息的电子邮件

我们已经创建了一个数据库并且知道如何填充它。现在，我们需要对它做些事情。因为本书不是关于 SQL 的书，所以我们不讨论更高级的 SQL 查询和数据挖掘。在本节，我们将学习如何使用数据库中的信息将电子邮件发送给在数据库中记录的人。基于上一节和操作实践一节中 Carla's Classroom 网站部分创建的数据库，我们将创建一个更具体的数据库，并且从中发送一封更复杂的电子邮件。

12.4.1 表单

我们将使用表单让 Jackie 选择一个将向其发送电子邮件的客户。由于是基于上一个例子，所以例 12.7 的外观和操作是类似的。这个文件命名为 sale_email.php 并且存储在 htdocs/jackie 文件夹中。它使用上一节使用的 connectDB.php 和 closeDB.php 文件。然而，我们需要创建新的页面获取客户记录，生成电子邮件并且发送它。

例 12.7 用于发送电子邮件给客户的表单 这个页面的代码如下：

```
<html>
<head>
     <title>Jackie's Jewelry | Add Customers</title>
     <link href="css/jackie.css" rel="stylesheet" type="text/css" />
</head>
<body>
     <div id = "container">
          <div align = "center">
               <img src = "images/jackie_logo.jpg" />
               <img src = "images/jackie_logo2.jpg" /> </div>
          <div id = "nav">
               <a href = "index.html">Home</a>
               <a href = "jackie.html">About Jackie</a>
               <a href = "services.html">Jackie's Services</a>
               <a href = "products.html">Shop</a>
               <a href = "tips.html">Jewelry Making</a>
               <a href = "contact.html">Contact Jackie</a>
          </div>
          <div id = "content">
               <div style = "width: 600px; float: right;">
               <div style = "float: right; width: 500px; padding: ↵
```

```
                                1px; margin-right: 10px; ↵
                                margin-left: 10px;">
22.                  <p>Send an email to a customer</p>
23.                  <form action = "assets/getCustomer.php" ↵
                                method = "post">
24.                  <table>
25.                  <tr>
26.                       <td>Customer's Name: </td>
27.                       <td><input type = "text" name = ↵
                                "get_customername" /></td>
28.                  </tr>
29.                  <tr>
30.                       <td colspan = "2" style = "text-align: ↵
                                center;">
31.                       <input type="submit" /></td>
32.                  </tr>
33.                  </table>
34.                  </form>
35.             </div>
36.             </div>
37.        </div>
38.   </div>
39. </body>
40. </html>
```

在这个脚本中，第 27 行的输入框让 Jackie 录入她想要将电子邮件发送给的客户名。这个框的名字是 "get_customername"，后面将使用这个标识符。

当单击 submit 按钮时，将执行表单的动作。第 23 行的 action 指示获取 assets 文件夹中的 getCustomer.php 文件，我们将在下一个例子中创建这个文件。目前，这个页面看起来如下图所示，但是如果你录入一个名字并且单击 submit 按钮，将不发生任何事情。

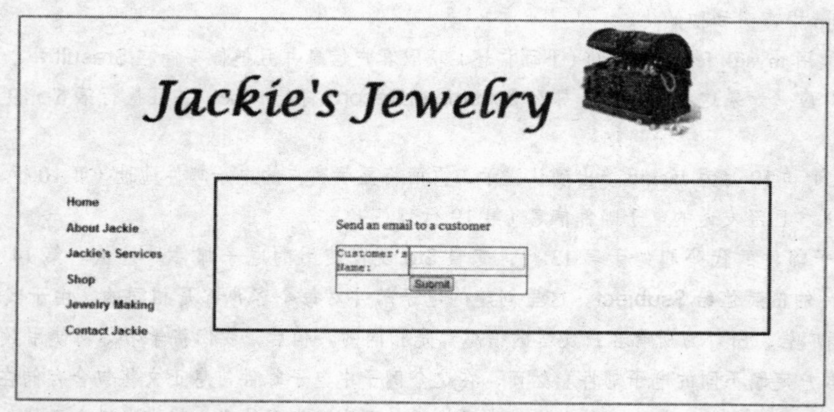

在例 12.8 中，我们将编写创建和发送电子邮件的文件，然后把这个文件存储在 assets 文件夹中并且命名为 getCustomer.php。

例 12.8　使用 PHP 创建和发送电子邮件

```
<?php
     include('../include/connectDB.php');
     $sqlStatement = "SELECT * FROM customer WHERE (customername = ↵
                         '$_POST[get_customername]')";
```

```
4.        $result = mysql_query($sqlStatement, $dbConn);
5.        $customerRecord = mysql_fetch_array($result);
6.        if (!$customerRecord)
7.        {
8.             die('Error: ' . mysql_error());
9.        }
10.       echo "<p>Email = " . $customerRecord['customerEmail'] . "</p>";
11.       echo "<p>customer = " . $customerRecord['customerName']."</p>";
12.  // Send the email to the customer
13.       $to = $customerRecord['customerEmail'];
14.       $subject = "Jackie's Jewelry Holiday Sale!";
15.       $message = "<--Great Holiday Sale! --> \n Check out our ↲
                          great deals!\n Up to 50% off and ↲
                          free shipping now through the end ↲
                          of the month.";
16.       $from = "jackie@jackiesjewels.com";
17.       $headers = "From:" . $from;
18.       mail($to,$subject,$message,$headers);
19.       echo "Email sent.";
20.       include('../include/closeDB.php');
21.  ?>
```

第 2 行是包含文件 connectDB.php 的一条指令。注意，在这个例子中，由于这个文件包含在 jackie 文件夹的子文件夹内的一个文件中，所以为了访问它，我们必须退至 assets 的上一层文件夹然后才能包含这个文件（即 ../）。

第 3 行把 SQL 语句的结果赋值给变量 $sqlstatement，这条 SQL 语句将获取 customer 表的 customername 字段值。

第 4 行把 SQL 查询的结果赋值给变量 $result。记住，mysql_query() 方法包含的参数是查询（这里是存储在 $sqlstatement 中）和连接（$dbConn）。变量 $dbConn 是在我们还没有创建的文件 connectDB.php 中声明和初始化。

第 5 行使用 mysql_fetch_array()（下面描述）获取客户信息并且把值存储在 $result 中。该行与录入的客户名相对应。如果这行不存在，那么 $customerRecord 将是 false，并且执行第 6 ~ 9 行告知查询失败的理由。

第 10、11 和 19 行为 Jackie 给出确认提示，页面将显示客户的电子邮件地址（第 10 行）、客户的名字（第 11 行）和已经发送的电子邮件信息（第 19 行）。

发送电子邮件的代码起始于第 13 行，变量 $to 设置使用的电子邮件地址值。第 14 行把表示电子邮件主题行的值赋值给 $subject。这里创建的电子邮件对每个客户都是相同的。由于我们想要发布 Jackie 的促销广告，所以为所有客户发送的信息都是相同的。稍后，我们将学习如何使用数据库的其他数据为各个客户定制不同的电子邮件。然而，在这个例子中电子邮件信息正文将包含存储在 $message 的文本（第 15 行）。注意使用 "\n" 转义字符表示换行，因为我们以纯文本格式发送电子邮件。

电子邮件的其他信息是 Jackie 的电子邮件地址（存储在第 16 行的 $from 中）和电子邮件标题（存储在第 17 行的 $headers 中）。第 18 行使用 mail() 函数（下面描述）把信息发送给从 jackiejewelry 数据库的 customer 表中的 customerEmail 字段取出的电子邮件地址。

12.4.1.1 mysql_fetch_array() 方法

mysql_fetch_array() 方法返回一个包含获取的记录行的字符串数组，如果没有记录行，则返回 false。它接受一个参数，也就是正在读取资源的结果集。resource 是一个特殊变量，保存指向外部资源（如 SQL 查询的结果）的一个指针。这个方法的语法为：

```
mysql_fetch_array(resource $result[, $result_type_if_desired]);
```

12.4.1.2　mail() 方法

PHP 使用 mail() **方法**发送电子邮件，它至少包含 3 个参数，其他参数是可选的。

- $to：包含电子邮件收件人的一个或多个电子邮件地址。若包含一个以上的收件人，则用逗点分隔每个地址。
- $subject：包含在电子邮件主题行中的文本。
- $message：包含电子邮件的信息正文。在信息正文中，每行应当用写成 "\n" 的换行符（LF）分隔，并且每行不能超过 70 个字符。
- $headers：包含电子邮件的发件人。它是一个字符串，将插入电子邮件标题的末尾。
- 其他标题和参数是可用的、可选的。

这种方法的语法为：

```
mail mail($to,$subject,$message,$headers);
```

在实际使用这个页面之前，我们需要创建两个文件来连接数据库和关闭这个连接。我们将在例 12.9 中做这件事。

例 12.9　打开和关闭到数据库的连接　connectDB.php 和 closeDB.php 文件与上一节使用的文件相同。为了便于阅读，下面重复这两个文件的代码，显然没有必要再次解释。

connectDB.php：

```
<?php
        $dbConn = mysql_connect('localhost', 'lizard2', 'lizard');
        if (!$dbConn)
        {
            die('Could not connect: ' . mysql_error());
        }
        $dbObj = mysql_select_db('jackiejewelry', $dbConn);
?>
```

closeDB.php：

```
<?php
        mysql_close($dbConn);
?>
```

应该把这两个文件存储在 htdocs/include 文件夹中。现在，如果打开 sale_email.php 文件并且录入名为 Nancy Peterson 其电子邮件地址是 nancy.peterson@ourschool.edu 的用户，那么应该看到以下确认信息：

```
Email = nancy.peterson@ourschool.edu
customer = Peterson, Nancy
Email sent.
```

如果 nancy.peterson@ourschool.edu 是一个真实的电子邮件地址，那么 Nancy 将收到如下所示的含有主题行和信息正文的电子邮件信息。

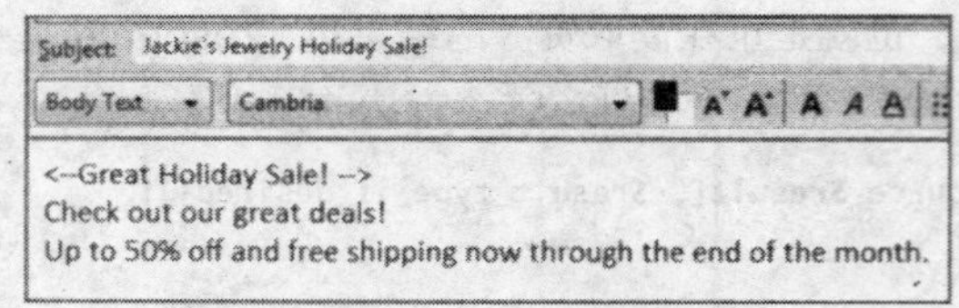

12.4 节检查点

12.22 在 PHP 中用于发送电子邮件的方法是 ________。

12.23 mail() 方法必须使用哪些参数?

12.24 在一个存放在根目录的页面中，应当把什么动作放在这个页面的 <form> 标签内以获取在 assets/data 文件夹中的文件 getUserData.php？

12.25 如果要求的数据行不存在，那么 mysql_fetch_array() 方法将返回什么?

12.5 操作实践

我们现在将综合运用迄今为止已经学习的所有知识。我们将为 Greg's Gambits 网站创建一个数据库，让玩家做一些事情，包括创建账户、登录已创建账户并且玩游戏。在本节，我们将只编写创建和登录账户的代码。在 PHP 和 JavaScript 中使用数据库做更多事情已超出了本书的范围。

我们也将为 Carla 的 Carla's Classroom 网站把学生的学习进展情况录入一个数据库中，从而可以从数据库中抽取信息来创建和生成提供给其父母的个性化学生报告，将把含有学生信息的电子邮件发送给其父母。

12.5.1 Greg's Gambits：创建账户和验证登录

我们将为网站使用与第 11 章相同的文件结构，有一个 header.php 页面、一个 footer.php 页面和其他一些页面。然而，在开始开发这个 PHP 程序之前，我们需要一个数据库。

12.5.1.1 创建数据库

我们将把数据库命名为 gregs_gambits，使用 phpMyAdmin 创建这个数据库及其表和字段。对于这个项目，我们只需要一个用户表。不过为了与事实相符，我们也将创建一个游戏表。我们将使用 Boggle 游戏作为例子，不过你也可以为每个游戏创建表。使用本章前面描述的过程创建 gregs_Gambits 数据库。下面列出要创建的两个表及其字段。如果来自 XAMPP 的字段没有列出，那么保留其默认值。

- 表：users
  - 字段
    - user_ID（类型：INT；大小：6，AUTO_INCREMENT）
    - first_Name（类型：VARCHAR；大小：20）
    - last_Name（类型：VARCHAR；大小：20）

- userName（类型：VARCHAR；大小：30）
- password（类型：VARCHAR；大小：8）

■ 表：game_boggle

□ 字段

- user_ID：（类型：INT；大小：6，AUTO_INCREMENT）
- userName：（类型：VARCHAR；大小：30）
- points_Earned：（类型：INT；大小：5）
- played：（类型：TINYINT；大小：3（这个游戏被玩了多少次））

注意这个结构允许多达 999 999 个玩家（user_ID 值最大是 6 个数字），每个玩家的 userName 最多有 30 个字符而密码有 8 个字符。如果愿意，你可以修改这些字段的大小。目前，我们将不再为密码指定其他限制，因此在 8 个字符之内的任何字符组合都是有效的密码。我们也指定玩家能够玩这个游戏的最多次数是 999 次，因为 played 字段被限制为最大值是 999 的 3 个数字。

12.5.1.2　创建用户账户和登录页面

我们将创建几个要放在一起的 PHP 页面。首先，需要一个让新玩家创建账户的页面。然后，该信息将成为 users 表的一部分。由于前面已经解释了很多代码，所以我们将只解释新的 PHP 和 SQL 语句。这个文件将命名为 newUser.php。我们也要创建第二个类似页面，让已有用户登录。我们将继续使用以前描述的技术，也就是每个新页面将包含 header.php 和 footer.php 文件。

开始之前，你要在 XAMPP 上的 htdocs 文件夹中创建一个文件夹结构，并且记住把网站的所有文件存储在那个文件夹中。你可以使用这里给出的文件夹名，也可以修改这些名字。在下面展示的文件夹结构中的一些名字通常是按照约定使用的名字：

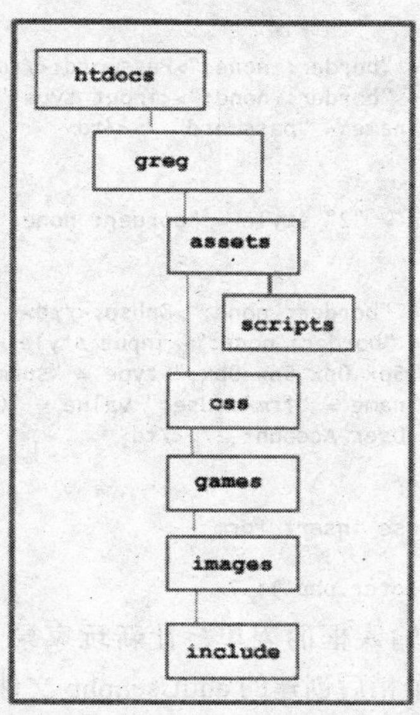

我们将创建的第一个页面是创建新用户的页面。这个页面的文件名是 newUser.php，并且应该存储在 htdocs/greg 顶层文件夹中。

newUser.php 文件　创建新用户页面的代码如下：

```
1.  <?php include ('include/header.php'); ?>
2.  <?php include("assets/addUser.php"); ?>
3.      <div id = "content">
4.          <p>Create User </p>
5.          <hr />
6.          <form action = "<?php echo $_SERVER['PHP_SELF']; ?>" ↵
                        method = "post">
7.          <table>
8.          <tr>
9.              <td style = "border: none;">First Name: </td>
10.             <td style = "border: none;"><input id="idFirstName" ↵
                        type = "text" name = "firstName" /></td>
11.         </tr>
12.         <tr>
13.             <td colspan = "2" style="border: none;"></td>
14.         </tr>
15.         <tr>
16.             <td style = "border: none;">Last Name: </td>
17.             <td style = "border: none;"><input type = "text" ↵
                        name = "lastName" /></td>
18.         </tr>
19.         <tr>
20.             <td colspan = "2" style = "border: none;"></td>
21.         </tr>
22.         <tr>
23.             <td style = "border: none;">User Name: </td>
24.             <td style = "border: none;"><input type = "text" ↵
                        name = "userName" /></td>
25.         </tr>
26.         <tr>
27.             <td colspan = "2" style = "border: none;"></td>
28.         </tr>
29.         <tr>
30.             <td style = "border: none;">Password:</td>
31.             <td style = "border: none;"><input type="password" ↵
                        name = "passWord" /></td>
32.         </tr>
33.         <tr>
34.             <td colspan = "2" style = "border: none;"></td>
35.         </tr>
36.         <tr>
37.             <td style = "border: none;"> </td>
38.             <td style = "border: none;"><input style = "margin: ↵
                        5px 0px 5px 0px;" type = "submit" ↵
                        name = "frmAddUser" value = "Create ↵
                        User Account" /></td>
39.         </tr>
40.         </table>
41.         </form> <!-- close insert form -->
42.     </div>
43. <?php include ('include/footer.php'); ?>
```

这个页面创建一个含有 4 个输入框的表单，让新玩家录入他的全名和登录信息。它包含 header.php 文件（第 1 行）和第二个稍后创建的 addUser.php 文件（第 2 行）。一旦新玩家填完这个表单并且单击 submit 按钮，表单动作将把这些信息发送给服务器（第 6 行）。它也包含 footer.php 文件（第 43 行）。

为了便于阅读，在创建登录页面和将新玩家添加到数据库的页面之前，这里将重复 header.php 和 footer.php 文件的代码，这两个文件应该存储在 include 文件夹中。

header.php 文件：

```
<html>
     <head>
          <title>Greg's Games</title>
          <link href = "css/greg.css" rel = "stylesheet" ↵
               type = "text/css" />
          <script language = "JavaScript" type = "text/javascript" ↵
               src = "assets/scripts/scripts.js"></script>
     </head>
     <body>
     <div id = "header">
          <div id = "nav">
               <img src = "images/superhero.jpg" />
               <p><a href = "index.php">Greg's Game Home</a></p>
               <p><a href = "index.php">Sign In</a></p>
               <p><a href = "addUser.php">Create User ↵
                    Account</a></p>
               <p><a href = "games.php">Play a Game</a></p>
               <p><a href = "index.php">About Greg</a></p>
               <p><a href = "contact.php">Contact Us</a></p>
          </div>
          <div id = "banner" class = "banner">
               <h1 align = "center"><em>Greg's Gambits</em></h1>
               <h2 align = "center"><em>Games for ↵
                    Everyone!</em></h2>
          </div>
     </div>
```

注意，这个页眉文件包含一个到存储在 assets/scripts 文件夹的 JavaScript 文件 scripts.js 的链接。这个网页将包含网站不同页面所需要的 JavaScript 代码片段。这是创建独立的、被所有页面包含的页眉文件的另一个好理由。通过在 header.php 文件中包含这个链接，我们可以增加所有页面可以访问的 JavaScript 代码。同时，如果需要增加一个 JavaScript 函数，那么可以把它添加到 scripts.js 文件中并且知道它将被包含在任何需要的地方。

footer.php 文件：

```
<div style = "clear: both;" id = "banner" class = "banner">
     <p>Copyright &copy; 2013 Greg's Gambits<br />
     <a href = "mailto:gregory@gambits.net"> ↵
               gregory@gambits.net</a></p>
</div>
</body>
```

使用 connectDB.php 文件连接数据库　这个页面将被下一个实际添加新用户的页面调用，其代码检查是否能够建立与服务器的连接。它创建一个变量 $dbConn，其值包含主机名（这里是 localhost）、有权增加数据库的用户名（这里使用 lizard2 作为用户名）及其密码（这里是 lizard）。如果你重新创建这个页面，你将给出自己的用户名和密码，并且确保在 phpMyAdmin 中已经为这个用户赋予增加数据库的特权。

如果建立了连接，那么新变量 $dbObj 的值将是请求的数据库。这里，它是 gregs_Gambits 数据库。其代码与以前例子创建的 connectDB.php 代码相同。

```
<?php
    $dbConn = mysql_connect('localhost', 'lizard2', 'lizard');
    if (!$dbConn)
    {
        die('Could not connect: ' . mysql_error());
    }
    $dbObj = mysql_select_db(' gregs_gambits', $dbConn);
?>
```

如果不能建立连接，die() 方法向用户显示不能建立连接并且使用 mysql_error() 方法显示导致这个问题的出错信息。如果建立了连接，那么 $dbObj 和 $dbConn 变量就可用于在下面 closeDB.php 文件之后创建的 addUser.php 文件。

使用 closeDB.php 文件关闭连接 无论是从数据库检索信息还是向数据库传递信息完成之后，将调用这个页面。这里重复这些代码，这个文件只有 3 行：

```
<?php
    mysql_close($dbConn);
?>
```

应该把打开和关闭文件（即 connectDB.php 和 closeDB.php）都存储在 include 文件夹中。

addUser.php 文件 这个页面包含用于接受新玩家录入信息并且把它添加到数据库的大部分 PHP 代码，这个页面的文件名是 addUser.php 并且存储在 greg\assets 文件夹中。其代码如下所示，代码中有注释并且在代码之后有额外的解释。

```
<?php
    include("include/connectDB.php");
    // variables from connectDB.php: $dbConn, the connection object
    if(isset($_POST['frmAddUser']))
    {
        $returnToLogin = false;
        $dbObj = mysql_select_db('gregs_gambits', $dbConn);
        $sqlStatement = "SELECT * FROM users";
    /*the next line loads a variable, $users, with the ↵
    result of a SQL query that selects values from the ↵
    users table */
        $users = mysql_query($sqlStatement, $dbConn);
        while($row = mysql_fetch_array($users))
        {
            if($row['user_Name'] == $_POST['userName'] ↵
                        && $returnToLogin == false)
            {
                echo "<script>alert('Username already ↵
                    exists. Try a new one.'); ↵
                    location.href = '../greg/newUser.php'; ↵
                    </script>";
                $returnToLogin = true;
            } // end if to check if userName already exits
            elseif($returnToLogin==false && $row['first_Name'] ↵
                        = $_POST['firstName'] && ↵
                        $row['last_Name'] == ↵
                        $_POST['lastName'])
            {
                echo "<script>alert('You are already a ↵
                    member. Please log in.'); ↵
                    location.href = ../greg/index.php'; ↵
                    </script>";
```

```
21.                     $returnToLogin = true;
22.                 } // end if to check name already exists
23.             } // end while to sift through all records
24.             if($returnToLogin == false)
25.             {
26.                 $sqlStatement = "INSERT INTO users (first_Name, ↵
                                   last_Name, user_Name, password) ↵
                                   VALUES ('$_POST[firstName]', ↵
                                   '$_POST[lastName]','$_POST ↵
                                   [userName]','$_POST[passWord]')";
27.                 if (!mysql_query($sqlStatement,$dbConn))
28.                 {
29.                     die('Error could not add: ' . mysql_error());
30.                 }
31.                 echo "<script>alert('User has been added. ↵
                                     Please log in.') ↵
                                     location.href = ↵
                                     '../greg/index.php';</script>";
32.             } // end if returnToLogin == false
33.         } // end if isset
34.         include("include/closeDB.php");
35.  ?>
```

在建立连接之后（第 2 行），第 4 行查看是否启用了表单动作。如果是 true（也就是 isset($_POST['frmAddUser'])），那么就声明一个新变量 $returnToLogin 并且初始化为 false，它起着标志变量的作用。

当用玩家的录入信息与数据库的 users 表中的记录行进行比较时，有 3 种可能的结果：第一种情况是存在具有相同用户名的玩家，但是名和姓不同；第二种情况是存在具有相同用户名、名和姓的玩家；第三种情况是没有找到匹配（也就是，新玩家的用户名不存在）。这是第 11 ~ 23 行检测的事情。

第 11 行开始一个 while 循环，检查 users 表的所有行。第 13 行开始一条检测记录行的 if 子句，查看给出的用户名（$_POST['userName']）是否匹配表中的一项（$row['userName']）并且标志变量 $returnToLogin 是否仍然是 false（这意味着这个用户名已经被使用）。如果它们都是 true，那么第 15 行使用 JavaScript 显示一个警示框要求玩家选择一个不同的用户名。它也把玩家退回到 newUser.php 页面并且结束 JavaScript 脚本。第 16 行把标志变量设置为 true，从而结束 while 循环避免遍历表中的其他记录行。

如果没有执行这个子句，那么第 18 行的 elseif 子句检查下列条件：

- 标志变量还是 false？同时
- 记录行中的名（$row['first_Name']）与玩家的名（$_POST['firstName']）相同吗？同时
- 记录行中的姓（$row['last_Name']）与玩家的姓（$_POST['lastName']）相同吗？

如果所有这些条件都是 true，那么就知道这个玩家已经创建了一个账户，就为玩家显示一个警示框（第 20 行）并且返回到登录页面 index.php。现在把标志变量设置为 true，从而确保 while 循环结束。

然而，如果 if 或 elseif 子句都不执行，我们就知道录入这些信息的人是新用户并且应该增加到数据库中。第 24 行的 if 子句检查确保 $returnToLogin 标志变量仍然是 false。如果如此，第 26 行就使用一条 SQL 语句把新值插入 users 表中的恰当字段中。最后一个可能性是基于某些理由，不能把这个玩家增加到数据库，第 29 行把那个信息和 MySQL 出错理由一起发送给玩家。

最后，如果玩家确实是一个新用户，就把这些信息添加到 users 表中的新行中，并且第 31 行将一个 JavaScript 警示框发送给玩家，告知已经添加到 Greg's Gambits 数据库。然后将玩家转去 index.php 页面进行登录和使用网站。第 34 行包含页面 closeDB.php，从而关闭数据库连接。

12.5.1.3 测试

此时，index.php 页面看起来像这样：

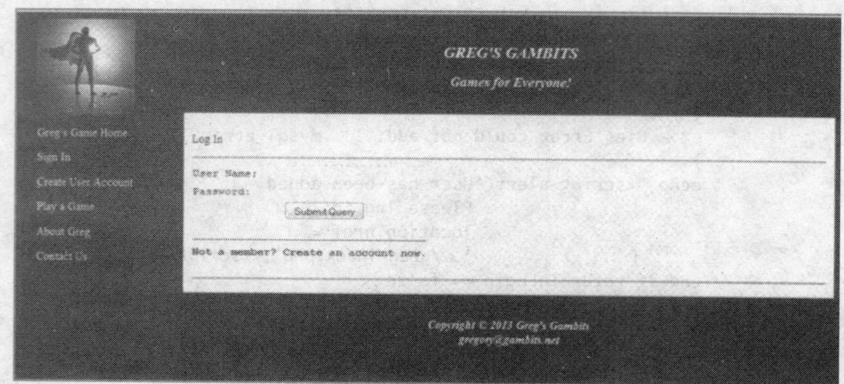

如果新玩家 Pat Pennyweather 没有账户，他可以单击 Not a member? Create an account now. 链接，从而进入页面 addUser.php。开始时，该页面看起来像这样：

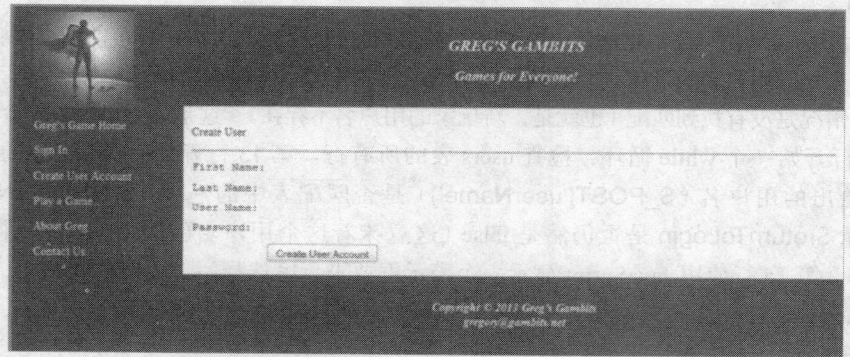

如果 Pat Pennyweather 录入他的名和姓，并且想要把 penniesForPat 设为用户名、pat^345 设为密码，那么显示将会如下图所示。

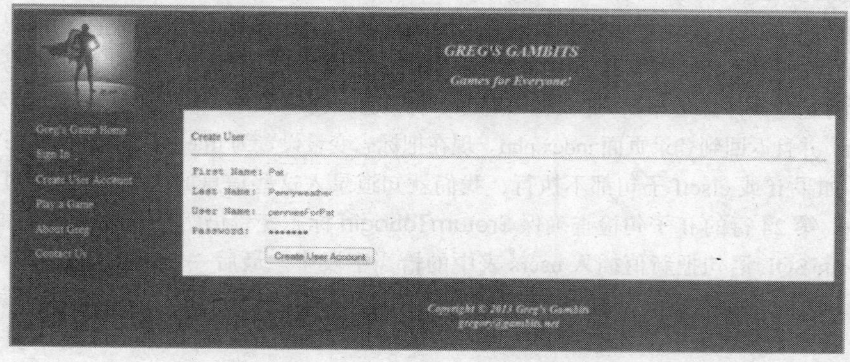

假定 Pat 以前没有创建账户，当单击 CreateUser Account 按钮时将创建这个新账户并且 Pat 将得到一个如下图所示的确认提示。

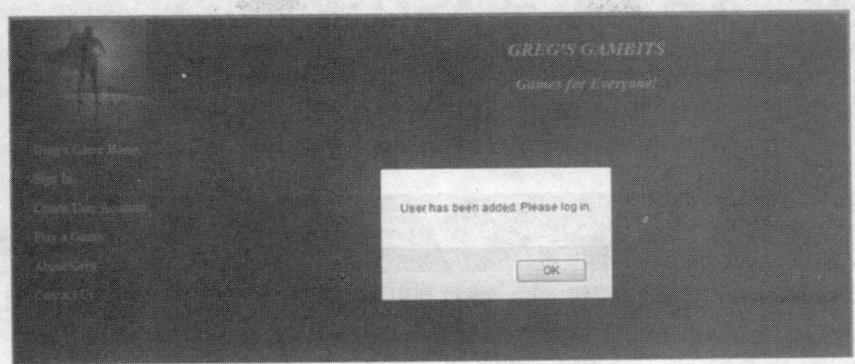

当 Pat 单击 OK 按钮时，他将被重新引导到原始的登录页面 index.php。然后，当 Pat 用他的用户名和密码登录时，将收到以下提示：

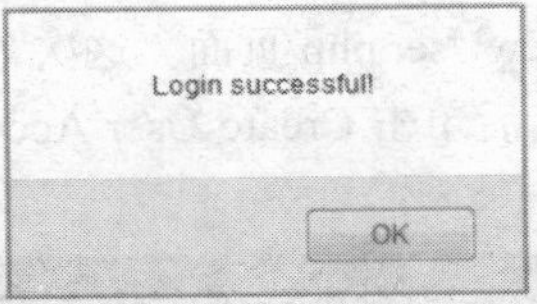

我们将用玩家信息创建一个页面，让 Pat 选择一个游戏或者注销。新页面 userPage.php 如下图所示，它含有 Pat Pennyweather 的信息。显然，密码是隐蔽的。但是在创建这个页面之前，我们将试一试其他登录选项以检测 addUser.php 页面能够正确工作。

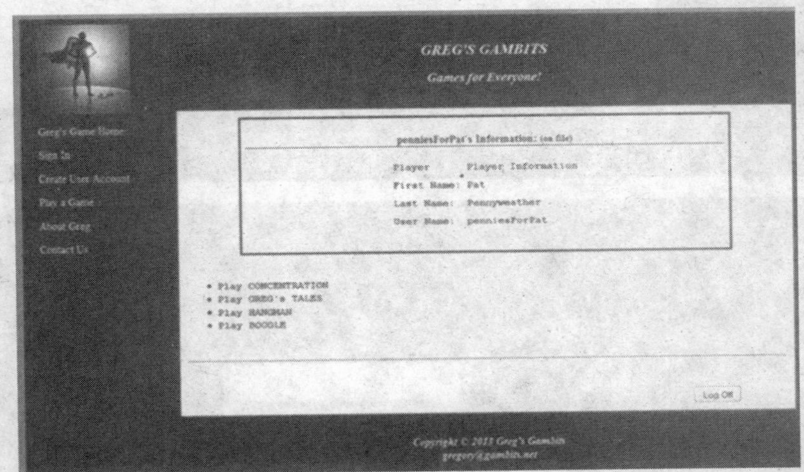

假定 Priscilla Patterson 想要在 Greg's Gambits 上注册。她一直是把 penniesForPat 用做她的用户名，因此她在 addUser.php 页面上录入这个用户名，以及她的名字和选择的密码 PrisCat1。

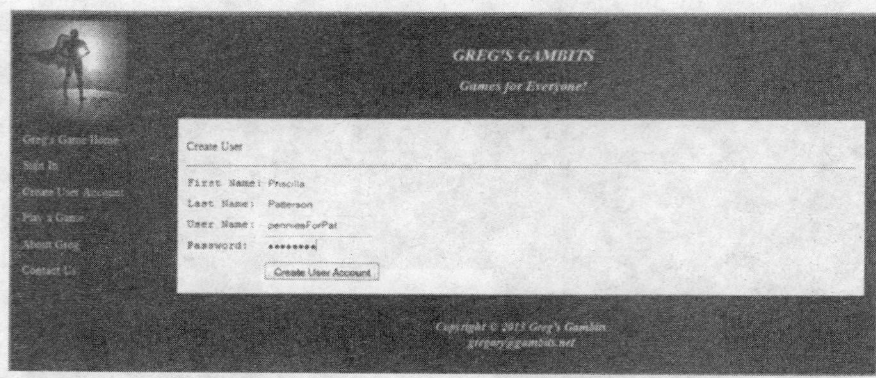

在单击 Create User Account 按钮之后，她得到以下提示并且重新引导到前面的页面再试试：

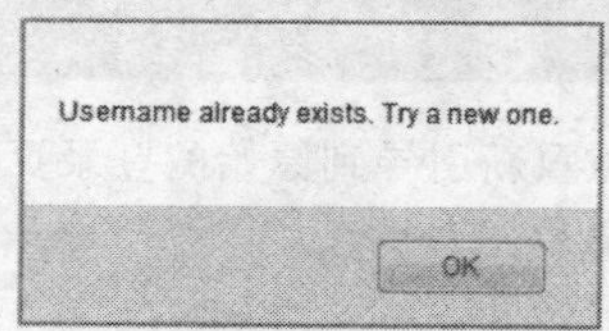

在单击 OK 按钮之后，她返回 newUser.php 页面。这次，如果她录入 Priscilla Patterson、新用户名 dollarsForPat 和原来的密码，然后单击 Create User Account，那么将成功创建她的账户并且提示她登录：

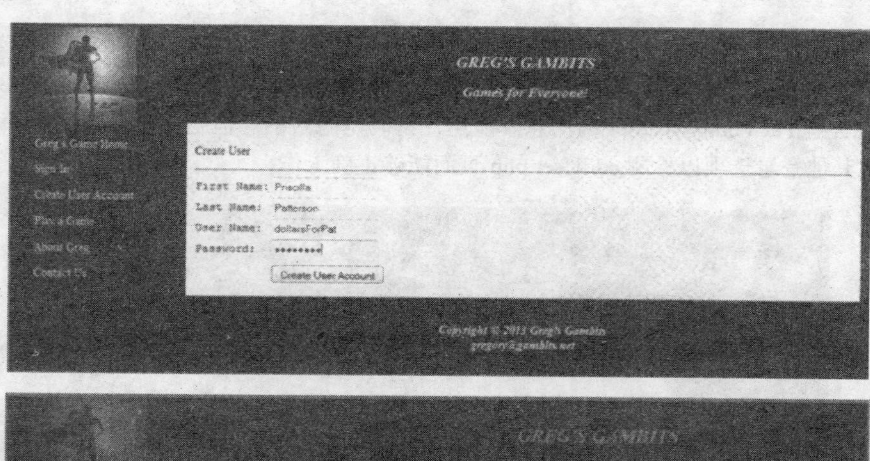

现在假定 Pat 的姐妹 Patty 想要建立一个账户。她的所有朋友称她为 Pat 并且她一直使用 Pat 作为她的签名，她想要以 babyPat 作为用户名和密码。在录入 Pat 作为名、Pennyweather 作为姓、babyPat 作为用户名和 babyPat 作为密码之后，她将收到以下警告提示：

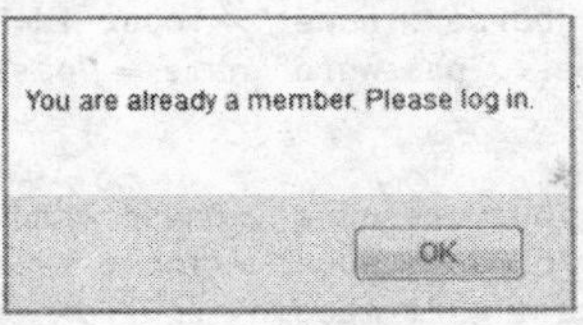

但是当她尝试在 index.php 页面上使用 babyPat 作为用户名和密码登录时，她将得到以下提示：

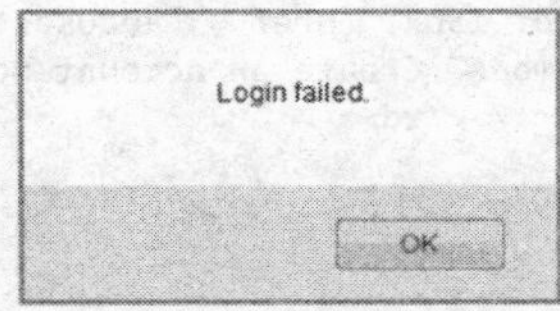

单击 OK 按钮将把她引回登录页面。我们可以做更多的事情使这个网站更为实用，但是这超出本书范围。利用你的当前知识，你能够创建页面检查一个只记住用户名却忘记密码或者两个都忘记的玩家是否有一个账户。然后，在使用我们将在 Carla's Classroom 节讨论的特性之后，你可以向用户发送一封电子邮件告知其用户名和密码。

12.5.1.4　新的主页：index.php 页面

新的 index.php 页面包含一些新的重要的 PHP 概念。它也链接另一个页面，那个页面为玩家启动一个会话、验证玩家身份并且让他继续会话的其他部分。因此我们从讨论会话开始。

会话期　每当玩家登录网站时就开始一个会话，**PHP 会话**开始于玩家登录，结束于注销。会话变量 $_SESSION 用于存储用户信息并且可以在会话期间修改用户的设置，这个变量（作为超级全局变量，实际上是一个数组）保存用户的信息并且可用于网站的所有页面。这里，当开始一个会话时，将从数据库的 users 表中获取某些信息并且存储在 $_SESSION 中，使该信息可用于在整个会话中的所有页面。对于我们的会话而言，$_SESSION 的值将包含玩家的名和姓、用户名和用户 ID。以后在玩家玩了游戏之后，可以使用用户 ID 标识应该在数据库的 game_boggle 表中更新哪个分数。

index.php 页面　这个页面存储在 htdocs/gregs_games 文件夹中，其代码如下：

```
<?php include ('assets/logIn.php'); ?>
<?php include ('include/header.php'); ?>
      <div id = "content">
      <p>Log In </p>
      <hr />
      <form action = "<?php echo $_SERVER['PHP_SELF']; ?>" method = ↵
                    "post" onsubmit = "return ↵
                    validate_loginForm(this);">
            <table>
            <tr>
                  <td style = "border: none;">User Name: </td>
```

```
10.               <td style = "border: none;"><input id="idUserName" ↵
                            type = "text" name = "userName" /></td>
11.           </tr>
12.           <tr>
13.               <td style = "border: none;">Password:</td>
14.               <td style = "border: none;"><input id="idPassWord" ↵
                          type = "password" name = "passWord" /></td>
15.           </tr>
16.           <tr>
17.               <td style = "border: none;"> </td>
18.               <td style = "border: none;"><input type = "submit" ↵
                            name = "frmLogin" /></td>
19.           </tr>
20.           <tr>
21.               <td colspan="2" style="border: none;"><br /><hr /> ↵
                            <a class="contentAnchor" style="margin- ↵
                            top: 15px;" href = "addUser.php"> Not a ↵
                            member? Create an account now.</a> ↵
                            <br /></td>
22.           </tr>
23.           </table>
24.       </form>
25.       <br /><hr />
26.   </div>
27.   <?php include ('include/footer.php'); ?>
```

这些代码的大多数是清楚的，第 1、2 和 27 行包含必需的文件，第 6 行需要一些解释。表单动作是 "<?php echo $_SERVER['PHP_SELF'] ; ?>"，这条语句让玩家前往定义会话变量的页面 logIn.php。我们将接着创建这个页面。表单方法是 "post"。onsubmit 动作是 "return validate_loginForm(this);"，这个 JavaScript 函数包含在 scripts.js 文件中，我们将在下面创建它。

logIn.php 页面

```
<?php
session_start();  // BEGIN session for User
include("include/connectDB.php");
if(isset($_POST['frmLogin']))
{
    $sqlStatement = "SELECT * FROM users";
    $users = mysql_query($sqlStatement, $dbConn);
    if (!$users)
    {
        die('Error: ' . mysql_error());
    }
    while($row = mysql_fetch_array($users))
    {
        if($row['user_Name'] == $_POST['userName'] && ↵
                    $row['password'] == ↵
                    $_POST['passWord'])
        {
            $_SESSION['userID'] = $row['user_ID'];
            $_SESSION['user'] = $row['user_Name'];
            $_SESSION['userFirstName'] = $row['first_Name'];
            $_SESSION['userLastName'] = $row['last_Name'];
            echo "<script>alert('Login successful!'); ↵
                    location.href = 'userPage.php'; ↵
                    </script>";
        } //end if to check if username & password match DB entry
```

```
22.         } // end while to sift through all records
23.         echo '<script>alert("Login failed."); location.href = ↲
                                          "index.php";</script>';
24.     } // end if isset
25.     include("include/closeDB.php");
26.     ?>
```

第 2 行使用 PHP 方法 session_start() 开始一个会话。

session_start() 方法和 $_SESSION 超级全局变量 每当玩家登录网站时，就必须开始一个会话。当第一次执行 PHP 函数 session_start() 时，它开始一个会话。从现在开始，与这个会话有关的任何页面将从 session_start() 开始，它将恢复这个已经开始的会话。会话变量 $_SESSION 存储玩家的信息，并且在这个会话期间可用于修改那个玩家的设置（如更新游戏分数）。

第 6 和 7 行创建一条 SQL 语句查询 gregs_gambits 数据库的 users 表。在第 12 ~ 22 行上的 while 循环检查 $_SESSION 数组中所有元素（'userID'、'user'、'userFirstName' 和 'userLastName'）存储的玩家录入值，与那个表中的所有记录行的值进行比较。如果找到，就显示 "Login successful!" 提示（第 20 行），并且将用户引导到 userPage.php 页面。如果没有找到，那么第 23 行显示登录失败并且将玩家引回到 index.php 页面让他再试一次。

JavaScript 函 数 validate_loginForm(thisform)、validate_userName() 和 validate_passWord() 下列 JavaScript 代码验证玩家尝试登录的用户名和密码。只要其中一个字段无效就显示一个警告提示。

```
var gatherInvalids = new Array(); //alerts for invalid entries
function validate_loginForm(thisform)
{
    with (thisform)
    {
        validate_userName(userName);
        validate_passWord(passWord);
    }
    if (gatherInvalids.length)
    {
        var displayInvalids = '';
        var count;
        for (count = 0; count < gatherInvalids.length; ↲
                                  count++)
        {
            displayInvalids += gatherInvalids[count] + "\n";
        }
        alert(displayInvalids);
        document.getElementById("idUserName").innerHTML="";
        document.getElementById("idPassword").innerHTML="";
        displayInvalids = '';
        gatherInvalids = [];
        return false;
    }
} // close validate form
function validate_userName(field)
{
    with(field)
    {
        if(value.length > 29)
        {
```

```
31.                 gatherInvalids.push("username length cannot ↲
                           exceed 30 characters");
32.             }
33.             if(value.length < 1)
34.             {
35.                 gatherInvalids.push("Please enter a username.");
36.             }
37.         }
38. } // end function to check username entered and length
39. function validate_passWord(field)
40. {
41.     with(field)
42.     {
43.             if(value.length > 7)
44.             {
45.                 gatherInvalids.push("Password length cannot ↲
                           exceed 8 characters");
46.             }
47.             if(value.length < 1)
48.             {
49.                 gatherInvalids.push("Please enter a password.");
50.             }
51.     }
52. }// end function to check password
```

这些代码是被网站所有页面包含的 scripts.js 文件的一部分，这里有 3 个函数。validate_loginForm() 函数接收 index.php 页面的表单名，它调用其他两个函数，即 validate_userName() 和 validate_passWord()。with 关键字是新的 JavaScript 保留字，下面将描述它。

with() 保留字（或关键字） with() 保留字（或关键字）让你在一块代码内直接引用属性和方法，而不必使用对象名。在块中的所有引用被约定为 with() 语句指定对象的属性或方法。当使用 with() 保留字时，它知道如何把其参数应用于块中的语句。因此，给出下列代码（第 27 ~ 32 行）：

```
27. with(field)
28. {
29.     if(value.length > 29)
30.     {
31.         gatherInvalids.push("User name length cannot ...");
32.     }
```

参数 field 引用传递给第 25 行的函数实参。这里，field 是 username。因此，根据 with() 语句的作用，在第 29 行上的 value 是指 username 的值。使用 with() 语句是简化代码的一种方便方法，使你不必在所有引用中使用对象名。

3 个函数 validate_loginForm(thisform)、validate_userName() 和 validate_passWord() 完成下列任务：

- 第 6 行调用 validate_username()。
  - 如果录入的用户名超过 30 个字符（第 29 行），那么 gatherInvalids 数组的第一个元素将是信息“用户名不能超过 30 个字符”。
  - 如果没有录入东西（value.length < 1）（第 33 行），那么其信息将是录入用户名。
- 当这个函数结束时，第 7 行将调用 validate_passWord()。

- □ 这个函数类似于 validate_userName()，但是要检查密码不能超过 8 个字符并且已经录入了一个密码（第 43 和 44 行）。
- ■ 在完成验证用户名和密码之后，第 9 行检测是否有要显示的信息，即是否存在 gatherInvalids.length。
  - □ 若如此，则显示该信息（第 11 ~ 19 行）、清空 gatherInvalids 数组（第 21 行）并结束函数。

12.5.1.5　创建用户信息页面

一旦玩家到达 userPage.php 页面，他可以单击一个游戏玩。因为我们不进一步开发这个网站的功能性，所以我们将简单创建 userPage.php。创建的页面让玩家玩游戏并且使用数据库记录已玩游戏的分数和次数，而其他功能留给更高级的课程。下面是这个页面的代码，显示玩家的信息并且可以让玩家玩游戏。

```
<?php include ('assets/userPage.php'); ?>
<?php include ('include/header.php'); ?>
<div id = "content">
    <div style="width: 80%; border:3px solid black; padding: 5px; ↵
                    background-color: #C3F9FF;">
        <h3 class = "phpH3">
        <?php echo $_SESSION['user']; ?>'s Information: (on ↵
                    file)</h3>
        <table style = "margin: 0px auto 0px auto;">
        <tr>
            <td>Player</td>
            <td>Player Information</td>
        </tr>
        <tr>
            <td>First Name: </td>
            <td><?php echo $_SESSION['userFirstName']; ?></td>
        </tr>
        <tr>
            <td>Last Name: </td>
            <td><?php echo $_SESSION['userLastName']; ?></td>
        </tr>
        <tr>
            <td>User Name: </td>
            <td><?php echo $_SESSION['user']; ?></td>
        </tr>
        <tr>
            <td colspan="2" style="border: none;"> </td>
        </tr>
        </table>
    </div>
    <br />
    <ul>
        <li><a class = "contentAnchor" href = ↵
                "game_Concentration.php"> Play ↵
                CONCENTRATION</a></li>
        <li><a class = "contentAnchor" href = "game_Tales.php"> ↵
                Play GREG's TALES</a></li>
        <li><a class="contentAnchor" href="game_Hangman.php"> ↵
                Play HANGMAN</a></li>
        <li><a class = "contentAnchor" href = "game_Boggle.php"> ↵
                Play BOGGLE</a></li>
```

```
35.     </ul>
36.         <br /><hr /><br />
37.         <p>
38.             <input style="float: right; margin-right: 60px;" name = ↵
                        "btnSubmit" type="submit" value="Log ↵
                        Off" onclick="logOff(); return false;" />
39.         </p>
40.     </div>
41.     <?php include ('include/footer.php'); ?>
```

在这些代码中，大部分是简单的。包含的第一个 PHP 页面是第二个 PHP 页面，称为 userPage.php，但它是存储在 assets 中。这个页面只是为了保持会话，其页面代码看起来像这样：

```
<?php
    // Resume session
    session_start();
?>
```

用相同的文件名命名两个页面似乎有些奇怪，不过这样做的好处是有助于将来改进。你很可能已经对网站的文件夹结构感到困惑。通过把彼此相关的具有相同文件名的多个页面存放在不同的文件夹中，你能够更容易地观察到页面之间的关系。也包含 header.php 和 footer.php 页面，这两个文件最终将被网站所有页面包含。

第 7 ~ 27 行创建一个 4 行 2 列的表格来显示已登录玩家的信息。第 30 ~ 35 行创建一个 Greg's Gambits 网站提供的游戏列表，并且列表中的每个项目链接一个游戏。我们这里只列出 4 个游戏，但是能够很容易增加其他游戏。超级全局变量 $_SESSION 从数据库中检索玩家的信息并且把它显示在屏幕上。

12.5.1.6 玩游戏

如果把本书创建的游戏存储在 greg\games 文件夹中，能够创建一个账户、登录网站和玩游戏。然而，需要在 htdocs 文件夹中把每个游戏设置为这个网站的一部分。这里使用 Boggle 作为样例，展示如何编辑和存储游戏文件。

通过补充的 PHP 代码，我们开始重新设计 Boggle 游戏。当一个有效用户已经登录并且单击 userPage.php 页面中的 Play Boggle 时，将出现这个重新设计的页面。首先，我们需要一些 PHP 代码确定玩家是一个已注册的用户，这个页面称为 game_Boggle.php 并且存储在 greg 文件夹中。

```
<?php
    include ('assets/userPage.php');
    include ('include/header.php');
?>
    <div id = "content">
        <h2>BOGGLE</h2>
        <h3><?php echo $_SESSION['user']; ?>'s Session</h3>
        <hr />
        <p>The object of the game is to create as many words as ↵
                you can, in a given time limit, from the ↵
```

```
                  letters shown below. When you are ready to ↵
                  begin, click the button.</p>
10.          <p><input type = "button" value = "begin the game" ↵
                  onclick = "boggle();" /></p>
11.          <h2><br />Letters you can use:<br />
12.              <div id = "letters"> </div><br />
13.          </h2>
14.          <h2>Your words so far: <br />
15.              <div id = "entries"> </div><br />
16.          </h2>
17.          <h2>Results:<br />
18.              <div id = "result"> </div>
19.          </h2>
20.          <hr />
21.          <p style = "float: right; margin-right: 60px;"> <input ↵
                  name = "btnSubmit" type = "submit" value ↵
                  = "Log Off" onclick = "logOff(); return ↵
                  false;" /></p>
22.      </div>
23.  <?php include ('include/footer.php'); ?>
```

第 2、3 和 23 行包含必要的 PHP 文件。第 7 行使用会话变量为玩家定制这个会话。如果玩家 Pat Pennyweather 登录并且单击 Play BOGGLE 游戏，屏幕将如下图所示。

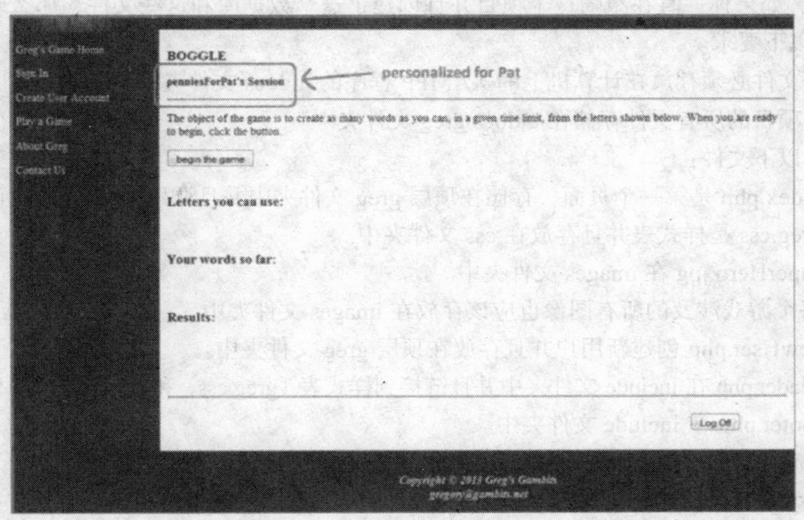

一旦 Pat 开始玩游戏，这个拼字游戏就在 JavaScript 控制下运行，如第 9 章所创建的那样。我们把这个游戏的 JavaScript 代码放入 scripts.js 文件中，并且因为包含的 header.php 文件链接了 scripts.js，所以这个拼字游戏代码可用于这个页面。

以后，你可以补充代码把 Pat 的游戏结果存储在数据库的 boggle 表中。这个页面包含两个还没有实现的按钮，即 Submit Boggle 和 Log Off。当你掌握了 PHP 和 SQL 时，你可以实现这两个按钮的功能。如果 Pat 玩了一次游戏，那么其显示将看起来像这样：

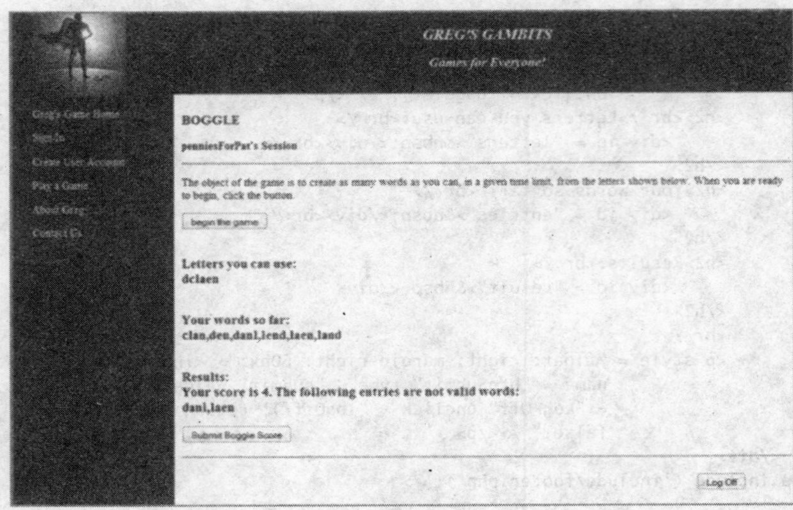

12.5.1.7 将所有代码放在一起

在本节，我们将回顾这个项目需要的文件，包括函数简要并描述应该把它们保存在文件夹结构中的位置。如果你一直在跟随这个项目并且创建了这个数据库和这些文件，那么确保你的文件夹结构符合以下要求。

- 所有文件必须存放在计算机上的 XAMPP 程序的 htdocs 文件夹中。
- 这个项目的所有文件存储在 htdocs\greg 文件夹中。
- 需要以下文件：
  - index.php 是第一个页面，存储在顶层 greg 文件夹中并且调用 logIn.php 页面。
  - greg.css 是样式表并且存放在 css 文件夹中。
  - superHero.jpg 在 images 文件夹中。
  - 每个游戏涉及的所有图像也应该存放在 images 文件夹中。
  - newUser.php 创建新用户并且存放在顶层 greg 文件夹中。
  - header.php 在 include 文件夹中并且链接到样式表（greg.css）和 JavaScript 脚本（scripts.js）。
  - footer.php 在 include 文件夹中。
  - connectDB.php 在 include 文件夹中，其作用是创建到数据库的连接。
  - closeDB.php 在 include 文件夹中，其作用是关闭与数据库的连接。
  - userPage.php 在顶层 greg 文件夹中，它包含存储在 assets 文件夹的、用于保持会话的 userPages.php。这个页面显示已登录的有效用户信息，并且让用户选择一个游戏玩。
  - userPage.php 是使用这个文件名的第二个页面，但是存储在 assets 文件夹中。用于保持会话。
  - addUser.php 在 assets 文件夹中。它连接数据库，并且把来自 newUser.php 的信息添加到数据库中，然后关闭这个连接。
  - logIn.php 在 assets 文件夹中。它连接数据库，检查登录信息是有效的，然后关闭这个连接。

- game_Boggle.php 是让用户玩拼字游戏的页面，存放在顶层 greg 文件夹中。它调用 scripts.js 文件玩游戏，并且当正在玩游戏时显示游戏信息。
- scripts.js 包含这个网站需要的所有 JavaScript 函数，它存储在 assets\scripts 文件夹中。

12.5.2　Carla's Classroom：使用 PHP 通过电子邮件发送学生报告

在本节，我们将为 Carla 创建一个数据库来存储学生信息，以获取她需要的信息。目前，我们将让她录入学生的名字、3 个成绩（数学、阅读和写作）和一些评语。然后，她将使用 PHP 从数据库中收集信息并且生成成绩报告，再通过电子邮件发送给学生的父母。

12.5.2.1　创建数据库

我们将数据库命名为 carlas_class。使用 phpMyAdmin 创建一个包含 1 个表和 8 个字段的数据库。下面列出这个表及其字段，若没有列出来自 XAMPP 的字段，则保留其默认值。

- 表：students
  - 字段：
    - student_ID（类型：INT，大小：4，属性：unsigned，索引：primary，AUTO_INCREMENT）
    - last_Name（类型：VARCHAR，大小：20）
    - first_Name（类型：VARCHAR，大小：20）
    - contact_Email（类型：VARCHAR，大小：40）
    - grade_Math（类型：float，大小：5）
    - grade_Read（类型：float，大小：5）
    - grade_Write（类型：float，大小：5）
    - comment（类型：VARCHAR，大小：300）

文件夹　与 Greg's Gambits 一样，创建下列文件夹并且确保它们是在 XAMPP 的 htdocs 文件夹中。

- 顶层文件夹是 carlas_class。
- 子文件夹是 assets、css、images 和 include。
- 把样式表 carla.css 放入 css 文件夹。
- 把以下图像放入 images 文件夹：carla_pic.jpg 和 owl_reading.jpg。

12.5.2.2　把学生信息添加到数据库

要把记录添加到 Carla 数据库，我们需要一个让她录入信息的表单、一个到数据库的连接和一个插入新记录的文件。

index.php 文件　这个页面让 Carla 录入指定学生的信息，然后把它添加到数据库中。由于学生看不到这个页面，所以它是孤立的页面，不需要链接到 Carla 网站的其他地方，也就是它不使用页眉和页脚文件。这个页面有一个 Carla 图像和她喜爱的猫头鹰图像并且使用她的样式表，但是不需要特殊的样式或图像。这个文件有一个表单，让 Carla 能够录入学生的名字、成绩和她想要发送给学生父母的评语。这个文件的文件名是 index.php 并且存储在 carla 文件夹中，但是不在其任何子文件夹中。其代码如下：

```
<?php include ('assets/insert.php'); ?>
<html>
<head>
     <title>Carla's Classroom | Add Students</title>
     <link href = "css/carla.css" rel = "stylesheet" type = ↵
                              "text/css" />
</head>
<body>
     <div id = "container">
          <img src = "images/owl_reading.jpg" class="floatleft" />
          <h1 id = "logo"><em>Carla's Students</em></h1>
          <div id = "content">
               <img src = "images/carla_pic.jpg" class = ↵
                              "floatleft" />
               <div style = "width: 400px; float: right;">
               <div style = "float: right; width: 400px; border: ↵
                         1px solid black; background- ↵
                         color: #FFEAA3; padding: 5px; ↵
                         margin-right: 50px;">
               <p>Add Students Form </p><hr />
               <form action="<?php echo $_SERVER['PHP_SELF']; ?>" ↵
                              method = "post">
               <table>
               <tr>
                    <td><p>Last name: </td>
                    <td><input type = "text" size = "30" name = ↵
                              "lastName" /></p></td>
               </tr>
               <tr>
                    <td><p>First name: </td>
                    <td><input type = "text" size = "30" name = ↵
                              "firstName" /></p></td>
               </tr>
               <tr>
                    <td><p>Email: </td>
                    <td><input type = "text" size = "30" name = ↵
                              "contactEmail" /></p></td>
               </tr>
               <tr>
                    <td><p>grade_Math: </td>
                    <td><input type = "text" size = "30" name = ↵
                              "gradeMath" /></p></td>
               </tr>
               <tr>
                    <td><p>grade_Read: </td>
                    <td><input type = "text" size = "30" name = ↵
                              "gradeRead" /></p></td>
               </tr>
               <tr>
                    <td><p>grade_Write: </td>
                    <td><input type = "text" size = "30" name = ↵
                              "gradeWrite" /></p></td>
               </tr>
               <tr>
                    <td><p>Comments: </td>
                    <td><textarea rows = "6" cols = "23" name = ↵
                              "comment"> </textarea></p></td>
```

```
45.            </tr>
46.            <tr>
47.                <td colspan = "2" style = "text-align: ↵
                              center;"><input type = "submit" ↵
                              name = "frmAddStudent" /></td>
48.            </tr>
49.            </table>
50.            </form>
51.            <hr />
52.            <p><a href = "sendEmail.php">Send a report by ↵
                             email</a></p>
53.            </div>
54.            </div>
55.        </div>
56.    </div>
57.  </body>
58.  </html>
```

这个脚本创建一个含有输入框的表单，让 Carla 录入学生的名字、成绩和她自己的评语。第 47 行创建一个 submit（提交）按钮，当单击 submit 按钮时将把这些信息发送给数据库。第 16 行是表单的动作和方法，方法是我们熟悉的 "post" 方法，表单动作（即 echo $_SERVER['PHP_SELF'];）是将表单信息发送给与这个页面所在的相同服务器。第 52 行链接我们将创建的下一个页面，它让 Carla 将一封电子邮件发送给学生父母。

insert.php 文件已经被包含在这个文件中（第 1 行），它将把这些信息添加到数据库。我们下一步将创建这个文件。这时，尽管这个页面还不能操作，但是如果你录入这些代码并且从 localhost 运行它，那么页面将看起来像这样：

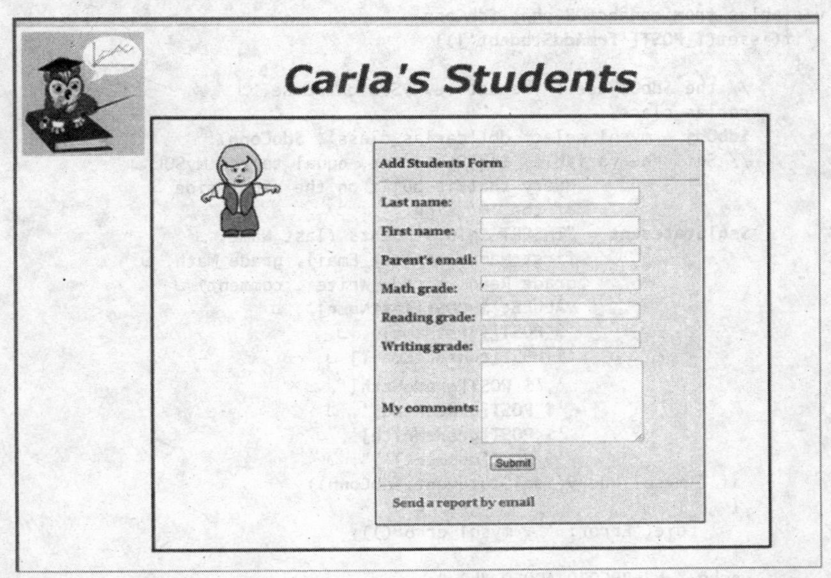

插入新记录：建立连接　insert.php 文件接收在表单中录入的信息并且把它发送给数据库。如果建立了连接、数据库存在并且这些字段有效，那么将告知 Carla 已经创建新记录并且添加到数

据库中。如果出现问题，那么显示出错信息。为此，我们需要连接数据库，并且在更新数据库之后关闭这个连接。这里的两个文件 connectDB.php 和 closeDB.php 类似于我们为 Greg's Gambits 创建的那两个文件，其代码如下：

connectDB.php:

```
1.  <?php
2.       $dbConn = mysql_connect('localhost', 'lizard2', 'lizard');
3.       if (!$dbConn)
4.       {
5.            die('Could not connect: ' . mysql_error());
6.       }
7.  ?>
```

记住，应当包含有权添加数据库的用户、数据库的位置（'localhost'）和用户密码（第 2 行）。这里，指定的用户名是 'lizard2'，密码是 'lizard'。文件 connectDB.php 应该存储在 include 文件夹中。

closeDB.php:

```
<?php
     mysql_close($dbConn);
?>
```

这个文件也应该存储在 include 文件夹中。

insert.php 文件　这个文件把信息插入 carlas_class 数据库的适当字段中。其代码有注释，并且后面有解释。

```
?php
     include("include/connectDB.php");
// variables from connectDB.php: $dbConn
     if(isset($_POST['frmAddStudent']))
     {
          // the $dbObj sets the active MySQL database, ↵
          carlas_class
          $dbObj = mysql_select_db('carlas_class', $dbConn);
          // Sets the variable, $sqlStatement, equal to the MySQL ↵
                          query that is built on the right side ↵
                          of the '=' sign.
          $sqlStatement = "INSERT INTO students (last_Name, ↵
                          first_Name, contact_Email, grade_Math, ↵
                          grade_Read , grade_Write , comment) ↵
                          VALUES('$_POST[lastName]', ↵
                          '$_POST[firstName]', ↵
                          '$_POST[contactEmail] ↵
                           ','$_POST[gradeMath]', ↵
                           '$_POST[gradeRead]', ↵
                           '$_POST[gradeWrite]', ↵
                           '$_POST[comment]')"; ↵
           if (!mysql_query($sqlStatement,$dbConn))
           {
                die('Error: ' . mysql_error());
           }
           echo "<h2>RECORD ADDED</h2>";
           include("include/closeDB.php");
     }
?>
```

第 4 行检查确保已经从这个表单发送数据。如果 frmAddStudent 的数据是在超级全局变量 $_POST 中，那么 isset() 方法将返回 true。

第 7 行创建变量 $dbObj，它使用 mysql_select_db() 方法选择使用的数据库。这里使用的数据库是 carlas_class，并且 $dbConn 是使用的连接。

第 9 行有两部分。等号 '=' 左边创建一个 PHP 变量 $sqlStatement，这个变量将保存等号 '=' 右边构建的 MySQL 查询的值。这里，我们把一条记录（也就是一行）插入 students 表中。该表有在第一对圆括号中指定的字段（也就是列），也就是 last_Name、first_Name 和 contact_Email 等。它们是表的字段名，而在表中的每条记录有相应的字段。MySQL 语句 'VALUES' 告诉 MySQL 下列值将插入新记录的对应字段中，也就是，把 $_POST[lastName] 的值存储到字段 'last_name'、把 $_POST[gradeMath] 的值存储到字段 'grade_Math' 中……所有 7 个字段。没有提及的唯一字段是 student_ID，因为每当增加一条记录时，MySQL 将自动递增这个字段。这是把它标记为 PRIMARY KEY 并且选中 Auto_Increment 属性的结果。

第 10 ~ 13 行查看是否正常执行了这个查询。如果 mysql_query（$sqlstatement，$dbConn）的结果是 true，那么就执行了这个查询。NOT 操作符将把这个 true 转换为 false，从而跳过这个 if 子句。然而，如果查询失败它将返回 false，因为 NOT 操作符，所以它将转换为 true，执行 die() 函数。

第 14 行向 Carla 显示已经增加一条记录的信息，第 15 行关闭与数据库的连接。

如果 Carla 要录入的学生名字是 JeanPaul Lejeune、擅长数学（数学成绩 = 97.6）但不是很喜欢读书（阅读成绩 = 80.4）或写作（写作成绩 = 73.9），那么下面展示录入这个学生信息的操作过程。其中，Lejeune 夫妇使用的电子邮件地址是 lejeune@gmail.com，而 Carla 想要在评语中鼓励 Jean-Paul 多多阅读。

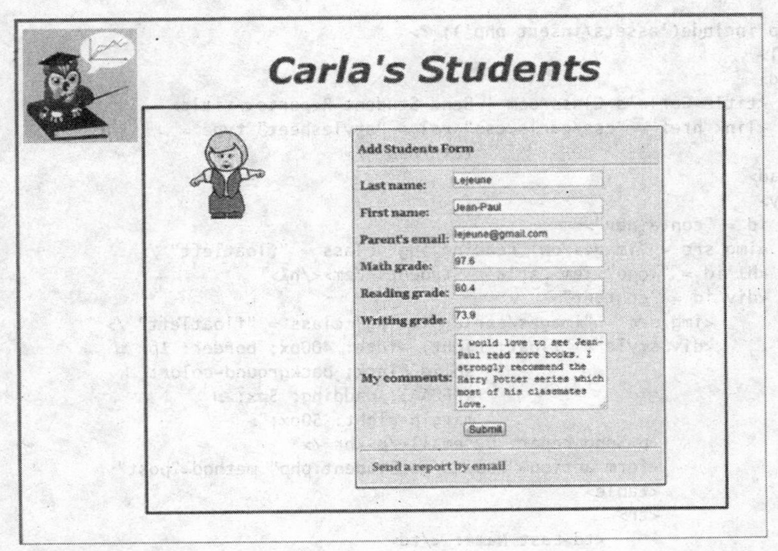

在录入这些信息之后，Carla 单击 submit（提交）按钮从而显示以下屏幕：

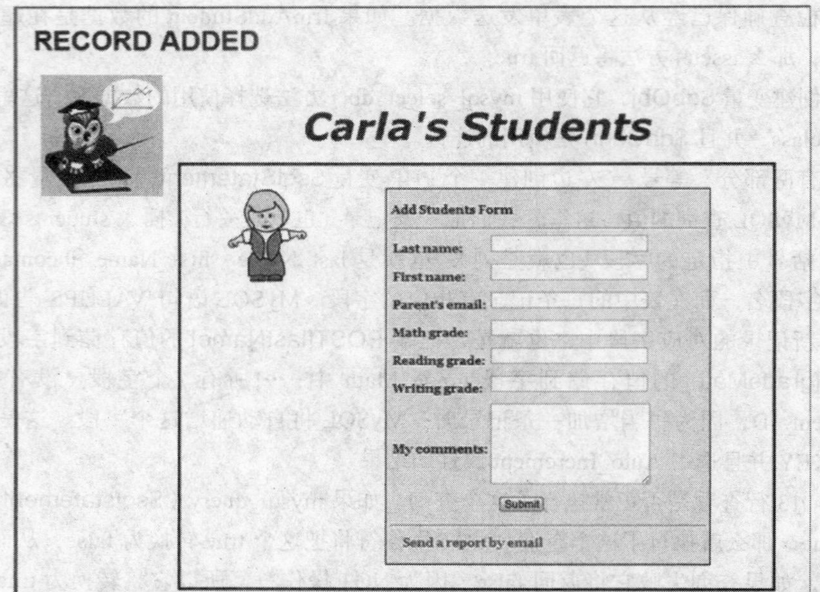

12.5.2.3 创建和发送电子邮件

当 Carla 已经准备好时，她可以单击页面底部的 Send a report by email 链接进入一个页面，她可以在那个页面中录入学生的名字并且自动创建一封电子邮件发送给那个学生的父母。这需要两个页面，一个页面有一个表单让 Carla 录入学生的名字，而另一个页面将创建电子邮件。

sendEmail.php 文件 类似于 index.php 页面，这个页面创建一个简单表单获取学生的名字，然后发送电子邮件。这个文件存储在 carla 文件夹中，其代码如下：

```
<?php include('assets/insert.php'); ?>
<html>
<head>
	<title>Carla's Classroom | Send Student Reports</title>
	<link href = "css/carla.css" rel = "stylesheet" type = ↵
	                    "text/css" />
</head>
<body>
<div id = "container">
	<img src = "images/owl_reading.jpg" class = "floatleft" />
	<h1 id = "logo"><em>Carla's Students</em></h1>
	<div id = "content">
		<img src = "images/carla_pic.jpg" class = "floatleft" />
		<div style = "float: right; width: 400px; border: 1px ↵
		           solid black; background-color: ↵
		           #FFEAA3; padding: 5px; ↵
		           margin-right: 50px;">
			<p>Send report by email</p><hr />
			<form action="assets/getStudent.php" method="post">
			<table>
			<tr>
				<td>Last Name: </td>
				<td><input type = "text" name = ↵
```

```
                              "get_lastName" /></td>
20.                 </tr>
21.                 <tr>
22.                      <td>First Name: </td>
23.                      <td><input type="text" name = ↵
                              "get_firstName" /></td>
24.                 </tr>
25.                 <tr>
26.                      <td colspan="2" style="text-align: center;"> ↵
                              <input type="submit" /></td>
27.                 </tr>
28.                 </table>
29.                 </form>
30.            </div>
31.       </div>
32.       </div>
33. </div>
34. </body>
35. </html>
```

除了第 1 行的单条 PHP 语句之外，这些代码都是 HTML 代码，包括一个表单让 Carla 录入学生的名字。第 15 行的表单动作把表单信息发送给 assets 文件夹中的 getStudent.php 文件，我们下一步将创建那个文件。如果这样编码，那么这个文件现在将如下图所示，但是还不能做任何事情。

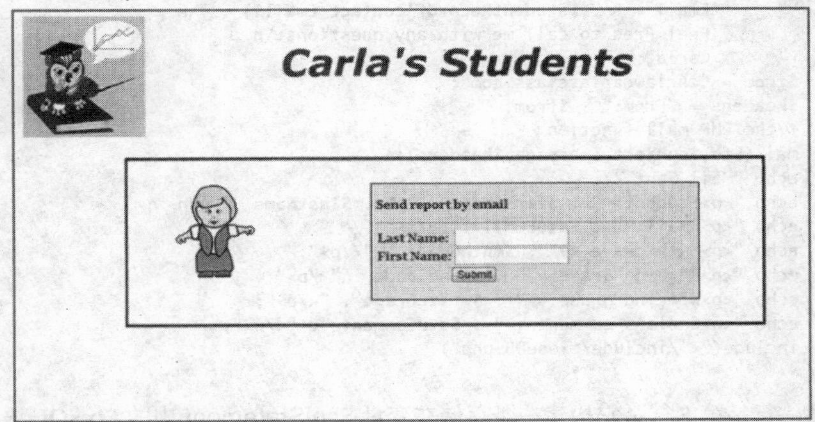

getStudent.php 文件　这个页面将创建电子邮件。这个页面首先打开一个到主机的连接，其次使用 SQL 查询获取与 Carla 录入名字相关的记录信息。最后，它根据记录信息创建一封电子邮件然后发送它。这个文件命名为 getStudent.php 并且存储在 assets 文件夹中，其代码如下：

```
<?php
     include("../include/connectDB.php");
     $dbObj = mysql_select_db('carlas_class', $dbConn);
     // builds a MySQL statement to get all field values from ↵
                    the record of the selected student.
     $sqlStatement = "SELECT * FROM students WHERE (last_Name ↵
                    = '$_POST[get_lastName]') AND (first_Name ↵
                    = '$_POST[get_firstName]')";
     //The mysql_query() processes the previous statement and ↵
                    stores the result in the '$result' variable.
     $result = mysql_query($sqlStatement, $dbConn);
```

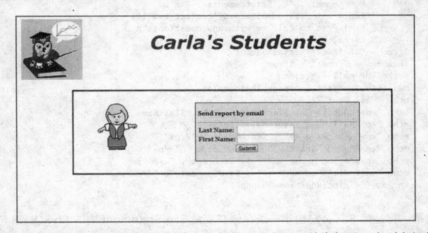

```
 8.      //The mysql_fetch_array() returns a row from a recordset ↵
                  as an  array.
 9.      $studentRecord = mysql_fetch_array($result);
10.      if (!$studentRecord)
11.      {
12.          die('Error: ' . mysql_error());
13.      }
14.      $firstName = $studentRecord['first_Name'];
15.      $lastName = $studentRecord['last_Name'];
16.      $stuEmail = $studentRecord['contact_Email'];
17.      $mathGrade = $studentRecord['grade_Math'];
18.      $readGrade = $studentRecord['grade_Read'];
19.      $writeGrade = $studentRecord['grade_Write'];
20.      $stuComments = $studentRecord['comment'];
21.      //build the email to send
22.      $to = $studentRecord['contact_Email'];
23.      $subject = "Student's Report";
24.      $message = "<-- Course Grade Report --> \n ↵
             Student First Name: ".$_POST['get_firstName']. "\n ↵
             Student Last Name: " . $_POST['get_lastName'] . "\n ↵
             ------------------------------------------------- \n ↵
             Math Grade:  " . $mathGrade . "\n ↵
             Reading Grade:  " . $readGrade . "\n ↵
             Writing Grade: " . $writeGrade . "\n ↵
             My comments: " . $stuComments . "\n ↵
             Email = " . $studentRecord['contact_Email'] . "\n ↵
             Feel Free to call me with any questions.\n ↵
             Carla";
25.      $from = "carla@carlasclass.com";
26.      $headers = "From:" . $from;
27.      //the PHP mail function
28.      mail($to,$subject,$message,$headers);
29.      echo "Mail Sent.";
30.      echo "<p>Student: " . $firstName . " " . $lastName . "</p>";
31.      echo "<p>Email: " . $stuEmail . "</p>";
32.      echo "<p>Math grade = " . $mathGrade . "</p>";
33.      echo "<p>Reading grade = " . $readGrade . "</p>";
34.      echo "<p>Writing grade = " . $writeGrade . "</p>";
35.      echo "<p>Carla's comments: " . $stuComments . "</p>";
36.      include("../include/closeDB.php");
37.  ?>
```

有趣的第一行是第 5 行，它构建一条存储在变量 $sqlStatement 中的 MySQL 语句。这条语句是一条 SELECT 语句，它告诉 MySQL 从 students 中获取满足条件 lastName = '$_POST[get_lastName]' 和 first_Name = '$_POST[get_firstName]' 的记录。在 SQL 语句中的 WHERE 子句指示选择那些具有指定字段值的记录，而这些字段值来自以前在 send Email.php 文件中的表单。

第 7 行把查询结果存储在变量 $result 中。

第 9 行把一个含有 $result 值的数组存储在新变量 $studentRecord 中。它使用 PHP mysql_fetch_array() 方法把前面的查询结果转换为更容易访问的数组数据。

第 10 ~ 13 行检查确保前面的查询语句是正常执行的。如果有任何问题，就结束处理并且向 Carla 显示出错信息。

第 14 ~ 20 行创建一些新变量，每个变量保存记录行中单个字段的值。记住 $studentRecord 是一个含有记录中所有字段值的数组。因此，举例来说，$studentRecord['first_Name'] 保存某条记录中 first_Name 字段的值。第 14 行把那个值赋值给 $firstName。同样，$studentRecord['comment'] 保存那条记录中的 comment 字段的值，并且把这个值存储在 $stuComments 变量中。通过做这些事，我们可以构建一封对收件人有意义的电子邮件。

正如我们在本章前面学过的那样，mail() 方法接受 4 个参数：$to、$subject、$message 和 $headers，这些参数的值在第 22、23、24 和 26 行创建。第 24 行构建电子邮件的信息正文，所有信息，包括换行符（'\n'），包含在变量 $message 中。第 25 行创建一个可选的 $from 参数。

第 28 行发送这些信息。第 29 ～ 35 行只是让 Carla 知道发送了什么信息，并且也让我们知道已经正确发送了指定学生的信息。

由于它是非界面性的处理页面，所以不能看到这个页面的显示效果。然而，如果 Carla 要求向刚刚增加的学生（Jean-Paul Lejeune）父母发送一封电子邮件，那么该电子邮件将看起来像这样：

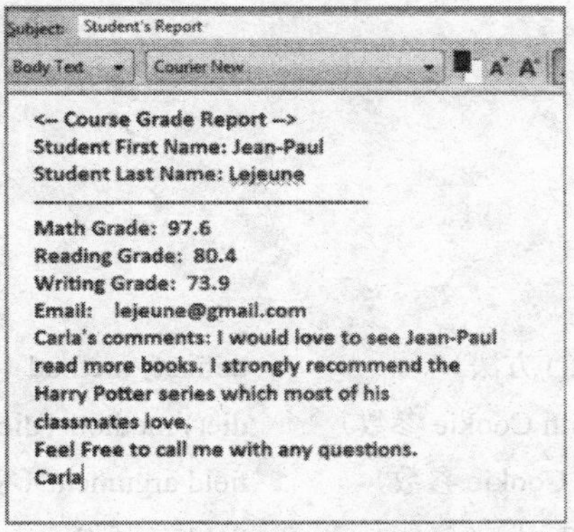

Subject: Student's Report

Body Text | Courier New

<-- Course Grade Report -->
Student First Name: Jean-Paul
Student Last Name: Lejeune

Math Grade: 97.6
Reading Grade: 80.4
Writing Grade: 73.9
Email: lejeune@gmail.com
Carla's comments: I would love to see Jean-Paul read more books. I strongly recommend the Harry Potter series which most of his classmates love.
Feel Free to call me with any questions.
Carla

并且 Carla 将看到下列内容：

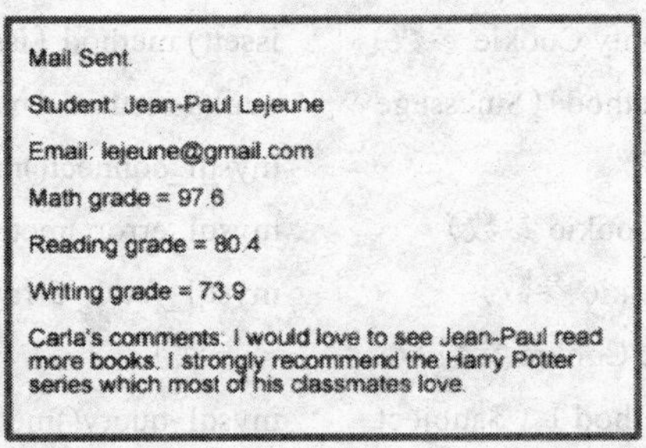

Mail Sent.

Student: Jean-Paul Lejeune

Email: lejeune@gmail.com

Math grade = 97.6

Reading grade = 80.4

Writing grade = 73.9

Carla's comments: I would love to see Jean-Paul read more books. I strongly recommend the Harry Potter series which most of his classmates love.

12.5.2.4 将所有代码放在一起

在本节，我们将回顾这个项目需要的文件，包括对这些文件功能的简单概况并且描述应该把它们保存在文件夹结构中的哪个地方。如果你一直在跟随做这个项目并且创建这个数据库和这些文件，那么确保你的结构满足以下要求。

- 所有文件必须存放在计算机上 XAMPP 程序的 htdocs 文件夹中。

- 这个项目的所有文件存储在 htdocs\carla 文件夹中。
- 需要以下文件：
  - index.php 是第一个页面，存储在顶层 carla 文件夹中并且调用 insert.php 页面。这是 Carla 录入学生信息的地方。
  - carla.css 是样式表并且存放在 css 文件夹中。
  - owl_reading.jpg 和 carla_pic.jpg 是两个图像文件，存放在 images 文件夹中。
  - insert.php 处理从 index.php 页面录入的信息并且创建一条新学生记录，它存放在 assets 文件夹中。
  - connectDB.php 在 include 文件夹中并且创建到数据库的连接。
  - closeDB.php 在 include 文件夹中并且关闭与数据库的连接。
  - sendEmail.php 处于顶层的 carla 文件夹中，其表单让 Carla 录入她想要向学生父母发送电子邮件报告的学生名字。
  - getStudent.php 在 assets 文件夹中。它处理 sendEmail.php 请求的信息，并且创建和发送电子邮件。

12.6 复习与练习

主要术语

$_SERVER() method（$_SERVER() 方法）
$domain Cookie argument（$domain Cookie 参数）
$expire Cookie argument（$expire Cookie 参数）
$headers（parameter of mai1()method）（$headers（mai1() 方法的参数））
$httponly Cookie argument（$httponly Cookie 参数）
$message（parameter of mai1 ()method）（$message（mai1() 方法的参数））
$name Cookie argument（$name Cookie 参数）
$path Cookie argument（$path Cookie 参数）
$secure Cookie argument（$secure Cookie 参数）
$subject（parameter of mai1()method）（$subject（mai1() 方法的参数））
$to（parameter of mai1() method）（$to（mai1() 方法的参数））
$value Cookie argument（$value Cookie 参数）
authentication Cookie（认证 Cookie）
define() method（define() 方法）
die() method（die() 方法）
field argument（字段参数）
field（字段）
foreign key（外键）
isset() method（isset() 方法）
mail() method（mail() 方法）
mysql_connect()method（mysql_connect() 方法）
mysql_error()method（mysql_error() 方法）
mysql_fetch_array()method（mysql_fetch_array() 方法）
mysql_query()method（mysql_query() 方法）
mysql_select_db()method（mysql_select_db() 方法）
persistent cookie（永久 cookie）
primary key（主键）
query（查询）

record（记录）
relational database（关系数据库）
Relational Database Management System(RDBMS, 关系数据库管理系统）
resource（资源）
secure cookie（安全 cookie）
session（会话）
session cookie（会话 cookie）
session_start() method（session_start() 方法）
setcookie() function（setcookie() 函数）
SQL(Structured Query Language，结构化查询语言）
third-party cookie（第三方 cookie）
time() function（time() 函数）
time() identifier（time() 标识符）
user account（用户账户）
user privilege（用户特权）
value（值）
with() keyword（with() 关键字）

练习

填空题

1. ________Cookie 在用户计算机上保留指定长度的时间。
2. 类似 $_COOKIE 或 $_POST 的超级全局变量实际上是__________变量。
3. 超级全局变量__________获取用户录入到表单元素中的值。
4. 在数据库中用__________指定唯一标识符。
5. 可以使用超级全局变量 $_SERVER 的________索引把表单信息传递给与表单文件处于相同计算机上的数据库。

判断题

6. Cookie 只能被设置它的服务器读取。
7. setcookie() 函数的一个必需参数是 name。
8. 可以在 HTML 页面的任何地方设置 Cookie。
9. foreach 结构可以代替 if...else 结构。
10. isset() 方法只返回 true 或 false。
11. 使用 MySQL 的主要缺点是它只能通过 XAMPP 实现。
12. 在 MySQL 数据库中，每次添加记录就自动创建的字段属性是 UniqueID 属性。
13. 如果在数据库中的一个字段是整数并且长度为 3，那么这个字段值的范围是 100 ~ 399。
14. mysql_error() 方法接受两个参数，即数据库的名字和要记录其出错信息的文件名。
15. mysql_select_db() 方法接受两个参数，即选择的数据库（必需）和连接（可选）。

简答题

16. 创建一个名为 'birthday' 的 Cookie，它将存储在 PHP 变量 $bday 中的用户生日，并且当浏览器关闭时将过期。
17. 重做练习 16，但是要求这个 Cookie 保留一个月（30 天）。

18. 重做练习 17，但是要求使用 define() 方法定义一个命名常量 MY_TIME，再使用它设置这个 Cookie 保留 30 天。

练习 19 ~ 22，使用以下 Cookie：

```
$color = "blue";
define ("YEAR", 60 * 60 * 24 * 365);
setcookie("pageColor", $color, time() + YEAR);
```

19. 这个 Cookie 的名字是什么？
20. 这个 Cookie 的值是什么？
21. 这个 Cookie 将保留多久？
22. 在执行以下语句之后将显示什么？

```
<?php
    foreach($_COOKIE as $key => $value)
        print ("<p>$key; $value </p>");
?>
```

练习 23 ~ 25 使用以下代码：

```
<body>
    <form method = "XXX" action = "XXX.php">
        <p>What do you want to be called?
        <input type = "text" name = "callMe" value = "" /></p>
        <p>What is your best friend's name?
        <input type = "text" name = "bestie" value = "" /></p>
        <p><input type = "submit" value = "submit" /></p>
    </form>
</body>
```

23. 填充出现在表单方法和动作之处的 "XXX"，以便表单将其信息传递给 PHP 页面 "meAndBff.php"，该页面将设置含有这个用户名和最好朋友名字信息的 Cookie。
24. 为 meAndBff.php 页面编写设置两个 Cookie 的代码，一个存储用户名，另一个存储最好朋友的名字。该 Cookie 将在一周后过期。
25. 为练习 24 创建的页面添加代码以便读取那些 Cookie。
26. 创建一个 PHP 页面，它打开一个到位于 localhost 上的 mybase 数据库的连接。这个用户的用户名是 dbQueen，密码是 royalty。确保为不能连接数据库的情况编写这样的出错处理代码：显示出错信息及其不能连接的原因。
27. 假定你已经安装和使用 XAMPP，请描述在 MySQL 数据库 math_tests 中查看 scores 表中记录的方法。
28. 如果在数据库中有一个存储医生的病人信息表，那么以下哪个字段应当是主键？

```
patientLastName      patientFirstName      patientMedication
patientNumber        patientApptDate       patientInsurance
```

29. 为了用 PHP 发送电子邮件，必须在 mail() 方法中使用哪些字段？
30. 为使用医生办公数据库的网站给出下列文件，指出每个文件应该存放在哪个文件夹中。

文件夹：	文件：
doctors	connectDB.php
assets	closeDB.php
scripts	index.php
css	doctor.css
images	drWho.jpg
include	drOffice.jpg
	docStuff.js
	headerDoc.php
	footerDoc.php
	addPatient.php
	sendBill.php

编程挑战

独立完成以下操作。

1. 创建一个页面，它要求用户录入以下信息：用户的名字、年龄和性别，然后使用这些信息设置一周后过期的 Cookie。用文件名 cookiesOne.php 保存你的页面，最后按照老师要求提交你的工作成果。
2. 为编程挑战 1 创建的页面补充代码，当用户在一周内回访这个页面时，它将使用设置的 Cookie 定制用户的页面：
   - 如果用户是男性，那么该页面的背景色是橘黄色，而文本是褐色。
   - 如果用户是女性，那么该页面的背景色是黄色，而文本是蓝色。
   - 如果用户没有录入有效的性别，那么该页面的背景色是绿色，而文本是白色。

   用文件名 custom.php 保存你的页面，最后按照老师要求提交你的工作成果。
3. 创建一个存储医生办公信息的数据库结构。医生想要存储的信息包括病人（地址、年龄、性别和婚姻状况）、配药（何时、什么药和数量）和账单信息（开列金额、已付金额、日期和保险信息）。你不必创建这个数据库，只需描述这个数据库的结构，即应该有 3 个表，并且每条记录至少有 4 个字段。必须包含本题给出的信息，也可以补充你认为重要的信息。把这个文件保存为一个 HTML 页面 doctors.html 或文本文件 doctors.txt。最后按照老师要求提交你的工作成果。
4. 创建编程挑战 3 设计的数据库，把这个数据库命名为 doctorWho，然后创建让医生助手录入病人记录的页面。你需要为医生助手提供对这个数据库的特权，该助手的用户名是 'helper'，密码是 'feelBetter'。为了完成这项工作，你需要创建几个页面。把主要的页面命名为 add Patient.php，最后按照老师要求提交你的工作成果。
5. 为编程挑战 4 创建的 doctorWho 数据库的 pattients 表添加至少 5 条记录。然后，创建一个页面显示这些记录的 3 个或更多字段，要求至少显示病人的名、姓和唯一标识符。把这个页面命名为 getPatient.php 并且确保包括必要的辅助文件。最后按照老师要求提交你的工作成果。
6. 创建一个页面，它将显示你已经在本章创建的任何数据库中某个表的所有记录。把这个页面命名为 getRecords.php 并且确保包括任何必要的辅助文件。最后按照老师要求提交你的工作成果。

案例研究

Greg's Gambits

使用本章操作实践一节设计的 Carla's Classroom 项目作为指南，补充 Greg's Gambits 网站。创建一个或多个页面，让 Greg 录入玩家名字并且生成一封发送给这个玩家的电子邮件。首先，你将必须创建 gregs_gambits 数据库，添加一个含有以下字段的表 contact：玩家的姓、名、用户名、电子邮件地址和玩家编号。然后，创建一个提示 Greg 录入玩家用户名的网页。应该创建如下所示的电子邮件。

- $to:　　玩家的电子邮件地址
- $from:　　greg@gregsgambits.com
- $subject:　　Hello from Greg
- $message:　　Thank you for using my games!　　Game Master, Greg
- $headers:　　From concatenated with $from

将你的页面保存到文件 send_mail.php 中，确保包括必要的辅助文件，最后按照老师要求提交你的工作成果。

Carla's Classroom

如果你还没有创建 carla_class 数据库，那么现在就用本章编程实践中设计的表创建这个数据库。再增加一个新表 projects，该表有 8 个字段：主键（与 students 表相同），学生的名和姓，评语和 4 个字段 project_1、project_2、project_3、project_4（也就是 Carla 要求学生一年完成 4 个课题）。创建一个页面，让 Carla 在学生完成课题时可以更新学生的成绩，这个页面的文件名是 projects.php。

挑战：增加一个新页面（类似编程实践中设计的页面），让 Carla 发送邮件把学生的进展情况告知其父母，把这个页面保存为 project_email.php。

确保包括必要的辅助文件，最后按照老师要求提交你的工作成果。

Lee's Landscape

为 Lee's Landscape 公司创建一个数据库 landscape。该数据库应该至少有两个表（customers 和 billing），每个表至少有以下字段。

customers 表	billing 表
customer_ID	customer_ID
customer_L_Name	customer_L_Name
customer_F_Name	service
customer_Title（Mr、Ms、Dr. 等）	customer_bill
street_Address	amt_paid
city_State_Zip	bill_date
customer_Phone	date_paid
customer_Email	

创建一个 PHP 页面，它获取客户的账单金额和已付金额，然后计算应付余额。如果应付余额大于 0，那么将生成一封含有这些金额信息的电子邮件并发送给客户。如果应付余额是 0 或者有结余，那么生成一封感谢电子邮件，感谢他的付款并表示 Lee 希望继续与这个客户做生意。

把主要的页面命名为 sendBill.php 并且确保包括必要的辅助文件，最后按照老师要求提交你的工作成果。

Jackie's Jewelry

使用你在本章前面创建的文件和 jackiejewelry 数据库创建表单，让 Jackie 用她销售的珠宝信息填充她的 products 表，并且每当客户下订单时就把订单信息添加到 orders 表中。你可以用任意多的数据填充这个数据库。

确保创建你需要的文件，并且把它们存储在适当的文件夹中。用适当的文件名保存页面，最后按照老师要求提交你的工作成果。

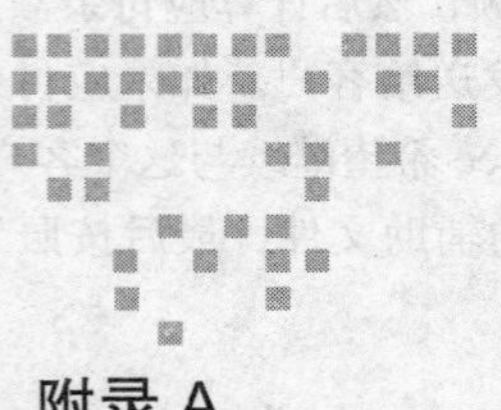

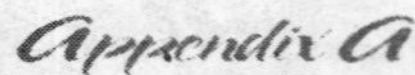

附录 A

ASCII 字符

ASCII 字符集：不可打印和可打印字符

不可打印 ASCII 字符

十进制数	十六进制数	字　　符	描　　述	十进制数	十六进制数	字　　符	描　　述
0	0		空字符	17	11		设备控制 1
1	1		标题起始	18	12		设备控制 2
2	2		正文开始	19	13		设备控制 3
3	3		正文结束	20	14		设备控制 4
4	4		传输结束	21	15		否认
5	5		查询	22	16		同步空闲
6	6		确认	23	17		传输块结束
7	7		振铃	24	18		取消
8	8		退格	25	19		介质结束
9	9		水平制表符	26	1A		替换
10	A		换行	27	1B		转义
11	B		垂直制表符	28	1C		文件分隔符
12	C		换页	29	1D		分组符
13	D		回车	30	1E		记录分隔符
14	E		移出	31	1F		单元分隔符
15	F		移入	127	7F		删除
16	10		数据链路转义				

可打印 ASCII 字符

十进制数	十六进制数	字符	描述	十进制数	十六进制数	字符	描述
32	20		空格	69	45	E	
33	21	!	感叹号	70	46	F	
34	22	”	双引号	71	47	G	
35	23	#	数字符号	72	48	H	大写字符
36	24	$	美元符号	73	49	I	
37	25	%	百分比符号	74	4A	J	
38	26	&	和号	75	4B	K	
39	27	’	单引号	76	4C	L	
40	28	(	开圆括号	77	4D	M	
41	29	)	闭圆括号	78	4E	N	
42	2A	*	星号	79	4F	O	
43	2B	+	加号	80	50	P	
44	2C	,	逗号	81	51	Q	
45	2D	–	减号（连字号）	82	52	R	
46	2E	.	句点	83	53	S	
47	2F	/	斜杠	84	54	T	
48	30	0	零	85	55	U	
49	31	1	一	86	56	V	
50	32	2	二	87	57	W	
51	33	3	三	88	58	X	
52	34	4	四	89	59	Y	
53	35	5	五	90	5A	Z	
54	36	6	六	91	5B	[	开方括号
55	37	7	七	92	5C	\	反斜杠（反斜线）
56	38	8	八	93	5D	]	闭方括号
57	39	9	九	94	5E	^	脱字符号（音调符号）
58	3A	:	冒号	95	5F	_	下划线
59	3B	;	分号	96	60	`	重音符
60	3C	<	小于号	97	61	a	
61	3D	=	等于号	98	62	b	
62	3E	>	大于号	99	63	c	
63	3F	?	问号	100	64	d	
64	40	@	At 符号	101	65	e	
65	41	A		102	66	f	
66	42	B		103	67	g	
67	43	C		104	68	h	
68	44	D		105	69	i	

（续）

十进制数	十六进制数	字 符	描 述	十进制数	十六进制数	字 符	描 述
106	6A	j		176	B0	°	度符号
107	6B	k		177	B1	±	加减号
108	6C	l		178	B2	^{2}	上标 2（平方）
109	6D	m	小写字符	179	B3	^{3}	上标 3（立方）
110	6E	n		180	B4	´	重音符（尖音符）
111	6F	o		181	B5	µ	微单位符号
112	70	p		182	B6	¶	段落符号
113	71	q		183	B7	·	中心点
114	72	r		184	B8	¸	间隔变音符号
115	73	s		185	B9	^{1}	上标 1
116	74	t		186	BA	º	阳性序数记号
117	75	u		187	BB	»	右向双尖引号
118	76	v		188	BC	¼	1/4
119	77	w		189	BD	½	1/2
120	78	x		190	BE	¾	3/4
121	79	y		191	BF	¿	反向问号
122	7A	z		192	C0	À	带开音符的大写拉丁字符 A
123	7B	{	开大括号	193	C1	Á	带闭音符的大写拉丁字符 A
124	7C	|	垂直线	194	C2	Â	带抑扬符的大写拉丁字符 A
125	7D	}	闭大括号	195	C3	Ã	带颚化符的大写拉丁字符 A
126	7E	~	波浪号（等效符）	196	C4	Ä	带分音符的大写拉丁字符 A
160	A0		不间断空格	197	C5	Å	带上圆圈的大写拉丁字符 A
161	A1	¡	反向感叹号	198	C6	Æ	大写拉丁字符 AE
162	A2	¢	分币符号	199	C7	Ç	带变音符的大写拉丁字符 C
163	A3	£	英镑符号	200	C8	È	带开音符的大写拉丁字符 E
164	A4	¤	通货记号	201	C9	É	带闭音符的大写拉丁字符 E
165	A5	¥	人民币或日元符号	202	CA	Ê	带抑扬符的大写拉丁字符 E
166	A6	¦	断竖线	203	CB	Ë	带分音符的大写拉丁字符 E
167	A7	§	章节符	204	CC	Ì	带开音符的大写拉丁字符 I
168	A8	¨	分音符（元音变音）	205	CD	Í	带闭音符的大写拉丁字符 I
169	A9	©	版权符	206	CE	Î	带抑扬符的大写拉丁字符 I
170	AA	ª	阴性序数记号	207	CF	Ï	带分音符的大写拉丁字符 I
171	AB	<<	左向双尖引号	208	D0	Ð	大写拉丁字符 ETH
172	AC	¬	否定符号	209	D1	Ñ	带颚化符的大写拉丁字符 N
173	AD	-	软连字符	210	D2	Ò	带开音符的大写拉丁字符 O
174	AE	®	注册商标	211	D3	Ó	带闭音符的大写拉丁字符 O
175	AF	¯	长音符（上划线）	212	D4	Ô	带抑扬符的大写拉丁字符 O

（续）

十进制数	十六进制数	字　符	描　述	十进制数	十六进制数	字　符	描　述
213	D5	Õ	带颚化符的大写拉丁字符 O	235	EB	ë	带分音符的小写拉丁字符 e
214	D6	Ö	带分音符的大写拉丁字符 O	236	EC	ì	带开音符的小写拉丁字符 i
215	D7	×	乘号	237	ED	í	带闭音符的小写拉丁字符 i
216	D8	Ø	带斜线的大写拉丁字符 O	238	EE	î	带抑扬符的小写拉丁字符 i
217	D9	Ù	带开音符的大写拉丁字符 U	239	EF	ï	带分音符的小写拉丁字符 i
218	DA	Ú	带闭音符的大写拉丁字符 U	240	F0	ð	小写拉丁字符 eth
219	DB	Û	带抑扬符的大写拉丁字符 U	241	F1	ñ	带颚化符的小写拉丁字符 n
220	DC	Ü	带分音符的大写拉丁字符 U	242	F2	ò	带开音符的小写拉丁字符 o
221	DD	Ý	带尖音符的 Y	243	F3	ó	带闭音符的小写拉丁字符 o
222	DE	Þ	大写拉丁字符 THORN	244	F4	ô	带抑扬符的小写拉丁字符 o
223	DF	ß	清音 s	245	F5	õ	带颚化符的小写拉丁字符 o
224	E0	à	带开音符的小写拉丁字符 a	246	F6	ö	带分音符的小写拉丁字符 o
225	E1	á	带闭音符的小写拉丁字符 a	247	F7	÷	除号
226	E2	â	带抑扬符的小写拉丁字符 a	248	F8	ø	带斜线的小写拉丁字符 o
227	E3	ã	带颚化符的小写拉丁字符 a	249	F9	ù	带开音符的小写拉丁字符 u
228	E4	ä	带分音符的小写拉丁字符 a	250	FA	ú	带闭音符的小写拉丁字符 u
229	E5	å	带上圆圈的小写拉丁字符 a	251	FB	û	带抑扬符的小写拉丁字符 u
230	E6	æ	小写拉丁字符 ae	252	FC	ü	带分音符的小写拉丁字符 u
231	E7	ç	带变音符的小写拉丁字符 c	253	FD	ý	带开音符的小写拉丁字符 y
232	E8	è	带开音符的小写拉丁字符 e	254	FE	þ	小写拉丁字符 thorn
233	E9	é	带闭音符的小写拉丁字符 e	255	FF	ÿ	带分音符的小写拉丁字符 y
234	EA	ê	带抑扬符的小写拉丁字符 e				

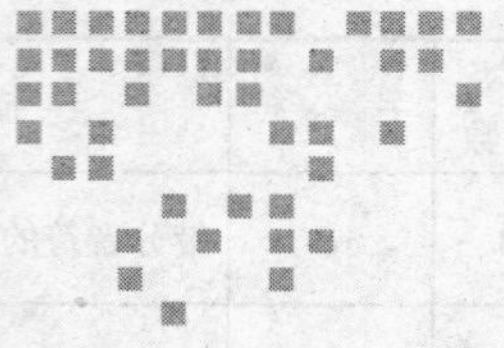

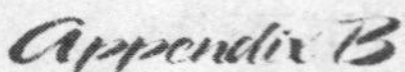

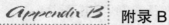

附录 B

操作符优先级

操作符和操作符优先级

算术操作符

算术操作符	计算机符号	示　例	算术操作符	计算机符号	示　例
加	+	2 + 3 = 5	除	/	12 / 3 = 4
减	-	7 – 3 = 4	幂	^	2 ^ 3 = 8
乘	*	5 * 4 = 20	模	%	14%4 = 2

关系操作符

关系操作符	定　义	关系操作符	定　义
<	小于	>=	大于或等于
<=	小于或等于	==	等于（相同于）
>	大于	!=	不等于

逻辑操作符

<table>
<tr><th>逻辑操作符</th><th>定　义</th></tr>
<tr><td>&&</td><td>AND 操作符：只有当两个操作数都是 true 时才是 true，否则为 false</td></tr>
<tr><td>||</td><td>OR 操作符：只有当两个操作数是 false 时才是 false，否则为 true</td></tr>
<tr><td>!</td><td>NOT 操作符：若操作数是 false 则为 true；若操作数是 true 则为 false</td></tr>
</table>

逻辑操作符的真值表

<table>
<tr><th>X</th><th>Y</th><th>X||Y</th><th>X&&Y</th><th>!X</th></tr>
<tr><td>true</td><td>true</td><td>true</td><td>true</td><td>false</td></tr>
<tr><td>true</td><td>false</td><td>true</td><td>false</td><td>false</td></tr>
<tr><td>false</td><td>true</td><td>true</td><td>false</td><td>true</td></tr>
<tr><td>false</td><td>false</td><td>false</td><td>false</td><td>true</td></tr>
</table>

操作符优先级层次

<table>
<tr><th>描　述</th><th>符　号</th></tr>
<tr><td colspan="2">首先，算术操作符按以下次序求值</td></tr>
<tr><td>第 1: 圆括号</td><td>()</td></tr>
<tr><td>第 2: 幂</td><td>^</td></tr>
<tr><td>第 3: 乘 / 除 / 模</td><td>*，/，%</td></tr>
<tr><td>第 4: 加 / 减</td><td>+，-</td></tr>
<tr><td colspan="2">其次，关系操作符求值并且所有关系操作符有相同的优先级</td></tr>
<tr><td>小于</td><td><</td></tr>
<tr><td>小于或等于</td><td><=</td></tr>
<tr><td>大于</td><td>></td></tr>
<tr><td>大于或等于</td><td>>=</td></tr>
<tr><td>等于</td><td>==</td></tr>
<tr><td>不等于</td><td>!=</td></tr>
<tr><td colspan="2">最后，逻辑操作符按以下次序求值</td></tr>
<tr><td>第 1：NOT</td><td>!</td></tr>
<tr><td>第 2：AND</td><td>&&</td></tr>
<tr><td>第 3：OR</td><td>||</td></tr>
</table>

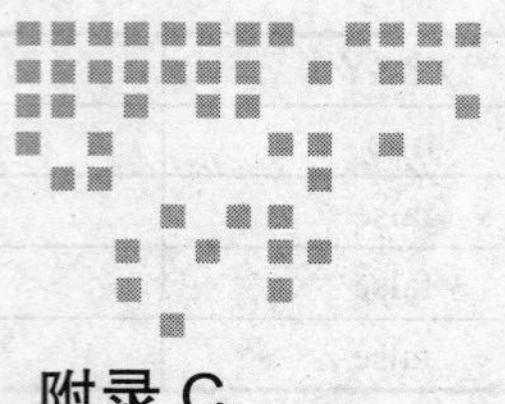

Appendix C 附录 C

HTML 字符和实体

HTML 实体

HTML 中的保留字符

在 HTML 和 XHTML 中有些字符被保留，如类似指示 HTML 标签开始和结束的 <（小于）和 >（大于）符号。同样，单引号和双引号也用于 HTML 标记。因此，若要把这些符号用于网页输出，你必须使用实体表示它们。

字　符	实体编号	实 体 名	描　述
"	"	"	双引号
'	'	'	单引号
&	&	&	&（and 的符号）
<	<	<	小于
>	>	>	大于

ISO 8859-1 符号

字　符	实体编号	实 体 名	描　述
			不间断空格
¡	¡	¡	反向感叹号
¢	¢	¢	分
£	£	£	英镑

（续）

字　符	实体编号	实 体 名	描　述
¤	¤	¤	通货符号
¥	¥	¥	元
¦	¦	¦	断竖线（管道）
§	§	§	章节符
¨	¨	¨	分音符
©	©	©	版权符
ª	ª	ª	阴性序数记号
《	«	«	左向双尖引号
¬	¬	¬	否定符号
–			软连字符
®	®	®	注册商标
®	¯	¯	长音符号
°	°	°	度符号
±	±	±	加减号
^{2}	²	²	上标2
^{3}	³	³	上标3
´	´	´	尖音符（spacing acute）
µ	µ	µ	微单位符号
¶	¶	¶	段落符号
·	·	·	中间点
¸	¸	¸	间隔变音符号
^{1}	¹	¹	上标1
º	º	º	阳性序数记号
»	»	»	右向双尖引号
¼	¼	¼	1/4
½	½	½	1/2
¾	¾	¾	3/4
¿	¿	¿	反向问号
×	×	×	乘号
÷	÷	÷	除号

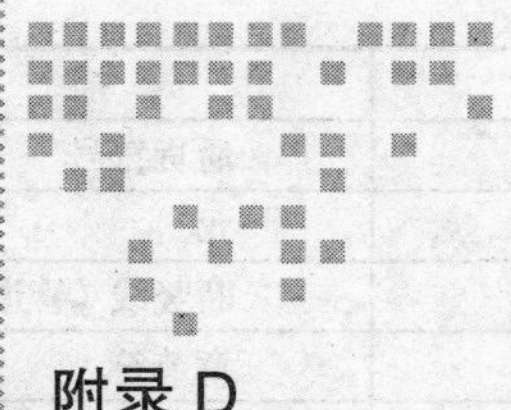

Appendix D 附录 D

JavaScript 对象

JavaScript 对象和方法

Array 对象

Array 对象用于在单个变量中存储多个值。创建 Array 对象的语法为：var myArrayName = new Array();。

属性

属　性	描　述
constructor	返回创建 Array 对象的函数
length	设置或返回数组中的元素数目

方法

方　法	描　述
concat()	连接两个或更多的数组，返回连接的结果
indexOf()	在数组中搜索一个元素，返回它的位置
join()	把数组的所有元素连接成一个字符串
lastIndexOf()	在数组中从末尾开始搜索一个元素，返回它的位置
pop()	除去并返回数组的最后一个元素
push()	向数组末尾添加一个或更多元素，并返回新的长度
reverse()	反转数组中元素的顺序

（续）

方　法	描　述
shift()	除去并返回数组的第一个元素
slice()	从数组中选取部分元素生成新的数组
sort()	排序数组中的元素
splice()	向数组添加元素，或者从数组除去元素
toString()	把数组转换为字符串，并返回结果
unshift()	向数组开头添加一个或更多元素，并返回新的长度
valueOf()	返回数组对象的原始值

Boolean 对象

Boolean 对象用于将非布尔值转换成布尔值（true 或 false）。创建 Boolean 对象的语法为：var myNewBool = new Boolean();。

属性

属　性	描　述
constructor	返回对创建此 Boolean 对象的函数引用
prototype	使你能够向对象添加属性和方法

方法

方　法	描　述
toString()	把逻辑值转换为字符串，并返回结果
valueOf()	返回 Boolean 对象的原始值

Date 对象

Date 对象用于处理日期和时间。创建 Date 对象的语法为：var myNewDate = new Date();。

属性

属　性	描　述
constructor	返回对创建此 Date 对象的函数引用
prototype	使你能够向对象添加属性和方法

方法

方　法	描　述
getDate()	从 Date 对象返回一个月中的某一天（1~31）
getDay()	从 Date 对象返回一周中的某一天（0~6）
getFullYear()	返回年份（4 位数字）

（续）

方　法	描　述
getHours()	返回小时（0~23）
getMilliseconds()	返回毫秒（0~999）
getMinutes()	返回分钟（0~59）
getMonth()	返回月份（0~11）
getSeconds()	返回秒（0~59）
getTime()	返回从 1970 年 1 月 1 日至今的毫秒数
getTimezoneOffset()	返回本地时间与 UTC 时间的分钟差
getUTCDate()	根据 UTC 时间返回月中的一天（1~31）
getUTCDay()	根据 UTC 时间返回周中的一天（0~6）
getUTCFullYear()	根据 UTC 时间返回 4 位数的年份
getUTCHours()	根据 UTC 时间返回小时（0~23）
getUTCMilliseconds()	根据 UTC 时间返回毫秒（0~99）
getUTCMinutes()	根据 UTC 时间返回分钟（0~59）
getUTCMonth()	根据 UTC 时间返回月份（0~11）
getUTCSeconds()	根据 UTC 时间返回秒（0~59）
getYear()	已过时。使用 getFullYear() 方法代替
parse()	返回从 1970 年 1 月 1 日午夜到指定日期（字符串）的毫秒数
setDate()	设置 Date 对象指定月的某一天（1~31）
setFullYear()	设置 Date 对象的年份（4 位数字）
setHours()	设置 Date 对象的小时（0~23）
setMilliseconds()	设置 Date 对象的毫秒（0~999）
setMinutes()	设置 Date 对象的分钟（0~59）
setMonth()	设置 Date 对象的月份（0~11）
setSeconds()	设置 Date 对象的秒（0~59）
setTime()	通过为初始时间（1970 年 1 月 1 日午夜）加上或减去指定的毫秒数设置 Date 对象
setUTCDate()	根据 UTC 时间设置 Date 对象指定月的某一天（1~31）
setUTCFullYear()	根据 UTC 时间设置 Date 对象的年份（4 位数字）
setUTCHours()	根据 UTC 时间设置 Date 对象的小时（0~23）
setUTCMilliseconds()	根据 UTC 时间设置 Date 对象的毫秒（0~999）
setUTCMinutes()	根据 UTC 时间设置 Date 对象的分钟（0~59）
setUTCMonth()	根据 UTC 时间设置 Date 对象的月份（0~11）
setUTCSeconds()	根据 UTC 时间设置 Date 对象的秒数（0~59）
setYear()	已过时；使用 setFullYear() 方法代替
toDateString()	把 Date 对象的日期部分转换为字符串
toGMTString()	已过时；使用 toUTCString() 方法代替
toISOString()	使用 ISO 标准把 Date 对象转换为字符串
toJSON()	把 Date 对象转换为 JSON 格式的字符串
toLocaleDateString()	根据本地时间格式，把 Date 对象的日期部分转换为字符串

（续）

方　法	描　述
toLocaleTimeString()	根据本地时间格式，把 Date 对象的时间部分转换为字符串
toLocaleString()	根据本地时间格式，把 Date 对象转换为字符串
toString()	把 Date 对象转换为字符串
toTimeString()	把 Date 对象的时间部分转换为字符串
toUTCString()	根据 UTC 时间，把 Date 对象转换为字符串
UTC()	根据 UTC 时间返回从 1970 年 1 月 1 日午夜到指定日期的毫秒数
valueOf()	返回 Date 对象的原始值

Math 对象

Math 对象让你执行各种不同的数学任务。

使用 Math 对象调用 Math 对象的所有属性和方法。注意，不必创建 Math 对象。例如，var answer =Math.sqrt(64);，返回 64 的平方根。

属性

属　性	描　述
E	返回欧拉数（约等于 2.718）
LN2	返回 2 的自然对数（约等于 0.693）
LN10	返回 10 的自然对数（约等于 2.302）
LOG2E	返回以 2 为底的 e 的对数（约等于 1.414）
LOG10E	返回以 10 为底的 e 的对数（约等于 0.434）
PI	返回圆周率（约等于 3.14）
SQRT1_2	返回 1/2 的平方根（约等于 0.707）
SQRT2	返回 2 的平方根（约等于 1.414）

方法

方　法	描　述
abs（x）	返回 x 的绝对值
acos（x）	返回弧度 x 的反余弦值
asin（x）	返回弧度 x 的反正弦值
atan（x）	返回介于 –PI/2 与 PI/2 之间的弧度 x 的反正切值
atan2(y,x)	返回从 x 轴到点（x，y）的角度（介于 –PI/2 与 PI/2 弧度之间）
ceil（x）	返回 x 上舍入的整数
cos（x）	返回弧度 x 的余弦
exp（x）	返回 e^x 的值
floor（x）	返回 x 下舍入的整数

（续）

方　法	描　述
log（x）	返回 x 的自然对数（底为 e）
max（x,y）	返回 x 和 y 的最大值
min（x,y）	返回 x 和 y 中的最小值
pow（x,y）	返回 x 的 y 次幂
random()	返回 0~1 之间的随机数
round（x）	把 x 四舍五入为最接近的整数
sin（x）	返回弧度 x 的正弦
sqrt（x）	返回 x 的平方根
tan（x）	返回弧度 x 的正切

Number 对象

Number 对象是原始数字值的包装器对象。创建 Number 对象的语法为：var myNewNum = new Number(x);，其中 x 是数字值。

属性

属　性	描　述
constructor	返回对创建此对象的函数引用
MAX_VALUE	返回 JavaScript 可表示的最大数
MIN_VALUE	返回 JavaScript 可表示的最小数
NEGATIVE_INFINITY	负无穷大，溢出时返回该值
NaN	非数字值
POSITIVE_INFINITY	正无穷大，溢出时返回该值
prototype	使你能够向对象添加属性和方法

方法

方　法	描　述
toExponential（x）	按指数表示法返回 x 的字符串表示
toFixed（x）	指定 Number 对象保留小数点后 x 位
toPrecision（x）	将 Number 对象的数字长度设置为 x 位
toString()	把 Number 对象转换为字符串
valueOf()	返回 Number 对象的原始值

String 对象

String 对象用于处理存储的文本块，创建 string 对象语法为：var myWord = new String();。

属性

属　性	描　述
constructor	返回对创建此对象的函数引用
length	返回字符串的长度
prototype	使你能够向对象添加属性和方法

方法

方　法	描　述
charAt()	返回指定位置的字符
charCodeAt()	返回指定位置字符的 Unicode 编码
concat()	连接两个字符串，返回连接结果
fromCharCode()	将 Unicode 值转换为字符
indexOf()	返回指定值在字符串中第一次出现的位置
lastIndexOf()	返回指定值在字符串中最后一次出现的位置
match()	在字符串中检索与指定正则表达式的匹配，并返回匹配
replace()	替换与正则表达式匹配的子串
search()	检索与正则表达式匹配的第一个匹配位置
slice()	返回被提取的字符串部分
split()	把字符串分割为字符串数组
substr()	从指定起始位置提取字符串中指定数目的字符
substring()	提取字符串中两个指定索引之间的字符
toLowerCase()	把字符串转换为小写
toUpperCase()	把字符串转换为大写
valueOf()	返回字符串对象的原始值

String 对象的 HTML 包装器方法

HTML 包装器方法返回包装在适当 HTML 标签的字符串。

方　法	描　述
anchor()	创建 HTML 锚
big()	用大号字体显示字符串
blink()	显示闪动字符串
bold()	使用粗体显示字符串
fixed()	以等距字体显示字符串
fontcolor()	使用指定的颜色来显示字符串
fontsize()	使用指定的大小来显示字符串
italics()	使用斜体显示字符串
link()	将字符串显示为链接
small()	使用小字号来显示字符串
strike()	使用删除线来显示字符串
sub()	把字符串显示为下标
sup()	把字符串显示为上标

RegExp 对象

RegExp 对象描述字符的模式，用于在文本中执行模式匹配或者“查找和替换”功能。

创建 RegExp 对象的语法有以下两种：

```
var myPattern = new RegExp(pattern, modifiers);
var myPattern = /pattern/modifiers;
```

修饰符

修饰符用于执行与大小写无关和全局搜索。

修饰符	描述
i	执行大小写无关匹配
g	执行全局匹配
m	执行多个匹配

括号

使用括号可以查找指定范围的字符。

表达式	描述
[abc]	查找在括号之间的任何字符
[^abc]	查找不在括号之间的任何字符
[0-9]	查找 0 ~ 9 之间的任何数字
[A-Z]	查找在大写字母 A ~ Z 之间的任何字符
[a-z]	查找在小写字母 a ~ z 之间的任何字符
[A-z]	查找在大写字母 A 到小写字母 z 之间的任何字符
[adgk]	查找在给定集合中的任何字符
[^adgk]	查找不在给定集合中的任何字符
(red|blue|green)	查找其中的一个字符串

元字符

元字符是有特殊含义的字符。

元字符	描述
.	查找任何单个字符，但除了换行符之外
\w	查找单词字符
\W	查找非单词字符
\d	查找数字字符
\D	查找非数字字符
\s	查找空白字符
\S	查找非空白字符
\b	匹配单词的开始 / 结束
\B	匹配不是单词的开始 / 结束

（续）

元 字 符	描 述
\O	查找 NULL 字符
\n	查找换行字符
\f	查找换页字符
\r	查找回车字符
\t	查找制表字符
\v	查找垂直制表字符
\xxx	查找由八进制数 xxx 指定的字符
\xdd	查找由十六进制数 dd 指定的字符
\uxxxx	查找由十六进制数 xxxx 指定的 Unicode 字符

量词

量 词	描 述
n+	匹配任何包含至少一个 n 的字符串
n*	匹配任何包含零个或多个 n 的字符串
n?	匹配任何包含零个或一个 n 的字符串
n{X}	匹配包含 *X* 个 n 的字符串
n{X,Y}	匹配包含至少 *X* 个、至多 *Y* 个 n 的字符串
n{X,}	匹配包含至少 *X* 个 n 的字符串
n$	匹配任何结尾为 n 的字符串
^n	匹配任何开头为 n 的字符串
?=n	匹配任何紧随指定字符串 n 的字符串
?!n	匹配任何不紧随指定字符串 n 的字符串

属性

属 性	描 述
global	指定 RegExp 对象是否具有修饰符“g”
ignoreCase	指定 RegExp 对象是否具有修饰符“i”
lastIndex	指定下一次匹配的起始索引位置
multiline	指定 RegExp 对象是否具有修饰符“m”
source	指定 RegExp 模式的源文本

方法

方 法	描 述
compile()	编译正则表达式
exec()	检索字符串，返回第一个匹配
test()	检索字符串，若存在匹配，则返回 true，否则 false

JavaScript 的全局属性和函数

JavaScript 的全局属性和函数可用于所有的 JavaScript 对象。

全局属性

属　性	描　述
Infinity	表示正无穷或负无穷的数字值
NaN	表示一个非数字值
undefined	表示变量还没有被赋值

全局函数

函　数	描　述
decodeURI()	解码 URI
decodeURIComponent()	解码 URI 成分
encodeURI()	编码 URI
encodeURIComponent()	编码 URI 成分
escape()	编码字符串
eval()	把一个字符串视为脚本代码进行求值
isFinite()	判断一个值是否是一个有限、合法的数字
isNaN()	判断一个值是否不是一个数字
Number()	把对象值转换为一个数字
parseFloat()	分析一个字符串，返回一个浮点数
parseInt()	分析一个字符串，返回一个整数
String()	将对象值转换为一个字符串
unescape()	解码已编码的字符串

附录 E *Appendix E*

jQuery

JQuery 是什么

jQuery 是 JavaScript 函数库，可以使用一行标记把它添加到网页中。jQuery 库包含以下特性：

- HTML 元素处理
- CSS 处理
- HTML 事件函数
- JavaScript 特效和动画
- HTML DOM 遍历和修改
- AJAX
- 公用程序

要使用 jQuery 库，你需要下载一个小文件并且在网页的 <head> 区域添加以下一行：

```
<script type="text/javascript" src="jquery.js"></script>
```

下载 jQuery

可以下载 jQuery 的以下两个版本：

- 产品版本（紧凑的压缩版）
- 开发版本（未压缩的代码）

这两个版本都可以从 jQuery.com 下载。这个文件是 91KB 的文本文件，并且应该用文件名 jquery.js 保存在你的计算机上。

如果不想把 jQuery 库存储在你的计算机上，你可以使用 Google 或微软的 jQuery 库，也就是把下列代码行添加到网页的 <head> 区域：

```
<script type="text/javascript"
src="http://ajax.googleapis.com/ajax/libs/jquery/1.8.0/↵
                jquery.min.js">
</script>
```

样例 jQuery 代码

我们再次注意计算机在解释代码时将忽略其中的空白字符。jQuery 就是一个奇特的例子。为了尽可能提高代码的效率，整个 jQuery 库除去了所有用于使代码易于阅读、理解和调试的空格和缩进。以下是 jQuery 库前两个函数的例子。

直接下载：

```
{function G(a){var b=F[a]={};return p.each(a.split(s), function(a,c)
{b[c]=!0}),b}function J(a,c,d) {if (d===b&& a.nodeType===1){var e="data-"+c.
replace(I,"-$1").toLowerCase ();d=a.getAttribute(e); if(typeof d=="string")
{try{d=d=== "true"? !0:d==="false"?!1:d==="null"?null:+d+""===d?+d:H.test(d)?
p.parseJSON(d):d}catch(f){}p.data(a,c,d)}else d=b}return d}
```

为这两个函数添加空格和缩进的效果如下：

```
function G(a)
{
    var b=F[a]={};
    return p.each(a.split(s),function(a,c){b[c]=!0}),b
}
function J(a,c,d)
{
    if(d===b&&a.nodeType===1)
    {
        var e="data-"+c.replace(I,"-$1").toLowerCase();
        d=a.getAttribute(e);
        if(typeof d=="string")
        {
            try{d=d==="true"?!0:d==="false"?!1:d==="null"?↵
            null:+d+""===d?+d:H.test(d)?p.parseJSON(d):d}↵
            catch(f){}p.data(a,c,d)
        }
        else d=b
    }
    return d
}
```

注意其中的变量名和参数名非常普通，并且只是单个小写字母。要使用 jQuery 函数，你需要理解这个函数的功能和如何传递必要的参数。

附录 F Appendix F

DOM 属性、方法和事件

文档对象模型：DOM

在 DOM 中，HTML 文档由一组节点对象组成，可以使用 JavaScript 或其他程序设计语言访问这些节点。DOM 定义了标准的属性和方法。

一些 DOM 属性

假定 x 是一个表示 HTML 元素的节点对象，那么：

- x.innerHTML 表示 x 的文本值
- x.nodeName 表示 x 的名字
- x.nodeValue 表示 x 的值
- x.parentNode 表示 x 的父节点
- x.chilDNodes 表示 x 的子节点
- x.Attributes 表示 x 的属性节点

一些 DOM 方法

假定 x 是一个表示 HTML 元素的节点对象，那么：

- x.getElementById（id）获得具有指定 id 的元素

- x.getElementsByTagName（name）获得具有指定标签名的所有元素
- x.appendChilD（node）为 x 插入一个子节点
- x.removeChilD（node）从 x 除去一个子节点

一些事件

网页的每个元素有一些能够触发 JavaScript 函数的特定事件，这些事件在 HTML 元素中定义。事件通常与函数关联，当发生事件时才会执行这些函数。常见事件有：

- 单击鼠标
- 装载网页或图像
- 在网页的某个热点区域移动鼠标、释放鼠标、按下鼠标或移出鼠标
- 在 HTML 表单中选择一个输入框
- 提交 HTML 表单
- 使用键盘按键

Node 属性

以下是 3 个重要的节点属性：

- nodeName
- nodeValue
- nodeType

nodeName 属性

nodeName 属性指定节点的名字：

- nodeName 是只读的
- 元素节点的 nodeName 与标签同名
- 属性节点的 nodeName 是属性名
- 文本节点的 nodeName 总是 #text
- 文档节点的 nodeName 总是 #document

注意：nodeName 总是包含 HTML 元素的大写字母标签名。

nodeValue 属性

nodeValue 属性指定节点的值：

- 元素节点的 nodeValue 是未定义的
- 文本节点的 nodeValue 是文本自身
- 属性节点的 nodeValue 是属性值

nodeType 属性

nodeType 属性返回节点的类型，该属性是只读的。以下是最重要的节点类型：

- element
- attribute
- text
- comment
- document

Appendix G 附录 G

PHP 保留字

关键字

这个列表包含在 PHP 中有特殊意义的单词，它们不能用于常量、类名或者函数名和方法名。若使用它们命名变量将导致混淆，因此应该避免。

_halt_compiler()	abstract	and	array()
as	break	callable	case
catch	class	const	continue
declare	default	die()	do
echo	else	elseif	empty()
enddeclare	endfor	endforeach	endif
endswitch	endwhile	eval()	exit()
extends	final	for	foreach
function	global	goto	if
implements	include	include_once	instanceof
insteadof	interface	isset()	list()
namespace	new	or	print
private	protected	public	require
require_once	return	static	switch
throw	trait	try	unset()
use	var	while	xor

预定义常量

以下是 PHP 核心定义的常量。

常 量	描 述
PHP_VERSION	字符串，当前 PHP 版本
PHP_MAJOR_VERSION	整数
PHP_MINOR_VERSION	整数
PHP_RELEASE_VERSION	整数
PHP_VERSION_ID	整数
PHP_EXTRA_VERSION	字符串
PHP_ZTS	整数
PHP_DEBUG	整数
PHP_MAXPATHLEN	整数
PHP_OS	字符串
PHP_SAPI	字符串，构建 PHP 的服务器 API
PHP_EOL	字符串，返回正确的行尾符号
PHP_INT_MAX	整数，支持的最大整数
PHP_INT_SIZE	整数
DEFAULT_INCLUDE_PATH	字符串
PEAR_INSTALL_DIR	字符串
PEAR_EXTENSION_DIR	字符串
PHP_EXTENSION_DIR	字符串
PHP_PREFIX	字符串
PHP_BINDER	字符串，指定二进制文件的安装路径
PHP_BINARY	字符串，指字脚本运行时存放 PHP 二进制文件的路径
PHP_MANDIR	字符串，指定用户手册页面的安装路径
PHP_LIBDIR	字符串
PHP_DATADIR	字符串
PHP_SYSCONFDIR	字符串
PHP_LOCALSTATEDIR	字符串
PHP_CONFIG_FILE_PATH	字符串
PHP_CONFIG_FILE_SCAN_DIR	字符串
PHP_SHLIB_SUFFIX	字符串，基于平台的共享库后缀（类似 Windows 的 "dll" 或 UNIX 系统的 "so"
E_ERROR	整数，出错报告常量
E_WARNING	整数
E_PARSE	整数
E_NOTICE	整数
E_CORE_ERROR	整数
E_CORE_WARNING	整数
E_COMPILE_ERROR	整数

（续）

常　　量	描　　述
E_COMPILE_WARNING	整数
E_USER_ERROR	整数
E_USER_WARNING	整数
E_USER_NOTICE	整数
E_DEPRECATED	整数
E_USER_DEPRECATED	整数
E_ALL	整数
E_STRICT	整数
_COMPILER_HALT_OFFSET_	整数
TRUE	布尔量
FALSE	布尔量
NULL	布尔量

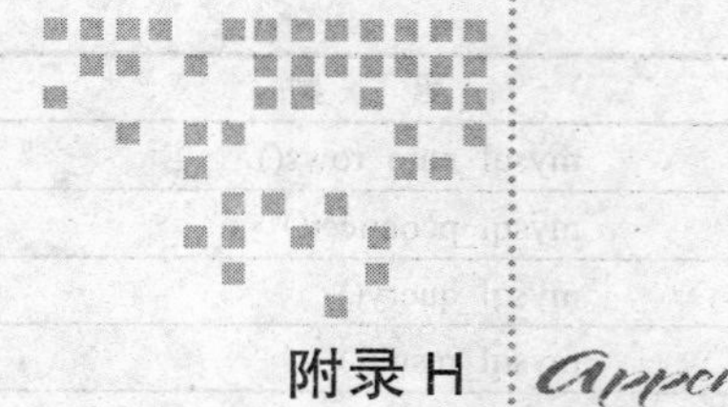

附录 H Appendix H

PHP MySQL 函数

通用 PHP MySQL 函数

在以下函数中，有的已经在本书使用过，有的是你可能想要使用的最常用函数。

函　数	描　述
mysql_affected_rows()	返回上一次 MySQL 操作影响的行数
mysql_close()	关闭一个与 MySQL 服务器的连接
mysql_connect()	打开一个与 MySQL 服务器的连接
mysql_create_db()	创建一个 MySQL 数据库
mysql_data_seek()	移动内部结果指针
mysql_db_query()	选择一个 MySQL 数据库并执行一个查询
mysql_drop_db()	丢弃（删除）一个 MySQL 数据库
mysql_error()	返回上一次 MySQL 操作的出错信息
mysql_fetch_array()	获取一行并放入一个数组
mysql_fetch_field()	从结果集中获取列信息并且把它返回为一个对象
mysql_fetch_lengths()	获取结果集中每个输出的长度
mysql_fetch_object()	获取一个行对象
mysql_insert_id()	获取上一次查询生成的 id
mysql_list_dbs()	列出 MySQL 服务器中的可用数据库
mysql_list_fields()	列出 MySQL 表的所有字段
mysql_list_tables()	列出 MySQL 数据库中的表
mysql_num_fields()	获取结果集中的字段数

（续）

函　数	描　述
mysql_num_rows()	获取结果集中的行数
mysql_pconnect()	打开一个到 MySQL 服务器的永久连接
mysql_query()	发送一条 MySQL 查询
mysql_result()	获取结果集中一个字段的值
mysql_select_db()	选择一个 MySQL 数据库
mysql_tablename()	获取一个表名

附录 I Appendix I

检查点答案

第 1 章

1.1 节检查点

1.1 理解问题、设计行动计划、实施计划、总结。

1.2 略。

1.3 分析问题、设计解决问题的程序、编码程序、测试程序。

1.4 略。

1.2 节检查点

1.5 文件、键盘、鼠标等。

1.6 屏幕、打印机、文件。

1.7 顺序、选择、重复。

1.8 选择结构有一个分支点，控制一块语句是否执行。重复结构将重复一块语句，直至一个条件不再是 true。

1.3 节检查点

1.9 a）True b）True

1.10 calculation = myNumber + 3

1.11 a）result *= z; b）result += x; c）result /=（y * z）;

1.12 a）greeting = hello + " " + name + "! Glad you're here."

b）greeting = name + " Your shipping cost is $ " + shipping

c）total = price + shipping;

greeting = "The total cost of your purchase is $ " + total;

1.4 节检查点

1.13 这是将大程序分解为小程序块的方法，而每个小程序块完成一项任务。

1.14 伪代码使用英文短语而非实际代码设计程序，它让程序员设计程序的逻辑结构而不必局限于特定的语法。

1.15 菱形

1.16 略。

1.5 节检查点

1.17 类型（type = javascript）。

1.18 若用户禁用 JavaScript，它将显示其替代内容。

1.19 没有响应。

1.20 将出现一个提示框说 "Boo!"

1.21 将出现一个提示框说 "Ouch! Be gentle, friend!"

1.22 当你想要页面一旦完成装载时就执行一些 JavaScript 代码。

1.6 节检查点

1.23 属性和方法或者特性和函数

1.24 write()

1.25 document.write（"<h2> Welcome to my world!</h2>"）；

以下代码用于检查点 1.26 和 1.27。

```
<html>
<head>
<title>Checkpoints 1.26 and 1.27</title>
<script type = "text/javascript">
function getValue()
{
     fill in the blank for Checkpoint 1.26
     document.write("Your car is a <br />");
     fill in the blank for Checkpoint 1.27
}
</script>
</head>
<body>
<h3 id = "cars" onclick = "getValue()">Lamborghini</h3>
</body>
</html>
```

1.26 var auto = document.getElementById("cars");

1.27 document.write(**auto**.innerHTML);

1.28 document.window.open("", "extraInfo", "width = 400, height = 600");

1.7 节检查点

1.29 能被程序其他部分使用的一组指令

1.30
```
function warning()
{
     document.write("<h3>Don't go there! You have been
                  warned.</h3>");
}
```

1.31 传递给函数的值

1.32 first 和 last

1.33
```
<html>
<head>
     <title> JavaScript Events</title>
     <script type = "text/javascript">
     function ouch()
     {
          document.write("<h2>Don't be so pushy!<br />One click is
                       enough.</h2>");
     }
     </script>
</head>
<body>
     <h2 id = "hello"2>Who are you?</h2>
     <button type = "button" ondblclick = "ouch()">Enter your name</button>
</body>
</html>
```

第 2 章

2.1 节检查点

2.1 存储在计算机内存中的内存单元

2.2 你，程序员

2.3 没有空格，没有标点符号，没有 JavaScript 关键字，不能起始于数字，不能有数学、关系或逻辑操作符

2.4 a）Shipping Cost：包含空格

b）1_number：由一个数字开始

c）JackAndJillWentUpTheHillForWater：没有问题，但是太长

d）OneName：没有问题

e）thisName：包含 JavaScript 关键字

f）Bob,Joe,Mike 包含标点符号

2.2 节检查点

2.5 对于强类型语言，变量在程序中保持其类型。对于弱类型语言，在程序执行期间变量类型可以改变。JavaScript 是一种弱类型语言。

2.6 以下是样例答案：

a）var try = 0;　　b）var tax =0.0;　　c）var answer = 0;

2.7 以下是样例答案：

a）var username = " ";　　b）var choice = "A";　　c）var welcome = " ";

2.8 以下是样例答案：var DISCOUNT = 0.20;

2.3 节检查点

2.9 a）2 b）1 c）5 d）9

2.10 a）4 b）11 c）4 d）12

2.11 a）正确的语句：

```
document.write(name + " is a " + beastie + ".");
```

2.12 用于连接两个字符串或者用做加操作符。

2.13 如果一个字符串起始于数字，那么 parseInt() 得到整数值；而如果那个字符串起始于一个浮点数字，那么 parseFloat() 得到数字值。这两个函数都忽略最后一个数字符之后的任何字符。如果字符串的第一个字符不是一个数字，那么这两个函数都返回 NaN。

2.14

```
<html>
<head>
<title>Sale price calculator</title>
<script type = "text/javascript">
    var number = prompt("Enter the percent of the discount:", 0);
    number = parseFloat(number) / 100;
    var price = prompt("Enter the price of an item: " , 0);
    price = parseFloat(price);
    var cost = price * (1 - number);
    document.write("The item originally cost $ " + price + "<br />") ;
    document.write("With a discount, the item costs $ " + cost + "<br />");
</script>
</head>
```

2.4 节检查点

2.15 a）81 b）113 c）47 d）52 e）38

2.16 a）false b）true c）false d）false

2.17 a）false b）true c）false d）true

2.18 赋值操作符把一个表达式的值赋值给一个变量，而比较操作符比较两个表达式并且返回 true 或 false 的值。

2.19 a）false b）true c）true d）true

2.20 a）true b）false c）true d）false

2.5 节检查点

2.21 a）关系的 b）算术或数学的 c）逻辑的

2.22 a）true b）false c）false d）false

2.23 variableName 存储条件操作符的结果。

如果条件（condition）是 true，那么把 valuel 的值存储在 variableName 中，否则把 value2 的值存储在 variableName 中。

2.24 2

2.25 Lizzie

第3章

3.1 节检查点

3.1 选择结构包含一个测试条件以及一组或多组语句。测试结果判断执行哪块语句。

3.2 在单路选择结构中，若测试条件是 true，则执行一组语句，否则不执行。在二路选择结构中，若测试条件是 true，则执行一组语句，否则执行另一组语句。

3.3 在二路选择结构中，若测试条件是 true，则执行一组语句，否则执行另一组语句。在多路选择结构中，可能有多种不同的结果。

3.4 略。

3.5 略。

3.6 略。

3.2 节检查点

3.7 一个 true /false 表达式

3.8 true 或者 false

3.9 将显示如下：

```
You are eligible for a learner's permit.
```

3.10

```
if (age > 16)
{
      document.write("<p>You are " + age + " years old.</p>");
      document.write("<p>You are eligible for a learner's permit.</p>");
}
```

3.11 把测试条件修改为 if (age >= 16)

3.3 节检查点

3.12 可以在 if 或 else 子句中使用花括号括起语句，并且当子句中有不止一条语句时要使用花括号。

3.13

```
else
   document.write("<p>You are too young for a learner's permit.</p>");
```

3.14 和 3.15

```
<head>
  <title>Checkpoint 3.14 and 3.15</title>
<script>
function getNumbers()
  {
        var num1 = parseInt(prompt("Enter one number"," "));
        var num2 = parseInt(prompt("Enter another number"," "));
        var add = prompt("Do you want to add the numbers? (yes or no)? ↵
              If not, I will multiply them"," ");
        if (add == "yes")
             var answer = num1 + num2;
        else
             var answer = num1 * num2;
        document.write("<p>The result is " + answer + ".</p>");
        if (add == "yes")
             document.write("<p>I added the numbers " + num1 + " and " ↵
                   + num2 + ".</p>");
        else
             document.write("<p>I multiplied the numbers " + num1 + " and " ↵
```

```
                    + num2 + ".</p>");
    }
    </script>
    </head>
    <body>
    <h1>Math</h1>
    <h3>Click the button! </h3>
    <p><input type = "button" id = "numbers" value = "Enter your numbers"
    onclick = "getNumbers();" /></p>
    </body>
    </html>
```

3.4 节检查点

3.16 略。

3.17

```
function getAge()
{
    var age = prompt("How old are you?"," ");
    if (age < 16)
    {
        document.write("<p>You are " + age + " years old.</p>");
        document.write("<p>You are not eligible for a learner's ↵
                    permit.</p>");
    }
    else
    {
        if (age == 16)
        {
            var birthday = prompt("Is today your birthday? (yes/no)"," ");
            if (birthday == "yes")
                document.write("<h2>Happy Birthday!</h2>");
        }
        document.write("<p>You are " + age + " years old.</p>");
        document.write("<p>You are eligible for a learner's permit.</p>");
    }
}
```

3.18

```
function getResult()
{
    var x = parseInt(prompt("Enter x"," "));
    var y = parseInt(prompt("Enter y"," "));
    var product = prompt("Do you want to multiply the numbers ↵
                (yes or no)?"," ");
    if (product == "yes")
    {
        var result = x * y;
        document.write("<p>I multiplied the numbers " + x + " and " ↵
                + y + ".</p>");
        document.write("<p>The result is " + result +".</p>");
    }
    else
    {
        var dividey = prompt("Do you want to divide x by y
                        (yes or no)?"," ");
        if (dividey == "yes")
        {
            var result = x / y;
            document.write("<p>I divided " + x + " by " + y + ".</p>");
            document.write("<p>The result is " + result + ".</p>");
        }
```

```
        else
        {
            result = y / x;
            document.write("<p>I divided " + y + " by " + x + ".</p>");
            document.write("<p>The result is " + result + ".</p>");
        }
    }
}
```

3.19

```
var answer = parseInt(prompt("What is 3 plus 5?"," "));
if (answer == 8)
    document.write("Correct!</p>");
else
{
    if (answer == 12)
        document.write("<p>Looks like you multiplied ↵
            instead of added</p>");
        document.write("<p>Your answer is incorrect</p>");
}
```

3.5 节检查点

3.20 略。

3.21

```
function changeGrade()
{
    var grade = 0;
    var letterGrade = " ";
    var letterGrade = prompt("What is this student's letter ↵
                grade?" , " ")
  if (letterGrade == "A")
    {
    grade = 95;
    document.write("<p>The student's grade is now " + grade + ".</p>");
    }
    else if (letterGrade == "B")
    {
     grade = 85;
     document.write("<p>The student's grade is now " + grade + ".</p>");
    }
    else if (letterGrade == "C")
    {
      grade = 75;
      document.write("<p>The student's grade is now " + grade + ".</p>");
    }
    else if (letterGrade == "D")
    {
      grade = 65;
      document.write("<p>The student's grade is now " + grade + ".</p>");
    }
    else
     document.write("<p>The student's grade is now 50.</p>");
}
```

3.22

```
function changeGrade()
{
    var grade = 0;
    var letterGrade = " ";
    var letterGrade = prompt("What is this student's letter grade?","");
    switch (letterGrade)
```

```
    {
    case "A":
        grade = 95;
        document.write("<p>The student's grade is now " + grade + ".</p>");
        break;
    case "B":
        grade = 85;
        document.write("<p>The student's grade is now " + grade + ".</p>");
        break;
    case "C":
        grade = 75;
        document.write("<p>The student's grade is now " + grade + ".</p>");
        break;
    case "D":
        grade = 65;
        document.write("<p>The student's grade is now " + grade + ".</p>");
            break;
    default:
        document.write("<p>The student's grade is now 50.</p>");
    }
}
```

3.23 在 default: 之前，增加程序：

```
case "black":
        document.body.bgColor = "black";
        break;
case "red":
        document.body.bgColor = "red";
        break;
```

3.6 节检查点

3.24 switch

3.25

```
function changeGrade()
{
    var grade = 0;
    var letterGrade = " ";
    var letterGrade = prompt("What is this student's grade?", " ");
    if (letterGrade == "A")
    {
        grade = 95;
        document.write("<p>The student's grade is now " + grade + ".</p>");
    }
    else if (letterGrade == "B")
    {
        grade = 85;
        document.write("<p>The student's grade is now " + grade +".</p>");
    }
    else if (letterGrade == "C")
    {
        grade = 75;
        document.write("<p>The student's grade is now " + grade + ".</p>");
    }
    else if (letterGrade == "D")
    {
        grade = 65;
        document.write("<p>The student's grade is now " + grade +".</p>");
    }
```

```
    else
        document.write("<p>The student's grade is now 50.</p>");
}
```

3.26

```
function changeGrade()
{
    var grade = 0;
    var letterGrade = " ";
    var letterGrade = prompt("What is this student's grade?", " ");
    switch (letterGrade)
    {
    case "A":
        grade = 95;
        document.write("<p>The student's grade is now " + grade +".</p>");
        break;
    case "B":
        grade = 85;
        document.write("<p>The student's grade is now " + grade + ".</p>");
        break;
    case "C":
        grade = 75;
        document.write("<p>The student's grade is now " + grade + ".</p>");
        break;
    case "D":
        grade = 65;
        document.write("<p>The student's grade is now " + grade +".</p>");
        break;
    default:
        document.write("<p>The student's grade is now F.</p>");
    }
```

3.27 和 3.28

```
function pageColor()
{
    var color = prompt("enter color ", " ");
    switch (color)
    {
    case "green":
        document.body.bgColor = "green";
        break;
    case "blue":
        document.body.bgColor = "blue";
        break;
    case "yellow":
        document.body.bgColor = "yellow";
        break;
    case "lavender":
        document.body.bgColor = "lavender";
        break;
    case "black":
        document.body.bgColor = "black";
        break;
    case "red":
        document.body.bgColor = "red";
        break;
    default:
        document.write("Invalid entry");
    }
}
```

第 4 章

4.1 节检查点

4.1 循环

4.2 循环的一次遍历（即循环体的一次执行）

4.3 被测试的东西，如果为 true，就执行另一次迭代

4.4 无限循环

4.5 除非录入 0，否则用户将不会退出循环。

4.6 无限循环永远执行，而困住用户的循环可以在用户录入正确东西时结束。

4.2 节检查点

4.7 把下列代码添加到 <script> 内：

```
document.write('<h1 align = "center">Game Players</h1>');
document.write('<table width = "40%" border = "1" align = "center">');
document.write('<td><h3>Players</h3></td><td><h3>Points</h3></td>');
```

4.8
```
do
 {
      item = prompt("What do you choose for item number " + (num + 1) + "?");
      document.write('<tr>');
      document.write('<td>item ' + (num + 1) + ' : ' + item + '</td>');
      document.write('</tr>');
      num = num + 1;
 }
 while (num < 10)
```

4.9 新函数看起来像这样：

```
function getPay()
{
    document.write('<table width = "40%" align = "center">');
    var name = " ";
    var hours = 0;
    var rate = 0;
    var grossPay = 0;
    var netPay = 0;
    var overtime = 0;
    document.write('<tr><td>name</td><td>gross pay</td><td>net pay</td> ↵
                   <td>regular pay</td> <td>overtime pay</td></tr>');
name = prompt("Enter the first employee's name:");
do
{
   hours = parseFloat(prompt("How many hours did " + name + " ↵
                             work this week?"));
   rate = parseFloat(prompt("What is " + name + "'s hourly pay rate?"));
      if (hours > 40)
      {
           var regular = 40 * rate;
           overtime = ((hours - 40) * 1.5 * rate);
           grossPay = regular + overtime;
      }
      else
      {
           grossPay = hours * rate;
```

```
            overtime = 0;
            regular = grossPay;
        }
        netPay = grossPay * .85;
        document.write('<tr><td>' + name + '</td><td>$ ' + ↵
                       grossPay.toFixed(2) + '</td><td>$ ' + ↵
                       netPay.toFixed(2) + '</td><td>' + ↵
                       regular.toFixed(2) + '</td><td>$ ' + ↵
                       overtime.toFixed(2) + '</td></tr>');
        name = prompt("Enter another employee's name or enter 'done' ↵
                       when finished:");
    }
    while  (name != "done")
    document.write('</table>');}
}
```

4.10 为变量列表添加以下变量：

```
var dependents = 0;
var taxRate = 0;
```

在 if...else 子句之后增加以下 switch 语句并且修改计算实发工资的算法：

```
switch (dependents)
{
    case 0:
      taxRate = 0.28;
      break;
    case 1:
    case 2:
    case 3:
      taxRate = 0.22;
      break;
    case 4:
    case 5:
    case 6:
      taxRate = 0.17;
      break;
    default:
      taxRate = 0.12;
      break;
}
netPay = grossPay * (1 - taxRate);
```

4.11 将 username 表达式转换成 username = fname.toLowerCase() + "_" + id;

4.12 a）myCounter++; 或者 ++myCounter; b）countdown -= 5;
c）multiply *= 2; d）j += 3;

4.3 节检查点

4.13 将代码行 while（num<10）修改为 for（num=0; num<10;num++）。

4.14 a）age +=2; b）counter--; c）num *= 3; d）id += 5;

4.15 ++ 操作符在变量之前和在变量之后有相同的结果值。但是，假定 counter++ = x，x 将有 counter 在递增之前的值；对于 ++ **counter** = x，x 将有 counter 在递增之后的值。

4.16 将 for 语句修改为：for（i = 0; i < 7; i++）

4.17 将 for 语句修改为：for（i = 0; i <=（beans – i）; i++）

4.4 节检查点

4.18 验证录入的数值是 >=1 并且 <=20 的整数

4.19
```
var tShirts = (prompt("How many tee shirts do you want?"," "));
var check = parseFloat(tShirts) % 1;
while (check != 0)
 {
      tShirts = prompt("Please enter a whole number. How many tee shirts ↵
                do you want?"," ");
      var check = parseFloat(tShirts) % 1;
 }
 document.write("You want " + tShirts + " tee shirts.");
```

4.20 a) _ b) 4 c) 空格 d) ,

4.21 a) username.length → 9 b) address.length → 21

4.22 在 for 循环之前增加下列代码：

```
if (email.charAt(0) != "@")
{
```

在最后 else 子句后增加下面的代码：

```
}
 else
 {
      document.getElementById("message").innerHTML = "<h3>You entered " ↵
                + email + ". This is not a valid email address.</h3>";
 }
```

第 5 章

5.1 节检查点

5.1
```
function getRange()
{
     var number = 0; var count = 0; var high = 0; var low = 0;
     number = parseInt(prompt("Enter a number:"," "));
     low = number;
     high = number;
     while (count < 9)
     {
          count++;
          number = parseInt(prompt("Enter the next number:"," "));
          if (number > high)
               high = number;
          if (number < low)
               low = number;
     }
      document.write("<p>The lowest score is: " + low + ".</p>");
      document.write("<p>The highest score is: " + high + ".</p>");
}
```

5.2
```
function getNum()
{
     var num = 0; var odd = false; var even = false;
     var newInt = 0; var count = 0;
     var result = " ";
```

```
    num = parseInt(prompt("Enter any number or enter -999 to quit: "));
    while (num != -999)
    {
      if (num % 2 == 0)
           result = "even";
      else
           if (num % 2 != 0)
                result = "odd";
      document.write("<p>You originally entered " + num + ":</p>");
      document.write("<p>Your number is " + result + "</p>");
      num = parseInt(prompt("Enter any number or enter -999 to quit: "));
    }
    document.write("<p>-999 is an odd number</p>");
 }
```

5.3

```
function getStats()
{
    var num = 0; var roundValue = 0; newNum = 0;
    roundValue = parseFloat(prompt("At what decimal value do you ↵
                    want the number to be rounded up? ", " "));
    num = parseFloat(prompt("Enter any number or enter -999 to quit: "));
    while (num != -999)
    {
      newNum = Math.round(num + (.5 - roundValue));
      document.write("<p>You originally entered " + num + ":</p>");
      document.write("<p>This number, rounded your way, is " + ↵
                    newNum + "</p>");
      num = parseInt(prompt("Enter another number or enter -999 ↵
                    to quit: "));
    }
}
```

5.4 在判断最高分和最低分的 while 循环之后，把计算平均分的代码修改为：

```
if ((count - 1) == 0)
   {
     document.write("<p>No average can be calculated at this ↵
                    time. </ br>");
     document.write("It would cause a division by zero error ↵
                    to occur. </p>");
   }
   else
   {
     average = Math.round(sum / (count - 1));
     document.write("<p>The average of these scores is: " + ↵
                   average + ".</p>");
   }
```

5.5 在循环中，在提示回答第一个问题之后添加下列代码：

```
while ((question != "n") && (question != "y"))
     question = (prompt("Please enter a valid response for
   question " + count + ": ", " "));
```

5.6 在循环中，在提示回答第一个问题之后添加下列代码：

```
question = question.toLowerCase();
```

5.2 节检查点

5.7 在提示录入 item 之后，添加以下代码行：

```
item = item.toUpperCase(item);
```

5.8 在提示录入 item 之后，添加以下代码行：

```
while (((item < "A") || (item > "I")) && (item != "X"))
{
    item = prompt("Enter a valid choice for the item number " ↵
          + count + " or enter 'X' when you are finished.");
    item = item.toUpperCase(item);
}
```

5.9 在提示录入 choice 之后，添加以下代码行：

```
while ((choice != "y") && (choice != "n"))
      choice = prompt("Enter either 'y' to continue shopping ÷ ↵
                 or 'n'to stop now:" , " ");
```

5.10 这里是新函数：

```
function getFives()
{
    var i = 0;
    for (i = 0; i <= 100; i++)
    {
      if ((i / 5) != parseInt(i / 5))
      {   continue;  }
      document.write(i + "   ");
    }
}
```

5.11 略。

5.12 略。

5.3 节检查点

5.13 浏览代码，用笔和纸记录所有变量的值和输出；为了检查逻辑错误。

5.14 在嵌套循环中不能为测试条件使用相同的变量

5.15 false

5.16 把第 9 行修改为：

```
for(week = 1; week < 53; week++)
```

5.17

```
function flipCoin()
{
    var response = prompt("Flip a coin (y/n)?"," ");
    response = response.toLowerCase();
    while (response == "y")
    {
      var coin = Math.floor(Math.random() * 2);
      if (coin == 0)
      {     response = prompt("This toss was heads. Flip again ↵
                          (y/n)?", " ");
            response = response.toLowerCase();
      }
      else
            if(coin == 1)
            {
                response = prompt("This toss was tails. Flip again ↵
```

```
                    (y/n)?", " ");
            response = response.toLowerCase();
        }
    }
}
```

5.4 节检查点

5.18
```
function getShape()
{
    var star = 1; symbol = "*";
    document.write("    " + symbol + "<br />");
    document.write("   " + symbol + symbol + symbol ↵
                        + "<br />");
    document.write("  " + symbol + symbol + symbol + ↵
                        symbol + symbol + "<br />");
    for(var j = 1; j < 8; j++)
    {
        document.write(symbol);
    }
}
```

5.19
```
for (row = base; row >= 1; row--)
{
    for(col = 1; col <= row; col++)
        document.write(symbol + " ");
    document.write("<br />");
}
```

5.20
```
<a href = '#' onmousedown = "document.photo.src = 'troll.jpg';">
<img src = "wizard.jpg" alt = "the winner" name = "photo" /></a>
```

5.21
```
<head>
<title>Checkpoint 5.21</title>
<script>
function getSwap()
{
    var pic = 1;
    while (pic <= 3)
    {
        if (pic == 1)
        {
            document.getElementById('photo').innerHTML = "<img src ↵
                        = 'troll.jpg' />";
            pic = parseInt(prompt("Enter 2 or 3 for a new image ↵
                        or 4 to quit", " "));
        }
        if (pic == 2)
        {
            document.getElementById('photo').innerHTML = "<img src ↵
                        = 'wizard.jpg' />";
            pic = parseInt(prompt("Enter 1 or 3 for a new image ↵
                        or 4 to quit", " "));
        }
        if (pic == 3)
        {
            document.getElementById('photo').innerHTML = "<img src↵
                        = 'bunny.jpg' />";
            pic = parseInt(prompt("Enter 1 or 2 for a new image ↵
                        or 4 to quit", " "));
```

```
            }
        }
    }
    </script>
    </head>
    <body>
        <table align = "center" width = "70%">
        <tr><td colspan = "2">
            <h1>Swapping Images</h1>
            <p><input type = "button" id = "swap" value = "Push me to change ↵
                    the image" onclick = "getSwap();" /></p>
            <p>Enter a 1 to see troll, a 2 to see a wizard, a 3 to see ↵
                    a bunny, or a 4 to quit</p>
        <tr><td id = "photo" name = "photo">
            <img src = "troll.jpg" alt = "troll" name = "myPhoto" />
        </td></tr>
        </table>
    </body></html>
```

第 6 章

6.1 节检查点

6.1 是的，但是不能嵌套

6.2 submit（提交）和 reset（重置）

6.3 <input type = "reset" value = "let me start over">

6.4 <input type = "submit" value = "send it off!">

6.5
```
<html>
<head>
    <title>Checkpoint 6.5</title>
</head>
 <body>
    <form name = "problems" method = "post" action = ↵
                "mailto:john.doc@nowhere.com" enctype = ↵
                "text/plain">
    </form>
 </body>
</html>
```

6.6 CGI 脚本是告诉计算机如何处理发送给它的表单数据的程序，它存储在 Web 服务器上的 cgi-bin 文件夹中。

6.2 节检查点

6.7 所有名字是不同的。对于单选按钮组，每个按钮必须有相同的名字。

6.8
```
function checkIt()
{     document.getElementById("agree").checked = true   }
```

6.9 文本框只能设置宽度；文本区框可以设置行数和列数。

6.10
```
<html><head><title>Checkpoint 6.10</title>
<script>
    function firstName(name)
    {
            var fname = document.getElementById(name).value;
            document.getElementById('f_name').innerHTML = fname;
```

```
        }
        function lastName(name)
        {
                var lname = document.getElementById(name).value;
                document.getElementById('l_name').innerHTML = lname;
        }
</script>
</head>
<body>
        <p>Enter your first name:<br />
        <input type = "text" name = "firstname" size = "30" maxlength = "28" ↵
                                id = "firstname">
        <input type = "button" onclick = "firstName('firstname')" ↵
                               value = "ok"></button></p>
        <p>Enter your last name:<br />
        <input type = "text" name = "lastname" size = "30" maxlength = "29" ↵
                                id ="lastname">
        <input type ="button" onclick = "lastName('lastname')" ↵
                              value = "ok"></button></p>
        <h3>Your first name: <span id = "f_name"> </span> </h3>
        <h3>Your last name: <span id = "l_name"> </span> </h3>
</body></html>
```

6.11
```
<form name = "myform" method = "post" enctype = "text/plain" action = ↵
        "mailto:lily.field@flowers.net? Here is the requested ↵
        information&cc = henry.higgins@flowers.net">
```

6.12 通过 name 标识电子邮件的每个控件，而表单控件的值列出用户的选择。

6.3 节检查点

6.13 略。

6.14 把以下代码添加到网页的 <body> 中：

```
<input type = "hidden" name = "sides" id = "sides" value = "add lemon wedge
with salmon, ketchup with fries, dressing with salad " />
```

6.15 middle = username.substr(4,2);

6.16
```
var nameLength = username.length;
endChar = username.substr((nameLength - 1), 1);
```

6.17
```
<script>
function showWord(pword)
{
        var username = document.getElementById(pword).value;
        var nameLength = username.length;
        var charOne = username.substr(0,1);
        var charEnd = username.substr((nameLength - 1),1);
        var middleLength = nameLength - 2;
        var middle = "";
        for (i = 0; i <= middleLength; i++)
                middle = middle + "*";
        var word = charOne + middle + charEnd;
        alert(word);
}
</script>
</head>
<body>
<h3> Enter a password in the box below. </h3>
```

```
        <p><input type = "password" name = "user_pwrd" id ↵
                        "passwrd" size = ""/>
        <input type = "button" onclick = "showWord('passwrd')" ↵
                        value = "ok"></button></p>
    </body>
```

6.18

```
<script>
function checkAmp(pword)
{
      var checkSpecial = false;
      var pword = document.getElementById(pword).value;
      var nameLength = pword.length;
for (i = 1; i <= (nameLength - 1); i++)
      {
           if (pword.charCodeAt(i) == 38)
           checkSpecial = true;
      }
      if (checkSpecial == false)
           alert("You don't have an ampersand (&) in ↵
                     your password.");
else
           alert("Ampersand (&) found!");
}
</script>
</head>
<body>
<h3> Enter a password in the box below. </h3>
 <p><input type = "password" name = "user_pwrd" id = "passwrd" size = ""/>
<input type = "button" onclick = "checkAmp('passwrd')" value = "ok"></
button></p>
</body>
```

6.4 节检查点

6.19 size

6.20 multiple

6.21 size = "1"

6.22 略。

6.23 略。

6.24

```
<select multiple = "multiple" name = "cars" size = "2" id = "cars">
      <option>Ford</option>
      <option>Chevrolet</option>
      <option>Kia</option>
      <option>Lexus</option>
      <option>Mercedes Benz</option>
      <option>Honda</option>
</select>
```

第 7 章

7.1 节检查点

7.1 isFinite()、isNaN()、parseInt() 等

7.2 a）document.write（parseFloat（6.83））；　　b）document.write（parseFloat（age – 2.385））；

c）document.write（parseFloat（score））；

7.3 值

7.4 d

7.5 乘两个数并返回乘积

7.2 节检查点

7.6 在 function yy() 中 one = 1

7.7 在 function yy() 中 two = 2

7.8 在 function yy() 中 three = 3

7.9 在 function xx() 中 one = 1

7.10 在 function xx() 中 three = 3

7.11 在 function xx() 中 four = 4

7.12 one = 1, three = 3 中 four = 4

7.3 节检查点

7.13 实参：age，形参：num

7.14 函数必需接受两个实参。

7.15 函数必需接受两个数字型实参。

7.16 没有错误。

7.17 一个值

7.18 当按值传递时，在被调函数中对参数的修改不会影响在主调函数中对应（实参）变量的值。当按引用传递时，在被调函数中对参数的修改会影响在主调函数中实参变量的值。

7.4 节检查点

7.19 可重用的

7.20 让你执行数学任务

7.21 按引用?

7.22
```
var newDay = new Date();
newDay = newDay.setFullYear(1852,4,27);
```

7.23
```
var today = new Date(); var timer;
var sec = today.getSeconds();
document.getElementById('clock').innerHTML = sec;
timer = setTimeout('startClock()',500);
```

7.5 节检查点

7.24 内置、在 <head> 区域、外部文件

7.25 在 <head> 区域的版本

7.26 源文件不使用 <script></script> 标签

7.27 函数有 3 个参数，而这个调用只有两个实参。

第 8 章

8.1 节检查点

8.1 数据类型

8.2 var array_name = new Array()

8.3
```
var byFives = new Array(5)
byFives[0] = 5;
byFives[1] = 10;
byFives[2] = 15;
byFives[3] = 20;
byFives[4] = 25;
```

8.4 ???????????????? → document.write(mycars.length);

8.2 节检查点

8.5 直接式：由程序员录入值；交互式：由用户录入值

8.6
```
<script type = "text/javascript">
var music = new Array("jazz","blues","classical","rap","opera");
</script>
```

8.7
```
<script type = "text/javascript">
     var i;
     var twos() = new Array(20);
     for (i = 0; i<20; i++)
     {
          twos[i] = i * 2;
     }
</script>
```

8.8
```
<script type = "text/javascript">
     var rain = new Array(3,4,3,5,6,7,8,2,9,3,4,5);
     var i = 0;
     for (i = 0; i < 12; i++)
     {
     document.write("Month number " + (i + 1) + " is: " + rain[i] + "<br />");
     }
</script>
```

8.3 节检查点

8.9 两个数组大小相同并且具有相同下标的元素是相关的。

8.10 略。

8.11 a）不是平行数组　b）平行数组　c）平行数组

8.12
```
<html>
<head>
<script type = "text/javascript">
     var scores = new Array();
     var sum = 0;
     var count1 = 0;
     var count2 = 0;
     var count = 0;
     var average = 0;
     var avg_count = 0;
     var count3 = 0;
     while (scores[count1] != 999)
     {
          scores[count1] = prompt("Enter the student's grade ↵
               or enter 999 when you are done: ");
          scores[count1] = parseFloat(scores[count1]);
          if (scores[count1] == 999)
```

```
        {
            break;
        }
        sum = sum + scores[count1];
        count1 = count1 + 1;
    }
    average = sum / count1;
    for (count = 0; count < count1; count++)
    {
        if ((scores[count] > (average - 0.5)) && (scores[count] < ↲
                (average + 0.5)))
    { avg_count = avg_count + 1; }
    if (scores[count] > (average + 0.5))
    {  count2 = count2 + 1; }
    if (scores[count] < (average - 0.5))
    {   count3 = count3 + 1;    }
}
document.write("The average is: " + average + "<br />");
document.write("The number above the average is: " + count2 + "<br />");
document.write("The number below the average is: " + count3 + "<br />");
document.write("The number at the average is: " + avg_count + "<br />");
```

8.4 节检查点

8.13 splice()

8.14 games.push（"hangman", "hide-and-seek"）;

8.15 colors.splice（3, 0, "magenta", "lime"）;

8.16 这里重复的函数含有突出显示的添加代码：

```
function deleteRings(rings)
{
    var r = rings.length;
    numSubt = parseInt(prompt("If you want to subtract from the ↲
            inventory, enter the number of rings you want ↲
            to subtract (or enter 0):"));
    for (i = 0; i <= (numSubt - 1); i++)
    {
        if (numSubt == 0)
            break;
        var oldRing = prompt("Enter a ring to delete:");
        var flag = 0;
        for (j = 0; j <= (r - 1); j++)
        {
            if (rings[j] == oldRing)
            {
                rings.splice(j,1);
                flag = 1;
            }
            if (flag == 0)
            {
                alert(oldRing + " is not part of the inventory.");
                break;
            }
        }
    }
    displayRings(rings);
}
```

8.17 与处理 **rings**（戒指）物品目录一样，只是需要适当地修改数组名和变量名

8.5 节检查点

8.18 a) 83 b) 100 c) 65

8.19
```
var mixedArray = new Array(4);
mixedArray[0] = new Array(2);
mixedArray[1] = new Array(5);
mixedArray[2] = new Array(1);
mixedArray[3] = new Array(8);
```

8.20
```
var myArray = new Array(100);
for (i = 0; i < 100; i++)
{
     myarray[i] = new Array(3);
}
for (i = 0; i < 100; i++)
{
     for (j = 0; j < 3; j++)
     {
          myarray[i][j] = (i + 1);
     }
}
```

8.21
```
var myarray = new Array(100);
     for (i = 0; i < 100; i++)
     {
          myarray[i] = new Array(3);
     }
     for (i = 0; i < 100; i++)

     {
          for (j = 0; j < 3; j++)
          {
               if (j == 0)
                 {  myarray[i][j] = "X";  }
               if (j == 1)
                 {  myarray[i][j] = "Y";  }
               if (j == 2)
                 {  myarray[i][j] = "Z";  }
          }
     }
```

8.22
```
var myarray = new Array(100);
for (i = 0; i < 100; i++)
{
     myarray[i] = new Array(3);
}
for (i = 0; i < 100; i++)
{
          for (j = 0; j < 3; j++)
          {
               myarray[i][j] = prompt("Enter a value:");
          }
     }
```

第 9 章

9.1 节检查点

9.1 例程

9.2 18 23 42 8

9.3 升序

9.4
```
function sortNum(x, y)
{
    return (y - x);
}
```

9.5 The, boy, jumps, high

9.6
```
<script type = "text/javascript">
    var names = ["Alex", "Niral", "Howard", "Luis", "Annie" , "Marcel"];
    document.write(names.sort());
</script>
```

9.2 节检查点

9.7 x = 3, y = 3, temp = 3

9.8 x = 3, y = 3, temp = 3

9.9
```
temp = x;
x = y;
y = temp;
```

9.10 14

9.11 它让循环在遍历（N–1）次之前完成数组排序，从而提前退出。

9.3 节检查点

9.12 N–1

9.13
```
function sortNums()
{
  var nums = new Array(53, 82, 93, 75, 86, 97);
  var count = nums.length; var k = 0;
  count = nums.length;
  document.write("numbers sorted from highest to lowest: <br />");
  var largest = 0; var index = 0;
  for(var k = 0; k < (count - 1); k++)
  {
       largest = nums[k];
       index = k;
       for (var j = (k + 1); j <= (count - 1); j++)
       {
            if (nums[j] > largest)
            {
                 largest = nums[j];
                 index = j;
            }
       }
            if (k != index)
            {
                 var temp = nums[k];
                 nums[k] = nums[index];
                 nums[index] = temp;
            }
  }
  for (k = 0; k <= (count - 1); k++)
      document.write(nums[k] + "<br />");
}
```

9.14 最大的

9.15 第二小的

9.4 节检查点

9.16 不需要

9.17 "XYZ"

9.18 found

9.19 4 次

9.20 4

9.5 节检查点

9.21 是的

9.22 low = 0, high = 249, index = 125

9.23 总是需要把这个值转换成一个整数

9.24 二

9.25 2

第 10 章

10.1 节检查点

10.1 <html>

10.2
```
<html>→ root and parent,
<head> → parent,
<title>→child of <head>,
<body> → parent,
<div> → parent and also child of <body>,
<h3> → child of <div>
<p id = "1"> and <p id = "2"> → child elements of <div> and siblings
```

10.3 方法

10.4 creatTextNode()

10.5 oldStuff.replaceChild（newStuff.oldStuff.childNodes[0]）;

10.6 oldStuff.removeChild（oldStuff.childNodes[0]）;

10.2 节检查点

10.7 setAttribute() 有 2 个参数，getAttribute() 有 1 个参数

10.8 id

10.9 "love_the_button"

10.10 一个是要调用 / 执行的函数或表达式，另一个是时间间隔

10.11 greenies

10.12 5 秒

10.3 节检查点

10.13 不做任何事情

10.14　允许我们创建自己的标签、存储可以传送到其他地方的数据、用于搜索大型数据库等

10.15　XML 声明

10.16　a）元素名不能以字符序列 xml 开头　　b）元素名不能有空格

10.17　必须把 Joey 括在引号中。

10.18　不能使用 < 字符，要把它转换成实体 <

10.19　定义 XML 文档的结构

10.4 节检查点

10.20　CSS 样式表

10.21　display:block

10.22　c

10.23　XML 文档

10.24　a

10.25　a

10.26　c

10.5 节检查点

10.27　元素，名字

10.28　模式让你指定元素内容的数据类型和元素出现的最大或最小数目。

10.29　由于没有两个人有完全相同的域名，所以要给出唯一的命名空间标识。

10.30　xmlns

10.31　<schema>

10.32　complex

第 11 章

11.1 节检查点

11.1　PHP 的创始人

11.2　www.leesland.com

11.3　每个服务的价格、服务协议、已使用的客户、配套设施等

11.4　是指跨平台，意味着它能够用于像 Windows、Mac、Linux 等各种不同的操作系统。

11.2 节检查点

11.5　在发布之前，Web 开发者正在开发 Web 内容的环境。

11.6　访问 http://localhost

11.7　任何文本文档，如 HTML 页面

11.8　标记中的任何地方

11.9　在把文档显示给客户机之前在服务器上处理 PHP 代码。

11.10　$

11.3 节检查点

11.11 PHP 必须被服务器处理，而其扩展名指出这一点。

11.12 这些页面必须先被驻留在计算机上的 Apache 服务器处理。

11.13 $myVarA 是字符串，$myVarB 是整数，$myVarC 是浮点数

11.14 settype（$oneNum, "integer"）;

11.15 gettype（$oneNum）;

11.16 （integer）$oneNum;

11.17 略。

11.18 （（$numC – $numB）== $numA）?（$yes）:（$no）;

11.4 节检查点

11.19 d

11.20 b

11.21
```
print("$X is older than $Y");
echo $X." is older than ".$Y;
```

11.22
```
<?php
     $age = 22;
     if ($age >= 65)
     {
          print ("Senior citizen tickets cost $9.00");
     }

          elseif ($age >= 12)
          {
               print ("Adult tickets cost $15.00");
          }
          else
          {
               print ("Child tickets cost $8.00");
          }
?>
```

11.23
```
<?php
     for ($count = 0; $count < 5; $count++)
     {
          print ($count * 10);
     }
?>
```

11.5 节检查点

11.24
```
<?php
     $bySixes = array();
     for ($i = 0; $i < 5; $i++)
     {
          $bySixes[$i] = ($i * 6);
     }
     for ($num = 0; $num < 5; $num++)
     {
          print($bySixes[$num]." <br />");
     }
?>
```

11.25
```
<?php
      $squares = array();
      for ($i = 0; $i < 5; $i++)
      {
            $squares[$i] = $i * $i;
      }
      foreach ($squares as $element)
      {
            echo $element."<br />";
      }
?>
```

11.26 True

11.27
```
<?php
      $cars = array ("Ford", "Chevrolet", "Kia", "Rolls Royce", ↵
            "Porsche", "Dodge", "Toyota", "Cadillac");
      sort($cars);
      echo "<p>Here are the cars: </p>";
      foreach ($cars as $element)
      {
          echo $element.".<br />";
      }
?>
```

11.28 sedan

11.29 $carStyles

11.30 $match[1]

11.31 把 [a-z] 改为 [[:alnum:]

第 12 章

12.1 节检查点

12.1 只有原来设置 Cookie 的 Web 服务器

12.2 会话期 Cookie 只保留到浏览器关闭；永久 Cookie 保留到 Cookei 创建者设置的时间。

12.3 在出现任何输出之前

12.4 $name, $value, $expire, $path, $domain, $secure, $httponly

12.5 time() + 60 * 60 * 24

12.6 choice

12.7 free

12.8 5 分钟

12.2 节检查点

12.9 MySQL 初始版本的主要作者

12.10 它是免费的、开源的、可调节的，支持许多程序设计语言等

12.11 创建和管理 MySQL 数据库

12.12 为不同的人赋予不同类型的访问权（有的人能够修改数据库，而其他人只允许增加记录等）

12.13 一条记录

12.14 userSSN 应该是主键，因为它是每个用户唯一的。

12.3 节检查点

12.15 $_SERVER()

12.16 die()

12.17 mysql_error()

12.18 mysql_query()

12.19 mysql_connect()

12.20 mysql_select_db()

12.21 是的

12.4 节检查点

12.22 mail()

12.23 $to, $subject, $message 和可能的 $headers

12.24 action = "assets/data/getUserData.php"

12.25 false

推荐阅读

前端开发领域畅销书，累计4次印刷；公认的经典，好评如潮，一本不可多得的内功修炼秘籍

包含了大量的开发思想和原则，都是作者在长期开发实践中积累下来的经验和心得，不同水平的Web前端开发者都会从中获得启发

前端设计领域经典著作，口碑颇好，有利于建立前端开发与设计的全局思维，注重方法、思想与实践

全面探讨Web前端设计的方法、原则、技巧与最佳实践；5大专业社区一致鼎力推荐

jQuery领域公认的经典著作，畅销书，累计印刷4次，口碑极好

内容全面，系统地讲解了jQuery的方方面面；实战性强，囊括118个实例和2个综合案例

资深专家亲自执笔，4大专业社区一致鼎力推荐

经典权威的JavaScript工具书

本书是程序员学习核心JavaScript语言和由Web浏览器定义的JavaScript API的指南和综合参考手册

第6版涵盖HTML5和ECMAScript5